中国科学院科学出版基金资助出版

凝聚态物理学丛书·典藏版

穆斯堡尔谱学

马如璋　徐英庭　主编

科学出版社

北京

内 容 简 介

穆斯堡尔谱学是一种新的谱学技术. 从发现至今的30多年中, 应用日益广泛. 本书较详细地介绍了穆斯堡尔谱学的基本原理、实验和分析方法以及它在物理学、化学、地学、生物学、工学和人文科学中的应用. 书中着重阐明物理概念及实际应用, 并注意近期国内、外在这一领域中的重大进展. 各章作者都是从事这方面工作多年的专家和学者. 全书共13章, 主要论述穆斯堡尔效应、超精细相互作用、实验方法、数据处理以及在各个领城中的应用. 书末还附有四个附录供读者查用.

本书可供从事穆斯堡尔谱学研究、教学、应用的科技人员、工矿企业技术员以及大专院校有关专业师生参考.

图书在版编目(CIP)数据

穆斯堡尔谱学/马如璋, 徐英庭主编. —北京: 科学出版社, 1996.1 (2017.1 重印)

(凝聚态物理学丛书 : 典藏版)

ISBN 978-7-03-004559-1

Ⅰ. ①穆… Ⅱ. ①马… ②徐… Ⅲ. ①穆斯堡尔光谱学 Ⅳ. ①O433

中国版本图书馆 CIP 数据核字(2017)第 002214 号

科学出版社出版

北京东黄城根北街16号

邮政编码: 100717

http://www.sciencep.com

北京厚诚则铭印刷科技有限公司印刷

科学出版社发行 各地新华书店经销

*

1996年1月第 一 版 开本: 850×1168 1/32

2017年1月印 刷 印张: 27

字数: 708 000

定价: 198.00 元

(如有印装质量问题, 我社负责调换)

《凝聚态物理学丛书》出版说明

以固体物理学为主干的凝聚态物理学，通过半个世纪以来的迅速发展，已经成为当今物理学中内容最丰富、应用最广泛、集中人力最多的分支学科．从历史的发展来看，凝聚态物理学无非是固体物理学的向外延拓．由于近年来固体物理学的基本概念和实验技术在许多非固体材料中的应用也卓有成效，所以人们乐于采用范围更加广泛的"凝聚态物理学"这一名称．

凝聚态物理学是研究凝聚态物质的微观结构、运动状态、物理性质及其相互关系的科学．诸如晶体学、金属物理学、半导体物理学、磁学、电介质物理学、低温物理学、高压物理学、发光学以及近期发展起来的表面物理学、非晶态物理学、液晶物理学、高分子物理学及低维固体物理学等都是属于它的分支学科，而且新的分支尚在不断迸发．还有，凝聚态物理学的概念、方法和技术还在向相邻的学科渗透，有力地促进了材料科学、化学物理学、生物物理学和地求物理学等学科的发展．

研究凝聚态物质本身的性质和它在各种外界条件（如力、热、光、气、电、磁、各种微观粒子束的辐照乃至各种极端条件）下发生的变化，常常可以发现多种多样的物理现象和效应，揭示出新的规律，形成新的概念，彼此层出不穷，内容丰富多彩，这些既体现了多粒子体系的复杂性，又反映了物质结构概念上的统一性．所有这一切不仅对人们的智力提出了强有力的挑战，更重要的是，这些规律往往和生产实践有着密切的联系，在应用、开发上富有潜力，有可能开辟出新的技术领域，为新材料、元件、器件的研制和发展，提供牢固的物理基础．凝聚态物理学的发展，导致了一系列重要的技术突破和变革，对社会和科学技术的发展将发生深远的影响．

为了适应世界正在兴起的新技术革命的需要，促进凝聚态物理学的发展，并为这一领域的科技人员提供必要的参考书，我们特组织了这套《凝聚态物理学丛书》,希望它的出版将有助于推动我国凝聚态物理学的发展,为我国的四化建设做出贡献.

主　编　葛庭燧
副主编　冯　端

序

30多年前的圣诞节前夕，年仅32岁的穆斯堡尔（R. L. Mössbauer），从瑞典国王手里接过了诺贝尔物理奖这一桂冠，这是对他在科学上所作出的杰出贡献的崇高奖励。因为他发现了以他名字命名的无反冲核共振吸收效应(即穆斯堡尔效应)，从而使得以前许多难以精确研究的难题（包括爱因斯坦相对论的实验室验证和许多固体物理研究等)得以解决。在此之前，只有布拉格、李政道和狄拉克曾在年轻时获得过这一殊荣。穆斯堡尔的发现是实验性的，他创造了一个崭新的重要实验手段，其开创性成果仅在二三年内就得到了世界的公认。由此可看出它的重要意义和价值。在这一荣誉面前，穆斯堡尔既没有自诩是首创，也没有自吹自擂、不可一世，而是首先将这一殊荣和功劳归功于为此学科奠定基础的先行者们，归功于指引他在这一领域努力奋斗和给予他宝贵支持的导师 H. Maier Leibnitz。穆斯堡尔的这些行为充分表现了一个科学家应有的高贵品德，并为后人树立了倍受世界各国科学家崇敬的光辉楷模。

自穆斯堡尔谱学建立以来，我国许多大专院校和研究所(包括研究生院)相继开展了这一学科的教学和科研工作，并取得了很大进展和丰硕成果，受到了国内外的高度重视。但在应用方面，与所投入的力量相比，还没有得到应有的广泛应用。出现这种情况有多种原因，其中一个重要原因就是我国科研或教学工作中学科划分过细，关心的领域过窄，不同学科不同领域之间既缺乏交流的愿望，更缺乏具备接触与交流的条件。

我国的理工科教育，受到历史条件的限制，诸如就教学传统思想来说，在抗日战争和解放战争时期，实验条件困难，教育经费不足，学校中讲课较多，实验较少，正如张文裕教授在1984年所指出

(见郭奕玲、沙振舜等编著的《著名物理实验及其在物理学发展中的作用》一书中张文裕所作的"序"):"中国的物理学教育与西方的教育相比而言，我们教的只是西方的一半，是不用动手的那一半！在西方，物理系的毕业生出路非常广阔，约百分之九十以上的人到其他学科搞科研或进工业部门搞应用研究，只有5—10%的人留校任教和作基础研究. 我们的则可能相反，大部分人留下任教和作基础研究，而教的和研究的又大多是'理论'(偏重数学和哲学)，轮回教育，代代如此相传！"张文裕教授这一感慨和批评，不仅是针对物理学教育而言，而且也是针对其他理工科教育来说的. 在这样一种"传统"下培养出来的学生，从事本专业的实验工作已经捉襟见肘，要想从事另外一个专业，希望应用穆斯堡尔谱学这样的实验、理论、计算和综合性很强的技术来解决自己本专业的课题，即使不望而却步，也只能望洋兴叹！

穆斯堡尔谱学没能得到广泛、有效的应用的另一原因是缺乏指导，即缺乏适合于我国教育国情的、系统、全面阐述这门学科并且对其应用以指导的参考书.

我国穆斯堡尔谱学工作者在马如璋教授和徐英庭教授的支持和领导下，结合各自的工作和经验，通过共同努力，编写了《穆斯堡尔谱学》一书，并被列入科学出版社出版的《凝聚态物理学丛书》之中. 该书从原理、实验方法、数据处理、计算机拟合、以及在各领域的应用，作了全面、系统的详尽阐述，杼轴分明，内容实用. 尽管本书不一定尽善尽美，甚至有些地方仍需进一步完善，但一部由集体完成的巨著，首先是发挥各个作者的长处，难以要求他们具有同一水平、同一文风以及完全一格的体例. 但可以相信，该书的问世将会促进穆斯堡尔谱学在我国更广泛的应用和发展，促进不同专业的科技工作者和穆斯堡尔谱学工作者共同努力，发扬穆斯堡尔的学风，为科学技术的发展和社会主义经济建设进行真诚的合作，使我国穆斯堡尔谱学在四个现代化的建设中发挥更大的作用和结出更丰盛的硕果.

柯　俊

目　录

第一章 绪 论

马 如 璋

§1.1 引 论

穆斯堡尔谱学是一门成熟的谱学技术，所谓成熟是指对影响谱图的各种因素已能进行较完满的解释，并能加以控制[1]. 但还不能说穆斯堡尔技术对所有各种极为复杂的图谱都能进行轻而易举的完满解释. 为此，不少科研工作者越来越多地采用计算机进行解谱，并用其它实验技术加以佐证. 穆斯堡尔谱学发展到目前阶段，其应用研究占着重要位置，其范围和深度也都在迅速地扩大和增加.

我国的穆斯堡尔谱学工作起步较晚，但经过 30 多年来的共同努力，已取得了迅速的发展和丰硕的成果，具体表现在研究和应用工作者人数的增加，实验设备的增多和改进，许多大专院校和研究生院都相继开设了穆斯堡尔谱学课程，召开了多次全国性穆斯堡尔学术会议，并出版了好几部有关穆斯堡尔谱学的专著[2-6]，发表的论文也有数百篇.

在国际上，一般除了两年一度的世界性的穆斯堡尔谱学学术会议[7]（见图 1.1）外，还有许多地区性或专题性的学术会议. 还有一些系列性文集[8-9]和若干专门著作[12-35]. 穆斯堡尔谱学有一个十分完整的数据体系，这要感谢 A. H. Muir, K. T. Ando 和 H. M. Kogan[36], J. G. Stevens 和 V. E. Stevens[37] 等所作出的贡献. 现在还有两份数据和文摘性杂志[38,39]可供穆斯堡尔谱学工作者参考.

穆斯堡尔谱学发展到现阶段，它的跨学科性质表现得特别明显，即使是世界上著名的穆斯堡尔谱学专家和学者也已经难以及

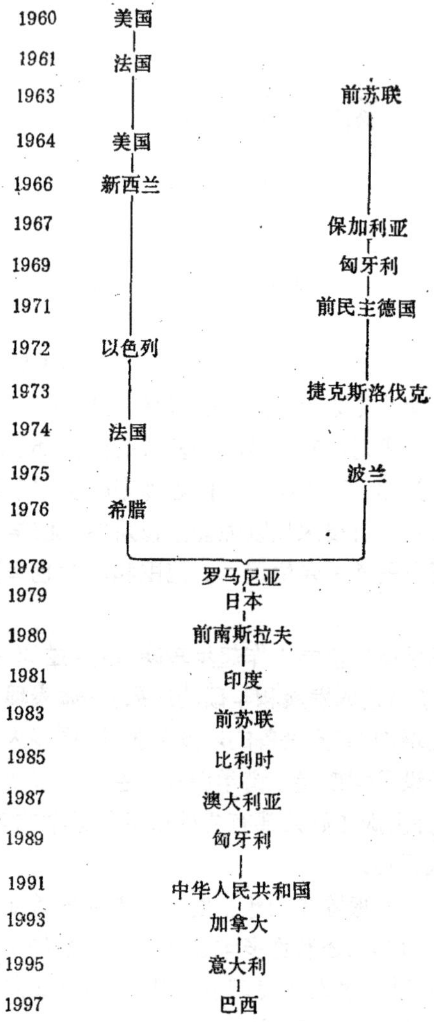

图 1.1　30多年来国际穆斯堡尔效应会议.

时掌握穆斯堡尔谱学发展的全部内容，特别是涉及范围极广的形形色色的应用和各种各样的实验技术时更是如此．为此，我们组织了国内穆斯堡尔谱学范围内多方面的专家，共同努力，在总结各方面文献资料和吸收国内外有关著作的长处的基础上，参加撰稿的各位专家根据多年的教学和科研的实践和成果，总结编写出这部适合中国国情的专著．本书的读者对象是广泛的，包括实验技巧熟练、并在穆斯堡尔谱学知识以外尚具有一门或多门其它学科专长的科学研究人员和教师；从事固体（包括粘滞液体和冷冻溶液等）研究的各类研究生；在校的高年级大学生和研究生；有关研究部门和工厂企业的广大实验人员；以及那些不是出于实用目的而需要对此科学有比较全面了解的科学工作者．本书不是一本普及读物，它具有一定的理论和实用深度，它是阐述凝聚态物理新进展一个方面的书籍．这部专著的出版对我国穆斯堡尔谱学的发展将会起到很大的促进作用．

本书分为十三章，除绪论外，其余各章按性质来说可属于基本理论、实验方法、数据处理和应用四个方面的内容．我们选择论述的应用领域包括物理学、磁学、物理冶金学、化学、矿物（地质）学、生物学（包括医学）、工业和考古学．

§1.2 穆斯堡尔谱学给出的信息

穆斯堡尔谱学主要论述的是具有一定体积的原子核与其周围环境电或磁的相互作用．这种相互作用的一方是原子核，它具有电荷、电四极矩和磁偶极矩，相互作用的另一方是环境在核处形成的电荷分布、电场梯度和磁场．所谓环境通常是指原子核的核外电子、近邻原子的电荷和磁矩．

1.2.1 磁偶极相互作用

自旋不等于零的原子核具有磁矩，它与该核周围的磁场发生相互作用，这种有效磁场可以是核所在物质中固有的内磁场 H_{int}，也可以是外加的磁场 H_{ext}。例如，在 $H_{int}=50T$ 和较大的核磁矩下，这种磁超精细相互作用可达 $10^{-5}eV$。对于特定的原子核来说，其基态或激发态的核磁矩是固定的，但若它所处的环境不同

(不同的物质或者同一物质的不同存在形式，如完整晶体、缺陷晶体、非晶体、晶粒大或小、相状态等)，则在核处的磁场便不同．由穆斯堡尔谱可以探知此磁场的大小．若在晶体中有几种不同的晶位，则可分出各个晶位的磁场大小和方向．有时磁场大小有一连续分布，在谱线中也能反映出来．此外，还可确定自旋态和磁相情况，即顺磁性、铁磁性、反铁磁性、亚铁磁性、旋磁性、散磁性等．这些内容将在第三章和第七章中进行评述．

1.2.2 电四极相互作用

自旋大于 1/2 的原子核通常是一个带电的椭球体，不同种的原子核或同种原子核在不同的激发状态中具有各自特定的形状(特定的椭球度，相应的电四极矩和符号等)，于是在非球形分布的空间电场中，若核的取向不同，则它与电场的相互作用能也不同．该电场可以是本原子核外未满电子壳层中电子的非球形分布引起的，也可以是其它原子的电荷分布引起的．这种相互作用能的数量级也大体可达 10^{-5}eV． 在已知穆斯堡尔核电四极矩的情况下，就可以根据测得的相互作用能，分析所研究物质中的电场梯度，从而探知物质中的电子组态和结构对称性等．这些内容将在第三章和其它应用章节中进行叙述．

1.2.3 电单极相互作用

原子核是有一定体积的，并且在激发态与在基态时的体积是不同的．虽然自旋大于 1/2 的核具有一定的椭球度，但对于电单极相互作用，可以认为这种椭球度都是很小的，从而认为它们都是球形的．原子核的体积内的电势 V 与把原子核看为点电荷时的电势是不同的． 核外电子壳层中的电子在原子核的体积元 dV 处有一定的密度 ρ，所以就存在一个静电相互作用 $\int_V \rho V dv$．基态半径 R_0 和激发态半径 R 有差别，这种差别大体可达 $\Delta R/R = 10^{-4}$，通过计算后可知，此能量约为 10^{-4}eV． 如果在放射源和吸收体中核处的电荷密度不同，则此电单极相互作用能也不同，这种能量差则称为同质异能移位，可达 10^{-7}eV 数量级。

同质异能移位反映电子电荷在穆斯堡尔核处的密度，而此密度与原子外层的电子多少有关，主要是与价电子有关，其次与稍内未满层电子的多少有关，而这些都受物质中原子的化学状态影响。因此，根据同质异能移位的数值的大小及变化便可以分析穆斯堡尔原子在物质中的价态及配位体的电负性等，这些化学信息是穆斯堡尔谱学给出的重要而富于特色的信息。这方面的问题将在第三章和第九章等处详细讨论。

1.2.4 原子运动给出的信息

原子运动所给出的信息这首先表现在无反冲分数 f 上。处在物质之中的穆斯堡尔核受其周围介质的影响，它在某一温度下围绕平衡位置振动的位移平方均值 $\overline{x^2}$ 就会不同，这反映了相邻原子之间的结合力的大小。这种原子间力的大小是由物质的结构所决定的，因此根据测得的无反冲分数的大小及各向异性便可以探讨物质内部原子间结合力变化或各物质之间不同的情况。这将在第二章及后面的应用部分进行讨论。

原子运动还存在一个不等于零的量，这就是速度的平方平均值 $\overline{v^2}$。它也会引起谱线位置的变化，称为二级多普勒效应，它是包括在通常观察到的谱线移位内的，这可以称为谱的中心移位，它包括同质异能移位和二级多普勒移位。但由于二级多普勒移位通常很小，所以常把谱的中心移位等于同质异能移位。

原子的扩散可以影响线的宽度，反过来说，也就是在某些场合下可以由谱线宽度的变化得到有关扩散的信息。

原子周围的电子运动的变化将影响电磁场，这种场的弛豫效应将根据弛豫时间与穆斯堡尔核拉莫尔旋进时间长短的相对关系对穆斯堡尔谱发生影响。

以上从原子运动和电磁场弛豫得到的信息将在第三、第六、第七和第九章中进行讨论。在其它各应用章节中也会涉及。

由上述可知，利用穆斯堡尔效应方法得到的信息是多方面的，即磁性、自旋状态、价态(氧化状态)配位数及结构、动态行为、相变和相组成、原子间结合强度等．对于穆斯堡尔谱学而言，要想得到任何信息，首先要在欲研究物质中有适于应用研究的穆斯堡尔核素的存在，并具有足以探测的浓度．现在观察到穆斯堡尔效应的有 45 种元素的 91 种核素．也就是说，周期表中的元素大约有一半有可观察到的穆斯堡尔效应，最轻的元素是钾．更轻的元素没有穆斯堡尔效应，使本谱学的应用受到限制． 图 1.2 示出了已观

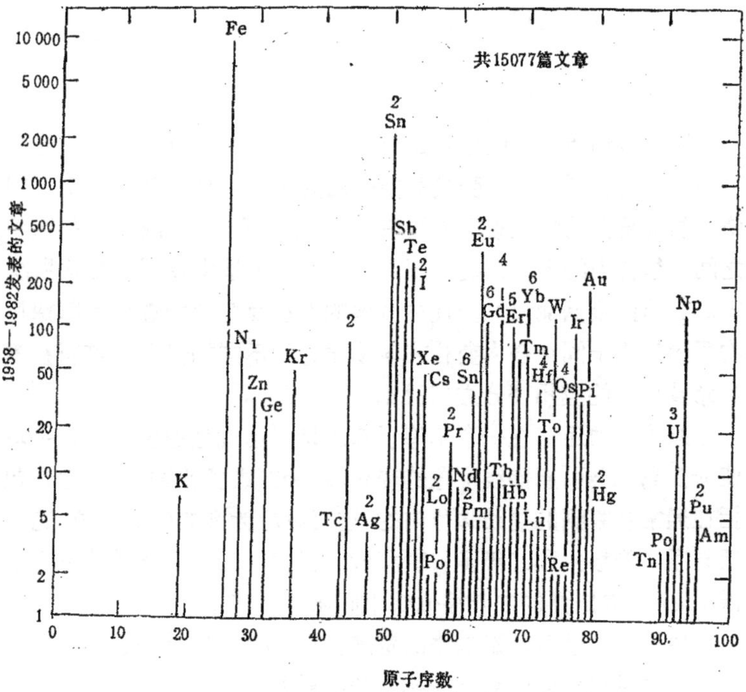

图 1.2 从 1958 年到 1982 年对各元素发表的穆斯堡尔谱学文章数，元素符号上边的数字是观察到穆斯堡尔效应的同位素(摘自文献[33])．

察到穆斯堡尔效应的元素．在元素符号上方的数字是观察到穆斯堡尔效应的同位素数．在图上还用对数坐标示出了对各种元素所发表的论文数．此图统计的是 1958 年到 1982 年 24 年中发表的

15077 篇论文，其中 9977 篇(即 66%)是 ^{57}Fe 的，2203 (即 15%)是 ^{119}Sn 的. 此数字反映了观测穆斯堡尔效应的容易程度和可获得的信息数量. 在稀土族中除钷以外各元素中都存在穆斯堡尔核素. 所有 $5d$ 过渡族元素(原子序数 72—80) 都存在可观察到穆斯堡尔效应的核素，从锡到氙的 $5p$ 元素(原子序数 50—54) 也可观测，$6p$ 元素是不存在可观察到的穆斯堡尔效应的.

§1.3 与穆斯堡尔谱学方法互相配合的实验方法

在物质结构的研究分析中，任何谱学技术都存在一定的局限性. 将其它实验方法与穆斯堡尔谱方法相互补充和配合，可以获得更为完善和明确的信息. 采用哪些相补的实验手段与把穆斯堡尔谱学应用于什么研究领域有关. 我们这里介绍几种密切相关的方法并加以描述和对比.

1.3.1 核磁共振 (NMR)[40—43] 与核四极共振 (NQR)[44]

在超精细场 H_h 作用下，核磁矩 $\boldsymbol{\mu}=\nu \boldsymbol{I}$ 的状态是量子化的，相互作用能为

$$E=-\nu \boldsymbol{I}\cdot \boldsymbol{H}_h=-(g\mu_n/\hbar)\boldsymbol{I}\cdot \boldsymbol{H}_h,$$

这里 ν 为核角动量 I 的回磁比，g 为核朗德因数，μ_n 为核磁子，$\hbar$ 为普朗克常量 h 除以 2π (即 $\hbar=h/2\pi$)，核能级分裂为$(2I+1)$个间距相等的亚能级. 当外加射频场的频率满足 $\omega=\nu H_h$ 时就会产生核磁共振. 对于磁有序物质来说，超精细场 H_h 可由物质内部存在的内场 $H_{\rm int}$ 产生，甚至在不加外磁场下也能观察到核磁共振现象. 对于非磁有序物质，H_h 就是外加磁场 $H_{\rm ext}$.

核磁共振法的精度远比穆斯堡尔谱学法要高，核磁共振法谱线锋锐，相互作用能测量的精度可达 10^{-5}，而穆斯堡尔谱学法的精度为 1%. 这是因为在核磁共振法中当吸收射频能量 10^{-6}eV 时，相应的频率约为 240MHz，精度就是内禀线宽，大体为 10^4Hz.

对于穆斯堡尔法，虽然对 10keV 的 γ 射线能量可探测的变化是它的 10^{12} 分之一，即 10^{-8}eV，而我们实测的不是 γ 射线能量本身，而是超精细相互作用的能量移位，约为 10^{-6}eV，故 10^{-8}eV 只相当于 1%。

在核磁共振法中，由于谱线窄，有时不易找到共振线，这时可先用穆斯堡尔法找出谱线的大体位置，然后再用核磁共振法来精确测定磁分裂值。

在固溶体中，由于超精细场有一相当宽的连续分布情况，故核磁共振就难以探测到这种超精细相互作用，但是穆斯堡尔法在此条件则可以很方便探测到这种超精细相互作用。另外，对于核磁共振法来说，射频波在金属及合金的趋肤效应，常使测量遇到困难。利用粉末法可以克服这种困难，但总归仍是一种限制，因为制造粉末可能引入大量晶体缺陷，使谱线宽化，信噪比下降很多，因而利用核磁共振法难以观察到谱线。

由于核磁共振法探测的是核的基态各亚能级之间的跃迁，所以对于基态角动量 $I=0$ 的核，核磁共振法测量磁超精细相互作用便无能为力。而穆斯堡尔谱学法测量的是激发态与基态间的差别，所以在某些基态 $I=0$ 的场合仍可发挥作用。

在电场梯度作用下，由于四极矩不为零的核的对称轴与电场梯度主轴之间的取向不同，因而将有不同的相互作用能量。这种超精细相互作用引起的分裂可采用核四极共振法来测量。引起共振的射频能量就是四极分裂裂矩。但由于核四极共振法研究的是基态核各亚能级之间的跃迁，所以只有基态自旋 $I>\frac{1}{2}$ 的核素才可以用核四极共振法研究电四极超精细相互作用。因此，在穆斯堡尔谱学法中，常用的 ^{57}Fe 和 ^{119}Sn 两种核素在基态自旋都是 1/2，核四极共振法便不能探测其电四极超精细相互作用能，而对于铁和锡都没有合适核四极共振法研究核素。对于卤素，穆斯堡尔谱学法适用于碘，而核四极共振法可用于氯、溴和碘，但二者都不适于研究氟的电四极相互作用能。

1.3.2 扰动角关联 (PAC)[45—47]

一组自旋取向杂乱分布的放射性原子核，当退激发放出 γ 射线时，其辐射一般是各向同性的. 这是由于放射性原子核的辐射概率依赖于自旋轴与辐射方向之间的夹角. 如果上述的一组原子核自旋在空间中有某种择优分布，于是在一般情况下它们发出的 γ 射线将不是各向同性的，这种各向异性是可以探测的. 这里所说的退激结果可以是达到较低的激发态，也可以是达到基态. 在扰动角关联实验中采用的是相继二级联 γ-γ 角关联实验. 此时第一级 γ 射线方向的探测决定自旋的空间择优分布.

核激发态的寿命为 10^{-5}s 至 10^{-9}s，如果此时原子核受到磁场(内部的或外加的)或电场梯度的作用，则从半经典的角度来看，原子核将绕此场进动，从而将使原子核发射出的 γ 射线的角度分布与无电磁场时的不同. 这种变化的大小决定于核与这种场相互作用的强弱和此激发态的寿命. 从原则上说，如果知道了此激发态的寿命和这种发射的角度分布，则我们就可以确定相互作用的强弱，进而求出这里作用的电磁场的强弱.

图 1.3 示出了 γ 射线级联和角关联测量布局示意图. 具有能量 E_1 的 γ_1 射线由探测器 1 探测，具有能量 E_2 的 γ_2 射线由探测器 2 测量. 利用实验装置和计数器便可检查同时发射的两束 γ 射线之间的角度关系. 事实上，探测器 2 可以在某一时间间隔中(例如 t_1 到 t_2 之间)探测第二射线 γ_2. 如果这个时间间隔远小于平均寿命 τ，则可以得到时间微分关联 (TDPAC)，相反的情况便可得到积分时间角关联. 时间微分关联所给出的信息多.

这种方法的优点是，不受趋肤效应的影响，灵敏度高，故可以研究稀固溶体(寿命在 10^{-12}s 至 10^{-6}s，核磁共振法在这方面有困难). 在扰动角关联实验中，同质异能态发射 γ 射线后不必达到基态，约有 30 种核素可以利用(穆斯堡尔效应要求 γ 发射后退激到基态)，并且在高温也可以测量，直达熔点以上(穆斯堡尔效应实验中的无反冲分数随温度升高而下降，这是其不利的一方面).

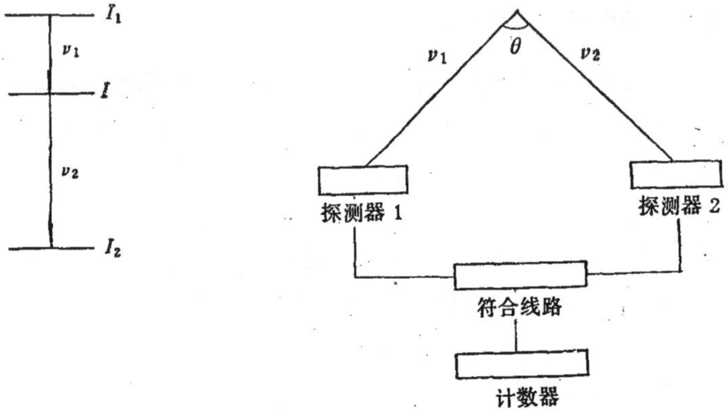

图 1.3 γ 射线级联和角关联测量布局的示意图.

扰动角关联可给出内部超精细场和电场梯度的信息，但当两者同时存在时，则难以区分，而穆斯堡尔效应则容易做到区分．再就是中间态，如果能被电场梯度分裂，当四极相互作用对称轴与讨论自旋分布的轴重合时，则观察不到扰动角关联效应了．穆斯堡尔效应在给出磁相互作用和电四极相互作用信息的同时，还能给出电单极相互作用的信息，即同质异能移位．这对于扰动角关联法是不可能办到的．在晶体缺陷的研究方面，二者可以相互补充．

1.3.3 电子顺磁共振[48]

电子的自旋运动使它具有磁矩．若电子处于外加的磁场中，自旋与磁场的方向不同，则自旋磁矩与磁场的相互作用能便不同．电子的自旋量子数只能取 $+\frac{1}{2}$ 或 $-\frac{1}{2}$，即存在两个亚能级．在磁场中，这两种取向的能量差为 $g\mu_B H$，这里 g 为光谱分裂因子，也称为 g 因子，μ_B 为玻尔磁子，H 为磁场强度． 如果对电子施加频率为 ν 的电磁波， 而其磁场分量又与 H 方向垂直，则当 $h\nu=g\mu_B H$（h 为普朗克常量）时，就可以观察到电子顺磁共振（也称为电子自旋共振吸收)，这是由电子磁矩重取向引起的．为了观察电子亚能级间的共振，通常不改变所加射频波的频率，而是通过改变磁场值来实现．电子顺磁共振是研究固体磁性和超精细相互作用的一种方法． 利用它可以得到有关电子自旋的磁性状态（g 因子）、自旋-自旋相互作用(自旋-自旋弛豫时间 τ_2，或表为 T_2)，自旋和晶格相互作用(自旋-晶格弛豫时间 τ_1，或表为 T_1) 等信息． 电子顺磁共振广泛应用于离子晶体中 $3d$，$4d$，$5d$，$4f$ 和 $5f$ 离子的磁性研究．由于趋肤效应的存在，使得在金属中观察电子顺磁共振比较困难，尽管这样，但也已开展了一些工作．当存在晶体场时，则电子能量状态的简并被部分解除．例如，对于电子总角动量 $s=3/2$ 的情况可以得到三条谱线，在此谱线的能量间隔中包含有晶体场分裂的信息．当核自旋与电子自旋间存在超精细相互作用时，则电子的亚能级会进一步分成 $(2I+1)$ 项，I 为核的自旋．从原则上说，在少数情况下，根据此时谱线能量间隔，经过复杂分析便有可得到核四极相互作用的信息，但精度并不高．此方法在这方面不能与穆斯堡尔方法竞争，但在生物学和化学方面，电子顺磁共振应用较广．

1.3.4 正电子湮没谱学（PAS）

法国穆斯堡尔谱学学者 Janot 把正电子湮没谱学作为与穆斯堡尔谱学的互补方法，并对这两种方法作了对比性的介绍[49]．正电子射入物质，热化后与物质中的电子成对湮没，并放射出两个 γ 光子．根据正电子湮没特性，经分析便可得到所研究物质中的电子动量分布状态，并进一步得到晶体缺陷和电子组态的信息．

在单纯金属与过渡族金属组成的合金中，随过渡族金属浓度的增加，利用穆斯堡尔法便可测得同质异能移位，采用正电子湮灭技术则可测得正电子寿命，它也是电子浓度的函数．将两种信息结合起来，便可探讨 s 电子向 d 带的转移和溶质元素所引起的合金体积效应，还可以联合研究扩散机制．在研究非晶态固体的本质方面，通过正电子湮没谱学中角关联的测量，便可得到 s 或 d 电子自旋极化的信息，也可以得到费米球的半径，这些对于理解从穆斯堡尔谱学得到的非晶结构和电磁性能信息，可以起到补充作用.

利用正电子湮没技术来研究空位是比较成功的，也可以用于对各种材料的研究[48]. 但对于其它类型的点缺陷，如杂质原子(代位或填隙;孤立或聚合，单独或与空位缔合)等穆斯堡尔效应可以给出多方面的信息.

1.3.5 μ 介子自旋共振

在近几届的国际穆斯堡尔谱学应用会议上，有不少学者强调指出，要想更有效地开展科研工作，务必将多种实验技术相互配合来使用. Chappert[51]提出将μ介子自旋共振(μSR)作为穆斯堡尔谱学的互补技术. Karlsson[52] 分析了μ介子自旋共振技术在固体物理（特别是金属物理）中应用的前景和存在的问题. μ^+ 是带正电荷的粒子，其质量只是质子的 0.11 倍，自旋为 $\frac{1}{2}\hbar$，磁矩为质子磁矩的 3.18 倍. 利用μ介子自旋共振技术研究的问题大体上是：传导电子对一正电荷的响应，μ^+ 在间隙位置和空位处的择优性，μ^+ 的扩散、超精细场. 用μ介子自旋共振技术来研究 α-Fe_2O_3 的 Morin 相变方面的问题，其灵敏度高于穆斯堡尔效应的灵敏度. 例如，在 Morin 转变温度以下，利用 μ^+ 观察到的超精细场增加一倍. μ介子自旋共振与穆斯堡尔谱学相比而言，其不足之处就是需要大型的设备，在基本现象的理解方面也还不是十分清楚.

1.3.6 扩展的 X 射线吸收精细结构[51,53]

观察到扩展的X射线吸收精细结构（EXAFS）已有 60 年历史了，但到了 70 年代才迅速发展起来，成为一门受人们瞩目的技术. 最近，在世界上一些实验室中才建成的强X射线源同步加速器促进了扩展的X射线吸收精细结构技术的发展. X射线通过物质时，因吸收而减弱，其强度可以表示为 $I = I_0\exp(-\mu x)$，这里 I_0 和 I 是初始和穿过物质深度 x 后X射线的强度，μ 为线吸收系数。作为入射线光子能量的函数，吸收谱上出现一些特征的吸收限。这些吸收限对应于μ的突然增大，它们出现在X射线能量与打出原子内层电子所需能量对应时。在吸收过程中，能量为 $h\nu$ 的光子消失，出现一个动能为E的光电子，能量关系为 $E = h\nu - E_k$，E_k 为电子的结合能。如果吸收原子是孤立的(例如氩气中的氩原子)，则最终情况就是发出一个电子，吸收系数μ随X射线能量单调下降[图 1.4(a)]，只是在吸收限的 50eV 范围内有些起伏。当吸收在凝聚态物质中进行时，则因吸收原子是被其它原子包围的，于是出射的电子波与从其它邻居原子反射回来的电子波相干涉。在相长干涉时，X射线被吸收的概率增大，在相消干涉时，则吸收率减小，吸收系数μ也随之相应起伏，如图 1.4(b) 所示。这种吸收的起伏在吸收限后成百电子伏特区域，经数学处理后就可得所希望得到的扩展的X射线吸收精细结构信息。

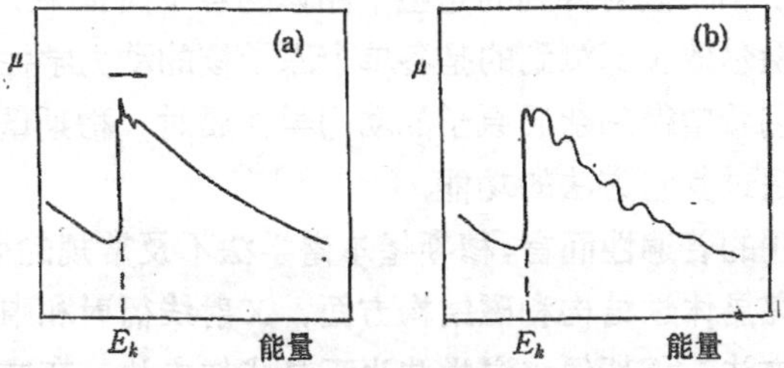

图 1.4 作为X射线能量函数的吸收谱.

(a) 吸收原子是孤立的(无扩展的X射线吸收精细结构); (b) 吸收原子有近邻原子(得到扩展的X射线吸收精细结构振荡).

扩展的X射线吸收精细结构技术是研究吸收X射线的原子的局域近邻信息的灵敏方法，例如键长、配位数、原子近邻化学种类的变化等。 它常用于研究非晶物质的偏径向分布函数、生物大分子中的重原子、小颗粒性催化剂(原子间距在颗粒中有变化)等。

扩展的X射线吸收精细结构技术的局限性是限于研究近邻结构，只适用于X射线较高能区。可测的样品厚度和X射线谱仪能量可用范围（一般只适于研究原子序数大于 20 的元素）也受到一些限制.

1.3.7 中子谱[54]

穆斯堡尔效应可以用于研究晶格动力学性质. 在这方面可以与穆斯堡尔谱学竞争的方法有热漫散射 X 射线、红外光谱和中子谱等. 在研究完整晶体方面(例如 ^{57}Fe 在纯铁中，^{119}Sn 在纯锡中)，X 射线法和中子谱都能得到用穆斯堡尔谱学法可得到的拉布-穆斯堡尔因子(即无反冲因子). 只是穆斯堡尔谱仪设备比中子谱仪要简单. 在得到点阵动力学基本信息方面，没有哪一种方法能超过相干非弹性单声子中子散射方法. 它可以给出晶格的各个简正模. 但穆斯堡尔实验可以同时得到原子运动的平均平方振幅和平均平方速度.

由中子相干散射得到的是整个晶体的各个简正模. 与此相反，穆斯堡尔效应探测到的是各单个原子核的动力学性质. 所以只有当我们希望得到杂质原子的动力学性质时，穆斯堡尔谱学法的功能才超过其它方法的功能.

从应用的普遍性而言，穆斯堡尔谱学法不及常规的衍射方法，所以在研究晶体学结构和磁结构方面，X 射线衍射和中子衍射是应采用的方法. 穆斯堡尔谱学法也不是成像方法，在成像方面常用的是光学显微镜和电子显微镜等.

§ 1.4 若干微观研究方法的简单比较

在所有研究微观结构的方法中，包括核物理方法和其它方法，都各自具有特色，一般说来，这些方法应相互配合使用. 但要对各种方法全面论述和比较不是本书的任务. 为了得到一个简单概念，在结束本章时，我们引入表 1.1 和表 1.2[56]，以便对不同方法作一简单的比较. 对于上述提到的大部分研究方法，可以在 Gonser 主编的新书[57]或其他有关书籍中找到更详细的论述.

表 1.1　成像方法(附化学分析晶体学分析能力)

中文名	英文全名	英文缩写符号	成像分辨率	成分信息	分析分辨率	晶体学信息
光学显微镜	light optical microscope	LOM	250nm	刻蚀、干涉颜色	(250nm)	(浸蚀坑)
光子发射电子显微镜	photoemission electron microscope	PEEM	10nm	功函数(与吸收物质有关)	(10nm)	—
扫描电子显微镜	scanning electron microscope	SEM	4nm(二次电子)	背散射电子 EDX[1)] WDX[1)]	(500nm) 5000nm, 150eV 500nm, 5eV	选区(2μm)电子沟道像
透射电子显微镜	transmission electron microscope	TEM	0.2nm	EDX[1)]	10nm 150eV	
扫描透射电子显微镜	scanning transmission electron microscope	STEM	2nm	EELS[1)]	40nm, 0.1eV	—
场离子显微镜	field ion microscope	FIM	1atom	原子探针	1atom	直接点阵像
自射线成像	micro-autoradiography	—	250nm	示踪同位素	250nm	

1) EDX：能量弥散X射线谱学
EELS：电子能量损失谱学
WDX：波长弥散X射线谱学

表 1.2　用于固体化学分

中文名	英文名称	英文缩写符号	具有最小原子序数可探测的元素
电子探针	electron microprobe analysis	EMPA XRF	B
离子探针	ion microprobe/microscope	IMP	He
二级离子质谱仪	secondary ion mass spectroscpy	SIMS	H
白热放电光学显微镜	glow discharge optical spectr-oscpy	GDOS	C
俄歇电子谱仪	auger electron spectroscopy	AES	Li
电子谱化学分析	X-ray induced photoelectron spectroscopy	XPS ESCA	
紫外诱发光电子谱	ultraviolet-induced photoelectron spectroscopy	UPS	He
加速器辐射诱发光电子谱	synchrotron radiation induced photoelectron spectroscopy	SEPES	
卢瑟福背散射	Rutherford backscattering	RBS	H
核反应分析	nuclear reaction analysis	NRA	H
质子诱发X射线发射	proton-induced X-ray emission	PIXE	Na
穆斯堡尔谱	Mössbauer spectroscopy	MBS	(少数)
内转换电子穆斯堡尔谱	conversion electron Mössbauer spectroscopy	CEMS	(少数)
扰动角关联	perturbed angular correlation	PAC	(少数)

1) 只可能在低Z基体中探测高Z元素

2) 与材料种类的关系很大

3) 溅射截面约 2000nm

析和微量化学分析方法

横向分辨率	可探测极限 表面块体	分辨率可达深度	移位	成像
1000nm	单层[1]，10—10^3	—，1000nm	—	扫描
10nm	—[2]，10^{-2}—10^1	5nm，2000nm	—	直接式扫描
1cm	0.01[2]，10^{-3}—10^0	0.3nm—2000nm	—	—
1cm	0.01，10^3	0.3nm，2000nm	—	—
50nm	0.01，10^3	0.5nm[3]，0.5nm	（+）	扫描
1mm	0.1，10^3	1nm[2]，5nm	+	—
—	0.01，10^{-3}	10nm，1000nm	—	—
0.1mm	0.01，10^{-3}	10nm，1000nm	—	—
1000nm	—，1	—	—	扫描
—	—，1	—，深	+	—
		—，50nm，μm	+	—
—	—，10^{-6}	—，深	+	—

§ 1.5 穆斯堡尔谱学的进展情况

穆斯堡尔谱学和与它经常互相配合使用的核谱学方法在应用方面和技术方面近年来都有明显的发展。国内外都出版了一些新的专著。Long[58,59] 的著作及他与 Grandjean[60] 合著的著作，是穆斯堡尔谱学在无机化学中应用的巨著。在第一卷中较详细地叙述了穆斯堡尔谱学的基础内容后，讨论了在配位化学、生物、催化、硅酸盐矿物、陶瓷与考古、一维磁学、^{197}Au 和 ^{119}Sn 穆斯堡尔谱学在化合物中的应用等。第二卷详细讨论了许多领域的应用，但概括说具有广义固体化学的特点。例如，综述了离子注入、微晶、混合价、低维磁体、超传递超精细场、铁肮的还原、金属玻璃；对 ^{125}Te、碘、$5d$ 过渡族化合物、锕族给了较全面评论；铁的氧化物和氧羟化物具有重要的实用意义，作者给了详细的介绍。第三卷中阐述了大量的在第一和第二卷中未涉及的问题，其中包括明显属于化学领域的问题，例如，对于含铕化合物用了 80 多页的篇幅总结了200多篇文献；也包括平常不直接划归化学的问题，例如永磁材料和半导体的研究也给了相当全面的评述。

Vertes 和 Nagy 对冷冻溶液作了专题论述[61]。 Clark 等[62]对大量穆斯堡尔文献作了总结，涉及理论、设备和方法，透射法和背反射法，特别是讨论了背散射 γ 共振谱学。Berry[63] 从方法的角度作了论述。

Wapping[64]、李士[65]对穆斯堡尔谱学和 μ 介子自旋共振谱学之间的异同作了论述。王友桐[66]和夏元复等[67]也编写了新的穆斯堡尔谱学著作。

金慧娟、常汝勤、许桂琴[68]等发展了一种测定源中 ^{57}Fe 的无反冲分数的方法。金慧娟等[68]探讨了计算二次多普勒移位的方法。金明芝[69]对铕谱的计算机拟合提出研究结果。Rancourt 和平爵云[70]对拟谱开展了有启发的工作，不少人认为他们提出的方法有两个特色，一是原理清晰，计算简单，运算快速；二是在超精细场或四极分裂存在极值分布情况下，拟合时能消除振荡和负值。徐祖雄等[71]对于求解重叠穆斯堡尔谱的超精细参数分布，从多元线性回归分析观点，提出了一种带非负约束的逐步回归分析方法，本方法计算量较小，并可进一步降低均方误差。

现在对于穆斯堡尔成像已达到位置灵敏度为400μm[72,73]，根据发展，它有可能用于材料科学中遇到的某些成分不均匀性的研究。重离子束穆斯堡尔谱学（In-beam MS）是一个新的方面，已经在重离子加速器上建立起了这样的装置，可以实现库仑激发注入后对瞬间动力学效应的研究[74]。受到重视的问题还有用电子储存环的同步辐射作为穆斯堡尔源的可能性[10]和原子核共振散射中的相干增强效应[11]。

Inoue 等研究了穆斯堡尔谱学中的同质异能移位与X射线光电子能谱中结合能（BE）之间的关系。发现结合能随同质异能移位的减小而下降，并给出了建议性的解释。

参 考 文 献

[1] S. L. Ruby, et al., Mössbauer Isomer Shifts (Shenoy et al., ed.), North-Holland Publishing Company, 3(1978).

[2] 应育浦、李哲，穆斯堡尔效应在矿物学中的应用，地质出版社（1977）.

[3] U. 贡泽尔著，徐英庭、李哲、李国栋、应育浦译，穆斯堡尔谱学，科学出版社（1979）.

[4] 夏元复、叶纯灏、张健编著，穆斯堡尔效应及其应用，原子能出版社（1984）.

[5] 马如璋等编译，穆斯堡尔谱学手册，冶金出版社（1993）.

[6] 马如璋、平爵云等，穆斯堡尔谱的计算机拟合技术，北京钢铁学院科学研究论文集，北京钢铁学院出版社（1984）.

[7] Leuven, Belgin, *Hyperfine Interactions*, **27**; **28**; **29** (1986).

[8] I. J. Gruverman, editor, Mössbauer Effect Methodology, Plenum Press, **1**(1965); **2**(1966); **3**(1967); **4**(1968); **5**(1969); **6**(1970); **7**(1971); **8**(1972); **9**(1974); **10**(1976).

[9] R.L. Cohen, editor, Application of Mössbauer Spectroscopy, Academic Press, **1**(1976); **2**(1979).

[10] E. Gerdau, Phys., Bl.**44**(7), 198 (1988); *Hyperfine Interactions*, **40** (1—4), 49(1988).

[11] U. Van Bröck, *Hyperfine Interactions*, **47—48**, 129(1989).

[12] H. Frauenfelder, The Mössbauer Effect, Benjamin (1962).

[13] G.K. Wertheim, Mössbauer Effect: Principles and Applications, Aca-

demic Press (1964).
[14] V.I. Goldanskii, Herber, R.H., editors, Chemical Applications of Mössbauer Spectroscopy, Academic Press (1968).
[15] J., Danon, editor, Lectures on the Mössbauer Effect, Gordon and Breach (1968).
[16] N.N. Greenwood, Gibb, T.C., Mössbauer Spectroscopy, Chapman and Hall (1971).
[17] L. May, editor, An Introduction to Mössbauer Spectroscopy, Plenum Press, (1971).
[18] V.G. Bhide, Mössbauer Effect and Its Applications, Tata McGraw-Hill (1973).
[19] G.M. Bancroft, Mössbauer Spectroscopy, An Introduction for Inorganic Chemists and Geochemists, McGraw-Hill (1973).
[20] U. Gonser, editor, Mössbauer Spectroscopy, Springer (1975).
[21] T.C. Gibb, Principles of Mössbauer Spectroscopy, Chapman and Hall (1976).
[22] G.V. Shenoy, Wagner, F.E., editors, Mössbauer Isomer Shifts, North Holland (1978).
[23] A. Abragam, L'Effet Mössbauer, Gordon and Breach (1964).
[24] H. Wegener, Der Mössbauer-Effect und seine Anwendungen in Physik und Chemie, Bibliographisches Institut, Mannheim (1965).
[25] C. Janot, L'Effet Mössbauer et ses Applications a la Physique du Solide et a la Metallurgie Physique, Masson (1972).
[26] L.S. Kothari, Baijal, J.S. and Tewari, S.P., Mössbauer Spectroscopy; Current Application to Physical Science, Academic Publications (1984).
[27] B.V. Thosar, Iyengar, P.K., Srivastava, J.K. and Bhagava, S.C., Advances in Mössbauer Spectroscopy, Application to Physics, Chemistry and Biochemistry, Elsevier Publishing Company(1983).
[28] R.H. Herber, ed., Chemical Mössbauer Spectroscopy, Plenum Press (1984).
[29] Barb, Dănilă, Grundlagen und Anwendungen der Mössbauerspektroskopie, Akademic-Verlag(1980).
[30] Гольданский, В.И., Эффект Мёссбаудра и его Примененме в Химий, Изд., АНСССР (1963).
[31] В.И. Гольданский, Гамма-Резонансные Методы и Приборы для Фазового Анализа Минерального Сырыя, Москва Атомиздат (1974).
[32] В.В., Чекин, Мёссбауэровская Спектроскопия Сплавов, Железа, Золота и Олова, Энергоиздат(1981).
[33] В.С. Литвинов и др., Ядерная Гамма-Резонансная Спектроскопия Сплавов, Изд., Металл(1982).
[34] U. Gonser, ed., Mössbauer Spectroscopy, Springer-Verlag (1975); Mössbauer Spectroscopy II, The Exotic Side of the Method, Springer-Verlag(1981).
[35] J.G. Stevens, G.K. Shenoy, ed., Mössbauer Spectroscopy and Its Che-

mical Application, Advances in Chemistry Series, American Chemical Society, 194(1981).
[36] A.H. Muir, Ando, K.T. and Coogan, H. M., ed., Mössbauer Effect Data Index, Interscience (1958—1965).
[37] J.G. Stevens, Stevens, V. E., ed., Mössbauer Effect Data Index, Plenum (1966—1968); (1970); (1971); (1972); (1973); (1974).
[38] Mössbauer Effect Data Journal, Mössbauer Effect Data Centre(1978).
[39] Mössbauer Spectroscopy Abstracts, PRM Science and Technology Agency(1978).
[40] I. Weisman, Swartzendruber, L., Bennet, L., In Measurement of Physical Properties, ed. by E. Passaglia, VI16, Wiley, 165(1973).
[41] J. Winter, Magnetic Resonance in Metals, Oxford University Press (1971).
[42] L. Van Gerven, ed., Nuclear Magnetic Resonance in Solids, Plenum Press (1977).
[43] 王金山，核磁共振波谱仪与实验技术，机械工业出版社 (1982).
[44] R.G. Barnes, Magnetic Resonance, Plenum Press, 63—69(1970).
[45] J. Christiansen, ed., Hyperfine Interactions of Radioactive Nuclei, Springer-Verlag, 147; 218(1983).
[46] M. Forker, Nuclear Physics Methods in Materials Research, Vieweg and Sohn, 160(1980).
[47] 倪新伯，扰动角关联及其应用，原子能出版社(1985).
[48] 见[18]的282.
[49] C. Janot, Rev. Phys. Appl., 15, 1073(1980).
[50] R.N. West, Nuclear Physics Methods in Materials Research Vieweg and Sohn, 234(1980).
[51] J. Chappert, J. de. Physique, 41, Colloque C-1, Supplement an 1 (1980).
[52] Karlsson, E., Nuclear Physics Methods in Materials Research Vieweg and Sohn, 248(1980).
[53] S.J. Gurman, J. Materials Science, 17, 1541(1982).
[54] 培根著、谈洪、乐英译，中子衍射，科学出版社(1980).
[55] 钱祥荣，核物理方法在金属研究中的应用，上海科技出版社(1979).
[56] H. Fischmeister, Nuclear Physics Methods in Materials Research Frieder, Vieweg and Sohn, 289(1980).
[57] U. Gonser, Microscopic Methods in Metals, Springer-Verlag(1986).
[58] Long, J. Gray, ed., Mössbauer Spectroscopy Applied to Inorganic Chemistry, 1, Plenum Press (1984).
[59] Long, J. Gray, ed., Mössbauer Spectroscopy Applied to Inorganic Chemistry, 2, Plenum Press(1987).
[60] Long, J. Gray, F. Grandjean, ed., Mössbauer Spectroscopy Applied to Inorganic Chemistry, 3, Plenum Press(1989).
[61] A. Vertes, D.L. Nagg, ed., Mössbauer Spectroscopy of Frozen Solutions, Academiai Kaido(1990).

[62] S.J. Clark, J.D. Donaldson, S.M. Grimes, M.J.K., Thomas, Spectroscopic Properties of Inorganic and Organic Compounds, **23**, 377 5,273 (1990).
[63] Berry, J. Frank, Phys. Methods in Chemistry, 2nd edition, Wiley Press, (1990).
[64] R. Wapping, *Hyperfine Interactions*, **53**,223(1990).
[65] 李士,核技术,**12**(10),569(1989).
[66] 王友桐,核谱学在化学中的应用,福建科学技术出版社(1990).
[67] 夏元复、刘荣川编译,穆斯堡尔谱学常用数据手册,江苏科学技术出版社(1990).
[68] 金慧娟、常汝勤、许桂琴,科学通报,**35**(1),68(1990).
[69] 金明芝,中国科学,A, **33**(4), 430(1990).
[70] D.G. Rancourt, J.Y. Ping(平爵云), Nucl. Instr. Meth, **B58**, 85(1991).
[71] 徐祖雄、马如璋,物理学报,**39**(6),875(1990).
[72] S. Norton, Nature, (London) **330**, 151(1987).
[73] J.D. Cashion, et al., *Hyperfine Interactions*, **58**, 2507(1990).
[74] R. Sielemann, *Hyperfine Interactions*, **53**, 75(1990).

第二章　穆斯堡尔效应

徐　英　庭

§2.1　引　　言

在第一章中，我们指出穆斯堡尔效应的应用已发展成为一种成熟的谱学技术。它在许多学科，例如固体物理学、磁学、化学、生物医学、地质矿物学、冶金学、考古学以及工业等方面已获得广泛的应用。在以下各章里我们将对这些应用进行比较详细的论述。与穆斯堡尔谱学方法互相配合的其他实验方法相比较，例如核磁共振（NMR）、核四极共振（NQR）、扰动角关联（PAC）、电子顺磁共振（EPR）、正电子湮没谱学（PAS）、μ介子自旋共振（μSR）、扩展X射线吸收精细结构（EXAFS）、中子衍射谱学等，穆斯堡尔谱学具有三个与众不同的特点。首先，这一谱学技术的发明和创建主要是德国青年物理学家穆斯堡尔的贡献[1,2]，不是由于实验方法和技术的逐渐改进和积累而成的。其发现过程是一个很有教益的故事。其次，这一谱学方法的发现及其应用涉及到物理学和其他学科的许多领域，例如核物理、固体物理、相对论、量子力学、磁学等。从事穆斯堡尔效应的研究工作可以获得多方面的知识，可以感受到自然界不同现象间的一些内在联系和自然界的奥妙。最后，穆斯堡尔谱学技术相对地说，其设备比较简单，一般的实验室都比较容易建立。需要支持的经费比较少，又可以在物理学、化学、材料科学等比较重要的领域开展研究工作。这一谱学技术的不足之处是，只有某些核素的γ跃迁才具有可测量到的穆斯堡尔效应。目前，约有91个核素中的110个γ跃迁已观察到核的无反冲γ射线共振吸收(散射)，即穆斯堡尔效应。无反冲分数较大，效应显著能获得广泛应用的只有^{57}Fe(14.4keV跃迁)、^{119}Sn(23.8

keV）以及一些稀土元素等，因此穆斯堡尔谱学的应用又受到一定的限制。幸运的是这些效应较显著的核素（^{57}Fe，^{119}Sn 等）在磁学、地质学、材料科学中有重要的作用，使穆斯堡尔谱学在许多学科中能获得广泛的应用。

本章我们将简单地回顾穆斯堡尔效应，即无反冲 γ 射线共振吸收的发现过程。然后论述穆斯堡尔效应简单的物理图象和无反冲分数的计算。穆斯堡尔谱学的实验技术将在第四章中作详细的讨论。

§2.2 原子核 γ 射线共振吸收

在原子光谱范围内，光谱线的共振吸收是人们熟知的现象。例如钠灯发射的钠原子特征的黄光（波长约为 5896 Å）很容易被钠原子蒸气所吸收。在太阳光的分光光谱线中，可以见到明显的夫琅和费吸收线，这是由于太阳所发的连续光谱通过太阳外围的大气时，被其大气中的原子共振吸收的结果。人们很早就预言，在原子核由能级较高的激发态 E_e 跃迁到能量较低的基态 E_g 发射 γ 射线时，其 γ 射线也容易被相同的原子核所吸收。因为正如原子光谱中的现象一样，吸收 γ 射线的原子核也存在着与发射 γ 射线的原子核完全相同的能级。但是与原子光谱中的共振吸收不同，要观察到原子核的 γ 射线共振吸收或共振散射则有一定的困难。

假设处在激发态 E_e 的原子核，激发态的平均寿命为 τ，当其跃迁到基态 E_g 时，发射能量 $E_\gamma = E_e - E_g$ 的 γ 射线。用经典的图象看这一过程，可把它看作是一个振幅逐渐衰减的谐振子。发射的电磁波，其电场 E 可以写成

$$\begin{aligned} \boldsymbol{E}(t) &= \boldsymbol{E}_0 e^{i\omega_0 t} \cdot e^{-t/2\tau} \quad & t \geqslant 0, \\ \boldsymbol{E}(t) &= 0 & t < 0, \end{aligned} \tag{2.1}$$

其中 $E(t)$ 为辐射的电场强度，$\omega_0 = (E - E_0)/\hbar$。电磁波的能量 $[\propto E^2(t)]$ 随 $e^{-t/\tau}$ 而衰减。在这种情况下，其发射的电磁波已不再是频率为 ω_0 的严格的单色波，而是具有一定宽度频谱的单

色波的叠加。假设频谱为 $E(\omega)$，由傅里叶积分，式 (2.1) 可写成

$$E(t)=\int_{-\infty}^{\infty}E(\omega)e^{-i\omega t}d\omega,$$

其中

$$E(\omega)=\frac{E_0}{2\pi}\int_0^{\infty}e^{-i(\omega-\omega_0)t}e^{-t/2\tau}dt,$$

即

$$E(\omega)=\frac{E_0}{2\pi}\frac{1}{i(\omega-\omega_0)+1/2\tau}.$$

因此，电磁波强度随频率的分布为

$$I(\omega)\propto E^2(\omega)\propto\frac{I_0}{2\pi}\frac{(\Gamma/2)^2}{(E-E_0)^2+(\Gamma/2)^2},\tag{2.2}$$

其中 $\Gamma=\hbar/\tau$，$\hbar\left(\hbar=\dfrac{h}{2\pi}\right)$ 为普朗克常量，即

$$\Gamma\tau=\hbar\tag{2.3}$$

称式(2.2)的γ射线的频谱分布曲线为洛伦兹型。当 $\omega=\omega_0$ 时，强度最大，频率偏离 ω_0 时强度减小。当 $\omega=\omega_0\pm\dfrac{\Gamma}{2}$ 时，强度降为一半，因此 Γ 为γ射线谱线能量的半高全宽度。事实上 Γ 就是原子核激发态 E 的能级宽度，它和激发态 E 的平均寿命服从不确定关系式 (2.3)。对于相同的原子核，也具有同样的能级宽度为 Γ 的能级 E。当入射的γ射线的能量为 E_γ 时，根据量子电动力学的计算，共振吸收截面为

$$\sigma_{吸收}(E)=\sigma_0\frac{\Gamma\Gamma_\gamma/4}{(E-E_0)^2+(\Gamma/2)^2},\tag{2.4}$$

$$\sigma_{散射}(E)=\sigma_0\frac{(\Gamma_\gamma/2)^2}{(E-E_0)^2+(\Gamma/2)^2}.\tag{2.5}$$

上式中 E 代表γ射线的能量 E_γ，E_0 代表激发态和基态的能量差 E_e-E_g。Γ 为激发态能级的总宽度，它正比于激发态的总衰变概率。Γ_γ 为发射γ射线的部分能级宽度，它正比于激发态发射γ

射线的衰变概率．如果 Γ_e 为发射内转换电子的部分能级宽度，它正比于激发态发射内转换电子的概率，则 $\Gamma=\Gamma_\gamma+\Gamma_e$．式(2.5)中

$$\sigma_0=\frac{2I_e+1}{2I_g+1}2\pi\lambdabar^2, \tag{2.6}$$

这里 I_e，I_g 分别为原子核激发态和基态的自旋，$\lambdabar=\lambda/2\pi$，λ 为 γ 射线的波长．由于 $\Gamma=\Gamma_\gamma+\Gamma_e$，故式(2.4)也可写成

$$\sigma_{吸收}=\sigma_0\frac{(\Gamma/2)^2}{(E-E_0)^2+(\Gamma/2)^2}\cdot\frac{1}{1+\alpha}, \tag{2.7}$$

$\alpha=\Gamma_e/\Gamma_\gamma$ 为激发态的内转换系数．$\sigma_0\cdot\dfrac{1}{1+\alpha}$ 为入射 γ 射线能量 E 等于核能级能量 E_0 时的最大共振吸收截面．

在原子光谱的情况下，我们讨论原子的共振荧光，仍以钠的特征光谱线波长 5896Å 为例，它是由钠原子外层价电子从能级 $3P_{1/2}$ 跃迁到基态 $3S_{1/2}$ 时发射的，光子相应的能量为 2.103eV．$3P_{1/2}$ 能级的平均寿命约为 10^{-8}s，相应的能级宽度 Γ 约为 6.55×10^{-8}eV．由式(2.4)可知，共振吸收截面与入射光子能量 E 的依赖关系极为灵敏．与钠原子 $3P_{1/2}$ 能级与基态 $3S_{1/2}$ 的能级之能量差相比，如果入射光子的能量 E 偏离几个能级宽度 Γ，则共振吸收荧光截面极为敏锐地减小．在讨论原子核 γ 射线共振荧光时，我们以穆斯堡尔首先发现原子核无反冲 γ 射线共振吸收的实验为例，即以 ^{191}Ir 由能量为 129keV 的第一激发态跃迁到基态、发射 129 keV γ 射线为例子．^{191}Ir 的第一激发态的平均寿命为 $1.4\cdot10^{-10}$s，故相应的能级宽度为 $9.2\cdot10^{-6}$eV．

在上面讨论共振吸收现象时，我们假设了发射体发射光子或吸收体吸收光子时，没有因整个体系必须服从动量守恒而使发射体和吸收体受到反冲．即假设它们是静止的，并且质量极大，或者它们坚实的固定在质量极大的基体上面．因而我们忽略了一个极为重要的事实．现在我们来讨论反冲对共振荧光的影响．假设发射体和吸收体为单个的自由的静止的原子(或原子核)，当它发射

一个能量为 E_γ 的光子时，光子的动量为 E_γ/c，c 为光速。由于整个体系动量必须守恒，故原子在光子发射的相反方向上将获得一个数值等于光子动量的反冲动量 E_γ/c，所获得的相应的反冲动能为 $E_\gamma^2/2Mc^2$。M 为原子的质量。因此，由能量为 E_e 的激发态跃迁到能量为 E_g 的基态时，由于整个体系能量守恒，跃迁可以利用的能量 $(E_e - E_g)$ 必须有一部分损耗在原子（或原子核）的反冲能量 $E_\gamma^2/2Mc^2$ 上面，使光子的实际能量为 $(E_e - E_g) - R$，这里 $R = E_\gamma^2/2Mc^2$ 为反冲能量损耗。

现在分别计算以上所讨论的钠原子黄色光谱线和 ^{191}Ir 的 129 keV γ 射线共振吸收例子中，它们反冲能量损耗的大小。对于钠原子 $R \sim 10^{-10}$eV，这个数值远小于 $3P_{1/2}$ 能级宽度 6.55×10^{-8} eV。因此，在原子光谱的情况下，一般反冲能量损耗可以忽略掉。而对于 ^{191}Ir 的 129keV γ 射线，$R \approx 0.046$eV，这个数值远大于其 129keV 能级的天然宽度 9.2×10^{-6}eV。当原子核吸收 γ 射线时，由于原子核也受到反冲。γ 射线能量 E_γ 必须有一部分损耗在吸收原子核的反冲动能 $R \approx E_\gamma^2/2Mc^2$ 上。因此，发射原子核和吸收原子核相对的偏离能量为 $2R$，远大于核共振能级的自然宽度 Γ。由于发射线和吸收线的能量不匹配，使原子核的 γ 射线共振吸收（散射）不能实现。

§2.3 谱线的多普勒增宽

在以上的讨论中，我们假设原子核是孤立的、自由的和静止的。实际的情况是，原子核都处于一定的气体、液体或固体的原子之中，并随周围的介质作热运动。由于发射或吸收时原子热运动所引起的多普勒效应，使发射谱线和吸收谱线增宽，不再等于能级的自然宽度，这种谱线的增宽称为多普勒热增宽。设原子核发射 γ 射线前，由热运动得到的动量为 $\boldsymbol{P}_i$，发射动量为 $\boldsymbol{P}(P = E_\gamma/c)$ 的光子后，原子核的动量为 $\boldsymbol{P}_f$。则由于动量守恒，$\boldsymbol{P}_i = \boldsymbol{P} + \boldsymbol{P}_f$，在这一过程中原子核获得的反冲能量为

$$E'_R = \frac{1}{2M}(P_f^2 - P_i^2) = \frac{P^2}{2M} - \frac{P_i \cdot P}{M}, \tag{2.8}$$

前一项 $P^2/2M = E_R$ 就是当 $P_i = 0$时的情形，即原子核在发射γ射线时为静止时的反冲动能。令原子核的热运动的动能 $\varepsilon = P_i^2/2M$，并令

$$D = 2(\varepsilon E_R)^{1/2}, \tag{2.9}$$

则式(2.8)可写成

$$E'_R = E_R - D\cos\phi, \tag{2.10}$$

ϕ为原子核初始动量 P_i 和γ射线动量 P 之间的夹角。在一定的温度下，原子核热运动的动能 ε 是有一定分布的，在气体情况下，其运动速度分布为麦克斯韦分布。假设热运动是各向同性的，则式(2.10)中第二项对速度方向（$\phi = 0$ 至 π）求平均后，其值为零。故由于热运动和反冲能量损耗，使发射谱线中心偏离原子核能级能量差 E_R 以外，并使谱线约增宽

$$\overline{D} = 2(\bar{\varepsilon} E_R)^{1/2}, \tag{2.11}$$

$\overline{D}$ 表示对原子核不同运动初始速度和方向求平均值。对于吸收谱线，在以上的讨论中只要改变光子动量 P 的符号，完全得到相同的结果。

为了使原子核γ射线发射谱和相同原子核的吸收γ射线谱相互间的能量获得部分的相匹配，有几种方法可以利用原子核作适当运动时所产生的多普勒效应，来补偿原子核发射和吸收γ射线时的反冲能量损耗。例如一种方法是利用衰变到第一激发态的前级辐射，选择和前级辐射（α,β,γ 射线）成适当角度的γ射线，使由于发射前级辐射引起的原子核反冲，在原子核发射γ射线之前先获得一定的运动速度，由于多普勒效应使γ射线的能量增加 $2E_R$。另一种方法就是把放射源放在高速旋转的转盘的边缘，当转盘的转速达到适当数值时，在向前切线方向上发射的γ射线，由于多普勒效应，可以使其能量增加 $2E_R$，以补偿原子核发射γ射线和吸收γ射线时的反冲能量损耗。最后一种方法是利用γ射线的多普勒热增宽，即使式(2.11)中的多普勒增宽 $\overline{D}$ 接近于反冲能

量损耗 E_R 相同数量级，这样发射谱线和吸收谱线就有相当一部分重叠，以观察到这重叠部分的共振吸收。增加放射源和吸收体的温度可以增加谱线的多普勒增宽来增加重叠部分的面积。以 ^{191}Ir 的 129keV 跃迁为例。以上已指出，其反冲能量损耗 E_R 为 0.046eV。根据式(2.11)估算，在室温 $T = 300\text{K}\left(\varepsilon \approx \frac{3}{2}kT\right)$时的多普勒增宽约为 $\bar{D} = 2(\bar{\varepsilon}E_R)^{1/2} \sim 0.084\text{eV}$。发射谱和吸收谱由于反冲能量损耗相差 $2E_R = 0.092\text{eV}$。在室温情况下，由于多普勒增宽使谱线相互间扩展 $\bar{D}/2 \simeq 0.042\text{eV}$，故有相当一部分彼此重叠。所以在室温时也可以观察到由于多普勒增宽引起的原子核 ^{191}Ir 的 129keV γ射线共振吸收或共振荧光现象。

§2.4 穆斯堡尔效应的发现[1,2]

穆斯堡尔效应是在 1958 年由德国青年物理学者穆斯堡尔发现的。在他的博士论文中比较详细地论述了同位素 ^{191}Ir 由第一激发态跃迁到基态时 129keV γ 射线的核共振荧光效应。^{191}Ir 的第一激发态是由放射性同位素 ^{191}Os 通过 β 衰变到 ^{191}Ir 的激发态，然后由第一激发态跃迁到基态，发射出 129keV γ 射线（见图 2.1）。

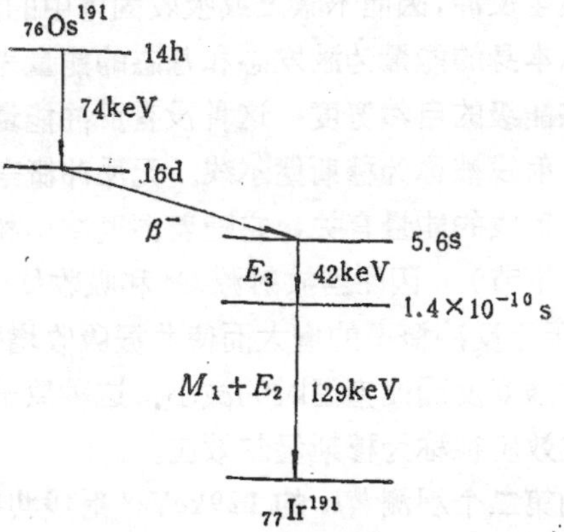

图 2.1 ^{191}Os 衰变纲图.

他测量了放射源 ^{191}Os β 衰变到 ^{191}Ir 后，由 ^{191}Ir 的第一激发态跃迁到基态时所发射的 129keV γ 射线，通过 ^{191}Ir 吸收体，由于核的 γ 射线共振吸收，使其强度衰减. 根据上节的讨论可知，对于 ^{191}Ir 的 129keV γ 射线，由于谱线的多普勒热增宽，在室温时发射谱线和吸收谱线已有部分的重叠，这一重叠部分会产生 γ 射线共振吸收或共振荧光，使得穿过 Ir 吸收体后的 129keV γ 射线强度减小. 如果把放射源和吸收体的温度降低到液氮温度，由于多普勒增宽效应随温度的降低而减小，使发射谱和吸收谱的重叠部分减小，因而共振吸收效应也随着温度的降低而减小，使通过 Ir 吸收体后的 129keV γ 射线的强度增大. 与人们的预料相反，穆斯堡尔惊奇地发现，当放射源 Os 和吸收体 Ir 的温度降低到液氮温度时，通过 Ir 吸收体后的 129keV γ 射线的强度和室温时相比较反而有约 3% 的减少[1]. 这表明在低温时共振荧光反而增大. 他所发现的反常现象可采用兰姆（Lamb）在 1939 年发表的原子核俘获慢中子形成复合核的共振吸收理论来解释[3]. 如果原子核束缚在固体的晶格中，当发射或吸收 γ 射线时，有一定的概率原子核不单独发生反冲，而是整个晶体受到反冲，其反冲能量为 $E_R = E_\gamma^2/2Mc^2$，这里 M 为整个晶体的质量. 由于 M 极大，因而实际上无反冲能量损耗. 也就是说，在这种情况下，原子核发射或吸收 γ 射线时，原子核不单独发生反冲，因而不激发或吸收固体中的声子，使发射或吸收的 γ 射线本身的能量为激发态和基态的能量差，并且其能量宽度为激发态能级的自然宽度. 这种没有反冲能量损耗，宽度为自然宽度的 γ 射线被称为穆斯堡尔线. 无反冲概率与放射源吸收体的温度及 γ 射线的能量有关，它随着温度减小和 γ 射线能量减小而增加（见下节）. 因而当放射源 Os 和吸收体 Ir 的温度降低到液氮时，由于无反冲概率的增大而使共振吸收增强，通过 Ir 吸收体的 γ 射线强度反而比室温时的减小. 这种原子核无反冲 γ 射线发射或吸收效应被称为穆斯堡尔效应.

紧接着的第二个观测 ^{191}Ir 的 129keV γ 射线共振荧光效应的实验，穆斯堡尔生动地证实和显示了无反冲 γ 射线发射和吸收效应的存在[2]。图 2.2 所示的就是这个实验装置的示意图，处于液氮温度的放射源 Os 固定在转盘的边缘。当转盘以不同的转速转动时，由于多普勒效应，使放射源在转盘的切线方向上发射的 γ 射线的能量发生改变。设切线方向上源的运动速度为 v，则在切线方向上发射的 γ 射线，由于多普勒效应，其能量为 $E_\gamma = E(1 + v/c)$，其中 E 为放射源静止时所发射的 γ 射线能量，c 为光速。当这样的 γ 射线通过处于液氮温度的静止吸收体 Ir 时，其共振吸收截面[见式(2.4)]将随入射 γ 射线能量，即放射源向着吸收体的运动速度 v 而变化。因而使探测器 D 的计数率随着 v 的变化而变化。图 2.3 所示的就是穆斯堡尔测量的结果。

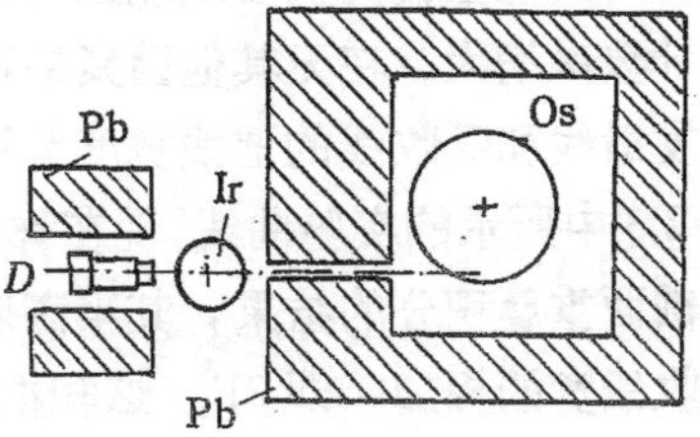

图 2.2 测量 ^{191}Ir 的 129keV γ 射线共振吸收的实验示意图.

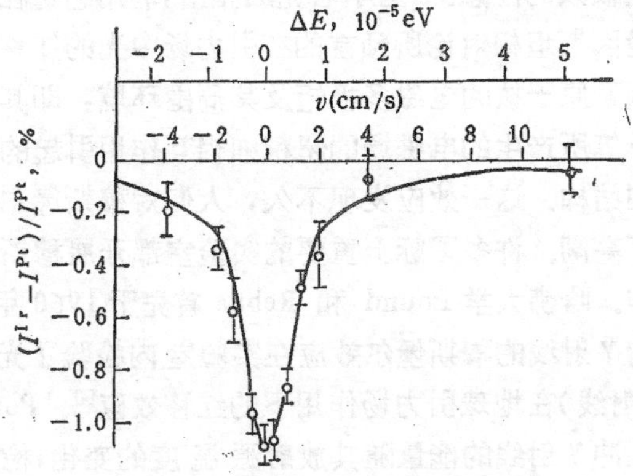

图 2.3 ^{191}Ir 的 129keV γ 射线共振吸收的速度谱.

横坐标表示放射源的运动速度(以 cm/s 为单位)和相对的多普勒能量移动(以 eV 为单位)。纵坐标表示探测器计数率的相对变化，即速度为 v 时相对于速度为无穷时（无共振吸收时用等效的 Pt 吸收体)计数率的相对变化。当速度接近零时，由于发射线和吸收线无相对能量偏离，由式（2.4）可知，吸收截面为极大。当速度逐渐增大或向相反方向（速度为负值）增大时，由于多普勒效应，使发射线能量偏离吸收线能量，共振吸收截面减小，因而使探测器的计数率增大。在无其他因素使谱线增宽的情况下，无反冲γ射线发射线和吸收线的谱线宽度为激发态能级的自然宽度，都为 Γ。图 2.3 中所示的实验曲线，现在称为穆斯堡尔谱，是发射线和吸收线截面重叠积分的结果，其半高度的全宽度应该约为发射线宽和吸收线宽的相加，即 2Γ。这和根据激发态 129keV 的寿命 1.4×10^{-10}s 所估计的能级宽度相接近。由于这一无反冲原子核γ射线共振吸收现象的发现，穆斯堡尔于 1961 年获得诺贝尔物理学奖，这一现象被称为穆斯堡尔效应。从这个实例中可知，利用穆斯堡尔效应可直接测量一些原子核激发态的能级宽度。

由于原子核无反冲γ射线共振荧光现象的发现，即穆斯堡尔效应对于γ射线的能量依赖极为灵敏，所以穆斯堡尔效应的发现就引起人们极大的注意．一些学者先后指出，利用它可在实验室范围内检验爱因斯坦相对论所预言的在引力场中光的红移效应，也可以直接测量原子核的电磁多极矩及其周围环境，即其壳层电子和配位原子等所产生的电磁场的超精细相互作用引起的原子核能级的超精细结构．这一效应发现不久，人们对穆斯堡尔效应的研究就达到了高潮．许多国际上重要的实验室都开展穆斯堡尔效应的研究工作。哈佛大学 Pound 和 Rebka 首先于 1960 年利用 ^{57}Fe 14.4keV 的γ射线的穆斯堡尔效应在实验室内检验了光（这里是 14.4keV γ射线）在地球引力场作用下的红移效应[4]．Pound 等通过测量无反冲γ射线的能量随其放射源温度的变化，检验了相对论预言的二次多普勒效应[5]．Hay 等的转盘实验检验了相对论预言的加速坐标系统和引力场相等价的等价原理，或二次多普勒效应[6]．Pound 1959 年首先观察到 ^{57}Fe 14.4keV 能级的超精细分裂[7]．Hanna 等首先研究金属铁的穆斯堡尔谱，观察到 ^{57}Fe 的 14.4keV 能级超精细塞曼分裂和极化效应[8]．Kistner 和 Sunyar 首先研究 Fe_2O_3 的穆斯堡尔谱，观察到 ^{57}Fe 的 14.4keV 能级的同质异能移位和电四极分裂[9]。这种由于原子核与其周围环境的超精细相互作用引起的核能级的超精细结构将在第三章中作详细的论述。数年以后，穆斯堡尔效应的应用逐渐发展成为成熟的穆斯堡尔谱学.及到目前为止,它仍然是一门活跃的应用研究领域。

§2.5 穆斯堡尔效应的物理图象[10]

在§2.3中,我们讨论了原子核在介质中的热运动引起的γ射线谱线的多普勒增宽。谱线的增宽随原子在介质中的平均动能，即温度增加而增加。当原子核束缚于固体晶格中，固体的温度比较低,发射的γ射线的能量比较低（约低于150keV),发射（或吸收)γ射线时会有一定概率的原子核不单独发生反冲,因而没有反冲能量损耗,使所发射γ射线的能量等于激发态和基态的能量差，其谱线的能量宽度等于激发态能级的自然宽度。这种无反冲γ射线共振吸收现象用量子力学的观点容易获得解释。束缚于固体晶格中的原子核发射(或吸收)γ射线时，由于动量守恒原子核会受到反冲，但所获得的反冲动能一般还不足以使原子核离开原来的晶位。例如对于质量数为100的原子核发射能量为150keV的γ射线,其平均反冲动能约为0.12eV,而对于结合紧密的晶体,晶格中的原子要脱离开原来晶位中的平衡位置,约需10eV的动能.这个数值远大于平均反冲动能。所以发射γ射线(或吸收)时原子核不会离开原来的晶位，而是通过晶格中原子间的相互作用把反冲动量传递给邻近的原子,从而使晶格的振动状态发生改变,产生或吸收声子.为简单起见,我们采用晶体振动的爱因斯坦模型来解释这种现象。根据爱因斯坦模型晶格的振动只有一种频率ω_E，故每个声子的能量为$\hbar\omega_E$。发射γ射线时有可能使晶体振动发生变化,在过程中产生或吸收数个声子,晶格的能量变化只能是$\hbar\omega_E$的整数倍。这个整数可以为…,-2,-1,0,1,2,…,即吸收两个或一个声子,或产生零个或一个声子,或两个声子。如果在过程中不产生或吸收声子，那么γ射线的能量就等于原子核激发态和基态的能量差，也就是说原子核无反冲能量损耗。这种没有反冲能量损耗的γ射线发射(或吸收)过程的概率称为无反冲分数，或称为 f 因数。当然，采用爱因斯坦模型过于简单。更接近实际的是晶体振动的德拜模型，它的振动频率分布是连续的，自零至 $\omega_{max}=\omega_D$，其中 $\omega_D\hbar=k_B\theta$，k_B 是玻耳兹曼常量，θ 称为晶体的德拜温度，并且假设频率分布和频率 ω 的平方成正比。根根和上面相同的推理，在德拜模型的情况下，原子核发射(或吸收)γ射线会有一定的概率(无反冲分数)不产生或吸收声子，即没有反冲能量损耗。

以上所述是穆斯堡尔效应以量子力学概念为基础的图象。但是以经典力学概念为基础也可以部分地理解原子核发射γ射线存在着没有反冲能量的概率[11]。为简单起见，我们仍采用爱因斯坦的晶体模型。晶体中的原子以频率 ω_E 作热振动。当原子核发射γ射线时，由于在发射过程中原子核作周期的振动，使所发射的电磁波，其原有频率 ω_0 被频率 ω_E 的发射源振动运动产生的多普勒效应所调制。所发射的电磁波的频谱除了具有固有（载波）频率 ω_0 的电磁波以外，还包含有边频带 $\omega_0\pm\omega_E$，$\omega_0\pm2\omega_E$，$\cdots$ 的电磁波。前者频率不变的电磁波就是无反冲能量损耗的穆斯堡尔线，而边频带的电磁波就是吸收或产生声子（能量为 $\hbar\omega_E$）时所发射的γ射线。这两种物理解释在主要方面（即存在着发射γ射线的无反冲概率)是一致的，这是由于客观世界中存在着波和粒子二重性的矛盾和统一。在宏观现象中光表现出波的性质，而在微观现象中又表现出粒子的性质。但在γ射线无反冲能量损耗的发射过程中，要完全理解仍旧要依靠量子力学的图象。因为依照经典力学概念的图象，作周期振动的振子，所发射的电磁波（γ射线)对于相反的两个方向是对称的，因而振子没有受到反冲动量，只受到电磁阻尼。原子核发射γ射线完全是量子过程，这样原子核才会在γ射线相反的方向上受到反冲。

依照经典的图象，平均寿命为 τ 的原子核能级，发射的γ射线可以看作幅度以指数形式衰减的电磁波。γ射线的相干长度约为 τc，其中 c 为光速。原子核受到反冲过程也应该持续 τ 这样长的时间。依照量子力学的图象，γ射线的波的性质仅表明出γ光子在空间中出现的概率分布，在空间中约持续 τc 这样的长度。但是γ光子一经发射(产生)，原子核便会立刻受到反冲，接近于瞬时的过程，表现出γ射线的粒子性(光子)。穆斯堡尔效应这一现象包含着量子力学基本原理以及所遇到的一些佯谬性(paradox)问题。在§2.6和§2.7中，对穆斯堡尔效应的经典力学理论和量子力学理论，我们将分别作进一步的讨论。

§2.6 穆斯堡尔效应的经典理论[11]

在上一节中已经指出，用经典的物理图象也可以部分地解释原子核无反冲γ射线共振荧光现象。用经典理论来解释穆斯堡尔效应，这是由前苏联物理学家释皮罗[11]提出的。在经典图象中，把原子核发射γ射线看作发射频率为 ω 的电磁波。假设原子核是静止的处于原点位置，则在 X 方向上，在距离为 l 处的电磁波的矢量势可以写为

$$A = A_0 e^{i(\omega t - l/\lambdabar)}. \tag{2.12}$$

由于发射源和观察处的距离为 l，使观察处电磁波的相位和原点处的相比就落后 $l/\lambdabar$。假设原子核的热扰动为在 X 方向上作微小的简谐振动，其振幅为 x_0 频率为 Ω，则在时间 t 原子核偏离原点的位置可写成

$$x = x_0 \sin \Omega t. \tag{2.13}$$

所以它与 l 处的距离为 $l - x_0 \sin \Omega t$，相应的相位在 l 处要比发射源处的要落后 $(l - x_0 \sin \Omega t)/\lambdabar$。于是原子核不为静止，而是依照式(2.13)作简谐振动，l 处的电磁波的矢量势为

$$A = A_0 e^{i(\omega t + x_0/\lambdabar \sin \Omega t - l/\lambdabar)}.$$

如果 l 不变(观察位置不变)，只考虑相位随时间而变化的部分，则可以去掉因子 $e^{-il/\lambdabar}$，上式可写成

$$A = A_0 e^{i(\omega t + x_0/\lambdabar \sin \Omega t)} \tag{2.14}$$

$\exp(ix_0/\lambdabar \sin \Omega t)$ 用贝塞尔函数展开后[12]

$$e^{ix_0/\lambda \sin\Omega t} = \sum_{n=-\infty}^{n=\infty} J_n(x_0/\lambda) e^{in\Omega t}, \tag{2.15}$$

代入式(2.14)得

$$\boldsymbol{A} = \boldsymbol{A}_0 \sum_{n=-\infty}^{\infty} J_n(x_0/\lambda) e^{i(\omega+n\Omega)t}. \tag{2.16}$$

上式表明原子核在X方向所发射的电磁波被其在X方向的简谐振动调制以后，电磁波的频率含有强度为 $A_0^2J_0^2(x_0/\lambda)$ 的载波的频率$(n=0)\omega$ 和强度为 $A_0^2J_n^2(x_0/\lambda)$ 的边频带的频率 $\omega\pm n\Omega$。 如果把经过调制后频率没有改变的载波看作无反冲部分的γ射线，则载波能量所占整个电磁波的百分数就是无反冲分数，即

$$f = J_0^2(x_0/\lambda). \tag{2.17}$$

若原子核在X方向上作某种周期振动，用傅里叶级数展开后，式(2.13)可改写为

$$x = \sum_m x_m \sin \Omega_m t. \tag{2.18}$$

把上式代入式(2.14)—(2.16)，考虑到 $e^{a+b}=e^a\cdot e^b$，则得无反冲分数为

$$f = \prod_m J_0^2(x_m/\lambda) \tag{2.19}$$

x_m 为频率 Ω_m 部分的振幅。 一般原子热运动的振幅远比γ射线的波长短，即 $x_m/\lambda \ll 1$. 把贝塞尔函数 $J_0(x_m/\lambda)$ 展开为[12]

$$J_0(x_m/\lambda) = 1 - \left(\frac{x_m}{2\lambda}\right)^2 + \cdots \approx e^{-\left(\frac{x_m}{2\lambda}\right)^2}. \tag{2.20}$$

因此，由式(2.19)可得到

$$f = e^{-\sum\limits_m \frac{1}{2}x_m^2/\lambda^2}.$$

我们定义原子在X方向上的平均(对时间)振动振幅平方为

$$\langle x^2\rangle = \frac{1}{2}\sum_m x_m^2, \tag{2.21}$$

则无反冲分数为

$$f = e^{-\langle x\rangle^2/\lambda^2}, \tag{2.22}$$

其中 $\langle x^2\rangle$ 是由于热振动原子核偏离平衡位置的位移（在γ射线发射方向）对时间 t 的均方值 $\overline{x^2}(t)$。 利用式(2.18)可以证明式(2.21)。

注意到 $\langle x^2\rangle$ 是在γ射线发射方向上原子振幅的均方值，所以式(2.22)可写成

$$f = e^{-\langle(\boldsymbol{x}\cdot\boldsymbol{k})^2\rangle} \tag{2.23}$$

$\boldsymbol{x}$ 为偏离平衡位置的位移，$\boldsymbol{k}$ 为所发射γ射线的波矢量，$|\boldsymbol{k}| = 1/\lambda\!\!\!^{-}$。无反冲分数 f 为式(2.23)对热平衡时的温度 T 求平均值。

在以上讨论中，我们假设γ射线为单一频率的简谐波，而实际上由于激发态核能级有一定的能量宽度 Γ，因此具有式(2.2)所示的频谱分布。从式(2.12)—(2.22)中的 ω 必须对式(2.2)所示的频率求傅里叶积分。因为式(2.22)对某一γ射线的频率是正确的。由于γ射线的能量宽度 Γ 相对于其能量 E_γ 来说是非常小的。对于无反冲分数，傅里叶积分后仍得到式(2.22)所示的结果。

从式(2.22)中可看出，无反冲分数 f 随原子核在γ射线方向上振动位移的均方值减小而增加，随γ射线波长增加而增加。即晶体的温度愈低，原子的热振动振幅小，γ射线的能量愈低，则 f 因子愈大，穆斯堡尔效应愈容易被测量。式(2.22)的结论是很显然的。因为 $\langle x^2\rangle$ 值相对于 $\lambda\!\!\!^{-2}$ 愈大，表明原子核发射γ射线时，它所处的线度范围的分布愈大。不同位置时所发射的γ射线在观察点的相位不会一致，波的干涉作用使频率为载波频率 ω 的电磁波的强度减小。也就是说，使发射能量为 $\hbar\omega$ 的γ射线的概率（无反冲分数）减小。

根据式(4.22)来计算束缚于晶格中的原子核发射γ射线时的无反冲分数，需要对晶格的动力学性质作进一步的假设。为了简单起见，我们采用单原子的立方形晶格，各向同性的谐波型晶体的德拜模型。

对于谐波型晶体，晶格中原子所受的力和其偏离平衡位置的位移成正比例，而方向和位移相反。假设 γ_ω 为某种振动模式 ω 的位移，$\gamma_{0\omega}$ 为最大振幅，$\langle\gamma_\omega^2\rangle$ 为移位的均方值，M 为原子质量，

则单原子的振动能量为

$$E_\omega = \frac{1}{2} M\omega^2 \gamma_{0\omega}^2 = M\omega^2 \langle \gamma_\omega^2 \rangle. \tag{2.24}$$

如果晶体中共有N个原子,频率为ω的总的振动能量为

$$NE_\omega = NM\omega^2 \langle \gamma_\omega^2 \rangle = \left(n_\omega + \frac{1}{2}\right) \hbar\omega,$$

其中 n_ω 为频率为ω(包括各方向的偏振)的声子占有数。这里我们已采用了量子理论的概念。

γ 是原子在任意方向的移位,对于各向同性的晶体,在X方向上位移均方值 $\langle x^2 \rangle$ 是空间各方向上在X方向上投影的均方值. 因此,有 $\langle x^2 \rangle = 1/3 \langle \gamma^2 \rangle$. 对所有振动模式的频率求和,得

$$\langle x^2 \rangle / \lambda\!\!\!^-{}^2 = \sum_\omega \frac{1}{3} \frac{\langle \gamma_\omega^2 \rangle}{\lambda\!\!\!^-{}^2} = \frac{2}{3} \frac{E_R}{N} \sum_\omega \frac{\left(n_\omega + \frac{1}{2}\right)}{\omega\hbar}, \tag{2.25}$$

其中 $E_R = E_\gamma^2 / 2Mc^2$. 声子为玻色子,服从玻色统计规律. 在热平衡温度为T时频率为ω的声子的平均占有数为

$$\bar{n}_\omega = \frac{1}{e^{\omega\hbar/k_B T} - 1}, \tag{2.26}$$

其中 k_B 为玻耳兹曼常量。

根据德拜模型可知,声子频率分布 $\rho(\omega)$ 与 ω^2 成正比,频谱的最高频率必须满足 $3N = \int_0^{\omega_{max}} \rho(\omega)\omega^2 d\omega$, 故 $\rho(\omega) = 9N\omega^2/\omega_{max}^3$。将式(2.26)代入式(2.25),并写成积分的形式

$$\begin{aligned} \langle x^2 \rangle / \lambda\!\!\!^-{}^2 &= \frac{2}{3} \frac{E_R}{N} \int_0^{\omega_{max}} \frac{\rho(\omega)}{\omega\hbar} \left(\frac{1}{2} + \frac{1}{e^{\omega\hbar/k_B T} - 1} \right) d\omega \\ &= \frac{3}{2} \frac{E_R}{\theta k_B} \left(1 + \frac{4T^2}{\theta^2} \int_0^{\theta/T} \frac{x}{e^x - 1} dx \right). \end{aligned} \tag{2.27}$$

因此,对于原子质量为M,由单一原子组成的立方晶体,当德拜温度为 $\theta(\theta = \omega_{max}\hbar/k_B)$, 晶体的绝对温度为$T$时,则原子核发射能量为 E_γ 的无反冲分数为

$$f = e^{-\frac{3}{2}\frac{E_R}{\theta k_B}\left(1+\frac{4T^2}{\theta^2}\int_0^{\theta/T}\frac{x}{e^x-1}dx\right)}. \tag{2.28}$$

同理，对吸收体的无反冲分数，也有完全相同的公式，上式中的 T 是吸收体的温度，θ 是吸收体的德拜温度。

已知 θ/T，计算无反冲分数，式(2.28)中的积分可利用下面(精度小于0.1%)近似公式[13]，当 $0 \leqslant \theta/T \leqslant 2.2$

$$\int_0^{\theta/T} \frac{x}{e^x - 1} dx \approx z\left(1 - \frac{z}{4} + \frac{z^2}{36} - \frac{z^4}{3600}\right), \tag{2.29}$$

其中 $z = \theta/T$。当 $1.7 \leqslant \theta/T \leqslant \infty$ 时

$$\int_0^{\theta/T} \frac{x}{e^x - 1} dx \approx \frac{\pi^2}{6} + z\ln(1 - y) - y - \left(\frac{y}{2}\right)^2 \tag{2.30}$$

其中 $y = e^{-z}$。

我们举两个实际的例子，以便获得关于 f 因数的数值概念。对于 ^{57}Fe 的14.4keV γ 射线，在室温 $T = 300K$，德拜温度为420K(约为金属铁的德拜温度)的情况下，根据上面公式的计算，无反冲分数约为78%左右。对于 ^{191}Ir 的129keV γ 射线，在液氮温度 $T = 77K$ 和德拜温度310K(约为金属铱的德拜温度)的情况下，无反冲分数约为2.6%。

§2.7 穆斯堡尔效应的量子理论[3,14]

在上一节所论述的穆斯堡尔效应经典理论中，把束缚于晶格中原子核发射 γ 射线的过程，看作是由原子振动引起的多普勒效应，γ 射线的频率受到原子振动调制的过程。最后获得 γ 射线的频率没有变化部分的相对强度，即相应的无反冲分数为

$$f = e^{-\langle x^2\rangle/\lambda^2}.$$

下面我们详细地论述穆斯堡尔效应的量子力学理论，根据量子力学的计算，也可以获得上一节中相同的结果。根据经典理论得到的一些结果虽然与量子力学的结果相同，但是由经典理论得出的这些结果对穆斯堡尔效应只能是定性描述，要想定量描述还

必须采用量子力学的概念及有关的内容。

1939 年兰姆[3]在研究原子核吸收低能中子形成复合核的共振吸收过程中，原子核束缚于固体晶格所产生的影响。发现有一定的概率，在原子核吸收中子的过程中原子核不单独发生反冲，因此在形成复合核的共振吸收过程中，没有反冲能量损耗。1957 年穆斯堡尔在研究 ^{191}Ir 的 129keV γ 射线共振吸收时，发现出乎预料的现象，即处于液氮温度下的 ^{191}Os 放射源和 ^{191}Ir 吸收体，吸收体对 129keV γ 射线的共振吸收反而比放射源和吸收体处于室温时的要大。穆斯堡尔完全依照兰姆对中子共振吸收的理论来解释他所发现的反常效应。其中的差别只是把 γ 射线(光子)来替代兰姆理论中的中子。所以穆斯堡尔效应的量子力学理论实际在穆斯堡尔效应发现以前已基本上完备了。穆斯堡尔效应发现以后，Visscher[15] 和 Lipkin[16] 等又分别作了进一步讨论和工作。本节中我们引用 Lipkin 和兰姆的工作对穆斯堡尔效应的量子力学理论作概括的介绍。

2.7.1 Lipkin 求和定则[16]

把束缚于固体晶格中的原子核和固体晶格看作一个动力学体系。原子核未发射 γ 射线以前处于激发态 $|A\rangle$，$|A\rangle$ 的坐标表象是它的波函数；固体晶格的状态处于 $|n_i\rangle$，$|n_i\rangle$ 的坐标表象是晶格的波函数。原子核发射 γ 射线 $|k\rangle$ 以后，原子核处于基态 $|B\rangle$，固体晶格处于状态 $|n_f\rangle$。跃迁前整个体系的状态用 $|A, n_i\rangle$ 表示，跃迁后可用 $|B, n_f, k\rangle$ 表示。如果 H 表示引起跃迁的相互作用的哈密顿量，则跃迁概率 $P(n_i, n_f)$ 正比例于矩阵元 $\langle B, n_f, k|H|A, n_i\rangle$ 的平方，即

$$P(n_i, n_f) \propto |\langle B, n_f, k|H|A, n_i\rangle|^2. \qquad (2.31)$$

当原子核发射 γ 射线时，则晶格由状态 n_i 跃迁到状态 n_f 的跃迁概率就是 $P(n_i, n_f)$。因为原子核内部核子间的相互作用是短程的强相互作用。晶格中原子间的相互作用不会显著地影响到原子核的 γ 跃迁过程。这样整个体系的波函数可以写成原子核的波函数与

晶格的波函数的乘积。而上式中的矩阵元可写成原子核γ跃迁矩阵元和晶格振动状态变化矩阵元的乘积，即

$$P(n_i,n_f)\propto|\langle B,k|H_{核}|A\rangle\cdot\langle n_f|H_{晶格}|n_i\rangle|^2。$$

只考虑晶格状态的变化，原子核γ跃迁矩阵元相应于一个决定核的γ跃迁概率的常数。原子核发射γ射线时核受到反冲，使晶格的振动状态可能受到变化。$|n\rangle$ 表示晶格的波函数，即

$$|n\rangle=|n_{\omega_1}n_{\omega_2},\cdots\rangle$$

表示频率为 $\omega_1,\omega_2,\cdots$的声子能级。其声子的占有数为 n_{ω_1}，$n_{\omega_2},\cdots$。因此，$\langle n_i|H_{晶格}|n_i\rangle$ 表示在γ跃迁过程中，不吸收也不产生声子，晶格状态不变，因而其能量也不变的跃迁矩阵元。显然，无反冲分数为

$$f=\frac{|\langle n_i|H_{晶格}|n_i\rangle|^2}{\sum\limits_{n_f}|\langle n_f|H_{晶格}|n_i\rangle|^2}。\qquad(2.32)$$

上式中的分母为对所有的可能末态 n_f 求和。分子中还应该包括晶格状态变化而能量不变的那部分的贡献，但因其数值极小而被忽略了。现在我们面临的问题是原子核发射波矢量为 $\boldsymbol{k}$ 的γ射线，使晶格状态可能变化的相互作用哈密顿量 $H_{晶格}$ 应该采用什么形式。为此我们先讨论原子核是自由时的情况，其波函数为平面波 $e^{i\boldsymbol{p}\cdot\boldsymbol{x}}$（令$\hbar=1$），$\boldsymbol{p}$ 为原子核的动量，$\boldsymbol{x}$ 是其位置坐标。发射动量为 $\boldsymbol{k}$ 的γ射线以后，由于反冲原子核动量变为 $\boldsymbol{p}-\boldsymbol{k}$，其波函数为 $H_{晶格}|\boldsymbol{p}\rangle=e^{i(\boldsymbol{p}-\boldsymbol{k})\cdot\boldsymbol{x}}$。所以由于动量守恒的要求，对于用平面波表示的自由原子核，$H_{晶格}=e^{-i\boldsymbol{k}\cdot\boldsymbol{x}}$ 的形式是正确的。束缚于晶格中的原子核，其波函数显然不是平面波 $e^{i\boldsymbol{p}\cdot\boldsymbol{x}}$，但可用平面波的线性叠加来表示（相当于用傅里叶积分展开）。因为所有不同 $\boldsymbol{p}$ 的平面波 $e^{i\boldsymbol{p}\cdot\boldsymbol{x}}$ 组成完备的彼此独立（正交）的基矢。$H_{晶格}=e^{-i\boldsymbol{k}\cdot\boldsymbol{x}}$对于原子核的波函数为平面波时为正确的，则对于平面波的线性叠加显然也应该是正确的。所以 $H_{晶格}$ 必须采用 $e^{-i\boldsymbol{k}\cdot\boldsymbol{x}}$ 的形式。它也符合伽利略坐标变换不变性，也即动量守恒定律的要求。考虑

到 $\sum_{n_f}|n_f\rangle\langle n_f|=1$，则有

$$\sum_{n_f}|\langle n_f|e^{-i\boldsymbol{k}\cdot\boldsymbol{x}_L}|n_i\rangle|^2=1.$$

也就是说，晶格由状态 $|n_i\rangle$ 跃迁到可能的所有末态是确定要发生的事例，其发生的概率为 1。这样式 (2.32) 可简化为

$$f=|\langle n_i|e^{i\boldsymbol{k}\cdot\boldsymbol{x}_L}|n_i\rangle|^2, \tag{2.33}$$

其中 $\boldsymbol{k}$ 表示原子核在发射 γ 射线时所受的反冲动量，与原来表示 γ 射线的动量符号相反。在 γ 射线的发射过程中，晶格由初态 $|n_i\rangle$ 跃迁到终态 $|n_f\rangle$ 的概率为

$$P(n_f,n_i)=|\langle n_f|e^{i\boldsymbol{k}\cdot\boldsymbol{x}}|n_i\rangle|^2. \tag{2.34}$$

Lipkin 假设晶格中原子间相互作用力与原子的运动速度无关，完全由原子的位置所决定。则 L 原子的哈密顿量是其动能 $p_L^2/2M$ 和由位置 x_L 决定的势能之和。整个晶格的哈密顿量为

$$H=\sum_L\frac{p_L^2}{2M}+V(x_1,x_2,x_L,\cdots).$$

H 中除 p_L^2 部分不可和 x_L 对易外，其他部分都可和 x_L 对易。利用对易关系 $[p_Lx_L-x_Lp_L]=\hbar/i$，可以证明

$$\{[H,\exp(ikx_L)],\ \exp(-ik_Lx)\}=\frac{(ik\hbar)^2}{M}. \tag{2.35}$$

上式可看作矩阵公式，对态 $|n_i\rangle$ 求对角元素可得到

$$\sum_{n_f}(E_{n_f}-E_{n_i})|\langle n_f|\exp(i\boldsymbol{k}\cdot\boldsymbol{x}_L)|n_i\rangle|^2$$

$$=\sum_{n_f}(E_{n_f}-E_{n_i})P(n_f,n_i)=\frac{(\hbar k)^2}{2M} \tag{2.36}$$

其中 E_{n_f}，E_{n_i} 分别为晶格状态 $|n_f\rangle$ 和 $|n_i\rangle$ 的本征能量。这个公式表明，原子核发射 γ 射线时，由于核的反冲使晶格的状态可能发生变化，或者增加能量(产生声子)，或者减小能量(吸收声子)。由初态 $|n_i\rangle$ 跃迁到终态 $|n_f\rangle$ 的概率为 $P(n_f,\ n_i)$，但平均反冲能量损耗 $(E_{n_f}-E_{n_i})P(n_f,n_i)$ 正好等于静止的自由原子核发射 γ 射线时，它的反冲能量损耗 $E_\gamma^2/2Mc^2$。因此，对于无反冲分数较大

的一些 γ 跃迁（例如 ^{57}Fe 14.4keV 的 γ 跃迁），由于大部分 γ 射线发射过程中没有发生反冲(无反冲能量损耗)，那么必须有另外一些概率较小的过程，其反冲能量损耗大于静止的自由原子核发射 γ 射线时的反冲能量损耗 E_R，使其所有过程的平均反冲能量损耗等于 E_R。显然，对原子核吸收 γ 射线，也得到完全相同的结果。

以上所述就是 Lipkin 的求和定则。在推导过程中，只假定晶格中原子的势能与其运动速度无关，这是一个很好的近似。此外，对晶格的动力学模型没有再作其他的假设。

2.7.2 无反冲分数的量子力学计算[3,15]

在式(2.33)中已给出了无反冲分数的表达式。为了计算无反冲分数，我们先考虑原子核束缚于一维的简谐振子势阱中的例子。在一维的简谐振子势阱中运动的原子核，它的哈密顿函数可以写成

$$\hat{H}=\frac{\hat{p}^2}{2M}+\frac{1}{2}M\omega^2\hat{q}^2, \tag{2.37}$$

其中 M 为核的质量，ω 为简谐振子的振动频率，$\hat{q}$ 和 $\hat{p}$ 为谐振子的正则坐标和正则动量。引入下降算符

$$\hat{a}=\sqrt{\frac{M\omega}{2\hbar}}\hat{q}+i\sqrt{\frac{1}{2\hbar M\omega}}\hat{p} \tag{2.38}$$

和 $\hat{a}$ 的共轭算符 $\hat{a}^+$，即上升算符

$$\hat{a}^+=\sqrt{\frac{M\omega}{2\hbar}}\hat{q}-i\sqrt{\frac{1}{2\hbar M\omega}}\hat{p}, \tag{2.39}$$

经过这样变换以后，由于正则坐标 $\hat{q}$ 和正则动量 $\hat{p}$ 的对易关系 $[\hat{q},\hat{p}]=i\hbar$，容易证明，算符 $\hat{a}$ 和 $\hat{a}^+$ 满足对易关系

$$[\hat{a},\hat{a}^+]=1,\ [\hat{a},\hat{a}]=0,\ [\hat{a}^+,\hat{a}^+]=0. \tag{2.40}$$

由式(2.39)和式(2.40)，正则坐标 $\hat{q}$ 和正则动量 $\hat{p}$ 用算符 $\hat{a}$ 和 $\hat{a}^+$ 表示，有

$$\hat{q} = \sqrt{\frac{\hbar}{2M\omega}}(\hat{a}^+ + \hat{a}),$$

$$\hat{p} = i\sqrt{\frac{\hbar M\omega}{2}}(\hat{a}^+ - \hat{a}). \tag{2.41}$$

以此式代入式(2.37)，则谐振子的哈密顿量可写成

$$\hat{H} = \hbar\left(\hat{a}^+\hat{a} + \frac{1}{2}\right). \tag{2.42}$$

假设 $|0\rangle$ 为谐振子的基态，即无声子激发的态，则有 n 个声子激发的态可以写成

$$|n\rangle = \frac{1}{\sqrt{n!}}(\hat{a}^+)^n|0\rangle. \tag{2.43}$$

利用对易关系式(2.40)和式(2.43)及 $\hat{a}|0\rangle = |0\rangle$，可以证明

$$\hat{a}^+|n\rangle = \sqrt{n+1}\,|n+1\rangle,\ \hat{a}|n\rangle = \sqrt{n}\,|n-1\rangle \tag{2.44}$$

和

$$\hat{a}^+\hat{a}|n\rangle = n|n\rangle,\ \hat{H}|n\rangle = \left(n + \frac{1}{2}\right)\hbar\omega|n\rangle. \tag{2.45}$$

因而 $\hat{a}^+, \hat{a}$ 可以解释为声子的产生和湮没算符，而 $\hat{a}^+\hat{a}$ 可以解释为声子数算符. 有 n 个声子 (振动频率都为 ω) 的态 $|n\rangle$，能量为 $\left(n + \frac{1}{2}\right)\hbar\omega$. 注意到不同数目声子数的态彼此是正交的，即

$$\langle n|n'\rangle = 0,$$

当 $n \neq n'$. 容易证明，$\hat{a}$ 和 $\hat{a}^+$ 算符的矩阵元

$$\langle n'|\hat{a}|n\rangle = 0 \quad 当\ n' \neq n-1,$$

$$\langle n-1|\hat{a}|n\rangle = \sqrt{n} \tag{2.46}$$

和

$$\langle n'|\hat{a}^+|n\rangle = \langle n|\hat{a}|n'\rangle.$$

以上所介绍的是一维简谐振子的例子. 下面讨论由 N 个质量为 m 的单原子组成的晶体. 整个晶体的总能量是所有晶格中单个原子的动能和势能之和. 为简单起见，我们假设晶体为谐波型晶体，即

晶格中原子偏离其平衡位置时所受的作用力与其偏离平衡位置的位移成正比而方向相反．在这种情况下，经过适当的坐标变换，采用简正坐标后，整个晶体的哈密顿量可以分解为 $3N$ 个彼此独立的简正谐振子的哈密顿量之和[17]．假设发射(或吸收) γ 射线的原子核 G，在晶格中的平衡位置为 x_G^0，则其偏离平衡位置的位移 u_G 可表示为所有简正振动贡献的叠加，即

$$u_G=\sum_{s=1}^{3N}\sqrt{\frac{\hbar}{2M\omega_s N}}\,e_s\left(a_s e^{iq_s\cdot x_G^0}+a_s^* e^{-iq_s\cdot x_G^0}\right),\quad(2.47)$$

其中，$q_s=\dfrac{2\pi}{\lambda_s}$ 为某一简正振动 s 的波矢量，e_s 是其极化(单位)矢量．在量子力学理论中，u_G 被看作算符，因而上式展开式中相应的系数 a,a^* 也被看作算符 $\hat{a},\hat{a}^+$($\hat{a}$ 的共轭)．假设 $\hat{a}_s$ 和 $\hat{a}_s^+$ 满足对易关系

$$[\hat{a}_{s'},\hat{a}_s^+]=\delta_{ss'},\quad(2.48)$$

[相应于谐振子情况中的式 (2.40)]，则可证明，$\hat{u}$ 和其共轭动量 $\hat{p}(=m\dot{u})$ 也满足所要求的对易关系 $[\hat{u},\hat{p}]=i\hbar$．定义正则坐标 Q_s 和正则动量 P_s 为

$$\begin{aligned}\hat{Q}_s&=\sqrt{\frac{\hbar}{2M\omega_s}}(\hat{a}_s+\hat{a}_s^+),\\ \hat{P}_s&=i\sqrt{\frac{\hbar M\omega_s}{2}}(\hat{a}_s^+-\hat{a}),\end{aligned}\quad(2.49)$$

于是，谐波型晶体的哈密顿量可简化为[17]

$$\begin{aligned}\hat{H}&=\sum_s\hat{H}_s=\sum_s\frac{\hat{P}_s^2}{2M}+\frac{M\omega_s^2}{2}\hat{Q}_s^2\\ &=\sum_s\hbar\omega_s\left(\hat{a}_s^+\hat{a}_s+\frac{1}{2}\right)\\ &=\sum_s\hbar\omega_s\left(\hat{N}_s+\frac{1}{2}\right).\end{aligned}\quad(2.50)$$

$\hat{a}_s$ 和 $\hat{a}_s^+$ 可解释为模式为 s 的声子吸收(湮没)和产生算符，$\hat{a}_s^+\hat{a}_s(=\hat{N}_s)$ 为其声子数算符．由式 (2.34) 所示的原子核 G 发射 γ 射线

时，晶格由$|n_i\rangle$态跃迁到$|n_f\rangle$态的矩阵元为$\langle n_f|e^{i\boldsymbol{p}\cdot\boldsymbol{u}_G/\hbar}|n_i\rangle$，其中$\boldsymbol{u}_G$用展开式(2.47)代入而得。考虑到各种模式$s$的振动态彼此独立，因此晶体的总的波函数$\langle n_i|\langle n_f|$可写成彼此独立模式$s$波函数的乘积，即$\langle n_i|=\langle\{n_i\}|$，其中$\{n_i\}$表示不同模式$s$波函数的乘积，它与不同模式中声子的占有数。根据兰姆所得的公式，如果我们取核G的平衡位置定为坐标的原点(不失普遍性)，则$x_G^0=0$。则跃迁矩阵元变为

$$\langle n_f|H_{\text{晶格}}|n_i\rangle=\langle\{n_f\}|e^{\sum_s^{3N}\frac{i}{\sqrt{2M\hbar\omega_sN}}\boldsymbol{p}\cdot\boldsymbol{e}_s(\hat{a}_s+\hat{a}_s^+)}|\{n_i\}\rangle$$

$$=\prod_s^{3N}\langle n_f|e^{\frac{i}{\sqrt{2M\hbar\omega_sN}}\boldsymbol{p}\cdot\boldsymbol{e}_s(\hat{a}_s+\hat{a}_s^+)}|n_i\rangle。$$

由于N是很大的数(单原子晶体中的原子数)，在指数函数的展开式中可以忽略二次以上的项，即

$$e^{\frac{i}{\sqrt{2M\hbar\omega_sN}}\boldsymbol{p}\cdot\boldsymbol{e}_s(\hat{a}_s+\hat{a}^s_+)}\approx 1+i\frac{\boldsymbol{p}\cdot\boldsymbol{e}_s(\hat{a}_s+\hat{a}_s^+)}{\sqrt{2M\hbar\omega_sN}}-\frac{(\boldsymbol{p}\cdot\boldsymbol{e}_s)^2}{2M\hbar\omega_sN}\left(N_s+\frac{1}{2}\right)+\cdots,\tag{2.51}$$

展开式中第二项包含算符$\hat{a}_s$和$\hat{a}_s^+$，表明它代表声子湮没和产生的过程。由于N很大忽略了$\hat{a}_s$和$\hat{a}_s^+$的高次项，表明过程中只须考虑湮没和产生一个声子的过程，而对于有关两个声子或以上的吸收或产生过程，由于概率太小，可以被忽略掉。对于无反冲过程，由于初态$|n_i\rangle$和终态$|n_f\rangle(=|n_i\rangle)$，各种模式$s$的声子数不变，因为声子数目$(n_s)$不相同的态之间的正交性，使展开式中含有$\hat{a}_s$和$\hat{a}_s^+$($\hat{a}_s$, $\hat{a}_s^+$为声子的吸收和产生算符，作用于右边的态矢以后，使其模式为s的声子数改变)的第二项的矩阵元为零，故有

$$\langle\{\alpha_s\}|e^{i\boldsymbol{p}\cdot(\boldsymbol{\alpha}_G/\hbar)}|\{\alpha_s\}\rangle\approx\prod_s^{3N}\left\langle\alpha_s\left|1-\frac{(\boldsymbol{p}\cdot\boldsymbol{e}_s)^2}{2M\hbar\omega_sN}\left(N_s+\frac{1}{2}\right)\right|\alpha_s\right\rangle$$

$$\approx e^{-\sum_s^{3N}\frac{(\boldsymbol{p}\cdot\boldsymbol{e}_s)^2}{2M\hbar\omega_sN}\left(N_s+\frac{1}{2}\right)},$$

其中 $|\{\alpha_s\}\rangle$ 为初态和终态的态矢，为不同模式 s 的态矢的乘积。因为 $(\boldsymbol{p}\cdot\boldsymbol{e}_s)^2(2N_s+1)/M\hbar\omega_sN$ 的数值很小，所以可写成以上近似的形式。式(2.32)示出的无反冲分数为上式中矩阵元的平方，因此

$$f = e^{-\sum_{s=1}^{3N}\frac{(\boldsymbol{p}\cdot\boldsymbol{e}_s)^2}{M\hbar\omega_sN}(N_s+\frac{1}{2})}, \tag{2.52}$$

这里 N_s 是模式为 s 的声子占有数。无反冲分数 f 为式(2.52)对热平衡时的温度 T 求平均值。在温度为 T 的热平衡情况下，可得与式(2.26)相同的结果，即

$$N_s = \frac{1}{e^{\omega_s\hbar/k_BT}-1}。$$

假设晶体为各向同性，$(\boldsymbol{p}\cdot\boldsymbol{e}_s)^2$ 对各种极化矢量方向求平均后得 $\overline{(\boldsymbol{p}\cdot\boldsymbol{e}_s)^2} = p^2/3$. 式(2.51)中把对所有简正振动模式求和改为求积分，并假设简正振动的频率分布为晶体的德拜模型的频率分布 $\rho(\omega)d\omega = 9N\omega^2d\omega/\omega_{\max}^3$. 最后，可得到与式(2.28)相同的结果，即

$$f = e^{-\frac{3E_R}{2\theta k_B}(1+\frac{4T^2}{\theta^2}\int_0^{\theta/T}\frac{x}{e^x-1}dx)}。$$

在以上的讨论中，我们假设原子核发射的是频率为单一的γ射线。根据§2.2中的讨论，实际上γ射线的能量或频率有一定的分布[式(2.2)]，决定于激发态的寿命或能级宽度。所以在以上讨论中，都需对γ射线的频谱求平均值。由于原子核γ射线的能量自然宽度远小于固体晶格的能级宽度，对于无反冲分数而言，仍旧得到原来的结果。

以上我们讨论了原子核发射γ射线的过程。对于原子核吸收γ射线，由于核的反冲使晶格的能态发生变化，即对吸收或产生声子而言，原子核吸收γ射线的过程完全和发射γ射线的过程相似。它们间的区别为，在发射动量为 $\boldsymbol{k}$ (令 $\hbar=1$, $\boldsymbol{k}$ 为波矢量)的γ射线时，原子核获得一个和 $\boldsymbol{k}$ 方向相反的反冲动量 $-\boldsymbol{k}$；而吸收动量为 $\boldsymbol{k}$ 的γ射线时，原子核获得一个方向相同的反冲动量 $\boldsymbol{k}$. 所以在讨论原子核吸收γ射线时，只需把式(2.33)中的 $\boldsymbol{k}$ 改变一下

符号就可以了．因而可以得到完全相同的结果．根据式(2.28)可以求出吸收体的无反冲分数 f，其中 θ 和 T 分别为吸收体的德拜温度和实验温度．

§2.8 无反冲分数的讨论

无反冲分数的计算首先是从式(2.33)，即

$$f=|\langle n_i|e^{i\boldsymbol{k}\cdot x_L}|n_i\rangle|^2 \tag{2.33}$$

出发的．$|n_i\rangle$ 表示晶格初态的态矢．$\boldsymbol{k}$ 是原子核发射 γ 射线时所受的反冲动量 ($\hbar=1$)．在矩阵元的计算中，除了发射 γ 射线的原子核的坐标 x_L 以外，如果先对晶格中的所有其他原子的变量求积分，最后得到

$$\begin{aligned} f &= \left|\int \Psi^*(x_L)e^{i\boldsymbol{k}\cdot x_L}\Psi(x_L)dx_L\right|^2 \\ &= \left|\int e^{i\boldsymbol{k}\cdot x_L}\rho(x_L)dx_L\right|^2, \end{aligned} \tag{2.53}$$

其中，$\rho(x_L)=\Psi^*(x_L)\Psi(x_L)$ 是发射 γ 射线原子核在晶格中空间中的密度分布．上式表明 f 因数是传递动量为 $\boldsymbol{k}$，密度分布的傅里叶变换的平方．

采用式(2.33)来计算无反冲分数时，在展开指数函数 $e^{i\boldsymbol{p}\cdot\boldsymbol{u}_G/\hbar}$ 的过程中[式(2.51)]，我们只保留

$$e^{i\boldsymbol{p}\cdot(\boldsymbol{u}_G/\hbar)}=1+i\boldsymbol{p}\cdot(\boldsymbol{u}_G/\hbar)+\frac{i^2}{2}(\boldsymbol{p}\cdot\boldsymbol{u}_G)^2/\hbar^2+\cdots$$

中的第一项和第三项．显然，式(2.52)中指数函数的幂数

$$\sum_{s=1}^{3N}\frac{(\boldsymbol{p}\cdot\boldsymbol{e}_s)^2}{m\hbar\omega_s N}\left(N_s+\frac{1}{2}\right)=\langle n_i|(\boldsymbol{p}\cdot\boldsymbol{u}_G/\hbar)^2|n_i\rangle,$$

在矩阵元的计算中，除 $\boldsymbol{u}_G$ 以外，先对其他变量求积分．因此，对于谐波型晶体，可以证明式(2.52)可以写成

$$f=e^{-\langle n_i|\frac{(\boldsymbol{p}\cdot\boldsymbol{u}_G)^2}{\hbar^2}|n_i\rangle}=e^{-\langle x^2\rangle/\lambda^2},$$

其中 $\langle x^2 \rangle$ 是原子核在 γ 射线方向偏离平衡位置的均方值，仍旧得到式(2.22)的结果。

在讨论穆斯堡尔效应时，无反冲分数被称为兰姆-穆斯堡尔因数。在此以前，研究X射线被晶格中原子散射现象(即瑞利散射)时，发现瑞利散射有两种。一种是X射线能量不改变的弹性散射，即无反冲散射，它是相干的。另一种是X射线能量改变的非弹性散射，在散射过程中产生或吸收声子，与晶格有能量交换，它是不相干的。由于弹性散射部分的X射线是相干的，因而产生所谓布拉格反射。它是分析晶体结构的有力工具。布拉格反射的强度和晶格的温度有关，决定于瑞利散射的无反冲因数，即德拜-瓦勒因数。无反冲瑞利散射与核的无反冲共振散射的差别是被散射的射线对晶格的传递动量是不同的。瑞利散射过程的延续时间极短，远小于晶格振动的时间 $(1/\omega \sim \hbar/\theta k)$，因而散射过程可看作是瞬时的，传递动量为入射线的动量 $\boldsymbol{k}$ 和出射线的动量 $\boldsymbol{k}'$ 之差 $\boldsymbol{k}-\boldsymbol{k}'$。对于原子核 γ 共振散射(或吸收)过程，原子核吸收 γ 射线的能量，被激发到激发态，平均处于激发态的时间(寿命)约为 τ，由激发跃迁到基态发射出同样能量的 γ 射线。τ 远大于晶格振动的本征时间，因而对晶格振动而言，在核的 γ 射线共振散射过程中，吸收和发射可以看作是彼此独立的。核的共振散射过程首先决定于 γ 射线共振吸收过程，因而 γ 射线共振散射过程中传递动量为 $\boldsymbol{k}$。$\boldsymbol{k}$ 为入射线 γ 射线的动量。在以上有关 f 因数的公式中，把 $\boldsymbol{k}$ 换成 $\boldsymbol{k}-\boldsymbol{k}'$ 就从兰姆-穆斯堡尔因数的公式得到德拜-沃勒因数。在讨论穆斯堡尔效应时，有时也把兰姆-穆斯堡尔因数称为德拜-沃勒因数。

在以上的讨论中，我们假设晶体为单原子的谐波型晶体，并采用了晶体的德拜模型。德拜模型是德拜为了解释固体的比热而提出来的。实际的固体样品比理论上假设的模型要复杂得多。例如化合物形成的晶体，显然不是简单的单原子晶体。有时被研究的穆斯堡尔原子以杂质的形式掺杂到某种宿主晶体内，它或者处在晶体中的替代位置，或者处在间隙位置上。于是共振原子的质量和晶格中组成晶体的原子的质量不相同，而且原子间的结合力也可能不相同．根据上面的讨论，无反冲分数决定于所讨论原子，在γ射线方向上偏离其平衡位置位移的均方值$\langle x^2\rangle$．原子热运动引起的$\langle x^2\rangle$，主要是由共振原子邻近原子协同运动和晶体中所有简正振动贡献的叠加．但是当共振原子为晶体中的杂质原子时，由于原子质量和结合力可能的差异，在杂质原子处会出现局域的声子振动模式，它对杂质原子的$\langle x^2\rangle$值有一定的影响[18]．如果晶体是由几种原子的化合物组成的，则原子在晶胞内相对振动的光频支，对其$\langle x^2\rangle$值会有一定的贡献．如果原子处在晶体的表面，则表面声子振动模式对表面原子的$\langle x^2\rangle$也会有一定的贡献，使表面原子的无反冲分数和体内原子的无反冲分数不同．

以上讨论的问题比单原子谐波型晶体模型要复杂得多，需要知道有关原子和晶体性质的参数．对于无反冲分数而言，我们可以引进一个等效德拜温度的概念．换言之，在实际情况下，原子核发射或吸收γ射线的无反冲分数，相当于具有等效德拜温度的单原子谐波型晶体中原子核发射或吸收γ射线的无反冲分数．显然，等效德拜温度和用于描述固体比热的德拜温度是不同的．如果同一种共振原子占据晶体中不同的晶位，它们的无反冲分数可能不同．根据不同的无反冲分数可确定它们不同的等效德拜温度．根据不同晶位的特征穆斯堡尔谱线的面积，可确定不同晶位的共振原子占有数，通常假设无反冲分数与晶位无关．因此，晶位中原子占有数的比值等于其相应的特征穆斯堡尔谱线面积的比值．但是作这样的假设时需要小心谨慎．在有些情况下，对于不同晶位、替代位置或间隙位置，不同物相中穆斯堡尔核的无反冲分数会有明显的差别．

可能影响无反冲分数的还有发射γ射线前原子核的前级跃迁．在发射γ射线以前，处于共振能级激发态的原子核，通常都是通过前级跃迁，例如β衰变，轨道电子俘获，或γ跃迁衰变到相应的激发态能级的．在前级跃迁中，原子核释放了大量的能量．由于核的反冲或核电荷的突然改变使衰变核的原子处于高激发态或高的电荷态[19]，从而产生局部温度增加(所谓热钉)，激发局域的声子振动,以及原子核处内场和原子间的作用力可能的突然变化。显然，这种瞬时效应会影响到穆斯堡尔谱和无反冲分数。但是对于导电良好的金属和非绝缘的大多数材料来说，这种局域性的瞬时变化,它的能量会很快传给整个晶体,在原子核发射 γ 射线以前使晶体很快达到热的平衡。换言之，在晶体的弛豫时间比原子核相应的激发态寿命 τ 短很多的情况下，这种衰变后的瞬时效应对原子核 γ 射线无反冲发射不会产生可观察到的影响。弛豫现象对穆斯堡尔谱的影响将在第三章中论述。

在以上的讨论中，我们假设晶体为谐波型晶体。对于非简谐力对无反冲分数的影响，在文献中也有实验数据和解释。但是一般来说,非简谐力的影响只有在高温的情况下才比较明显。

§2.9 无反冲分数的各向异性[20]

为简单起见，在上面的讨论中我们假设原子核处于单原子谐波型晶体的晶格位置上,晶体的性质是各向同性的;因而无反冲分数 f 和 γ 射线与晶轴的方向无关。对于某些实际的晶体，它的弹性系数与晶轴的方向有关。由于晶格中原子结合力的各向异性，使原子偏离平衡位置不同方向上位移的均方值 $\langle x^2\rangle$ 与晶轴的相对方向有关。因而无反冲分数 f 和 γ 射线与晶轴方向有关，表现出无反冲分数的各向异性。^{57}Fe 掺入到 Zn 单晶中的实验是一个最为明显的例子[18]。实验测量的结果表明,在单晶 Zn 的 c 轴方向上的无反冲分数 $f_{//}$ 为 0.41，比垂直于 c 轴方向上的 $f_{\perp}(=0.64)$小许多。由此可知,平行于 c 轴方向上的 Fe 原子振动位移的均方值要比垂直于 c 轴方向上的要约大一倍。显而易见，f 因数的各向异性会影响单晶样品中各穆斯堡尔谱谱线的强度。初看起来似乎不会影响无织构的晶轴杂乱取向的多晶样品的穆斯堡尔谱中各谱线的相对强度。Goldanskii-Kagan 首先发现[20]，由于 f 的各向异性,使一些多晶样品的 ^{119}Sn 的穆斯堡尔谱的电四极双峰出现双峰强度不相等的明显不对称性。这种现象被称为 Goldanskii 效应。

下面以 ^{119}Sn 的电四极双峰为例来说明 f 因数的各向异性对穆斯堡尔谱的影响。^{119}Sn 的 23.8keV 激发态的自旋为 3/2，基态的自旋为 1/2。假设在轴对称的梯度电场作用下（见第三章超精细相互作用电四极矩劈裂部分的内容），由于电四极矩超精细相互作用，使 23.8keV 激发态分裂为磁量子数 m 为 $\pm3/2$ 和 $\pm1/2$ 的两个能量不同的亚能级。基态由于其自旋为 1/2，因此无电四极矩劈裂。从 23.8keV 激发态到基态的跃迁是 M1 型跃迁，根据选择法则，只有 $\Delta m = \pm1$ 或 0 的跃迁是允许的。由激发态的 $m = \pm3/2$ 和 $\pm1/2$ 到基态的 $m = \pm1/2$ 的跃迁分别假设为 $I_\pi(\Delta m = \pm1)$ 和 $I_\sigma(\Delta m = 0)$。这两种不同能量的跃迁 I_π 和 I_σ，其强度的分布 $I_\pi(\theta)$，$I_\sigma(\theta)$ 和 γ 射线的方向(即 γ 射线的方向与晶轴间夹角 θ) 有关。它们的强度比值为

$$\frac{I_\pi(\theta)}{I_\sigma(\theta)} = \frac{1 + \cos^2\theta}{5/3 - \cos^2\theta}. \tag{2.54}$$

假设 f 与 θ 无关，对于晶轴杂乱取向的多晶样品，其电四极矩吸收双线的强度比值 i_π/i_σ 是上式在 4π 立体角内对 θ 求平均值，因而

$$\frac{i_\pi}{i_\sigma} = \frac{\int_0^\pi I_\pi(\theta)\sin\theta d\theta}{\int_0^\pi I_\sigma(\theta)\sin\theta d\theta} = 1,$$

表明无反冲分数为各向同性时，电四极矩劈裂双线(多晶样品)具有相等的强度。如果 $f(\theta)$ 与 θ 有关，则双线的相对强度比值

$$\frac{i_\pi}{i_\sigma} = \frac{\int_0^\pi I_\pi(\theta)f(\theta)\sin\theta d\theta}{\int_0^\pi I_\sigma(\theta)f(\theta)\sin\theta d\theta} \neq 1, \tag{2.55}$$

即双线的强度不相等。假设晶体的各向异性对于晶轴 Z 是对称的。令在 Z 轴方向上原子的均方位移为 $\langle x_{//}^2\rangle$，在 Z 轴的垂直方向上为 $\langle x_\perp^2\rangle$，则 $f(\theta)$ 可写成

$$f(\theta)=e^{-\langle x_\theta^2\rangle/\lambda\!\!\!^-{}^2}=e^{-(\langle x_{//}^2\rangle\cos^2\theta+\langle x_\perp^2\rangle\sin^2\theta)/\lambda\!\!\!^-{}^2}$$

$$f(\theta)\approx f_\perp(1+\varepsilon\cos^2\theta), \tag{2.56}$$

其中 $f_\perp=e^{-\langle x_\perp^2\rangle/\lambda\!\!\!^-{}^2}$ 是 Z 轴垂直方向上的无反冲分数，

$$\varepsilon=(\langle x_{//}^2\rangle-\langle x_\perp^2\rangle)/\lambda\!\!\!^-{}^2.$$

将上式代人式(2.55)得

$$\frac{i_\pi}{i_\sigma}\approx 1+\frac{2}{15}\varepsilon \qquad \varepsilon\ll 1. \tag{2.57}$$

因为晶体中的内磁场方向与晶轴方向的联系不像电场梯度的方向与晶轴方向的联系那样紧密，所以 f 因数的各向异性对于磁分裂塞曼效应的穆斯堡尔谱的影响就不十分明显.

这里需要指出的是，除了 Goldanskii 效应会使 3/2→1/2 跃迁的电四极矩劈裂双峰的强度不相等以外，还有其他几种因素可能使双峰强度不相等.（1）双峰实际上是由同质异能移位不同的两种所处化学状态不同的两个单峰.（2)样品具有一定织构，不是晶轴杂乱取向的严格的多晶样品.（3）当顺磁弛豫时间与原子核激发态寿命接近时，顺磁弛豫效应会使磁分裂塞曼效应穆斯堡尔谱退化为不对称的双峰[21]. 但是弛豫时间非常灵敏地依赖于样品的温度，而 Goldanskii 效应对温度不十分灵敏. 所以改变样品的温度观察双峰强度的变化，可以区别这两种效应的作用. 要确定双峰的不对称性确实是由于哥尔唐斯基效应引起的，需要仔细的考虑，排除上述的可能的其他因素.

§2.10 无反冲分数的测定

由于原子核的电磁多极矩及其周围电子、配位原子所产生的电磁场之间的超精细相互作用(见第三章)，使穆斯堡尔谱的谱线发生移动和劈裂. 由穆斯堡尔谱中各谱线的位置及其相对强度所提供的化学移位(同质异能移) δ 电四极裂距 Δ和塞曼劈裂的超精细场 H_f 是十分重要的穆斯堡尔谱参数. 穆斯堡尔谱线的强度(吸收谱线的面积)主要由放射源和吸收体的无反冲分数决定，它也是穆斯堡尔谱的重要参数之一．因为无反冲分数由原子在γ射线方向上的均方位移$\langle x^2\rangle$所决定，它能提供晶体动力学方面的信息．在这一节中我们将扼要地说明如何由穆斯堡尔谱的谱线强度(面积)来确定放射源和吸收体的无反冲分数 f_s 和 f_a．

图 2.4 示出测量穆斯堡尔谱的典型透射式结构示意图． 由放

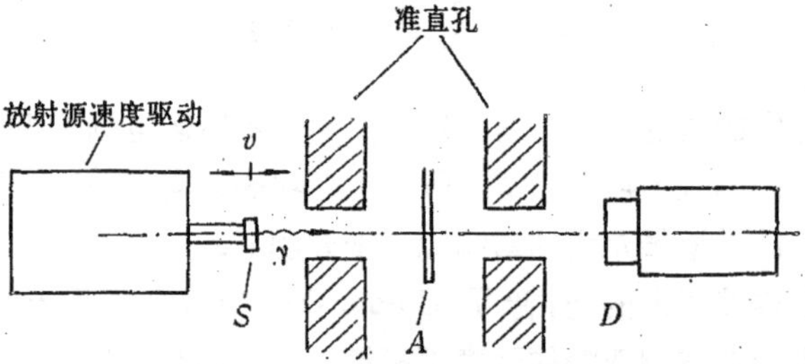

图 2.4 测量穆斯堡尔谱的典型透射式结构示意图．

射源 S 发射的γ射线通过准直孔和吸收体 A 以后被探测器 D 所记录．探测器所记录的γ射线信号包括二部分，一部分是有关穆斯堡尔效应原子核能级间跃迁的γ射线信号；另一部分是由于探测器的有限分辨率与其他γ射线所产生的信号．后一部分所产生的本底计数可以用探测器的能谱分析方法，在总计数中扣除．因此在下面的讨论中，假设探测器记录的完全是前一部分的γ射线信号，无吸收体时这部分的γ射线计数为 I_0．为简单起见，假设放射源和吸收体所发射和吸收的γ射线是单线的，发射线和吸收线的能量都是 E_0，并且都具有洛伦兹线型，它们的半高度全宽度分别为 Γ_s 和 Γ_a．于是发射谱线的能谱 $W(E)$ 可以写成

$$W(E)=f_s\frac{\Gamma_s}{2\pi}\frac{1}{(E-E_0)^2+(\Gamma_s/2)^2}. \tag{2.58}$$

$W(E)dE$ 是发射γ射线能量在 E 和 $E+dE$ 之间的概率，

$$\int_{-\infty}^{\infty}W(E)dE=f_s,$$

f_s 是放射源的无反冲分数．而γ射线能量为 E 时的吸收截面

$$\sigma(E) = f_a\sigma_0 \frac{(\Gamma_a/2)^2}{(E - E_0)^2 + (\Gamma_a/2)^2}, \qquad (2.59)$$

其中 $\sigma_0\left[\text{包含因子}\ \frac{1}{1+\alpha},\ \text{见式 (2.7)}\right]$ 为最大吸收截面，f_a 为吸收体的无反冲分数．当放射源向吸收体方向以速度 v 运动时，相对吸收体的能量移动 $s = E(v/c)$，此时 γ 射线探测器的计数为

$$I(s) = (1 - f_s)I_0e^{-n'\sigma'} + I_0\int_{-\infty}^{\infty} W(E + s) \cdot e^{-(n'\sigma'+n\sigma(E))}dE, \qquad (2.60)$$

其中 n' 为包括吸收体中非共振核的单位面积原子数目，σ' 为非共振的平均吸收截面．n 为单位面积共振核的原子数目．为了消除源的强度和非共振吸收部分的共同因子，我们定义共振吸收效应的数值为

$$\varepsilon(s) = \frac{I(\infty) - I(s)}{I(\infty)}, \qquad (2.61)$$

则

$$\varepsilon(s) = \int_{-\infty}^{\infty} W(E + s)[1 - e^{-n\sigma(E)}]dE. \qquad (2.62)$$

当 $s = 0$ 时为吸收线的峰值，对上式积分得到

$$\varepsilon(0) = f_s\left[1 - I_0\left(\frac{t}{2}\right)e^{-\left(\frac{t}{2}\right)}\right], \qquad (2.63a)$$

其中 $t = n\sigma_0 f_a$，称为吸收体的等效厚度． I_0 为零阶 贝 塞 尔 函数[23]。当 $t < 1$ 时，有

$$\varepsilon(0) \simeq f_s\frac{t}{2}\left(1 + \frac{3t}{4}\right), \qquad (2.64)$$

故在薄吸收体的情况下 ($t < 1$)，吸收线的峰值与吸收体中共振核的含量 n 成正比．吸收体的等效厚度为 t 时谱线的面积

$$A(t) = \int_{-\infty}^{\infty} \varepsilon(s)ds = \int_{-\infty}^{\infty} W(E + s)ds\int_{-\infty}^{\infty}(1 - e^{-n\sigma(E)})dE$$

$$= \int_{-\infty}^{\infty} f_s\left(1 - e^{\frac{-t\Gamma_a^2/4}{(E-E_0)^2+(\Gamma_a/2)^2}}\right)dE.$$

对上式进行积分[23]得到

$$A(t) = f_s\Gamma_a\pi \frac{t}{2} e^{-\frac{t}{2}} \left[I_0\left(\frac{t}{2}\right) + I_1\left(\frac{t}{2}\right)\right], \qquad (2.65a)$$

其中 I_0 和 I_1 是虚宗量的零阶和一阶贝塞尔函数[23]。当 $t \leqslant 1$，把 I_0 和 I_1 展开，得到在薄吸收体时的谱线面积

$$A(t) \approx \frac{f_s\Gamma_a\pi t}{2}(1 - 0.25t + 0.0625t^2). \qquad (2.66)$$

式（2.63a）和式（2.65a）可改写为

$$\varepsilon = f_s \frac{t}{2} g(t) \qquad (2.63b)$$

和

$$A(t) = \frac{f_s\Gamma_a\pi t}{2} G(t), \qquad (2.65b)$$

其中

$$g(t) = \left[1 - I_0\left(\frac{t}{2}\right) e^{\left(-\frac{t}{2}\right)}\right] \Big/ t/2, \qquad (2.67)$$

$$G(t) = e^{-\frac{t}{2}} \left[I_0\left(\frac{t}{2}\right) + I_1\left(\frac{t}{2}\right)\right]. \qquad (2.68)$$

当 $t = 0$ 时(即薄吸收体情况下)，$g(t) = 1$，$G(t) = 1$. 当 t 逐渐增加，$g(t)$ 和 $G(t)$ 的值逐渐减小. $g(t)$ 为峰值的厚度修正因数,即峰值的预期值等于薄吸收体时的近似值 $f_st/2$ 和 $g(t)$ 的乘积. $G(t)$ 为谱线面积的厚度修正因数,即面积的预期值等于薄吸收体时的近似值 $f_s\Gamma_a\pi t/2$ 和 $G(t)$ 的乘积. 图 2.5 示出峰值修正因数 $g(t)$ 和面积修正因数随等效厚度变化的情况. 随着 t 的增加而峰值和谱线面积不随 t 而线性增加，$g(t)$ 和 $G(t)$ 逐渐减小说明共振吸收逐渐达到饱和. 从图 2.5 中可以看 $g(t)$ 比 $G(t)$ 减小要快,表明峰值比面积更容易达到饱和. 其次由于仪器,或同质异能移变化,谱线分裂等原因引起的谱线增宽,对峰值的影响要比对面积的影响大很多. 因而用面积来计算共振原子的含量比用峰值更容易得到精确结果.

根据式（2.63a）和式(2.65a),在薄吸收体情况下,谱线的峰值

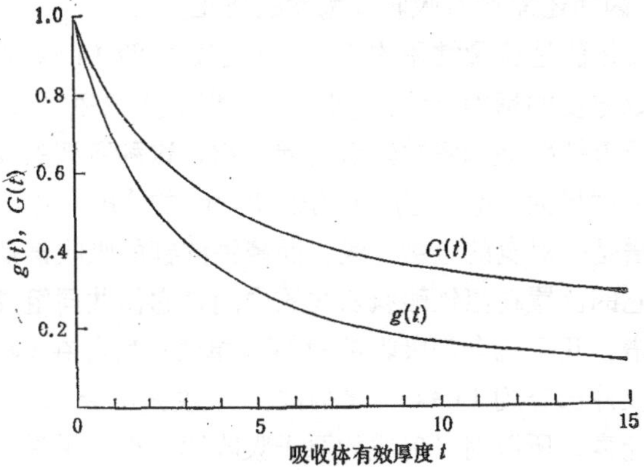

图 2.5　峰值修正因数 $g(t)$ 和面积修正因数 $G(t)$.

$\varepsilon(0)_s$ 和面积 $A(t)$ 和吸收体的等效厚度 $t=f_a n\sigma_0$ 与放射源的无反冲分数 f_s 的乘积成正比．如果放射源的无反冲分数 f_s 为已知，由此就可由峰值或面积来确定吸收体的等效厚度 $t=f_a n\sigma_0$，从而确定吸收体的无反冲分数 f_a. 假定源的无反冲分数 f_s 为未知，则薄吸收体的谱线数据(或外推到薄吸收体时)只能确定 f_s 和 f_a 的乘积．要确定 f_a 可以通过对 f_a 灵敏的吸收体厚度的饱和效应．即用几个同样材料但吸收体厚度不同而共振核含量为已知的吸收体，根据这些吸收体穆斯堡尔谱线的面积，以 f_s，f_a 为未知参量，用式(2.65a)和最小平方法原理来拟合吸收体厚度和谱线面积的相关实验数据，就可同时求出符合实验数据的最佳 f_s 和 f_a 的数值．在同样的实验条件下，用吸收线宽度 Γ_a 接近于自然宽度或 Γ_a 为已知的其他吸收体的独立实验，来确定放射源 γ 射线的能级宽度 Γ_s. 在分析吸收体厚度和谱线面积相关的实验数据中，式(2.65a)中的 Γ_a 可通过采用外推到薄吸收体时谱线的宽度减去已知的放射源 γ 射线的能量宽度来得到．需要注意的是，在薄吸收体的情况下，由于吸收体中原子核所处环境的不一致性(例如杂质、空位、缺陷等影响)，使同质异能移位有一定的分布，也可能有其他的微小的能级超精细分裂，使 Γ_a 大于能级的自然宽度

$\Gamma = \hbar/\tau$，因而还需作对吸收线宽度的修正。

黑吸收体法是测量常用的 ^{57}Co 单线放射源 14.4keV γ 射线无反冲分数方便的精确方法。Housley[24] 等人采用 ^{57}Fe 的浓缩同位素制成氰铁酸锂和氰铁酸氨的混合物，这种所谓黑吸收体，它的等效厚度极大，每平方厘米约含 20mg 的 ^{57}Fe。由于氰铁酸氨的吸收谱是一对宽的分裂双线，而氰铁酸锂的吸收谱是一条宽的单线，它的位置在氰铁酸氨双线的中间，它们共同组成较宽的混合吸收谱。几乎能全部吸收常用 ^{57}Co 单线放射源在静止时所发射的无反冲部分的 14.4keV γ 射线。吸收体中除 ^{57}Fe 以外，其他都是轻元素，所以对 γ 射线的原子吸收比较小。用黑吸收体法测量 ^{57}Co 单线源的无反冲分数非常方便，只需测量放射源（静止的）和探测器间有黑吸收体时和无黑吸收体时探测器中 14.4keV γ 射线的计数(相等记录时间)，其比值约等于 $(1-f_s)$。对于吸收体的原子吸收，探测器中其他 γ 射线本底，透过黑吸收体小部分的无反冲 γ 射线等需要作适当的修正。

以上讨论吸收体无反冲分数的测定时，我们假设吸收谱为单线，其吸收体的等效厚度为 $t = f_a n \sigma_0$。如果吸收谱是由分裂的数条吸收线所组成，则它们的相对强度为

$$p_1, p_2, \cdots, (p_1 + p_2 + \cdots = 1).$$

假如谱线间的距离远大于吸收线的宽度 Γ_a，则每条吸收线可近似地看作彼此独立的单线，可近似地应用式(2.63a)和式(2.65a)，其等效厚度分别为 $t_1 = f_a n \sigma_0 p_1$，$t_2 = f_a n \sigma_0 p_2, \cdots$。假如谱线间的距离不远大于吸收线的宽度，由于洛伦兹型吸收线相互的重叠，在计算最佳无反冲分数 f_s 和 f_a 时不能应用单吸收线式(2.63a)和式(2.65a)，需要用数字积分方法应用式(2.62)的透射积分以拟合穆斯堡尔谱数据。

无反冲分数 f，穆斯堡尔谱线的同质异能移位 δ，电四极劈裂 Δ，超精细场 H_f，谱线的强度等都是穆斯堡尔谱的重要参数。它们所提供的信息及其应用，将在以下各章中作详细的论述。

§2.11 同步光中的穆斯堡尔效应实验

近来，由于同步光源加速器的发展，国际上已有一些重要的同步光实验室[25]开展利用同步光和穆斯堡尔效应做核共振方面的实验研究工作。

当高能电子在高能加速器储存环中作环形运动时，在向心加速的过程中，束流方向发射电磁辐射，即同步光。同步光源能提供准直性很好的、极化的、有时间结构的(脉冲的)高亮度的电磁辐射源。它的能量目前已能达到几十千电子伏，适合于利用穆斯堡尔效应做核共振方面的实验。

主要的问题是如何从同步光的连续谱中获得和原子核能级的能量和宽度相匹配的精密单色光。通常先利用单晶体的晶体单色器，分离出几个电子伏，甚至几个毫伏的单色光束，然后再利用核的(无反冲)共振散射(即单晶的核的布拉格散射)获得能量极精密的单色光束。这种核单色器所产生的单色光束，其单色性主要由核的共振激发态寿命决定，这样可达到 10^{-6}—10^{-8}eV 范围的单色光束[26]。能量如此精密的光束线是非常吸引人的，为研究核与固体环境的超精细相互作用，X射线的精细光学，以及其他可能的精细实验提供有意义的应用前景，这是目前正在发展的研究领域。

参 考 文 献

[1] R. L. Mössbauer, *Zs. f. Phys.*, **151**, 124(1958).
[2] R. L. Mössbauer, *Zs. Naturforsch.*, **14a**, 211(1959).
[3] W. E. Lamb, Jr., *Phys. Rev.*, **55**, 190(1939).
[4] R. V. Pound, G. A. Rebka, Jr., *Phys. Rev. Lett.*, **4**, 337(1960).
[5] R. V. Pound, G. A. Rebka, Jr., *Phys. Rev. Lett.*, **4**, 274(1960).
[6] H. J. Hay, J. P. Schiffer, T. E. Cranshaw, P. A. Egelstaff, *Phys. Rev. Lett.*, **4**, 165(1960).
[7] R. V. Pound, G. A. Rebka, Jr., *Phys. Rev. Lett.*, **3**, 554(1959).
[8] S. S. Hauna, J. Heberle, C. Littlejohn, G. J. Perlow, R. S. Preston, D. H. Vincent, *Phys. Rev. Lett.*, **4**, 177(1960).
[9] O. C. Kistner, A. W. Sunyar, *Phys. Rev. Lett.*, **4**, 412(1960).

[10] H. Frauenfelder, The Mössbauer Effect, Benjamin (1962).
[11] Ф. Л. Шапиро, *Успехи Физ. Наук*, **72**, 686(1960).
[12] 梁昆森编,数学物理方法,人民教育出版社, 372(1979).
[13] J. Heberle, *Mössbauer Effect Methodology*, I. J. Gruverman, ed., Plenum Press, **1**, 299(1971).
[14] H. J. Lipkin, Quantum Mechanics, North-Holland Pub., Chap. 2—4 (1973).
[15] W. M. Visscher, *Ann. Phys.*, **9**, 194(1960).
[16] H. J. Lipkin, *Ann. Phys.*, **9**, 332(1960).
[17] N. W. Ashcroft, N. D. Mermin, Solid State Physics, Holt, Rinehart and Winston, 780(1976).
[18] R. H. Nussbaum, Mössbauer Effect Methodology I. J. Gruverman ed., Plenum Press, **2**, 3(1966).
[19] G. K. Wertheim, D. N. E. Buchanan, Proceedings of The Second International Conference on The Mössbauer Effect, Saclay, France, 130(1961).
[20] V. I. Goldauskii et al., *Phys. Lett.*, **3**, 344(1963).
[21] M. Blume, *Phys. Rev. Lett.*, **14**, 96(1965); Hyperfine Structure and Nuclear Radiation, eds., E. Matthias and D. Shirley, North-Holland, 911(1968).
[22] J. M. William, J. S. Brooks, *Nucl. Instr. and Methods*, **128**, 363 (1975).
[23] 梁昆森编,数学物理方法,人民教育出版社, 373(1979).
[24] J. G. Dash, Mössbauer Effect Methodology, **1**, I. J. Gruverman ed., Plenum Press, 107(1965); R. M. Housley, Erickson, J. G. Dash, *Nucl. Instru. Methods*, **27**, 29(1964).
[25] P. E. Haustein, et al., *Hyperfine Interactions*, **58**, 2445 (1990); R. Rüffer, et al., *Hyperfine Interactions*, **58**, 2467(1990).
[26] J. P. Haunon, G. T. Trammell, *Phys. Rev.*, **186**, 306(1969).

第三章　超精细相互作用

郑　裕　芳

§3.1　引　　言

众所周知，原子核并不是孤立的. 它存在于由原子的壳层电子和近邻配位体的电荷所产生的电磁场中，原子核本身带正电荷和各种核矩，因此核和核所在处的电场和磁场之间存在着相互作用，这种作用是十分微弱的，人们称之为超精细相互作用. 原子核受此作用的微扰，核能级位置产生微小移动，简并部分或全部消除，形成核能级的超精细结构. 一般来说，超精细相互作用引起的能级分裂，比精细结构要小三个数量级.

在穆斯堡尔效应发现之前，人们使用了较为间接的方法从实验上导出超精细相互作用参数. 穆斯堡尔效应的极高能量分辨本领使人们可以直接研究各种超精细相互作用，得到了许多关于物质微观结构的信息.

一个原子核和核所在处的电场和磁场的相互作用，在相应的哈密顿函数中包括了若干项，根据核矩和作用场的多极性，这些项分别代表不同类型的相互作用

$$\mathscr{H} = \mathscr{H}(e0) + \mathscr{H}(m1) + \mathscr{H}(e2) + \cdots, \tag{3.1}$$

式中第一项代表电单极相互作用，第二项代表磁偶极相互作用，第三项表示电四极相互作用.

从穆斯堡尔谱学的实用角度来看，需要考虑的是上述三种主要的超精细相互作用，其它更高次的相互作用（例如磁八极，电十六极，等等）是非常微弱的，可以忽略. 电偶极相互作用由于宇称禁戒而不存在.

磁偶极相互作用是 Pound 和 Rebka 在 1959 年首先观察到的[1]，而同质异能移位和电四极相互作用是 Kistner 和 Sunyar 在 1960 年首先发现的[2]。

一般来说，穆斯堡尔谱反映了超精细相互作用的性质和强度。电单极相互作用影响共振谱线在多普勒速度坐标上的位置，产生所谓同质异能移位，常用 δ 或 I.S. 表示。电四极相互作用使共振谱线产生分裂，称为四极分裂，此裂距常用 ΔE_Q，Δ 或Q.S.来表示。磁偶极相互作用也使共振谱线产生分裂，称为磁超精细分裂，各谱线位置的能量变化常用 ΔE_M 来表示。

从下面几节的介绍中我们将可以知道：所有上述三个穆斯堡尔参量具有一个共同的特点，即它们都是正比于两个量的乘积，其中一个量是表征穆斯堡尔核特性的，另一个是表征核周围环境因素的。

三种类型的超精细相互作用可以同时产生。其中电四极相互作用和磁偶极相互作用具有方向性，因此它们之间的关系是复杂的。而电单极相互作用与另外两种相互作用基本上无关，所以在几种相互作用同时存在时，可以方便地首先考虑同质异能移位的数值。

§ 3.2 同质异能移位

穆斯堡尔谱线的中心移位，包括同质异能移位、二级多普勒移位和动态同质异能移位。若以 δ_{cs} 表示谱线中心移位，δ 表示同质异能移位，δ_{sod} 表示二级多普勒移位，δ_{dy} 表示动态同质异能移位，则有

$$\delta_{cs} = \delta + \delta_{sod} + \delta_{dy}. \tag{3.2}$$

通常情况下，后两项的数值相对于 δ 来说小得多，也即同质异能移位在谱线中心移位中起主要作用。第三项只在一定条件下需要考虑，所以在一般文献中，δ_{cs} 常常写成为 δ 和 δ_{sod} 之和。

3.2.1 同质异能移位

同质异能移位亦称为化学移位，它起源于原子核电荷与核所在处的电子电荷密度分布间的库仑相互作用。

对于一个点电荷，其静电势为

$$V(r)=\frac{Ze}{r}, \tag{3.3}$$

其中，Ze 为点电荷的总电荷量，r 为相对于点电荷的距离。

对于一个半径为R的核来说，其静电势为

$$V(r)=\begin{cases}\dfrac{Ze}{r} & (r\geqslant R\ 时)\\ \dfrac{Ze}{R}\left(\dfrac{3}{2}-\dfrac{r^2}{2R^2}\right) & (r\leqslant R\ 时)。\end{cases} \tag{3.4}$$

因此，由于原子核的有限体积而得出的静电能量为[3]

$$\delta E=\frac{Ze\rho}{R}\int_0^R\left(\frac{3}{2}-\frac{r^2}{2R^2}-\frac{R}{r}\right)4\pi r^2dr$$

$$=-\frac{2\pi}{5}Ze\rho R^2, \tag{3.5}$$

其中

$$\rho=-e|\psi(0)|^2 \tag{3.6}$$

为原子核所在处的电子电荷密度，$\psi(0)$ 为核处的电子波函数。所以

$$\delta E=\frac{2\pi}{5}Ze^2R^2|\psi(0)|^2。 \tag{3.7}$$

假定原子核激发态能量为 E_e，基态能量为 E_g，那么，在原子核从激发态到基态的跃迁中，由于静电相互作用所引起的 γ 射线能量改变为

$$\Delta E=\delta E_e-\delta E_g=\frac{2\pi}{5}Ze^2|\psi(0)|^2(R_e^2-R_g^2), \tag{3.8}$$

其中，R_e 和 R_g 分别为原子核在激发态和基态时的半径。在穆斯堡尔实验时比较了放射源能量 E_s 和吸收体能量 E_A 之差别

(参见图 3.1)，得到净同质异能移位为

$$\delta = \frac{2\pi}{5} Z e^2 [|\psi(0)|_A^2 - |\psi(0)|_S^2](R_e^2 - R_g^2), \qquad (3.9)$$

其中，下标 S 和 A 分别表示放射源和吸收体. 如果知道了电子波函数的数值,那么,根据同质异能移位的实验值就可以估计原子核从激发态跃迁到基态的体积大小的变化.

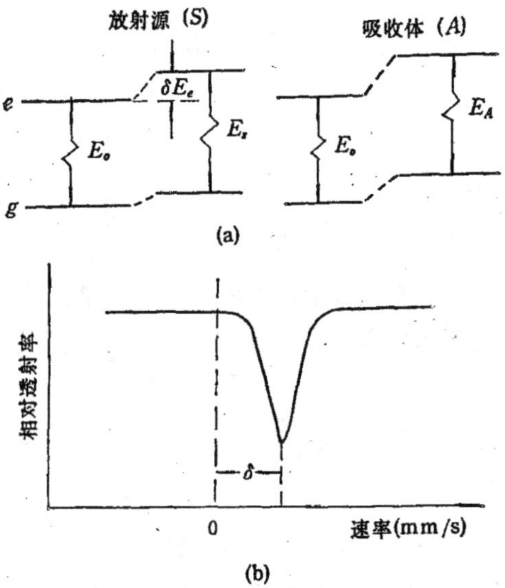

图 3.1　同质异能移位的来源示意图.

(a) 电单极相互作用；(b) 产生的穆斯堡尔谱.

若以 $\Delta R = R_e - R_g$ 表示原子核从激发态跃迁到基态时核半径的变化, $R = \frac{1}{2}(R_e + R_g)$ 表示平均核半径, 从而 $R_e^2 - R_g^2 = 2R\Delta R$, 所以同质异能移位的表达式就变成如下形式:

$$\delta = \frac{4\pi}{5} Z e^2 R^2 \left(\frac{\Delta R}{R}\right) [|\psi(0)|_A^2 - |\psi(0)|_S^2]. \qquad (3.10)$$

由此可见,同质异能移位取决于与原子核有关的因数(原子核半径及其变化)以及与核外电子有关的因数(原子核处电子电荷密度)的乘积,它与温度无关.

若使用一个标准放射源，观察一个固定穆斯堡尔核的不同吸收体，当 $\frac{\Delta R}{R}$ 为正值时，正的同质异能移位值说明从放射源到吸收体在核处的电子电荷密度是增加的；而当 $\frac{\Delta R}{R}$ 为负值时，正的同质异能移位值表明在核处电子电荷密度是减小的。

比值 $\frac{\Delta R}{R}$ 是已知的，但对多数穆斯堡尔核来说，$\frac{\Delta R}{R}$ 值没有达到较高的精确度[4]。

通常在文献中，同质异能移位不用能量表示，而是用多普勒速度[习惯上采用符号 δ(mm/s)] 来表示，即

$$\delta(\mathrm{mm/s})=\frac{4\pi c}{5E_\gamma}Ze^2R^2\frac{\Delta R}{R}\left[|\psi(0)|_A^2-|\psi(0)|_S^2\right],\tag{3.11}$$

式中，E_γ 为穆斯堡尔跃迁 γ 射线能量，c 为光速。

对于重元素来说，特别是在其核的附近，由于相对论效应使电子波函数产生相当大的变化，因此原子核处的电子电荷密度也要改变，上述的同质异能移位公式也需要作修正。Shirley[5] 采用狄拉克波函数和一级微扰理论证明：只需在式(3.11)中引入一个无量纲的相对论因数 $S(Z)$ 就可以了，即

$$\delta(\mathrm{mm/s})=\frac{4\pi c}{5E_\gamma}Ze^2S(Z)R^2\frac{\Delta R}{R}\left[|\psi(0)|_A^2-|\psi(0)|_S^2\right].\tag{3.12}$$

相对论因数 $S(Z)$ 值详见文献[5]。对于常用的穆斯堡尔核素，例如 Fe($Z=26$)，$S(Z)=1.32$；Sn($Z=50$)，$S(Z)=2.48$；Sb($Z=51$)，$S(Z)=2.56$；Eu($Z=63$)，$S(Z)=3.99$；Np($Z=93$)，$S(Z)=19.4$。

电子电荷密度 $\rho=-e|\psi(0)|^2$ 可从核心处的电子波函数的振幅而估算出来。就 Fe^{3+} 来说，双占有轨道 $2|\psi_{1s}(0)|^2$，$2|\psi_{2s}(0)|^2$ 和 $2|\psi_{3s}(0)|^2$ 分别相应于同质异能移位 0.432，0.036 和 0.006mm/s。在元素周期表中，大约有一半元素的电子波函数已为一些学者分别从 Hartree-Fock 方程的解而得到[6]。还有，在一些文献中

已分别给出下面一些核所在核心处的电子波函数振幅的数值：Fe^{3+}[7]，Ni^{2+}[8]，Zn^{2+}[8]，I^{-}[9]，Ag^{+}[10]，和 K^{+}[11]。

在固体中，有几种效应(如重叠效应、电荷转移效应、晶体场效应等)对核心处的电子 s 函数起微扰作用，从而影响了同质异能移位. 所以了解这些固体效应对电子电荷密度的影响是重要的，下面分别作简单的讨论.

(1) 重叠效应　这是由于穆斯堡尔核的 s 电子波函数与最近邻原子的电子波函数的重叠而使核心处的电子电荷密度产生变化的效应.

当忽略电荷转移时，重叠效应的存在使核心处的电子波函数振幅成为[8]

$$|\psi(0)|^2 = \Sigma|\psi_{ns}(0)|^2 + \sum_i a_i, \tag{3.13}$$

式中第二项 $\sum_i a_i$ 是重叠效应对同质异能移位的贡献.

重叠效应对于电子电荷密度的贡献在一系列有关文献中已有了较多的描述，对于 Fe^{2+}[12]，Fe^{3+}[7,13]，Zn^{2+}[8]，Ni^{2+}[8]，K^{+}[11]，Ag^{+}[10] 和 I^{-}[9,14] 的电子电荷密度的重叠效应贡献的计算已达到不同的精确度。

图 3.2 和表 3.1 示出在 ^{61}NiO 中重叠效应对同质异能移位的贡献 $\sum_i a_i$ 值是氧化物点阵中原子间距 R 的函数[8]。它表明：从一种化合物转变为另一种化合物时，由于键距的变化，使同质异能移位有相当大的变化。在小距离(例如 $R \cong 2\,\text{Å}$) 时，$-\dfrac{\partial \ln \delta}{\partial \ln R} =$

$$-\frac{\partial \ln \sum_i a_i}{\partial \ln R} = 7.0；\text{在}\, R\,\text{较大时，}\; -\frac{\partial \ln \sum_i a_i}{\partial \ln R} = 9.0。$$

在 ZnO 中，重叠效应对同质异能移位的贡献 $\sum_i a_i$ 值也是氧化物点阵中原子间距 R 的函数，如图 3.3 所示. 当 R 值小时，例

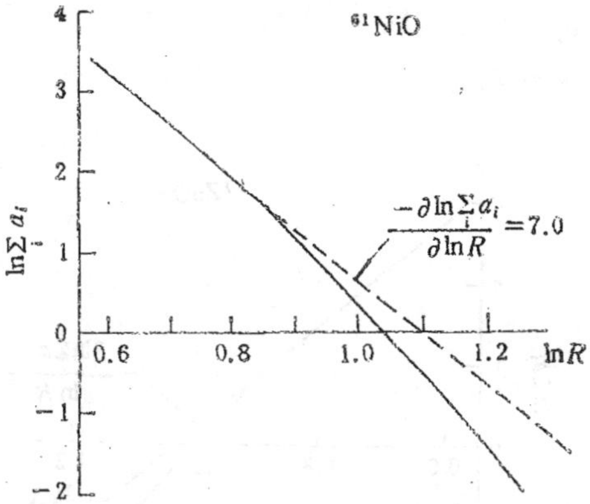

图 3.2 在 ^{61}NiO 中，理论预言的重叠效应对同质异能移位的贡献

$\sum_i a_i$ 值为原子间距 R 之函数. 在小距离时，$-\dfrac{\partial \ln \sum_i a_i}{\partial \ln R}=7.0$；

在大距离时，$-\dfrac{\partial \ln \sum_i a_i}{\partial \ln R}=9.0$。

表 3.1 在 NiO 中，重叠效应对于电子电荷密度的贡献

$\sum_i a_i$ 值是原子间距 R 之函数. $a_1=12|\psi_{1s}(0)|^2\langle\psi_{1s}|\chi_{2p}\rangle^2$，

$a_2=12|\psi_{2s}(0)|^2\langle\psi_{2s}|\chi_{2p}\rangle^2$，$a_3=12|\psi_{3s}(0)|^2\langle\psi_{3s}|\chi_{2p}\rangle^2$，

$a_4=12|\psi_{3s}(0)|^2\langle\psi_{3s}|\chi_{2s}\rangle^2$。

R(Å)	a_1	a_2	a_3	a_4	$\sum_i a_i$
1.8	1.1	5.21	17.43	1.57	25.31
2.0	0.57	2.69	9.41	0.55	13.22
2.2	0.29	1.40	5.08	0.19	6.96
2.5	0.11	0.54	2.03	0.04	2.72
3.0	0.03	0.12	0.47	0.002	0.62
3.5	0.01	0.03	0.12	0.0001	0.16

如 $R\cong 2$Å，$-\dfrac{\partial \ln\delta}{\partial R}=-\dfrac{\partial \sum_i a_i}{\partial R}=6.7$；在 R 较大时，

$$-\frac{\partial \ln \sum_i a_i}{\partial R}=8.3.$$

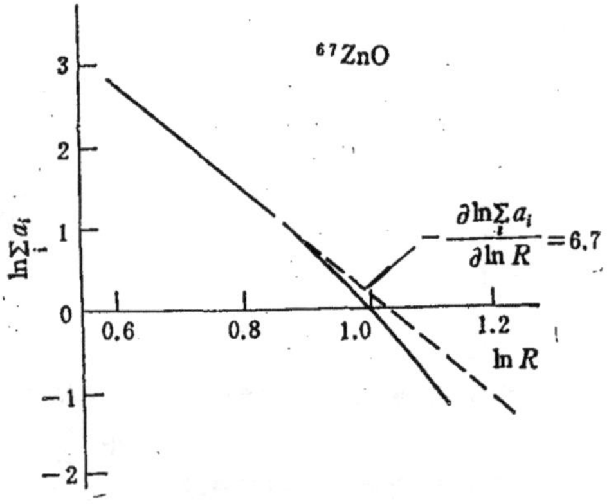

图 3.3 在 ^{67}ZnO 中,重叠效应对同质异能移位的贡献 $\sum_i a_i$ 是原子间距 R 之函数.

(2) 电荷转移效应 由于转移超精细场的存在(见§3.4中的介绍),在近邻原子配合基占有轨道的电子转移到磁性离子的空轨道上,从而引起核心处的电子电荷密度的变化.

例如,在铁的氟化物中,F^- 离子的电子从占有的 s 和 p 轨道转移到 Fe^{3+} 离子的空 $4s$ 壳层,对核心处的电子电荷密度产生了影响. 理论上可以计算出这种电荷转移效应所引起的同质异能移位约为 0.1 mm/s[15].

在文献[16]中,给出了一些电荷转移系数的数值. 有了这些数值,可以进一步计算出电荷转移效应所引起的核心处的电子电荷密度的变化.

(3) 晶体场效应 晶体中的离子的穆斯堡尔谱取决于基态的精细结构和离子中电子的任一低受激态状态. 由于周围晶体点阵的驱动力直接或间接地作用在未充满壳层或开壳层中电子上,从而对于核心处的电子电荷密度产生一定的影响.

在上面所介绍的电荷转移效应中,例如从 F^- 的一个占有的配位轨道转移一个电子到 Fe^{3+} 上，由于自旋守恒态存在于$3d^5$和 $3d^4 4s$ 两种组态中，晶体场能促使一个电子从占有的 $3d^5$ 至空的 $4s$[3-17]。

$3d^5$ 的基态是 $6\Gamma_1$，而 $3d^4 4s$ 的基态是 ^6D，它在一个立方晶体场中分裂成为$^6\Gamma_3$ 和$^6\Gamma_5$。由于自旋守恒，在$^6\Gamma_1$ 和$^6\Gamma_3$，$^6\Gamma_5$ 之间产生非零矩阵元。假如晶体场势写为

$$\mathscr{H}_c = \mathscr{H}_{cD} + \mathscr{H}_{cE}, \tag{3.14}$$

$$\mathscr{H}_{cD} = 9\left(\frac{12\pi}{15}\right)^{\frac{1}{2}} ee'\langle r^2\rangle a^{-3} \sum_j Y_2^0(j), \tag{3.15}$$

$$\mathscr{H}_{cE} = 9\left(\frac{12\pi}{15}\right)^{\frac{1}{2}} ee'\langle r^2\rangle a^{-3} \sum_j [Y_2^2(j) + Y_2^{-2}(j)], \tag{3.16}$$

式中，e' 是最近邻电子的电荷，$\langle r^2\rangle$ 是穆斯堡尔离子(例如Fe^{3+})中 d 电子均方半径，a 是点阵常数，$Y_2^m(m=2,1,0,-1,-2)$ 为轴对称时晶体场的球面调和函数，j 为电子编号。那么微扰的基态成为

$$|^6\Gamma_1'\rangle = |^6\Gamma_1\rangle - \frac{\langle^6\Gamma_1|\mathscr{H}_c|^6\Gamma_3\rangle}{\Delta_3}|^6\Gamma_3\rangle, \tag{3.17}$$

其中 Δ_3 是激发能量。由于对称性守恒，有几个矩阵元消失，而非零元素是

$$\langle^6\Gamma_1|\mathscr{H}_{cE}|^6\Gamma_3\rangle = \langle^6\Gamma_1|\mathscr{H}_{cD}|^6\Gamma_3\rangle = 3\left(\frac{3}{5}\right)^{\frac{1}{2}} ee'\langle r^2\rangle a^{-3}。 \tag{3.18}$$

由于这个效应而产生的电子电荷密度是

$$\rho_{cF}(4s) = |\psi_{4s}(0)|^2 \left|\frac{\langle^6\Gamma_1|\mathscr{H}_c|^6\Gamma_3\rangle}{\Delta_3}\right|^2 = \frac{108}{5} ee'\langle r^2\rangle\Delta_3^{-2}|\psi_{4s}(0)|^2. \tag{3.19}$$

对于 Fe^{3+}，移位因数是[17]

$$\frac{4\pi Ze^2cR\Delta R}{5E_\gamma}|\psi_{4s}(0)|^2 \simeq 1\text{mm/s}。$$

所以，由于晶体场而产生的同质异能移位为 0.025 mm/s 数量级[15,17]。

在文献[18]中详细地介绍了有关 Fe^{2+} 穆斯堡尔谱中的晶体场效应。

3.2.2 二级多普勒移位

二级多普勒移位是 Pound 和 Rabka[3-19] 及 Josephson[29] 几乎同时指出的，并由 Pound 和 Rebka 首先观察到它的存在。

我们知道，发射和吸收 γ 射线的穆斯堡尔核是在晶位上不停地以极高频率振动着，其振动周期远小于激态寿命。例如 ^{57}Fe，其 14.41 keV 能级的平均寿命 $\tau \sim 1.4 \times 10^{-7}$s，晶格中原子核振动的频率～$10^{13}$/s，所以在 ^{57}Fe 的 14.41 keV 能级的激态寿命内，原子核振动了许多次。由此可见，其平均移位和平均速度等于零，但均方速度 $\langle v^2 \rangle$ 却不为零，从而产生一个净的二级多普勒移位。这是一种原子热运动的相对论性效应所产生的能移。

考虑两个参考坐标系，一个固定在实验室上，另一个固定在运动的原子核上。那么，根据相对论理论可得到多普勒能移的表达式为

$$\nu' = \nu \left(1 - \frac{v}{c} \cos\alpha\right)\left(1 - \frac{v^2}{c^2}\right)^{-\frac{1}{2}}, \tag{3.20}$$

式中 ν' 和 ν 分别是在实验室和运动原子核参考系中的频率，v 是两个参考坐标系的相对速度的量值，α 是发射体原子核运动方向与 γ 射线方向之间的夹角，c 为光速。由于原子的热运动或朝着或离开观察者的速率是相等的，所以速度一次项在激态寿命范围内平均值 $\langle v \rangle$ 为零，而二次项 $\langle v^2 \rangle$ 不为零。当 $v \ll c$ 时，

$$\nu' \simeq \nu \left(1 + \frac{\langle v^2 \rangle}{2c^2}\right),$$

于是可得出穆斯堡尔谱线的相对能量移位为

$$\frac{\delta E}{E_\gamma} = -\frac{\langle v^2 \rangle}{2c^2}。 \tag{3.21}$$

由于均方速度 $\langle v^2\rangle$ 随发射体物质的温度升高而增大，所以在温度升高时，其发射的 γ 射线的频率移向更低的频率范围，这与可见光范围类比，相当于向红光一端移动，所以二级多普勒移位也称作热红移．把二级多普勒移位用速度表示时可写为[21]

$$\delta_{soD} = -\frac{1}{2c}\left(\langle v_A^2\rangle - \langle v_s^2\rangle\right), \tag{3.22}$$

式中下标 A 和 S 分别代表吸收体和放射源．从式(3.22)可知，当进行低温实验而将样品放入低温冷阱时（设放射源仍处于室温状态），由于 $\langle v_A^2\rangle$ 值减小，穆斯堡尔谱线中心将向正速度方向移动．

应用德拜模型可以得到[22]

$$\delta_{soD} = -\frac{3k_BT}{2Mc}\left[\frac{3}{8}\frac{\theta_D}{T} + 3\left(\frac{T}{\theta_D}\right)^3\int_0^{\theta_D/T} x^3(e^x-1)^{-1}dx\right], \tag{3.23}$$

式中 k_B 为玻耳兹曼常量，θ_D 为吸收体的德拜温度，M 为原子核质量，c 为光速，T 为吸收体的温度．

当 $T \gtrsim \theta_D$ 时，有

$$\delta_{soD} = -\frac{3k_BT}{2Mc}\left[1 + \frac{1}{20}\left(\frac{\theta_0}{T}\right)^2\right]. \tag{3.24}$$

当 $T \ll \theta_D$ 时，有

$$\delta_{soD} \simeq -\frac{9}{16}\frac{k_B\theta_D}{M_c}\left[1 + \frac{8\pi^4}{15}\left(\frac{T}{\theta_D}\right)^4\right]. \tag{3.25}$$

由德拜温度的变化 $\Delta\theta_D$ 引起 δ_{soD} 的变化为

$$\Delta\delta_{soD} = \begin{cases} -\dfrac{3}{20}\cdot\dfrac{k_B\Delta\theta_D}{M_c}\left(\dfrac{\theta_D}{T}\right) & T \gtrsim \theta_D, \\ -\dfrac{9}{16}\cdot\dfrac{k_B\Delta\theta_D}{M_c} & T \ll \theta_D. \end{cases} \tag{3.26}$$

对于铁化合物，温度每相差 100 K 时，二级多普勒移位约为 0.02—0.1 mm/s．对于锡的化合物，每相差 1 K 约为 3.49×10^{-4} mm/s, 所以从室温（295K）至 77 K 时，二级多普勒移位约为 0.076 mm/s。表 3.2 列出一些锡化合物在空温（295K）至77K

之间的二级多普勒移位的计算值和实验值，可见它们间较好地符合。

表 3.2　一些锡化合物的二级多普勒移位（295—77K）

化合物	$\Delta\delta_{SOD}$（计算值）(mm/s)	$\Delta\delta_{SOD}$（实验值）(mm/s)	参考文献
$BaSnO_3$	0.06	0.05	[23]
Mg_2Sn	0.07	0.07	[24,25]
SnS	0.07	0.08	[26]
SnSe	0.07	0.07	[26]
SnTe	0.07	0.07	[27]
Me_3SnF	0.07	0.07	[28]

3.2.3　动态同质异能移位

在 1970 年，Shrivastava[29] 提出，固体点阵中的电子和点阵振动的相互作用会影响核所在处电子波函数 $\psi(0)$，所以会有一种新型的、与温度有关的、但与二级多普勒移位不同的同质异能移位存在。此后不久，Perkins 和 Hazony[30] 获得四种化合物中 ^{57}Fe 的穆斯堡尔谱，从中心移位值减去二级多普勒移位值之后，发现仍有一个新的、与温度有关的同质异能移位存在，其大小与上述 Shrivastava[29] 所预言的数量级相同。在关于电子电荷密度的电子-点阵相互作用的效应的另一计算中，Shrivastava[31] 预言，在 FeF_3 中，^{57}Fe 的一种不同于二级多普勒移位的、与温度有关的能量移位值与实验测量结果一致。Kalvius 等[32]人在 ^{151}Eu 化合物中发现与温度有关的移位值大于二级多普勒移位值。Taylor 和 Storms[33] 测量了 W 和 Ta 中的穆斯堡尔谱线移位，Abdelgadir 等[34].测量了 $Mn_{0.99}Fe_{0.01}As$ 的穆斯堡尔谱线中心移位，观察到的随温度变化关系都超过二级多普勒移位与温度的关系。十分明显，必须考虑由电子-声子相互作用所产生的移位，即动态同质异能移位。

在简正坐标系中，从晶体势能的 Taylor 扩展可得电子-声子

相互作用为[35]

$$\mathscr{H}=\sum_{j=2}^{6} V_j Q_j, \tag{3.27}$$

其中

$$V_2=\sum_j A[Y_2^2(j)+Y_2^{-2}(j)],$$

$$V_3=-\sum_j A(6)^{\frac{1}{2}} Y_2^0(j),$$

$$V_4=\sum_j A\frac{2}{3}i(Y_2^{-2}-Y_2^2),$$

$$V_5=\sum_j A\frac{2}{3}(Y_2^1-Y_2^{-1}),$$

$$V_6=\sum_j A\frac{2}{3}i(Y_2^1+Y_2^{-1}), \tag{3.28}$$

和

$$A=9\left(\frac{2}{15}\pi\right)^{\frac{1}{2}} ee'\langle r^2\rangle a^{-4}, \tag{3.29}$$

其中，$\langle r^2\rangle$ 为穆斯堡尔离子（例如 Fe^{3+}）的电子分布均方半径，j 为电子编号，e 为电子电荷，e' 是最近邻原子的电荷，a 是穆斯堡尔离子和最近邻原子间的间距，$Y_2^m(m=2,1,0,-1,-2)$为轴对称晶体场的球面调和函数，算符 V_j 来源于晶体场之导数，Q_j 是广义简正坐标。

以 Fe^{3+} 为例，假如 $3d^5$ 壳层中有一个电子以一定概率转移到 $4s$ 壳层上，那么其电子组态将出现 $3d^4 4s$。从这种组态得到的自旋六重线是 ^6D，它在一个立方晶体中分裂成为一轨道双重线 $^6\Gamma_3$ 和一条三重线 $^6\Gamma_5$。于是基态为

$$|^6S\rangle=|^6\Gamma_1\rangle-\frac{\langle ^6\Gamma_1|\mathscr{H}'|^6\Gamma_3\rangle}{\Delta_3}|^6\Gamma_3\rangle-\frac{\langle ^6\Gamma_1|\mathscr{H}'|^6\Gamma_5\rangle}{\Delta_5}|^6\Gamma_5\rangle, \tag{3.30}$$

其中，Δ_3 和 Δ_5 分别为基态中 $^6\Gamma_3$ 和 $^6\Gamma_5$ 的能量间距。矩阵元为

$$\langle {}^6\Gamma_1|V_2|{}^6\Gamma_3\rangle = \langle {}^6\Gamma_1|V_3|{}^6\Gamma_3\rangle = 3\left(\frac{3}{5}\right)^{\frac{1}{2}} ee'\langle r^2\rangle a^{-4},$$

$$\langle {}^6\Gamma_1|V_4|{}^6\Gamma_5\rangle = \langle {}^6\Gamma_1|V_5|{}^6\Gamma_5\rangle = \langle {}^6\Gamma_1|V_6|{}^6\Gamma_5\rangle$$

$$= -2\left(\frac{3}{5}\right)^{\frac{1}{2}} ee'\langle r^2\rangle a^{-4}。 \tag{3.31}$$

根据对称定律，其它矩阵元消失．广义简正坐标是最近邻原子振荡的线性组合，它们可写成

$$Q_i = \sum_{jk} a_j \left(\frac{\hbar}{2M\omega_k}\right)^{\frac{1}{2}}(a_k + a_k^{\dagger}), \tag{3.32}$$

其中，M是晶体质量，ω_k 为声子频率，a_k 和 $a_k^{\dagger}$ 为声子湮没和产生算符．Q_i 对时间取平均为零，但其平方的平均值分别对于纵向和横向的分支为

$$\langle Q_i^2\rangle = \sum_k a^2\omega_k^2 \frac{\hbar}{10M\omega_k}(2n_k + 1)\left(\frac{2}{3}v_l^{-2}; \frac{1}{2}v_t^{-2}\right), \tag{3.33}$$

式中，v_l 和 v_t 分别代表纵向和横向波传播速度．在德拜模型中，对于纵向和横向波的状态密度分别是

$$\frac{4\pi V}{(2\pi)^3} v_l^{-3}\omega^2 d\omega \text{ 和 } \frac{4\pi V}{(2\pi)^3} 2v_t^{-3}\omega^2 d\omega, \tag{3.34}$$

其中V是晶体体积．于是式(3.33)变为

$$\langle Q_i^2\rangle = \frac{\hbar a^2}{4\pi^2\rho}\left(\frac{2}{3}v_l^{-5} + v_t^{-5}\right)$$

$$\times \int_0^{\omega_D}\left(\frac{2}{\exp\frac{\hbar\omega}{k_B T} - 1} + 1\right)\omega^3 d\omega, \tag{3.35}$$

其中 ρ 为晶体的质量密度，k_B 为玻耳兹曼常量，ω_D 为德拜特征频率．现在基态波函数可写成

$$|{}^6S\rangle = |{}^6\Gamma_1\rangle - 6\left(\frac{3}{5}\right)^{\frac{1}{2}} ee'\langle r^2\rangle a^{-4}\left[\frac{Q_i}{\Delta_3}|{}^6\Gamma_3\rangle + \frac{Q_i}{\Delta_5}|{}^6\Gamma_5\rangle\right]. \tag{3.36}$$

所以，在速度单位中同质异能移位的修正是

$$\delta = \frac{4\pi Z e^2 c R\Delta R}{5E_\gamma} \cdot \frac{54\hbar}{10\pi^2\rho}\left(\frac{ee'\langle r^2\rangle}{a^3}\right)^2 (\Delta_3^{-2} + \Delta_5^{-2})|\psi_{4s}(0)|^2$$

$$\times\left(\frac{2}{3}v_l^{-5} + v_t^{-5}\right)\left(\frac{k_B T}{\hbar}\right)^4 \int_0^{\theta/T}\left(\frac{1}{2} + \frac{1}{e^x - 1}\right)x^3 dx, \tag{3.37}$$

式中，Ze 是核电荷，R 为核半径，$\psi_{4s}(0)$ 为 $4s$ 电子波函数。如果我们设 $\langle r^2\rangle = 10^{-15}\text{cm}^2$，$a = 2\times 10^{-8}\text{cm}$，$\rho = 3\text{g/cm}^3$，$\Delta_3 = 5\times 10^4\text{cm}^{-1}$，$\Delta_5 = 7\times 10^4\text{cm}^{-1}$，和 $v_t \simeq v_l \simeq 5\times 10^5\text{cm/s}$，则式(3.37)中对于零点振动的贡献为

$$\delta_{zp} = 6\times 10^{-14}\frac{4\pi Z e^2 c R\Delta R}{5E_\gamma}|\psi_{4s}(0)|^2\theta^4。 \tag{3.38}$$

对于随温度变化部分则为

$$\delta(T) = 4.8\times 10^{-13}\frac{4\pi Z e^2 c R\Delta R}{5E_\gamma}|\psi_{4s}(0)|^2 T^4$$

$$\times\int x^3(e^x - 1)^{-1}dx。 \tag{3.39}$$

它的斜率为

$$\frac{d}{dT}\delta(T) = 4.8\times 10^{-13}\frac{4\pi Z e^2 c R\Delta R}{5E_\gamma}|\psi_{4s}(0)|^2$$

$$\times\left[4T^3\int_0^{\theta/T}\frac{x^3 dx}{e^x - 1} - \theta^4 T^{-1}\left(\exp\frac{\theta}{T} - 1\right)^{-1}\right]。 \tag{3.40}$$

在低温时，式(3.39)中积分值是 $\frac{\pi^4}{15}$，所以移位值随 T^4 而变化。但在高温 $T > \theta$ 时，它简化为

$$\delta(T) = 1.6\times 10^{-13}\frac{4\pi Z e^2 c R\Delta R}{5E_\gamma}|\psi_{4s}(0)|^2\theta^3 T。 \tag{3.41}$$

现在，假设 $E_\gamma = 14.4\text{ keV}$，$R = 1.2\times 10^{-13}A^{\frac{1}{3}}\text{cm}$，$\Delta R \simeq 2\times 10^{-3}R$，$|\psi_{4s}(0)|^2 - C \simeq 16a_0^{-3}$，其中常量 $C = 11873a_0^{-3}$，$\theta = 400\text{K}$，a_0 为玻尔半径，移位因子是 1 mm/s 数量级，在高温时，移

位 $\delta(T) \simeq 10^{-5}T\mathrm{mm/s}$，于是其斜率为

$$\frac{d\delta(T)}{dT} \simeq 10^{-5}\mathrm{mm/s \cdot K},$$

它强烈地依赖于德拜温度值．这个估计与 Perkins 和 Hazony[30] 关于 FeF_3 的实验值相一致．

Perkins 和 Hazony[30] 将 FeF_2 的谱线中心移位实验值用计算机作最小二乘拟合而得如下表达式：

$$\begin{aligned} E(T) = {} & \delta E_{Is}^0 + \varepsilon \times 10^{-5}T \\ & - 7.306\theta_E \left[\frac{1}{2} + \left\{\exp\left(\frac{\theta_E}{T}\right) - 1\right\}^{-1}\right] \\ & \times 10^{-4}\mathrm{mm/s \cdot K}, \end{aligned} \tag{3.42}$$

其中，δE_{Is}^0 是 $T = 0\mathrm{K}$ 时的同质异能移位，ε 为上述两种来源热移位的线性近似值，θ_E 为爱因斯坦温度．从实验数据的最佳拟合中得到

$$\begin{aligned} \delta E_{Ir}^0 &= 1.599 \pm 0.012\mathrm{mm/s}, \\ \varepsilon &= -1.1 \pm 1.0\mathrm{mm/s}, \\ \theta_E &= 350 \pm 78\mathrm{K}. \end{aligned} \tag{3.43}$$

可见，这些参数具有较大的误差．经过进一步的推算后，可得下述几种形式的关系式[30]．

属于动态同质异能移位部分的关系式为

$$\left(\frac{\partial}{\partial T}\delta E_{Is}\right)_V = -(6 \pm 1) \times 10^{-5}\mathrm{mm/s \cdot K}. \tag{3.44}$$

属于二级多普勒移位部分的关系式为

$$\left(\frac{\partial}{\partial \ln V}\delta E_{Is}\right)_T \left(\frac{\partial \ln V}{\partial T}\right)_P = +5 \times 10^{-5}\mathrm{mm/s \cdot K}. \tag{3.45}$$

同样，在文献[30]中也有人估算了在 $KFeF_3$，$FeCl_2$ 和 FeF_3 中的动态同质异能移位．

综上所述，总的热移位 $\delta(T)$（即包括二级多普勒移位 δ_{SOD} 和动态同质异能移位 δ_{Dy}）为

$$\delta(T) = \delta_{SOD} + \delta_{Dy}. \tag{3.46}$$

关于金属铁中谱线中心移位与温度的关系（特别是在居里点附近)是否产生异常的变化等问题，在文献[36—45]中已有详细的论述。

§3.3 电四极相互作用

原子核电四极矩与它的周围环境的相互作用导致核能级的分裂. 这种电四极相互作用仅仅产生于原子核具有电四极矩 eQ，并且在原子核所在处的核外电荷分布偏离球对称状况.

3.3.1 四极分裂

由于核力对时间反演的不变性，原子核仅具有偶次项的电多极 (2^l) 矩，也就是说，一个核不能具有电偶极($l=1$) 矩，而且，如果核具有不为零的 2^l 矩，其核自旋 I 应该服从 $I \geqslant \frac{l}{2}$条件. 因此，只有那些 $I \geqslant 1$ 的核才具有电四极 ($l=2$) 矩 eQ. 这里 e 是一个质子电荷.

多数的原子核，其核电荷分布在一定程度上偏离球形对称，并且对于每一激发态，其偏离程度也会不同. 电四极矩 eQ 的数值确定核电荷分布偏离球形对称的程度. eQ 是一个张量，Q 的元素为

$$Q_{ij}=\int \rho_n(r)x_ix_j dv, \tag{3.47}$$

式中，ρ_n 是核电荷密度，x_i，x_j 是 r 的笛卡儿坐标，dv 是核体积元.

Q 的符号和变形核的形状有关：伸长核为正值，而扁平核为负值. 如果我们选择这样的 x,y,z 坐标系，使 Q_{ij} 对角化，并选择 z 轴为从尤取向，则有

$$eQ=\int \rho r^2(3\cos^2\theta-1)dv, \tag{3.48}$$

式中，ρ 为在(r,θ)处的核电荷密度，r 为体积元 dv 距原子核中

心的距离，θ 为 r 与核自旋轴间的夹角。

我们知道，电场强度等于电势之负梯度，即

$$E = -\nabla V = -(iV_x + jV_y + kV_z), \tag{3.49}$$

其中

$$V_x = \frac{\partial V}{\partial x}, \quad V_y = \frac{\partial V}{\partial y}, \quad V_z = \frac{\partial V}{\partial z}, \tag{3.50}$$

于是，原子核处的电场梯度为

$$(\mathrm{EFG}) = \nabla E = -\begin{bmatrix} V_{xx} & V_{xy} & V_{xz} \\ V_{yx} & V_{yy} & V_{yz} \\ V_{zx} & V_{zy} & V_{zz} \end{bmatrix}, \tag{3.51}$$

其中

$$V_{ij} = \frac{\partial^2 V}{\partial i \partial j} \qquad (i,j = x,y,z).$$

在 9 个 EFG 分量中，由于 EFG 张量的对称形式，$V_{xy} = V_{yx}$，$V_{xz} = V_{zx}$，$V_{yz} = V_{zy}$；对角线元素中有一个是非独立的，所以只有五个是独立的参数。

我们可以选择一个特殊的坐标轴，即所谓 EFG 张量的主轴，使非对角元素为零，而对角元素的大小次序为

$$|V_{zz}| \geqslant |V_{yy}| \geqslant |V_{xx}|, \tag{3.52}$$

而且根据拉普拉斯方程

$$\nabla^2 V = V_{xx} + V_{yy} + V_{zz} = 0, \tag{3.53}$$

于是，相对于主轴，此时 EFG 张量只需要两个非独立参数来表示就可以了，一般采用

$$V_{zz} = eq \tag{3.54}$$

和

$$\eta = (V_{xx} - V_{yy})/V_{zz}, \tag{3.55}$$

其中，η 称为非对称参数。显而易见，η 的值限制在 $0 \leqslant \eta \leqslant 1$；当 $\eta = 0$ 时，EFG 为轴对称。

一个具有电四极矩 eQ 的核和它所在处电场梯度的相互作用四极哈密顿函数为[46]

$$\mathscr{H}(e2)=\frac{eQV_{zz}}{4I(2I-1)}[3\hat{I}_z^2-\hat{I}^2+\eta(\hat{I}_+^2+\hat{I}_-^2)/2],\quad(3.56)$$

其中，I 为原子核的自旋量子数，$\hat{I}$ 为原子核的自旋算符，$\hat{I}_{\pm}=\hat{I}_x+\hat{I}_y$ 是移位算符(升阶和降阶算符)，而 $\hat{I}_x$，$\hat{I}_y$ 和 $\hat{I}_z$ 是核自旋分量算符．设 $A=\dfrac{eQV_{zz}}{12}$，对 $I=\dfrac{3}{2}$，那么哈密顿矩阵为[47]

$$\left\langle\frac{3}{2}m\middle|\mathscr{H}(e2)\middle|\frac{3}{2}m'\right\rangle=\begin{array}{c|cccc} m' \backslash m & \frac{3}{2} & \frac{1}{2} & -\frac{1}{2} & -\frac{3}{2}\\ \hline \frac{3}{2} & 3A & 0 & \sqrt{3}\,\eta A & 0\\ \frac{1}{2} & 0 & -3A & 0 & \sqrt{3}\,\eta A\\ -\frac{1}{2} & \sqrt{3}\,\eta A & 0 & -3A & 0\\ -\frac{3}{2} & 0 & \sqrt{3}\,\eta A & 0 & 3A \end{array}\quad(3.57)$$

其中，$m=I,I-1,\cdots,-I$，是核磁自旋量子数。

本征值和它们相应的本征矢量为

$$E_+=+3A[1+\eta^2/3]^{\frac{1}{2}},$$

$$|+\rangle=N_+\left(\lambda_+\left|\frac{3}{2},\frac{3}{2}\right\rangle+\left|\frac{3}{2},-\frac{1}{2}\right\rangle\right),$$

$$E_-=-3A[1+\eta^2/3]^{\frac{1}{2}},$$

$$|-\rangle=N_-\left(\lambda_-\left|\frac{3}{2},\frac{3}{2}\right\rangle+\left|\frac{3}{2},-\frac{1}{2}\right\rangle\right),$$

$$E_-=-3A[1+\eta^2/3]^{\frac{1}{2}},$$

$$|-\rangle=N_-\left(\lambda_-\left|\frac{3}{2},-\frac{3}{2}\right\rangle+\left|\frac{3}{2},\frac{1}{2}\right\rangle\right),$$

$$E_+=+3A[1+\eta^2/3]^{\frac{1}{2}},$$

$$|+\rangle = N_+\left(\lambda_+\left|\frac{3}{2},\ -\frac{3}{2}\right\rangle' + \left|\frac{3}{2},\ \frac{1}{2}\right\rangle\right), \tag{3.58}$$

其中

$$N_\pm = [1 \pm \lambda_\pm^2]^{-\frac{1}{2}},$$

$$\lambda_\pm = \frac{\sqrt{3}}{\eta}(1 \pm \sqrt{1+\eta^2/3}). \tag{3.59}$$

在 $\eta \neq 0$ 时，强度比值公式是比较复杂的，它必须由第二个欧勒角 φ 来确定 EFG 轴相对于实验室坐标轴的位置。在单晶中，强度比值为[48]

$$\frac{I_+}{I_-} = \frac{N_+^2\left\{\frac{1}{2}(1+\cos^2\theta)\lambda_+^2 + \frac{1}{6}(5-3\cos^2\theta) + 3^{-\frac{1}{2}}\cos 2\varphi\sin^2\theta\lambda_+\right\}}{N_-^2\left\{\frac{1}{2}(1+\cos^2\theta)\lambda_-^2 + \frac{1}{6}(5-3\cos^2\theta) + 3^{-\frac{1}{2}}\cos 2\varphi\sin^2\theta\lambda_-\right\}}. \tag{3.60}$$

对于粉末样品，应当对一个单位球面取双重积分，再给出单位比值。

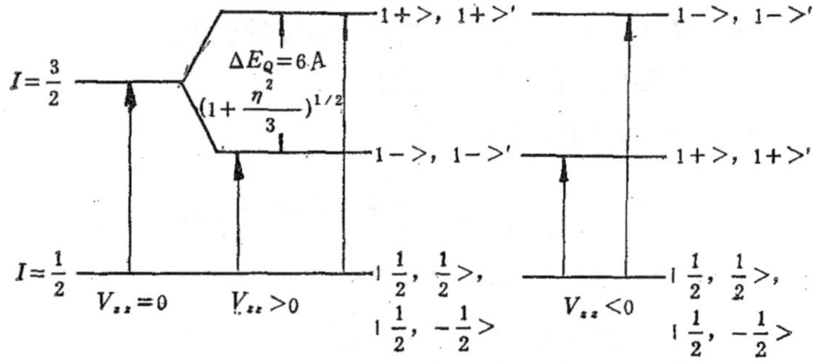

图 3.4 在 $\eta \neq 0$ 时，$I=\frac{3}{2}$的能级由于电四极相互作用所产生的分裂状态.

图 3.4 示出在 $\eta \neq 0$ 时，$I = \frac{3}{2}$ 的能级由于电四极相互作用所

产生的分裂状态．可见，当 $V_{zz}=0$时能级不产生分裂；当$V_{zz}>0$ 或 $V_{zz}<0$ 时，由于 $I=\frac{3}{2}$能级分裂为两个亚能级，所以相应的穆斯堡尔共振吸收线为双线．能级分裂间距为

$$\Delta E_Q=6A\left(1+\frac{\eta^2}{3}\right)^{\frac{1}{2}}=\frac{1}{2}eQV_{zz}\left(1+\frac{\eta^2}{3}\right)^{\frac{1}{2}}. \tag{3.61}$$

当 EFG 是轴对称时，$\eta=0$，那么式(3.56)变为

$$\mathscr{H}(e2)=\frac{eQV_{zz}}{4I(2I-1)}(3\hat{I}_z^2-\hat{I}^2). \tag{3.62}$$

对于^{57}Fe，eQ 为正值，所以A与 V_{zz} 的符号相同．此时，哈密顿函数相应的对角矩阵为

$$\left\langle\frac{3}{2}m\middle|\mathscr{H}(e2)\middle|\frac{3}{2}m'\right\rangle=\begin{array}{c|cccc} m' \backslash m & \frac{3}{2} & \frac{1}{2} & -\frac{1}{2} & -\frac{3}{2} \\ \hline \frac{3}{2} & 3A & 0 & 0 & 0 \\ \frac{1}{2} & 0 & -3A & 0 & 0 \\ -\frac{1}{2} & 0 & 0 & -3A & 0 \\ -\frac{3}{2} & 0 & 0 & 0 & 3A \end{array}. \tag{3.63}$$

由于^{57}Fe 的基态不具有电四极矩，故其基态能级不受影响．图3.5 示出 $\eta=0$ 时，$I=\frac{3}{2}$ 能级由于电四极相互作用所产生的分裂．由此可见，能量分裂间距为

$$\Delta E_Q=6A=\frac{1}{2}eQV_{zz}. \tag{3.64}$$

在穆斯堡尔实验中，核的基态$\left(I_g=\frac{1}{2}\right)$和激发态$\left(I_e=\frac{3}{2}\right)$

能级的两个亚能级 $|I,\pm m_I\rangle$ 之间的 γ 跃迁都是允许的，所以使用一个单线的放射源，我们就可在吸收体的穆斯堡尔谱中观测到强度相等的两条共振线（除了在多晶材料中存在 Goldanskii-Karyagin 效应即各向异性的无反冲因数 f 之外），两条线间的距离 Δ 正好是能量分裂间距 ΔE_Q，在穆斯堡尔效应的应用中，它称为“四极分裂”（Q.S.），这是另一个重要的穆斯堡尔参量。

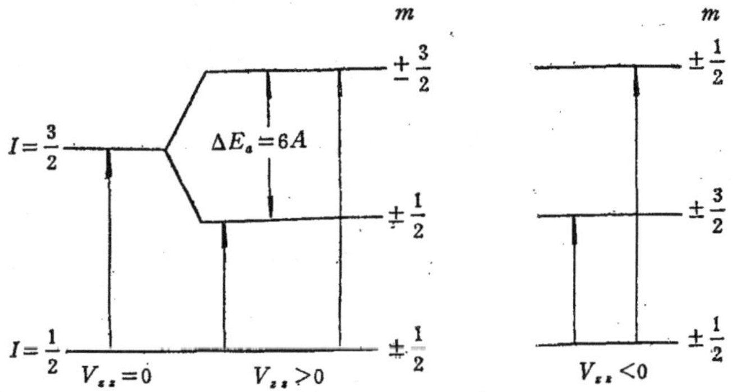

图 3.5　$\eta=0$ 时，$I=\frac{3}{2}$ 能级由于电四极相互作用所产生的分裂状态.

但是应当注意，并非四极分裂双线强度都是相等的. 一般说来，超精细跃迁的强度包括两部分贡献，即

(1) 与角度无关的项，即由 Clebsch-Gordan 系数（简称 C 系数）平方 C^2 决定的项.

若二个核自旋态为 I_1 和 I_2，相应的 I_z 值为 m_1 和 m_2，它们的耦合服从 $J=I_1+I_2$ 和 $m=m_1-m_2$，那么，Clebsch-Gordan 系数为 $\langle I_1J-m_1m|I_2m_2\rangle$[47].

(2) 与角度有关的项 $\Theta(J,m)$，它决定跃迁相对强度与 γ 射线传播方向和磁场方向或 EFG 张量主轴间的夹角 θ 的关系.

上述两者的乘积满足如下归一化关系:

$$\sum_{m_1,m_2} C^2\Theta(J,m)=1. \tag{3.65}$$

在下述情况下，四极分裂双线的相对强度不对称：

（1）对于单晶，各个超精细跃迁的相对强度取决于电场梯度的方向。对于 $\frac{3}{2}\longleftrightarrow\frac{1}{2}$ 跃迁，四极分裂双线的强度比为

$$\frac{I\left(\pm\frac{3}{2}\longleftrightarrow\pm\frac{1}{2}\right)}{I\left(\pm\frac{1}{2}\longleftrightarrow\pm\frac{1}{2}\right)}=\frac{1+\cos^2\theta}{\frac{5}{3}-\cos^2\theta}, \qquad (3.66)$$

式中，θ 为 γ 射线传播方向和电场梯度主轴间的夹角。表 3.3 列出 $\frac{3}{2}\longleftrightarrow\frac{1}{2}$ 跃迁四极分裂相对强度。

表 3.3 $\frac{3}{2}\leftrightarrow\frac{1}{2}$ 跃迁四极分裂超精细谱线相对强度

（$\eta=0$ 时）

跃迁	C^2	$\Theta(J,m)$	$C^2\Theta(J,m)$	
			$\theta=90°$	$\theta=0°$
$\pm\frac{1}{2}\longleftrightarrow\pm\frac{1}{2}$	$\frac{1}{2}$	$\frac{1}{2}+\frac{3}{4}\sin^2\theta$	$\frac{5}{8}$	$\frac{1}{4}$
$\pm\frac{3}{2}\longleftrightarrow\pm\frac{1}{2}$	$\frac{1}{2}$	$\frac{3}{4}(1+\cos^2\theta)$	$\frac{3}{8}$	$\frac{3}{4}$

（2）对于多晶或粉末样品来说，由于晶轴取向随机分布，相对强度比应对所有 θ 值求平均，故

$$\frac{I\left(\pm\frac{3}{2}\longleftrightarrow\pm\frac{1}{2}\right)}{I\left(\pm\frac{1}{2}\longleftrightarrow\pm\frac{1}{2}\right)}=\frac{\int_0^\pi(1+\cos^2\theta)\sin\theta d\theta}{\int_0^\pi\left(\frac{5}{3}-\cos^2\theta\right)\sin\theta d\theta}=1, \qquad (3.67)$$

即为等强度双线。但是 Goldanskii 和 Karyagin[50,51] 指出，如果晶格中共振原子在所处的位置上所受到的是各向异性的束缚力，那么原子的均方位移 $\langle x^2\rangle$ 将是各向异性的，从而造成无反冲因

数 f 的各向异性，引起不等强度的双线。这个效应称为 Goldanskii-Karyagin 效应，此时非对称比值 A 为

$$A=\frac{I\left(\pm\frac{3}{2}\longleftrightarrow\pm\frac{1}{2}\right)}{I\left(\pm\frac{1}{2}\longleftrightarrow\pm\frac{1}{2}\right)}=\frac{\int_0^{\pi}(1+\cos^2\theta)f(\theta)\sin\theta d\theta}{\int_0^{\pi}\left(\frac{5}{3}-\cos^2\theta\right)f(\theta)\sin\theta d\theta},\tag{3.68}$$

因为

$$f(\theta)=\exp\left[-\frac{4\pi^2\langle x_{\perp}^2\rangle}{\lambda^2}\right]\exp\left[-4\pi^2\left\{\frac{\langle x_{\parallel}^2\rangle-\langle x_{\perp}^2\rangle}{\lambda^2}\right\}\cos^2\theta\right],\tag{3.69}$$

式中，$\langle x_{\parallel}^2\rangle$ 为沿着电场梯度主轴方向原子振动的均方位移，$\langle x_{\perp}^2\rangle$ 为垂直于电场梯度主轴方向的均方位移．所以

$$A=\frac{\int_0^{\pi}\exp\left[-\left\{\frac{4\pi^2(\langle x_{\parallel}^2\rangle-\langle x_{\perp}^2\rangle}{\lambda^2}\right\}\cos^2\theta\right]}{\int_0^{\pi}\left(\frac{5}{3}-\cos^2\theta\right)\exp\left[-\left\{\frac{4\pi^2(\langle x_{\parallel}^2\rangle-\langle x_{\perp}^2\rangle}{\lambda^2}\right\}\cos^2\theta\right]}\times\frac{(1+\cos^2\theta)\sin\theta d\theta}{\sin\theta d\theta}.\tag{3.70}$$

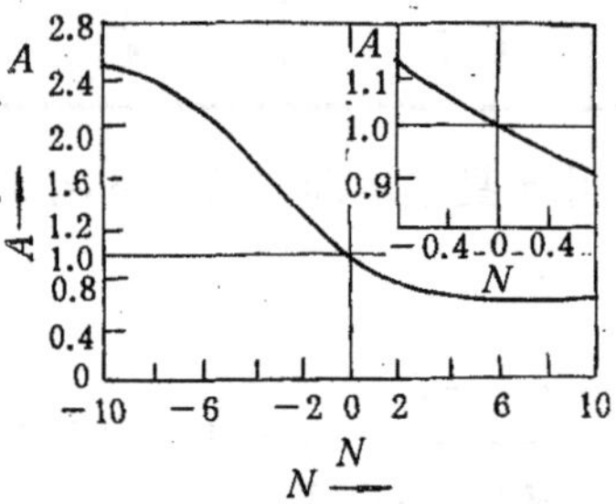

图 3.6　非对称比值 A 与 $N=4\pi^2(\langle x_{\parallel}^2\rangle-\langle x_{\perp}^2\rangle)/\lambda^2$ 之间的关系．

若以 N 代表 $4\pi^2(\langle x_{\parallel}^2\rangle-\langle x_{\perp}^2\rangle)/\lambda^2$，则可得如图 3.6 所示的 A 与 N 之间的关系[52]．由实验测得 A 值之后，就可以确定 N 值．

表 3.4 列出多晶样品中电四极分裂谱线强度与 f 因数各向异性的关系．

（3）样品中自旋或电场梯度轴的从优取向（织构）的影响，也会造成谱线相对强度之不等．

一般来说，要在多晶材料中分辨上述两种效应是困难的．但

多数金属或合金具有立方或近乎立方的晶体结构，因此无反冲 γ 射线共振可以认为是各向同性的，Goldanskii-Karyagin 效应可以忽略，而织构或晶粒在某一方向的从优取向可能十分明显。

表 3.4 多晶样品中 ^{57}Fe 电四极分裂谱线强度与 f 因数各向异性关系

$f_{\parallel}/f_{\perp}$	10	2	1.0	0.5	0.1
I_1	1.15	1.05	1	0.96	0.91
I_2	0.85	0.95	1	1.04	1.09

当样品是单晶时，根据两条共振吸收线强度的差别，便可估计出 e^2qQ, η 的数值以及 e^2qQ 的符号。

硝普钠 (SNP) 具有相当大的四极分裂值，而且它的同质异能移位值相对来说与温度关系不大，所以常被用来校准穆斯堡尔谱速度，作为 ^{57}Fe 同质异能移位值的标准参考材料。1969 年，Grant 等[53]使用 $^{57}Co(Cu)$ 放射源测量了 SNP 单晶的穆斯堡尔谱。放射源和吸收体的温度皆为 23℃，γ 射线传播方向与晶轴间的夹角 θ 已示在图 3.7 中。吸收峰强度随 θ 的变化关系，确定了 e^2qQ 的数值及其符号。他们发现，在测量的精度范围内，η 值为零。

可是，有时不可能为穆斯堡尔效应实验制备单晶样品。在这种情况下，可以对样品在低温下施加一个大的磁场。此时，核能级的简并完全消除，相对于磁场方向，电场梯度主轴有各种取向。我们观察到一个大数目亚谱的叠加谱。图 3.8 示出 Spiering 等人[54]在 4.2 K 温度下分别施加 3.0 T 和 4.5 T 的纵向磁场于 SNP 粉末样品上所得的穆斯堡尔谱。从图中可看出，外加磁场对原来两条吸收谱线影响很大，利用计算机对谱线作适当的拟合和计算便可以得到 e^2qQ 值和 η 值。

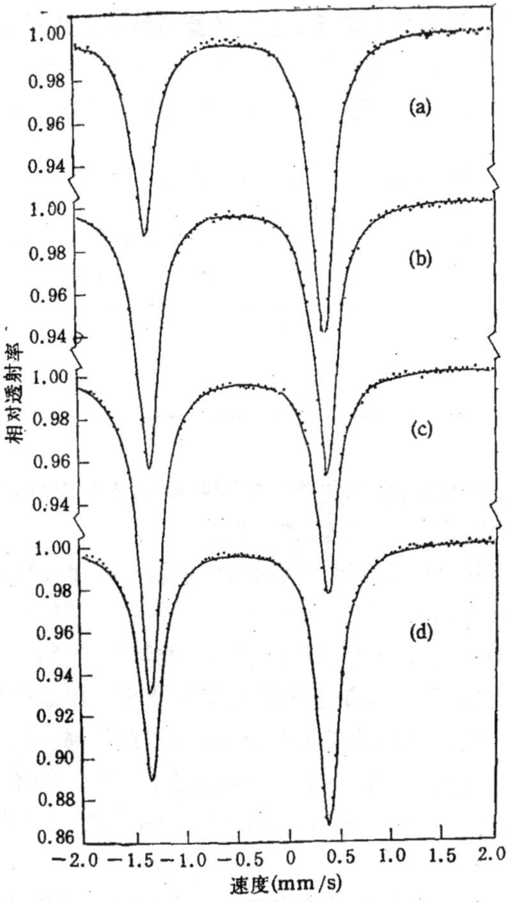

图 3.7 硝普钠（SNP）单晶的穆斯堡尔谱．放射源为 ^{57}Co(Cu)，它和吸收体都处于 23℃．γ 射线传播方向 K 与晶轴之间夹角 θ 为（a）K 平行于 a 轴；（b）K 平行于 b 轴；（c）K 平行于 c 轴；（d）K 垂直于 c 轴，并与 a 轴成 54° 的夹角．

3.3.2 电场梯度

核所在处的电势是由如下几种贡献所组成：

$$V(0)=V_{\mathrm{latt}}(0)+V_{\mathrm{core}}(0)+V_{\mathrm{val}}(0), \qquad (3.71)$$

其中，$V_{\mathrm{latt}}(0)$ 是点阵中的离子在原子核处产生的电势，$V_{\mathrm{core}}(0)$

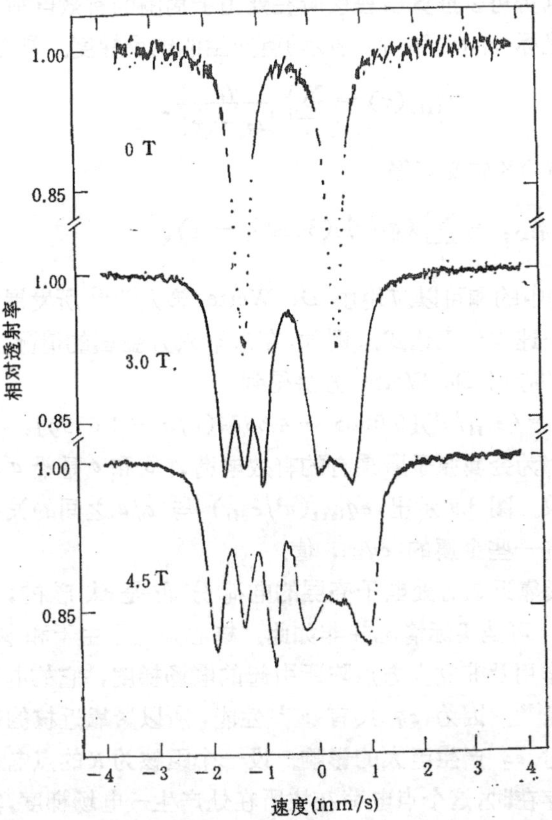

图 3.8 在 4.2 K 时 SNP 粉末样品在纵向外磁场中的穆斯堡尔谱.

和 $V_{\rm val}(0)$ 分别代表核心处的电子和价电子在核处产生的电势.
由式(3.54)可得

$$eq = eq_{\rm latt} + eq_{\rm core} + eq_{\rm val}, \tag{3.72}$$

其中

$$eq_{\rm latt} = \left(\frac{\partial^2 V_{\rm latt}}{\partial z^2}\right)_0, \qquad eq_{\rm core} = \left(\frac{\partial^2 V_{\rm core}}{\partial z^2}\right)_0,$$

$$eq_{\rm val} = \left(\frac{\partial^2 V_{\rm val}}{\partial z^2}\right)_0. \tag{3.73}$$

根据点阵电势可以推算出在核所在处由于周围的有效电荷 q_i（其位置以球坐标 r_i, θ_i 和 φ_i 表示）所产生的电场梯度．易知

$$V_{\text{latt}}(x) = \sum_i \frac{q_i}{|r_i - x|}. \tag{3.74}$$

根据式(3.54)的定义可得

$$eq_{\text{latt}} = \sum_i (q_i/r_i^3)(3\cos^2\theta_i - 1). \tag{3.75}$$

在式(3.75)中的和可以应用由 De Wette 等人[55,56] 所发展的方法而分解为快速收敛表达式．例如，在密排六方金属的情况，T. P. Das 等人[57]应用 De Wette 方法得到

$$eq_{\text{latt}} = (e_{\text{eff}}/a^3)[0.0065 - 4.3584(c/a - 1.633)], \tag{3.76}$$

其中，e_{eff} 为金属原子所具有的有效电荷，a 和 c 是沿 a 和 c 轴的点阵常数．图 3.9 示出 $eq_{\text{latt}}(a^3/e_{\text{eff}})$ 与 c/a 之间的关系．从图可以得到一些金属的 eq_{latt} 值．

如果紧靠近核心处电子壳层的电荷分布是球形的，那么 $eq_{\text{core}} = 0$．可是实际情况并非如此．核心处电子由于和核四极矩的相互作用及非立立方点阵所引起的电场梯度，它的电荷分布会产生畸变[58]．因为 eq 具有 r^{-3} 性能，所以紧靠近核的这种小畸变可以对 eq 产生巨大的影响．设一个距核为 R 的点电荷，在没有屏蔽存在时，这个点电荷在核所在处产生一电场梯度，其主轴分量为 $eq^{(0)}(R)$．那么，核心处的电子对电场梯度产生的贡献为

$$eq_{\text{core}} = -\gamma(R)eq^{(0)}(R). \tag{3.77}$$

因此，在核所在处产生总的电场梯度值为

$$eq = [1 - \gamma(R)]eq^{(0)}(R). \tag{3.78}$$

Cohen 等人[58]对 $\gamma(R)$ 的估算表明，在原子内部 $\gamma(R)$ 是正的（屏蔽），而在原子外部 $\gamma(R)$ 是负的（反屏蔽）．假如点电荷距离原子核足够远，那么 $\gamma(R)$ 成为常数，也即 $\gamma(R \to \infty) = \gamma_\infty$．常数 γ_∞ 称为 Sternheimer 反屏蔽因数，对 $^{57}Fe^{3+}$，$\gamma_\infty = -9.14$；对于 Pr^{3+}，$\gamma_\infty = -105$．

关于价电子贡献方面，我们知道，处于全充满分布或半充满分

布的内电子壳层，它们具有球对称的电子分布，故不会对电场梯度产生贡献，所以下面只讨论外层价电子对电场梯度的贡献。

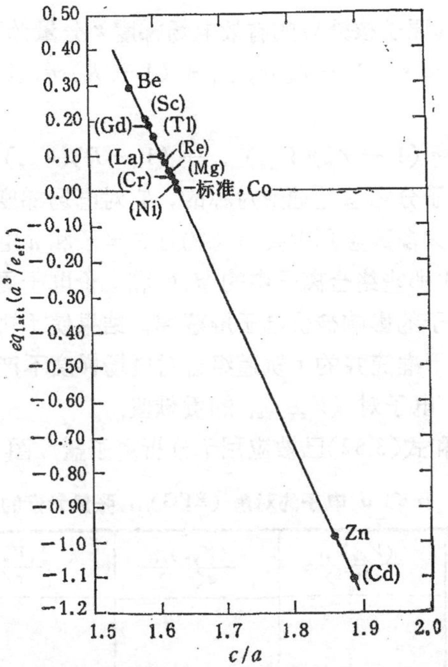

图 3.9　在密排六方金属中，$eq_{latt}(a^3/e_{eff})$ 与 c/a 比值的关系.

对价电子轨道态 $|l_i m_i\rangle$ 中每个电子取预期值 $-e(3\cos^2\theta - 1)/r^3$，并对所有价电子的贡献求和

$$eq_{val} = -e \sum_i \langle l_i m_i | (3\cos^2\theta - 1)/r^3 | l_i m_i \rangle, \qquad (3.79)$$

其中 $1/r^3$ 的期待值 $\langle r^{-3}\rangle = \int R(r) r^{-3} R(r) r^2 dr$ 一般不能计算到满意的精确度，但能从实验中得到[59]。故上式可变成

$$eq_{val} = -e \sum_i \langle l_i m_i | 3\cos^2\theta - 1 | l_i m_i \rangle \langle r_i^{-3} \rangle. \qquad (3.80)$$

考虑到内壳层电子对价电子相对于核的屏蔽作用，Sternheimer

等[60]已经证明，需要对 eq_{val} 乘上一因子 $(1-R)$ 来作修正。R 称作 Sternheimer 屏蔽因数。一般来说，$1>R>0$。对于Fe^{2+}，R为 0.43。

综上所述，原子核处总的有效电场梯度 z 分量为

$$eq=(1-\gamma_\infty)eq_{latt}+(1-R)eq_{val}, \tag{3.81}$$

或

$$V_{zz}=(1-\gamma_\infty)(V_{zz})_{latt}+(1-R)(V_{zz})_{val}. \tag{3.82}$$

因为 s 电子分布总是球形对称的，它对电场梯度不会产生贡献，所以在绝大多数应用中要考虑的是 p 电子和 d 电子。至于 f 电子，由于它比那些络合离子中的 d，p 和 s 价电子更靠近核，故配合基对 f 电子的影响被价电子屏蔽掉，结果使 f 轨道不会产生分裂，从而处于准简并的 f 轨道组合对电场梯度不产生贡献。表 3.5 列出 d，p 电子对 $(V_{zz})_{val}$ 的贡献值。

式(3.81)和式(3.82)已被应用于分析离子盐。图 3.10 中所示

表 3.5　p 和 d 电子的对角 $(EFG)_{val}$ 张量元素的数值

波函数	$\frac{(V_{xx})_{val}}{e\langle r^{-3}\rangle}$	$\frac{(V_{yy})_{val}}{e\langle r^{-3}\rangle}$	$\frac{(V_{zz})_{val}}{e\langle r^{-3}\rangle}$
p 电子			
p_x	$-\frac{4}{5}$	$+\frac{2}{5}$	$+\frac{2}{5}$
p_y	$+\frac{2}{5}$	$-\frac{4}{5}$	$+\frac{2}{5}$
p_z	$+\frac{2}{5}$	$+\frac{2}{5}$	$-\frac{4}{5}$
d 电子			
d_{xy}	$-\frac{2}{7}$	$-\frac{2}{7}$	$+\frac{4}{7}$
d_{xz}	$-\frac{2}{7}$	$+\frac{4}{7}$	$-\frac{2}{7}$
d_{yz}	$+\frac{4}{7}$	$-\frac{2}{7}$	$-\frac{2}{7}$
$d_{x^2-y^2}$	$-\frac{2}{7}$	$-\frac{2}{7}$	$+\frac{4}{7}$
d_{z^2}	$+\frac{2}{7}$	$+\frac{2}{7}$	$-\frac{4}{7}$

出的 Fe^{3+} 和 Fe^{2+} 离子盐之间四极分裂之差别能以一个简单图象来解释. Fe^{3+} 离子的 $3d$ 壳层有 5 个电子，也即半充满，由于洪德定则，这些电子的自旋平行，按照泡利原理，所有 5 个不同 m 值应当被占有，这就形成一个球形电荷的分布，因而在核所在处就不会产生电场梯度. 所以正如图 3.10 中所示，在 Fe^{3+} 盐中所观察到的四极分裂一般是小的. 但是，Fe^{2+} 离子的 $3d$ 壳层中包含一个附加的电子，它在核所在处产生一个可观的电场梯度，因此，实验中所观察到的 Fe^{2+} 盐中的四极分裂值较大.

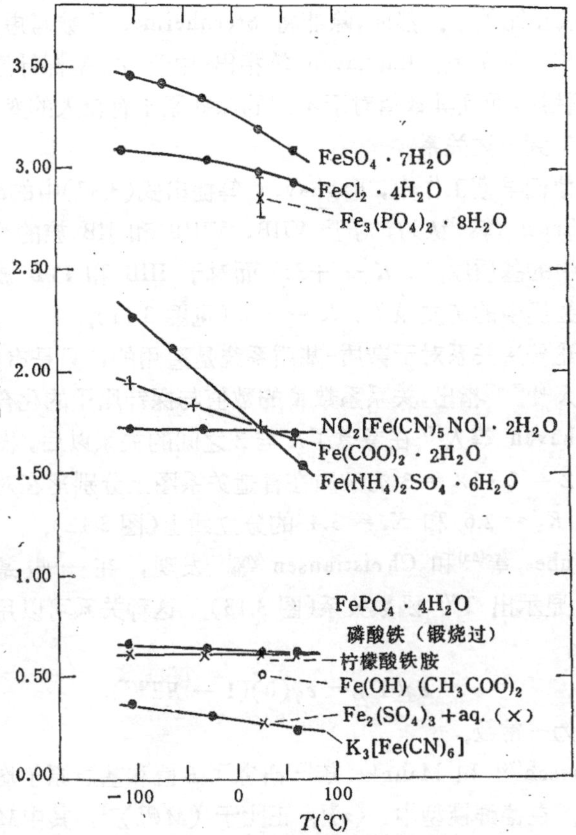

图 3.10 一些 ^{57}Fe 盐的四极分裂.

下面讨论在非立方金属中的电场梯度.

在式(3.81)中,第一项 $(1-\gamma_\infty)eq_{\text{latt}}$ 能容易地计算出来,但 eq_{val} 的理论估算相当复杂。Raghavan 等人[61,62]从 $eq(T)$ 的实验值中减去 $(1-\gamma_\infty)eq_{\text{latt}}(T)$ 的计算值而确定价电子的贡献.所获得的 $eq_{\text{val}}(T)$ 值与 $(1-\gamma_\infty)eq_{\text{latt}}$ 之间有着令人惊奇的线性关系(见图 3.11),这种关系可用下式来表达:

$$eq_{\text{val}}(T) \simeq -K(1-\gamma_\infty)eq_{\text{latt}}(T), \tag{3.83}$$

此关系式通常被称为普适的关系. 按照 Raghavan 等的结果,因为 eq_{val} 和 eq_{latt} 的数值应该反映点阵的对称性,所以 eq_{val} 和 eq_{latt} 成正比关系. 然而,除非将 Sternheimer 因数考虑进去,否则得不出上述关系. Raghavan 等指出,由于 γ_∞ 是探针原子的一个独特性质,而且其数值对于不同的探针原子有较大的变化,所以有时得不到上述关系.

在他们早期工作中,Raghavan 等提出式(3.83)中的$K=2$. 后来,Ernst 等[63]认为,对于 VIIB, VIIIB 和 IIB 族的纯六方晶系金属中的基质原子,$K=+3$; 而对于 IIIB 和 IVB 族的纯六方晶系金属中的基质原子,$K=-2$ (见图 3.11).

上述普适关系对于杂质-基质系统是适用的,只是有几个例外. 有人[64,65,66]指出,关系系数K的数值与探针原子的化合价Z有关 Raghavan 等人[67]在考虑了K与Z之间的关系以后,发现具有化合价$Z=2$ 和$Z=3$ 的杂质在普适关系图上分别落在对应于关系系数 $K_2=2.6$ 和 $K_3=3.4$ 的分立线上(图 3.12).

Heubes 等[68]和 Christiansen 等[69]发现,在一些基质中,$eq(T)$ 显示出 $T^{3/2}$ 函数关系(图 3.13). 这种关系可以用下式表示:

$$eq(T)=eq(0)(1-BT^{3/2}), \tag{3.84}$$

式中 B 为一常数.

Bartsch[70] 和 Mahnke 等[71]研究了 B 值和基质原子均方移位的关系. 在德拜模型中,$\langle x\rangle^2_T$ 正比于 $(M\theta_D^2)^{-1}$,其中M为基质原子的质量,θ_D 为德拜温度. 他们作出 B 的实验值与 $(M\theta_D^2)^{-1}$ 之间关系图,在较大的实验误差范围内可存在一个线性关系(见图

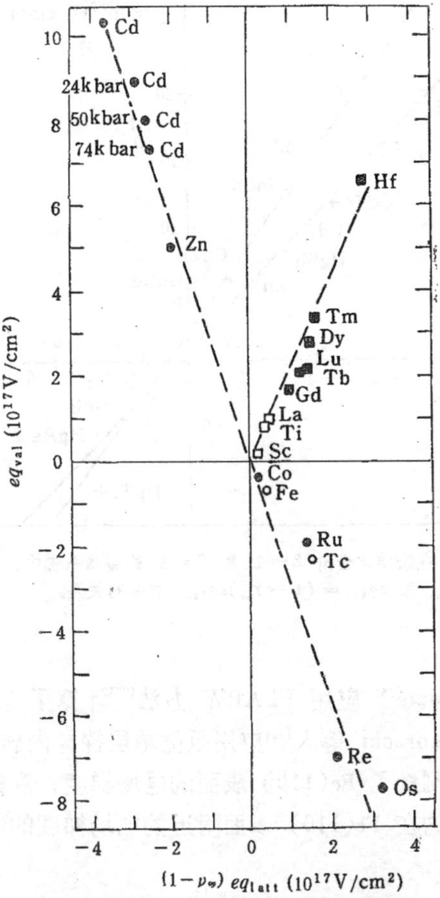

图 3.11 eq_{val} 和 $(1-\gamma_\infty)eq_{latt}$ 之间的普适关系．Cd 至 Os 的虚线代表由 Raghavan 等建议的早期普适关系；Hf 至 Sc 的虚线代表 Ernst 等提出的扩展的关系．

3.13)．

但是，也有不少偏离 $T^{3/2}$ 规律的情况．例如，在一些探针-基质系统中，当温度较低时偏离 $T^{3/2}$ 关系[72]，在 Be 基质中[73]和一些稀土元素基质中[74]已观察到核处的电场梯度严重偏离 $T^{3/2}$ 关

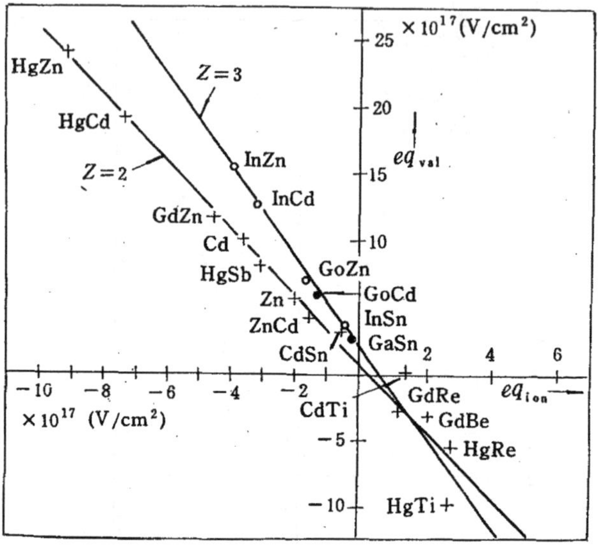

图 3.12 在杂质化合价 $Z=2$ 和 $Z=3$ 的金属系统中，eq_{val} 和 $eq_{ion}=(1-\gamma_\infty)eq_{latt}$ 之间的关系.

系的情况.

Fu 和 Freeman[75] 应用 FLAPW 方法[76]计算了 Fe(110) 表面的电场梯度，Korecki 等人[77]应用原位单层探针内转换电子穆斯堡尔谱学方法测量了 Fe(110) 表面的电场梯度，观察到理论计算结果所预言的在 Fe(110) 表面附近的电场梯度的空间振荡现象.

3.3.3 顺式和反式同质异构体的四极分裂

如上所述，核外电荷(特别是价电子和近邻离子的电荷)在穆斯堡尔核所在处会产生电势. 在核处的电场梯度就是这些电势的二级导数取负值. 若以M代表中心的穆斯堡尔核，从近似的观点，可以把核外电荷看作点电荷，用A，B来代表两种点电荷. 点电荷A带有电荷 q_A，距M为 R；点电荷B带有电荷 q_B，距M为 r. 一络合物 MAB_5 可以考虑为包含了一个距M为R的电荷 q_A 和

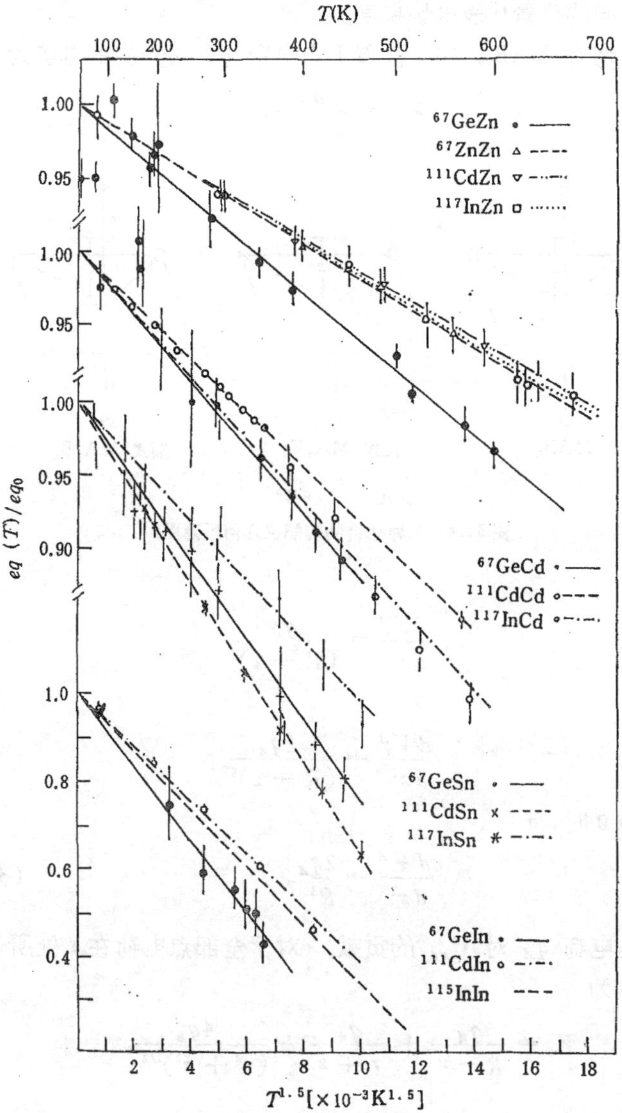

图 3.13 当基质为 Zn,Cd,In 和 Sn 时,规一化的 EFG, 即 $eq(T)/eq_0$ 与 $T^{3/2}$ 间的关系.

5 个各距M为 r 的电荷 q_B（如图 3.14 所示）。顺式 MA_2B_4 和反式 MA_2B_4 可以用同样方法处理. 如图中所示,每一种情况下，取

z 轴方向的分量代表电场梯度.

先考虑 MAB_5，在 s 位置上点电荷 q_A 所产生的电势为

$$V_s^A = \frac{q_A}{R-z},$$

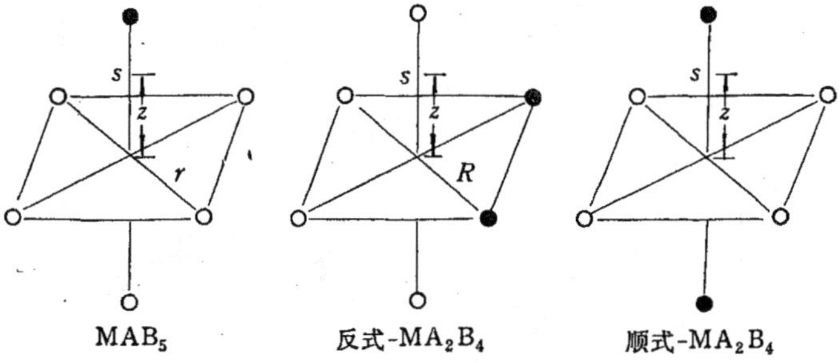

图 3.14　三种化合物的配位几何示意图.

因此

$$\frac{dV_s^A}{dz} = \frac{q_A}{(R-z)^2}$$

和

$$\frac{d^2V_s^A}{dz^2} = \frac{2q_A}{(R-z)^3}.$$

当 $z\to 0$ 时，有

$$\frac{d^2V^A}{dz^2} = \frac{2q_A}{R^3}, \tag{3.85}$$

这就是电荷 q_A 对 V_{zz} 的贡献. 对于全部点电荷在 s 处所产生的电势为

$$V_s = \frac{q_A}{R-z} + \frac{q_B}{r+z} + \frac{4q_B}{(r^2+z^2)^{1/2}},$$

有

$$\frac{d^2V_s}{dz^2} = \frac{2q_A}{(R-z)^3} + \frac{2q_B}{(r+z)^3} - \frac{4q_B(r^2-2z^2)}{(r^2+z^2)^{5/2}}.$$

当 $z\to 0$ 时，有

$$V_{zz}(\text{单}) = \frac{2q_A}{R^3} - \frac{2q_B}{r^3}. \tag{3.86}$$

对于顺式 MA_2B_4，用同样的方法可得

$$V_s = \frac{2q_A}{(R^2+z^2)^{1/2}} + \frac{2q_B}{(r^2+z^2)^{1/2}} + \frac{q_B}{(r+z)} + \frac{q_B}{(r-z)}.$$

因此

$$V_{zz}(\text{顺}) = -\frac{2q_A}{R^3} + \frac{2q_B}{r^3} = -V_{zz}(\text{单}). \tag{3.87}$$

同样，对于反式 MA_2B_4，有

$$V_s = \frac{q_A}{(R+z)} + \frac{q_A}{(R-z)} + \frac{4q_B}{(r^2+z^2)^{1/2}},$$

$$V_{zz}(\text{反}) = \frac{4q_A}{R^3} - \frac{4q_B}{r^3} = -2V_{zz}(\text{顺}). \tag{3.88}$$

因此，我们可以得到这样的关系

$$2V_{zz}(\text{单}) = -2V_{zz}(\text{顺}) = V_{zz}(\text{反}). \tag{3.89}$$

当然，这种定量的关系只有在这三种化合物中的结合键基本上是相同的条件下才成立，它与 q_A 和 q_B 的数值大小是无关的。举例说，如果在反式下 A 组间有较强的相互作用，则以上的数值关系就会有偏差。

§3.4 磁偶极相互作用（磁超精细相互作用）

3.4.1 磁超精细分裂

自旋大于零（$I>0$）的原子核具有磁偶极矩 μ，它与原子核所在处的磁场H的相互作用可用哈密顿函数来描述，即

$$\mathscr{H}(m1) = -\boldsymbol{\mu}\cdot\boldsymbol{H}. \tag{3.90}$$

利用一级微扰理论可解出 $\mathscr{H}(m1)$ 的本征值为

$$E_M = -\frac{\mu H m_I}{I}, \tag{3.91}$$

其中，m_I 为磁量子数，其值为 $m_I = I,\ I-1,\ \cdots,\ -I$，即有 $(2I+1)$ 个值。这样，自旋为 $I(I>0)$ 的核能级分裂为$(2I+1)$ 个亚能级，完全消除了磁量子数的简并。

因为原子核的磁矩为

$$\mu = g_N \mu_N I, \tag{3.92}$$

式中 g_N 是原子核的 g 因数，μ_N 是核磁子。因此，能级位置为

$$E_M = -g_N \mu_N H m_I, \tag{3.93}$$

也即由于磁偶极相互作用所引起的 $(2I+1)$ 个非简并的亚能级是等距的，间距为 $\Delta E_M = g_N \mu_N H$。对所讨论的核能级来说，由于 g_N 和 μ_N 都为常数，所以间距只与核所在处的磁场 H 有关。

图 3.15(a) 示出 $I_e = \frac{3}{2}$ 和 $I_g = \frac{1}{2}$ 的 ^{57}Fe 的磁超精细分裂图。对 ^{57}Fe，$\mu_g = +0.0906\mu_N$，$\mu_e = -0.1547\ \mu_N$。从图中可看出，基态和激发态两个能级都具有磁偶极矩，因而都因磁偶极相互作用所分裂。但是，并非所有可能的跃迁都能被观察到，基态的亚能级和激发态的亚能级之间的 γ 跃迁都要遵从选择定则。对磁偶极辐射(如 ^{57}Fe，^{119}Sn)，只有 $\Delta I = 1, \Delta m = 0,\ \pm 1$ 的跃迁是允许的。在 ^{57}Fe 可能的八种组合跃迁中，只有六种跃迁符合选择定则，另外，$-\frac{3}{2} \leftrightarrow +\frac{1}{2}$ 和 $+\frac{3}{2} \leftrightarrow -\frac{1}{2}$ 为禁戒跃迁。这样，使用一单线放射源时，在穆斯堡尔谱中预期会有六条共振谱线，电单极相互作用还会使谱线的中心位置偏离零速度点（同质异能移位）。图 3.15(b) 示出 α-Fe（金属铁）在室温下的穆斯堡尔谱，它有磁超精细分裂和同质异能移位两个参量，常被用来校准穆斯堡尔谱仪的速度刻度，并作为 ^{57}Fe 同质异能移位的标准参照材料。

通常，把六条谱线从低能量(负速度)至高能量(正速度)依次标为 v_1，v_2，v_3，v_4，v_5，v_6。稍加以运算就可以知道最外二线（第 1 线和第 6 线）之间的能量差为 $3\,g_e\mu_N H_{hf} + g_g\mu_N H_{hf} = (3g_e +$

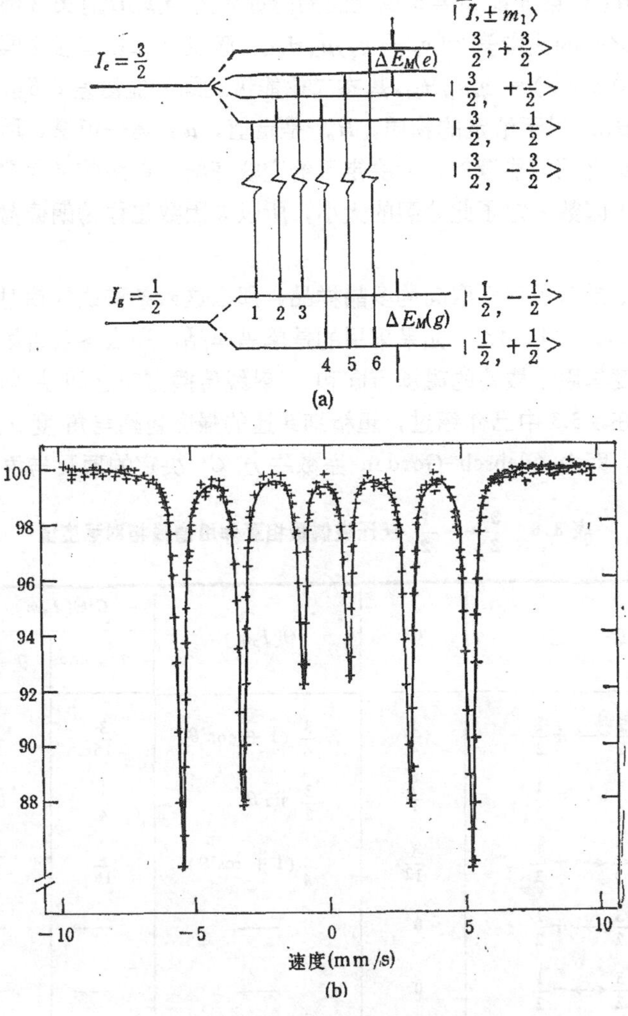

图 3.15 ^{57}Fe 的磁超精细分裂及室温条件下金属铁的穆斯堡尔谱. 放射源为$^{57}Co(Rh)$，吸收体为 25μm 厚的 α-Fe 箔.

g_g）$\mu_N H_{hf}$，其中 g_e 为第一激发态的 g 因数，g_g 为基态的 g 因数，H_{hf} 为晶体内部本身产生的磁场，称为超精细场，有时称为内磁场（H_i）或有效场（H_{eff}）；第 5 线和第 3 线之间的能量差为

$g_g\mu_N H_{hf}$；第 6 线和第 5 线之间的能量差为 $g_e\mu_N H_{hf}$;第 3 线和第 4 线之间的能量差为$(g_e - g_g)\mu_N H_{hf}$。激发态二亚能级之间的能量差 $\Delta E_M(e) = g_e\mu_N H_{hf}$,基态二亚能级之间的能量差 $\Delta E_M(g) = g_g\mu_N H_{hf}$。对于给定的物质，$H_{hf}$ 是定值，μ_N 是一恒量，所以二亚能级之间的能量差，就决定于给定核在给定能级的 g 因数。正因为 g 因数决定了此分裂的大小，所以 g 因数也称为朗德劈裂因数。

如果采用随机取向的多晶样品，那么这六条谱线的相对强度比是 3:2:1:1:2:3。如果采用的是单晶样品，那么各条谱线的相对强度与原子核处的磁场方向和 γ 射线传播方向之间夹角 θ 有关。在 § 3.3 中已介绍过，超精细跃迁的强度包括与角度 θ 无关的项，即由 Clebsch-Gordan 系数平方 C^2 决定的项及与角度 θ

表 3.6 $\frac{3}{2} \longleftrightarrow \frac{1}{2}$ 跃迁磁偶极相互作用谱线相对强度值

跃　迁	C^2	$\Theta(J,m)$	$C^2\Theta(J,m)$	
			$\theta = 90°$	$\theta = 0°$
$+\frac{3}{2} \longleftrightarrow +\frac{1}{2}$	$\frac{1}{4}$	$\frac{3}{4}(1+\cos^2\theta)$	$\frac{3}{16}$	$\frac{3}{8}$
$+\frac{1}{2} \longleftrightarrow +\frac{1}{2}$	$\frac{1}{6}$	$\frac{3}{2}\sin^2\theta$	$\frac{1}{4}$	0
$-\frac{1}{2} \longleftrightarrow +\frac{1}{2}$	$\frac{1}{12}$	$\frac{3}{4}(1+\cos^2\theta)$	$\frac{1}{16}$	$\frac{1}{8}$
$-\frac{3}{2} \longleftrightarrow +\frac{1}{2}$	0	—	—	—
$+\frac{3}{2} \longleftrightarrow -\frac{1}{2}$	0	—	—	—
$+\frac{1}{2} \longleftrightarrow -\frac{1}{2}$	$\frac{1}{12}$	$\frac{3}{4}(1+\cos^2\theta)$	$\frac{1}{16}$	$\frac{1}{8}$
$-\frac{1}{2} \longleftrightarrow -\frac{1}{2}$	$\frac{1}{6}$	$\frac{3}{2}\sin^2\theta$	$\frac{1}{4}$	0
$-\frac{3}{2} \longleftrightarrow -\frac{1}{2}$	$\frac{1}{4}$	$\frac{3}{4}(1+\cos^2\theta)$	$\frac{3}{16}$	$\frac{3}{8}$

有关的项 $\Theta(J,m)$ 两部分的乘积。表 3.6 列出 $\frac{3}{2}\longleftrightarrow\frac{1}{2}$ 跃迁磁偶极相互作用谱线的相对强度值。

从表 3.6 中可得出如下几点结果:

(1) 八个可能的超精细跃迁中，$\Delta m = m_1 - m_2 = \pm 2$ 的两个，$C^2 = 0$，表明它们是被禁戒的。

(2) 若磁场是随机取向的，六个超精细跃迁的相对强度比为 $\frac{1}{4}:\frac{1}{6}:\frac{1}{12}:\frac{1}{12}:\frac{1}{6}:\frac{1}{4}=3:2:1:1:2:3$。

(3) 当 γ 射线传播方向与磁场方向平行 ($\theta = 0$) 时，相对强度比为 3:0:1:1:0:3；垂直时 ($\theta = 90°$)，相对强度比为 3:4:1:1:4:3。

此外，无反冲因数 f 的各向异性也会造成各超精细跃迁谱线相对强度比发生变化。表 3.7 列出 Goldanskii-Karyagin 效应对含有 ^{57}Fe 的多晶样品中磁超精细跃迁谱线相对强度比的影响[78]。

表 3.7 多晶样品中 ^{57}Fe 磁超精细跃迁谱线强度与 f 各向异性的关系

$f_{\parallel}/f_{\perp}$	I_1	I_2	I_3	I_4	I_5	I_6
10	3.45	1.40	1.15	1.15	1.40	3.45
2	3.15	1.80	1.05	1.05	1.80	3.15
1	3	2	1	1	2	3
0.5	2.88	2.16	0.96	0.96	2.16	2.88
0.1	2.74	2.34	0.91	0.91	2.34	2.74

3.4.2 超精细场的组成

磁偶极相互作用中的磁场，可以是晶体或非晶固体中由于组态的有序排列而产生的，也可以是外加的，还可以是上述二者的和。晶体内部本身产生的磁场称为超精细场，外加磁场在核处引起的磁场称为局域场．超精细场的符号是这样的：当核处的超精细场与外加磁场 H_{ex} 的方向平行时为正，反平行时为负．

在没有外加磁场时，超精细场 H_{hf} 一般表示为

$$H_{hf}=H_c+H_L+H_D, \tag{3.94}$$

其中 H_c 是费米接触相互作用的贡献，称作接触场；H_L 来源于外层电子的角动量与原子核自旋间的耦合，称为轨道场；H_D 是原子磁矩在整个晶体中排列而在核处形成的磁场，称为偶极场．

（1）费米接触场　核磁矩与重叠电子磁化强度的直接相互作用称为费米接触相互作用．只有 s 电子在核处具有非零密度，因此被包括在这种相互作用中．

对于所有自旋向上和自旋向下的 s 电子，在核处所产生的费米接触场为[79]

$$H_c(0)=-\frac{8\pi}{3}g\mu_B s\sum_n\{|\psi_{ns\uparrow}(0)|^2-|\psi_{ns\downarrow}(0)|^2\}, \tag{3.95}$$

式中，μ_B 是玻尔磁子，$\psi_{ns\uparrow}(0)$ 和 $\psi_{ns\downarrow}(0)$ 分别为自旋向上和自旋向下的 s 电子波函数．

可见，费米接触场的大小与核处的净自旋极化成正比．

通常包括在费米接触相互作用中的电子是：核心 s 电子；近邻离子混合入母原子价壳层的电子；靠近核而具有 s 特征的传导电子．

(a) 核心极化．一个离子或原子的价电子壳层中，净的不成对自旋对核心电子的作用产生了自旋极化和在核处产生自旋向上和自旋向下的电子密度差别．

Watson 和 Freeman[80,81,82] 应用无约束的 Hartree-Fock 技术，计算出几种铁族和稀土元素离子及中性原子的核心处极化接触场 H_c．对于 $Mn^{2+}(3d^5)$ 情况，有

$$\begin{aligned}H_c&=(H_{c\uparrow}+H_{c\downarrow})_{1s}+(H_{c\uparrow}+H_{c\downarrow})_{2s}+(H_{c\uparrow}+H_{c\downarrow})_{3s}\\&=\{(250284.0-250287.0)+(22667.0-22808.0)\\&\qquad+(3121.0-3047.0)\}\mathrm{T}\\&=\{-3.0-141.0+74.0\}\mathrm{T}\end{aligned}$$

$= -70.0\mathrm{T}$,

其中，箭头↑和↓分别表示电子的自旋平行或反平行 $3d$ 壳层自旋。由此可见，由单个 s 电子产生的接触场是相当大的，但较外层的 s 电子产生的 H_c 值较小。可是，当 $1s$ 和 $2s$ 壳层已充满时，$2s$ 壳层产生的核心极化净效应较 $1s$ 壳层为大，这是由于 $2s$ 电子与 $3d$ 电子有较大的重叠。虽然 $3s$ 电子的重叠甚至更多，可是它们的分布一部分位于 $3d$ 壳层之外，因此对产生接触场不那么有效。

因为 $|\psi_{\downarrow}(0)|^2_{1s,2s} > |\psi_{\uparrow}(0)|^2_{1s,2s}$，所以 $1s$ 和 $2s$ 壳层所产生的接触场是负的。

假如有一满充 $4s$ 壳层，例如铁原子（$3d^64s^2$），它的分布大部分位于 $3d$ 壳层外边，因此 $4s$ 电子将被 $3d$ 电子极化，造成 $|\psi_{\uparrow}(0)|^2_{4s} > |\psi_{\downarrow}(0)|^2_{4s}$，从而在核处产生一个正的接触场。同理，$3s$ 电子也被 $3d$ 电子极化而在核处产生正的接触场。

在 $Fe^{3+}(3d^5)$ 情况，核心处极化费米接触场为

$$H_c = (H_c)_{1s} + (H_c)_{2s} + (H_c)_{3s}$$
$$= (-5.0 - 179.0 + 121.5)\mathrm{T} = -62.5\mathrm{T}。$$

对于 $Fe^{2+}(3d^6)$ 情况，有

$$H_c = (H_c)_{1s} + (H_c)_{2s} + (H_c)_{3s}$$
$$= (-3.0 - 131.0 + 79.0)\mathrm{T}$$
$$= -55.0\mathrm{T}。$$

对于中性铁原子情况，有

$$H_c = (H_c)_{1s} + (H_c)_{2s} + (H_c)_{3s} + (H_c)_{4s}$$
$$= (-1.6 - 130.0 + 72.4 + 49.2)\mathrm{T}$$
$$= -10.0\mathrm{T}。$$

在上述数值中看到，$(H_c)_{4s}$ 小于 $(H_c)_{3s}$，这是由于 $3d$ 和 $4s$ 波函数的重叠较小而造成 $4s$ 壳层的较小极化的缘故。

在稀土元素化合物中，由于核心处极化所产生的接触场 H_c 为 $-10.0\mathrm{T}$ 数量级。

(b) 转移超精细场。在顺磁性离子化合物中，配位体和顺磁

性离子之间具有相当大的相互作用，导致顺磁性离子的电子在配位体核处产生磁超精细场，而配位体的电子在顺磁性离子核处产生磁超精细场，这就称作转移超精细场[83,84]。

在金属离子核处，产生转移超精细场（THF）的机制如下：

(i) 壳层两个自旋态占有的变化改变了 $3d$ 壳层自旋 s 的值，这就影响了在金属离子核处接触场 H_c 的大小。

(ii) 配位体 $1s$，$2s$ 和 $2p$ 电子能够部分地转移到金属离子空的 $4s$ 轨道，因此在金属离子核处产生一个接触超精细场[85]。

(iii) 于是在价壳层中产生的轨道矩直接对超精细场产生贡献。

在配位体核处，产生转移超精细场的机制如下：

(i) 金属离子的 $3d$ 电子与配位体离子的 $1s$，$2s$ 和 $2p$ 电子的重叠，引起配位体离子电子的极化。根据泡利不相容原理，由于 d 电子自旋向上，在重叠区发现一个自旋向上配位体电子的概率减少，而在靠近配位体核处发现一个自旋向上配位体电子的概率增大。但是泡利原理并不影响自旋向下的配位体电子的概率分布，这样在配位体核处引起自旋向上 $1s$ 和 $2s$ 电子密度的净增加[86,87]。类似的 p 电子自旋极化的影响也由于 $1s$ 和 $2s$ 壳层核心处极化而出现在配位体核处。

(ii) 金属离子的 $3d$ 电子与配位体的 $1s$，$2s$ 和 $2p$ 电子的共价混合也引起配位体 s 和 p 电子附加的自旋不成对[88,89]。

(iii) 上述的金属离子的 $3d$ 电子与配位体轨道共价混合通过 $3d$ 电子和配位体核的偶极相互作用而在配位体核对 THF 产生贡献。

(iv) 在配位体 p 壳层中 d 电子通过核心极化也产生 THF，并增强 $2p$ 极化对 THF 的贡献。

在几种铁-碘有机络合物中，由于周围 Fe^{3+} 离子的作用，在碘离子核处 $[I^-(5s^25p^6)]$ 的 THF 理论计算值约为 6.0 T，这与 ^{129}I 穆斯堡尔谱的实验值相一致[90]。

如上所述，抗磁的阴离子核所在处由于与近邻阳离子的相互作用而出现转移超精细场,反之亦然。但是，当两个阳离子（M_1 和 M_2）通过一个阴离子相互作用（M_1-L-M_2）时，在阳离子 M_1 核处，由于另一个阳离子 M_2 通过阴离子的相互作用而出现超转移超精细场(supertransferred hyperfine field,缩写为 STHF),反之亦然。在一些情况中，STHF 的值相当大。例如，在 Sb 替代的铁氧体中，^{121}Sb 核处的 STHF $\simeq$ 30.0T[91]。但是,在大多数铁化物中，STHF 值小得多[92—95]。

(c) 传导电子贡献。在金属体系中，传导电子对超精细场起了重要的贡献。在金属铁中，铁原子的电子组态为 $3d^74s^1$[96]。当 $4s$ 电子处于远离核区域时，它们的行为如同自由电子；靠近核时，则如同 $4s$ 轨道电子。传导电子也部分地具有 $4p$ 特性[96]。另外，d 轨道加宽为一能带，并部分地具有巡回的特性[96,97]。已经发现,在金属铁中，大约 5% 的 $3d$ 电子是巡回的,而 95% $3d$ 电子处在充分窄的能带中，它们可以看成是定域的[97]。我们将巡回的 d 电子称作 d 能带传导电子。

在金属铁中，铁原子定域磁矩通过核心电子极化对接触超精细场贡献为 H_{CP}，通过传导电子的贡献为 H_{CE}。

能带电子对磁超精细场 H_{CE} 的贡献的机制是:

(i) 由于交换相互作用,过渡金属原子的定域矩(主要由于定域的 $3d$ 电子所产生)极化 s 导带的类 $4s$ 电子,从而在核处产生超精细场 H_{CEP}。除了这个磁矩微扰外，电荷微扰也产生传导电子自旋密度振荡,但其效应较小[97]。

另外,近邻原子的磁矩也引起传导电子极化,因此

$$H_{CEP}=(H_{CEP})_s+(H_{CEP})_n, \tag{3.96}$$

式中下标 s 和 n 分别表示原子本身和近邻原子。

(ii) 在许多金属体系中，并不是所有磁矩都由 d 电子产生。由于带间的混合,一部分 d 能带具有 s 特性,因此在核处出现不成对电子的有限密度,所产生的超精细场用 H_{CEPM} 表示。

H_{CEP} 值总是正的,即 s 能带电子被 $3d$ 电子所极化，其净 s 能带磁矩平行于 $3d$ 磁矩。H_{CEPM} 值通常是负的，即带间混合增

加了 s 能带极化的反平行组分．由于 H_{CE} 包括了 H_{CEP} 和 H_{CEPM} 两部分，所以 H_{CE} 值可能是正的，也可能是负的．

扩散入磁有序金属基质的抗磁杂质离子核处的超精细场应包括

$$(H_{CEP})_n + (H_{CEPM})_n.$$

对于金属铁，可以估算出 $H_{CE} \simeq 3.3\mathrm{T}$，$(H_{CEP})_n+(H_{CEPM})_n \simeq -15.0\mathrm{T}$，因此可得 $(H_{CEP})_s + (H_{CEPM})_s \simeq 18.0\mathrm{T}$[96,97]．

在磁有序稀土元素金属互化物和金属中，传导电子对超精细场的贡献为 10.0 T 数量级．

（2）价电子的轨道矩　价壳层的非猝灭轨道角动量在核处产生一个超精细场 H_L．

一个电子的轨道运动可以等效为一个以核为中心的回路中的电流，在回路中心的磁场为[98,99]

$$\boldsymbol{H}_L = \frac{1}{c}\int\frac{\boldsymbol{j}\times\boldsymbol{r}}{r^3}d\tau, \tag{3.97}$$

其中，$\boldsymbol{j}$ 是回路中电流密度，$\boldsymbol{r}$ 是回路体积元 $d\tau$ 的半径矢量（假设坐标原点在回路的中心）．由于 $\boldsymbol{j}d\tau = \boldsymbol{v}dq$，其中 $\boldsymbol{v}$ 是体积元 $d\tau$ 的电荷 dq 的速度，于是

$$\boldsymbol{H}_L = -\frac{1}{c}\int\frac{\boldsymbol{r}\times\boldsymbol{v}}{r^3}dq, \tag{3.98}$$

$\boldsymbol{r}\times\boldsymbol{v}$ 值与原子的轨道角动量有关，其关系为
$m\boldsymbol{r}\times\boldsymbol{v} = \boldsymbol{l}\hbar$（$m$ 为电子质量）．利用关系式

$$-e\langle r^{-3}\rangle = \int r^{-3}dq,$$

可得

$$\boldsymbol{H}_L = -2\mu_B\sum_i \boldsymbol{l}_i\cdot\langle r^{-3}\rangle_i. \tag{3.99}$$

由于量子数 (n,l) 相同的所有电子的 $\langle r^{-3}\rangle$ 是相同的，所以对于闭合壳层和半充满壳层来说，$\boldsymbol{H}_L$ 趋于零．因此只有当壳层是部分充满时，$\boldsymbol{H}_L$ 才不为零．在轨道与自旋耦合合适时，可得

$$\boldsymbol{H}_L = -2\mu_B\langle r^{-3}\rangle\boldsymbol{L}. \tag{3.100}$$

相互作用哈密顿函数可写成

$$\begin{aligned} H_L &= -\boldsymbol{\mu}_N \cdot \boldsymbol{H}_L \\ &= 2\mu_B g_N \mu_N \langle r^{-3} \rangle \boldsymbol{I} \cdot \boldsymbol{L} \\ &= A_L \boldsymbol{I} \cdot \boldsymbol{L}. \end{aligned} \tag{3.101}$$

在足够强的外磁场存在的情况下，哈密顿函数的非对角线元为零，此时 H_L 可写成[100]

$$H_L = -2\mu_B \langle r^{-3} \rangle \overline{L_z(t)}, \tag{3.102}$$

其中 $\overline{L_z(t)}$ 表示在核拉莫尔旋进时间 L_z 对时间平均。对于轨道零自旋能级，轨道矩消失和 L_z 为零。当自旋-轨道耦合显著地把非简并基态和激发态混合时，在基态中产生一个轨道矩，获得一个有限的 H_L 值。激发态混合引起离子的 g 因数偏离 2 的值。在这一情况中[3,100]，有

$$H_L = -2\mu_B \langle r^{-3} \rangle (g-2) \overline{S_z(t)}. \tag{3.103}$$

具有 d^1, d^2, d^6 和 d^7 组态的离子基态有大的轨道角动量。在文献[101]中介绍了应用晶体场理论，估计出几种化合物中 $Fe^{2+}(3d^6)$ 的 H_L，其值较大，且与 H_c 值符号相反。实验已经表明，在 $Fe^{3+}(3d^5)$ 化合物中，$g \simeq 2$，因此 $H_L \simeq 0$，与关于半充满壳层的理论预期结果是一致的[100]。

在稀土元素化合物中，H_L 对超精细场有大的贡献，详见下面介绍。

(3) 自旋-偶极相互作用　母原子的价壳层的自旋磁矩在核处产生偶极场 $\boldsymbol{H}_D$。核磁矩 $\boldsymbol{\mu}$ 和价壳层的自旋磁化强度 $\boldsymbol{M}$ 之间的偶极相互作用哈密顿函数可写成[99]

$$H_D = \int \left[\frac{\boldsymbol{\mu} \cdot \boldsymbol{M}}{r^3} - \frac{3(\boldsymbol{\mu} \cdot \boldsymbol{r})(\boldsymbol{M} \cdot \boldsymbol{r})}{r^5} \right] d\tau. \tag{3.104}$$

例如核是参考系的原点，那么 H_D 可写成

$$H_D = -\boldsymbol{\mu} \cdot \boldsymbol{H}_D, \tag{3.105}$$

其中

$$\boldsymbol{H}_D = \int \left[\frac{3\boldsymbol{r}(\boldsymbol{M} \cdot \boldsymbol{r})}{r^5} - \frac{\boldsymbol{M}}{r^3} \right] d\tau.$$

假定 $\boldsymbol{S}$ 和 $\boldsymbol{I}$ 都平行于 z 轴，并和半径矢量 $\boldsymbol{r}$ 间成 θ 角，那么相互作用哈密函数成为[79]

$$H_D = -g_N g \mu_N \mu_B \langle r^{-3} \rangle \langle 3\cos^2\theta - 1 \rangle \boldsymbol{I} \cdot \boldsymbol{S}. \tag{3.106}$$

在立方对称和不存在自旋-轨道耦合时，H_D 为零。通常，对于铁族离子(甚至是非立方对称系统)，其 H_D 十分小[102]。但是，在稀土元素体系中，其轨道矩不猝灭，所以 H_D 值可能十分大(见下述)。

从上面的介绍中，我们可以得知

(1) 对于离子性铁化合物来说，费米接触场 H_c 值大，且为负号。高自旋三价铁化合物的 H_L 为零。在二价铁化合物中，H_L值可能较大，并且与 H_c 的符号相反。对于大多数铁化合物来说，H_D 值较小。

(2) 在大多数稀土元素化合物中，对超精细场 H_{hf} 起主要贡献的是 H_L 和 H_D。下面对这方面内容作进一步的介绍。

在文献[103]中详细介绍和讨论了稀土元素离子的轨道角动量和自旋-偶极相互作用的贡献。作者用符号 $\overline{H}_{\text{orb}}$ 代表轨道超精细场，它包括轨道角动量和自旋-偶极相互作用所产生的超精细场部分。在非相对论理论中，有

$$\overline{H}^{nr}_{\text{orb}} = 2\mu_B \sum_i [\bar{l}_i - \bar{s}_i + 3\bar{r}_0(\bar{r}_0 \cdot \bar{s}_i)] \langle r^{-3} \rangle, \tag{3.107}$$

式中，$\bar{l}_i$ 和 $\bar{s}_i$ 分别为第 i 个电子的轨道和自旋角动量，μ_B 是玻尔磁子，$\bar{r}_0$ 是连接核和第 i 个电子的单位矢量，“nr”表示非相对论情况。

对于重稀土元素，式(3.107)所表示的 $\overline{H}_{\text{orb}}$ 是不精确的，因为此时应该考虑 $4f$ 电子相对论效应。在文献[99]中给出了考虑相对论效应后的结果，即

$$\begin{aligned}\overline{H}^{rel}_{\text{orb}} &= 2\mu_B \sum_i \bar{l}_i \langle r_l^{-3} \rangle + \{3\bar{r}_0(\bar{r}_0 \cdot \bar{s}_i) - \bar{s}_i\} \langle r_{sd}^{-3} \rangle + \bar{s}_i \langle r_s^{-3} \rangle\Big] \\ &= H_{\text{orb}} + H_{sd} + H_s,\end{aligned} \tag{3.108}$$

式中前两项是通常的非相对论结果，第三项是考虑了相对论效应

的修正项，它正比于电子自旋。"rel" 表示相对论情况。

在非相对论范围中，有

$$\langle r_l^{-3}\rangle = \langle r_{sd}^{-3}\rangle = \langle r^{-3}\rangle \text{ 和 } \langle r_s^{-3}\rangle = 0,$$

于是式(3.108)变成式(3.107)。对于所有稀土元素离子，应用相对论 Hartree-Fock 自洽场计算出镧族元素的轨道超精细场值列于表 3.8 中。

表 3.8 镧族元素离子径向参数和自由离子轨道超精细场值[104]

		$\langle r_l^{-3}\rangle$ (Å)	$\langle r_{sd}^{-3}\rangle$ (Å)	$\langle r_s^{-3}\rangle$ (Å)	H_{orb} (T)	H_{sd} (T)	H_s (T)	$\bar{H}_{orb}^{rel}$ (T)
Ce^{3+}	$4f^1$	4.338	4.566	−0.108	155.1	32.6	0.5	188.2
Pr^{3+}	$4f^2$	4.909	5.179	−0.127	294.8	29.9	1.3	326.0
Nd^{3+}	$4f^3$	5.498	5.815	−0.149	393.9	13.9	2.3	410.1
Pm^{3+}	$4f^4$	6.109	6.481	−0.176	428.0	−13.8	3.5	417.7
Sm^{3+}	$4f^5$	6.743	7.174	−0.203	361.5	−44.4	4.5	321.6
Eu^{2+}	$4f^7$	6.776	7.320	−0.259	0	0	−11.3	−11.3
Eu^{3+}	$4f^6$	7.403	7.904	−0.236	0	0	0	0
Gd^{3+}	$4f^7$	8.099	8.673	−0.270	0	0	−11.8	−11.8
Tb^{3+}	$4f^8$	8.826	9.481	−0.308	331.2	15.8	−11.6	335.4
Dy^{3+}	$4f^9$	9.585	10.333	−0.352	599.5	43.1	−11.0	631.6
Ho^{3+}	$4f^{10}$	10.374	11.221	−0.398	778.7	18.7	−10.0	787.4
Er^{3+}	$4f^{11}$	11.197	12.156	−0.451	840.4	−21.7	−8.5	810.2
Tm^{3+}	$4f^{12}$	12.054	13.134	−0.508	754.0	−54.8	−6.4	692.8
Yb^{3+}	$4f^{13}$	12.946	14.161	−0.572	485.9	−59.1	−3.6	423.2

从表 3.8 中可看出，有些稀土元素的轨道超精细场可达 800T 的数量级，因此很明显，对于大多数稀土元素来说，轨道超精细场是超精细场 H_{hf} 中的主要贡献成分。但是，类似于 Gd^{3+} 和 Eu^{2+} 这样的具有半充满壳层的离子，其轨道超精细场在 H_{hf} 中的贡献就不如费米接触场 H_c(≃30.0T) 那么大了。

Coehoorn 等人[105]应用本体自洽能带结构理论计算了 Y_2Fe_{17}，Y_6Fe_{23}，YFe_3，YFe_2 和 $Y_2Fe_{14}B$ 中各个不等效晶位的超精细场的数值并和中子衍射，NMR 和穆斯堡尔实验的结果作了比较。文献

[106—109]中介绍了应用能带结构理论计算 $R_2Fe_{14}B$（R 为稀土元素）化合物中各个不等效晶位的局域铁磁矩，在文献[110—114]中分别记载了应用中子衍射[110,111]、穆斯堡尔谱学[112,113]及 NMR[114]所获得的有关 $R_2Fe_{14}B$ 化合物中各个晶位的局域铁磁矩的实验值．理论计算值与实验值已较好地符合。

实验中测定超精细场 H_{hf} 的符号的方法有几种。其中方法之一是对所研究的样品施加一个强的外磁场（典型值为 2—5T），并观测 H_{hf} 是增大或是减小，从而判别出符号的正负。

在施加一个外磁场 H_{ex} 之后，那么在核所在处除了超精细场 H_{hf} 之外，还有一个局域场 H_{local}：

$$H_{\text{local}} = H_{ex} - DM_s + \frac{4\pi}{3} M_s + H', \qquad (3.109)$$

其中，$-DM_s$ 是退磁场，$\frac{4\pi}{3} M_s$ 是洛仑兹场，H' 是当物质不是立方对称时对洛仑兹场的校正项。对于立方晶体，显然 $H' = 0$，对于六角晶体，H' 约为洛仑兹场的千分之一。一般来说，H_{local} 比 H_{hf} 小得多。但是，为了确定超精细场的符号，外加磁场成为一种重要手段。此时，在核处的磁场 H 是超精细场 H_{hf} 和局域场 H_{local} 的和，即

$$H = H_{hf} + H_{\text{local}}. \qquad (3.110)$$

局域场与 $3d$ 磁矩同方向，对于铁磁性物质，H_c 与 M_s 及 H_{local} 反符号。加了外磁场后在核处的总磁场相对于未加磁场时的值变小了，因此，预期加上外磁场后核塞曼裂距就会变小。Hanna 等[115]就是最先采用外加磁场方法来证明 α-Fe 中的 H_{hf} 符号是负的，而不是正的，这与理论上的预测相一致。但是应当注意的是，若基质的磁各向异性太大，以致阻碍了超精细场转向外场方向，这一方法便失效。

其它一些方法，例如采用圆偏振辐射[116]，穆斯堡尔-法拉第效应[117]等方法也能确定 H_{hf} 的符号。当上述外加磁场方法失效时，这些方法便显出其富有的特色了。

§3.5 混合的磁偶极和电四极相互作用

在许多情况下，上述三种超精细相互作用是同时存在的。同质异能移位只是将所有超精细分裂的核能级的能量平移一个相同的量，从而使整个共振谱线在一个方向上移动，这里不作讨论。当磁偶极相互作用和电四极相互作用同时存在时，情况比较复杂。此时的哈密顿函数为

$$\mathscr{H} = \mathscr{H}(m1) + \mathscr{H}(e2)$$
$$= -\boldsymbol{\mu}\cdot\boldsymbol{H} - \frac{1}{6}e\boldsymbol{Q}\cdot\nabla\boldsymbol{E}. \tag{3.111}$$

首先，让我们以 ^{57}Fe 为例讨论一般情况。

选 z 方向与电场梯度 $V_{zz} = \dfrac{\partial^2 V}{\partial z^2}$ 方向相同，如图3.16所示。那么

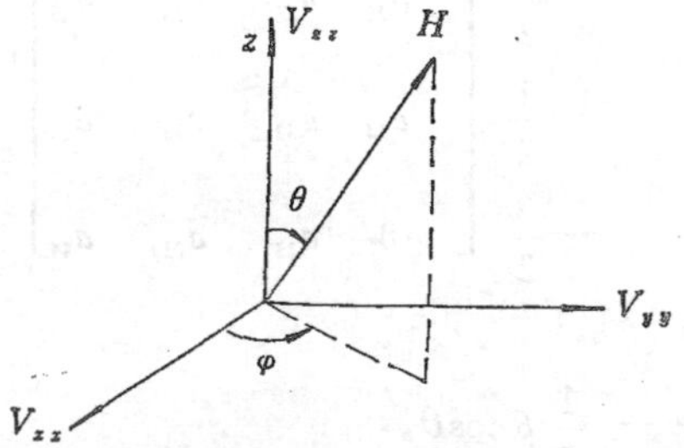

图3.16 选 z 方向与电场梯度 V_{zz} 方向相同，角 θ 和 ϕ 确定了 H 相对于电场梯度的取向.

$$\mathscr{H}(m1) = -g\mu_N H[I_z\cos\theta + (I_x\cos\phi + I_y\sin\phi)\sin\theta],$$
$$\mathscr{H}(e2) = [eQV_{zz}/\{4I(2I-1)\}][3I_z^2 - I(I+1)$$
$$+ \eta(I_x^2 - I_y^2)], \tag{3.112}$$

其中，角 θ, ϕ 规定了 H 相对于电场梯度 V_{zz} 的取向，I_x, I_y, I_z 为角动量算符矩阵。电场梯度主轴是这样选择，使 $|V_{zz}| \geqslant |V_{yy}| \geqslant |V_{xx}|, 0 \leqslant \eta \leqslant 1$。

对于 $I=\frac{1}{2}$ 和 $I=\frac{3}{2}$，其哈密顿矩阵为[118]

$$
\begin{array}{c|cc}
m' \backslash m & \frac{1}{2} & -\frac{1}{2} \\
\hline
\frac{1}{2} & b_{11} & b_{12} \\
-\frac{1}{2} & b_{21} & b_{22}
\end{array}
$$

和

$$
\begin{array}{c}
m' \backslash m \\
\frac{3}{2} \\
\frac{1}{2} \\
-\frac{1}{2} \\
-\frac{3}{2}
\end{array}
\begin{array}{c}
\begin{array}{cccc} \frac{3}{2} & \frac{1}{2} & -\frac{1}{2} & -\frac{3}{2} \end{array} \\
\begin{bmatrix}
a_{11} & a_{12} & a_{13} & 0 \\
a_{21} & a_{22} & a_{23} & a_{13} \\
a_{13} & a_{32} & a_{33} & a_{12} \\
0 & a_{13} & a_{21} & a_{44}
\end{bmatrix}
\end{array},
\tag{3.113}
$$

其中

$$b_{11}=-\frac{1}{2}\beta\cos\theta,$$

$$b_{22}=+\frac{1}{2}\beta\cos\theta,$$

$$b_{12}=-\frac{1}{2}\beta\sin\theta(\cos\phi-i\sin\phi),$$

$$b_{21}=-\frac{1}{2}\beta\sin\theta(\cos\phi+i\sin\phi),$$

$$a_{11}=3A-\frac{3}{2}\alpha\cos\theta,$$

$$a_{22} = -3A - \frac{1}{2}\alpha\cos\theta,$$

$$a_{33} = -3A + \frac{1}{2}\alpha\cos\theta,$$

$$a_{44} = 3A + \frac{3}{2}\alpha\cos\theta,$$

$$a_{12} = -\left(\frac{1}{2}\sqrt{3}\right)\alpha\sin\theta(\cos\phi - i\sin\phi),$$

$$a_{21} = -\left(\frac{1}{2}\sqrt{3}\right)\alpha\sin\theta(\cos\phi + i\sin\phi),$$

$$a_{23} = -\alpha\sin\theta(\cos\phi - i\sin\phi),$$

$$a_{32} = -\alpha\sin\theta(\cos\phi + i\sin\phi),$$

$$a_{13} = (\sqrt{3})\eta A,$$

$$\alpha = g_{\frac{3}{2}}\mu_N H,$$

$$\beta = g_{\frac{1}{2}}\mu_N H,$$

$$A = eQV_{zz}/\{4I(2I-1)\}. \tag{3.114}$$

跃迁能量 TE 为激发态和基态本征值之间的差:

$$TE\left(\frac{3}{2}, i; \frac{1}{2}, j\right) = E\left(\frac{3}{2}, i\right) - E\left(\frac{1}{2}, j\right). \tag{3.115}$$

跃迁概率可从本征矢量而计算出来,即

$$\psi\left(\frac{3}{2}, i\right) = \begin{vmatrix} C^{\frac{3}{2}}_{(\frac{3}{2},i)} \\ C^{\frac{1}{2}}_{(\frac{3}{2},i)} \\ C^{-\frac{1}{2}}_{(\frac{3}{2},i)} \\ C^{-\frac{3}{2}}_{(\frac{3}{2},i)} \end{vmatrix}, \quad \psi\left(\frac{1}{2}, j\right) = \begin{vmatrix} C^{\frac{1}{2}}_{(\frac{1}{2},j)} \\ C^{-\frac{1}{2}}_{(\frac{1}{2},j)} \end{vmatrix}, \tag{3.116}$$

式中的系数是如此规一化,以使

$$\sum_{m'}\left|C^{m'}_{(\frac{3}{2},i)}\right|^2 = 1, \quad \sum_{m''}\left|C^{m''}_{(\frac{1}{2},j)}\right|^2 = 1. \tag{3.117}$$

那么,相对于 z 轴的某一方向 (θ,φ) 的相对强度为

$$P\left(\theta,\varphi;\ \frac{3}{2},\ i;\frac{1}{2},j\right)=\left|\sum_{m',m''}C^{m''*}_{(\frac{1}{2},j)}C^{m'}_{(\frac{3}{2},i)}M_{(m',m'')}\right|^2。\tag{3.118}$$

对于偶极跃迁（$L=1$），可得

$$M_{(m',m'')}=\left\langle\frac{1}{2},\ m'';L,\ m\left|\frac{3}{2},\ m'\right.\right\rangle X^m_L,\tag{3.119}$$

其中，矢量 $\boldsymbol{X}$ 垂直于 γ 射线发射方向，并具有下列成分：

$$\begin{aligned}
&x^1_\varphi=-\frac{1}{2}2^{\frac{1}{2}}e^{i\varphi},\ x^0_\varphi=0,\\
&x^1_\theta=\frac{1}{2}2^{\frac{1}{2}}i\cos\theta e^{i\varphi},\ x^0_\theta=i\sin\theta,\\
&x^{-1}_\varphi=-\frac{1}{2}2^{\frac{1}{2}}e^{-i\varphi},\\
&x^{-1}_\theta=-\frac{1}{2}2^{\frac{1}{2}}i\cos\theta e^{-i\varphi}。
\end{aligned}\tag{3.120}$$

对于粉末样品，P 必须对 θ 和 φ 角积分，于是有

$$P\left(\frac{3}{2},\ i;\frac{1}{2},j\right)=\int_{\theta=0}^{\pi}\int_{\varphi=0}^{2\pi}P\left(\theta,\varphi;\ \frac{3}{2},i;\frac{1}{2},j\right)\times\sin\theta d\theta d\varphi。\tag{3.121}$$

这个积分可用代数方法来解出

$$\begin{aligned}
P\left(\frac{3}{2},i;\frac{1}{2},j\right)=\Big\{&\Big|C^{\frac{1}{2}*}_{(\frac{1}{2},j)}C^{\frac{3}{2}}_{(\frac{3}{2},i)}+3^{-\frac{1}{2}}C^{\frac{1}{2}*}_{(\frac{1}{2},j)}C^{-\frac{1}{2}}_{(\frac{3}{2},i)}\\
&+C^{-\frac{1}{2}*}_{(\frac{1}{2},j)}C^{-\frac{3}{2}}_{(\frac{3}{2},i)}+3^{-\frac{1}{2}}C^{-\frac{1}{2}*}_{(\frac{1}{2},j)}C^{\frac{1}{2}}_{(\frac{3}{2},i)}\Big|^2\\
&+\Big|C^{\frac{1}{2}*}_{(\frac{1}{2},j)}C^{\frac{3}{2}}_{(\frac{3}{2},i)}-3^{-\frac{1}{2}}C^{\frac{1}{2}*}_{(\frac{1}{2},j)}C^{-\frac{1}{2}}_{(\frac{3}{2},i)}\\
&-C^{-\frac{1}{2}*}_{(\frac{1}{2},j)}C^{-\frac{3}{2}}_{(\frac{3}{2},i)}+3^{-\frac{1}{2}}C^{-\frac{1}{2}*}_{(\frac{1}{2},j)}C^{\frac{1}{2}}_{(\frac{3}{2},i)}\Big|^2\\
&+\frac{4}{3}\Big|C^{\frac{1}{2}}_{(\frac{1}{2},j)}C^{\frac{1}{2}}_{(\frac{3}{2},i)}+C^{-\frac{1}{2}*}_{(\frac{1}{2},j)}C^{-\frac{1}{2}}_{(\frac{3}{2},i)}\Big|^2\Big\}\frac{4}{3}\pi。
\end{aligned}\tag{3.122}$$

Kündig[119] 在上述基础上编写了相应的计算机 Fortran 程

序，以解析^{57}Fe 的穆斯堡尔谱。图 3.17 示出 $FeC_2O_4 \cdot 2H_2O$ 中 ^{57}Fe 的实验和理论穆斯堡尔谱的比较。(a) 为实验谱，取自文献[120]；(b) 为理论谱。由计算机解析得：$H = 15.3T$，$V_{zz} = -5.5 \times 10^{17}$ V/cm^2，$\theta = 90°$，$\phi = 0°$ 和 $\eta = 0.6$。

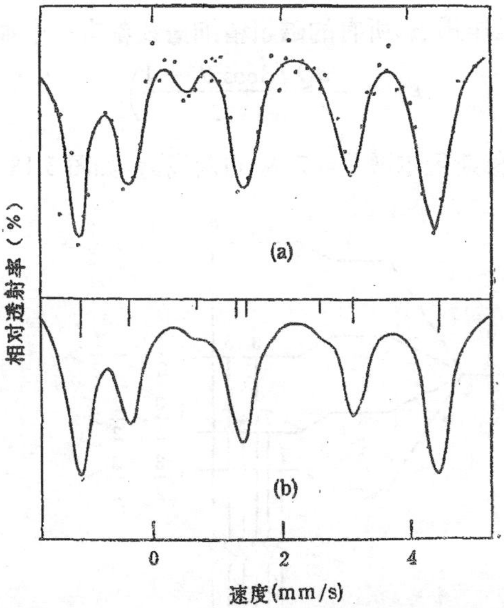

图 3.17 $FeC_2O_4 \cdot 2H_2O$ 中^{57}Fe 的实验和理论穆斯堡尔谱的比较。
(a) 实验谱； (b) 理论谱。

由此可见，在一般的情况下，原来对单纯的磁偶极相互作用来说是禁戒的那些超精细跃迁未必是禁戒的，通常显示为弱跃迁，例如图 3.17 中出现的有八条共振谱线，其中有两条谱线强度甚微弱。

其次，让我们讨论 $\mathscr{H}(e2) \ll \mathscr{H}(m1)$ 的情况，这是实际上最常遇到的情况。此时对磁偶极相互作用来说，可将电四极相互作用作为一级微扰来处理。为简单起见，不考虑外加磁场的作用。那么，对于 $\frac{3}{2} \longleftrightarrow \frac{1}{2}$ 跃迁，并且电场梯度是轴对称时，各个亚能级的能量为

$$E_{QM} = -g\mu_N H_{hf} m_I + (-1)^{|m_I|+\frac{1}{2}} \frac{e^2qQ}{4}\left(\frac{3\cos^2\theta - 1}{2}\right),$$
(3.123)

其中，θ 为超精细场方向和电场梯度主轴之间的夹角。

从式(3.123)中可看出，在考虑了同时存在的磁偶极相互作用和电四极相互作用后，所有的磁超精细谱线都有一个能量移位

$$|\varepsilon| = \frac{e^2qQ}{4}\left(\frac{3\cos^2\theta - 1}{2}\right). \tag{3.124}$$

此时，得到的穆斯堡尔谱是非对称的六线谱，如图 3.18 所示。

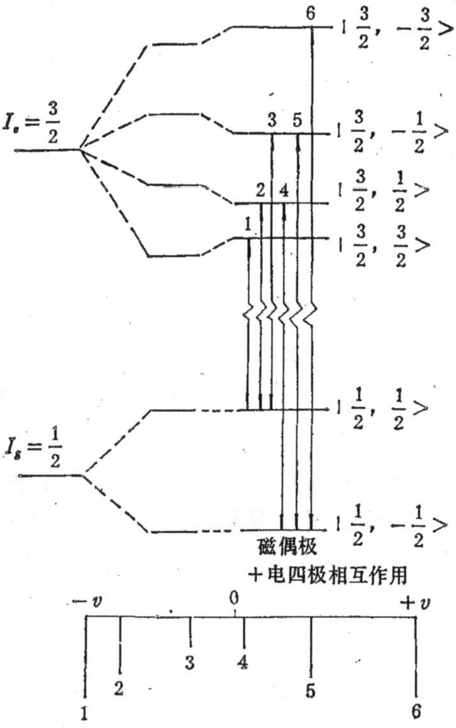

图 3.18 $\frac{3}{2}\leftrightarrow\frac{1}{2}$ 跃迁同时受到磁偶极相互作用和电四极相互作用(微扰)时的情形。谱线 1,6 移动了 $+\varepsilon$，而谱线 2,3,4,5 移位了 $-\varepsilon$，因此谱线 5—6 间距比 1—2 间距大了 4ε。

这时计算各穆斯堡尔参量的数值是

$$\delta = \frac{v_1 + v_2 + v_5 + v_6}{4}, \tag{3.125}$$

$$\Delta = \frac{(v_6 - v_5) - (v_2 - v_1)}{2}, \tag{3.126}$$

$$H_{hf} = 3.1(v_6 - v_1)(\text{对于 } ^{57}\text{Fe})。 \tag{3.127}$$

上述公式中,速度 v 以 mm/s 为单位表示,H_{hf} 以 T 为单位表示,同质异能移位 δ 和四极分裂裂距 Δ 都以 mm/s 为单位表示。

最后,考虑 $\mathscr{H}(e2) \gg \mathscr{H}(m1)$ 的情况。此时对于电四极相互作用来说,磁偶极相互作用可以看作一级微扰。

Collins[121] 利用一级微扰理论,算出了在磁微扰情况下^{57}Fe的能级图(图 3.19)。图中,$\alpha = g_e\mu_N H$,$\beta = g_g\mu_N H$,$A = \frac{1}{12}e^2qQ$,

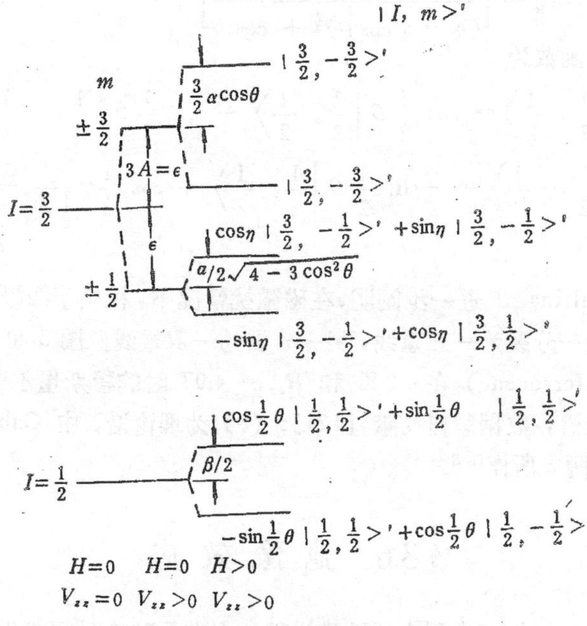

图 3.19 在磁微扰情况下 ^{57}Fe 的能级图。

$I=\frac{3}{2}$ 的各亚能级和波函数为

$$
\begin{aligned}
E &= 3A+\frac{3}{2}\alpha\cos\theta, & &\left|\frac{3}{2},\ -\frac{3}{2}\right\rangle', \\
&3A-\frac{3}{2}\ \alpha\cos\theta, & &\left|\frac{3}{2},\ \frac{3}{2}\right\rangle', \\
&-3A+\frac{1}{2}\alpha(4-3\cos^2\theta)^{\frac{1}{2}} & &\left|\frac{3}{2},\ -\right\rangle', \\
&-3A-\frac{1}{2}\alpha(4-3\cos^2\theta)^{\frac{1}{2}} & &\left|\frac{3}{2},\ +\right\rangle',
\end{aligned}
\tag{3.128}
$$

其中

$$
\begin{aligned}
\left|\frac{3}{2},-\right\rangle' &= \cos\eta\left|\frac{3}{2},-\frac{1}{2}\right\rangle'+\sin\eta\left|\frac{3}{2},\ \frac{1}{2}\right\rangle', \\
\left|\frac{3}{2},+\right\rangle' &= -\sin\eta\left|\frac{3}{2},-\frac{1}{2}\right\rangle'+\cos\eta\left|\frac{3}{2},\ \frac{1}{2}\right\rangle', \\
\tan\eta &= \left[\frac{(4-3\cos^2\theta)^{\frac{1}{2}}-\cos\theta}{(4-3\cos^2\theta)^{\frac{1}{2}}+\cos\theta}\right]^{\frac{1}{2}}。
\end{aligned}
\tag{3.129}
$$

基态波函数为

$$
\begin{aligned}
\left|\frac{1}{2},\ \frac{1}{2}\right\rangle &= \cos\frac{1}{2}\theta\left|\frac{1}{2},\ \frac{1}{2}\right\rangle'+\sin\frac{1}{2}\theta\left|\frac{1}{2},-\frac{1}{2}\right\rangle', \\
\left|\frac{1}{2},-\frac{1}{2}\right\rangle &= -\sin\frac{1}{2}\theta\left|\frac{1}{2},\ \frac{1}{2}\right\rangle'+\cos\frac{1}{2}\theta\left|\frac{1}{2},-\frac{1}{2}\right\rangle'.
\end{aligned}
\tag{3.130}
$$

Collins[121] 进一步阐明，在磁微扰情况下，相应于四极分裂双线中的一分裂为一三重线，另一分裂为一双重线。图 3.20 示出二茂铁（ferrocene）在 4.2 K 和 $H_{ex}=4.0\mathrm{T}$ 时的穆斯堡尔谱。(a) 为实验谱，数据取自文献 [121]；(b) 为理论谱，由 Gabriel 和 Ruby 两人所作[122]。

§3.6 弛豫效应

超精细相互作用由于弛豫过程的存在而随着时间变化，所以在超精细相互作用谱线形状中，经常可以观察到与时间有关的特征。表征各种弛豫过程的关联时间，可用来描述引起谱线加宽的超精细场的起伏。

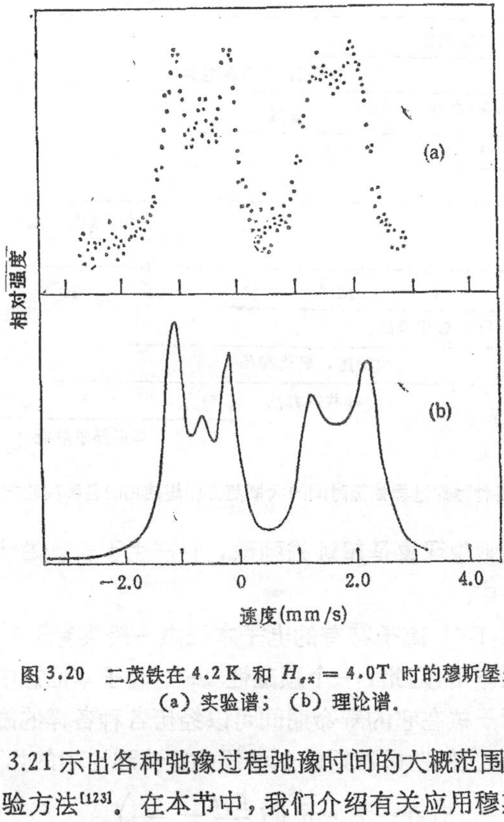

图 3.20 二茂铁在 4.2 K 和 $H_{ex}=4.0\mathrm{T}$ 时的穆斯堡尔谱.
(a) 实验谱；(b) 理论谱.

图 3.21 示出各种弛豫过程弛豫时间的大概范围和能使用的各种实验方法[123]. 在本节中，我们介绍有关应用穆斯堡尔谱学研究顺磁和超顺磁弛豫现象的内容。

在顺磁性化合物中，有下述两种电子弛豫过程对总的跃迁概率作出贡献：

第一种是自旋-点阵贡献，它起源于声子和顺磁性离子之间相互作用。由于声子态的群体与温度有关，所以自旋-点阵弛豫时间也依赖于温度。

第二种是自旋-自旋弛豫，它起源于顺磁性离子之间的磁相互作用，所以自旋-自旋弛豫时间取决于磁离子的浓度，它基本上与温度无关。

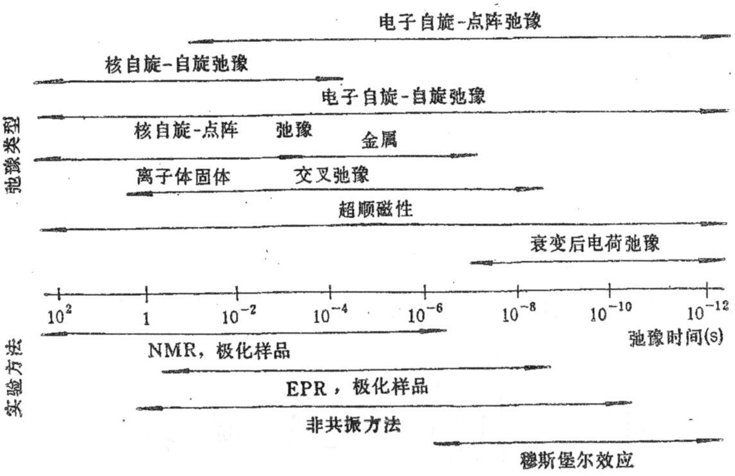

图 3.21 各种弛豫过程弛豫时间的大概范围和能使用的各种实验方法.

另一种磁弛豫现象是超顺磁弛豫，它产生于含有磁性化合物的微晶的样品中。

我们知道，Fe^{3+} 离子特有的电子本征态一般具有十分不同的磁超精细相互作用，因此，一个顺磁性 Fe^{3+} 离子本征态中弛豫的存在意味着原子核在它的寿命期间可以经历各种各样的磁超精细相互作用. 假如我们考虑穆斯堡尔谱线的经典理论中的如下关系：

$$E(t)=E_0\exp\left(i\frac{E_\gamma t}{\hbar}-\frac{t}{2\tau_n}\right), \tag{3.131}$$

式中，τ_n 是处于激发态的核的平均寿命，E_γ 是核跃迁能量，$\hbar$ 是普朗克常量除以 2π。那么，弛豫效应是：对于一个给定的核跃迁，E_γ 不是恒量，而是随着一个特征弛豫时间 τ 以一种随机方式在离散的数值中变化。

弛豫效应对谱线形状的影响可以定性地以一个具有自旋 $s=$

$\frac{1}{2}$ 的顺磁性^{57}Fe 离子来作说明。当一磁场施加于 z 方向，可以发现离子处于 $s_z=\frac{1}{2}$ 和 $s_z=-\frac{1}{2}$ 的本征态中。为了简单起见，我们假定处于两种本征态的机会相等，并且外磁场是如此的小，以致它所引起的核塞曼分裂可以忽略。如果弛豫时间 τ 比核激发态平均寿命 τ_n 大，那么两个电子本征态的每一个都产生一个通常的磁分裂六线穆斯堡尔谱。由于它们之间仅在相对于超精细场的符号不同，所以这两个谱重合。如果弛豫时间与 τ_n 相近，那么吸收谱线被加宽。当弛豫时间大于核磁矩在超精细场中拉莫尔旋进时间 τ_L，那么谱线会很尖锐。当 $\tau\simeq\tau_L$，可观察到具有宽谱线的复杂谱，由此也可估算出弛豫时间。当 $\tau\ll\tau_L$ 时，超精细分裂谱"崩溃"而成为一或两个谱线，并且其宽度随着弛豫时间的减小而减小。

目前，关于弛豫过程的理论一般是基于随机的或微扰的模型。读者如感兴趣可参阅有关文献[124-126]。

在许多情况下，在非稀释铁化合物中，弛豫过程进行得如此快速以致穆斯堡尔谱中的磁分裂"崩溃"而成为一或两条非洛仑兹线组成的谱线，此时的弛豫过程称为快弛豫。

Afanas'ev 和 Gorobshenko[127] 建立了一个快弛豫区域的穆斯堡尔谱线形状的通用理论。他们假定弛豫效应可以用一个在核所在处的起伏磁场来描述，这个磁场朝着不同方向有不同的概率。他们获得了各种情况下，例如纵向(仅仅沿着 z 方向)，各向同性的横向(仅在 xy 平面)，各向异性的横向(仅在 x 方向)和各向同性(在空间中所有方向)弛豫等情况的谱线形状的表达式。图 3.22 示出根据他们的理论所计算出来的一些理论谱。其中关于纵向和各向同性弛豫的结果分别与 Wegener[128] 和 Bradford 等[126]的结果相符合。

现在，简单地介绍慢弛豫情况。当电子弛豫时间与核拉莫尔旋进时间相比较为足够长时，可以获得磁分裂谱。但是，除非弛豫

时间与核激发态寿命相比较是长的，那么由于电子态 $|M\rangle$ 所产生穆斯堡尔线宽要受到弛豫的影响[125]。

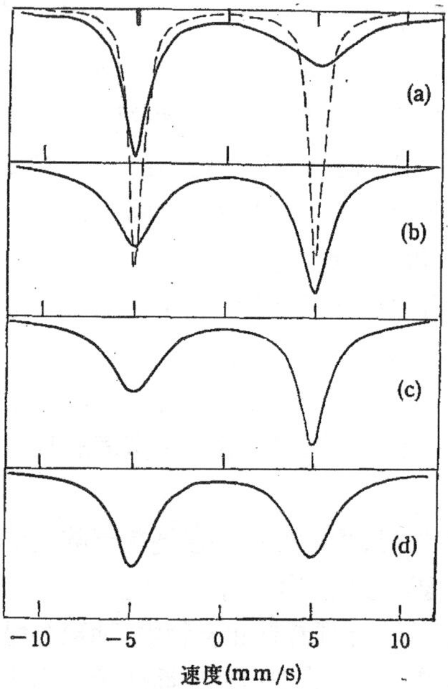

图 3.22 在快弛豫过程存在时的理论穆斯堡尔谱.
(a) 纵向弛豫(虚线表示无限快弛豫时的谱); (b) 各向异性横向弛豫; (c) 各向同性横向弛豫; (d) 各向同性弛豫.

文献[129，130]介绍了一些分析顺磁性穆斯堡尔谱的方法。

在顺磁性材料中，顺磁性离子的磁弛豫频率由自旋-自旋弛豫和自旋-点阵弛豫的贡献来确定。正如上面所提及的，自旋-自旋弛豫频率基本上与温度无关，而自旋-点阵弛豫频率随着温度上升而增大。在足够低温度时，自旋-点阵弛豫常常能被忽略掉，这就有利于自旋-自旋弛豫研究。Fe^{3+} 的自旋-点阵弛豫常常在80K以下被忽略，因此可以在这样的温度范围对自旋-自旋弛豫进行详细研究。

图 3.23 示出两种含有相同浓度铁的非晶冷冻水溶液在80K时

的穆斯堡尔谱[131]．图 3.23 (a) 示出的谱是用一个 $Fe(H_2O)_6^{3+}$ 络合物吸收体而得到的，而图 3.23 (b)示出的谱则用 50% $Fe(H_2O)_6^{3+}$ 络合物和 50% $Fe(H_2O)_5Cl^{2+}$ 络合物所制成的吸收体而得到的．图 3.23 (b) 的谱中我们可见到，在大约 ±9 mm/s 处显示清楚的伴线，这指示着存在相当长的弛豫时间．在图 3.23 (a) 的谱中的伴线有较大的宽度和较小的强度，这表明存在着较短的弛豫时间．因此从对图 3.23 (a) 和 (b) 的谱对比中我们可以知道，当样品中离子的能量分裂是相同时，它的自旋-自旋弛豫时间要比离子具有不同能量分裂的样品的自旋-自旋弛豫时间小得多．

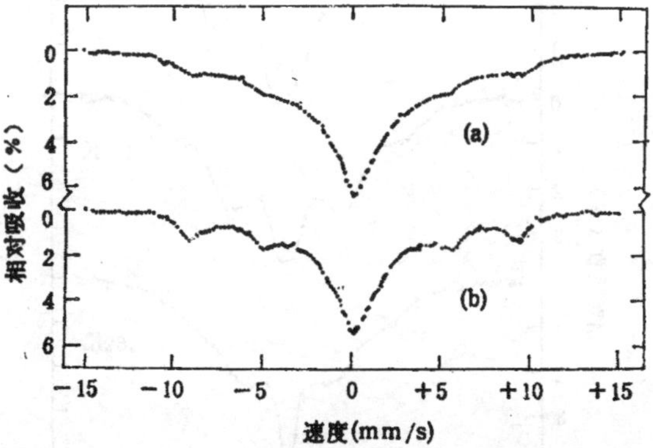

图 3.23 两种冷冻水溶液吸收体在 80 K 时的穆斯堡尔谱．(a) 包含 $Fe(H_2O)_6^{3+}$ 络合物的吸收体的穆斯保尔谱；(b) 包含 50% $Fe(H_2O)_6^{3+}$ 络合物和 50% $Fe(H_2O)_5Cl^{2+}$ 络合物的吸收体的穆斯堡尔谱．

文献[132]中介绍了一个自旋-点阵弛豫的例子．图 3.24 示出 $NH_4(^{57}Fe_{0.02}Al_{0.98})(SO_4)_2 \cdot 12H_2O$ 在外加一个 1.23 T 磁场、而温度为 79 K 至 295 K 时的几个穆斯堡尔谱．在 79 K 时的谱显示出一个分辨得很好的超精细结构和稍微加宽的谱线．随着温度的升高，超精细结构的清晰度逐渐消失，在温度高于 200 K 时，谱"崩溃"而成为一条窄的和一条宽的中心线．从不同温度时谱形的变化可知，这种弛豫主要是由自旋-点阵弛豫过程所引起的．图 3.25 示出 $NH_4(Fe_{0.02}Al_{0.98})(SO_4)_2 \cdot 12H_2O$ 在外加磁场 $H = 1.23T$

时，Fe^{3+} 离子自旋-点阵弛豫频率与温度倒数的关系[132]。折线表示应用爱因斯坦模型的拟合计算结果，虚线相应于临界自旋-点阵弛豫过程的贡献，实线是总的自旋-点阵弛豫率，它是上面两种贡

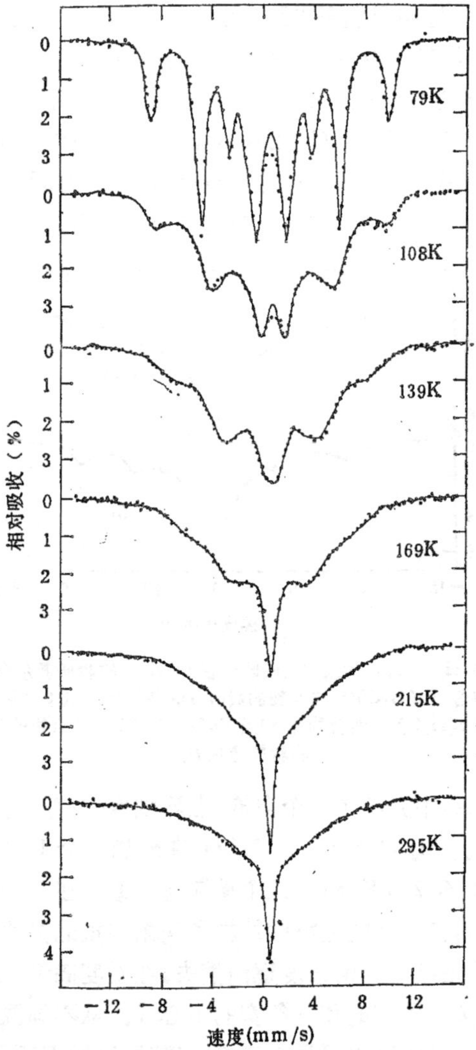

图 3.24 $NH_4(Fe_{0.02}Al_{0.98})(SO_4)_2\cdot 12H_2O$ 中的 Fe^{3+} 在一横向磁场 $H=1.23T$ 中，在各种温度时的穆斯堡尔谱。

献的和。可见，理论曲线与实验结果基本符合。

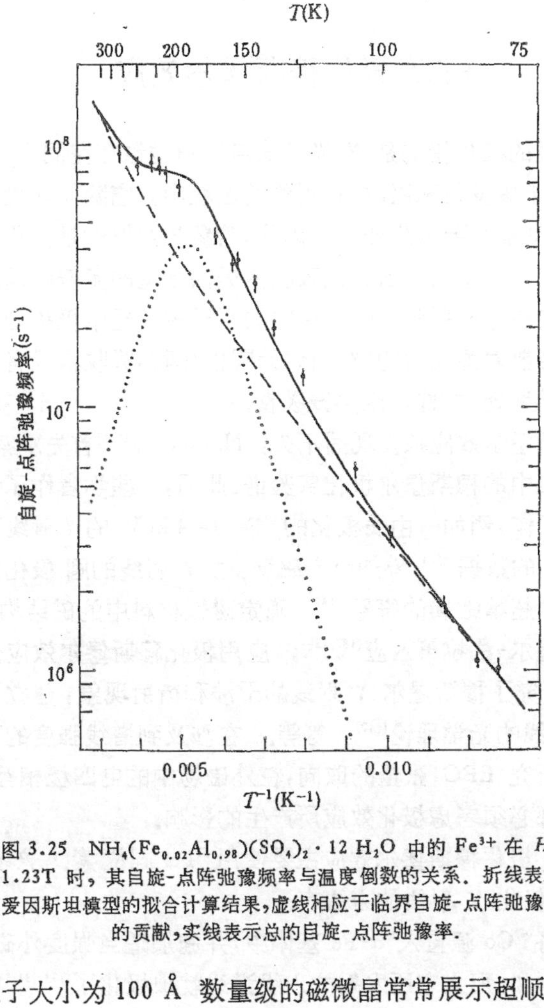

图 3.25 $NH_4(Fe_{0.02}Al_{0.98})(SO_4)_2 \cdot 12\ H_2O$ 中的 Fe^{3+} 在 $H=1.23T$ 时，其自旋-点阵弛豫频率与温度倒数的关系。折线表示用爱因斯坦模型的拟合计算结果，虚线相应于临界自旋-点阵弛豫过程的贡献，实线表示总的自旋-点阵弛豫率。

粒子大小为 100 Å 数量级的磁微晶常常展示超顺磁弛豫，其弛豫时间在 10^{-7}—10^{-11} s 的范围内，所以这些粒子的穆斯堡尔谱对这类弛豫现象十分灵敏。利用磁微晶中的超顺磁弛豫可以确定粒子的大小和磁各向异性能量常数等。超顺磁弛豫效应除了在超精细粒子中观察到之外，还可在超薄膜，低维磁性点阵，固态反应混合物中小尺寸中性沉淀物等观察到.关于超顺磁性弛豫问题,将在"在磁学中应用"一章中作详细介绍,这里从略。

§3.7 极化穆斯堡尔效应

γ 射线的极化指的是 γ 光子的自旋角动量在空间有一定的取向,在原子核发射和吸收 γ 射线的过程中,它除了能量要发生变化外,角动量也要发生变化. 因此,若参与共振的是极化无反冲 γ 射线,那么除了对放射源或吸收体提供合适的多普勒运动速度之外,还要注意放射源和吸收体中的原子核跃迁中极化分量的匹配.例如,当放射源发射的 γ 射线为圆极化时,吸收核只有提供同样螺旋性的跃迁,才能产生共振吸收.

在穆斯堡尔效应被发现后不久,Hanna 等[133]首先观察到^{57}Fe在金属铁箔中的穆斯堡尔极化实验谱.此后,一些学者作了许多引人注意的工作,例如:由线极化的 ^{57}Fe 14.4 keV 的 γ 射线确定了关于 EFG 的数据[134];外加纵向磁场,由 γ 射线的圆极化方向来确定样品中超精细场的符号[116];确定磁性材料中的磁结构[135,136];观察穆斯堡尔-法拉第效应[137,138];应用极化穆斯堡尔效应分辨复杂谱[139];研究了穆斯堡尔 γ 射线的干涉和衍射现象,建立了穆斯堡尔 γ 射线的光学理论[140],等等. 在涉及到谱线强度的研究方面,例如研究 EFG 张量的取向,在外磁场中的电四极相互作用,磁结构等都必须考虑极化效应所产生的影响.

目前,极化穆斯堡尔效应主要使用 ^{57}Fe 同位素. 产生 ^{57}Fe 14.4 keV 极化 γ 射线的方法有:

(1) 将 ^{57}Co 源置入 α-Fe 基体中,并施加适当强度外磁场,使其达到磁饱和,那么它所发射的六线谱线就被极化了[133,134,141-143].图 3.26 示出 Kolk[141] 所进行的 $HgCl_2$ 单晶中 14.4 keV γ 射线极化实验装置. ^{57}Co 源被扩散入一铁箔中,并置放在二组方向相互垂直的磁铁磁极之间. 吸收体为 $HgCl_2$ 单晶,过滤器由两个黑体组成,相对于放射源各以 3.0 mm/s 方向相反等速运动,以吸收

$\Delta m=0$ 的 γ 射线，而剩余的 $|\Delta m|=1$ 无反冲 γ 射线在平行于外磁场方向极化。当转换 $H_\perp$ 或 $H_\parallel$ 磁场开关时，极化的

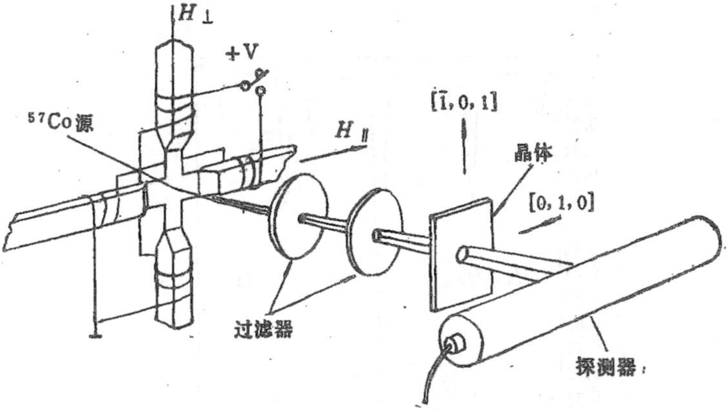

图 3.26 一个 14.4 keV 的 γ 射线极化实验装置.

$|\Delta m|=1$，γ 射线相对于晶轴被旋转 90°。

图 3.27[142] 示出 $^{57}Co(\alpha\text{-}Fe)$ 放射源和 α-Fe 吸收体二者的磁化方向垂直于 γ 射线传播方向所得的室温穆斯堡尔谱。在垂直于 γ 射线的发射方向上，对源和吸收体加上外磁场后，由于共振吸收与 γ 射线的极化方向有关，当源中磁场 H_S 平行或反平行于吸收体中磁场 H_A 时，可得九条谱线[图 3.27(a)]；当 H_S 垂直于 H_A 时，可得六条谱线[图 3.27 (b)]。图中的竖线，其高度与位置表示在薄放射源-吸收体近似下、理论预言的谱线相对强度和位置。若绕 γ 射线传播方向将放射源(或吸收体)旋转 90°，那么每条谱线的共振吸收可以由不清楚变得显而易见，反之亦然。从图 3.27 可见，(a) 和 (b) 的谱是互补的。当放射源和吸收体都不附加多普勒运动（即 $v=0$）时，逐渐改变 H_S 与 H_A 之间的夹角，从 −90° 到 +90° 时，可以见到计数率有正弦形式的变化，所得曲线称为 Malus 曲线，相应的实验装置就称为穆斯堡尔偏振仪。

(2) 利用具有四极分裂的顺磁单晶 ^{57}Co 源来产生极化 γ 射线。这是因为，从处于垂直于 EFG 的主轴 ($\eta=0$) 的方向观察

时，相应于 $\pm\frac{3}{2}\longleftrightarrow\pm\frac{1}{2}$ 跃迁的 γ 射线是线偏振的，而相应于 $\pm\frac{1}{2}\longleftrightarrow\pm\frac{1}{2}$ 跃迁的 γ 射线是部分线偏振的。

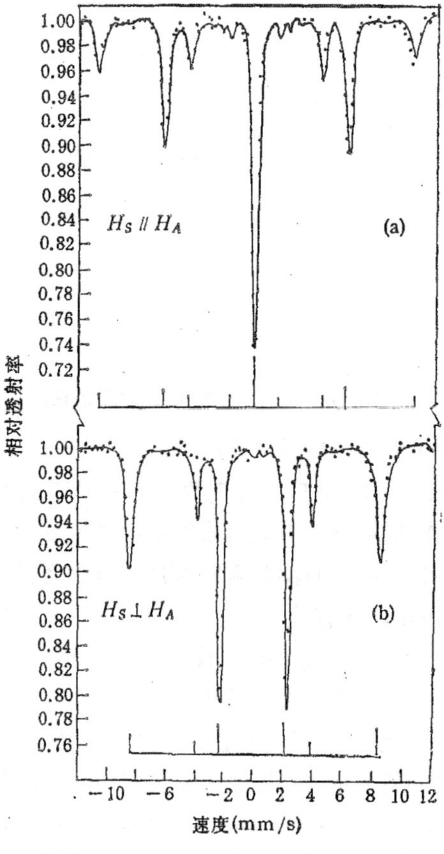

图 3.27 ^{57}Co(α-Fe) 放射源和 α-Fe 吸收体二者的磁化方向垂直于 γ 射线传播方向时所得的穆斯堡尔谱.
(a) 放射源和吸收体中的磁场彼此平行或反平行 ($H_S /\!/ H_A$);
(b) 放射源和吸收体中的磁场彼此垂直 ($H_S \perp H_A$).

但是，这种单晶 ^{57}Co 源的基体物质必须具有下述性质：

(a) 这种单晶可以在各个方向切片；

(b) 具有一种电荷态的 ^{57}Co 能被结合到结晶点阵座中;

(c) 点阵座具有轴对称 ($\eta = 0$) 和独特的取向;

(d) 四极分裂足够大。

注意,上述条件中并没有振动各向同性的要求。

在文献[144]中介绍了用 Be 单晶制得单色线极化 ^{57}Co 源;文献[145]中介绍了利用 $LiNbO_3$ 单晶制得的极化 ^{57}Co 源。

(3) 利用 γ 射线的二向色性,使某种极化分量被共振吸收而过滤掉,让剩下的相反极化方向的分量透过。这种方法的优点是可采用通常的非极化源(如 ^{57}Co 置入基体 Pd, Rh, Cu 等的穆斯堡尔源),经滤波后得到单色的极化源,避免采用多线源所造成的复杂超精细谱线。这种方法可以用等速和等加速两个驱动器组合成的驱动系统而做到[143,146],但这样当然就增加了谱仪装置的复杂程度。Stampfel 和 Flinn[147] 发现,铁磁吸收体 $Fe_{0.77}Rh_{0.15}Ni_{0.03}$ 的内谱线之一的能量与 ^{57}Co (CoO) 源的发射谱线能量一致,因此便不需要在偏振器-放射源之间再加上多普勒运动,只要将这样的极化滤波器直接置于源上,加上外磁场,便可以得到一个单线的极化源。

此外,同步辐射也可用作极化穆斯堡尔源。在文献[148,149,150]中介绍了应用同步辐射所观察到的原子核布拉格衍射中的极化混合现象。Siddons 等人[150]所使用的实验装置中,采用 α-$^{57}Fe_2O_3$ 晶体作为样品,偏置磁场方向可按需要调节以使 σ 极化入射束旋转而成为一束 π 极化衍射束。被样品衍射的极化衍射束射到由一完整的铍单晶组成的极化分析器,然后为一固体探测器所探测。实验得出的数据与理论上预言相一致。可以预计,同步辐射在极化穆斯堡尔效应研究中将有更多的应用。

参考文献

[1] R.V. Pound, G.A. Rebka, Jr., *Phys. Rev. Lett.*, **3**, 554(1959).
[2] O.C. Kistner, A.W. Sunyar, *Phys. Rev. Lett.*, **4**, 412(1960).
[3] G.K. Wertheim, The Mössbauer Effect, Academic Press (1964).
[4] J.G. Stevens, V.E. Stevens, Mössbauer Effect Data Index, Volumes

(1969, 1970, 1971).

[5] D.A. Shirley, *Rev. Mod. Phys.*, **36**, 339(1964).

[6] E. Clementi, C. Roetti, *At. Data Nucl. Data Tables*, **14**, 177(1974); A.D. McLean, R.S. McLean, ibid., **26**, 197(1981); J.G. Snijders, P. Vernooijs, E.J. Baerends, ibid., **26**, 483(1981).

[7] R. Jagannathan, K.N. Shrivastava, *Hyperfine Interactions*, **7**, 377 (1979).

[8] K.N. Shrivastava, *Phys. Rev.*, **B 13**, 2782(1976).

[9] K.N. Shrivastava, *Phys. Lett.*, A70, 483(1979); E.Hartman, Ch. Eifrig, *Chem. Phys.*, **58**, 283(1981).

[10] C. Bansal, K.N. Shrivastava, *Chem. Phys. Lett.*, **64**, 388(1979).

[11] C. Bansal, K.N. Shrivastava, *Phys. Stat. Sol.* (b), **109**, 743(1982).

[12] E. Simanek, A.Y.C. Wong, *Phys. Rev.*, **166**, 348(1968).

[13] E. Simanek, Z. Sroubek, *Phys. Rev.*, **163**, 275(1967).

[14] W.H. Flygare, D.W. Hafemeister, *J. Chem. Phys.*, **43**, 789(1965).

[15] K.N. Shrivastava, *Hyperfine Interactions*, **24—26**, 817(1985).

[16] K.N. Shrivastava, *Phys. Rev.*, **B20**, 2634(1979); **20**, 5375(1979); **21**, 2702(1980); Physica, **B100**, 67(1980).

[17] A. Singh, K.N. Shrivastava, *Solid State Commun.*, **17**, 1123(1975).

[18] D.C. Price, F. Varret, in Advances In Mössbauer Spectroscopy, ed. by B.V. Thosar, et al., Elsevier Sci. Pub. Co., 316(1983).

[19] R.V. Pound, G.A. Rebka, Jr., *Phys. Rev. Lett.*, **4**, 274(1960).

[20] B.D. Josephson, *Phys. Sev. Lett.*, **4**, 341(1960).

[21] E. Passaglia (editor), Measurement of Physical Properties: Magnetic Properties and Mössbauer Effect, John Wiley and Sons, New York, 204(1973).

[22] R.M. Housley, F. Hess, *Phys. Rev.*, **146**, 517(1966).

[23] P.Z. Hien, V.S. Shpinel, A.S. Viskov, YU.N. Venevtsey, *Sov. Phys. JETP*, **17**, 1271(1963).

[24] V.A. Bryukhanov, N.N. Delyagin, V.S. Shpinel, *Sov. Phys. JETP*, **20**, 55(1965).

[25] J.K. Lees, P.A. Flinn, *J. Chem. Phys.*, **48**, 882(1968).

[26] V. Fano, I. Ortalli, *J.Chem. Phys.*, **61**, 5017(1974).

[27] H. Micklitz, P.H. Barrett, *Phys. Rev.*, **B5**, 1704(1972).

[28] R.H. Herber, S. Chandra, *J. Chem. Phys.*, **54**, 1847(1971).

[29] K.N. Shrivastava, *Phys. Rev.*, **B1**, 955(1970).

[30] H.K. Perkins and Y. Hazony: *Phys. Rev.*, **B5**, 7(1972).

[31] K.N. Shrivastava, *Phys. Rev.*, **B7**, 921(1973).

[32] G.M. Kalvius, U.F. Klein, G. Wortman, *J. Physique*, **35**, C6-139(1974).

[33] R.D. Taylor, E.K. Storms, *Bull. Amer. Phys. Soc.*, **14**, 836(1969).

[34] M.A. Abdelgadir, L. Haggstrom, T. Sunaqvist, H. Fjellvag, *Hyperfine Interactions*, **41**, 475(1988).

[35] K.N. Shrivastava, *Phys. Rep.*, **C20**, 137(1975).

[36] R.S. Preston, S.S. Hanna, J. Heperle, *Phys. Rev.*, **128**, 2207(1962).

[37] R.S. Preston, *Phys. Rev. Lett.*, **19**, 75(1967).

[38] T.A. Kovats, J.C. Walker, *Phys. Rev.*, **181**, 610(1969).
[39] D.N. Pipkorn, et al., *Phys. Rev.*, **135A**, 1604(1964).
[40] R. Ingalls, *Phys. Rev.*, **155**, 157(1967).
[41] M.A. Kobeissi, L. Chow, C. Hohenemser, *Hyperfine Interactions*, **4**, 485(1978).
[42] M.A. Kobeissi, *Phys. Rev.*, **B24**, 2380(1981).
[43] 郑裕芳,中山大学学报(自然科学),**4**,67(1983).
[44] B. Kolk, D.B. Hall, Y.Zheng, J.T. Lumetta, *Hyperfine Interactions*, **15/16**, 1047(1983).
[45] B.Kolk, A. Bleloch, D.B. Hall, Y. Zheng, K.E. Patton-Hall, *Rev. Sci. Instrum.*, **56**, 1597(1985).
[46] A.Abragam, The Principles of Nuclear Magnetism, Oxford University Press, 161(1961).
[47] R.L. Collins, J.C. Travis, Mössbauer Effect Methodology, **3**, ed. by I.J. Gruverman, Plenum Press, 123(1967).
[48] S.V. Karyagin, *Dokl. Akad. Nauk. SSSR*, **148**, 1102(1963). English translation, *Proc. Acad. Sci. USSR, Phys. Chem. Sec.*, **148**, 110(1964).
[49] E.U. Condon, G.H. Shortley, The Theory of Atomic Spectra. Cambridge Univ. Press (1935).
[50] V.I. Goldanskii, E.F. Makarov, V.V. Khrapov, *Phys. Lett.*, **3**, 344(1963).
[51] V.I. Goldanskii, S.V. Karyagin, *Phys. Stat. Sol.*, **A68**, 693(1975).
[52] P.A. Flinn, S.L. Ruby, *Rev. Modern Phys.*, **36**, 352(1964).
[53] R.W. Grant, R.M. Housley, U. Gonser, *Phys. Rev.*, **178**, 523(1969).
[54] H. Spiering, R. Witzall, *Hyperfine Interactions*, **5**, 265(1978).
[55] F.W. De Wette, *Phys. Rev.*, **123**, 103(1961).
[56] F.W. De Wette, G.E. Schacher, *Phys. Rev.*, **A137**, 92(1965).
[57] T.P. Das, M.Pomerantz, *Phys. Rev.*, **123**, 2070(1961).
[58] M.H. Cohen, F.Reif, in Solid state Physics, **5**, Ed. by F. Seitz and D. Turnbull (Academic, New York), 321(1957).
[59] R.G. Barnes, W.V. Smith, *Phys. Rev.*, **93**, 95(1954).
[60] R.M. Sternheimer, *Phys. Rev.*, **80**, 244(1950); **84**, 244(1951); **130**, 1423 (1963); H.M. Foley, R.M. Sternheimer, D. Tycko, *Phys. Rev.*, **93**, 734(1954); R.M. Sternheimer, H.M. Foley, *Phys. Rev.*, **102**, 731(1956).
[61] R.S. Raghavan, E.N. Kaufmann, P. Raghavan, *Phys. Rev. Lett.*, **34**, 1280(1975).
[62] R.S. Raghavan, *Hyperfine Interactions*, **2** 29(1976).
[63] H. Ernst, E. Hagn, E. Zech, G. Eska, *Phys. Rev.*, **B19**, 4460(1979).
[64] W. Leitz, W. Semmler, R. Sielemann, Th. Wichert, *Phys. Rev.*, **B14**, 5228(1976).
[65] G.S. Collins, *Hyperfine Interactions*, **4**, 523(1978).
[66] K. Krien, F. Reuschenbach, J.C. Soares, R. Vianden, R. Trycinski, K. Freitag, M. Hage-Ali, P. Siffert, *Hyperfine Interactions*, **7**, 413 (1980).
[67] R.S. Raghavan, P. Raghavan, *Hyperfine Interactions*, **9**, 317(1981).

[68] P. Heubes, G. Hempel, H. Ingwersen, R. Keitel, W. Klinger, W. Loeffler, W.Witthuhn(1974), in Proc. Int. Conf. on Hyperfine Interactions Studied in Nuclear Reactions and Decay (Contr. Papers), ed. by E. Karlsson and R. Wappling, 208(1974).
[69] J. Christiansen, P. Huebes, R. Keitel, W. Klinger, W. Loeffler, W. Sandner and W. Witthuhn, *Z. Phys.*, **B24**, 177(1976).
[70] W. Bartsch, B. Lamp, W. Leitz, H.E. Mahnke, W. Semmler, R. Sielemann, Th. Wichert, *Z.Phys.*, **B32**, 301(1979).
[71] H.E. Mahnke, E. Dafni, M.H. Rafailovich, G.D. Sprouse, E. Vapirev, *Phys. Lett.*, **A71** , 112(1979).
[72] S.H. Devare, H.G. Devare, *Hyperfine Interactions*, **2**, 235(1976).
[73] K.Krien, J.C. Soares, K. Freitag, R. Tischler, G.N. Rao, H.G. Muller, E.N. Kaufmann, A. Hanser, B. Feurer, *Phys. Rev.*, **B14**, 4782 (1976).
[74] M. Forker, W. Stienborn, *Phys. Rev.*, **B20**, 1(1979).
[75] C.L. Fu, A.J. Freeman, *J. Magn. Magn. Mat.*, **69**, L1(1987).
[76] E. Wimmer, H. Krakauer, M. Weinert, A.J. Freeman, *Phys. Rev.*, **B24**, 864(1981).
[77] J. Korecki, W. Karas, *J. Magn. Magn. Mat.*, **92**, L11(1990).
[78] S.G. Cohen, P. Gielen, R. Koplow, *Phys. Rev.*, **141**, 423(1966).
[79] J.K. Srivastava, S.C. Bhargava, P.K. Iyengar, B.V. Thosar, in Advances In Mossbauer Spectroscopy, ed. by B.V. Thosar, et al., Elsevier Sci. Pub. Co., Amsterdam, 1(1983).
[80] A.J. Freeman, R.E. Watson, in G.T. Rado, H.Suhl (eds.), *Magnetism*, **II**A, 167(1965).
[81] R.E. Watson, A.J. Freeman, in A.J. Freeman and B.R. Frankel(eds.), *Hyperfine Interactions*, Academic, 53(1967).
[82] R.E. Watson, A.J. Freeman, *Phys. Rev.*, **123**, 2027(1961).
[83] R. Ingalls, *Phys. Rev.*, **155**, 157(1967).
[84] G.K. Shenoy, S.L. Rudy, in I.J. Gruverman (ed.), Mossbauer Effect Methodology, **5**, Plenum, 77(1970); B.D. Dunlap, ibid, **7**, 123(1971).
[85] N.L. Huang, R. Orbach, E.Simanek, *Phys. Rev. Lett.*, **17**, 134(1966).
[86] R. Schulman, S.Sugano, *Phys. Rev.*, **130**, 506(1963); R. Schulman, V. Jaccarino, *Phys. Rev.*, **108**, 1219(1957); R. Schulman, K. Knox, *Phys. Rev.*, **119**, 94(1960); G.B. Benedek, T. Kushida, *Phys. Rev.*, **118**, 46 (1960).
[87] A. Mukherji, T.P. Das, *Phys. Rev.*, **111**, 1479(1958).
[88] M. Tinkham, *Proc. Roy. Soc. (London)*, **A236**, 535, 549(1956); A.M. Clogston, J.P. Gordon, V. Jaccarino, M. Peter, L.R. Walker, *Phys. Rev.*, **117**, 1222(1960).
[89] F. Keffer, T.Oguchi, W. O'Sullivan, J. Yamashita: *Phys. Rev.*, **115**, 1553(1959).
[90] D.Petridis, A. Simopoulos, A. Kostikas, M. Pasternak, *J. Chem. Phys.*, **65**, 3139(1976); J.P. Sanchez, J.M. Friedt, G.K. Shenoy, *J.Phys.*

(*Paris*) *Colloq*., **35**, C6-259(1974).
[91] B.J. Evans, in I.J. Gruverman(ed.), Mossbauer Effect Methodology, **4**, Plenum, 139(1968); B.J. Evans, L.J. Swartzendruber, *Phys. Rev*., **B6**, 223(1972); L.J. Swartzendruber, B.J. Evans, *J. Phys.* (*Paris*) *Colloq*., **35**, C6-265(1974).
[92] G.A. Sawatzky, J. Hupkes, *Phys. Rev. Lett*., **25**, 100(1970); G.A. Sawatzky, F. van der Woude, *J. Phys.* (*Paris*) *Colloq*., **35**, C6-47(1974); R.R. Sharma, *Phys. Rev. Lett*., **26**, 563(1971); ibid, **25**, 1622(1970).
[93] E. Simanek, N.L. Huang, R. Orbach, *J. Appl. Phys*., **38**, 1072(1967); J. Owen, J.H.M. Thorley, *Rep. Progr. Phys*., **29**, 675(1966); E. Simanek, Z. Sroubek, in S. Geschwind (ed.), Electron Paramagnetic Resonance, Plenum(1972); S. Geschwind: in A.J. Freeman and B.R. Frankel(Eds.), Hyperfine Interactions, Academic, 263, 258(1967).
[94] J.M.D. Coey, G.A. Sawatzky, *J.Phys. C*, **4**, 2386(1971); T.Shinohara, K. Sasaki and H.Watanabe, *J.Phys.* (*Paris*) *Colloq*., **40**, C2-302(1979).
[95] F. van der Woude, G.A. Sawatzky, *Phys. Rev*., **B4**, 3159(1971); Y. Miyahara, S. Iida: *J. Phys. Soc. Japan*, **33**, 849(1972); V.D. Doroshev, N.M. Kovtun, V.N. Seleznev, *Phys. Status Solidi*(*a*), **13**, K41(1972); M.A. Butler, M. Eibschutz, L.G. van Uitert, *Phys. Lett*., **37A**, 199 (1971); R.Valentin, H. Luft, K. Baberschke, *Phys. Status Solidi*(*b*), **48**, 763(1971).
[96] K.J. Duff, T.P. Das, *Phys. Rev*., **B3**, 192, 2294(1971); T.P. Das, *Phys. Scr*., **11**, 121(1975).
[97] M.B. Stearns, *Phys. Rev*., **B4**, 4069, 4081(1971); ibid, **B8**, 4383(1973); B. Kolk, *Hyperfine Interactions*, **4**, 313(1978).
[98] B.Bleaney, in A.J. Freeman and B.R. Frankel(Eds.), *Hyperfine Interactions*, Academic, 1(1967).
[99] J.M. Blatt, V.F. Weisskopf, Theortical Nuclear Physics, John Wiley, 32, 392(1952); W.K. H. Panofsky, M. Phillips, Classical Electricity and Magnetism, Addison-Wesley, Reading (Massachusetts), 20, 125, 134 (1962).
[100] W. Marshall, C.E. Johnson, *J.Phys. Radium*, **23**, 733(1962); F. van der Woude, *Phys. Status Solidi*, **17**, 417 (1966); G. J. Perlow. C. E. Johnson, W. Marshall, *Phys. Rev*., **140**, A875(1965).
[101] A. Okiji, J.Kanamori, *J. Phys. Soc. Japan*, **19**, 908(1964).
[102] F. van der Woude, *Phys. Status Solidi*, **17**, 417(1966); V.G. Bhide, M.S. Multani, *Phys. Rev*., **139**, A1983(1965).
[103] S.P. Taneja, C.W. Kimball, in Advances In Mössbauer Spectroscopy, ed. by B.V. Thosar, et al., Elsevier Sci. Pub. Co., Amsterdam, 814 (1983).
[104] B.D. Dunlap, in Mössbauer Effect Methodology, **7**, ed. by I.J. Gruverman, Plenum Press, 123(1971).
[105] R.Coehoorn, C.J. M. Denissen, R. Eppenga, *J. Appl. Phys*., **69**, 6222 (1991).

[106] J. Sellmyer, M.A. Engelhardt, S.S. Jaswal, A. J. Arko, *Phys. Rev. Lett.*, **60**, 2077(1988).
[107] T. Itoh, K. Hirosaka, H. Takahashi, T.Ukai, N. Mori, *J. Appl. Phys.*, **61**, 3430(1987).
[108] S.S. Jaswal, *Phys. Rev.*, **B41**, 969(1990).
[109] L.Nordstrom, B. Johansson, M.S.S. Brooks, *J. Appl. Phys.*, **69**, 5708 (1991).
[110] D.Givord, H.S. Li, F. Tasset, *J. Appl. Phys.*, **57**, 4100(1985).
[111] J.F. Herbst, J.J. Croat, F.E. Pinkerton, W.B. Yelon, *Phys. Rev.*, **B29**, 4176(1984).
[112] J.J. Bara, B.F. Bogacz, A. Szytula, *J. Magn. Magn. Mat.*, **75**, 293 (1988).
[113] R. Fruchart, P.L. Heritier, P.D. de Reotier, D. Fruchart, P. Wolfers, J.M.D. Coey, L.P. Ferreira, G. Guillen, P. Vulliet, A. Yaouanc, *J. Phys.*, **F17**, 483(1987).
[114] J.I. Budnick, M. Wojcik, in Supermagnets, Hard Magnetic Materials, ed. by G.J. Long and F. Grandjean (1991).
[115] S.S. Hanna, J. Heberle, G.J. Perlow, R.S. Preston, D.H. Vincent, *Phys. Rev. Lett.*, **4**, 513(1960).
[116] N. Blum, L. Grodzins, *Phys. Rev.*, **A136**, 133(1964).
[117] U. Gonser, R.M. Housley, *Phys. Letters*, **A26**, 157(1968).
[118] A.R. Edmonds, Angular Momentum in Quantum Mechanics, Princeton U.P.(1957).
[119] W. Kündig, *Nucl. Instrum. Meth.*, **48**, 219(1967).
[120] K. Ono, A. Ito, *J. Phys. Soc. Japan*, **19**, 899(1964).
[121] R.L. Collins, *J. Chem. Phys.*, **42**, 1072(1965).
[122] J.R. Gabriel, S.L. Ruby, *Nucl. Instrum. Meth.*, **36**, 23(1965).
[123] H.H. Wickman, in E. Matthias and D.A. Shirley(eds.), Hyperfine Structure and Nuclear Radiations, 930(1968); P. Gutlich, R. Link and A. Trautwein, Mössbauer Spectroscopy and Transition Metal chemistry, Springer-Verlag (1978).
[124] M.J. Clauser, M. Blume, *Phys. Rev.*, **B3**, 583(1971).
[125] M.J. Clauser, *Phys. Rev.*, **B3**, 3748(1971).
[126] E. Bradford, W. Marshall, *Proc. Phys. Soc.*, **87**, 731(1966); S. Dattagupta, in Advances In Mossbauer Spectroscopy, ed. by B.V. Thosar, et al., Elsevier Sci. Pub. Co., 586(1983).
[127] A.M. Afanasev, V.D. Gorobschenko, *Sov. Phys. JETP*, **39**, 690(1974).
[128] H. Wegener, *Z.Phys.*, **186**, 498(1965).
[129] H.D. Piannes, A. Putzka, *Hyperfine Interactions*, **56**, 1477(1990).
[130] H. Winkler, E. Bill, A.X. Trautwein, A. Kostikas, A. Simopoulous, A. Terzis, *J. Chem. Phys.*, **89**, 732(1988).
[131] S. Morup, J.E. Knudsen, *Chem. Phys. Lett.*, **40**, 292(1976).
[132] S.C. Bhargava, J.E. Knudsen, S. Morup, *J. Phys. C*, **12**, 2879(1979).
[133] S.S. Hanna, J. Heberle, C. Littlejohn, G.J. Perlow, R.S. Preston,

D.H. Vincent, *Phys. Rev. Lett.*, **4**, 177(1960).
[134] C.E. Johnson, W. Marshall, G.J. Perlow, *Phys. Rev.*, **126**, 1503(1962).
[135] U. Gonser, R.W. Grant, H. Wiedersich. S. Geller, *Appl. Phys. Lett.*, **9**, 18(1966).
[136] S.Shtrikman, S. Sornekh, *Rev. Sci. Instrum.*, **40**, 1151(1969).
[137] P. Imbert, *J. Physique*, **27**, 429(1966).
[138] R.M. Housley, U.Gonser, *Phys. Rev.*, **171**, 480(1968).
[139] S.Morup, *J.Physique Celloq.*, **35**, C6-683(1974).
[140] J.P. Hannon, N.T. Carron, G.T. Trammell, *Phys. Rev.*, **B9**, 2791, 2810(1974).
[141] B.Kolk, *Phys. Lett.*, **A50** , 457(1975).
[142] U. Gonser, in Hyperfine Structure and Nuclear Radiations, North Holland, 343(1968).
[143] 杨燮龙、顾元吉、赵建民，核技术，**3**,34(1982).
[144] R.M. Housley, *Nucl. Instrum. Meth.*, **62**, 321(1968).
[145] W.Keune, S.K. Date, I.Dezei, U.Gonser, *J.Appl. Phys.*, **46**, 3914(1975).
[146] S.Shtrikman, *Solid State Commun.*, **5**, 701(1967).
[147] J.P. Stampfel, P.A. Flinn, Mössbauer Effect Methodology, **6**, ed. by I.J. Gruverman, Plenum Press, 95(1971).
[148] G. Faigel, D.P. Siddons, J.B. Hastings, P.E. Haustein, J.R. Grover, J.P. Remeika, A.S. Cooper, *Pheys. Rev. Lett.*, **58**, 2699(1987).
[149] G. Faigel, D.P. Siddons, J.B. Hastings, P.E. Haustein, J.R. Grover, L.E. Berman, *Phys. Rev. Lett.*, **61**, 2794(1988).
[150] D.P. Siddons, J.B. Hastings, G. Faigel, L.C. Berman, P.E. Haustein, J.R. Grover, *Phys. Rev. Lett.*, **62**, 1384(1989).

第四章 实验方法

张毓昌 李哲

§4.1 引 言

穆斯堡尔效应具有很高的能量测量精度，它实质上是利用核能级宽度来量度原子核与周围环境之间相互作用的能量变化. 由于核能级很窄，所以它可以测量原子核与周围电子之间的超精细相互作用的能量变化，从而可进一步得到原子核所处周围环境的信息,这样穆斯堡尔原子核就可以作为探测周围环境的探针.

在穆斯堡尔谱学测量中,所使用的放射源必须是处于激发态，它衰变后生成的、处于基态的原子核必须和吸收体(样品)中处于基态的原子核相同. 例如，在 ^{57}Fe 穆斯堡尔谱学测量中，使用 ^{57}Co 放射源，它经过一个电子俘获过程和 122 keV 级联 γ 跃迁，自发地衰变到 14.4 keV 的亚稳态(如图 4.1 所示)，然后再放射出 14.4 keV 的 γ 射线而跃迁到基态. 对于 ^{119}Sn，它的 89.54keV 的高激发态半衰期较长 (250 d),经 γ 衰变跃迁到亚稳态 23.87keV 能级. 然后再放射出 23.87 keV 的 γ 光子而跃迁到基态. ^{57}Fe的 14.4 keV 跃迁和 ^{119}Sn 的 23.87 keV 跃迁是穆斯堡尔谱学中最常用的跃迁.

在穆斯堡尔谱测量中,其测量装置有两种几何安排,即透射式谱仪和散射式谱仪.

在透射式谱仪中,主要是测量透过样品的 γ 射线强度随 γ 射线能量的变化. 在散射谱仪中,主要是测 γ 射线被样品中的共振核共振吸收后所放出次级辐射的强度随能量的变化. 那么，为了测量穆斯堡尔谱,必须使 γ 射线的能量在一定范围内变化. 一般利用多普勒效应，通过放射源相对吸收体作一定方式的运动来调

制 γ 射线的能量。若吸收体静止，放射源以速度 v 沿直线朝向吸收体运动，则 γ 射线的能量变化为

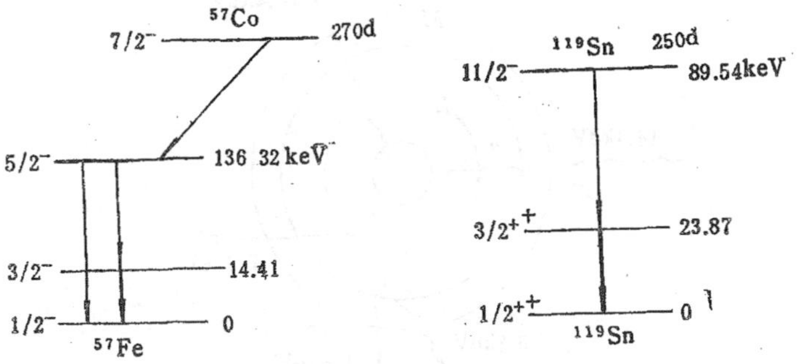

图 4.1 ^{57}Co 和 ^{119}Sn 的衰变图.

$$\Delta E = vE_\gamma/c, \tag{4.1}$$

其中 E_γ 为 γ 射线能量，c 为光速。在实验上，为了方便起见，常用每道记录的 γ 光子数目 N 为纵坐标，以多普勒速度 v 为横坐标作穆斯堡尔谱图。

透射式穆斯堡尔谱仪的放射源、样品和探测器的几何安排如图 4.2 所示。放射源振动速度的控制，以及它与 γ 射线探测记录之间的同步，均靠一些较复杂的电子线路和仪器来完成。透射式谱仪和背散射式谱仪的速度控制、γ 射线或内转换电子的测量和记录系统也基本相似，对这些，将在下面作进一步的介绍。

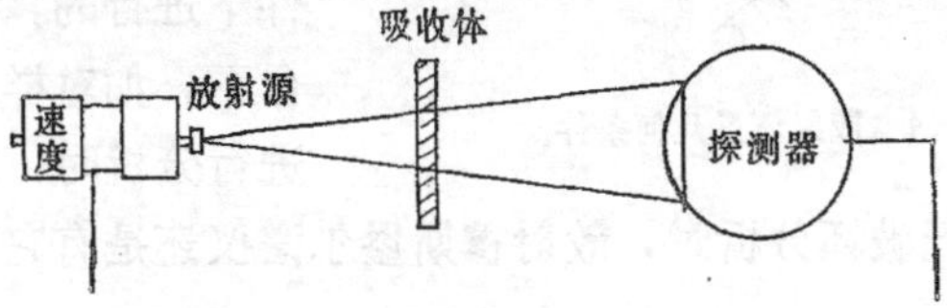

图 4.2 透射式谱仪测量几何条件.

在背散射穆斯堡尔谱仪中，安装在振动器上的放射源的振动方式和上述透射式谱仪一样。但探测器探测的是 γ 射线和穆斯堡尔原子核相互作用后、散射出来的次级粒子。放射源发射出的

γ 射线，被样品中的穆斯堡尔原子核共振吸收后，可放出次级（散射）γ 光子，或内转换电子和X射线。对于 ^{57}Fe 的 14.4 keV 跃

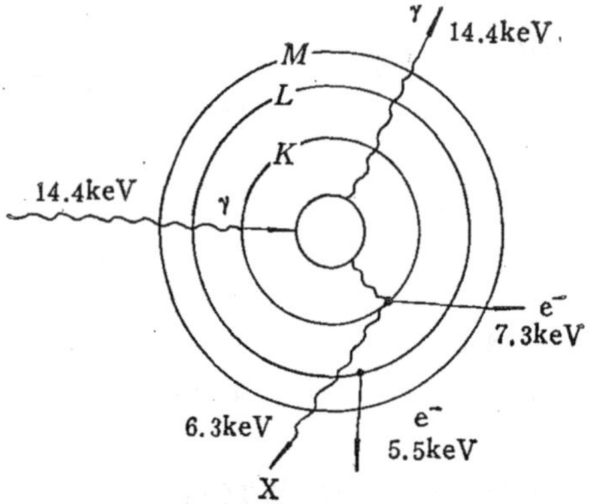

图 4.3 ^{57}Fe 核共振吸收 14.4 keV γ 光子后的再辐射过程.

迁，这一共振吸收和次级发射过程如图 4.3 所示，故可以探测 14.4 keV 的散射 γ 光子、6.3 keV 的X射线和 7.3 kcV 的内转换电子。背散射谱仪的测量几何条件如图4.4 所示．探测器与振动器之间的铅屏蔽是为防止初级 γ 光子直接射入探测器．

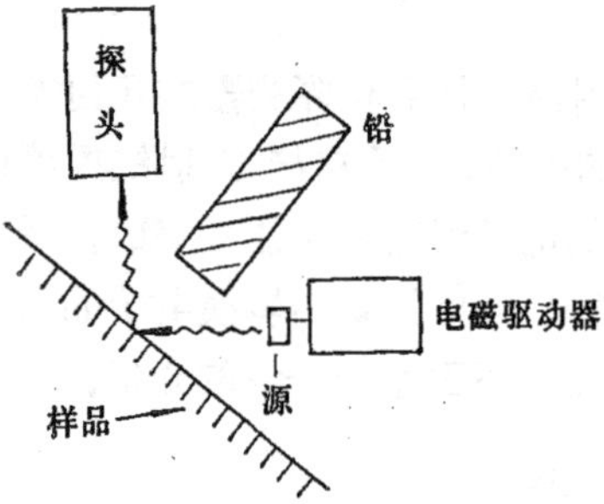

图 4.4 散射测量几何条件.

虽然大多数穆斯堡尔谱学研究工作是在透射条件下进行的，但在某些场合下，如对样品的表面层进行分析时，或者对很厚样品进行无破坏分析时，散射穆斯堡尔谱仪还是有它的独特的优点的。

§ 4.2 典型的穆斯堡尔谱测量装置

在穆斯堡尔效应被发现以后，出现了几种使放射源相对于吸

收体运动的装置，如机械运动装置、液压振动装置和电磁驱动装置等。由于电磁驱动装置受外界振动的干扰较小，速度范围宽和便于实现精密自动控制等原因，使其得到广泛的应用。

一种典型的等加速穆斯堡尔谱仪如图 4.5 所示。它由电磁振动器、波形发生器、负反馈放大器、γ 射线探测和记录系统组成。电磁振动器由两个磁钢系统组成。在一个磁钢系统的磁隙中安放驱动线圈，在另一磁钢系统的磁隙中安放拾波线圈（速度测量线圈）。当有电流经过驱动线圈时，线圈运动，与此同时，和驱动线圈牢固连接的拾波线圈，也以同样速度在另一磁隙中运动，于是在拾波线圈上产生如下感生电动势：

$$\varepsilon = -Blv[\mathrm{V}], \tag{4.2}$$

式中 B 为磁感应强度，l 为拾波线圈中导线的总长度，v 为线圈运动速度。从式(4.2)可以看出，线圈运动速度与感生电动势成正

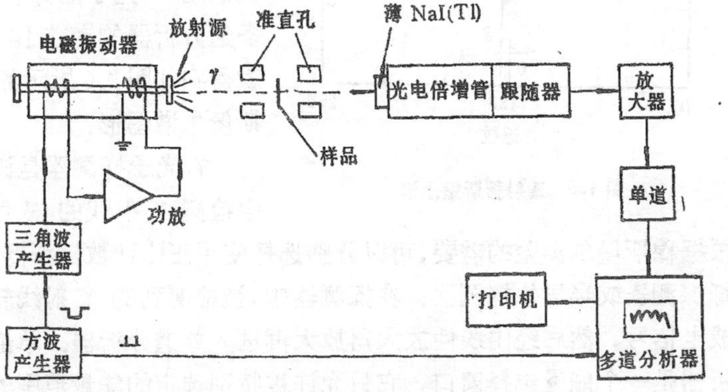

图 4.5 穆斯堡尔谱仪方框图.

比。如果用拾波线圈上产生的感生电动势与函数发生器输出的理想三角波比较，其差误信号再经放大器放大后又加到驱动线圈上，根据自动跟踪原理，当放大器的放大倍数足够大时，可以使固定在线圈连接杆上的放射源的速度按三角波形变化。在三角波前半周期内，放射源运动速度从 $-v_{max}$ 变化到 $+v_{max}$，而且单位时间间隔内，速度增加量相等。所以这种穆斯堡尔谱仪称为等加速谱仪。

同样，如果用正负对称的方波作参考信号，我们就得到等速穆斯堡尔谱仪．不过，由于等加速谱仪的速度稳定性较好和便于自动测谱，所以在大多数情况下，都使用等加速式谱仪．如果把整个三角波的一个周期分成 512 个时间间隔，而相应使用 512 道时间方式多道分析器(多定标器)，在每一个三角波的起始时刻，使地址恢复到零道．这样，相应于三角波不同时间的多定标器的不同地址就对应于不同的放射源运动速度．那么，各地址内记录的脉冲数目就相应于放射源相对吸收体的不同运动速度时透过样品的 γ 光子数．当运动速度变化到使 γ 光子能量正好等于吸收体内穆斯堡尔原子核的共振能级时，由于原子核 γ 射线的共振吸收，使透过样品的γ光子数相应地减少．如果我们用 γ 光子的计数对多道分析器的道数作图，就得到如图 4.6 所示的穆斯堡尔谱图形．

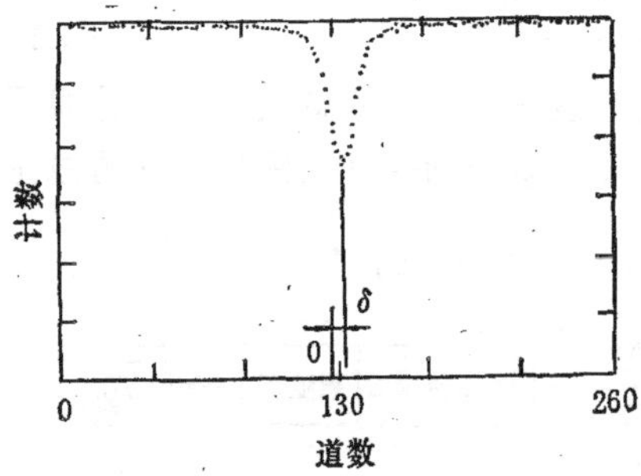

图 4.6　透射穆斯堡尔谱．

γ 光子探测器是谱仪中检测 γ 射线的部件．根据穆斯堡尔实验的需要，可以分别选择使用正比计数探测器、闪烁探测器或半导体探测器．在探测器中，被检测到的 γ 射线转变成电信号，然后经由线性放大器放大再进入单道分析器．单道分析器是一个能量选择窗口，它只允许被特别选定的能量范围的脉冲通过．例如，在使用 ^{57}Co 放射源时，调节单道分析器的上阈和下阈，只使相应于 14.4 keV 的 γ 光子的脉冲进入单道分析器后面的数据采集系统，即进入多道分析器或计算机化的多道扫描器．

§4.3　放　射　源

放射源是穆斯堡尔谱仪不可缺少的重要组成部分，它的作用是提供相应穆斯堡尔跃迁所需要的 γ 射线，因此放射源的质量对穆斯堡尔谱有明显的影响。

根据不同的穆斯堡尔核素，可以使用多种方法来得到穆斯堡尔同位素激发态的核衰变，其中最常用的途径是电子俘获、β 衰变和长半衰期的核激发态衰变到穆斯堡尔激发态的同质异能跃迁。此外，通过 α 粒子发射，也能形成几种同位素母核。使用上述方法形成的母核都能使用几个半衰期。与此不同的是，也可以通过库仑激发直接形成穆斯堡尔激发态，这种方法是将一束高能带电粒子直接打到穆斯堡尔同位素上，从而形成穆斯堡尔激发态在内的核跃迁，当核衰变到基态时，提供了所需要的 γ 辐射。由于以这种方式形成的放射源的半衰期为穆斯堡尔激发态半衰期，其时间非常短，因此，穆斯堡尔实验必须在带电粒子加速器所在处进行。

关于放射源制备，一般都是采取将穆斯堡尔源的放射性同位素扩散到固体晶格中的方法来制备的。为了观测到无反冲核的 γ 射线共振吸收现象，对穆斯堡尔同位素和基质材料有如下系列要求：(1) 放射源应该给出较窄的洛伦兹谱线，这就要求激发态的半衰期 $t_{1/2}$ 最好处在 0.1—1 μs 之间，因为半衰期太短，谱线将变得过宽，而半衰期太长，谱线将变得过窄，甚至在某些情况下很难观测到共振现象。此外，在一般情况下，为了使放射源辐射较窄的单线的兹谱线，还必须使穆斯堡尔放射性原子处在非磁性材料的立方对称的等价晶格位置上；(2) 放射源中的穆斯堡尔核应该具备较大的无反冲因子 f，为此，除了需要将穆期堡尔核扩散到基质中之外，对所使用的 γ 射线能量需要一些限制。一般来说，观测穆斯堡尔效应的 γ 射线能量处于 5—160 keV 之间。若 γ 射线能量低于 5 keV，那么放射源本身的自吸收会大大减弱它所辐射出来的 γ 射线，反之，若 γ 射线能量高于 160 keV，那么，由于无反冲因子 f 随 γ 射线能量增加而减少，因此得不到足够大的无反冲因子；(3) 做为放射源基质材料，其化学性能应该稳定，这样可以保证不会由于氧化或水化而改变基质成分；(4)基质不应该形成干扰的X射线和康普顿散射等增强本底的因素。

迄今为止，已在70多种同位素中观测到穆斯堡尔效应，其中最重要和应用最广泛的穆斯堡尔源是^{57}Co，当它从核外俘获一个K层电子时，形成处于激发态的^{57}Fe，它分别有9%和91%的概率辐射137 keV和123 keV的γ射线，前者跃迁到基态形成了稳定的^{57}Fe，而后者形成处于第一激发态的^{57}Fe原子核。当^{57}Fe原子核由第一激发态跃迁至基态时，辐射出穆斯堡尔实验所需要的14.4 keV的γ射线。通常是通过$^{56}Fe(d, n)^{57}Co$反应或$^{58}Ni(p, 2p)^{57}Co$反应来制备^{57}Co，经过提纯后置入基体，常用的基质为不锈钢，Cu, Cr, Pd, Pt和Rh等，由于不锈钢存在着较大的共振自吸收，Cu的化学性能不够稳定以及使用Cr做为基质时，其发射谱线较宽，因此最常用的^{57}Co放射源均以Pd, Pt和Rh作为基质材料。

^{119m}Sn是穆斯堡尔谱学研究中应用程度仅次于^{57}Co的放射源。通常用中子照射^{118}Sn，通过$^{118}Sn(n, \gamma)^{119m}Sn$反应来得到$^{119m}Sn$。亚稳态的$^{119m}Sn$衰变到处于激发态的$^{119}Sn$，然后辐射出23.875 keV的γ射线跃迁到它的基态，其穆斯堡尔γ射线中夹杂着Sn的K X射线的干扰，因此在实验中需要加上0.05—0.1mm的Pd作为临界吸收体来吸收K X射线。由于以SnO_2作为基质的放射源^{119m}Sn的制备方法比较简便，因此早期曾较多地使用它，但它的线宽较大，因此不适用于对高分辨穆斯堡尔谱学的研究。α-Sn和β-Sn也可以作为^{119m}Sn的基质，但由于无反冲分数小而妨碍了它的应用。一般认为，$BaSnO_3$和$CaSnO_3$是较好的基质，不但发射谱线接近自然线宽，而且无反冲分数也较大。

除上述两种放射源之外，目前已相当广泛地使用^{121}Sb穆斯堡尔源，它的母核^{121}Sn是用热中子辐照^{120}Sn而得到的。37.15 keV的γ射线作为穆斯堡尔辐射，最常用的基质材料为$BaSnO_3$，其线宽接近自然线宽，缺点是同质异能位移较大，并且放射源需要在4.2—77 K温度下工作，以增大无反冲因子。

§4.4 吸 收 体

绝大部分穆斯堡尔实验都使用单线放射源来测量穆斯堡尔谱，在这种情况下，吸收体就是所要研究的样品。然而，在某些情况下，也可能对放射源中的共振吸收感兴趣。

吸收体在绝大多数情况下大多以粉末形式存在，在某些情况下也测量其单晶体的穆斯堡尔谱。对粉末样品来说，通常是将研细的粉末样品与适当的载体物质相混合，然后压制成厚度适当的薄片作为吸收体。所选择的载体对 γ 射线来说应该是惰性的，不会影响实验结果。因此，一般选用有机化合物，例如人造荧光树脂、万能胶或蔗糖。

选择最佳的样品厚度，是样品制备中的一个重要问题。通常，定义吸收体的有效厚度 T_A 为

$$T_A = \sigma_0 f_A n_A d_A a_A,$$

其中 σ_0 为最大吸收截面，f_A 为吸收体的无反冲因子，n_A 为每平方厘米内的穆斯堡尔原子数，d_A 是以厘米为单位的物理厚度，a_A 是穆斯堡尔同位素的丰度。当 $T_A \ll 1$ 时，吸收体为薄吸收体，如果核能级分布为具有自然线宽 Γ_n 的洛伦兹分布，则穆斯堡尔谱线的形状相当于源的核能级分布对吸收体的核能级分布进行扫描，因而其实验测得的共振谱线也是洛伦兹型的，但线宽为自然线宽的两倍 ($2\Gamma_n$)。然而，在这种情况下，由于吸收体较薄，其实验测得的共振吸收会比较小。当 $T_A \gg 1$ 时，由于吸收体过厚，饱和效应会使谱线加宽，这样会使谱线偏离洛伦兹线型；当 $T_A \approx 1$ 时，共振吸收基本上保持洛伦兹线型，并且可以得到足够大的共振吸收，因而在大多数情况下是穆斯堡尔实验的最佳条件。例如，对 ^{57}Fe 穆斯堡尔实验来说，在制备吸收体时，一般取天然铁为 5—10 mg/cm^2，这样即满足薄吸收体的条件，又可得到足够大的共振吸收。

§4.5 驱动系统

在穆斯堡尔谱仪中，其主要的组成部分是函数发生器、负反馈放大器和由电磁驱动器组成的速度控制部分。它采用了自动跟踪原理，在负反馈环中(包括负反馈放大器)，在驱动线圈处，电能转换成机械运动能和在拾波线圈处的机械能转换成电能。负反馈网络如图 4.7 所示。ϕ_A 和 ϕ_T 分别为负反馈放大器和电磁驱动器的传递函数。e_i 为参考信号，e_0 为拾波线圈输出。负反馈放大器的输入为 e_i 与 e_0 之差，所以 $(e_i-e_0)\phi_A\phi_T=e_0$。这一网络的输出与输入之比为 $G=e_0/e_i=(1+1/\phi_A\phi_T)^{-1}$。当 $\phi_A\phi_T$ 足够大时，$G\to 1$，也就是说感生电动势 ε，或者说放射源运动速度 v 完全跟随于参考信号波形的变化。但是，由于 ϕ_T 的频率特性的影响，上述条件有时会遭到部分的破坏。

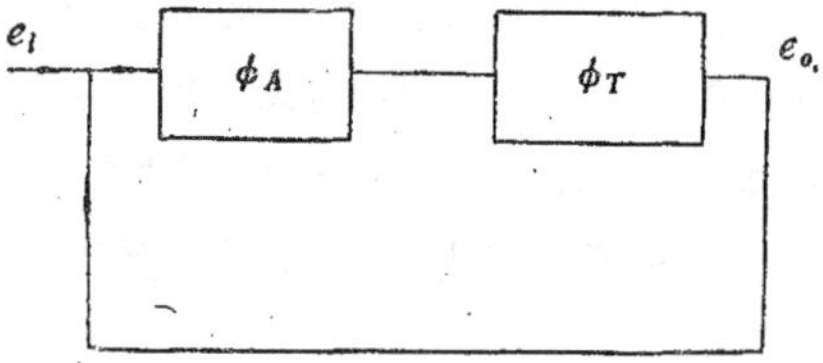

图 4.7 穆斯堡尔谱仪负反馈网络．ϕ_A 和 ϕ_T 为负反馈放大器和电磁驱动器的传递函数．

4.5.1 电磁驱动器

目前设计的电磁驱动器有两种类型，一种是磁体移动型，另一种是线圈移动型．由于一般的设计，磁体移动型电磁驱动器的幅度传递函数，在 50 Hz 附近有一个共振，其共振频率是由弹片支撑的移动部分的质量所决定的．在高频区，对于线圈移动型，共振出现在 2 kHz 附近；对于磁体移动型在 9 kHz 附近有一个共振．它是由于对驱动线圈和拾波线圈之间连杆压缩而造成的．在这一频率下，连接杆两端的运动相差 180°，也就是说，ϕ_T 的相位改变 180°，那么，$\phi_A\phi_T$ 变为 -1，G 的值变为无限大．这时反馈

指

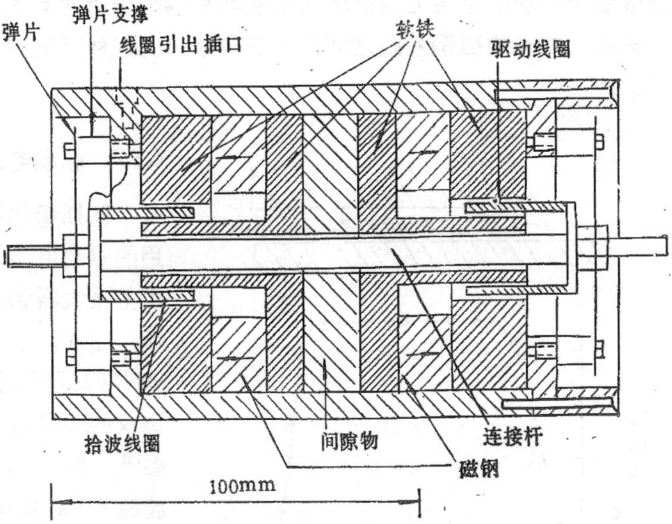

图 4.8　线圈移动式电磁驱动器.

变为正反馈,所产生的共振称为连接杆压缩共振,它导致驱动系统高频共振。这样使得电磁振动器无法跟随包含高频成分的参考信号。所以在设计电磁驱动器时,应使该共振频率尽可能高。

大多数穆斯堡尔谱仪都采用线圈移动式电磁驱动器，它的结构如图 4.8 所示。磁钢一般采用铝镍钴合金。磁钢和软铁组成磁路系统，磁钢中的箭头表示磁化方向。磁隙中的线圈绕在布胶木线框上。在拾波线圈附近的磁场要均匀，图 4.9 示出的是国产 MS-2 穆斯堡尔谱仪的电磁驱动器磁隙中的磁场分布[1]。从图上可以看出,在 20 mm 长的磁隙中，均匀磁场区约有 15 mm，磁场强度达到 0.55 T。后来研制的 pH-802 型穆斯堡尔谱仪系统中，电磁驱动器磁隙中磁场强度达到 0.7 T。

布胶木线圈架胶接在铝圆盘上，后者固定在线圈连杆上。一般都用铝或铝合金材料制作连杆,因为铝材料的声传播速度大,可以提高共振频率(约为 7 kHz)。也可以通过缩短连杆的长度来减少共振频率,但这会增加驱动线圈与拾波线圈之间的互感,使在拾波线圈上附加的感生电压破坏感生电动势 $\mathscr{E}$ 与速度 v 之间的正比关系。如果两磁钢系统之间采用磁屏蔽，则这种互感耦合可以减少。

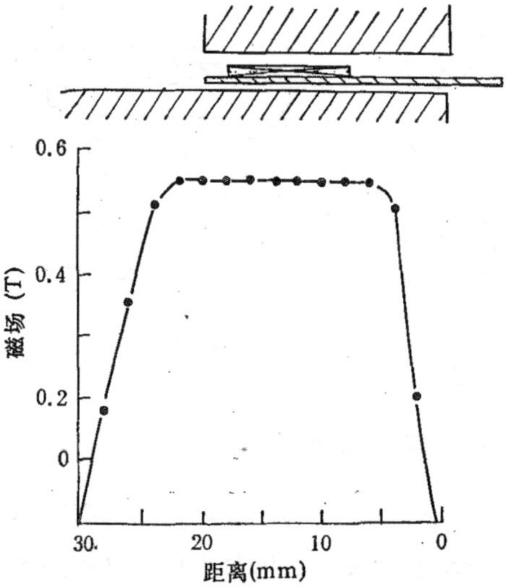

图 4.9 国产 MS-2 型穆斯堡尔谱仪电磁驱动器磁隙中的磁场分布.

4.5.2 驱动电路[3-4]

穆斯堡尔谱仪所用的驱动电路一般都由主放大器和功放组成。图 4.10示出的是 pH-802 型穆斯堡尔谱仪的驱动电路原理图[2]. 输入的三角波经 4.7 k 电位器衰减后输入到拾波线圈。在拾波线圈上三角波参考信号与拾波信号反相叠加，实际上拾波线圈又起了比较器的作用。这里 4.7 k 多圈电位器装在面板上，为速度调节旋纽。Y_1 为跟随器，Y_2 为主放大器，放大倍数为 500。W_8 和 C_{25} 组成相移网络，调节 W_8 可消除高频振荡。用 100 μF 钽电容器将主放大器与功放级隔开，减少了前级放大器的直流漂移对功放的影响，增加了谱仪的稳定性，相应增加谱仪的分辨本领。功率放大器采用无变压器输出电路，Y_3 为功放级的前放，调整 W_{11} 可调节其放大倍数。T_6—T_9 四个晶体管组成推动级、W_{10} 和 R_{41} 组成反馈网络，反馈深度可用 W_{10} 调节。此反馈网络是为了提高功放的稳定性。整个驱动电路又是穆斯堡尔谱仪自动控制负反馈环路中的一个部分。在驱动线圈上，电能转换成机械运动，在拾波线圈上，机械能又转换成电能，反馈到输入端，所以这一反馈回路是通过连接两个线圈的连

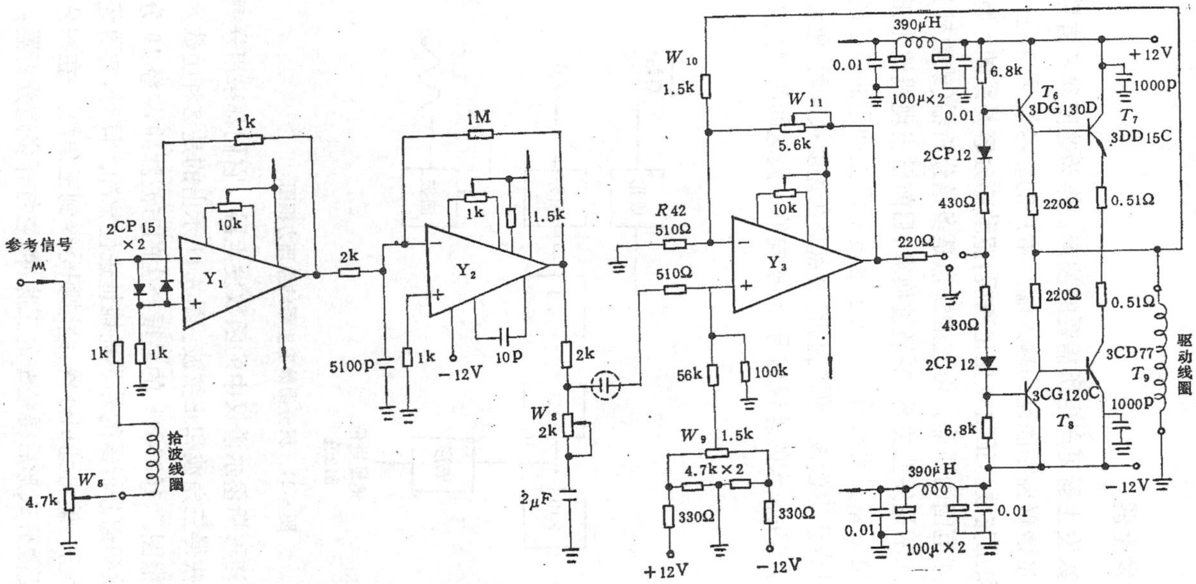

图 4.10　穆斯堡尔谱仪驱动电路原理图.

杆构成的.

4.5.3 函数发生器

通过函数发生器可产生所需要的波形，作为速度参考信号输入到穆斯堡尔谱仪控制回路的输入端. 常用的参考信号有三角波、锯齿波和正弦波. 正弦波变化和缓,驱动部分容易跟随，特别适用于大速度范围的振动，但它的缺点是多道分析器(或微机)地址与速度之间不是线性关系,要经过换算,目前已出现线性化正弦波发生器，但电路要复杂得多. 在小速度范围振动用的较多的是三角波,有时也用锯齿波. 但它们的缺点是在速度换向时,驱动部分难于跟随,产生较大的差误信号,使换向的一般区间的谱失去真实性.

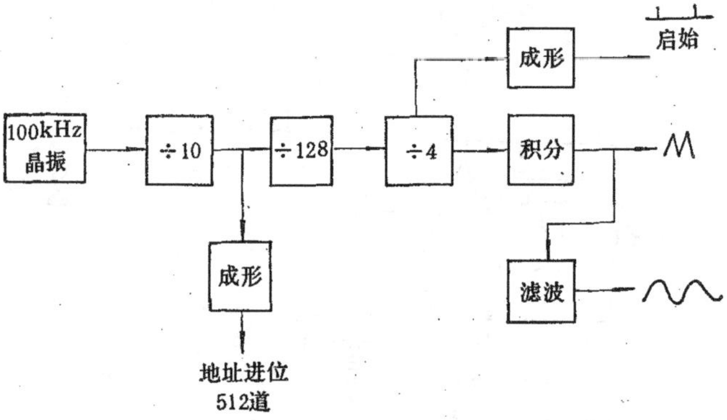

图 4.11 积分函数发生器的原理方框图.

用在最初穆斯堡尔谱仪中的函数发生器，它们都采用分频和积分方式来获得三角波和正弦波. 图 4.11 示出的是这种函数发生器的原理方框图. 100 kHz 的晶振产生的方波脉冲，经 10 分频后,可用来做多道分析器的外步进地址进位脉冲. 同时,它再经过 128 × 4 分频后,输出到积分器,经过积分得到三角波. 在积分之前的方波,经微分成形后得较窄的正脉冲,它打开多道分析器，使多道分析器在三角波的负最大值时刻开始每周期的进道. 如果再用一个有源滤波器，滤去 20 Hz 以上的高频谐波，就得到了频率为 20 Hz 左右的正弦波，作为谱仪参考信号。

上述函数发生器具有结构简单和容易操作的特点。但是用积分方法得到的三角波的线性不够理想，特别是在速度转向区间，线性较差。所以在最近生产或研制的穆斯堡尔谱仪中，都采用数字-模拟转换（DAC）的方法得到三角波或正弦波。

图 4.12 示出的是一种简易 D/A 转换三角波发生器。这一线路的核心是 CD4029 可逆计数器和 D/A 数-模转换器。它采用多道分析器时钟输出的脉冲，经过 10 分频后，输入到可逆计数器 E。采用计数器 D 进行 10 分频，是为了使输出到可逆计数器

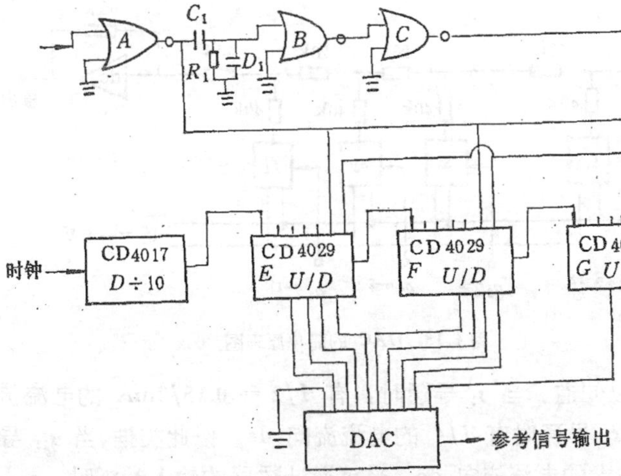

图 4.12 D/A 转换三角波发生器.

的时钟脉冲与多道分析器的道步进脉冲同步。在多道分析器的前一半地址区，可逆计数器进行加法运算，在后一半地址区进行减法运算。多道分析器的最后一个双稳态输入脉冲输入到与或门 A，进行倒相或者成形后，用于控制可逆计数器，进行加法运算。C_1R_1 组成微分器，当 A 输出信号的每一跃变，它都给出脉冲，D_1 只允许正脉冲输入到 B。与或门 B 对输入的脉冲成形后到与或门 C 进

行倒相，得到合适的极性，以控制可逆计数器，使其在多道分析器的后一半道址区进行减法运算。

DAC 为 10 数模转换器，但因为最低位接地，实际上只使用 9 位。它相应的最大地址数为 512 道。DAC 的输入为数字脉冲，输出为模拟电压，它正比于可逆计数器输出的数字脉冲。图 4.13 示出的是 DAC 的简化原理图。s_1—s_{12} 为电子开关电路，当 a_1—a_{12} 中某一位有数字脉冲输入时，即它们当中某一位为高电平时，其相应的 s 导通，使有 0.15 mA 的电流通过与之相连的 40 K 电阻。由 20 K 和 40 K 电阻组成的电阻网络称为梯形电阻网络。dc 为由运算放大器组成的电流-电压转换器。通过对梯形电阻网络的

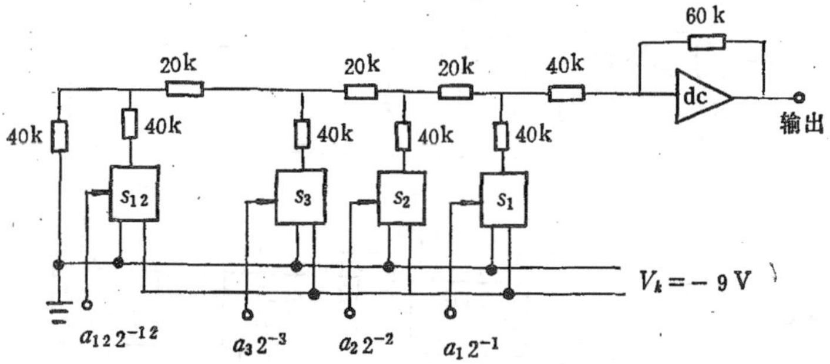

图 4.13 DAC 的简化原理图.

分析可以知道，当 s_1 导通时，有 $I/2 = 0.15/2$mA 的电流流向 dc，当 s_2 导通时有 $I/4$ 的电流流向 dc，以此类推，当 s_{12} 导通时有 $I/2^{12}$ 的电流流向 dc。当可逆计数器的输入为零时，a_1—a_{12} 全为低电平，没有电流向 dc，输出电平为零。当有一个脉冲输入到可逆计数器时，a_1 为高电平，s_1 导通，有 $I/2^{12}$ 电流流向 dc，输出电平上升一个台阶。以此类推，当有 4095 个脉冲输入时，输出电平最高。当可逆计数器进行逆计数，或者进行减法运算时，a_1—a_{12} 依次变成低电平，流向 dc 的电流减少，相应输出电平逐级下降，这样就得到由很多台阶组成的三角波，它的电平变化严格正比于地址脉冲数字，从而使穆斯堡尔谱仪具有很好的线性特

性。顺便指出，按上述方法得到的三角波，它们的最低电平为零电压，而穆斯堡尔谱仪要求的三角波的电平要求正负对称，这可以通过调节 dc 的偏置电压来实现。

§4.6 速度定标

在小速度范围内，常用标准样品进行速度定标。例如，使用 ^{57}Co 单线源和 α-Fe 做为标准样品，可以得到 α-Fe 的六个吸收峰，最外两峰的速度差为 10.627 mm/s。此外，也可以使用具有 13 个峰的 α-Fe 样品和衬底为 α-Fe 的 ^{57}Co 放射源。

除了上面所讲的使用标准样品的穆斯堡尔谱作相对速度标定之外，还可以使用激光干涉方法和衍射光栅方法进行速度的绝对标定。图 4.14 示出激光干涉方法测定速度的方框图，其中 1 为电磁驱动器，2 为驱动电路，3 为参考信号发生器， 4 为 γ 射线辐射

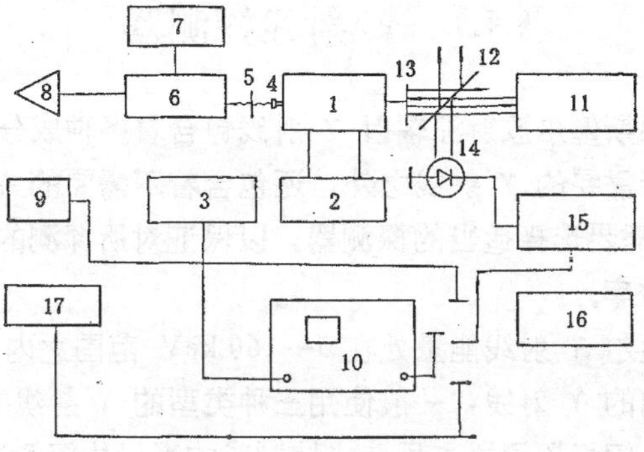

图 4.14 激光测速方框图.

源，5 为吸收体，6 为探测器，7 为探测器所使用的高压电源，8 为放大器，9 为单道分析器， 10 为多道分析器，11 为激光器， 12 为半透镜，它与入射光线的夹角为 45°， 13 为反光镜，它装在电磁驱动器的另一端， 14 为光敏二极管，15 为成形放大电路，16 为调试用的示波器，17 为测定多道分析器道宽的脉冲信号发生器。激光

光线的光路如图中所示。

从半透镜反射到光敏二极管上的初级光线与从移动反光镜反射出来的次级光线，其到达二极管时的频率不同，由于干涉的结果而产生光拍，它的频率正比于运动速度

$$f = 2vn/\lambda,$$

式中 v 为反光镜运动速度，n 为空气的折射系数，λ 为激光波长。

相应于 i 道的速度可由下式确定：

$$v_i = \lambda N_i/(2\Delta tnc),$$

其中 N_i 为第 i 道的计数，Δt 为第 i 道的停留时间，c 为振荡器振荡的周期数。i 道停留时间可用石英振荡器进行精确的测定。即

$$\Delta t = N_i/cf_r,$$

f_r 为脉冲发生器的频率。

§4.7 γ 射线探测器

由于穆斯堡尔放射源辐射 γ 射线包含着多种成分，除了穆斯堡尔实验所需要的 γ 射线之外，还包含着不需要的 γ 射线和 X 射线，因此需要选择适当的探测器，以保证对所探测的 γ 射线有较高的分辨率。

穆斯堡尔 γ 射线能量处在 5—160 keV 范围之内，为了探测这个范围内的 γ 射线，一般使用三种类型的 γ 射线探测器：正比计数器，闪烁探测器和用硅或锗制成的半导体探测器。对正比计数器和闪烁探测器已经进行了比较深入的研究，其制作工艺也比较成熟。半导体探测器是 60 年代发展起来的新型探测器，它的制作工艺仍处在不断发展的阶段。对探测不同能量的 γ 射线来说，各类探测器具有不同的优点或缺点，并且其制作工艺的复杂程度和成本也各不相同，因此不同的穆斯堡尔实验可以选择不同的 γ 射线探测器，但是，最常使用的穆斯堡尔 γ 射线探测器是正比

计数器。

气体正比计数器是由圆柱形金属圆筒阴极和中间金属丝阳极构成。筒内充有氙、氪、氩或氖等惰性气体以及甲烷、丁烷等猝灭气体。通过气体的 γ 射线使气体分子电离或激发后形成大量的离子对，它们在圆筒电场作用下分别向圆筒正负电极加速运动。这些初次电离形成的带电粒子又会与气体碰撞形成次生的离子对，并且这一次级电离过程可能重复多次，最后在中心阳极上可以收集到正比于 γ 射线直接形成的初始离子对数的大量电荷。由于阳极负载所得到的脉冲数正比于 γ 射线强度，因此它可以做为 γ 射线探测器。对穆斯堡尔实验最常用的 ^{57}Fe 同位素来说，使用正比计数器探测 14.4 keV 的 γ 射线会得到比较高的分辨率。此外，正比计数器的另一个突出优点是可以快速计数，因此可以与较强的放射源配合使用，从而大大提高测试速度。

闪烁晶体探测器是由闪烁晶体和光电倍增管组成。γ 射线进入闪烁晶体后，使闪烁晶体的原子和分子电离或激发，当这些被激发的原子或分子退激时形成光子，光电倍增管在收集到这些光子后形成光电子，然后，这些光电子又在光电倍增管中倍增几个数量级，经过倍增的电子流在光电倍增管的阳极负载上形成电信号。这样，闪烁探测器可以用来探测进入它的 γ 射线。对于能量大于 15 keV 的 γ 射线来说，以 NaI(Tl) 为闪烁晶体的闪烁探测器是比较理想的探测器。它的优点是探测效率高，缺点是容易因潮解而失效。在使用闪烁探测器来探测 ^{57}Co 所辐射的 14.4 keV γ 射线时，^{57}Co 放射源所辐射的 122 keV 的 γ 射线会形成比较强的本底。为了减少这个本底强度，通常需要使用非常薄的 NaI(Tl) 闪烁晶体。对于 15—160 keV 的 γ 射线来说，为了减少相应的本底，也需要使用比较薄的 NaI(Tl) 闪烁晶体。NaI(Tl) 闪烁晶体的厚度随所探测的 γ 射线能量而异，一般要求 NaI(Tl) 闪烁晶体的厚度为 0.1—1 mm。

^{119}Sn 穆斯堡尔 γ 射线的能量为 23.8 keV，绝大部分 ^{119}Sn 穆斯堡尔实验使用闪烁探测器。由于 ^{119m}Sn 放射源所形成的 K_α X

射线的能量只比穆斯堡尔 γ 射线高 1 keV，因此闪烁探测器不能把它们分辨开。为此，通常使用一个厚度为 40—50 μm 的Pd滤片以减少达到探测器的X射线。由于 Pd 的K壳层键能比穆斯堡尔 γ 射线 23.8 keV 大，因此只有X射线可以被 Pd 的K壳层吸收，从而达到了有选择性衰减的目的。由于 Pd 滤片会形成二次X射线，因此，通常把 Pd 滤片放在放射源和吸收体之间，以减少探测器所检测到的二次X射线。

半导体探测器的探测介质为半导体材料 Si(Li) 或 Ge(Li)。γ 射线在半导体材料中产生电子-空穴对，它们在电场作用下分别向两极漂移，于是在输出迴路中形成电信号，从而达到检测 γ 射线的目的。半导体探测器的优点是能量分辨率高，并且线性范围宽。当穆斯堡尔实验中形成的非穆斯堡尔辐射或X射线能量与穆斯堡尔 γ 射线能量接近时，使用半导体探测器比较容易分辨开这些能量不同的 γ 射线。但是，由于 Si (Li) 和 Ge(Li) 半导体探测器的成本高，并且在使用时必须保持在液氮温度下，因而大大限制了它的应用范围。

除了上述三种类型的探测器之外，还有一种特殊类型的探测器，即共振计数器。按其结构划分，共振计数器包括闪烁共振计数器，正比共振计数器和电离室共振计数器等多种形式，其中最常用的是正比共振计数器。它通常把含有穆斯堡尔核的薄膜材料放到正比计数器的内部，当 γ 射线被薄层中的穆斯堡尔核吸收时，那么薄膜吸收 γ 射线后所形成的X射线，转换电子或俄歇电子等将被正比计数器所吸收。在材料研究工作中，如果把所研究的样品作为共振探测器，那么，当使用背散射技术时，可以研究“无限厚”的样品。此外，如果使用 He 或氩来做为正比计数器的充填气体时，可以区分由非常薄的表面层所形成的转换电子和离表面有一定深度的内层所产生的X射线。

§ 4.8 放射源和探测器间的间距

在穆斯堡尔测量中，由于放射源和探测器的入射窗都具有一定的大小，因此，余弦效应会使穆斯堡尔谱线加宽和位移，这样，适当地选择放射源和探测器之间的间距，不但可以得到最大的计数率和吸收，而且可以使因余弦效应而形成的谱线加宽和位移减至最小。

所谓余弦效应的含义是，由于放射源和探测器的入射窗都具有一定的大小，使得多普勒速度 v_0 的分量 $v_0\cos\theta$ 与轴心处速度 v_0 的 γ 射线同时进入探测器，从而造成谱线加宽和位移的效应。为了减少余弦效应，希望放射源在保持一定强度的前题下，放射源的有效面积越小越好。然而，无论放射源怎样小，也有一定的尺寸，探测器的入射窗也具有一定的大小，这样由放射源在不同位置上辐射的 γ 射线到达探测器时引起速度的分散，从而形成了余弦效应。

为简单起见，假设放射源的半径 R_s 近似地等于探测器入射窗的半径 R_D，放射源与探测器之间的距离为 l，γ 射线和相对运动方向 v 之间夹角为 θ，如图 4.15 (a) 所示，由多普勒速度运动引起的 γ 射线能量位移为

$$\Delta E=(v_0/c)\cdot E_r\cos\theta。$$

图 4.15 (b) 说明了 $\cos\theta$ 的影响。纵坐标表示速度为 v 时的 γ 光子数与速度为 v_0 时的 γ 光子数的比值，横坐标为两种速度的比值，$\alpha=R_D/l$. 如果 α 大，形成一个加宽，并且会使谱线重心发生移动，所以应尽量地使 α 小，但在放射源很弱时，为了得到较高的计数率，只好增大 α。一般希望 $\alpha<0.05$，即 $l\gtrsim 20R_D$.

§ 4.9 数据采集系统

由探测器所检测到的 γ 光子信号，经线性放大器放大，并通

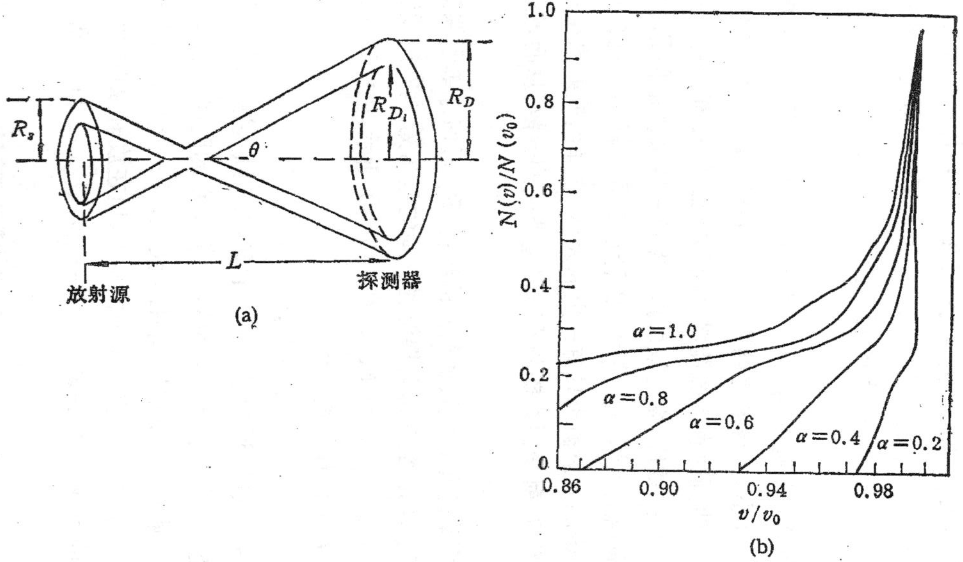

图 4.15　余弦效应示意图．α 是在 $R_D \approx R_s$ 时的张角 R_D/l。

过具有特定能量窗口的单道分析器后，进入数据采集系统的多道分析器或计算机化的多道扫描器。多道分析器和计算机化的多道扫描器的作用是把 γ 射线进行分类和记录，这样就得到了所需要的穆斯堡尔谱。

多道分析器是穆斯堡尔实验中最常用的数据采集系统。多道分析器在采集数据时可以采取两种方式。第一种称为脉冲幅度分析方式，它使用参考信号调制由单道分析器输出幅度相同的脉冲，以使调制后的脉冲幅度与放射源和吸收体之间的相对速度成正比。多道分析器具有对脉冲的幅度进行分类的功能，因此这种仪器就能记录穆斯堡尔谱。脉冲幅度分析方式的优点是，使用电磁换能器容易产生一个正比于谱仪速度的电压，例如使用一个在恒定磁场中运动的线圈或者在线圈中运动的小磁铁，都可以得到正比于谱仪速度的电压。此外，由于这种类型的谱仪能在瞬间测量速度，因此对驱动器所形成的速度要求不十分严格。在高精度的速度驱动装置发展起来之前，脉冲幅度分析方式曾经是穆斯堡尔实验广泛使用的采集数据方式。但是，由于脉冲幅度分式方式中系统的"死时间"长，于是限制了计数率的提高，因而不利于对低共振吸收的测量。这样，目前绝大部分穆斯堡尔实验都采用多定标方式或时间方式。

使用多定标或时间方式工作的多道分析器，需要有非常精确的晶体振荡器，这种振荡器能顺序地打开多道分析器的各道，并同时关闭前一道，以使在每一道中以相同精确的时间（例如 100 μs）累积计数。在这种工作方式中，多道分析器的道址是时间的线性函数。由于驱动器所产生的速度也是时间的函数，因此，可以实现驱动器的速度扫描和多道分析器扫描的同步。当多道分析器到达最后一道时，它可以自动地又从第一道开始扫描。这样，就可以得到一个透过吸收体的 γ 射线光子数与速度之间的曲线，即穆斯堡尔谱。由于它的横坐标为速度，因此也称速度谱。

多定标方式有若干优点。首先，非常精确的晶体振荡器脉冲信号严格控制道址的推进，因此，道址是时间的精确线性函数，并且由于多道打开的时间在相当精确的范围内保持一致，这样就使道址与速度保持严格的对应关系，因此可以得到质量好的穆斯堡尔谱。除此之外，与脉冲幅度分析方式相比，它不受谱仪由幅度数码转换 ADC 引起的“死时间”的限制，因此适合于计数率高的穆斯堡尔实验。

由于电子计算机技术的发展，目前国内外已设计出多种配用微型计算机或微处理机的穆斯堡尔谱仪。在这类谱仪中，常常使用计算机化的多道扫描器代替昂贵的多道分析器。由于小型计算机价格便宜，功能多，维修方便，因此目前大多数穆斯堡尔谱仪产品，都用这种计算机化的多道扫描器来作为数据采集系统。在测量过程中，使用高级计算机语言编写的程序很容易将穆斯堡尔谱在计算机上显示出来，并使用绘图仪或打印机绘出穆斯堡尔谱。测量结束时，可以将穆斯堡尔数据存入计算机软盘或硬盘，供拟合穆斯堡尔谱和数据分析时使用。

§4.10 穆斯堡尔谱测试的辅助设备

上面已经简要地介绍了穆斯堡尔谱仪的基本设备，这些设备是测量室温穆斯堡尔谱所必备的。对穆斯堡尔实验来说，经常需要在一些特殊条件下，例如吸收体样品处于不同温度（高温或低温）、不同磁场或不同压力时测试穆斯堡尔谱以得到更多的有关样品精细结构的信息。本节将扼要介绍穆斯堡尔实验中常用的低温、磁场、高温和高压装置。

4.10.1 低温装置

对于穆斯堡尔实验来说，温度常常是一个重要的参数。在一些同位素的穆斯堡尔测量过程中，为了得到较大的无反冲分数，必须把放射源和吸收体冷却到足够低的温度。对晶格动力学实验来说，为了测量二次多普勒效应和无反冲分数，也必须在低温下测量穆斯堡尔谱。此外，在研究诸如自旋弛豫、四极分裂和磁超精细结构时，也同样需要低温测试。因此，低温装置是穆斯堡尔实验中重要的附属设备之一。

通常使用液化气体来获取低温，使用的致冷剂包括液氮、液氦、液氢、甲烷、乙烷和各种氟氯烷化合物等，其中最经常使用的是液氮和液氦。一般都是把这些液体放在真空绝热的容器中，依靠这些液体的沸腾来得到所需要的低温，这些不同形式的真空绝热容器就是穆斯堡尔实验所使用的真空杜瓦。

根据穆斯堡尔实验的不同要求，可以使用不同类型的低温装置。如果在实验室中只要求冷却放射源或吸收体，那么通常使用水平透射 γ 射线的低温装置。图 4.16 示出这类装置的结构图.[3]

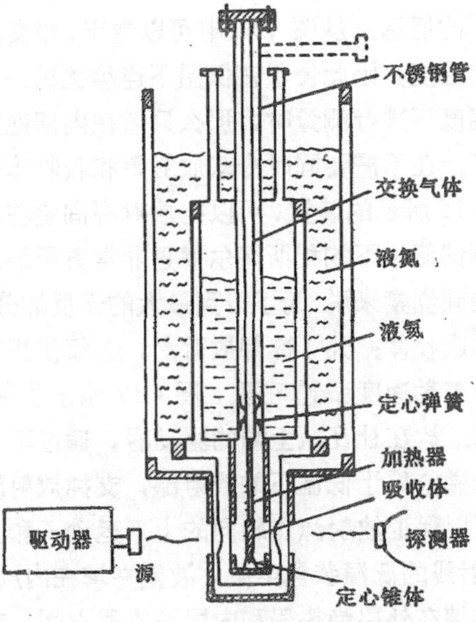

图 4.16 水平透射 γ 射线的低温装置.

在这个装置中，放射源处于室温下进行等加速度运动，而吸收体则冷却到所需要的温度。由放射源辐射的 γ 射线穿过密封的 γ 射线窗后，被 γ 射线探测器所检测。通常使用铍或聚酯薄膜来制做 γ 射线窗。这两种材料的薄膜对 γ 射线的吸收很低，因此可以有

效地达到减少衰减 γ 射线的目的。使用一种特殊的低温环氧树脂粘合剂来封接铍或聚脂薄膜和杜瓦瓶。聚脂薄膜具有良好的封闭性能，在室温和 4.2 K 温度之间反复多次之后都可以保证不发生泄漏，而且在用抽机抽氦时仍然可以使用。由于金属铍和它的盐类具有毒性，因此在制作铍窗的加工过程中要特别注意；此外，由于杂质铁常常存在于市场上出售的铍原料中，它会在 ^{57}Fe 穆斯堡尔实验中出现吸收本底，所以要注意选择纯铍做 γ 射线窗。

为了达到液氦温度，一般都采用如图 4.16 所示的双层绝热容器。内层绝热容器中充以液氦，外层绝热容器和内层绝热容器之间填以液氮。在实验过程中，绝热容器是以其内部保持高真空来达到与外界绝热的目的。通过压力为几托的交换氦气，可以使样品达到 4.2 K 的低温。从图 4.16 中可以看出，当交换样品时，并不影响杜瓦的温度，因此便于在低温下连续测试。如果要在液氮或液氮以上温度下进行测量时，那么只需在内部绝热容器内充以液氮就可以了。在不需要同时冷却放射源和吸收体的情况下，由于使用如图 4.16 所示的装置，可以把放射源固定在杜瓦之外，因此使用它来测试低温下的穆斯堡尔谱是非常方便的。

对于有些同位素来说，为了得到最大的无反冲分数，需要同时冷却放射源和吸收体。为了冷却放射源，必须使用某种方法来解决放射源的多普勒速度调制问题。图 4.17 示出了一种垂直 γ 射线透射装置图。放在杜瓦瓶上端的驱动器，通过不锈钢管把多普勒调制速度传递给处于低温下的放射源，支撑放射源支架的一个小弹簧圆片可以保证放射源作轴向的上下运动。和上面所描述的水平透射 γ 射线的低温装置类似，液氦充填在内层绝热器的内部，而液氮充填在外层绝热器和内层绝热器之间。交换的低温气体使放射源和吸收体冷却到所需要的温度。当把驱动器-放射源-吸收体从杜瓦中取出时，可以调换所测试的样品。

使用上面所描述的两种低温装置，不但可以使吸收体（或吸收体和放射源）达到 4.2 K 和 77 K 的低温，而且依靠装设在杜瓦中的电阻加热器，可以使吸收体（或吸收体和放射源）在 5—50 K 或

80—300 K 的温度范围内变化。这样就可以在一个较宽的温度范围内进行穆斯堡尔谱测量。为了使吸收体(或吸收体和放射源)稳

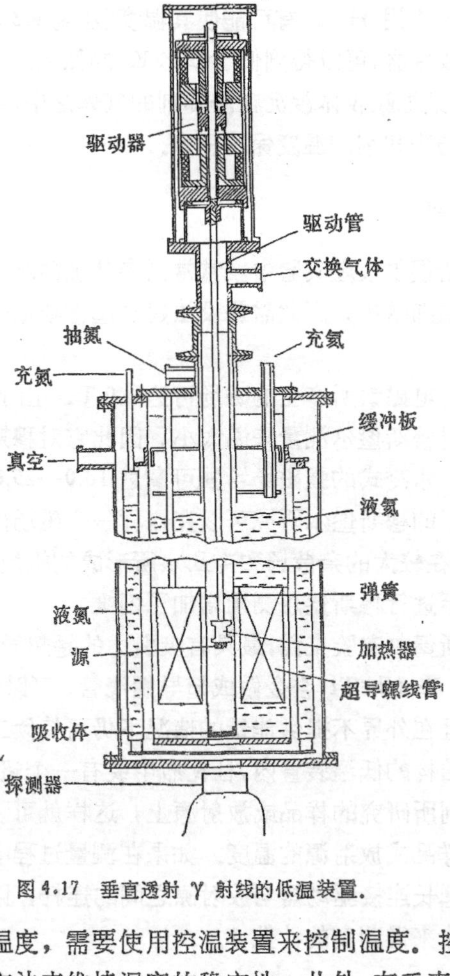

图 4.17 垂直透射 γ 射线的低温装置.

定在所需要的温度，需要使用控温装置来控制温度。控温装置一般都使用反馈方法来维持温度的稳定性。此外，在垂直透射 γ 射线的低温装置中放置了超导线圈，这样可以把磁场加到放射源或吸收体上。

对于一些特殊的穆斯堡尔实验来说，需要在超低温的条件下

进行，以得到所需要的超低温条件下穆斯堡尔谱精细结构的变化．目前，已有多种方法可以使温度达到低于4.2 K 以下的超低温。在只使用液氦的情况下，可以使其温度达到0.1 K 左右。在间歇式致冷器中使用 He^3，有可能使其温度达到0.3 K。使用 He^3-He^4 稀释致冷器，可以得到低于0.01 K 的低温。在这些冷却系统中，一般都是把吸收体浸沉在冷却剂的气体之中，这样可以保证样品的温度与冷却剂的温度保持一致。

4.10.2 磁铁

在穆斯堡尔效应实验中，常常需要外加磁场来研究原子磁矩和磁的超精细结构，因此需要设法建立起穆斯堡尔实验所需要的磁场。

常规的电磁铁所产生的磁场可达3.0 T。由于这种方法所形成的磁场对穆斯堡尔测量来说太小，因此它对穆斯堡尔实验来说用处不大。水冷式的强磁场场强可高达10.0—25.0 T，因此绝大部分磁场下的穆斯堡尔研究可以在这样一个磁场范围内完成。但是，由于存在较大的杂散场和冷却水所形成的机械振动，给在这样一个装置下进行穆斯堡尔测量增加了困难。

对穆斯堡尔实验来说，最具有吸引力的是超导螺旋管装置．使用 Nb-Zr 和 Nb-Ti 合金做成超导螺线管，可以形成70 kOe 的磁场，并且在外界不提供能量的情况下仍可持续工作。在图4.17所示垂直结构的低温装置内，杜瓦瓶中装有一个超导线圈，可以把外磁场加到所研究的样品或放射源上，这样就可以在外加磁场的同时降低样品或放射源的温度。如果在测量过程中不使用磁铁，那么可以延长连接驱动器与放射源之间的连杆，以使放射源比较靠近吸收体来得到高的计数率。

4.10.3 高温装置

在许多情况下，高温炉也是穆斯堡尔效应研究必需的附属设备。例如，在穆斯堡尔谱学研究中，有时需要了解穆斯堡尔参数与温度之间关系以及高温相变等，特别是热激活电子非局域化的研究，需要了解热激活电子随温度变化的特性，因此，应该在包括高温在内的一个较宽的温度范围内进行穆斯堡尔测量。

设计穆斯堡尔效应所需要的高温炉时，在满足吸收体加热的条件下，要使炉体体积尽可能地小，并且使其温度均匀。根据穆斯堡尔实验的要求，设计出各种不同类型的高温炉。[4]图 4.18 示出一种比较常用的高温炉装置，它的结构简单，并且能很好地满足高温穆斯堡尔实验要求。高温炉的炉芯是用钼制成的，加热丝缠在螺旋槽内，炉芯被放置在真空壳层中心。炉芯外层是若干与它同心的。用不锈钢制成的热辐射屏蔽罩，这样可以有效地防止由炉芯

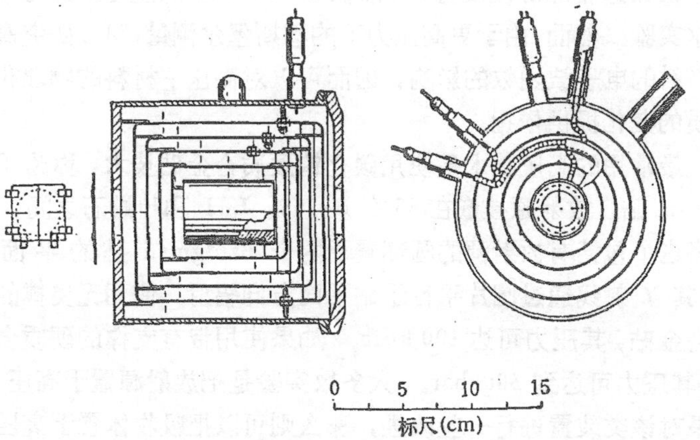

图 4.18 穆斯堡尔实验用的高温炉装置.

到外面的热辐射，此外还常常用水来冷却外壳层，以进一步防止对外的热辐射。与低温装置类似，还必须考虑 γ 射线有效透射问题，因此需要在炉体两侧安装透射 γ 射线的铍窗。

高温的测量主要是使用热电偶。最经常使用的热电偶包括 Pt-Rh（Pt 中加 10% Rh），铬镍合金-镍铝合金和铁-康铜热电偶。对于高于 1000℃ 的温度，也可以使用高温计来代替热电偶。

在高温炉材料的选择上，主要是要防止由于它们的挥发而形成的对样品或热电偶的污染。钼和不锈钢都是比较好的高温炉材

料。适合作穆斯堡尔高温炉的材料还有石墨和氮化硼，它们对 γ 射线的吸收小，并且容易加工成样品架和环形热辐射屏蔽。

图 4.18 所示的是最常用的一种高温炉装置。根据实验要求，可以设计不同类型的高温装置。为了使用同一个温度装置同时进行高温和低温范围的测量，曾设计了一种宽温度范围的恒温器[6]。它可以在 77—870 K 的温度范围内进行穆斯堡尔测量。这种恒温器的优点是不需要改变其他条件就可以在很宽温度范围内进行测量。

4.10.4 高压装置

使用通用的静压装置，可以在 3—10kbar 的压力下进行穆斯堡尔实验。然而，由于更高压力下的穆斯堡尔测量，可以研究高压对材料的电子波函数的影响，因而可以对高压下材料的物理化学性质的变化提供依据。

最常用的高压技术是使用碳化钨硬质合金砧技术，称为 Bridgman 砧。放射源被嵌在 85% B-15% LiH 和叶蜡石之间，然后将这个包括有放射源的圆环置于两个 Bridgman 砧的平面之间，其 γ 射线通过圆片平行于砧平面方向辐射。使用无支撑的硬质合金砧，其压力可达 100 kbar。如果使用带有支撑的硬质合金砧，其压力可达到 300kbar。大多数实验是把放射源置于高压下。如果对该类装置进行一些改进，那么则可以把吸收体置于高压下进行穆斯堡尔实验。除了使用碳化钨硬质合金之外，还可以使用 B_4C 来代替它。由于后者的原子序数低，容易从砧体的轴向上穿过 γ 射线，这将有助于提高穆斯堡尔 γ 射线的计数效率。

除此之外，使用 Bridgman 砧技术，还可以在高压下同时冷却样品。根据实验要求，可以设计出不同类型的装置。Christoe 等人[4]设计的高压装置是先在室温下加上所需的高压，然后再将压力盒冷却到 77 K，其压力可达到 240 kbar。Williamson 等人[7]设计的压力盒比较简单，其压力可达 170 kbar，温度降至 14 K。

上述采用 Bridgman 砧技术的各类高压装置，其压力可达

100—300kbar 范围之间。地幔是处于地壳和地核之间的地质体，其压力范围要远比上述压力高得多.为了达到与地幔相比的压力，曾使用金刚石对顶砧的方法，使压力可达 0.06—1.7 Mbar 之间[5]。它是由顶部和底部磨平的金刚石组成的。这种超高压装置在地球物理研究中有广泛的用途。

准确地测定金刚石对顶砧中的压力是这类超高压技术的关键问题。红宝石 R_1 荧光谱线随压力而发生规律性的变化，因此，如果建立起 R_1 荧光谱线与压力之间的准确关系，就可以利用 R_1 荧光谱线的位移来标定压力。由于使用X射线衍射方法可以确定 Cu,Mo,Pd 或 Ag 的衍射图与压力之间的关系，因此，如果把红宝石夹在上述金属之间，就可以准确地标定红宝石 R_1 荧光谱线与压力之间的关系。

§4.11 穆斯堡尔实验方法的进展情况*

近年来，穆斯堡尔实验方法的进展是多方面的。这包括利用同步辐射的穆斯堡尔谱学的出现[8]，内转换电子谱仪的改进[9]，背散射X射线和 γ 射线探测器的制作[10]，以及在第一章中已经提及的穆斯堡尔成像和在束离子注入穆斯堡尔谱学等。

利用同步辐射作为穆斯堡尔谱学光源是 Ruby 在 1974 年提出的[11]，同步辐射穆斯堡尔谱学的中心想法是，原子中的电子对X射线的散射是很快的，可以说是瞬时的，而原子核对X射线的散射却延迟多了，约为原子核激发态的寿命。原则上说可以设计一种探测器，它具有所需要的时间窗口可把二者分开。Gerdau 等[12]利用增丰同位素（例如 ^{57}Fe）的各向同性单晶观察到了延迟的共振核布拉格散射，其中利用了晶体对称性以抑制电子散射。从原来穆斯堡尔谱学期望的角度看，能在电子散射同时存在下观察到共振核布拉格散射是一大进展[12]。

---

* 本节由马如璋所撰写.

Hastings 等人[8]所进行的同步辐射实验是利用 2.5 GeV 电子储存环的弯曲磁体来实现同步光的核共振的向前散射的. 他们采用了高分辨单色器. 这个单色器的主要部分是两个色散型Si反射体. 有人采用核共振单色器,详细见文献[14]. 对^{57}Fe 的14.4keV射线的能量分辨率为 5 meV, 光束发散角为 μrad, 水平狭缝宽度为 0.5 mrad. 所用探测器的时间分辨本领小于 1 ns, 在探测器中,闪烁器所产生的光传入两个快速光电管, 两个快速光电管的输出处于符合模式. 他们利用这一套系统研究了一些样品. 首先研究了多晶的增丰^{57}Fe 箔. 在时间窗口为 21—94 ns 时, 共振频率的射线穿过样品后信号记数接近 1/s, 而当把射线能量调到偏离共振值 25 meV (这里共振时能量为 14.4 keV) 时的噪音计数小于 0.5/s. 这种延迟的光子计数与能量之间的关系说明了高分辨单色器的核共振本质. 这里 7 μm 厚的铁箔样品是置于 0.1 T 的垂直磁场中,这样只有 $\Delta m = 0$ 的跃迁才被激发. 得到的向前散射强度时间谱是一种简单的拍谱,周期为 13.9 ns. 这与 $\Delta m = 0$ 的两个跃迁$\left(-\frac{1}{2}\rightarrow-\frac{1}{2},+\frac{1}{2}\rightarrow\frac{1}{2}\right)$能量差是相对应的. 已有理论公式可以用于对这种实验谱进行拟合. 在这理论公式中含有所用穆斯堡尔核的激发态寿命,二线的频率差,核的共振吸收系数, 样品的厚度. 适当选择外加磁场的方向可以得到各种可能跃迁的相干拍谱.

这种测量结果可以用于确定超精细相互作用参数, 与通常穆斯堡尔谱仪上测出参数的意义是相同的. 试验结果的重演性是很好的. 若用自然铁箔做成样品, 也可得到图样相同但强度较低的拍谱。今后,同步辐射源的强度还可提高几个数量级.

同步辐射穆斯堡尔谱学实验是常规穆斯堡尔谱学实验的能量谱的时间模拟. 相干向前散射对人们感兴趣的穆斯堡尔参数是灵敏的, 这些参数有: 基态和激发态的能级分裂裂距, 同质异能移位,无反冲分数. 同步辐射穆斯堡尔谱学有可能给出通常穆斯堡尔源所不能给出的一些实验结果.

对于单色器已提出多种结构，前边已提到的 Ruffer 等人[14]的“利用原子核布拉格衍射的高分辨谱仪”文中所提出的单色器是电子单色器和原子核单色器的联合体。他们的谱仪可用于给超精细谱学提供 γ 射线或者其他需要对能量或（和）时间高分辨的场合。

对内转换电子谱仪进行多种改进的尝试。Jian 等人[9]对此作了一个简短的评述。Auric 等人[15]研制了一个高透射率球状静电型电子能谱仪。可以在 4—350 K 之间测谱，真空度为 10^{-8}Torr (1.333×10^{-5}Pa)，可以选择电子能量或电子逸出角测量。Schaaf 等人[16]制作了一种环状正比探测器，可用来探测背散射的穆斯堡尔 γ 射线和 X 射线。可以获得具有深度分布的信息，例如用于钢表面等离子渗氮和激光辐照后的结构。Bara 等人[1]设计制作的对出射 γ 射线敏感、并有选择内转换电子能量的内转换谱仪，也具有自己的特色。

利用已有的高压砧技术，Pesternak 等人[2]组装了一台超高压的穆斯堡尔谱仪，高压砧是用金刚石制成的，压强可达 35GPa。他们用这仪器研究了 I_2,SnI_4,GeI_4。例如通过对于 I_2 的研究发现，当 $16<P<21$GPa 时，形成之字形 I_2 链；当 $P>21$ GPa 时，链处于 ac 面内重叠。这种随压力而改变结构的现象是可逆的，并认为是高压下分子解体的前兆。预计这种高压穆斯堡尔谱学可以在地球物理、地球化学、化学反应等方面得到应用。

参 考 文 献

[1] J. J. Bara, B. F. Borgacz, *Hyperfine Interactions*, **58**(1—4), 2497 (1990).

[2] M. P. Pasternak, R. D. Taylor, *Hyperfine Interactions*, **62** (1—2), 89 (1990).

[3] R. L. Cohen, G. K. Wertheim, Methods of Experimental Physics, 307 (1974).

[4] C. W. Christoe, H. G. Drickamer, *Rev. Sci. Inst.*, **40**, 169 (1969).

[5] H. K. Mao, P. M. Bell, *Science*, **200**, 1145 (1978).

[6] B. Sharon, D. Treves, *Rev. Sci. Inst.*, **37**, 1252 (1966).

[7] D. L. Williamson, S. Bukshapan, R. Ingalls, H. Schechter, *Rev. Sci. Inst.*, **43**, 197 (1972).

[8] J. B. Hastings, D. P. Siddon, U. Van Burck, R. Hollatz, U. Bergmann, *Phys. Rev. Lett.*, **66** (6), 770 (1991).

[9] I. P. Jian, Y. K. Vijay, R. Chandra, *Vacuum*, **41**(1—4), 1776 (1990).

[10] P. Schaaf, L. Blaes, J. Welsch, H. Jacob, F. Aubertin, U. Gonser, *Hyperfine Interactions*, **58** (1—4), 2541 (1990).

[11] L. Ruby, *J. Phys (Paris) Colloq.*, **35** C6-209, (1974).

[12] E. Gerdau, R. Rüffer, H. Winkler, W. Tolksdorf, C. P. Klages, J. P. Hannon, *Phys. Rev. Lett.*, **54**, 835 (1985).

[13] J. B. Hastings, D. P. Siddon, G. Faigel, L. E. Berman, P. E. Haustein, J. R. Grover, *Phys. Rev. Lett.*, **63**, 2252(1989).

[14] R. Ruffer, D Giesenberg, H. D. Rüter, R. Hollatz, E. Gerdau, J. Metge, K. Ruth, W. Sturhahn, M. Grote, R. Röhlsberger, *Hyperfine Interactions*, **58**, 2467 (1990).

[15] P. Aunic, A., Baudry, M. Boge, J. Rocco, L. Trabut, *Hyperfine Interactions*, **58** (1—4), 2491 (1990).

[16] P. Schaaf, L. Blaes, J. Welsch, H. Jacob, F. Aubertin, U. Gonser, *Hyperfine Interactions*, **58** (1—4), 2541 (1990).

第五章　数 据 处 理

李　　士

在穆斯堡尔谱学的应用研究工作中，只有对穆斯堡尔谱的数据进行精确计算和分析，才能得到可靠的微观信息，这是利用穆斯堡尔效应研究问题的基础和前提，但这也是从事穆斯堡尔谱学实验的科技工作者普遍感到比较困难的.例如，测得的穆斯堡尔谱线如何从物理意义上去考虑？使用哪种解析方法和程序？怎样估计初值？计算结果怎样才算合理等问题．为解决以上问题，本章首先介绍分析晶态样品穆斯堡尔分立谱及分析非晶态样品超精细场连续谱的几种常用算法、误差分析和计算机解谱程序，对于类似的算法注重于比较它们的优缺点．此外，本章还介绍如何从物理意义上去考虑问题，如何给初估值、限制条件、拟合收敛的判据、影响 χ^2 值的各种因素、如何判断计算结果是否合理等问题，最后还列举了一些实例，以说明穆斯堡尔谱数据分析的全过程.

§5.1　数据处理方法概述

利用穆斯堡尔谱学研究各个学科的问题都必须先测量其穆斯堡尔谱，然后经计算机对谱线的数据进行分析，得到准确的谱线参数[吸收峰位置 $X(0)$、峰的线宽 Γ 和强度 $Y(0)$ 等，如图 5.1 所示]，根据这些参数才能计算出超精细相互作用参数(同质异能移位 δ、四极分裂 Δ、内磁场 H_{hf}、吸收峰面积等)．

实验测得的穆斯堡尔谱线绝大多数是比较复杂的，即大多数是多种物相或若干组超精细场的叠加，弱峰被强峰淹没，甚至一组吸收峰中要分解出几套亚峰，或者某些参量(如同质异能移位、内磁场等)为连续分布参量．所以必须使用计算机拟合解谱，才能正确得到超精细相互作用参数. 随着穆斯堡尔谱学的发展，相应发展了许多种计算方法,而且目前仍在发展[6].

利用电子计算机分析实验数据必须满足下列的条件:

(1) 首先需要知道使用何种数学表达式来描述该实验的物理过程.

(2) 每一个计数的方差或统计偏差是计数数值的已知函数.

(3) 基线能用一函数形式描述.

(4) 实验测量得到的数据输出形式是数字形式的.

穆斯堡尔谱几乎完全满足这些条件. 这为利用电子计算机处理穆斯堡尔谱奠定了基础.

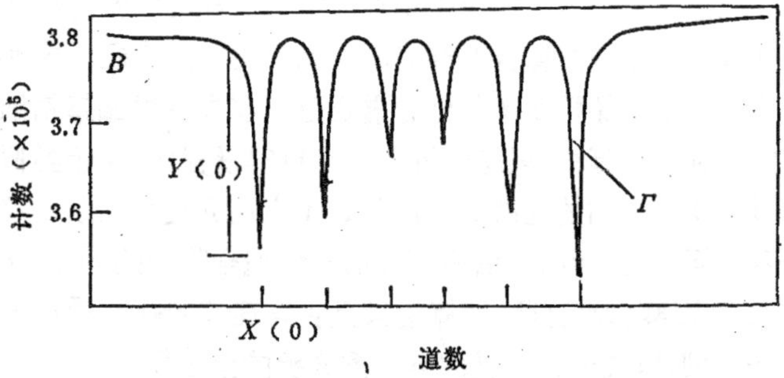

图 5.1　穆斯堡尔谱的几个描述参数. $Y(0)$为强度；Γ为线宽；$X(0)$为峰位；B为基线强度.

迄今已发表的穆斯堡尔谱的数据分析方法可以分为几大类. 按拟合晶态材料和非晶态材料的穆斯堡尔谱来分类，可分为分立谱拟合法和超精细磁场连续谱的拟合法;按数学方法,又可分为最小二乘方拟合法和非最小二乘方拟合法;按类型来分,又可分为高斯-牛顿法,改进的高斯-牛顿法,拟合或剥离和剥离拟合混合运算法,考虑原子核的能级分裂和跃迁的拟合法(也称为全谱拟合法),重叠谱的自洽法,比较法，不求逆矩阵的高斯-牛顿法，直接对独立参量加柔性约束的拟合法，不需迭代的拟合方法，弛豫谱线分析方法等. 对于非晶态材料的穆斯堡尔谱的分析方法可分为假设$P(H)$的函数形式法和不假设 $P(H)$的函数形式法,假设 $P(H)$的函数形式法主要有高斯型分布方法和洛伦兹型或洛伦兹型的高次方型方法；不假设 $P(H)$的函数形式法又可分为基本函数展开法[主要采用三角函数（Window 方法）和二项式函数（Vinczt 方法)],傅里叶分析法(也称为傅里叶去卷积法),矩阵法[包括 Proposed 方法(也称为 Hesse 方法)和 Le Caer 方法等]，傅里叶变换和矩阵法相结合的方法，最大熵方法等等。此外，还有许多种方法,但基本上都是对以上提及的几种主要方法的改进,如含有修正因子的高斯-牛顿法，Moore-Penrose 广义逆 A^+法，非对称的非晶谱线的分析方法,不需求导的最小二乘方法,最速下降法，不假设洛伦兹函数法,蒙特卡罗逼近法等。

在穆斯堡尔谱学的早期应用研究工作中，一般使用比较多的是高斯-牛顿最小二乘方法,这对于一些较简单的谱线来说，即谱线吸收峰的个数不多,各个亚峰又不严重重叠的情况下,使用该方法可很容易地确定谱线的吸收峰强度、峰位、线宽等参数。但是在穆斯堡尔谱学的应用研究工作中，所测得的大多数谱线是多种物相的叠加或若干组超精细磁场的叠加，即含有多种物相或若干组内磁场,且亚峰又有重叠,弱吸收峰被强吸收峰淹没，甚至在一组穆斯堡尔谱线中要分解出若干组亚谱来。在这种情况下，如果仅仅希望依靠简单的最小二乘方法来确定每一组亚谱线峰的超精细参数是困难的。为了解决这个问题，在实际工作中总结出一些经验,如根据穆斯堡尔谱中的吸收峰常常是有规律的成对出现,它们的强度、线宽基本相等等，这样又产生了带有限制条件的高斯-牛顿最小二乘方法，以及改进的高斯-牛顿法。如阻尼最小二乘法[即麦夸特法（Marquardt)] 等。与此同时,还出现了剥离法，不求逆矩阵的高斯-牛顿法，考虑原子核能级分裂和跃迁的高斯-牛顿法等。

使用剥离法时，要求在相同的实验条件下分别测量被测样品中所含各个物相的标准谱，将它们从样品谱中适当的扣除。由于这种方法要求实验的一致性,条件比较苛刻,因此一般在分析地质样品中采用比较多。剥离拟合法克服了单纯剥离方法的不足，在能找到部分物相标准谱(或其他作者发表的类似数据)的情况下，还有部分物相是未知时，对解析较复杂的谱线提供了较大的方便，避免了单用拟合或剥离方法解析复合物相谱容易发散的弊病.

对于不求逆矩阵的高斯-牛顿法是为拟合重叠十分严重的穆斯堡尔谱线的情况下提出来的. 我们知道，在使用高斯-牛顿法时，要求求解一个逆矩阵，如果阶数比较大时，就要求解阶数相当大的逆矩阵，这是导致计算发散的主要原因. 而不求逆矩阵高斯-牛顿法很好的解决了这一问题.

而对于考虑原子核能级分裂和跃迁的高斯-牛顿法是抓住了影响穆斯堡尔谱特征的主要相互作用机理，即在电磁场作用下，原子核能级分裂和量子跃迁进行计算穆斯堡尔谱. 其特点是物理意义明确，而且减少了拟合参数数目.

近年来发展起来的非最小二乘方法拟合穆斯堡尔谱也有它的特点. 例如，自洽法不但可以分析穆斯堡尔谱，还可以分析X射线谱，正电子湮没谱及其它线型的实验谱线. 比较法则以很高的精度和非常简单的方法将两个以上的穆斯堡尔谱进行比较，以判断它们是否全同. 这个方法在考古学的研究中是比较常用，也是比较重要的.

随着计算机技术的发展，使得穆斯堡尔谱学数据处理朝着使用微型计算机的方向发展，应用微型计算机的拟合方法及程序都需改进，要求使用内存要少，计算时间要短. 故发展了不用迭代法的拟合方法. “MOSFUN”程序就是这方面比较成功的程序之一.

对于非晶态材料的穆斯堡尔谱的数据分析方法，是随着穆斯堡尔效应对新材料，即非晶态材料的研究发展而发展起来的. Window 方法和 Hesse 方法是最早使用的两种方法，而后又出现了 Vincze 方法等. 非晶态材料的穆斯堡尔谱的分析方法又可称为超精细场连续分布的穆斯堡尔谱的计算方法. 它们基本上可分为两大类，一类为假设 $P(H)$的函数形式法，这种方法原理比较简单，缺点是必须事先给出一个合理的 $P(H)$形式，而且此形式不能太复杂，否则难以计算；另一类为不假设 $P(H)$ 的函数形式法，这是目前适应性较广的一种方法，基本上可分为三种求解法，即基本函数族展开 $P(H)$法，傅里叶分析法和矩阵法。

目前，在穆斯堡尔谱的数据分析工作中，无论是在数学模型和计算方法的改进方面，还是在新的物理模型的提出方面都有发展，趋势是理论方法趋于完整统一，程序处理趋于简炼和多功能。下面按分类进行叙述。

§5.2 分立谱线的计算方法

5.2.1 高斯-牛顿法

大家知道，在数学上将非线性函数用泰勒级数展开，略去高次项，使非线性方程组线性化的方法称为高斯-牛顿法。穆斯堡尔谱的高斯-牛顿法拟合就是基于这种考虑[10]。

在穆斯堡尔谱的测量中，如果采用三角波驱动方式，我们所测得的穆斯堡尔谱为一镜像对称谱。为了计算上的方便，可对镜像对称谱的一半单独拟合，然后平均；也可先将镜像对称谱对折叠加，然后再去计算。这样我们所计算的穆斯堡尔谱为若干个数据点所确定的包络线。在待测穆斯堡尔实验样品比较薄的情况下（样品中的铁含量不超过 10mg/cm²），所测的穆斯堡尔谱线为洛伦兹线型，这样拟合谱线就在于从包络线中求出N条洛伦兹谱线的强度、线宽和峰位。一条洛伦兹线型由下式给出：

$$Y(x) = B - \frac{Y(0)}{1 + \left(\frac{x - x(0)}{\Gamma/2}\right)^2}, \tag{5.1}$$

式中第一项B为基线项，这里还应加上由于放射源运动而引起的正弦修正项，实际上应为

$$B + C\sin(2\pi(x-\theta)/T),$$

其中C为振幅，θ为相位，T为周期（也可用抛物线型修正，$E + Fx + Gx^2$）。如果将镜像对称谱数据对折也可不修正。另外，式

(5.1) 中的 Γ 是吸收峰半高度上的全宽度(线宽)，$Y(0)$是其共振能量为 $X(0)$时的强度.对于N条洛伦兹谱线的叠加来说，式(5.1)应为

$$Y(x)=B-\sum_{i=1}^{N}\frac{Y(0)_i}{1+\left(\frac{x-x(0)_i}{\Gamma_i/2}\right)^2}. \tag{5.2}$$

用 q_i 表示待求参数，并且希望找到理想的 q_i，令 Y_γ 是第 γ 道的实验值，$1/Y_\gamma$ 是统计权重，并求 χ^2 值

$$\chi^2=\sum_{\gamma=1}^{M}[Y_\gamma-Y(x)]^2/Y_\gamma, \tag{5.3}$$

其中，M 为数据点个数.根据最小二乘法原理，适当给出每个 q_i 的初估值，使 χ^2 值极小来确定每个 q_i 的修正值

$$\frac{\partial\chi^2}{\partial q_i}=-2\sum_{\gamma=1}^{M}\frac{1}{Y_\gamma}[Y_\gamma-Y(x)]\left(\frac{\partial Y(x)}{\partial q_i}\right)=0. \tag{5.4}$$

将式(5.2)用泰勒级数的形式展开，略去高次项. 得到一个修正值 δq_i 的方程组，其展开后的形式如下:

$$Y(x)=Y_0(x)+\sum_{i=1}^{3N+3}\frac{\partial Y(x)}{\partial q_i}\cdot\delta q_i^k, \tag{5.5}$$

其中，$\delta q_i^k=q_i^{k+1}-q_i^k$，$k$ 为迭代次数. 将式(5.5) 代入式 (5.4) 中，成为

$$\frac{\partial\chi^2}{\partial q_i}=\sum_{\gamma=1}^{M}\frac{1}{Y_\gamma}[Y_\gamma-Y(x)]\frac{\partial Y(x)}{\partial q_i}$$
$$-\sum_{\gamma=1}^{M}\sum_{i=1}^{3N+3}\frac{\partial Y(x)}{\partial q_i}\delta q_i\frac{\partial Y(x)}{\partial q_i}\frac{1}{Y_\gamma}=0. \tag{5.6}$$

令矩阵 $\boldsymbol{A}$ 和矢量 $\boldsymbol{D}$ 为

$$\boldsymbol{A}_{ij}=\sum_{\gamma=1}^{M}\frac{1}{Y_\gamma}\frac{\partial Y(x)}{\partial q_i}\frac{\partial Y(x)}{\partial q_j}, \tag{5.7}$$

$$\boldsymbol{D}_i=\sum_{\gamma=1}^{M}\frac{1}{Y_\gamma}[Y_\gamma-Y(x)]\frac{\partial Y(x)}{\partial q_i}, \tag{5.8}$$

其中 $i=j=1,2,3,\cdots,3N+3$. 这时式(5.6)成为

$$\boldsymbol{D}-\boldsymbol{A}\cdot\delta\boldsymbol{q}_i=0 \tag{5.9}$$

又可写成

$$\boldsymbol{A}\cdot\delta\boldsymbol{q}_i=\boldsymbol{D}$$

即

$$\begin{bmatrix} A_{1,1}, & A_{1,2}, \cdots, & A_{1,3N+3} \\ A_{2,1}, & A_{2,2}, & \vdots \\ \vdots & \ddots & \\ A_{3N+3,1}, & \cdots & A_{3N+3,3N+3} \end{bmatrix}\cdot\begin{bmatrix} \delta q_1 \\ \delta q_2 \\ \vdots \\ \delta q_{3N+3} \end{bmatrix}=\begin{bmatrix} D_1 \\ D_2 \\ \vdots \\ D_{3N+3} \end{bmatrix}, \tag{5.10}$$

所以

$$\delta\boldsymbol{q}_i=\boldsymbol{A}^{-1}\cdot\boldsymbol{D}. \tag{5.11}$$

在式(5.11)中，$\boldsymbol{A}^{-1}$ 为矩阵 $\boldsymbol{A}$ 的逆矩阵．我们只要求出 δq_i，并将其加到初估值 q_i 上就能求得新的 q_i 值，重复上面的计算即形成迭代。

这里值得注意的是为使每个 q_i 值极小，修正值 δq_i 应满足的方程是式(5.11)，但是这样求得的 q_i 值仍有相当的误差．因为在用泰勒级数展开的式(5.5)时略去了高次项，只保留了线性项部分，为了减少泰勒级数展开后高次项略去引起的误差，q_i 应写成

$$q_i^{k+1}=q_i^k+t_i\delta q_i^k, \tag{5.12}$$

t_i 为优化因子，使得 q_i 在第$(k+1)$次迭代中取最小值。

高斯-牛顿法计算中的误差可以由下面推导得出．我们知道，最小二乘法均方误差由下式给出：

$$R^2=\frac{\sum_{\gamma=1}^{M}(Y_\gamma-Y(x))^2/Y_\gamma}{(M-(3N+3))}$$
$$=\chi^2/(M-(3N+3)), \tag{5.13}$$

其中 $[M-(3N+3)]$ 为自由度数，M 为数据点个数，N 为吸收峰个数．拟合参数 q_i 的偏差记为 $\mathrm{Var}(q_i)$．因为 q_i 是由最小二乘方法求得的，$\boldsymbol{A}^{-1}$ 是正规方程组 A 的逆矩阵，那么第 i 个参数的计算误差由下式给出：

$$\sigma_i^2=\mathrm{VarMat}(q_i)=R^2A_{ii}^{-1}$$
$$=\chi^2/(M-(3N+3))A_{ii}^{-1},$$

其中 Var Mat(q_i) 是参数 q_i 的偏差矩阵。σ_i^2 又可写成

$$\sigma_i = [(A^{-1})_{ii} \cdot \chi^2/(M - (3N + 3))]^{\frac{1}{2}}. \tag{5.14}$$

式(5.14)就是第 i 个拟合参数 q_i 的误差，每个参数的误差均可近似看成其修正值的偏差，并可由矩阵中对应元素得到。

每个吸收峰的面积 S_i 近似写为

$$S_i \cong 2\pi(Y(0)_i)(\Gamma_i/2). \tag{5.15}$$

根据误差传递公式很容易得到吸收峰面积 S_i 的误差，即

$$\begin{aligned}\sigma_{S_i} = 2\pi[&(\Gamma_i/2)^2\mathrm{Var}(Y(0)_i) \\ &+ (Y(0)_i)^2\mathrm{Var}(\Gamma_i/2) + 2(\Gamma_i/2)(Y(0)_i) \\ &\times \mathrm{Var}(Y(0)_i,\ \Gamma_i/2)]^{1/2}.\end{aligned} \tag{5.16}$$

5.2.2 改进的高斯-牛顿法

这种算法是对高斯-牛顿算法的改进[11]．即对已知物相标准谱和未知物相谱采用了一个统一的表达式，因此除有高斯-牛顿拟合法的功能外，尚可进行剥离[12]、剥离拟合的混合运算．

对于一个复杂的复合物相谱来说，根据对每个单物相的测定，或根据已公开发表的数据结果，我们可以从中得到某些物相的吸收峰强度(或强度比)、线宽和位置等，把这些作为已知的标准谱(经归一化后)，这样式(5.2)又可写成如下形式：

$$\begin{aligned}Y(x) = B - R\sum_{j=1}^{k_0} s(j)\sum_{1}^{l}\frac{Y(0)_{jl}}{1+\left(\dfrac{(x-x(0)_{jl})}{\Gamma_{jl}/2}\right)^2} \\ -P\sum_{i=1}^{N}\frac{Y'(0)_i}{1+\left(\dfrac{(x-x'(0)_i)}{\Gamma'_i/2}\right)^2},\end{aligned} \tag{5.17}$$

式中右边第一项的意义同前；第二项为已知标准谱项，其中 k_0 为已知标准物相谱数目，l 是第 j 个物相所含峰的数目，$Y(0)_{jl}$ 为共振能量为 $x(0)_{jl}$ 时经归一化后吸收峰强度，Γ_{jl} 为共振吸收峰线宽，$s(j)$ 是第 j 个标准物相相对于复合物相谱的比例因子；第三项为待求物相，N 为待拟合吸收峰数目，$Y'(0)_i$，$x'(0)_i$ 和 Γ'_i 的意

义与 $Y(0)_i$，$x(0)_i$ 和 Γ_i 的意义相同，只不过此处的吸收峰强度为实际峰的高度。式中 R 和 P 为等于零或 1 的常数。在进行拟合时，令 $R=0$，$P=1$ [即为式(5.2)]；在做剥离时，令 $R=1$，$P=0$；在做剥离拟合混合运算时，令 $R=1$，$P=1$。

假如一种样品由两种不同的物相组成，即测得的谱线为两种物相谱线叠加而成，其中一种物相为已知谱，另一种物相为未知谱，我们先用拟合的方法(令 $R=0,P=1$)拟合已知物相谱作为标准谱，然后再用剥离拟合方法(令 $R=P=1$)调节已知标准谱的比例因子 $s(i)$和另一种物相的参数初估值，使其 χ^2 值最小，就可以得到另一种物相的计算结果作为第二种物相的标准谱。最后用剥离的方法(令 $R=1,P=0$)，调节每个物相的比例因子，使 χ^2 值最小就能求得两种物相在总谱中所占的比例各是多少。在做剥离或剥离拟合时，峰的强度要经归一化，即令每种物相中最强的峰的强度为 1，其余的峰相对于最强的峰来比较。比例因子是指标准物相相对复合物相谱来说。

在计算吸收峰严重重叠的穆斯堡尔谱时，不加限制条件，计算中会遇到一些困难。在计算中为了加速收敛和防止发散，有许多种限制条件的方法。这里先介绍每组对称峰使用四个参数描述的方法。

根据穆斯堡尔谱的实验结果我们可以发现，在许多情况下是吸收峰的强度和线宽基本相等，只不过是峰位不同。这时每组对称峰(例如 α-Fe 穆斯堡尔谱中的 1 和 6，2 和 5，3 和 4 峰)可用四个参数描述，即拟合参数 q_i 可写成

$$q_i=[Y(0)_{1或6},\Gamma_{1或6},x(0)_1,x(0)_6,Y(0)_{2或5},\Gamma_{2或5},x(0)_2,x(0)_5,Y(0)_{3或4},\Gamma_{3或4},x(0)_3,\ x(0)_4,\ B,\ C,\ \theta], \tag{5.18}$$

其中下标为 α-Fe 的第某个峰。上式表示在给初值时每组对称峰只给一个强度，一个线宽，二个峰位。这样就可用四个参数描述一组对称峰，减少了拟合参数。

在复杂的穆斯堡尔谱线中，除了有 N 对强度、线宽基本相等的

峰之外，还有单峰M个，则它们不形成限制条件。根据条件极值原理可将式(5.2)变为以下形式：

$$Y(x)=B-\Bigg[\sum_{i=1}^{N}\Bigg(\frac{Y(0)_i}{1+\left(\frac{x-x(0)_i}{\Gamma_i/2}\right)^2}+\frac{Y(0)_i}{1+\left(\frac{x-(x(0)_i+L_i)}{\Gamma_i/2}\right)^2}\Bigg)+\sum_{i=1}^{M}\Bigg(\frac{Y(0)_i}{1+\left(\frac{x-x(0)_i}{\Gamma_i/2}\right)^2}\Bigg)\Bigg], \tag{5.19}$$

式中的 L_i 表示对称峰的峰位的差值。

按照高斯-牛顿算法的推导方法(5.2.1 节) 分别推导式 (5.17) 和式(5.19)，即可形成迭代。

5.2.3 阻尼最小二乘方法

阻尼最小二乘方法又称为麦夸特法[13]，其实这就是对高斯-牛顿算法的改进。在高斯-牛顿算法中 (5.2.1 节)，我们已得到矩阵 $\boldsymbol{A}$[见式(5.7)]，不过其中矩阵 $\boldsymbol{A}$ 还应加一项 $P\Delta_{ij}$，即为

$$\boldsymbol{A}_{ij}=\sum_{\gamma=1}^{M}\frac{1}{Y_\gamma}\frac{\partial Y(x)}{\partial q_i}\frac{\partial Y(x)}{\partial q_j}+P\Delta_{ij}, \tag{5.20}$$

其中 P 为阻尼因子，是大于或等于零的数，Δ_{ij} 是一个符号，它表示：

$$\Delta_{ij}=\begin{cases}1 & 当\ i=j\ 时，\\ 0 & 当\ i\neq j\ 时。\end{cases} \tag{5.21}$$

当 $P=0$ 时，麦夸特法就退化成高斯-牛顿法；当 $P>0$ 时，麦夸特法迭代比用高斯-牛顿法收敛性要好。

麦夸特算法是高斯-牛顿法和最速下降法之间的折衷方案。我们已知道，高斯-牛顿法是将非线性方程组线性化，然后求出近似解；而最速下降法是求函数极小值，即寻找使目标函数 χ^2 为极小的一组参数值。最速下降法对参数的初估值的要求条件不苛刻，即

使初估值偏离大一些，也总能使迭代收敛．但是最速下降法的特点是“最速”，在开始迭代的前几步附近的局部区域十分有效，而后，收敛速度越来越慢，这种方法需很长的计算时间，一般不采用．

麦夸特法就是具有高斯-牛顿算法和最速下降法的长处，避其短处的一种较好的方法．从式(5.4)与式(5.8)的比较中可以看出，矢量 $\boldsymbol{D}$ 的方向就是在 q_0 附近 χ^2 的负梯度方向（称为最速下降方向），即从 q_0 点出发，沿此方向对参数修正，只要步长不太大，χ^2 必然会有所下降．但我们又看到，如只按此方向逼进速度很慢．利用高斯-牛顿算法，收敛速度较快．从数学上可以证明，随着阻尼因子 P 值的增大，参数修正方向接近于最速下降方向，只要 P 值足够大，必能使 χ^2 值下降．但 P 值太大时也会使收敛速度降低，可见 P 值的选取十分重要．所以在计算中可用式(5.21)作为一个是否收敛的判据．当迭代收敛时，$P=0$，麦夸特法退化成高斯-牛顿法，使迭代速度保持较快；当迭代不收敛时，增加 P 值，使其大于零，使参数朝着接近最速下降方向修正，最后使计算收敛．

实践证明，在计算时初值给的较差，用高斯-牛顿法不易收敛，而用麦夸特法则能收敛．当然实在太差的初值，用麦夸特法也是会失败的．

5.2.4 含修正因子的高斯-牛顿法

在高斯-牛顿算法中，为了减少泰勒级数展开后略去高次项所引起的误差，我们将 q_i 写成式(5.12)的形式，即加入了一个 t_i 优化因子．除了这种方法之外，还有本节介绍的含修正因子的高斯-牛顿法[14]．

大家知道，经泰勒级数展开后的近似式(5.5)，其近似程度取决于自变量增量 δq_i 的大小，若 $|\delta q_i|$ 较大，则 δq_i 的二次项及二次以上项就不能忽略．即使 $|\delta q_i|$ 不大，但和 $\partial Y(x)/\partial q_i$ 相比，相对值就很大，此时被忽略的二次项及二次以上项的值，就会使式(5.9)的系数矩阵中元素关系发生变化，出现病态．

为此，在泰勒级数展开式中除了取一次近似式外，再加一修正

项 α_j，即式(5.5)成为

$$Y(x)=Y_0(x)+\sum_{i=1}^{3N+3}\frac{\partial Y(x)}{\partial q_i}\delta q_i+\alpha_j. \qquad (5.22)$$

为了推导和书写方便，假设基线项中三个参数 B,C,θ 用一个常数 b 表示，这样，$i=1,2,\cdots,3N+1$. 另外，$1/Y_r$ 记为 W_r，δq_i 记为 Δq_i，$Y(x)$ 记为 F_j. 这样，式(5.22)可写为

$$F_j=F_j^0+\sum_k\frac{\partial F_j}{\partial q_k}\Delta q_k+\alpha_j, \qquad (5.23)$$

α_j 用来补偿被截断的误差. 它的值和 $\Delta q_k,F_j$ 的二阶及二阶以上的导数有关，实际上

$$\alpha_j=\frac{1}{2}(\Delta q,H_0\Delta q)+\cdots, \qquad (5.24)$$

其中

$$H_0=\begin{bmatrix}\dfrac{\partial^2F_j}{\partial q_1\partial q_1} & \dfrac{\partial^2F_j}{\partial q_1\partial q_2} & \cdots & \dfrac{\partial^2F_j}{\partial q_1\partial q_{3N+1}}\\ \cdots\cdots & \cdots\cdots & \cdots\cdots & \\ \dfrac{\partial^2F_j}{\partial q_{3N+1}\partial q_1} & \dfrac{\partial^2F_j}{\partial q_{3N+1}\partial q_2} & \cdots & \dfrac{\partial^2F_j}{\partial q_{3N+1}\partial q_{3N+1}}\end{bmatrix}.$$

取

$$\begin{aligned}\alpha_j&=\alpha_{1j}\Delta q_1+\alpha_{2j}\Delta q_2+\cdots+\alpha_{(3N+1)j}\Delta q_{(3N+1)}\\&=\sum_{l=1}^{3N+1}\alpha_{lj}\Delta q_l. \qquad (5.25)\end{aligned}$$

将式(5.23)代入式(5.4)，并替换下标，同时令

$$\sum_{k=1}^{m}\frac{\alpha_{ik}}{Y_k}\cdot\frac{\partial F_k}{\partial q_i}=C_{ij} \qquad (i=j=1,2,\cdots,3N+1),$$

这里 m 是道数，并可得到新的线性方程组的矩阵形式

$$(\boldsymbol{A}+\boldsymbol{C})\Delta q=\boldsymbol{D}, \qquad (5.26)$$

其中 $\boldsymbol{C}=(C_{ij})$. 式(5.26)可看作是式(5.11)中系数矩阵加上一个 $\boldsymbol{C}$ 矩阵. 因此，只要修正项 α_j 取得合适，式(5.26)总能解出一组符合要求的值. 关键是如何选取修正值 α_j，即如何确定矩阵 $\boldsymbol{C}$，由式(5.24)和式(5.25)可知

$$\alpha_{kj} = \sum_{r} \frac{\partial^2 F_j}{\partial q_k \partial q_r} \Delta q_r. \tag{5.27}$$

令

$$W_j = 1 + \left(\frac{x_j - x(0)_l}{\Gamma_l/2}\right)^2,$$

对于 $l = 1,2,3,\cdots,3N+1$，有

$$\frac{\partial^2 F_j}{\partial q_{3l-1}\partial q_{3l-1}} = -\frac{6Y(0)_l}{(\Gamma_l/2)^2 W_j^2}\left(1 - \frac{4}{3W_j}\right);$$

$$\frac{\partial^2 F_j}{\partial q_{3l-1}\partial q_{3l}} = \frac{-2}{(\Gamma_l/2)W_j^2}\left(\frac{x_j - x(0)_l}{\Gamma_l/2}\right) = \frac{1}{Y(0)_l}\frac{\partial F_j}{\partial q_{3l-1}};$$

$$\frac{\partial^2 F_j}{\partial q_{3l-1}\partial q_{3l+1}} = \frac{-4Y(0)_l}{(\Gamma_l/2)^2 W_j^2}\left(\frac{x_j - x(0)_l}{\Gamma_l/2}\right)\left(1 - \frac{2}{W_j}\right) = \frac{2}{\Gamma_l/2}\left(1 - \frac{2}{W_j}\right)\frac{\partial F_j}{\partial q_{3l-1}};$$

$$\frac{\partial^2 F_j}{\partial q_{3l-1}\partial q_k} = 0 \quad (k = 1,2,3,\cdots,3N+1,\ \text{且}\ k \neq 3l-1,\ 3l, 3l+1),$$

故

$$\begin{aligned}\alpha_{3l-1,j} &= \frac{-6Y(0)_l}{(\Gamma_l/2)^2 W_j^2}\left(1 - \frac{4}{3W_j}\right)\Delta x(0)_l + \frac{1}{Y(0)_l}\frac{\partial F_j}{\partial q_{3l-1}}\Delta Y(0)_l \\ &\quad + \frac{2}{\Gamma_l/2}\left(1 - \frac{2}{W_j}\right)\frac{\partial F_j}{\partial q_{3l-1}}\Delta(\Gamma_l/2) \\ &= \frac{-6Y(0)_l}{(\Gamma_l/2)^2 W_j^2}\left(1 - \frac{4}{3W_j}\right)\Delta x(0)_l + \left[\frac{\Delta Y(0)_l}{Y(0)_l} + \frac{2\Delta(\Gamma_l/2)}{(\Gamma_l/2)}\left(1 - \frac{2}{W_j}\right)\right]\frac{\partial F_j}{\partial q_{3l-1}};\end{aligned}$$

因而

$$C_{3l-1,k} = \sum_{j=1}^{m} \frac{1}{Y_j}\alpha_{3l-1,j}\frac{\partial F_j}{\partial q_k}$$

$$= \frac{-6Y(0)_l \Delta x(0)_l}{(\Gamma_l/2)^2} \sum_{j=1}^{m} \frac{\left(1-\frac{4}{3W_j}\right)}{Y_j W_j^2} \frac{\partial F_j}{\partial q_k}$$

$$+ \sum_{j=1}^{m} \left[\frac{\Delta Y(0)_l}{Y(0)_l} - \frac{2\Delta(\Gamma_l/2)}{(\Gamma_l/2)}\left(1-\frac{2}{W_j}\right)\right]$$

$$\times \frac{1}{Y_j}\left(\frac{\partial F_j}{\partial q_{3l-1}} \cdot \frac{\partial F_j}{\partial q_k}\right),$$

记

$$C_{3l-1,k} = \beta_{3l-1,k} + \gamma_{3l-1,k}\alpha_{3l-1,k}.$$

显然

$$-1 \leqslant 1-\frac{2}{W_j} < 1; \quad -1 < 1-\frac{4}{3W_j} < 1,$$

因此

$$\left.\begin{aligned} |\beta_{3l-1,k}| &\leqslant \frac{6Y(0)_l}{(\Gamma_l/2)^2}|\Delta x(0)_l| \sum_{j=1}^{m}\left(-\frac{1}{Y_j}\frac{1}{W_j^2}\frac{\partial F_j}{\partial q_k}\right), \\ |\gamma_{3l-1,k}| &\leqslant \frac{|\Delta Y(0)_l|}{Y(0)_l} + \frac{2|\Delta(\Gamma_l/2)|}{(\Gamma_l/2)}. \end{aligned}\right\} \quad (5.28)$$

同理可得

$$C_{3l,k} = \beta_{3l,k} + \gamma_{3l,k}\alpha_{3l,k},$$

$$\left.\begin{aligned} |\beta_{3l,k}| &\leqslant \frac{2|\Delta x(0)_l|}{(\Gamma_l/2)} \sum_{j=1}^{m}\left[-\frac{1}{Y_j}\frac{1}{W_j^2}\left(\frac{x_j - x(0)_l}{(\Gamma_l/2)}\right)\frac{\partial F_j}{\partial q_k}\right], \\ |\gamma_{3l,k}| &\leqslant \frac{4|\Delta(\Gamma_l/2)|}{(\Gamma_l/2)}. \end{aligned}\right\} \quad (5.29)$$

$$C_{3l+1,k} = \beta_{3l+1,k} + \gamma_{3l+1,k}\alpha_{3l+1,k},$$

$$\left.\begin{aligned} |\beta_{3l+1,k}| &\leqslant \frac{4Y(0)_l|\Delta x(0)_l|}{(\Gamma_l/2)^2} \sum_{j=1}^{m}\left[-\frac{1}{Y_j}\frac{1}{W_j^2}\right. \\ &\qquad \left.\times\left(\frac{x_j - x(0)_l}{(\Gamma_l/2)}\right)\frac{\partial F_j}{\partial q_k}\right], \\ |\gamma_{3l+1,k}| &\leqslant \frac{|\Delta Y(0)_l|}{Y(0)_l} + \frac{3|\Delta(\Gamma_l/2)|}{(\Gamma_l/2)}. \end{aligned}\right\} \quad (5.30)$$

一般可设

$$C_{ij}=\beta_{ij}+\gamma_{ij}\alpha_{ij}\qquad(i=j=1,2,3,\cdots,3N+1),\tag{5.31}$$

式中 β_{ij},γ_{ij} 称为修正因子.将式(5.31)代入式(5.26),得到的线性方程组会改善其病态。以上介绍的方法就是所谓含有修正因子的高斯-牛顿法。下面,我们讨论几个特例。如果我们令 β_{ij} 和 γ_{ij} 为零,这时就又退化成一般的高斯-牛顿算法。如果我们令

$$\beta_{ij}\begin{cases}P^2 & i=j,\\0 & i\neq j,\end{cases}$$

$$\gamma_{ij}=0\qquad(i,j=1,2,\cdots,3N+1),$$

这时又成为(5.2.3 节)阻尼最小二乘方法(麦夸特法),其中 P 为阻尼因子.

如果我们令

$$\beta_{ij}=0\qquad(i,j=1,2,\cdots,3N+1),$$

$$\gamma_{ij}=\begin{cases}-1 & i\neq j,\\0 & i=j.\end{cases}$$

此时,式(5.2 6)中系数矩阵变成对角矩阵,其解可不用矩阵运算而直接求出。

5.2.5 不求逆矩阵的高斯-牛顿法

Slavic[15] 提出了一种非线性的不求逆矩阵最小二乘法,并把它用于复杂的高斯型谱线的分析。利用此方法也可以分析洛伦兹线型的穆斯堡尔谱。

我们知道,在高斯-牛顿算法中,为了求解(5.11)式中的 Δq_i,需要通过计算矩阵 A 的逆矩阵 A^{-1},特别是在要拟合的峰较多,且重叠又十分严重的情况下,需要求解阶数相当大的逆矩阵,这是使计算发散的主要原因之一。而不求逆矩阵的方法能很好的解决这一问题。

假设我们令 $\Delta Y(x)$ 为实验值与理论计算值之差,即

$$\Delta Y(x)=Y(x)_{实验}-Y(x)_{理论},$$

第 j 个参数的修正值是 Δq_j,在第 k 次迭代时可由下面方程给出:

$$H^{(k-1)}\Delta q^{(k)} = p^{(k)}\tilde{u}^{(k-1)}DE^{(k-1)}, \tag{5.32}$$

这里，$u = \{u_{ij} = \partial Y(x)_i/\partial q_j\}$，$i = 1,2,\cdots,M; j = 1,2,\cdots,N$。$\tilde{u}$ 表示为转置矩阵，$E = \{\Delta Y(x)_i\}$ 是M维误差矢量，$D = \mathrm{diag}\{Y(x)_i^{-1}\}$ 是 (M,M) 对角权矩阵，并且

$$H^{(k-1)} = \tilde{u}^{(k-1)}Du^{(k-1)}, \tag{5.33}$$

p 是迭代过程中影响速率和收敛的任意常数。假如迭代过程是收敛时，$p^{(k)} = 1$；如果迭代过程是发散的，$p^{(k)} = 0.5p^{(k-1)}$。为了克服由于对H求逆矩阵带来的困难，注意到上述的 $p^{(k)}$ 实际上是可任意选取的数值(或矩阵)。可以证明，总可以构成一个(N,N)维矩阵 B，它使得

$$\{H^{(k-1)}\}^{-1}B^{(k-1)} = Q^{(k-1)}, \tag{5.34}$$

这里 $Q = \mathrm{diag}\{hij^{-1}\}$ 是 (N,N) 维对角矩阵，其对角元素恰好等于上式中 H 矩阵对角元素的倒数。通过矩阵运算可以得到

$$\Delta q_j = \frac{\sum_{i=1}^{M} W_i[\Delta Y(x)]\left[\frac{\partial Y(x)_i}{\partial q_j}\right]}{\sum_{i=1}^{M} W_i\left[\frac{\partial Y(x)_i}{\partial q_i}\right]^2}, \tag{5.35}$$

其中，$W_i = 1/Y(x)_i$。根据以下条件即可形成迭代：

$$q_i^{(k+1)} = q_i^k + p^{(k)}\cdot\Delta q_i^k.$$

此方法由于不用求逆矩阵，不仅避免了由于初值估计不准确而使矩阵H变成奇异而失败的困难，而且也放松了对初估值准确度的要求，这为求解复杂谱带来方便。

此算法的误差可作如下估计．若在计算中，令

$$g_i = \sum_{\gamma=1}^{M} W_\gamma\left[\frac{\partial Y(x)}{\partial q_i}\right]^2, \tag{5.36}$$

$$\mathscr{G}_j = \sum_{\gamma=1}^{M} W_\gamma\left[\frac{\Delta Y(x)}{\Delta q_i}\right]^2. \tag{5.37}$$

如果我们选定的参加计算的初值参数在拟合中足够好时，那么

$$\Delta Y(x) = Y(x)_{实验} - Y(x)_{理论}$$

的差就足够小，因此它遵循

$$g_j \leqslant \mathscr{G}_j, \tag{5.38}$$

即

$$g_i \leqslant \sum_{\gamma=1}^{M} W_\gamma \left(\frac{\Delta Y(x)}{\Delta q_i}\right)^2,$$

所以

$$\Delta q_i = \frac{1}{\sqrt{g_i}} \cdot F, \tag{5.39}$$

并且

$$F = \sqrt{\sum_{\gamma=1}^{M} \frac{\Delta Y(x)^2}{Y(x)}}. \tag{5.40}$$

因此，只要理论计算值 $Y(x)_{理论}$处在 $Y(x)_{实验} \pm \sqrt{Y(x)_{实验}}$范围内,则计算就是足够好,并且计算误差就小于统计误差。

对于以上的推导结果，如果从高斯-牛顿算法的推导为出发点,利用矩阵对角化定义,同样可得到相同的结果[1]。

在高斯-牛顿算法中，我们已给出洛伦兹线型的表达式式(5.2)。为了求解 Δq_i,已经得到了式(5.7)，(5.8)和(5.11)。因为 $i = j = 1,2,3,\cdots,3N+3$，所以式(5.7)又可写成

$$A_{ii} = \sum_{\gamma=1}^{M} \frac{1}{Y_\gamma} \left[\frac{\partial Y(x)}{\partial q_i}\right]^2. \tag{5.41}$$

又根据矩阵对角化定义,可得

$$A_{ii}^{-1} = 1 \Big/ \left\{\sum_{\gamma=1}^{M} \frac{1}{Y_\gamma} \left[\frac{\partial Y(x)}{\partial q_i}\right]^2\right\}. \tag{5.42}$$

将式(5.8)和式(5.42)代入式(5.11),得到

$$\Delta q_i = \left\{\sum_{\gamma=1}^{M} \frac{1}{Y_\gamma} [Y_\gamma - Y(x)] \left[\frac{\partial Y(x)}{\partial q_i}\right]\right\}$$

$$\times \left\{\sum_{\gamma=1}^{M} \frac{1}{Y_\gamma} \left[\frac{\partial Y(x)}{\partial q_i}\right]^2\right\}^{-1}. \tag{5.43}$$

因此,若非对角元素比对角元素小得多,则可近似将非对角元素当作零,将A看成是对角矩阵，于是 A^{-1}也是对角的，故 A^{-1} 的对角元素与A的对角元素互为倒数。只要我们计算出 $\Delta Y = Y_\gamma -$

$Y(x)$ 及对每个 q_i 的偏导数，就可计算出每个参数的修正值 Δq_i。这样就不需要求解逆矩阵 A^{-1} 了.

5.2.6 考虑原子核的能级分裂和跃迁的计算方法

前面几节中[式(5.2.1)—(5.2.5)]，我们介绍的方法都是以洛伦兹曲线的强度、线宽和峰位等参数作为变量进行最小二乘方法拟合的，并由拟合结果去计算穆斯堡尔谱的能级分裂、跃迁强度等超精细相互作用参数. 其优点是方法简便，容易在数学上实现. 缺点是有时拟合得到的解，其物理意义不明确.

本节介绍的方法与上述方法不同，是以不同环境的穆斯堡尔核的超精细参数值作为拟合的参变量，根据解析基态和激发态哈密顿算符的本征方程，量子跃迁概率来求解穆斯堡尔谱线强度、线宽和峰位[17—19]，因而此种方法较为复杂. 但是拟合结果比较合理，物理意义比较明确. 故受到穆斯堡尔谱学工作者的重视（其原理可参看第三章）. 法国学者 Teillet 等编制的程序就属于这一种。

5.2.7 自洽拟合法

以上介绍的几种方法都是利用最小二乘方拟合法. 本节介绍的自洽拟合法[21]是不用最小二乘方拟合方法，这种方法的基础是微扰计算. 将测得的实验谱看成是一系列单峰曲线的叠加. 单峰曲线的表示函数形式记为 P_n，n 表示各个单峰的序数. P_n 可以为各种函数形式，例如可以是洛伦兹线形，也可以是高斯线型等等. 故此方法不仅可以拟合穆斯堡尔谱，而且还可以拟合其它线型的谱线.

令 $S(i)$ 为实验谱的函数，用一组未归一化的基础函数 $P_n(Y_n, i)$ 的线性组合和统计分布 $ST(i)$ 项来表示，即

$$S(i) = \sum_{n=1}^{N} P_n(Y_n, i) + ST(i), \tag{5.44}$$

这里 $Y_n = \{Z_{k,n}\}$ 是基础函数 P_n 的一组待确定的自由参数. 从

式(5.44)出发，我们考虑如下函数：

$$\tilde{P}(Y_n^m, i) = S(i) - \sum_{j=1}^{n-1} P_j(Y_j^m, i) - \sum_{j=n+1}^{N} P_j(Y_j^{m-1}, i). \quad (5.45)$$

它是第 n 个峰在微扰计算的意义上的第 m 级近似，$Y_n^m = \{Z_{k,n}^m\}$ 是要寻找的函数 Y_n 的第 m 级近似。式中 $\tilde{P}$ 表示基础函数 P_n 的不准确形式。从函数 $\tilde{P}$ 求各参数 $Z_{k,n}^m$，可由形式算符 $\hat{E}_k$ 决定，即

$$Z_{k,n}^m = \hat{E}_k \tilde{P}(Y_n^m, i). \quad (5.46)$$

从式(5.45)和式(5.46)，利用自洽法我们可以确定参数 Y_n。借助于形式算符 $\hat{E}_k$，可以由基础函数 P_n 去拟合单峰，并且有明显的意义.这个问题采用最小二乘法也能够解决.然而，由于式(5.46)的解比较简单，故可以用它来分析、求解，因为 $\tilde{P}$ 函数包含统计分布 ST，简单分析拟合是没有意义的。所以首先使用一个所谓的“滤波器”，将统计涨落减弱，这个“滤波器”对 $\tilde{P}(Y_n^m, i)$ 的高频贡献部分有较强的阻尼作用[22]。整个宽度 $2l_0+1$ 叠加的二项式分布 $\hat{F}_{l_0}$ 就是“滤波器”，于是有

$$\hat{F}_{l_0}\tilde{P}(Y_n, i) = \sum_{l=-l_0}^{l_0} \frac{1}{4l_0}\binom{2l_0}{l+l_0}\tilde{P}(Y_n, i+l). \quad (5.47)$$

假定使用的基础函数由为数不多的傅里叶项组成，$\hat{F}_{l_0}$ 算符主要作用于 $ST(i)$.

大家知道，一个函数用傅里叶函数表示可写为

$$N(i) = a_0 + \sum_{n=1}^{n_g}\left[a_n \cos\left(\frac{\pi}{I} n_i\right) + b_n \sin\left(\frac{\pi}{I} n_i\right)\right], \quad (5.48)$$

这里 $n_g = (I-1)/2$，$0 \leqslant i \leqslant I$. 用傅里叶函数表示，可将式(5.71)写为

$$\hat{F}_{l_0}N(i) = a_0 + \sum_{n=1}^{n_g} g_n \left[a_n \cos\left(\frac{\pi}{I} n_i\right) + b_n \sin\left(\frac{\pi}{I} n_i\right)\right], \quad (5.49)$$

这里 $g_n = \cos^2 l_0\left(\frac{\pi}{I} n\right)$.

从以上可以看出，算符 $\hat{F}_{l_0}$ 对傅里叶系数的阻尼作用随频率

$\frac{\pi}{l}n$ 而增加，下降的情况可由 l_0 参数调整。由 $\hat{F}_{l_0}$ 的循环形式和二项式分布 $\binom{n}{m}$，在它的系数 n 为奇数时，有

$$\binom{n+2}{m+1}=\binom{n}{m+1}+2\binom{n}{m}+\binom{n}{m-1}, \tag{5.50}$$

$$1\leqslant m\leqslant n,\quad n\geqslant 2.$$

由此可以得到以下关系:

$$\hat{F}_{l_0}N(i)=\hat{F}_1 l_0 N(i), \tag{5.51}$$

即将算符 $\hat{F}_1$ 连续作用 l_0 次，等于 $\hat{F}_{l_0}$ 算符作用一次。

假如我们施加算符$(1-\hat{F}_{l_0})$在函数 $f(i)$ 上，我们可以得到

$$(1-\hat{F}_{l_0})f(i)=\frac{1}{4l_0}\left\{\left[4l_0-\binom{2l_0}{l_0}\right]f(i)\right.$$

$$\left.\times\sum_{l=1}^{l_0}\binom{2l_0}{l+l_0}[f(i-l)+f(i+1)]\right\}. \tag{5.52}$$

从二项式分布的规一化条件

$$4l_0=\binom{2l_0}{l_0}+2\sum_{l=1}^{l_0}\binom{2l_0}{l+l_0}, \tag{5.53}$$

又可写为

$$4l_0-\binom{2l_0}{l_0}=2\sum_{l=1}^{l_0}\binom{2l_0}{l+l_0}, \tag{5.54}$$

这样式(5.52)可写为

$$(1-\hat{F}_{l_0})f(i)=-\frac{1}{4l_0}\left\{\sum_{l=1}^{l_0}\binom{2l}{l+l_0}[f(i-l)\right.$$

$$\left.-2f(i)+f(i+l)]\right\}. \tag{5.55}$$

最后，我们又可写为

$$(1-\hat{F}_{l_0})f(i)=-\frac{1}{4l_0}\sum_{l=1}^{l_0}\binom{2l_0}{l+l_0}l^2f_l^{(2)}(i), \tag{5.56}$$

为了从函数 $\hat{P}$ 中计算参数 $Z_{k,n}^m$，下面引进一个算符 $\hat{E}_k$，$\tilde{E}_k$ 为它的近似形式，即

$$Z^m_{k,n} = \tilde{E}_k \hat{F}_{l_0} \tilde{P}(Y^m_n,\ i). \tag{5.57}$$

利用对单一参数 Y^m_n 的变化敏感的某些选择值 $\hat{F}_{l_0}\tilde{P}(Y^m_n, i)$，可以较简单的计算 $\tilde{Z}^m_{k,n}$ 参数。例如，对于一个单峰可以用抛物线近似，它由峰的顶端附近的三个点 $\hat{F}_{l_0}\tilde{P}(Y^m_n, i)$ 来确定。这样可近似求出此单峰的位置和强度。现在，在修正因子概念的帮助下，从近似参数 $\tilde{Z}^m_{k,n}$ 中可以计算出所需参数 $Z^m_{k,n}$。$K^m_{k,n}$ 是参数 $\tilde{Z}^m_{k,n}$ 的修正因子的第 m 次近似

$$Z^m_{k,n} = K^m_{k,n} \tilde{Z}^m_{k,n}. \tag{5.58}$$

为了计算修正因子，我们考虑以下参数的比值：

$$K^m_{k,n} = \frac{K^{m-1}_{k,n}\tilde{Z}^m_{k,n}}{\tilde{E}_k \hat{F}_{l_0} P_n(K^{m-1}_{k,n}\tilde{Z}^m_{k,n},\ i)}, \tag{5.59}$$

式中 $\tilde{E}_k \hat{F}_{l_0} P_n(K^{m-1}_{k,n}\tilde{Z}^m_{k,n}, i)$ 是 $\tilde{E}_k \hat{F}_{l_0}$ 作用在由 $K^{m-1}_{k,n}\tilde{Z}^m_{k,n}, i$ 构成的基础函数 P_n 上得到的。

从上述我们可以看到，不仅参数 $Z_{k,n}$ 要由迭代确定，而且修正因子 $K_{k,n}$ 也需要由迭代确定。我们注意到，对参数 $K^m_{k,n}$ 的计算比对参数 $Z^m_{k,n}$ 计算容易的多，因为在式(5.59)中仅有一个基础函数 P_n，并且没有 $\tilde{P}_n$，修正因子偏离 1 很少，使得计算收敛是非常好的。

为了找峰，我们从谱 $S(i)$ 中定义一个辅助函数 $W(i)$，即

$$W(i) = (1 - \hat{F}_{l_2})S(i), \tag{5.60}$$

这个函数与差值 n 的二级商差相联系的

$$f^{(2)}_n(i) = \frac{f(i-n) - 2f(i) + f(i+n)}{n^2}, \tag{5.61}$$

根据式(5.56)可知

$$(1 - \hat{F}_{l_2})f(i) = -\frac{1}{4l_2}\sum_{l=1}^{l_2}\binom{2l_2}{l+l_2} l^2 f^{(2)}_l(i), \tag{5.62}$$

辅助函数式(5.60)是对不同距离的 $f^{(2)}_l(i)$ 的加权平均值。这种平均值与单差商比较要好，单差商通常展示较强的统计涨落，且只能使用在窄峰的条件下。

使用算符 $\hat{F}_{l_1}$ 作用到辅助函数 $W(i)$ 上，可进一步减少统计

涨落。使 $(l_1+1)/(l_2+1)$ 的值为3/2是合适的。且零级近似的结果与 l_1 和 l_2 只有很弱的依赖关系。因此，对于线宽基本近似的峰参数 l_1 和 l_2 可以固定。

第一峰的强度可用下式近似计算：

$$A_0^1 = S(x_0^1), \tag{5.63}$$

而其它的峰可用下式进行近似计算：

$$AN_0^n = S(x_n^0) - \sum_{q=1}^{n-1} P_q(Y_q^0, x_n^0). \tag{5.64}$$

对于高斯和洛伦兹函数，上式都可作为基础函数近似使用。

为了确定峰是否有意义，采用的判据(最大误差)是

$$\hat{F}_{l_1}W(i) - \frac{1}{2}\sqrt{\frac{S(i)}{l_1}} - 1 \geqslant 0, \tag{5.65}$$

这里 $\frac{1}{2}\sqrt{S(i)/l_1}$ 是 $\hat{F}_{l_1}W(i)$ 的误差近似值。式(5.65)的可靠度为99.8%。

利用自洽法求得的参数 $Z_{k,n}$ 的统计误差可由下式确定：

$$M(Z_{k,n}) = \pm\sqrt{\sum_{k=1}^{R}\left\{M_M[S(i_k)]\frac{\partial}{\partial S(i_k)}\widetilde{E}_k\hat{F}_{l_0}\widetilde{P}(Y_n^\infty, i_k)\right\}^2}, \tag{5.66}$$

其中 i_k 包括与坐标 $\widetilde{P}(Y_n^m, i_k)$ 相应的各自变量，$\widetilde{P}(Y_n^m, i_k)$ 是利用(5.57)式近似计算各参数时使用。

5.2.8 比较法

分析穆斯堡尔谱的比较法也是一种非最小二乘方法[23,25]，其特点是以较高的精度和比较简单的方法将穆斯堡尔谱进行比较，以此判断它们是否全同.此方法在考古和地质学上有特殊的应用.因此，在这里作为拟合方法中具有代表性的一种方法进行介绍.

计算相关系数 ρ 是一个较常用的方法，它可以写成

$$\rho = \frac{\int_{-\infty}^{+\infty}\alpha_1(v)\alpha_2(v)dv}{\left[\int_{-\infty}^{\infty}\alpha_1^2(v)dv\int_{-\infty}^{+\infty}\alpha_2^2(v)dv\right]^{\frac{1}{2}}}, \tag{5.67}$$

式中，α_1 和 α_2 是 γ 射线的吸收系数，v 是放射源与吸收体的相对速度。由 Schwartz 不等式[25]，一般有 $0 \leqslant \rho \leqslant 1$，$\rho$ 值的变化反映了两个谱线的相似程度。

作为一个简单的例子，我们考虑两个由洛伦兹线型组成的四极分裂谱，为了推导方便，假设它们的线宽和同质异能位移相同，而四极分裂不同，且让两个相关的谱线峰的最大位置都处在速度为 $\pm v_{01}$ 和 $\pm v_{02}$ 处(见图 5.2)。因此，对于洛伦兹线型的峰，有

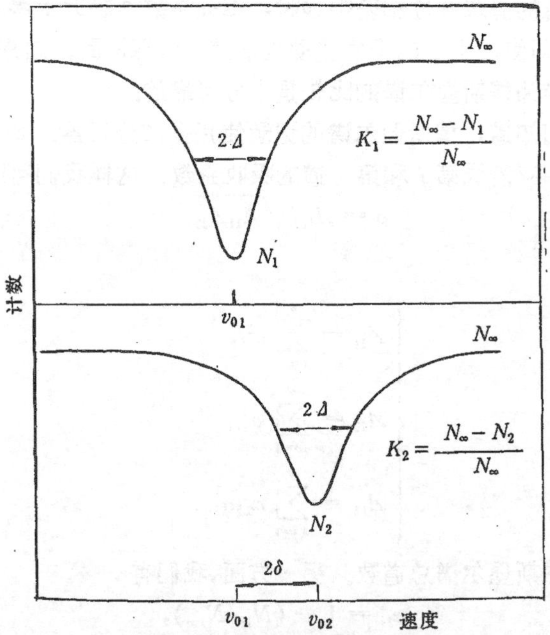

图 5.2 不同穆斯堡尔谱的洛伦兹峰
(K_1,K_2 为峰值处吸收系数).

$$\alpha_1(v)=\frac{K_1}{1+\left[\frac{v+v_{01}}{\Delta}\right]^2}+\frac{K_1}{1+\left[\frac{v-v_{01}}{\Delta}\right]^2},$$

$$\alpha_2(v)=\frac{K_2}{1+\left[\frac{v+v_{02}}{\Delta}\right]^2}+\frac{K_2}{1+\left[\frac{v-v_{02}}{\Delta}\right]^2},\tag{5.68}$$

式中，K_1 和 K_2 表示两个谱的最大吸收。将上式代入式(5.67)中，由于正负速度峰产生的乘积项很小，故可被忽略，我们可以得到

$$\rho=(1+\lambda^2)^{-1}, \tag{5.69}$$

其中

$$\lambda=(v_{01}-v_{02})/2\Delta。 \tag{5.70}$$

从上述我们可以知道，当两个谱线峰的间隔位置类似时，相关系数 $\rho=1$；当两个谱的谱线峰位相差一个谱线宽度 2Δ 时，则 $\rho=0.5$；当两个谱的谱线峰位相差很远时，相关系数 ρ 趋近于零。在实际情况中，即使产生小的峰位移动也常常可以探测到。结果证明，相关系数作为穆斯堡尔谱的比较是十分可靠的。

我们知道，穆斯堡尔谱的记录使用多道分析器。令 α_{1i} 和 α_{2j} 分别为相应谱线第 i 和第 j 道的吸收系数。这样我们可以得到

$$\rho=A_{12}/\sqrt{A_{11}A_{22}}, \tag{5.71}$$

这里

$$\begin{cases} A_{11}=\sum\limits_{i=1}^{n}\alpha_{1i}^2, \\ A_{22}=\sum\limits_{j=1}^{n}\alpha_{2j}^2, \\ A_{12}=\sum\limits_{k=1}^{n}\alpha_{1k}\alpha_{2k}, \end{cases} \tag{5.72}$$

n 代表穆斯堡尔谱总道数。另一方面，我们有

$$\begin{aligned} \alpha_{1i}&=1-(N_{1i}/N_{1\infty}), \\ \alpha_{2j}&=1-(N_{2j}/N_{2\infty}), \end{aligned} \tag{5.73}$$

式中，N_{1i} 和 N_{2j} 代表相应谱线第 i 和第 j 道的计数，$N_{1\infty}$，$N_{2\infty}$ 代表远离共振处的计数。由于吸收系数的值十分小（$<10\%$），N_{1i}，N_{2j} 与 $N_{1\infty}$，$N_{2\infty}$ 只有微小的差别，于是 α_{1i} 和 α_{2j} 的误差

$$\begin{aligned} \delta\alpha_{1i}&\cong 1/\sqrt{N_{1\infty}}, \\ \delta\alpha_{2j}&\cong 1/\sqrt{N_{2\infty}}, \end{aligned} \tag{5.74}$$

在这里 $N_{1\infty}$ 和 $N_{2\infty}$ 的误差被忽略。这些量可由在若干道上的平均

计数确定，且比 N_{1i} 和 N_{2i} 更精确。对式(5.71)进行微分，并利用误差传递公式，相关系数 ρ 的实验误差为

$$\delta\rho = \rho \left[\left(\frac{A_{11}}{A_{12}^2} + \frac{1}{A_{22}}\right)\frac{1}{N_{2\infty}} + \left(\frac{A_{22}}{A_{12}^2} + \frac{1}{A_{11}}\right)\frac{1}{N_{1\infty}}\right]^{\frac{1}{2}}. \quad (5.75)$$

若两个需比较的穆斯堡尔谱有相同的计数，即 $N_{1\infty} \cong N_{2\infty} \equiv N_\infty$，则式(5.75)可再写成

$$\delta\rho = \left[\frac{1 + \rho^2 \dfrac{A_{11} + A_{22}}{A_{11}A_{22}}}{N_\infty}\right]^{\frac{1}{2}}. \quad (5.76)$$

5.2.9 蒙特卡罗方法[48]

蒙特卡罗方法是在 1946 年由美国人 Noriman 所设计的一个中子连锁反应程序，并由他将此程序命名为蒙特卡罗(Monte-Carlo)，后被人们共认为蒙特卡罗方法。随着科学技术的发展和大型高速电子计算机的出现，蒙特卡罗方法成为研究随机现象的一个有力的方法。近年来蒙特卡罗方法发展很快，现已成为计算数学和物理实验中不可缺少的组成部分，蒙特卡罗方法在许多研究领域中都有应用的实例。同样在穆斯堡尔谱学数据分析工作中，蒙特卡罗方法也逐步受到人们的重视，1973 年美国学者 Davidson 首先将该方法应用到穆斯堡尔谱的解析中去[26]。他给出了一种只利用谱线位置信息，并通过蒙特卡罗搜索系统，简便地获得 ^{57}Fe 穆斯堡尔超精细磁场 H_{nf}、四极分裂 ΔEQ、非对称参数 η、电场梯度主轴系统中 H_{nf} 的极角和方位角 θ 和 φ 值的程序[27]。

我们知道，在进行穆斯堡尔谱学的研究工作中，利用拟合技术可以得到超精细相互作用参数。但有时会遇到困难，首先，在一般情况下，只有一些参数才可以表示为谱线能量和强度的简单函数关系。其次，实验谱常常是一个或多个参数的展宽分布。为了解决此问题，通常采用三种办法：第一种办法是假定超精细参数，然后得到理论计算谱，最后与实验谱相比较[28]；第二种办法是利用实验谱所得到的谱线位置与假定的 24 种特定情况下（即 $\eta = 0$，

$\theta=0°,10°,20°,30°,40°, 50°, 60°, 70°,80°$ 和 $90°$; $\theta=0°$, $\eta=0.2,0.4,0.6,0.8,1.0$; $\varphi=90°,\theta=90°,\eta=0.2,0.4, 0.6, 0.8$; $\theta=90°, \varphi=0°, \eta=0.2,0.4,0.6,0.8,1.0$) 的参数相比较；第三种办法是将参数的不确定性看成峰位置的函数，然后利用一些计算公式拟合。利用蒙特卡罗方法计算穆斯堡尔谱的超精细相互作用参数是一种省时、简便的方法，特别是在样品比较厚的情况下更是如此。我们知道，在磁超精细场 H_{nf} 和电场梯度(EFG)张量 V_{ii}（具有主轴 x,y,z）的作用下，具有自旋 I 的原子核的能级的哈密顿量可以写为

$$\begin{aligned}\mathscr{H} = & g_I\mu_N H_{nf}[I_z\cos\theta + (I_x\cos\varphi + I_z\sin\varphi)\sin\theta] \\ & + \{e^2qQ/[4I(2I-1)]\}[3I_z^2 - I(I+1) \\ & + \eta(I_x^2 - I_y^2)], \qquad (5.77)\end{aligned}$$

这里 I_x, I_y, I_z 为角动量算符；g_I 为原子核 g 因数；μ_N 为核磁子；e 为质子电荷；Q 为原子核电四极矩；H_{nf} 为超精细场；θ 与 φ 为 H_{nf} 与电场梯度主轴的极角和方位角；

$$q = v_{zz}/e; \eta = (v_{zz} - v_{yy})/v_{zz}$$

称为不对称参数。经过选择合适的坐标轴，电场梯度是一张量

$$v_{xx} + v_{yy} + v_{zz} = 0,$$

使得 $|v_{zz}| \geqslant |v_{yy}| \geqslant |v_{xx}|$.很明显，对于轴对称的情况下，$\eta=0$，最大值可为 1，故可以保证 $0 \leqslant \eta \leqslant 1$.

对于 ^{57}Fe 来说(见图 5.3)，基态 $I=\frac{1}{2}$，核电四极矩 $Q=0$，$g_{1/2}=0.18048\pm0.00014$. 如果 $H_{nf}=0$，基态将会分裂成为两个能级 $\pm g_{1/2}\mu_N H_{nf}$；对于 $I=\frac{2}{3}$ 的第一激发态来说，核电四极矩 $Q \cong 0.21\pm0.03$, $g_{3/2}=-0.1031 \pm0.0001$，激发态将会分裂成为四个能级 E_1, E_2, E_3 和 E_4. 由于基态亚能级和激发态亚能级之间的 γ 跃迁都要遵从选择定则，故八个能级跃迁只能观察到六个，图中的虚线表示两个禁戒跃迁。八个跃迁能可写成

$$E_i \pm \left(\frac{1}{2} g_{1/2}\mu_N H_{nf}\right) \pm \delta, \qquad (5.78)$$

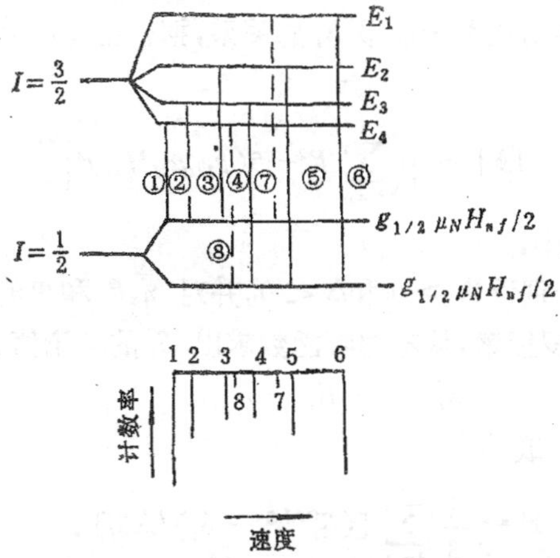

图 5.3 ^{57}Fe 穆斯堡尔吸收谱和核能级.

这里 δ 为中心位移. 如果超精细场 H_{hf}、四极分裂 Δ、不对称参数 η,θ 和 φ 能得到的话,通过计算处于激发态哈密顿的对角矩阵,便可得到 E_i 值. 现在的问题是如何从穆斯堡尔实验谱中得到以上五个参数 (H_{hf}, Δ,η,θ 和 φ). 首先利用最小二乘法对谱线峰位按独立的洛伦兹线型和能级相对应关系拟合得到峰位和 S_i 值. 从图中可看出

$$
\begin{aligned}
g_{1/2}\mu_N H_{hf} &= ⑤ - ③ = ④ - ②,\\
S_1 &= ⑥ - ⑤ = ⑦ - ③,\\
S_2 &= ⑤ - ④ = ③ - ②,\\
S_3 &= ④ - ⑧ = ② - ①.
\end{aligned}
\tag{5.79}
$$

从图 7.3 中我们还可以看到,四个 E_i 可以变成三个劈裂参数,因为

$$\sum_{i=0}^{4} E_i = 0,$$

即

$$
\begin{aligned}
S_1 &= E_1 - E_2,\\
S_2 &= E_2 - E_3,
\end{aligned}
\tag{5.80}
$$

$$S_3 = E_3 - E_4.$$

第二步利用位置与能级 E_i 的关系，拟合出能级分裂，然后利用下式：

$$|\Delta| = \left[\left(\sum_{i=0}^{4} E_i^2 - 5(g_{3/2}\mu_N H_{nf})^2\right]^{1/2} \tag{5.81}$$

求出 Δ 的大小.

第三步分别设 $\Delta > 0$ 和 $\Delta < 0$，并对 η, θ 和 φ 的分布随机取样，即蒙特卡罗搜索，从哈密顿函数求出 S_i 的理论值，即

$$S_i^{\mathrm{CALC}} = E_i - E_{i+1}, \tag{5.82}$$

这样 χ^2 可以写成为

$$\chi^2 = \frac{1}{3}\sum_{i=1}^{3}[(S_i^{\mathrm{CALC}} - S_i)/\Delta S_i]^2. \tag{5.83}$$

从以上的推导中我们可以看出，这种抽样的方法首先要根据对实验谱线峰位的拟合得到 $|\Delta EQ|$ 和 H_{nf} 后才能进行. 每次抽样都需要大量的搜索，从三维空间中随机选取（η, θ 和 φ）点，这个空间限制在 $0 \leqslant \eta \leqslant 1, 0 \leqslant \theta \leqslant 90°, 0 \leqslant \varphi \leqslant 90°$ 范围内，η, θ 和 φ 值的选择要使 χ^2 值极小，每一次搜索都以一定的步长连续进行，最后使 χ^2 值达到极小或小于确定的值($\chi^2 \ll \chi_0^2$)时停止计算. 利用蒙特卡罗方法拟合穆斯堡尔谱只需要给出峰位的初值，对峰的强度值可以忽略. 这是因为峰的强度与样品厚度有关，故从实验谱线中峰的强度中很难得到跃迁概率. 此外，峰的强度参数在蒙特卡罗计算中是不需要的，这是蒙特卡罗方法拟合穆斯堡尔谱与一般的高斯-牛顿方法相比较为显著的优点之一. 其次，蒙特卡罗方法不需要十分好的收敛性假设和苛刻的初估值参数.

§5.3 超精细磁场连续谱的分析方法

超精细磁场连续的穆斯堡尔谱的计算方法主要是在研究非晶态合金样品和小颗粒晶体样品(即微晶样品)问题时提出来. 因为非晶态合金的穆斯堡尔谱与晶态的穆斯堡尔谱不完全一样，一般

呈现出线宽较宽的六线谱，表明非晶合金谱线超精细磁场（内磁场）具有较宽的分布．故利用前面介绍的解析晶态穆斯堡尔谱的计算分析方法拟合非晶谱，显然是比较困难的．为此，发展了解析非晶合金的穆斯堡尔谱的解析方法。

在非晶合金的穆斯堡尔谱的分析中，如果能计算出超精细场的分布函数，即可得到磁矩 $P(M)$ 的分布、非晶态合金结构等微观信息。

前面我们已经提到，目前计算 $P(H)$分布主要有两类方法：一类是假设 $P(H)$的函数形式法；另一类是不假设 $P(H)$的函数形式法．假设已知超精细场H的分布函数 $P(H)$形式的方法原理比较简单[29,30]，即认为有许多具有不同H的亚谱按形式已知的 $P(H)$ 分布叠加成实验谱，然后用最小二乘法确定其中参数，由此计算出 $P(H)$值．这种方法的缺点是必须事先给出一个合理的 $P(H)$形式，而且此形式不能太复杂，否则难以计算．不假设 $P(H)$的函数形式法是目前适用性较广的一种方法．这种方法又可分为三种求解法，基本函数族展开 $P(H)$法主要是采用三角函数（Window 方法[31]）或二项式函数（Vincze 方法[32]）将 $P(H)$ 展开，系数待定；傅里叶分析法是将穆斯堡尔谱看成由许多亚谱与其分布权重 f 的卷积，利用亚谱中洛伦兹线型在傅里叶相空间中的性质，通过傅里叶变换消去亚谱的洛伦兹宽度，得到去卷积谱．根据去卷积谱和已知的超精细参量之间的关系便可确定 f，并由此确定 $P(H)$[33]；矩阵法以求解逆矩阵方法为基础的那些方法（如 Hesse 的步级函数解积分方程方法[34]，Le Caer 的能避免负分布值，并适用于窄分布情况的谱线方法等[35]）．对于晶态和非晶态共存的混叠谱，基本上也有三种方法．一种是采用剥离法先剥去晶态亚谱，然后计算非晶谱；第二种是按晶态谱和六个高斯型展宽的非晶谱的混合谱拟合；第三种是同时对非晶和晶相谱进行拟合方法。

5.3.1 Hesse 方法

Hesse 方法[34]，首先必须假设：(1)超精细磁场起主要作用，其它超精细参数的影响可以忽略，即四极劈裂为零，同质异能移位均相等；(2)对于不同超精细场的亚谱六个峰的面积比相等；(3)超精细场分布 $P(H)$ 正比于对应的亚谱面积，即假定不同近邻组态的铁原子的无反冲分数 f 相等.

实验上测得的非晶合金的穆斯堡尔谱记为 $S(v)$，将所测谱线的超精细磁场分成 N 等分，间隔为 ΔH，则最大超精细磁场 $H_{\max}=N\Delta H$，第 h 等分的超精细磁场 $H_h=h\Delta H$. 因此，所测量的穆斯堡尔谱线可近似写成如下形式：

$$S(v)=\sum_{h=0}^{H_{\max}} P(H_h)\cdot L_6(H_h,v), \tag{5.84}$$

其中 $P(H_h)$ 为超精细场分布函数，$L_6(H_h,v)$ 为内场 $H_h=h\Delta H$ 时标准的洛伦兹线型六线谱，$S(v)$ 为第 v 道的实验值. 式(5.84)可写成矩阵形式

$$S_v=P_h\cdot L_{h,v}, \tag{5.85}$$

S_v 是超精细场从 $0—H_{\max}$ 范围各种内场的叠加. 在实验测量中，由于内场分布中的统计涨落，考虑统计误差的影响，加上误差项 ε_v，式(5.85)为

$$S_v+\varepsilon_v=P_hL_{h,v}. \tag{5.86}$$

引入光滑因子 γ，需要满足以下条件：

$$\frac{\partial}{\partial P_i}\left[\sum_i (P_{i-1}-2P_i+P_{i+1})^2 + r^{-1}\sum_v \varepsilon_v^2\right]=0. \tag{5.87}$$

将上式写成矩阵形式

$$(L_{h,v})^T\varepsilon+\gamma\cdot D\cdot P=0, \tag{5.88}$$

其中

$$D=\begin{pmatrix} 1, & -2, & 1, & 0, & 0, & 0, & \cdots \\ -2, & 5, & -4, & 1, & 0, & 0, & \cdots \\ 1, & -4, & 6, & -4, & 1, & 0, & \cdots \\ 0, & 1, & -4, & 6, & -4, & 1, & \cdots \\ 0, & 0, & & & & & \\ \vdots & \vdots & & & & & \end{pmatrix}.$$

根据式(5.86)和式(5.88),可以得到

$$P_h = [(L_{h,v})^T(L_{h,v}) + \gamma D]^{-1} \cdot (L_{h,v})^T S_v. \qquad (5.89)$$

5.3.2 Window 方法

Window 方法又称为傅氏级数法[31]。超精细磁场的分布函数由下式给出:

$$P(H) = \sum_{n=1}^{m} a_n f_n(H), \qquad (5.90)$$

式中 a_n 为展开系数，f_n 是超精细磁场分布在$H = 0$ 和 $H = H_{max}$ 之间的函数

$$f_n(H) = \cos(n\pi H / H_{max}) - (-1)^n. \qquad (5.91)$$

用傅里叶级数展开 f_n,这样由某个 f_n 分布贡献的谱为

$$S_n(v) = \int_0^{H_{max}} f_n(H) L_6(H, v) dH. \qquad (5.92)$$

由计算得到的谱可写成

$$S(v)_{理论} = \sum_{n=1}^{m} a_n S_n(v), \qquad (5.93)$$

其中未知的展开系数 a_n 可用使下式达到极小值的条件计算:

$$\sum_{v} [S(v)_{理论} - S(v)_{实验}]^2 = \min. \qquad (5.94)$$

由此可得到各展开系数 a_n 的超精细磁场的分布函数 $P(H)$。

5.3.3 非对称谱线的拟合方法

用 Hesse 法或 Window 法拟合非晶合金谱的拟合质量依赖于亚谱六个峰的强度比、线宽和平均同质异能移位等参数的合理性。但实际上,准确估计这些参数值是困难的,为了得到好的拟合质量需要反复试算。另外，大多数非晶态合金的穆斯堡尔谱的六线峰都具有一定的非对称性，即峰的高度和宽度相对于谱线中心明显不对称。例如,图 5.4 所示的 $Fe_{78}Si_{10}B_{12}$ 非晶合金六个峰的线宽和强度不对称。如果按对称的谱线进行拟合,则过于简单化了,

而且得不到满意的拟合质量.

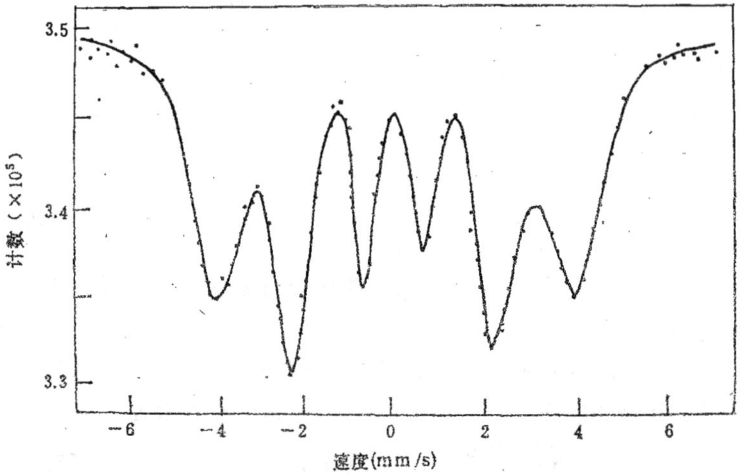

图 5.4 $Fe_{78}Si_{10}B_{12}$ 非晶合金的穆斯堡尔谱.

由于非对称的非晶合金穆斯堡尔谱存在超精细场 H_{nf}. 四极分裂 Δ 和化学移位 δ,而且三个超精细参数均取决于铁原子的近邻组态,故三者的分布之间必然同时存在密切的相关性,即假定三者有近似的线性关系[36]:

$$\begin{aligned} \Delta &= a \cdot H_{nf} + c, \\ \delta &= b \cdot H_{nf} + d. \end{aligned} \tag{5.95}$$

如果假设电场梯度轴向不对称参数 $\eta = 0$, 则相应于某个超精细场 H_{nf} 的亚谱的每个峰位为

$$P_k = H_{nf} \cdot (\alpha_k + a \cdot \beta_k + b) + (c \cdot \beta_k + d), \quad k = 1, 2, \cdots, 6, \tag{5.96}$$

式中 α_k 和 β_k 分别为超精细场 H_{nf} 和四极分裂 Δ 对峰位的影响系数。常数 a 和 b 为谱的非对称性参数，常数 c 和 d 仅影响六个峰的峰位，而与谱的非对称性无关. 以上四个参数的大小和正负决定着谱线非对称的类型和大小。考虑到这一点，再利用改进的 Hesse 方法拟合. 我们取目标函数为

$$\chi_m^2 = \sum_{n=1}^{N} [Y_e(n) - Y_t(n)]^2 / Y_e(n)$$

$$+ g \cdot \sum_{i=2}^{M_1'-1} (\Delta q_{i-1} - 2\Delta q_i + \Delta q_{i+1})^2$$

$$+ \lambda \cdot \sum_{i=1}^{M} \sum_{n=1}^{N} \left(\frac{\partial Y_t(n)}{\partial q_i} \cdot \Delta q_i \right)^2 \Big/ Y_e(n), \quad (5.97)$$

式中 $Y_e(n)$ 为实测谱在第 n 道上的计数，N 为谱的总道数，g 为光滑因子，λ 为阻尼因子。 各参数的修正量 $\Delta q = (\Delta q_1, \Delta q_{11})^T = (\Delta q_1, \Delta q_2, \cdots, \Delta q_M)^T$ 由 χ_m^2 取极小值的条件确定，经线性化处理可得到矩阵形式的迭代方程

$$(\boldsymbol{A}^{[l]} + g \cdot \boldsymbol{D} + \lambda^{[l]} \cdot \boldsymbol{C}^{[l]}) \Delta q^{[l]} = \boldsymbol{B}^{[l]}, \quad (5.98)$$

式中的光滑矩阵

$$\boldsymbol{D} = \begin{pmatrix} D_{11} & 0 \\ 0 & 0 \end{pmatrix},$$

$$\boldsymbol{D}_{11} = \begin{pmatrix} 1, & -2, & 1 & & & & \\ -2, & 5, & -4, & 1, & & & \\ 1, & -4, & 6, & -4, & 1 & & \\ & & 1, & -4, & 6, & -4, & 1 \\ & & & 1, & -4, & 5, & -2 \\ & & & & 1, & -2, & 1 \end{pmatrix}, \quad (5.99)$$

其它各矩阵的矩阵元为

$$A_{ij}^{[l]} = \sum_{n=1}^{N} \left[\frac{\partial Y_t(n)}{\partial q_i} \right]^{[l]} \cdot \left[\frac{\partial Y_t(n)}{\partial q_j} \right]^{[l]} / Y_e(n), \quad (5.100)$$

$$C_{ij}^{[l]} = \begin{cases} 0 & (i \neq j), \\ A_{ii}^{[l]} & (i = j), \end{cases} \quad (5.101)$$

$$B_i^{[l]} = \sum_{n=1}^{N} [Y_e(n) - Y_t^{[l]}(n)] \cdot \left[\frac{\partial Y_t(n)}{\partial q_i} \right]^{[l]} / Y_e(n), \quad (5.102)$$

式中的 $i, j = 1, 2, \cdots, M$。

当迭代开始，即 $l = 0$ 时，令 $\lambda^{[0]} = 0, q_1^{[0]} = 0$，仅给 $q_{11}^{[0]}$ 赋予

适当的初值．在上述条件下，理论谱对所有非线性参数的导数均为零．因此，式(5.98)简化为

$$\begin{pmatrix} A_{\mathrm{II}}^{[0]} & 0 \\ 0 & 0 \end{pmatrix}\begin{pmatrix} \Delta q_{\mathrm{I}}^{[0]} \\ \Delta q_{\mathrm{II}}^{[0]} \end{pmatrix} + g\begin{pmatrix} D_{\mathrm{II}} & 0 \\ 0 & 0 \end{pmatrix}\begin{pmatrix} \Delta q_{\mathrm{I}}^{[0]} \\ \Delta q_{\mathrm{II}}^{[0]} \end{pmatrix} = \begin{pmatrix} B_{\mathrm{I}}^{[0]} \\ 0 \end{pmatrix}. \quad (5.103)$$

由此可得第零次迭代时参数修正量的合理值为

$$\begin{cases} \Delta q_{\mathrm{I}}^{[0]} = (A_{\mathrm{II}}^{[0]} + g \cdot D_{\mathrm{II}}^{[0]})^{-1} B_{\mathrm{I}}^{[0]}, \\ \Delta q_{\mathrm{II}}^{[0]} = 0. \end{cases} \quad (5.104)$$

各参数值

$$\begin{cases} q_{\mathrm{I}}^{[1]} = q_{\mathrm{I}}^{[0]} + \Delta q_{\mathrm{I}}^{[0]} = (A_{\mathrm{II}}^{[0]} + g \cdot D_{\mathrm{II}})^{-1} B_{\mathrm{I}}^{[0]}, \\ q_{\mathrm{II}}^{[1]} = q_{\mathrm{II}}^{[0]} + \Delta q_{\mathrm{II}}^{[0]} = q_{\mathrm{II}}^{[0]}. \end{cases} \quad (5.105)$$

将式(5.105)与 Hesse 方法的结果对比可知，除了权重的考虑和基线参数可直接由式(5.105)解出这个特点外，两种解谱方法在本质上完全相同．因此，在第零次迭代时，上述方法实质上是一种改进了的 Hesse 法．

5.3.4 假定一个 $P(H)$ 函数形式法和矩形图法

(1) 假定一个 $P(H)$ 函数形式，然后用最小二乘方法拟合实验参数[29,30] 假定超精细磁场具有高斯型分布，其分布函数如以下形式：

$$P(q) = aqe^{(q-q_0)^2/b^2}, \quad (5.106)$$

其中，q 为超精细场强度，q_0 为六线谱峰位对应的超精细场强度，b 为高斯型超精细场分布曲线的半高半宽值，a 为归一化常数．各单一内场的基本谱是洛伦兹线型的六线谱．这样合成的谱是洛伦兹函数和高斯函数的卷积

$$Y(x) = E + \int_0^{\infty}\left[\sum_{i=1}^{6} \frac{Y(0)_i}{1 + \left(\dfrac{x - x(0)_i}{\Gamma_i/2}\right)^2}\right] aqe^{(q-q_0)^2/b^2} dq, \quad (5.107)$$

其中 E 为基线参数，a，q_0 和 b 等参数可用最小二乘方法拟合得到最佳值．

当然，对于超精细场也可以假定其它线型分布的函数形式，这

里就不详细介绍了.

(2) Histogram (矩形图)方法 Histogram 方法其实就是按照解分立谱线的方法(§ 5.3), 将非晶谱线分成 n 等分超精细场的叠加,每一超精细场用一组六线峰去拟合,令化学移位, 四极分裂为零,并将线宽固定,唯一变动强度[37].

5.3.5 Vincze 方法

Vincze 方法又称为傅里叶变换法[33], 为了简单起见,我们假定超精细参数的分布由 $P(h,s)$ 给出, 这里 h 代表超精细磁场或四极分裂, s 是化学移位或化学移位与四极分裂的组合. 归一化的 $P(h,s)$ 为

$$\iint P(h,s)dhds = 1. \tag{5.108}$$

上式积分区间为$-\infty$到$+\infty$,为了书写的方便以下同.

含有这种概率分布的穆斯堡尔谱在减去本底后可写成

$$S(v) = \iint P(h,s)L(h,s,v)dhds, \tag{5.109}$$

这里, v 是放射源和吸收体之间的相对速度, 并且

$$L(h,s,v) = \frac{1}{1+\left(\frac{v-h-s}{G}\right)^2} + \frac{1}{1+\left(\frac{v+h-s}{G}\right)^2}, \tag{5.110}$$

这里, G 是吸收峰的线宽, 并且假设所有谱线的线宽均相等(不考虑厚度效应). 当 $h = \Delta EQ/2 = Q$ $s = \delta$ 时, 式(5.110) 给出的是对应顺磁性 $^{57}Fe\left(\frac{3}{2} \to \frac{1}{2}\text{跃迁}\right)$ 四极分裂的穆斯堡尔谱. 当 h 正比于超精细场 H(经过适当的 g 因子组合), s 为四极分裂和化学移位的组合时,式(5.110) 给出的是对应 ^{57}Fe 磁分裂的六线谱中的一对谱线. 当此方法使用到其它核跃迁时, 式(5.110)将由适当的表达式取代.

定义 $S(v)$ 的傅里叶变换为

$$S(k) = \int S(v)e^{ikv}dv, \tag{5.111}$$

整理后为

$$S(k)=\left[\iiint P(h,s)2\cos(kh)e^{iks}dhds\right]\times(\pi Ge^{-G|k|}). \tag{5.112}$$

从洛伦兹贡献的 $S(k)$ 去卷积，定义 $S_{DC}(k)$

$$S_{DC}(k)=S(k)e^{G|k|}/2\pi G. \tag{5.113}$$

$S_{DC}(k)$ 经过傅里叶变换后，消除了穆斯堡尔谱的洛伦兹加宽，并且得到去卷积谱，$S'_{DC}(v)$ 为

$$S'_{DC}(v)=\frac{1}{2\pi}\int S_{DC}(k)e^{-ikv}dk, \tag{5.114}$$

使用式(5.112)和式(5.113)，可将式(5.114)写成

$$\begin{aligned}S'_{DC}(v)&=\frac{1}{2\pi}\iint P(h,s)\times\left[\int\cos(kh)e^{iks}e^{-ikv}dk\right]dhds\\&=S'^{偶}_{DC}(v)+S'^{奇}_{DC}(v).\end{aligned} \tag{5.115}$$

然后替代余弦函数，并利用狄拉克 δ 函数

$$\delta(x)=\frac{1}{2\pi}\int e^{ikx}dk, \tag{5.116}$$

可以得到 $S'_{DC}(v)$ 的对称部分

$$\begin{aligned}S_{DC}(v)&=S'^{偶}_{DC}(v)\\&=\iint P(h,s)\frac{1}{4}[\delta(h+s+v)\\&\quad+\delta(h-s+v)+\delta(-h+s+v)\\&\quad+\delta(-h-s+v)]dhds,\end{aligned} \tag{5.117}$$

而 $S'_{DC}(v)$ 的非对称部分由下式给出:

$$\begin{aligned}S^{奇}_{DC}(v)&=S'^{奇}_{DC}(v)\\&=\iint P(h,s)\frac{1}{4}[\delta(n+s-v)\\&\quad-\delta(h-s-v)+\delta(h-s+v)\\&\quad-\delta(h+s+v)]dhds.\end{aligned} \tag{5.118}$$

式(5.117)与式(5.118)是我们的基本方程，且包括了谱线洛伦兹展宽的去卷积后的所有信息。

在一些情况下，我们可以假设某种类型的超精细相互作用占优势。例如，对于 ^{57}Fe 来说，磁性和顺磁性谱以磁超精细相互作用或四极相互作用占优势。如果我们假设 $s \ll h$，那么式(5.117)和式(5.118)可近似写成

$$S_{DC}(v) = \int \frac{1}{2}[P(h=v,s)+P(h=-v,s)]ds$$

$$= \int P^{偶\cdot h}(h=v,s)ds, \tag{5.119}$$

$$S_{DC}^{奇}(v) = \int \frac{1}{2}\left[\frac{\partial P}{\partial h}(h=v,s)-\frac{\partial P}{\partial h}(h=-v,s)\right]sds$$

$$= \int \frac{\partial P^{偶\cdot h}}{\partial h}(h=v,\ s)sds. \tag{5.120}$$

下面讨论几种特殊情况。当 h 与 s 为各自独立的情况下，即超精细参数之间没有关系时，则它们的分布函数

$$P(h,s) = P_h(h)P_s(s), \tag{5.121}$$

这里

$$\int P_h(h)dh = 1,$$

$$\int P_s(s)ds = 1. \tag{5.122}$$

在这种情况下，有

$$S_{DC}(v) = P_h^{偶}(h=v), \tag{5.123}$$

$$S_{DC}^{奇}(v) = \bar{S}\,\frac{dP_h^{偶}}{dh}(h=v), \tag{5.124}$$

这里

$$\bar{S} = \int SP_s(s)ds. \tag{5.125}$$

当 h 与 s 是相关的情况下，即两个分布函数有参数关系，即 $s=s(h)$。假如 h 的分布由 $P(h)$ 给出$\left[这里\int P(h)dh=1\right]$，然而 s 的分布由下式给出：

$$P_s(s) = \frac{P[S^{-1}(s)]}{\frac{ds}{dh}[S^{-1}(s)]}, \tag{5.126}$$

这里 $h = S^{-1}(s)$ 为 S 的反函数。这样式(5.119)和式(5.120)又可写为

$$S_{\mathrm{DC}}(v) = P^{偶}(h = v), \tag{5.127}$$

$$S_{\mathrm{DC}}^{奇}(v) = \frac{d}{dh}[S(h) \cdot P(h)]^{偶}|_{h=v}. \tag{5.128}$$

如果 $h > 0$, $P(h)$ 的对称和非对称部分相同，即 $P(-|h| \equiv 0)$，而且 s 与 h 间是线性关系，那么式(5.128)可为直接确定 ds/dh 提供了一种方法

$$\frac{ds}{dh} = S_{\mathrm{DC}}^{奇}(v_m)/S_{\mathrm{DC}}(v_m). \tag{5.129}$$

从上式中可看出，$S_{\mathrm{DC}}^{奇}(v)$ 的值与 v_m 有关，且 v_m 是 $P(h)$ 为最大值时对应的 v。

5.3.6 Voigt 函数基方法

Rancourt 及平爵云发表了利用 Voigt 函数来拟合静态超精细参数分布的方法[50]。他们所提出的这种方法可用于分析已经过厚度修正的具有任意形状的静态超精细参数的分布，其基本思路如下：任意形状的超精细参数分布可以分解为若干个具有不同位置、宽度和权重的高斯分布之和，所对应的穆斯堡尔谱则可解析地表示为一系列 Voigt 函数之和，而后者可以用精度很高的 Padé 近似法来计算。下面分三种情况讨论。

(1) 中心移位分布　首先讨论最简单的情况，即当超精细场 $H = 0$，且四极分裂 $\Delta = 0$ 时，中心移位 δ 的分布可以表示为 N 个高斯分布之和。

$$P(\delta) = \sum_{i=1}^{N} p_i G_i(\delta_{0i}, \sigma_{\delta i}; \delta), \tag{5.130}$$

$$G_i(\delta_{0i}, \sigma_{\delta i}; \delta) = \frac{1}{\sqrt{2\pi}\sigma_{\delta i}} \exp[-(\delta - \delta_{0i})^2/(2\sigma_{\delta i}^2)], \tag{5.131}$$

式中 $P(\delta)$ 为中心移位分布的概率密度，p_i 为第 i 个高斯分量的权重，δ_{0i} 及 $\sigma_{\delta i}$ 分别表示为第 i 个高斯分量的中心位置及高斯宽度。归一化条件为

$$\int_{-\infty}^{\infty} P(\delta)d\delta = \int_{-\infty}^{\infty} G_i d\delta = \sum_{i=1}^{N} p_i = 1。\qquad (5.132)$$

与上述分布相应的穆斯堡尔谱为洛伦兹函数与分布的卷积。

$$C(v) = \int_{-\infty}^{\infty} L(\delta,\gamma,h;v)P(\delta)d\delta, \qquad (5.133)$$

$$L(\delta,\gamma,h;v) = \frac{h\cdot\gamma^2/4}{(v-\delta)^2+\gamma^2/4}, \qquad (5.134)$$

式中 γ 为洛伦兹线型的 FWHM,而 $C(v)$为速度 v 时的计数值。

由上述诸式可以导出穆斯堡尔谱

$$C(v) = \sum_{i=1}^{N} p_i V_i(\delta_{0i},\sigma_{\delta i},\gamma,h;v), \qquad (5.135)$$

$$V_i(\delta_{0i},\sigma_{\delta i},\gamma,h;\ v) = \int_{-\infty}^{\infty} L(\delta,\gamma,h;v)\cdot G_i(\delta_{0i},\sigma_{\delta i};\delta)d\delta, \qquad (5.136)$$

其中 V_i 为第 i 个 Voigt 函数，它是洛伦兹函数和相应的高斯函数的卷积。

利用精度很高的 Padé 近似法可以用下述的解析式来计算 Voigt 函数[51]。

$$V(\delta_0,\sigma_\delta,\gamma,h;\ v) = \sqrt{\pi}\cdot h\cdot y\sum_{k=1}^{4}\frac{g_k(y-a_k)+d_k(x-b_k)}{(y-a_k)^2+(x-b_k)^2}, \qquad (5.137)$$

其中

$$x = \frac{v-\delta_0}{\sqrt{2}\,\sigma_\delta},$$

$$y = \frac{\gamma}{2\sqrt{2}\,\sigma_\delta},$$

常数 a_k,b_k,g_k 及 $d_k(k=1,2,3,4)$列于表 5.1 之中。

(2) 四极分裂分布　假设超精细磁场 $H=0$，而四极分裂具有一定的分布，且中心移位与四极分裂之间存在线性耦和关系，即

$$\delta = \delta_0 + \delta_1\cdot\Delta \qquad (5.138)$$

其中 δ 及 Δ 分别为中心移位与四极分裂，δ_0 为 $\Delta=0$ 时的中心移位，而 δ_1 为中心移位与四极分裂间的线性耦合系数。同样，可以

表5.1 常数 a_k, b_k, g_k 及 d_k 的数值

k	a_k	b_k	g_k	d_k
1	−1.2150	1.2359	−0.3085	0.0210
2	−1.3509	0.3786	0.5906	−1.1858
3	−1.2150	−1.2359	−0.3085	−0.0210
4	−1.3509	−0.3786	0.5906	1.1858

将任意形状的四极分裂分布看作是一系列高斯分布之和，即

$$P(\Delta)=\sum_{i=1}^{N} p_i G_i(\Delta_{0i},\sigma_{\Delta i};\Delta), \tag{5.139}$$

其中 $P(\Delta)$ 为四极分裂分布的概率密度，Δ_{0i} 及 $\sigma_{\Delta i}$ 分别表示为第 i 个高斯分量的中心位置及高斯宽度。不难导出，相应的穆斯堡尔谱为

$$Q(v)=\sum_{i=1}^{N} p_i \sum_{j=-1,1} V_{ij}\Big(\delta_0+\delta_1\Delta_{0i}+j\Delta_{0i}/2, \left|\delta_1+\frac{j}{2}\right|\sigma_{\Delta i},\gamma,h_j;\ v\Big), \tag{5.140}$$

其中 V_{ij} 为 Voigt 函数，它同样可以采用式(5.137)来计算。

(3) *超精细磁场分布* 作为较普遍的情况是超精细磁场 H 不为零，且中心移位，四极分裂与超精细磁场间存在线性耦合关系，即

$$\begin{cases}\delta=\delta_0+\delta_1 z,\\ \varepsilon=\varepsilon_0+\varepsilon_1 z,\end{cases} \tag{5.141}$$

其中 δ, ε, z 分别为中心移位、四极分裂、超精细磁场。δ_0, ε_0 为 $z=0$ 时的 δ 及 ε 值，而 δ_1 为中心移位与超精细磁场间的耦合系数，ε_1 为四极分裂与超精细磁场间的耦合系数。按同样的思路可以将任意形状的超精细场分布看作是一系列高斯分布之和，即

$$P(z)=\sum_{i=1}^{N} p_i G_i(z_{0i},\sigma_{zi};z), \tag{5.142}$$

式中 $P(z)$ 为超精细磁场分布的概率密度，z_{0i} 及 σ_{zi} 分别表示为第 i 个高斯分量的中心位置及高斯宽度。不难导出，相应的穆斯堡尔谱为

$$H(v)=\sum_{i=1}^{N} p_i \sum_{j=1}^{6} V_{ij}(A_j + B_j z_{0i}, |B_j|\sigma_{zi}, \gamma, h_j; v), \quad (5.143)$$

其中 V_{ij} 为 Voigt 函数,并可用式(5.137)来计算,而 h_j, A_j 及 B_j 需根据表 5.2 中所列举的数据来计算。

表 5.2　h_j, A_j 及 $B_j(j=1,2,\cdots,6)$之计算式

j	I	I^*	h_j	A_j	B_j
1	$-1/2$	$-3/2$	$3h_3$	$\delta_0+\varepsilon_0$	$\delta_1+\varepsilon_1-(Z+3)/2$
2	$-1/2$	$-1/2$	αh_3	$\delta_0-\varepsilon_0$	$\delta_1-\varepsilon_1-(z+1)/2$
3	$-1/2$	$1/2$	h_3	$\delta_0-\varepsilon_0$	$\delta_1-\varepsilon_1-(z-1)/2$
4	$1/2$	$-1/2$	h_3	$\delta_0-\varepsilon_0$	$\delta_1-\varepsilon_1+(z-1)/2$
5	$1/2$	$1/2$	αh_3	$\delta_0-\varepsilon_0$	$\delta_1-\varepsilon_1+(z+1)/2$
6	$1/2$	$3/2$	$3h_3$	$\delta_0+\varepsilon_0$	$\delta_1+\varepsilon_1+(z+3)/2$

表中 $z=g/g^*=1.7509$。与取向有关的 α 值可在 0 与 4 之间变化。

拟合时可以逐步增加分布结构,令 $N=1,2,\cdots$, 逐步增加,并观察其收敛性。一般,$N=1$ 或 $N=2$ 就可得到很好的拟合,此时若再增大 N, 对 χ^2 及最后拟合出的超精细参数并无多大改变,平爵云等将这种新方法用于拟合 Fe-Ni 面心立方结构合金的穆斯堡尔谱,得出了较好的结果[52]。同样,将这种新方法用于 Al-Cu-Cr-Fe 准晶,得出了准晶中四极分裂的概率分布[53]。以上介绍的这种超精细参数分布的分析方法有如下的优点:

(1) 与传统的将连续分布视作间断的分布方法相比,计算结果较为准确,拟合参数的数目较少。

(2) 拟合结果不会出现振荡解或负概率解。

(3) 考虑了中心移位、四极分裂与超精细磁场之间的耦合关系,能得到较多的微观信息。

(4) 计算速度快,甚至可以在 IBM PC-XT 或相当的微机上进行拟合。

除了以上介绍的几种比较常用的分析方法之外,Wivel 等人介绍了用于重叠的超精细分布的改进方法[54]。Le Caer 等人介绍了计算超精细分布的新方法,并给出了一个 Validity (有效)图,该图对计算复杂的穆斯堡尔谱有一定的帮助[55]. Ruebenbauer 等人还在混合哈密顿量的基础上编制了一个相对来说计算速度较快的穆斯堡尔谱拟合程序，它主要特点是采用了透射积分(可计算厚吸收体样品)，任意自旋的全哈密顿量对角化，一阶磁场分布分析，单晶或多晶体中任意(混合)跃迁强度的计算，以及哥尔唐斯基效应或织构效应计算方案，此方法适用于大多数晶体样品谱线的处理，计算比较简化[56]. Mullen 等人介绍了利用傅里叶变换方法得到卷积积分的简单方式[57,24]. Nikolov 等人介绍了用去卷积方法来分析加宽谱线的方法[3]. Brand 等人介绍了用最大熵原理，以所得谱线必须与实验数据一致为最大熵的搜索条件来改进对超精细参数分布的计算[16]. Vanleerberghe 等人介绍了一种直接从通常穆斯堡尔谱中获得其导数谱的简便计算公式，这能容易地分析一个实验谱到底含有多少亚谱之类的问题[20]. Daniels 介绍了在分析复杂谱时，寻找最合适的拟合函数的问题，并导出了一些与这些问题有直接和间接联系的统计量[37].

§5.4 计算技巧

5.4.1 参数的初值

在使用一般的高斯-牛顿最小二乘方法及其在此基础上的改进方法，或不求逆矩阵高斯-牛顿法拟合穆斯堡尔谱时，首先需要给出每条洛伦兹线的初始估值. 前面我们已经提到穆斯堡尔谱属于洛伦兹线型，每条洛伦兹曲线(也称为吸收峰)可用三个参数描述，即强度 $Y(0)$ (吸收峰的实际高度，用计数表示)，线宽 Γ (吸收峰的全高度一半处的宽度，用道数或速度表示)，吸收峰位置 $x(0)$ (用道数表示). 基线参数可参照实验曲线粗略地给出. 如果使用正弦函数；基线参数 B 可在基线处选一平均值，C 和 θ 参数先给1；如使用抛物线来表征基线，基线 E，一次和二次修正 F 和 G 可由经验曲线给出. 将基线方程化成标准抛物线方程. E 的取值同正弦函数中 B 的取值类同.

在计算中，如果假定的洛伦兹峰的数目比实际的少，线宽就会偏宽，反之偏窄，并且 χ^2 值也较大。初值给的好坏直接影响收敛时间，但是其中某几个参数的初值给的不好，有时也能收敛，只不过需要多迭代几次罢了。但是，如果大部分参数的初值给的不好，或偏离太大时就会影响收敛，导致计算发散。所以说初值的选取是十分重要的。

使用阻尼最小二乘方法(麦夸特法)时，阻尼因子 t_i 的初值如何给呢？一般情况下，在计算时应选取较大的 t_i 值，使迭代收敛，然后减小 t_i 值，使计算得到最佳参数值；如果迭代过程中遇到迭代发散，再增加 t_i 值；如果迭代收敛再减小 t_i 值，直至得到满意的计算结果为止。

在使用考虑原子核能级分裂和跃迁的计算方法时，首先要给出每一组亚谱的同质异能位移、线宽、强度(这里是每组亚谱的强度和)、四极分裂、超精细场，不对称参数，电场梯度坐标系中超精细磁场的方位角 (θ,ϕ)，γ 射线方向的方位角 (β,α) 等。这里应当注意的是，同质异能移位是相对于零速度的，其单位与线宽，四极分裂一样，以速度坐标 mm/s 给出，超精细场是以T给出的。

在使用超精细磁场连续谱线的计算方法分析非晶合金的穆斯堡尔谱时，将实验谱可分成从零到最大的各种不同的内场的叠加，选用厚度同实验样品差不多厚的 α-Fe 谱作为标准，以 α-Fe 谱的超精细场为最大 $H_{max} = 1(33.0\text{T})$，六峰的强度比 $3:x:1:1:x:3$，其中 x 线宽及基线参数等利用最小二乘法去拟合。以上参数的选取是否正确对谱线的拟合质量有很大的影响。拟合质量因数($R = \chi^2/v, v$ 为自由度数)等于或趋近 1 时，拟合误差小于统计误差；如果 $R > 1$，则光滑因子 γ 选的太大，分布曲线过于光滑；若 $R < 1$，则光滑因子太小，分布曲线产生振荡。

值得注意的是，无论使用哪种算法，在计算之前一定要考虑物理意义，否则有时虽然能达到数学上的期望值，但物理意义不明不能得到所有需要的信息。

5.4.2 限制条件(约束条件)

在计算中为了加速收敛,防止发散,需要对某些参数加以限制.在以往的谱线分析中,有许多时候是吸收峰的强度、线宽成对相等,如 α-Fe 中六个吸收峰的强度比为 3:2:1:1:2:3,这就构成了限制条件.某些时候(多组亚谱的叠加时),如果对某些参数不加限制条件,在计算机上多次迭代下去,虽然有时碰巧能达到方差的数学期望值,但得到的结果并不完全合理.例如计算出亚谱应该对称的峰不对称,强度和线宽相差太大等;有时会出现某个峰的强度为负值等等.为了克服上述不合理现象的出现,引入了限制条件这一概念.实践证明,在解析较复杂的重叠谱时,将实验谱线经过物理分析得到的所有信息作为限制条件,有时会更有利于计算的收敛,所得到的计算结果更符合物理意义.限制条件有许多种形式,主要有如下 5 种形式:

(1) 在计算中可限制每条洛伦兹峰的线宽最宽不能超过多少,最窄不能小于多少;吸收峰的强度最强不能超过多少,最弱不能小于多少等信息.构成一种限制条件.

(2) 可限制谱线中某些峰的线宽相等.例如在六线峰中可令 1,2,5,6 峰或 1 和 6, 2 和 5 峰的线宽相等;在四线峰中可令 1 和 4,2 和 3 峰的线宽相等.

(3) 令某些峰的面积相等.例如,六线峰中 1 和 6,2 和 5, 3 和 4 或1, 2, 5, 6 峰面积均相等;在四线谱中令 1 和 4, 2 和 3 峰面积相等.

(4) 可令某些参数或峰暂时不参加拟合.

(5) 将每组对称峰用四个参数描述.例如 α-Fe, α-Fe_2O_3 等样品中, 1 和 6, 2 和 5, 3 和 4 峰强度、线宽基本相等,不同的只是峰位置.这时每组对称峰可用四个参数描述.即按顺序给出强度 (1 或 6), 线宽(1 或 6), 峰位置(1 峰), 峰位置(6 峰); 强度(2 或 5),线宽(2 或 5),峰位(2 峰),峰位(5 峰);强度(3 或 4), 线宽(3 或 4),峰位(3 峰),峰位(4 峰)等.这样原来一组六线峰需用

18 个参数描述的现只用 12 个参数描述就可以了，从而减少了拟合参数，便于计算收敛。

总之限制条件的方法较多，可灵活使用。有时也可以先加限制条件，得到初值后再解除限制．在某些情况下加限制条件能够收敛，反之不易收敛。

另外，由于四极分裂与温度的关系对于吸收峰位置的微小变化的影响是十分灵敏的。对某些样品，选择不同温度进行测量是十分有用的．一般在室温下可测量没有分裂开的重叠谱线，但在较高或较低的温度下，则有可能测量到分裂开的重叠谱线。掌握这一点对解谱分析是有很大的帮助。

对某些磁性物质进行变温测量或改变其颗粒度使其减少到足够小时，会出现由铁磁性、亚铁磁性转变为超顺磁性的现象。因为超精细场与穆斯堡尔原子中未成对的 $3d$ 电子的自旋密切相关．当电子自旋方向变化频率 ω_s 小于原子核的拉莫尔旋进频率 ω_L，从穆斯堡尔谱中可观察到塞曼磁分裂；当 $\omega_s \gg \omega_L$ 时，原子核能级的塞曼分裂不存在，从穆斯堡尔谱中即可观察到一个单峰(在有四极分裂时可观察到四极双峰)。对 ^{57}Fe 第一激发态核来说，拉莫尔旋进频率 $\omega_L = 4 \times 10^7 s^{-1}$，拉莫尔旋进时间 $\tau_L = 2.5 \times 10^{-8} s$，当电子自旋弛豫时间 $\tau_s \gg 2.5 \times 10^{-8} s$ 时，可观察到核塞曼效应。当 $\tau_s \ll 2.5 \times 10^{-8} s$ 时，塞曼效应消失。当然，这里所说的对样品进行不同温度的测量不是对任何样品都需这样做，要根据具体情况作具体分析。有时某些样品就不一定非要做变温实验不可。

应当注意的是，在穆斯堡尔谱计算迭代过程中，有时 χ^2 值会随着迭代次数出现“振荡”，即会出现假的极小值(此值不是真正的极小值)，再经过几次迭代后，χ^2 值会又上升，然后再下降到真正的极小值。

5.4.3 计算结束的判据

在计算过程中结束计算的判据有以下几种方式：

(1) 所有待求参数(拟合参数)的每一个修正值的绝对值小于

某一数．例如小于 0.01%(根据实际计算需要而定),即停止迭代。

(2) 两次迭代中的统计判据 χ^2 值的差小于某一数值即停止迭代。

(3) χ^2 值小于数学期望值 $\{\chi^2 < [M-(3N+3)]\}$．其中 M 为数据点总个数，N 为吸收峰数目，最后的 3 为基线的 3 个参数．例如，我们选取多道分析器的 256 道测谱，此时 M 即为 256．谱线是两套六线峰，N 为 12。

(4) 迭代过程中达到最大的迭代次数．一般在计算中，如果迭代数十次，还不能收敛，即说明计算中出现问题，此时如继续迭代下去会没有任何意义，需要立即停止迭代．所以规定最大迭代次数，到规定的迭代次数时，自动停机．在一般情况下，出现错误的原因大部分是由于原始数据或初值有明显的错误，即笔误或初值畸离太大等问题．如发生这种情况，便可打印实验值曲线和计算曲线(或从终端上显示)，两者必有较大的差异，可根据此来修改初值或寻找错误数据，然后重新计算。

§5.5 计算结果是否合理的判断

5.5.1 判断依据

经过电子计算机计算后得到的结果是否令人满意？拟合质量是否良好？应该从两个方面考虑，一个是物理意义的分析，另一个是数学统计检验的判据．数学上评价拟合优度和拟合质量的标准主要是以拟合量 χ^2 的数值是否合理为依据。

(1) χ^2 值在统计上能否接受　在利用最小二乘法拟合谱线时，拟合优度反映了实验值与理论计算值之间的差异，也是收敛和发散以及拟合程度的判断．我们已经知道，在穆斯堡尔谱的测量时，即使我们保证在完全相同的实验条件下，对同一样品进行多次重复性的穆斯堡尔谱的测量，我们也会看到测量的计数会在某一数值上下涨落．可以证明，测量的计数可近似认为它服从正态分布．对 n 个实验点，m 个待定参数，无其它限制条件的情况下，$\chi^2_{\min}$

服从自由度为 $n-m$ 的 χ^2 分布，故我们可以采用所谓的 χ^2 检验。χ^2 检验可以用一个数字表示两个任意分布在整个变程内的一致程度. 虽然在统计学中也有其它检验的方法，但在穆斯堡尔效应实验中使用 χ^2 检验的较多。这里先简单介绍一下 χ^2 分布。如果有一组测量值 $x_1, x_2, x_3, \cdots, x_n$ 不相关，并服从正态分布，即 $m=0$，$\sigma^2=1$，则

$$x^2 = \sum_1^n x_i^2. \tag{5.144}$$

确定这样一组 x_i 后，其概率分布(对于一个自由度的 χ^2 分布)

$$\begin{aligned} P(\chi^2 \leqslant x) &= P(-\sqrt{x} \leqslant \chi \leqslant \sqrt{x}) \\ &= \phi(\sqrt{x}) - \phi(-\sqrt{x}) \\ &= 2\phi(\sqrt{x}) - 1. \end{aligned} \tag{5.145}$$

我们已知道，标准化正态分布

$$W(x) = 1/\sqrt{2\pi} e^{-x^2/2},$$

$$\begin{aligned} W_{\chi^2}(x) &= \frac{2}{\sqrt{2\pi}} e^{-x/2} \frac{1}{2\sqrt{x}} = \frac{1}{\sqrt{2\pi x}} e^{-x/2} \\ &= \frac{1}{\sqrt{2}\,\Gamma(1/2)} x^{-\frac{1}{2}} e^{-x/2}. \end{aligned} \tag{5.146}$$

对于一般情况，即可以写成

$$W_{\chi^2}(x) = \frac{1}{2^{v/2}\Gamma(v/2)} (x^2)^{\frac{v}{2}-1} \exp(-x^2/2), \tag{5.147}$$

$$(x^2 \geqslant 0),$$

式中参数 v 称为 χ^2 分布的自由度。Γ 为 Γ 函数其定义为

$$\Gamma(\gamma) \equiv \int_0^\infty x^{\gamma-1} e^{-x} dx. \tag{5.148}$$

利用特征函数求随机变量的矩的定理，很容易求出 χ^2 分布的期望值 $\langle \chi^2 \rangle = v$，方差 $\sigma^2_{\langle \chi^2 \rangle} = 2v$。所以可将 $\chi^2_{\min}$ 的数值写成

$$\chi^2_{\min} = v \pm \sqrt{2v}. \tag{5.149}$$

上式的物理意义是 $\chi^2_{\min}$ 值处在 $v-\sqrt{2v}$ 和 $v+\sqrt{2v}$ 之间的概

率为68.3%。

图5.5示出的是自由度v为不同值时的χ^2分布。从图中可以明显的看到，当自由度v越增大，χ^2分布越趋近于正态分布，故当v较大时可用正态分布来考虑。

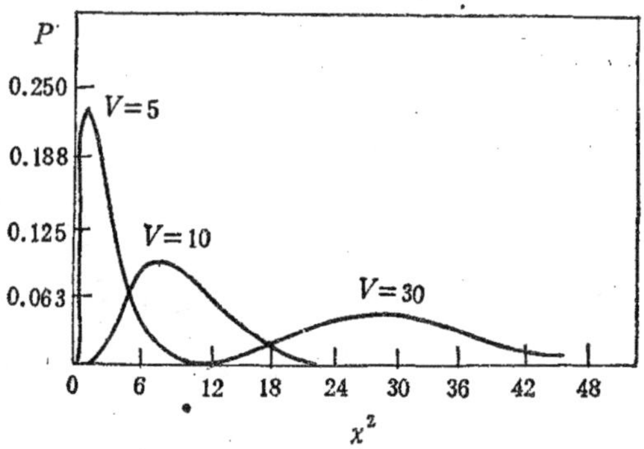

图5.5 χ^2 分布示意曲线.

可以证明，统计学容许的穆斯堡尔谱的拟合，应要求χ^2值在χ^2分布的1%到99%之间[30]，χ^2值落入区间内则认为拟合是充分好的。从数学上可以证明[38]，$\sqrt{2\chi^2}$比χ^2更快地趋近正态分布，v很大时，可取$\sqrt{2\chi^2}$作为自变量，并把χ^2分布概率密度函数$W_{\chi^2}(x)$写为正态分布的概率密度函数$n(\sqrt{2\chi^2};\sqrt{2v-1})$。做变量代换$X=\sqrt{2\chi^2}-\sqrt{2v-1}$，并利用标准正态分布函数$N(x;0,1)$的数值，可以求出上述容许区间相应的$\chi^2$值应在下式之间：

$$(v+2.2)\pm 3.3\sqrt{v}, \tag{5.150}$$

这里v为自由度数目，记为$v=[M-(3N+3)]$，其中M为测量时选用多道分析器的道数。例如，我们使用多道分析器的256道测量α-Fe的穆斯堡尔谱，而且知道α-Fe的穆斯堡尔谱含有六个亚峰，即$N=6$，利用自由度公式，将$M=256$代入很容易得到$v=235$，再利用式(5.97)即可得到统计学容许的χ^2值应在237.2 ± 50.6范围内，即从186.6到287.8之间都是允许的。

(2) 穆斯堡尔谱所得到的铁原子晶位的数目是否同其它实验方法得到的结果一致 例如某种含铁样品经X射线衍射分析证明

阳离子有三种位置。从化学分析结果中看铁原子均以二价铁的形式存在，那么穆斯堡尔谱中(室温谱)应出现六条谱线，其中有些峰可能是严重重叠。如果用六峰拟合，χ^2 值较大或得到的参数不合理，这时也可能存在三价铁，或者二价铁以多于三种晶位的形式存在(也可能是化学分析的误差造成的)[39,40]。考虑以上问题及对样品的物理意义的分析后应考虑以更多的峰去拟合，重新给出初值后再进行计算，如参数变得比较合理且与予期的物理意义的分析相符，χ^2 值又明显下降，那么此次拟合的值就是“最佳”拟合.从上例我们可以看到，尽管有时穆斯堡尔效应的实验结果同其它实验结果不完全一致，我们还是希望得到其它实验手段的结果来验证穆斯堡尔效应的结果，这样得到的结果更加可靠和更能说明问题。

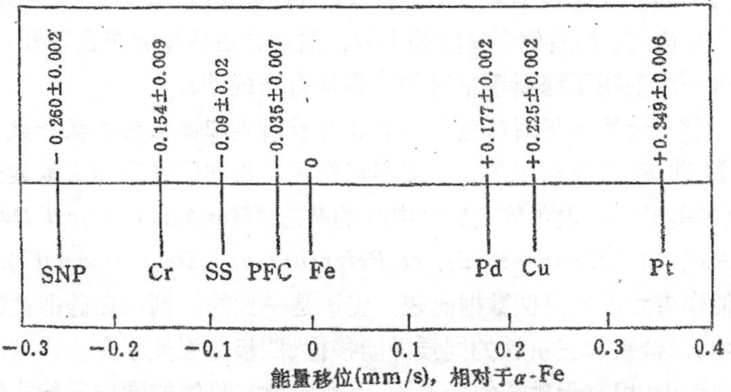

图 5.6 ^{57}Co 放射源不同衬底材料和能量移位的关系. SNP：硝普钠 $[Na_2(CN)_5NO \cdot 2H_2O]$；PEC：$[K_4(CN)_6 \cdot 3H_2O]$；SS：不锈钢.

有时我们还可以利用化学剂量的估算来验证某些样品的穆斯堡尔效应的结果是否正确。假如，我们有一种样品含有两套不同晶位的铁离子，这两种晶位上的铁，产生两套穆斯堡尔谱线，对于一个“薄”的吸收体样品来说，吸收峰的面积比可由下式确定：

$$\frac{A_i}{A_{i+1}}=\frac{f_iN_iG_i(x)}{f_{i+1}N_{i+1}G_{i+1}(x)}, \tag{5.151}$$

式中，A_i 和 A_{i+1} 表示两种不同晶位的铁离子形成的吸收峰的面积，f 为无反冲分数，$G(x)$为饱和修正因子。x 为有效厚度（$x=$

$nf\sigma_0$，其中 n 为单位平方厘米中穆斯堡尔同位素的原子数目，σ_0 为共振截面)。在样品较"薄"的情况下，x 趋向于零，$G(x)$ 趋向于1。N_i 和 N_{i+1} 分别为第 i 和第 $i+1$ 晶位上单位分子式中铁原子的数目。在假定无反冲分数相等的情况下，吸收峰的面积正比于铁原子数目，这样就可以估算两个晶位的铁原子比。结果应该与使用化学剂量估算的结果一致。

例如，在包钴铁氧体型 $\gamma\text{-}Fe_2O_3$ 磁粉中，钴铁氧体是反向尖晶石结构，共有两种晶位，即 A 位(四面体)和 B 位(八面体)。其中四面体位被三价铁离子占据；八面体位被二价钴和二价铁、三价铁离子占据。阳离子的分布可从(A)位所对应的吸收峰面积和(B)位所对应的吸收峰面积比推算[利用式(5.151)]，$A_{(A)}/A_{(B)}$ 的结果近似为1.40。从化学剂量 $(^{3+}Fe)(^{3+}Fe{}^{2+}Fe_{0.35}{}^{2+}Co_{0.63})(O_4)$ 中推算，(B)晶位与(A)晶位含铁比为1.37。两种方法估算值符合较好，这就进一步证明了穆斯堡尔谱的计算是合理的[39]。

(3) 计算后得到的超精细参数是否同类似配位的参数一致

经过计算的穆斯堡尔超精细相互作用参数同已发表的文献索引(例如美国穆斯堡尔效应数据中心的杂志"*Mössbauer Effect Data Index*"和"*Mössbauer Effect Reference and Data Journal*")或其他作者发表的类似数据比较，应该是一致的。例如在硅酸盐矿物中，二价铁和三价铁的同质异能移位、四极分裂处于完全确定的范围之内(相对于硝普钠来说)，六次配位二价铁的同质异能移位应该在1.30—1.40mm/s之间。如果计算结果得到的同质异能移位超出这个范围，那就应该重新考虑计算结果是否正确了。另外，线宽也可以表示铁有几种不同的位置。在使用Pd衬底的^{57}Co放射源测谱，其线宽应在0.28—0.35mm/s之间，如果线宽超出此范围，就应考虑是否还有其它状态的铁存在，或铁处在两种不等效的位置上，这时就应重新计算了。

这里值得要说明的是，在进行比较时一定要注意两种实验所使用的放射源是否为同一种物质作为载体。因为同一样品的同质异能移位 δ 数值，随采用的^{57}Co源所用的基体材料不同而异。例如穆斯堡尔实验中，使用最多的 ^{57}Co 放射源可以用不锈钢、钯(Pd)、铂(Pt)、铑(Rh)和铜(Cu)等作为载体。

由于同一穆斯堡尔核在不同的物质中，其能量移位不同。所以在比较时一定要换算成相同温度时的同一衬底材料。图 5.6 示出的是使用 ^{57}Co 放射源的不同衬底的材料和能量移位的关系。例如，对 α-Fe 而言，当放射源采用不锈钢载体时，其能量移位是 -0.09mm/s;当基体为 Pt 时，其能量移位为 -0.349mm/s。假如用硝普钠为基准，同质异能移位为 $a$mm/s，换成不锈钢应为 $[a+(0.090-0.25)]$mm/s $= a-0.167$mm/s。换句话说，当放射源采用不锈钢基体时，其能量移位相对 α-Fe 来说为 -0.09 mm/s，而采用铜基体时，则为 0.225mm/s，它们的能量差是 $0.09+0.225=0.315$mm/s。于是采用不锈钢基体相对于采用铜为基体的同质异能移位是 -0.315mm/s，或者说，采用铜为基体相对于采用不锈钢基体 ^{57}Co 源的同质异能移位为 $+0.315$mm/s。

图 5.7 示出采用不同 Sn 放射源与能量移位之间的关系。图中标有(N)的是表示在液氮温度下的能量移位，其余的均是在室温下的能量移位。

以上介绍的几点是判断结果是否合理的依据，其前提是 χ^2 值必须在统计范围之内。由于穆斯堡尔效应的应用领域十分广泛，各个学科领域中的问题很多，使得情况十分复杂，很难用某一个判据定义计算结果是否合理。原则上可以说，首先必须符合统计判据的要求，其次计算结果必须符合物理意义的要求。最后才能确定计算结果是否为“最佳”拟合。

5.5.2 χ^2 值增大的原因及其消除措施

(1) 谱仪的原因　为了得到统计上可以接受的 χ^2 值，首先应注意到穆斯堡尔谱仪性能是否理想。因为在穆斯堡尔实验中是假定了系统误差已经消除，只考虑计数的统计涨落的影响等因素。如果谱仪性能并不十分理想，即道数同多普勒速度不呈线性关系，此时将道数作为自变量来拟合就会使 χ^2 值偏大。因此，对谱仪有以

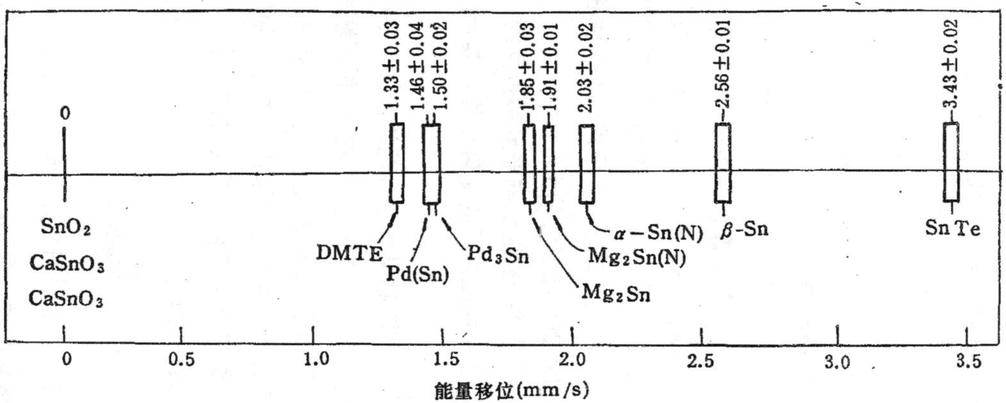

图 5.7 ^{119}Sn 放射源和能量移位的关系. DMTE 为 [Me_2SnF_2]。

下几点要求：

(a) 要求谱仪必须正常工作，并具有良好的长期稳定性。

(b) 所测的谱线的镜像谱必须对称，道数与多普勒速度呈线性关系。假如镜像谱需要迭合时更为重要。即使有非常小的偏差，那怕只偏差一道也会使 χ^2 值增大。

(c) 计数偏差可以因计数仪器死时间的影响而有所改变，以及多道分析器故障引起的假计数或掉道都会使 χ^2 偏高。

(2) *样品的有效厚度和信号噪声比* 除了仪器的原因之外，还存在非仪器的原因引起的 χ^2 值偏高。在穆斯堡尔效应的实验中，实验样品制备的好坏对所测量的谱线有很大的影响。我们知道，用 Breit-Wigner 公式可以得出发射和吸收过程的能量分布，得到的谱线形状是洛伦兹型的。当放射源和吸收体较厚或穆斯堡尔原子核所处环境不均匀时，所测量的穆斯堡尔谱线就会偏离洛伦兹线型。这里所说的样品的"厚"与"薄"是指单位体积样品中所含的穆斯堡尔共振元素的含量(对于 ^{57}Fe 来说，一般天然样品的厚度不能超过 5—10mg/cm^2)。所以在穆斯堡尔谱的测量之前，首先要制备(或购买)一个尽可能薄的、并且穆斯堡尔核应是均匀的实验样品。对带状和片状样品，如不锈钢、α-Fe、非晶合金等一般厚度为 15—20μm 为宜；对粉末样品，一般取样品的含铁量不超过 10mg/cm^2。粉末样品应有较好的粒度均匀性。若样品中含有重元素，由于 γ 射线吸收强度将随重元素的增加而下降，因而使相对的本底计数增加，此时样品应更薄一些为好。

有了一个制备理想的实验样品，下一步还要适当的选择放射源。放射源如性能不良，太厚、分布不均匀、基体未经妥善处理等，都会使谱线加宽，导致 χ^2 值增大。此外还应注意放射源，准直器，样品和探测器之间的相对位置的几何布置是否合适。首先应保持穆斯堡尔谱仪中放射源，吸收体和探测器在同一轴线上，以尽量减少共振吸收的损失。放射源与探测器之间的 γ 射线应当加准直器，并且放射源与探测器之间的距离要适中。如果两者距离过远，进入探测器的 γ 射线也会随之下降，计数率降低，则谱线所需要的测量时间延长，增加了电子学仪器漂移造成的误差；如果放射源与探测器之间的距离过近，探测器接收到的γ射线过强，又会发生放大器阻塞现象，反而得不到吸收信号。又由于余弦效应的影响，也会引起计数率和吸收的减少，使洛伦兹线型的谱线加宽，甚至使谱线吸收峰产生位移，从而使 χ^2 值增大。余弦效应下面将详细讨论。

信号噪声比在穆斯堡尔效应实验中也是应十分重视的。由于穆斯堡尔放射源发出的γ射线能量并不是单一能量，而是有若干支能量。例如，^{57}Co 源共有三支不同能量的γ射线，除了我们使用 14.4keV 的γ射线外，还有能量较高的 122keV 和 136keV 的γ射线，此外还有能量为 6.3keV 的X射线。这对于穆斯堡尔谱的测量是不需要的。如果我们选用的探测器对高能部分灵敏，就会构成谱线本底的一部分，从而增加噪声，降低信号噪声比，使谱线畸变。另外，高能γ射线经康普顿效应散射，可以形成一能量连续谱。有一部分散射γ射线能量会落到 14.4keV 左右，又由于探测器的能量分辨率有限，能量阈有一个上下限，单道分析器又不能卡的太窄，所以在此能量范围内的γ射线信号也被记录在谱线中。实际上，多道分析器记录到的计数N由以下三部分组成：

$$N = N_n + (1 - f_s)N_D + N_C, \tag{5.152}$$

这里，N_n 表示无反冲共振吸收部分，N_D 表示当多普勒速度很大而无共振吸收时，探测器记录到 14.4keV 的γ光子数，f_s 为放射源的无反冲分数，$(1 - f_s) \cdot N_D$ 表示有反冲的 γ光子数。N_C 表示因康普顿效应引起的高能γ射线多次散射而使能量减小到 14.4 keV 附近、而被探测器记录到的本底计数。以上三部分计数中第一部分是我们需要的。第二部分由于多普勒调制能量范围很窄，大约在 10^{-7}eV 量级，而有反冲的部分γ光子能量范围在 10^{-3}—10^{-2}eV，比起多普勒调制能量范围大好几个量级。所以有反冲共振吸收极小，可以忽略。式(5.152)中的 N_D 有反冲部分光子$(1 - f_s)$ 的影响，这在实验中是很难消除的，有可能消除的只有第三部分 N_C 的影响。消除 N_C 的方法我们将在后面介绍。

这里还有一点要说明的，就是假如有一种状态的铁原子对谱线的贡献约为谱线总强度的1—5%，而且在计算时又不能分出这种少量铁原子对强度的贡献，那么这种没有分出的少量铁原子产生的χ^2值，其大小至少为50。综上所述，要想测得一个质量高的穆斯堡尔谱线，必须要得到最大的信号噪声比。除了消除探测器与放大器线路带来的噪声之外，还要消除测量过程中记录下来的无关的计数(即本底)。

除了以上提到造成本底的原因之外，还有天然本底的影响，我们可用铅屏蔽来消除．对于放射源造成的本底，可选用高分辨率的探测器，利用单道分析器将无用的射线卡去，或利用吸收片将它们吸收。例如10mm厚的有机玻璃便可吸收掉95%的6.3keV的X射线，而其它射线几乎全部穿过．在实验中应尽可能的减少本底的影响，否则会得不到一个较为满意的结果．

§5.6 厚度修正方法

从理论上说，仅在无限薄的样品中穆斯堡尔谱才能表示为一系列洛伦兹线型的叠加。样品厚度的增加，穆斯堡尔谱的吸收峰就会增宽和发生畸变。特别是在利用谱线强度或线宽进行吸收峰面积计算时，就需要进行厚度修正。例如，多相结构的分析中，计算各物相中铁离子的数目，因为它正比于吸收峰面积和无反冲分数的乘积；研究磁织构时需用六线谱中2，5峰与3，4峰吸收峰面积之比；利用线宽的变化研究扩散等问题。这些问题的研究都需要对厚度进行修正。所谓厚度修正就是利用数学方法，消除由于厚度效应产生的畸变，以及非理想源测谱产生的畸变，经修正后所得到的谱线将是理想源、无限薄样品的穆斯堡尔谱线[41]。

当振动子的多普勒速度为v，穆斯堡尔谱可表示为一般的形式

$$n_e(v) = fn_0\int_{E_1}^{E_2} S(E-v)\exp[-\sigma(E)t]dE + (1-f)n_0 + n_c, \tag{5.153}$$

这里E为放射源发射的γ射线的能量(用速度表示)，v是放射源

相对吸收体的运动速度，$n_e(v)$ 是速度为 v 时所观测到的 γ 射线计数，f 是源的无反冲分数；$S(E)$ 是归一化源的线型，E_1 到 E_2 是探测器探测到的 γ 射线能量范围（相对共振吸收峰宽度，实际上可以认为是从 $-\infty$ 到 ∞）；n_0 为无穆斯堡尔吸收时，穆斯堡尔跃迁引起的计数；n_c 是其它辐射引起的附加计数。这样在没有共振吸收区域，即本底区域，所观测的计数就是来自无反冲发射时的 fn_0，有反冲发射时就是 $(1-f)n_0$，以及其它发射 n_c，故总的本底为

$$n_b = n_0 + n_c。\tag{5.154}$$

对于 ^{57}Co 放射源，n_c 的主要贡献，主要来自 122keV 的 γ 射线。为了求出 n_0，可用一适当的吸收体将 14.4keV 的 γ 射线阻挡，而让 122keV 的 γ 射线通过，这样就可以测出 n_c，即可得到 n_0，即

$$n_0 = n_b - n_c。\tag{5.155}$$

将放射源线型归一化，即令 $\int_{-\infty}^{\infty} S(E-v)dE = 1$， (5.156)

我们可以将式(5.153)写成

$$n_e(v) = fn_0\int_{-\infty}^{\infty} S(E-v)\{\exp[-\sigma(E)t]-1\}dE + n_b,\tag{5.157}$$

对于薄吸收体，将指数作一级泰勒级数展开，式(5.157)可简化为

$$n_e(v) = n_b - fn_0\int_{-\infty}^{\infty} S(E-v)\sigma(E)tdE。\tag{5.158}$$

式(5.157)与式(5.158)之差即为样品厚度引起的厚度效应。

为了从积分中解出 $\sigma(E)$，可先将实验谱 $n_e(v)$ 经简单处理，于是很容易得到 $n(v)$，即

$$n(v) = \frac{n_e(v)-n_b}{fn_0} = \int_{-\infty}^{\infty} S(E-v)\{\exp[-\sigma(E)t]-1\}dE。\tag{5.159}$$

我们可以将上式写成褶积的形式

$$n = \frac{n_e - n_b}{fn_0} = S(v) * \{\exp - [\sigma(v)t] - 1\}\tag{5.160}$$

利用傅里叶变换及褶积定理可得

$$F\{n\} = F\{S\}\cdot F\{\exp[-\sigma(v)t]-1\},\tag{5.161}$$

式中，$F(S)$ 表示对 S 表达式的傅里叶变换。在这个变换里，用放射源线型的变换得出变换后的数值，其逆变换为

$$\mathscr{D}\{n\} = \exp[-\sigma(v)t] - 1, \tag{5.162}$$

这里，$\mathscr{D}$ 为算符，它表示逆傅里叶的过程。最后，吸收截面 $\sigma(v)$ 可由式(5.162)取对数得出

$$-\sigma(v)t = \ln(\mathscr{D}\{n\} + 1). \tag{5.163}$$

经以上方法的变换后，$\sigma(v)$ 仅是无反冲共振吸收截面，消除了厚度效应及散射的贡献部分，也就消除了穆斯堡尔谱线吸收峰的畸变。

§5.7 拟合计算的实例

前面我们已经介绍了穆斯堡尔谱的数据分析方法、计算技巧、计算结果是否合理的判断方法和厚度修正方法等。值得注意的是，在进行穆斯堡尔谱的数据分析之前必须考虑物理意义，并进行分析。

为了便于穆斯堡尔谱学工作者掌握以上介绍的这些内容，本节主要介绍几种难易不同的代表性实例来对这些内容作进一步的说明，从而使读者能对穆斯堡尔谱的数据处理全过程有一个更为全面的了解。

5.7.1 简单穆斯堡尔谱线的计算

确定简单穆斯堡尔谱线的各个参数并不困难，例如不锈钢，α-Fe，γ-Fe_2O_3，α-Fe_2O_3 等等单物相的穆斯堡尔谱，无论是利用哪种算法都能得到较好的结果。例如计算 α-Fe 的穆斯堡尔谱，如采用高斯-牛顿法，谱线只包括六个待求的洛伦兹线型的吸收峰，只要给出六条谱线的吸收峰强度、线宽、峰位和基线参数的初估值，就可以计算出每个初始参数的修正值，经过若干次迭代，达到判据要求，最后给出计算结果。

有时测得的穆斯堡尔谱线似乎呈现一单峰。在此单峰对应的

相不明确的情况下，需证认此峰是单峰，还是几个单峰的叠加？这个工作往往是比较困难的，有时不易准确。而证认和计算是需要有一点技巧的，这一步又是穆斯堡尔谱拟合技术的关键。此外，实验样品微观结构上的微小变化都反应在这里，如果忽略掉，就有可能忽略掉十分重要的微观信息。但是，在穆斯堡尔谱学的研究工作中，所涉及到的问题很多，在此很难有规律可循，只能对具体问题具体分析。下面介绍几点实际经验，在某些情况下，可能对峰的判别有一定的帮助。

首先，应从物理意义上来考虑和分析穆斯堡尔谱线中可能出现的物相。例如，不锈钢样品，没有四极分裂和磁分裂，如果其单峰按两个单峰的叠加去计算，显然不合理。对于没有磁性相的样品，如证认六个峰为磁分裂峰也是错误的，有可能是其他四极双峰或单峰的叠加。

第二，在“薄”吸收体样品的情况下，从线宽可以估计是否有其他峰的叠加。如果测得的穆斯堡尔谱线线宽大于2—3倍的自然线宽，就应考虑是否有其它峰的存在了。

第三，根据谱线峰的对称性，可判定是否有其它峰的存在。如图5.8所示的Cu-Fe合金的穆斯堡尔谱（80K测量）。如不仔细分析，会误认为是一单峰，但实际上是两个单峰的叠加。从图中的中心线（点划线）看，吸收峰明显偏离对称分布，故可以认为左侧还应有一峰存在。

第四，以上三点可以确定有无峰的判别，但是这些确定了的峰如何组合也应同时考虑。一般情况下，我们可以先查找文献报道的超精细相互作用参数与之对应起来。当然在有标准样品时，也可同时测量，与之对比。另外，根据四极分裂双峰的强度关系也可以进行判别。图5.9示出Y-Ca-Sn-V-GeIG（石榴石型铁氧体）在1350℃烧结样品在549K温度下测量的穆斯堡尔谱[42]。从图中可看出，*a*位和*d*位四极双峰是对称的，这主要是由于两个晶位具有轴对称的电场梯度张量，而且在多晶中晶粒是无序排列的。由于Fe^{3+}离子数*d*位要比*a*位多，故可以认为吸收谱强度弱的那

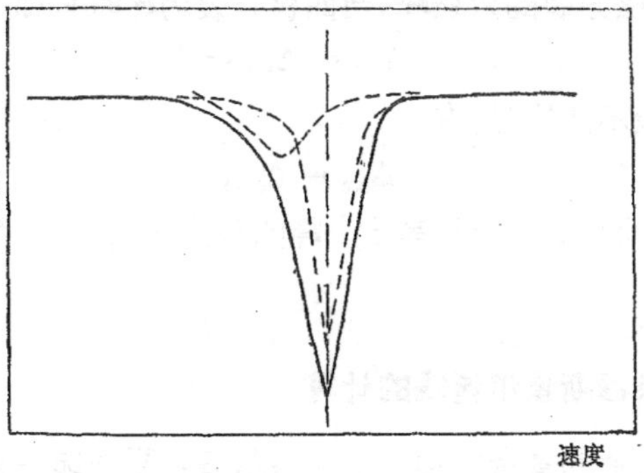

图 5.8　在 80K 温度下测量的 Cu-Fe 合金的穆斯堡尔谱.

两组四极双线对应 a_1 和 a_2 晶位，强度强的对应 d_1 和 d_2 晶位. a_1, a_2, d_1, d_2 是考虑非磁性离子无规分布引起的不等效环境的影响[43].

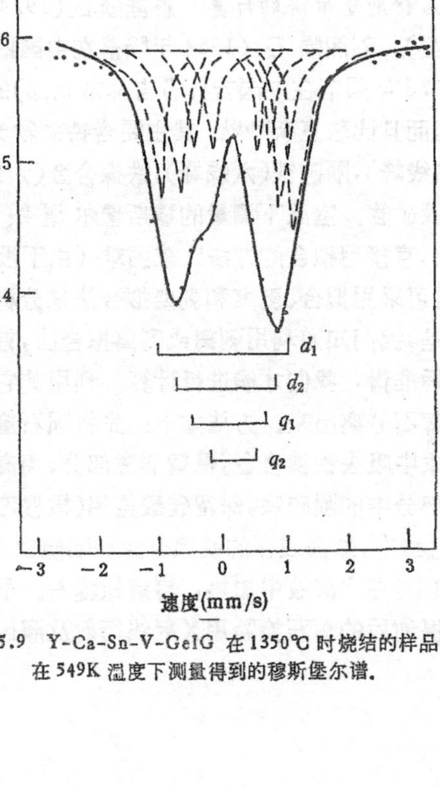

图 5.9　Y-Ca-Sn-V-GeIG 在 1350℃ 时烧结的样品，在 549K 温度下测量得到的穆斯堡尔谱.

此外，对有磁分裂的六线峰，当四极分裂为零时有如下关系式：

$$\Delta_{2,1}=\Delta_{3,2}=\Delta_{5,4}=\Delta_{6,5}.$$

当四极分裂不为零时，有

$$\Delta_{3,2}=\Delta_{5,4},$$

式中 $\Delta_{i,j}$ 为第 i 个峰与第 j 个峰的差值（道数），故证认时可参考。

5.7.2 复杂穆斯堡尔谱线的计算

对于复杂的复合物相的穆斯堡尔谱，要先选一较容易的谱线入手(相对而言)，而且尽量减少拟合参数．将从物理意义分析得到的所有信息作为限制条件，以保证初次拟合收敛，得到一组较接近理论值的参数．而后，将这些参数作为初值，根据情况解除部分限制．多次重复以上步骤，才能得到较为满意的结果．

(1) *陨石穆斯堡尔谱的计算* 恩施陨石(1974 年陨落在中国湖北省恩施县)，剑阁陨石（1964 年陨落在中国四川省剑阁县)，吉林陨石(1976 年陨落在中国吉林省吉林市北部)的穆斯堡尔谱都比较相似，而且比较复杂[44,45]．其主要含铁矿物为橄榄石（二线峰)，辉石(二线峰)，陨硫铁(六线峰)，铁镍合金(六线峰)，还有少量的其他含铁矿物．室温下测量的穆斯堡尔谱线（如图 5.10 所示)较为复杂，直接用拟合的方法比较困难（由于没有相应的数据可查)．这时可采用拟合、剥离和剥离拟合法来分析陨石的穆斯堡尔谱线．但是，我们知道利用剥离或剥离拟合法，首先必须找到一二个物相的标准谱，我们才能进行计算．利用其它实验方法可以将陨石中的辉石分离出来．方法如下：先将陨石磨成粉末，用磁铁从陨石粉末中吸去铁镍合金，保留非磁部分；用高频介电分离方法除去非磁部分中的陨硫铁，保留硅酸盐相(橄榄石＋辉石)；将样品浸在 6N 盐酸中，除去残存的铁镍合金和陨硫铁，烘干后再浸入 2% 左右盐酸中，在水溶液中加热，溶解橄榄石．最后剩余物为提纯的辉石．提纯后的辉石检验用 X 射线衍射及照像，没有发现其它加杂相．

这时，我们可以分别测量辉石及分离过程中得到的辉石＋橄榄石、铁镍合金、辉石＋橄榄石＋陨硫铁的穆斯堡尔谱。谱线的计算采取先易后难的原则，即

(a) 在式(5.17)中，令 $R=0, P=1$ 使用拟合的方法拟合辉石的穆斯堡尔谱。

(b) 对分离过程中得到的橄榄石＋辉石谱，使用剥离拟合法，令式(5.17)中的 $R=1$, $P=1$，并给出标准谱物相辉石谱的比例因子，待求物相橄榄石谱的初值及基线参数，使 χ^2 最小，就可以得到橄榄石的吸收峰参数。

(c) 同理，再对辉石＋橄榄石＋陨硫铁的穆斯堡尔谱进行剥离拟合，分别给出辉石和橄榄石的比例因子及待拟合物相陨硫铁的初值及基线参数，并使 χ^2 极小，同样可得陨硫铁的穆斯堡尔谱。

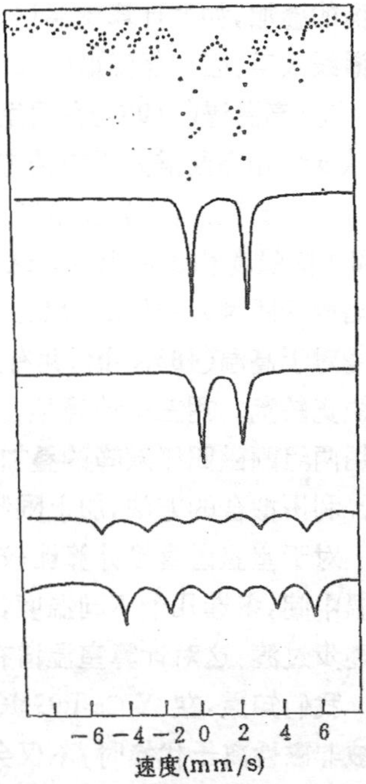

图 5.10 恩施石陨石的穆斯堡尔谱.

(d) 最后，令式(5.17)中的 $R=1, P=0$，即采用剥离的方法，给出四种物相的比例因子及其它参数，使其加权平方 χ^2 最小，就可得到以上四种物相在总谱中所占组份各是多少。图5.10示出恩施石陨石的穆斯堡尔谱及分解出的亚谱，(b)，(c)，(d)，(e) 分别为恩施石陨石中的橄榄石，辉石，陨硫铁和铁镍合金的穆斯堡尔谱。

(2) *Y-Ca-In-Ge 石榴石铁氧体的穆斯堡尔谱线的计算* Y-Ca-In-Ge 石榴石型铁氧体是一种饱和磁化强度较低，铁磁共振线宽很窄的微波铁氧体，是从钇石榴石铁氧体（YIG）经离子代换得到的。应用穆斯堡尔谱学可以研究 Fe^{3+} 离子的分布及离子分布与

磁性的关系。

图 5.11 示出 $Y_{2.75}Ca_{0.25}In_{0.60}Ge_{0.25}Fe_{4.11}O_{12}$ 的穆斯堡尔谱[46,47]. (a) 为 123,173,233 和 293K 温度下的谱线,(b) 为 483K 测量谱线。从图 5.11(a) 中可看出,室温谱(293K)较为复杂,呈现多组六线谱的叠加,如先计算室温谱,显然是非常困难的。我们先从简单的谱线入手,因为低温谱(123K) 可以明显分出四面体 d 位和八面体 a 位;高温谱(210℃)在居里点温度之上,谱线只保留顺磁相.所以从低温和高温谱入手较为方便.

对于低温谱,可先加限制条件,令每组六线峰中 1 和 6,2 和 5,3 和 4 峰强度和线宽相等,这样很容易得到四面体 d 位和八面体 a 晶位的两种六线峰的参数.

对于高温(483K)谱,共有三个明显的吸收峰,其中第三个峰的线宽较宽,用三个单峰拟合显然不合理。从物理意义上分析也应用两组顺磁四极双峰的叠加,分别对应 d 和 a 晶位 Fe^{3+} 离子谱。利用拟合的方法,加上限制条件,即可得到较好的结果。

对于室温谱直接计算比较困难,但是我们可以从液氮温度到室温中间,多选几个不同温度,测量穆斯堡尔谱,然后从低温到室温逐步过渡,这对计算室温谱有一定的帮助。

我们知道,在 Y-Ca-InGeIG 中,因为在四面体上 Fe^{3+}有一部分被非磁性离子代换时,不仅会减少四面体 Fe^{3+}离子谱的强度,而且在八面体中会出现七种不等效的环境;反之也是一样,八面体中非磁性离子的引入会导致四面体中出现五种不等效环境。不等效环境出现的概率为

$$P_n^{(m)} = \frac{n!}{m!(n-m)!} K^{(n-m)}(1-K)^m, \qquad (5.164)$$

其中 n 为八面体(或四面体)的配位数,m 为在一个八面体(或四面体)最近邻的几个四面体(或八面体)中所有的磁性离子数,K 是一个四面体(或八面体)被一个非磁性离子占据的概率。由于不等效环境的出现,导致穆斯堡尔谱线的变宽,并出现精细结构,同时使超精细场有一定的分布。利用上式可以确定室温谱为几套六线谱

的叠加，对 Y-Ca-In-GeIG 样品来说，a 晶位至少可分成三套六线谱的叠加，而 d 晶位至少可分成四套六线谱的叠加。如果忽略掉不等效环境出现概率 $P_n^{(m)} < 8\%$ 的影响，则 Y-Ca-In-GeIG 样品的八面体 a 晶位可以分为两种不等效环境($6a$ 和 $5a$)，产生两组六线谱，四面体 d 晶位可以分成三种不等效环境($4d$、$3d$ 和 $2d$)，产生三组六线谱。

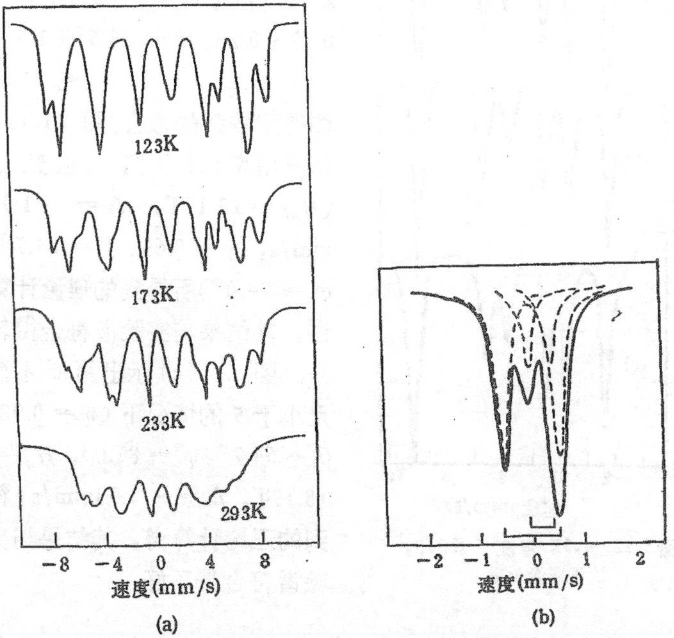

图 5.11 (a) Y-Ca-In-GeIG 在 123,173, 233 和 293K 温度下的穆斯堡尔谱；(b) 483K 温度下的穆斯堡尔谱.

(3) $KFeF_3$ 粉末样品的穆斯堡尔谱计算　图 5.12 示出 4.2K 温度下 $KFeF_3$ 粉末样品所测量的穆斯堡尔谱 (a)[26]。图中圆点为实验点，实线为利用最小二乘法八条洛伦兹曲线拟合的结果. 在拟合时谱线峰位置按图 5.3 能级图所给出的对应关系加限制，而对六条洛伦兹线（两条禁戒线未包括)的强度和宽度不加限制，其它两条禁戒线的宽度按六条主要谱线的最大线宽加以限制。拟合结

果为 $H_{nf}=18.19\pm0.01T$；$\Delta=1.98\pm0.01mm/s$；$\delta=1.285\pm0.001mm/s$[相对 $^{57}Co(Pd)$源]；$S_1=2.3727\pm0.0016mm/s$；$S_2=0.9062\pm0.0016mm/s$；$S_3=1.3775\pm0.0012mm/s$。表 5.3 列出Δ用蒙特卡罗方法拟合的结果。这里认为，Δ为负值，13 次搜索过程中有 12 次满足 $\chi^2<5$。在满足 $\chi^2<5$ 的条件下，已证明 $\eta=0.57\pm0.23$，$\theta=38.5°\pm1.5°$，$\varphi=29.2°+11.6°$ 范围内都能得到较好的拟合。图 5.12(b)示出用表 5.3 中第一组数据（$H_{nf}=18.19T$，$\Delta=-1.98mm/s$，$\eta=0.69$，$\theta=64.7°$，$\varphi=74.0°$）所得到的理论计算谱，其结果与实验谱符合得较好。图 5.12(c) 示出用 χ^2 不满足小于 5 的情况下（$\eta=0.98$，$\theta=64.7°$，$\varphi=81.0°$，$H_{nf}=18.19T$，$\Delta=-1.98mm/s$）得到的理论计算谱，其结果与实验谱符合得不好。

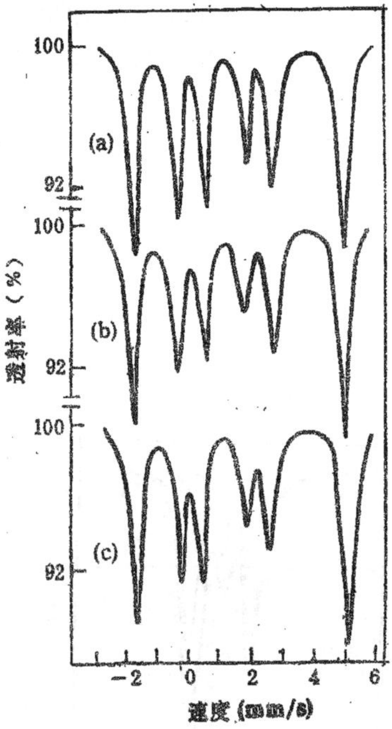

图 5.12　4.2K 温度下 $KFeF_3$ 的穆斯堡尔谱.

5.7.3　非晶合金的穆斯堡尔谱的计算

非晶态合金作为一种新的物质结构状态，在 70 年代就有了重大的研究和实用意义。

利用穆斯堡尔效应和其它实验手段研究非晶态磁性合金的宏观性能与微观结构的关系是改善材料磁性和制造新型非晶材料的一个重要途径。

图 5.13 示出 $Co_{78-x}Fe_xB_{14}Si_8$ 非晶合金室温下穆斯堡尔谱[49]。谱线呈现线宽较宽的六线谱，表明超精细场具有较宽的分

表 5.3 蒙特卡罗方法拟合结果

序号	χ^2	η	θ	φ
1	3.70	0.69	64.7	74.0
2	3.80	1.00	66.0	63.2
3	3.90	0.84	65.3	67.3
4	3.94	1.00	66.0	63.2
5	4.06	0.60	64.5	82.0
6	4.07	0.58	64.5	87.6
7	4.17	0.84	65.3	67.1
8	4.39	1.00	65.9	63.0
9	4.47	1.00	66.0	63.2
10	4.58	0.58	64.5	86.8
11	9.54	0.87	65.6	90.0
12	214.00	0	62.9	5.9
13	214.00	0	62.9	40.3

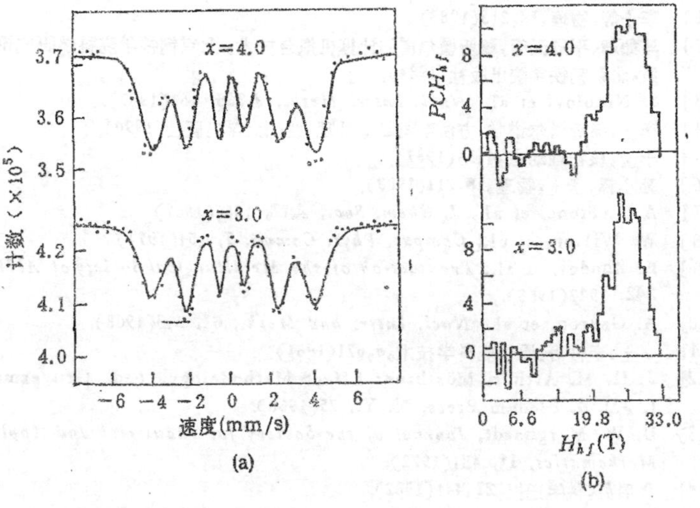

图 5.13 Co-Fe-B-Si 非晶合金在室温下测得的穆斯堡尔谱 (a)；计算得到的 $P(H)$ 分布曲线 (b).

布；第 2,5 峰强度较强，表明合金中磁矩不是无规分布，而是强烈地趋近薄带平面。采用非对称性的改进的 Hesse 方法，计算过程如下：首先选择厚度与非晶薄带厚度相近的 α-Fe 在相同的实验条件下测谱。取 α-Fe 的超精细磁场 33.0T 为最大内场，以 α-Fe 的线宽为非晶谱线的线宽，并给出非对称参数 a, b, c 和 d（均为常数）及基线参数 B, C, θ 和强度比 $x(3:x:1:1:x:3)$ 的初值。拟合时假设各基本亚谱是洛伦兹型，各峰的线宽取相同值，每组亚谱的六峰的强度比也均相同。另外，光滑因子可选几种不同的值分别计算（如可选 $\gamma = 0.03, 0.3, 3$ 等）。如果光滑因子选的太大，则 χ^2 值会较大；如果光滑因子选的太小，则 χ^2 会降下来，但会出现"振荡"，故 γ 因子应选择到既使 χ^2 值符合统计要求，又不出现"振荡"时为好. 计算时非晶谱线可分成 $0 - H_{max}$ 各种不同内磁场的叠加，一般可选 25—35 等份为佳。图 5.13(b)示出 Co-Fe-B-Si 非晶合金的 $P(H)$ 分布曲线。

参 考 文 献

[1] 李士等，物理，**12**，213(1983).
[2] 马如璋、平爵云等，穆斯堡尔谱的计算机拟合技术，北京钢铁学院科学研究论文集，北京钢铁学院出版社(1984).
[3] S. Nikolov, et al., *Nucl. Instr. Meth.*, **A256**, 161(1987).
[4] 李士，穆斯堡尔谱学、方法学与数据处理，兰州大学出版社(1990).
[5] 李士，核物理动态，**4**，34(1987).
[6] 孙小铎、李士，物理，**18**，211(1989).
[7] A. J. Stone, et al., *J. Chem. Soc.*, **A12**, 1966(1967).
[8] W. Wilson, et al., *Comput. Phys. Comm.*, **7**, 151(1974).
[9] E. Rhodes, et al., *Transaction of the Metallurgical Society of AIME*, **242**, 1922(1968).
[10] A. Gavron, et al., *Nucl. Instr. and Meth.*, **61**, 213(1968).
[11] 李士、李哲等，原子能科学技术，**6**，671(1981).
[12] J. H. M. Arthur, Mössbauer Effect Methodology, (ed. Gruverman, I. J.), **4**, Plenum Press, N. Y., 75(1968).
[13] D. W. Marguardt, *Journal of the Society for Industrial and Applied Mathematics*, **11**, 431(1972).
[14] 蔡瑞英，科学通报，**27**，441(1982).
[15] I. A. Slavic, et al., *Nucl. Instr. and Meth.*, **134**, 285(1976).
[16] R. A. Brand, et al., *Hyperfine Interactions*, **47**, 607(1989).
[17] J. R. Gabriel, et al., *Nucl. Instr. and Meth.*, **36**, 23(1965).
[18] W. Kündig, *Nucl. Instr. and Meth.*, **48**, 219(1967).
[19] J. R. Gabriel, Mössbauer Effect Methodology, (ed. Gruverman, I.J.). **1**, Plenum Press, 121(1965).

[20] R. Vanleerberghe, et al., *Nucl. Instr. Meth.*, **206**, 339(1983).
[21] P. Urwank, *Nucl. Instr. and Meth.*, **203**, 329(1982).
[22] A. Takashi, *Nucl. Instr. and Meth.*, **165**, 317(1979).
[23] F. Aramu, et al., *Nucl. Instr. and Meth.*, **133**, 503(1976).
[24] J. G. Mullen, et al., *Phys. Lett.*, **A127**, 242(1988).
[25] B. Renard, et al., *Nucl. Instr. and Meth.*, **190**, 565(1981).
[26] G. R. Davidson, *Nucl. Instr. and Meth.*, **107**, 557(1973).
[27] W. K. Kündig, *J. Chem. Phys.*, **47**, 219(1967).
[28] S. V. Karyagin, *Soviet Phys. Solid State.*, **8**, 391(1966).
[29] T. E. Sharo, et al., *Solid State Commun.*, **9**, 1923(1971).
[30] E. R. Whipple, *Nucl. Instr. and Meth.*, **180**, 241(1981).
[31] B. Window, *J. Phys.*, **E4**, 401(1971).
[32] I. Vincze, *Solid State Commun.*, **25**, 689(1978).
[33] I. Vincze, *Nucl. Instr. and Meth.*, **199**, 247(1982).
[34] J. Hesse, et al., *J. Phys.*, **E7**, 526(1974).
[35] G. Le Caer, et al., *J. Phys.*, **E12**, 1083(1979).
[36] 徐祖雄等,科学通报,**30**,710(1985).
[37] J. M. Daniels, *Can. J. Phys.*, **59**, 182(1981).
[38] 李惕碚,实验的数学处理,科学出版社(1980).
[39] 李士等,物理学报,**30**,120(1981).
[40] 李士等,科学通报,**29**,781(1984).
[41] M. C. Dibar, et al., Mössbauer Effect Methodology,(ed. Gruverman, I. J.), 7, Plenum Press, N. Y., 245(1971).
[42] 李士等,科学通报,**31**,736(1986).
[43] V. Bobov, *Solid State Commun.*, **7**, 373(1969).
[44] 中国科学院地质研究所等,吉林陨石雨论文集,科学出版社,128(1979).
[45] 李士等,矿物学报,**1**,35(1981).
[46] 林梅梅等,科学通报,**26**,1420(1981).
[47] 李士等,科学通报,**29**,781(1984).
[48] 李士等,核物理动态,**7**,24(1990).
[49] 李国栋等,科学通报,**28**,1227(1983).
[50] D. G. Rancourt, et al., *Nucl. Instr. Meth.*, **B58**, 85(1991).
[51] P. Martin, et al., *Appl. Optics*, **20**, 3923(1981).
[52] J. Y. Ping, et al., *J. Magn. Magn. Mat.*, **103**, 285(1992).
[53] J. Y. Ping, et al., Hyperfine Interactions, **69**, 493(1991).
[54] Wivel, C. et al., *J. Phys.*, **E14**, 605(1981).
[55] G. Le Caer, et al., *Nucl. Instr. Meth.*, **B5**, 25(1984).
[56] K. Ruebenbauer, et al., *Hyperfine Interactions*, **7**, 125(1979).
[57] J. G. Mullen, et al., *Phys. Rev.*, **B37**, 3226(1988).

第六章　在物理学中的应用(一)

平　爵　云

§6.1　引　　言

穆斯堡尔谱学在物理学中有很多应用. 由于穆斯堡尔效应对能量的测量有极高的灵敏度，因此它被广泛地用来研究和验证如相对论等基本物理原理. 用穆斯堡尔效应测定的超精细相互作用通常包括两个因子，即核因子及环境因子，因而一方面利用穆斯堡尔效应测得的核因子可以获得关于穆斯堡尔核的信息. 另一方面，利用穆斯堡尔效应测得的环境因子可以获得有关穆斯堡尔核周围环境的信息。

这里我们仅选择穆斯堡尔效应在相对论，量子拍，核物理，点阵动力学，超导体，非晶物理，扩散，自旋玻璃，表面，液晶及超低温温度计等典型物理领域内的应用. 至于其它的一些应用，因篇幅有限，这里就不详述，有些在其他章节也有叙述，例如穆斯堡尔效应在磁学及物理冶金中的应用等。

§6.2　在基本物理原理中的应用

6.2.1　相对论

爱因斯坦的相对论包括狭义相对论和广义相对论. 它们都建立在相对性原理的基础之上，前者认为所有的惯性系对自然的描述都是等效的. 用数学的语言来说，即一切物理定律对洛伦兹变换具有不变性. 后者则将相对性原理推广到全部参考系，认为全部参考系都同样适合于表述自然定律，用数学的语言来说，即一切物理定律必须对广义坐标变换具有协变性. 由此建立了一种新的引力理论。相对论与量子理论一样成为了近代物理学的理论支柱。因此，相对论的实验验证一直是人们注目的课题。但由于相对论的实验验证需要极高的实验灵敏度，所以历史上最初使用可见光的传统光学方法，但其相对精度只能达到 10^{-8}。自从穆斯堡尔效应发现以后，人们很快认识到可以将这种对于能量的高灵敏度测量方法用来验证相对论理论。下面分述与相对论有关的几个方面。

(1) *引力红移* 广义相对论的实验证明在穆斯堡尔效应发现以前是在天体范围间进行的。早先有三大类天体观测可以验证广义相对论，它们是水星近日点的进动，光线经过太阳附近的偏折以及从密度很大的星体上发出的光谱线的红端移动。自从穆斯堡尔效应发现后，广义相对论的验证就可以在实验室内进行了。

根据广义相对论，光子从某一个引力势的空间区域向另一个引力势区域运动，其能量及频率都将发生变化。设想有一个源及一个吸收体，源中的穆斯堡尔核处于激发态，而吸收体中的核处于基态。将源置于地平面上，而吸收体置于离地平面高度为 H 处。源中的穆斯堡尔核由激发态跃迁到基态发射 γ 光子，若以 E_g 及 E_e 分别代表基态及激发态的能级，则光子能量应为激发态与基态能级之差，即

$$h\nu = E_e - E_g. \tag{6.1}$$

根据爱因斯坦的质能关系，光子同时具有质量

$$m = \frac{h\nu}{c^2}. \tag{6.2}$$

当光子由地平面运动到高度为 H 的吸收体时，光子的频率将减小，其频率变化 $\Delta\nu$ 引起的能量变化应相当于引力势能，即

$$h\Delta\nu = mg \cdot H = -\frac{h\nu}{c^2} gH. \tag{6.3}$$

由此可以推出光子升高 H 后，频率相对变化为

$$\frac{\Delta\nu}{\nu} = -\frac{gH}{c^2}, \tag{6.4}$$

这种由引力作用引起的频率向低频方向移动的现象称之为引力红移。

如果给源以多普勒速度，使源所发射的γ射线能量作微小的调制，就有可能使吸收体发生无反冲共振吸收，由共振时所加的速度即可测出引力红移的大小。

1959至1960年，Pound和Rebka[1]首先设计了一个高塔实验来验证引力红移，其实验装置示意图如图6.1所示。在22.6m高的塔顶放置^{57}Co放射源，在塔底放置^{57}Fe吸收体和探测器，由式(6.4)可以从理论上估计出γ射线能量的相对变化为2.5×10^{-15}，这相当于0.75μm/s的多普勒速度。利用液压传动精密地控制源的多普勒速度，就可以测定引力红移。实验中将放射源和吸

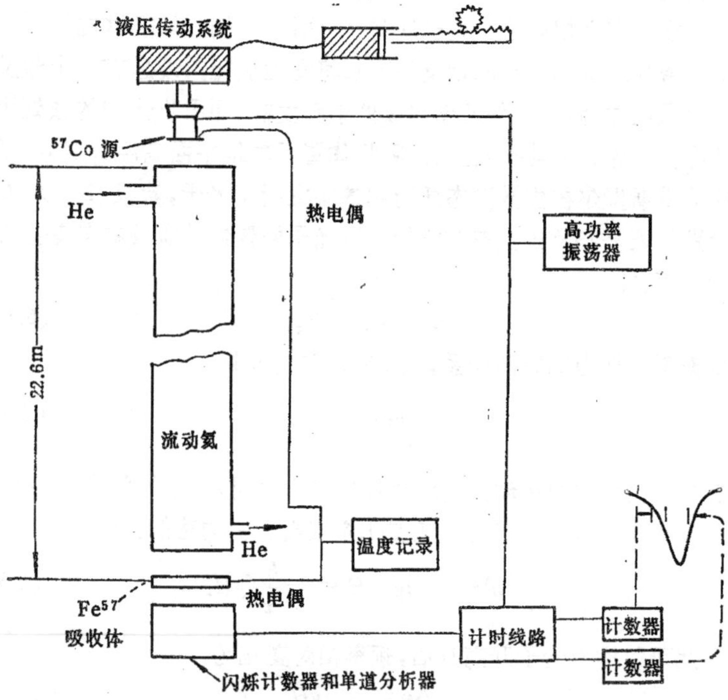

图6.1 测定引力红移的高塔实验装置示意图。

收体位置对换测量，对比两次实验结果，净效应即为两倍。实验中注意消除吸收体和放射源间的温度差所引起的移位，如此获得的红移与理论预计的红移在1%精度内完全符合。

近年来，Katila 及 Riski[2] 用 ^{67}Zn 的 93.3keV 穆斯堡尔效应测定了引力红移。^{67}Zn 穆斯堡尔谱自然线宽为 1.56×10^{-4}mm/s，比 ^{57}Fe 的自然线宽还窄600倍，因而利用 ^{67}Zn 的穆斯堡尔效应在高度约1 m的距离就可以精确地测定引力红移，而且实验可以沿空间各个方向进行，使得整个实验可以在一般的实验桌上进行。

实验将 ^{67}Ga-ZnO 源置于铅管的一端，而将吸收体置于另一端。整个铅管长1 m，铅管可以转向各不同方向进行实验。设γ射线传播方向与重力方向夹角为 φ，则根据爱因斯坦等效原理计算得到的引力红移为

$$\frac{\Delta\nu}{\nu}=\frac{gH}{c^2}\cos\varphi,$$

故 $\frac{\Delta\nu}{\nu}$ 与角 φ 的理论曲线应为

$$\frac{\Delta\nu}{\nu}=a_0+a_1\cos\varphi. \tag{6.5}$$

当 $\varphi=0°$（γ射线垂直向下）到 $\varphi=180°$（γ射线垂直向上）间不同角度所测出的引力红移见图6.2。将各实验点用理论公式(6.5)拟合出的 a_0 及 a_1 如下：

$$a_0=2(5)\times10^{-18},$$
$$a_1=1.10(6)\times10^{-16},$$

a_0 及 a_1 的理论计算值为

$$a_0=0,$$
$$a_1=\frac{gH}{c^2}=1.107\times10^{-16}.$$

将理论值与实验值相比，可见其符合得极好，从而实现了在普通实验桌上验证引力红移的目标。

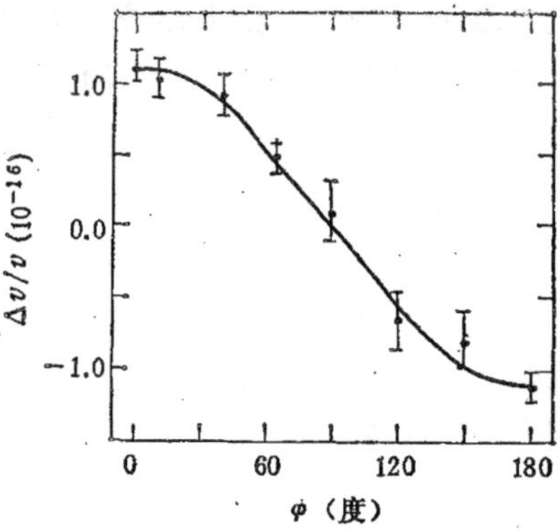

图 6.2 ^{67}Zn 穆斯堡尔效应测定的引力红移 $\frac{\Delta\nu}{\nu}$ 与φ的关系，其中φ为γ射线方向与重力方向的夹角，实线为理论余弦曲线.

（2）时钟佯谬　由狭义相对论所述的时空观导出的结果之一是爱因斯坦时间迟缓. 若有一个时钟处于惯性系 S 中，并相对于惯性系 S_0 中的时钟以速度 v 运动，那么惯性系 S 中的时钟测得两事件之间的时间 τ 应为

$$\tau = \tau_0\sqrt{1 - v^2/c^2}, \tag{6.6}$$

其中 τ_0 为惯性系 S_0 中的时钟测得同样两事件之间的时间.

为了证明这一点，可利用如图 6.3 所示的转子实验. 将穆斯堡尔源置于转子的中心，而将吸收体置于转子的边缘，相距为 R. 将转子以角速度 ω 快速转动，则吸收体具有线速度

$$v = \omega R. \tag{6.7}$$

如果 ν_1 是用固定在吸收体上的时钟所测得的γ射线频率，而 ν_0 是用固定在中心位置源上的时钟所测得的同一γ射线频率. 那么由于吸收体相对于惯性系有一个速度 v，故固定其上的时钟将发生爱因斯坦迟缓. 利用式(6.6)，可以计算出因时钟不同而引起的频率差异为

$$\frac{\nu_1}{\nu_0} = \frac{\tau_0\sqrt{1 - v_s^2/c^2}}{\tau_0\sqrt{1 - v_a^2/c^2}} = \frac{\sqrt{1 - v_s^2/c^2}}{\sqrt{1 - v_a^2/c^2}}. \tag{6.8}$$

若认为源不动，$v_s=0$，又因 $v_a \ll c$，故

$$\frac{\nu_1}{\nu_0}=\frac{1}{\sqrt{1-v_a^2/c^2}}=1+\frac{v_a^2}{2c^2}=1+\frac{\omega^2 R^2}{2c^2}. \qquad (6.9)$$

可见频率的相对变化可达 $\frac{\omega^2 R^2}{2c^2}$，选用 $R=20\text{cm}$，$\omega=18000\cdot 2\pi/\text{min}$，则 γ 光子能量相对变化为

$$\frac{\Delta E}{E}=\frac{\Delta\nu}{\nu}=\frac{\omega^2 R^2}{2c^2}=7.9\times 10^{-13},$$

这个相对变化正好与 ^{57}Fe 的自然线宽和能量之比相当，因此可以用穆斯堡尔效应来验证这种狭义相对论效应．实验得到了满意的

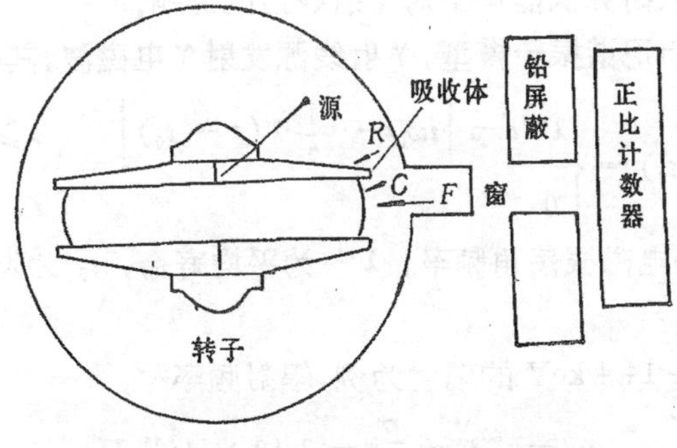

图 6.3　测定时间迟缓的转子实验示意图．

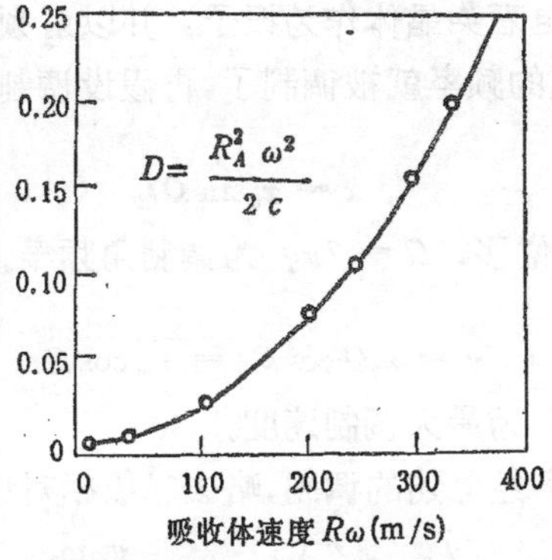

图 6.4　转子实验中测得的移位与吸收体速度的关系（○为实验点，实线为理论曲线）．

结果，可见图 6.4。

6.2.2 边带与量子拍

调频技术早已在无线电技术中广泛应用。利用傅里叶分析可知，将具有载频频率的电磁振荡进行调频调制，其结果是使频谱中的载频两边形成边带 (sideband)。既然 γ 射线也是一种电磁波，如果用一个射频振荡去调频调制 γ 射线，也同样会在 γ 射线原有频率两边生成边带，而这些边带可以用穆斯堡尔效应去探测. Ruby 和 Belef[3] 首先在 1960 年从事了这种边带实验，而这种边带的形成实质上是 γ 量子与超声声子相互作用的结果[4]. 利用边带效应可以研究低能声子对 γ 射线谱的影响。

根据阻尼谐振子模型，γ 射线源发射 γ 电磁波，其电场强度为

$$\mathscr{E}(t, t_0) = \begin{cases} \lambda^{1/2} \exp\left[i\omega_0 t - \dfrac{1}{2}\lambda(t - t_0)\right] & t \geqslant t_0, \\ 0 & t < t_0, \end{cases} \tag{6.10}$$

其中 ω_0 为电磁振荡角频率，λ^{-1} 为平均寿命，t_0 为发射 γ 射线起始时间。

以 ^{57}Fe 14.4 keV 的辐射为例，辐射频率

$$\nu_0 = \frac{\omega_0}{2\pi} = \frac{E_0}{h} = 3.48 \times 10^{18}\ \text{Hz}.$$

如果用一个压电石英晶体作为振子，并以射频频率 q 去驱动放射源，那么 γ 射线的频率就被调制了，再假设调制是正弦调制，则位移

$$x = x_0 \sin \Omega t, \tag{6.11}$$

其中 x_0 为最大位移，$\Omega = 2\pi q$ 为调制角频率。由式 (6.11) 可得速度为

$$v = x_0 \Omega \cos \Omega t = v_m \cos \Omega t, \tag{6.12}$$

其中 $v_m = x_0 \Omega$ 为最大调制速度。

γ 射线频率经上述的调制，略去二级相对论效应，频率将变为

$$\omega = \omega_0 \left(1 - \frac{v}{c}\right) = \omega_0 - \frac{v_m \omega_0}{c} \cos \Omega t \tag{6.13}$$

于是式(6.10)中的电磁振荡指数部分 $\exp(i\omega_0 t)$ 应换成

$$\exp\left(i\int_0^t \omega dt\right)=\exp\left(i\omega_0 t+\frac{v_m\omega_0}{c\Omega}\sin\Omega t\right)$$
$$=\exp\left(i\omega_0 t+a\sin\Omega t\right),\qquad(6.14)$$

式中 $a=\frac{v_m\omega_0}{c\Omega}=\frac{x_0\omega_0}{c}$ 为调频度。例如以 $q=\frac{\Omega}{2\pi}=20\ \text{MHz}$ 作为调制频率,控制驱动电压使振子最大速度达到 $v_m=1\ \text{mm/s}$,可得调制度

$$a=\frac{v_m\omega_0}{c\Omega}=\frac{v_m\nu_0}{cq}=0.58。$$

最后可得调制后的电场强度为

$$\mathscr{E}(t,t_0)=\begin{cases}\lambda^{1/2}\exp\left[i\left(\omega_0 t+a\sin\Omega t\right)-\frac{1}{2}\lambda\left(t-t_0\right)\right] & t\geqslant t_0,\\ 0 & t<t_0.\end{cases}\qquad(6.15)$$

因为 t_0 是不测量的,所以可将总的辐射强度归一化为

$$\int_{-\infty}^{\infty}dt_0|\mathscr{E}(t,t_0)|^2=1。\qquad(6.16)$$

对式(6.15)进行傅里叶分析,并借助 Jacobi-Auger 公式

$$e^{ia\sin\Omega t}=\sum_{n=-\infty}^{\infty}J_n(a)e^{in\Omega t},\qquad(6.17)$$

可得辐射频谱为

$$\int_{-\infty}^{\infty}dt_0|\mathscr{E}(\omega,t_0)|^2=\sum_{n=-\infty}^{\infty}\frac{J_n^2(a)}{(\omega-\omega_0-n\Omega)^2+\frac{1}{4}\lambda^2},\qquad(6.18)$$

式中 $J_n(a)$ 为第一类贝塞耳函数。式(6.18)右边和式中的 $n=0$ 项 $\frac{J_0^2(a)}{(\omega-\omega_0)^2+\frac{1}{4}\lambda^2}$ 就是角频率为载频 ω_0 的洛伦兹峰,强度为 $J_0^2(a)$。而 $n=\pm1$ 项 $\frac{J_1^2(a)}{(\omega-\omega_0\pm\Omega)^2+\frac{1}{4}\lambda^2}$ 是载频左右对称

的两个边峰，与载频相距均为 Ω，强度为 $J_1^2(a)$. 同理 $n=\pm 2$ 项为载频左右对称的两个相距 2Ω 的边峰. 因此，频谱分析的结果告诉我们正弦调频后的频谱是载频及其两边的一组边峰. γ 射线的这种发射谱可以用运动的吸收体使其发生无反冲共振吸收来探测. 将频谱中的载频与第一边频的间距 Ω，即调制角频率换算成相应的多普勒速度，可得到

$$v=c\frac{\Delta E}{E_0}=c\cdot\frac{hq}{h\nu_0}=\frac{cq}{\nu_0}=1.72\text{mm/s}.$$

由此可知，当吸收体达到速度 $v=1.72\text{mm/s}$ 时，应测得边频的吸收峰。这正是穆斯堡尔实验中一般可测的速度范围，用光学的术语来说，穆斯堡尔谱仪相当于 γ 射线的一个精密光栅.

Ruby 等的测量结果示于图 6.5 之中. 他们用不同的驱动电压 V 控制调频度 m，从图上可以看到，当 $m=0$ 时，即无调制时为一载频谱，当调频度 m 逐渐增加，便开始出现各级左右对称的边峰对，而且边峰的强度随 a 的增加而增加，然而载频分量则随 a 的增加而减小。早期 Ruby 的这个实验被用来作为穆斯堡尔效应的经典理论的一个实验证明. 如果把上述的振子振动比作为固体中的一个振动模的振动，那么该振动模对核发射 γ 射线的频谱的影响也应该是出现一列边峰. 固体中的所有振动模将使发射 γ 射线的频谱中载频两侧形成很宽的边带。$m=0$ 的载频实为无反冲发射，即无声子过程，而 $m=\pm n$ 相当于发射或吸收声子的过程. 当温度升高时，原子核最大位移增加，调频度增加，结果造成载频分量强度下降，而边带强度增加，从而解释了温度升高造成的 f 因子下降、而背景增强的现象. 若能测得背景边带谱，无疑能获得点阵动力学中声子谱的信息，但可惜固体中声子谱的频率比射频要大好几个数量级. 实验上对如此宽的边带的测量相当困难，到目前为止还没有成功的报道.

除了上述测量频率谱的方法外，还可以测量时间谱. 我们知道，两个相近频率的振动干涉的结果将产生“拍”的现象，即合成振动的强度将以两个相近频率之差为“拍”频，周期性的变化. 上面

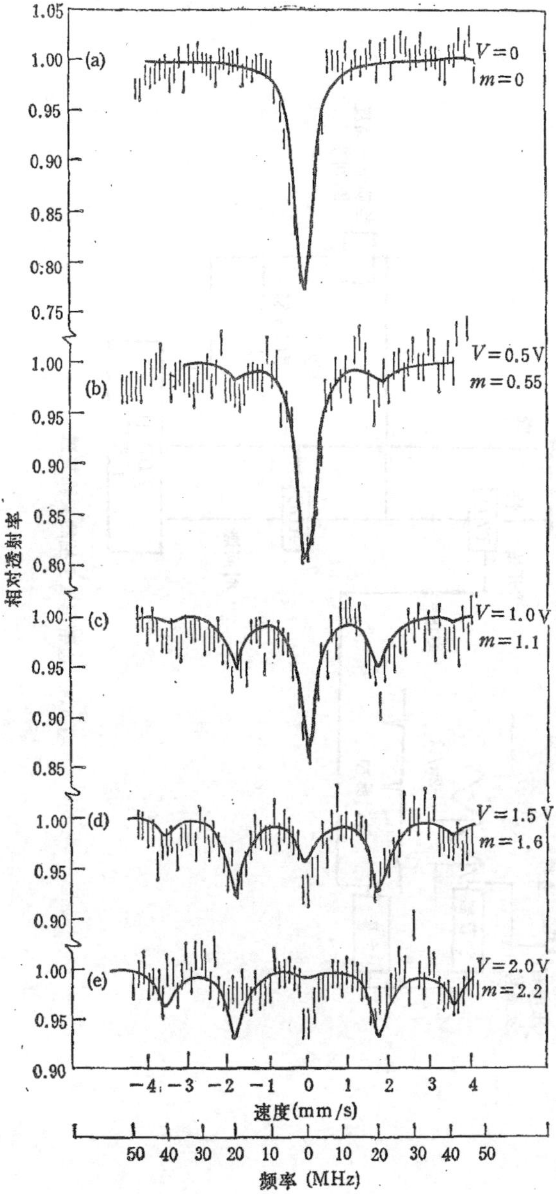

图 6.5 边带实验穆斯堡尔谱. 源为 ^{57}Co-不锈钢，由压电石英晶体驱动，调制频率为 20 MHz. (a—e) 分别为不同驱动电压 V 控制的不同的调频度 m 所测出的穆斯堡尔边带谱，小点和竖线为实验点及误差，实线为由调频理论计算出的理论曲线. 假设 V 与 m 呈正比关系，其比例系数是用实验点作曲线拟合得出的.

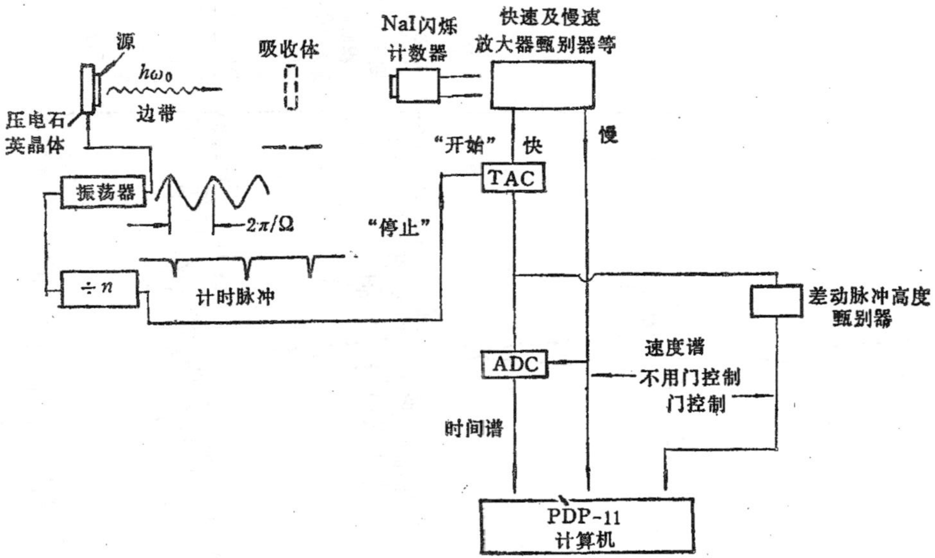

图 6.6 边带与量子拍的实验装置.

谈到的 γ 射线被射频调制后，载频与边频之间或者边频与边频之间也能发生干涉，又因为这些干涉频率之差远小于载频频率，因此干涉的结果将在时间谱上形成"拍"的现象，称之为"量子拍"（quantum beat)。Perlow[5] 首先进行了 ^{57}Fe 核的"量子拍"实验，并给出了理论上说明[6]。他们的实验装置示于图 6.6。这样的装置可进行下述三种类型的实验。

(1) *正常的速度谱* 利用压电石英晶体作为振子去驱动一个单色的 γ 射线源，使其得到正弦调频调制。如上所述，源发射的 γ 射线频谱中除了载频 ω_0 外还有边带 $\omega_0 \pm n\Omega$，γ 射线透过运动的吸收体，由探测器探测到的结果输入慢放大系统，最后在计算机中积累起一个通常意义下的穆斯堡尔谱。Perlow 等用 ^{57}Co-Cu 为源，以富化 ^{57}Fe-$Na_4(CN)_6 \cdot 10H_2O$ 为吸收体，调制频率 $q = \frac{\Omega}{2\pi} = 9.95$ MHz。测量结果示于图 6.7 中。图 6.7 (a) 示出未加调制时的速度谱，这是一个单线谱，同质异能移位等于 -0.3mm/s。图 6.7 (b) 示出当加以 9.95MHz 的 10V 电压调制后，在频谱中载频两边出现边带，这与 Ruby 等的结果相同。如果在源与吸收体之间放一片静止的 ^{57}Fe-Be 吸收体，可以滤掉载频中心线。这是因为 ^{57}Fe-Be 有一个不能分辨的四极分裂谱，其较宽的峰位中心约为 -0.3mm/s，故可作为载频的滤波器，由此测出如图 6.7 (c) 所示的速度谱。

(2) *时间谱* 如果吸收体静止不动或作恒速运动，而将探测器测到的结果输入到快放大系统。当快速放大甄别器接收到一个由探测器送来的脉冲后，立即给时间-振幅转换器(TAC)送去一个计时开始的脉冲信号，并开始计时，同时由压电石英晶体振子振动的同步信号中以 n 个脉冲输出 1 个脉冲的比例给 TAC 送去一个计时停止脉冲信号，以便能看到 n 次振动周期内的时间谱。最后，TAC 将这段计时时间转换成脉冲高度，并由模-数转换器 (ADC) 转换成数字，作为计算机的计数地址，如此积累出的谱就是一个时间谱。图 6.8 示出实测结果。测量中利用 ^{57}Co-Cu 源与静止的

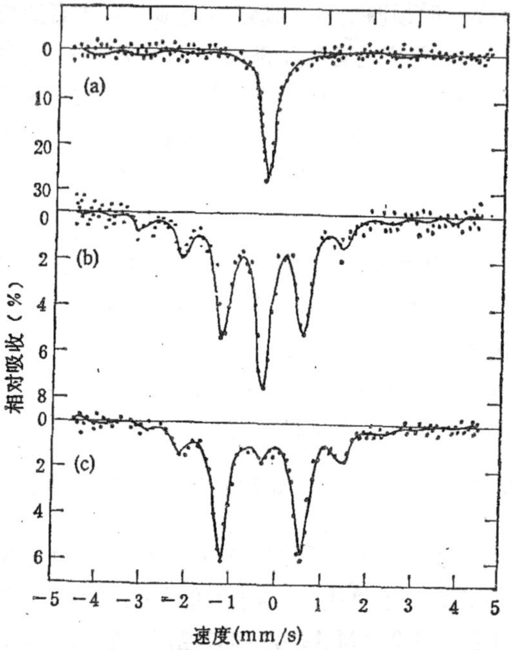

图 6.7　边带穆斯堡尔谱(不用门控制).
源为 ^{57}Co-Cu，吸收体为富化的 ^{57}Fe-$Na_4(CN)_6\cdot 10H_2O$.
(a) 源未调制的穆斯堡尔谱；(b) 源用压电石英晶体驱动调制频率为 9.95MHz 所测得的边带谱；(c) 在源与吸收体间加一个固定不动的 ^{57}Fe-Be 吸收体，中心线被滤去了.

^{57}Fe-Be 吸收体，调制频率为 9.95MHz，所测到的时间谱是各边频干涉的结果。从图 6.8 (a) 中可清晰地看到"量子拍"现象。拍频的主频率为 $2\times 9.95\text{MHz}=19.9\text{MHz}$。将上述的 ^{57}Fe-Be 吸收体代之以不锈钢及 $Na_4{}^{57}Fe(CN)_6\cdot 10H_2O$ 的复合吸收体。这时载频与边频，边频与边频之间干涉的结果为如图 6.8 (b) 所示的"量子拍"时间谱。能清楚地看到拍的基频为 9.95MHz。

(3) 时间门控制速度谱　利用门电路控制，将时间谱的一个拍周期中的固定部分时间内选通门电路，这样积累的穆斯堡尔速度谱可以得到一个时间门控制速度谱，它是在某个调制振动信号的固定位相范围内积累的。图 6.9 示出一个实测的结果。先利用

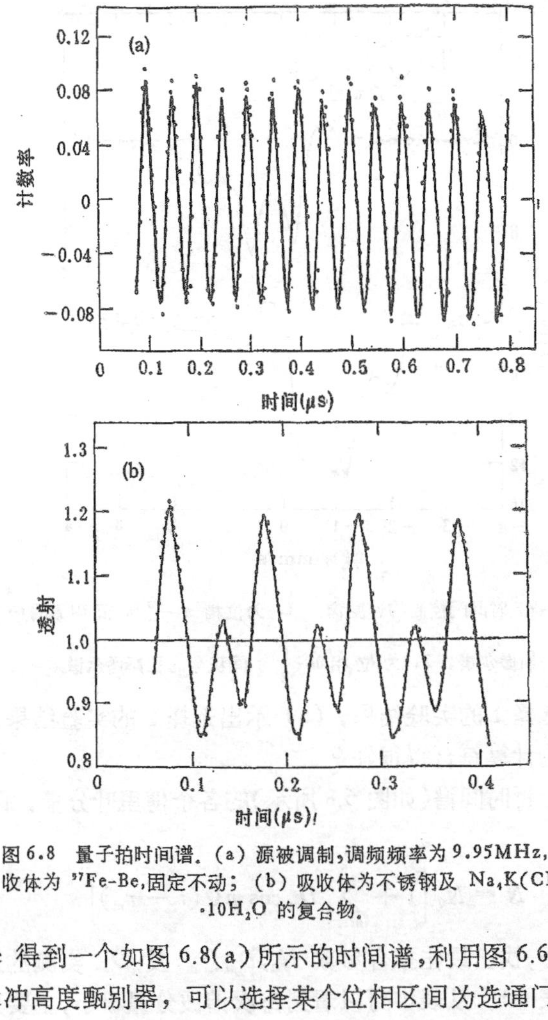

图 6.8 量子拍时间谱.（a）源被调制,调频频率为 9.95MHz，吸收体为 ^{57}Fe-Be,固定不动；（b）吸收体为不锈钢及 $Na_4K(CN)_6 \cdot 10H_2O$ 的复合物.

^{57}Fe-Be 得到一个如图 6.8(a) 所示的时间谱，利用图 6.6 所示中的差动脉冲高度甄别器，可以选择某个位相区间为选通门的时间区间，如图 6.9 左上框图内所示．选择 2表示选通位相区间为$0—\frac{\pi}{2}$，选择 1 表示选通位相区间为 $\pi—\frac{3}{2}\pi$，中间间隔为 $\frac{\pi}{2}$。当选通门选择好以后，移去 ^{57}Fe-Be 吸收体，代之以 $Na_4{}^{57}Fe(CN)_6 \cdot 10H_2O$ 为吸收体，作慢变速运动，在选通门选通的时间内积累谱．图 6.9

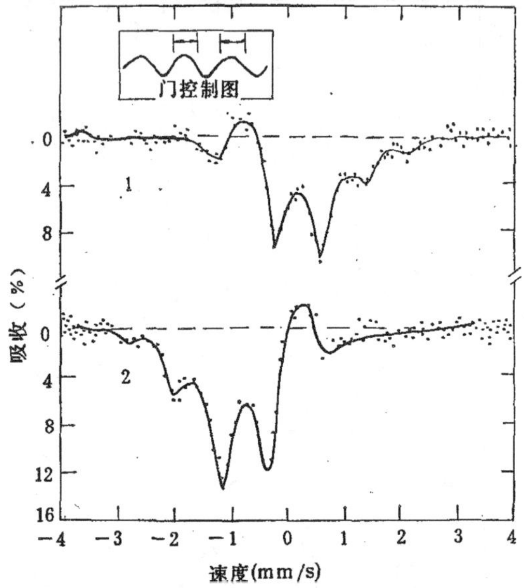

图 6.9 时间门控制的速度谱. 1. 为位相 $\pi-\frac{3}{2}\pi$ 间积累的穆斯堡尔谱；2. 为位相 $0-\frac{1}{2}\pi$ 间积累的穆斯堡尔谱.

(a) 示出选择 1 的实验结果，(b) 示出选择 2 的实验结果。实验结果与理论计算符合得很好[6]。

仔细分析时间谱(如图 6.8 所示)的各个傅里叶分量，即将实验计数

$$N=N_0\left[1+\sum_{m=1}^{6}D_m\cos m\Omega(t-\tau_m)\right],\qquad(6.19)$$

作曲线拟合，找出最佳拟合参数 N_0, D_m, τ_m 及 Ω。实测的傅里叶分量列于表 6.1，从表中可以看到奇次谐波分量极小，主要是各偶次谐波。Perlow[5] 发现第一及第二谐波分量比 D_1/D_2 对吸收体速度位移极为灵敏，可见图 6.10。因此量子拍现象可用于微小的相对能量移位的精密测量，例如可用来作为引力红移的精密测量.

张桂林等测量了 ^{129}I 吸收体-^{129m}Te 源系统中的边带及"量子拍"实验[7,8]。Helistö 等测定了 ^{67}Ga 源-^{67}ZnO 吸收体系统中的

表 6.1 实测的傅里叶分量（%）

晶体电压 (V)	D_1	D_2	D_3	D_4	D_5	D_6
10	0.38(6)	7.9(16)	0.23(6)	0.27(7)	0.15(10)	0.08(8)
25	0.38(4)	6.60(4)	0.15(4)	1.03(4)	0.05(4)	0.07(4)

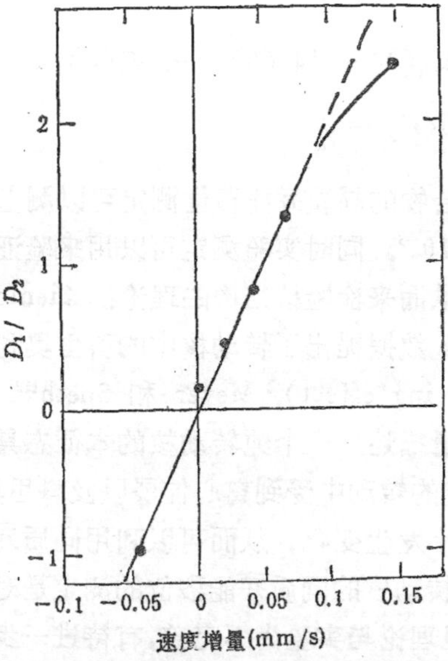

图 6.10 第一及第二傅里叶分量的比值 D_1/D_2 与吸收体偏离共振中心线的速度移位之间的关系。

边带与“量子拍”[9]。

§6.3 在核物理中的应用

穆斯堡尔效应可用来研究超精细相互作用，而超精细相互作用的强度一般为核因子与环境因子的乘积。如果已知环境因子，就可以通过穆斯堡尔谱的测定测出核因子来，如测出核处在激发态与基态时核半径的差、核的电四极矩以及核的磁矩等。

6.3.1 测定原子核的均方半径

1960 年 Kistner 和 Sunyar[10] 在测定 Fe_2O_3 的穆斯堡尔效应时首先发现了同质异能移位。同质异能移位正比于 ^{57}Fe 的激发态与基态半径的均方差，即

$$\delta = \frac{c}{E_r}\frac{2\pi}{3}Ze^2 \cdot \Delta\rho_e(0)\Delta\langle r^2\rangle, \qquad (6.20)$$

此处

$$\Delta\rho_e(0) = |\Psi_a(0)|^2 - |\Psi_s(0)|^2,$$

$$\Delta\langle r^2\rangle = \frac{3}{5}\Delta r^2.$$

从不同的化合物的同质异能移位测定可以测出核的均方半径的变化，精度达 10^{-5}。同时实验测定可以用来验证核的均方半径的理论计算值，从而来检验核结构的理论。Kienle[11] 从形变核的转动跃迁的实验数据提出了转动核中的科里奥利反对偶效应 (Coriolis antipairing effect)，Meyer 和 Speth[12] 根据核转动的微观理论作了定量描述。一个纯转动核的本征态具有相同的均方半径，但在形变核的转动中受到离心伸展以及科里奥利力，这些力引起核的尺寸大小发生变化，从而可以利用同质异能移位的测定来验证[13]。关于转动核的同质异能移位的测定是对核结构的理解的一个突破点，但理论与实验尚不完善，有待进一步研究。

6.3.2 测定原子核的电四极矩

Kistner 和 Sunyar[10] 在发现同质异能移位的同时也发现了电四极相互作用引起的谱分裂，分裂裂距正比于核的电四极矩. ^{57}Fe 在多晶样品中，如果没有塞曼磁分裂，四极相互作用的结果为一组双线，二线间裂距为

$$\Delta = \frac{e^2qQ}{2}\left(1 + \frac{1}{3}\eta^2\right)^{1/2}. \qquad (6.21)$$

在很多化合物中，电场梯度 $-eq$ 不等于零，并观察到 0—4 mm/s 的裂距，如果理论上求出 $-eq$ 的值，便可以根据穆斯堡尔实验测得的裂距计算出核的四极矩 Q。

下面列举几种计算方法：第一种计算方法是利用三价高自旋络合物。因为 Fe^{3+} 的离子 $3d^5$ 电子壳层是球对称的，所以这种电子组态的内禀电场梯度为零，这样一来在铁核处的电场梯度可以由各配位体离子电荷在核处产生的电场梯度求和而得。这种方法的基本思路是简单明了的，但实际上也有一些困难。如各配位体到铁核的距离用 X 射线方法测定的微小误差会对 eq 的计算值有较大影响，而且点电荷的近似模型与实际的电荷分布也可能有些差别；第二种方法是使用离子性高自旋 Fe^{2+} 络合物。这种电子组态是已知的，所以可以算出离子产生的 $eq_{离子}$。但是配位体与 Fe^{2+} 间的作用可以影响电子分布的空间半径的屏蔽，使得 $(1-R)\langle r^{-3}\rangle$ 值的计算遇到困难，由于离子性愈强，配位体-Fe^{2+} 相互作用就愈弱，所以常使用离子性最强的化合物 $FeSiF_6\cdot 6H_2O$。

准确地求出 Q 值虽然有困难，但是应该注意到，这并不妨碍从比较的角度用四极分裂的结果进行分析来研究物理化学问题。核的四极矩的测定和核的均方半径的测定一样可以得到某些关于核结构的信息。

6.3.3 测定核磁矩和核 g 因数

Hanna 等[14] 首先测得了 ^{57}Fe 在 Fe 基体中的激发态核磁矩，并得到了内磁场的符号是负的重要结论。这个发现使人们弄清了铁磁体中超精细磁场的来源。磁相互作用与核磁矩成正比

$$\Delta E_m = -\boldsymbol{\mu}\cdot \boldsymbol{H}, \tag{6.22}$$

这样利用 ^{57}Fe 的内磁场可以测定 ^{57}Fe 的核磁矩。在 60 年代中期，已经掌握了足够多的内场的数据，现在用穆斯堡尔效应已经测定了几百种的核磁矩[15]，其中的一些结果对了解核状态及核物理是很重要的。

由于自旋为 I 的核磁矩

$$\mu = \gamma \cdot g_N \cdot \mu_N, \tag{6.23}$$

其中 $\mu_N = \dfrac{e\hbar}{2m_pc}$ 为核磁子，g_N 为核的 g 因数，故利用穆斯堡尔效应可以测定激发态核的 g 因数。许多研究者已经测定了从 Sm 到 W 的 20 多种核的 g 因数，其误差常小于 5%[15]，优于其它方法的测量，这对核物理是一个重要的贡献。

原子核不是一个点，因而核磁矩也不是定义在一点上的，它在核内应该有一个分布。核中的磁分布对了解核态结构是很重要的。测定核中磁性的分布需要一个在核尺寸范围中敏感的磁场，这样的场正好是内磁场中的费米接触场，如果将这样的由费米接触场得到的磁超精细相互作用与核尺寸范围内均匀磁场得到的超精细相互作用进行比较，就可以分析出核态的磁性分布。而这种均匀磁场可以通过一个外磁场来获得。上述因核内有某种磁性分布与均匀磁性分布相比的超精细相互作用反常现象称为 Bohr-Weisskopf 效应(简称 BW 效应)[16]。第一个关于 BW 效应的穆斯堡尔研究是利用 ^{57}Fe 核的 14.4keV 跃迁来进行的[17]，而后在 ^{191}Ir, ^{193}Ir 及 ^{151}Eu 基体中进行[18]。最大的 BW 效应是在 Ir 研究中得到的。当 Fe 核位于反铁磁性的 IrF_6 中，将其超精细相互作用与施加 7.3 T 外磁场所得到的超精细相互作用相比较，基态和激发态间的 g 因数的比值的相对差别达到 7.2%[19]。这是因为 ^{57}Fe 在 Ir 基体中比在 Fe 或 Eu 基体中有更大的不均匀的核内磁场分布。由穆斯堡尔效应测出的这种超精细反常作用引起了学者们很大的兴趣。

§6.4 点阵动力学

从穆斯堡尔实验可获得有关点阵动力学方面的信息。其中主要的方法之一是测定穆斯堡尔分数，即无反冲因数 f，它可以从穆斯堡尔谱线包围的面积中得到。无反冲因数与发射原子核或吸收原子核在 γ 射线方向上点阵中振动的均方振幅 $\langle x^2\rangle$ 有关，因而可以得到点阵均方振幅的信息。另一种方法是利用二级多普勒效应，根据穆斯堡尔谱线的精确位置与温度的关系，可以得到点阵中原子热运动的均方速度 $\langle v^2\rangle$ 的信息。

6.4.1 无反冲分数的测定

前面已经给出了无反冲分数（f 因数）的表达式

$$f = \exp[-k^2\langle x^2\rangle]. \tag{6.24}$$

利用固体的德拜模型已经算出 $\langle x^2\rangle$ 与温度的关系，继而可将 f 表述为

$$f = \exp\left[-\frac{6E_R}{k_B\theta_D}\left\{\frac{1}{4}+\left(\frac{T}{\theta_D}\right)^2\int_0^{\theta_D/T}\frac{x\,dx}{e^x-1}\right\}\right], \tag{6.25}$$

式中 θ_D 为德拜温度，$E_R=\dfrac{E_r^2}{2Mc^2}$ 为自由核的反冲能。

在低温下，即 $T\ll\theta_D$，式(6.25)可近似地改写为

$$\ln f = -\frac{E_R}{k_B\theta_D}\left[\frac{3}{2}+\frac{\pi^2T^2}{\theta_D^2}\right], \tag{6.26}$$

因而可测出不同温度下的 f 因数，再用上述的 f 与 T 的理论关系进行最小二乘法的拟合，可定出描写点阵动力学的重要参数德拜温度 θ_D。

至于 f 因数一般可通过测量穆斯堡尔谱的相对吸收强度来测定。

强度 I 与多普勒速度 v 有下列关系：

$$\frac{I(\infty)-I(v)}{I(\infty)} = f_s\left\{1-\frac{1}{\pi}\int_{-\infty}^{\infty}\frac{\exp\left(\dfrac{-t}{1+x^2}\right)}{(x-\phi)^2+1}\,dx\right\}, \tag{6.27}$$

此处

$$x=\frac{2}{\Gamma}(E-E_0),$$

$$\phi=\frac{2E_0}{c\Gamma}v,$$

$$t = dn\beta f_a\sigma_0,$$

$$\sigma_0 = \frac{\lambda^2}{2\pi}\frac{1}{1+\alpha}\frac{2I_e+1}{2I_f+1},$$

其中 E_0 为跃迁能，v 为多普勒速度，c 为光速，Γ 为线宽，t 为有效厚度，f_s 及 f_a 代表放射源和吸收体的穆斯堡尔分数，d 为样品的实际厚度，n 为单位体积中的原子数，β 为穆斯堡尔原子的自然丰度，σ_0 为最大吸收截面，α 为内转换系数，I_e 和 I_f 分别为激发态和基态时核的自旋，λ 是 γ 射线的波长。

当速度 $v=0$ 时，可得到实验强度曲线的高度

$$\frac{I(\infty)-I(0)}{I(\infty)} = f_s\left\{1-\frac{1}{\pi}\int_{-\infty}^{\infty}\frac{\exp\left(-\frac{t}{x^2+1}\right)}{1+x^2}dx\right\},$$

经过变形可写为

$$\frac{I(\infty)-I(0)}{I(\infty)} = f_s\left[1-J_0\left(\frac{in\beta f_a\sigma_0}{2}\right)\exp\left(-\frac{n\beta d f_a\sigma_0}{2}\right)\right], \tag{6.28}$$

式中 J_0 为零级贝塞尔函数，其关系曲线如图 6.11 所示，从这里可以看出，吸收系数在样品很薄时接近直线性的变化，然后渐近地趋向放射源的穆斯堡尔分数 f_s。

通过对式 (6.27) 在整个速度范围内的积分，可得到吸收谱线包围的面积 A

$$A = \pi\frac{c\Gamma}{2E_0}f_s t\left[1-\frac{t}{4}+\frac{3t^2}{48}-\frac{15t^3}{1152}+\cdots\right]. \tag{6.29}$$

如果取一级近似认为已够准确，则在同一个放射源的条件下，此式可用于比较两个不同吸收体中的穆斯堡尔分数 f_a，也就是说测量两个吸收体的谱线下面积 A_1 和 A_2 就可以比较他们的无反冲分数 $f_a^{(1)}$ 和 $f_a^{(2)}$，即

$$\frac{f_a^{(1)}}{f_a^{(2)}} = \frac{A_1}{A_2}. \tag{6.30}$$

相似的做法，可以在相同的吸收体的条件下，比较两个不同源的穆

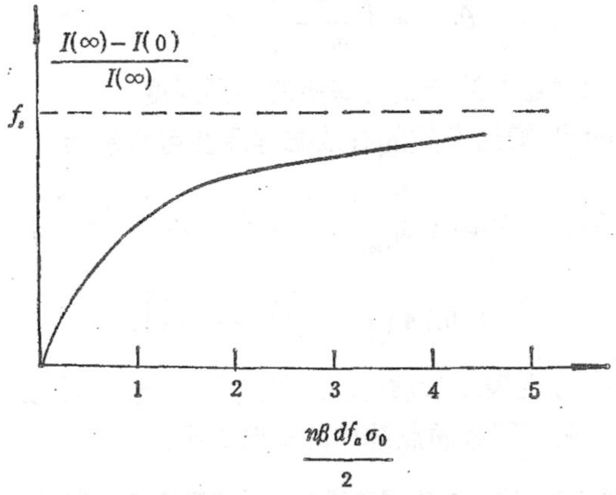

图 6.11 共振吸收与样品厚度的函数关系。

斯堡尔分数 f_s。另外，通过面积的测量也可用来研究内部结构变化引起的穆斯堡尔分数的变化，例如晶格软化现象的研究就是从这样的考虑出发的。穆斯堡尔谱线包围的面积与 f_r 及 f_a 成正比，这只是在一级近似下才成立，当样品较厚时，就必须考虑到厚度的高次项，不仅如此，穆斯堡尔谱线形状将发生畸变而偏离洛仑兹型。此时必须使用各种厚度修正的方法，才能测出穆斯堡尔分数。

利用穆斯堡尔效应可测定 f 因数，继而测出德拜温度，还可以研究固体中杂质和基体的结合力 (impurity-host binding)，从而弄清楚杂质原子在晶体中的动力学特点。Lipkin[20] 指出：当杂质原子的质量为 m_{imp}，基体原子的质量为 m_{host} 时，在 0K 温度下，杂质原子的穆斯堡尔发射强度等于各原子质量全为 m_{imp} 的假想晶体的发射强度，但这里的前提条件是各原子间的结合力和真实晶体中的杂质原子和基体原子间的结合力相同。以上的说法可以用下式表示：

$$\frac{\langle x^2\rangle_{imp}}{\langle x^2\rangle_{host}} = \left[\frac{m_{host}}{m_{imp}}\right]^{1/2}, \tag{6.31}$$

或者也可写成经常见到的公式，即

$$\theta_{imp} = \left(\frac{m_{host}}{m_{imp}}\right)^{1/2} \theta_{host}, \tag{6.32}$$

其中 θ_{imp} 及 θ_{host} 为杂质与基质的德拜温度。

Visscher[21] 提出杂质的有效德拜温度可表示为

$$\theta_{imp} = \theta_{host}\left(\frac{m_{host}}{m_{imp}}\right)^{1/2}\left[1 + 0.60\left(1 - \frac{\gamma'}{\gamma}\right) + 0.74\left(1 - \frac{\gamma'}{\gamma}\right)^2 + \cdots\right], \tag{6.33}$$

其中 γ 和 γ' 分别表示杂质-基质及基质-基质的力常数，表 6.2 中列出了 ^{57}Fe 在不同基质点阵中的实验结果。

表 6.2 ^{57}Fe 在不同基质中的 f 因数及 γ'/γ[21,22]

基 质	f(4K)	f(293 K)	f(773K)	γ'/γ	γ'/γ
Ir	—	0.77	0.56	0.7	0.7
Pt	0.78	0.68	0.40	0.6	0.5
Rh	0.80	0.72	0.50	0.7	0.7
Cu	0.83	0.67	0.34	0.8	0.85
Pd	0.74	0.64	0.31	0.7	0.7
Au	0.80	0.55	0.22	0.8	1.0
Ti	0.77	0.45	—	—	—

6.4.2 二级多普勒效应与点阵动力学

二级多普勒效应首先是由 Pound 和 Rebka 提出的[23]，利用相对论考虑到 $\left(\frac{v}{c}\right)^2$ 项，可以推出当温度升高时，谱线位置会发生热红移。

$$\frac{\Delta E}{E} = \frac{\Delta \nu}{\nu} = -\frac{1}{2c^2}\langle v_a^2\rangle, \tag{6.34}$$

热红移正比于吸收体的均方速度 $\langle v_a^2\rangle$。联系到 N 个原子的内能 U

$$U = NM\langle v_a^2\rangle,$$

其中 M 为原子质量。根据上两式就可以得到

$$\delta E = -\frac{E}{2c^2}\frac{U}{MN}。$$

利用固体的德拜模型可以由比热算出内能

$$U = \int c_v dT,$$

得到

$$\delta E = -\frac{E}{2Mc^2N}\left[9Nk_B\theta_D\left\{\frac{1}{8}+\left(\frac{T}{\theta_D}\right)^4 \times \int_0^{\theta_D/T}\frac{x^3\,dx}{e^x-1}\right\}\right]。 \tag{6.35}$$

在高温下,即当 $T \gg \theta_D$ 时,上式可近似地写为

$$\delta E = -\frac{3}{2}\frac{k_BT}{Mc^2}E。 \tag{6.36}$$

这时,二级多普勒移位与温度成正比,在其它温度范围,由式(6.35)可得

$$\delta E = -\frac{3k_BT}{2mc^2}E\left[1+\frac{1}{20}\left(\frac{\theta_D}{T}\right)^2-\frac{1}{1680}\left(\frac{\theta_D}{T}\right)^4+\cdots\right]。 \tag{6.37}$$

若以多普勒速度为单位,则二级多普勒效应引起的穆斯堡尔谱线位置的热红移位为

$$\delta v = \frac{\delta E}{E}c = -\frac{3k_BT}{2mc}\left[1+\frac{1}{20}\left(\frac{\theta_D}{T}\right)^2 - \frac{1}{1680}\left(\frac{\theta_D}{T}\right)^4+\cdots\right]。 \tag{6.38}$$

实验上常将源和吸收体的一边保持恒定温度,而另一边改变温度,可以测得不同温度下的热红移 δv,将实验数据用式(6.38)拟合,就可以测出德拜温度 θ_D。用这种方法测得的 θ_D 与利用无反冲分数 f 测得的 θ_D,两者符合得很好,利用这两种实验,使用不同的基质,都证明了式(6.32)的正确性。近年来,利用 ^{67}Zn 具有极窄的自然线宽,因而具有很高的能量测量的灵敏度,从而用 ^{67}Zn 谱来测定热红移和 f 因数作点阵动力学的研究,并取得了进展[24]。

§6.5 在超导物理中的应用

穆斯堡尔谱学方法配合其它方法是研究超导体的有力工具。

6.5.1 超导体中的自旋弛豫

超导性来自于费米面处具有相反自旋和动量的库柏电子对的凝聚。由于电子-点阵-电子的相互作用导致了一个能隙，将超导态与正常态隔开。一般来说，在超导体中加入磁性杂质将减弱超导性，因为磁性杂质的局域磁矩将引起导电电子极化，从而破坏库柏电子对。磁性原子破坏超导的能力取决于局域磁矩的大小以及与导电电子自旋的交换耦合的强弱。交换相互作用可表示为

$$\mathscr{H} = -2J\boldsymbol{s}\cdot\boldsymbol{\sigma}, \tag{6.39}$$

其中 $\boldsymbol{s}$ 及 $\boldsymbol{\sigma}$ 分别表示磁性杂质与导电电子的自旋，J 为交换相互作用常数。

在正常态时，自旋弛豫率W有如下关系[25]:

$$W = \frac{2\pi}{\hbar} J^2 N(E_F)^2 g^2 k_B T, \tag{6.40}$$

其中 $N(E_F)$ 为费米面处的能态密度，g 为核 g 因数。由上式可看出，自旋弛豫率与温度呈线性关系的。由于自旋弛豫引起了时间的相关性，结果改变了穆斯堡尔谱的谱形，仔细分析谱形就可测定自旋弛豫率[26]。由式(6.40)就可以得到 $|J\cdot N(E_F)|$ 的信息。

利用穆斯堡尔谱的这种谱形分析研究了含有 Er 和 Dy 的金属 Th。金属 Th 具有超导性，转变温度 T_s 为 1.4 K，加入 Er 和 Os 后，降低 T_s 温度，加入 5at.% 的 Er 将使 T_s 降低 0.2 K，图 6.12 示出金属 Th 中 Dy^{3+} 自旋的弛豫率随温度的变化曲线，当温度高于转变温度时，W与T呈线性关系，用式(6.40)由直线斜率可以计算出交换作用常数 $J = 0.025$eV。当低于转变温度 T_s 时，正常电子数剧烈下降，阻碍了自旋弛豫。又由于超导态与正常态之间能隙的存在，改变了 $N(E_F)$ 值，能隙中不存在状态，

于是状态被堆积在能隙的一边，从而使弛豫率有相当大的增加，正如图 6.12 所示W在 T_s 附近出现反常。在这里穆斯堡尔方法的优点是不需要加外磁场，因为像 Th 这样的第一类超导体会因为外磁场而改变超导行为，因此不需要采用附加外磁场的电子自旋共振或核磁共振方法。

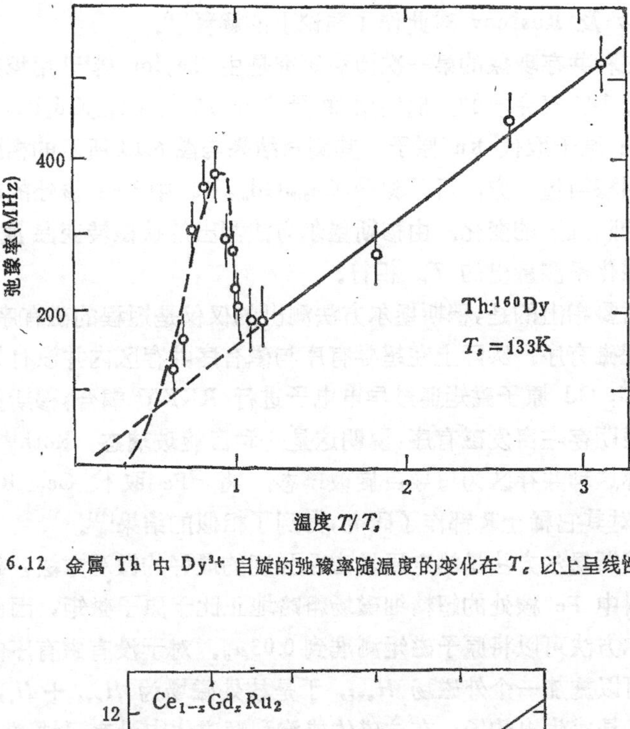

图 6.12 金属 Th 中 Dy^{3+} 自旋的弛豫率随温度的变化在 T_c 以上呈线性关系.

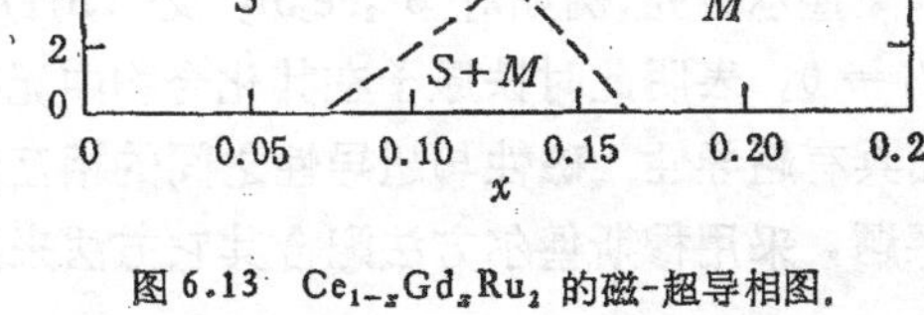

图 6.13 $Ce_{1-x}Gd_xRu_2$ 的磁-超导相图.

6.5.2 铁磁性与超导性的共存

铁磁性与超导性能够共存的现象最早是由 Matthias 等[27]在 Laves 相 $Ce_{1-x}R_xRu_2$ (R 为稀土)中发现的。对 $Ce_{1-x}Gd_xRu_2$ 的交流磁化率的测定所建立的相图如图 6.13 所示。将超导转变温度 T_s 及铁磁转变温度 T_m 外延，得出了超导与铁磁的共存区域，Gorkov 及 Rusinov 对此作了理论上的解释[28]。

这种共存现象的第一次微观研究是由 Taylor 等[29]用穆斯堡尔效应实验来完成的。他们用微量 ^{57}Fe 加入 $Ce_{1-x}Gd_xRu_2$ 中，使 ^{57}Fe 原子取代 Ru 原子。其测量结果与图 6.13 所示的相图相符。用穆斯堡尔方法可以测得 $Ce_{0.75}Gd_{0.25}Ru$ 中 ^{57}Fe 核处的超精细磁场随温度的变化。由穆斯堡尔方法测出的铁磁转变温度 T_m 与用磁化率测量出的 T_m 相符。

需要指出的是，穆斯堡尔方法测出的仅仅是短程的磁有序，并非长程磁有序。实际上在超导有序与磁有序共存区内并没有长程磁有序，Gd 原子磁矩通过导电电子进行 RKKY 耦合，穆斯堡尔研究表明存在自发磁有序，说明这是一种自旋玻璃态，Roth[30] 贴切地称这种共存区为超导自旋玻璃态。将 ^{57}Fe 取代 $Ce_{1-x}R_xRu$ 合金，对其它稀土 R 都作了研究，得到了相似的结果[31]。

穆斯堡尔方法是测定局域磁化强度的最好的微观方法，磁有序材料中 Fe 核处的超精细磁场粗略地正比于原子磁矩，因此穆斯堡尔方法可以将原子磁矩测准到 $0.03\mu_B$。对于没有磁有序的材料，可以施加一个外磁场 H_{ext}，于是核处磁场为 $H_{ext}+H_i$，其中 H_i 是感生出的场。在抗磁体或泡利顺磁体中没有局域磁矩，因而 H_i 为零。在具有局域磁矩的原子或由邻近顺磁原子感生出的自旋极化的情况下，H_i 就不全为零。利用 ^{57}Fe 对某些铁基化合物进行了穆斯堡尔研究，例如对 $Se_2Fe_3Si_5$ 及 Th_7Fe_3 施加外磁场，测量出 $H_i=0$，表明此时铁原子在其化合物中无磁有序的自发磁矩，因而具有超导性。磁性与超导性之间的相互作用是一个内容丰富的课题，采用穆斯堡尔方法配合其它方法来进行微观研究这种做法十分有效，其应用的领域和深度还有待于进一步发展。

6.5.3 高温超导

自从发现了转变温度接近 90 K 的氧化物超导体以来[32]，在世界范围内掀起了研究高温超导的热潮。这种高温氧化物超导的成分为 $YBa_2Cu_3O_{7-\delta}$。实验表明，当稀土原子取代Y原子后，对转变温度 T_c 影响不大，因此可以用稀土原子（例如 ^{151}Eu）取代Y原子后，作 ^{151}Eu 的穆斯堡尔谱学研究。另一方面，Cu 离子在超导

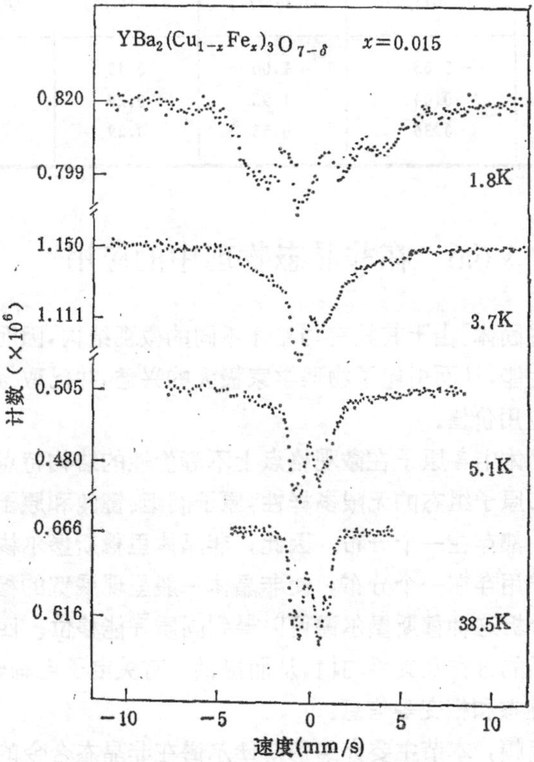

图 6.14 $YBa_2(Cu_{0.985}Fe_{0.015})_3O_{7-\delta}$ 的穆斯堡尔谱.

机制中起很重要的作用，用 ^{57}Fe 取代 Cu 后，将使超导转变温度迅速下降，目前的研究都用浓缩的 ^{57}Fe 微量取代 Cu 后作 ^{57}Fe 的穆斯堡尔谱学研究。其穆斯堡尔谱如图 6.14 所示。38.5K 测量的谱与室温下测到的谱相同，由三套四极分裂的二指峰亚谱叠加而成。表 6.3 列出了室温 $YBa_2(Cu_{0.985}Fe_{0.015})_3O_{7-\delta}$ 的穆斯堡尔参数。这表明 ^{57}Fe 处于三种不同的晶位。当温度低于 5.1K 时出现磁有序的特征，在 1.8K 下，穆斯堡尔谱明显地出现六指峰谱，超精细磁场可达 25T。这表明超导态与磁有序的共存。

表 6.3　室温下的 $YBa_2(Cu_{0.985}Fe_{0.015})_3O_{7-\delta}$ 的穆斯堡尔参数

二指峰序号	δ(mm/s)	Δ(mm/s)	Γ(mm/s)	面积(%)
1	−0.03	1.00	0.45	66
2	0.04	1.93	0.29	25
3	0.36	0.58	0.29	9

§6.6　在非晶态物理中的应用

非晶态固体，由于其具有与晶体不同的微观结构，因而具有许多独特的性能，从而引起了物理学家极大的兴趣，并已取得日益显著的实际应用价值。

非晶固体中各原子在微观格点上不等价性的结构特点导致非晶体里近邻原子组态的无限多样性，原子间距、键角和原子间相互作用的大小都存在一个分布。因此，非晶体里穆斯堡尔核处的超精细相互作用存在一个分布，使非晶体一般呈现展宽的穆斯堡尔谱。通过分析这种穆斯堡尔谱可以得到同质异能移位、四极分裂和超精细场的分布及其平均值，从而提供了有关电子电荷转移、磁性、结构、键态和相变等信息。

限于篇幅，本节主要介绍穆斯堡尔谱在非晶态合金的微观结构和非晶磁学方面的研究。

6.6.1 非晶合金的微观结构

非晶合金微观结构的信息主要来自衍射分析和扩展的X射线吸收限精细结构（EXAFS）分析．然而，它们只能提供对各个方向平均的径向分布函数和近邻壳层里的配位数．非晶合金微观结构仍是一个未解决的问题．穆斯堡尔核的超精细参数对近邻环境的敏感性亦可直接提供有关微观结构的信息，它主要来自对超精细场和四极分裂分布的分析．

非晶合金微观结构的最初穆斯堡尔研究主要涉及过渡族金属-类金属（T-M）型铁磁非晶合金的超精细场分布．$T_{80}M_{20}$ 型非晶铁磁性合金有着相似的 ^{57}Fe 展宽六线谱和超精细场分布，这预示着存在一种与组元特征几乎无关的普遍的几何结构．然而，存在着多种相互对立的解释．Gonser 等[33]首先基于 Bernal 的随机密排硬球模型（DRPHS），用五种主要的铁原子近邻组态所对应的组分分析了 $Fe_{80}B_{20}$ 非晶合金的 ^{57}Fe 穆斯堡尔谱．五种铁磁性组分的相对强度非常接近于 Bernal 的 DRPHS 模型中（具有 8—12 个近邻配位的）五种主要组态概率，(见图 6.15)．Gonser 认为，超精细场的分布起因于穆斯堡尔核周围的近邻铁原子数的

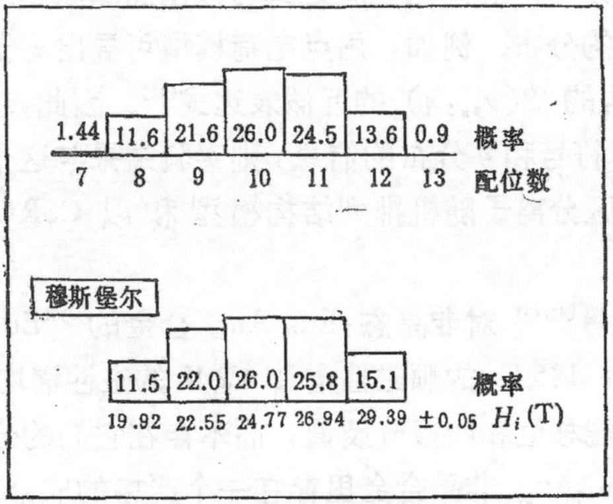

图 6.15 Bernal 模型里不同密排配位数的概率和 $Fe_{80}B_{20}$ 穆斯堡尔谱的五个超精细场组分的相对强度．

波动，$Fe_{80}B_{20}$ 中每个近邻铁原子对 ^{57}Fe 核处超精细场的贡献约为2.45T。对 $Fe_{40}Ni_{40}P_{14}B_6$[34]，$Fe_{80}B_xM_{20-x}$ (M = Si, Ge, C,P) 和 $Fe_{80}P_xM_{20-x}$ (M = Si,C,B)[35] 也得到相似的结果。与 Gonser 等的观点不同，Vincze 等[36—39] 认为，金属玻璃里铁的超精细场主要取决于近邻类金属原子数而不是近邻铁原子数。由此对超精细场分布的计算表明，基于晶态 Fe_3M 型中间化合物的伪晶态短程序模型比 DRPHS 模型得到更好的拟合。此外，Oshima 和 Fujita[40] 假设非晶态 $Fe_{80}M_{20}$ 型里铁原子的最近邻非常接近于晶态 bcc 结构无序固溶体的最近邻，同样亦得到满意的谱线拟合.因此，$T_{80}M_{20}$ 型金属玻璃的铁超精细场分布尚不足以鉴别各种结构模型。

近年来，对非晶固体里的四极相互作用所提供的结构信息给予了较多的注意。Czjzek[41] 详细地研究了无序固溶体里两个四极作用参数 v_{zz} 和 η 的分布与离子配位分布之间的关系。对于各向同性固体，EFG 张量的 v_{ik} 分量的分布可以用两个函数 $S = \frac{2}{3}\sum_{i,k} v_{ik}^2 = v_{zz}^2(1+\eta^{2/3})$ 以及 $D = 4Det\{v_{ik}\} = v_{zz}^3(1-\eta^2)$ 表示，这两个量是电荷距离探针核的径向距离 r_i 和电荷对之间键角 θ_{ij} 的函数[41]。利用这些表达式可以由局域原子结构模型来计算四极分裂的分布。例如，用点电荷模型可导出离子随机排列(DRP)结构的 $P(v_{zz},\eta)$ 的近似表达式[41]。因此，若实验数据包含有关 v_{zz} 符号和 η 分布的信息，则实验结果与这个函数的对比可以清楚地区分离子随机排列结构模型和以 CSRO 为主的模型。

Friedt 等[42,43] 对非晶态 $Eu_{80}Au_{20}$ 合金的 ^{151}Eu 穆斯堡尔谱的研究表明，185 K 的顺磁性谱和 4.2 K 的磁性谱均显示存在单一的同质异能移位和四极分裂值，而不存在它们的分布。这最清楚地证明 $Eu_{80}Au_{20}$ 非晶合金里存在一个严格的成分和结构有序，而不是 DRP 结构。然而，令人惊奇的是，对 $Yb_{80}X_{20}$ (X = Cu, Ag,Au) 非晶合金的 ^{174}Yb 穆斯堡尔研究[44]表明，合金的 $\langle\eta\rangle$、比

值 $\sigma(\Delta E_Q)/\langle\Delta E_Q\rangle$ 和 $\sigma(\eta)/\langle\eta\rangle$ 非常接近于由离子 DRP 模型的电荷分布导出的理论值。上述两者之间的差异似乎表明，不同的非晶态合金里可以有明显不同的结构。

通常的 ^{57}Fe 和 ^{119}Sn 穆斯堡尔谱只能提供参数 $\Delta=\frac{1}{2}eQ\times|v_{zz}|(1+\eta^{2/3})^{1/2}$，因而不足以区分不同的结构模型。然而，T-M 非晶里的四极分裂信息仍是众多研究关注的内容。原则上，顺磁状态的非晶态合金在外磁场作用下的穆斯堡尔谱可以分别给出 ^{57}Fe 的 v_{zz} 和 η[45,46]。对于处于铁磁状态下的非晶合金，Kopcewicz 等[47] 采用了高频磁场下测量的穆斯堡尔谱亦获得了四极分裂的分布。图 6.16 示出 $Fe_cSi_{84-c}B_{16}$ 和 $Fe_cSi_{90-c}B_{10}$ 两种系列金属玻璃的平均四极分裂 Δ 和平均同质异能移位 δ。图中 Δ 曲线有台阶存在，作者认为，这是由于铁被硅取代时短程序的集体变化所引起的。Eibschutz 等[48,49] 对磁性非晶合金穆斯堡尔谱的非对称性分析亦得到了超精细场、同质异能移位和四极分裂分布的平均值和分布宽度。通过对谱线展宽的分析也可得到四极分裂的信息[50]。

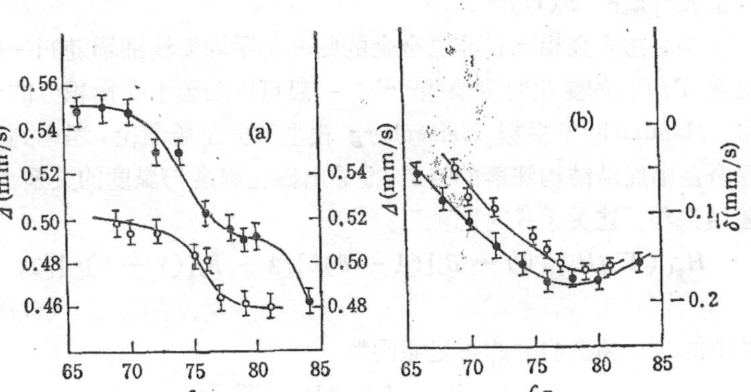

图 6.16 平均四极分裂 Δ 和平均同质异能移位 $\bar{\delta}$ 随铁浓度的变化曲线。

(● $Fe_cSi_{84-c}B_{16}$； ○ $Fe_cSi_{90-c}B_{10}$)

6.6.2 非晶磁学

非晶合金的优异和独特磁性是最令人感兴趣和最有实用价值的。由于其随机原子排布的结构，非晶合金的磁参数（交换作用、磁矩大小和取向等）存在一个分布。因而，需要采用穆斯堡尔谱和核磁共振等方法来研究这些材料中原子尺度上的磁性。^{57}Fe 穆斯堡尔谱已大量应用于各种过渡金属-类金属型(T-M)[51]和前过渡金属-后过渡金属（ET-LT）非晶合金磁性[52]的研究。^{161}Dy[53,54]，^{151}Eu[42,43,54]，^{155}Gd[54] 等稀土穆斯堡尔谱也已广泛用于稀土非晶合金的研究。

(1) *磁性金属玻璃的 ^{57}Fe 穆斯堡尔谱* 大多数磁性金属玻璃里，铁核的超精细场 H_{hf}(T) 正比于磁矩，其比例常数近似为 $13.5T/\mu_B$[55]。利用这种比例关系可以很方便地用热扫描穆斯堡尔技术确定非晶合金的居里温度 T_c，其精度好于 1K[56,57]，而且适合于 $T_c > T_{cry}$ 的金属玻璃 T_c 的测量[57]（T_{cry} 为晶化温度）。金属玻璃穆斯堡尔谱的展宽和重叠谱线一般归因于大量非等价铁占位引起的超精细场分布 P(H)。根据 P(H) 和超精细场-磁矩的比例关系可以推知原子磁矩分布。图 6.17 示出 $Fe_{82}B_{18-x}Be_x$ 系列金属玻璃的 P(H)[58]。

与晶态合金相比，非晶合金的归一化平均超精细场随归一化温度 T/T_c 的变化要更快些[51,57]，一般可以归因于交换积分的分布。Handrich[59] 根据 Heisenberg 模型和分子场理论，考虑到非晶合金中局域结构涨落的特点，推导出磁化强度与温度的关系.实验结果与下述关系式对比如下：

$$H_{eff}(T)/H_{eff}(0) = B_s[(1+\delta)x]/2 + B_s[(1-\delta)x]/2, \tag{6.41}$$

式中的 B_s 为自旋 s 的布里渊函数

$$x = \frac{3s}{s+1}\left[\frac{T_c}{T}\,\frac{H_{eff}(T)}{H_{eff}(0)}\right], \tag{6.42}$$

式中，δ 为交换积分波动的量度(在 0—1 范围内变动[51])。图 6.18

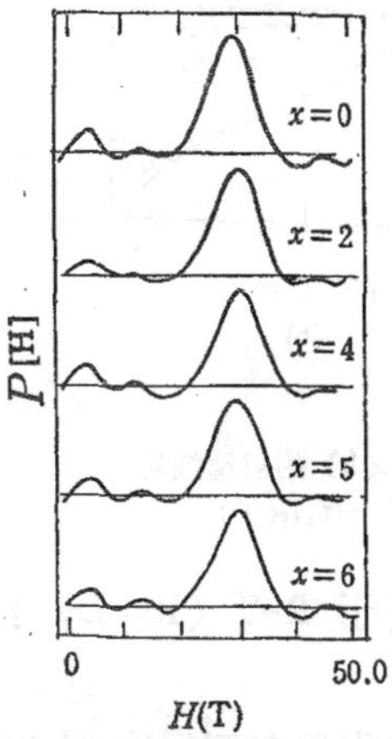

图 6.17 $Fe_{82}B_{18-x}Be_x$ 在室温的超精细场分布 $P(H)$.

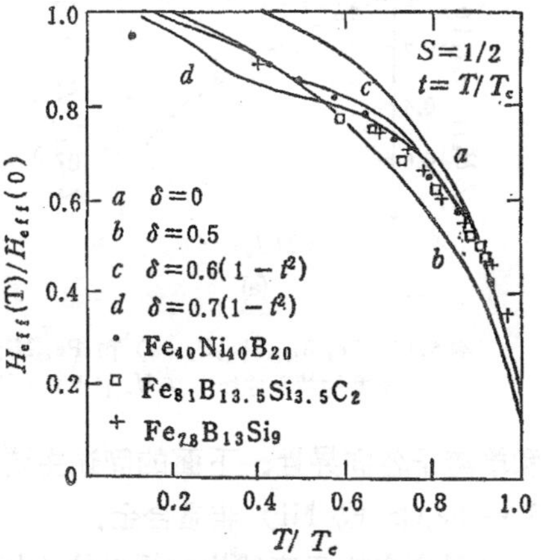

图 6.18 归一化超精细场与归一化温度的关系曲线.

示出几种金属玻璃的实测数据与按式 (6.41) 计算的曲线的对比[51]. 从图 6.18 中可看出，即使取 $\delta=0.5$，仍然不能得到满意的吻合。Prasad 等[60]认为，若假设 δ 是温度的函数 $\left\{\delta(T/T_c)=\delta_0\left[1-\left(\frac{T}{T_c}\right)^2\right]\right\}$，则可以显著改善实验点与理论曲线的吻合程度(见图 6.18)，但 δ 与 T 的这种关系尚未能解释清楚.

在低温下非晶合金的超精细场与温度的关系一般服从下述规律:

$$H_{eff}(T)/H_{eff}(0)=1-B_{3/2}(T/T_c)^{3/2}+C_{5/2}(T/T_c)^{5/2}+\cdots, \tag{6.43}$$

这种 $T^{3/2}$ 关系起因于自旋波的激发. 图 6.19 示出了两种非晶的超精细场与温度的关系曲线[51]，它们表明在一个相当大的温度范围里都观察到 $T^{3/2}$ 关系. 对其它许多非晶合金里也观察到相似的现象，其 $B_{3/2}$ 值在 0.3—0.4 范围内变动[61-64].

(2) **稀土非晶合金的穆斯堡尔谱** 通过改变稀土、过渡金属种类及其成份，可随意改变非晶合金的两个主要磁参数：交换作

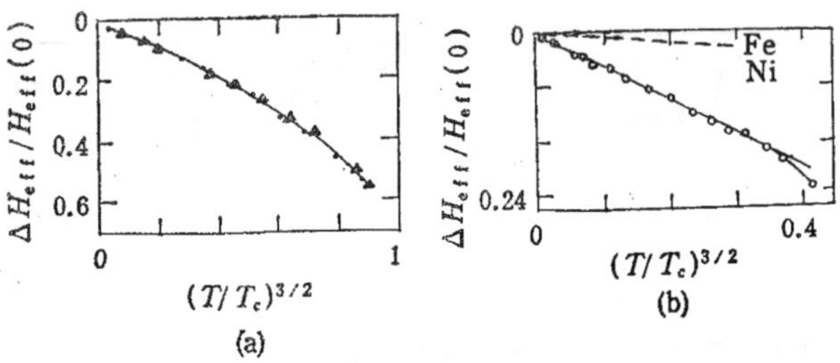

图 6.19 $Fe_{81}B_{13.5}Si_{3.5}C_2$ (a) 和 $Fe_{40}Ni_{40}P_{14}B_6$(b) 的超精细场与温度的关系曲线. $\Delta H_{eff}(T)=H_{eff}(0)-H_{eff}(T)$.

用和单离子各向异性. 下面的简述主要局限于 R-T (R=Dy 或 Y,T = Fe,Co 或 Ni) 非晶合金.

非晶合金的无序结构对探针核的超精细作用有不同的影响. 尽管 ^{57}Fe 穆斯堡尔谱的超精细场宽分布已广泛用于金属玻璃的研究,然而,磁性稀土离子的环境对其超精细场影响不大,展宽很小。这是因为稀土离子的超精细场主要是局域在稀土离子处的 $4f$ 轨道矩的贡献产生的. 但对于四极相互作用来说,情况稍有不同,它是局域结构的灵敏量. 对于磁有序非晶稀土合金,穆斯堡尔谱取决于超精细场与电场梯度之间的夹角,因而可以用于获得稀土自旋结构的信息[53]. ^{161}Dy 的 25.65 keV 共振的独特核参数使它能将超精细场和电场梯度分离开来. 图 6.20 示出一系列计算的 ^{161}Dy 穆斯堡尔谱[65]. 图 6.20(a) 和 (b) 清楚地表明了最内和最外的谱线不受四极作用的影响. 而图 6.20 (c) 和 (d) 表明两种不同的四极分裂分布对谱线的影响. 图 6.20 (e) 表明超精细场的分布引起最外谱线的明显展宽. 因此,不难由谱线形状区分两种超精细作用的分布.

无序结构对 R-T 非晶合金里的铁原子磁矩有很大影响. 磁矩的大小直接与原子的近邻环境 (原子间距、键角、配位数) 有关. 磁测量和穆斯堡尔谱结合起来可以确定各单个组元原子的磁矩. 穆斯堡尔谱可以确定 Dy 和 Fe 亚磁格子的平均磁矩及其分布[53]. 图 6.21 及图 6.22 示出了非晶 $DyFe_3$ 在 4.2K 的典型 ^{161}Dy

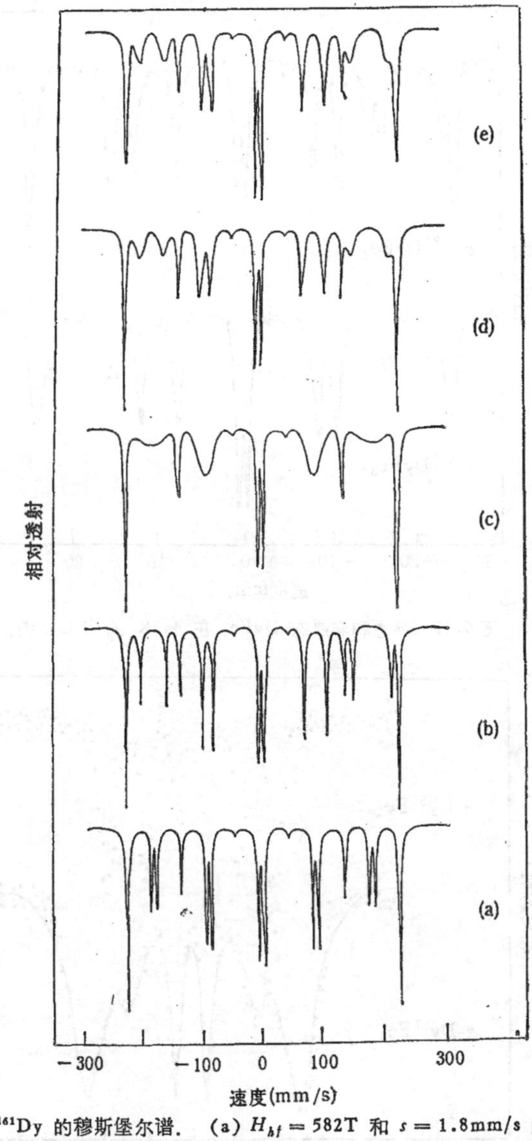

图 6.20 ^{161}Dy 的穆斯堡尔谱. (a) $H_{hf}=582$T 和 $s=1.8$mm/s 的纯塞曼分裂谱；(b) 其它与(a)相同但附加有共线四极分裂 $e^2qQ=1800$MHz；(c) 其它与(a)相同但四极分裂呈高斯分布 ($\langle e^2qQ\rangle=0$，分布的半宽 $\Delta(e^2qQ)=500$MHz)；(d) 四极分裂的 $\langle e^2qQ\rangle=1800$MHz，其它与(c)相同；(e) 其它同(d)相同但磁超精细场呈高斯分布 ($\langle H_{hf}\rangle=582$T，$\Delta H_{hf}=12$T).

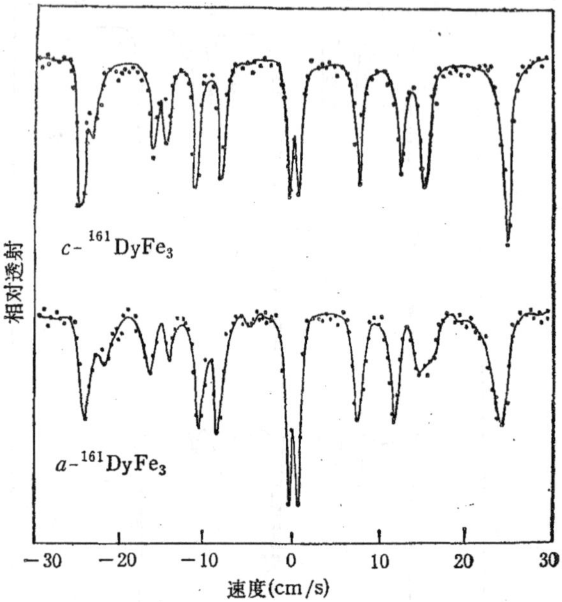

图 6.21 晶态和非晶态 $DyFe_3$ 在 4.2K 的 ^{161}Dy 谱.

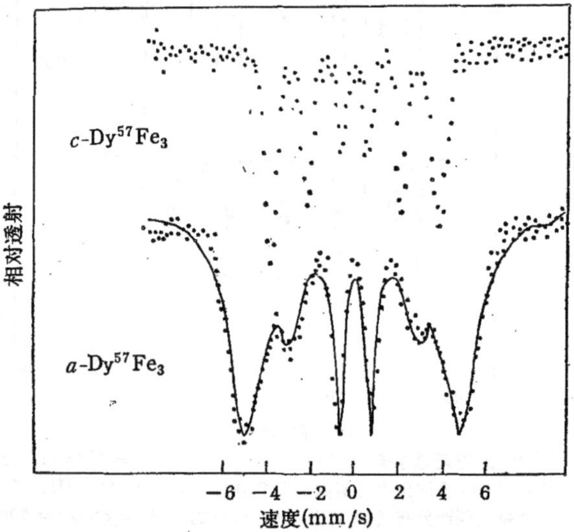

图 6.22 晶态和非晶态 $DyFe_3$ 在 4.2K 的 ^{57}Fe 谱.

和 ^{57}Fe 谱. 非晶态合金的 ^{161}Dy 谱与晶态合金的相似,非晶态的某些谱线稍有展宽. 实验表明晶态和非晶态合金里 Dy 的磁矩都接近于 $10\mu_B$, 非晶态合金里 Dy 磁矩的分布宽度仅为1%. 这表明稀土磁矩基本不受环境影响,非晶 DyCu 和非晶 DyAg[53] 也观察到相似的结果. 相反,非晶合金的 ^{57}Fe 谱的分裂显著大于晶态合金的分裂,并且严重展宽,超精细场的分布达20%. 这反映了 $3d$ 层对非晶态近邻环境十分敏感. 光电子发射实验[66]表明非晶稀土合金里过渡金属的平均磁矩大于其相应晶态相的值. 实验结果不能用早期的电荷转移模型解释[67].

图 6.23 示出不同成分的 $Y_{1-x}Fe_x$ 非晶合金的 1.6K 穆斯堡尔谱有展宽的谱线, 这是超精细场的分布而不是交换作用的分布所引起的,因为这种展宽与温度有关. 图 6.13 示出超精细场分布曲

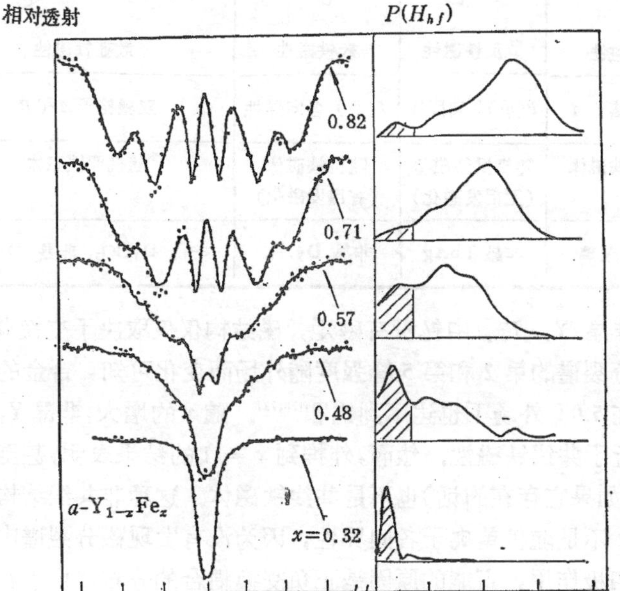

图 6.23 1.6K 下 $Y_{1-x}Fe_x$ 的 ^{57}Fe 穆斯堡尔谱. 右侧超精细场分布曲线的阴影部份对应于无磁性铁原子的分数.

线下的阴影部分(代表没有磁矩的铁原子分数)．计算表明，铁原子至少有 6 个近邻铁原子才可能具有磁矩．

非晶合金的无序结构导致交换作用的大小和符号都存在一个分布，也导致每个原子占位处存在着随机取向的局域单轴“晶”场[53]．交换作用与局域各向异性的竞争形成了若干非晶体所特有的磁有序．Coey 对此进行了分类[68,69]，分类表列于表 6.4．

表 6.4　非晶体里可能的自旋结构分类

(a)	(b)	(c)	(d)
 铁磁性	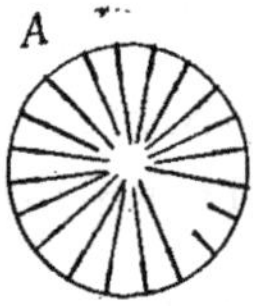 散反铁磁性	 散铁磁性	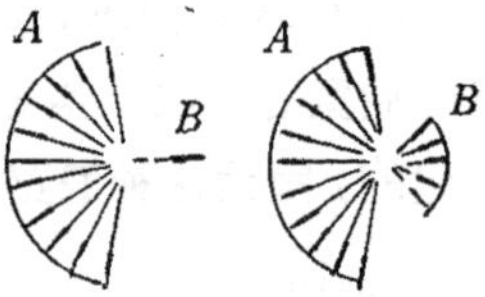 散亚铁磁性
单磁格子 A	$P(\psi)$各向同性	$P(\psi)$ 各向异性	双磁格子 A 和 B
共线铁磁体	随机反铁磁体 (无自发磁化)	随机铁磁体 (有自发磁化)	随机亚铁磁体
金属玻璃	非晶 TbAg	非晶 $DyNi_3$	非晶 $DyCO_3$，非晶 $DyFe_3$

非晶 $Y_{1-x}Fe_x$ 中钇没有磁矩，磁结构仅仅取决于交换作用．由磁分裂谱的第 2 和第 5 峰强度随外场而变化可知，合金的磁化甚至在 5.0T 外场下也达不到饱和[70,71]．随 x 的增大，非晶 $Y_{1-x}Fe_x$ 愈接近于共线铁磁性．然而，外推到 $x=1$ 的结果表明，甚至非晶纯铁(如果它存在的话)也不是共线铁磁体．这种非共线结构的原因显然不是随机单离子各向异性，因为没有发现磁分裂谱中有净剩的四极作用，可能的原因是正负交换耦合的分布．由于在外场下可以感生一个很大的净磁矩，因此，交换作用的分布是偏向正的，这导致了散铁磁性的出现．最近，Coey 等[72,73]对富铁的 $Y_{1-x}Fe_x$ 非晶合金吸氢前后的磁性和穆斯堡尔研究发现，该合金由

室温下的顺磁体转变为一个真正的软铁磁体．这个实验结果证实了氢的存在，扩大了铁-铁原子间距而强化了铁磁交换作用，从而使富铁的非晶 $Y_{12}Fe_{88}$ 变为正常的共线铁磁体，并且有较高的磁有序温度．在非晶 $DyNi_3$ 里，镍原子磁矩很小，磁性主要取决于稀土离子，Dy 原子磁矩均匀地分布在半球里[74]，它也是一个散铁磁体的例子．

交换作用与各向异性相匹敌的情况可出现在稀土离子和过渡金属的非晶合金里，例如非晶 $DyCo_3$[69]． 对非晶 $DyCo_3$ 的磁性测量结合 ^{57}Fe 和 ^{161}Dy 穆斯堡尔谱使我们可以确定各组元的原子磁矩：$\mu_{Dy} = 10.4\mu_B$，$\mu_{Co} = 1.2\mu_B$[74]．实验表明，非晶 $DyCo_3$ 是散亚铁磁体，其中钴磁矩是铁磁耦合，而 Dy 磁矩分布在一个半角 $\psi = 70°$ 的圆锥里[69]．非晶 $DyFe_3$ 也呈现散亚铁磁性，差别在于铁原子磁矩也分散在一个圆锥里[75]．

§6.7 应用于扩散的研究

穆斯堡尔效应被发现后不久，Singwi 和 Sjölander[76] 从理论上分析（以下简称 S-S 理论）表明，穆斯堡尔核的扩散运动会使共振谱线展宽．这以后的 20 多年里，无论在液体[77—85] 或固体里[86—99]均观察到这种扩散展宽的实验证据．最近的新技术，例如薄膜转换电子（MICE）探测器[100] 的发展有可能改进有关的穆斯堡尔参数的测量．自从 1960 年提出 S-S 理论以来，已经出现许多改进的理论[100—110]，在这些理论中，充分考虑了扩散的非随机性和伴随扩散运动的随时间变化的场的影响．

对于液体和固体里的扩散研究，使用非常适宜的穆斯堡尔同位素 ^{57}Fe 也会遇到一些基本困难．例如，在液体里，当铁原子扩散系数 $D = 10^{-11}cm^2/s$ 和在固体里 $D = 10^{-9}cm^2/s$ 时，因扩散引起的 ^{57}Fe 谱线展宽才等于自然线宽．在固体里，$10^{-9}cm^2/s$ 数量级的扩散系数是很少达到的，一般要在接近基体材料熔点的高温下才能达到，但此时无反冲分数极低．通常，液体的扩散系数大

于 $10^{-11}cm^2/s$. 目前，在液体里的实验都是使用复杂的有机材料，这样它才具有高的粘度和相应的低的扩散系数.

现在，虽然对 S-S 理论已作了许多改进，但理论的关键性假设并没有什么变化. 理论处理的基本假设在于认为穆斯堡尔核的热振动和迁移是完全独立的. 由此按 S-S 理论计算出的扩散引起的线宽增量 $\Delta\Gamma$ 如下:

对于液体近似 ($\tau_1 \gg \tau_0$)

$$\Delta\Gamma = 2\hbar k^2 D; \tag{6.44}$$

对于固体近似 ($\tau_0 \gg \tau_1$)

$$\Delta\Gamma = \frac{2\hbar}{\tau_0}(1-\alpha), \tag{6.45}$$

这里 τ_0 是原子在点阵位置上的停留时间，$\left(\frac{1}{\tau_0}\text{ 是跳跃频率}\right)$，$\tau_1$ 是原子跳跃一次所需的时间，α 是一几何因子，它决定于 τ_1 及 $\left\langle \frac{4\pi^2}{\lambda^2} a_0^2 \right\rangle$，$\lambda$ 是 γ 射线的波长，a_0 为跳跃距离.

按跳跃模型的扩散理论，扩散系数 D 应为

$$D = \frac{1}{6\tau_0} a_0^2 f_c, \tag{6.46}$$

式中 a_0 为跳跃距离，而 f_c 为描述各跳跃间的相互关系的因子.

将式(6.45)与式(6.46)联合，并消去 τ_0，即得

$$\Delta\Gamma = \frac{12\hbar}{a_0^2 f_c}(1-\alpha)D. \tag{6.47}$$

由此可见，谱线增宽正比于扩散系数，这一公式使我们可从谱线增宽的实测值中计算出扩散系数. 实际测量可以在不同温度下测定线宽增量 $\Delta\Gamma$，联系到扩散系数的 Arrhenius 公式

$$D = D_0 \exp\left(-\frac{Q}{kT}\right), \tag{6.48}$$

式中 Q 为扩散激活能.

由式(6.47)及式(6.48)可得

$$\ln(\Delta\Gamma) = \ln\left[\frac{12\hbar}{a_0^2 f_c}(1-\alpha)D_0\right] - \frac{Q}{kT}, \qquad (6.49)$$

这样，根据 $\ln(\Delta\Gamma)$ 与 $\frac{1}{T}$ 的线性关系，由斜率可以测定扩散激活能。

Knauer 和 Mullen[86] 第一次成功地用穆斯堡尔技术测量了固态扩散系数。图 6.24 (a) 示出 ^{57}Co 在 Au 中的穆斯堡尔谱，图 6.24(b) 示出谱线展宽的对数与温度倒数的关系曲线。实验表明，它们之间确实存在着线性关系。但比例系数仅为 S-S 理论预测值的一半。Dibar-Ure[103] 通过直接数值平均证明，多晶体的谱线线型是非洛伦兹型。但如果展宽接近于自然线宽，线型近似地仍是洛伦兹型，然而，拟合成洛伦兹线型将导致有效宽度产生一个误差，这是 S-S 理论与测量值之间偏差的原因之一。另一个原因是所谓的 Bardeen-Herring 相关，即固体中原子按空位机制移动时，它们并非按随机步进方式通过晶体点阵。当一个原子与一个空位第一次交换位置后，它很可能向回跳，因为空位分布存在不对称性[111]。Wolf[106] 提出了一个特别简单的处理方法。对于 bcc 自扩散，相关系数为 0.64 ($f = 0.73$)；对于 fcc 自扩散，相关系数

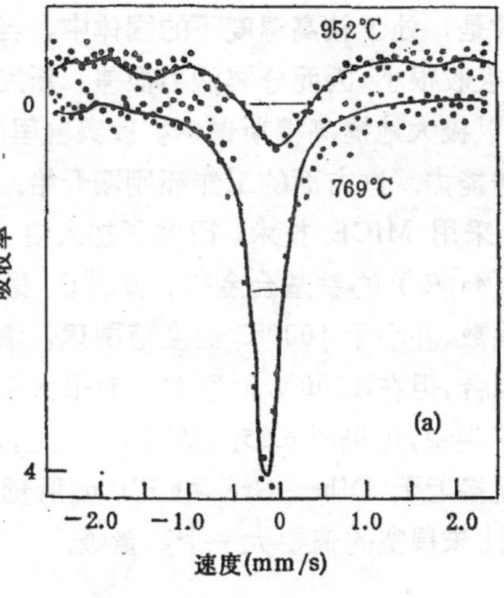

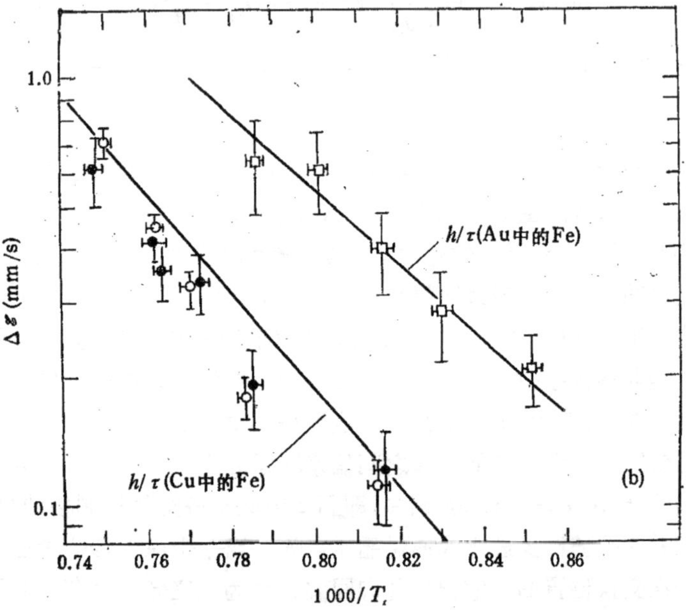

图 6.24 (a) ^{57}Co 在 Au 里的穆斯堡尔谱[87]; (b) 谱线展宽增量与温度的关系。

为 0.69 ($f = 0.78$).

应当指出的是，处于较高温度下的固体中，当谱线展宽较大时，谱线的相对吸收很小，因而分辨能力很差. 新发展的 MICE 谱方法，使我们可以极大地提高穆斯堡尔扩散实验里的信噪比，从而得到很好的分辨能力. 这方面的工作还刚刚开始.

Mullen[112] 采用 MICE 技术，研究了加入使 bcc 相稳定化的合金元素钒 (4at%) 的铁基合金中，其 ^{57}Fe 谱的温度关系和铁中的自扩散系数，在小于 1000℃ 温度范围里，谱线可以很好地用洛伦兹线型拟合，但在 1200℃ 时观察到有很大偏差，在 1300℃ 附近发现谱线很尖锐，可见图 6.25. 从图中可看出，谱线显然不是洛伦兹型的，而接近于 Dibar-Ure 和 Flinn 所预言的曲线. 此时，测得的线宽比未展宽的值要大一个数量级.

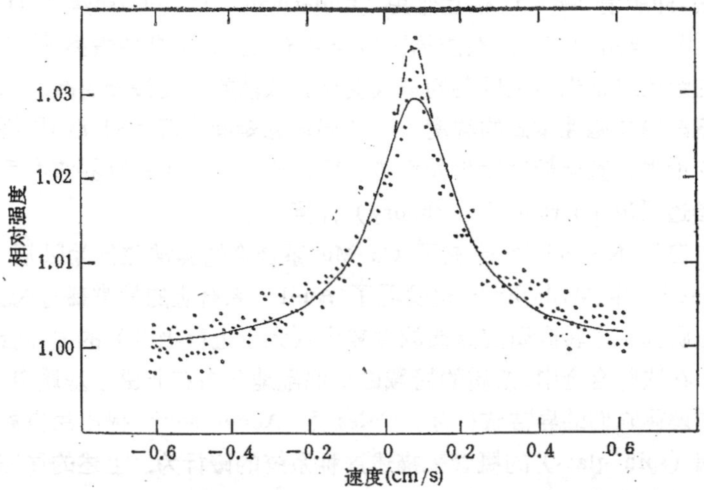

图 6.25 1283℃下，在 Fe-4at% V 合金中，^{57}Co 的穆斯堡尔谱[112]（吸收体为不锈钢）.

§6.8 自旋玻璃

6.8.1 历史背景

磁相互作用及磁有序的本质一直是人们所探索的课题，一般的研究方法是将磁性原子溶于一种非磁性的基质中，使溶质原子具有局域磁矩. 当溶质原子的浓度不断增大时，磁矩与磁矩之间有可能存在间接相互作用或直接相互作用，从而导致各种磁有序，以此来研究磁有序的发生，体系的磁相图或与临界浓度相关的各种性质.

当磁性原子的浓度极低时，研究磁性杂质的局域磁矩与传导电子间发生的交换相互作用，就是所谓的稀磁合金问题. Friedel[113] 和 Anderson[114] 等对局域磁矩存在的条件进行了研究，Kondo（近藤）[115] 用局域磁矩与传导电子之间的相互作用来解释稀磁合金的电阻极小值. 在局域磁矩近旁，传导电子自旋被极化，因而局域磁矩与局域磁矩之间可以通过传导电子而进行间接相互作用，即所谓 RKKY 相互作用 (Ruderman-Kittel-Kasuya-Yosida 相互作用)[116-118]. 杂质周围传导电子自旋极化是随着离开杂质的距离或正或负呈振荡的形式变化，振荡的幅度慢慢衰减. 如果逐渐增加磁性杂质的浓度，近邻局域磁矩间的短程相互作用将逐渐增强，直至最后发生长程磁有序. 磁有序发生的临界浓度可用渗透理论 (percolation theory) 计算.

自从 Kouvel[119] 研究了 Cu-Mn 系合金的异常磁行为以后，Cannella 和 Mydosh[120] 也发现了 Au-Fe 系合金的异常磁行为. 于是研究工作转向研究杂质浓度较大（大于近藤极限）的磁性合金. 在这些合金中，杂质的局域磁矩混乱地分布在非磁性基质中. 为了解释它们的异常磁行为，Coles 和 Anderson[121] 提出用自旋玻璃 (spin glass) 的概念来描述这种系统的磁行为. 上述的局域磁矩的混乱分布意味着相互作用是混乱的，因而没有长程磁有序，但由于磁矩之间存在着 RKKY 相互作用，因而在低温下磁矩被"冻结"在各个混乱的取向上，结果出现了低温异常磁行为. 近年来，对这个领域所开展的研究工作也愈来愈多. Edwards 和 Anderson [122] 提出了自旋玻璃的理论模型. 在这种模型中，哈密顿量可s表述为

$$\mathscr{H} = -\frac{1}{2} \sum_{i \neq j} J_{ij} \boldsymbol{S}_i \cdot \boldsymbol{S}_j, \tag{6.50}$$

式中 $\boldsymbol{S}_i$ 与 $\boldsymbol{S}_j$ 自旋之间的交换相互作用 J_{ij} 是混乱分布的，并遵从高斯分布，分布概率

$$P(J_{ij}) = P_0 e^{-J_{ij}^2/2J^2}, \tag{6.51}$$

式中 P_0 及 J 为常数. 这种连续对称的分布使长程周期性的磁有序不能发生，只能发生自旋玻璃序，即每个自旋指向某个特定方向，但从一个自旋到另一个自旋来看，这些方向是混乱的，因而净磁化强度为零. 他们认为自旋玻璃序参量可定义为

$$q = \langle S_i(t_1) S_i(t_2) \rangle \qquad \text{当 } t_1 - t_2 \to \infty. \tag{6.52}$$

由此可以计算出存在一个转变温度 T_g，当温度 $T < T_g$ 时，q 不为零，因而有自旋玻璃序，当 $T > T_g$ 时，$q = 0$，自旋玻璃序

消失。

6.8.2 普通自旋玻璃

Cannella 和 Mydosh[120] 在研究 Au-Fe 系合金的磁有序时，发现在低浓度 Fe 的合金中，即浓度 $c \leqslant 8$ at% 时，其低场磁化率 χ 与温度的关系曲线中有一个明显的尖峰(图 6.26)，尖峰所在的温度 T_g 被认为是自旋玻璃转变温度，当温度低于 T_g 时，系统处于自旋玻璃态，自旋被"冻结"在混乱的方向上，因而出现了磁化率随温度下降而下降的现象。

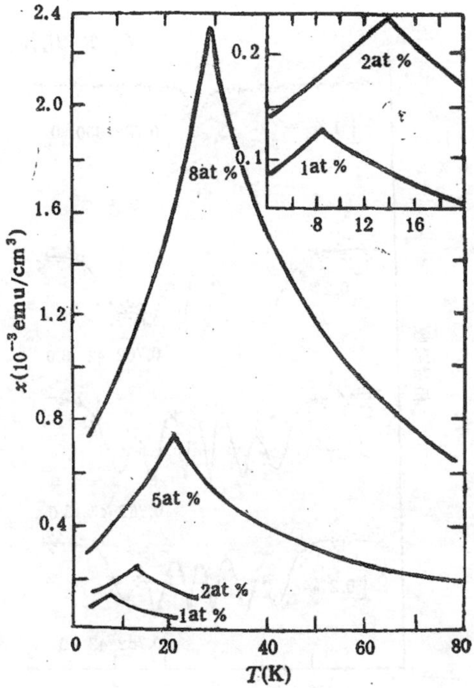

图 6.26 Au-Fe 系合金，$1 \leqslant c \leqslant 8$at% 的低场磁化率 $\chi(T)$[120]

穆斯堡尔效应的方法对研究自旋玻璃有独特的意义，它不像宏观磁测量那样测定大块样品的磁性，而是一种微观的局域自旋的测量．用穆斯堡尔方法研究自旋玻璃最多的是 Au-Fe 系合金．许多研究者对该合金系进行了穆斯堡尔谱的测量与分析[123-128]．

图 6.27 及图 6.28 示出当含铁浓度为 0.762 at% 及 0.494 at% 时 Au-Fe 合金在不同温度及不同外磁场所测出的穆斯堡尔谱．由低场交流磁化测定的磁化率随温度变化曲线出现的尖峰温度 T_g 一般认为是自旋冻结于混乱方向的温度，当 Fe 浓度由 0.5at% 增加到 8at% 时，T_g 由 5K 增到 28K，在图 6.27 及图 6.28 中，室温下测出的穆斯堡尔谱为单峰，表明此时合金处于顺磁状态．当温度降到液氦 4.2K，即小于冻结温度时，合金处于自旋玻璃态，所测出的穆斯堡尔谱为线宽很宽的六线谱，这表明铁核处存在超精细

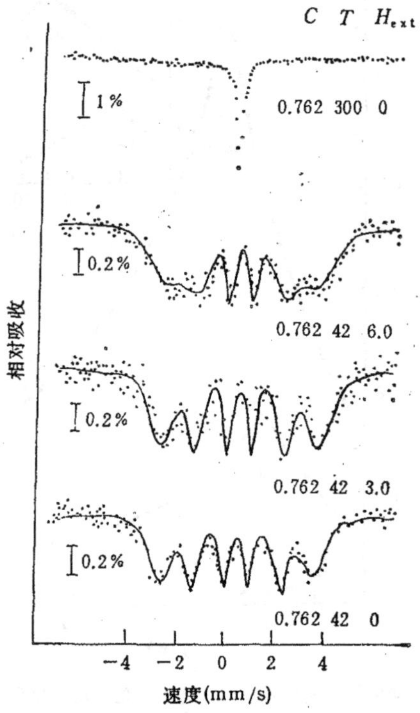

图 6.27 AuFe 合金（Fe 浓度为 0.762at%）的穆斯堡尔吸收谱，在 4.2K 及 300 K 温度下测量得．图中 c 表示 Fe 浓度（at%）；T 表示温度（K），H_{ext} 表示外加磁场（T）．

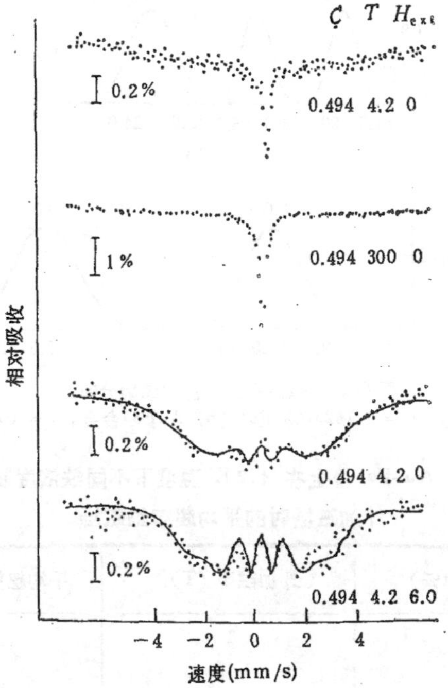

图 6.28 Fe ($c=0.494$at%) 的 AuFe 合金的穆斯堡尔谱.

磁场的分布。由计算机拟合出的超精细场分布示于图 6.29 之中. 超精细场的高斯分布与 Edwards 和 Anderson 所提出的自旋玻璃的理论模型是符合的,按照这个模型,自旋间的交换相互作用是满足高斯分布的,因而超精细磁场也与交换相互作用一样满足高斯分布. 同时我们可以看到,当外加磁场增加时,平均超精细磁场下降,不同磁场测出的平均超精细磁场列于表 6.5 中. 由此可见,当外加 6.0T 磁场时,对两种自旋玻璃态的成分 0.762 及 0.494at% Fe 样品所测的超精细场下降分别为 1.5T 及 2.2T 而不是 6.0T,这表明此时没有长程铁磁有序. 若是长程铁磁有序态的话,超精细场应减小 6.0T.

Meyer 等[128]测定了 Au-Fe 合金从 1.9K 到 30K 以及室温下

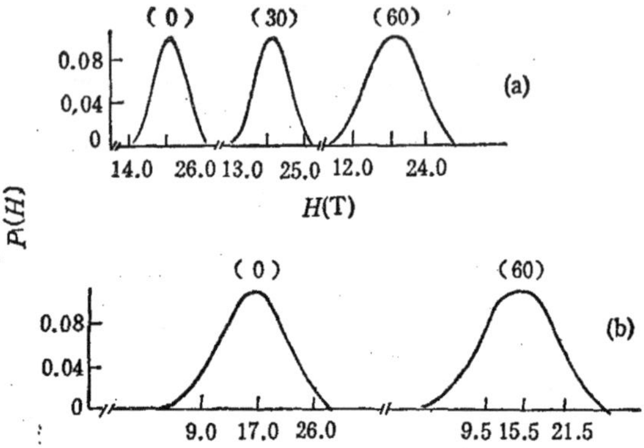

图 6.29 拟谱所得超精细磁场分布.
(a) AuFe 合金, $c = 0.762$at% Fe; (b) AuFe 合金, $c = 0.494$ at%Fe.

表 6.5 Au-Fe 合金在 4.2 K 温度下不同铁浓度及不同外加磁场时的平均超精细磁场

Fe 浓度 (at%)	外加磁场 (T)	平均超精细磁场 (T)
0.494	0	16.9
0.494	6.0	15.4
0.762	0	20.6
0.762	3.0	19.6
0.762	60	18.4

的穆斯堡尔谱，分别示于图 6.30 及图 6.32 中. 图 6.31 示出 20 K 及室温下的穆斯堡尔谱的细节. 从图中可看出，当高于冻结温度 T_g 时，穆斯堡尔谱可以看作是一个单线谱及一个四极分裂双线谱的叠加，前者对应于没有铁近邻的铁核产生的亚谱，而后者对应于具有一个或更多的铁近邻的铁核产生的亚谱. 当温度低于 19.5 K 时，谱线明显宽化；当 17.5 K 时，在谱的中心开始出现磁分裂谱线，随着温度的继续下降，磁分裂愈明显，到 12 K 以下时，形成了宽化的磁分裂谱，这表明此时超精细场存在一个分布. 利用 Le Caer 及 Dubois 法[129] 得出的超精细场分布 $P(\text{H})$ 示于图 6.32 的右侧. 从图中可以看到，当温度降低时，平均超精细场增大，在

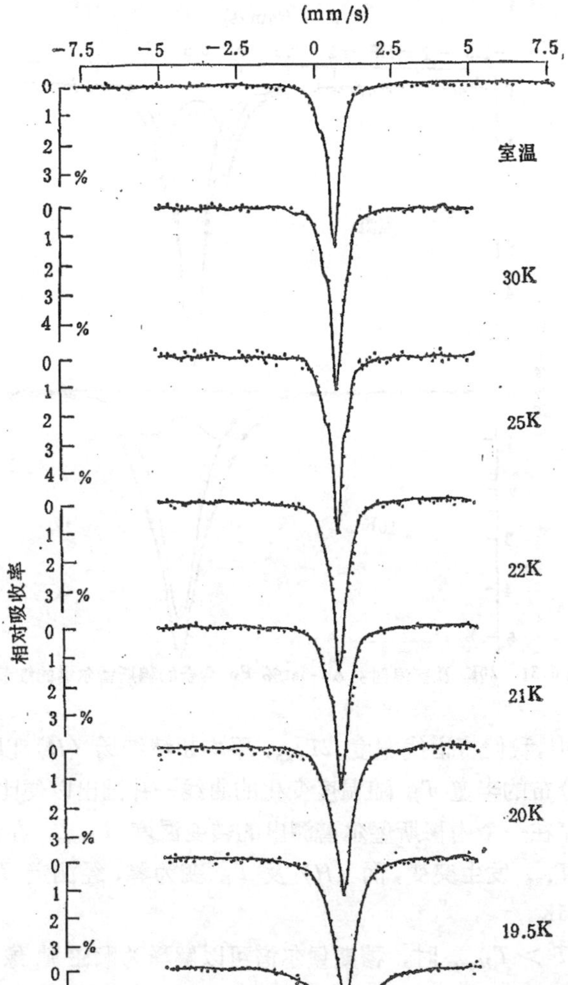

图 6.30　Au-3at% Fe 合金在 18K 温度以上的穆斯堡尔谱.

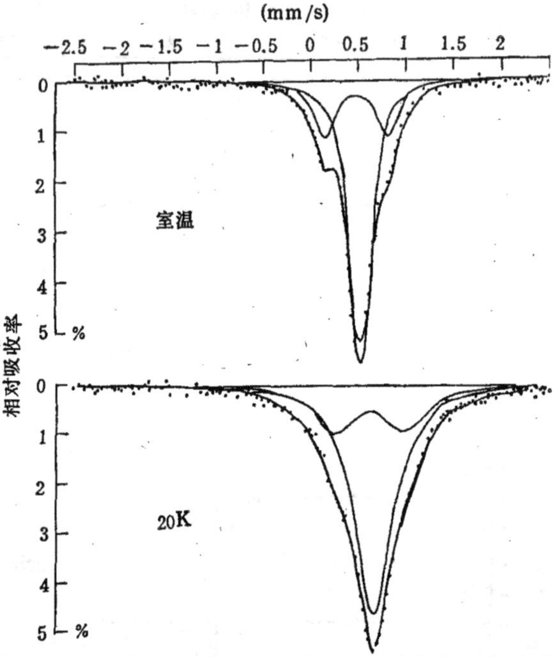

图 6.31　20K 及室温时，Au-3at% Fe 合金的穆斯堡尔谱的细节.

图 6.33 中,我们将谱线宽度 $2\Gamma_{exp}$，平均超精细场 $\langle H\rangle$ 以及超精细磁场分布的半宽 Γ_H 随温度变化的曲线一并画出以便比较．可以看到存在一个由穆斯堡尔谱测出的转变温度 T_{Moss}，在这个温度下，$2\Gamma_{exp}$ 发生突变，而 $\langle H\rangle$ 及 Γ_H 变为零，经测定 $T_{Moss}=19.5\pm0.5K$.

当 $T>T_{Moss}$ 时，穆斯堡尔谱可以解释为顺磁弛豫谱；当 $T<T_{Moss}$ 时,可解释为存在一个超精细场的分布,这是由 RKKY 相互作用引起的．至于 $T_{cusp}<T_{Moss}$（T_{cusp} 为磁化率出现尖峰的温度,如图 6.26 所示,也有标为 T_g),Meyer 等[128]解释为当温度低于 T_{cusp}，自旋玻璃处于一个单一的基态或势阱中,然而当温度位于 T_{cusp} 及 T_{Moss} 之间时，自旋玻璃将在不同的势阱中以低频跳跃,以致在磁测量中,磁化率已偏离尖点，而穆斯堡尔谱仍不同

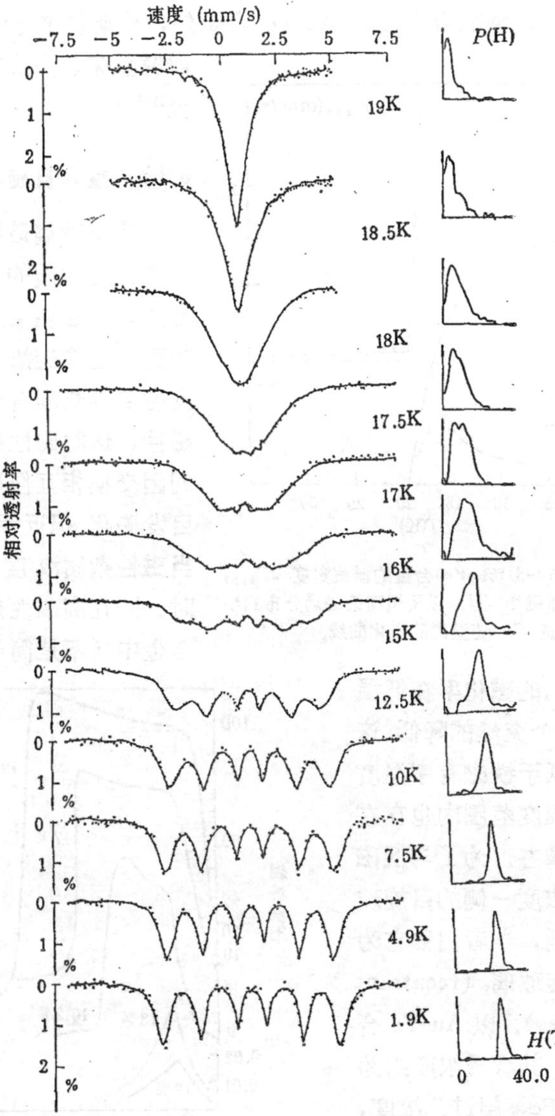

图 6.32 1.9K 到 19K 的 Au-3at% Fe 的穆斯堡尔谱及超精细磁场分布。

于顺磁单峰谱。

除了典型的自旋玻璃 Au-Fe 合金外，穆斯堡尔方法已用来研究愈来愈多的其它合金[128—135]。

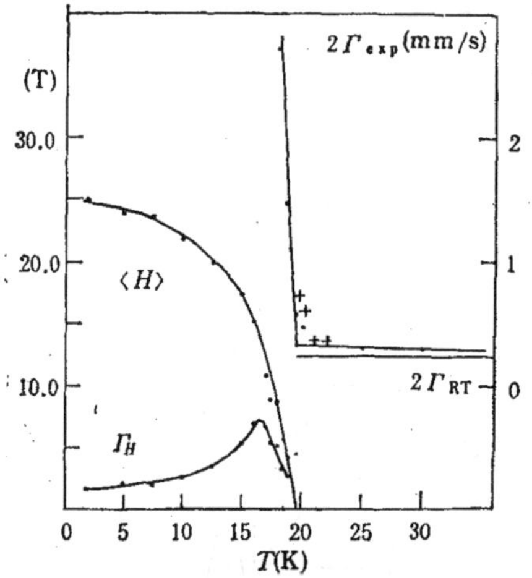

图 6.33 Au-3at% Fe 合金的谱线宽度 $2\Gamma_{exp}$，平均超精细磁场 $\langle H\rangle$ 以及超精细磁场分布的半宽 Γ_H 随温度的变化曲线。

6.8.3 重入自旋玻璃

自旋玻璃最初是在低浓度磁性杂质的合金中发现的，当磁性杂质浓度增加到超过渗透浓度时，就发生自旋长程有序，即铁磁性，这时磁性杂质自旋间因交换相互作用引起了自发磁化。但近年来发现，当磁性杂质浓度再增加时，即在高磁性杂质浓度合金中（不是简单的铁磁性），它们的磁化率在低温时，有一个突然的降低，这表明在低于铁磁有序温度的一个温度范围内也存在自旋玻璃态。为了与低磁性杂质浓度一侧的自旋玻璃相区别，学者们称它为重入自旋玻璃（reentrant spin glass）。以 Au-Fe 合金为例，其渗透浓度约为 15.5at%Fe，超过此浓度，在低于居里温度时有可能出现铁磁性，但测出的磁

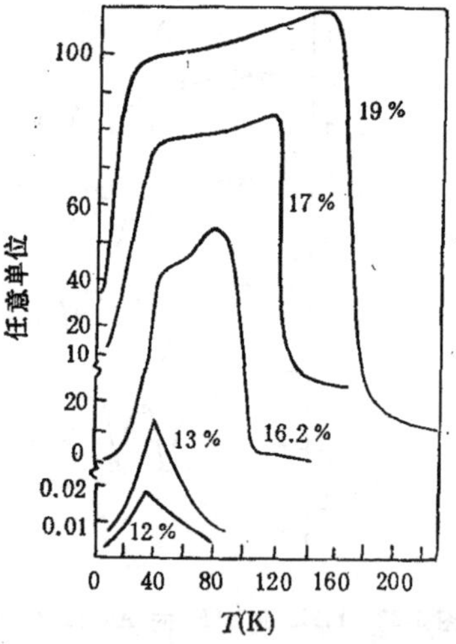

图 6.34 Au-Fe 合金的交流磁化率。

化率与温度的关系曲线如图 6.34 所示，从磁化率开始下降的温度来看，除了存在铁磁居里温度以外，还存在重入自旋玻璃转变温度，低于这个转变温度，磁化率下降．这是因为在重入自旋玻璃态中，自旋的混乱取向被冻结了．Coles 等[135] 把 Au-Fe 系的磁相图总结成图 6.35。其中低温态的 I 区是自旋玻璃态磁相区，而 II 区就是重入自旋玻璃态磁相区．最近，穆斯堡尔方法也被用来研究这种重入自旋玻璃态的微观机构．

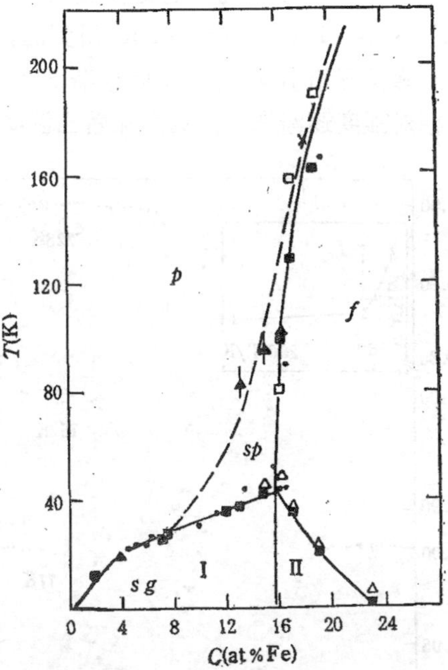

图 6.35 Au-Fe 固溶体的磁相图．图中的符号含义如下：●穆斯堡尔谱反常转变点；■磁化率反常转变点；□中子散射临界峰；×比热峰；△磁共振线宽峰；↑磁共振线宽极小；p 顺磁，sp 超顺磁，sg 自旋玻璃，f 铁磁，I 自旋玻璃态区域，II 重入自旋玻璃态区域．

Lauer 等[137] 及 Campbell 等[138]用穆斯堡尔方法研究了 Au-Fe 合金超过渗透浓度时的磁行为，在高 Fe 浓度一侧，与磁性测量的结果相一致．当温度降低时，合金经历两次磁转变，一次是

经居里温度 T_c 时，由顺磁性转变为铁磁性，再一次是经过较低的转变温度 T_f 时由铁磁性转变为重入自旋玻璃. Au-16.8at% Fe 合金的穆斯堡尔谱示于图 6.36，加外磁场 H_{ext} 后，其穆斯堡尔谱示于图 6.37. 由图中可以看到，超过 165K 为顺磁谱，在居里点 165 K 以下出现铁磁谱. 比较图 6.36 及 6.37 可以看出，在 77K，沿 γ 射线方向外加磁场 2.0 T 后，第二峰及第五峰明显消失，这是因为铁磁体中磁矩均沿外加磁场方向取向，因而超精细磁场与 γ 射线方向平行的缘故. 图 6.37 示出的谱是将样品在沿 γ 射线方向的外加磁场 2.0 T 下，由 77 K 冷却到 4.2 K 得到的，有趣的是，在 45K 时，第二、五峰又开始出现，并且温度逐渐下降，其穆斯堡尔谱的第二、五峰相对强度逐渐增加. 这意味着当温度从 $T_f = 45$ K

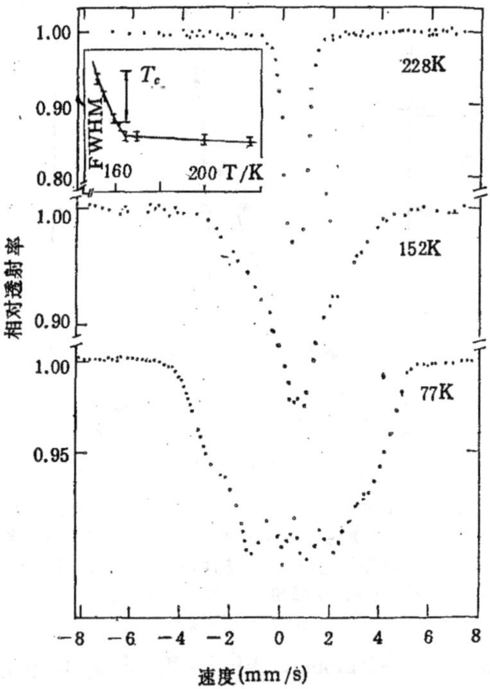

图 6.36 Au-16.8 at% Fe 合金在 228K，152K 及 77K 时测得的穆斯堡尔谱 ($H_{ext} = 0$)。

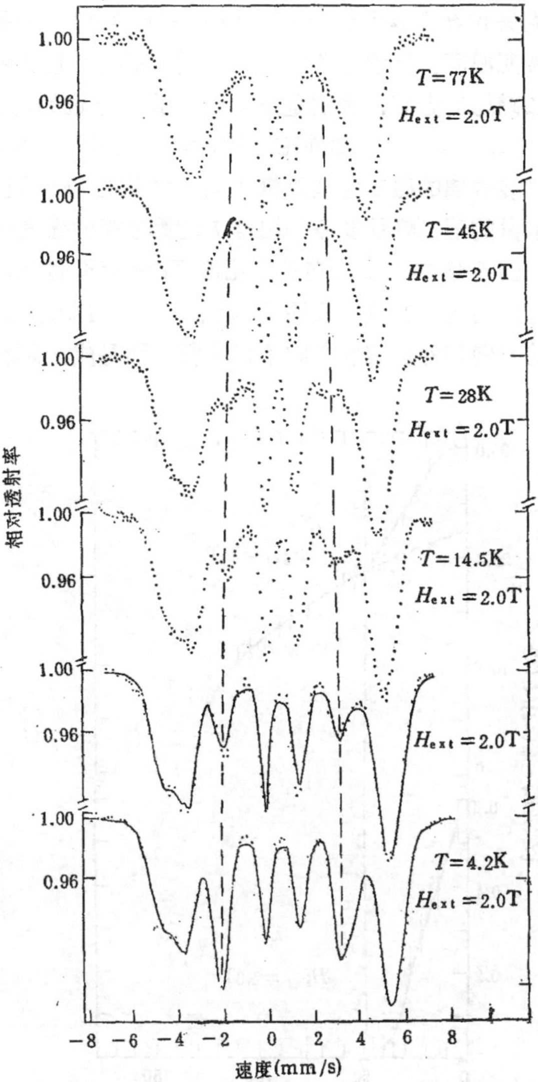

图 6.37 在 $H_{ext}=2.0\,T$ 和不同温度下测得的穆斯堡尔谱．图中最靠下边的谱，$T=4.2K$，$H_{ext}=0$．实线表示用超精细场 $P(H)$ 分布拟合出的曲线．

逐渐下降，铁自旋方向逐渐偏离外加磁场方向，于是铁磁矩与外磁场方向的平均夹角 θ 不等于零，所以 $T_f = 45\text{K}$ 可以认为是重入自旋玻璃的转变温度. 低于这个温度，自旋被冻结，并且冻结的方向不同于外加磁场的方向. 特别是图 6.37 中最靠下边的两个谱，当外加磁场 $H_{ext} = 0$，即不加外磁场时，第二、五峰明显增大，表明此时重入自旋玻璃的磁矩完全随机取向. 如果把 77 K 及温度 T 的穆斯堡尔谱的第二峰强度差与温度 T 的第三峰的强度比值作为纵坐标画在图 6.38 中，那么在转变温度 $T_f = 45\text{K}$ 时就可以看出，这一比值的明显突变点，表明 T_f 以下有一个自旋冻结过程，此时铁自旋的方向与外加磁场方向不再平行，而是成一倾斜的角度.

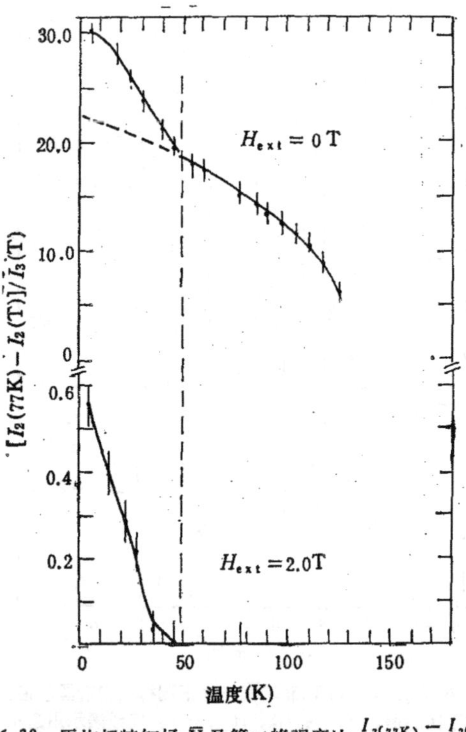

图 6.38 平均超精细场 $\bar{H}$ 及第二峰强度比 $\frac{I_{2(77\text{K})} - I_{2(\text{T})}}{I_{3(\text{T})}}$ 与温度的关系曲线.

重入自旋玻璃的穆斯堡尔谱是宽化的六线磁谱，表明铁核处的超精细磁场有一个分布。在不同外加磁场下的穆斯堡尔谱经超精细场分布拟合得到了如图 6.39 所示的超精细场分布曲线。根据超精细场的分布可以计算出平均超精细磁场 $\overline{H}$(T)，计算结果示于图 6.38 中。从图中可以看到，$\overline{H}$(T) 在 $T_f=45$K 时也有一个突变，表明由平均超精细磁场也可以定出转变温度 T_f 来。图 6.39 示出的超精细场的分布相当宽，并且有两个峰。其中高场分支(约 32.5T)是富铁的群集自旋造成的，此时铁近邻有较多的铁自旋；而低场分支(约 27.0 T)是富金的群集自旋造成的，此时铁近邻有较少的铁自旋。外磁场对超精细场分布影响不大，只是将分

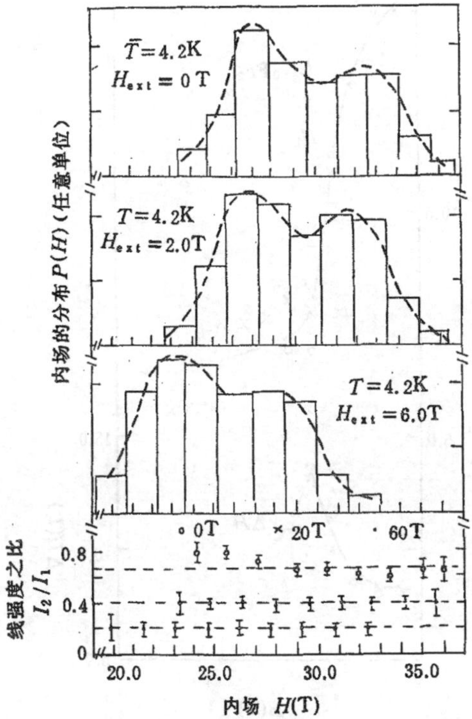

图 6.39　外加磁场不同时超精细磁场分布 $P(H)$. 最底下的为不同外加磁场下的第二峰强度比 $\frac{I_2}{I_1}$ 的分布.

布 $P(H)$ 向低场方向移动，这是因为铁核处的内场与铁自旋方向相反的缘故。

Tsuge[139] 及 Dubiel 等[140]研究了 Cr-Fe 合金中的重入自旋玻璃的穆斯堡尔谱，其结果与 Au-Fe 系合金的结果很相似。当铁浓度大于渗透浓度 18% Fe 时，有两个磁转变，顺磁-铁磁转变及铁磁-重入自旋玻璃转变。相应的转变温度为 T_c 及 T_f。在 T_f 温度时，平均超精细场及超精细场分布中高场一支的峰位发生明显的突变，而高场一支的半宽出现极大值，如图 6.40 所示。由超

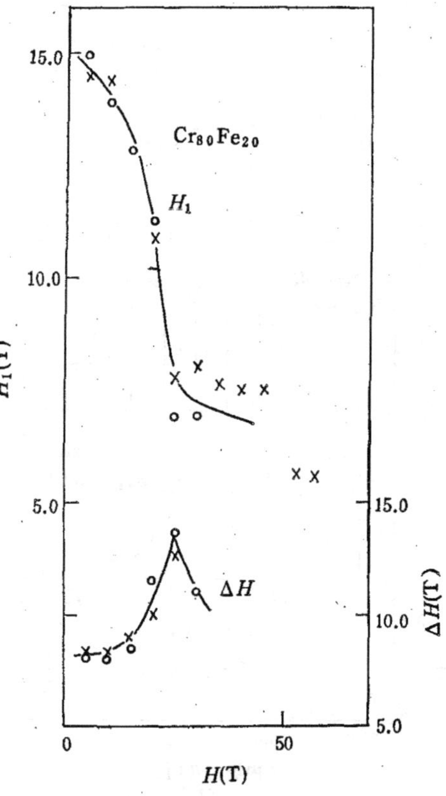

图 6.40 $Cr_{0.8}Fe_{0.2}$ 合金的超精细场分布高场一支的峰位 H_1 及高场一支的峰半宽 ΔH 与温度的关系. ○为由 Window 法拟合出的 P(H) 得到的点；×为由 Hesse 法拟合出的 P(H) 得到的点.

精细场分布的两个峰中，高场一支的强度比 α 也可以看出在两种磁转变温度发生突变，见图 6.41. Brand 等[141]研究了尖晶石 $Mg_{1-x}Fe_{2-2x}Ti_xO_4$，Laner 等[142]研究了非晶态合金 $Ni_{72}Fe_6Si_9B_{13}$ 中的重入自旋玻璃的穆斯堡尔谱.

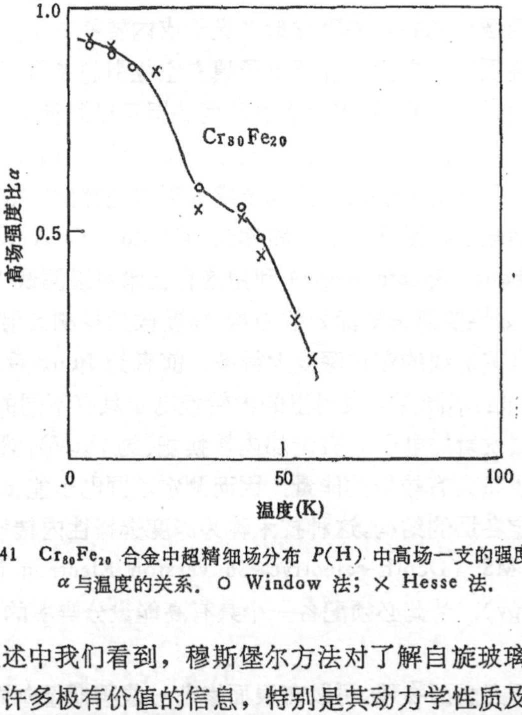

图 6.41 $Cr_{80}Fe_{20}$ 合金中超精细场分布 $P(H)$ 中高场一支的强度比值 α 与温度的关系. ○ Window 法；× Hesse 法.

从上述中我们看到，穆斯堡尔方法对了解自旋玻璃的微观机构提供了许多极有价值的信息，特别是其动力学性质及磁矩取向方面的信息. 当然,自旋玻璃领域中尚有许多问题还没有弄清楚，理论也不完善，穆斯堡尔方法可望在这个领域中提供更多更新的微观信息.

§6.9 表面物理

穆斯堡尔谱学技术在表面科学的研究中是一种重要的方法. 许多应用于表面科学的新领域正在开发，有关表面科学的成果论文也愈来愈多，下面仅讨论在表面物理方面的应用.

6.9.1 研究表面物理的方法

研究表面物理的常用方法是利用穆斯堡尔背散射技术. 当穆斯堡尔核共振吸收了 γ 光子后，从基态跃迁到激发态. 随之它要从激发态退激到基态，并再发射 γ 光子或内转换电子. 由于后者在 *s* 电子壳层造成空位，外层电子填充空位引起 X 射线光子或俄歇电子的发射. 因此，利用背散射几何装置可以测量 γ 射线、X 射线或内转换电子的穆斯堡尔谱. 对于 ^{57}Fe 来说，总的内转换系数 α 高达 10，因此对测量内转换电子或 X 射线谱特别有效.

内转换电子穆斯堡尔谱学简称为 CEMS (Conversion Electron Mössbauer Spectroscopy)，利用这种技术可以测量 100 nm 深度的电子，如果要测量更深处的结构，需要改用探测 X 射线或 γ 射线，因为这些射线的穿透深度大得多，前者为 1μm，后者可达 10 μm. 由于样品不同深度发射出的内转换电子具有不同的能量，因而在外表层发射的电子具有全部内转换能(约 7keV)，然而内表层的发射电子将具有较低的能量. 因而测定不同电子能量谱，可以无损地测定各层的结构，这种技术称为深度选择性内转换电子谱，简称 DCEMS (Depth-selective Conversion Electron Mössbauer Spectroscopy). 为此必须配备一个具有高能量分辨率的电子探测器.

为了研究表面物理，可以在表面掺杂一些穆斯堡尔同位素. 它们可以是稳定同位素(如 ^{57}Fe) 或是放射性母同位素(如 ^{57}Co). 前者可以用作一般的透射谱或背散射谱的研究，后者则将样品作为源，而用标准的单线吸收体测谱，这种技术叫源实验 (Source Experiments) 或发射穆斯堡尔谱学 (Emission Mössbauer Spectroscopy). 为了更好地测出表面层的穆斯堡尔谱，可以利用表面富化 (surface-enrichment)，技术，即在表面掺杂富化的 ^{57}Fe，而不是一般的自然铁，在自然铁中，^{57}Fe 的丰度只有 2.2%.

穆斯堡尔核可以处在小颗粒、薄膜或化学吸附层中. 在利用透射谱时，为了减少计数时间，可以将样品做成多层的单层表面结构，即在基底上先蒸发一层共振同位素，然后再蒸发一层惰性的覆盖层，接着再蒸发一层共振同位素，及惰性复盖层，如此重复形成一种夹层样品。这是研究固态-固态间表面现象的最理想方法。

将所测到的穆斯堡尔谱进行电子计算机拟谱，可以得到许多穆斯堡尔参数，它们给出了表面原子的物理和化学结构的信息：

(1) 无反冲因数 f：可以用来研究表面原子的振动态以及这些原子的结合强度。

(2) 同质异能移位 δ：可以用来确定表面化学态，包括表面原子的价态和表面处原子间的电子转移。

(3) 四极分裂 Δ：可以用来测定表面结构，包括晶体场分裂，中心原子和近邻间的电荷转移以及点阵位置变化时的电荷分布。因而可以测定穆斯堡尔原子所处的晶位。

(4) 超精细磁场 H_{hf}：可以用来研究表面磁现象。磁性物质表面原子的超精细磁场可以给出反映表面原子化学结合的电子结构的信息。

(5) 实验线宽 Γ_{exp}：可以测定表面处穆斯堡尔原子的扩散展宽，从而估计出表面原子的扩散系数。

(6) 强度 I：利用各个亚谱的强度，即亚谱的面积，可以分析表面层的结构，作表面相分析。

(7) 超顺磁弛豫：可以确定表面处的粒子大小以及磁各向异性能常数。

(8) 顺磁弛豫：可以测定自旋-自旋弛豫时间及自旋-晶格弛豫时间。前者可以测定表面磁性原子的局域浓度，从而可以研究被吸附物质的结构。后者可以研究表面顺磁离子的自旋与声子间的相互作用，因而提供了表面原子声子谱的信息。

6.9.2 利用背散射技术研究表面

利用背散射技术，测定内转换电子谱 (CEMS)或 X 射线谱，深度选择性内转换电子谱 (DCEMS) 可以测定表面不同深度处的结构，例如用来研究表面腐蚀。Tricker等[143]将 ^{57}Fe 富化的铁箔在空气中经 623 K 加热 10 分钟氧化后，对表面作深度选择性内转换电子谱，其结果如图 6.42 所示. 图 6.42(a) 为低能电子谱，图 6.42(b) 为高能电子谱. 图 6.42(c)为图 6.42(a,b) 示出差值谱. α-Fe_2O_3，Fe_3O_4 及金属铁的峰位标在图上部的标尺中. 由于低能电子谱主要来自于表面下层(约 100 nm 深度处)的电子，而高能电子谱则发射

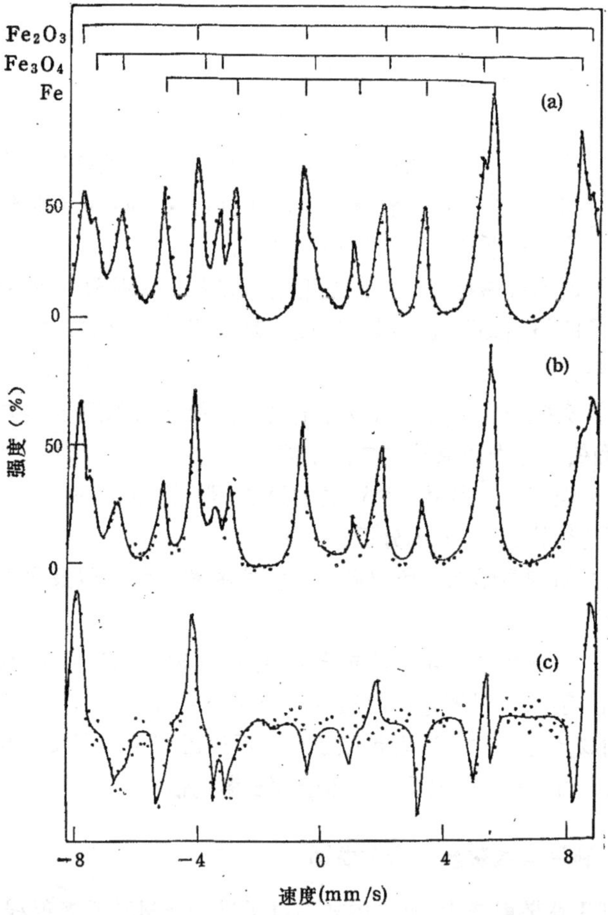

图 6.42 90%富化 ^{57}Fe 箔氧化后的内转换电子穆斯堡尔谱（CEMS)。
(a) 低能电子；(b) 高能电子；(c) (a)与(b)的差值谱。

自外表面。从图中可以看出，谱(b)中的Fe_2O_3亚谱比谱(a)中的明显增强，而且谱(c)的差值谱中也有明显的Fe_2O_3谱线。因而可以推断出外表层主要由α-Fe_2O_3组成，而内氧化层主要由Fe_3O_4组成。

背散射技术也常用来作钢的表面的分析。钢中的奥氏体量很容易用穆斯堡尔效应来测定。因为顺磁性的奥氏体相的谱线很容易与铁磁性的α-Fe和碳化物相的谱线相区别。Swartzendruber和Bennett[144]研究了表面经过轻度研磨的共析成分Fe-C合金中的奥氏体量。其结果如图6.43所示，图中示出的只是小速度范围的部分谱，呈现出铁磁谱的两个内峰。图6.43(a,b)分别示出α-Fe箔及Fe-C合金14.4 keV的γ射线谱，而图6.43(c,d)分别

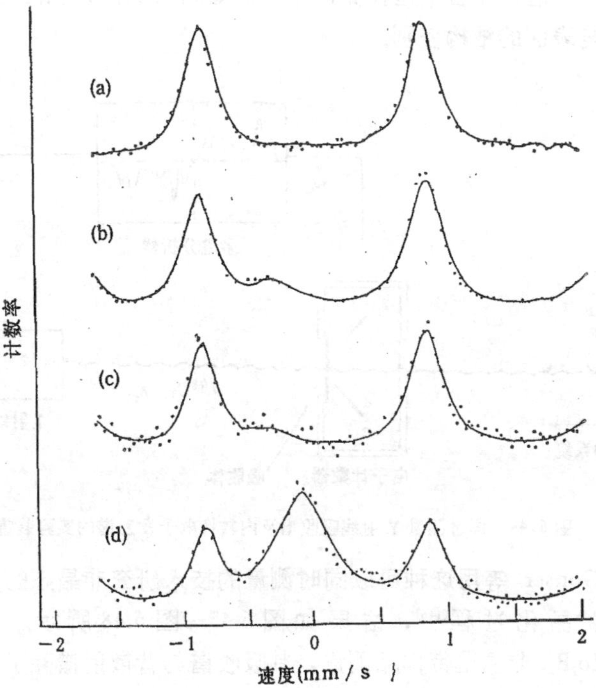

图6.43 纯铁箔及共析成分Fe-C合金研磨表面的背散射穆斯堡尔谱。(a)铁箔，14.4 keV γ射线计数；(b)Fe-C合金，14.4 keV γ射线计数；(c)Fe-C合金，6.3 keV X射线计数；(d)Fe-C合金，内转换电子计数。

示出 Fe-C 合金 6.3keV 的X射线谱及内转换电子谱. 图 6.43(d)谱中心处出现单峰谱，表明样品表面具有奥氏体相. 这是由于表面轻磨使表面薄层的温度升高到奥氏体区，再经冷却剂很快地冷却下来以致在表面薄层中形成残留奥氏体相.

Gonser 等[145]设计了一种能同时测量 γ 吸收谱与内转换电子背散射谱的装置,如图 6.44 所示. 使用一个放射源，一个吸收体，一台多道分析器,两个探测器,同时测谱. 利用透射几何条件测到的 γ 射线透射谱,可以研究体内的结构;而利用背散射几何条件，用 2π 角的内转换电子计数器可以测出内转换电子谱，用以研究表面结构. 这样将透射谱存在多道分析器的左半边存储器中，而将背散射谱存在右半边存储器中，而谱同时积累并相比可以研究体内与表面的结构差别.

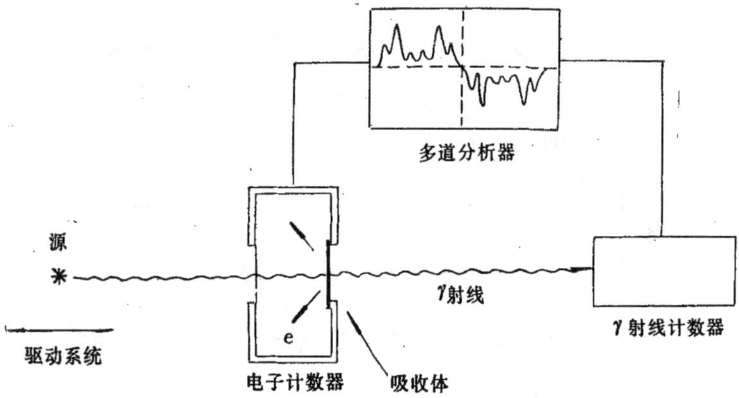

图 6.44 同时测量 γ 射线吸收谱及内转换电子发射谱的实验装置.

Gonser 等用这种可以同时测量的技术研究非晶态的体内与表面的晶化过程[146]，结果如图 6.45—图 6.48 所示. 他们对 $Fe_{78}Mo_2B_{20}$ 非晶甩带样品测谱，其吸收谱与背散射谱除了第二、五峰强度有不同外，其他的基本相同. 但若将样品在真空中等温退火(643K3h),从图 6.45 中可以看到,晶化首先从粗表面(即与甩棍接触的表面)上开始产生 α-(Fe,Mo) 的谱线，由图 6.46 中看到，

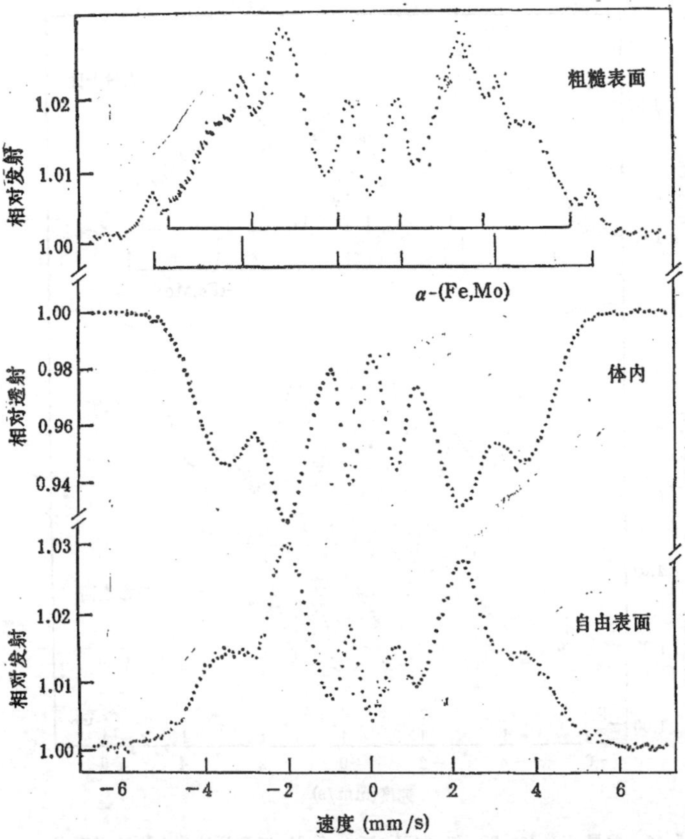

图 6.45 非晶 $Fe_{78}Mo_2B_{20}$ 经 643K 退火 3h 后测得的体内谱及表面谱.

继续增加退火时间，自由表面(即不与甩棍接触的表面)上也开始晶化，出现 α 相的谱线，并且相对强度发生变化，表明有自旋织构存在.若将退火时间增加到 24h，由图 6.47 中明显看到体内开始晶化.完全晶化的谱示于图 6.48中，从含 B 相的谱线面积可以分析出体内含有 16 at% 的 B 含量，但在表面层却只有 2 at% 的 B 含量.

6.9.3 表面原子的扩散和振动

许多表面研究往往只涉及几个原子层，这时可以利用表面吸

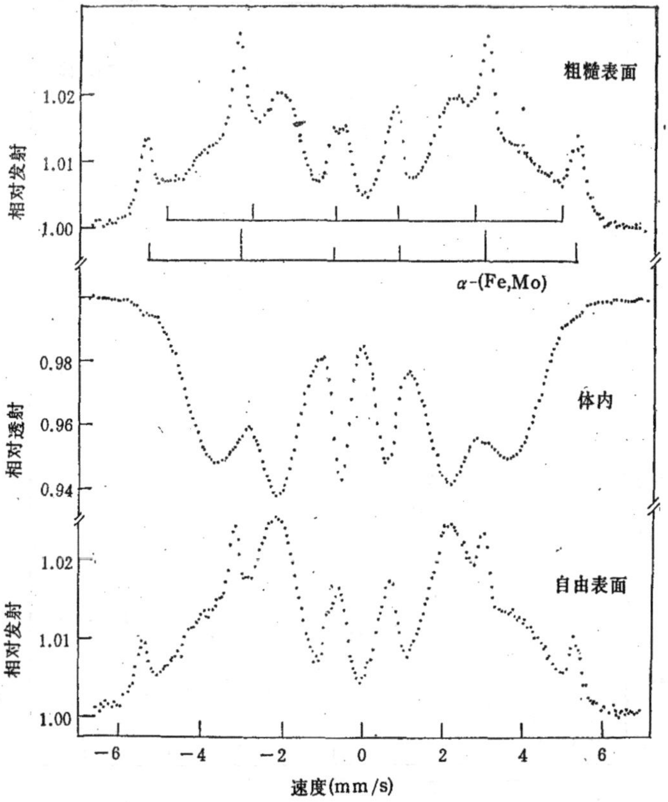

图 6.46 非晶 $Fe_{78}Mo_2B_{20}$ 经 643K 退火 8.3h 后测得的体内谱及表面谱.

附的物质中的穆斯堡尔核作穆斯堡尔谱的测定. 分析所测得的谱，可以得到关于被吸附分子中穆斯堡尔原子的振动的信息. 如果这时还有表面扩散的话，还会引起穆斯堡尔谱线的宽化. 一般来说，扩散系数增加会使谱线宽化增加，接近液体的那种极快的扩散会引起共振谱线的消失. 吸附体可以是多晶或是具有某些取向的石墨箔（商品名叫 Grafoil）. 石墨箔是由高表面面积的许多石墨片构成的，各片的晶体学取向是平行的(在 15° 以内)，由于它具有高表面面积和择优取向，因而可以替代单晶，供表面研究.

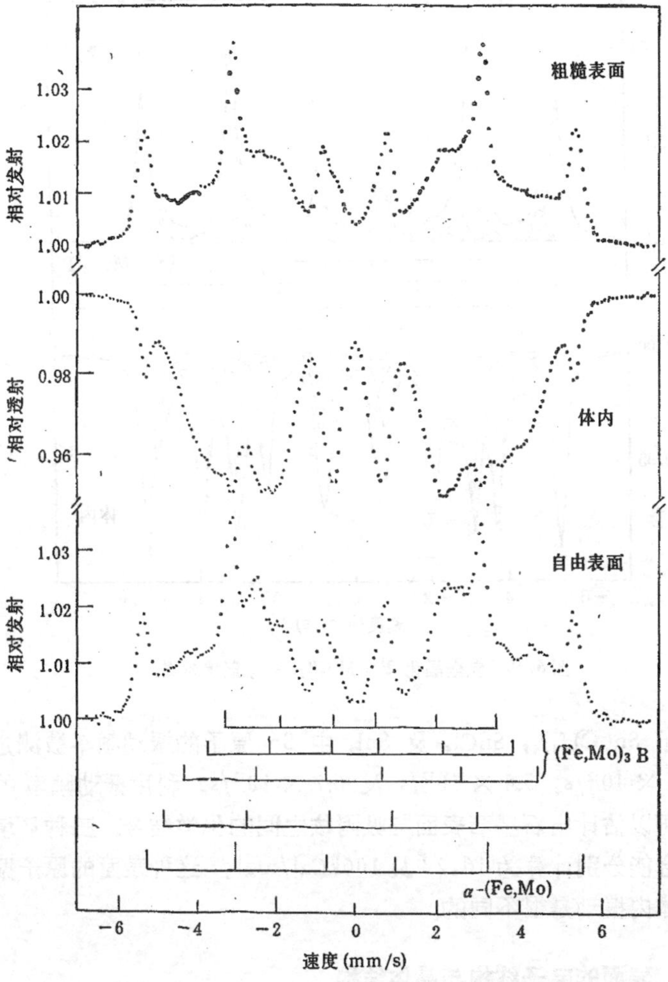

图 6.47 非晶 $Fe_{78}Mo_2B_{20}$ 经 643K 退火 24h 后测得的体内谱及表面谱.

Bukshpan 等[147]测定了吸附在石墨箔之上的 $Sn(CH_3)_4$，$SnCl_4$ 及 SnI_4 的无反冲因数 f 与温度之间的关系。图 6.49 示出了 77K 到 300 K 之间 $\ln f$ 与 T 的函数曲线，它们都是线性的。假如锡原子作简谐振动，则可以从这些直线的斜率中计算出振动频率。吸

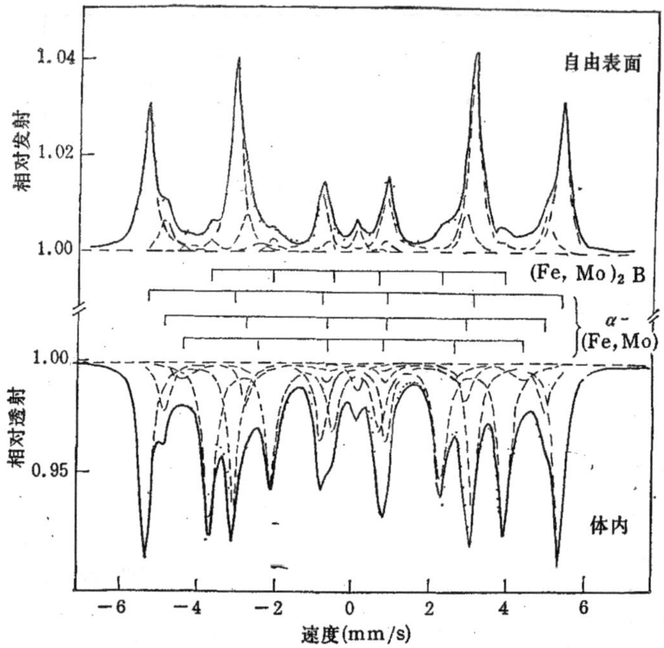

图 6.48 完全晶化 $Fe_{78}Mo_2B_{20}$ 的穆斯堡尔谱.

附分子 $Sn(CH_3)_4$，$SnCl_4$ 及 SnI_4 中 Sn 原子的振动频率被测定为 $4.6\times10^{12}/s$，$5.4\times10^{12}/s$ 及 $6.7\times10^{12}/s$. 利用振动频率的数据可以估计出石墨箔表面与吸附核之间的化学结合. 三种环境的结合能分别计算为 16,23 及 106kCal/mol. 这种表面的原子振动与体内振动是很不同的.

6.9.4 表面的电子结构与晶体结构

小粒子、薄膜和吸附层的电子结构和晶体结构往往与大块样品中的不同，这是由于表面及界面效应，以及与基底的相互作用的缘故. 测定这些结构的穆斯堡尔参数主要是同质异能移位和四极分裂. 从四极分裂参数的变化中可以发现结构的变化，从四极分裂的两个分裂峰的相对强度可以鉴别出表面含铁分子的铁核处电场梯度是随机取向还是相对于 γ 射线方向有一定的取向。

在许多基底上制备的金属铁薄膜一般由 α-Fe (bcc) 组成。在 1183 K 以下是稳定相。Keune 等[148] 用穆斯堡尔方法发现在铜的 (001) 面上外延生长的金属铁具有 γ 结构 (fcc) 的铁薄膜。这种面心立方结构的铁是非铁磁性的，奈耳温度约为 80K。不同温度测得的穆斯堡尔谱示于图 6.50。在 295K 温度的谱中，主峰为一窄的单线，从其同质异能移位鉴别为 γ-Fe。在 77K 及 4.2K，单线明显展宽，这是因为当温度低于奈耳温度时，由顺磁性转变为反铁磁性，超精细场约为 2.4T，由于内场太小，不能分辨出六个峰，只显出一个展宽的峰。同一样品在 13K 温度下，外加 4.9T 磁场。如果是铁磁体的话，磁矩将沿外场

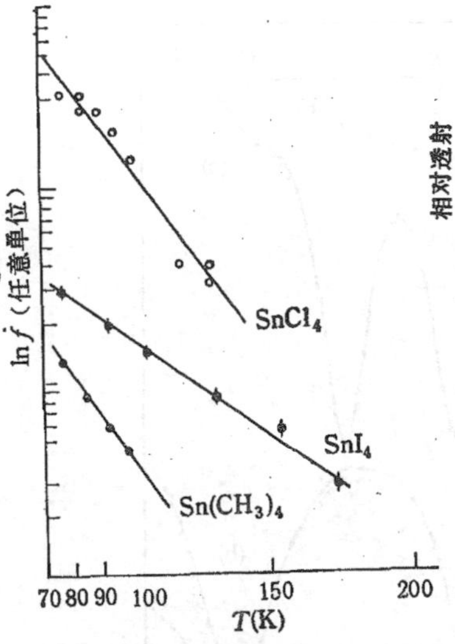

图 6.49 无反冲因数 $f(T)$ 与温度之间关系线。(a) $Sn(CH_3)_4$; (b) $SnCl_4$; (c) SnI_4.

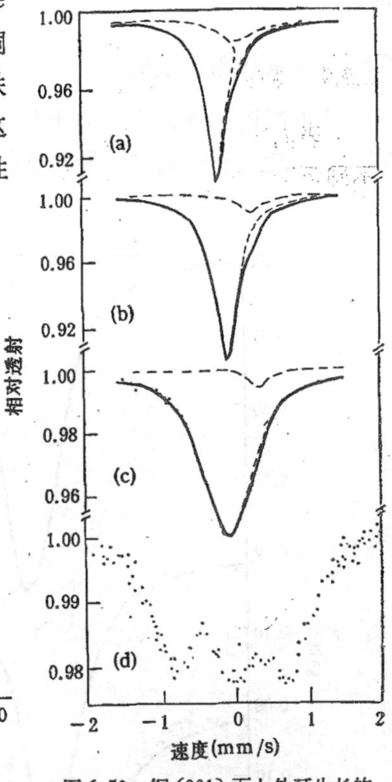

图 6.50 铜 (001) 面上外延生长的 1.8 nm Fe 膜的穆斯堡尔谱. (a) 295K; (b) 77K; (c) 4.2K; (d) 13K 并附加纵向 4.9T 磁场.

方向排列，穆斯堡尔谱将显出磁分裂谱，然而反铁磁体没有净得的磁矩，因而外场将导致一个磁分裂谱的分布，显示出很宽的磁分裂谱.

6.9.5 表面吸附的研究

表面吸附的穆斯堡尔原子与体内穆斯堡尔原子的周围环境的不同可以通过它们的同质异能移位，四极分裂及超精细磁场的不

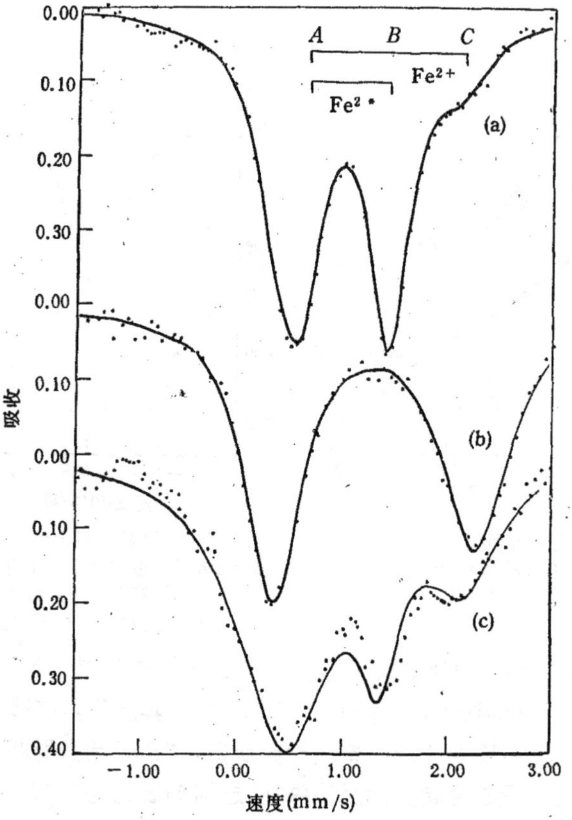

图 6.51 α-Fe_2O_3 微晶的穆斯堡尔谱. (a) H_2 中退火，并在 873K 去气；(b) 吸附 H_2O，(3066.6Pa)；(c) 吸附 H_2S，(11333.2Pa).

同来研究。Hobson 和 Gaqer 等[149]研究了不同分子对小粒子 α-Fe_2O_3 的吸附，其结果示于图 6.51 中。图 6.51(a) 示出通氢加热到 875K 除气后的结果。三个峰可以解释为两种铁的双线的叠加结果，并可分别鉴别为 Fe^{2+} 及 Fe^{2*}（*号表示活性中心）。图 6.51(b) 示出加入水蒸气吸附 H_2O 后测出的谱，出现了一个新的很强的四极分裂双线。在 773 K 除气后，又回复到原来状态。图 6.51(c) 为吸附 H_2S 的结果，在室温对样品抽气，谱没有变化，不能回复到原来状态，表明 H_2S 是化学吸附而不是物理吸附。

6.9.6 表面及界面磁性的研究

表面与界面处的原子往往会表现出与体内原子不同的磁性行为。例如 Lieberman 等[155]曾发现 Fe，Co，Ni 的金属薄膜表面处的原子磁矩会消失。这种无磁性层被称之为"磁性消失层"。由于超精细场与穆斯堡尔原子的磁矩成正比，因此测量表面穆斯堡尔谱的超精细磁场，可以得到关于表面处原子磁矩的信息，因此许多科学家用穆斯堡尔方法验证 Lieberman 的发现，并得出不同的结果。由表面穆斯堡尔磁分裂谱的第二峰与第三峰的面积比，也可以获得关于表面处原子磁矩相对于 γ 射线方向的取向。例如 Shinjo 等[156]曾制备了 MgF_2 和 ^{57}Fe 的夹层样品，MgF_2 层厚 20nm，而 ^{57}Fe 层厚从 1.6nm 到 6nm 之间变化，他们对这种夹层样品，在 4.2K 及 300K，测出了穆斯堡尔谱，分别示于图 6.52 及图 6.53 中。从这两个图中可以看出，对于 6nm 的 ^{57}Fe 层表面所测结果与一般体内的 α-Fe 所测结果相同，然而当层厚减小时，在 300K 温度下，超精细场下降，而在 4.2K 温度下，超精细场增加。在图 6.52 中还附有当加了 4 T 的外加磁场后测出的穆斯堡尔谱，可以看到第二、五峰已完全消失，表明磁化方向已完全取向于外加磁场的方向，同时也说明样品是铁磁性的。在 4.2K 温度下，穆斯堡尔谱的这些特征可以用因 MgF_2 的存在造成了表面 ^{57}Fe 磁矩的增加来解释。而 300 K 温度下的穆斯堡尔谱可以解释为当温度升高后，表面磁性近邻数下降，因而造成表面超精细场的下降。这与

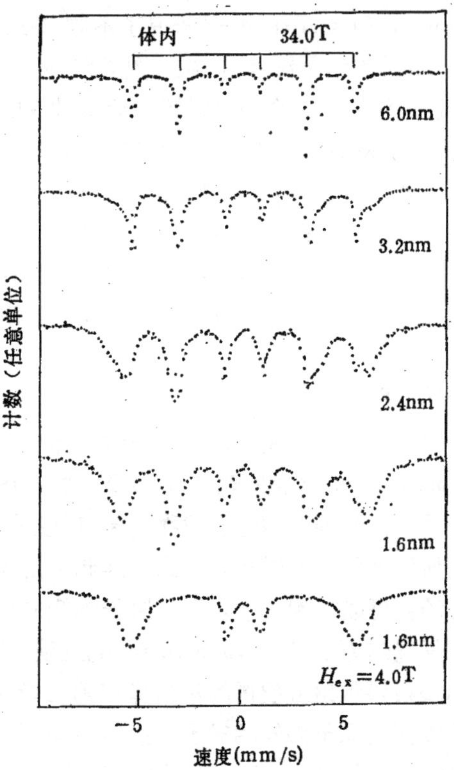

图 6.52 镀覆 MgF_2 的 Fe 薄膜在 4.2K 温度下的穆斯堡尔吸收谱，Fe 膜厚度由 1.6nm 变到 6.0nm.

Binder 和 Hohenberg 的计算结果相符合，他们所作的 Monte Carlo 计算结果示于图 6.54 中. 计算结果表明，当温度低于居里温度时，磁矩下降的表面层仅 1—2 个原子层，但当温度接近居里温度时，磁矩下降的表面层可达十几个原子层. 从上述这些穆斯堡尔谱上可以看到，六个峰的强度比接近于 3:4:1:1:4:3，这说明当 γ 射线方向垂直于样品表面时，磁化方向是沿着样品表面的. 这是由于铁磁薄膜的形状各向异性造成的. 然而在极薄的薄膜中，表面各向异性可以起主要作用，表面原子的低对称性可以使自旋垂直于表面. 例如 Shinjo 等曾在 0.8nm 铁膜镀以 MgO 的样品

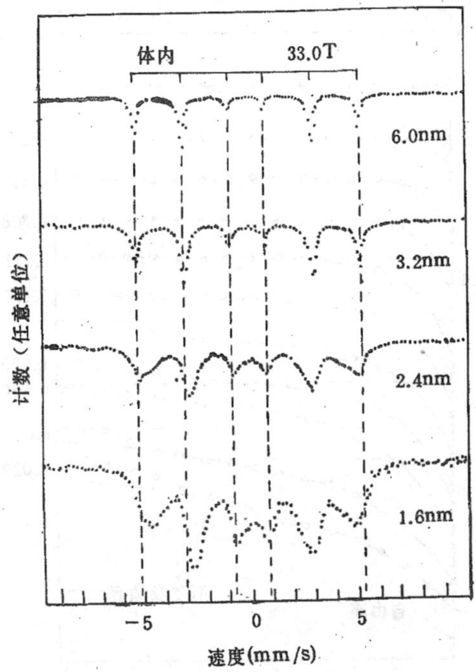

图 6.53 镀覆 MgFe 的 Fe 薄膜在 300K 温度下的穆斯堡尔吸收谱.
Fe 膜厚度由 1.6nm 变到 6.0nm.

中发现强度比为 3:1:1:1:1:3。

这里还值得一提的是，关于多层金属薄膜的人工超晶格的研究工作. 这种技术在使用分子束外延（molecular beam epitaxy, 简写为 MBE）制备半导体超晶格（如 GaAs-AlAs）方面已获得成功[157]. Shinjo[158] 利用超高真空下交替沉积两种不同元素的方法，制备了如 Fe-Mg 及 Fe-V 等金属超晶格. 在使用X射线衍射方法确认了这种超晶格结构后，作了一系列穆斯堡尔谱的测量. Fe-V 超晶格的测量结果示于图 6.55，而 Fe-Mg 超晶格的结果示于图 6.56. 图示的结果均在 4.2K 温度下测得的. V层或 Mg 层的厚度大于 16Å，不同 Fe 层的厚度标在图中. 从 Fe-V 超晶格的穆斯堡尔谱中可以看到，当 Fe 层为 15Å 时，谱线为六指峰，强度比为 3:4:1:1:4:3，表明形状各向异性引起的磁化方向是沿着

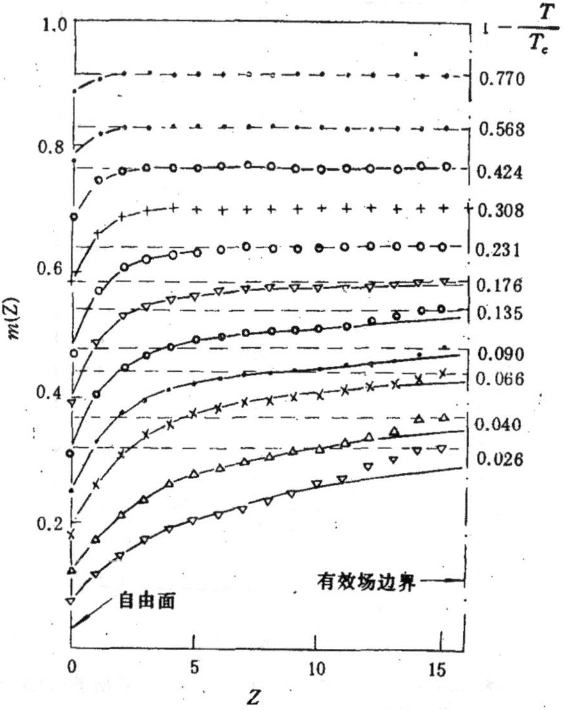

图 6.54 Monte Carlo 计算结果．不同温度 T 时，距表面不同距离处的磁化强度 $m(z)$．此处 z 以原子层数为单位．

膜面的．由于表面效应，在表面处的超精细场减小，结果导致谱线不对称，当 Fe 层厚度小于 6 Å 时，其穆斯堡尔谱出现无磁的峰，当 Fe 层厚度等于 2 Å 时最为明显，这表明当 Fe 层厚度为 2 Å 时，Fe 原子已无局域磁矩，因此 Fe-V 超晶格不适合于作二维铁磁体研究．相反 Fe-Mg 超晶格即使当 Fe 层厚度达到 2 Å 时仍是铁磁性的，界面处的超精细场小于体内的值，为体内值的 77%．在一般的单层铁原子中具有局域磁矩并参与铁磁有序．六线峰相对强度比为 3:4:1:1:4:3，这表明磁矩是沿着膜面的．当 Fe 层厚度达到 1 Å 时，结果仍和 2 Å 时的相似．因而这种夹层超晶格很适宜于作二维铁磁行为的研究．

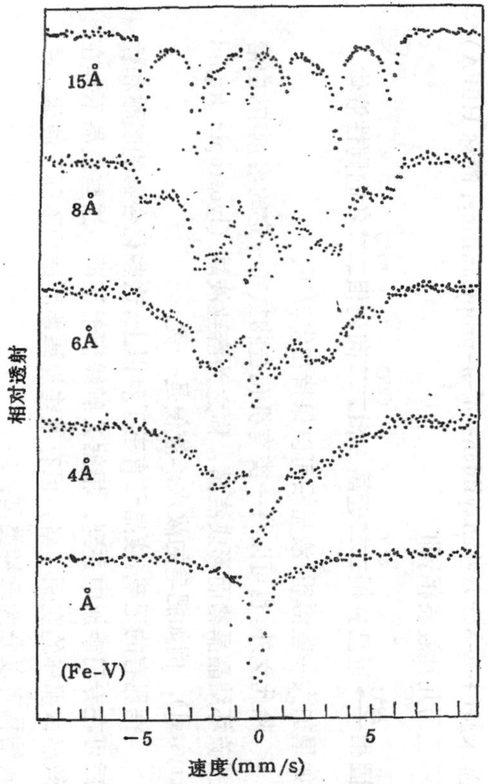

图 6.55　4.2K 温度下，Fe-V 超晶格的穆斯堡尔吸收谱.

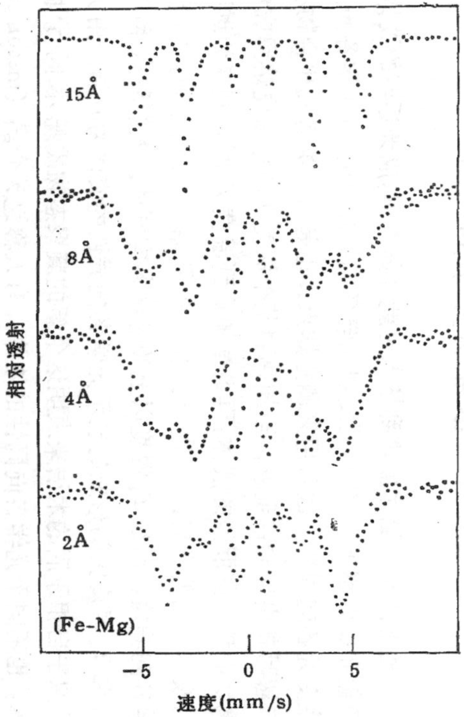

图 6.56　4.2K 温度下，Fe-Mg 超晶格的穆斯堡尔吸收谱.

§ 6.10 液晶研究中的应用

通常的有机晶体加热到熔点时就开始熔解，成为透明的液体．在偏光显微镜下观察时，可发现光学各向异性消失，从光学各向异性变为各向同性，故可用来测定熔点．但是有一类有机化合物在熔解时却出现异常现象．当加热到某个温度 T_1 时，首先熔解成粘稠状而稍有些混浊的液体，再继续加热到温度 T_2 时，则变为透明的液体．用偏光显微镜观察时发现，在 T_1 和 T_2 温度区间，形成光学各向异性，而在 T_2 温度以上为光学各向同性．人们称这种在 T_1 和 T_2 温度区间形成的显示光学各向异性的液体为液晶．用这种似乎自相矛盾的术语来表明这个新的凝聚态物质既不同于固体，也不同于光学各向同性的液体．有人称之为介晶（mesomorphic）相[159,160]．

液晶可由某类有机化合物加热熔解后生成，称为热致液晶 thermotropic liquid crystal)，例如纯的 4-正己氧苄叉-4′-正丙基苯胺(4-*n*-hexoxybenzylidene-4′-*n*-propylaniline，简称 HBPA)可经历几种液晶相，即

$$\text{固相}\xrightarrow{29℃}\text{近晶H相}\underset{}{\overset{66℃}{\rightleftarrows}}\text{近晶A相}\overset{68℃}{\rightleftarrows}\text{向列相}\overset{85℃}{\rightleftarrows}\text{各向同性液体.}$$

如果加入一些溶质，液晶相可以保持在室温下．

除此之外，也可以将一类有机化合物放在一定的溶剂中，由溶剂破坏结晶晶格而形成液晶，称之为溶致液晶（lyotropic liquid crystal)．例如肥皂的浓水溶液便是一例．

据现有的记载，液晶已有三千种以上，这些化合物的名称和性质可在专门手册中查到．根据X射线衍射证明，这些液晶不存在像晶体那样的空间晶格，但有某些规律性的结构不同于液体．按其结构可以分为三种类型．

(1) 近晶相（smectic） 这种液晶相结构与固体相近，故得其译名近晶以示接近晶体结构．其结构示意图如图 6.57 (a) 所示．近

晶相液晶具有分子水平的层状结构，即各层中的分子有一定的排列取向，位置则是无序的，分子的长轴与层面垂直或倾斜。层与层之间可以自由滑动，因而具有流动性，但分子只能在二维平面内滑动，在垂直方向上不能超越出层面。因而在偏光显微镜下可以观察到特有的纹理织构。近晶相又可分为各种类型，以近晶 A，近晶 B，……，近晶 H 等表示。

（2）向列相（nematic） 向列相液晶比近晶相粘滞度低，没有分层结构，但分子排列有一定的取向，故而得其译名向列相以示有取向排列。其结构示意见图 6.57(b)。由此可见，它的有序性较低，更近似于各向同性的液体。在偏光显微镜下可以观察到丝状结构

（3）胆甾相（cholesteric） 胆甾相液晶最早从胆甾醇类物质中发现，故得其名。它是由平行的分子集合成面，多层重叠而构成的层状结构。其层间间隔比近晶相要大得多，有人称其为扭曲的向列相，参见图 6.57(c)。

为了利用穆斯堡尔效应来研究液晶结构，可以将含铁或含锡的分子溶解在液晶材料中，例如上述的 HBPA 液晶。由熔点以

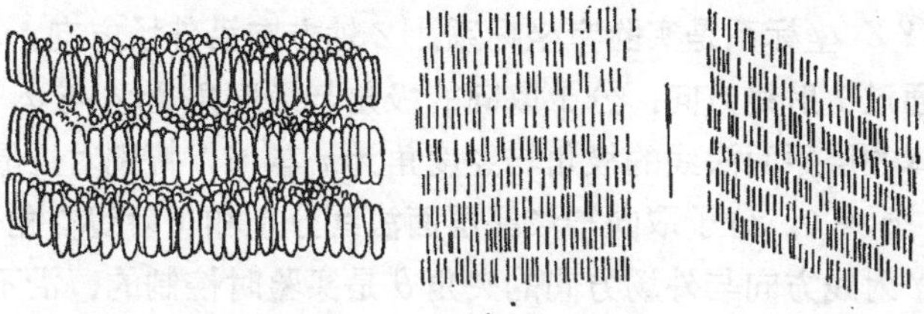

(a)

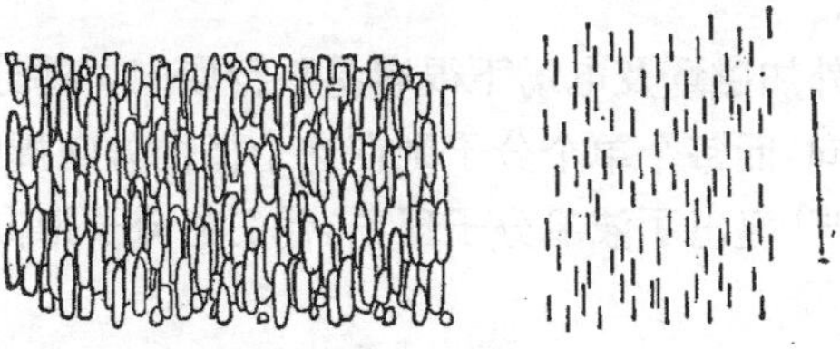

(b)

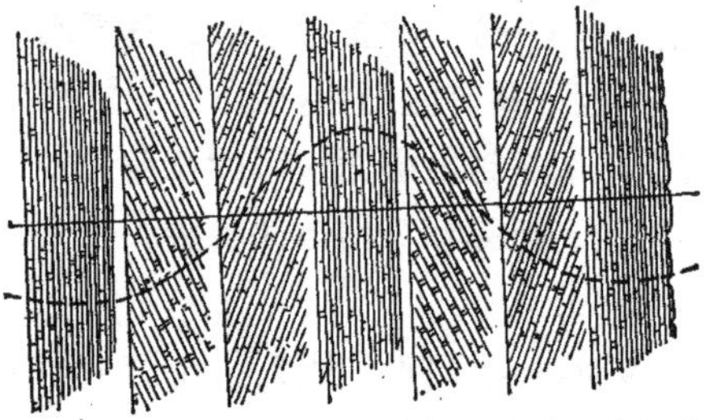

(c)

图 6.57 液晶结构模式及其取向示意图. (a) 近晶相(左边为近晶 A 相,右边为近晶 C 相); (b) 向列相; (c) 胆甾相.

上在 0.9T 的磁场下冷却到室温，做成试样. 这样含铁或含锡的分子就可以作为穆斯堡尔探针. 这些探针分子沿外场方向择优取向，它们参与基体液晶的各种取向关系列于图 6.58 中. 图中 $OXYZ$ 坐标系是实验室坐标系. Z 轴方向沿外场方向，XOZ 平面通过 γ 射线方向. 分子取向的极角与经度角为 δ 与 α. 而液晶基体的层平面法线的极角与经度角为 τ 与 β. 特别对近晶 A 相来说，$\tau=0$. 分子取向与液晶层面法线分别和 γ 射线交角 γ 和 ρ. 而 γ 射线方向与外场方向的夹角 θ 是实验时控制的. 沿不同的 θ 角方向可测到许多穆斯堡尔谱，经综合分析便可得出分子与液晶结构的某些信息.

液晶分子在外加磁场及电场下很容易平行取向，即分子择优取向于外场的方向，而每个单个分子则在这个择优方向周围涨落. Saupe 和 Maier[150] 提出了液晶分子理论，他们将分子取向参数 S 定义为

$$S=\langle P_2(\cos\delta)\rangle, \tag{6.53}$$

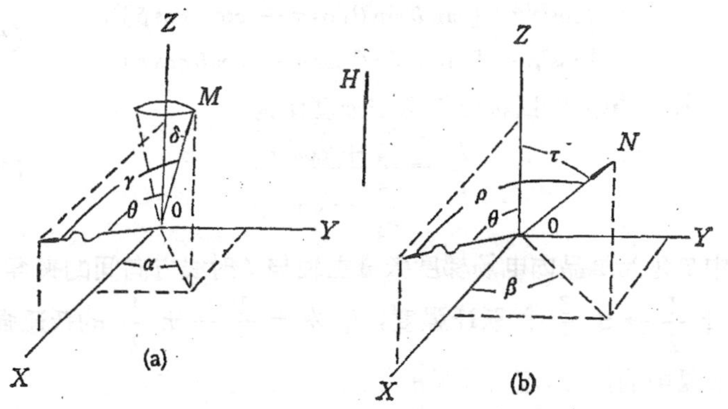

图 6.58 以外场方向为 Z 轴，XOZ 平面通过 γ 射线. (a) 分子取向的角度关系，OM 为分子取向方向；(b) 液晶基体(近晶H相)的层面法线的角度关系，ON 为层面法线方向.

其中 $P_2(x)=\frac{1}{2}(3x^2-1)$ 为勒让德二次多项式. 显然，按这样的序参数定义，若为完全有序则可得 $S=1$，若为完全无序，则 $S=0$，为一各向同性液体. 为了求平均值，可以写出分子取向角 δ 的分布 F

$$F=Ce^{-\frac{q}{k_BT}\sin^2\delta} \tag{6.54}$$

其中 C 为常数，k_B 为玻耳兹曼常数，T 为绝对温度，q 为用来描写取向程度的参数. 利用式(6.54)可求得取向序参数为

$$S=\frac{\int_0^\pi \frac{1}{2}(3\cos^2\delta-1)\,e^{-\frac{q}{k_BT}\sin^2\delta}\sin\delta d\delta}{\int_0^\pi e^{-\frac{q}{k_BT}\sin^2\delta}\sin\delta d\delta}. \tag{6.55}$$

另外，无反冲因数 f 取决于分子贡献 f_M 及点阵贡献 f_L，故可写成下式：

$$f(\gamma,\rho)=f_M(\gamma)\cdot f_L(\rho)=Be^{-\varepsilon_M\cos^2\gamma}e^{-\varepsilon_L\cos^2\rho}, \tag{6.56}$$

其中 B 为常数参量 ε_M 和 ε_L 分别为分子和点阵对核振动各向异性的贡献.

γ 与 ρ 依赖于 θ 角，有如下关系：

$$\begin{cases}\cos^2\gamma = [\sin\delta\sin\theta\cos\alpha + \cos\theta\cos\delta]^2, \\ \cos^2\rho = [\sin\tau\sin\theta\cos\beta + \cos\theta\cos\tau]^2.\end{cases} \tag{6.57}$$

另外，单晶的四极分裂双线强度比为

$$\frac{I_\pi}{I_\sigma} = \frac{1 + \cos^2\varphi}{\frac{5}{3} - \cos^2\varphi}, \tag{6.58}$$

其中φ角为单晶内电场梯度张量主轴与γ射线方向间的夹角，I_π为$\pm\frac{1}{2}\to\pm\frac{3}{2}$的跃迁强度，$I_\sigma$为$\pm\frac{1}{2}\to\pm\frac{1}{2}$的跃迁强度．对液晶中的探针，应将单晶的结果对$\delta,\alpha$及$\beta$角求平均。以近晶H相为例，$\tau = 0$．

$$\begin{aligned}\frac{I_\pi}{I_\sigma} = &\left[\int_0^{2\pi}\int_0^{2\pi}\int_0^{\pi}(1+\cos^2\gamma)e^{-\varepsilon_M\cos^2\gamma}\times e^{-\varepsilon_L\cos^2\rho}\times e^{-\frac{q}{k_BT}\sin^2\delta}\right.\\ &\left.\times\sin\delta d\delta d\alpha d\beta\right]\Big/\left[\int_0^{2\pi}\int_0^{2\pi}\int_0^{\pi}\left(\frac{5}{3}-\cos^2\gamma\right)e^{-\varepsilon_M\cos^2\gamma}\right.\\ &\left.\times e^{-\varepsilon_L\cos^2\rho}e^{-\frac{q}{k_BT}\sin^2\delta}\sin\delta d\delta d\alpha d\beta\right]\\ = &\left\{\int_0^{2\pi}\int_0^{\pi}\left[1+\frac{3\cos^2\gamma-1}{4}\right]e^{-\varepsilon_M\cos^2\gamma}\times e^{-\frac{q}{k_BT}\sin^2\delta}\right.\\ &\left.\times\sin\delta d\delta d\alpha\right\}\Big/\left\{\int_0^{2\pi}\int_0^{\pi}\left[1-\frac{3\cos^2\gamma-1}{4}\right]\right.\\ &\left.\times e^{-\varepsilon_M\cos^2\gamma}\times e^{-\frac{q}{k_BT}\sin^2\delta}\sin\delta d\delta d\alpha\right\}.\end{aligned} \tag{6.59}$$

由上式可知，四极分裂双线强度比$\frac{I_\pi}{I_\sigma}$与ε_L无关，只与$\theta, q/k_BT$，及ε_M有关。因此，如果能沿不同的实验角θ测出四极分裂双线强度比$\frac{I_\pi}{I_\sigma}$，则可由式(6.59)拟合出ε_M及q/k_BT．ε_M直接描述了分子对核振动各向异性的贡献$\left(\text{因为 } \varepsilon_M = \frac{\langle x_\parallel^2\rangle - \langle x_\perp^2\rangle}{\lambda^2}\right.$，式中分子为平行与垂直方向上的核振动振幅方均值之差，分母为波长的平方$\left.\right)$．根据q/k_BT，通过式(6.55)，可计算出分子取向的序参数S．如果我们认定序参数为正值，即溶质分子应平行于液晶分子取

向而不是垂直于它取向。这样在保证所得的 S 为正的条件下可以定出 π 及 σ 跃迁线，从而定出溶质分子的 v_{zz} 的符号。这对测定分子 v_{zz} 的符号提供了一种简便的常规检查方法。如果溶质分子中穆斯堡尔核处于非轴对称的位置，则理论中应计及不对称参数 η，因而可以得到不对称参数 $\eta=\frac{v_{xx}-v_{yy}}{v_{zz}}$ 的信息。

不仅 $\frac{I_\pi}{I_\sigma}$ 依赖于 θ，f 也与 θ 有关。我们可以选择某些 ^{57}Fe 和 ^{119}Sn 核的四方对称分子，例如三甲基锡苄叉-4′-正丁基苯胺(trimethyltinbenzylidene-4′-*n*-butylaniline，简称为 3MeSnBBA)，其中锡原子处于分子中的四方对称位置，因而没有电四极分裂，也就是 $v_{zz}=0$，$\varepsilon_M=0$，如此测量各实验角 θ 对应的无反冲因数 f，利用式(6.56)可得

$$\frac{f(\theta,\tau)}{f(0,\tau)}=\frac{\int_0^{2\pi}e^{-\varepsilon_L[\sin\tau\sin\theta\cos\beta+\cos\theta\cos\tau]^2}d\theta}{2\pi e^{-\varepsilon_L\cos^2\tau}}. \tag{6.60}$$

因为 $\varepsilon_L\cos^2\rho$ 与 δ 及 α 无关，故分子及分母对 δ，α 平均的积分式相同，可以消去。由此可见，比值 $\frac{f(\theta,\tau)}{f(0,\tau)}$ 只与参数 ε_L 与 τ 有关，若将所测得的不同 θ 角对应的 $\frac{f(\theta,\tau)}{f(0,\tau)}$ 值按式(6.60)拟合，可求得 ε_L 及 τ。ε_L 直接描述了液晶点阵对核振动各向异性的贡献。τ 是液晶层面法线与择优取向间的倾斜角。

将 3.5% 的三乙基棕榈酸锡 (triethyltinpalmitate，简称 3Et-SnPalm) 作为溶质，溶于液晶 HBPA 中，以 $BaSnO_3$ 为源，在不同实验角 θ 测定穆斯堡尔谱，其中 θ 为外磁场与 γ 射线方向间的夹角，外磁场为 0.9T，测谱时可移去。图 6.59 示出 77K 温度 T 所测得的 $\theta=0°$ 及 $\theta=90°$ 的两个谱。此时 HBPA 为近晶 H 相。实线为拟合结果。将不同 θ 角测出的四极分裂双线强度比 $\frac{A_\pi}{A_\sigma}$ 与 θ 的关系按式(5.59)拟合，结果见图 6.60。拟合出参数 $\varepsilon_M=-0.80$，$q/k_BT=1.15$。根据式(6.55)计算出分子取向序参数

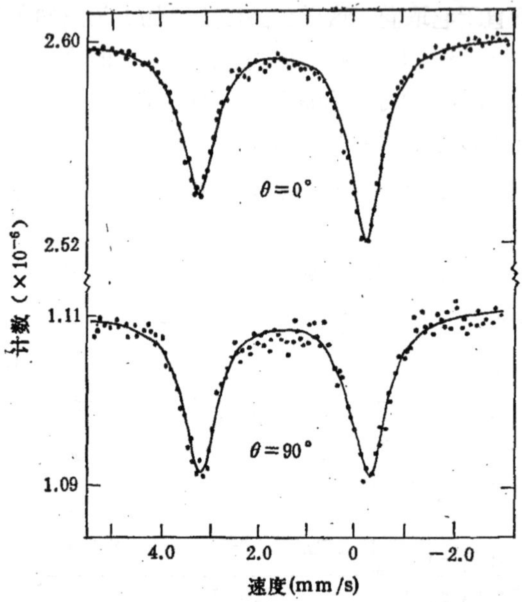

图 6.59　源为 $BaSnO_3$，吸收体 3EtSnPalm 溶质在 HBPA 液晶中的 77K 穆斯堡尔谱，θ 为 γ 射线与外场的夹角.

$S=0.17$．在以 S 为正值的条件下，可标定出 A_π 在负速度，A_σ 在正速度，因而 $ev_{zz}Q$ 为负值，然而 ^{119}Sn 的 $I=\frac{3}{2}$ 激发态中核四极矩 Q 为负，最后推出 v_{zz} 为正值．这就是说 3EtSnPalm 分子具有扁球状静电荷分布．

将四方对称的 3MeSnBBA 作为溶质，溶解到液晶 HBPA 中，在不同的 θ 角测出的穆斯堡尔谱均为单线谱．比较无反冲因数 $\frac{f(\theta,\tau)}{f(0,\tau)}$，按式(6.60)拟合出 ε_L 及 τ．

更有意义的工作是测定无反冲因数与温度的关系 $f(T)$．以 1-1′-二乙酰基二茂络铁（1-1′-diacetylferrocene，简称 DAF）为溶质，溶于 HBPA 液晶中．在固态与液晶态所测得的穆斯堡尔谱的无反冲因数与温度的关系如图 6.61 所示．高温下，按德拜模型得出的理论公式为

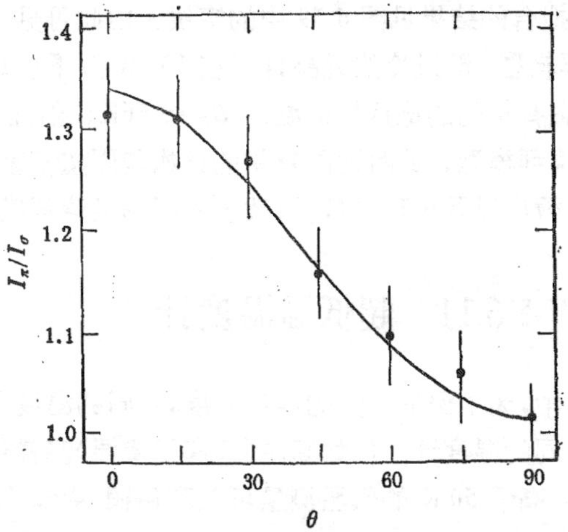

图 6.60　与图 6.59 示出的相同实验条件，不同实验角 θ 测得的四极分裂双线强度比 I_π/I_σ 与 θ 的关系. 实线为按式 (6.59) 拟合出的曲线，拟合参数 $\varepsilon_M=-0.80$，$q/k_BT=1.15$，因而得序参数 $S=0.17$.

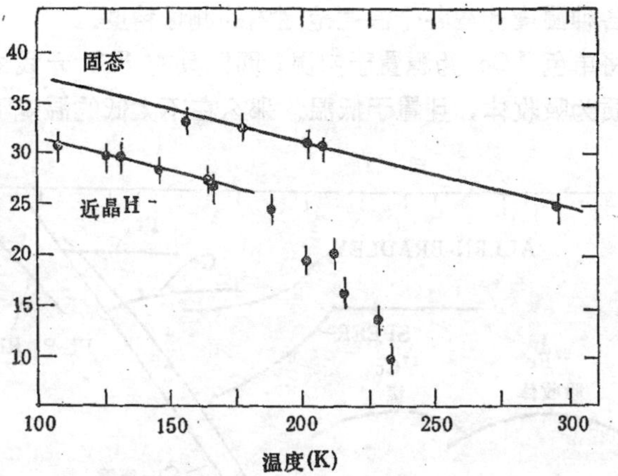

图 6.61　lnf 与温度 T 的关系. 实线为按式(6.61)拟合出的直线，对固态及近晶H相均拟合出 $\theta_D=66\text{K}$，超过 150K，近晶H相明显偏离德拜模型.

$$\ln f=-\frac{6E_R}{k_B\theta_D}\left(\frac{1}{4}+\frac{T}{\theta_D}\right). \tag{6.61}$$

根据式（6.61）拟合的结果见图6.59中的实线．由此可见，固态HBPA满足德拜模型，而过冷的近晶H相在150 K以下满足德拜模型，并且与固态有相同的德拜特征温度 $\theta_D=66\mathrm{K}$，然而在150 K以上，则偏离德拜模型，此时近晶H相的结构与固态相差较大，可能发生非简谐效应以及出现扩散，以致于不再满足德拜模型．

§6.11 超低温温度计

在温度测量中，为了保证一定的测量精度，不同的温度范围内的测量需要用不同的温度计．例如高温（远高于室温）测量可利用铂-铂铑热电偶．高于50 K的低温测量可以利用铜-康铜或金-铜热电偶．低于50 K，一般要用铂电阻或锗电阻来测量．然而，低于20 K，则需用碳电阻来测量．在超低温技术中往往需要测量几个 mK 的温度，在这个温度范围内，上述几种方法都不行了．穆斯堡尔效应能提供一种在超低温范围内的精确测量[152–154]．图6.62示出各种温度计在各个温度范围内的测量精度．

如果将单色 ^{57}Co 为源置于室温，而以具有 ^{57}Fe 六线结构的铁磁性物质为吸收体，且置于低温．那么在不太低的温度下测得

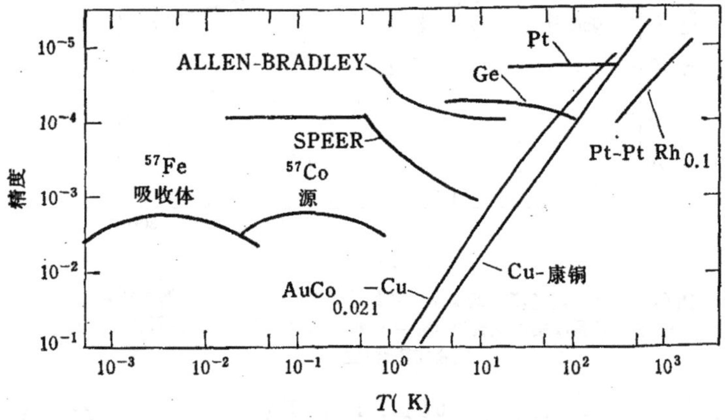

图6.62 各种温度计在各种温度范围内的测量精度．

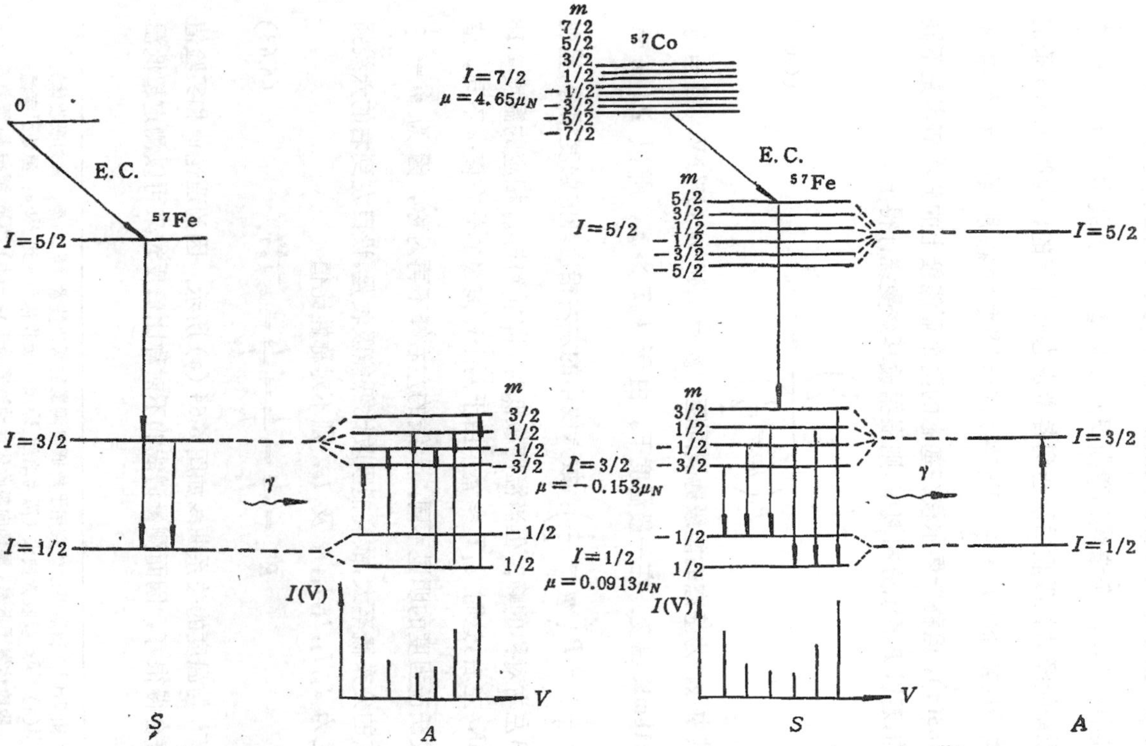
0
E. C.
^{57}Fe
$I=5/2$
$I=3/2$
$I=1/2$
γ
m
3/2
1/2
−1/2
−3/2
−1/2
1/2
I(V)
V
S
A
m
7/2
5/2
3/2
1/2
−1/2
−3/2
−5/2
−7/2
^{57}Co
$I=7/2$
$\mu=4.65\mu_N$
E. C.
^{57}Fe
m
5/2
3/2
1/2
−1/2
−3/2
−5/2
$I=5/2$
m
3/2
1/2
−1/2
−3/2
$I=3/2$
$\mu=-0.153\mu_N$
−1/2
1/2
$I=1/2$
$\mu=0.0913\mu_N$
I(V)
V
S
γ
$I=5/2$
$I=3/2$
$I=1/2$
A

(a)　　　　　　　　(b)

的穆斯堡尔谱为对称的六线谱．谱线的强度比为3:2:1:1:2:3．其中第1,2,3条谱线为穆斯堡尔核从基态二分裂中的 $m=-\frac{1}{2}$ 亚能级经共振吸收后跃迁到各激发态所引起的；而第4,5,6条谱线为从基态 $m=\frac{1}{2}$ 亚能级跃迁到各激发态所致．可参看图6.63(a)，但穆斯堡尔核在基态的两个亚能级上的分布概率是不同的，若以 P 表示分布概率，则根据玻耳兹曼统计得出

$$\frac{P\left(m=-\frac{1}{2}\right)}{P\left(m=\frac{1}{2}\right)}=e^{-\frac{g_0}{k_B T}}, \tag{6.62}$$

其中 g_0 为基态的能级劈裂间距，$g_0=1.88\times10^{-7}\,\mathrm{eV}$，相当于2.18mK温度．在一般温度下，由于 $k_BT\gg g_0$，所以 $P\left(m=-\frac{1}{2}\right)=P\left(m=\frac{1}{2}\right)$，故六线中的左右相应峰的强度相等，显现出左右对称的峰．但当温度极低时，即低到与 g_0 相应的温度2.18 mK左右，这时 $k_BT\approx g_0$，由于两个亚能级的分布概率不同，造成跃迁强度的明显不同．六线的左右峰不再对称，因为 $m=\frac{1}{2}$ 核的分布概率大，故高能吸收比低能吸收强，设自左到右的六线强度为 I_1,I_2,I_3,I_4,I_5 及 I_6，则不对称性比值

$$R^{-1}=\frac{I_1}{I_6}=\frac{I_2}{I_5}=\frac{I_3}{I_4}=e^{-\frac{g_0}{k_B T}}. \tag{6.63}$$

R^{-1} 与温度的关系曲线如图6.64(a)所示．因为理论值和实验值符合得很好，因而测量谱线的不对称比值反过来可以测定超低温

图6.63 穆斯堡尔效应用于超低温测量的两种技术（S 为源，A 为吸收体）．(a) ^{57}Fe 吸收体技术（源为单线 ^{57}Co，吸收体为6线 ^{57}Fe，源处于室温，吸收体置于低温，源朝向吸收体运动速度为正）；(b) ^{57}Co 源技术（源为6线 ^{57}Co，吸收体为单线 ^{57}Fe，源置于低温，吸收体置于室温，吸收体背向源运动的速度为正）．

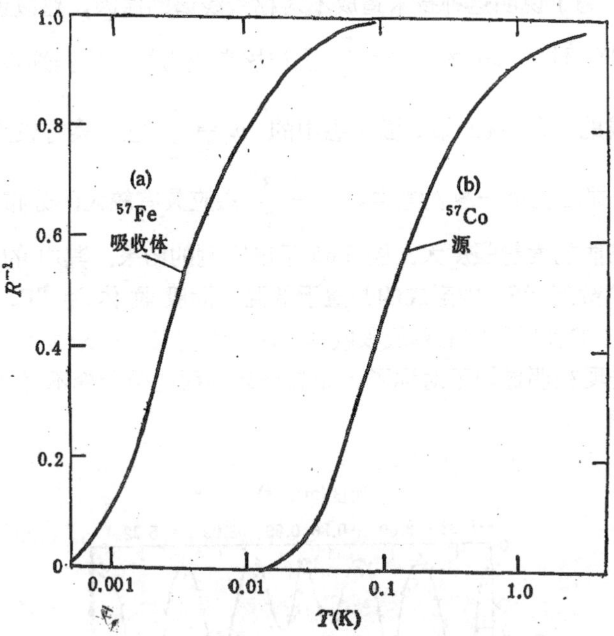

图 6.64　不对称性比 R^{-1} 与温度 T 的关系.

(a) ^{57}Fe 吸收体技术 $R^{-1}=\frac{I_1}{I_6}=\frac{I_2}{I_5}=\frac{I_3}{I_4}$;

(b) ^{57}Co 源技术 $R^{-1}=\frac{I_1}{I_6}$.

范围内的温度。从曲线中可以看出，这种 ^{57}Fe 吸收体技术可测量的温度范围为 0.7 到 40mK。

如果要测量超低温范围中较高的温度，可以选用 ^{57}Co 源技术，即将 ^{57}Co 通过扩散方法掺入 ^{56}Fe 中，形成六线源置于低温，而将单线的 ^{57}Fe 吸收体置于室温，如此来分析 14.4 keV 的谱，如图6.63 (b) 所示．所以这样做是因为 ^{57}Co 的核磁矩比 ^{57}Fe 的核磁矩要大 50 倍，从图中可看到，^{57}Co 在 ^{56}Fe 中磁分裂为七个亚能级，由于 ^{57}Co 的较大的核磁矩，因而亚能级分裂裂距也大．这样一来，由核能级的分布概率不同，引起谱线不对称的相应温度也就愈大．为了说明这种技术造成不对称六线谱的原因，可以设想在 $T=0\mathrm{K}$ 时，^{57}Co 的 $m=\frac{7}{2}$ 态被核完全占据．根据选择定则，蜕变成的 ^{57}Fe 核的第二激发态中的 $m=\frac{5}{2}$ 态应具有较大分布概率，同理在第一激发态中，$m=\frac{3}{2}$ 态应具有较大的分布概率，因而高能的发射强度大．图 6.65 示出实测的结果．其中的源为 ^{57}Co 扩散到 ^{56}Fe 中形成的并置于低温．而吸收体为 ^{57}Fe 镀在 Ti 上经扩散后制成的单线吸收体，并置于室温．原来常温下是对称的谱现在明显地不对称了，尤其是最外面的两个峰不对称性最为显著．

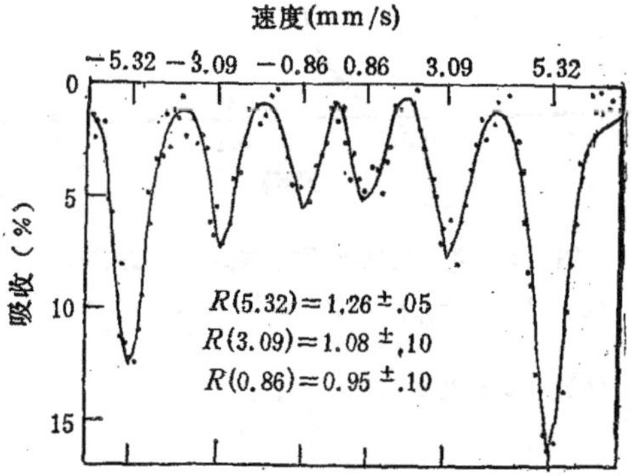

图 6.65　^{57}Co 源技术实测的穆斯堡尔谱．^{57}Co-^{56}Fe 源置于 0.3K 温度，单线吸收体置于室温，$R=\frac{I_6}{I_1}$．

令 $I(v,T)$ 为速度 v、温度 T 时的吸收强度，则不对称性比值可定义为

$$R=\frac{I(v,T)}{I(-v,T)}. \tag{6.64}$$

如果同时考虑跃迁概率和玻耳兹曼统计，将克莱布希-高尔顿系数矩阵表达式及玻耳兹曼统计的温度指数项展开到二级，可以得

到[153]

$$\begin{cases} R(5.32) = 1 + 5.4\xi/T + 14.58(\xi/T)^2, \\ R(3.09) = 1 + 1.8\xi/T + 1.62(\xi/T)^2, \\ R(0.86) = 1 - 1.8\xi/T + 1.62(\xi/T)^2, \end{cases} \tag{6.65}$$

其中 ξ 为 ^{57}Co 在 ^{56}Fe 点阵中等效劈裂温度，如果由实验测出 R，从方程组 (6.65) 中第二、三方程联立解出 ξ 和 T，再代入第一方程，计算出 R，则与实测值 $R(5.32)$ 符合得极好．这证明了理论的正确性．因此，利用式(6.65)显然可以由实验测定的 R 推算出温度 T，其中可调参数 ξ 可用液 ^3He 蒸气压温度计标定，也可以用核磁共振测出内场绝对定标 ξ 值．

若令 $R^{-1} = \dfrac{1}{R(5.32)}$，即比较最外的两个峰的不对称性，则测出的 R^{-1} 与温度 T 的关系曲线如图 6.64 (b) 中所示，将曲线(b)与曲线(a)比较，可以看到，后者比前者的测量温度范围高．可见，^{57}Co 源技术作为温度计，如果强度测量能保证在 1% 的精度，则其可使用的测量温度范围为 0.03～1 K．

§6.12 进展情况*

穆斯堡尔谱学在物理学中的应用越来越广，而且应用的深度、广度、创新、开拓不断发展，在此因篇幅限制不能一一介绍，只能选择其中少数领域的进展情况［如高临界温度超导氧化物、表面、界面、离子注入、扩散、快离子导体和佩尔斯 (Peierls) 相变等］进行论述．

寻找临界温度 (T_c) 高的超导物质，一直是物理学家和材料科学工作者的探索范围．从 1986 年起在氧化物超导体方面更是掀起了追求高 T_c 的热潮．在 1991 年 Rowell, Sleight, Jorgensen, Batlogg, Anderson 和 Schrieffer, Simon, Larbalestier 等[161] 对

---

* 本节为马如璋所撰写．

氧化物超导体在5年来的研究概况，合成，缺陷与超导电性的关系，物理性质，超导体的理论问题，在磁体上的应用，薄膜的电子器件诸方面分别作了总结性论述．我国的学者在这方面作出了卓越的成绩，如赵忠贤等1986年底在 Sr-La-Cu-O 系统中观察到了起始转变温度为48.6 K 的超导转变[162]，在1987年2月观察到 Y-Ba-Cu-O 的抗磁性在93 K 出现[163]；北京大学的研究者作出了一系列工作．

各种能够给出固体中局域性信息的实验方法都曾被用来研究高 T_c 超导氧化物．特别是超导电性对杂质元素的掺入非常敏感．杂质元素的分布，不同亚晶格晶位的占据概率，杂质元素的价态，原子的自旋状态、局域性的晶格振动态密度等都是超导氧化物的研究者感兴趣的问题．而在这些方面正是穆斯堡尔谱学可以发挥作用的地方，因之，国内外都广泛应用穆斯堡尔效应于超导氧化物的研究．

马如璋等[164]、夏思科等[165]、李阳、曹国辉等[166]用掺杂铁和锡的办法研究了 Y-Ba-Cu-O 和 Bi-Sr-Ca-Cu-O 系超导体的结构、杂质元素的占位和原子间结合力随温度的变化．他们发现，在从正常态向超导态转变的 T_c 以上的临近温度区间有晶格软化现象．他们曾用点电荷模型计算了半径为15 Å 的原子团中心的电场梯度，所得结果与实验测得的各晶位的四极分裂数值符合良好．金明芝等[167]运用 ^{151}Eu 研究了 Eu-Ba-Cu-O 系超导体，观察到随着测谱温度的变化 ^{151}Eu 的穆斯堡尔参数在 T_c 附近有反常变化，并认为氧空位沿 c 晶轴的分布在超导相变时发生突变．曾贻伟等对 $TlBaCa_3Cu_{3-x}Fe_xO_{8.5}$ 高温超导体作了研究，发现无反冲分数在超导转变温度附近有反常的变化．

国内外已发表的有关超导体的穆斯堡尔谱学研究论文有数百篇．Boolchand 和 McDaniel[168] 对高温超导体的穆斯堡尔谱学作了一个总结．在这个总结中，比较全面地论述了晶体结构、缺陷、掺杂金属的占位，磁性与超导电性，德拜-瓦勒因子与振动态密度．穆斯堡尔核素的运用也日趋多样化，除了最常见的 ^{57}Fe，^{119}Sn，

^{151}Eu 以外，也使用了其他多种核素。Felner 等[169]运用了 ^{155}Gd 和 ^{170}Yb, Seregin 等[170] 使用了 ^{133}Ba 和 ^{67}Cu(^{67}Zn), Osipyan[171] 使用了 ^{129}I, Mailybaev 等[172] 使用了 ^{197}Au, Kuzmann 等[173]在同一氧化物超导体中加入 ^{57}Fe, ^{119}Sn 和 ^{151}Eu 三种穆斯堡尔核素，并对各核素的信息与各自分别加入时的参数作了比较。关于晶格软化和杂质原子占位等的信息对于理解氧化物超导机制和导电面的确定提供了宝贵的实验依据。

关于多层膜和界面的工作甚多。Hosoito 等[174]研究了 Fe/Au 多层膜，在多原子层金之间夹单原子层的铁。根据铁的吸收谱可知，在 4.2K 以下，单层铁是铁磁性的，在 150K 以上为双线谱，在 4.2—150K 的二温度内为超精细场弛豫谱。 Gutierrez等[175]研究了用分子束外延法生长的 Fe(110)/[BCCNi] 和 Fe(110)/[BCCNi']. 得到的穆斯堡尔谱表明，它是由两组六线谱组成，分别代表界面上的铁和铁层内部的铁的亚谱，内层谱的超精细场比块体纯铁的超精细场稍大，而界面的则较块体的稍小，两谱亚谱的磁矩均在面内。

Ingemarsson 等[176]在 Si, SiO_2 或 Al_2O_3 基底上沉积 25 Å 的 ^{57}Fe 膜，然后再沉积 150 Å 的 ^{56}Fe 覆盖。用 20 MeV 的 Cl^{4+} 离子辐射，剂量为 10^{12} 到 10^{14} 离子/cm^2，然后在真空中于 450℃ 退火. 在各步骤中每完成一步时就测一次穆斯堡尔谱。结果表明，离子辐射引起了膜与基底之间的结合，附着力加强. Zabinski 等[177]细致研究了内界面上的化学活性。在室温把铁镀到定分单晶辉钼矿 (MoS_2) 或含有过剩硫和缺陷的辉钼矿上，控制不同层厚 (0.5, 1.0, 2.5nm)，然后在不同温度的高真空中退火。穆斯堡尔谱学的研究结果表明，在较低温度退火引起铁聚集成不连续的粒子和硫从辉钼矿进入铁层。在 923 K 退火，引起硫从铁中走回辉钼矿，而铁却运动到辉钼矿内，形成一层 $FeMo_2S_4$. 在 1123 K 退火，并不增加 $FeMo_2S_4$ 的分数. 结果说明，晶体中的缺陷提供扩散通路，使铁参与反应。基底辉钼矿若含有过量硫或较多缺陷（细晶粒）、反应加剧，形成较多的保持 MoS_2 晶体结构的 $FeMo_2S_4$. 过量硫存在引起硫化铁产生. 作者认为，他们的研究结果对催化和磨损研究是有价值的.

Sanchez-Sinencio 等[178]用穆斯堡尔谱学，俄歇谱，X射线衍射，光致发光和飞行时间技术研究了 CdTe 和 CdMTe(M = Fe, In, Sb) 薄膜. 在二极射频溅射系统中制样，阴极靶是用纯度为 99.999% CdTe 粉与一尺寸为 2mm×4mm 的增丰 ^{57}Fe 片一起压制而成. 基底为 Si 或 SiO_2. 利用 CEMS 法测谱. 基底温度选取了 55℃ 或 200℃. 所得结果表明，在晶格中的 Fe^{2+} 填入镉空位，它有四面体对称. 而 Fe^{3+} 则需要一些 Cd 近邻空位，以得到电中性. 基底为 55℃ 时，Fe^{2+} 占 72%，Fe^{3+} 占 28%；基底为 200℃时，Fe^{2+} 占 34%，而 Fe^{3+} 占 66%. 200℃ 退火对基底为 200℃的样品的穆斯堡尔参数无影响，而对基底为 55℃ 者影响小. 以上为对于 SiO_2 基底的拟谱结果. 对于 55℃ 时的 Si 基底样品，不但 Fe^{2+}/Fe^{3+} 的比例与前边的不同，而且出现一个可能是 γ-Fe 的单线组分. 而对于 200℃ 的 Si 基底样品，则只有 Fe^{3+}，没有 Fe^{2+} 和单线谱线.

在这里应提及，为了研究表面和内层，已有学者发展了同时测 CEMS, CXMS 和 TMS 的计数装置[179].

Quadakker 等[180]研究了对 Fe-20Cr-5Al 合金注入，发现氧化铍与基体的粘结更为牢固. 吴美珍等[181]把 N^+ 注入 GCr 15 钢，用 CEMS, AES 和 XPS 作了研究. 对显微硬度和耐磨性也作了测试. 结果发现，为了得到满意抗耐磨性，可注入剂量应达到 $5\times10^{17}N^+/cm^2$. 对注入层中的相分析表明，提高抗磨性的可能是非磁性的 ξ-Fe_2N 和 ε-$Fe_{2+x}(C,N)$.

Sepiol 等[182]研究了铁在多晶铍中的扩散. 在 1123—1423 K 温度范围内研究了 14.4 keV 谱线的展宽. 计算得出，激活能为 1.66(10)eV. 此值比用示踪法所得到的结果略高点.

Magara 等[183]研究了快离子导体 $Fe_{1.33}Te_2$ 中的扩散. 从室温至 1023 K 之间测谱，用谱线展宽法计算了扩散系数. 把结果与已知数据进行比较，认为此结果表示扩散是在 δ' 相 (即 ($Fe_{1.33}Te_2$)

中进行。换句话说，反应速度是由 Fe 在 δ' 相中的扩散控制的。Chevalier 等[184] 对准二维的 γ-Mo_4O_{11} 在 77—300 K 温度范围内测谱，得到四组双峰。在电荷密度波转变附近，观察到了同质异能移位反常，这归因于钼的德拜-瓦勒因数的减小。

参考文献

[1] P.V. Pound, G.A. Rebka, *Phys. Rev. Lett.*, **3**, 439(1959).

[2] T.Katla, K.J. Riski, *Phys. Lett.*, A83, 51(1981).

[3] S.L. Ruby, D.I. Belef, *Phys. Rev. Lett.*, **5**, 5(1960).

[4] J.Michory, D.I. Belef. Mössbauer Effect Methodology, ed. by I. Gruverman, **4**, 13(1968).

[5] G.J. Perlow, *Phys. Rev. Lett.*, **40**, 896(1978).

[6] J.E. Monahan, G.J. Pertow, *Phys. Rev.*, **A20**, 1499(1979).

[7] Zhang Gui-Lin, E.H. Dumarehie van Voorthuysen, H. dewaard, *Phys. Lett.*, A91, 417(1982).

[8] E.H. du Marchie Van Voorthuysen, G.L. Zhang, H. dewaard, *Hyperfine Interac.*, **15/16**, 1025 (1983).

[9] P. Helistö, T. Katila, W. Potzel, K. Riski, *Phys. Lett*, **A85**, 177(1981).

[10] O.C. Kistner, A.W. Sunyar, *Phys. Rev. Lett.*, **4**, 412(1960).

[11] P.Kienle, Proc. of the International Conference on Nuclear Structure, Tokyo(1968), Supplement to J.Phys. Soc. Japan, **24**, 207(1967).

[12] J. Meyer, J. Speth, *Phys. Letters*, **B39**, 330(1972); *Nucl. Phys.*, **A203**, 17(1973).

[13] S.G. Cohen, *Phys. Rev. Lett.*, **16**, 322(1966); D. Yeboah-Amankwah, *Phys. Rev. Lett.*, **18**, 791(1967); U. Atzmony, *Phys. Rev. Lett.*, **18**, 1061(1967); P. Steiner, *Phys. Lett.*, **B24**, 515(1967).

[14] S.S. Hanna, J. Heberle, C. Littlejohn, G.J. Perlow, D.H. Wincent, *Phys. Rev. Lett.*, **4**, 177(1960).

[15] C.M. Lederer, U.S. Shivley (Editors) Table of Isotopes, Appendix VII, Wiley (1978).

[16] A.Bohr, V.F. Weisskopf, *Phys. Rev.*, **77**, 94(1950).

[17] L. Grodzins, N. Blum, *Rev. Mod. Phys.*, **36**, 470(1964).

[18] G. Grecelius, S. Hufner, *Phys. Lett.*, **30**, 124(1969).

[19] G.J. Perlow, W. Henning, D. Olson, G.L. Goodman, *Phys. Rev. Lett.*, **23**, 680(1969).

[20] H.L. Lipkin, *Ann. Phys (N.Y.)*, **23**, 28(1963); ibid, **26**, 115(1964).

[21] W.M. Visscher, *Phys. Rev.*, **129**, 28(1963).

[22] A.A. Maradudin, P.A. Elinn, *Phys. Rev.*, **126**, 2059(1962); ibid, **129**, 2529(1963).

[23] R.V. Pound, G.A. Rebka, *Phys. Rev. Lett.*, **4**, 274(1960).

[24] W. Potzel, W. Adlassnig, U. Narger, Th. Obenkuber, K. Riski, G.

M. Kalvius, *Phys. Rev.*, **B30**, 4980(1984).
[25] C.P. Slichter, Principles of Magnetic Resonance, Harper and Row, 121(1963).
[26] F.Gonzales-Jimenes, P. Imbert, F. Hartmann-Boutron, *Phys. Rev.*, **B9**, 95(1974).
[27] B.T. Matthias, H. Suhl, E. Corenzwit, *Phys. Rev. Lett.*, **1**, 449(1958).
[28] L.P. Gorkov, A.J. Rusinov, *Sov. Phys-JETP*, **19**, 922(1964).
[29] R.D. Taylor, Low Temperature Physics, **2**, Plenum Press, 605(1973); Mössbauer Effect Methodology, **8**, Plenum Press, 73(1973).
[30] S.Roth, *Appl. Phys.*, **15**, 1(1978).
[31] J.O. Willis, *Phys. Rev.*, **B21**, 79(1980).
[32] M.K. Wu, J.R. Ashburn, C.V. Torng, P.H. Hor, R.L. Meng, L. Gao, Z.J. Huang, Y.Q. Wang, C.W. Chu, *Phys. Rev. Lett.*, **58**, 908(1987).
[33] U.Gonser, M.Ghafari, H.G. Wagner, J, *Mag. Mag. Mat.*, **8**,175(1978).
[34] U.Gonser, *J. Mag. Mag. Mat.*, **15—18**, 1355(1980).
[35] H.G. Wagner, M. Ghafari, U.Gonser, M.Naka, *J. de Phys. colloq.*, **41**, c8-199(1980).
[36] I.Vincze, D.S. Bourdreaux, M.Tegze, *Phys. Rev.*, **B19**, 4896(1979).
[37] T.Kemeny, I. Vincze, B. Fogarassy, S.Arajs, *Phys. Rev.*, **B20**, 476(1979).
[38] I.Vincze, T.Kemeny, S.Arajs, *Phys. Rev.*, **B21**, 937(1980).
[39] I. Vincze, F. van der Woude, J.Balogh, *J. de Phys. colloq.*, **41**, c1-257(1980).
[40] R.Oshima, F.E. Fujita, *Jap. J. Appl. Phys.*, **20**, 1(1981).
[41] G. Czjzek, J. Fink, F. Gotz, H. Schmidt, J.M.D. Coey, J. -P. Rebouillat, A.Lienard, *Phys. Rev.*, **B23**, 2513(1981).
[42] M. Friedt, M.Maurer, J.P. Sanchez, J. Durand, *J. Phys.*, **F12**, 821 (1982).
[43] M.Maurer, J.M. Friedt, J.P. Sanchez, *Nucl. Instrum. Methods*, **199**, 219(1982).
[44] G. Czjzek, D.Weschenfelder, V. Oestreich, H. Schmidt, A. Vaures, M.Maurer, *J. Non-Cryst. Solids*, **61—62**, 433(1984).
[45] G. Le Caer, J.M. Cadogan, R.A. Brand, J.M. Dubois, H.J. Guntherodt, *J. Phys.*, **F14**, 73(1984).
[46] S.M. Fries, H.G. Wagner, S.J. Campbell, U. Gonser, N. Blaes, P. Steiner, *J. Phys.*, **F15**, 1179(1985).
[47] M. Kopcewicz, H.G. Wagner, U.Gonser, *Hyp. Int.*, **27**, 413(1986).
[48] M. Eibschutz, M.E. Lines, H.S. Chen, *Phys. Rev.*, **B28**, 425(1983).
[49] M. Eibschutz, M.E. Lines, H.S. Chen, T.Masumoto, *J.Phys.*, **F14**, 505(1984).
[50] K.S. Baek, H.N. Ok, *Phys. Rev.*, **B28**, 5310(1083).
[51] A.K. Bhatnagar, R.Jagannathan, Metallic Glasses. Production, Properties and Applications T.R. Anantharaman ed., *Trans Tech Publications*, 89—114(1984).
[52] K.M. Unruch, C.L. Chien, *J. Non-Cryst. Solids*, **61—62**, 1409(1984).

[53] J.Chappert, *J. de Phys. colloq.*, **40**, c2-108(1979).
[54] J.P. Sanchez, M.Maurer, J.M. Friedt, Proc. of ICAME, Jaipur, 353 (1981).
[55] C.L. Chien, Nuclear and Electron Resonance Spectroscopies Applied to Materials Science (E.N. Kaufman and G.K. Shenoy eds.), North Holland, 157(1981).
[56] B.Bhanu, A.K. Bhatnagar, R.Jagannathan, *J.Appl. Phys.*, **54**, 2019(1983).
[57] C.L. Chien, *Phys. Rev.*, **B18**, 1003(1978).
[58] M.C. Lin, C.S. Severin, R.G. Barnes, C.W. Chen, *Phys. Rev.*, **B24**, 3719(1981).
[59] K. Handrich, *Phys. Stat. Sol.*, **32**, 55(1969).
[60] B.Bhanu Prasad, A.K. Bhatnagar, R. Jagannathan, *Solid State Commun.*, **36**, 661(1980).
[61] C.L. Chien, R. Hasegawa, *Phys. Rev.*, **B16**, 3024(1977).
[62] A.K. Bhatnagar, B,Bhanu Prasad, N. Ravi, R. Jagannathan, T.R. Anantharaman, *Solid State Commun.*, **44**, 908(1982).
[63] N.Saegusa, A.H. Morrish, *Phys. Rev.*, **B26**, 10(1982).
[64] C.L. Chien, R.Hasegawa, *Phys. Rev.*, **B16**, 2115(1977); *J.Appl. Phys.*, **49**, 1721(1978).
[65] J.Chappert, Mossbauer Effect L.S. Kothari, T.S. Baijal, S.P. Tewari eds., Academic Publications, India, 104(1984).
[66] J.Azoulay, J.Ley, *Sol. St. Commun.*, **31**, 134(1979); G.Guntherrodt, N.J. Shevchik, *AIP Conf. Proc.*, **29**, 174(1975).
[67] L.J. Tao, S. Kirkpatrick, R.J. Gambino, J.J. Cuomo, *Sol. St. Commun.*, **13**, 1491(1973).
[68] J.M.D. Coey, *J.Appl. Phys.*, **49**, 1646(1978); J.M.D. Coey, P.W. Readman, *Nature*, **246**, 476(1973).
[69] J.M.D. Coey, J.Chappert, J.P.Rebouillat, T.S. Wang, *Phys. Rev. Letters*, **36**, 1061(1976).
[70] J. Chappert, R.Arrese-Boggiano, J.M.D.Coey, *J. Mag. Mag. Mat.*, **7**, 175(1978).
[71] J. Chappert, J.M.D. Coey, A. Lienard, J.P. Rebouillat, *J. Phys.* **F 11**, 2727(1981).
[72] J.M.D. Coey, D.H. Ryan, Yu Boliang, *J. Appl. Phys.*, **55**, 1800(1984).
[73] J.M.D. Coey, D.H. Ryan, D. Gignoux, A. Lienard, J.P. Rebouillat, *J.Apll. Phys.*, **53**, 7804(1982).
[74] J.P. Rebouillat, A. Lienard, J.M.D. Coey, R. Arrese-Boggiano, J. Chappert, *Physica*, **86/88B**, 773(1977).
[75] R.Arrese-Boggiano, J.Chappert, J.M.D. Coey, A. Lienard, J.P. Rebouillat, *J. de Phys. colloq.*, **37**, c6-771(1976).
[76] K.S. Singwi, A. Sjölander, *Phys. Rev.*, **120**, 1093(1960).
[77] D.ST.P. Bunbury. S.A. Elliott, H.E. Hall, J.M. Williams, *Phys. Letters*, **6**, 34(1963).
[78] P.P. Craig, N. Sutton, *Phys. Rev. Letters*, **11**, 460(1963).

[79] A.Abras, J.G. Mullen, *Phys. Rev.*, **A6**, 2343(1972).
[80] K.P. Singh, J.G. Mullen, *Phys. Rev.*, **A6**, 3254(1972).
[81] S.I. Ruby, J.C. Love, P.A. Elinn, B.J. Zabransky, *Appl. Phys. Letters*, **27**, 320(1975).
[82] T.Bonchev, et al., *Sov. Phys. JETP*, **23**, 42(1965).
[83] J.H. Jensen, *Phys. Kondens. Mater*, **13** 223(1971).
[84] V.G. Bhide, R. Sundaram, H.C. Bhasin, *Phys. Rev.*, **B3**, 673(1971).
[85] V.G. Bhide, M.C. Kandpal, *Phys. Rev.*, **B20**, 85(1979).
[86] R.C. Knauer, J.G. Mullen, *Phys. Rev.*, **174**, 711(1968).
[87] R.C. Knauer, J.G. Mullen, *Appl. Phys. Letters*, **13**, 150(1968).
[88] J.G. Mullen, R.G. Knauer, Mössbauer Effect Methodology, Plenum Press, 197(1969).
[89] S.J. Lewis, P.A. Elinn, *Appl. Phys. Letters*, **15**, 331(1969).
[90] P.M. Valov, et al., *J. Solid State Chem.*, **1**, 215(1970).
[91] N.N. Greenwood, A.T. Howe, Reactivity of Solids, Chapman and Hall, London, 240(1972).
[92] N.N. Greenwood, A.T. Howe, *J. Chem. Soc. Dalton Trans*, **1**,122 (1972).
[93] A.Anand, J.G. Mullen, *Phys. Rev.*, **E8**, 3112(1973).
[94] S.J. Lewis, P.A. Flinn, *Phil. Mag.*, **26**, 977(1972).
[95] K.Sorensen, G. Trumpy, *Phys. Rev.*, **B7**, 1791(1973).
[96] R.Lindsey, *Phys. Stat, Sol.*, (**b**)**75**, 583(1976).
[97] A.T. Howe, T.Tsusi, *J. Sol. State Chem.*, **21**, 91(1977).
[98] S. Asenow, T.Ruskov, T.Tomov, I. Spirov, *Phys. Letters*, **79A**, 349 (1980).
[99] J.G. Mullen, *Phys Letters*, **A79**, 457(1980).
[100] J.G. Mullen, J. Stevenson, *Nucl. Instrum. Methods*, **153**, 77(1978).
[101] M.A. Krivoglas, S.P. Repetski, *Sov. Phys. Solid State*, **8**, 2325(1967); *Phys. Met. Metallogr USSR*, **32**, 899(1971).
[102] R.C. Knauer, *Phys. Rev.*, **B3**, 567(1971).
[103] M.C. Dibar-Ure, P.A. Flinn, *Appl. Phys. Letters*, **23**, 587(1973).
[104] S. Dattagupta, *Phys. Rev.*, **B12**, 47(1975); **B14**, 1329(1976).
[105] M.C. Dibar-Ure, P.A. Flinn, *Phys. Rev.*, **B15**, 1261(1977).
[106] D.Wolf, *Appl Phys. Letters*, **30**, 617(1977).
[107] Ch. Janot, *J. de Phys. Paris*, **37**, 253(1976).
[108] A.T. Howe, G.J. Morgan, *J.Phys.*, **C9**, 4463(1976).
[109] O. Bender, K. Schroeder, *Phys. Rev.*, **B19**, 3399(1979).
[110] R. Preston, N. Blaes, U. Gonser, *Z. Phys. Chem.*, **115**, 187(1979).
[111] J.G. Mullen, *Phys. Rev.*, **124**, 1723(1961).
[112] J.G. Mullen, Mössbauer Effect, eds. L.S. Kothari, J.S. Baijal, S.P. Tewari, Academic Rublications, India, 37—57(1984).
[113] J.Friedel, *Can. J. Phys.*, **34**, 1190(1956).
[114] P.W. Anderson, *Phys. Rev.*, **124**, 41(1961).
[115] J. Kondo, *Solid State Physics*, **23**, 184(1969).
[116] M.A. Ruderman, C. Kittel, *Phys. Rev.*, **96**, 99(1954).

[117] T. Kasuya, *Prog. Theor. Phys.*, **16**, 45(1956).
[118] K. Yosida, *Phys. Rev.*, **106**, 893(1957).
[119] J.S. Kouvel, *J.Phys. Chem. Solids*, **21**, 57(1961).
[120] V. Cannella, J.A. Mydosh, *Phys. Rev.*, **B6**, 4220(1972).
[121] B.R. Coles, P.W. Anderson Mater. Res. Bull., **5**, 549(1970).
[122] S.F. Edwards, P.W. Anderson, *J.Phys.*, **F5**, 965(1975).
[123] C.E. Violet, R.J. Borg, *Phys. Rev.*, **149**, 540(1966); **162**, 608(1967).
[124] M.S. Ridout, *J.Phys.*, **C2**, 1258(1969).
[125] B.Window, *Phys. Rev.*, **B6**, 2013(1972).
[126] G. Chandra, J.Ray, *J. de Phys.*, **39**, Coll, LT15 C6-914(1978).
[127] H.G. Wagner, U. Gonser, *J. Magn. Magn. Mat.*, **31—34**, 1343(1983).
[128] C.Meyer, F. Hartmann-Boutron, Y.Gros, I.A. Campbell, *J.Magn. Magn. Mat.*, **46**, 254(1985).
[129] G.Le Caer, J.M. Dubois, *J. Phys.*, **E12**, 1083(1979).
[130] A.Z. Menchikov, A. Chamberod, J.L. Tholence, *Solid State Commun.*, **51**, 433(1984).
[131] D. Firorani, Viticoli, J.L. Dormann, J.L. Tholence, A.P. Murani, *Phys. Rev.*, **B30**, 2776(1984).
[132] E.Gurewitz, U. Atznony, *Phys. Rev.*, **B26**, 6093(1982).
[133] R.C. Hanshalter, C.J. O'Connor, A.M. Umarji, G.K. Shenoy, C.K. Saw, *Solid. State Commun.*, **49**, 929(1984).
[134] J.P. Sanchez, J.M. Friedt, R. Horne, A.J. van Duyneveldt, *J. Phys.*, **C17**, 127(1984).
[135] T. Bauerman, MMAbd-Elmeguid, J.P. Sanchez, T.Takabatake, H. Michlitz, *J. Phys.*, **C16**, 6435(1983).
[136] B.R. Coles, B.V.B. Sarkissian, R.H. Taylor, *Phil. Mag.*, **B37**, 489(1978).
[137] J.Lauer, W. Kenne, *Phys. Rev. Lett.*, **48**, 1850(1982).
[138] I.A. Campbell, S.Senoussi, F. Varret, J.Teillet, A. Hamzic, *Phys. Rev. Lett.*, **50**, 1615(1983).
[139] S. Tsuge, Y. Nakai, N. Kunitomi, *Solid State Commun.*, **52**, 821(1984).
[140] S.M. Dubiel, Ch. Sauer, W. Zinn, *Phys. Rev.*, **B31**, 1643(1985).
[141] R.A. Rrand, H. Georges-Gibert, J. Hubsch, J.A. Heller, *J. Phys.*, **F15**, 1987(1985).
[142] J.Lauer, W. Kenne, *PRL*, **48**, 1850(1982).
[143] Tricker et al., *Nucl. Instrum. Methods*, A135, 117(1976).
[144] Swartzendruber, Bennett, *Scripta Met.*, **6**, 737(1972).
[145] S.Nasu, U. Gonser, *J. Phys(Paris), Colloq.*, **8**, 199(1980).
[146] U. Gouser, H.G. Wagner, *Hyperfine Interaction*, **24—26**, 769(1985).
[147] S.Bukshpan, T.Sonnino, J.G. Dash, *Surf. Sci.*, **52**, 466(1975).
[148] W.Keune, R.Halbauer, U. Gonser, J. Lauer, *J. Appl. Phys.*, **48**, 2976 (1977).
[149] H.M. Gager, J.F. Lefelhocz, M.C. Hobson, *Chem. Phys. Lett.*, **23**, 386(1973).
[150] W.Maier, A. Saupe, *Zeits. fur Naturfors*, A14, 882(1959).

[151] D.L. Uhrich, R.E. Detjen. Mössbauer Effect Methodology, **8**, ed. by I.J. Gruverman, 175(1973).
[152] J.G. Dash, R.D. Taylor, P.P. Craig, D.E. Nagle, D.R.F. Cochran, W.E. Keller, *Phys. Rev. Lett.*, **5**, 152(1960).
[153] J.G. Dash, R.D. Taylor, D.E. Nagle, P.P. Craig, W.M. Visscher, *Phys. Rev.*, **122**, 1116(1961).
[154] W.A. Steyert, M.D.Daybell, Mössbauer Effect Methodology, ed. by I.J. Gruverman, **4**, 3(1968).
[155] L.N. Lieberman, D.R. Fredkin, H.B. Shore, *Phys. Rev. Lett.*, **22**, 539(1969).
[156] T. Shinjo, S. Hine, T. Takada, Proc. Int. Vac. Congr., 7th and Int. Conf. Solid Surf. 3rd, Vienna, 2655(1977).
[157] N. Sano, H. Kato, M. Nakayama, S. Chiba, H. Terauchi, *Jpn. J. Appl. Phys.*, **23**, 640(1984).
[158] T.Shinjo, *Hyperfine Interactions*, **27**, 193(1986).
[159] P.G. de Gennes, The Physics of Liquid Crystals, Clarendon Press, Oxford (1974).
[160] E.B. Priestley, P.J. Wojtowizz, P. Sheng (eds), Introduction to Liquid Crystals, Plenum, New York(1975).
[161] J. Rowell, W. Sleight, Arthur, D. Jorgensen, James, Bertram Batlogg, W.Anderson, Philip, Robert Schrieffer, Randy Simon, David Larbalestier, *Physics Today*, **6**, 22, 24, 34, 44, 64, 74(1991).
[162] 赵忠贤、陈立泉、崔长庚、黄玉珍、刘锦湘、陈赓华、李山林、郭树权、何业冶，科学通报，**3**，177(1987).
[163] 赵忠贤、陈立泉、杨乾声，黄玉珍、陈赓华、唐汝明、刘贵荣、崔长庚、陈烈、王连忠、郭树权、李山林、华建清，科学通报，**6**，421(1987).
[164] Ma Ruzhang, Li Yang, Cao Guohui, Feng Yongrong, Li Weidong, *Solid State Commun.*, **75**, 53(1990).
[165] Xia Sike, Zhao Zhibo, Ma Ruzhang, *Solid State Commun.*,**70**,141(1989).
[166] Yang Li, Ruzhang Ma, Guohui Cao, *Physica*, **C177**, 36(1991).
[167] M.Z. Jin, et al., *Phys. Lett.*, **A148** 217(1990).
[168] P. Boolchand, D. McDaniel, Studies of High-Temperature Superconductors Ed. Anant V. Narlikar, **4**, Nova Science Publishers 143—198 (1990).
[169] I.Felner, I. Nowik, E.R. Bauminger, *Hyperfine Interactions*, **61**, 1035 (1990).
[170] P.P. Seregin, et al., Pis'ma Zh. Eksp., *Teor. Fiz.*, **5**, 593(1990); *Superconductivity*, **3**, 426(1990).
[171] Osipyan, Yu. A., *Physica*, **C171**, 311(1990).
[172] A.T. Mailybaev, E.F. Makarov, N.V. Kireev, B.G. Tsinoev, Izv. Akad Nauk SSSR, *Ser. Fiz.*, **54**, 1756(1990).
[173] E. Kuzmann, *Hyperfine Interaction*, **55**(1—4), 1337(1990).
[174] N. Hosoito, S. Ogawa, T. Shinjo, *Hyperfine Interactions*, **57**(1—4), 1865(1990).

[175] C.J. Gutierrez, M.D. Wieczorek, Z.Q. Qiu, H. Tang, J.C. Walker, *J. Magn. Magn. M.*, **93**, 369(1991).
[176] P.A. Ingemarsson, T. Ericsson, G. Possmert, R. Wappling, Laser-Particle-beam Chemical Processes on Surface Symposium, Boston, M.A. USA, **29**(1988).
[177] J.S. Zabinski, B.J. Tatarchuk, *Surface Science*, **241**(1/2), 157, 171 (1991).
[178] F. Sanchez-Sinencio, J.G. Mendoza-Alvarez, G. Soto, et al., *Thin Solid Films*, **193—194** (1—2), 382(1990); *Hyperfine Interactions*, **57** (1—4), 1839(1990).
[179] P. Schaaf, A. Kramer, L. Blaes, G. Wagner, F. Aubertin, U. Gonser, Nucl. Instruments, *Methods Phys. Res. B*, **B53**(2), 184(1991).
[180] Quadakkers et al. *Applied Surface Science*, **47** (3), 261(1991).
[181] 吴美珍、肖国青、王树芬、张强、陈晓西、侯明东、童志深，核技术，**13**(5)，257(1990).
[182] B. Sepiol, K. Ruebenbauer, B. Miezko, T. Birchall, *Physica, B*, **168** (3), 159(1991).
[183] M.Magara, T. Tsuji, K. Naito, *Solid State Ion Diffus. React.*,**40—41**, 284(1990).
[184] R. Chevalier, J. Dumas, *Solid State Commun.*, **78**(3), 181(1991).

第七章　在物理学中的应用(二)

张毓昌

§7.1　磁超精细相互作用

磁超精细相互作用是原子核与固体中的电子所产生的磁场之间的相互作用，这种固体中的电子所形成的磁场称为超精细磁场 H_{hf}，有时又称为内磁场 H_i，它的大小取决于固体中的电子结构。

在具体讨论磁超精细相互作用之前，我们先引用原子核物理中的两点结论：(1) 原子核只能具有奇次磁矩，就是说只能具有磁偶极矩和磁八极矩。由于磁八极矩的作用能量是很小的，故在讨论固体中的磁超精细相互作用时，可以不考虑磁八极矩，而只考虑磁偶极矩；(2) 原子核的磁偶极矩可以表示为

$$\boldsymbol{\mu} = g_N\beta_N\boldsymbol{I}, \tag{7.1}$$

式中 g_N 为核朗德因子，它是一个无量纲的常数，$\boldsymbol{I}$ 为核自旋，$\beta_N = e\hbar/2Mc$ 称为核磁子。M，e 分别为质子的质量和电荷，c 为光速。

原子核磁矩和超精细场相互作用的哈密顿为

$$\hat{H}_m = -\boldsymbol{\mu}\cdot\boldsymbol{H}_{hf} = -g_N\beta_N\boldsymbol{I}\cdot\boldsymbol{H}_{hf}, \tag{7.2}$$

其本征值为

$$E_m = -g_N\beta_N H_{hf} m_I, \tag{7.3}$$

其中磁量子数 $m_I = I, I-1, \cdots, -I$。E_m 为由磁超精细相互作用而给核能级附加的能量。从式(7.3)中我们可以看出，由于磁偶极超精细相互作用，使核能级分裂成 $2I+1$ 个等间距的能级。对于 ^{57}Fe 的 14.4keV 能级$\left(I=\frac{3}{2}\right)$，分裂成 4 个亚能级。基态

$\left(I=\frac{1}{2}\right)$ 分裂成 2 个亚能级. 由于共振吸收 γ 光子而产生 γ 跃迁时，磁量子数的变化一定要遵守 $\Delta m=\pm 1,0$ 的选择定则，所以只能产生 6 种跃迁，而得到的 ^{57}Fe 的磁分裂穆斯堡尔谱为六线谱(图 7.1)。

在一些固体材料中，会同时存在着磁超精细相互作用和电超精细相互作用. 这时系统的相互作用哈密顿量应为两者之和，即

$$\hat{H}=\hat{H}_m+\hat{H}_Q \tag{7.4}$$

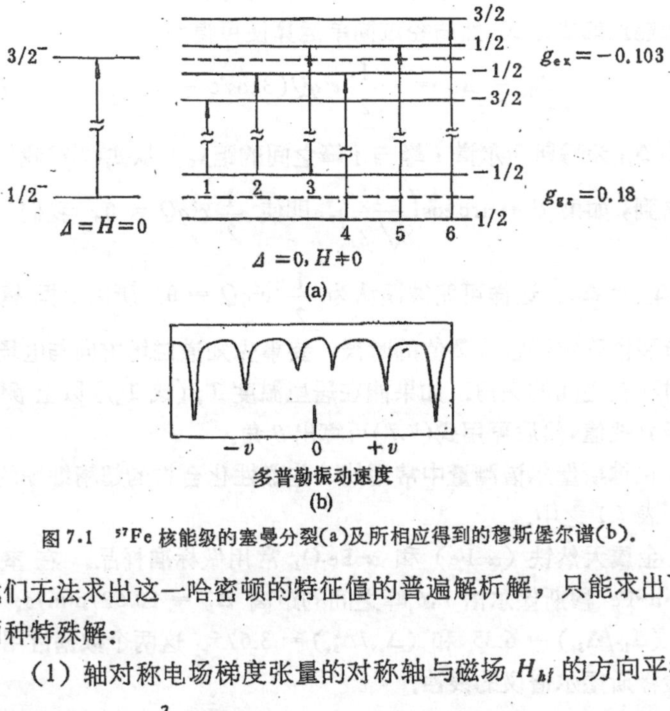

图 7.1 ^{57}Fe 核能级的塞曼分裂(a)及所相应得到的穆斯堡尔谱(b).

我们无法求出这一哈密顿的特征值的普遍解析解，只能求出下述两种特殊解：

(1) 轴对称电场梯度张量的对称轴与磁场 H_{hf} 的方向平行. 这时对于 $I=\frac{3}{2}$ 能级，有

$$E=-\beta_N g_N H_{hf} m_I+(-1)^{|m_I|+\frac{1}{2}}\frac{e^2qQ}{4}. \tag{7.5}$$

在磁分裂亚能级上，对于 $m_I=\pm\frac{3}{2}$ 又增加能量 $\frac{e^2qQ}{4}$，而对于

$m_I=\pm\frac{1}{2}$ 的亚能级，又减少能量 $\frac{e^2qQ}{4}$。

（2）当轴对称电场梯度张量的对称轴与磁场 H_{hf} 之间夹角为 θ 时，一般情况下没有解析解。但是当 $eqQ/g_N\beta_NH_i\ll 1$ 时，对于 $I=\frac{3}{2}$ 能级，有

$$E=-g_N\beta_NH_{hf}m_I+(-1)^{|m_I|+\frac{1}{2}}\frac{e^2qQ}{4}\cdot\frac{3\cos^2\theta-1}{2}. \quad (7.6)$$

对于 ^{57}Fe，我们可以根据式(7.6)写出共振吸收 γ 光子时 6 种跃迁能量的表达式，然后经过简单运算便可得到

$$\Delta_{12}-\Delta_{56}=-\frac{1}{2}e^2qQ(3\cos^2\theta-1), \quad (7.7)$$

式中 Δ_{ij} 为穆斯堡尔谱 i 峰与 j 峰之间的距离。从式(7.7)我们可以看到，如果 $\theta=\arccos\left(\frac{1}{\sqrt{3}}\right)$，即使 $\frac{1}{2}e^2qQ\neq 0$，我们也得到 $\Delta_{12}=\Delta_{56}$。这样可能被误认为 $\frac{1}{2}e^2qQ=0$。所以根据超精细分裂谱确定四极分裂值的时候，要事先知道磁场方向与电场梯度对称轴之间的夹角。如果能在居里温度 T_c（或 T_N）以上测出四极分裂值，然后再用式(7.7)可算出 θ 角。

在穆斯堡尔谱测量中常用的一些磁性化合物的超精细场的值列于表 7.1 之中。

金属天然铁（α-Fe）和 α-Fe_2O_3 常用做标准样品。在室温时，α-Fe 穆斯堡尔谱 1,6 峰之间的距离 $\Delta_{16}=10.627$mm/s。通常，$(\Delta_{16}/\Delta_{34})=6.35$ 和 $(\Delta_{25}/\Delta_{34})=3.675$。这两个数据常用来检验穆斯堡尔谱仪的线性。

对于 α-Fe_2O_3，在室温下，$\eta=0$，v_{zz} 为正值，$\theta=90°$，所以 $\Delta_{12}-\Delta_{56}=0.4$mm/s，$\Delta_{16}=16.7$mm/s。有时也用 α-Fe_2O_3 标定穆斯堡尔谱仪。

就是在四极分裂和同质异能移位都同时存在时，也可以根据最大分裂值来确定超精细场 H_{hf}。

$$\Delta_{16} = (3|g_1| + g_0)\beta_N H_{hf} \tag{7.8}$$

表 7.1 若干磁性离子的原子核处的超精细场 H_{hf}

原子核	基体	超精细场 (T)	温度 (K)	测定方法
^{57}Fe	Fe	34.2	0	ME
	Fe	33.9	0	NMR
	Co	31.2±.5	0	ME
	Ni	28.0±.5	0	ME
	Fe_3Al	28.0	78	ME
		22.0	78	ME
	Fe_2Zr	19.0±1.0	*RT*	ME
	Fe_2Ti	<1.0	*RT*	ME
	Fe_3N	34.5	*RT*	ME
		21.5	*RT*	ME
$^{57}Fe^{3+}$	YIG (四面体)	46.0	78	ME
	YIG (四面体)	46.8	78	NMR
	YIG (八面体)	54.0	78	ME
	YIG (八面体)	55.0	78	NMR
	α-Fe_2O_3	51.5	*RT*	ME
$^{57}Fe^{3+}$	γ-Fe_2O_3	51.5±2.0	85	ME
	$NiFe_2O_4$	51.0±2.0	*RT*	ME
	MgO	55.0	1.3	EPR
	Fe_3O_4 (四面体)	51.0±2.0	50	ME
$^{57}Fe^{2+}$	Fe_3O_4 (八面体)	46.5±2.0	50	ME
	CoO	20.0±1.0	169	ME
	FeS	32.0	300	ME
	$FeTiO_3$	7.0	0	ME
^{61}Ni	Ni	17.0	*RT*	ME
^{119}Sn	Fe	8.1±.4	100	ME
	Co	2.05±.15	100±	ME
	Ni	1.85±0.1	100	ME
^{197}Au	Fe	28.2	—	ME
^{57}Fe	$SrFe_{12}O_{19}(12k)$	41.6	*RT*	ME
	$SrFe_{12}O_{19}(2a)$	50.6	*RT*	ME
	$SrPe_{12}O_{19}(4f_1)$	49.6	*RT*	ME
	$SrFe_{12}O_{19}(4f_2)$	51.9	*RT*	ME
	$SrFe_{12}O_{19}(2b)$	42.2	*RT*	ME

或者

$$H_{hf} = 3.112 \cdot \Delta_{16}(\text{mm/s}), \tag{7.9}$$

式中超精细场 H_{hf} 的单位的特[斯拉](T).

§7.2 超精细磁场的来源

超精细磁场的主要来源有以下几种:

(1) 费米接触超精细场　由于交换作用，例如过渡金属原子(或离子)中的 $3d$ 价电子极化满层的 s 电子. 这样使原子核位置的自旋密度发生极化. 这种由于原子核位置的电子自旋极化而产生几十特[斯拉]的磁场. 这是超精细磁场的主要来源.

这一种超精细场的解释是费米在 1930 年解相对论狄拉克方程的方法中得出的[5]. 后来,也有人用了另外的途径得到这一相同结果. 下面,我们采用 Ferrel 的经典方法[6]来求出费米接触场的表达式.

不成对的 s 电子在原子核周围成球形对称分布. 在无外磁场情况下,核处的磁场 $B = 4\pi M(r)$, 而且核处的磁化强度 $M(r)$ 只与到原子核中心的距离 r 有关. 根据经典场论[7], 在静磁场情况下, 安培电流密度与其所产生的磁场的关系为

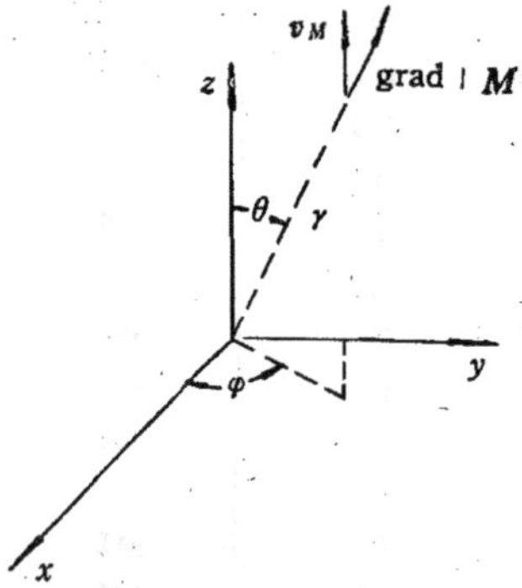

图 7.2　磁化方向示意图.

$$\nabla \times \boldsymbol{H} = \frac{4\pi}{c} \boldsymbol{J}, \tag{7.10}$$

所以

$$\boldsymbol{J}(r) = c\nabla \times \boldsymbol{M}(r) = c\nabla|\boldsymbol{M}(r)| \times \boldsymbol{U}_M, \tag{7.11}$$

式中, $\boldsymbol{U}_M = \dfrac{\boldsymbol{M}(r)}{|\boldsymbol{M}(r)|}$ (见图 7.2), 而且, 对于球对称分布的 $M(r)$, $M'(r) = \dfrac{d\boldsymbol{M}(r)}{dr}$ 所以

$$\boldsymbol{J}(r) = -cM'(r)\sin\theta \cdot \boldsymbol{U}_M. \tag{7.12}$$

现在考虑在 r 到 $r+dr$ 球层内的电流所形成的磁矩，根据经典场论关于磁矩的定义，我们得到

$$d\boldsymbol{\mu}_M=\frac{1}{2c}\int_{\Omega}\boldsymbol{r}\times\boldsymbol{J}(\boldsymbol{r})r^2drd\Omega, \tag{7.13}$$

式中 $d\Omega$ 为立体角 $\sin\theta d\theta d\phi$. 我们认为这一球层内均匀分布的电荷，形成一层表面电流，它在原子核位置产生的磁场为[8]

$$dB(0)=\frac{8\pi}{3V}d\mu_M, \tag{7.14}$$

其中 $V=\frac{4\pi}{3}r^3$ 为这一球层内的体积. 将式(7.13)代入式(7.14)，得到

$$dB(0)=\frac{8\pi}{3}[-|M'(r)|dr]\boldsymbol{U}_M. \tag{7.15}$$

对所有球层积分，我们得到在原子核位置所产生的磁场为

$$\begin{aligned}\boldsymbol{B}(0)&=\frac{8\pi}{3}\boldsymbol{U}_M\int_0^{\infty}-|M'(r)|dr\\&=\frac{8\pi}{3}\boldsymbol{U}_M[M(0)-M(\infty)]\\&=\frac{8\pi}{3}\boldsymbol{U}_M M(0)=\frac{8\pi}{3}\boldsymbol{M}(0).\end{aligned} \tag{7.16}$$

在式(7.16)的推导中，根据在无限远处的磁矩应为零的事实，令 $M(\infty)=0$，对于一个 s 电子[8]，有

$$\boldsymbol{M}(0)=g\beta\boldsymbol{s}|\psi(0)|^2, \tag{7.17}$$

其中，$\beta=-e\hbar/2mc$ 为玻尔磁子，而 $|\psi(0)|^2$ 为原子核位置的电子密度，$\boldsymbol{s}$ 为电子自旋. 所以

$$\boldsymbol{B}(0)=\frac{8\pi}{3}g\beta\boldsymbol{s}|\psi(0)|^2. \tag{7.18}$$

以上讨论的只是单个电子的情况，对于自旋朝上和朝下(相对于自旋朝上的 d 电子而言)的所有 s 电子所产生的磁场

$$B(0)=-\frac{8\pi}{3}g\beta s\sum_n\{|\psi_{ns\uparrow}(0)|^2-|\psi_{ns\downarrow}(0)|^2\}, \tag{7.19}$$

式中负号可根据实验事实确定.

参加费米直接相互作用的电子，主要有3类：(a) 满层电子的极化；(b) 混杂到主原子价电子层的相邻离子的电子，形成转移和超转移精细场；(c) 具有 s 电子特性的传导电子. 下面我们对这三种情况作进一步的讨论.

(a) 满层电子的极化. 由于 $3d$ 电子和 s 电子之间的交换作用，使自旋朝上的电子靠近 $3d$ 电子，使自旋朝下的电子远离 $3d$ 电子. 这样球形分布的满层 s 电子被极化. 这些被极化的未成对电子在原子核处产生很强的磁场.

Watson 和 Freeman[9] 用不加约束的哈特利-福克方法，计算了一些离子的超精细场. 对于 $Fe^{3+}(3d^5)$，有

$$\begin{aligned} H_c &= (H_c)_{1s} + (H_c)_{2s} + (H_c)_{3s} \\ &= -5.0 - 179.0 + 121.5(\mathrm{T}) \\ &= -63.0(\mathrm{T}). \end{aligned}$$

对于 $Fe^{2+}(3d^6)$，有

$$\begin{aligned} H_c &= (H_c)_{1s} + (H_c)_{2s} + (H_c)_{3s} \\ &= -3.0 - 131.0 + 79.0(\mathrm{T}) \\ &= -55.0(\mathrm{T}). \end{aligned}$$

对于 Fe 原子，有

$$\begin{aligned} H_c &= (H_c)_{1s} + (H_c)_{2s} + (H_c)_{3s} + (H_c)_{4s} \\ &= -1.6 - 130.0 + 72.4 + 49.2(\mathrm{T}) \\ &= -10.0(\mathrm{T}). \end{aligned}$$

由于 $1s$ 和 $2s$ 电子的径向分布，可知它们在 $3d$ 电子的内侧. $3d$ 电子对 $1s$ 和 $2s$ 的交换极化作用，使自旋朝下的电子远离 $3d$ 电子，也就是靠近原子核，所以 $|\psi_\downarrow(0)|^2_{1s,2s} > |\psi_\uparrow(0)|^2_{1s,2s}$. 因而，$1s$ 和 $2s$ 电子所产生费米接触超精细场 $(H_c)_{1s}$ 和 $(H_c)_{2s}$ 为负值. 相反，$3s$ 和 $4s$ 电子大部分在 $3d$ 电子的外侧，由于 $3d$ 电子的交换极化作用，使自旋朝上的 $3s$ 和 $4s$ 电子更靠近原子核，所以

$$|\psi_\uparrow(0)|^2_{3s,4s} > |\psi_\downarrow(0)|^2_{3s,4s}.$$

因而它们在原子核处所产生磁场为正值. $1s$ 和 $4s$ 电子与 $3d$ 电子

的重叠比 3s 和 2s 小，所以它们在原子核位置产生磁场也较小。

对于 Fe^{3+}，实验上测得的超精细场的值在 50.0T 到 60.0T 之间。对于 Fe^{2+}，超精细磁场的实验值变化较大，从 22.0T（Co 中的 Fe^{2+}）到 48.5T（Fe_3O_4 中的 Fe^{2+}）。对于 Fe^{3+}，超精细磁场的变化是由于转移和超转移超精细场的贡献。而对于 $Fe^{2+}(3d^6)$，则是轨道磁矩的影响。

(b) 转移和超转移超精细场。当金属离子和顺磁离子配位时，金属离子的 $3d$ 电子（如 $d_{3z^2-r^2}$ 轨道）可能和配位的顺磁离子（如 O^{2-}）的 s 或 p 轨道产生相互重叠，这样，金属离子的电子会在配位的顺磁离子的核位置产生转移超精细场（transferred hyperfine field）。同时，配位的顺磁离子的电子也会在金属离子的核位置上产生转移超精细场。具体地说，在金属离子的核位置产生的转移超精细场有以下几种机制：

(i) 由于转移电子的影响，造成 $3d$ 层的总自旋 s 改变，这样就影响了对满层电子的极化，也就影响到费米接触场的值。

(ii) 配位顺磁离子的 $1s$, $2s$ 和 $2p$ 电子可能部分地转移到金属离子的空的 $4s$ 轨道，这也就增加了它们对金属离子的费米接触场的贡献。

(iii) 由于转移电子的影响，而在价电子形成电子轨道磁矩，它直接在原子核位置产生磁场。

根据上述思想计算出的转移超精细场与实验测出的结果符合得还是比较好的。有人计算了 $I^-(5s^25p^6)$ 离子包围 Fe^{3+} 离子时的转移超精细场 $H_{THF}\approx 6.0T$。这一结果和实验测得的 ^{129}I 穆斯堡尔谱的结果[10]是一致的。

上述是两个相邻离子之间的转移。如果两个阳离子通过一个阴离子产生相互作用（M_1-L-M_2）。这时，由于 M_2 离子通过 L 离子和 M_1 离子的相互作用，在 M_1 离子的核位置产生超转移超精细场 H_{STHF}，它的值一般比较小。

如前所述，L 离子和 M_1 离子的电子轨道的重叠，引起 L 离子的未成对电子出现，这种被极化的 L 离子的轨道，反过来再极化

M_2 离子的满层电子。这样 M_2 离子的电子就在 M_1 离子中产生接触超精细场。 Huang 等[11]计算了 $KMnF_3$ 中间的 $3d^5$ 离子的超转移超精细场为

$$H_{STHF} = 1.11\text{T}.$$

对 H_{STHF} 作出主要贡献的是 $3s$ 电子。

(c) 传导电子的贡献。对于金属系统，传导电子是对超精细场给出贡献的重要来源之一。根据同质异能移位的值可以认为，在金属中原子的电子数目和自由原子的电子数目相等。已经证明，在金属铁中铁原子的组态为 $3d^7 4s^1$[12]。$4s$ 电子作为传导电子，它是远离原子核的，但是它的 $4s$ 轨道却可以接近原子核，所以在考虑超精细场时，就应该考虑到 $4s$ 电子的贡献。另外，由于 d 轨道变宽，使 d 电子具有部分巡游性，对于金属 Fe 可以认为有 5% 的 d 电子具有巡游性，而 95% 的 d 电子，其能带很窄，可以认为是局域的[13]。这种巡游的 d 电子可以称为 d 带传导电子。

金属铁原子的磁矩是 $2.2\mu_B$，它对超精细场的贡献，可以认为是通过满层电子的极化 (H_{CP}) 和传导电子的贡献 (H_{CE})。传导电子对超精细场的贡献主要是通过下列机制实现的：

(a) 局域的 $3d$ 电子通过变换作用对 s 导带中 $4s$ 类电子极化。后者在原子核位置产生费米接触超精细场。

另外，相邻原子的磁矩也会引起传导电子的极化，这样就得到

$$H_{CEP} = (H_{CEP})_{\text{自}} + (H_{CEP})_{\text{邻}}. \tag{7.20}$$

(b) 在一些金属中，由于能带的混迭，使一部分 d 带电子具有 s 电子的特性[14]。这一部分贡献可表示为 H_{CEPM}。

H_{CEP} 为正值，因为 $3d$ 电子对 $3s$ 电子极化的结果，使总的自旋与 $3d$ 电子平行。H_{CEPM} 的值为负值，也就是说，这种能带的混迭造成 s 带中自旋向下成分的增加。所以，$H_{CE} = H_{CEP} + H_{CEPM}$ 可能为正，也可能为负。

H_{CP} 也由两部分贡献所组成，一种是前述的 $3d$ 电子对 $1s$，$2s$ 和 $3s$ 电子的极化形成的贡献 H_{CPD}。另一种是下述的间接极化效应形成的贡献 H_{CPID}。$3d$ 电子在极化 $1s$，$2s$ 和 $3s$ 电子的同时，也极

化 $2p$, $3p$ 和 s 导带电子。这些极化了的电子，反过来再极化 $1s$, $2s$ 和 $3s$电子，从而形成 H_{CPID}. 一般说来，H_{CPID} 约为 H_{CPD} 的 10% 左右。这样就得到

$$H_{CP}=H_{CPD}+H_{CPID}。 \tag{7.21}$$

我们可以把过渡金属的原子核位置的超精细场写成下式:

$$\begin{aligned}H_{hf}=H_{CP}+H_{CE}&=(H_{CPD}+H_{CPID})\\&+(H_{CEP}+H_{CEPM})。\end{aligned}$$

用 d 态和 s 态混迭的波函数和不加约束的哈特利-福克方法，计算了金属铁的超精细磁场[15]

$$\begin{aligned}(H_{hf})_{Fe}&=H_{CP}+H_{CE}\\&=[(H_{CPD}+H_{CPID})_{1s}+(H_{CPD}+H_{CPID})_{2s}\\&\quad+(H_{CPD}+H_{CPID})_{3s}]+H_{CE}\\&=[(0.2+1.0)+(-29.6-1.4)\\&\quad+(-13.7+5.5)]+3.3\text{T}\\&=-38.0+3.3\text{T}\\&=-34.7\text{T},\end{aligned}$$

这一计算出来的结果与实验上测得的金属 Fe 的饱和值 -33.9T 符合得比较好。从上面的计算我们可以看到，对间接极化效应贡献最大的是 $3s$ 电子，它是受被 $3d$ 电子极化的 $3p$ 电子影响的结果。总的超精细场为负值，这主要是由于满层电子的极化效应所产生的 H_{CP}，比传导电子的贡献 H_{CE} 约大 10 倍。

(2) 电子轨道矩的贡献　当电子沿轨道快速运动时，等于产生一个以原子核为中心的环电流。根据毕奥-萨伐尔定律，在环中心(原子核位置)产生的磁场为[7]

$$\boldsymbol{H}_L=\frac{1}{c}\int\frac{\boldsymbol{J}\times\boldsymbol{r}}{r^3}d\tau, \tag{7.22}$$

式中 $\boldsymbol{J}$ 为环电流密度，$\boldsymbol{r}$ 为体积元 $d\tau$ 的径向矢量。由于 $\boldsymbol{J}d\tau=\boldsymbol{v}dq$，其中 $\boldsymbol{v}$ 为体积元 $d\tau$ 的电荷 dq 的运动速度，所以

$$\boldsymbol{H}_L=-\frac{1}{c}\int\frac{\boldsymbol{r}\times\boldsymbol{v}}{r^3}dq, \tag{7.23}$$

负号是由于矢量叉乘换位所产生的。根据 $m\boldsymbol{r}\times\boldsymbol{v}=\boldsymbol{l}\hbar$（$m$ 为电子质量），并对所有的电子 i 求和，再利用关系式 $-e\langle r^{-3}\rangle=\int r^{-3}dq$，我们得到

$$\boldsymbol{H}_L=-2\beta\sum_i \boldsymbol{l}_i\langle r^{-3}\rangle_i.$$

对所有量子数 (n,l) 相同的电子来说，由于 $\langle r^{-3}\rangle$ 都是一样的，所以对于满层和半满层，其 H_L 等于零。对于 Ls 耦合，我们得到

$$\boldsymbol{H}_L=-2\beta\langle r^{-3}\rangle\boldsymbol{L}. \tag{7.24}$$

对于 Fe^{3+} 离子，最外层是 5 个 $3d$ 电子，组成半满层，$\boldsymbol{L}=0$，所以 $\boldsymbol{H}_L=0$。

（2）磁偶极矩的贡献　如果把价电子层的一个电子当作一个磁偶极子，根据经典场论，它在原子核位置所产生的磁场为[7]

$$\boldsymbol{H}_D=\int\left(\frac{\boldsymbol{M}}{r^3}-\frac{3\boldsymbol{r}(\boldsymbol{M}\cdot\boldsymbol{r})}{r^5}\right)d\tau, \tag{7.25}$$

代入 $\boldsymbol{M}(r)=g\beta\sum_i \boldsymbol{s}_i\rho_{si}$，我们得到

$$\boldsymbol{H}_D=g\beta\sum_i\langle r^{-3}\rangle_i\langle 3(\boldsymbol{s}_i\cdot\boldsymbol{n})\boldsymbol{r}-\boldsymbol{s}_i\rangle,$$

式中 $\boldsymbol{n}=\frac{\boldsymbol{r}}{r}$，$\langle r^{-3}\rangle_i=\int r_i^{-3}\rho_{si}d\tau$。$s_i$ 为第 i 个电子的自旋，$\rho_{si}=|\psi(\boldsymbol{r})|^2$。

对于立方结构和不存在自旋-轨道耦合时，$H_D=0$。就是对于非立方结构的铁族离子，H_D 的值也很小。对于稀土元素来说，H_D 的值可能很大。假设 $\boldsymbol{s}$ 和 $\boldsymbol{I}$ 的方向平行（我们称它 Z 轴），令 $\boldsymbol{r}$ 与 $\boldsymbol{I}$ 之间的夹角为 θ，则我们得到

$$\boldsymbol{H}_D=g\beta\langle r^{-3}\rangle\langle 3\cos^2\theta-1\rangle\boldsymbol{s}. \tag{7.26}$$

这样，我们得到了主要由三部分组成的超精细磁场

$$\boldsymbol{H}_{hf}=\boldsymbol{H}_c+\boldsymbol{H}_L+\boldsymbol{H}_D. \tag{7.27}$$

在铁族元素的化合物中，满层电子的极化是超精细磁场的主要来源。但对稀土元素化合物，由于它们的轨道矩不为零，所以 H_L 对 H_{hf} 有很重要的贡献。在这些化合物中，除了具有未满 $4f$ 层

的 Eu^{2+} 和 Go^{3+} 离子，它们的 H_{hf} 的主要来源是满层 s 电子的极化（≈30.0T）之外，H_L 的数量一般在 10^2—10^3T 之间。由于 $5s$ 和 $5p$ 电子屏蔽了配位离子对 $4f$ 电子的作用，对于稀土元素，配位环境对超精细场的影响很小。对于二价和三价稀土元素的接触超精细磁场，确立了如下关系：

$$H_c \approx -9.0(g_J - 1)J \text{ T}. \qquad (7.28)$$

§7.3 超精细磁场 H_{hf} 与自发磁化强度 M_s 间的关系*

从前面的讨论中，我们知道，存在超精细磁场的必要条件是该原子(包括相邻原子的价电子)的电子磁矩不为零。从测量超精细场的角度来说，这只是必要条件，不是充分条件。因为在任何测量过程都需要一个最短的"有效时间"。在此时间内，测量仪器能够测出被测物理量的全部信息。在我们这种情况下，测量仪器是原子核，而被测物理量是超精细场 H_{hf}。这里测量的有效时间是核磁矩在磁场 H_{hf} 作用下的拉莫尔旋进周期 T。

$$\frac{1}{T} = \nu = \frac{\Delta E_m}{h} = \frac{g_n \beta_n H_{hf}}{h}, \qquad (7.29)$$

式中 ν 为原子核的拉莫尔旋进频率，ΔE_m 为磁分裂能量。对于 ^{57}Fe，$\Delta E_m \approx 3 \times 10^{-7}$eV。我们得到旋进频率为 $\nu \approx 5 \cdot 10^8 s^1$。当 H_{hf} 的变化频率远小于拉莫尔旋进频率时，原子核感受到的 H_{hf} 才是一个固定的值。当 H_{hf} 的变化频率大于 ν 时，原子核感受到的只是在 T 周期内的平均值。

在固体中，由于磁性离子的热运动，产生交变的局域电磁场。在它的作用下，电子磁矩的取向产生快速变化。单位时间内电子磁矩变化的次数称为磁弛豫频率。在一般顺磁体中，电子的磁弛豫频率很高，大约为 10^{13}—$10^{15}s^{-1}$，那么 H_{hf} 取向的变化频率也

---

* 本节由平爵云撰写。

大致如此．在这种情况下，H_{hf} 的平均值为零．所以能测量到超精细磁场的第二个条件是电子自旋弛豫频率低于或接近于拉莫尔旋进频率．

根据自发磁化强度的定义，它是单位体积中所有原子磁矩的总和为

$$M = \sum_{i=1}^{n} \mu_i. \tag{7.30}$$

对于相同原子系统，在无外场情况下

$$M_s = N\langle\mu\rangle, \tag{7.31}$$

式中，N 为单位体积内的原子磁矩数．从上一节中我们已经知道，在无外场和立方结构的材料中（$H_L = 0$），超精细场 H_{hf} 正比于原子的磁矩，即

$$H_{hf} \sim \langle\mu\rangle.$$

这样，我们便可以得到

$$H_{hf} = AM_s, \tag{7.32}$$

其中 A 为一常数．这一方程称为马歇尔方程．从这一方程式，我们可以得到以下几点结论：

（1）如果某一材料的平均磁饱和强度 $\langle M_s\rangle$ 不为零，则我们可以观测到超精细磁场 H_{hf}，也就是说，我们可以在铁磁、亚铁磁和反铁磁材料中观测到不为零的超精细场 H_{hf}．实验证明，在铁磁材料金属铁中，反铁磁材料 α-Fe_2O_3，FeF_2 和 FeF_3 中以及在亚铁磁材料 Fe_3O_4，$MnFe_2O_4$ 中都观测到了超精细磁场 H_{hf}．

（2）当温度高于磁性转变温度以上时，$M_s \to 0$，则超精细磁场 H_{hf} 也应趋向零值．这一结论在很多系统中都得到证实．所以根据 H_{hf} 随温度的变化，可以测定磁性转变温度．图 7.3 示出金属铁在不同温度下的穆斯堡尔谱．图 7.4 示出金属铁的超精细场（相对于 297K 时的值）随相对温度 T/T_c 的变化曲线．Preston 等[16]还指出，如果用峰面积对温度作曲线，能精确确定居里温度（图 7.5）．对于金属铁，他们测出居里温度为 1043K．

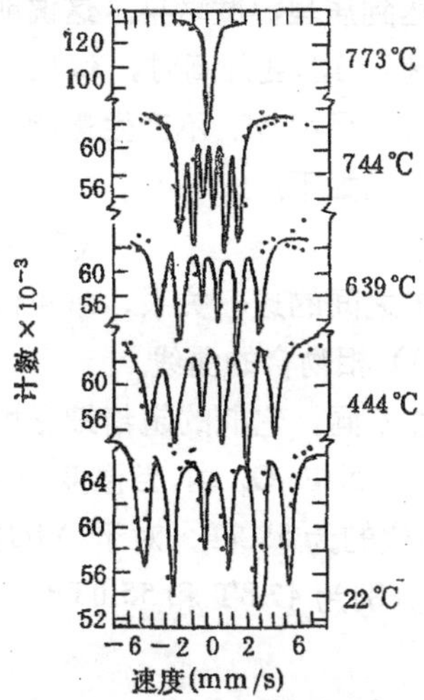

图 7.3 金属铁在室温到居里温度之间的穆斯堡尔谱[9].

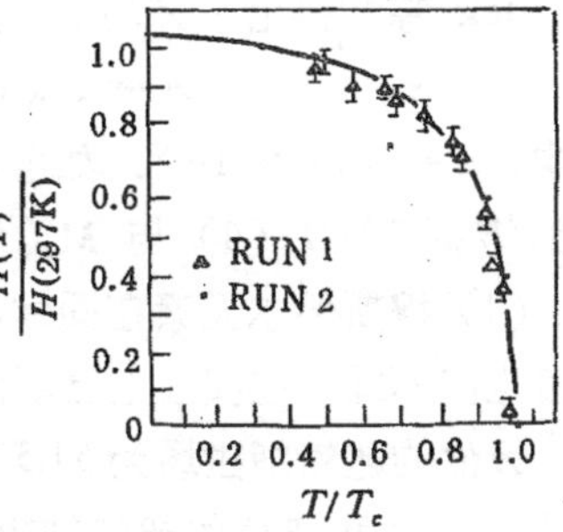

图 7.4 相对超精细磁场 $H(T)/H(297K)$ 随相对温度 T/T_c 的变化.

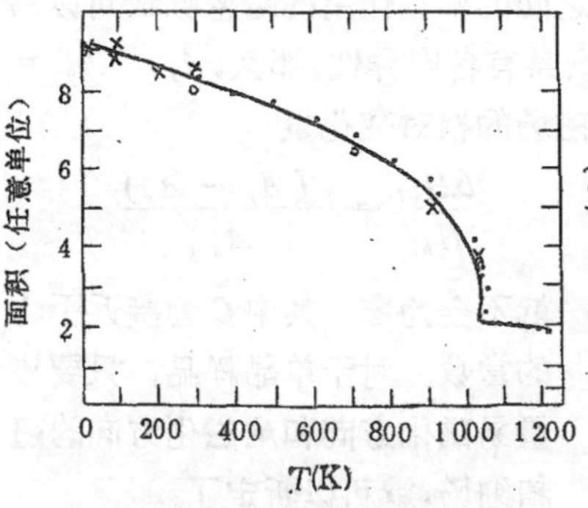

图 7.5 金属铁的总吸收峰面积随温度 T 的变化曲线[16].

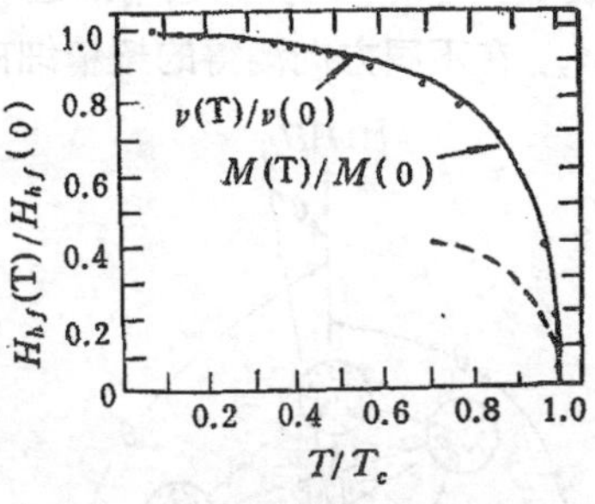

图 7.6 相对超精细场 $H_{hf}(T)/H_{hf}(0)$ 对相对温度 T/T_c 的变化曲线. $H_{hf}(0)$ 为绝对零度时的 H_{hf}，T_c 为居里温度[16].

(3) 相对超精细磁场 $H(T)/H(297K)$ 对温度的变化，应和相对饱和磁化强度 $M_s(T)/M_s(0)$ 随温度变化的曲线一样。图 7.6 示出 $H_{hf}(T)/H_{hf}(0)$ 和 $M_s(T)/M_s(0)$ 随相对温度 T/T_c 变化的曲线。从图上我们看到，虽然两条变化曲线基本是一致的，但还不完全相同，超精细磁场消失得比达到居里温度略早．这说明常数A随温度略有变化．Kittel[17] 认为，当温度升高时，$3d$电子激发到d带的高能位．这样减少了H_{hf}，而对M_s不产生影响．Benedek 等[18]得出了A与T之间的关系式如下：

$$A = A_0(1 - \alpha T^2), \tag{7.33}$$

式中，$\alpha = 0.77 \times 10^{-7}$．如考虑$A$与$T$之间的这一关系，就可以得到$H_{hf}(T)/H_{hf}(0)$与$M_s(T)/M_s(0)$相吻合的曲线．

（4）穆斯堡尔元素在固体中的占位不同，它们的超精细磁场的值也应不同．在实验上已观测到，如在$NiFe_2O_4$中，当温度 0K 时，A位的超精细磁场为 51.5T，而B位的为 55.5T．对于 YIG，0K 时，A位和B位的超精细磁场的值分别为 47.8T 和 55.0T[19]。

§ 7.4 超精细磁场的各向异性

原子核磁矩和超精细磁场之间的相互作用的哈密顿量可以写成$\hat{H} = A\boldsymbol{I}\cdot\boldsymbol{s}$.如果超精细磁场具有各向异性，那么，$A_x = A_y \neq A_z$，在不同方向测得的超精细磁场的相对变化量

$$\frac{\Delta H_{hf}}{H_{hf}} = \frac{C(A_z - A_x)}{A_x}$$

就不会为零．其中C为接近于 1 的常数．对于单晶样品，只要测量易磁化方向和难磁化方向的超精细场，就可以断定了．

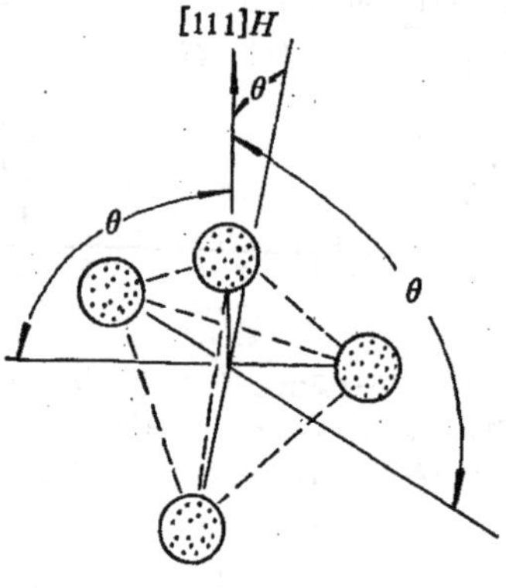

图 7.7 在 $ZrFe_2$ 的 Laves 相结构中，磁化方向与对称轴之间角度的关系．

Wertheim 等[20]研究了金属间化合物 $ZrFe_2$ 和 $TmFe_2$，研究的结果很好地说明H_{hf}的各向异性．在这些化合物中，铁占据四面体的顶位（见图 7.7）。铁原子的点对称性为$\bar{3}m$．三重轴在⟨111⟩方向．只要晶体不被磁化，铁原子在晶体结构上是等同的．

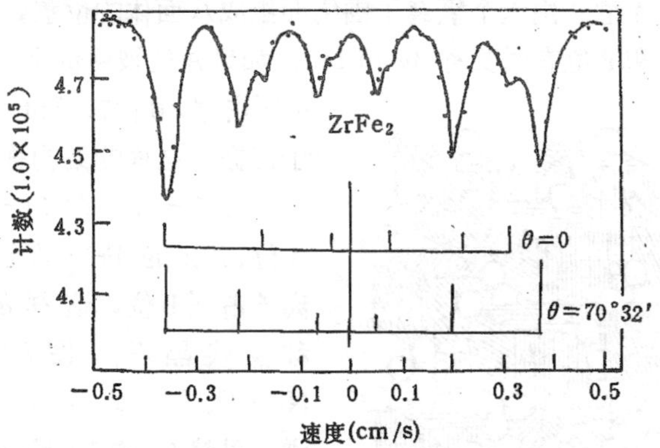

图 7.8 4K 时，$ZrFe_2$ 的 ^{57}Fe 穆斯堡尔谱.

对⟨111⟩方向的磁化可以区分它们. 对这一单胞中的一个铁原子，电场梯度主轴和磁化方向一致. 对其他三个原子，磁化轴和电场梯度主轴之间夹角为 70°32′. 对这些原子，将沿难磁化方向磁化. 如果存在超精细场的各向异性，这两种原子的原子核处的超精细场将是不同的，而且后一种原子的丰度应为前者的三倍. 图 7.8 示出 $ZrFe_2$ 的穆斯堡尔谱图. 从图上可以看出，确实超精细磁场具有各向异性，而且难磁化方向的超精细磁场的值 (22.3T) 大于易磁化方向的值(20.6T).

§7.5 铁氧体和石榴石型材料的穆斯堡尔谱

铁氧体和石榴石型磁性材料，在技术上有广泛应用，而且价格又便宜. 在探索提高材料性能和制备新性能材料的研究中，广泛应用了穆斯堡尔效应.

尖晶石型铁氧体是常用的软磁材料，它们的分子式是 $MO\cdot Fe_2O_3$，其中 M = Mn, Fe, Co, Ni, Cu, Zn, Mg 等. 尖晶石型的结构图如图 7.9 所示. 它的一个单胞包含 56 个离子：32 个 O^{2-} 离子，8 个 A 位金属离子和 16 个 B 位金属离子. 氧原子组成面心立方结构. 在其中金属离子占据的、由四个氧离子围绕而成四面体位，称为A位．由六个氧离子围绕而组成八面体的位置，称为B位．A位和B位有时又称 8*a* 和 16*d*．如果A位被两价金属离子M^{2+}占据，B位被三价 Fe^{3+} 离子占据，这样的结构称正尖晶石．如果一半 Fe^{3+} 离子占据A位，其余的 Fe^{3+} 离子和 M^{2+} 离子占据B位，这样的结构称反尖晶石．图 7.10 示出 $NiFe_2O_4$ 铁氧体的穆斯堡尔谱．虽然它的1.6峰有些叠加，但还是可以分清是由两组6线谱组成的．

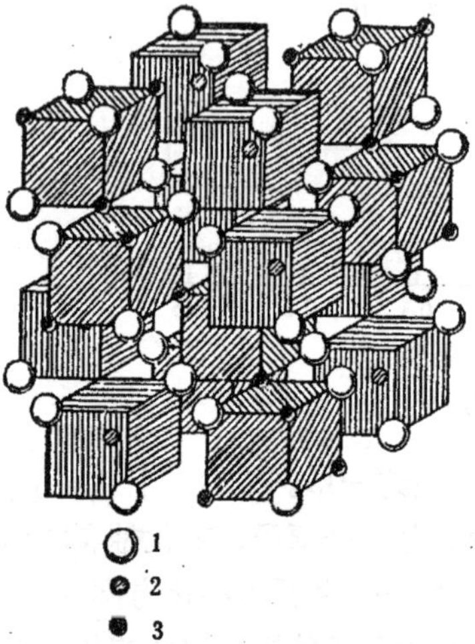

图 7.9 尖晶石结构．
1：氧离子 O^{2-}； 2：8*a*或称A位；
3：16*d* 或称B位．

如何分清那一组是属于A位那一组是属于B位．第一种方法是外加横向磁场．例如我们知道，在反尖晶石型铁氧体中，金属离子之间是负的超交换作用（A-O-B 型）它使A位和B位之间的离子的自旋成反平行，即

$$(Fe^{3+}\uparrow)O[Fe^{3+}\downarrow \cdot M^{2+}\downarrow]O_3.$$

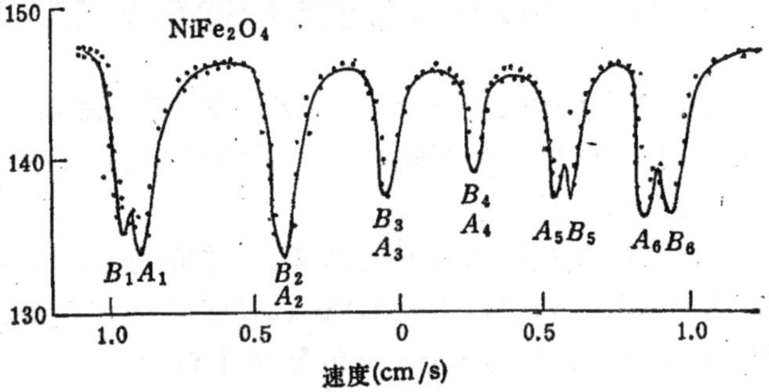

图 7.10 $NiFe_2O_4$ 的穆斯堡尔谱．
A：四面体位的穆斯堡尔谱； *B*：八面体位的穆斯堡尔谱．

当我们外加磁场时，A位的超精细分裂增大，而B位的超精细分裂减小。那么我们就可以依此来判断那一组是A位，那一组是B位。

第二种方法是根据某些元素优先占位情况来确定A位和B位的谱线。Kedem 和 Rothen[21] 利用铬代替铁时，根据它优先占据B位，就可根据B位峰面积减少的情况来确定A位和B位的谱。

第三种方法是根据A位和B位的同质异能移位不同来确定。由于A位中氧原子距金属离子的距离（≈ 0.67 Å）比 B 位中（≈ 0.72 Å）的要近，所以B位中的 Fe 的同质异能移位的值比A位中的值略大。

我们还可以利用穆斯堡尔效应来研究金属离子的占位情况，如图 7.10 所示的 $NiFe_2O_4$ 的穆斯堡尔谱图。B位对A位的强度 $I_A/I_B \approx 1.02 \pm 0.06$，如果认为A位和B位的 f 因数接近相同，那么我们就可以认为 $NiFe_2O_4$ 是反尖晶石结构，即

$$Fe^{3+}[Ni^{2+}Fe^{3+}]O_4.$$

$CoFe_2O_4$ 不完全是反尖晶石结构，它的反置程度取决于热处理情况。对于慢冷却样品，它的八面体位 Fe^{3+} 和四面体位 Fe^{3+} 的比为 1.07/0.93，这样我们可以认为它的结构式为 $(Co^{2+}_{0.07}Fe^{3+}_{0.93})[Co^{2+}_{0.93}Fe^{3+}_{1.07}]O_4$。对于快冷样品的结构式，实验证明是 $(Co^{2+}_{0.24}Fe^{3+}_{0.76})[Co^{2+}_{0.76}Fe^{3+}_{1.24}]O_4$。

石榴石型铁氧化物，在微波、光纤通信等技术领域中有广泛的应用。它的分子式为 $3R_2O_3 \cdot 5Fe_2O_3$，或写成 $R_3Fe_5O_{12}$，其中 R = Y, Sm, Eu, Gd, Tb, Dy, HO, Er, Tm, Yb, Lu。这类氧化物的结构属于复杂立方结构的石榴石矿物型。它的单胞包含 160 个原子[22]，其中 96 个氧原子占据 $96h$ 位，R^{3+} 离子占据 $24c$ 位，Fe^{3+} 离子占据 $24d$ 位和 $16a$ 位，它们分别为四面体位和八面体位。图 7.11 示出钇铁石榴石（YIG）单晶、在 γ 射线沿(111)方向时的穆斯堡尔谱。一些尖晶石型和石榴石型氧化物的穆斯堡尔谱参数列于表 7.2 之中。

利用直流溅射法制成了 $R_3Fe_5O_{12}$ 的非晶膜（R = Sm, Eu, Gd, Tm, Dy 和 Y）。根据 4.2—300K 的穆斯堡尔谱测量和拟合

表 7.2 若干铁氧体和石榴石型氧化物的穆斯堡尔谱参数

	$H_n(A)$ (T)	$H_n(B)$ (T)	$\delta(A)-\delta(B)$ (mm/s)
$Li_{0.5}Fe_{2.5}O_4$	51.8	54.8	−0.10±0.03
$NiFe_2O_4$	51.5	55.5	−0.15±0.03
$Ni_{0.9}Zn_{0.1}Fe_2O_4$	51.5	54.0	−0.13±0.04
$CoFe_2O_4$	51.0	54.0	−0.06±0.02
$MgFe_2O_4$	49.5	52.0	−0.05±0.02
$2CaOFe_2O_3$	50.5	55.5	−0.17
Fe_3O_4	50.8	47.7—48.9	−0.4±0.2
YIG	47.8	55.0	−0.17±0.08
GdIG	43.5	55.0	−0.26±0.16
SmIG			−0.25±0.16
YbIG			−0.25±0.16
LuIG	47.6	54.6	−0.19±0.07
DyIG			−0.26±0.16
ErIG	48.5	55.0	−0.3

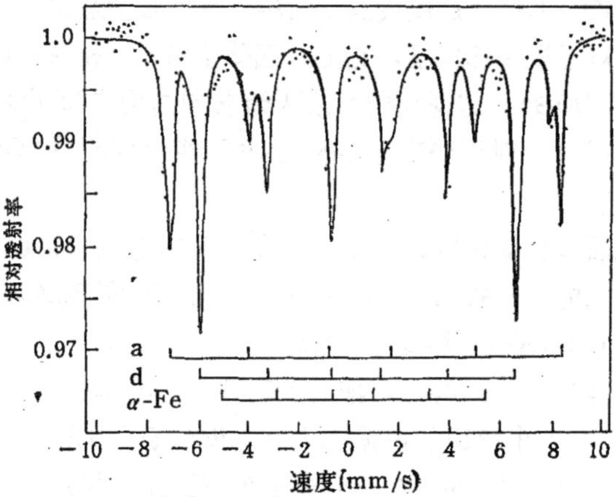

图 7.11 沿(111)方向取向的 YIG 的穆斯堡尔谱.

结果可知,超精细磁场具有较宽的高斯分布,居里温度显著降低。例如 TmIG 在晶态和非晶态的超精细磁场分别为 $H_{hf}(a)=55T$(晶态)和 46T(非晶). $H_{hf}(d)=48T$(晶态)和 43T(非晶),居里温度 $T_c\approx560K$(晶态)和 50—60K(非晶),可见原子排列无序的影响是很大的[23]。

六角形铁氧体是一类永磁材料。其中技术应用最多的是M型铁氧体，它的分子式 $BaFe_{12}O_{19}$ 或者 $SrFe_{12}O_{19}$。它由只含有 O^{2-} 和 Fe^{3+} 离子的S块和含 O^{2-}，Fe^{3+} 和 Ba^{2+} 离子的R块交替组成。在M型铁氧体中，Fe 离子有5种晶位，它们相应的穆斯堡尔谱参数如表7.3所示[24]。

表7.3 锶铁氧体穆斯堡尔谱参数

	晶格位置	离子数	自旋	穆斯堡谱参数		
				内磁场 H_i(T)	四极矩分裂 Δ(mm/s)	同质异能移位 δ(mm/s)
八面体位	12*K*(I)	6	↑	41.6	0.41	0.34
八面体位	2*a*(V)	1	↑	50.6	0.03	0.24
四面体位	$4f_1$(II)	2	↓	49.6	0.20	0.36
八面体位	$4f_2$(III)	2	↓	51.9	0.27	0.41
三角菱锥体位	2*b*(IV)	1	↑	42.2	2.50	0.21

为了研究六角型M铁氧体的微观磁性，常用其他金属离子取代 Fe^{3+} 后，再进行穆斯堡尔谱研究。对 $La_xBa_{(1-x)}Fe_{(12-x)}Zn_xO_{19}$ 铁氧体研究的结果表明[25]，Zn 离子从优位于 $4f_2$ 晶位。

§7.6 配位环境变化对超精细磁场的影响

在含铁量较高的铁-钒、铁-硅、铁-铬合金中，铁原子核位置的超精细磁场对近邻和次近邻环境的变化很敏感。图7.12示出纯铁和含4%，8%钒的铁-钒合金的穆斯堡尔谱[20]。从图上我们可以看到：(1)含有钒的合金的最外峰是两组或三组的重叠。2)最外边的一组谱线的第1,6峰的分裂比纯铁样品的大。而第3,4峰的位置没有任何变化。在铁中掺铬和掺硅的样品也显示出同样的情况。这说明近邻和次近邻杂质原子对超精细磁场有一定的影响。

我们可以认为最外峰是几组叠加的谱线，是由于几种不同配

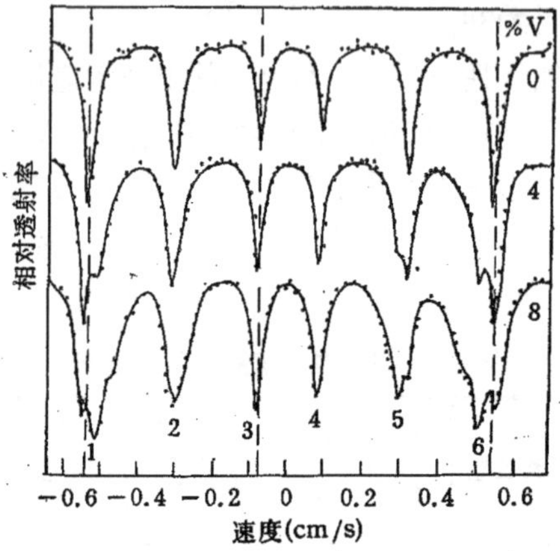

图 7.12 含 4%,8% 钒的合金和纯铁的穆斯堡尔谱[20].

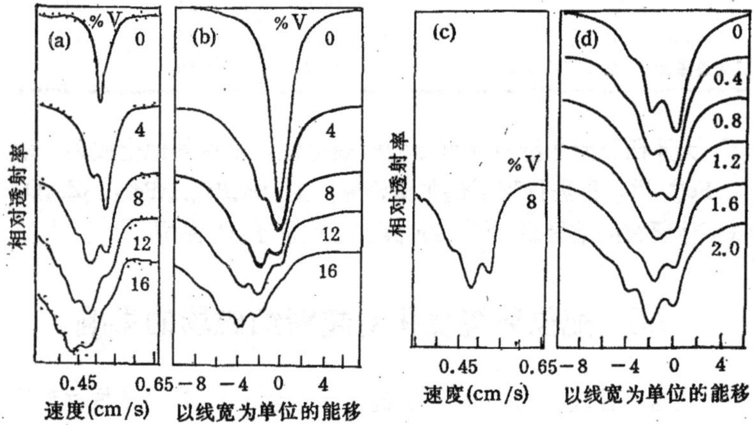

图 7.13 Fe-V 合金的第 6 峰的谱形及理论计算结果 (b,d)[20].

位环境形成的峰. 图 7.13 示出不同含量钒的穆斯堡尔谱及理论计算出的谱形. 在常温下,铁是体心立方结构,它有 8 个近邻和 6 个次近邻. 我们假定近邻和次近邻都对超精细磁场产生影响. 再假定一个近邻原子使峰位变化能量 α, 而次近邻使峰位变化能量 β. 假如这种效应是相叠加的,对一定的杂质含量 c; 第 6 峰的谱形可写成

$$\sum_{n=0}^{n=8}\sum_{m=0}^{m=6}\frac{8!}{(8-n)!n!}\frac{6!}{(6-m!)m!}\frac{c^{14-n-m}(1-c)^{n+m}}{1-(E-\alpha n-\beta m)^2},$$

(7.34)

式中，n 和 m 分别为近邻和次近邻的杂质原子数。图 7.13(a)示出实验结果；(b) 示出选用 $\alpha=2.0$ 和 $\beta=1.6$ 时，用计算机根据上式计算的结果；(c) 示出含钒为 8% 的实验结果；(d) 示出 $\alpha=2.0$ 和采用不同 β 值时，计算机计算出的结果。从上图可以看出，实验曲线和理论计算的结果符合得很好的。根据以上分析，我们可以推断，当有 n 个近邻和 m 个次近邻杂质原子，而杂质原子的含量为 c 时，在 ^{57}Fe 原子核处的超精细场可写成

$$H_{hf}=H_{Fe}(1+an+6m)(1+kc),\tag{7.35}$$

式中，$k=0.3$，$a=-0.076$，$b=-0.064$。H_{Fe} 为纯铁中铁原子核处的超精细磁场。从上式可以得到一有趣的结果：如果 ^{57}Fe 原子在这种合金中，不被任何近邻和次近邻杂质原子所包围时，在 ^{57}Fe 原子核处的超精细场比在纯铁中的大。这看来似乎是奇怪的结果，故至今还没有得到充分的解释。

§ 7.7 磁记录材料的穆斯堡尔谱研究

磁记录材料在国民经济中有很广泛的应用。在对它的研究中穆斯堡尔效应也能给出重要的信息。磁记录有平行和垂直两种方式。对于磁带材料，一般用由针状颗粒和粘合剂组成的涂料，在磁场下涂覆在薄带上，使磁性颗粒具有一定择优取向。用穆斯堡尔效应可测量磁性颗粒的磁矩取向。对于垂直记录和平行记录的材料来说，测量穆斯堡尔谱的几何条件如图 7.14 所示[26]。

γ 射线入射方向与磁矩方向之间的夹角为

$$\bar{\theta}=\sin^{-1}\left[\frac{6(A_{2,5}/A_{1,6})}{4+3(A_{2,5}/A_{1,6})}\right]^{1/2},\tag{7.36}$$

其中 $A_{1,6}$ 和 $A_{2,5}$ 分别为第 1，6 峰和第 2，5 峰的面积。图 7.15 示

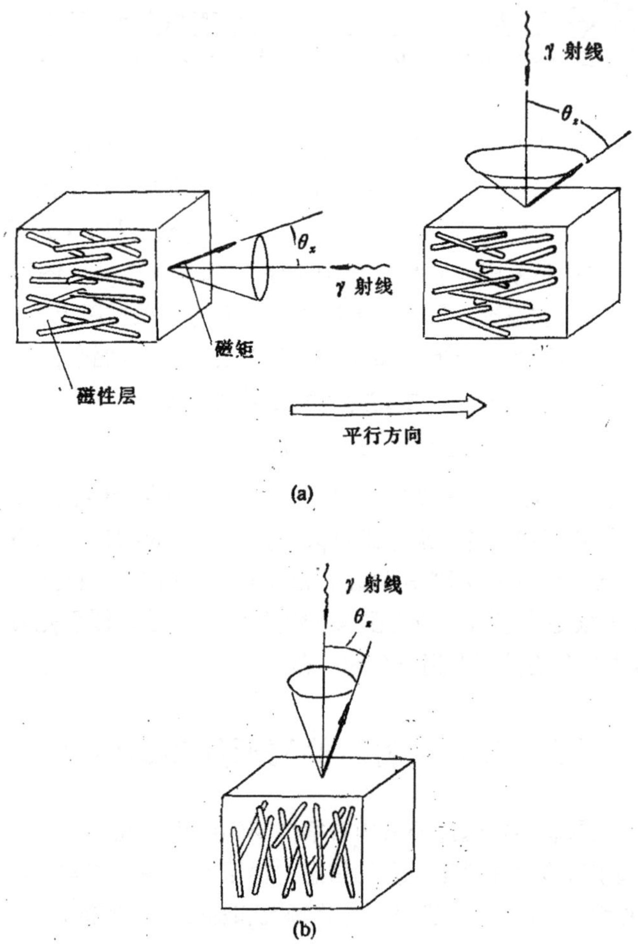

图 7.14 穆斯堡尔谱测量的几何条件.
(a) 平行记录磁带的垂直和水平测量; (b) 垂直记录磁带的垂直测量.

出 γ 射线沿平行记录磁带带向的穆斯堡尔谱. 根据穆斯堡尔谱, 我们可以计算出磁带磁性颗粒的磁矩的平均取向 $\bar{\theta}$. Kitahata 等研究了不同矫顽力的磁粉在退磁和剩磁状态下的磁矩取向. 结果表明,磁矩方向与带平面的平均夹角为 $\bar{\theta}=29°—34°$.

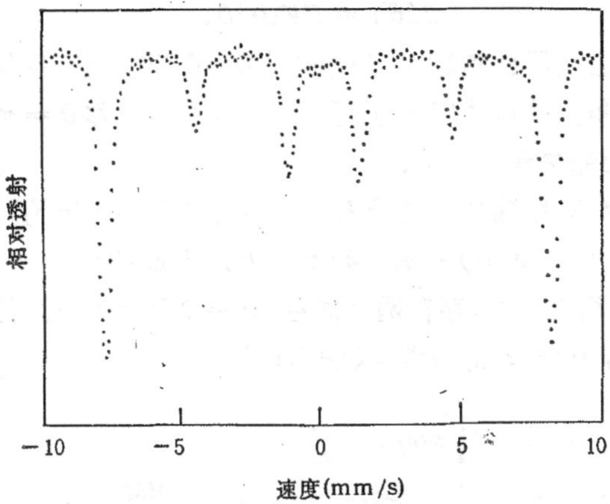

图 7.15 平行记录磁带的平行测量的穆斯堡尔谱[26].

§7.8 薄膜及细颗粒磁性材料的研究

7.8.1 基本原理

对于磁有序材料的小颗粒，存在一单畴粒子的临界尺寸. 在每一个单畴颗粒内部,相邻离子的自旋之间的交换作用,使其产生铁磁性、亚铁磁性或反铁磁性. 在这三种情况下,原子自旋方向都是固定排列的. 由于磁畴内部粒子之间的各种相互作用所形成的各向异性(磁晶各向异性、形状各向异性、应力各向异性、交换各向异性、表面各向异性等)的作用，使原子自旋系统沿易磁化方向排列. 当颗粒尺寸减小时,其各向异性能也减少,直到热运动能量和各向异性能相等时,这时磁化矢量不再固定在易磁化方向,而具有一定的统计涨落. 这种涨落可以分成两类: 一类是围绕易磁化方向的微小涨落，称为集体磁激发. 另一类是磁化矢量在易磁化方向之间跳跃，称为超顺磁弛豫. 当超顺磁弛豫时间比测量观测时间短时,样品就像顺磁体一样. 当温度低于 T_B 时，颗粒中的原子自旋按磁有序排列,这一温度 T_B 叫临界温度.

对于单轴磁各向异性，其总的磁各异性能

$$E(\theta) = KV\sin^2\theta, \tag{7.37}$$

其中K为各向异性常数，V为颗粒体积，θ为磁化矢量与易磁化轴之间的夹角。根据式(7.37)，我们可知，$\theta = 0$和$\theta = \pi$为两个低能谷，其间能垒等于 KV。

如果沿对称轴加外磁场H，则铁磁离子的能量为

$$E(\theta) = KV\sin^2\theta - HM_sV\cos\theta. \tag{7.38}$$

当 $H < 2K/M_s$ 时，存在两个能谷，$\theta = 0$和$\theta = \pi$。但是对较大的磁场H，$\theta = \pi$ 能谷消失(图 7.16)。

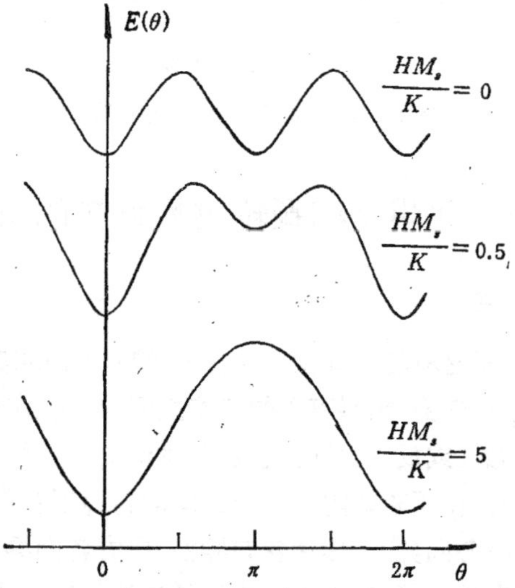

图 7.16 对于不同的 HM_s/K 值时，式(7.38)所给出磁能量[3]。

细颗粒的磁化矢量与易磁化轴之间夹角在θ到 $\theta + d\theta$ 之间的概率为

$$f(\theta) = \frac{\exp[-E(\theta)/k_BT]\sin\theta d\theta}{\int_0^\pi \exp[-E(\theta)/k_BT]\sin\theta d\theta}, \tag{7.39}$$

其中k_B为玻耳兹曼常量，T为温度。

可以把磁涨落看成是磁化矢量沿所有方向的统计取向，而用式(7.39)可以求沿一定方向取向的概率。当 KV，或者HM_sV或

两者一起比 k_BT 大得多时，除易磁化方向之外，$f(\theta)=0$，就是说可以认为磁化矢量是固定在一定方向。当 KV/k_BT 或者HM_sV/k_BT 较小时，使 $f(\theta)$ 分布在易磁化轴附近展宽，也就是说磁化矢量在易磁化轴附近涨落，这是集体磁激发的情况。当 $KV/k_BT\lesssim 1$ 和 $H<2K/M_s$ 时，磁化矢量完全可以超越分隔两个能谷的能垒，这时发生超顺磁弛豫。

磁化矢量超越能垒的频率，可以定义为超顺磁弛豫频率(τ^{-1})。Néel计算了$H=0$时的铁磁颗粒的超顺磁弛豫时间[27]

$$\tau=\tau_0\exp(KV/k_BT), \tag{7.40}$$

其中 τ_0 为 10^{-9}—10^{-11}s 数量级。

Brown[28] 对超顺磁弛豫理论进行了改进，在外磁场存在时，两种易磁化方向之间的跃迁不同。我们称低能能谷为 1，高能能峪为 2。在高能垒近似情况下($KV\geqq 1$)，两种弛豫时间 $\tau_{1\to2}$ 和 $\tau_{2\to1}$，可近似得到

$$\left.\begin{matrix}\tau_{1\to2}\\ \tau_{2\to1}\end{matrix}\right\}=\frac{M_s\pi^{1/2}}{K\gamma_0}\alpha^{-\frac{1}{2}}(1-h^2)^{-1}(1\pm h)^{-1}\exp\{\alpha(1\pm h)^2\}, \tag{7.41}$$

其中 $h=HM_s/2K$，$\alpha=KV/k_BT$，γ_0 为旋磁比。当$H=0$时，上式可简化为

$$\left.\begin{matrix}\tau_{1\to2}\\ \tau_{2\to1}\end{matrix}\right\}=\frac{M_s\pi^{1/2}}{K\gamma_0}\alpha^{-\frac{1}{2}}\exp\{\alpha\}. \tag{7.42}$$

常常用一个由下式确定的参数 τ 表示弛豫时间

$$\tau^{-1}=(\tau_{1\to2})^{-1}+(\tau_{2\to1})^{-1} \tag{7.43}$$

Aharoni[29]曾用数字计算方法，计算了弛豫时间，发现上述两式在 $\alpha>1.0$ 时，是适用的。

若外加磁场，可以得到更多的信息。但从前面的讨论可以知道，当 $H\geqslant 2K/M_s$ 时，只有一个低能谷。这时磁化矢量方向是确定的，就谈不上超顺磁弛豫了。但是，磁化矢量还不是在空间固定，涨落现象对磁性能还会有一定的影响。

我们在比涨落特征时间较长的时间内，根据式(7.39)对磁化强度求平均，得到

$$\langle M\rangle = M_s \frac{\int_0^{\pi} \exp[-E(\theta)/k_BT]\cos\theta\sin\theta d\theta}{\int_0^{\pi} \exp[-E(\theta)/k_BT]\sin\theta d\theta}。\qquad (7.44)$$

当外磁场的影响大于各向异性效应时，上式可简化为

$$\langle M\rangle = M_s L\left(\frac{\mu H}{k_BT}\right), \qquad (7.45)$$

其中 $\mu = M_sV$ 为颗粒的磁矩，而且

$$L\left(\frac{\mu H}{k_BT}\right) = \coth\left(\frac{\mu H}{k_BT}\right) - \frac{k_BT}{\mu H} \qquad (7.46)$$

为经典 Langevin 函数. 在低磁场和高磁场的极限情况下，分别为

$$L\left(\frac{\mu H}{k_BT}\right) = \frac{\mu H}{3k_BT} \qquad \frac{\mu H}{k_BT} \ll 1, \qquad (7.47)$$

$$L\left(\frac{\mu H}{k_BT}\right) = 1 - \frac{k_BT}{\mu H} \qquad \frac{\mu H}{k_BT} \gg 1. \qquad (7.48)$$

由于铁磁性颗粒的 μ 值很大. 在室温下不太高的磁场就可达到饱和. 当外磁场为零时，式(7.44)所表示的外场引起的平均磁化强度等于零.

7.8.2 集体磁激发

若外磁场为零，而且超顺磁弛豫时间比观测时间较长，这时磁化矢量固定在其中一个易磁化方向上，我们测得的磁化矢量是固定值. 但当集体磁激发时间小于观测时间，所测得的磁化强度为

$$M(V,T) = M_s(T)\langle\cos\theta\rangle_T, \qquad (7.49)$$

其中 $\langle\cos\theta\rangle_T$ 是 $\cos\theta$ 在一个能谷附近的热平均值. 令 $k_BT/KV = \beta$，得到[30]

$$\langle\cos\theta\rangle_T = \frac{\int_0^{\pi/2} \exp[-(1/\beta)\sin^2\theta]\cos\theta\sin\theta d\theta}{\int_0^{\pi/2} \exp[-(1/\beta)\sin^2\theta]\sin\theta d\theta}$$

$$=\frac{\beta^{1/2}}{2}\frac{\exp(1/\beta)-1}{\int_0^{\beta^{-\frac{1}{2}}}\exp(x^2)dx}. \tag{7.50}$$

在较低温度情况下（$KV/k_BT\gg 1$），得到

$$\langle\cos\theta\rangle_T\approx 1-k_BT/2KV. \tag{7.51}$$

在集体磁激发情况下，穆斯堡尔谱的磁分裂值正比于超精细场的平均值，就是

$$H_{hf}(V,T)=H_{hf}(V=\infty,T)\langle\cos\theta\rangle_T, \tag{7.52}$$

其中 $H_{hf}(V=\infty,T)$ 是在同一温度下大颗粒晶体的超精细磁场（在无集体磁激发情况下）。所以小颗粒样品的磁分裂值比大颗粒样品的磁分裂值来得小。如果样品颗粒度有一定分布，则不同颗粒大小的样品的磁分裂值不同，穆斯堡尔谱峰变宽。从中我们可以确定 KV 的分布。

Morup 和 Topsoe 研究了 Fe_3O_4 细颗粒的集体磁激发效应[3]。他们测量了颗粒直径为 60，100，120 和大于 2000 Å 的样品的穆斯堡尔谱，从中计算出 $h(V,T)=H(V,T)/H(V=\infty,T)$。

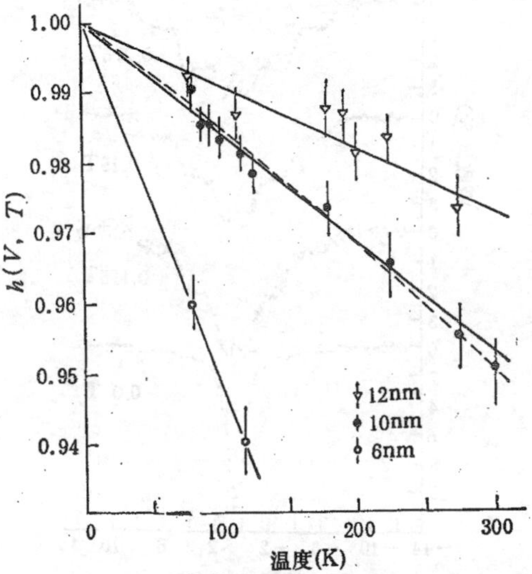

图 7.17　60，100 和 120 Å 直径的 Fe_3O_4 的颗粒的 $h(V,T)$ 随温度 T 的关系曲线.

对三个细颗粒样品的 $h(V,T)$ 与 T 的关系如图 7.17 所示。根据式(7.51)和式(7.52)，$h(V,T)\approx 1-k_BT/2KV$，通过直线拟合，我们根据斜率可以确定 K 的值，这样得到的结果和其他方法得到的结果符合得很好。

现在再介绍一种根据外磁场下的穆斯堡尔谱来确定铁磁性和亚铁磁性颗粒尺寸的方法。在外磁场下和临界温度以上，穆斯堡尔谱的磁分裂正比于外磁场和外场引起的超精细磁场之和。由于后者正比于 $\langle M\rangle$，所以根据式(7.44)，当可以忽略各向异性时，我们得到

$$H_{eff}(V,T,H)=H+H_{hf}(V=\infty,T)L(\mu H/k_BT). \quad (7.53)$$

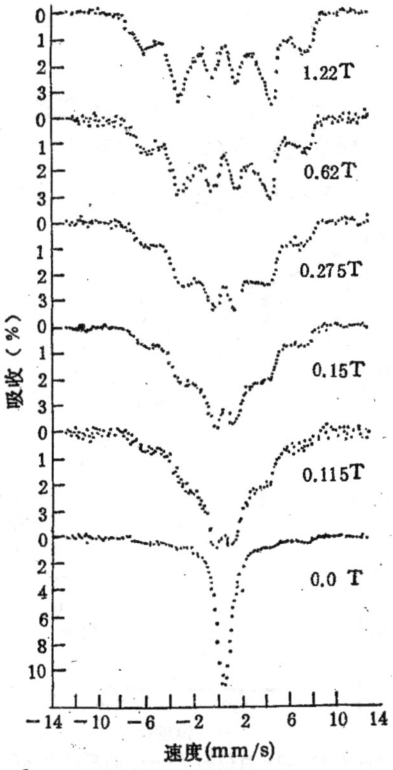

图 7.18 60 Å 的 Fe_3O_4 颗粒在 260K 和不同磁场下的穆斯堡尔谱.

根据式(7.53)和式(7.48),我们把 $(H_{eff}-H)$ 作为 $1/H$ 的函数作图,当 $\mu H/kT \gg 1$,得到一条直线,其斜率为 $H_{hf}(v=\infty, T)R_B T/\mu$,从中可以得到 μ. 如果 M_s 为已知(可用大颗粒的值),我们则可以算出颗粒的平均尺寸. 图 7.18 示出小颗粒的 Fe_3O_4样品在不同磁场下的穆斯堡尔谱. Fe_3O_4 的A位和B位的谱线不同,但在外磁场较小时,无法把它们分开. 但是从图上可以确定第3,4 峰之间的距离 Δ_{34}. 图 7.19 示出把 Δ_{34} 作为 $1/H$ 的函数所作的图. 从直线的拟合可以定出斜率. 然后算出颗粒尺寸为 64 Å,这一结果和X射线衍射及电镜方法得到的结果完全相同.

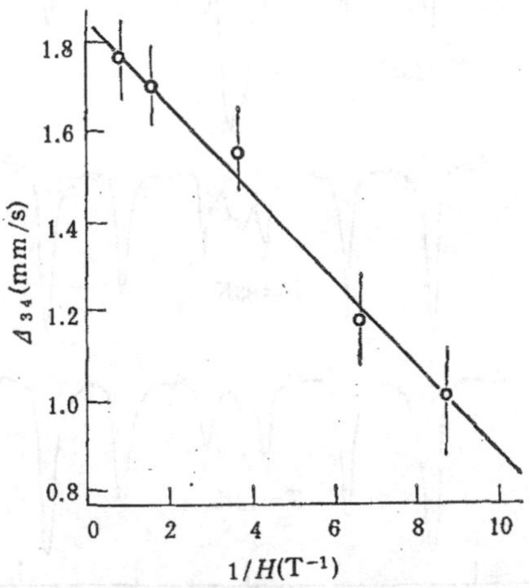

图 7.19　图 7.18 中磁分裂谱的第 3,4 峰间距与 $1/H$ 的关系. 根据斜率可定出颗粒尺寸为 64 Å.

如果在所研究的样品中,颗粒尺寸有一定分布的话,由于不同颗粒尺寸的 μ 值不同,使穆斯堡尔谱的峰变宽. 那么,反过来我们可以根据穆斯堡尔谱确定 μ 值的分布,进而可以确定尺寸的分布.

7.8.3 超顺磁弛豫

当磁性颗粒或固体中的磁性结团的体积足够小时,由于热运动而使其磁化矢量在两个易磁化轴之间跳跃,这一现象称为超顺磁弛豫.通过研究磁性细颗粒在不同温度下的穆斯堡尔谱,我们可

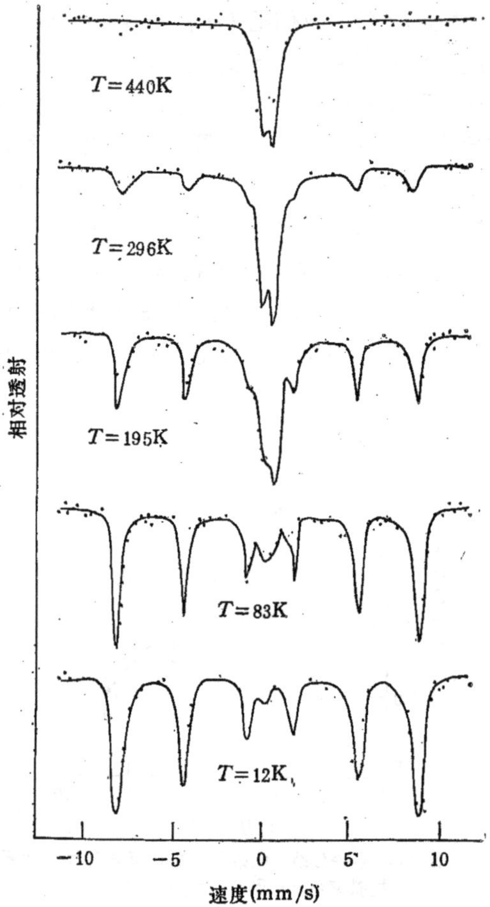

图 7.20 平均直径为 135 Å 的 α-Fe_2O_3 微晶在不同温度下的穆斯堡尔谱[30].

以求出颗粒尺寸或各向异性常数K. 图 7.20 示出平均直径为 135 Å 的 α-Fe_2O_3 颗粒在不同温度下的穆斯堡尔谱. 在 83K 到 296 K 之间, 既存在超顺磁谱, 又存在磁分裂谱. 在一定温度下, 其峰面积的相对比值代表在临界温度之下和临界温度之上的颗粒数目之比. 根据峰面积比值随温度的变化和弛豫时间对温度的关系式,可以求出各向异性常数 K. 根据图 7.20 所示出的数据, 得到 $K=(8.2\pm 2.4)\times 10^3 J/m^3$. 如果认为$K$与颗粒尺寸无关,也可以

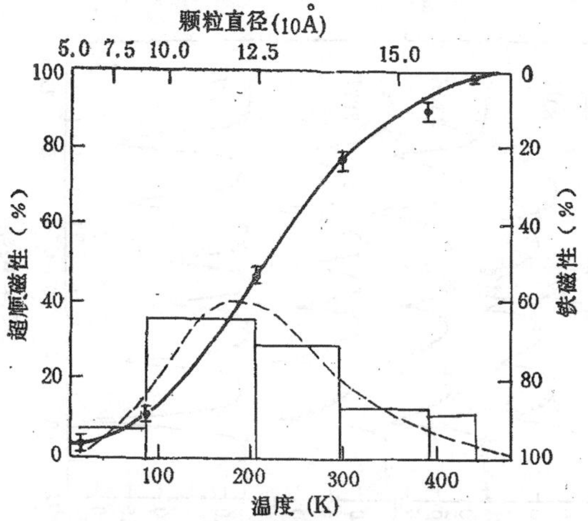

图 7.21　图 7.20 中超顺磁性部分的百分比和颗粒尺寸的分布[30].

根据图 7.20 示出的数据计算出颗粒尺寸，其结果如图 7.21 所示。

李士等用类似的方法研究了超细 γ-Fe_2O_3 包钴前后的各向异性，得到的穆斯堡尔谱如图 7.22 和图 7.23 所示。两种样品中铁磁性和超顺磁性百分比与温度的关系如图 7.24 所示。他们采用的超顺磁弛豫时间的表达式为

$$\tau = \frac{1}{af}\exp\left(\frac{2KV}{k_B T}\right),$$

其中 a 为几何因子，对于 γ-Fe_2O_3，$a=2$. $f = 7.7 \times 10^3 K$ 为拉莫尔旋进频率因子。用比表面积方法求出比表面积 S. 然后用 $d = \frac{\sigma}{\rho S}$ 求出颗粒直径 d. 其中 ρ 为颗粒的理论密度，约 5g/cm^3，然后再算出 V. 当超顺磁弛豫时间等于拉莫尔旋进周期时，超顺磁性和铁磁性颗粒各占 50%。对于 ^{57}Fe 的第一激发态，拉莫尔旋进周期为 2.5×10^{-8}s。将超顺磁性和铁磁性各占 50% 时的温度 T_B 及其他有关常数代入上式，并使超顺磁弛豫时间 $\tau_s = \tau_L$（τ_L 为拉莫尔旋进周期），可以得出各向异性常数。对于超细 γ-Fe_2O_3 颗粒，$K= 1.15 \times 10^5$erg/cm^3。对于超细 Co-γ-Fe_2O_3 颗粒，$K = 1.50 \times$

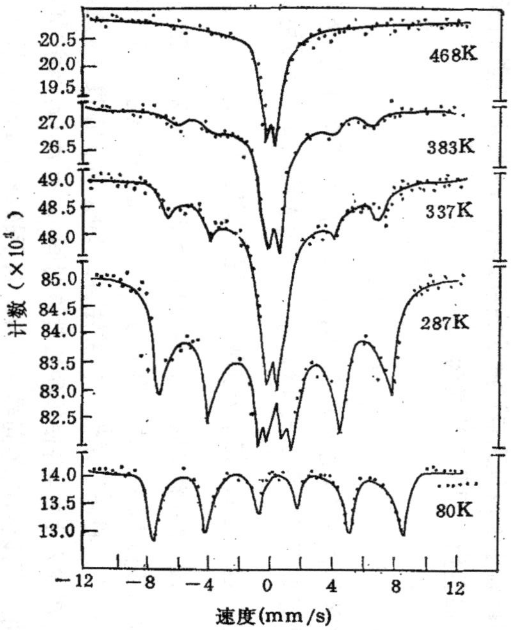

图7.22 超细 γ-Fe_2O_3 颗粒在不同温度下的穆斯堡尔谱[31]。

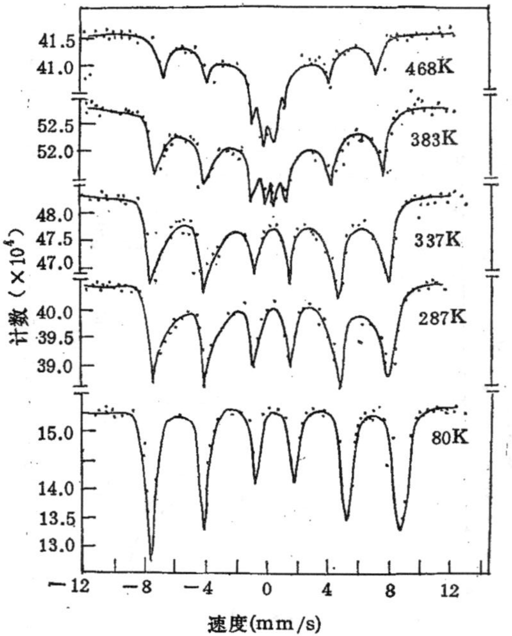

图7.23 超细 Co-γ-Fe_2O_3 颗粒在不同温度下的穆斯堡尔谱[31]。

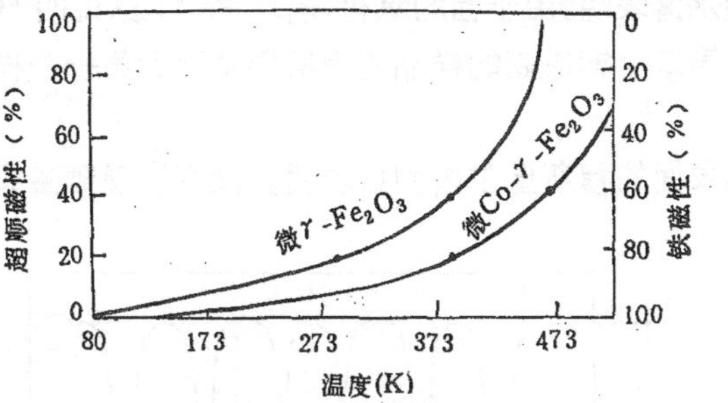

图 7.24　超细 γ-Fe_2O_3 和 Co-γ-Fe_2O_3 颗粒中铁磁与超顺磁性百分比与温度的关系[31]。

10^5erg/cm^3。从以上结果可以看出，γ-Fe_2O_3 微粒包钴后，各向异性常数增大。

7.8.4　表面磁性研究

近年来，人们对表面层原子的磁性能研究给予了很大关注。在这方面，穆斯堡尔效应也能给出很多信息。Liebermann 等[32,33]根据对铁磁性薄膜的磁性测量的结果，认为 Fe，Co，Ni 等薄膜表面的原子磁矩为零，即表面存在“非磁性层”。

Shinjo 等[46,58]研究铁金属薄膜表面的 ^{57}Fe 原子的超精细磁场，测量结果表明，表面 ^{57}Fe 原子核处的超精细场虽有一定分布，但其平均超精细场和大颗粒的值差不多。这一结果表明，表面不存在“非磁性层”。Shinjo 等[33]还进行了表面层沉积 ^{57}Co 的穆斯堡尔测量。他们测量的第一个样品是在抛光的钴金属表面电沉积 10^2 原子层的钴，然后再沉积十分之一层的 ^{57}Co。第二个样品是在 Cu 表面上沉积 10^3 原子层的钴，然后再沉积十分之一层的 ^{57}Co。两种样品在沉积 ^{57}Co 之后迅速冷却到 77K。这样，在测量过程中，^{57}Co 层覆盖着一层冰(避免吸附效应的影响)。第一个样品在 4.2K 时的穆斯堡尔谱为磁分裂谱，其同质异能移位表明 ^{57}Fe 在钴金属中为零价。由于超精细磁场有一定分布(大约在 26T 到 35T 范围内，^{57}Fe 在金属钴中的超精细场，在 4.2K 时为 33T)，谱线变宽。77K 时的穆斯堡尔谱和 4.2K 时的差不多相似。但在室温下的穆斯堡尔谱表明，由于钴的氧化，出现 Fe^{2+}，这说明 ^{57}Co 是在样品表面。第二个铜衬底的样品的穆斯堡尔谱和第一个样品的情况相同。

金属表面的穆斯堡尔谱测量表明，没有发现顺磁成分。由于

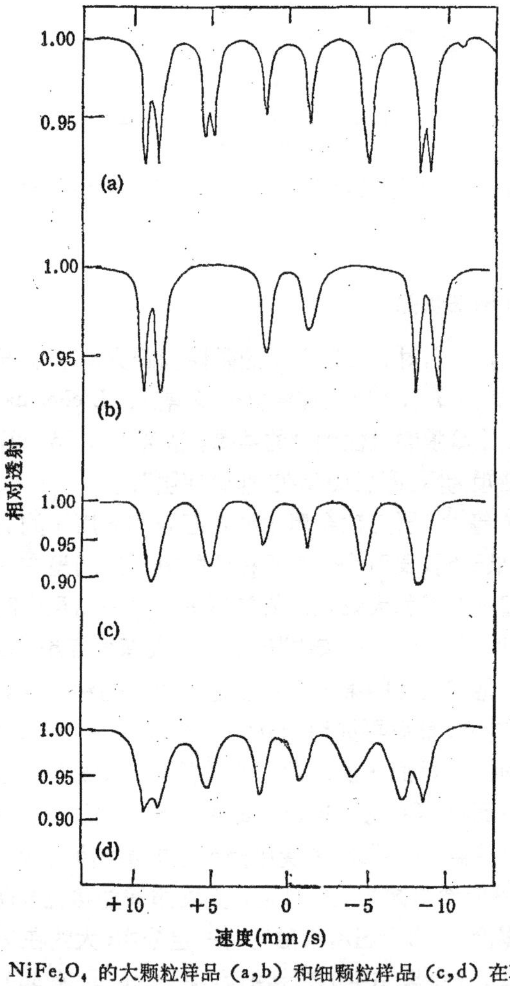

图 7.25 $NiFe_2O_4$ 的大颗粒样品 (a,b) 和细颗粒样品 (c,d) 在不同测量条件下的穆斯堡尔谱. (a) $T=30K$, $H=0T$; (b) $T=23K$, $H=6.85T$; (c) $T=23K$, $H=0T$; (d) $T=23K$, $H=6.85T$.

超精细磁场正比于铁磁合金的局域磁矩，可以得出结论，虽然表面磁矩有一定分布，但是钴金属表面的 ^{57}Fe 原子的磁矩不等于零.

Berkowitz[34] 等用穆斯堡尔效应研究了磁性颗粒的表面自旋钉扎效应. 他们用的样品是用油酸包裹的 $NiFe_2O_4$ 的细颗粒. 他们的测量结果如图 7.25 所示. (a) 是大颗粒 $NiFe_2O_4$ 的穆斯堡尔谱；(b) 是大颗粒样品在外磁场下的穆斯堡尔谱，外磁场平行 γ 射线方向，$T = 23K$，$H = 6.85T$. 这时 2.5 峰消失. (c) 为包油酸的细颗粒 (80 Å) 样品；$T = 23K$，$H = 0$；(d) 为包油酸的细颗粒样品；$T = 23K$，$H = 6.85T$. 对于包油酸的细颗粒样品不像大颗粒样品那样，这里在平行磁场下第 2,5 峰没有消失. 这说明，当细颗粒样品用油酸包裹时，表面原子的自旋钉扎，而不能沿外磁场方向取向.

陆怀先等[35]用外加垂直 γ 射线方向的磁场，研究了包油酸等有机物中的 Fe_3O_4 细颗粒(80 Å)的穆斯堡尔谱，证明有机物包裹的 Fe_3O_4 的表面自旋，同时也存在钉扎效应.

§7.9 磁性相变研究

在讨论超精细磁场 H_{hf} 与自发磁化强度 M_s 之间的关系时，已经知道 H_{hf} 正比于 M_s，所以我们可以利用 H_{hf} 随温度的变化来研究铁磁性、亚铁磁性和反铁磁性到顺磁性的相变过程. 该方法不但可用于含铁材料，也可以用 ^{57}Fe 作探针来研究其他磁性材料. Friedel[36] 已证明，在金属基体材料中掺入少量稀释杂质后，晶格不会发生变化. 那么，在镍中掺入少量稀释原子 ^{57}Fe，不会改变它的磁性能. 图 7.26 示出在不同温度下、镍中的 ^{57}Fe 穆斯堡尔谱. 图 7.27 示出相对超精细磁场 $H_{hf}(T)/H_{hf}(0)$ 随相对温度 T/T_c 的变化. 从中可以得到镍的居里温度是 631K. 这一测量结果和磁测量的结果一致. 从相变研究的角度来说(如图 7.28 所示)，用总的峰面积对温度 T 作图来求相变温度，会更确切和方便一些.

如果仔细测量相变点附近的穆斯堡尔谱，不仅可以测定临界

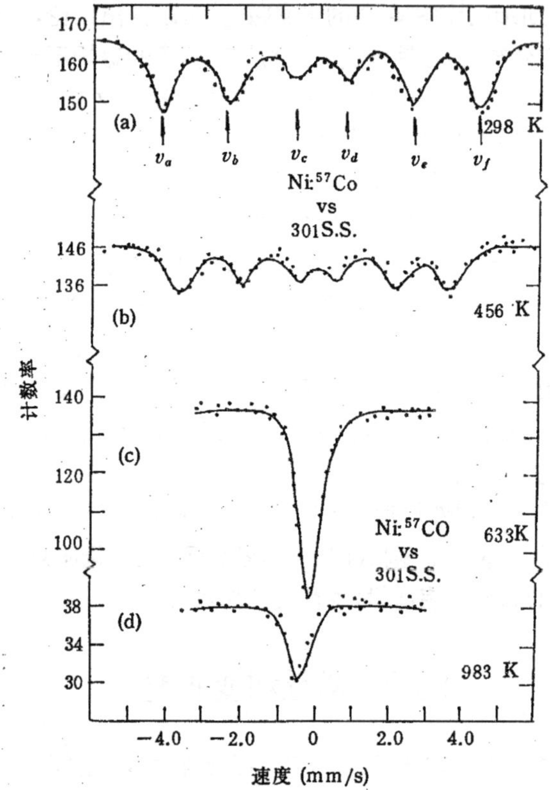

图 7.26　镍中的 ^{57}Fe 在不同温度下的穆斯堡尔谱.
(a) 298K; (b) 466K; (c) 633K; (d) 983K[37].

温度 T_c,还可以确定临界参数. 在磁有序温度 T_c 或 T_N 附近, 磁化强度与温度的关系可写成

$$M(T) = M(0)D(1 - T/T_N)^{\beta},$$

其中 D 和 β 称为临界常数. 根据外斯分子场理论可得出, $\beta = \frac{1}{2}$. 自旋波理论给出 $\beta = \frac{1}{3}$, 而二维 Ising 模型证明, $\beta = \frac{1}{8}$,而三维 Ising 模型证明, $\beta = \frac{5}{16}$[39]. 根据 H_{hf} 正比于 M 的关系, 我们

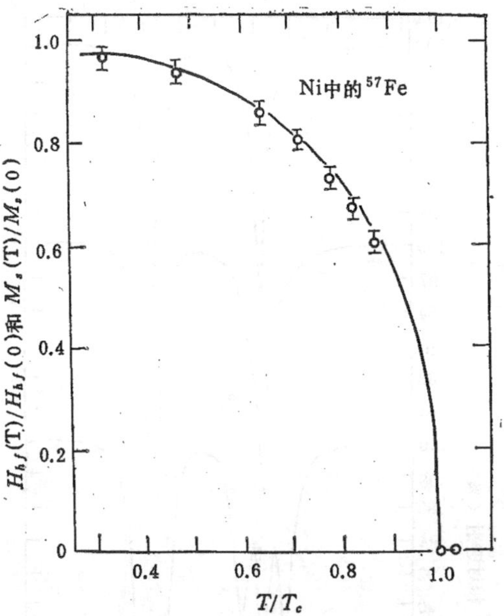

图 7.27 在镍中 ^{57}Fe 原子核处的相对超精细场随相对温度的变化曲线[38]。

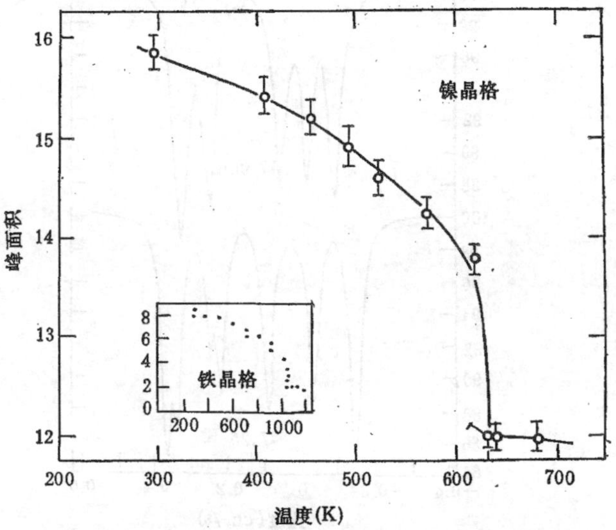

图 7.28 镍晶格中 ^{57}Fe 吸收峰面积随温度的变化曲线[38]。

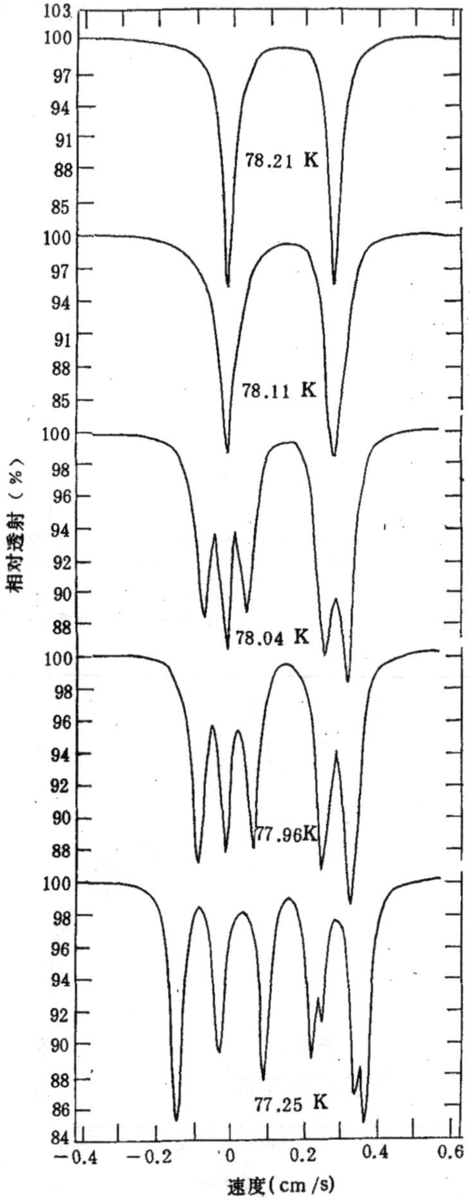

图 7.29　在奈耳温度 T_N 附近的 FeF_2 穆斯堡尔谱[40]

可以写成

$$H_{hf}(T)=H_{hf}(0)D(1-T/T_N)^{\beta}。$$

那么，我们就可以根据在 T_N 附近超精细磁场随温度的变化来确定参数 β 和 D。图 7.29 示出 FeF_2 样品在 77.25K 到 78.21K（$T_N=78.12K$）范围内不同温度下的穆斯堡尔谱。根据图 7.29 示出的结果，作 $\lg H_{hf}$ 对 $\lg(T_N-T)$ 的曲线，如图 7.30 所示。根据斜率可以求出 $\beta=0.325\pm0.005$，进而求出 $D=1.36\pm0.03$。

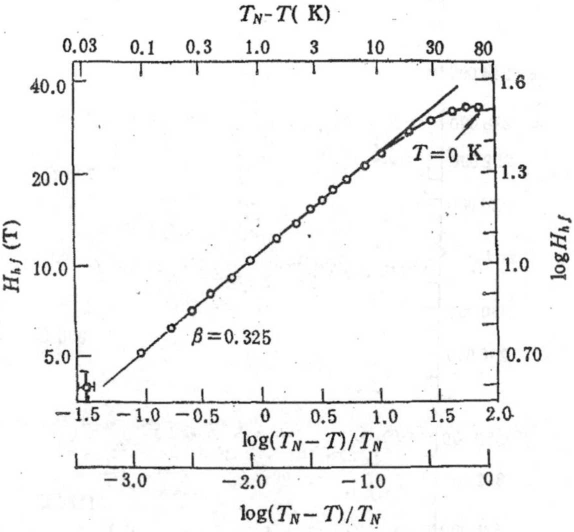

图 7.30 FeF_2 的 $\lg H_{hf}$ 对 $\lg(T_N-T)$ 的关系曲线[40]。

利用穆斯堡尔效应可以研究固相反应过程中含铁相的变化情况。图 7.31 示出 $SrFe_{12}O_{19}$ 制备过程中，焙烧到不同温度时，各含铁相的穆斯堡尔谱。原材料是共沉淀法制得的 α-FeOOH，加热到一定温度时，保温 1h，然后在空气中淬冷，使其保持高温相，在室温下测得穆斯堡尔谱。从图上可以看出，在室温下为超顺磁性的 α-FeOOH，随温度升高，出现 α-FeOOH 的线谱，说明逐渐成长为大颗粒的 α-FeOOH。到 300℃ 时，出现了 α-Fe_2O_3 的特征谱线，并且 α-Fe_2O_3 和 α-FeOOH 两相并存。到 700℃ 时，

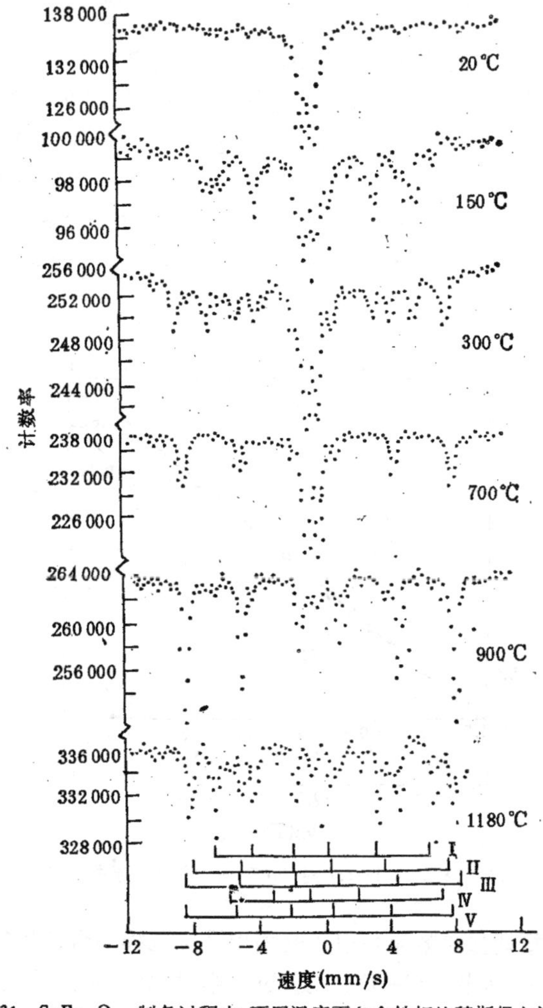

图 7.31 $SrFe_{12}O_{19}$ 制备过程中，不同温度下各含铁相的穆斯堡尔谱[41]

α-FeOOH 的谱线消失，全部变成 α-Fe_2O_3. 到 900℃ 以后，逐步生成 $SrFe_{12}O_{19}$，到 1180℃ 完全生成 $SrFe_{12}O_{19}$ 相. 我们还可以看到，用共沉淀法制备的粉料，颗粒细，混合均匀，固相反应完全，所测得的穆斯堡尔谱分辨较好，生成 $SrFe_{12}O_{19}$ 的温度也比氧化物法略低.

§ 7.10 Morin 相变

在 1950 年 Morin 发现,在温度 $T_m = 260\text{K}$ 时,$\alpha\text{-}Fe_2O_3$ 中

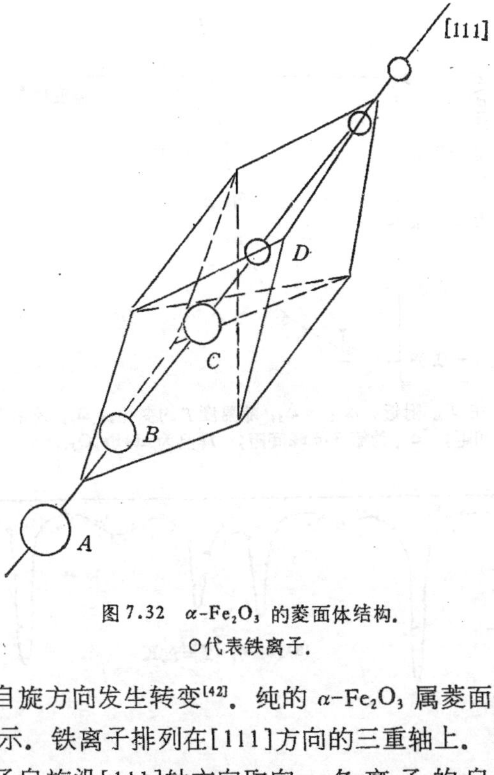

图 7.32 $\alpha\text{-}Fe_2O_3$ 的菱面体结构.
O代表铁离子.

铁离子的自旋方向发生转变[42]. 纯的 $\alpha\text{-}Fe_2O_3$ 属菱面体结构[43]如图 7.32 所示. 铁离子排列在[111]方向的三重轴上. 当 $T < T_m$ 时,铁离子自旋沿[111]轴方向取向. 各离子的自旋方向为 $A(+)$, $B(-)$, $C(-)$ 和 $D(+)$, 呈正常反铁磁性. 当 $T > T_m$ 时,铁离子自旋转动 90°, 在(111)平面内,由于自旋不是完全反平行,而有一定倾斜,所以呈弱铁磁性. 用穆斯堡尔效应研究 Morin 相变是一种理想的方法. 根据式(7.7), 当 $T < T_m$ 时, $\theta = 0$, $\Delta_{12} - \Delta_{56} = -e^2qQ$. 当 $T > T_m$ 时, $\theta = 90°$, $\Delta_{12} - \Delta_{56} = \frac{1}{2}e^2qQ$. 所以在 Morin 相变温度附近 ($\Delta_{12} - \Delta_{56}$) 的值变号,而

且绝对值也相差一倍. 图 7.33 示出 α-Fe_2O_3 粉末样品的穆斯堡尔

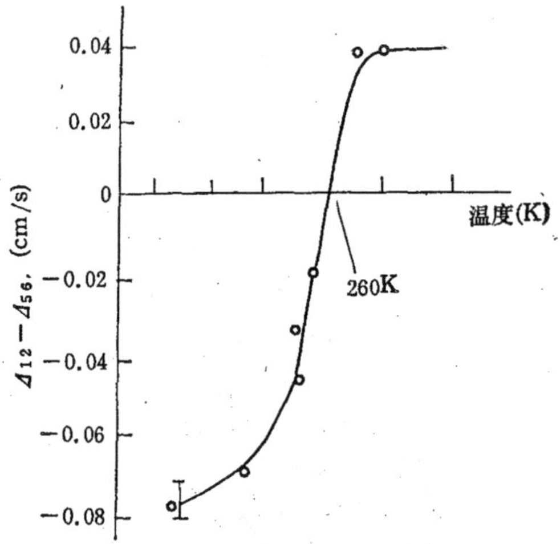

图 7.33 在 T_m 附近，$\Delta_{12}-\Delta_{56}$ 随温度 T 的变化. Δ_{12} 为第 1,2 峰间距；Δ_{56} 为第 5,6 峰间距；样品为 α-Fe_2O_3.

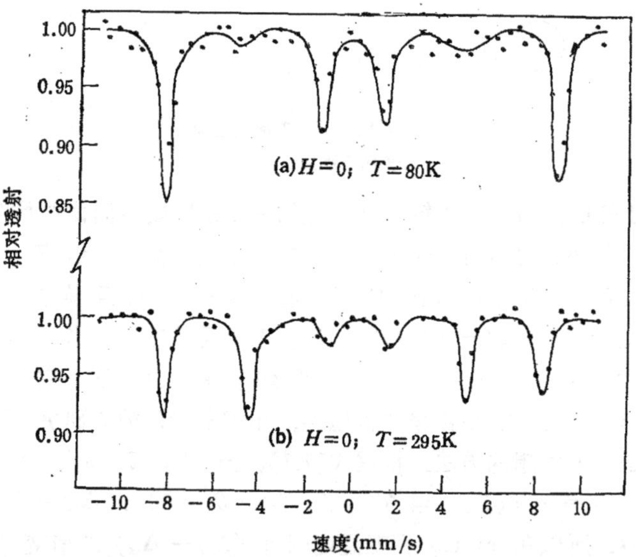

图 7.34 α-Fe_2O_3 单晶的穆斯堡尔谱. γ 射线方向平行[111]轴[44].

谱的 ($\Delta_{12}-\Delta_{56}$) 随温度的变化,从图上可以确定 T_m 的值.

用单晶 α-Fe_2O_3 样品研究 Morin 相变,可以从峰强度变化来确定自旋转变温度. 图 7.34 示出单晶 α-Fe_2O_3 样品在不同温度下的穆斯堡尔谱. γ射线沿[111]轴方向. 在 $T<T_m$ 时,自

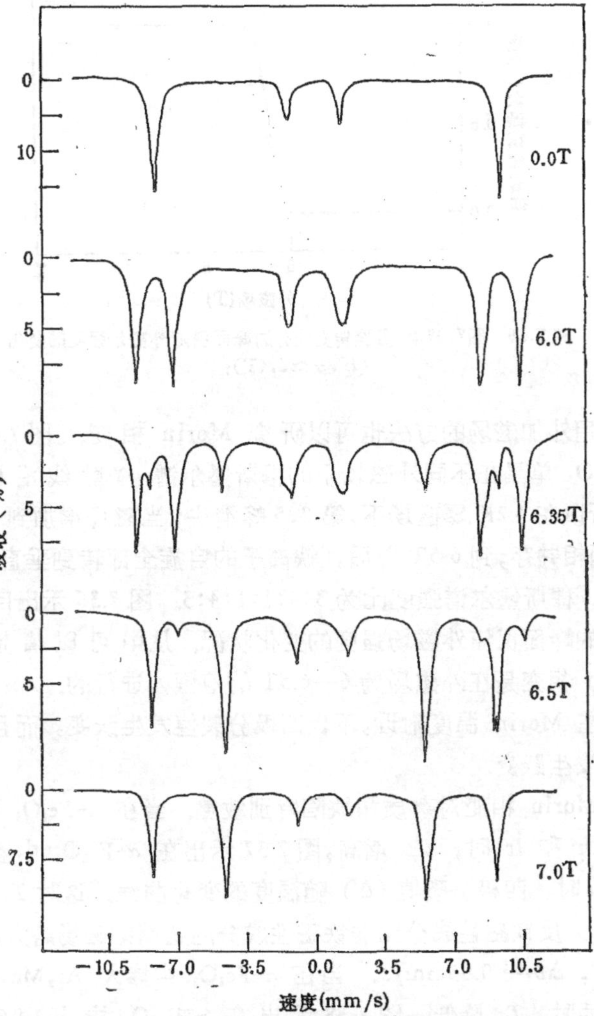

图 7 35 用 $Na_2B_4O_7$ 作助熔剂生成的 α-Fe_2O_3 在 4.2K 和不同外磁场下的穆斯堡尔谱. γ射线平行于[111]轴[45].

旋方向与γ射线方向平行，第2，5峰消失．当 $T > T_m$ 时，自旋方向与γ射线方向垂直，峰强度比为3:4:1．根据两种峰面积变化可以确定 T_m．

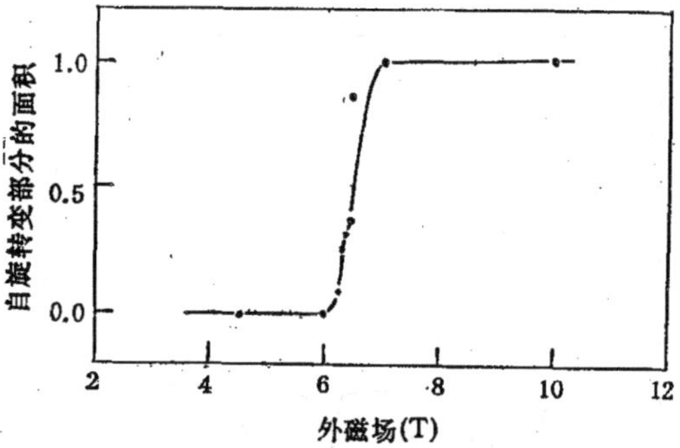

图7.36　图7.35中，自旋转变成分的峰面积随外磁场强度的变化[45]
($H_{相变} \approx 6.4T$)．

用外加磁场的方法也可以研究 Morin 相变．图7.35示出 $\alpha-Fe_2O_3$ 单晶在不同外磁场下的穆斯堡尔谱．γ射线沿[111]方向，所以在4.2K零磁场下，第2，5峰消失；当磁场增加到6—6.5T时，两相并存；到6.5T以后，铁离子的自旋全部转到垂直于[111]方向，穆斯堡尔谱强度比为3:4:1:1:4:3．图7.36示出自旋转变成分的峰面积随外磁场强度的变化状况．从中可以清楚看出，Morin 相变是在外磁场为6—6.5T的范围内进行的．

在 Morin 温度附近，不仅四极分裂值发生跃变，而且超精细场也发生跃变．

Morin 相变对杂质和缺陷特别敏感．当在 $\alpha-Fe_2O_3$ 中掺入 Ru，Rh 和 Ir 时，T_m 增高，图7.37示出在 $\alpha-Fe_2O_3$ 中掺入微量的 Ru 时，四极分裂值 (Δ) 随温度的变化曲线．这时 T_m 增大到310℃．反铁磁性成分比弱铁磁性成分的超精细磁场略大，$\Delta H = 0.43T$，$\Delta\delta = 0.05mm/s$． 当在 $\alpha-Fe_2O_3$ 中掺入 Al，Mn，Cr 等其他杂质时，T_m 降低．图7.38示出在 $\alpha-Fe_2O_3$ 掺入1.9％的 Mn 原子时，穆斯堡尔谱中，反铁磁相和弱铁磁相峰面积随温度的变化

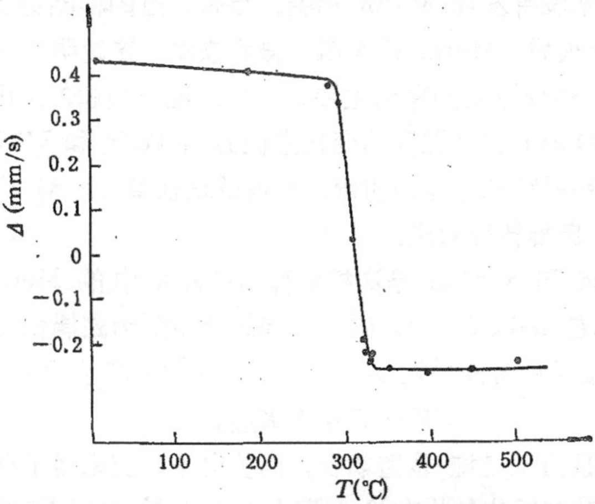

图 7.37 α-$Fe_{1.96}R_{0.04}O_3$ 的四极分裂值(Δ)随温度的变化曲线。

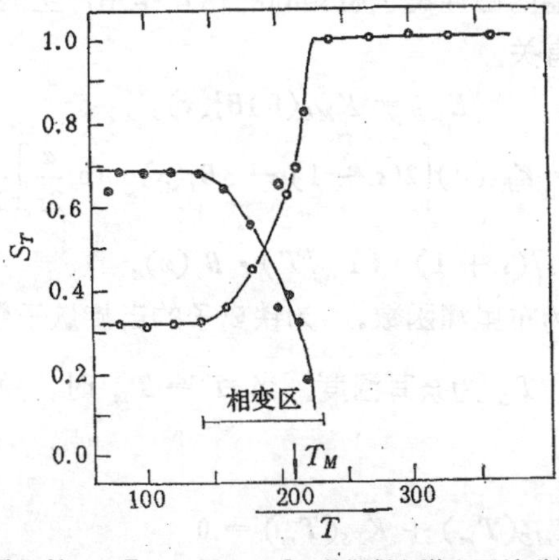

图 7.38 α-$Fe_{1.962}Mn_{0.038}O_3$ 穆斯堡尔谱中弱铁磁相和反铁磁相的峰面积随温度 T 的变化状况。

状况。从图中可以看到，$T_m = 205(4)$K，两相超精细磁场的差为 $\Delta H = 0.65$T。

Zhetbaev 等[48]研究了中子辐照过的 α-Fe_2O_3 的 Morin 相变问题。随辐照剂量增大，Morin 相变向低温方向移动。当用 $6.1 \times 10^{22}/m^2$ 快中子剂量照射 α-Fe_2O_3后，在 4—300K 的温度范

围内，就根本没有发现 Morin 相变。当辐照过的样品经 500K 以上的温度退火后，Morin 相变温度得到恢复。这说明中子辐照后，Morin 相变温度的变化主要是晶体缺陷所引起的。因此，可通过监测 Morin 相变温度的变化来检验 α-Fe_2O_3 和 $RFeO_3$（R＝稀土离子）等材料的晶体的质量。在很多正铁氧体 $RFeO_3$ 中也都观测到了自旋转变效应。

Artman 和 Simkin 是这样解释 α-Fe_2O_3 中的 Morin 相变的[49,50]，即在 α-Fe_2O_3 中，磁晶各向异性主要为磁偶极各向异性 K_{MD} 和精细结构各向异性 K_{FS}。总的各向异性等于两者之和，即

$$K = K_{FS} + K_{MD},$$

其中 K_{FS} 是由于自旋-轨道耦合，而使电子自旋束缚于电子轨道状态，后者又与固体结构有关，所以 K_{FS} 与材料性质和温度都有关。K_{MD} 是样品内磁性离子磁矩间的相互作用产生的。它与离子间的几何排列有关。

$$K_{MD} = K_{MD}(0)B_s^2(x),$$

$$K_{FS} = K_{FS}(0)\left[2(s+1) - 3B_s(x)\coth\frac{x}{2s}\right]\frac{1}{2s}.$$

$$x = 3s/(s+1)\cdot(T_N/T)\cdot B_s(x),$$

其中，$B_s(x)$ 为布里渊函数，s 为铁离子的自旋量子数。对于 α-Fe_2O_3，$s=\frac{5}{2}$。T_N 为奈耳温度。当 $T=T_m$ 时，总的各向异性等于零，即

$$K_{MD}(T_m) + K_{FS}(T_m) = 0.$$

在 $T<T_m$，$|K_{FS}|>|K_{MD}|$ 时，Fe 离子的自旋方向平行于[111]轴；当 $T>T_m$ 时，$|K_{FS}|<|K_{MD}|$，K_{MD} 倾向于使离子自旋方向与离子之间连接轴之间形成一定角度 θ。在 α-Fe_2O_3 情况下，$\theta=90°$，即离子自旋在(111)面上，而垂直于[111]轴。当 Ru 替代 Fe 离子时，K_{MD} 基本保持不变，而使 K_{FS} 增大，所以掺 Ru 后，Morin 相变温度升高。

磁场引起的 Morin 相变，尚未得到很好的解释。

对于 $R_2Fe_{14}B$ 族（R 为稀土离子）材料，也发现在一定温度下，发生自旋转变。

§ 7.11 顺磁物质的超精细结构

在磁有序的铁磁性、亚铁磁性和反铁磁性物质中，原子核 ^{57}Fe 感受到一个平均超精细场的作用，在穆斯堡尔谱上表现为磁分裂的六线谱. 在顺磁物质中，一般只能观测到单线谱，或具有四极分裂的双线谱，而观测不到磁分裂的六线谱. 但是，近年来在一些特殊情况下，已能够观测到一些顺磁物质的磁分裂谱.

我们知道，不成对电子引起的满层电子的极化，是超精细磁场的主要来源. 在这一点上，磁有序物质和顺磁物质是一样的. 在顺磁物质中，不成对电子同样可极化满层电子，使其在原子核处形成超精细磁场. 两者的主要差别是顺磁物质中电子弛豫时间很短，大约在 10^{-12}—10^{-14}s 范围内，而对磁有序物质电子来说，其弛豫时间却很长. 在顺磁物质中，没有交换作用，而自旋-点阵和自旋-自旋相互作用，使离子自旋在空间和时间上具有统计取向，所以在顺磁物质中，自旋弛豫时间很短. 在磁有序物质中，很强的交换作用使自旋弛豫时间增大. 由于顺磁物质中，自旋弛豫时间很短，所以核磁矩感受到的不是一个固定不变的磁场，而是感受到一个交变的、平均为零的磁场. 在磁有序物质中，超精细磁场方向固定，原子核只能围绕它旋进，所以核能级发生磁超精细分裂.

从上述讨论中可以看出，要想在顺磁物质中观测到超精细结构，只有增大其自旋弛豫时间，使其和原子核的拉莫旋进时间相当. 要达到此目的可采用两种方法：一是减弱自旋-自旋和自旋-点阵的相互作用；另一种是外加磁场. 在后一种情况下，顺磁离子沿磁场方向取向，这种在外磁场下感生的超精细磁场，使核能级发生超精细分裂，这和在研究细颗粒磁性材料的超顺磁性物质的情况是一样的. 因此，我们现在可只讨论第一种情况.

若原子核的自旋量子数为 I，它在被极化的满层电子所形成的超精细磁场作用下，发生核能级的塞曼分裂，其塞曼附加能量为 $E(m_I)=-g_n\beta_n m_I H_{hf}$. 可想而知，我们能观测到核塞曼分裂的必要条件为

$$g_n\beta_n H_{hf}\geqslant\Gamma,\qquad(7.54)$$

其中 $\Gamma=\hbar/\tau_0$ 为自然宽度. 在磁场 H_{hf} 作用下，原子核的拉莫旋进频率为 $\omega_L=g_n\beta_n H_{hf}/\hbar$. 拉莫旋进时间为 $\tau_L=1/\omega_L$，那么式(7.54)可写成

$$\omega_L\hbar\geqslant\Gamma\ \text{或者}\ \omega_L\geqslant 1/\tau_0,$$

即

$$\tau_0\geqslant\tau_L.$$

这意味着要观测到磁超精细分裂，原子核激发态的寿命 τ_0 必须大于一个拉莫周期 τ_L. 对于 ^{57}Fe，$\tau_0\approx 1.1\times 10^{-7}$s. 对于铁 $\frac{1}{\omega_L}\approx$

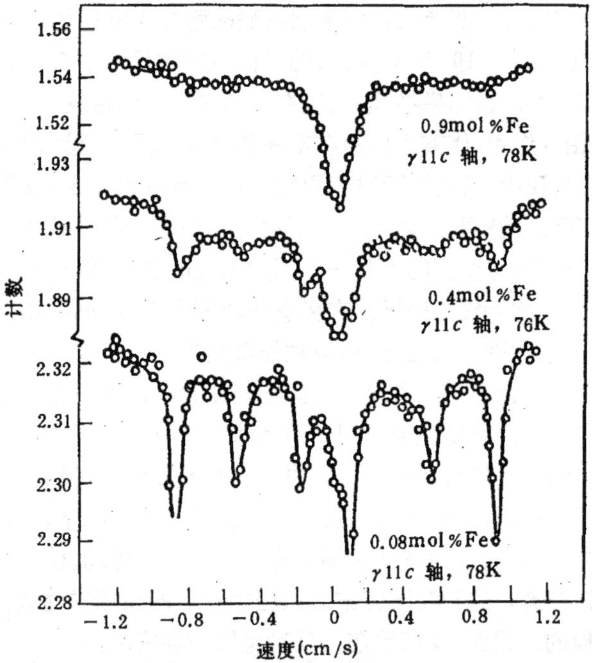

图 7.39 Al_2O_3(Fe) 中 Fe 含量对 Al_2O_3 的弛豫时间的影响. $T=78$K.

10^{-8}s/rad，这样可以满足 $\tau_0 \geqslant \tau_L$ 的条件．但是还要有另一个观测超精细分裂的必要条件，就是在原子核旋进一个弧度的时间内，超精细磁场的方向是一定的．或者说

$$\tau_s \geqslant \tau_L,$$

其中 τ_s 为电子自旋弛豫时间．这样，要得到满意的塞曼分裂谱，必须满足两个条件，即

$$\tau_0 \geqslant \tau_L;\ \tau_s \geqslant \tau_L.$$

对于顺磁样品来说，第二个条件不能满足，因为 τ_s 很小．通常采用改变自旋-自旋和自旋-点阵相互作用来解决．

自旋-自旋相互作用是顺磁物质中磁性离子之间的相互作用，它与磁性离子的含量有关．减少磁性离子的含量，可以增加自旋-自旋弛豫时间．图 7.39 示出 Al_2O_3 中不同的 Fe^{3+} 离子含量时的穆斯堡尔谱．从图上可以看出，当 Fe 含量为 0.9 mol% 时为顺磁谱，当 Fe 含量减少到 0.08 mol% 时，78K 时的 EPR 测量结果表明，$\tau_s > 10^{-6}$s，这时可以满足 $\tau_s \geqslant \tau_L$ 的条件，所以穆斯堡尔谱为六线的超精细分裂谱．

自旋-点阵相互作用是顺磁离子和声子之间的相互作用．由于声子的布居与温度有关，所以降低温度可以增大自旋点阵弛豫时间．图

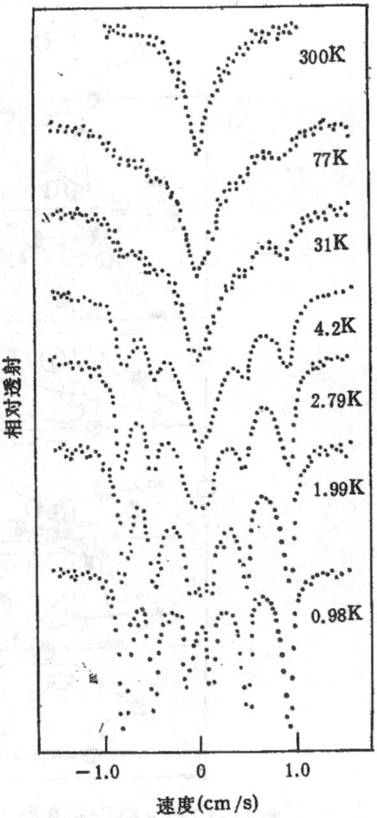

图 7.40　铁细胞色素 A 中 Fe 离子在不同温度下的穆斯堡尔谱[51]．

7.40 示出铁细胞色素 A 中 Fe^{3+} 离子在不同温度下的穆斯堡尔谱。我们可以看到，随温度降低，磁分裂谱越明显。

§ 7.12 稀土磁性材料的穆斯堡尔谱研究

稀土磁性材料在近年来得到越来越多的应用，它们主要是稀土氧化物，Sm-Co 合金和 R-Fe-B（R 为稀土元素）系列永磁材料。特别是 $Nd_2Fe_{14}B$ 的出现，引起人们的很大兴趣。它有最大的

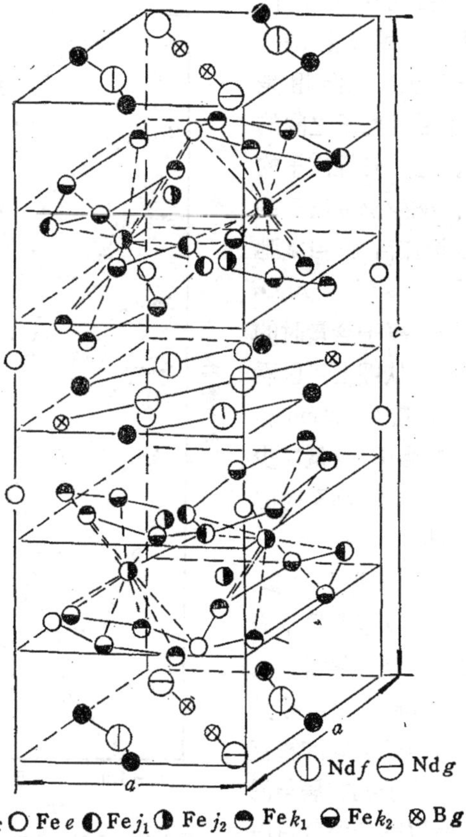

图 7.41 $Nd_2Fe_{14}B$ 结构中的立方单胞[52]

磁能积，理论上可达到 $(BH)_{max} \approx 436kJ/m^3$，这是新一代的永磁材料。

$Nd_2Fe_{14}B$ 属于四角晶系，空间群为 $P4_2/mnm(D_{4h}^{14})$。图 7.41 示出一个 $Nd_2Fe_{14}B$ 晶胞的结构图[52]，每个晶胞包含 68 个原子，其中 8 个 Nd 原子占据两个四重位 4*f* 和 4*g*，56 个铁原子分别占据 2 个四重位 4*c* 和 4*e*，2 个 8 重位 $8j_1$ 和 $8j_2$，两个 16 重位 $16k_1$ 和 $16k_2$。$Nd_2Fe_{14}B$ 的 ^{57}Fe 穆斯堡尔谱如图 7.42 所示，6 组六线谱分别相应于上述 Fe 的 6 种晶位，6 种晶位的超精细磁场如表 7.4

表7.4 $Nd_2Fe_{14}B$ 中 Fe 的六种晶位的 H_{hf}

	HF1 (T)	HF2 (T)	HF3 (T)	HF4 (T)	HF5 (T)	HF6 (T)
4.2K	37.2	36.6	34.2	33.5	32.0	30.7
RT	34.5	33.6	30.6	28.5	26.8	25.4
Fe	*c*	*e*	*k*	*k*	*j*	*j*

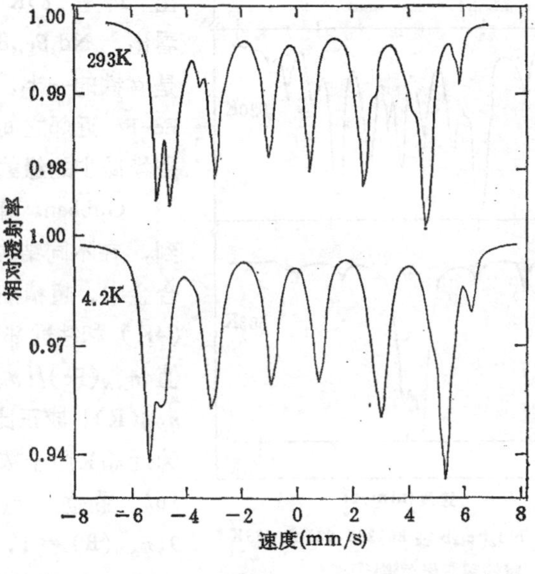

图 7.42 $Nd_2Fe_{14}B$ 在室温和 4.2K 时的穆斯堡尔谱.

所列．顺便说明一点，由于 $Nd_2Fe_{12}B$ 的穆斯堡尔谱比较复杂，各人所得结果不完全一致．谱中心位置的顺磁峰可能是 $NdFe_4B_4$ 相所形成的[55]．

Kamal 等[54]测量了 $Nd_2Fe_{14}B$ 在不同温度下的穆斯堡尔谱（图 7.43）．对 $Nd_2Fe_{14}B$ 中，^{57}Fe 的 6 种晶位的穆斯堡尔谱，按 4:4:2:2:1:1 的比例拟合．各晶位中 ^{57}Fe 原子核处的超精细磁场 H_{hf} 随温度 T 的变化如图 7.44 所示．从图上可以得到 $Nd_2Fe_{14}B$ 的居里温度 $T_c = 581 \pm 1K$．对于 T_c，各人报道的结果不完全一致．Herbst 等测出 $Nd_2Fe_{14}B$ 的 $T_c = 627K$[57]．Givord 等给出 $T_c = 595K$，而 Sagawa 等给出 $T_c = 585K$[59]．可以看出，$Nd_2Fe_{14}B$ 的 T_c 只是 α 铁的一半，这是由于 Fe-Fe 近邻之间的 $3d$-$3d$ 交换减少的缘故．

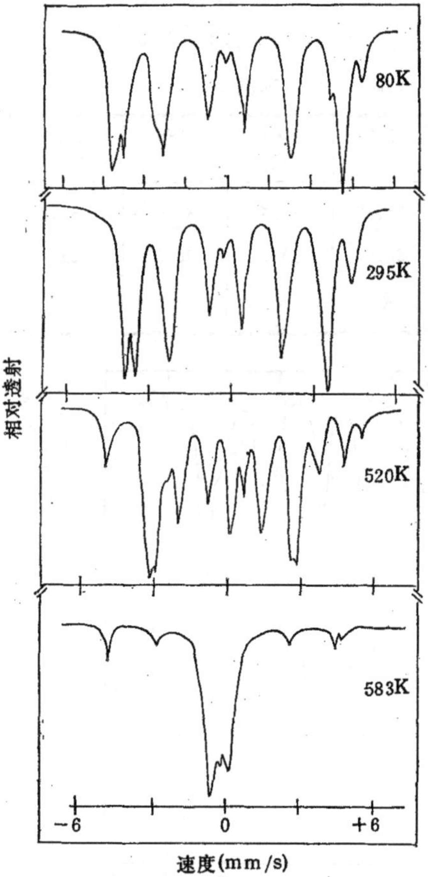

图 7.43 $Nd_2Fe_{14}B$ 在 80,295,520 和 583K 时的穆斯堡尔谱[54]．

Gubbens 等[56]观测到，在不同结构的 R_xFe_y 合金中，超精细磁场 H_{hf}（4K）和铁近邻数的相对值 $n_{NN}(Fe)/[n_{NN}(Fe)+n_{NN}(R)]$ 成正比[$n_{NN}(R)$ 为近邻 R 原子数]．对于 $16k_1$ 晶位：$n_{NN}(Fe)=9$，$n_{NN}(B)=1$，$n_{NN}(Nd)=2$．对于 $16k_2$ 晶位，

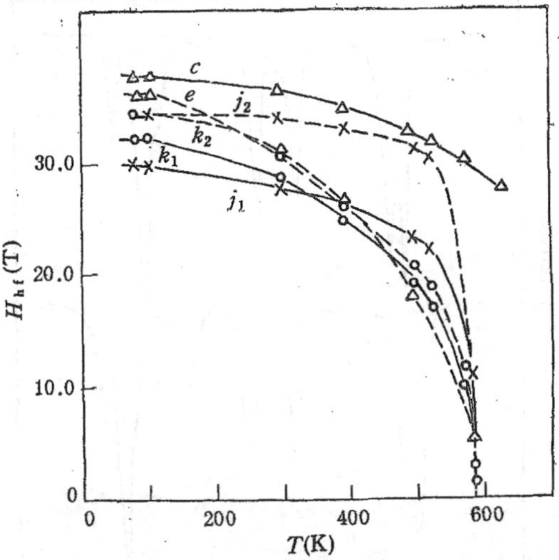

图7.44 $Nd_2Fe_{12}B$ 的六种晶位的超精细磁场 H_{hf} 随温度T的变化。对 k_1,j_1 和 c 晶位用实线表示，k_2,j_2 和 e 晶位用虚线表示. ○：k 位，△：e 和 c 位，×：j 位[51].

$n_{NN}(Fe)=10$，$n_{NN}(Nd)=2$。平均铁原子间距 $\bar{d}_{Fe-Fe}(k_1)=2.584$ Å 和 $\bar{d}_{Fe-Fe}(k_2)=2.535$ Å。我们看到，两者的差别只在于 $n_{NN}(Fe)$ 不同，所以应该有：$H_{hf}(k_2)>H_{hf}(k_1)$，两者相差 2.3T，和 Gubbens 的线性关系给出的值相等。对于 $8j_1$ 晶位，$n_{NN}(Fe)=9$，$n_{NN}(Nd)=3$。对于 $8j_2$ 晶位，$n_{NN}(Fe)=12$，$n_{NN}(Nd)=2$。不考虑 $3d$-$4f$ 相互作用，应该是 $H_{hf}(j_2)>H_{hf}(j_1)$，线性关系应给出相差 3.4T，而实验测出的差为 4.4T，这一误差主要是由于原子间距短而使相互作用减小和导带电子极化引起的转移超精细场的影响。

对于 $4e$ 晶位，$n_{NN}(Fe)=9$，$n_{NN}(Nd)=2$，$\bar{d}_{Fe-Fe}=2.589$ Å。对于 $4c$ 晶位，$n_{NN}(Fe)=8$，$n_{NN}(Nd)=4$，$\bar{d}_{Fe-Fe}=2.532$ Å. 根据 Gubbens 的线性关系，应该有：$H_{hf}(e)>H_{hf}(c)$。但实验上得出，$H_{hf}(c)>H_{hf}(e)$。这可能是由于在 e 晶位有 2 个硼离子近邻，而 c 位的 $n_{NN}(Fe)+n_{NN}(Nd)$ 的近邻耦合总数大，而

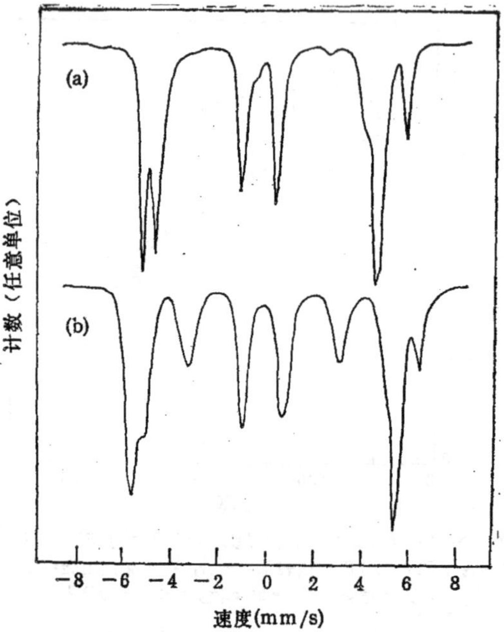

图 7.45 $Nd_2Fe_{14}B$ 单晶在室温和 4.2K 时的穆斯堡尔谱.
γ 射线方向平行于 *c* 轴.

且存在 3*d*-4*f* 相互作用的结果.

对于 $R_2Fe_{14}B$ (R 为稀土元素)系列材料，在一定温度下也发生自旋转变现象. 图 7.45 示出 $Nd_2Fe_{14}B$ 单晶在室温(a)和 4.2K (b)时的穆斯堡尔谱. γ 射线沿 *c* 轴入射. 从图上我们可以看到，在低温下发生自旋转动. 在室温谱中，有很弱的第 2,5 峰，大约相当于 7° 倾角，这可能是由于样品安放时的误差造成的. 大约在 120 到 140K 之间，自旋开始转动. 在 4.2K 时，峰强度比为 $I_2/I_3=0.25$，这说明倾角为 34°，扣去样品安放中的误差 7°. 这相当于自旋转动了 27°. 这和 Onodera[61] 等测出的在 77K 时倾角为 20°，和 Sagawa 等测出的[61] 在 4.2K 时倾角为 30° 的结果是一致的. 表 7.5 列出了其他 $R_2Fe_{14}B$ 体系的材料的自旋转变温度和居里温度的数据.

表 7.5 $R_2Fe_{14}B$ 系列材料的居里温度 T_c 和自旋转变温度 T_s[65]

样　品	T_c(K)	T_s(K)
$Ce_2Fe_{14}B$	445	–(77)
$Pr_2Fe_{14}B$	570	–(4.2)
$Nd_2Fe_{14}B$	596	150
$Gd_2Fe_{14}B$	661	–(77)
$Y_2Fe_{14}B$	591	–(4.2)
$Tb_2Fe_{14}B$	645	–(4.2)
$Er_2Fe_{14}B$	568	350
$Lu_2Fe_{14}B$	543	–(77)
$Ho_2Fe_{14}B$	582	–(77)

§7.13 成分调节固体的研究

近年来,人们对成分调节固体的磁性给予了很大重视,主要集中在弄清表面磁子模 (surface magnon modes) 对自发磁矩与温度关系的影响. 最近，超晶格的理论研究的进展也促进了对成分调节固体磁性的实验研究。

对 Fe-V，Fe-Cu，Fe-Ag 及其他化合物与 Fe 的超晶格系统已进行了很多穆斯堡尔谱学研究. 图 7.46 和图 7.47 示出用高真空电子枪轰击方法制备的不同的 Fe_nV_n 超晶格的内转换电子穆斯堡尔谱，n 为以波长为单位的 Fe 原子层数. 我们看到，Fe_nV_n 的穆斯堡尔谱主要由两部分组成,一部分的超精细磁场 H_{hf} 接近大块 Fe 样品的超精细磁场,而另一部分的超精细磁场比大块样品的减少，同质异能移位 δ 也向负值移动. Fe原子的近邻和次近邻被V替代后，固体的超精细场和同质异能移位略减少. 这一结果可以用叠加超精细作用干扰 (AHIP) 模型来解释,即

$$H_{hf}(p,q) = H_{hf}(0,0) + pdH_1 + qdH_2,$$

$$\delta(p,q) = \delta(0,0) + pdI_1 + qdI_2,$$

其中,p 为近邻V原子数,q 为次近邻中的V原子数. 实验数据拟合结果给出 $H_{hf}(0,0) = (32.88 \pm 0.05)$T 和 $\delta(0,0) = (0.02 \pm$

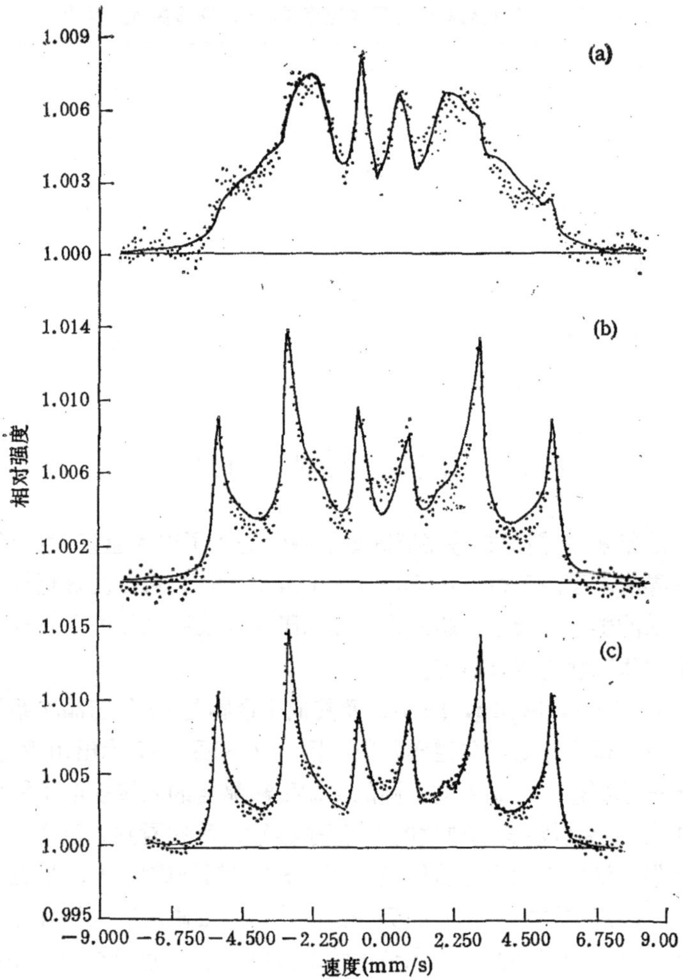

图 7.46 Fe_nV_n 超晶格的内转换电子穆斯堡尔谱.
(a) $n=3.2$; (b) $n=5.4$; (c) $n=6.5$[64].

0.01)mm/s. 而纯铁样品的 $H_{hf}(0.0)=(33.03\pm0.01)$T 和 $\delta(0,0)=(0.00\pm0.005)$mm/s. 在拟合中采用了 $dH_1=-3.0$T, $dH_2=-2.0$T, $dI_1=-0.02$ 和 $dI_2=-0.02$mm/s. 作者[64]不但解释了图 7.46 和图 7.47 中示出的实验结果,而且还用 AHIP 模型计

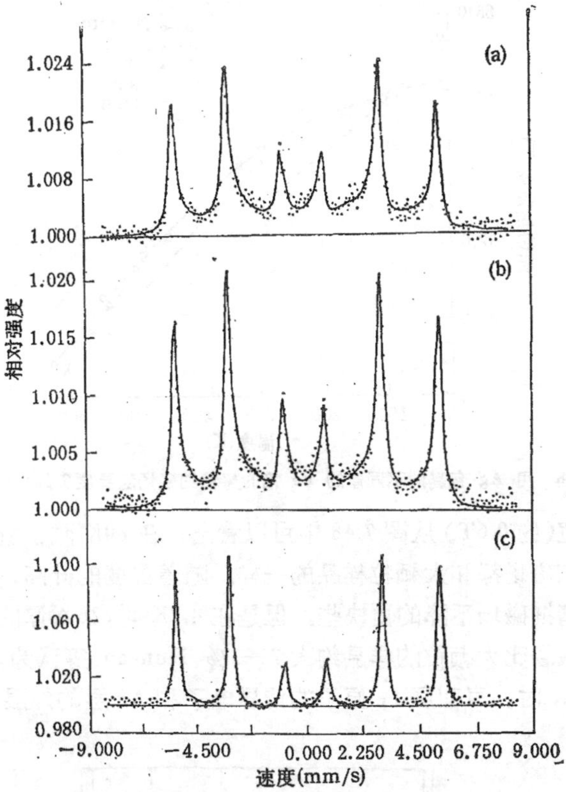

图 7.47 Fe_nV_n 的内转换电子穆斯堡尔谱.

(a) $n = 8.7$; (b) $n = 10.9$; (c) $n > 1000$[64].

算 Shinjo[65] 的测量结果，计算的结果和 Shinjo 的结果完全一致. 根据峰强度比可以计算出 γ 射线方向和超精细场方向之间的夹角，可以看出磁场方向也有一定分布，即一部分在平面上，有一部分偏离或垂直于平面. 峰强度比为 3:3.3:1. 同时，还可以看到，直到 $n = 3.2$ 时都没有观测到超顺磁性.

Fe-V 的内转换电子穆斯堡尔谱的能带理论计算结果[66] 和实验结果定性地符合.

Duncan 等研究了用 Ag 覆盖的很薄的 Fe 箔的穆斯堡尔谱随温度的变化. 在室温和 4.2K 时的穆斯堡尔谱（20 Å 厚）都有一

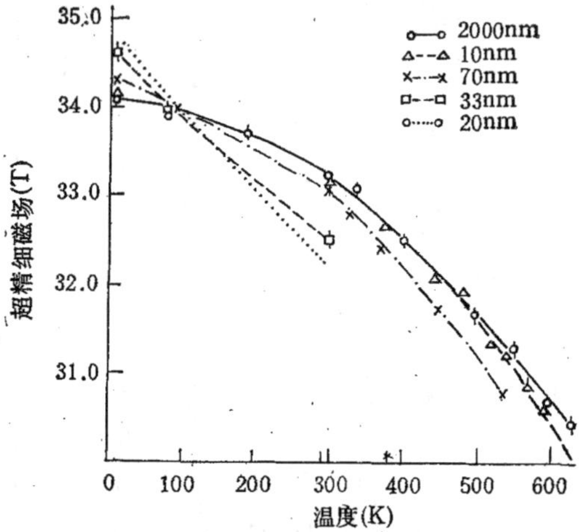

图 7.48　用 Ag 包裹的不同厚的 Fe 箔的超精细磁场随温度 T 的变化[67].

定的展宽(约 0.6T) 从图 7.48 中可以看出，在 80K 时，所有厚度的超精细磁场都和大颗粒样品的一样. 随着温度的升高，较薄的样品超精细磁场下降的更快些. 但是在 4.2K 时，20 Å 厚的样品的超精细磁场比大颗粒的样品约大 2—3%. Duncan 等认为，这是由于在 4.2K 时，表面层 Fe 原子的传导电子和 Ag 层的外层电子 之

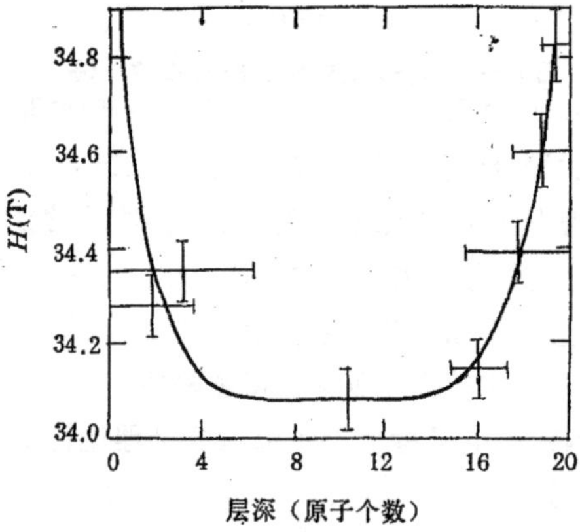

图 7.49　约 20 原子层厚的包 Ag 的铁箔中，在 4.2K 和距表面不同层深处的 ^{57}Fe 的超精细磁场[68].

间的相互作用. 当膜厚度减少时,随温度升高,超精细磁场减少是由于薄膜中自旋波激发增加所形成的.

为了研究包 Ag 的铁箔中的超精细磁场随深度的变化,Owens 制备一组 Ag 包裹的 ^{56}Fe 薄膜样品. 在制备过程中,在不同深度沉积一层很薄的 ^{57}Fe,作为检验不同深度的超精细磁场的探针. 图7.49示出 4.2K 时,20 原子层厚的样品中的超精细磁场随层深的变化状况. 当接近表面层时,^{57}Fe 原子核处的超精细磁场增大约 0.8T. 这说明界面 Ag/Fe 处和大颗粒样品有明显的差别. 图7.50 示出包 Ag 的 20 层 ^{56}Fe 薄膜,在不同深度处 ^{57}Fe 原子核处的超精细磁场随深度的变化状况. 当接近表面层时, 超精细磁场减少约 0.5T.

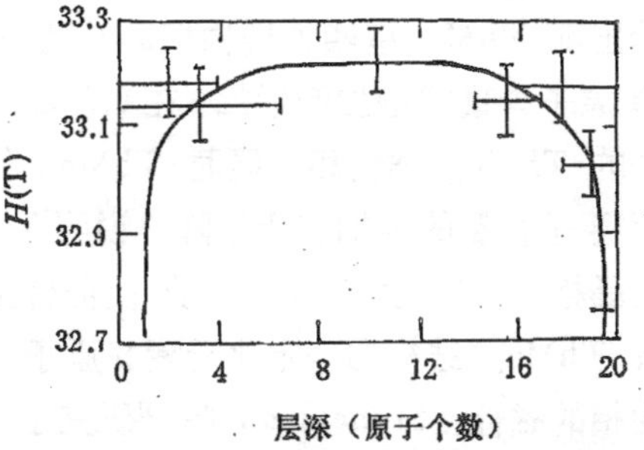

图 7.50 在 298K 时, ^{57}Fe 在 20 原子层厚的铁箔中,不同层深处超精细磁场[68].

§ 7.14 永磁材料的穆斯堡尔效应研究的新动向*

1982 年杨应昌等[69]首先注意到 $ThMn_{12}$ 型 $R(Fe,M)_{12}$ (M=Al, Mn) 化合物具有永磁体材料所要求的内禀磁性. 1984 年 Croat 等[70]对具有 $ThMn_{12}$ 结构的稀土金属间化合物 $RFe_{12-x}M_x$ 进行了研究. 1987 年 De Mooij 和 Buschow 等[71]也注意到 $RFe_{10}V_2$ (除 La 和 Pr 稀土元素外)也能形成稳定的 $ThMn_{12}$ 型四方结构相,这种相空间群是 *I4/mmm*. 稀土 R 原子占据四方结构的 2*a* 晶位, Fe 和 V 原子占据 8*i*, 8*j* 和 8*f* 晶位. 每个晶胞内有

---

* 本节由平爵云撰写.

2个稀土原子和24个过渡金属原子. Bo-Ping Hu 等[72]研究了 $YFe_{12-x}Ti_x$ 合金的穆斯堡尔谱,发现在 $x<0.7$ 时,合金的主要相是 Th_2Ni_{17} 型六方结构,主要组分是 $Y_2(Fe,Ti)_{17}$, 并且在 $x\leqslant 0.5$ 时, 合金中存在少量的 α-Fe 相. 在 $x\geqslant 0.25$ 时, 合金中开始出现 ThM_{12} 型四方结构相, 并且 $ThMn_{12}$ 结构相的含量随着 Ti 原子含量的增加而增加, 在 $0.7\leqslant x\leqslant 1.25$ 时, 合金则形成单一的 $ThMn_{12}$ 结构相, 同时 $ThMn_{12}$ 结构相的平均超精细场随着 Ti 原子含量的增加有所下降, 说明 Ti 原子进入到 $ThMn_{12}$ 结构的晶格中,替代掉部分铁原子,使得合金的饱和磁矩降低. 作为形成 $ThMn_{12}$ 结构的稳定化元素V原子, 同样也影响着 $ThMn_{12}$ 结构相的磁性. Sinnemann 等[73]研究了 $GdFe_{12-x}V_x$ $(x=1.5,2,3)$ 合金在 4.2K 温度下 ^{57}Fe 的穆斯堡尔谱. 当 $x=1.5$ 时, $GdFe_{10.5}V_{1.5}$ 的平均超精细场为 25.9T; 当 $x=3$ 时,$GdFe_9V_3$ 合金的平均超精细场为 18.8T, 文献中采用了 $14.4T/\mu_B$ 的转换因子, 得到 $GdFe_{12-x}V_x$ 合金中铁原子的平均饱和磁矩,由 $x=1.5$ 时的 $\mu_{Fe}==1.80\mu_B$ 下降到 $x=3$ 时的 $\mu_{Fe}=1.31\mu_B$, 如果外推到 $x\rightarrow 0$ 时, $GdFe_{12}$ 中Fe原子的饱和磁矩 $\mu_{Fe}\approx 2.17\mu_B$. 马如璋等[74]研究了 $DyFe_{10}Si_2$ 的合金自旋重取向, 李正文等[75]研究了 $YFe_{11}Ti$ $(T=77-550K)$ 的穆斯堡尔谱,他们用三套六线谱拟合,分别对应铁原子占据 $8i$,$8j$ 和 $8f$ 晶位, 并利用铁原子的超精细场大小排序, 由 $H_{hf}(8i)>H_{hf}(8j)>H_{hf}(8f)$ 可标定出各晶位对应的六线谱,由测得的相对面积可以得到 Fe 原子在 $8i$,$8j$ 和 $8f$ 三个晶位上的占据百分数的信息. 并测出随着温度升高, 在 $8i$ 晶位 $H_{hf}(T)/H_{hf}(77K)$ 下降慢,而在 $8j$ 晶位下降快.

最近, $R_2Fe_{17}C_x$ 及 $R_2Fe_{17}N_y$ 的合金引起了磁学界很大的兴趣. 在 R_2Fe_{17} 化合物中, 轻稀土元素形成 Th_2Zn_{17} 型菱方结构, 空间群是 $R\overline{3}m$; 重稀土元素则形成 Th_2Ni_{17} 型六方结构,空间群是 $P6_3/mmc$. Coene 等[76]研究了 $Y_2Fe_{17}C_x$ 合金的晶体结构, 在 $x\leqslant 0.6$ 时, $Y_2Fe_{17}C_x$ 形成六方结构; $x>0.6$ 时,则形成菱方结构, $Y_2Fe_{17}C_x$ 中C原子的最大含量是 $x\approx 1.6$. 这种化合物与不

含碳相比可以将居里温度提高 100K 以上，并具有高达 6T 的各向异性场，这当然就受到了硬磁材料界的青睐。Ding 等[77]研究了 $Sm_2Fe_{17}C_x$（$x \geqslant 0.5$）的穆斯堡尔谱，比较不同 x 的谱发现，当 $x = 0.5$ 时开始具有单轴磁各向异性，在 $x = 0$ 到 $x = 0.5$ 间，超精细场数值的突变，表明 Sm_2Fe_{17} 的平面磁各向异性转变为 $Sm_2Fe_{17}C_{0.5}$ 的单轴磁各向异性，从室温得到的平均超精细磁场计算出铁原子平均磁矩为 $1.9\mu_B$，这相当于 $Sm_2Fe_{17}C_{0.5}$ 的最大磁能积可以达到 $397kJ/m^3$。加入 Co 后，取代部分铁，对超精细磁场影响不大，但可以很大地提高居里温度。Dirken[78] 对 $Gd_2Mn_{17}C_x$ 化合物作了 ^{155}Gd 的穆斯堡尔谱研究，他们发现，随着含碳量的增加，谱形的宽化和分裂增加，这说明随着碳含量的增加，四极相互作用增加。对菱形结构的 $Gd_2Mn_{17}C_{2.7}$ 进行拟谱分析推断出，最近邻空位完全被碳原子填充的那些原子核处电场梯度达到最大。

1990 年，Coey 研究小组[79]发现对 R_2Fe_{17} 化合物进行氮化处理，可以提高 R_2Fe_{17} 的居里温度，饱和磁化强度，以及改变磁晶各向异性。R_2Fe_{17} 氮化处理后形成 $R_2Fe_{17}N_y$ 合金，氮原子的含量接近 $y \approx 3$，并且 $R_2Fe_{17}N_y$ 和 R_2Fe_{17} 具有相同的晶体结构。Bo-Bing Hu 等[80]研究了 $R_2Fe_{17}N_y$（R = Er, Tm）的穆斯堡尔谱，他们用四套铁磁六线谱来拟合，并认为六方结构中铁原子各晶位处的超精细场大小排序为

$$H_{hf}(4f) > H_{hf}(6g) > H_{hf}(12j) > H_{hf}(12k),$$

由此可测得各不同晶位处的超精细参数，并可预测穆斯堡尔效应将在第四代稀土永磁材料的研究中起到相当活跃的作用。

参 考 文 献

[1] B. V. Thosar, Advances in Mössbauer Spectroscopy, Elsevier Sci. Publ. Co. (1983).

[2] V. G. Bhide, Mössbauer Effect and Its Applications, Tata McGraw-Hill Publ. co. LTD., (1973).

[3] R. L. Cohen. ed., Applications of Mössbauer Spectroscopy, V. II. Academic Press, (1980).

[4] G. K. Wertheim, Mössbauer Effect: Principles and Applications. Aca-

demic Press (1964).
[5] E. Fermi, Z. *Physik*, **60**, 320(1930).
[6] R. A. Ferrel, *Amer. J. Phys.*, 28, 484 (1960).
[7] Л. Л. Ландау, Е. М. Лифшиц. Теория Поля. Физматгиз (1960).
[8] B. Bleaney, Hyperfine Interactions, Academic Press, 1 (1967).
[9] A. J. Freeman, R. E. Watson, Magnetism, **IIA**, Academic Press, 167 (1967); R. E. Watson, A. J. Freeman, in A. J. Freeman and B. R. Frankel (eds.), Hyperfine Interactions, Academic Press, 53 (1967); R. E. Watson, A. J. Freeman, *Phys. Rev.*, **123**, 2027 (1961).
[10] D. Petridis, et al., *J. Chem. Phys.*, **65**, 3139 (1976).
[11] N. L. Huang, et al., *Phys. Rev. Lett.*, **17**, 134 (1966). N. L. Huang, et al., *Phys. Rev.*, **156**, 383 (1967).
[12] K. J. Duff, P. P. Das, *Phys. Rev. B.*, **3**, 192, 2294 (1971).
[13] M. B. Stearn, *Phys. Rev.* **B 4**, 4069, 4081 (1971); *ibid.* **B 8**, 4383 (1973).
[14] R. E. Watson, in A. J. Freeman and B. R. Frankel (eds.), Hyperfine Interactions, Academic Press, 413 (1967).
[15] A. J. Freeman, R. E. Watson, *Phys. Rev. Lett.*, **6**, 2048 (1961).
[16] R. S. Preston, et al., *Phys. Rev.*, **128**, 2207 (1962).
[17] C. Kittel, Magnetic Resonance at High Pressures Inter Science(1972).
[18] G. B. Benedek, J. Armstrong, *J. Appl. Phys.*, **32**, 1065 (1961).
[19] J. J. Van Loef, *Physica*, **32**, 2102 (1966).
[20] G. K. Wertheim, J. P. Remeika, *Phys. Lett.*, **10**, 14 (1964).
[21] D. Kedem, T. Rothen, *Phys. Rev. Lett.*, **18**, 165 (1967).
[22] S. Geller, M. A. Gilleo, *Acta Cryst.*, **10**, 787 (1957).
[23] N. Schultes et al., *J. Mag. Magn. Mater.*, **31—34**, 1507 (1983).
[24] 张毓昌等,物理学报,**29**,1210(1980).
[25] 都有为等,物理学报,**32**,168(1983).
[26] S. Kitahata, et al., *J. Appl. Phys.*, **57**, 3931 (1985).
[27] L. Néel, *Ann. Geophys.*, **5**, 99 (1949).
[28] W. F. Brown, *J. Appl. Phys. Suppl.*, **30**, 1305 (1959); W. F. Brown, *J. Appl. Phys.*, **34**, 1319 (1963); W. F. Brown, *Phys. Rev.*, **130**, 1677 (1963).
[29] A. Anaroni, *Phys. Rev.*, **135**, A447 (1959); A. Anaroni, *Phys. Rev.*, **135**, 793 (1969).
[30] W. Kündig, et al., *Phys. Rev.*, **142**, 327 (1966).
[31] 李士等,物理学报,**31**,1250(1982).
[32] L. N. Liebermann, et al., *Phys. Rev. Lett.*, **22**, 539 (1969).
[33] L. N. Liebermann, et al., *Phys. Rev. Lett.*, **25**, 232 (1970).
[34] Berkowitz, et al., *Phys. Rev. Lett.*, **34**, 594 (1975).
[35] 陆怀先等,物理学报,**34**,121 (1985).
[36] J. Friedel, *Nuovo Cemento*, **7**, 287 (1958).
[37] V. G. Bhide, G. K. Shenoy, *J. Phys. Soc. Japan*, **21**, 625 (1965).
[38] V. G. Bhide, G. K. Shenoy, *Phys. Rev.*, **143**, 309 (1966); **147**, 306

(1966).
[39] C. Kittel, Introduction to Solid State physics, 3rd Edn., John Wiley (1966).
[40] G. K. Wertheim, D. N. E. Buchanan, *Phys.*, **161**, 478 (1967).
[41] 张毓昌等,物理学报,29, 1210 (1980).
[42] F. J. Morin, *Phys. Rev.*, **78**, 819 (1950).
[43] 李荫远、李国栋,铁氧体物理学,科学出版社 (1978).
[44] N. Blum, et al., *J. Appl. Phys.*, **36**, 1169 (1965).
[45] Q. A. Pankhurst, et al., *J. Magn. Magn. Mater.*, **54—57**, 1163(1986).
[46] T. Shinjo, et al., *J. Phys. Soc. Japan*, **35**, 1032 (1973).
[47] R. E. Vandenberghe, et al., *J. Magn. Magn. Mater.*, **54—57**, 898 (1986).
[48] A. K. Zhetbaev, et al., *Hyperfine Interactions*, **28**, 623 (1986).
[49] J. O. Artman. et al., *Phys. Rev.*, **138**, A912 (1965).
[50] D. J. Simkin, R. A. Berntheim, *Phys. Rev.*, **153**, 621 (1967).
[51] H. H. Wickman, Mössbauer Effect Methodology, **2**, Plenum Press, 39 (1966).
[52] J. F. Herbst, et al., *J. Appl. Phys.*, **57**, 4086 (1985).
[53] M. Rosenberg, et al., *J. Appl. Phys.*, **57**, 4124 (1985).
[54] R. Kamal, Y. Anderson, *Phys. Rev.*, **B 32**, 1756 (1985).
[55] R. Grossinger, et al., *Physica*, **B130**, 307 (1985).
[56] C. M. Gubbens. et al., *Solid State Commun.*, **26**, 107 (1978).
[57] J. F. Herbst, et al., *Phys. Rev.*, **B 29**, 4176 (1984).
[58] T. Shinjo, et al., *J. Phys. Soc. Japan*, Suppl. 2, part 2, 279 (1973).
[59] M. Sagawa, et al., *J. Appl. Phys.*, **55**, 2083 (1984).
[60] N. C. Koon, et al., *J. Magn. Magn. Mater.*, **54—57**, 593 (1986).
[61] H. Onodera, et al., *J. Magn. Magn. Mater.*, **46**, 151 (1984).
[62] M. Sagawa, et al., *J. Appl. Phys.*, **57**, 4094 (1985).
[63] C. Abache, et al., *J. Appl. Phys.*, **57**, 4112 (1985).
[64] N. K. Jaggi, et al., *J. Magn. Magn. Mater.*, **49**, 1 (1985).
[65] T. Shinjo, et al., *J. de Phys. Colloq.*, **C5**, 361 (1984).
[66] N. Hamada, et al., *J. Magn. Magn. Mater.*, **35**, 7 (1983).
[67] S. Duncan, et al., *Hyperfine Interactions*, **4**, 886 (1978).
[68] A. H. Owens, et al., *J. Phys. Colloq.*, **40**, C2-74 (1979).
[69] Y. C. Yang, et al., *J. Appl. Phys.*, **53**, 1958 (1982).
[70] J. J. Croat, J. F. Herbst, R. W. Lee, F. E. Pinkerton, *J. Appl. Phys.*, **55**, 2078 (1984).
[71] D. B. De Mooij, K. H. J. Buschow, *Philips J. Res.*, **42**, 246 (1987).
[72] Bo-Ping Hu, Hong Shuo Li, J. M. D. Coey, *J. Appl. Phys.*, **67**, 4838 (1990).
[73] Th. Sinnemann, K. Erdmann, M. Rosenberg and K. H. J. Buschow, *Hyperfine Interact.*, **50**, 675 (1989).
[74] 马如璋、耿鸣明,功能材料,**22**,65(1991).
[75] Z. W. Li, X. Z. Zhou, A. H. Morrish, Y. C. Yang, *J. Phys. Condens*

Matter, **2**, 4253 (1990).
[76] W. Coene, F. Hakkens, T. H. Jacobs, D. B. de Mooij, K. H. J. Buschow, *J. Less-Common Met.*, **157** 255 (1990).
[77] J. Ding, M. Rosenberg, *J. Less-Common Met.*, **168**, 335 (1991).
[78] M. W. Dirken, R. C. Thiel, T. H. Jacobs and K. H. J. Buschow, *J. Less-Common Met.*, **168**, 269 (1991).
[79] J. M. D. Coey, Hong Sun, *J. Magn. Magn. Mater.*, **87**, L251 (1990).
[80] Bo-Ping Hu, Hong-Shuo Li, Hong Sun. J. F. Lawler and J. M. D. Coey, *Solid State Commun.*, **76**, 587 (1990).

第八章　在物理学中的应用(三)

徐祖雄　马如璋

广泛使用的穆斯堡尔核素是 ^{57}Fe 和 ^{119}Sn，它们使穆斯堡尔谱学在金属和合金(特别是铁和铁基合金)的研究方面获得了广泛的应用. 这些研究主要涉及金属和合金的电子结构、晶体结构、磁性、相变、缺陷和表面等领域. 许多物理冶金问题与其他学科，例如,固体物理、磁学、化学、冶金学相互重叠交叉. 因此，读者也可参阅本书其它有关章节. 目前,穆斯堡尔谱学在物理冶金方面的应用已向工业应用方向发展，有关这方面的内容可以参阅本书第十二章的论述. 本章的内容主要介绍 ^{57}Fe 和 ^{119}Sn 穆斯堡尔效应在物理冶金方面的应用.

§8.1　金属中的超精细相互作用

8.1.1　金属中的同质异能移位 δ

金属中穆斯堡尔核的同质异能移位反映了核处电子密度的变化，因而它可以提供金属原子的能带结构和基体金属与杂质原子间电子交互作用的信息. 对同质异能移位的影响因素有以下几方面: (1) 原子体积 V_a 的变化; (2) d 电子的填充程度; (3) $4s$ 电子的填充程度. 人们一般按 Hume-Rothery 的三个原子参数(价态、原子尺寸和电负性)对合金中穆斯堡尔核同质异能移位的变化进行系统的分析.

(1) *体积或压力的影响*　通过改变压力的高压穆斯堡尔测量可以得到有关同质异能移位与体积变化之间的关系[1-3]. 例如,铁的同质异能移位-体积系数的平均值为 $d\delta/d\ln V = 1.37$ mm/s. 这个数值主要归因于铁原子 $4s$ 电子密度的变化，而 $3d$ 电子对 $4s$

电子屏蔽作用的变化或者 s-d 转换的贡献很小。

在一般情况下，金属和合金中穆斯堡尔核的同质异能移位是以下两项贡献之和：离子实的 s 电子和导带电子的贡献。如果忽略合金成份变化对前一项的影响，则可以认为合金的同质异能移位相对于纯金属的变化取决于传导电子。因此，在稀释穆斯堡尔核的合金里，杂质核处的同质异能移位近似反比于基体金属的原子体积。最近，Sáwicka 等[4]对离子注入稀土基体的 ^{57}Fe 核的同质异能移位进行了详细分析。其实验数据是用背散射穆斯堡尔谱方法测量得到的。他们发现，^{57}Fe 的同质异能移位与稀土基体金属的原子体积有很好的线性关系(见图 8.1)。

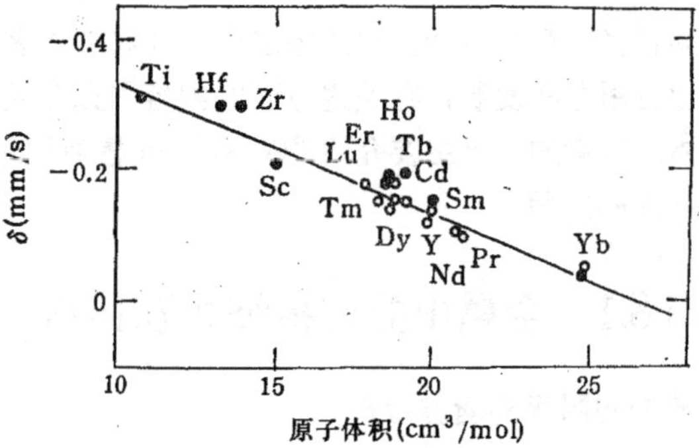

图 8.1 注入到稀土基体里的 ^{57}Fe 同质异能移位与基体金属的原子体积之间的关系. 黑点表示注入剂量为 $5\times10^5 at/cm^2$，圆圈表示 $10^6 at/cm^2$.

但是，合金中锡杂质的行为比较特殊，锡杂质核处的电子密度随基体金属原子体积的增加而变大[5]。这个特点可归因于杂质锡有较大的可压缩性、$5s$ 电子的强烈局域性和这种局域性在不同基体里的变化。

Miedema 和 van der Woude[6] 认为，合金化时基体与溶质原子体积的错配对同质异能移位的贡献应按弹性理论进行修正。这样，溶质原子的体积位于其纯金属和基体金属的原子体积之间，其体积修正要比 Ingalls[7] 和 Waston 等[8]所采用的数值小得多。

与原子体积和合金化时电荷转移的贡献相比，晶体结构、磁有序和温度对同质异能移位的影响较小。因此，直接确定穆斯堡尔杂质核处的电荷值时必须对合金化时组元的原子体积变化进行相应的修正。

（2）温度的影响　除了二次多普勒效应和晶格常数的温度效应外，温度还直接影响金属中导带对同质异能移位的贡献。随着温度的上升，铁原子的 $3d$ 电子被热激发到能量更高的状态。因此，$3d$ 电子对 s 电子的屏蔽程度发生变化，相应地影响了同质异能移位[9]。

对 β-Sn 的测量[10]表明，在 77—450K 温度范围里，^{119}Sn 的同质异能移位与温度 T 有线性关系。α-Fe 的同质异能移位在 200 K-T_c 温度范围里也与温度 T 近似地有线性关系[9]。在居里温度 T_c 处，金属铁的同质异能移位发生突变。其中一个原因就是铁磁性的消失[11]，但也应考虑晶格常数的变化和 $4s$ 电子向 $3d$ 带的转移[12]。

（3）电负性和电荷转移的影响

（a）一般规律。金属和合金里传导电子对同质异能移位的贡献不同于自由原子的价电子。这首先因为在金属里价电子占有较小的体积，价电子波函数的重叠效应导致在金属里核处的电子密度比自由原子的大；第二个原因是与自由原子的价电子相比，金属中自由电子通常在核处给出较小的电荷密度。s-d 杂化也对同质异能移位有很大影响。对于贵金属和过渡金属，上述两个相互对立的影响导致金属态的同质异能移位值在数量级上接近于自由原子的[13]。

对自由原子的计算表明，除了相应于完全离子化的电子组态（$4d^{10}$）外，锡原子价态对离子实在核处电子密度的贡献没有明显的影响。由此可知，在含锡的合金中，^{119}Sn 的同质异能移位只与 $5s$ 价电子状态有关，而 $5s$ 电子又很容易被 $5p$ 电子屏蔽。与自由锡原子相同，对于 Sb，Te，I 和 Xe 自由原子来说，离子实的电子壳层对同质异能移位的贡献实际上也不依赖于价电子的组态[14]。

Ingalls[7] 对 MFe（M 表示基体金属）合金里铁的同质异能移

位进行过系统分析．图 8.2 示出固溶在第四、五和六周期金属里的 ^{57}Fe 同质异能移位与最外层电子数的对应关系．图 8.2 中示出的同质异能移位的数值远小于考虑到基体金属的能带结构时所预期的数值．因此，有必要设想铁原子仍保持金属铁的电子组态，图中的变化仅仅代表了一个较小的微扰．从图 8.2 可以直观看出，每个周期对应的曲线在中部取得极值，而当 d 带填满后，对应的曲

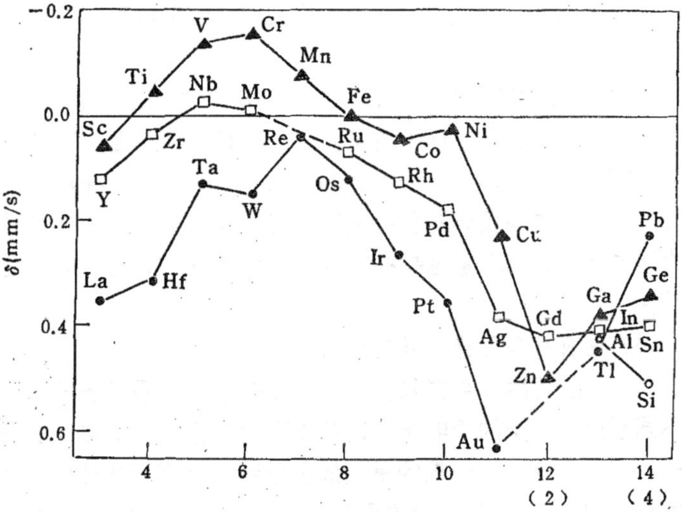

图 8.2　在第四、五和六周期金属基体里 ^{57}Fe 的同质异能移位与外层电子数的关系．

线逐步升高．以第三周期为例，从钪到锰，铁是 d 电子的施主；而从钴到铜，铁是 d 电子的受主．因此，随基体 d 电子的增加，^{57}Fe 的同质异能移位理应不断增大．但实际上，在铬处取得最小值，在钴和镍处也有一个不规则的变化．这种反常主要与基体原子体积的变化有关．根据压力影响的数据，经过原子体积修正后，新的对应关系示于图 8.3 之中[7,15]．此时，新曲线呈现出有规律的变化，即随外层电子数的增加，曲线逐渐下降直到 d 带被填满时(例如在铜处)为止．在铜之后，溶在 s-p 基体里的 ^{57}Fe 同质异能移位又急剧上升．除了 ^{57}Fe 外，Waston 和 Bennett[8] 还对 ^{197}Au，^{181}Ta，

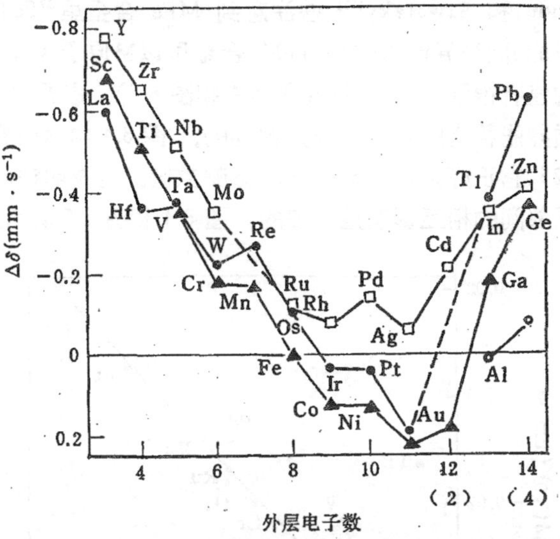

图 8.3　不同基体里,经体积修正后的 ^{57}Fe 同质异能移位.

^{193}Ir, ^{99}Ru 和 ^{195}Pt 的经过体积修正后的同质异能移位进行了同样的总结,发现各条曲线之间有着令人惊奇的相似性,曲线的最低点正对应着贵金属元素。与基体的电负性对比表明,杂质穆斯堡尔核的同质异能移位与合金化时的电荷转移密切相关,并且都服从一个统一的化学效应规律。过渡金属杂质核处的电荷密度 $\rho(0)$ 的变化可表述为

$$\Delta\rho(0) = \alpha\Delta n_c + R\Delta n_d, \tag{8.1}$$

式中的 Δn_c 代表非 d 传导电子的变化,Δn_d 为 d 电子变化,α 和 R 均为常数。这两项贡献不能完全抵销,其中第一项的作用为主。因而电荷转移和电负性对同质异能移位的影响很大。计算表明,$-0.5 > R > -1$,因此,n_d 的增加必将引起 $\rho(0)$ 的降低。可以认为,电负性度量了总电荷转移 $(\Delta n_c + \Delta n_d)$,而同质异能移位近似地反映了 $(\Delta n_c - \Delta n_d)$。所以,Waston 和 Bennett 发现的同质异能移位与电负性的相关性表明,对于过渡金属杂质来说,比值 $(\Delta n_c + \Delta n_d)/(\Delta n_c - \Delta n_d)$ 近乎是个常数。

Woude 和 Sawatzky[16] 曾注意到 MFe 合金里 ^{57}Fe 的(经过体积修正的)同质异能移位与 FeM 合金里以M原子为最近邻的铁原子的值有很强的相关性(见图 8.4 和图 8.5). 这表明两种情况下同质异能移位的变化机理是相同的. 图 8.4 中示出的实线斜率为 0.125,它正好是每个M近邻的影响数值. 这表明铁原子和它的第一近邻间的相互影响是主要的. 图 8.4 和图 8.5 所示的对比

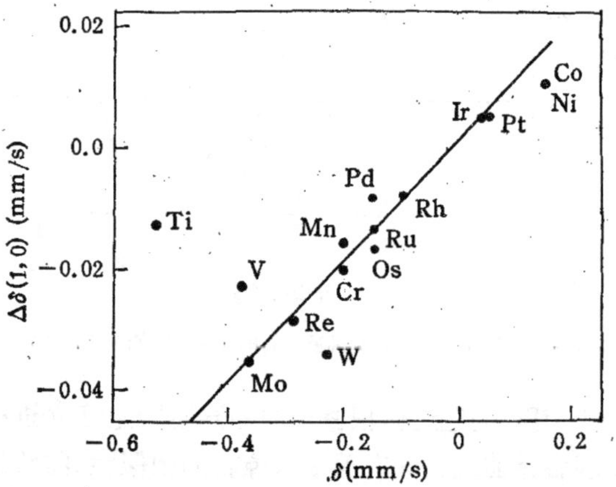

图 8.4 纯铁里以 3*d*,4*d* 和 5*d* 杂质为最近邻的 ^{57}Fe 核的同质异能移位与 ^{57}Fe 溶于同样基体金属里的同质异能移位的关系,后者经过体积修正.

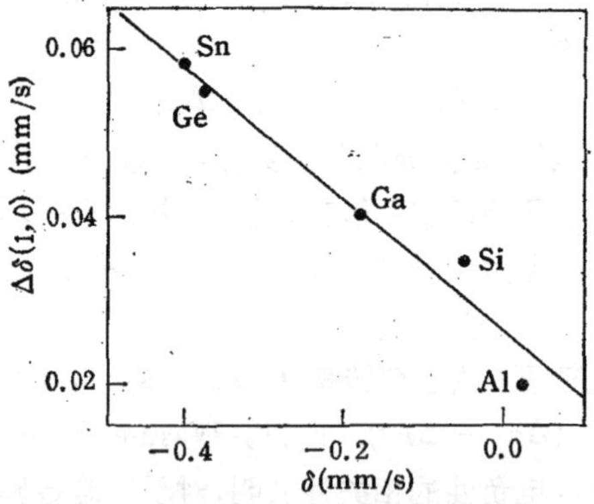

图 8.5 纯铁里以 *s-p* 杂质为最近邻的 ^{57}Fe 同质异能移位与 ^{57}Fe 溶于同样基体金属里的同质异能移位的关系,后者经过体积修正.

进一步强调了当 d 带被填满时 ^{57}Fe 的同质异能移位有不同的变化规律，即两条实线的斜率有相反的符号。

尽管稀释合金中穆斯堡尔核的同质异能移位与基体的电负性密切相关，然而，简单的刚性能带模型在许多情况下过于简单而不适用。例如，对于 Au-Sn 系的 ^{197}Au 和 ^{119}Sn 两者的穆斯堡尔研究提供了有关合金化时电子密度重新分配的大量信息[17]。实验表明，Au-Sn 合金中 ^{119}Sn 和 ^{197}Au 的同质异能移位取决于完全不同的机制，这可能与它们的电子结构差别，特别是与自由原子的价电子分布有关。锡的 92% 的 $5s$ 电子位于一个 β-Sn 的 Wigner-Seitz 半径球体内.因此，合金里锡的行为基本上应与自由原子的行为相似，电子结构的变化对于同质异能移位的贡献仅与其余8%的 $5s$ 电子密度的变化有关。自由金原子的 $6s$ 价电子中约有 40%的电子密度位于金属态金原子的 Wigner-Seitz 半径球之外。因此，纯金属金和以它为基的合金里导带的变形与大量 $6s$ 价电子的参与有关。穆斯堡尔测量表明，在 fcc 结构的 An-Sn 固溶体范围内，^{119}Sn 的同质异能移位基本不变，而 ^{197}Au 的同质异能移位亦令人惊奇地几乎不随成份而变化。这可能是由于与锡合金化时金的 $5d$ 电子的局域性增加和屏蔽作用，使传导电子在金和锡原子之间重新分布，从而对金原子同质异能移位的贡献几乎被完全补偿. Sb-Sn 系合金也有与 Au-Sn 系合金相似的行为[18]。在 Ni-Au 和 Ni-Cu-Au 合金里，^{197}Au 的同质异能移位测量表明，金离子带负电，而不像刚性能带模型预言的那样，金将价电子给与镍或铜原子。^{197}Au 杂质核处的同质异能移位基本上取决于杂质体积和在相邻的铜或镍原子上传导电子散射引起的电子密度变化[8,19]。

(b) 理论探讨和半经验模型。过去对于金属和合金中的同质异能移位进行过不少理论分析[16,20—22]。最近，Akai 等对大量稀释铁基合金的同质异能移位进行了详细的计算，并得到一些新的结论。计算的理论基础是局域密度近似法的密度函数理论，计算使用 kkr-Green 函数法。作者考虑了所有 $0 \leqslant z \leqslant 56$ 的代换杂质，并计算了最近邻铁原子的同质异能移位。计算的同质异能移位与实测数据吻合良好，并且呈现一个极其简单的化学趋势．通过讨论同质异能移位与电荷转移之间的关系发现，在非常好的近似下同质异能移位正比于铁原子处 s 电荷的变化．与过去的设想相反，d 电子屏蔽效应的重要性不大，因而同质异能移位实际上不依赖于局域 d 电荷的变化．通过对纯铁的计算作者证实了这一结论．作者通过对比自旋极化的计算和非自旋极化的计算，发现磁性的影响是不重要的．

对于金属和合金里同质异能移位的实验数据，人们常常求助于半经验模型描述其变化规律．文献中最常引用的是 Miedema 和 van der Woude 提出的元胞原子模型[6]．这个模型同时考虑了组元间电负性和不同原子边界处电子密度的差别．对于 A-B 二元合金，可以导出一个简单实用的半经验公式

$$\delta_{\rm A}^{\max} = P'(\phi_{\rm B}^{*} - \phi_{\rm A}^{*}) + Q'(n_{ws}^{\rm B} - n_{ws}^{\rm A})/n_{ws}^{\rm A}, \qquad (8.2)$$

式中的 $\delta_{\rm A}^{\max}$ 为A原子完全被B原子包围时组元A的最大可能的同质异能移位，$\phi_{\rm B}^{*}$，$\phi_{\rm A}^{*}$ 分别为组元B和A的电负性参数，$n_{ws}^{\rm B}$，$n_{ws}^{\rm A}$ 分别为组元B和A的 Wingner-Seitz 胞的边界处电子密度．过渡金属的 ϕ^{*} 和 n_{ws} 可在文献[6]中查到．式(8.2)可以直接用于组元A在组元B中的稀释合金．式(8.2)中右边第一项通过电负性参数 ϕ^{*} 考虑了电荷的转移；第二项通过两个纯金属原子元胞表面电子密度 n_{ws} 之差，考虑了原子本身的 s-d 电子转换所引起的电子密度在元胞边界处的重新分布．实际合金里组元A的同质异能移位不仅与 $\delta_{\rm A}^{\max}$ 有关，而且与合金的原子浓度和组元的摩尔体积有关．图 8.6 示出不同过渡族金属基体里 ^{99}Ru，^{193}Ir，^{195}Pt 和 ^{197}Au 杂质核处按式(8.2)计算的和实测的同质异能移位值的对比[24]．图中尽管有较大的分散性，但两者的吻合仍是满意的．

Hrynkiewicz 等[25]对 s-p 杂质（^{121}Sb 和 ^{119}Sn）在 Rh，Pt，Pd，Y，Sc，Cu，Ag，Au，Sn，Sb 金属基体里的同质异能移位进行了系统研究(见图 8.7)．除 Ag 和 Au 之外，对于其他金属基体都可以观察到实测值与按式(8.2)计算的值之间有一个线性相关．

Dubiel 和 Zinn[26] 对 bcc-Fe 里 Al，Si，Ge，V，Cr 和W杂质

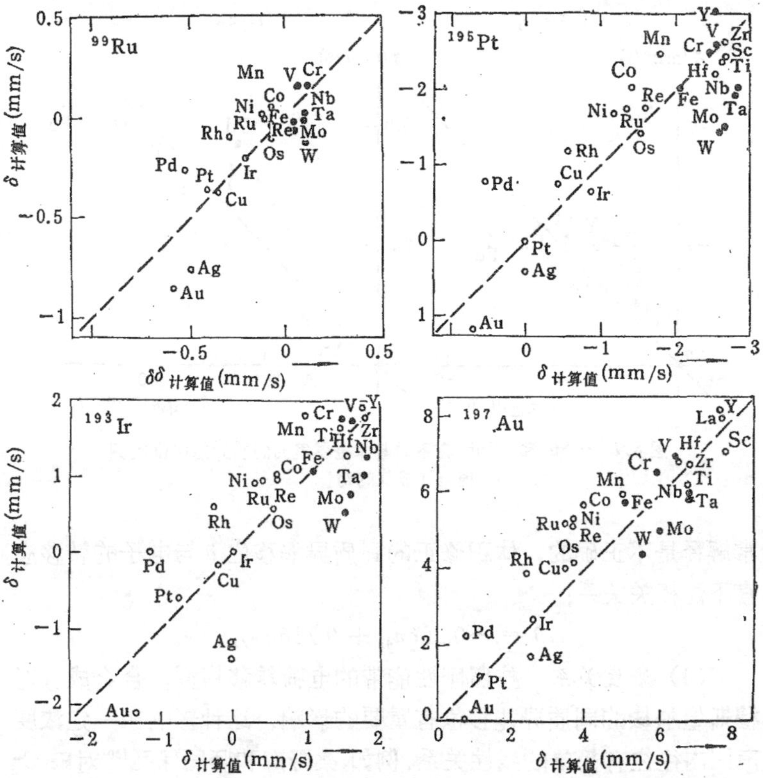

图 8.6　过渡金属基体里 ^{99}Ru, ^{193}Ir, ^{195}Pt 和 ^{197}Au 的同质异能移位的计算值与实测值之对比.

引起的同质异能移位变化进行了详细的分析。作者将实验数据与多种理论模型的对比表明，Miedema-van der Woude 模型更为合理。

然而，Andreasen 等[27]对 ^{119}Sn, ^{57}Fe 和 ^{197}Au 杂质的同质异能移位的系统分析与 Miedema-van der Woude 模型的结果不一致。Chojcan 等[28]根据正电子湮没的角分布和 ^{57}Fe 在 V-Fe, Cr-Fe 和 Fe-Co 系的穆斯堡尔研究，估算了合金里铁原子的 $4s$ 和 $3d$ 电子平均数[29,80]．作者发现，所得结果不同于 Miedema-van der Woude 模型预料的值．作者认为合金中 ^{57}Fe 同质异能移位的通

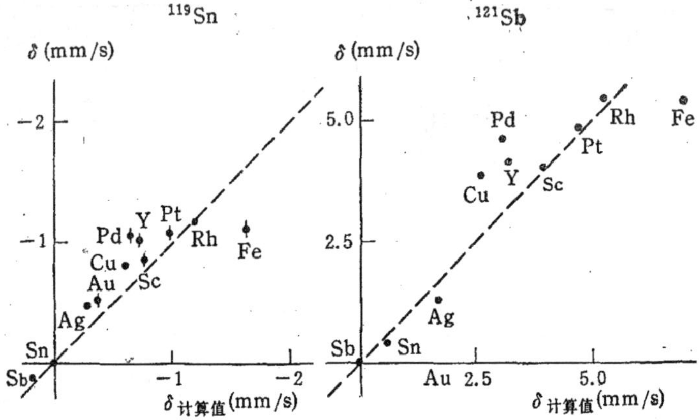

图 8.7 ^{119}Sn 和 ^{121}Sb 在不同基体金属里的同质异能移位实测值与计算值的对比.

常解释是不正确的，体积修正的同质异能移位 δ 与电子的转移应有下述相关关系：

$$\delta = -0.5(\delta n_{4s} + 0.71\delta n_d).$$

(4) *浓度关系* 按照刚性能带的电荷转移模型，合金成分对穆斯堡尔核的同质异能移位有重要的影响．这种影响在一定浓度范围内往往有简单的线性关系．例如，桑野寿和师罔保弘[30]对Fe-Cr系合金进行的研究发现，铬含量在 12—96.7at% 之间变化时，^{57}Fe的同质异能移位随铬含量增加而线性下降；但在 2.8—12at% 范围内偏离这个线性关系，并在 3—5at% Cr 范围里同质异能移位具有最大值．Sauer 和 Reynick[31] 也发现稀释 Fe-Cr 合金(0—4.46wt%Cr) 在 3wt%Cr 处，^{57}Fe 的同质异能移位达最大值．作者认为，铬原子对 ^{57}Fe 同质异能移位的影响可以分为长程作用和短程作用．在很稀的 Fe-Cr 合金里，大多数铁原子的近邻没有铬，这时长程作用为主．每一个铬原子比铁原子少一个 $4s$ 电子和一个 $3d$ 电子，使点阵中 $4s$ 和 $3d$ 电子密度下降，其总的效果使铁核处 $4s$ 电子密度下降．当铬含量大于 3wt% 时，近程作用大于远程作用．铁原子的最近邻和次近邻铬原子引起能带结构的局域性畸变，使得 $3d$ 电子逸出进入 $4s$ 带和导致核处电子密度增加。李正文[32]对 Fe-V 合金的研究也得出与 Fe-Cr 合金系相似的规律。

在银、铜、镍和铂基体里杂质金的同质异能移位亦近似是浓度的线性函数[33,34]，这可用电荷屏蔽模型解释。可以认为，金杂质对于大多数 s 传导电子是一个吸引势。但是，正如前面曾指出的那样，Au-Sn[18] 和 Sb-Sn[19] 系合金里两种组元的同质异能移位均不随浓度而变。在 Cd-Sn，In-Sn，Ti-Sn，Pb-Sn，Bi-Sn 二元合金系[35]和 Cu-Sn 二元系[5]里，^{119}Sn 核处的同质异能移位亦很少依赖于成分。

Miedema-van der Woude 模型考虑了合金成分对同质异能移位的影响。最近，Chien 等[36] 基于 Miedema-van der Woude 模型对 Fe-ET（前过渡金属）和 Fe-M（类金属元素）非晶态合金的 ^{57}Fe 同质异能移位与成分的关系进行了系统分析。同质异能移

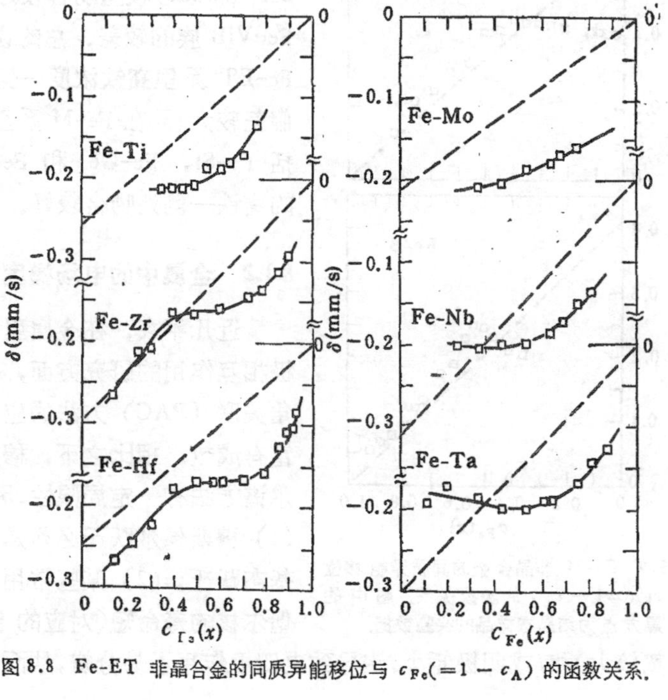

图 8.8 Fe-ET 非晶合金的同质异能移位与 $c_{Fe}(=1-c_A)$ 的函数关系.

位的浓度关系可以用下式表示：

$$\delta_{FeA}(x)=c_A(x)\delta_{FeA}=\frac{(1-x)V_A^{2/3}}{xV_{Fe}^{2/3}+(1-x)V_A^{2/3}}\cdot\delta_{FeA},\quad(8.3)$$

式中的 c_A 称之为组元 A 的表面积浓度，V 为摩尔体积，x 为铁的浓度。图 8.8 和图 8.9 分别为 Fe-ET 和 Fe-M 系的实验结果。从图 8.8 中可看出，对于同一族 ET 元素，同质异能移位的表面浓度关系非常相似，这是因为他们具有相似的化学性质和电子结构。Fe-ET 非晶里 ^{57}Fe 的同质异能移位是负的，而在 Fe-M 非晶里为正。基于 Miedema-van der Woude 模型可以认为，在 Fe-ET 里原子间的电荷转移是主要贡献，而在 Fe-M 里是 s-d 电子转换为主。由图 8.8 可知，Fe-Hf，Zr，Ti 系（Fe-IVA 族）的同质异能移位与 Miedema-van der Woude 模型吻合较好，而 Fe-VIB 族的较差。总的说来，Fe-ET 系里高铁浓度一侧处，偏差较大；而在 Fe-M 系里(包括 Fe-Si，Fe-Ge 和 Fe-Sn)的富铁一侧处吻合较好。

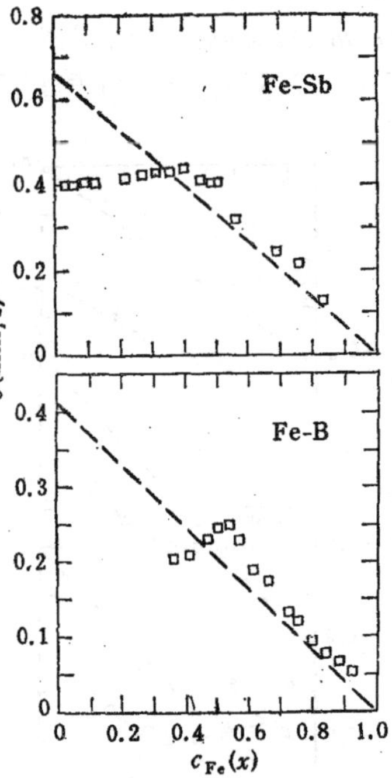

图 8.9 Fe-M 非晶合金的同质异能移位与 $c_{Fe}(=1-c_A)$ 的函数关系. 图中的黑方点为结晶态样品的实验数据.

8.1.2 金属中的电场梯度

近几年来，在金属里电四极相互作用的研究方面，扰动角关联（PAC）方法的应用最富有成效。相比之下，穆斯堡尔谱方法有一定局限性，因为：(1) 穆斯堡尔跃迁必须是低能基态跃迁；(2) 某些常用穆斯堡尔核的寿命短(对应的自然线宽较大)和/或四极矩小，这导致电四极作用不易分辨，从而使谱的解释复杂化和精度有限；(3)无反冲分数与温度有关，从而限制了穆斯堡尔效应在高温区域里电场梯度-温度关系的研究。尽管如此，对于某些常用核，穆斯堡尔谱提供了一个测量四极耦合和电场梯度的简单方法，从而在物理冶金方面得到了较广泛的应用。本节仅对非立方纯金属和各种合金里电四极相互作用的特点和一般规律给以简介。

(1) *非立方金属* 在金属里，电场梯度主要有三个来源：晶格点阵电荷，传导电子和自旋轨道耦合。对于离子晶体，探针核处的 EFG 一般归因于两个不同的贡献，可以下式表示：

$$V_{zz}=(1-r_{\infty})V_{zz}^{\text{ext}}+(1-R)V_{zz}^{\text{local}}, \qquad (8.4)$$

式中 V_{zz} 为电场梯度 zz 分量，R 为屏蔽因数，r_{∞} 为抗屏蔽因数，ext 表示外部的，local 表示局域的。然而，将式(8.4)不加改进地直接应用于金属，就像许多作者曾做的那样，产生许多严重问题。这是因为金属里的传导电子电荷密度不能用一个简单的方式分解为内 (local) 和外 (extlrnal) 两部分。尽管有这些困难，基于金属是由离子和传导电子组成的观念，对于非立方金属人们通常可采用的极为粗糙的近似公式如下：

$$V_{zz}=(1-r_{\infty})V_{zz}^{\text{latt}}+(1-R)\hat{V}_{zz}^{el}=V_{zz}^{\text{ion}}+V_{zz}^{el}, \qquad (8.5)$$

式中的第一项描述了离子的贡献，第二项代表传导电子的贡献。对于六方密排 (hcp) 金属，Das 和 Pomerantz[37] 证明，V_{zz}^{latt} 在一定范围里是晶格常数 a 和 c 的简单函数

$$V_{zz}^{\text{latt}}=e\left[0.0065-4.3584\left(\frac{c}{a}-\sqrt{\frac{8}{3}}\right)\right]\Big/a^{3}. \qquad (8.6)$$

对于具有很宽范围轴比 c/a 的 hcp 和 tcp 金属来说，EFG 与 c/a 的关系更为复杂[38](见图 8.10)。

与 V_{zz}^{el} 相比，理论计算 V_{zz}^{latt} 较为容易。现在人们的兴趣主要集中在 V_{zz}^{el} 上。为了近似计算传导电子对 EFG 的贡献，已发展了两种计算方法：波函数近似法和屏蔽势近似法[39]。Das 对过渡金属的计算表明，对电子 EFG 的主要贡献来自费米能级附近的状态，因为在这个区域里状态密度最大[40]。目前，只能对少数纯

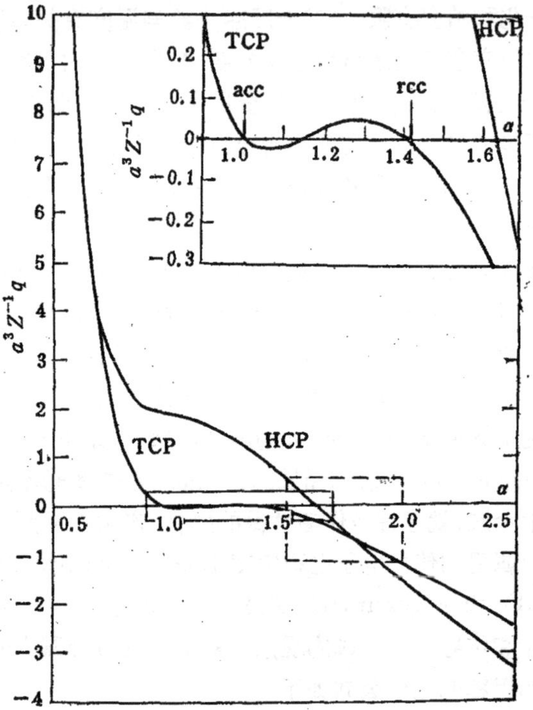

图 8.10 六方 (hcp) 和四方 (tcp) 密排金属里 EFG 的离子贡献与轴比 α 的关系.

金属进行理论计算，对有丰富实验数据的极稀释合金里杂质核处的 EFG 理论计算还处于开始阶段. 对此有兴趣的读者可参阅参考文献[39,41,42].

(2) 普遍的相关规律 70 年代中期，人们系统分析了现有实验数据，发现不少经验规律[42—48].

Raghavan 等[43,44,49]首先发现，对于不同基体金属里的 Fe，Cd，Ta，Re 和 Os 杂质来说，按式(8.5)的定义，离子 EFG 和电子 EFG 之间存在着线性相关，并且相关直线的斜率粗略地正比于探针离子的 Sternheimer 抗屏蔽因子. 前一个结果可以归因于传导电子的电荷分布，这反映了晶格点阵的结构和对称性，后一个结果表明电子 EFG 正比于离子 EFG，即畸变的探针离子壳层大大影响电子的贡献。所谓的普遍规律可以用下列经验公式近似表述：

$$V_{zz}^{el} = \kappa(1-\gamma_\infty)V_{zz}^{\text{latt}}, \tag{8.7}$$

式中的常数 $\kappa \approx -3$。Ernst 等[50]认为，$\kappa \approx -3$ 的相关规律对于 IIB，VIIB 和 VIIIB 族纯金属是完全适用的。对纯金属的理论计算可以重现 $\kappa = -3$ 相关规律的基本特征[51]，但对于杂质系统的理论解释仍未解决。Ernst 等[51,150]的进一步研究发现，还存在一支 $\kappa = +2$ 的相关规律，即电子 EFG 与离子 EFG 的符号相同。它适用于 IIIB 和 IVB 族纯金属，后来发现也适用于在这些金属里的杂质核[41]。目前，对这一新分支还不能作出理论解释。

目前已知的越来越多的实验数据实际上已破坏了这个普遍相关规律的简单性(见图 8.11[41])。那些位于第一象限的系统数目几乎等于第四象的，甚至第三象限里也出现了三个新的系统。此外，各象限里的数据如此分散，以致不能再用式(8.7)的简单关系加以描述。然而，可以发现，基体金属的族类与它在图 8.11 中所处的象限之间有很强的相关性。因此，任一给定的杂质-基体系统里电子 EFG 的符号主要取决于基体晶格本身。例如，当由 IIIB 和 IVB 族基体过渡到 VIIB 和 VIIIB 族时，电子 EFG 符号的变化可能归因于这些金属里 d 带的逐渐填满。

探针杂质原子的性质对任一给定基体里的 EFG 也有一定影响。人们对杂质原子的价态影响进行了研究。Leitz 等[47]对非过渡族金属的分析发现，杂质处 EFG 与纯基体 EFG 之比与有效杂质电荷(作为一级近似可用杂质和基体价态之差 $\Delta Z = Z_{\text{imp}} - Z_{\text{host}}$ 代表)有明显的相关关系。这可用电荷屏蔽模型加以解释：电荷差 ΔZ 部分被传导电子屏蔽，杂质附近的传导电子本身又将重新分布，从而在某种意义上可被看作为价电子。Collins[48] 对该模型稍加改进，从而发现传导电子 EFG 和探针价态 Z 本身之间有更强的近似为线性的相关性。新的模型认为，具有价态 Z 的杂质离子被 Z 个传导电子包围，从而成为一个中性赝原子[52]。然而，

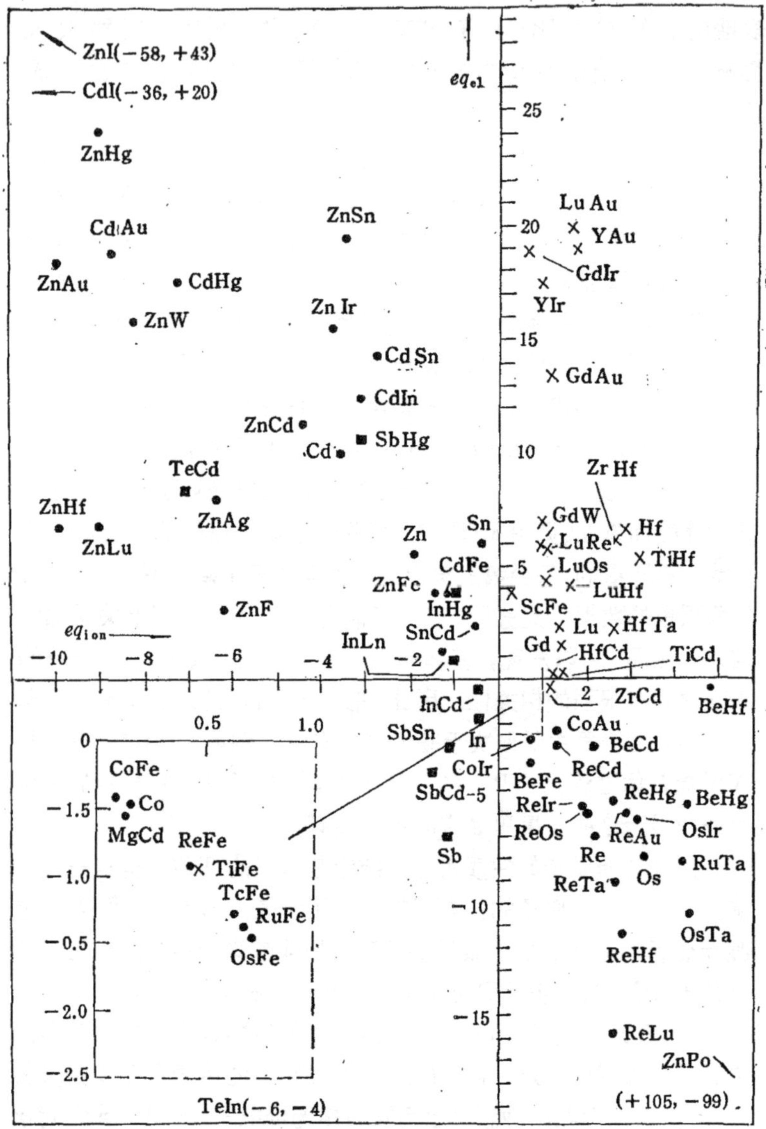

图 8.11 所有已知系统的 V_{zz}^{el} 与 V_{zz}^{ion} 的关系.

●：II,IIB,VIIB 和 VIIIB 族； ×：IIIB 和 IVB 族； ■：III,V 和 VI 族.

el——电子， ion——离子.

对于任一给定杂质探针原子，在不同基体里的 EFG 值是分散的，例如，对于 Cd 和 Au 的数据点分散在如图 8.11 所示的各个象限里。这表明探针原子的电子组态对总的 EFG 只有较弱的影响。

总之，在杂质-基体系统里，EFG 的符号基本上取决于基体。杂质的性质似乎只能解释对这个主要趋势的较小偏离。对于任一给定的基体，这个偏离在周期表中沿着同一个周期显示出某种有规律的变化。这种变化与杂质的基本性质无关，这似乎表明可能还有另外一些重要参数。其中一个可能的参数是探针的原子尺寸，因为尺寸错配可以导致探针原子周围的晶格松弛，从而引起 c/a 轴比的局域变化。最近，对立方晶格里杂质原子在最近邻基体原子位置处感生的 EFG 计算(例如，Ponnambalam 和 Jena 对不纯铝的计算[40])证实了上述观点。

(3) EFG 的温度关系　实验表明，金属中 EFG 的温度关系比离子晶体里的强得多。用晶格常数的热膨胀数据对 V_{zz}^{latt} 的计算表明，计算预言的 EFG 随温度的变化太弱小，并且在许多情况下与实验结果的变化趋势相反。

Heubes 等[45]首先报道了一个完全没有预料到的新发现，对此 Christiansen 等[46]曾进行过详细讨论。他们注意到 EFG 与温度之间有一个简单而又普遍的关系

$$V_{zz}(T)=V_{zz}(0)(1-BT^{3/2}). \qquad (8.8)$$

这个经验规律对于非立方纯金属，大多数杂质系统和二元合金，以及金属间化合物都是有效的。大多数稀土系统，某些含过渡金属的系统，以及探针离子没有占据真正晶格阵点位置的特殊情况[39,53]发现有例外。

式(8.8)中的参数 B 代表 EFG 随温度变化的强度，它几乎在所有情况下都是正的，并在 1×10^{-5}—$8\times10^{-5}K^{-3/2}$ 之间变化[46]。式(8.8)的最大特点在于其简单性。在非金属固体里，晶格热膨胀是 EFG-温度关系的主导因素。但在金属里情况中可能完全不同，因为金属中有传导电子，它对总 EFG 的贡献又补偿了金属离子的贡献。除了晶格热振动之外，已经有人在讨论费米面电

子的效应。

与 ^{197}Au 和 ^{119}Sn 相比，^{57}Fe 的自然线宽较小，因而可以用 ^{57}Fe 杂质研究许多金属里 EFG 与温度的关系．在六方金属基体（Ti，Sc，Zr 等）里，随温度上升，EFG 稍有变化，这可能与晶格各向异性的温度关系有关．在 Be，Mg，Zn 和 Cd 基体里，EFG 强烈地依赖于温度，而且一部分 EFG 与温度的关系服从费米-狄拉克分布规律．由此可知，在后一种情况里，杂质在费米能级附近的 $3d$ 电子处于局域化状态．实验数据使我们可以确定这些状态的分布宽度和它们相对于费米能级的位置[54]．

金属态 β-Sn 是四方结构，其四极分裂值在 0.18—0.32mm/s 之间，并且与温度 T 无关．

（4）合金固溶体的 EFG　曾用 ^{193}Ir 和 ^{57}Fe 穆斯堡尔谱发现金属铁中因自旋轨道耦合或可能因磁致伸缩[55]引起微小的电场梯度．但对于立方晶格金属，一般不考虑电四极相互作用．

但在立方点阵的合金里，不同组元原子的分布使其局域对称性小于立方对称，杂质-基体价态之差引起传导电子的重新分布。这两个原因会导致合金中四极分裂的出现．例如，对 Au-Fe 合金里 ^{57}Fe 核[56]或 AuX 合金（X = Ti，V，Mn，Fe，Co，Ni，Pd，Pt 和 Sn）里 ^{57}Fe 探针核[57]的穆斯堡尔测量均观察到很大的四极耦合（~0.5mm/s）。

Janot[58] 和 Preston 等[59]对 V-Fe(0—50at%Fe) 固溶体系统的四极分裂和同质异能移位进行过细致的分析．^{57}Fe 谱的线宽和非对称性与合金浓度的实验关系能提供四极分裂和同质异能移位两种信息，Preston 等由此推断，在较低浓度时固溶体是完全无序的，而在较高浓度时铁的第一近邻全由钒原子占据，而第二近邻则由钒和铁原子随机占据，从而构成 CsCl 型有序结构．

当穆斯堡尔杂质核在立方金属基体里的固溶度很小时（例如，^{57}Fe 在铜[60]和铝[61]中），过饱和的杂质原子往往可以二聚态或多聚态原子团形式存在．这种非立方对称的组态也导致电场梯度和相应的四极分裂谱的出现。

在铁磁性合金（例如 Fe-Ni 合金）里，值得注意的是可能同时存在四极分裂和各向异性偶极场。它们的共同作用导致铁磁性六线谱出现非对称性[62]。这种作用在许多金属间化合物（例如 Fe_2Zr[63]）里出现新的亚谱，使谱线复杂化。

Iglesias-Sicardi[64] 研究了电子-声子相互作用对立方金属里因代换杂质引起的 EFG 的影响。理论和实验表明，由于传导电子的贡献，电子-声子相互作用对 EFG-温度关系的贡献大于畸变的晶格对此的贡献。

8.1.3 金属中的超精细磁场

（1）*一般规律* 过渡金属和稀土金属核处具有相当大的超精细场。对于 α-Fe 来说，离子实的自旋极化对费米接触场的贡献为 −(35.4—38.0)T；核自旋和原子的电子轨道矩之间相互作用对超精细场的贡献为 +(5.0—7.0)T；原子自身磁矩的直接贡献在理想立方晶格里等于零[18]。α-Fe 的超精细场的准确测量值为 −33.9T（4.2K 时）。α-Fe 的原子磁矩为 $2.2\mu_b$，因此，超精细场与原子磁矩之间的比值常数近似为 $15.4\mathrm{T}/\mu_b$[40]。

在金属和合金里，传导电子对超精细场也有贡献，在数值上它比芯 *s* 电子的费米接触项小，在符号上两者可能相同或相反。传导电子的贡献与多种机制有关：离子实电子（主要是 3*d* 电子）与传导电子的交换作用；*s*-*d* 杂化的影响；3*d* 电子与导带里近乎自由的电子之间的相互作用改变了 3*d* 两个半带的填充程度。计算表明，传导电子与 3*d* 电子的相互作用为主。形成合金时，电子发生重新分布。Marshall 等[65]认为稀释合金里，作为一级近似只有在溶质原子周围才有电子的重分布，而基体原子的结构则和纯金属时一样。

过渡金属合金的饱和磁化强度 $\bar{\mu}$ 与电子密度表现出明显的规律性，这可由 Slater-Pauling 关系图表述。Boyle 和 Hall[66] 对 Fe-Ni，Fe-Co 合金里 ^{57}Fe 的室温超精细场测量（见图 8.12）也显示出与 Slater-Pauling 关系相似的规律。作者认为铁原子核

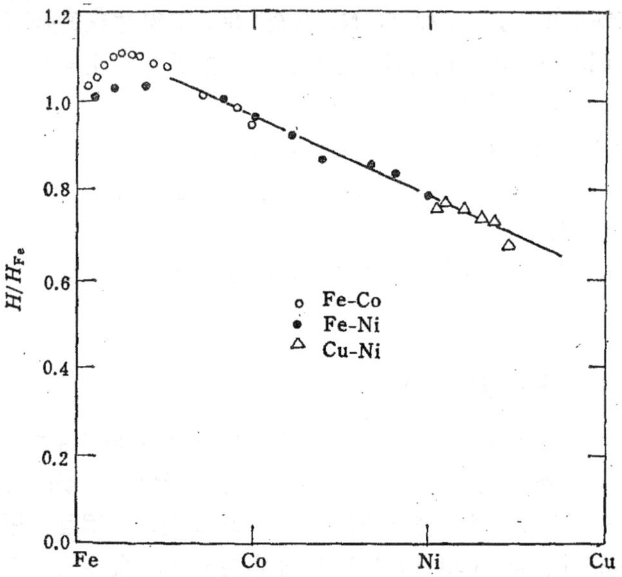

图 8.12 Fe-Co 和 Fe-Ni 合金中铁核的超精细场.

处的超精细场正比于原子磁矩，即

$$\mu_{Fe} = 2.2H_{hf}(x)/H_{hf}(0). \tag{8.9}$$

根据这种观点，可以把合金的饱和磁化强度 $\bar{\mu}$ 表示为

$$\bar{\mu} = (1-c)\mu_{Fe} + c\mu_c, \tag{8.10}$$

式中的 c 是合金浓度. 这样计算出的 $\bar{\mu}$ 值很好地落在与 Slater-Pauling 图相似的曲线上.

金属中超精细场的理论处理较为困难，因为超精细场并非直接与化学或磁学有关. 超精细场过于微观而不能从半微观的概念，即化学键、磁相互作用等概念直接得到. 最近几年，由于 Green 函数法的发展，对铁磁体里杂质核处超精细场的计算已成为可行. 例如，Akai 等[67]将 Kkr-Green 函数法和局域密度函数理论合并使用，计算了铁或镍基体中 sp 杂质、d 杂质和它们的最近邻处的超精细场. 理论计算与实验结果吻合良好，特别是对于不太重的杂质（$Z \leqslant 50$），理论计算令人满意地重建了实验观察到的所有变化趋势（见图 8.13）. 计算结果说明了铁磁体里杂质核处超精

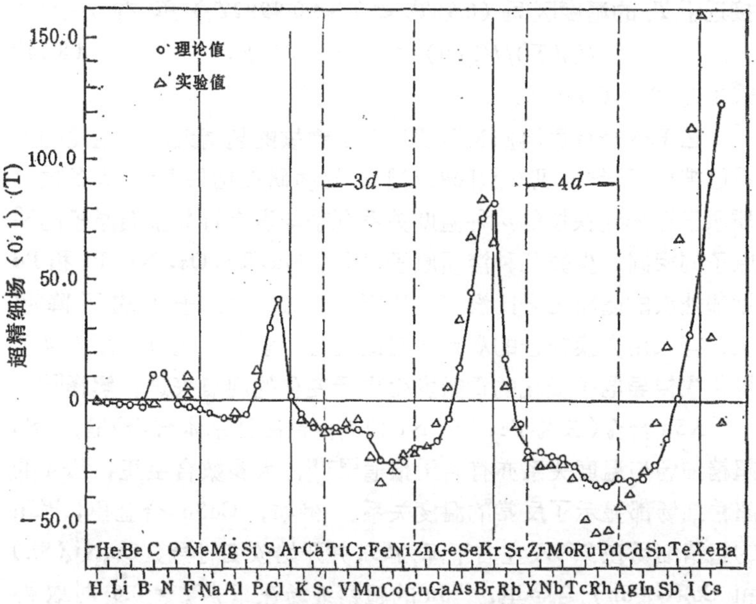

图 8.13 铁中杂质核处超精细场的计算值和实验值的对比.

细场的微观机理。在磁性杂质的局域磁矩和超精细场之间存在强烈的相关性。对于 *sp* 杂质来说，随原子序数 Z 的增加，超精细场的有规律变化行为可以归因于杂质的 *s* 轨道和基体的 *d* 轨道之间的键合性质。

(2) 温度关系　α-Fe 中 ^{57}Fe 核处超精细场与温度的关系和饱和磁化强度与温度的关系基本相似，这表明费米接触场起决定性作用[68]。对于铁基合金里远离溶质原子的铁原子，也得到同样的结果[69]。

在大大低于居里点 T_c(1043K) 的低温区段 (4.2—32K)，随温度增加，铁的超精细场正比于 $(T/T_c)^{3/2}$ 减小。这与磁化强度与温度的关系相同，并且两者的比例系数 B 值也相同[70]。在继续升高温度时，^{57}Fe 核处超精细场的下降比饱和磁化的减小更快些。在 32—400K 温度区段里，α-Fe 的 ^{57}Fe 超精细场的温度关系可用两项之和描述，即 H_{hf} 正比于 $[A(T/T_c)^{3/2}+B(T/T_c)^{5/2}]$[70]。在

接近于 T_c 的温度区间（$0.98T_c < T < 0.9992T_c$）里，有

$$H_{hf}(T)/H_{hf}(0) = (1 - T/T_c)^{\beta}, \tag{8.11}$$

式中的 $\beta = 0.349$[71].

在 FeX合金里溶质X原子近邻处铁核的超精细场与温度的关系已被广泛研究(见文献[69,72]). 这些研究结果表明,大多数杂质原子近邻处铁核的这种温度关系几乎与没有近邻杂质原子的铁原子的相同. 少数几种溶质原子,例如 Mn,Ru,Os, Ni, Pt 和 Pd 近邻处铁的超精细场比没有杂质原子近邻的铁原子处的下降更快. 有人用交换耦合的观点[69]对此进行了解释，也有采用芯电子极化或传导电子极化的贡献发生少量变化的观点来进行解释[72].

XSn 合金(X为 Fe, Co, Ni 和其他铁磁性基体合金)里，^{119}Sn 超精细场与温度关系亦有若干报道[73-79]. 大多数合金里，^{119}Sn 的超精细场都显示了反常的温度关系. 例如，CoSn 合金里，^{119}Sn 的超精细场在 750K 左右下降为零,并开始改变符号；$Co_6Ni_4(Sn)$ 和 $Co_4Ni_6(Sn)$ 合金里，^{119}Sn 的超精细场在 $T/T_c = 0.6$ 时取得最大值,这个最大值比 $T = 0K$ 时的大25%左右[74,76,77].

在 V,Nb,Ta, Ti 和 Sc 基体金属与 ^{57}Fe 杂质组成的极稀释合金里，^{57}Fe 杂质不具有局域磁矩. 以 Cu,Ag,Au,Mo,W, Rh, Pt 为基的稀释合金里,杂质铁具有局域磁矩. 此时，^{57}Fe 核处超精细场与温度的关系,在很多情况下可用顺磁布里渊函数近似来描述. 在 W,Mo,Ag,Au,Cu 和 Rh 基合金里，^{57}Fe 杂质的超精细场与低温温度的关系偏离上述布里渊曲线[81,82].

§8.2 合金固溶体

物理冶金中涉及的相主要包括成分变化范围很宽的固溶体、金属间化合物、有序相和一般的化合物. 其中固溶体的相分析有特别重要的意义.

对各种杂质的铁基合金固溶体已做过广泛的研究，其中 Fe-Si[26,83-87]，Fe-Al[88-90] 和 Fe-Ni[91,92] 系的研究最为深入细致. 对

杂质铁在 Cu, Al, Ti 等基体金属里的固溶体也进行过系统研究[60]. ^{119}Sn 和 ^{197}Au 也常作为掺杂元素研究固溶体合金. 对固溶体的研究一般基于下述两个基本的近似假设: 穆斯堡尔核的无反冲分数与有无近邻杂质原子无关, 不同近邻壳层处各种杂质原子对铁核处超精细场和同质异能移位的影响具有简单可加性. 另外常用的假设是杂质原子的分布是混乱随机的, 因而可用二项式分布计算各近邻壳层上出现不同数目杂质原子的铁原子组态概率.

8.2.1 以穆斯堡尔元素为基的稀释固溶体

(1) 固溶体分析 Wertheim 等[93]最先认真研究了含 Ti, V, Cr, Mn, Ru, Al, Ga 和 Sn 的铁基二元合金. 分析时假设溶质原子是混乱随机分布, 并且仅仅考虑最近邻和次近邻溶质原子的影响. 在具有 n 个最近邻和 m 个次近邻溶质原子的铁原子核处, 超精细场 $H(m,n)$ 可用下述经验公式表示:

$$H(m,n) = H_0(1 + an + bm)(1 + kc), \tag{8.12}$$

式中的 a 和 b 是依赖于溶质元素的两个常数, c 为合金浓度, 常数 k 可看作为能带效应的度量或者是比第二壳层更远的溶质原子的影响. 许多过渡族金属和 s-p 元素为第一或第二近邻对铁核处超精细场和同质异能移位的影响已由实验测定[27,83,93-99].

Vincze 和 Campbell[96] 对若干铁基二元合金的研究发现, 第一近邻壳层上有过渡族杂质原子时, ^{57}Fe 核处的超精细场与同质异能移位之间具有线性相关关系. 最近, Dubiel 和 Zinn[100] 详细地分析了 bcc-$Fe_{1-x}X_x$(X = Al, Si, Ge, V, Cr 和 W)里超精细场和同质异能移位随成分的变化规律, 并得出有关 ^{57}Fe 核处自旋-电荷密度的变化规律. 可以认为

$$H^{Fe} = H_s = A\sum_{i=1}^{4}[\sigma_i^{\uparrow}(s) - \sigma_i^{\downarrow}(s)], \tag{8.13}$$

$$\delta^{Fe} = B\sum_{i=1}^{4}[\sigma_i^{\uparrow}(s) + \sigma_i^{\downarrow}(s)]. \tag{8.14}$$

因此, 超精细场 H^{Fe} 的变化是相应自旋密度变化的度量, 同质异

能移位 δ^{Fe} 的变化是相应电荷密度变化的度量. H^{Fe} 和 δ^{Fe} 两者均由局域项和巡游项组成，溶质原子代换铁原子就是通过这两项影响了 H^{Fe} 和 δ^{Fe}. 式(8.12)可以改写为下列形式:

$$H(m,n) = H(0,0) + m\Delta H_1 + n\Delta H_2, \tag{8.15}$$

式中，$H(0,0)$ 为未受扰动的组态铁核处超精细场，$\Delta H_1 = H(1,0) - H^{Fe}$，$\Delta H_2 = H(0,1) - H^{Fe}$. 易知，$\Delta H_0 = H(0,0) - H^{Fe}$ 反映了巡游项的变化，ΔH_1 和 ΔH_2 反映了局域的变化. 对于同质异能移位也有相似的结果. Dubiel 和 Zinn 发现，ΔH_0—$\Delta\delta_0$、$\Delta H_{1,2}$—$\Delta\delta_{1,2}$，$\bar{H}$—$\bar{\delta}$，$\bar{H}$—$\bar{N}$ ($\bar{N}$ 是 ^{57}Fe 第一、二壳层上溶质原子的平均数目)之间有很强的线性相关关系. 图 8.14 中以 $Fe_{1-x}Ge_x$ 为例示意地说明了这种规律[28]. 根据 ΔH_0-ΔI_0 的线性相关性，作者得出一个重要结论，即溶质原子的代换仅仅改变一种自旋状态的电子数. $\Delta H_{1,2}$-$\Delta I_{1,2}$ 的线性相点表明，W，Cr 和 V 位于第一、二壳层时都使铁核处的自旋-电荷密度增加；Al 和 Si 具有相反的效果；而 Sn 和 Ge 位于第一壳层时使之增加，位于第二壳层时使之减少. 表 8.1 列出了由 $\Delta H_{1,2}$ 和 $\Delta\delta_{1,2}$ 计算的 $\Delta N^s_{1,2}$ (分别为第一壳层近邻或第二壳层近邻每个溶质原子引起的极化巡游 s 电子数的变化). 上述几种溶质原子位于第一、二壳层时均使超精细场下降. 因此，根据 $\Delta N^s_{1,2}$ 值的符号可以确定导致这些变化的电子本身的自旋方向. 表 8.1 也列出了这些结果. 根据 $\bar{H}$-$\bar{N}$ 线性关

表 8.1 巡游 s 电子的超精细场耦合常数 α_0、铁核处自旋-电荷密度的局域变化 ΔN^s_1 和 ΔN^s_2

X	W	V	Cr	Al	Si	Ge	Sn
α_0(T/s 电子)	85.0	174.0	170.0	53.0	69.0	46.0	19.5
ΔN^s_1 (s 电子/原子)	0.013	0.009	0.011	−0.013	−0.025	−0.030	−0.050
ΔN^s_2 (s 电子/原子)	0.007	0.005	0.006	−0.005	−0.005	0.010	0.036
最近邻	$\sigma^\uparrow(+)$	$\sigma^\uparrow(+)$	$\sigma^\uparrow(+)$	$\sigma^\downarrow(-)$	$\sigma^\downarrow(-)$	$\sigma^\downarrow(-)$	$\sigma^\downarrow(-)$
次近邻	$\sigma^\uparrow(+)$	$\sigma^\uparrow(+)$	$\sigma^\uparrow(+)$	$\sigma^\downarrow(-)$	$\sigma^\downarrow(-)$	$\sigma^\uparrow(+)$	$\sigma^\uparrow(+)$

注: 表中的(+)和(−)分别代表 s 电子密度 $\sigma^\uparrow$ (或 $\sigma^\downarrow$) 增加或减少；↑ 和 ↓ 分别代表自旋向上和自旋向下.

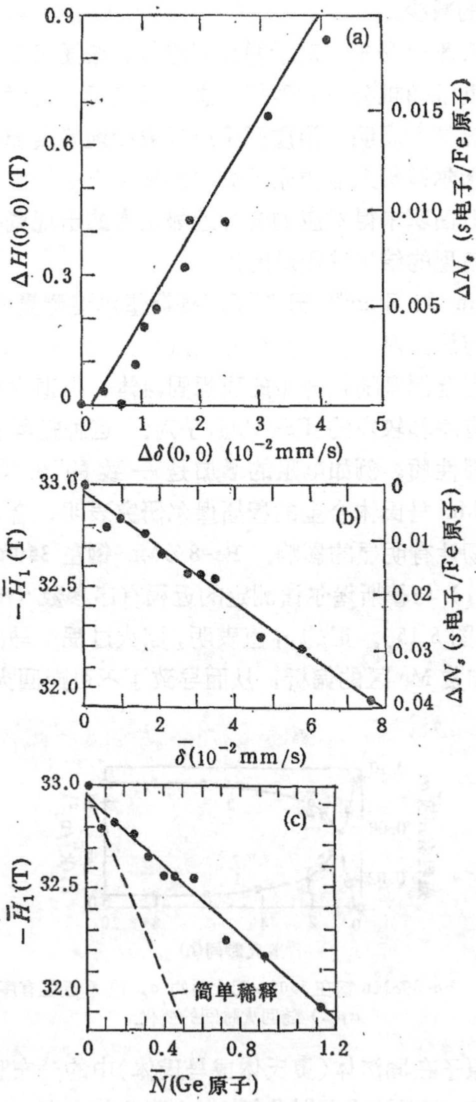

图 8.14 $Fe_{1-x}Ge_x$ 合金系中，$-\Delta H_0$ 与 ΔI (a)，$-\Delta H_1$ 与 $\bar{I}$ (b)，$-\bar{H}_s$ 与 $\bar{N}$ (c) 之间的关系.

系可知，对于W，Cr 和V来说，$\bar{H}$ 的降低是由于向上自旋密度的增加，而对于 Al,Si,Sn 和 Ge 来说，$\bar{H}$ 的降低对应着铁核处向下自旋密度的减少。

(2) *溶质原子分布* 对于稀释固溶体，溶质原子的分布一般认为接近于混乱随机分布的理想状态。但实际上，例如，对于 Fe-Si 合金的研究[94-96]表明，溶质原子或多或少地偏离随机分布的假设。用穆斯堡尔谱研究溶质原子分布的基本方法是由各种穆斯堡尔谱中各组分面积求得对应的各种近邻组态的出现概率，并与各种理论分布模型的结果进行对比。

Heilmann 和 Zinn[91] 开创了用穆斯堡尔谱测量合金里短程有序参数的方法。对 FeAl 合金的大量研究[88,89]表明，冷轧或淬火态样品是完全混乱随机分布的理想固溶体，但退火样品显示了一定的短程有序和较多的 Fe-Al 原子对。这种短程有序的变化与合金的物理性质，例如电阻的增加是一致的[90]。Овчинников 等[101]对 Fe-Mn 马氏体合金的穆斯堡尔研究表明，合金里的近程有序对冲击韧性有明显的影响。Fe-8%Mn 钢在 350℃ 回火后的冲击韧性 (a_k) 与穆斯堡尔谱测定的近程有序参数 (α_1) 有密切的相关性(见图 8.15)。正的 α_1 值表明，回火过程中马氏体里形成了富 Mn 区和贫 Mn 区的偏析，从而导致了不可逆回火脆性的产生。

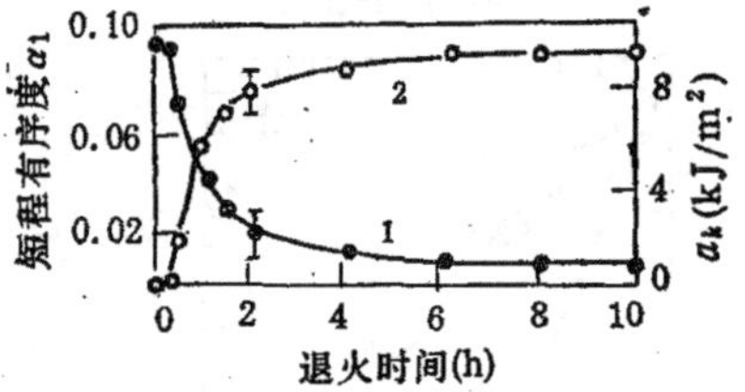

图 8.15 Fe-8%Mn 钢在 350℃ 回火后的 a_k(1) 和近程有序参数 α_1(2) 随回火时间的变化。

对间隙原子在固溶体(奥氏体或马氏体)中的分布也可以用穆斯堡尔谱研究，有兴趣者可以参阅 8.4.1 节里的介绍。

8.2.2 以穆斯堡尔元素为溶质的稀释固溶体

以穆斯堡尔杂质作为探针核可以直接研究杂质在基体金属里

的分布规律和存在形式。

在同时存在多种杂质原子时，即使杂质浓度很低，它们之间的相互吸引和排斥亦会影响杂质原子重新分布，从而偏离随机混乱分布状态[102-105]．例如，Cranshaw[103] 对于 Fe X Sn 三元合金的 ^{119}Sn 杂质的谱进行了研究，发现X为 Ni 和 Pd 时，^{119}Sn 的第一近邻壳层上 Ni 和 Pd 的原子数比随机混乱分布所预期的值要大得多(这表明有强的相互吸引势)，第二壳层上 Ni 原子的数目与随机混乱分布的预期值相近；X为 Al,Si,Ga,Ge 时，Sn 原子与第一近邻和第二近邻溶质原子间均存在排斥势，Sn-X 原子对只能在完全随机分布的冷轧样品里被发现；X为 Co 和 V时，第一近邻溶质原子与 Sn 原子之间只有弱的吸引势，没有发现 Co 或V原子出现在 Sn 的第二近邻壳层上。

已有大量工作研究了少量杂质铁在固溶度极低的 Cu，Al 和 Ti 基体中的存在形式和行为．Gonser 和 Ron[60] 对此作过详细的综述．铁在铜中主要以 5 种形式存在(见表 8.2)．这些形式的出现和所占分数均取决于合金的成分、热处理条件、冷加工以及辐照等因素[60,106-108]．第三种杂质组元对铁在铜基体中的团聚有重要影响[109]．杂质铁在铝中的存在形式和行为与在铜中的有许多

表 8.2　杂质铁在铜中的存在形式

(1) γ_0：孤立的铁原子[106]	单　峰	$\delta = 0$mm/s
(2) γ_2：二聚态或多聚态[106]	双　峰	$\delta = -0.06$—-0.21mm/s $\Delta E_Q = 0.59$—0.26mm/s
(3) γ_1：γ-Fe 沉淀[106]	单　峰	$\delta = -0.24$mm/s
(4) α-Fe 沉淀[106]	六线谱	
(5) 空位团复合体[107] (离子注入样品)	单　峰	$\delta = 0.4$mm/s

相似之处，不同点在于 Fe-Al 中能形成许多中间相．Nasu 等[61] 对铁在 Al 中的存在形式做了总结，见表 8.3。

杂质铁在钛中可以形成 α, α_m, β, ω 和 θ 固溶体[60]．α 相[即 Ti(Fe)] 在室温是 hcp 结构的稳定相．β 相是高温相，具有一个

表 8.3 杂质铁在铝中的存在形式

存在形式	δ(mm/s)	Δ(mm/s)
孤立铁原子	0.24±0.002	
二聚态	0.11±0.02	0.37±0.02
空位近邻	0.25±0.01(77K)	0(77K)
间隙态	0.15±0.01(4.2K)	0.17(4.2K)
晶界	0.03±0.01	0.29
铁原子团	0.15±0.01	0.32±0.01
Al_6Fe	0.22±0.01	0.26±0.01
$Al_{13}Fe_4$	0.20	0,0.40
Al_5Fe_2	0.23	0.46
AlFe	0.20±0.01	
反相畴界	0.34—0.24(4.2K)	

四极双峰，这表明晶格的立方对称有局域性畸变. α_m 相是 β_1 相径马氏体转变的产物，其结构可能为六方结构，与 α 稳定相比较，它有一个正的同质异能移位. Stupel 等[110]用穆斯堡尔谱方法曾发现将过饱和 α_m-Ti(Fe)相在大于 280℃ 时效会出现一种未知的亚稳相，称之为 θ 相. 这种相的本质尚不清楚，至今还不能用 X 射线衍射和电子显微镜发现它的存在. β-Ti 合金淬火形成的亚稳态变温 ω 相呈现一个单线穆斯堡尔谱，其同质异能移位随成分在 −0.56—−0.50 mm/s 范围内变化[110]. Ron 等[111]用掺杂的 ^{57}Fe 谱研究了 α-Ti(V)、α-Ti(Al) 和 α-Ti(Sn) 合金里的亚稳 θ 和 ω 相.

Fe-Sn 二元合金里，可以同时测量 ^{57}Fe 和 ^{119}Sn 两种组元的穆斯堡尔谱. 近邻锡原子从两个方面改变 ^{57}Fe 核处的超精细场，即一方面，它影响了原子磁矩和离子实极化，另一方面又影响了传导电子极化的贡献. 离铁原子较远的锡原子仅仅影响传导电子的贡献(若忽略尺寸效应). 在铁磁性金属里的非过渡族元素锡杂质原子核处，尽管不存在费米接触项，但 ^{57}Fe 原子通过传导电子的极化可在 ^{119}Sn 核处形成磁超精细场. 对于含 2 和 4% Sn 的 Fe-Sn 合金样品，^{57}Fe 和 ^{119}Sn 核处超精细场随距离变化的性质是相同的，这与传导电子的极化有关。第三组元对铁中，^{119}Sn 杂质核处的超精细场亦有影响。例如，三元合金 Fe-4Ni-0.2^{119}Sn 的 ^{119}Sn 穆斯堡尔谱表明，其超精细场小于锡在纯铁中的值[104]，这可归因于镍原子存在于锡原子的第一近邻壳层。Cranshaw[15,103]对大量 FeXSn 三元合金的穆斯堡尔研究揭示了锡的第一近邻溶质原子使 ^{119}Sn 核处的超精细场变化＋3.0T 左右，而第二近邻溶质原子使其变化－3.0T 左右。Co,Ni 和 Pd 三种溶质原子使 ^{119}Sn 的超精细场变化 20T 左右。

8.2.3 浓固溶体

在比较接近于稀释固溶体浓度时，浓固溶体穆斯堡尔谱的分析方法与稀释固溶体的相似。对于高浓度固溶体，穆斯堡尔核周围的近邻组态的种类极多，使穆斯堡尔谱参数呈现准连续分布，谱线呈现展宽的重迭谱。此时，可采用 Window 法[112]、Hesse-Rübartsch 法[113]和 Vincze 法[114]拟谱，求解超精细参数的分布。这些方法的优点在于它们不涉及任何具体原子排布和原子间相互作用的模型。

Fe-Cr,Fe-V 和 Fe-Ni 浓固溶体就是常见的典型合金。它们的超精细场分布受成分和温度的影响，可以伸展到接近于零的地方。根据超精细场测量值换算成原子磁矩，Fe-Cr 合金里铁原子磁矩与成分的关系表明，合金里铬原子的磁矩很小。因此，该合金里铁和铬原子间的交换作用很弱[115,116]。对 Fe-Ni 因瓦合金里超精细场的研究[117−127]，特别是吸氢对超精细场的影响方面的研究提供了许多有助于理解因瓦效应本质的微观信息。

解释因瓦效应有两种模型："电子"模型(模型 I) 和"磁"模型(模型 II)。为了判断哪个模型更正确，Ullrich 和 Hesse[127] 用极化 γ 射线穆斯堡尔谱得到了 Fe-Ni（30—36at%Ni）因瓦合金里铁核处有关超精细场向量的信息.实验采用两种几何布置测谱:纵向几何布置,对应着圆偏振极化状态;横向几何布置，对应着线偏振状态。这样可以使实测谱的峰数目最少。用上述两种模型计算

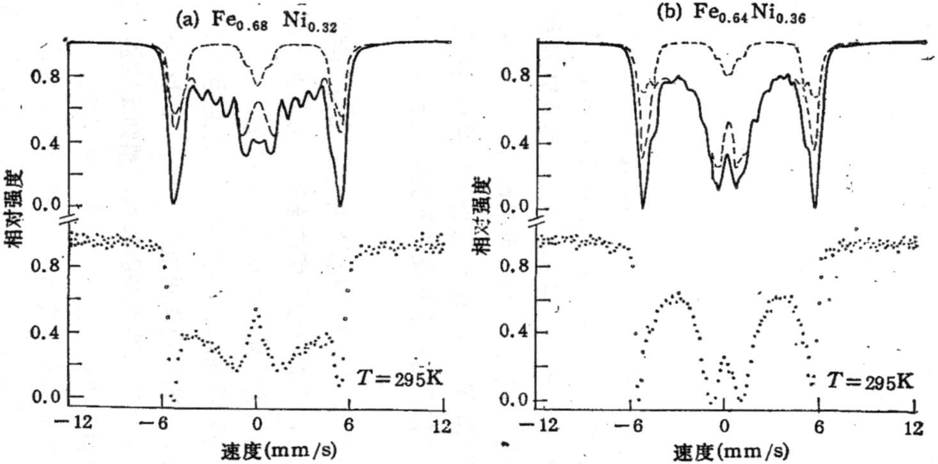

图 8.16 纵向几何布置下（295K）测量谱与模型 I 计算谱的对比.（a）Fe-32at%Ni；（b）Fe-36at%Ni。虚线是 r_2(主要贡献)和 r_1 的两个亚谱.

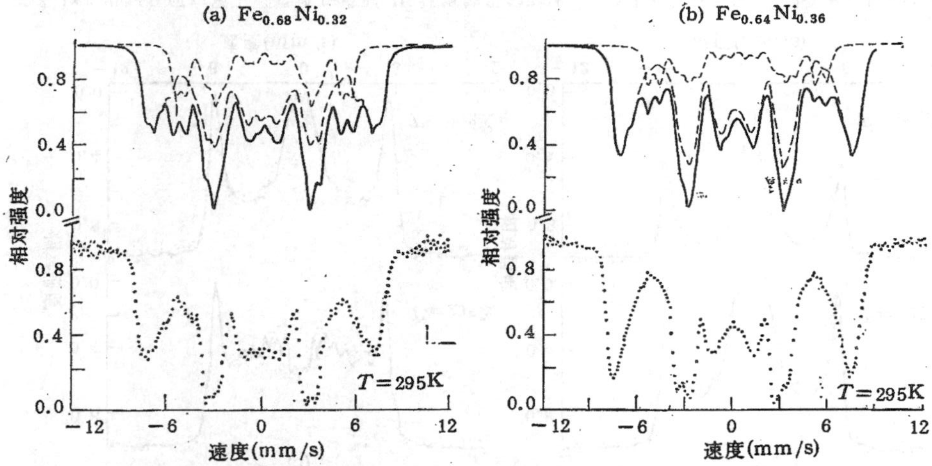

图 8.17 横向几何布置下（295K）测量谱与模型 I 计算谱的对比. （a）Fe-32at%Ni; （b）Fe-36at%Ni.

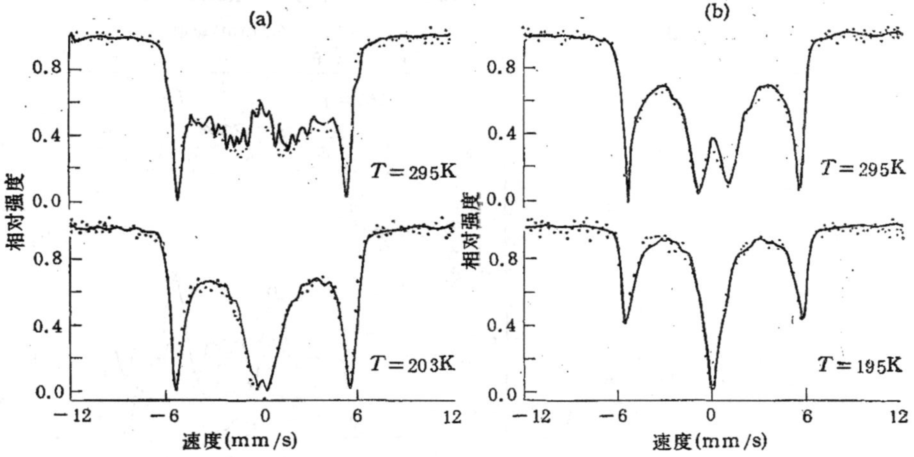

图 8.18 纵向几何布置下测量谱与模型 II 计算结果的对比. (a) Fe-32at%Ni; (b) Fe-36at%Ni.

的谱与实验谱的对比(见图 8.16 至图 8.19)表明，采用“磁”模型，并假设存在铁磁矩的非平行排布，就可以解释所有的实验谱。“磁”模型也可用来解释合金里同质异能移位的数据[124]。用“电子”模型的两种γ态不能解释极化实验数据。由于采用了极化穆斯堡尔谱，作者得到了真正的超精细场分布 $P(H)$ (见图 8.20)，而不是通常的 $P(|H|)$。通过上述实验，作者认为富铁的 Fe-Ni 合金里，并不存在两种不同的电子状态，铁原子状态的唯一差别在于其磁矩的热平均值具有不同的取向。

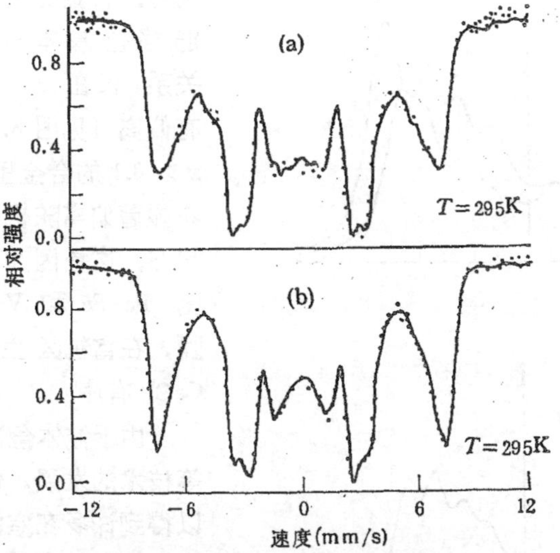

图 8.19 横向布置下测量谱与模型 II 计算结果的对比。
(a) Fe-32at%Ni，(b) Fe-36at%Ni。

李正文等[32]对 $Fe_{1-x}V_x$ $(0<x<0.843)$ 合金系中 ^{57}Fe 的超精细参数作过系统研究。对于 $x<0.1$ 的稀释固溶体，作者考虑了最近邻和次近邻溶质原子的影响，并经分析表明，稀释 Fe-V 合金里原子分布是混乱的。$x>0.1$ 的浓固溶体，呈现重叠严重的谱线。超精细场分布表明，$x>0.5$ 时可以分辨出高场和低场两种

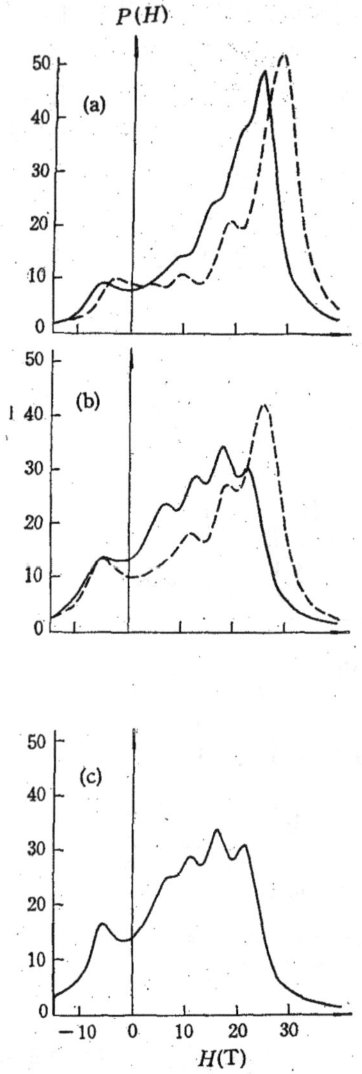

图 8.20 模型 II 拟合求得的超精细场分布 $P(H)$.
(a) Fe-36at%Ni; (b) Fe-32at%Ni;
(c) Fe-30at%Ni. 虚线是 $T=200K$,
实线是 $T=295K$.

组分; $x=0.20$—0.30 的合金只有高场组分; 高场组分的峰值随 x 的增加而移向低的方向. 实验表明, 在 $0.07<x<0.5$ 范围内, 合金的平均超精细场随 x 呈线性下降关系[见图 8.21(a)]; 在 $x\geq 0.68$ 时, 平均超精细场变为零. 合金的平均同质异能移位基本与 x 成线性关系, 仅在 $x<0.1$ 时稍有偏离 [见图 8.21(b)]. $x>0.1$ 的合金里,原子分布显著偏离随机混乱分布状态. 这是因为 Fe-V 键比 Fe-Fe 和 V-V 键更强, 在富钒区里易形成 CsCl 有序.

由于液体急冷和溅射等技术的发展, 使我们可以得到许多在室温平衡相区上不存在的合金浓固溶体. 目前, 对这种亚稳合金相,例如,高浓度 Fe-Cu 和 Fe-Ag 合金固溶体已开展了若干穆斯堡尔研究[128].

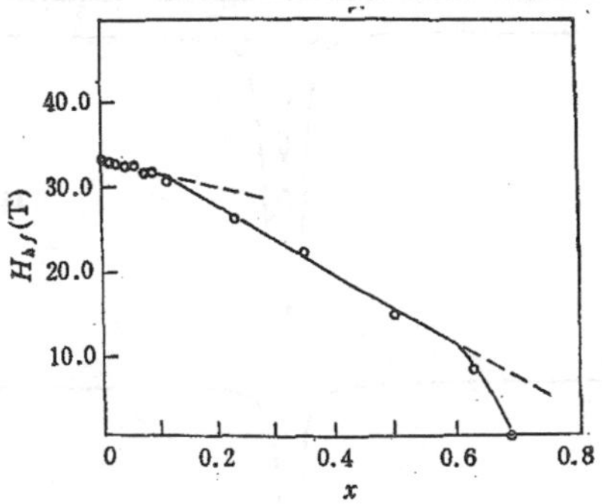

(a)

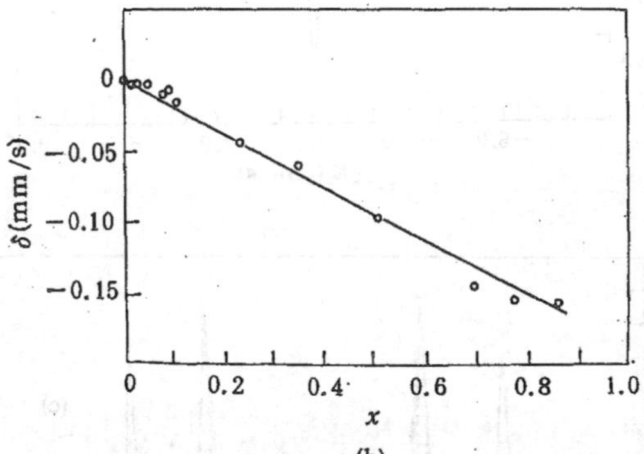

(b)

图 8.21 $Fe_{1-x}V_x$($0<x<0.843$) 合金的平均超精细场.
(a) 和平均同质异能移位;(b) 与V含量的关系曲线.

8.2.4 定量相分析

穆斯堡尔谱方法在定量相分析方面的应用有其独特的优点,这突出表现在钢中残留奥氏体的测定和背散射穆斯堡尔谱表面相分析.

虽然X射线衍射法是最广泛应用的相分析技术,但织构和相的微细颗粒度影响其测量精度.实践表明,在少量和细小残余奥氏体的定量相分析方面,穆斯堡尔谱方法比X射线衍射法更准确.例如,背散射X射线穆斯堡尔谱(CXMS)测量只有很小的厚度效应.对多种钢中残余奥氏体的 CXMS 和X射线衍射技术(XRD)

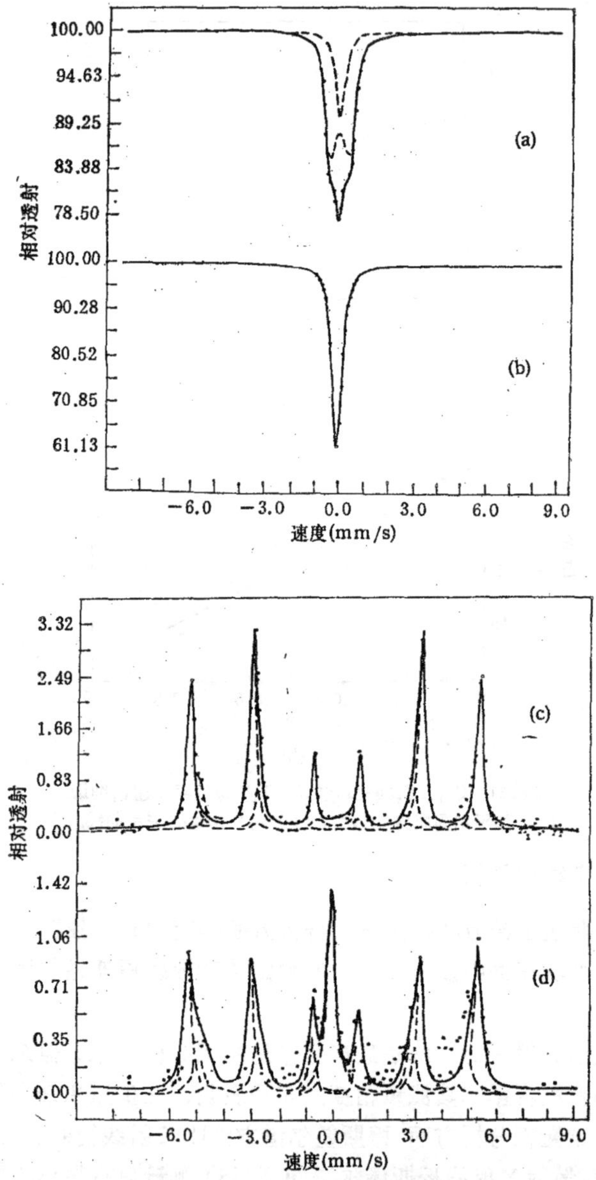

图 8.22 Fe-23%Mn 钢的室温穆斯堡尔谱.

(a) 未变形样品的 TMS; (b) 50%变形样品的 TMS;
(c) 50%变形样品的 CEMS; (d) 50%变形样品的 CXMS.

测量结果的对比发现，在残余奥氏体含量较低时 CXMS 的测量结果高于 XRD 的，这表明穆斯堡尔谱技术更为可靠. 基于穆斯堡尔谱方法的钢中奥氏体快速分析[131]可达到 1% 的测量精度，测量时间少于 30min.

对于杂质铁在 Al 和 Ti 中形成的相来说，穆斯堡尔谱方法已证明能检测出低于常规 X 射线衍射分析灵敏度以下的数量. 这个优点已被用来确定铁在 Al 和 Ti 中的固溶度和相区[60].

背散射电子穆斯堡尔谱用于相分析的最大优点之一是具有适度的深度分辨能力（$\sim10^2$nm）. 如果采用能量选择的背散射电子穆斯堡尔谱（CEMS），还能进行深度逐层分析. 如果将背散射电子、背散射 X 射线和透射 γ 射线穆斯堡尔谱巧妙地结合起来，能够提供更多的相分析信息.

最近 Gauzzi 等[133]用 CEMS，CXMS 和透射谱（TMS）几种方法详细研究了 Fe-Mn 合金在冷加工时的马氏体转变和相分布是一个极好的例子. 图 8.22 示出了 Fe-23Mn 钢的室温穆斯堡尔谱. 由图 8.22(a,b) 中可以看出，在大变形后样品体内的反铁磁

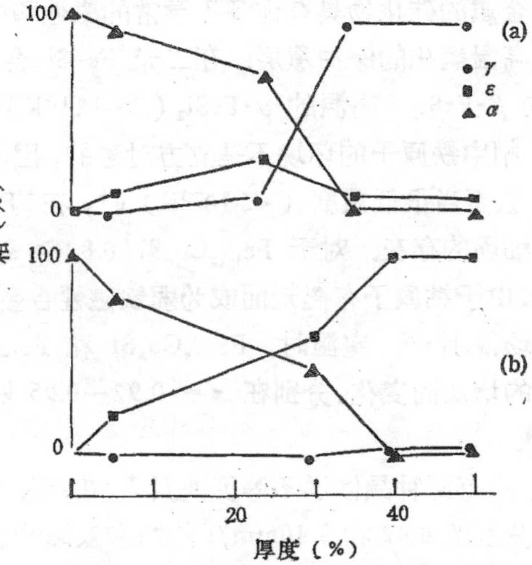

图 8.23 由表面到体内的相分布.

(a) 50%变形量的 Fe-23%Mn 钢；(b) 20%变形量的 Fe-30%Mn 钢.

性 γ 相几乎完全转变为 ε 相，冷加工并不产生铁磁性 α' 相．图 8.22(c,d) 的背散射谱表明，变形后在 200 nm 厚表面层里实际上已不存在 ε 相的顺磁性峰，而在 20 μm 厚的表面层里还有相当多数量(20%)的 ε 相．与此不同，Fe-16%Mn钢的冷加工通过消耗掉 ε 相而使 α' 相急剧增加．穆斯堡尔测量求得的表面到体内的相分布示于图 8.23．表面层与体内的差异可以归因于表面层的贫锰．上述实验结果有助于阐明 $\gamma\rightarrow\varepsilon$、$\alpha'$ 转变的机理．作者认为，变形前存在的 ε 相有助于 $\gamma\rightarrow\varepsilon$ 转变，抑制了 $\gamma\rightarrow\alpha'$ 转变．

在一般情况下，各组分亚谱的面积之比可以提供足够可靠的结果．如果需要更高的精度，必须考虑样品厚度效应和无反冲分数 f 的差别，有关厚度修正的方法可以参阅文献[134,135]．

§8.3 金属间化合物

8.3.1 Fe-Si 系

过渡族金属的硅化物具有许多不寻常的磁性和电性，亦可成为有效的抗高温氧化的保护覆层．在二元 Fe-Si 合金系里存在 FeSi、低温的 β-$FeSi_2$、高温的 α-$FeSi_2$（>1210K）和 Fe_5Si_3 中间相．FeSi 相中铁原子的环境不是立方对称的，因而呈现四极分裂双峰[136]．甚至当很低温度（$<10^{-3}$K）时，在 ^{57}Fe 核处也观察不到磁超精细场的存在．对于 $Fe_{1-x}Co_xSi$（$0.82\geqslant x\geqslant 0.2$）三元化合物来说，由于钴原子有磁矩而成为弱铁磁性合金，但铁原子磁矩和超精细场很小[137]．室温时，$Fe_{1-x}Co_xSi$ 和 $Fe_{1-x}Ni_xSi$ 的四极分裂随 x 的增加而变化，分别在 $x=0.92$—0.95 和 $x=0.1$ 时达到极值[138]．

β-$FeSi_2$ 里有两种晶体学不等价铁原子，在室温时所呈现出来的四极分裂分别为 0.42 和 0.40mm/s 的两套双峰[139]．α-$FeSi_2$ 晶体里常常有 13—23% 的铁位置是空缺的，因而亦呈现一个四极分裂双峰，在室温时其四极分裂为 0.726 ± 0.055mm/s[140]．α-$FeSi_2$

和 β-$FeSi_2$ 的同质异能移位和四极分裂在 5—1000K 温度范围内随温度而发生线性变化。

Fe_5Si_3 化合物是铁磁性的，其 $T_c = 373K$。在磁有序状态时，谱由对应着两个不等价铁位置的两套磁性六线谱叠加而成。在液氮温度时，两套亚谱的超精细场分别为 230±10T 和130±10T[141]。

与 FeSi 具有相同立方晶格结构的 FeGe 是铁磁性的，^{57}Fe 核处的超精细场为 115.4±2T。（外推到 0K 时的值）。因为立方 FeGe 具有金属导电性，因而它的铁磁性可能与铁原子磁矩通过传导电子发生的相互作用有关，而不像 FeSi 那样与通过共价键产生的相互作用有关，因为共价键不足以产生磁有序[142]。

8.3.2 Fe-Al 和 Fe-Zn 系

Fe-Al 合金系中有多种金属间化合物：Al_6Fe，Al_3Fe（或 $Al_{13}Fe_4$），Al_5Fe_2 和 Al_2Fe。Al-0.5at%Fe 的冷硬铸件里，在铝基体上存在有亚稳相 Al_6Fe，它具有正方结构，只存在一种等价的铁原子近邻组态。因此，Al_6Fe 呈现四极分裂双峰谱[143—145]。富铝的铝铁合金退火处理会导致铝基体中析出 Al_3Fe。它具有单斜晶体结构，共有五种不等价的铁原子位置（均不具有立方对称性），其中有 4 种的近邻组态相似。Al_3Fe 的穆斯堡尔谱可用三条等宽等强度的单峰拟合[143—145]。Al_5Fe_2 相具有正方结构，只有一种基本的

表 8.4 Al 基体中 AlFeSi 金属间化合物的谱参数

相	δ(mm/s)	Δ(mm/s)	面积(%)	Γ(mm/s)
六方 α-(AlFeSi)	0.18	0.26	52.2	0.29
	0.25	0.60	47.8	
立方 α-(AlFeSi)	0.30	0.20	34.6	0.29
	0.18	0.30	65.4	
β-(AlFeSi)	0.12	0.42	43.6	
	0.23	0.40	49.2	0.27
	0.34	—	7.2	
γ-(AlFeSi)	0.16	0.24	46.1	0.31
	0.16	0.56	53.9	

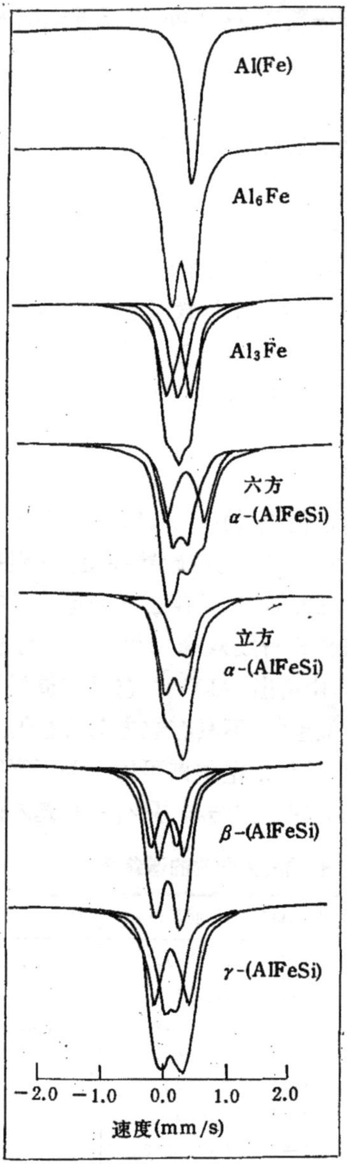

图 8.24 富 Al 的 Al-Fe 和 Al-Fe-Si 合金里二元和三元相的计算机拟合谱.

铁原子近邻组态，有一种铝占位常常只是被部分占据，其穆斯堡尔谱呈现一对双峰[145]. 含少量铁和硅的铝基合金退火后，还发现有多种 AlFeSi 相. 它们呈现出多套四极分裂双峰[146](见图 8.24)，谱参数列于表 8.4. 最近，对急冷亚稳态二十面体$Al_{86}Fe_{14}$的研究[147]表明，它的谱参数与 Al_6Fe 基本相似，因而铁位置的对称性接近于 Al_6Fe 的正方结构.

Fe-Zn 合金系中也有多种金属间化合物. 对 ζ 相、δ_1 相和 Γ 相曾进行过穆斯堡尔谱研究. ζ 相($FeZn_{13}$)具有单斜系结构，呈现一套四极分裂双峰 ($\Delta = 0.15$mm/s, $\delta = 0.43$mm/s)[148]. δ_1 相(含 8.1—13.1at%Fe) 的晶体结构比每个单胞具有 555±8 个原子的六方结构还要复杂，原子占位还不清楚[149]. δ_1 相还分为两种: δ_{1p} 和 δ_{1k}，可以分别用 $FeZn_{10}$(9.1 at%Fe) 和 $FeZn_7$(12.5at%Fe) 表

示[149]。它们的谱很相似，都是一个展宽的非对称性双峰，仅在四极分裂和同质异能移位上有些差别：δ_{1p} 的 $\delta = 0.45$，$\Delta = 0.38$；δ_{1k} 的 $\delta = 0.42$，$\Delta = 0.44$mm/s[150]。Γ 相（Fe_3Zn_{10} 或 $FeZn_3$）含 24—31 at%Fe，其结构复杂。Graham 等[150] 测得 Γ 相谱为一个强度差很大(强度比为 1:4)的双峰，其 $\delta = 0.087$mm/s，$\Delta = 0.41$ mm/s。Jones 和 Denner[151]、Montreuil 和 Evans[152] 也得到相似的谱线。这可能与铁原子的占位分布有关[153,154]。

8.3.3 Ti-Fe 和 Zr-Fe 系

Ti-Fe 系有 $TiFe_2$ 和 TiFe 两种稳定金属间化合物。$TiFe_2$ 是六方 Laves 相（$MgZn_2$ 型），由于其磁性而成为若干穆斯堡尔研究的对象[155—158]。Wertheim 等[155]证明，铁原子占据两种不等价的位置，位于具有 *mm* 对称的 *h* 晶位上的铁原子是反铁磁性有序（20.4K 时，$H_{hf} = 97$T），位于具有 3*m* 对称的 *a* 晶位上的铁原子只表现出四极分裂。然而，在遇到钛原子缺位和铁原子团聚时，*a* 晶位铁原子呈现铁磁性谱。在 $TiFe_2$ 的富钛一侧，在磁有序温度 275K 以上，*a* 和 *h* 两种晶位铁的谱参数相同(见表 8.5)。

表 8.5 Ti-Fe 二元系里稳定金属间化合物的室温穆斯堡尔谱参数

参数	α1)	TiFe1)	$TiFe_2$2)(*a*和 *h* 位)
δ(mm/s)	0.02	−0.15	−0.286
Γ(mm/s)	0.28	0.28	–
Δ(mm/s)	0	0	0.404

1) 引自文献[110]。
2) 引自文献[157]。δ 是相对于 α-Fe。

TiFe 的穆斯堡尔谱呈单峰[110,159,160]，谱参数列于表 8.5。TiFe 里铁和钛原子是随机分布还是有序分布（CsCl 结构）这一问题至今还未解决，因为没有发现 X 射线谱上有超结构线存在的证据。可以认为，表 8.5 中线宽较窄和没有四极分裂的实验结果对于

TiFe 有具 CsCl 结构的设想是一个证据. $TiFe_{1-x}Co_x(0.3 \leqslant x \leqslant 0.7)$ 在低温时是铁磁性的，但 ^{57}Fe 的穆斯堡尔谱却不存在磁分裂. 在由 TiFe 过渡到 TiCo 时，$TiFe_{1-x}Co_x(0 \leqslant x < 1)$ 里 ^{57}Fe 的同质异能移位表明核处的电子密度近似地随 x 而线性增加. 这可能与 s-d 杂化有关，因为随 x 增加，铁的未满 $3d$ 态数目应增加，由于 $3d$ 电子屏蔽增强而使核处 s 电子密度下降[161].

Zr-Fe 二元系里有立方结构的 Laves 相 $ZrFe_2$,$CuAl_2$ 型四方相 Zr_2Fe、$NiTi_2$ 型金钢石结构 Zr_2Fe 和亚稳态 Zr_3Fe 等金属间化合物. $ZrFe_2$ 中只有一种晶体学等价铁原子，但呈现出两套铁磁性六线亚谱. 稳定态 Zr_3Fe、四方 Zr_2Fe 和金刚石结构 Zr_2Fe 都只有一种晶体学等价铁原子，其谱线均为四极分裂双峰[162—164]. 亚稳态 Zr_3Fe 可由非晶态合金结晶得到. 这些化合物的穆斯堡尔参数列于表 8.6 和图 8.25. $Zr(Fe_{1-x}Mn_x)_2$ 的超精细场随锰含量增加而单调下降[165]. 在 $x = 0.35$ 时，其结构发生 $C15$-$C14$ 转变，长

表 8.6 Zr-Fe 系金属间化合物的室温穆斯堡尔谱参数

化合物	H_{hf}(T)	Δ(mm/s)	δ(mm/s)
$ZrFe_2$ (立方 Laves 相)	22.3 20.6	0.11±0.01 0.10±0.01	−0.0031 相对于 $K_4Fe(CN)_6$
Zr_2Fe ($NiTi_2$ 型)		0.24±0.02	−0.151±0.005 相对于 α-Fe
亚稳 Zr_3Fe FeI: (未知结构) FeII: 平均:		0.64±0.02 0.31±0.02 0.45±0.02	−0.225±0.005 −0.105±0.005 相对于 α-Fe −0.157±0.005
稳定 Zr_3Fe (正方, Re_3B 型)		0.91±0.01	−0.319±0.005 相对于 α-Fe

程磁有序消失，但直到 $x = \sim 0.9$ 时仍可观察到超精细场的存在.

最近，Mansur 等对六方 Laves 相 $Ti(Zr)Fe_2$ 和立方 Laves 相 $Zr(Ti)Fe_2$ 进行了穆斯堡尔和 X 射线衍射研究. Zr 在 $TiFe_2$ 相里的固溶度限为(41.5±1.5)at%. 与 $TiFe_2$ 相似，$Ti(Zr)Fe_2$ 相

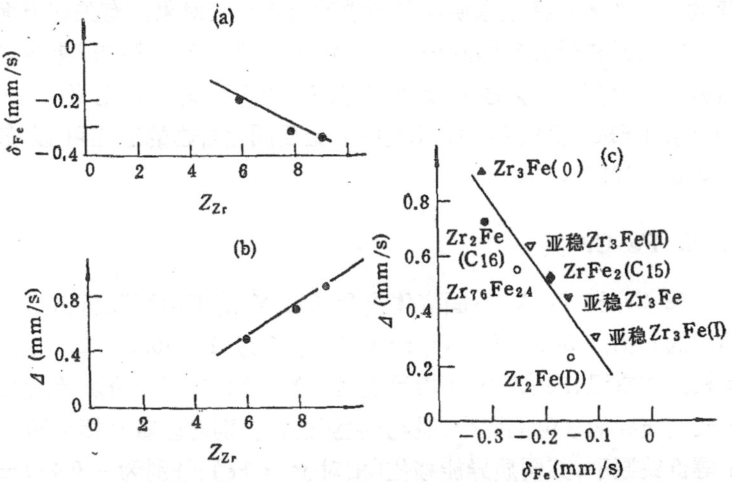

图 8.25 Zr-Fe 系金属间化合物的室温四极分裂和同质异能移位与最近邻 Zr 原子数的关系.

有两种铁位置，其中 2*a* 晶位的铁原子是顺磁性的，6*h* 晶位的是反铁磁有序，其易磁化方向沿着 *c* 轴.随 Zr 含量的增加，两种铁原子的同质异能移位增大，而四极分裂没有变化。6*h* 晶位的铁原子的超精细场随 Zr 含量增大而增强。Néel 温度由 $TiFe_2$ 的 275K 增加到饱和 $Ti(Zr)Fe_2$ 的 327K。对 $Zr(Ti)Fe_2$ 的研究表明，Ti 在 $ZrFe_2$ 中的固溶度限为 19.5±1.5at%。$Zr(Ti)Fe_2$ 是铁磁性的，同质异能移位基本不随 Zr 含量而变化，但居里温度 T_c 和磁超精细场随 Zr 浓度增加而下降。

在合金钢热处理时能析出 Laves 相的 Fe_2W，Fe_2Mo 和 Fe_2Nb。目前对他们的穆斯堡尔研究还不够.这些金属间化合物的六方结构导致室温时有小的四极分裂。例如，Fe_2Mo 的 Δ＝0.16mm/s，相应的同质异能移位(相对于 α-Fe)为−0.22，−0.26 mm/s[167]。

8.3.4 RE-Fe 系

由于稀土与铁或钴的金属间化合物具有许多优异的磁性，已

成为大量 ^{57}Fe 和稀土穆斯堡尔谱学的重要研究对象。有关这方面的研究成果在近几年国际穆斯堡尔谱学会议上所发表的成果中均占有一定比例。有兴趣的读者可以参阅§7.13。早期的有关 $REFe_3$, $REFe_2$, RE_6Fe_{23} 和 RE_2Fe_{17} 金属间化合物的综述可以参阅本章文献[17,168]。

8.3.5 Fe-Cr 系

Fe-Cr 和 Fe-V 系固溶体或含 Cr, V 的钢中可以析出四方晶格的 σ 相。Solly 和 Winquist[169] 研究过 Fe-50at% Cr 里的 σ 相。在室温,Fe-Cr 的 σ 相呈现展宽的双线谱,可以分解为具有不同同质异能移位的四个四极分裂亚谱,分别对应着 σ 相中四个不等价铁原子,其同质异能移位(相对于 α-Fe)分别为 -0.430 ± 0.004, -0.301 ± 0.003, -0.125 ± 0.002 和 0.072 ± 0.004mm/s。线宽为 0.297 ± 0.007mm/s。这四个亚谱的强度表明,在 Fe-50% Cr 合金里,即使在完全有序的具有化学定比成分的 σ 相中,四种铁原子晶位中仍有两种没有被完全占据。

§8.4 相　　变

8.4.1 固溶体分解

过饱和固溶体的分解机理,一般可以分为两大类:第一类是形核-长大机制,例如常见的脱溶过程;第二类是调幅分解。从穆斯堡尔效应的观点来看,固溶体按形核-长大机制分解时,经过孕育期后就应出现相应于平衡相的谱线,其强度随着分解过程的进行而增加。按调幅机制分解时,由于成分起伏,合金中存在着成分的不均匀性。例如,对于一个铁磁性合金,由于超精细场随成份急剧变化,可以期待调幅分解初期将观察到谱线的明显展宽,而在后期则逐渐出现相应于两平衡相的谱线。对各种形核-长大机制相变的穆斯堡尔谱研究极为广泛,在本书的相应章节里已有论述,并可参阅本章文献[17,60,129,170]。

根据上述相变过程中谱线的特征，可以方便地用穆斯堡尔谱方法研究若干合金系，例如 Fe-Cr[129,171]，Alnico 合金[172-175] Fe-Be[176,221] 里的调幅分解。其中 Fe-Cr 系的研究最典型。 $Fe_{40}Cr_{60}$ 淬火样品在 475℃ 时效 30,80 和 1300h. 头两个短时间时效后，样品的磁性六线谱仅仅呈现出展宽，这对应着成分的小波动。1300h 时效后，谱中出现一个富铬的顺磁峰；但即使在 2476h 时效后，谱也没有呈现出完全分解为两个稳定相的亚谱。相变早期的这些变化表明，固溶体的分解是按调幅机制进行的。此外，合金的居黑点与含铬量有关。因此，200℃ 时测量的穆斯堡尔谱中，随时效时间的延长，由最初只是顺磁性谱的逐渐展宽，最后表现出明显的铁磁性六线谱。这就更突出显示了调幅分解的特点[129]。

8.4.2 钢中的马氏体相变

钢中发生马氏体转变时，奥氏体的顺磁性谱发生显著变化，即顺磁谱趋于消失，出现很强的铁磁性六线谱。穆斯堡尔效应在马氏体相变研究中的应用非常广泛，主要为：碳在奥氏体中的分布，马氏体相变的前驱效应，碳在马氏体间隙位置上的分布、马氏体相变的转变机制和奥氏体有序化对马氏体相变的影响等。

碳在奥氏体中处于八面体位置，它与第一近邻铁原子的相互作用远大于与第二近邻铁原子的相互作用。奥氏体的谱，至少对于低浓度含碳量来说，包括两套亚谱：孤立铁原子的单线峰和具有一个碳原子近邻的铁原子贡献的四极分裂双峰。实验表明，四极双峰的强度接近于 $6x$ (x 是碳的原子浓度)[178]。因此，碳原子在奥氏体中的分布是强相斥的，即一个铁原子不能有两个或更多的碳原子最近邻。

含碳马氏体谱的主要组分是与 α-Fe 谱相似的一套六线谱，但还有若干附加的六线亚谱。Ino 等[179,180]、Ron 等[181]、Gielen 和 Kaplow[182] 将含碳马氏体谱分解为三或四套亚谱，其超精细场分别为 33.2，34.2，26.5T 或 33.4，34.2，33.0 和 26.5T。他们把高场 34.2T 和低场 26.5T 分别归属于一个八面体位置碳原子的四个第二近邻铁原子和两个第一近邻铁原子．33.4T 场归属于一个碳原子的第三和第四近邻铁原子．Cadeville 等[183]对含碳 1—5%的马氏体谱的研究表明，34.3T 亚谱和 26.9T 亚谱的强度分别接近于 $4c$ 和 $2c$．这就证实了上述归属设想的正确性．由此可见，可以将铁原子的超精细场与它离开碳原子距离的关系划成一条光滑曲线[184]，见图 8.26．氮在奥氏体和马氏体里的行为与碳的相似[184]．

然而，刚淬火后得到的新鲜马氏体还呈现出一些新的亚谱．Fujita 等[185,186]，Ino 和 Ito[187]，Lesoille 和 Gielen[188] 将新鲜马氏体谱中新出现的亚谱归属于在四面体间隙位置碳原子的铁原子

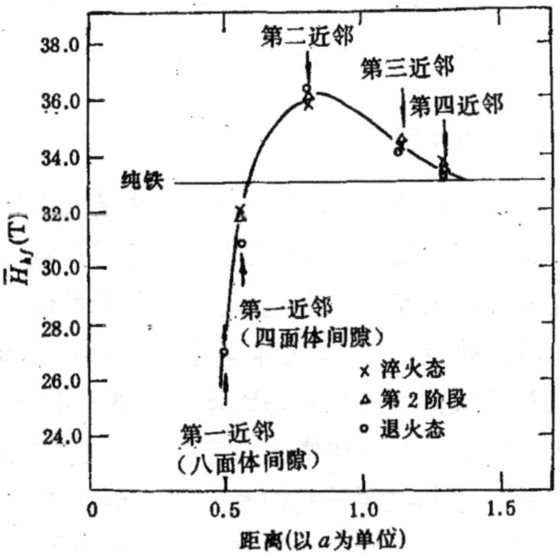

图 8.26　Fe-1.8at%C 马氏体里铁的超精细场与它离开间隙碳原子距离的关系．

近邻．最近，Nasu 等[189] 首次用 ^{13}C 和 ^{57}Fe 的自旋回波核磁共振测量，配合 ^{57}Fe 穆斯堡尔谱进一步证实了 Fe-C 马氏体里的原子排布，特别是间隙碳原子的位置．^{57}Fe 核处超精细场的分布可以很好地用八面体和四面体两种间隙占位模型来解释(见图 8.26)．^{13}C 核的自旋回波核磁共振谱表明有两个主峰线，在 323K 时效过程中有几条更清楚的伴线逐渐产生．这说明碳原子由四面体位置跳到八面体位置和碳原子的进一步运动在 bct 晶格里形成了类似

Fe_8C 的局域有序结构。作者对 ^{13}C 核处的超精细场和包含一个中心间隙碳原子的铁原子团的电子结构进行了分子轨道计算，并与实验结果进行了对比。计算表明，bcc 铁晶格的间隙位置处是负自旋极化，碳核处有大约 8T 的负超精细场，这与实验值一致。

上述的四面体间隙位置碳原子对于理解马氏体转变机制是十分重要的。Fujita[190] 发现新鲜马氏体在室温回火时，八面体碳原子的第一近邻铁原子贡献的二分之一，若加上四面体碳原子最近邻铁原子贡献的四分之一时，恰好总是等于碳含量。作者提出了新的马氏体转变机制来解释上述现象。库尔久莫夫-沙克斯机制和西山机制均不能解释马氏体转变中四面体间隙位置碳原子的出现。

对于马氏体相变的前驱效应，穆斯堡尔谱方法也是一个重要研究手段。通过无反冲分数的测定，可以研究马氏体相变前无反冲分数 f 的反常变化。图 8.27 示出马氏体相变开始温度 M_s 附近 Fe-Mn 奥氏体的无反冲分数 f[191]。实验表明，在 M_s 点前 50℃ 以内，f 有反常的下降。Fe-Ni 合金里 f 与温度的关系也有反常现象[192]，这表明伴随马氏体相变有晶格失稳现象。此外，还发现 Fe-Ni 马氏体转变前谱线中出现四极分裂和小的超精细场，这表明在正式转变前有非立方结构的过渡相形成。Юрчиков 和 Меньшиков[193]对 Fe-27at%Ni 合金在马氏体转变前的奥氏体状态进行了研究，发现预先的热处理可以改变马氏体转变动力学过程，等温转变的样品在转变前的 f 因数下降效应远小于变温样品的 f 因数下降效应。

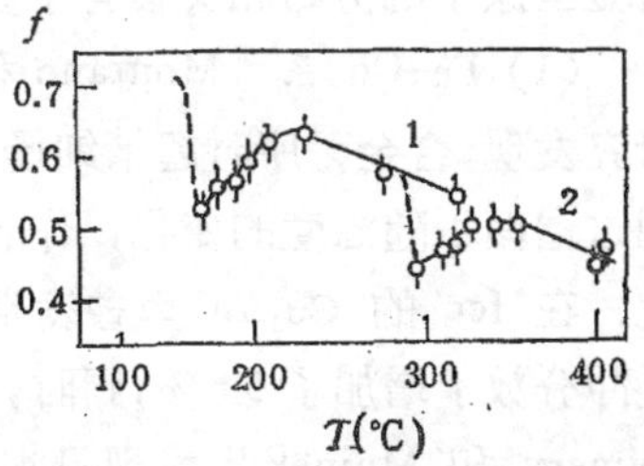

图 8.27 (1) Fe-10%Mn (M_s = 170℃) 和 (2) Fe-8%Mn (M_s = 290℃) 的 f 与温度的关系.

8.4.3 有序化

由于穆斯堡尔核对其近邻组态极为敏感，穆斯堡尔谱方法已成为除衍射技术之外又一个研究合金有序的重要手段。在某些场合，特别是在合金组元散射因子相近或有序化的穆斯堡尔核浓度较小时，穆斯堡尔谱方法在确定原子局域有序方面比衍射法更有效。

用穆斯堡尔谱测量短程有序参数的方法是 Heilmann 和 Zinn 开创的[91]，并被广泛用来研究 Fe-Ni[91,92]，Fe-Al[89,90]，Fe-Si[84] 合金中的短程序。然而，Schwartz 和 Asano[194] 认为，从穆斯堡尔谱不能直接得到 Warren 短程有序参数，只能获得具有 i 个最近邻和 j 个次近邻的铁原子分数 $W(i,j)$。尽管如此，仍有不少人广泛采用 Heilmann 和 Zinn 方法来测定合金中的短程有序参数。

Losievskaya[195] 详细地介绍了用穆斯堡尔谱测定长程有序参数的一般方法。还有不少学者[195—198]通过进一步简化假设来研究合金里原子的分布和长程有序参数。

(1) Fe-Co 系　Montano 和 Seegra[199]对 50Fe-50Co 合金的研究发现，合金无序时超精细场增加 3% 左右。令人感兴趣的是，通过谱面积随温度的变化，作者发现在转变温度有显著的晶格软化。在 fcc 的 Cu_3Au 里曾发现相反的结果，有序化时 ^{197}Au 的无反冲分数 f 增加了 5.6%，同时，同质异能移位增加 0.2mm/s[200]。Eymery 和 Moine[201] 发现具有不同有序度的合金均呈现非对称性的谱线，可以用平均最外峰宽度、平均超精细场和平均同质异能移位作为有序化的标志。通过研究无序样品在 480℃ 保温时合金的线宽、同质异能移位和超精细场与保温时间的关系，作者证明，有序化是均匀进行的，而不是通过形核-长大机制进行的。Belozerskii 等发现，发射谱和透射谱有不同的超精细场数值。

(2) V-Fe 系　V-Fe(0—50at% Fe) 合金里 CsCl 型有序的穆斯堡尔研究[58,59]是一个很好的例子。它的特点在于通过四极分裂和同质异能移位，而不是磁耦合与成份的关系进行分析。Preston 等[59]发现，在 15—50at%Fe 范围内谱线是完全对称的，小于 10at% Fe 时有明显可见的不对称性；在整个浓度范围里，平均同质异能移位几乎保持不变，相对于 α-Fe 为−0.13mm/s；谱线宽度在 25at%Fe 时达最大值。Preston 等指出，如果认为同质异能移位和四极分裂是由于钒和铁原子按随机分布在第一近邻壳层上所引起的，则可以预料到同质异能移位和四极分裂之间存在相关性，从而应导致非对称性谱线，并且线宽在 50at% Fe 浓度时达最大值。由此，作者推断，实验结果既不能用完全无序亦不能用完全有序的模型来解释。可以把体心立方晶格看成两个简单立方格子的迭合，其中铁的第一近邻壳层完全是由钒原子占据，第二近邻壳层由铁和钒原子混乱随机分布占据。在这种 CsCl 型有序结构里，同质异能移位和四极分裂的变化归因于第二近邻壳层上的无序，这种无序在 25at%Fe 时达最大值。这样，用 CsCl 型有序合理地解释了谱线随成分变化的规律。Mueller 和 Heaton 用中子衍射实验证实了 Preston 的结果，在很宽的成分范围里都观察到 CsCl 型超结构线。

在 Fe-Rh (20—50at%Rh) 合金里，通过两套铁磁性六指谱的分析亦确认存在 CsCl 型有序[203]。

(3) *Fe-Si 系和 Fe-Al 系* Fe_3Si[88] 和 Fe_3Al[198,204] 里 DO_3 型有序合金都呈现出两组特征的铁磁性六线亚谱，其中超精细场较大的亚谱对应 Fe_{II}（具有 8 个最近邻铁原子），而另一个对应 Fe_I（具有 4 个最近邻铁原子和 4 个最近邻溶质原子）。两套亚谱的面积之比约为 1:2，这与理论预测值一致。最近，Frackowiak[205]用穆斯堡尔谱和 X 射线衍射两种方法详细地研究了 21—25.2 at% Al-Fe 合金里的有序度。实验表明，对于具有 4 个铁原子最近邻的铁原子组态分数来说，X 射线衍射法的结果小于穆斯堡尔谱测量结果；而对于具有 (8,7,6) 个铁原子最近邻的铁原子组态分数，情况正好相反。这表明穆斯堡尔谱测出的有序参数 S_2 较高。作者认为，这与穆斯堡尔测量结果中包括有反相畴界的短程有序有关。

在 Fe-Al 系合金里还存在 B_2 型 (CsCl 型)有序。对 24.3—26.4at% Al-Fe 合金的高温穆斯堡尔研究表明，850℃ 和 800℃之间同质异能移位的突变是发生 B_2 型有序化的标志，600℃ 以下的 DO_3 型有序转变产生了铁磁性六线谱[206,208]。对 25—35 at%Al-Fe

合金冷加工后，在不同恢复阶段的穆斯堡尔谱和超精细场分布的研究[209]表明，有序化过程亦是通过 B_2 型有序向 DO_3 型有序状态过渡。

不少人[83,84,87,210—212]认为，Fe-Si 合金里还存在 $Fe_{15}Si$ 型有序。然而，Schwartz[129] 认为，样品的有效厚度引起谱线畸变，而各向异性超精细场对谱线也有一定影响。因此，未对这两种影响进行修正之前，很难确认 $Fe_{15}Si$ 型有序的存在。

(4) Fe-Ni 系　Fe-Ni 系合金里有两种公认的有序：Ni_3Fe 附近的 $AuCu_3(Ll_2)$ 型和 FeNi 成分附近的 AuCu 型。Fe-Ni 系合金有序化的研究遇到两个困难，即有序化反应极其缓慢，铁和镍原子的散射因数相近，通常的衍射技术是无效的。Fe-Ni 系合金的穆斯堡尔谱有两个特点：(1) 是展宽的无精细结构的铁磁性六线谱；(2) 各向异性超精细场的磁偶极作用与电场梯度的电四极作

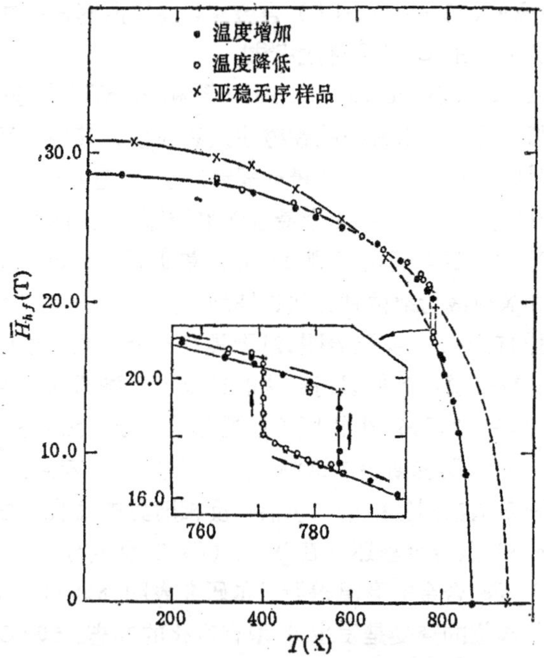

图 8.28　Ni_3Fe 中，^{57}Fe 核处的平均超精细场与温度的关系。

用导致了谱线的非对称性。

对于 Fe-Ni 型有序，曾用淬火[213]或辐照[214]方法加速有序化过程。穆斯堡尔研究表明，存在两个不同的超精细场值，作者认为这是因为存在着局域场和局域对称性取向不同的两种有序畴。Drijver 等[215,216]采用高温动态穆斯堡尔谱研究了 Ni_3Fe 有序-无序转变的进程。超精细场和峰线宽度是无序或有序的标志。图 8.28 示出平均超精细场随温度的变化曲线。Zemick[217,218] 用 ^{119}Sn 掺杂原子研究了 Ni_3Fe 的有序化，发现 ^{119}Sn 的磁分裂与 Ni_3Fe 的有序化有关。

8.4.4 含锡合金的相变

从铜基合金里 β 相与马氏体之间的可逆转变中可获得形状记忆效应。Frackowiak 等[220]用 ^{119}Sn 穆斯堡尔谱研究了 Cu-Zn-Sn 合金(33—48.6wt% Zn，1.9—6.0wt% Sn)的相组成和相变。合

表 8.7 Cu-Zn-Sn 合金穆斯堡尔谱参数

编号	样　品	组分编号	δ(mm/s)(相对金属锡)	Γ(mm/s)	S(%)	相
1	热轧	1	−0.88	0.75	89	α
		2	−0.50	0.69	11	β_1
2	810℃ 淬火	1	−0.77	0.72	100	β_1
3	200℃ × 1 min 时效	1	−0.79	0.76	100	β_1
4	200℃ × 5 min 时效	1	−0.90	0.73	82	DO_3
		2	−0.60	0.83	18	β_1
5	200℃ × 10 min 时效	1	−0.94	0.69	58	DO_3
		2	−0.70	0.83	42	β_1
6	200℃ × 20 min 时效	1	−0.88	0.76	84	α
		2	−0.49	0.88	16	$\beta_1+\gamma$
7	200℃ × 40 min 时效	1	−0.88	0.78	90	α
		2	−0.45	0.75	10	$\beta_1+\gamma$
8	200℃ × 100 min 时效	1	−0.90	0.79	82	α
		2	−0.48	0.83	18	$\beta_1+\gamma$
9	200℃ × 150 min 时效	1	−0.90	0.83	84	α
		2	−0.38	0.77	16	γ

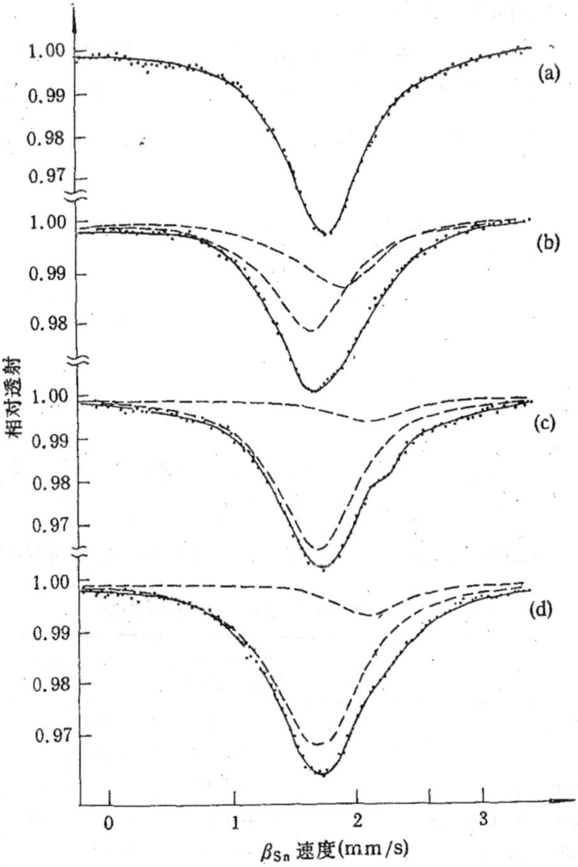

图 8.29 Cu-Zn-Sn 合金经 810℃ 淬火和经 200℃ 时效后的穆斯堡尔谱.
(a) 810℃ 淬火; (b) 200℃ 时效 10min; (c) 200℃ 时效 20min;
(d) 200℃ 时效 150min.

金中，α,β,γ 和 $(\gamma+\alpha)$ 共析相均呈现单线峰. Cu-33 wt% Zn—5.8 wt% Sn 合金经 810℃ 淬火后和经 200℃ 时效后，它们的穆斯堡尔谱及其参数分别见于图 8.29 和表 8.7. 810℃ 淬火组织只存在 B_2 型超结构的 β_1 相. 200℃ 时效 5 和 10min 后，谱变为两个洛伦兹峰，其中 $\delta \leqslant -0.9$mm/s 的第一峰归属于那些比 β_1 相具有更多铜近邻的锡原子. 时效 20min 后，DO_3 超结构消失，析出片状 fcc 结构的 α 相。长时间时效后，锡原子主要分布在 α 和 γ 相里。

Eliezer 等[222,223]研究了含锡因瓦合金 $(Fe_{64}Ni_{36})_{1-x}Sn_x$ $(0 < x < 4.8\%)$ 在 700℃ 时效时的析出和硬化，以及塑性变形对析出的影响。^{57}Fe 和 ^{119}Sn 谱的研究表明，锡在合金里的固溶度由 1130℃ 的 4.73at% 降为 700℃ 的 1.8at%。析出硬化是由于形成了金属间化合物 Ni_3Sn_2。无论是轧制或锉成粉末均不能破坏 Ni_3Sn_2 的析出，但却使 ^{57}Fe 谱变为具有 fcc 结构的 Fe-Ni 和 α-Fe两种组分的叠合。

Ortalli 等[224]用电阻测量和穆斯堡尔谱无反冲分数 f 随温度的反常变化，发现 P 型 SnTe 单晶体在 22K 附近存在一个相变。

8.4.5 相图

合金相图的测定具有重要的理论意义和实用价值。穆斯堡尔谱方法除了在确定相图中的相和相变方面起一定的辅助作用之外，在某些特殊领域，特别是确定稀释固溶体的固溶度界限和有序-无序转变方面有独特的优点。

Au-Ni 系高温两相区的确定是一个出色的早期例子。Howard[225] 用掺杂 ^{57}Co 的合金的同质异能移位和居里点 T_c 确定了两相的成分，所得结果与 Hansen 的结果[226]吻合良好。

若干工作[227-230]表明，用穆斯堡尔效应测定稀释固溶体里铁的固溶度是一个极为有效的方法。例如，Blasius 和 Gonser[227] 测定出 585℃ 以上铁在 α-Ti 里的固溶度为 0.1% 数量级，精度可达 ±0.01%。对铁在钴中固溶度的测量，其结果也比用电阻率进行测量所得结果更为准确[229]。

Sharma 等[231]用 ^{57}Fe 和 ^{119}Sn 室温谱并辅以 X 射线衍射法确定了 Fe-Sn-Sb 和 Fe-Sn-Te 三元系在 500℃ 的伪二元 $FeSn_2$-$FeSb_2$ 和 $FeSn_2$-$FeTe_2$ 截面里的各种中间相，其穆斯堡尔参数见表 8.8 和表 8.9。基于这些结果，得到了等温 $FeSn_2$-$FeSb_2$ 截面的相图和 $FeSn_2$-$FeTe_2$ 截面的相图。Tsuji 等[232]用 ^{57}Fe 穆斯堡尔谱

发现了 Fe-Se 合金在 311—473K 之间存在 Fe_7Se_8-Fe_3Se_4 两相区的证据．对于三元铁基合金里相析出和原子偏聚的 ^{119}Sn 或 ^{121}Sb 穆斯堡尔研究[104,233,234]也提供了许多关于相图的有用信息．

Ni_3Fe 型有序-无序转变相图的研究再一次显示了穆斯堡尔

表 8.8　$Fe(Sn_{1-x}Sb_x)_2$ 伪二元系统（$0\leqslant x\leqslant 1.0$）里各相在 300K 时的 ^{57}Fe 和 ^{119}Sn 穆斯堡尔参数

成　分	探针核	H_{hf}(T)	$\delta^{1)}$(mm/s)	Δ(mm/s)	LW(mm/s)
$FeSn_2$	(^{57}Fe)	10.99	1)0.49+	0.01 2)	0.32 2)
	(^{119}Sn)	2.6	2.22	0.84	1.15
$FeSn_{1.95}Sb_{0.05}$	(^{57}Fe)	10.68	0.50	0.01	0.32
	(^{119}Sn)	2.45	2.22	0.85	1.17
$FeSn_{0.2}Sb_{1.8}$	(^{57}Fe)	—	0.44	1.27	0.28
	(^{119}Sn)	—	2.74	—	1.14
$FeSn^{119}_{0.01}Sb_{1.99}$	(^{57}Fe)	—	0.44	1.26	0.27
$FeSb_2$	(^{57}Fe)	—	0.44	1.28	0.32

1) ^{57}Fe 和 ^{119}Sn 同质异能移位分别相对于 α-Fe 和 SnO_2.
2) δ, Δ 和 LW 的误差为±0.002mm/s.

表 8.9　$Fe(Sn_{1-x}Sb_x)_2$ 伪二元系统（$0\leqslant x\leqslant 1.0$）由 ^{57}Fe 和 ^{119}Sn 穆斯堡尔谱及 X 射线衍射求确定的各种相（在 500℃）

成　分		相(杂质)
$x=0$	$FeSn_2$	$FeSn_2$(Sn)
$x=0.025$	$FeSn_{1.95}Sb_{0.05}$	$FeSn_2$(Sn)
$x=0.1$	$FeSn_{1.8}Sb_{0.2}$	$FeSn_2$ + FeSn(SnSb, Sn, Sb)
$x=0.2$	$FeSn_{1.6}Sb_{0.4}$	$FeSn_2$ + FeSn + SnSb($FeSb_2$, Sn)
$x=0.3$	$FeSn_{1.4}Sb_{0.6}$	$FeSn_2$ + SnSb + $FeSb_2$(Sn)
$x=0.4$	$FeSn_{1.2}Sb_{0.8}$	$FeSn_2$ + SnSb + $FeSb_2$
$x=0.5$	FeSnSb	$FeSn_2$ + SnSb + $FeSb_2$
$x=0.6$	$FeSn_{0.8}Sb_{1.2}$	$FeSn_2$ + $FeSb_2$ + SnSb
$x=0.7$	$FeSn_{0.6}Sb_{1.4}$	$FeSb_2$ + SnSb($FeSn_2$)
$x=0.8$	$FeSn_{0.4}Sb_{1.6}$	$FeSb_2$ + SnSb($FeSn_2$)
$x=0.9$	$FeSn_{0.2}Sb_{1.8}$	$FeSb_2$ + SnSb($FeSn_2$, Sb)
$x=0.995$	$FeSn^{119}_{0.01}Sb_{1.99}$	$FeSb_2$(Sb)
$x=1.0$	$FeSb_2$	$FeSb_2$(Sb)

谱方法的特点。由于自然铁和镍的X射线和中子衍射振幅几乎相等，使衍射分析研究 Ni_3Fe 有序极为困难 van Deen 和 van der Woude[235,236]采用与 Drijver 等[216]相似的方法，以超精细场为主要参数成功地获得了 Ni_3Fe 型有序-无序转变的相图。图 8.30 示出了相变过程中平均超精细场 $\overline{H}_{hf}$ 随温度变化的滞后迴线[235]。

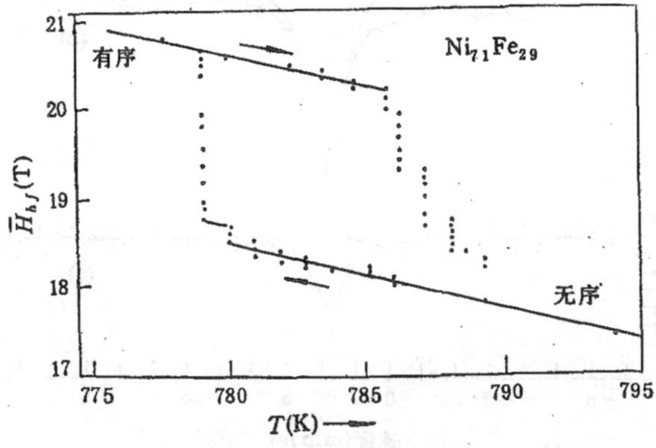

图 8.30 $Ni_{71}Fe_{29}$ 的 $\overline{H}_{hf}$ 随温度 T 变化的滞后迴线。

§8.5 金属中的缺陷

金属中的缺陷对金属的力学性能和物理性能有很大影响。因此，搞清楚缺陷的数量、分布、形态及其运动规律无论在理论上或生产实践上都是很重要的。本节主要介绍各种点缺陷(空位和间隙原子)和晶界偏析的穆斯堡尔研究。

8.5.1 晶界等缺陷

穆斯堡尔效应是研究晶界各种原子结合键的有用工具。在工业上已知从 IVB 到 VIB 元素在晶界的偏析是造成低合金钢晶界脆性的原因。能否用晶界上偏析的锡原子的结合态来解释这个问题是饶有兴趣的。Ozawa 和 Ishida[237,328] 用 ^{119m}Sn 对此进行了详细研究。图 8.31 示出室温谱。图 8.31 表明，在 700℃ 渗锡后，样

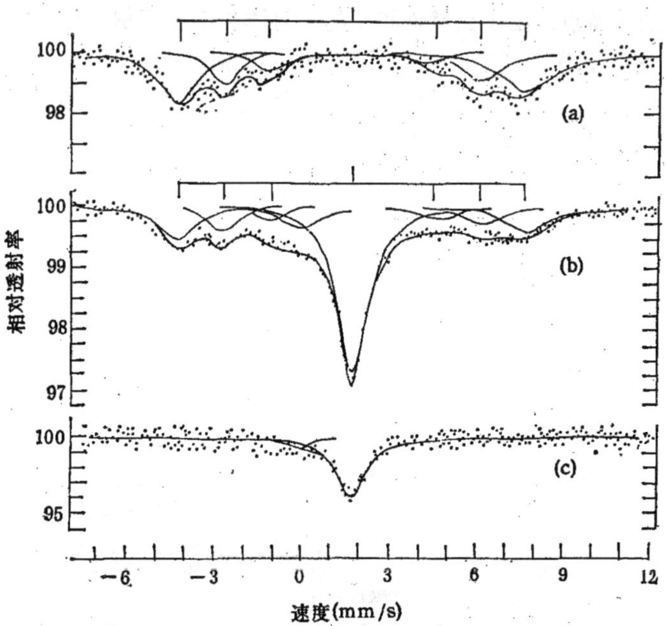

图 8.31 电解铁片高温渗锡后的室温 ^{119m}Sn 谱.

(a) 700℃渗锡; (b) 400℃渗锡; (c) 将样品; (b) 的表面去除 15μm 后.

品的磁六线谱是固溶在基体之中的 ^{119m}Sn 的特征谱;400℃ 低温渗锡后,除了磁性六线谱外,在 0.0mm/s 和 1.7mm/s 处还出现两个单峰,它们属于沿晶界扩散的锡原子给出的贡献.图 8.31 (c) 进一步说明了这一点.实验表明,锡在晶界上以单原子层形式存在,晶界上锡原子两种结合键的混合是纯铁晶界变脆的原因[237].对 Fe-1wt%Ti 合金的研究[238]表明,铁中加入少量 Ti 能使晶界处锡原子的同质异能移位减小,这可归因于 *d* 带不满的 Ti 原子吸收了锡原子的过剩电子. Sb 使得 Ni-Cr 钢的延性-脆性转变温度上升,加入 Ti 能急剧减低这种上升,McMahon[239] 曾用上述观点对此现象进行了解释. 对铝合金[240,241]和银[242]中锡在晶界的偏析也进行过相似的研究.

此外,范性形变对谱线的影响也曾进行过研究.铁箔形变后

的 ^{57}Fe 谱与退火态的谱没有什么区别[268]，这可能是位错所影响到的原子数只占很小一部份的缘故。但是，对钽箔的研究[214]表明，冷加工对钽的谱线有明显影响，这是由于 ^{181}Ta 的自然线宽只是 ^{57}Fe 的 1/70，因而 ^{181}Ta 的谱线对环境的微扰极为敏感。

对半导体辐射损伤的研究[246,247]也是一个重要领域。例如，Schroyen 等[247]用穆斯堡尔谱和卢瑟福背散射谱（RBS）研究了钴原子注入 n 型 GaAs 单晶体里所引起的辐照损伤的恢复过程和钴原子的晶格占位。通过穆斯堡尔谱中四极分裂谱的逐渐消失和 2MeV 的 $^{4}He^{+}$ RBS 里损伤层的逐渐消失证实了，在 300—450℃ 温度范围内退火时离子注入引起的损伤消失。在更高温度退火时，注入的钴迁移到表面上，在 600℃ 退火时形成富 Co 的表面相。

8.5.2 点缺陷

最大量的研究还是有关点缺陷方面的。用穆斯堡尔效应可以研究探针原子与点缺陷的复合体类型，它们的产生和消亡过程以及影响因素。目前，更多地采用源发射谱的实验方法，因为这可以采用远小于缺陷浓度的穆斯堡尔核浓度(例如，^{57}Co 的剂量浓度可以小于 10^{-7})，从而得到更准确和易于分析的谱线。表 8.10 列出了 1988 年以前各种文献中所报的各种金属中点缺陷的研究概况[248]。

Vogl 和 Mansel[249—253] 早在 1973 年就用穆斯堡尔效应详细研究了快中子和电子的辐照剂量和随后的等温退火对铝中杂质钴原子处捕获间隙原子的影响。图 8.32 示出了捕获到间隙原子的钴原子分数与辐射剂量及退火温度的关系，作为对比之用，图中还示出有同一样品因辐射感生的电阻的恢复与辐射剂量和退火温度的关系[252]。由图可知，在退火第一阶段较高温度区，电阻急剧下降，与此同时，捕获有间隙原子的 ^{57}Co 原子分数急剧上升。这可归因于间隙原子的自由迁移。在退火的第二阶段，间隙原子复合体从热力学角度来看是不稳定的，因而发生分解。实验表明，同质异能移位和四极分裂对一个 ^{57}Co 原子处聚集的间隙原子数目并

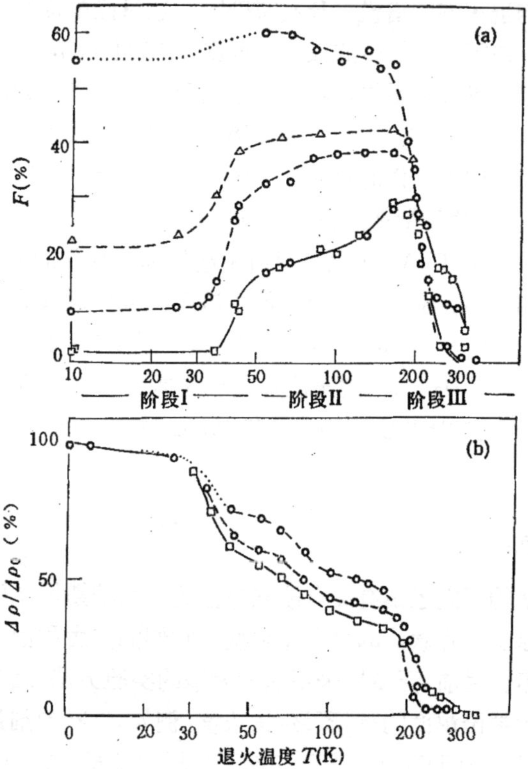

图 8.32 (a) 捕获有间隙原子的 ^{57}Co 原子分数；(b) 同一样品的辐照感生电阻的恢复. 中子辐射剂量：(■)(□) 0.2；(◇) 0.7；(△) 2.3；(○) $7.3\times10^{18}/cm^2$. 辐照温度为 4.6K.

不敏感，但无反冲分数 f 对这种聚集程度却非常敏感[253]. Sassa[254—256] 用穆斯堡尔效应直接研究了淬火后铝中 ^{57}Co 杂质原子捕获空位缺陷的规律. 捕获空位的 ^{57}Co 原子相对于正常原子有一个相对的同质异能移位 −0.33mm/s，这表明核处具有较大的电子浓度. 随退火温度的上升，最初，捕获到空位的 ^{57}Co 原子分数增加，但在 313K 以上反而下降. 这表明从 313K 开始，空位开始逃离 ^{57}Co. 在 353K 以上退火时，^{57}Co 捕获的空位几乎全部消失. Preston 等[257]对冷加工产生的空位-^{57}Co 杂质原子复合体的研究也得出与此相似的结果。对铝中 ^{119}Sn 探针的穆斯堡尔研究发现，用淬火方法[258]或用注入法[259]产生的缺陷，其穆斯堡尔谱表现出两个不同的同质异能移位，即 1.6—1.9 mm/s 和 3.0 mm/s。它们分属于单空位复合体及空位团复合体[259]。

目前，将时间微分扰动角关联（DPAC）与穆斯堡尔谱结合起来是研究杂质-缺陷相互作用的极为有效方法[218]。两种方法的对比表明[260,261]，在铝和铜基体里通过捕获活动空位形成了具有立方对称性的杂质空位 In-Vn 复合体，杂质原子位于空位四面体的间隙位置。在其他 fcc 金属基体 Ag 和 Au 里也出现这种占主要的杂质-空位缺陷[262]。

对于铁磁性立方金属铁[263,264]和镍[264]来说，注入 Te，I，Xe 和 Cs 产生的点缺陷复合体的穆斯堡尔谱具有自己特征的六线分裂谱，故可用超精细场加以研究（见图 8.33）。在镍[265]、铁和钴[262]中，空位-杂质锡复合物的超精细场均比代位锡杂质的大。

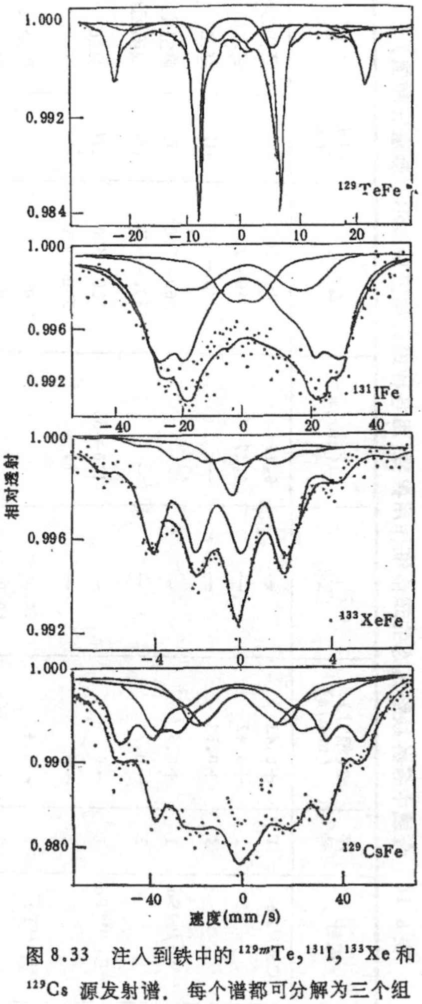

图 8.33 注入到铁中的 ^{129m}Te，^{131}I，^{133}Xe 和 ^{129}Cs 源发射谱．每个谱都可分解为三个组分：高场(代位)位置(h)，中间场位置(i)和低场位置(l)．

表 8.10 金属中各种缺陷组态的超精细作用参数(用各种探针核穆斯堡尔谱测量的数值)

基体晶体结构	探针	序号	δ(相对)(mm/s)	H_{hf} [T]	Δ(mm/s)	ΔT[K]	退火阶段	缺陷
Al(fcc)	$^{57}Co/^{57}Fe$	1	+0.42	—	0,17	40—200	I	混合的哑铃
		2	+0.42	—	0,17	40—200	I	间隙原子团聚
		3	+0.32	—	—	230—350	III	空位
	$^{119}Sn/^{119}Sn$	1	+0.6	—	—	300—500^{b}	III	单空位
		2	−0.7	—	—	300—500^{b}	III	缺陷团聚
	$^{169}Er/^{169}Tm$	1	~0	—	110—83	100—300	III	空位
		2	~0	—	87	500—900^{b}		—
Fe(bcc)	$^{125}I/^{125}Te$	1	~0.4	54.0(3.0)		^{a}300		单空位
		2	~−2.0(5)	19.0(10.0)		^{a}300		空位团聚
	$^{129}Te/^{129}I$	1	−0.3(1)	10.0(4.0)		^{a}12—470^{b}		单空位
		2	−0.6(2)	46.0(4.0)		^{a}12—970		空位团聚
	$^{133}Xe/^{133}Cs$	1	+0.3(1)	13.5(1.5)		^{a}7—575^{b}		单空位
		2	+0.9(1)	<2.5		^{a}7—575^{b}		双或三空位
	$^{131}I/^{131}Xe$	1	0	113.0(7.0)		4—115^{b}		—
		2	0	27.0(0.5)		4—115^{b}		—
	$^{129}Cs/^{129}Xe$	1	0	110.0(10.0)				
		2	0	60.0(12.5)				

Ni(fcc)	$^{129}Te/^{129}I$	1	−0.22(8)	27.1(0.7)		[a]~270	IV	单空位
		2	−0.88(7)	16.0(0.9)		[a]270—1050[b]		空位团聚
Mo(bcc)	$^{57}Co/^{57}Fe$	1	+0.48(1)	—	1.82(1)	[a]100—214	I	单原子间隙
		2	+0.45(1)	—	1.14(1)	[a]100—460	I	单或双原子间隙
Mo(bcc)		3	+0.45(1)	—	1.48(1)	214—370	I	单或双原子间隙
		4	+0.47(1)	—	0.81(1)	460—500	III	单原子间隙
		5	+0.47(1)	—	0.39(1)	460—500	III	小间隙团聚
	$^{133}Xe/^{133}Cs$	2	+0.36(7)	—	−2.6(4)	400—500	III	单空位
		3	+0.91(5)	—	3.6(4)	400—1000		空位团聚
		4	+1.21(6)	—	<0.8	400—1300[b]		空位团聚
Ag(fcc)	$^{57}Co/^{57}Fe$	1	+0.32	—	—	30—150	I	混合的哑铃
W(bcc)	$^{133}Xe/^{133}Cs$	2	+0.50(8)	—	−2.9(4)	500—600	III	单空位
		3	+1.10(7)	—	4.7(4)	550—1300[b]		空位团聚
		4	+1.5(8)	—	<1.0	550—1300[b]		空位团聚
Pt(fcc)	$^{133}Xe/^{133}Cs$	2	−0.92(8)	—	−6.2(4)	[a]100—450	III	单空位
		3	−0.74(6)	—	5.0(4)	[a]100—450	III	双空位
		4	−0.65(2)	—	—	[a]100—850		三空位
		5	−0.30(2)	—	—	250—1300[b]		小空位团聚

a 辐照温度. b 退火过程.

§ 8.6 金属中的氢及贮氢合金

氢对金属或合金的性能具有重要的影响。氢也是未来有希望的新能源。用穆斯堡尔效应研究获得了许多有关金属-氢系统的磁性、电子结构和氢化物相图方面的信息。对于 Ti-H，Zr-H，V-H，Nb-H、Pd-H 和 Ta-H 系均已进行过广泛的研究[270,271]。钽是唯一既能形成氢化物又有合适穆斯堡尔共振的 *d* 族元素。在其他过渡族金属-氢系统里，常用 ^{57}Fe 以及 ^{99}Ru，^{191}Ir，^{193}Ir，^{197}Au，^{189}Os，^{195}Pt，^{119}Sn，^{151}Eu 等探针杂质的穆斯堡尔谱进行研究。许多稀土元素既易于形成氢化物，又具有适宜的穆斯堡尔共振，可以直接进行穆斯堡尔研究。有关 70 年代中期以前的工作，Wortman 和 Wagner[270]，Wagller 和 Wortman[271] 进行了很好的总结。近年来，多元合金(或金属间化合物)和非晶态合金的吸氢行为已成为主要的研究方向。

8.6.1 铁合金系中的氢

氢在纯铁中的固溶度在室温时仅为几个 ppm。因此，通常的穆斯堡尔谱技术尚不能检测铁中的氢。然而，加入与氢亲和力大的 Ni 和 V 等元素后，就可以用穆斯堡尔谱研究间隙氢原子周围的电子结构。

Fe-18%Ni-26%Cr 不锈钢充氢后出现一个新的亚谱 P_B 叠加在原有的亚谱 P_A 上(见图 8.34)。实验表明，充氢时铁的电子状态由 $3d^{7+\varepsilon}4s^{1+\gamma}$ (ε 和 γ 来自于合金化)变为 $3d^{7+\varepsilon+\alpha}4s^{1+\gamma-\beta}$，其中 α 是来自氢的电子增量，β 是由于晶格膨胀引起的电子减少量[272]。

最近，Ostrasz 等[273]详细研究了吸氢对于 V-Fe 合金电子结构的影响。穆斯堡尔实验表明，当合金的平均电子浓度 n_e 超过 5.6h，谱的线宽和同质异能移位有不同的变化。合金在吸氢后 $n_e = 5.6$ 的谱线展宽，几乎为原有的两倍，这可能表明合金里铁原子处出现四极分裂或超精细场。这个现象可能与吸氢引起的合金

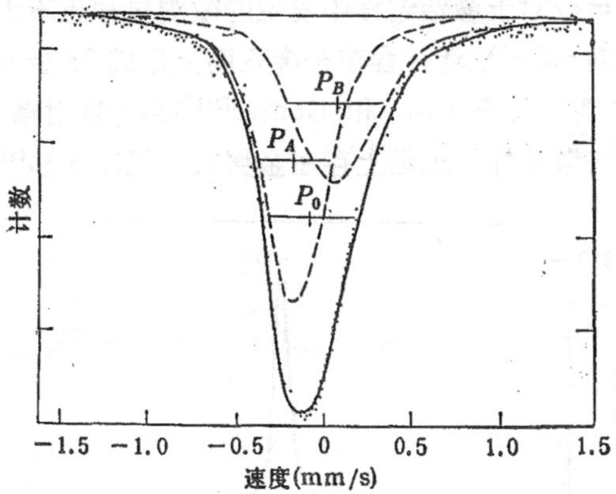

图 8.34　Fe-18%Ni-26%Cr 不锈钢充氢 10h 后的穆斯堡尔谱.

晶体结构的四方畸变有关。另一方面，$n_e = 5.6$ 时，V-H-Fe 合金里铁原子芯处的局域 $3d$ 电子平均数增加，这与作者的正电子湮没实验[274]、磁导率及低温比热测量结果[275,276]是一致的。

间隙氢使铁磁性 Fe-Ni 合金的超精细场减小，这可归因于氢给出的 s 电子填充了 $3d$ 带空穴，从而使磁矩减少[277]。然而，对于因瓦合金来说，间隙氢的近邻化学相互作用引起局域能带变形的效应[278]使穆斯堡尔谱的低场组分趋于消失[277]。实验表明，这种低场组分的存在和消失与因瓦效应的存在和消失有密切的关系。对于 Fe-45 at%Ni 合金充氢的研究[279]表明，充氢后出现的 fcc 结构，γ' 相里氢原子择优占据那些接近镍原子的间隙位置，而铁原子的周围环境几乎不受氢原子干扰。

8.6.2　金属间化合物中的氢

过渡金属与过渡金属或与稀土金属的金属间化合物是非常有希望的贮氢材料，因为它们除了能吸收大量氢外，还能在通常压力和温度下快速充氢和释放氢。目前，最引人注意的是 $LaNi_5$ 和 TiFe。

（1）过渡族金属间化合物　TiFe 合金的缺点是激活比较困

难．然而，至今对于激活过程中发生的微观过程还不太清楚．最近，某些实验表明激活过程在合金表面上形成 $3d$ 金属颗粒的微晶．Shenoy 等[230]、Blasius 和 Gonser[281] 用背散射穆斯堡尔谱直接显示了在激活样品表面上存在金属铁（见图 8.35[230]）．这可

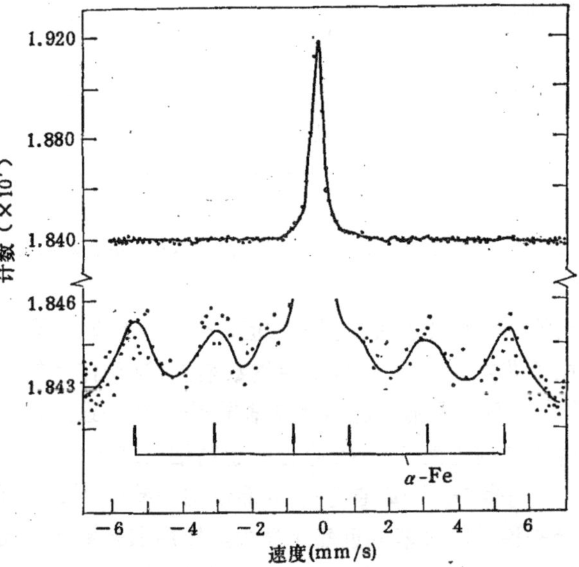

图 8.35 在 51 次吸氢周期后，FeTi 合金粉末表面的 ^{57}Fe 穆斯堡尔谱．可以观察到金属铁的微弱谱线．

以解释 TiFe 的磁化率的不可逆增加和超顺磁特性．

Aubertin 等[282]对 Zr-Fe 合金于 850℃ 暴置在 1bar 压力氢气里的吸氢行为进行了研究．$ZrFe_2$ 立方 Laves 相的穆斯堡尔谱和晶格常数在充氢前后没有变化，这表明该相不易吸氢．富 Zr 的 Zr-Fe 合金（$Zr_{64}Fe_{36}$，$Zr_{71}Fe_{29}$ 和 $Zr_{99.6}Fe_{0.4}$）吸氢后均出现 ZrH_2 相，$ZrFe_2$ 相的量也增加．此外，还至少存在一种含铁的富 Zr 氢化物存在． Fujii 等[283]对 $Zr(Fe_{0.8}V_{0.2})_2$ 合金充氢行为的研究表明，充氢后的 $Zr(Fe_{0.8}V_{0.2})_2H_{3.2}$ 的谱线具有更宽的超精细场分布，其峰值由 15.0T 增加为 24.0T，同质异能移位也增加了 0.60 mm/s 左右．$Zr(Fe_{1-x}Mn_x)_2$ 吸氢后使磁矩、超精细场和磁转变温度大大

提高[234]，四极分裂和同质异能移位亦增加。该合金的吸氢能力随 x 迅速增大。吸氢时由于形成低能金属-氢键而使铁的 $4s$ 电子减少，氢原子对 Zr 原子的屏蔽作用使 $3d$ 带较小(与 α-Fe 相比)的分裂增大了，从而使超精细场增加。

对 Zr_2Ni 的掺杂 ^{57}Fe 谱的研究表明[235]，充氢时同质异能移位有显著变化(由 -0.28 变为 $+0.30$ mm/s)，四极分裂由 ~0.52 mm/s 降为 ~0.23mm/s。体积膨胀只能解释同质异能移位变化量的三分之一。

(2) 稀土金属间化合物　稀土-稀土或过渡金属-稀土金属间化合物可以用多种稀土和 ^{57}Fe 穆斯堡尔谱进行研究。表 8.11 列出了文献中报道的各种过渡金属-稀土金属间化合物的穆斯堡尔研究[236]。

表 8.11　稀土金属间化合物吸氢的穆斯堡尔研究

金属间化合物	穆斯堡尔核	氢化物 x
YFe_2, $GdFe_2$ $GeFe_2$, $TbFe_2$	^{57}Fe	~4
EuPd, $EuNi_{15}$ $EuRn_2$, $EuMg_2$	^{151}Eu	$EuRh_2H_6$
$DyMn_2$, $DyFe_2$ $DyCo_2$, $DyNi_2$	^{161}Dy	2, 3.45, >4
$EuRh_2$	^{151}Eu	$5\to2$
$La_{0.9}Eu_{0.1}Ni_5$	^{151}Eu	$6\to3$
$La_{0.9}Gd_{0.1}Ni_5$	^{155}Gd	$\leqslant6.7$
$ErFe_2$	^{57}Fe	3.65
$DyFe_2$	^{57}Fe ^{116}Dy	1.92 1.92
$La_{0.9}Gd_{0.1}Co_5$	^{155}Gd	$\leqslant4.2$

$LaNi_5$ 中 ^{155}Gd 探针核的测量[287]表明，饱和氢化物 Gd:

$LaNi_5H_{6.7}$ 和未充氢的 Gd:$LaNi_5$ 的谱均由一套四极双峰组成，但其同质异能移位和四极分裂不同. 部分氢化的样品是上述两种谱的叠加. 上述结果的重要性在于，它表明即使在微观尺度上该氢化物也不是连续固溶体. $LaCo_5$ 也有相似的结果，只是形成的氢化物不止一种. 用 Eu 化合物的实验也得到相似的结果[238—290].

对于 Fe-RE 金属间化合物，较低氢含量的氢化物 [(H/RE)<4] 里铁核处的磁矩和超精细场一般仅仅稍有变化，而高含量氢化物的磁矩和超精细场大大降低. $ErFe_2H_{4.12}$ 里铁亚格子甚至在 1.7K 实际上也是无磁性的[291]. 对于那些铁亚格子给 RE 离子提供了一个大交换场的 Fe-RE 系统，在高含量氢化物里交换场大大减小，造成 RE 核处超精细场的下降[291]. 吸氢并不改变RE^{3+} 离子的洪德法则 4f 基态，因此，局域磁矩和超精细场原则上应不受什么影响. 然而，氢化物里传导电子密度的下降使 RE-RE 交换大大减小. 因而，氢化物的磁有序温度大大降低. 离子基态更多地取决于晶场而较小取决于交换作用，因此，超精细场和磁有序态磁矩大大下降. 氢化物大大降低了 RE 离子核处的电子密度. 对于所有已研究过的金属间化合物，核处电子密度由金属系统的典型数值降到接近于二元稀土氢化物的数值[238]. 这被认为是氢主要与 RE 离子结合的证据，也证明了氢化的金属间化合物具有与二元氢化物相似的电子结构. 磁有序温度和电导的下降被认为也是氢化使 s 电子及 d 电子脱离导带的证据[292].

Gubbens 等[293]用 ^{57}Fe 谱研究了立方化合物 Lu_6Fe_{23} 在吸氢时的磁性变化. 由于 Lu 没有磁矩，因而可以直接得到 3d 电子核性在吸氢过程中的变化. 实验表明氢原子占据由三个稀土原子和一个铁原子组成的 f 型四面体空穴. 吸氢时仅仅 f_2 位置铁原子的超精细场有大的变化(由 24.2 降为 19.4T)，同质异能移位由 0.10 增加为 0.25mm/s. 作者认为，超精细场的下降与居里温度的变化有关.

$LaNi_5$ 经过上千次吸-放氢后，其吸氢能力大大下降. 注入少量 Eu 和 Mn 的 $LaNi_5$ 的 ^{151}Eu 测量[236]表明，原始态 Eu 是三价的，在氢化物里变为 Eu^{2+}，而当氢释放时又重新转变为 Eu^{3+}. 经1500个吸-放周期后，样品只剩下原有可逆吸氢能力的29%. 穆斯堡尔测量表明，这是因为形成了一个永久性氢化物相，它在室温不再分解. 实验表明几乎没有发生什么氧化. 因此，失效是有内在原因的，而不是简单的氧化.

8.6.3 非晶态合金中的氢

氢对非晶态合金的电子结构和磁结构的影响引起人们极大的兴趣，并已开始用穆斯堡尔效应进行研究[294—298]. 例如，非晶态Y-Fe合金是散磁性的，铁原子磁矩冻结成一个随机非共线结构. 这种随机铁磁体被认为是交换作用的分布(主要为正，但也有一些负的交换作用)所引起的. 为了检验这种设想，可以通过充氢来增加原子间距，从而改变正和负交换作用的平衡[296]. 充氢[(H/Y) ≈ 3] 后，合金变为铁磁性的，其居里点超过400K. 非晶态 $Y_{12}Fe_{88}$ 充氢后，铁原子磁矩由1.96变为2.24，同质异能移位也增加0.15mm/s. 实验表明，充氢的主要作用在于将一个带有些反铁磁性作用但主要为铁磁性交换的宽分布变为一个铁磁性交换占压倒优势的分布，这是因为Fe-Fe最近邻原子间距增加了[295,296]. 非晶态Zr-Fe合金的情况更为复杂，充氢使其居里温度升到室温以上，并由弱磁性合金转变为正常的铁磁性合金[295,297]. 一般的过渡金属-类金属非晶态合金，例如，$Fe_{40}Ni_{40}Mo_4B_{18}$ 充氢后没有发现其磁性和穆斯堡尔谱有大的变化[296].

§8.7 进展情况

至今，穆斯堡尔谱学在物理冶金方面的原有领域仍是当前研究的重要方面，如Fe-Ni[299]，Fe-Cr，Fe-Co[301]，Fe-Sn[302] 和Fe-Zn[303] 等若干合金系的相组成、相变、电子结构和磁性的研究屡见报道；再如，Fe-C和Fe-N奥氏体中各种铁近邻组态和碳、氮原子的分布[304—307]，Fe-C和Fe-N马氏体相变、时效和回火过程中的变化[303-309]仍是众多研究内容。

当前，随着材料科学的进展和工程技术的发展，涌现出若干新型金属间化合物和新奇的亚稳相。因其优异的、独特的物理性质，金属间化合物和新型亚稳相的开发和研究是当前材料科学的重要发展方向，也是穆斯堡尔谱学在物理冶金方面的新领域。

自 Nd-Fe-B 三元稀土永磁金属间化合物发现以来，对 $ThMn_{12}$ 型和 $R_2Fe_{17}(C_9N)$ 新型稀土化合物的开发和穆斯堡尔研究是当前稀土金属间化合物研究的一个重要进展，有兴趣的读者可以参阅磁学一章中的论述。若干金属间化合物因其脆性而限制了它们作为结构材料的实际应用，目前人们发现添加少量硼元素或采用急冷技术可以降低其脆性。因此，不断有对急冷Fe_3Al[310,311]和 $Fe_3(Si, Al)$[312] 的有序化和磁性的穆斯堡尔研究研究报道。对加入少量硼的 $Fe_3(Si, Al)$，穆斯堡尔研究[313]表明，硼原子以间隙式主要分布在反相畴界附近，并降低了合金的有序度。

在亚稳相方面，已广泛研究的 T-M 型非晶态合金是一个典型的代表。近几年来，人们又发现由 T-M 型非晶态软磁合金($Fe_{73.5}Cu_1Nb_3Si_{13.5}B_9$) 的晶化过程，可以得到有更优异软磁性的纳米晶态合金[314-316]；由非晶态 Nd-Fe-B 合金的晶化，得到有很高矫顽力的永磁合金[318]。穆斯堡尔谱学在这些晶态和非晶态合金的相组成和晶化研究方面，是极为有用的研究方法。Le Laer 等[320]采用三极溅射装置在 77K 的铜基体上制备出非晶态 $Fe_{1-x}C_x$ 薄膜。X射线衍射和穆斯堡尔谱研究表明，$x > 0.32$ 的样品中存在两个非晶相，晶化样品中出现新型碳化物，其含碳量和结构在 Fe_3C 和 Fe_2C 之间变化。新的碳化物相信有三个铁原子占位：Fe_I，Fe_{II} 和 Fe_{III}，各种铁原子占位的分数符合化学配比模型的预言结果。占位分数和超精细分数说明，三角棱柱堆垛模型是正确的原子尺度模型。然而，穆斯堡尔谱不能给出这种堆垛周期性方面的信息，这需要借助于电子衍射技术。此外，采用射频 (rf) 溅射法除可制备出常见的在室温下能稳定存在的 γ'-Fe_4N，ε-$Fe_{2-3}N$ 和 ζ-Fe_2N 氮化物外，还发现在 FeN_x ($x = 0.5$—0.91) 中存在两个新的亚稳态晶态相γ''和γ'''。Nakagawa 等首次对这种新型亚稳氮化物进行了研究，发现γ''相具有 ZnS 型结构，γ'''相中铁原子构成 fcc 晶格，但氮原子的占位仍不清楚。

准晶体是 1984 年首次发现的另一类亚稳相。Swartzendruber[322] 在 1985 年发表了对 AlMnFe 准晶体的第一个穆斯堡尔研究。他用两套双峰拟谱：一套属于长椭圆菱面体，另一套属于扁椭圆菱面体。目前已有众多穆斯堡尔实验分别研究了AlMnFe[322,323]，AlCuFe[324]，TiNiFeSi[325] 和 Fe-Al[326] 准晶体。采用外加磁场下的穆斯堡尔谱，还可得到准晶体的不对称参数η[327]。Werkman 等[328] 将以上研究结果归纳如下：在 AlMnFe 和 AlCuFe 系中，$\delta_1 \approx \delta_2 \approx 0.2\text{mm/s}$，$\eta = 0.7$，这表明铁原子处于铝或铝/铜原子的密排环境里，并且主要处于低对称位置；而 TiNiFeSi 系中，$\delta = -0.2\ \text{mm/s}$，$\Delta \leqslant 0.1\text{mm/s}$，这表明铁原子主要处于钛原子环境中，并占据具有高对称性的 20 面体的角上，而较大的峰宽表铁原子的占位有一个分布。

金属多层膜、金属超晶格和纳米材料属于新型人造材料。例如，Fe-Cu 多层膜对于研究合金的电子结构和磁性，是一个极佳的研究对象。已发现在 Fe-Cu 多层膜中存在多种不同的γ-Fe 状态[329]．现已报道过对 Fe/Mo，Fe/Cr[330]，Fe/Bi，Fe/Nd[331]，Fe/Dy[332]，Fe/Tb 等含铁多层膜的^{57}Fe 穆斯堡尔研究。Chien 还计划开展 Gd_mDy_n 超晶格的^{161}Dy 穆斯堡尔谱研究[329]。采用气相沉积法可在 SiO_2 或 Al_2O_3 介质上沉积超细的金属微粒，其尺寸仅为 1.5nm，尺寸分布范围很窄。对于铁等磁性微粒系统、每个粒子是单畴的，但具有 bcc 晶态结构。穆斯堡尔研究[329]表明，低密度的微粒铁在室温下显示超顺磁性，其无反冲分数f比大块铁的无反冲分数要小 35%，反映了纳米晶体的晶格动力学特点。穆斯堡尔研究还发现微粒铁的磁各向异性比大块铁的磁各向异性大一个量级，由于其矫顽力大，可作为磁记录介质。

参考文献

[1] D. L. Williamson, S. Bukshpan, R. Ingalls, *Phys. Rev.*, **B 6**, 4194 (1972).
[2] R. V. Pound, G. B. Benedek, R. Drever, *Phys. Rev. Lett.*, **7**, 405(1961).
[3] D. N. Pipkorn, C. K. Edge, P. Debrunner, G. de Pasquali, H. G. Drickamer, H. Frauenfelder, *Phys. Rev.*, A135, 1604(1964).
[4] B. D. Sawicka, E. Letocha, J. A. Sawicki, T. Tyliszczak, H. Binczycka, *Phys. Lett.*, **100A**, 45(1984).
[5] B. B. Чекин, Tp. ФТИНТ, *AH УССР.*, Быn, **C5** (1969).
[6] A. R. Miedema, F. van der Woude, *Physica*, **B100**, 145(1980).
[7] R. Inglls, *Solid State Commun.*, **14**, 11(1974).
[8] R. E. Watson, L. H. Bennett, *Phys. Rev.* **B 15**, 335(1977).
[9] R. H. Housley, F. Hess, *Phys. Rev.*, **164**, 340(1967).
[10] J. M. Rothberg, S. Guimard, N. Benczer-Koller, *Phys. Rev.* **B 1**, 136(1970).
[11] S. Alexander, D. Treves, *Phys. Rev. Lett.*, **20**, 134(1966).
[12] R. Ingalls, *Phys. Rev.*, **155**, 157(1967).
[13] R. E. Waston, A. A. Misetich, L. Hodges, *J. Phys. Chem. Solids*, **32**, 709(1971).
[14] B. C. Шпинель, Резонанс Гамма-Лучей в Кристаллах, M., Наука (1969).
[15] T. E. Cranshaw, Advances in Mössbauer Spectroscopy, (B. V. Thosar, P. K. Yengar, J. K. Srivastava, S. C. Bhargava eds.,), Elsevier Scientific Publishing Company, 217—272(1983).
[16] F. van der Woude, G. A. Sawatzky, *Phys. Rev.*, **12**, 335(1974).
[17] B. B. Чекин, Мессбауэровская Спектроскопия Сплавов Железа, Золота и Олова, Энергоиздат (1981).
[18] S. L. Ruby, H. Montgomery, C. W. Kimball, *Phys. Rev.*, **B 1**, 2948 (1970).
[19] J. W. Burton, J. O. Thomson, P. G. Huray, L. D. Roberts, *Phys. Rev.*, **B 7**, 1773(1973).
[20] R. L. Cohen, Mössbauer Isomer Shifts, G. K. Shenoy, F. E. Wagner eds., North Holland Publishing Co., 541 (1978).
[21] J. E. Inglesfield, *J. Phys. Chem. Solids*, **31**, 1435(1970).
[22] J. E. Inglesfield, *J. Phys. Chem. Solids*, **31**, 1442(1970).
[23] J. G. Mullen, et al., *Phys. Rev.*, **B37**, 3226(1988).
[24] F. von der Woude, A. R. Miedema, *Solid state Commun.*, **39**, 1097 (1981).
[25] A. Z. Hrynkiewicz, R. Kmiec, K. Tomala, J. P. Sanchez, J. M. Friedt, *Hyp. Int.*, **28**, 1047(1986).
[26] S. M. Dubiel & W. Zinn, *J. Magn. Magn. Mater.*, **45**, 298(1984).
[27] H. Andreasen, S. Damgaard, J. W. Petersen, G. Weyer, *J. Phys. F.*,

13, 2077(1983).

[28] J. Chojcan, M. Szuszkiewicz, A. Ostrasz, Abstracts of Invited and Contributed Papers of the ICAME, Leuven, Belgium, 5.47(1985).

[29] M. Szuszkiewicz, B. Rozenfeld, J. Chojcan, *Phys. Stat. Sol.* (*B*), **108**, 623(1981).

[30] 桑野寿、师罔保弘,日本金属学会志,**44**,1134(1980).

[31] W. E. Sauer, R. J. Reynick, Mössbauer Effect Mothology, I. J. Gruverman ed., Plenum Press, **IV**, 201 (1967).

[32] 李正文、赵钟涛、马如璋,北京钢铁学院学报,**3**,116(1986).

[33] L. D. Roberts, R. L. Becker, F. E. Obenshain, *Phys. Rev.*, **137A**, 895(1965).

[34] W. D. Josephson, D. W. Knoble, D. L. Williamson, L. D. Roberts, *Phys. Rev.*, **B14**, 1480(1976).

[35] F. Pobell, *Phys. Stat. Solidi*, **13**, 509(1966).

[36] C. L. Chien, Gang Xiao, S. H. Liou, *Hyp. Int.*, **27**, 373(1986).

[37] T. P. Das & M. Pomerantz, *Phys. Rev.*, **123**, 70(1961).

[38] F. W. DeWette, *Phys. Rev.*, **123**, 103(1961).

[39] W. Witthuhn & W. Engel, Hyperfine Interactions of Radioactive Nuclei, J. Chrstiansen ed., Springer-Verlag, 205—289(1983).

[40] T. P. Das, *Physica Scripta*, **11**, 121(1975).

[41] R. Vianden, *Hyp. Int.*, **15/16**, 189(1981).

[42] E. N. Kaufmann, *Hyp. Int.*, **97**, 219(1981).

[43] R. S. Raghavan, E. N. Kaufmann & P. Raghaven, *Phys. Rev. Lett.*, **34**, 1280(1975).

[44] P. Raghavan, E. N. Kaufmann, R. S. Raghavan, E. J. Ansaldo, R. A. Nauman, *Phys. Rev.*, **B13**, 2035(1976).

[45] R. Heubes, G. Hempet, H. Ingwersen, R. Keitel, W. Klinger, W. Loeffler & Witthuhn, Hyperfine Interactions Studied in Nuclear Reactions and Decay, E. Karlsson, R. Wappling eds., Upplands Grafiska AB, 208(1974).

[46] J. Christiansen, P. Heubes, R. Keitel, W. Loeffler, W. Sandner, W. Witthuhn, *Z. Phys.*, **B24**, 177(1976).

[47] W. Leitz, W. Semmler, R. Sielemann & T. Wichert, *Phys. Rev.*, **B 14**, 5228(1976).

[48] G. S. Collins, *Hyp. Int.*, **4**, 3(1978).

[49] G. S. Raghavan, *Hyp. Int.*, **2**, 29(1976).

[50] M. Ernst, E. Hagn, E. Zech, *J. Phys.* **F 19**, 170(1979).

[51] N. C. Mohapatra, P. C. Pattnaik, M. D. Thompson, T. P. Das, *Phys. Rev.* **B 16**, 3001(1977); P. C. Pattnaik, M. D. hompson, T. P. Das, *Phys. Rev.*, **B19**, 4326(1979).

[52] W. A. Harrison, Pseudo-Potentials in the Theory of Matals, Benjamin (1966).

[53] H. C. Verma, G. N. Rao, *Hyp. Int.*, **15/16**, 207(1981).

[54] C. Janot, P. Delcroix, *Philos. Mag.*, **30**, 651(1974).

[55] C. Salomon, D. H. Shirley, *Phys. Rev. B*, **9**, 29(1974); C. E. Violett, N. Pipkom, *J. Appl. Phys.*, **42**, 4339(1971).
[56] M. S. Ridout, *J. Phys.*, **C2**, 1258(1969).
[57] B. Window, G. Longworth & C. E. ohnson, *J. de Phys. colloq.*, **32**, c1-863(1971).
[58] C. Janot, *Rapport D. G. R. S. T.*, N 69-01-658, (4-4) 199(1971).
[59] R. S. Preston, D. J. Lam, M. U. Nevitt, *Phys. Rev.*, **144**, 440(1966).
[60] U. Gonser, M. Ron, Applications of Mössbauer Spectroscopy, L. Cohen ed., Academic Press, **II**, 282—328(1980).
[61] S. Nasu, U. Gonser, R. S. Preston, *J. de Phys. colloq.*, **41**, C1-385 (1980).
[62] B. Window, *J. Phys E*, **4**, 329(1974).
[63] G. K. Wertheim, V. Jaccarino, J. H. Wernick, *Phys. Rev.*, **A151**, 135(1964).
[64] J. R. Iglesias-Sicardi, *Phys. Lett.*, **A64**, 406(1978).
[65] M. Marshall, *Phys. Rev.*, **110**, 1280(1959).
[66] A. J. F. Boyle, H. E. Hall, *Rept. Progr. Phys.*, **25**, 441(1962).
[67] H. Akai, M. Akai, S. Blugel, R. Zeller, H. Dederichs, *J. Magn. Magn. mater.*, **45**, 291(1984).
[68] R. S. Preston, S. S. Hanna, J. Heberle, *Phys. Rev.*, **128**, 2207(1962).
[69] F. van der Woude, G. A. Sawatzky, *Phys. Rep.*, **12**, 336(1974).
[70] P. C. Riedi, *Phys. Rev.*, **8**, 5243(1973).
[71] R. S. Preston, *Phys. Rev. Letters*, **19**, 75(1967).
[72] I. Vincze, *Solid state Commun.*, **10**, 341(1972).
[73] A. P. Jain, T. E. Cranshaw, *Phys. Lett.*, **A25**, 421(1967).
[74] T. E. Cranshaw, *J. Appl. Phys.*, **40**, 1481(1969).
[75] G. P. Huffman, F. G. Schwerer, G. R. Dunmyre, *J. Appl. Phys.*, **40**, 1487(1969).
[76] A. E. Balabanov, N. N. Delyagin, *Sov. Phys JETP*, **30**, 1054(1970).
[77] G. P. Huffman, G. R. Dunmyre, *J. Appl. Phys.*, **41**, 1323(1970).
[78] G. P. Huffman, G. R. Dunmyre, *J. Appl. Phys.*, **42**, 1613(1970).
[79] D. C. Price, *J. Phys.*, **F4**, 639(1974).
[80] J. Chojcan, M. Szuszkiewcz, S. Szuskiewicz, B. Rozenfeld. *Phys. Stat. Sol.*, **B116**, k57(1983).
[81] T. A. Kitchens, W. A. Steyert, R. D. Taylor, *Phys. Rev.*, **128**, 467(1965).
[82] P. E. Clarc, I. R. Herbert, *Solid State. Commun.*, **12**, 469(1965).
[83] C. Gustin, P. M. Gielen, de Croylaan, *Scripta Met.*, **4**, 925(1970).
[84] Г. Дорофеев, В. В. Овчинников, в. м. Сегам, Г. А. Шестакова, *ФММ*, **48**, 669(1979).
[85] L. Haggstrom, L. Granas, R. Wappling, S. Devanarayanan, *Physica Scripta*, **7**, 125(1973).
[86] T. E. Cranshaw, C. E. Johson, M. S. Ridout, G. A. Murray, *Phys. Lett.*, **21**, 481(1966).
[87] M. Shimizu, T. Honsako, K. Fujimoto, *J. de Phys. Colloq.*, **40**, C2-

581(1979).
[88] M. B. Stearns, *Phys. Rev.*, **129**, 1136(1963).
[89] O. Brummer, G. Drager, I. Mistol, *Annalen der Physik*, Heft 2. 135 (1972).
[90] Г. А. Дорофеев и, В. С. Литвинов, *ФММ*, **44**, 438(1977).
[91] A. Heilmann, W. Zinn, *Z. Metallk.*, **58**, 113(1967).
[92] Ю. Л. Родионов, Г. Г. Исфандияров, О. С. Сарсенбин, *ФММ*, **48**, 979(1979).
[93] G. K. Wertheim, V. Jaccarino, J. H. Wernick, D. N. E. Buchanan, *Phys. Rev. Lett.*, **12**, 24(1964).
[94] M. B. Stearns, *Phys. Rev.*, **B4**, 4069(1971); ibid., **8**, 4383(1973).
[95] T. E. Cranshaw, R. C. Mercader, *J. Phys.*, **F6**, 2129(1976).
[96] I. Vincze, I. A. Campbell, *J. Phys. Rev.*, **F3**, 647(1973).
[97] I. Vincze, I. A. Campbell, *J. Phys. Rev.*, **B9**, 3845(1974).
[98] I. Vincze, T. Aldred, *Solid state Commun.*, **17**, 639(1975).
[99] H. Bernas, I. A. Campbell, *Solid state Commun.*, **4**, 577(1966).
[100] S. M. Dubie, W. Zinn, *Phys. Rev.*, **28**, 67(1983).
[101] В. В. Овчинников, В. С. Литвинов, Г. А. Чарушникова, *ФММ*, **47**, 1099(1979).
[102] Le Dans Khoi, P. Veilet, I. A. Campbell, *J. Phys.*, **F5**, L203(1975).
[103] T. E. Cranshaw, *J. de Phys. colloq.*, **40**, c2-167(1979).
[104] B. C. Edwards, B. L. Eyre, T. E. Cranshaw, *Nature*, **47**, 269(1977).
[105] D. Stroz, T. Panek, H. Morawiec, *Mater. Sci. Eng.*, **58**, 43(1983).
[106] P. E. Clark, J. M. Cadogan, M. J. Yazxhi, S. J. Campbell, *J. Phys.*, **F9**, 379(1979).
[107] G. Longworth, R. Atkinson, Mössbauer Spectroscopy and Its Chemical Applications, J. G. Stevens, G. K. Shenoy eds., 101—116(1981).
[108] D. L. illiamson, S. Nasu, U. Gonser, *Acta Metall.*, **24**, 1003(1976).
[109] B. Window, *J. Phys.*, **F1**, 533(1971).
[110] M. M. Stupel, M. Ron & B. Z. Weiss, *J. de Phys. colloq.*, **35**, C6-483 (1974).
[111] M. Ron, E. Ratner, G. Mengeristsky, *J. de Phys. colloq.*, **40**, C2-639 (1979).
[112] B. Window, *J. Phys.*, **E4**, 401(1971).
[113] J. Hesse, J. Rubantsch, *J. Phys.*, **E7**, 526(1974).
[114] I. Vincze, *Nucl. Instrum. Methods*, **199**, 247(1982).
[115] R. Nemanich, C. W. Kimball, B. D. Dunlap, A. T. Aldred, *Phys. Rev.*, **B16**, 124(1977).
[116] H. Kuwano, K. Ono, *J. Phys. Soc. Jap.*, **42**, 729(1977).
[117] S. Kachi, H. Asano, *J. Phys. Soc. Jap.*, **27**, 536(1969).
[118] H. Rechenberg, L. Billard, A. Chamber, M. Natta, *J. Phys. Chem. Solid.*, **34**, 12(1973).
[119] S. Omiyoshi, H. Yamamoto, H. Watta, *J. Phys. Soc. Jap.*, **30**, 1605 (1971).

[120] M. Shira, Y. Maeda & Y. Nakamura, *J. Phys. Soc. Jap.*, **37**, 363 (1974).
[121] B. Window, *J. Appl. Phys.*, **44**, 2853(1973).
[122] U. Gonser, et al., *Solid state Commun.*, **77**, **233**(1975).
[123] T. Sohmura, F. E. Fujita, *J. Phys.*, **F10**, 743(1980).
[124] S. Willgeroth, H. Ullrich, J. Hesse, *J. Phys.*, **14**, 387(1984).
[125] J. B. Muller, J. Hesse, *Z. Phys.*, **B54**, 43(1983).
[126] J. Hesse, G. Nolle, H. Korner, *Solid state Commun.*, **46**, 721(1983).
[127] H. Ullrich, J. Hesse, *J. Magn. Magn. Mater.*, **45**, 315(1984).
[128] Y. Nakamure, K. Sumiyama, N. Kataoka, *Hyp. Int.*, **28**, 1029(1986).
[129] W. F. Brown, *Phys. Rev.*, **135**, A447(1959).
[130] L. N. Liebermann, et al., *Phys. Rev. Lett.*, **22**, 539(1969).
[131] N. K. Jaggi, K. R. P. M. Rao, *NDT Int.*, **11**, 281(1978).
[132] D. J. Sionkin, A. A. Berthtim, *Phys. Rev.*, **153**, 621(1967).
[133] F. Gauzzi, B. Verdini, G. Principi, B. Badan, *J. Mater. Sci.*, **18**, 3661(1983).
[134] N. Abe, L. H. Schwartz, Mössbauer Effect Methodology, I. J. Gruverman ed., **8**, Plenum Press, 249(1973).
[135] C. Dibar-Ure, P. A. Flinn, Mössbauer Effect Methodology, I. J. Gruverman ed., Plenum Press, **7**, 245 (1972).
[136] G. K. Wertheim, V. Jaccarino, J. A. Wernick, J. A. Steichik, H. Jwilliams, R. C. Sherwoud, *Phys. Letters*, **18** (1965).
[137] P. A. Montano, Z. Shanfield, P. H. Barrett, *Phys. Rev.*, **B11**, 3302 (1975).
[138] I. A. Dubovtsev, F. A. Sidorenko, A. N. Bortnik, T. S. Shubina, N. P. Filippova, *Phys. Stat. Solidi*, **B49**, 405(1972).
[139] И. А. Дубовцев, Ф. А. Сидоренко, Письмов, *ЖЭТФ*, **14**, 205 (1971).
[140] K. Vojtechovsky, T. Zemcik, Szechosl. *J. Phys.*, **B24**, 171(1974).
[141] T. Shinjo, Y. Nakamura, N. Shikazono, *J. Phys. Soc. Jap.*, **18**, 797 (1963).
[142] R. Wappling, Y. Haggstrom, E. Karlssom, *Physica Scripta*, **2**, 233 (1970).
[143] J. O. Artmen, et al., *Phys. Rev.*, **138**, A912(1965).
[144] R. S. Preston, *Met Trans.*, **3**, 1831(1972).
[145] C. A. Stickels, R. H. Bush, *Met. Trans.*, **2**, 2036(1971).
[146] L. Murgas, S. Nagy, Z. Homonnay, A. Vertes & J. Lakner, *Hyp. Int.*, **28**, 967(1986).
[147] R. A. Dunlap, K. Dini, G. Stroink, G. S. Collins, S. Jha, *Hyp. Int.*, **8**, 963(1986).
[148] J. B. Dunlap, J. M. Williams, G. Longworth, *J. Phys.*, **F8**, 2115 (1978).
[149] G. V. Raynor, The Equilibrium Diagram of the System Iron-Zinc, Annoted Equilibrium Diagram Series, Institute of Metals, 8 (1951).

[150] M. J. Graham, P. E. Beaubien, I. Sproule, *J. Mater. Sci.*, **15**, 626 (1980).

[151] R. D. Jones, S. G. Denner, *Scripta Met.*, **8**, 175(1974).

[152] C. Montreuil, B. J. Evans, *J. Appl. Phys.*, **49**, 1437(1978).

[153] A. Johansson, H. Ljuns, S. Westman, *Acta Chem. Scand.*, **2**, 2743 (1968).

[154] J. K. Brandom, R. Y. Brizard, P. C. Chieh, R. K. McMillam, W. B. Pearson, *Acta Cryst.*, **B30**, 1412(1974).

[155] G. K. Wertheim, J. H. Wernick, R. C. Sherwoud, *Solid State Commun.*, **7**, 1399(1969).

[156] G. K. Wertheim, D. N. E. Buchanan, J. H. Wernick, *Solid State Commun.*, **8**, 2173(1970).

[157] G. K. Wertheim, J. H. Wernick, R. C. Sherwood, *J. Appl. Phys.*, **41**, 1325(1970).

[158] W. Bruckner, K. Kleinstuck, G. E. R. Schultze, *Phys. Stat. Solidi* (*a*), **1**, K1(1970).

[159] G. Rupp, *Z. Phys.*, **230**, 265(1970).

[160] M. D. Thompson, T. P. Das, Ciobanu, *Phys. Rev.*,**B19**, 4328(1979).

[161] L. H. Bennett, L. J. Swartzendruber, R. E. Watson, *Phys. Rev.*, **165**, 500(1968).

[162] I. Vincze, F. van der Woude, M. G. Scott, *Solid state Commun.*, **37**, 567(1981).

[163] M. Ghafari, U. Gonser, H. G. Wagner, *Nucl. Instrum. Methods*, **199**, 197(1982).

[164] F. Aubertin, U. Gonser, S. J. Campbell, *J. Less-Common Metals*, **101**, 437(1984).

[165] G. Wiesinger, *Hyp. Int.*, **28**, 545(1986).

[166] C. Abache, et al., *J. Appl. Phys.*, **57**, 4112(1985).

[167] Б. С. Бокштейн, Ю. Б. Войтковский, Е, Г. Латаши др., *Металловедение и Терм. Обработка Металлов*, **6**, С. 64(1974).

[168] F. E. Kirchmayer, C. A. Poldy, *J. Magn. Magn. Mat.*, **8**, 1(1978).

[169] B. Solly, G. Winquist, Scand. *J. Metall.*, **3**, 86(1974).

[170] В. С. Литвинов, С. Д. Каракишев и, В. В. Обчинников, Ядерная Гмма-Резонанская Спектроскопия Сплавов, Москва, Металлургия (1982).

[171] de ys, P. G. Gielen, *Met. Trans.*, **2**, 1423(1971).

[172] R. Tahara, Y. Nakamura, M. Inagaki, Y. Iwama, *Phys. Soc. Solidi.* (*a*), **41**, 451(1977).

[173] R. Tahara, Y. Nakamura, *J. de Phys. colloq.*, **40**, C2-592(1979).

[174] V. A. Makarov, E. B. Granovskii, E. F. Makarov, V. A. Provitskii, *Phys. State Solidi.*, **14**, 331(1972).

[175] E. F. Makarov, V. A. Povitskii, E. B. Granovskii, A. A. Fridman, *Phys. Stat. Sol.*, **24**, 45(1967).

[176] K. Yagisawa, *Phys. Stat. Sol.* (*a*), **16**, 291(1973).

[177] N. Blum, et al., *J. Appl. Phys.*, **36**, 1169(1965).
[178] J. M. R. Genin, A. Flinn, *Trans. AIME*, **242**, 1419(1968).
[179] H. Ino, T. Moriya, F. E. Fujita, *J. Phys. Soc. Jap.*, **22**, 346(1967).
[180] T. Moriya, H. Ino, F. E. Fujita, Y. Maeda, *J. Phys. Soc. Jap.*, **24**, 60(1968).
[181] M. Ron, A. Kidron, H. Schechter, S. Niedzwiedz, *J. Appl. Phys.*, **38**, 590(1967).
[182] P. M. Gielen, R. Kaplow, *Acta Met.*, **15**, 49(1967).
[183] M. C. Cadeville, J. M. Friedt, C. Lemer, *J. Phys.*, **F7**, 123(1977).
[184] M. Ron, Applications of Mössbauer Spectroscopy, R. L. Cohen ed., Academic Press, **2**, 329—388(1980).
[185] F. E. Fujita, Progress in the Study of Point Defects, N. Doyama, S. Yoshida eds., Tokyp Press, 71(1977).
[186] F. E. Fujita, C. Shiga, T. Moriya, H. Ino, *J. Jap. Inst. Metals*, **38**, 1030(1974).
[187] H. Ino, T. Ito, *J. de Phys. colloq.*, **40**, C2-644(1979).
[188] M. Lesoille, P. M. Gielen, *Met. Trans.*, **3**, 268(1972).
[189] S. Nasu, T. Takano, F. E. Fujita, K. Takanashi, H. Yasuoka, H. Adachi, *Hyp. Int.*, **28**, 1071(1986).
[190] F. E. Fujita, *Jap. Inst. Metals*, **13**, 714(1974).
[191] Б. С. Бокштейн, Л. М. Клингер, И. М. Разимовский, *ФТТ*, **19**, 476(1977).
[192] M. Shimotomai, et al., New Aspects of Martenitic Transformation, Supplement To Trans. JIM, **17**, 129(1976).
[193] Е. Е. Юрчиков и, А. З. Меньшиков, *ФММ*, **32**, 168(1971).
[194] L. H. Schwartz, A. Asano, *J. de Phys. colloq.*, **35**, C6-453(1975).
[195] S. A. Losievskaya, *Phys. Stat. Solidi* (a), **16**, 647(1973).
[196] R. N. Kuzmin, S. A. Losievskaya, *Phys. Metal. Metalloved.*, **29**, 569(1070).
[197] 常汝勤、卢兆钧、金慧娟，金属学报，**17**，87(1981).
[198] 山中和夫、井野博满、大岛隆一郎、滕田英一，日本金属学会志，**35**，566(1971).
[199] P. A. Montano, M. S. Seegra, *Phys. Rev.*, **B15**, 2437(1977).
[200] D. J. Erickson, L. D. Roberts, *Phys. Rev.*, **B9**, 3650(1974).
[201] J. P. Eymery, P. Moine, *J. Phys. (Paris) Lett.*, **39**, L23(1978).
[202] J. F. Herbst, et al., *J. Appl. Phys.*, **57**, 4086(1985).
[203] G. Shirane, C. W. Chen, P. A. Flinn, R. Nathans, *Phys. Rev.*, **131**, 183(1963).
[204] K. Ono, Y. Ishikawa, A. Ino, *J. Phys. Soc. Jap.*, **17**, 1747(1962).
[205] J. E. Frachowiak, *Hyp. Int.* **28**, 1067 (1986).
[206] L. Cser, J. Ostanevich, L. Pal, *Phys. Stat. Solidi.*, **20**, 581; 591(1967).
[207] M. Rosenbeny, et al., *J. Appl. Phys.*, **57**, 4124(1985).
[208] L. Cser, J. Ostanevich, M. Yu, L. Pal, *Phys. Stat. Solidi.*, **42**, K147 (1970).
[209] K. Oki, S. Towata, M. Tamiya, T. Eguchi, *J. de Phys. colloq.*, **40**,

C2-611(1979).
[210] T. E. Crashaw, *Physica*, **BC86—88**, 443(1977).
[211] T. E. Crashaw, *Physica*, **BC86—88**, 391(1977).
[212] G. Papadimitriou, J. M. Genin, *Phys. Stat. Solidi* (*a*), **9**,K19(1972).
[213] A. Ferro, G. Griffa, I. Ortalli, *Nuovo Cimendo* II, **B3**, 269(1971).
[214] Y. Gros, J. Pauleve, *J. de Phys.*, **31**, 459(1970).
[215] J. W. Drijver, F. van der Woode, S. Radelaar, *Phys. Rev.*, **B16**, 985(1977).
[216] J. W. Drijver, F. van der Woode, Radelaar, *Phys. Rev.*, **B16**, 993 (1977).
[217] T. Zemcik, *Phys. Stat. Solidi* (*a*), **51**, K13(1979).
[218] T. Zemcik, Y. Kreisterova, *J. de Phys. colloq.*, **41**, C1-361(1980).
[219] M. Sagawa, et al., *J. Appl. Phys.*, **57**, 4094(1985).
[220] T. E. Frackowiak, J. Morgiet, J. Dutkiewicz, *Hyp. Int.*, **28**, 1063 (1986).
[221] K. Yagisawa, *Phys. Stat.* (*a*), **18**, 589(1973).
[222] Z. Eliezer, B. Z. Weiss, M. Ron, S. Nadiv, *J. Appl. Phys.*, **44**, 419 (1973).
[223] Z. Eliezer, S. Nadiv, N. Ron, B. Z. Weiss, *Mater. Sci. Eng.*, **11**, 69 (1973).
[224] I. Ortalli, G. Fedeli, K. L. I. Kobayshi, K. F. Komatsubara, *J. de Phys. colloq.*, **40**, C2-596(1979).
[225] E. M. Howard, C. E. Violet, R. J. Borg, *Trans. AIME*, **42**, 1503(1968).
[226] M. Hansen, K. Anderko, Constitution of Binary Alloys, McGraw Hill Book Co. (1958).
[227] A. Blasus, U. Gonser, *J. de Phys. colloq.*, **37**, C6-397(1976).
[228] M. Nishio, S. Nasu, Y. Murakami, *Nippon-Kinzoku-Gakkai-Shi*, **34**, 1173(1970).
[229] S. Nasu, U. Gonser, A. Blasius, F. E. Fujita, *J. de Phys. Colloq.*, **40**, C2-619(1979).
[230] D. L. Williama, M. Ellid, *J. de Phys. colloq.*, **40**, C2-601(1970).
[231] Y. K. Sharam, *Hyp. Int.*, **28**, 1013(1986).
[232] T. Tsuji, A. T. Howe and N. N. Greenwood, *J. de Phys. Colloq.*, **40**, C2-630(1979).
[233] T. E. Cranshaw, *J. de Phys. Colloq.*, **40**, C2-169(1979).
[234] M. Maurer, M. C. Cadeville, J. P. Sanchex, *Phil. Mag.*, **38**, 739 (1978).
[235] J. K. van Deen, F. van der Woude, *Acta Met.*, **29**, 1255(1981).
[236] J. K. Van Deen, F. van der Woude, *J. de Phys. colloq.*, **41**, C1-367 (1980).
[237] T. Ozawa, Y. Ishida, *Scripta Met.*, **11**, 835(1977).
[238] T. Ozawa, T. Ishida, *J. de Phys. colloq.*, **40**, C2-55(1979).
[239] C. J. McMahon, *Materr. Sci. Eng.*, **25**, 233(1976).
[240] Y. Ishida, T. Ozawa, *Scripta Met.*, **9**, 1103(1975).

[241] T. Ozawa, K. Yashiro, Y. Ishida, M. Kato, *Seisan Kenkyu*, **28**, 331 (1976).
[242] H. Ichinose, M. Hashimoto, Y. Ishida, *J. de Phys. colloq.*, **40**, C2-543(1979).
[243] A. H. Owens, et al., *J. Phys. Colloq.*, **40**, C2-74(1979).
[244] C. Sauer, *Z. Physik, B*, **D222**, 439(1969).
[245] T. Shinjo, et al., *J. de Phys. Colloq.*, **C5**, 361(1984).
[246] G. Langouche, M. de Potter, I. Dezsi, M. von Rossum, *Rad. Eff. Lett.*, **67**, 101(1980).
[247] D. Schroyen, IDezsi, G. Langouche, *Hyp. Int.*, **29**, 1255(1986).
[248] E. Recknagel, G. Schatz, Th. Wichert, Hyperfine Interactions of Radiactive Nuclei, J. Christiansen ed., Springer-Verlag, 133—204(1983).
[249] G. Vogl, W. Mansel, W. Vogl, *J. Phys.*, **F4**, 2321(1974).
[250] G. Vogl, W. Mansel, P. H. Dederichs, *Phys. Rev. Lett.*, **36**, 1497 (1976).
[251] W. Mansel, G. Vogl, *J. de Phys. colloq.*, **37**, C6-19(1976).
[252] W. Mansel, G. Vogl, *J. Phys. F*, **7**, 253(1977).
[253] W. Mansel, H. Weyer, G. Vogl, *Radiat. Eff.*, **35**, 9(1978).
[254] K. Sassa, H. Goto, Y. Ishida, M. Kato, *Scripta Met.*, **11**, 1029(1977).
[255] K. Sassa, H. Goto, Y. Ishida, *J. de Phys. colloq.*, **40**, C2-559(1979).
[256] K. Sassa, S. Umeyama, Y. Ishida, H. Yoshida, *J. Phys. F.*, **11** L163 (1981).
[257] R. S. Preston, S. Nasu, U. Goner, *J. de Phys. colloq.*, **40**, C2-564 (1979).
[258] M. Kao, Y. Ishida, K. Sassa, S. Umeyama, M. Meri, *J. de Phys. colloq.*, **5**, C6-309(1974).
[259] A. Nylandsted Larsen, E. Weyer, *J. Phys.*, **F9**, 27(1979).
[260] F. T. Pedersen, H. Grann, G. Weyer, *Hyp. Int.*, **29**, 1241(1986).
[261] H. Andersen, S. Damgaard, J. W. Petersen, G. Weyer, *Hyp. Int.*, **15**, 375(1983).
[262] G. Weyer, *Hyp. Int.*, **27**, 249(1986).
[263] H. de Waard, R. L. Cohen, S. R. Reintsema, S. A. Drentje, *Phys. Rev.*, **B10**, 3760(1974).
[264] S. R. Reintsema, H. de Waard, S. A. Dretje, *Hyp. Int.*, **2**, 367(1976).
[265] G. Weyer, F. T. Petersen, H. Grann, K. Bonde Nielsen, *Hyp. Int.*,
[266] S. R. Reintsema, S. A. Drentje, H. de Waard, *Redia, Eff*, **24**, 145 (1975).
[267] L. Niesen, *Hyp. Int.*, **13**, 65(1983).
[268] G. K. Wertheim, A. Hausmann, W. Sander, The Electronic Structure of Point Defects, North-Holland Publishing Company, (1971).
[269] 石田洋一、小沢孝好，日本金属学会会报，**17**(10)，806(1978).
[270] G. Wortmann, F. E. Wagner, *J. de Phys. Colloq.*, **37**, C6-333(1976).
[271] F. E. Wagner, G. Wortmann, Topics in Applied Physics, G. Alefeld and J. Volkl eds., Springer, **28**(I), 131—167(1978).

[272] F. E. Fujita, T. Sohmura, *J. de Phys. colloq.*, **37**, C6-379(1976).
[273] A. Ostrasz, M. Szuszkiewicz, J. Chojcan, *Hyp. Int.*, **28**, 1055(1986).
[274] M. Szuszkiewicz, J. Chojcan, A. Ostasz, *Phys. Stat. Solidi(b)*, **117**, 645(1983).
[275] A. Obermann, W. Wanzl, M. Mahnig, E. Wicke, *J. Less-common Metals*, **49**, 75(1976).
[276] D. Ohlendorf, E. Wicke, A. Obermann, *J. Phys. Chem. Solids*, **40**, 849(1979).
[277] T. Schmura, F. E. Fujita, *J. Phys.*, **F10**, 743(1980).
[278] H. Adachi, S. Imoto, *J. Phys. Soc. Japan*, **46**, 1194(1979).
[279] T. Schmura, F. E. Fujita, *J. Phys.*, **F8**, 206(1978).
[280] G. K. Shenoy, D. Niarchos, P. J. Viccaro, B. D. Dunlap, A. T. Aldred, G. D. Sandrock, *J. Less-common Metals*, **73**, 171(1980).
[281] A. Blasius, U. Gonser, *Appl. Phys.*, **23**, 331(1980).
[282] F. Aubertin, U. Gonser, S. J. Campbell, *J. Less-common Metals*, **101**, 437(1984).
[283] H. Fujii, T. Okamoto, W. E. Wallance, F. Pourarian, T. Morisaki, *J. Mang. Mang. Mat.*, **46**, 245(1985).
[284] G. Wiesinger, *Hyp. Int.*, **28**, 545(1986).
[285] F. Aubertin, S. T. Campbell, U. Gonser, *Hyp. Int.*, **28**, 997(1986).
[286] R. L. Cohen, Mössbauer Effect, L. S. Kothari, J. S. Baijal, S. P. Tewari eds., Academic Publishings, 147—154(1984).
[287] E. R. Bauminger, D. Davidow, I. Felner, I. Nowik, S. Ofer, D. Shaltiel, *Physics*, **B86—88**, 201(1977).
[288] K. H. J. Bushow, R. L. Cohen, K. W. West, *J. Appl. Phys.*, **48**, 5289(1977).
[289] F. W. Oliver, K. W. West, R. L. Cohen, K. H. J. Bushow, *J. Phys.*, **F8**, 701(1978).
[290] R. L. Cohen, K. W. West, K. H. J. Bushow, *Solid state Commun.*, **25**, 293(1978).
[291] P. J. Viccaro, J. M. Friendt, D. G. Westlake, *J. Appl. Phys.*, **50**, 2051(1979).
[292] W. M. Watsh, Jr., L. W. Rupp, Jr., P. H. Schmidi, L. D. Longinotti, *AIP Conf. Proc.*, **29**, 686(1975).
[293] P. C. M. Gubbens, A. M. van der Kraan, K. H. J. Bushow, *Solid State Commun.*, **37**, 635(1981).
[294] J. M. D. Coey, *J. Appl. Phys.*, **49**, 1646(1981).
[295] J. M. D. Coey, D. H. Ryan, Yu Boliang, *J. Appl. Phys.*, **55**, 1800 (1984).
[296] J. M. D. Coey, D. H. Ryan, D. Gignoux, Lienard, J. P. Rebouillat, *J. Appl. Phys.*, **53**, 7804(1982).
[297] Yu Boliang, D. H. Ryan, J. M. D. Coey, Z. Altouniant, J. O. Strom-Olsen, F. Razavi, *J. Phys.*, **F13**, L217(1983).
[298] Z. S. Wronski, X. Z. Zhou, A. H. Morrish, *Appl. Phys.*, **57**, 3548

(1985).
[299] J. Y. Ping, D. G. Rancourt, *J. Magn. Magn. Mat.*, **103**, 285(1992).
[300] W. F. Brown, *J. Appl. Phys.*, **34**, 1319(1963).
[301] B. Fultz, H. Hamdeh, J. Okamoto, *Hyp. Int.*, **53—58**, 799(1990).
[302] C. Meyer, K. Nagorny, *Hyp. Int.*, **47—48**, 457(1989).
[303] A. Laggoun, A. Hauct, J. Teillet, *Hyp. Int.*, **53—58**, 825(1990).
[304] J. M. R. Genin, *Scripta Metallurgica*, **2**, 399(1990).
[305] Ph. Bauer, O. Uwakweh, J.-M. R. Genin, *Hyp. Int.*, **41**, 555(1988).
[306] J. Foct, P. Rochegude, C. Conder-Robert, *Hyp. Int.*, **45**, 357(1989).
[307] F. Aubertin, S. Abel. G. Wagner, P. Schaaf, U. Gonser, *Hyp. Iht.*, **47**, 379(1989).
[308] S. Bukshpan, W. H. Lbrands, R. Reintsema, H. de Waard, *Hyp. Int.*, **2**, 356(1976).
[309] O. N. C. Uwakweh, Ph. Bauer, J. M. R. Genin, *Hyp. Int.*, **45**, 65 (1989).
[310] B. Fultz, Z. Q. Gao, H. Hamdeh, *Hyp. Int.*, **53—58**, 521(1990).
[311] J. E. Frackowiak, *Hyp. Int.*, **47—48**, 465(1989).
[312] K. Nomura, Y. Ujihira, M. Sucki, N. Kawashiwa, *Hyp. Int.*, **53—58**, 839(1990).
[313] Berkowitz, et al., *Phys. Rev. Lett.*, **34**, 594(1975).
[314] T. Zemcik, et al., *Mat. Lett.*, **10**, 313(1991).
[315] O. Kohmoto, et al., *Jap. J. Appl. Phys.*, **29**, L1460(1990).
[316] M. Fujinami, et al., *J. Appl. Phys.*, **29**, L477(1990).
[317] S. R. Reintsema, S. A. Drentje, H. de Waard, *Hyp. Int.*, **5**, 167 (1978).
[318] K. Nagayama, et al., *Trans. Japan Inst. Met.*, **29**, 261(1988).
[319] 顾本喜、翟宏如、沈保根、S. Methfessel，物理学报，**38**，1919(1989).
[320] G. Le Ca r, E. Bauer-Grosse, *Hyp. Int.*, **47**, 55(1989).
[321] H. P. Wit, L. Niesen, H. de Waard, *Hyp. Int.*, **5**, 233(1978).
[322] L. J. Swartzendruder, D. Shechtman, L. Bendersky, J. W. Cahn, *Phys. Rev.*, **B32**, 1383(1985).
[323] R. A. Dunlap, D. W. Lawther, D. J. Lloyd, *Phys. Rev.*, **B38**, 3649 (1988).
[324] Z. M. Stadnils, G. Stroink, H. Ma, G. Williams, *Phys. Rev.*, **B39**, 9797(1989).
[325] R. A. Dunlap, M. Mc. Henry, R. C. O'kandley, D. Bahadur, V. Srinivas, *Appl. Phys.*, **64**, 5956(1988).
[326] G. Le Caer, R. A. Brand, J. M. Dubois, *Hyp. Int.*, **42**, 943(1988).
[327] 凌启芬、陈冠冕、赵见高、詹文山，物理学报，**38**(2)，323(1989).
[328] R. D. Werkman, P. J. Schurer, F. van der Woude, *Hyp. Int.*, **53—**

58, 241(1990).
[329] C. L. Chien, *Hyp. Int.*, **53—58**, 3(1990).
[330] J. Landes, C. Sauer, R. A. Brand, W. Zinn and Z. Kajcsos, *Hyp. Int.*, **53—58**, 1941(1990).
[331] K. Mibu, N. Hosoito and T. Shinjo, *J. Phys. Soc. Japan*, **59**, 2916 (1989); *Hyp. Int.*, **53—58**, 831(1990).
[332] N. Hosoito, K. Yoden, T. Shinjo, *Hyp. Int.*, **40—43**, 583(1988).

第九章　在化学中的应用

章　素

§9.1　引　　言

1958 年穆斯堡尔效应问世的时候，无疑它是一个纯粹的物理效应，或者更确切地说，一个核物理效应．但是，很快它被应用到化学方面．当时还只在相对论、核物理和固体物理等方面开始应用穆斯堡尔效应．1960 年 Kistner 和 Sunyar[1] 在测定 α-Fe_2O 的 14.4keV 的 γ 射线共振时，观察到同质异能移位，这可说是穆斯堡尔效应应用于化学领域的开始．同质异能移位成为穆斯堡尔效应最重要的参量之一．可见，穆斯堡尔效应在本质上和化学学科有着多么紧密的联系．

尽管穆斯堡尔元素有限，且大多数情况只能在固体状态下测定，这是穆斯堡尔效应为人们所熟知的局限性．但是，它具有很高的能量分辨灵敏度，通过测定同质异能移位、电四极分裂、磁分裂、谱线宽度和无反冲分数等参量能给出许多关于原子核周围化学环境的信息．因此使穆斯堡尔效应从发现到现在的 30 多年中，日益广泛地深入被应用于几乎一切自然科学领域，而化学领域始终是应用较多的领域之一．

随着穆斯堡尔谱方法学的发展，如背散射穆斯堡尔谱，发射穆斯堡尔谱，内转换电子穆斯堡尔谱，内转换 X 射线谱，可选深度转换电子穆斯堡尔谱，“原位”测定，高低温，超高真空到高压下测定，稀有气体基底孤立技术等，以及电子计算机的应用，使穆斯堡尔效应不断施展新的威力，成为解决某些化学问题不可缺少的工具之一．

本章主要在化合价、化学键、分子结构、表面化学和催化、固态反应，以及冷冻溶液等方面，选择有代表性的工作，阐明穆斯堡尔效应所反映的化学信息。

§9.2 金属的氧化态

（1）早期工作　穆斯堡尔效应应用于化学方面的早期工作，大多数是对在常温下就容易观察到此效应的铁化合物和锡化合物进行许多测定，结果发现同质异能移位值与化合物的氧化态之间存在对应关系。图 9.1 示出各种不同氧化态和电子组态下，铁化

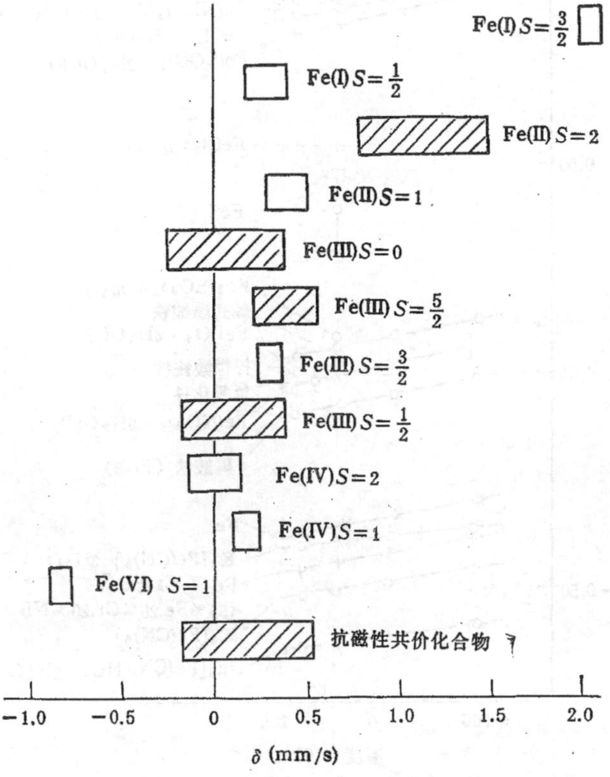

图 9.1　铁化合物的同质异能移位范围（相对于金属 Fe）。

合物的同质异能移位(δ)范围，各范围的宽度取决于键的共价性.划线区为最常见的化合物[16].

一些铁络合物的同质异能移位及其随温度的变化明显地分为三个区：金属及若干低自旋络合物的同质异能移位最小，二价高自旋络合物的同质异能移位最大，三价络合物介于两者之间，见图9.2[16].

化合物中金属的氧化态决定于原子外层价电子数．价态改变

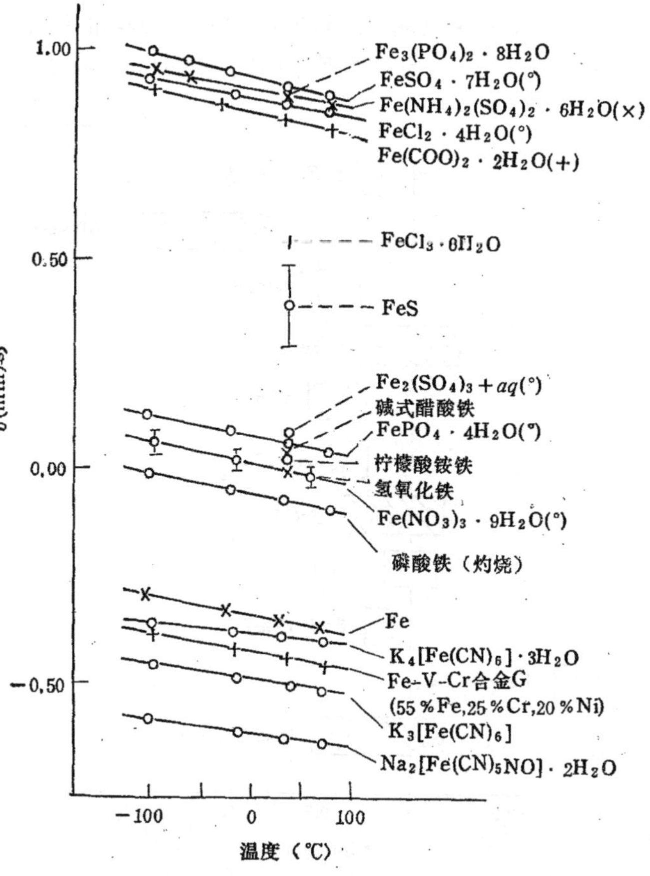

图 9.2 铁化合物的同质异能移位及其与温度的关系.

时，原子核外层价电子数改变，结果使带正电的原子核与核外电子的电单极库伦相互作用产生微小的变化，从而使原子核的能级发生相应的微小变化。这种变化只有原子核 γ 射线能级的 10^{-11} 至 10^{-13} 数量级。穆斯堡尔效应由于其无反冲共振线的线宽很窄，以及使用多普勒能量调制，使测量这样微小的能量变化成为可能。这个电单极库伦相互作用的核能级变化就反映为同质异能移位。它与核处电子密度的定量关系为(参阅 §3.2)

$$\delta = \frac{2\pi Z e^2}{5} \Delta\langle R^2\rangle [|\phi_a(0)|^2 - |\phi_s(0)|^2]. \qquad (9.1)$$

对于同一穆斯堡尔元素，方括号前各项均为常数。在相同条件下测定时，放射源核处的电子密度 $|\phi_s(0)|^2$ 也是常数。因此，同质异能移位就只和所考察化合物中穆斯堡尔原子核处的电子密度 $|\phi_a(0)|^2$ 有关。这就不难理解，为什么从测得的同质异能移位，就可对化合价提供信息。

例如，表 9.1 列出了四价和二价锡化合物的同质异能移位，它们位于明显不同的区域。以灰锡的同质异能移位为零，则二价锡化合物都是正值，四价锡化合物都是负值[18]。

(2) 同质异能移位与化合物的电子组态　上述铁、锡化合物的测定结果说明，不仅不同氧化态化合物的同质异能移位有明显的差别，而且同一氧化态化合物的同质异能移位也是有规则地变化的，虽然它们之间的差别比之不同氧化态同质异能移位的差别要明显小些。进一步的研究表明，这些都与穆斯堡尔核外的电子组态有关。例如，和锡相类似的还有周期表中的 P 方块元素锑、碲、碘和氙。它们的最高氧化价和次高氧化价化合物的同质异能移位差别特别明显，因为这两种氧化态相差两个 s 电子。碲、碘和氙还有低价氧化物，它们的价电子层比满壳层的 Te^{2-}, I^- 及 Xe^0 少两个 p 电子。p 电子对 s 电子有屏蔽作用。因此，这些低价氧化物的同质异能移位向最高价的同质异能移位的方向移动。粗略估计，一个 p 电子产生的效应大约是 s 电子的六分之一。因此，有满壳层结构的化合物，其同质异能移位约在 ns^2 和 ns^0 价电子结构化

表 9.1 锡化合物的同质异能移位（相对于灰Sn）

化合物	δ(mm/s)	化合物	δ(mm/s)
$SnCl_2$	+2.14	SnI_4	−0.30
$SnBr_2$	+1.85	$SnMe_4$	−0.56
$SnCl_2 \cdot 2H_2O$	+1.70	SnH_4	−0.83
SnC_2O_4	+1.60	SnS_2	−0.90
SnF_2	+1.55	$SnBr_4$	−1.00
SnS	+1.32	$SnCl_4$	−1.30
$Sn_3(PO_4)_2$	+1.12	$Sn(SO_4)_2$	−1.95
α-SnO	+0.74	SnO_2	−2.10
白 Sn	+0.55	Cs_2SnF_6	−2.54
灰 Sn	0.00	$SnF_6^{=}$	−2.60

表 9.2 锡、锑、碲、碘、氙的氧化态和同质异能移位范围

（依次相对于 SnO_2、InSb、ICu、ZnTe 和 Xe）

氧化态	δ(mm/s)	氧化态	δ(mm/s)
^{119}Sn(IV)	−0.5—+1.5	^{121}Sb(V)	−2—+12
Sn(II)	+2.2—+4.2	Sb(III)	−8—−2
^{125}Te(VI)	−0.9—−1.4	^{127}I(VII)	+0.8—+1.5
Te(IV)	+0.7—+2.0	I(V)	−0.5—−1.0
Te(II)	+0.3—−1.3	I(III)	−1.0—−1.2
Te(-II)	约 −0.1	I(I)	+0.4—−0.7
		I(−I)	+0.1—+0.005
^{129}I(VII)	−2.3—−4.5	^{129}Xe(VIII)	−0.1—−0.2
I(V)	+1.5—+3.0	Xe(VI)	0.0—+0.7
I(III)	+2.8—+3.5	Xe(IV)	+0.2—+0.9
I(I)	+1.2—+1.9	Xe(II)	−0.1—+0.5
I(−I)	−0.5—−0.2	Xe(0)	0

合物同质异能移位的中间，见表 9.2.

过渡元素金属的不同氧化态具有不同数目的 *d* 电子. *d* 电子也对 *s* 电子有屏蔽效应，但其程度比 *p* 电子的影响小. 铁化合物的同质异能移位范围已在图 9.1 中示出. 钌化合物不同 *d* 电子组

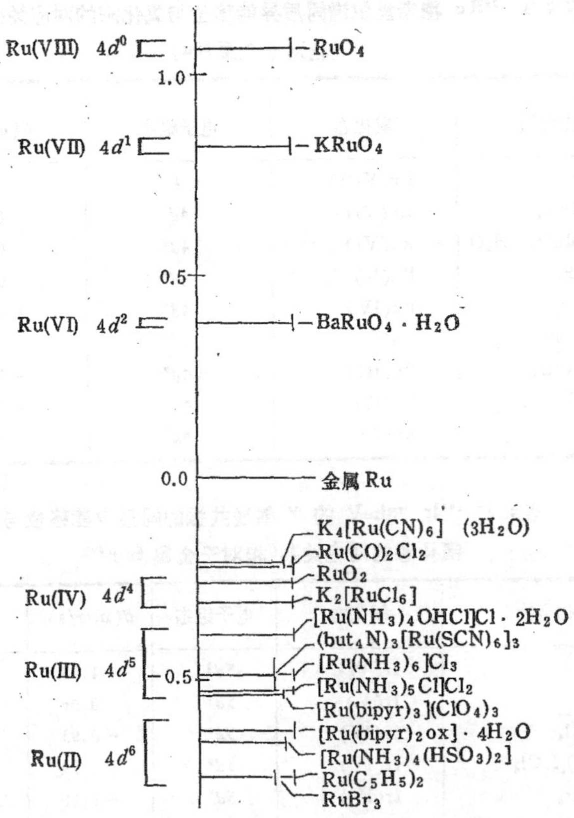

图 9.3 钌化合物的化合价、电子组态和同质异能移位(相对于金属 Ru).

态和同质异能移位的关系见表 9.3 及图 9.3.

钌原子的电子组态为 $[Kr]4d^75s^1$，在 Ru(VIII) 到 Ru(II) 化合物中，其相应的电子组态为 $4d^0$ 到 $4d^6$. 钌的激发态核半径与基态核半径的方差 $\Delta\langle R^2\rangle$ 为正值，氧化态降低时 d 电子数增加，它对 s 电子的屏蔽效应增加. 因此，原子核处电荷密度降低，同质异能移位变小.

和钌化合物类似，铱化合物的 ^{193}Ir 穆斯堡尔谱的同质异能移位和其氧化态之间也有对应关系，见表 9.4. ^{193}Ir 激发态核半径

表 9.3 ^{99}Ru 穆斯堡尔谱同质异能移位与氧化态的对应关系[19]
（相对于金属 Ru）

化合物	氧化态	电子组态	δ(mm/s)
RuO_4	Ru(VIII)	$[Kr]4d^0$	1.06
$KRuO_4$	Ru(VII)	$4d^1$	0.82
$BaRuO_4 \cdot H_2O$	Ru(VI)	$4d^2$	0.38
RuF_5	Ru(V)	$4d^3$	0.15
RuO_2	Ru(IV)	$4d^4$	−0.26
K_2RuCl_6	Ru(IV)	$4d^4$	−0.31
K_3RuCl_6	Ru(III)	$4d^5$	−0.35
$K_4Ru(CN)_6$	Ru(II)	$4d^6$	−0.25
Ru	Ru(0)	$4d^75s^1$	0.0

表9.4 ^{193}Ir 73keV 的 γ 射线共振的同质异能移位与
氧化态的对应关系（相对于金属 Ir）[20]

化合物	氧化态	电子组态	δ(mm/s)	T(K)
IrF_6	Ir(VI)	$5d^3$	1.45	4.2
IrF_5	Ir(V)	$5d^4$	0.06	4.2
K_2IrCl_6	Ir(IV)	$5d^5$	−0.95	1.5
$(NH_4)_2IrCl_6$	Ir(IV)	$5d^5$	−0.99	1.4
K_2IrBr_6	Ir(IV)	$5d^5$	−1.10	4.2
$Na_3Ir(NO_2)_4Cl_2$	Ir(III)	$5d^6$	−1.27	4.2
$Na_3IrCl_5 \cdot H_2O$	Ir(III)	$5d^6$	−1.97	4.2
K_3IrBr_6	Ir(III)	$5d^6$	−2.23	4.2
K_3IrCl_6	Ir(III)	$5d^6$	−2.26	4.2

和基态核半径之方差 $\Delta\langle R^2\rangle$ 为正值。铱原子的核外电子组态为 $[Xe]5f^{14}5d^9$，Ir(VI) 到 Ir(III) 的电子组态依次为 $[Xe]5f^{14}5d^3$ 到 $[Xe]5f^{14}5d^6$，氧化态降低时 5*d* 电子增加，对 *s* 电子的屏蔽效应增加，同质异能移位降低。

稀土元素除钷外全部为穆斯堡尔元素，有46个穆斯堡尔跃迁。同质异能移位与氧化态的对应关系也普遍存在。^{237}Np 的 59.6

keV. 的 γ 射线穆斯堡尔谱的同质异能移位和氧化态的关系见图 9.4[21]. 从 Np^{3+} 至 Np^{7+} 氧化态，其相应的电子组态为 $5f^4$ 至 $5f^0$. 镎核的 $\Delta\langle R^2\rangle$ 项为负值，同质异能移位随 f 电子减少而变小，其数值达 100mm/s 之多.

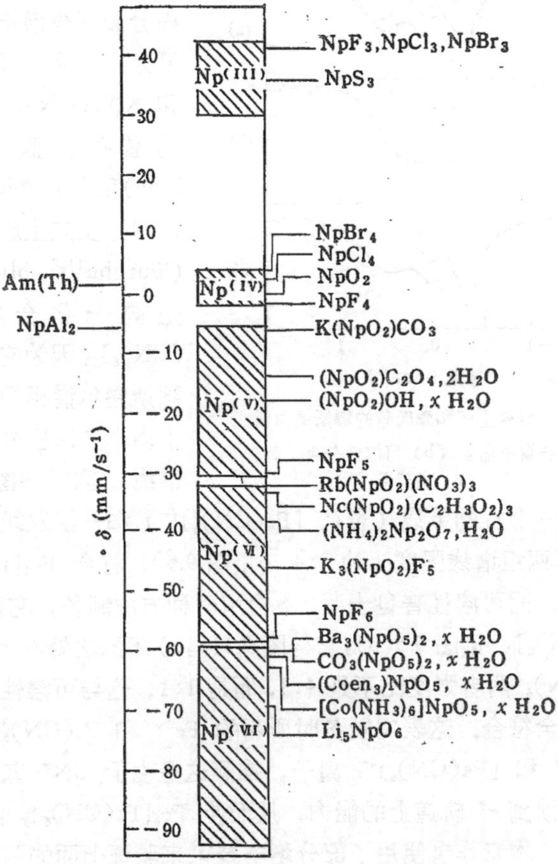

图 9.4 ^{237}Np 化合物的同质异能移位和氧化态(相对于 NpO_2).

(3) 与氧化态有关的结构研究 通过穆斯堡尔参数确定氧化态及其结构组成的一项早期工作是关于普鲁士蓝和滕氏蓝的鉴定. 1963 年 Duncan[22] 和 Kerler[23] 分别用 ^{57}Fe 穆斯堡尔谱研

究这两类铁氰酸盐以前，甚至在化学教课书上都认为普鲁士蓝和滕氏蓝是两个不同的化合物．但是，穆斯堡尔谱通过同质异能移位和四极裂距可以明确识别铁的价态，也很容易从 $[Fe(CN)_6]^{4-}$ 是抗磁性的单线谱和 $[Fe(CN)_6]^{3-}$ 是顺磁性的四极分裂双线谱把它们区别开来．从而证明由 Fe^{3+} 和 $K_4Fe(CN)_6$ 反应生成的普鲁士蓝（Prussian blue）和由 Fe^{2+} 加入 $K_3Fe(CN)_6$ 反应生成的滕氏蓝（Turnbulls' blue），原来是同一化合物 $Fe_4[Fe(CN)_6]_3$．因为它们的 ^{57}Fe 穆斯堡尔谱相同，都有一个由小的四极分裂组成的谱线，因而在图 9.5 中看起来是一个宽的单线（表征 $[Fe(CN)_6]^{4-}$）和一组双线谱（表征 Fe^{3+}）．两组谱线强度比为 3:4（见图 9.5），符合 $Fe_4[Fe(CN)_6]_3$ 结构式．而可溶性普鲁士蓝，不论用何种方法制备，它都是 $KFe[Fe(CN)_6]$，见图 9.5(b)，它与图 9.5(a, c) 不同之处在于 Fe^{3+} 与 $Fe^{II}(CN)_6$ 两者强度比不是 4:3，而是 1:1，这与可溶性钾盐的结构式完全符合．这表明制备时所用的 Fe^{2+} 和 $Fe(CN)_6^{3-}$ 已转变为 Fe^{3+} 和 $[Fe(CN)_6]^{4-}$ 离子，推测这是由于 CN^- 基具有将 σ 电子反馈到 π^* 轨道上的能力，从而使 $Fe_4[Fe(CN)_6]_3$ 更为稳定的缘故．本章作者使用了部分增丰技术来验证上面的观点，在制备普鲁士蓝时使用 $^{57}Fe_2(SO_4)_3$，而在制备滕氏蓝时使用 $^{57}FeCl_2$．但产物中增丰谱都是 $^{57}Fe_4[Fe(CN)_6]_3$．这不仅表明两产物是同一化合物，还表明生成滕氏蓝的反应过程并没有 Fe(CN) 键的断裂，而是经历了电荷的转移过程[24]．

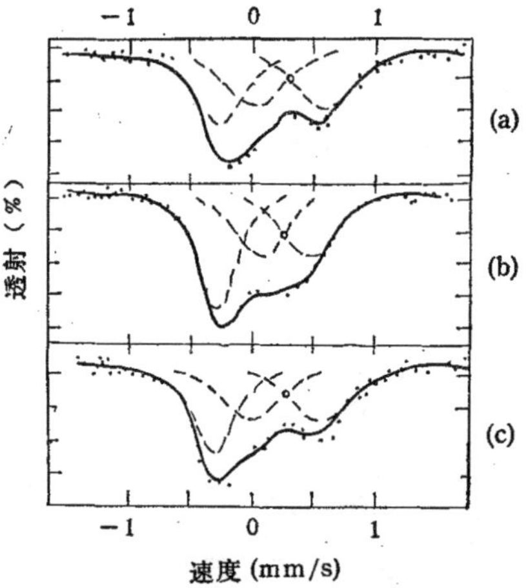

图 9.5　普鲁士蓝和滕氏蓝的穆斯堡尔谱．
（a）普鲁士蓝；（b）可溶性普鲁士蓝；
（c）滕氏蓝．

用 ^{121}Sb 的 37.1keV 穆斯堡尔谱考察 $Rb_2[SbCl_6]$ 与 $Rb[SbCl_6]$ 时得出，前者为两条强度相等的双线谱，后者为单线谱。由于 $Rb_2[SbCl_6]$ 化合物的稳定存在，曾经对是否存在 Sb(IV) 化合物提出了疑问。但从穆斯堡尔谱的同质异能移位值（表 9.5）可以判断 $Rb_2[SbCl_6]$ 是由 1:1 的 Sb(V) 和 Sb(III) 离子组成，可写成 $Rb_2[Sb(III)Sb(V)Cl_6]$[25]。Sb_2O_4 也由穆斯堡尔谱测定证明，它是 Sb(III) 和 Sb(V) 的混合价氧化物[26]。

表 9.5　锑化合物的氧化态和 ^{121}Sb 穆斯堡尔参数

氧化态	锑化合物	δ(mm/s)
Sb(III)	K_3SbCl_6	−17.8
	Cs_3SbCl_6	−17.7
	$(NH_4)_3SbCl_6$	−16.8
	$[Co(NH_3)_6][SbCl_6]$	−19.3
Sb (III)	Rb_2SbCl_6	−19.2
Sb (V)		−2.4
Sb(V)	$RbSbCl_6$	−2.3

另一个测定氧化态的例子为 $[Fe(Py)_6][Fe_4(CO)_{13}]$ 的 ^{57}Fe 穆斯堡尔谱为两组双线[27]，将它与 $(NEt_4)_2[Fe_4(CO)_{13}]$ 的穆斯堡尔谱进行比较(图 9.6)时可以看出，左侧那组四极分裂较小的双线是由 $[Fe_4(CO)_{13}]$ 给出的，右侧双线为 $Fe(Py)_6$ 给出，因其同质异能移位和四极裂距均属典型高自旋 Fe^{2+}，且其面积与羰基铁基团铁谱面积之比恰好为 1:4。在穆斯堡尔测定中，用同类基团化合物参数比较法确定氧化态及分子结构的方法往往是可行的有效方法。

最近报道了两个混合价态铁化合物 $Na_3Fe_2S_4$ 和 $Na_3Fe_2Se_4$ 的穆斯堡尔谱。在 298K 时，它们都是四极分裂双峰，同质异能移位分别为 0.48 及 0.42mm/s，这两个数值与典型高自旋四面体铁硫化物 $Fe^{2+}(\delta=0.60mm/s)$ $Fe^{3+}(\delta=0.20mm/s)$ 的平均值符合，从而标识化合物中的 Fe 由化学计量的 Fe^{3+} 和 Fe^{2+} 组成，两

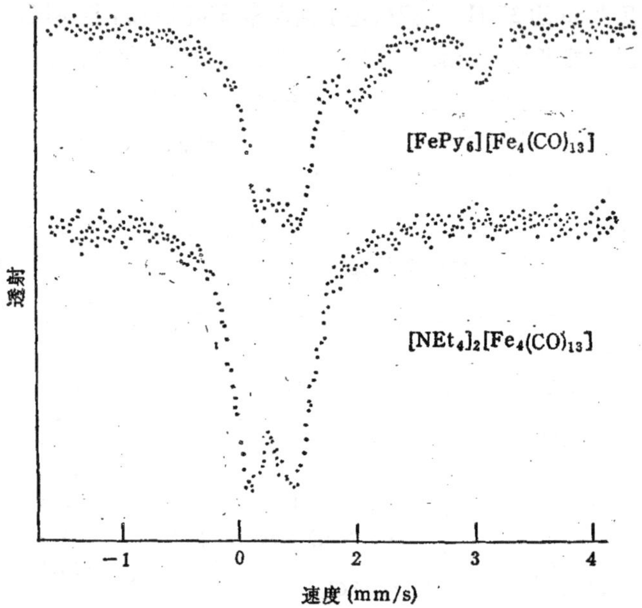

图 9.6 $[FePy_6][Fe_4(CO)_{13}]$, $[NEt_4]_2[Fe_4(CO)_{13}]$ 的 ^{57}Fe 穆斯堡尔谱 (80K 测定).

者之间有快速的电子交换[28].

(4) 穆斯堡尔谱对于鉴定新化合物特别有用 长期以来，人们认为惰性气体元素是不能生成化合物的. 在这个观念被彻底打破以前的 1968 年，就首先由 Perlow 通过穆斯堡尔谱定出确有 Xe(II) 和 Xe(IV) 化合物存在. 它们的 ^{127}Xe 穆斯堡尔谱图和参数分别如图 9.7 及表 9.6 所示[29].

表 9.6 Xe 化合物的穆斯堡尔参数(4.2K)(相对于 Xe)

氙化合物	δ(mm/s)	Δ(mm/s)
XeF_2	0.10	39.00
XeF_4	0.40	41.04
$XeCl_2$	0.17	28.20
$XeCl_4$	0.25	25.62

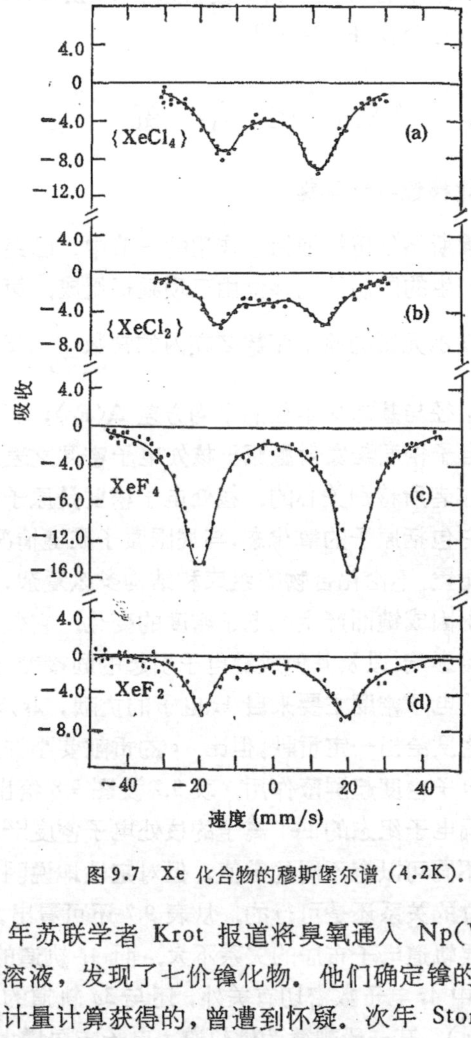

图 9.7 Xe 化合物的穆斯堡尔谱(4.2K).

1968 年苏联学者 Krot 报道将臭氧通入 Np(VI) 氧化物的氢氧化钠溶液，发现了七价镎化物. 他们确定镎的化合价是由反应的化学计量计算获得的，曾遭到怀疑. 次年 Stone 测定了该物的 ^{237}Np 穆斯堡尔谱，得到其同质异能移位为 −65 到 −68mm/s. 这就确证是七价镎化合物(参见图 9.4)[30].

1984 年 Pearson 宣布在 15K 下，将铁原子沉积在氮基体上，得到了一种铁氮配位的新化合物. 其同质异能移位 0.7mm/s，四极裂距为 1.0mm/s，红外光谱谱峰波数为 2106 及 $2012cm^{-1}$，表明它是铁五配位化合物 $Fe(N_2)_5$[31]。

§9.3 化 学 键

9.3.1 同质异能移位与化学键

在第三章穆斯堡尔超精细相互作用的一节中，已经分析了电单极相互作用产生的同质异能移位由三项乘积组成. 第一项包括所考察的穆斯堡尔元素的原子序数 Z 在内的常数 $\frac{2}{5}\pi Ze^2$；第二项为激发态核半径与基态核半径的平均方差 $\Delta\langle R^2\rangle$；第三项为吸收体原子核处电子密度与发射源原子核处电子密度之差. 这个第三项是化学工作者所特别关心的. 核处电子密度是原子核处化学环境的反映. 它包括原子的氧化态，与周围原子成键情况，以及它们之间的空间配置. 不论化合物的组成和结构多么复杂，同质异能移位都能反映出因成键而产生的电子密度的变化. 它包括 s 电子参与成键的直接影响，以及其他成键电子引起的间接变化.

原子核处的电子密度主要来自 $1s$ 电子的贡献，$2s, 3s, \cdots, n_s$ 也对核处电子密度给出一定贡献，但比 $1s$ 的贡献要小许多. p, d 电子则对核处电子密度起屏蔽作用. 表 9.7 及图 9.8 给出了自由铁原子以及不同电子组态的 Fe^+ 离子的核处电子密度[32]. 虽然这类计算因模型不同可以有不同的数值，但对定性地说明电子组态与同质异能移位的关系还是可行的. 从表 9.7 还可看出，内层电子密度与价壳层轨道电子布居的关系不大. 而 $4s$ 轨道的电子密度除与 $4s$ 轨道中 $4s$ 电子数密切有关外，还与 $3d$ 轨道的电子布居有关，见图 9.8(a). 其一般规律为价轨道 s 电子布居增大，核处电子密度增大. 而 p, d 电子布居增加，则核处电子密度减小，见图 9.8(b). 以上总效应是氧化态、轨道杂化以及化学键的性质等任何引起价壳层电子布居改变的因素，这些因素都将影响穆斯堡尔原子的同质异能移位.

表 9.7 不同电子组态时，^{57}Fe 核处电子密度计算值

电子组态	$Fe^0[Ar]3d^7 4s^1$		$Fe^+[Ar]3d^6 4s^1$		$Fe^+[Ar]3d^7$	
电子密度	*a*	*b*	*a*	*b*	*a*	*b*
1*s*	170877.96		170874.52		170878.87	
2*s*	16193.00	187070.96	16191.30	187065.82	16192.01	187070.88
2*p*	87.01	187157.97	86.98	187152.80	87.01	187157.89
3*s*	2205.47	189363.44	2229.97	189382.77	2198.54	189356.44
3*p*	11.28	189374.22	11.47	189394.24	11.26	189367.70
4*s*	38.86	189413.08	70.06	189464.30		

注. *a* 为电子密度；*b* 为累加电子密度.

早期的工作已经观察到在一些离子型化合物中，同质异能移位往往与该穆斯堡尔元素成键的阴离子的电负性有线性关系[33-35]．FeX_2(X = F, Cl, Br, I)的同质异能移位 δ 和卤素X的泡令电负性(Pauling's electronegativity) χ_p 之间有线性关系便是典型的例子[36]，见图 9.9．

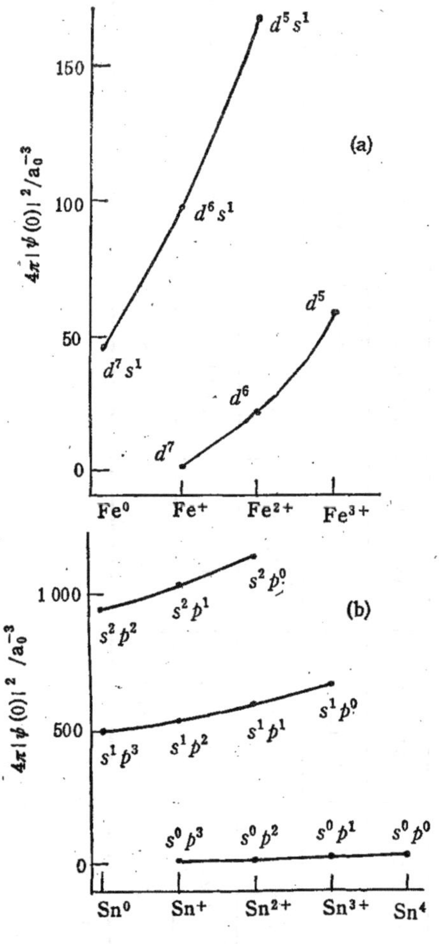

图 9.8　自由离子中穆斯堡尔核处电子密度与电子组态的关系．
(a) 对 Fe；(b) 对 Sn．

按照电离能和电子亲合能的次序，F，Cl，Br，I 的电负性依次递减，故 FeX_2 中 (X = F，Cl，Br，I) 离子键成分依次减少，共价键成分依次递增．对共价键成分的变化，在配位化学中常以电子云扩张效应来理解．中心过渡金属原子在配位时，其 d 轨道的有效半径相对于自由离子时的 d 轨道有效半径要扩大了，即配位时 d 电子间的斥力减弱．这就是所谓的电子云扩张效应．从光谱测定中定出不同配位基的电子云扩张效应次序如下：$F^- < H_2O < NH_3 < Cl^- < Br^- < I^-$．这个次序和上述 FeX_2 中 Fe-X 共价键成分的次序是完全一致的．因而，不难理

解，配位基 F，Cl，Br，I 的电负性递降时，其 d 电子的屏蔽效应也递降，从而使 Fe 核处的 s 电子密度递增，同质异能移位递减。

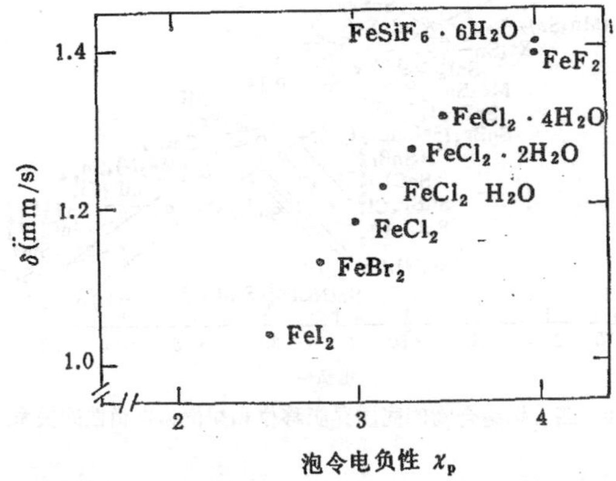

图 9.9 FeX_2 的同质异能移位 δ 和 X 的泡令电负性 χ_p(相对 α-Fe).

理论化学工作者企图按照一定的模型，对参与成键的价壳层中的电子布居进行计算，并与由同质异能移位表征的核处电子密度关联. 从同质异能移位的测定值来检测理论模型的正确程度，进一步对化学键有更深入的了解. Reschke 对 FeX_2 体系的研究即为一例[37]. 他用分子轨道法计算了 FeX_2 中铁价电子层的布居. 结果表明，FeF_2，$FeCl_2$，$FeBr_2$，FeI_2 中 Fe 的价电子布居依次增加，当配位基从 F 变为 Cl，Br，I 时，有电子移向 Fe 的 s 电子轨道上. 这表明四个化合物中，FeF_2 中 Fe 核处的 s 电子密度最小，FeI_2 中 Fe 核处的 s 电子密度最大. 铁核的 $\Delta\langle R^2\rangle$ 项为负值. 因而，FeF_2，$FeCl_2$，$FeBr_2$，FeI_2 的同质异能移位依次减小. 这符合实验的观察结果.

对于一些主族元素配位络合物，如果没有非键电子，而成键电子又是定域化的，则其同质异能移位和键的极性有关. 如 SnX_4 $(X = Cl, Br, I)$ 和 $SnX_4Y_2^{2-}(X, Y = F, Cl, Br, I)$，它们的同质异能移位与电负性之间有很好的直线关系，见图 9.10. 曾经利用这一线性关系从同质异能移位推导出配位体的有效电负性[38].

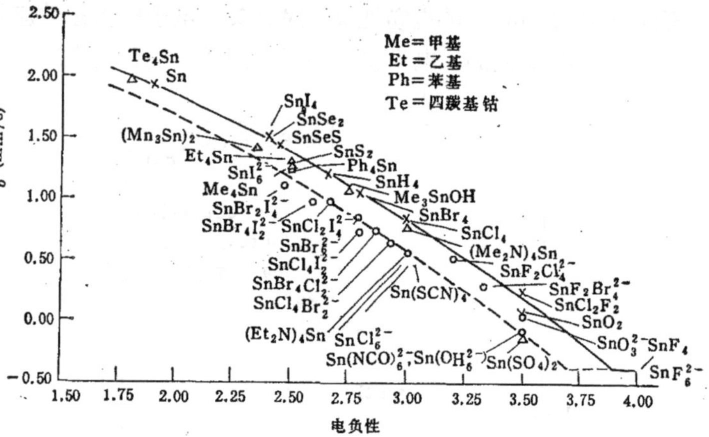

图 9.10　四价锡络合物的同质异能移位和配位体电负性的关系.

对 Sn(II) 和 Sb(III)，由于各有一孤对电子，可以有多种电子结构，因此情况就比较复杂．例如对锡和锑的卤化物和硫化物，电负性和同质异能移位的对应关系不很严格，但多数图线的斜率是负值[见图 9.11(a)]，说明化学键中有一定 s 成分．而对碲(IV)及碘(I)卤化物，同质异能移位和电负性的斜率为正值[见图 9.11(b)]，电负性增加时，核处 s 电子增加．该两元素的 $\Delta\langle R^2\rangle$ 项为正值，因此，这只能解释为化学键中 s 成分很少，即电负性增加时移去的是 $5p$ 电子．因此，从 Sn, Sb, Te, I 化合物中配位体电负性和同质异能移位的关系可以判断，其 s 轨道成键成分从锡到碘越来越少．

从化学键的观点来看，将同质异能移位与穆斯堡尔原子的电子组态联系起来是很可能的．为此需要知道价电子轨道的布居．锡是最常用的穆斯堡尔元素之一，已经广泛地对其化合物进行了测定，积累了大量的数据，对锡化合物的同质异能移位测量比较精确，且锡化合物既有金属、半导体，也有离子键化合物和共价键化合物．这些都有利于通过同质异能移位了解不同价键时的电子组态[39]．假定锡化合物中参与成键的有效 $5s$ 电子数为 n_s，有效 $5p$

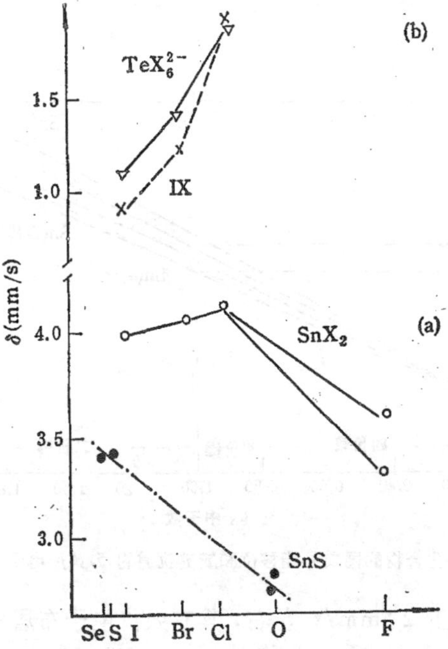

图 9.11 Sn(II), Te(IV) 和 I(1) 化合物的 δ 与配位体电负性的关系.

电子数为 n_p，从屏蔽效应的概念出发，得出了同质异能移位(相对于 77K Mg_2Sn) 和 n_s, n_p 的关系式为

$$\delta = -2.36 + 3.01n_s - 0.20n_s^2 - 0.17n_sn_p, \qquad (9.2)$$

换算为对 $BaSnO_3$ (77K)，则相应的关系式为

$$\delta = -0.38 + 3.01n_s - 0.20n_s^2 - 0.17n_sn_p. \qquad (9.3)$$

以同质异能移位 δ 值为纵坐标，n_s 为横坐标，n_p 为参量，即可得出 $n_p = 0, 1, 2, 3$ 等一系列曲线，见图 9.12 中的实线．该图中一组虚线是按照 Sn^{2+}，Sn^0 及 Sn^{4+} 分别满足下列限制条件时的计算结果．这些限制条件是：对 Sn^{2+} 为：$n_s + n_p = 2$；对 Sn^0 为：$n_s + n_p = 4$；对 Sn^{4+} 为：$n_p = 3n_s$．实验观察的二价锡化合物的同质异能移位为 2.30—4.44mm/s．对照上图，即可得出其有效 n_p 电子在 1.0 至 0 之间，有效 n_s 电子在 1.0 至 1.82 之间．对

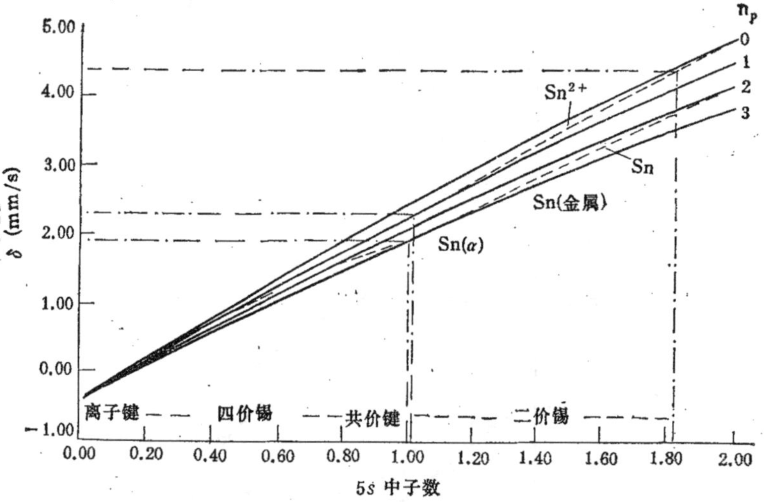

图 9.12 锡化合物的同质异能移位和成键轨道的 5s,5p 电子布居的关系.

金属锡，δ 值在 2.5mm/s 左右，其有效价电子布居从上图得出在 $5s^{1.3}5p^{2.7}$ 附近. 如其 δ 值在 2—3mm/s 范围内变动，5s 布居变化不大于 1. 对四价锡化合物，如 δ 值为 −0.4mm/s，则 n_s 趋近于零，为典型离子键化合物. 如 δ 值接近 +1.9mm/s，则为典型的共价键化合物，此时 n_s 趋近 1.

虽然这类计算尚不完善，而且不同的学者得出了不同的方程式[40,41]，但它将实测的同质异能移位与核外层价电子组态联系起来，这对于了解化学键的性质还是有所帮助的.

另一个从同质异能移位了解化学键性质的例子是碘化合物的穆斯堡尔谱. 碘原子的电子组态为 $[Kr]4d^{10}5s^25p^5$，参与成键的主要是 5s 和 5p 轨道. 碘可以生成只有单一共价键的化合物 I_2. 从穆斯堡尔参数就有可能定量地研究与化学键有关的问题. 最简单的情况是 I^{-1} 化合物，外层电子组态为 $5s^25p^6$，当生成共价键时，由于电子云的扩张效应，使末尾那个电子变得不大有效，特别是 5p 电子，它的 r^{-3} 值很小（r 为轨道半径），因此，相对于满壳

层电子组态 $5s^25p^5$ 好象是一个空穴。这一概念已得到核四极共振数据的证实，并可求出此空穴数[42,43]。于是碘化合物的同质异能移位可用 s 电子空穴 (h_s) 和 p 电子空穴 h_p 描述为:

$$\delta = K[-h_s + r(h_s + h_p)(2 - h_s)], \quad (9.4)$$

其中 K 和 r 为常数，联系同质异能移位的另一表示式(9.1)，很容易理解常数 K 中包括核半径方差 $\Delta\langle R^2\rangle$，$-Kh_s$ 项代表 h_s 个 $5s$ 空穴引起的核处 s 电子密度的减少。而第二项则代表 $(2-h_s)$ 个 s 电子由于 (h_s+h_p) 个总空穴产生的去屏蔽效应引起的电子密度增加，一般 h_s 很小，故可忽略不计。因而有 $\delta = 2Krh_p$，即同质异能移位和 p 电子空穴成正比。将实测的 δ 值与由核磁共振测得的 h_p 值联系起来，就可求得式(9.4)之系数为

$$\delta(\mathrm{mm/s}) = 1.35h_p - 0.54。 \quad (9.5)$$

用这一关系式计算 SnI_4, IBr 及 ICl 的 h_p 值，得到的结论如下：与碘结合的原子的电负性愈大，δ 值就愈大，h_p 值也越大。这就意味着碘的 $5p$ 电子参与成键。

关于过渡元素 d 电子参与成键时的情况，Watson 用 Hatree-Fock 法计算了铁的 $3d$ 电子对 $1s$, $2s$ 及 $3s$ 电子密度的影响。结果表明，$3d$ 电子对核处 s 电子密度有屏蔽作用，尤以对 $3s$ 电子的屏蔽最大[44]。Walker 将 δ 值与核处总的 s 电子密度、将 Fe^{3+}，Fe^{2+} 化合物的 δ 值分别与 Watson 计算的 $3d^5$，$3d^6$ 电子组态中核处 s 电子密度分别联系起来，得出结果如图 9.13[45]所示。从图上可以找出，Fe^0 的电子组态为 $3d^74s^1$，Fe^{2+} 及 Fe^{3+} 则相应地为 $3d^64s^x$ 和 $3d^54s^x$。这意味着在共价键化合物中，铁的 $4s$ 轨道部分地被来自配位体的电子所填充。从实测的同质异能移位和已知的电子组态可以得出参与成键的成分。必须认识到，迄今还没有一个得到公认的模型能将同质异能移位和化学键定量地联系起来，较好的情况可作半定量的解释。已有专著对此作了详细讨论[46]。上面的结果说明，只有当 d 电子组态为已知时，才能从同质异能移位了解其共价键成分和 $4s$ 参与成键的程度。近年来，不同价壳层电子组态的分子轨道计算正在用来解释 Fe 化合物同质异

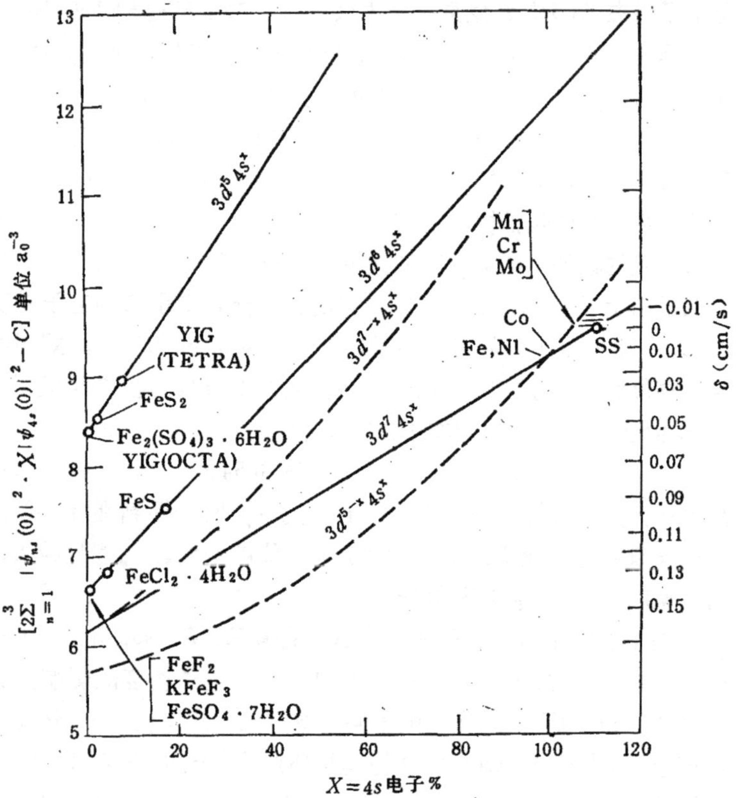

图 9.13 Walker 计算的 δ 值与核处电子密度中的 4s 成分.

能移位的不同. 但目前只限于忽略 p 数道布居的简单情况. 计算表明对高自旋体系，每改变 1 个 $3d$ 电子布居，相当于 δ 值变化 2 ± 0.5mm/s[47].

金的性质介于过渡元素与非过渡元素之间. Au(I) 的电子组态为满壳层结构 $5d^{10}$，根据 Au(0)（假定其电子组态为 $5d^{10}6s^1$）和碱金属金化物 Au(-I)（假定其电子组态为 $5d^{10}6s^2$）的同质异能移位值，估算出每增加一个 $6s$ 电子，同质异能移位大约增加 8mm/s[48].

9.3.2 化学键的探针

四极分裂也可作为化学键的探针．核四极矩与核外电场梯度相互作用形成四极分裂穆斯堡尔谱．四极分裂可以来自晶格电荷给出的电场梯度 $(V_{zz})_{Lat}$，也可以来自成键电子或非成键电子，其相应的电场梯度贡献分别表示为 $(V_{zz})_b$ 和 $(V_{zz})_{nb}$，两者的总和称电场梯度的价电子贡献 $(V_{zz})_{Val}$．由电荷产生的电场梯度与其离核中心距离的立方成反比，因此其效应大小次序为

$$(V_{zz})_{Lat} < (V_{zz})_b < (V_{zz})_{nb}.$$

除离子化体系外，$(V_{zz})_{Lat}$ 一般可忽略不计．

对于主族元素，其 p 轨道的价电子布居不是球对称的，故 $(V_{zz})_{nb} \neq 0$，例如 Sn(II) 和 Sb(III)，它们的价电子层有一孤对电子，通常对电场梯度有较大的贡献，其孤对电子指向体系的主对称轴，即 $5p_z$ 布居高于 $5p_x, 5p_y$ 布居，因而 $(V_{zz})_{nb} < 0$．例如下列 Sn(II) 和 Sb(III) 化合物，从四极分裂符号为正，参见表 9.8，即可确定其 $V_{zz} < 0$（因该两核之核四极矩 Q 小于 0）．

表 9.8 Sn(II) 和 Sb(III) 化合物的四极分裂实测值及符号

化合物	Δ(mm/s)	化合物	Δ(mm/s)
SnS	+1.0	$SbCl_3$	+12.2, +13.9
SnC_2O_4	+1.8	$Et_4N[SbCl_4]$	+8.9, +10.6
$K_2[Sn(C_2O_4)_2]H_2O$	+1.97	$(NH_4)_2[SbCl_5]$	+11.2
$Sn(O_2C\ CH_3)_2$	+1.56	$SbPh_3$	+16.2
$NaSnF_{13}$	+1.84	$SbMe_3$	+16.3

Te(IV) 和 I(-I) 有类似的性质．I(-I) 化合物有满壳层电子组态 $5s^25p^6$，四极分裂的来源可以理解为满壳层中一部分 p 电子移到了相邻的原子上，其四极偶合常数反映电子转移的程度，因此与其相邻原子的电负性（电负性值请参见图 9.9）具有平行关系，见表 9.9[49]．

在过渡元素金属化合物中，当处于高自旋 d^5、低自旋 d^6，d^{10}

表 9.9 碘化合物的 Δ 值与相邻原子的电负性

化合物	ICl	IBr	I_2	HI
Δ(MHz)	−3000	−2982	−2238	−1640

电子组态时，其 $(V_{zz})_{nb}=0$. 而处于其他电子组态时，由于 d 轨道中非球对称的电子分布而导致非零的电场梯度. 例如八面体配位的高自旋 Fe^{2+} 化合物，其四极分裂可达 2—4mm/s，它主要来自 $(V_{zz})_{nb}$ 中的第六个 t_{2g} 电子的贡献，但只有当其配位偏离立方对称时，此第六个 t_{2g} 电子的贡献才能显示出来. 因为当 t_{2g} 轨道完全简并时，这个电子可以非定域在 d_{xy}，d_{yz} 和 d_{zx} 3个轨道上，使 $(V_{zz})_{nb}=0$. 对低自旋 Fe(III)，情况类似. 不过，由于 d 电子参与共价键的去定域化而使电场梯度减小了. 因此，其四极分裂不如高自旋 Fe^{2+} 的那么大. 原则上，偏离球形对称的程度、共价键成分都可以从四极分裂距与温度的依赖关系中解析出来，但实际上，这些变量是相互有关的，要想获得单一解并不很容易[50].

成键电子的非球对称也可产生电场梯度 $(V_{zz})_b$. 它与 $(V_{zz})_{nb}$ 叠加为总的电场梯度. 当穆斯堡尔原子为络合正离子时，这两种效应 $(V_{zz})_b$ 及 $(V_{zz})_{nb}$ 通常方向相反. 如 $Sn(II)X_3^-$，Sn 的孤对电子在一边，三个X在另一边，成一锥体，由孤对电子产生的电场梯度被三个卤素的施送而抵消一部分. 卤素施送电子的能力由弱到强的次序是 F, Cl, Br, I. 故 $Sn(II)X_3^-$ 的四极分裂依次减小[51]. 在 $Sb(III)X_3$ 中有类似的结果[49].

在有些情况下，没有非键电子，或者有非键电子但并不产生电场梯度. 此时，四极分裂Δ值就只与 $(V_{zz})_b$ 有关. 如果配位体在空间的排列也是球形对称的，此时，四极分裂Δ值反映配位体成键的差异. 例如对 $[Ir(NH_3)_5L]^{2+}$，四极分裂值按下列次序递增. $L = NCS^- < NO_2^- < O_2CCH_3^- < O_2CH^- < Cl^- < I^-$. 说明配位体L的给电子能力与 NH_3 的给电子能力相差愈大，$(V_{zz})_b$ 愈大，

故其四极分裂Δ值愈大[52]。

当配位体的几何配置不是规整八面体及四面体时，则不论配位体是否相同，都可产生电场梯度，从而导致四极分裂．例如有2,3及5配位的络合物：$[Au(CN)_2]^-$，$[Au(PPh_3)_3]^+$ 及 $[SnCl_5]^-$．它们的电场梯度主要来自成键电子的非球形对称分布．例如 $[Au(CN)_2]^-$ 中，Au 为 sp 杂化，即 s 及 p_z 轨道电子主要由配位体电子提供，而 p_x 和 p_y 轨道是空的，因而产生电场梯度。配位体施送电子能力由弱到强的次序为 N，S，P，C。络合物的四极分裂值也有相同的次序[53]。

综合穆斯堡尔谱提供的同质异能移位和四极分裂参数，有时可以了解化合物的成键情况。例如六价铁化物 K_2FeO_4，它的穆斯堡尔谱是一条单线谱，四极分裂Δ值等于零，这意味着铁核处有球形对称的电子构型。而其同质异能移值为 −1.20mm/s，这是铁化合物中同质异能移位值最小者，即铁核处电子密度最大者．核处球形对称的电子云分布就首先要排除 sp^3 杂化成键的可能性；如若为 d^2sp^3 杂化，即 d^2 参与成键，按照此模型计算其同质异能移位，比实测的 −1.20mm/s 小很多。因此判断 K_2FeO_4 应为 $3d^54s^1$ 电子组态，即 d^5s 杂化成键[45]。

9.3.3 化学键的定量描述

在某些特定的情况下，穆斯堡尔谱学和其他技术相结合，有可能对化学键作出定量的描述． $[(\pi\text{-}C_5H_5)Fe(CO_2)]_2SnCl_2$ 就是这样一个例子．曾在 5T 磁场下考察该化合物的 ^{119}Sn 穆斯堡尔谱，如图 9.14 中的虚线所示。经计算机拟合给出四极分裂能量符号为正，并估算其不对称参数 η 为 0.65（参见图 9.14 中不同 η 值时的谱线）。同时，从 X 射线衍射（XRD）测得该化合物的空间结构属于 $C2$ 对称点群，其中 Fe-Sn-Fe 平面与 Cl-Sn-Cl 平面是彼此垂直的．因此，电场梯度张量的 3 个主轴 V_{ii}，V_{jj}，V_{kk} 正好在这两个平面内．这时还不了解那一个轴是电场梯度的主轴，但可用下面的式子来描述其间的相互关系：

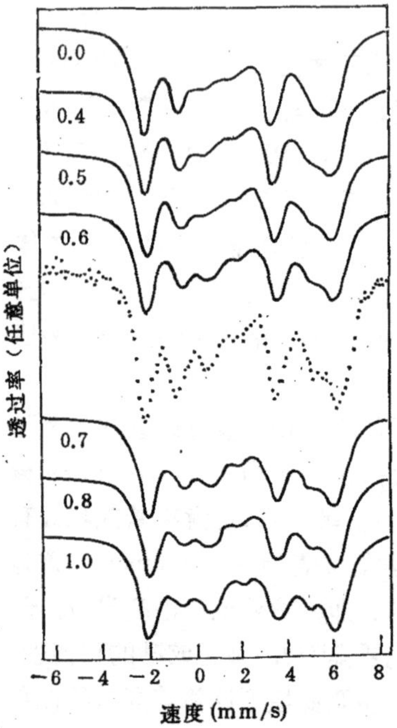

图 9.14 4.2K 时，外磁场 5.0T 下 $[(\pi\text{-}C_5H_5)Fe(CO)_2]SnCl_2$ 的 ^{119}Sn 穆斯堡尔谱.
标出的参量 0.0 至 1.0 为不对称参数 η 之值.

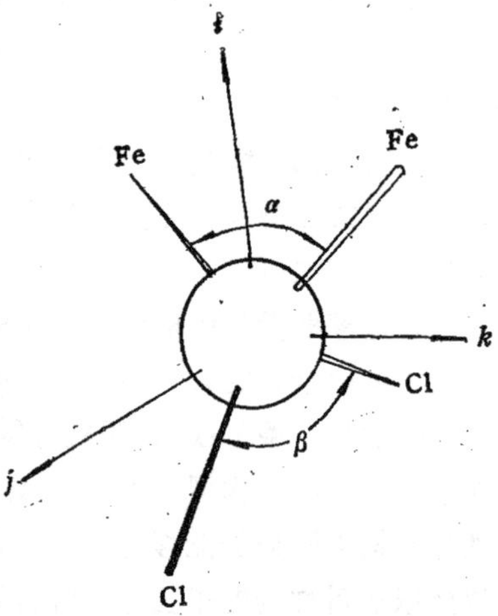

图 9.15 $[(\pi\text{-}C_5H_5)Fe(CO)_2]SnCl_2$ 的分子几何构型.

$$V_{ii} = 2\left(3\cos^2\frac{\alpha}{2} - 1\right)[Fe] + 2\left(3\cos^2\frac{\beta}{2} - 1\right)[Cl], \tag{9.6}$$

$$V_{jj} = -2[Fe] + 2\left(3\sin^2\frac{\beta}{2} - 1\right)[Cl], \tag{9.7}$$

$$V_{kk} = 2\left(3\sin^2\frac{\alpha}{2} - 1\right)[Fe] - 2[Cl], \tag{9.8}$$

其中 α,β 两角（参见图 9.15）已由 XRD 测得依次为 128.6° 及 94.1°。该化合物单晶的 ^{119}Sn 穆斯堡尔谱为一组强度不等的四极分裂双线，从而定出电场梯度主轴与图 9.15 中的 k 轴。[Fe] 代表 Fe—Sn 键中构成 Sn 核处电场梯度张量的有效电荷数 eq_{Fe-Sn}，[Cl] 代表 Sn—Cl 键中构成 Sn 核处电场梯度张量的有效电荷数 eq_{Sn-Cl}。利用 (9.6)，(9.7)，(9.8) 三式并结合 $\eta=0.65$，即可解出 [Fe]/[Cl] = 1.2。这样，就可对 $[(\pi\text{-}C_5H_5)Fe(CO)_2]_2SnCl_2$ 中的成键得出结论，即电负性较强的 Cl 与 Sn 成键，从 Sn 处移去的主要是 $5p$ 电子，从而使 Cl 对电场梯度的贡献比 Fe 要小些[54]。

9.3.4 π 反馈键的考察

穆斯堡尔谱对考察共价铁化合物的 π 反馈键获得了有价值的信息。铁和其他过渡金属，它们的 d 电子价轨道往往只有一部分参与成键，在许多过渡金属化合物中有未成对的电子，完全具有 d 电子性质，这类化合物有很强的共价键。铁和配位体之间有下列两种杂化轨道成键，参见表 9.10。上述络合物中的未成对电子数可以从磁化率测定中得出，这样就可得出 d 轨道中的电子分布和了解 d 电子参加成键的情况。从磁化率测定得知，$K_3Fe(CN)_6$ 中 Fe(III) 有一个未成对电子，因而它是内轨道络合物，有 d^2sp^3 杂化轨道。而 $[FeF_6]^{3-}$ 和 $[Fe(H_2O)_6]^{3+}$ 中 Fe^{3+} 各有 5 个未成对电子，因而为外轨道络合物，有 sp^3d^2 杂化成键轨道。电子按照泡利不相容原理和洪特第一定律填入上述轨道。从 $[FeF_6]^{3-}$ 和 $[Fe(CN)_6]^{3-}$ 的电子填充情况可以看到，在成键轨道全部填充后，还必须有一些电子填入非键轨道甚至反键轨道中去。中心原子和

表 9.10 铁的自旋态和成键杂化轨道

铁自旋态	3d	4s	4p	4d	杂化轨道
Fe^{2+} 配位基	↑↓ ↑ ↑ ↑ ↑	··	·· ·· ··	·· ··	sp^3d^2
Fe^{3+} 配位基	↑ ↑ ↑ ↑ ↑	··	·· ·· ··	·· ··	
Fe^{II} 配位基	↑↓ ↑↓ ↑↓ ·· ··	··	·· ·· ··		d^2sp^3
Fe^{III} 配位基	↑↓ ↑↓ ↑ ·· ··	··	·· ·· ··		

配位体之间除形成 σ 键外，还可形成非定域化的 π 键. 这可分两种情况，当形成 π 键时配位体轨道是空的，当成键时，电子来自中心原子，此键原为 σ 成分，即电子由配位体给与中心原子，中心原子再将电子反馈给配位体，为（$\sigma-\pi$）型成键；另一种情况是配位体轨道是满的，则形成 π 键时，中心原子将接受额外的电子，称为（$5+\pi$）型成键. σ 键和 π 键的形成，都将使中心原子的电子密度有所改变，使同质异能移位发生变化，故利用同质异能移位可用以检验配位基的 σ 施送和 π 反馈能力.

$K_4Fe(CN)_6$ 的同质异能移位为 -0.04mm/s，而 $K_2Fe(CN)_5NO$ 的同质异能移位为 -0.258mm/s. 这表明 NO^+ 基的接受 π^* 反馈电子的能力比 CN 基要强，因而才会有 $[Fe(CN)_5(NO)]^{2-}$ 中 Fe 核处 $3d$ 电子密度较小，s 电子密度较大，其同质异能位小于 $K_4Fe(CN)_6$[55].

钌(II)化合物的同质异能移位由小到大的次序为：$[Ru(CN)_5NO_2]^{4-}$，$[Ru(CN)_6]^{4-}$，$[Ru(CN)_5NO]^{2-}$ 以及 $[Ru(NH_3)_6]^{2+}$，$[Ru(NH_3)_5N_2]^{2+}$，$Ru(NH_3)_5NO]^{3+}$. 已知 ^{99}Ru 的 $\Delta\langle R^2\rangle$ 项为正，因此可以得出下列配位体接受反馈能力的（$\pi^*_{M\to L}$）由小到大的次序为[56]

$$NO_2^-, CN^-, NO^+ \text{ 以及 } NH_3, N_2, NO^+.$$

图 9.3 示出不同氧化态的钌都有和其他价态分开的同质异能移位区域，而每一价态的同质异能移位又有一定的宽度. 这表明从配位基到中心金属原子的 σ 施送（$\sigma_{L\to M}$）和从中心金属原子到配位体的反馈（$\pi_{M\to L}$）不同，而使键的性质有所不同.

特别值得注意的是，二价钌化合物 $K_4Ru(CN)_6\cdot 3H_2O$ 的同质异能移位竟远离 Ru(II) 范围，而靠近 Ru(IV) 化合物. 这被认为是由于 $K_4Ru(CN)_6\cdot 3H_2O$ 中的 CN^- 基接受 π 反馈键的能力很强，使 t_{2g} 轨道上 2 个电子去定域化到 CN^- 配位基上，从而使中心钌原子的 s 电子密度接近于 Ru(IV) 化合物[57].

关于 σ 配键和 π 反馈键的相互影响，在铁 (II) 羟肟络合物的穆斯堡尔谱考察中表现得比较明显[58]. 该文考察了几种铁 (II) 羟肟络合物，其通式为 Fe 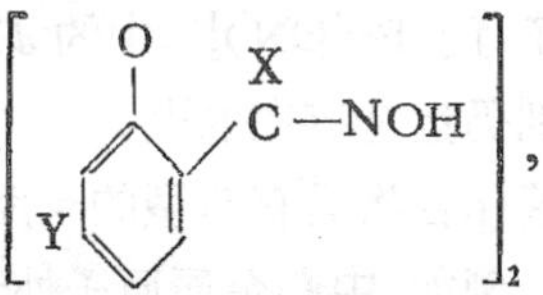，其中 X = H，CH_3，C_6H_5；Y = H 或 OCH_3。测定的结果表明，有以上取代基的络合物，其同质异能移位几乎为一常数。这是由于 σ 配键与 π 反馈键两种效应相互补偿的结果。

在 § 9.2 中已经述及同质异能移位对价态是敏感的。如高自旋三价铁，δ 约为 0.3—0.5mm/s，而高自旋二价铁的 δ 值约在 1.0—1.3mm/s。但与 CN 基配位的铁盐却很异常，$K_3Fe(CN)_6$ 和 $K_4Fe(CN)_6$ 的同质异能移位几乎相等。为分析这一异常数据，从分子轨道理论出发考虑中心金属铁的 t_{2g} 轨道与配位体 CN 的 π 及 π^* 轨道成键，则铁氰化物的同质异能移位应该与下列因素有关：

（1）$4s$ 电子的贡献；

（2）$3d$ 电子对 $4s$ 电子的影响，它包含

（a）$3d^n$ 的纯离子性或非键效应 n_1；

（b）与配位体生成共价键，配位体满轨道将 n_2 个电子施送到 Fe 的 $3d$ 轨道上；

（c）与配位体生成共价键，金属 $3d$ 轨道将 n_3 个 $3d$ 电子给予配位体 π^* 轨道。

由上述可得出，有效 $3d$ 电子为

$$n_{eff} = n_1 + n_2 - n_3.$$

Shulman 研究了上述两化合物，从顺磁共振数据获得分子轨道参数，发现在 $Fe(CN)_6^{4-}$ 中的 n_3 值比在 $Fe(CN)_6^{3-}$ 中多一个 d 电子，而 n_2 却没有变化。两络合物的有效 $3d$ 电子数相等，因此两络合物具有相近的同质异能移位，这是符合实际情况的。这就是说，虽然 $Fe(CN)_6^{4-}$ 从标称上看比 $Fe(CN)_6^{3-}$ 多一个 $5d$ 电子，但由于 t_{2g} 轨道向配位体 CN 的 π^* 轨道输送，有很强的非定域化去电子能力，因此多一个 $3d$ 电子被抵消掉了。当然，$Fe(CN)_6^{3-}$ 中

有一个未成对电子，而 $Fe(CN)_6^{4-}$ 中的 d 电子均已配对，因此，两者在磁性上的差别仍然是存在的[59]。

过渡金属羰基化合物具有典型的 π 反馈键，因而具有一系列比较特殊的性质。例如，中心金属原子处于不平常的低氧化价、中心金属多数处于低自旋态、共价键性质特别强等。导致这些性质的主要原因是由于配位羰基 CO 能与中心原子形成很强的 π 反馈键所造成。

利用 ^{57}Fe 穆斯堡尔谱对羰基铁化合物进行考察时得出的若干实验现象如下：

(1) 一些有相同配位数、但不同组成的混合羰基络合物，其同质异能移位和四极分裂值几乎保持不变[60]，见表 9.11。

已知 CO 基为共价键性质最强的配位体，若 CO 基被不同的配位体所取代，理应使中心金属铁的电子密度有相当大的改变。但 ^{57}Fe 穆斯堡尔谱所表明的结果却与此不符。而 Bor 从红外光谱证实，羰基络合物中的一部分羰基被取代后，剩下的那些与中心金属相联的羰基的振动频率有明显改变[61]。穆斯堡尔谱所表明的同质异能移位变化不大，这说明中心铁原子的电子密度变化并不大。以上结果说明，低自旋中心铁原子，很像是电子传导者。它能够将取代基引起的效应转移或传递到剩余的 CO 基团上去，而保持中心原子电子结构相对不变。这种解释不仅符合 ^{57}Fe 穆斯堡尔谱和红外光谱的实验结果，而且还为 Kaln 的计算结果所支持。他对铁及钴的混合羰基络合物计算的结论是，中心原子的净电荷总是相同的，与取代基的种类几乎无关[62]。Burger 进一步研究得出，羰基数目少的此类络合物，其保持中心原子不变的平衡能力较小[63]。在表 9.11 中列出具有相同配位数、但含不同数目羰基的羰基铁络合物，其同质异能移位明显不同，例如：

$Fe(CO)_5$，　$\delta \doteq 0.01mm/s$；

$-Fe(CO)_4$，　$\delta \doteq 0.10mm/s$；

$>Fe(CO)_3$，　$\delta \doteq 0.20mm/s$；

$\equiv Fe(CO)_2$，　$\delta \doteq 0.30mm/s$。

表9.11　混合羰基铁络合物的穆斯堡尔参数

络合物	δ (mm/s)	△ (mm/s)	络合物	δ (mm/s)	△ (mm/s)
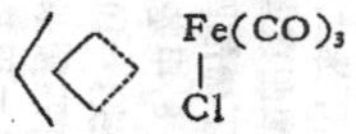	0.21	1.49	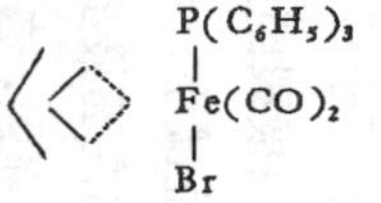	0.28	1.60
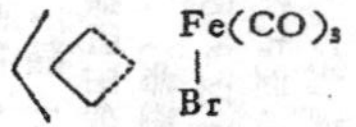	0.19	1.50	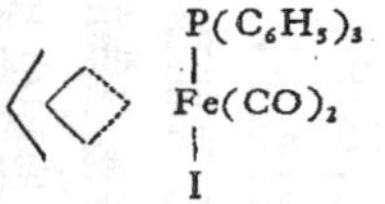	0.29	1.49
$Fe(CO)_5$	0.01	2.52	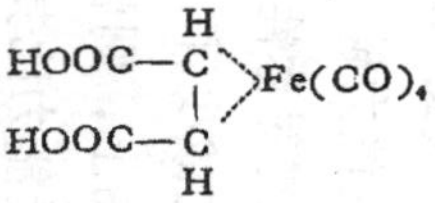	0.11	1.56
	0.09	1.80	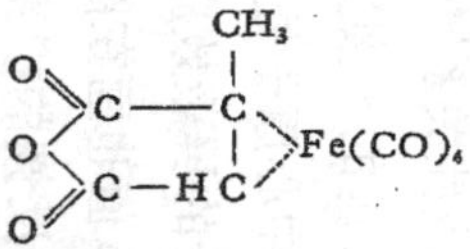	0.11	1.51
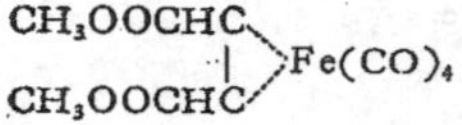	0.09	1.76	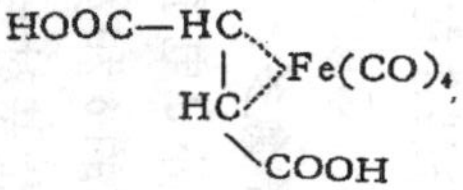	0.13	1.49
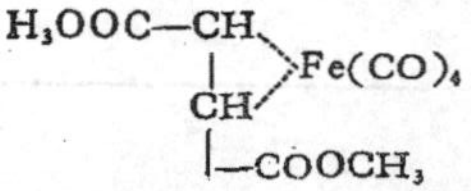	0.10	1.58	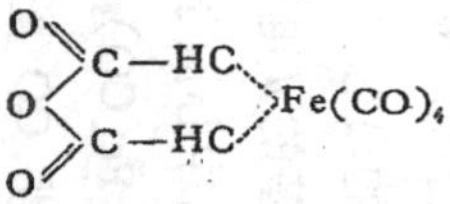	0.14	1.39

注：表中，为环丙烯基；C—C 为乙基.

以上结果说明，CO 被取代后，Fe 核处的电荷密度减少了，这是由于 CO 是配位体中接受中心原子 π 反馈能力中的最强者，当其它配位基的数目较多，与羰基的 π 反馈能力又相差较大时，就不能完全由剩余为数较少的 CO 基平衡其效应了．取代后，中心原子 d 电子反馈能力减弱，剩余的 d 电子对 Fe 核的屏蔽效应增大，s 电子密度减少，同质异能移位增大．

实验还发现，一些羰基铁络合物，如 $-Fe(CO)_4$ 的同质异能移位和四极分裂存在线性关系[64,65]（图 9.16），这一实验现象与下面的设想符合，即取代基的 π 接受能力越强，从中心铁原子移向配位基的 d 电子愈多，中心原子处的对称性就愈小，四极裂距就愈大，中心原子处 d 电子的屏蔽效应减少，同质异能移位减小．结果将 $Fe(CO)_5$ 的 δ 和 Δ 值也画在图上，则将落在线的左面最上方，表明 CO 配位基对 π 反馈的接受能力比其他配位基都强，这是符合事实的．

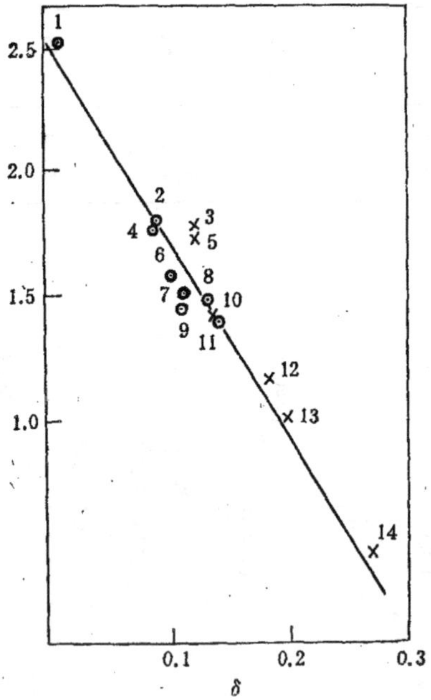

图 9.16 混合羰基铁络合物的同质异能移位 δ 与四极裂距 Δ 的线性关系．图中：1.三苯基磷四羰基铁；2.十二羰基三铁；3.萘嵌戊烷四羰基铁；4.顺丁烯二酸；5.反式肉桂酸四羰基铁；6 及 9.反式丁烯酸四羰基铁；7 及 8.甲基顺丁烯酐四羰基铁；10 及 11.顺丁烯酐四羰基铁；12.对称 1,3 二甲基环丙烯四羰基铁氟化硼；13.环烯丙基四羰基铁；14.碘四羰基铁．

§ 9.4 穆斯堡尔谱与化合物的结构研究

9.4.1 羰基化合物的结构研究

在研究确定羰基铁化合物的结构方面，曾广泛应用 14.4keV γ射线 ^{57}Fe 穆斯堡尔谱，成功地解决了一些用其他方法无法解决的问题。一个典型例子就是关于 $Fe_3(CO)_{12}$ 的分子结构研究，其 ^{57}Fe 穆斯堡尔谱为三线谱，如图 9.17 所示[66]。在和已知铁羰基化合物的穆斯堡尔参数对照后得出，中间峰是一组四极分裂很小的双线，标识为对称性较好的铁，外双线四极分裂大，标识为对称性较差的铁，两者面积比为 1 比 2。说明 $Fe_3(CO)_{12}$ 中有两种铁环境，这就排除了图 9.18 中所示五种可能结构中的(a)和(b)两种。进一步研究 $[Fe_3(CO)_{11}H]$ 的 ^{57}Fe 穆斯堡尔谱表明，其参数与 $Fe_3(CO)_{12}$ 的很接近(见表 9.12)，说明H取代的是连接于两个等价

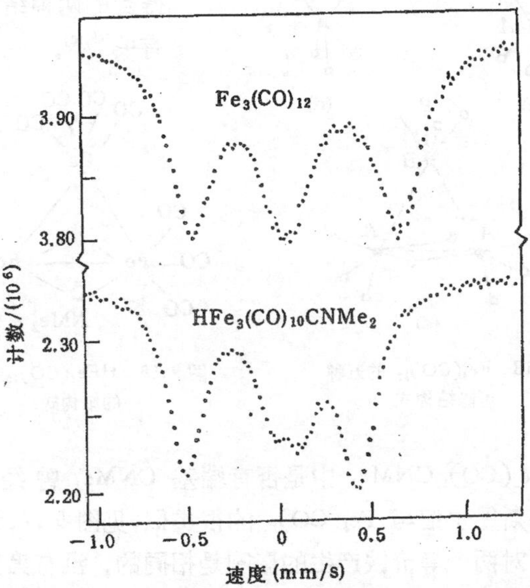

图 9.17　80K，$Fe_3(CO)_{12}$，$HFe_3(CO)_{10}CNMe_2$ 的穆斯堡尔谱（相对于金属铁）。

铁原子之间的 CO 基，否则必然导致三种铁环境. $Fe_3(CO)_{11}H$ 中仍然有桥式 CO 基，还得到X射线衍射的证明. 以上测定排除了图 9.18 中所示的（c，d）两种可能结构，从而肯定 $Fe_3(CO)_{12}$ 的结构为图 9.18 中的（e）式[67]. 在应用穆斯堡尔谱方法以前，$Fe_3(CO)_{12}$ 的结构被认为是由三个等价铁原子构成的(b)式[68]. 到此，似乎 $Fe_3(CO)_{12}$ 的结构问题已经解决，但从穆斯堡尔谱观察到四极分裂Δ值是随温度而变化的，于是又引起了疑问. 虽然它的确切原因还没有弄清楚，认为很可能与红外光谱及核磁共振研究 $Fe_3(CO)_{12}$ 得到的两种结构的振荡有关[69,70].

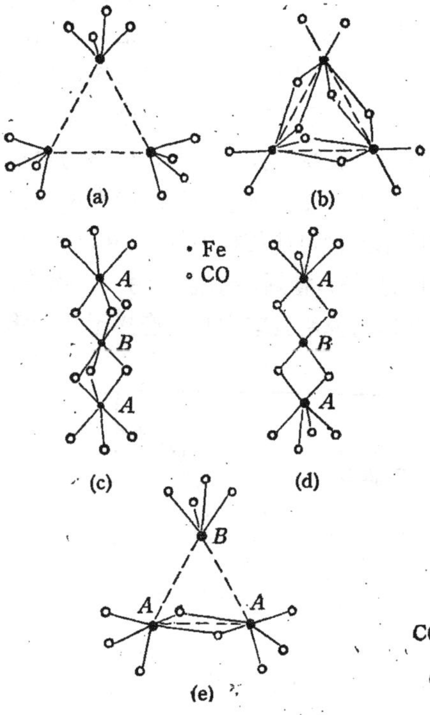

图 9.18 $Fe_3(CO)_{12}$ 的五种可能结构式.

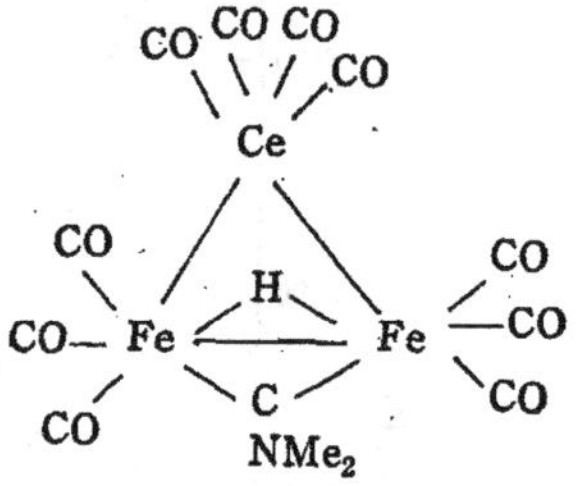

图 9.19 $HFe_3(CO)_{10}CNMe_2$ 的结构式.

对 $HFe_3(CO)_{10}CNMe_2$ 中是否有端基 $CNMe_2$ 曾经提出疑问. 它的穆斯堡尔谱与 $Fe_3(CO)_{12}$ 的很类似，见图 9.17，说明取代基 $CNMe_2$ 对两个等价铁产生的影响是相同的，没有第三种铁原子存在. 质谱得到的结果为 $HFeCNMe_2^+$，$HFe_2(CO)CNMe_2^+$ 及 HFe_3C^+，因此，判定其结构式如图 9.19 所示.

表 9.12 $Fe_3(CO)_{12}$ 及 $Fe_3(CO)_{10}H$ 的穆斯堡尔系数

(80K 相对于金属铁)

化合物	外双线		内双线	
	δ(mm/s)	Δ(mm/s)	δ(mm/s)	Δ(mm/s)
$Fe_3(CO)_{12}$	+0.11	1.13	+0.05	~0
$Fe_3(CO)_{10}H$	+0.04	1.41	+0.02	0.16
$HFe_3(CO)_{10}CNMe_2$	−0.04	0.94	+0.04	0.16

$HFe_2(CO)_8^-$ 的穆斯堡尔谱有一组四极分裂双线[71],表明只存在一种不对称环境的铁原子.这就排除了图 9.20 中示出的三种可能结构中的(b)式.另外,从红外光谱研究证明,$HFe_2(CO)_8^-$ 中存在桥式 CO 基.同时,它的穆斯堡尔参数和 $Fe_2(CO)_9$ 的很类似,不过 δ 略小些,而 Δ 大些,这些都与 H 是取代桥式 CO 基的结构(a)式相吻合.

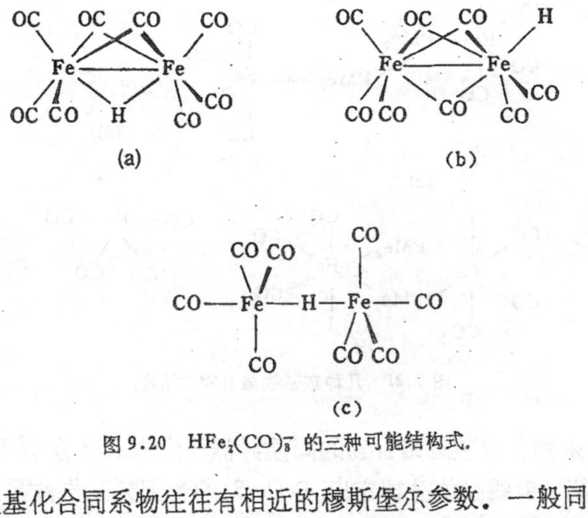

图 9.20 $HFe_2(CO)_8^-$ 的三种可能结构式.

羰基化合同系物往往有相近的穆斯堡尔参数.一般同质异能移位的变化不大.如果变化较大,则可能是配位数改变了,或配位基的性质变了.因为,这时 p 或 d 电子的屏蔽效应或杂化轨道成键才有较大的变化. 另外,四极分裂来自 p,d 或 f 电子的非球形对称布居,因而直接和化合物的结构有关。虽然从单个化合物的参数很难确定其分子结构,但若对一系列化合物作考察,则往往可以根据穆斯堡尔谱的信息,对分子结构作出正确的判断。例如,从表 9.13 列出的参数和图 9.21 中羰基铁络合物的分子结构可以看出,四极分裂Δ值与配位数存在密切的关系。

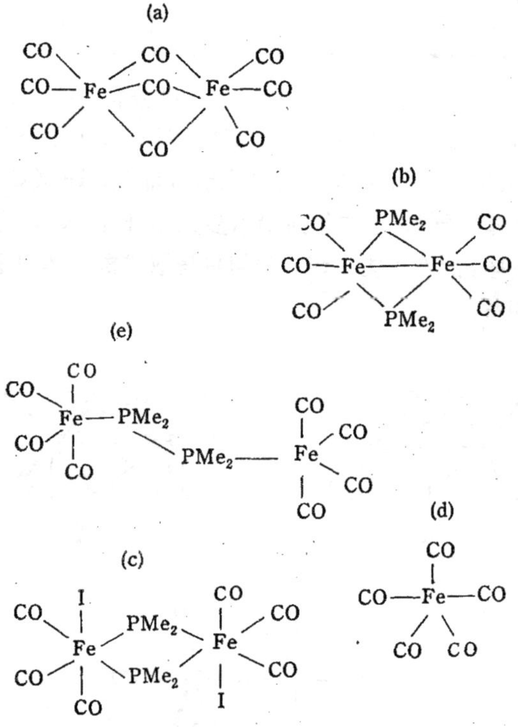

图 9.21 几种羰基铁络合物的结构.

一系列多核羰基络合物的同质异能移位和四极分裂列于表 9.14。其X射线晶体分析定出 $FeCo_2S$ 的骨架为三角锥晶形,即 Fe 与 Co 之间有金属键直接连接,3 个金属原子与硫原子也直接相连。3 个中心金属原子全部为 [Kr] 满壳层电子结构,显示抗

表 9.13　铁羰基络合物的四极分裂 Δ 与配位数

图 9.21 中	络　合　物	Δ (mm/s)	配位数
1	$Fe_2(CO)_9$	0.42	6
1′	$HFe_2(CO)_8^-$	0.50	6
2	$[Fe(CO)_3PMe_2]_2$	0.68	6
3	$[Fe(CO)_3IPMe_2]_2$	0.99	6
4	$Fe(CO)_5$	2.57	5
5	$[Fe(CO)_4PMe_2]_2$	2.58	5

表 9.14　多核羰基络合物的 ^{57}Fe 穆斯堡尔谱参数[72]

多核羰基络合物	δ (mm/s)	Δ (mm/s)
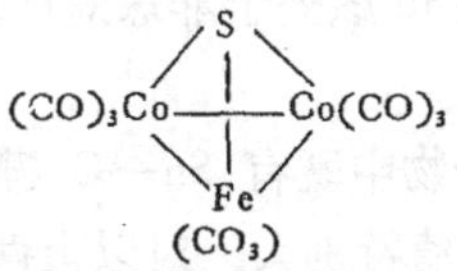	0.12	0.71
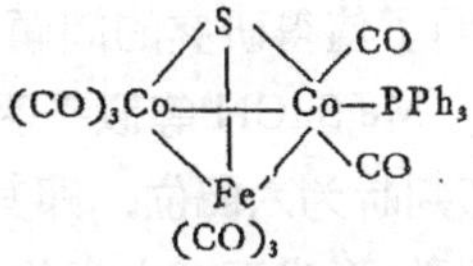	0.11	0.78
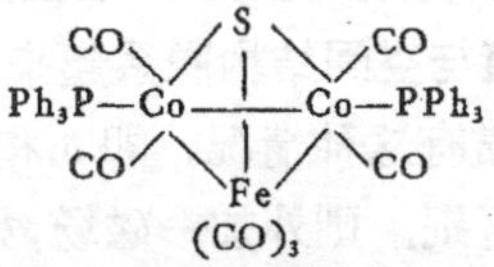	0.13	0.78
$Fe(CO)_5$	0.01	2.52

磁性．每个金属原子和 3 个羰基形成配键，其中 1 至 2 个羰基可由三苯基磷所取代．X 射线分析还不能确定取代的三苯基磷在 Fe 原子上还是在 Co 原子上，经过穆斯堡尔谱研究得出了以下结论：

(1) 三个络合物的 Δ 值比 $Fe(CO)_5$ 的 Δ 值小很多，因此它们不是 Fe 的五配位络合物，而是六配位络合物，即 Fe 和 1 个硫 2

个钴3个羰基成配位键.

（2）3个络合物的 δ 值基本相同，表明取代1个或2个三苯基磷后，铁核处的电子密度没有多大变化．在9.9.3节中曾述及含3个或3个以下羰基铁络合物，如其中的羰基被进一步取代，则中心原子 Fe 核的同质异能移位将发生变化，大约每取代1个羰基，δ 值约增大 0.1mm/s．而这3个羰基铁络物，取代1个及2个三苯基磷后，δ 值没有多大变化．这表明2个取代基都不在铁原子上，而在钴原子上.

9.4.2 四极分裂应用于化合物结构的研究

人们从锡化合物的大量穆斯堡尔谱测定中发现以下现象：

（1）Me_3SnPh，Me_3SnH，看起来 Sn 核处于非球对称环境，但实测的 Δ 值却等于零；

（2）Me_3SnCl，Me_3SnOH 等化合物中既有 Sn—C 键，又有 Sn—O，Sn—N，Sn—Cl 键时，其 Δ 值特别大．对以上两点还没有完全弄清楚原因，但穆斯堡尔谱表明了值得研究的问题.

（3）看起来 Me_2SnCl_2，Me_3SnF_1，Me_3SnCN 等似乎明显是四配位的化合物，但从穆斯堡尔参数却判断为六配位．即其中1至2个配位体与2个 Sn 原子桥式地相联，形成五或六配位.

（4）将 ^{119}Sn 穆斯堡尔谱的 Δ 值与空间结构联系起来，看到了一定的规律性．见表9.15．但常常有这种情况，即 δ 和 Δ 这两个参数还不足以判断几何空间上的区别．则外加一磁场，如30至50T，即可得出电场梯度张量主轴的符号．对 Sn 核，其核四极矩为负，因而当四极分裂偶合常数为负时，表示 p_x，p_y，$d_{x^2-y^2}$ 或 d_{xy} 轨道有电子；如四极分裂偶合常数为正，表示 p_z，d_{z^2}，d_{zx} 或 d_{zy} 轨道有电子．外加磁场后，如 η（不对称参数）不大（例如小于0.5），即可将实测的谱和理论计算的谱进行比较，从而得知其空间结构[73].

已知 I_2Cl_6 的结构为平面桥式四配位碘化物，用 ^{129}I 穆斯堡尔谱研究 $I_2Cl_4Br_2$ 的结构，得到了两组强度相等的四极分裂双线，但

表 9.15 有机锡化合物的穆斯堡尔参数和空间结构

有机锡化合物	e^2qQ 符号	Δ(mm/s)	空间结构
$(Me_4N)_2$[Etsncl5]	+	1.94	八面体
Pr^nSnCl_3-氮杂环己烷	+	1.99	
Me_2SnF_{12}	+	4.05	八面体
Me_2SnCl_2	+	3.40	
$Cs_2[Me_2SnCl_4]$	+	4.28	
$K_2[Me_2SnF_4]$	+	4.12	
$Me_2SnCl_2(PyO)_2$	+	4.1	
$Pr^nSnCl_2 2\beta$-	+	3.99	
Me_3SnNCS	−	3.77	双三角锥
Me_3SnOH	−	2.91	
Ph_3SnF	−	3.62	
Ph_3SnCl	−	2.51	
$(Me_4N)[Me_3SnCl_2]$	−	3.31	
$Me_4N)[Me_3SnCl_2]$	−	3.02	
Et_3SnCN	−	3.17	
Ph_3SnCl，甲基吡啶	−	2.95	
$Me_3SnC_6H_5$	−	1.39	四面体
$Ph_3SnC_6F_5$	−	0.97	
$Me_2Sn(oxin)_2$	+	2.06	八面体
$Ph_2Sn(oxin)_2$	+	1.67	
$Ph_2Sn(NCS)_2$1、10 邻二氮杂菲	+	2.36	
$Ph_2^nSnCl_2$-2 对氧氮乙环	+	2.41	

两组的四极分裂不等，因而排除了（b,c,d）式三种可能的结构，见图 9.22. 两组双线中一组参数与 I_2Cl_6 相同，表示有 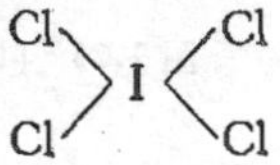 基，故确认其结构为(a)式[74].

$[IF_6]^+[AsF_6]^-$ 和 $Ca[IF_6]_2^-$ 给出截然不同的 ^{129}I 穆斯堡尔谱图，前者为单线谱[图 9.23(a)]，和 $[IF_6]^+$ 为八面体规整结构吻合. 而 $Ca(IF_6)_2^-$ 是一组四极分裂双线谱[图 9.23(b)]，它符合图 9.24 示出的双五锥结构式[75].

我国科学工作者对两种陆森盐进行了穆斯堡尔谱的考察. 发

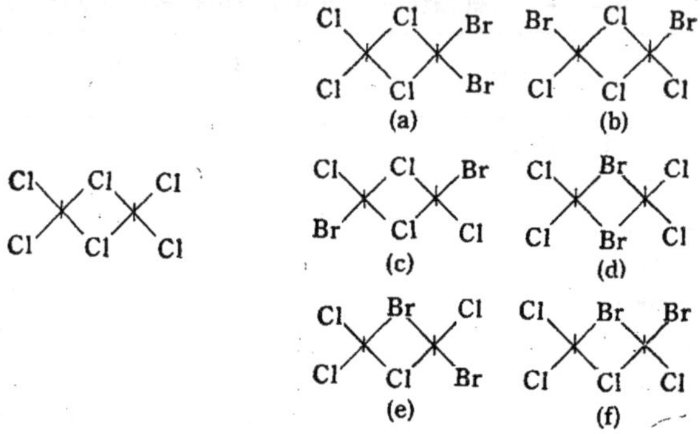

图 9.22 I_2Cl_6 的结构和 $I_2Cl_4Br_2$ 的六种可能结构.

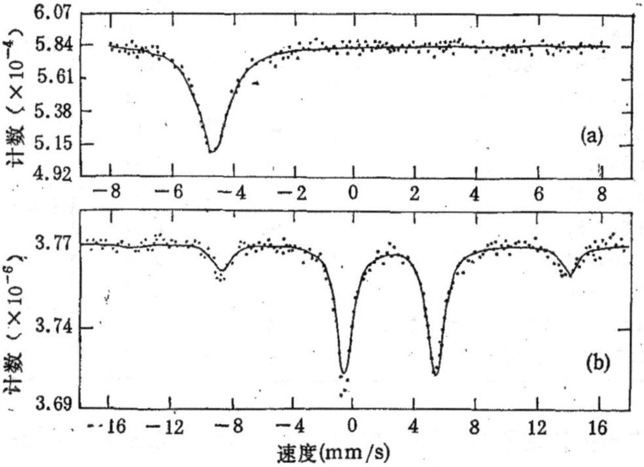

图 9.23 $[IF_6]^+[AsF_6]^-$(a) 和 $Ca[IF_6]_2$ (b) 的 ^{129}I 穆斯堡尔谱 (80K).

现红色陆森盐 $(Me_4N)_2[Fe_2S_2(NO)_4]$ 的 ^{57}Fe 穆斯堡尔谱为一组四极分裂双线，说明该铁盐分子中两个铁原子是等价的；而黑色陆森盐 $[KFe_4S_3(NO)_7]$ 的 ^{57}Fe 穆斯堡尔谱为两组四极分裂双线. 它们的参数分别为 $\delta_{Fe(I)}=0.143mm/s$，$\Delta_{Fe(I)}=0.836mm/s$，$\delta_{Fe(II)}=0.034mm/s$，$\Delta_{Fe(II)}=0.894mm/s$. 说明 Fe(I) 核处的电子密度远小于 Fe(II) 的电子密度. Fe(I) 与 Fe(II) 二者面积

比为1比3,这与已知该盐的结构为 Fe(I) 与3个 Fe(II)、3个S和1个 NO 键合，Fe(II) 与1个 Fe(I)、2个S和2个 NO 键合是吻合的。

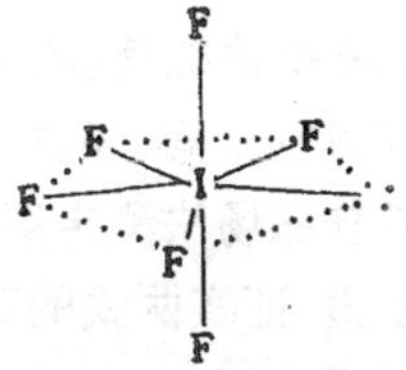

图 9.24 $[IF_6]^-$ 的双五锥结构式。

在某些系列的配位化合物中，常常有几何构型不同的同分异构体。最常见的如八面体结构的化合物 MA_2B_4，A，A 相邻为顺式(简称顺 A)，A, A 对角则为反式简称反 A。对络合物 MAB_5 简称单 A，可以简单地认为围绕着 M，在距离R处有一点电荷 q_A，在距离 r 处分别有5个点电荷 q_B，z 轴为电场梯度主轴。求出各点电荷产生的电场梯度，加和之求出核处电场梯度，有

$$V_{zz}(\text{单 A}) = \frac{2q_A}{R^3} - \frac{2q_B}{r^3}; \tag{9.9}$$

同理，对顺式可得出

$$V_{zz}(\text{顺 A}) = -\frac{2q_A}{R^3} + \frac{2q_B}{r^3} = -V_{zz}(\text{单 A}); \tag{9.10}$$

对反式，电场梯度为

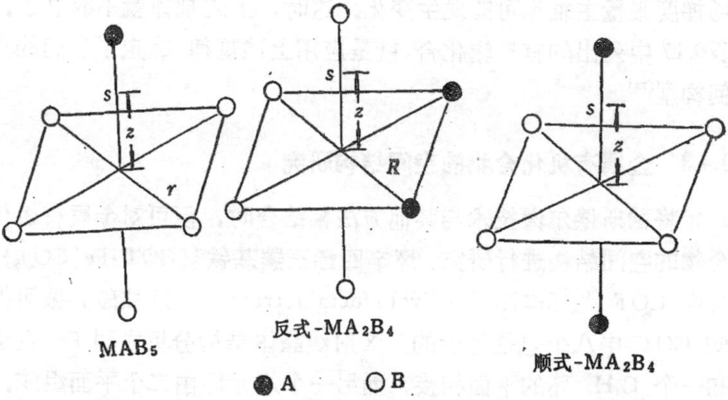

图 9.25 MAB_5(单 A)，MA_2B_4 (顺式)及 MA_2B_4 (反式)的电场梯度模型.

$$V_{zz}(\text{反 A}) = \frac{4q_A}{R^3} - \frac{4q_B}{r^3} = -2V_{zz}(\text{顺 A}); \qquad (9.11)$$

其中 R，r 分别为配位体 A,B 到中心原子M的距离，q_A 和 q_B 为配位体电荷(图 9.25). Berredt 首先从穆斯堡尔谱得出 $Fe(CN)_2(CNEt)_4$ 顺、反式的四极分裂值确为 1 比 2 关系[76]. Bancroft 用外加磁场法测定顺、反式 $FeCl_2(P\text{-}MeOC_6H_4NC)_4$ 的 ^{57}Fe 穆斯堡尔谱，证实两式的四极分裂符号相反，且其绝对值比值接近1:2[77]，见表 9.16.

表 9.16 顺、反几何异构体的四极分裂

几何异构体	Δ(mm/s)
顺式 cis $Fe(CN)_2(CNEt)_4$	0.29
反式 $Fe(CN)_2(CNEt)_4$	0.56
顺式 $FeCl_2(P\text{-}MeOC_6H_4NC)_4$	−0.83
反式 $(p\text{-}MeOC_6H_4NC)_4$	+1.59

上述规律在八面体构型和近似于该构型者，都是成立的.这意味着一个 M-A 中的电子分布不因几何构型而影响另一 M-A 中的电子分布. 如果变形严重，则不对称系数已不变为零，甚至其电场梯度张量主轴也可能发生变化. 这时，上述规律就不成立了. 表9.17 中列出的有机锡化合，就是应用上述规律，确定了它们的几何构型[78].

9.4.3 金属有机化合物的空间结构研究

将穆斯堡尔谱技术与其他方法相结合时，便可对金属有机化合物的空间结构进行研究. 环辛四烯三羰基铁{$[COT]Fe(CO)_3$}，其中 COT 为环辛四烯 (Cyclo octa tetraene)，从核磁共振可得知 COT 中八个氢是等价的. X射线晶体结构分析表明 Fe 原子和一个 C_4H_4 环的平面相接，而另一个八元环由二个平面组成. NMR 谱表明了三种可能的空间结构：(1) COT 环为两个平面

表 9.17 锡有机化合物的 Δ 与几何异构体

化合物	Δ(mm/s)	穆斯堡尔谱定构型	其他方法定构型
二苯基、二乙酰丙酮基锡 [乙酰丙铜 Ph_2Sn_2]	2.14	顺式	反式
二甲基、二乙酰丙铜基锡 [$Me_2Sn(acac)_2$]	3.93	反式	反式
二苯基二氯二氮杂菲锡 [联吡啶 Ph_2SnCl_2]	3.70	反式	—
二苯基,二氯基联苯锡 [Ph_2SnCl_2]	3.90	反式	—
二甲苯二氯、二氯杂菲锡 (二氮杂菲 Me_2SnCl_2)	4.03	反式	—
二氮杂菲、8 羟基喹啉锡 (8 羟基喹啉 Phen Sn)	2.20	顺式	—
二苯基 8 羟基喹啉锡 (8 羟基喹啉 Ph_2 Sn)	1.78	顺式	顺式
二丁烷基二 8 羟基喹啉锡 8 羟基喹啉 Bu_2Sn)	2.21	顺式	—
二甲苯二 8 羟基喹啉锡 8 羟基喹啉 Me_2Sn)	1.98	顺式	顺式

组成；(2) COT 环为浴盆式结构；(3) $Fe(CO)_3$ 快速在浴盆式 COT 的两个 C_4H_4 环上跳动，见图 9.26。为了验证上述的空间结构，将环辛四烯三羰基铁在几种不同的溶剂中溶解并冷冻后，测定其穆斯堡尔谱，得到的参数与常温谱的没有多少差别，但与环辛 1,5 双烯三羰基铁和环辛 1,3 双烯三羰基铁却明显不同，见表 9.18，从而判断 [COT]$Fe(CO)_3$ 有 1,3 双烯共轭结构。

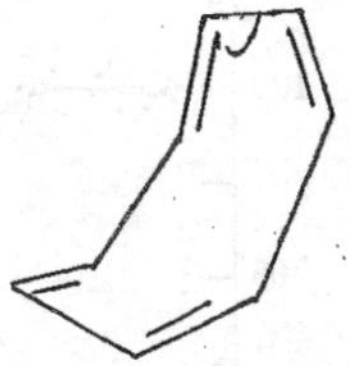

图 9.26 [COT]$Fe(CO)_3$ 的空间结构.

另一个由穆斯堡尔谱研究空间结构的例子为 [$(\pi C_5H_5)Fe(CO)_2]_2SnCl_2$. 将其分散在多甲基异丁烯酸脂(Polymethyl metha-

表 9.18 [COT]Fe(CO)$_3$ 的穆斯堡尔谱参数

化合物	δ (mm/s)	Δ (mm/s)
环辛四烯三羰基铁 [COT]Fe(CO)$_3$	0.05	1.24
溶于乙醇、丙醇及二乙基醚中	0.08	1.16
溶于硝基苯中	0.10	1.21
溶于环辛烷中	0.10	1.23
溶于甲基四氢呋喃中	0.09	1.20
环辛 1,5 双烯三羰基铁 Cyclo-octa 1.5 diene Fe(CO)$_3$	−0.03	1.83
环辛 1,3 双烯三羰基铁 Cyclo-octa 1.3 diene Fe(CO)$_3$	+0.03	2.15

Crylate) 中，其 ^{57}Fe 穆斯堡尔谱与未分散时测定的谱线没有差别，而 ^{119}Sn 穆斯堡尔谱测得未分散在基底时为一组四极分裂双线，分散在基底中则为两组双线谱．认为后一种情况是在基质中，

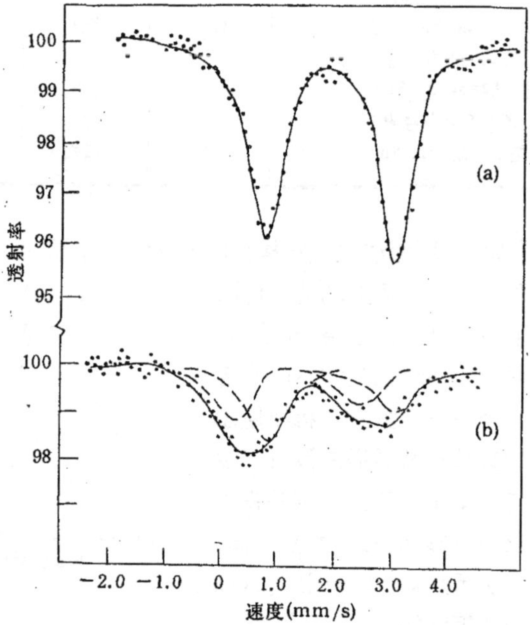

图 9.27 [(π-C$_5$H$_5$)Fe(CO)$_2$]$_2$SnCl$_2$ 的 ^{119}Sn 穆斯堡尔谱．
(a) 固态；(b) 在多甲基异丁基酸脂中．

$(\pi\text{-}C_5H_5)Fe(CO)_2$ 可以绕 Fe-Sn 转动 120° 的角度，因而得出两种相应的空间结构[79]，见图 9.27 及图 9.28。

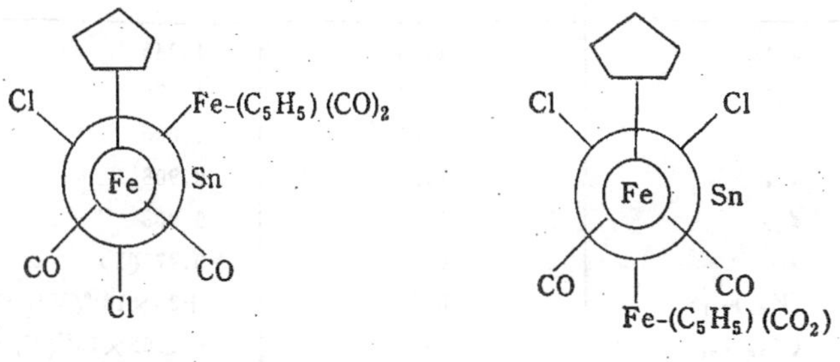

图 9.28 $[(\pi(SH_5)Fe(CO)_2]_2SnCl_2$ 的两种空间结构.

在研究离子型化合物，例如尖晶石和石榴石结构方面，穆斯堡尔效应也是一种有力的工具。这方面的内容，可以参见本书第 7 章磁学中的有关章节，也可参阅有关文献。

9.4.4 应用于结构研究的新进展

近年来，穆斯堡尔谱用于结构的研究有了若干进展，它不仅研究分子结构，现在已能研究已知结构物中的电子性质，下面是几个实例。

$Fe(TPP)OCH_3$ [TPP 为四苯基卟吩 (Tetra phenyl porphinato)] 中有三价高自旋铁，一般认为有 $3d^5$ 电子构型。在八面体弱晶体场中有 $T_{2g}^3e_g^2$ 电子组态。如果 5 个 d 轨道有相同的电子布居，则 $(V_{zz})_{Val}$ 应等于零。铁核处的电场梯度只有弱晶体场的贡献 $(V_{zz})_{Lat}$，它的四极分裂 Δ 值应该比较小。但实测的 ^{57}Fe 穆斯堡尔谱，Δ 为 0.6mm/s[95]。由此判断 $Fe(TPP)OCH_3$ 中 $5d$ 轨道的相同电子布居可能不符合实际。Lecomte 等对此作了 X 射线衍射研究，通过电子多极布居分析得出铁原子实上的净电荷为 +2.52，而且各 d 轨道上的电子布居确实是不相等的[96]。由此计算出 $(V_{zz})_{Val}$ 和 $(V_{zz})_{Lat}$ 值，以及四极分裂 Δ 值列于表 9.19[97]。由此表明，由晶体场理论预测的轨道电子布居可以相当精确地描述铁原子实的电子构型。

表 9.19 Fe(TPP)OCH_3 的 3*d* 轨道电子布居与Δ值

轨道或 EFG	3*d* 电子球形对称分布	实测 3*d* 电子分布
$d_{x^2-y^2}$	1.00	1.046
d_{z^2}	1.00	1.076
d_{xy}	1.00	1.086
d_{xz}	1.00	0.908
d_{yz}	1.00	0.908
4*s*	0.0	0.471(5)
$(V_{zz})_{Val}$	0.0	$+23\times10^{20}$(V/m²)
$(V_{zz})_{Lat}$	—	$+1.05\times10^{20}$(V/m²)
Δ计算值	小	+0.6(mm/s)
Δ实测值	—	+0.565(mm/s)

Asch 等测定了 $FeCl_2\cdot6NH_3$ 的 ^{57}Fe 穆斯堡尔谱，常温至109.5K 时为单线谱，109.5 至 107K 时为三线谱，低于 107K 时为双线谱(图 9.29). 用点电荷模型对静电相互作用进行计算，结果表明如果 6 个 NH_3 是静止不动的，则中心 Fe 核处的环境就不是球形对称的. 但常温时的穆斯堡尔谱为一单线，从而认为6个 NH_3 配位体处于动态[9.8]. 在低温时，转动受阻，偏离球形对称 Fe 环境，于是出现双线谱. 三线谱为二者间的过渡状态.

FeS_2 为两价铁，有 $t_{2g}^6e_g^0$ 电子构型，即 3 个 t_{2g} 轨道的电子布居相等. 因此，它的四极分裂Δ值应主要来自晶体场，因而应该是一个比较小的数值. 但实测的Δ值却相当大，达 0.635mm/s[84]. FeS_2 的结构是立方岩盐或畸变八面体[85]，这两种结构都不足以产生实测的Δ值. 因此推测有 t_{2g} 轨道上电子的不平衡布居，这可能由 e_g 轨道混入 t_{2g} 轨道所引起，或者由自旋与晶格的次级相互作用所引起. 于是通过 FeS_2 单晶的X射线衍射研究其电子分布，证实确有 e_g 轨道混入 t_{2g} 轨道. 结果列于表 9.20 之中. 由测得的轨道电子不平衡布居计算Δ值为 0.85mm/s，与穆斯堡尔谱测定值0.635mm/s 比较接近.

关于普鲁士蓝，在§9.2 中已确定其中有 Fe(III) 与 Fe(II)

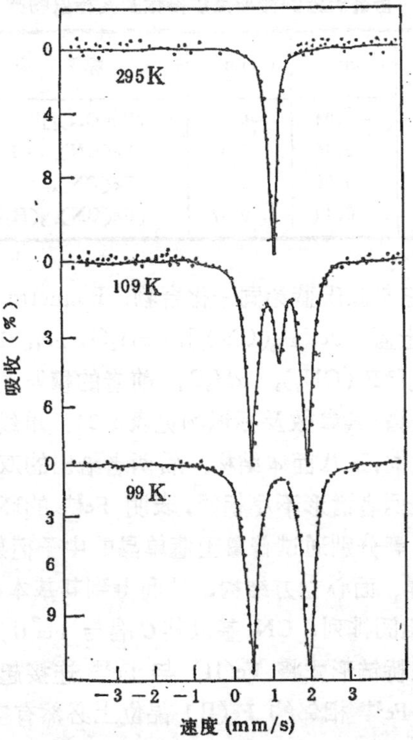

图 9.29　$FeCl_2 \cdot 6NH_3$ 的 ^{57}Fe 穆斯堡尔谱(相对于金属铁).

表 9.20　Fe(II)S_2 中 Fe 的 3d 轨道布居及电场梯度

轨道或 EFG	Fe 原子处球形对称分布		实测分布
	高自旋	低自旋	
a_g	20	20	20
e_g	20	40	32
e_g	20	0	0.8
V_{zr}	>0	0	$-5.1\times10^{21}V/m^2$
△	>0	—	0.85mm/s

表 9.21 普鲁士蓝的穆斯堡尔参数及其标识物类[86]

T (K)	谱 形	δ(mm/s)	Δ(mm/s)	标 识 物
298	单线谱	−0.04	~0	$[Fe(CN)_6]^{4-}$
	双线谱	0.46	0.47	$[Fe(CN)_{4.5}\cdot H_2O_{1.5}]^{1.5-}$
78	单线谱	−0.08	~0	$[Fe(CN)_6]^{4-}$
	双线谱	0.49	0.57	$[Fe(CN)_{4.5}(H_2O)_{1.5}]^{1.5-}$

两种价态，以及它与滕氏蓝为同一化合物. Bonnette 等用同位素制备了三种普鲁士蓝 $^{56}Fe_4[Fe(CN)_6]_3\cdot xH_2O$，$Fe_4[^{56}Fe(CN)_6]_3\cdot xH_2O$ 和 $^{57}Fe^{56}Fe_3[^{56}Fe(CN_6)_3\cdot xH_2O$. 前者的穆斯堡尔谱为单线谱，后两者为双线谱，其参数及标识物见表 9.21. 单线谱为 Fe(II) 由 6 个 CN 基配位，正八面体结构. 后两者给出的双线谱无疑属高自旋三价铁，但两者谱形不尽相同，表明 Fe^{3+} 的环境较复杂. Ludi 及 Herren 等分别通过普鲁士蓝单晶的中子衍射确定它具有 $Fm3m$ 空间群、面心立方结构，从而得到其基本晶体结构为 Fe(II) 与 Fe^{3+} 相间排列，CN 基以其 C 端与 Fe(II) 相连，N 端与 Fe^{3+} 相连，以桥链形式将 Fe(II) 与 Fe^{3+} 连接起来. 但分子的电中性要求在 Fe^{3+} 相邻的 Fe(II) 晶位上必然有空穴，空穴中可进入 6 个 H_2O 分子与 4 个 Fe^{3+} 配位，因而三价铁的平均配位可表示为 $[Fe(CN)_{4.5}(H_2O)_{1.5}]^{1.5-}$[102].

穆斯堡尔谱用于结构分析的这些发展，是与X射线的单晶结构测定方法的发展以及高速计算技术的应用分不开的. 目前达到的水平是，只要有新物质的单晶出现，穆斯堡尔谱便可在单晶X射线结构分析的基础上，给出其电子结构. 由于在不同温度下测定穆斯堡尔谱，比不同温度下测晶体结构要容易得多，因此穆斯堡尔谱用于相结构的研究，即使是极其微小的结构变化也可以察觉出来. 穆斯堡尔谱和光电子能谱、分子轨道法量子化学计算结合，对于研究原子族的电荷密度分布、对表面上化学相互作用的阐明等也是很有用的.

§ 9.5　穆斯堡尔谱与若干动态过程

9.5.1　固态反应

一些在固态下进行的化学反应，如热分解、辐射反应、光反应、配位体交换反应和固体状态下的扩散，都曾用穆斯堡尔谱进行过研究。通过鉴定各中间步骤产物及最终产物达到了解反应速度及反应历程，穆斯堡尔谱常常是非常有效的工具。

一些学者曾经用穆斯堡尔谱对二价和三价草酸铁盐从不同的角度作了研究。三价的草酸铁钾盐 $K_3Fe(C_2O_4)_3 \cdot 3H_2O$ 在 110℃ 脱去结晶水后，在 260℃ 分解得到一组尖锐的双线，其线宽仅 0.25 mm/s，$\delta = 1.05 \pm 0.05$mm/s，$\Delta = 3.90 \pm 0.05$mm/s，结合失重、元素分析和红外光谱的测定结果，标识为 $K_6Fe_2(C_2O_4)_5$。见图 9.30。此化合物在 300℃ 以上进一步分解，其分解产物相当复杂，穆斯堡尔谱可鉴别它们是 Fe_3O_4 等 4 种物类，在高于 400℃ 空气下，Fe_3O_4 转化为 Fe_2O_3，若在真空下，则 Fe_3O_4 转化的主要产物为 α-Fe[88]。穆斯堡尔谱指出草酸铁及其复盐分解是个复杂过程，它和 $C_2O_4^{2-}$ 基在热分解过程中放出的 CO_2, CO 及C有关。因此，一些学者所得到的结果不尽相同。但也可发现其中有一共同点，即三价草酸铁盐或钾、钡、锶等复盐，它们热分解时都先还原为二价铁，见表 9.22[89]。

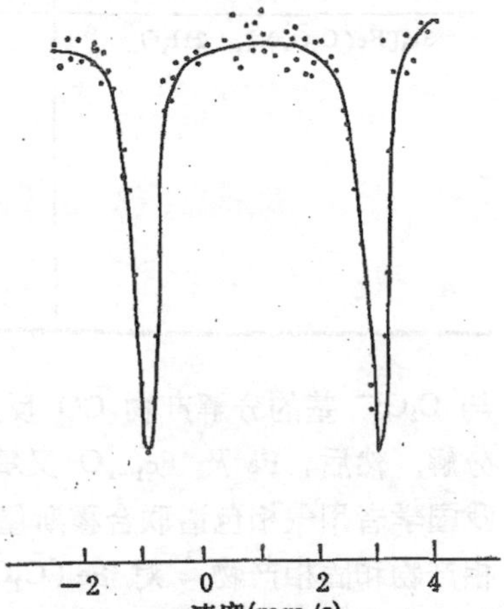

图 9.30　$K_6Fe_2(C_2O_4)_5$ 的 ^{57}Fe 穆斯堡尔谱.

FeC_2O_4 的热分解结果为 340℃ 分解反应开始(图 9.31)，其后产品随热分解时间延长而改变，首先分解为非化学计量的 $Fe_{1-x}O$，它

表 9.22 $Fe_2(C_2O_4)_3\cdot 6H_2O$,$Ba_3[Fe(C_2O_4)_3]_2\cdot 8H_2O$,$Sr_3[Fe(C_2O_4)_3]_2\cdot 2H_2O$ 初始分解产物的穆斯堡尔参数

(300K 时测定的)

化合物	处理温度(℃)	δ(mm/s)	Δ(mm/s)	H (T)
$Fe_2(C_2O_4)_3\cdot 6H_2O$	—	0.15	0.57	—
	200	0.93	2.27	—
	300	0.067	—	48.7
	400	0.067	—	49.0
	500	0.067	—	48.9
$Ba_3[Fe(C_2O_4)_3]_2\cdot 8H_2O$	—	0.03	0.32	—
	200	0.97	2.14	—
	300	0.95	2.20	—
	400	0.13	—	—
	600	~0.0	—	47.0
	700	−0.22	—	—
	1000	−0.38	—	—
$Sr_3[Fe(C_2O_4)_3]_2\cdot 2H_2O$	—	0.16	0.44	—
	200	0.95	2.3	—
	300	0.97	2.2	—
	400	0.11	0.70	—
	600	0.04	0.71	—
	700	−0.22	—	—
	1000	−0.26	—	—

与 $C_2O_4^{2-}$ 基的分解产物 CO 反应生成零价铁,直到 FeC_2O_4 全部分解. 然后, Fe 及 $Fe_{1-x}O$ 又氧化,使 Fe_3O_4 组分有所增加[90]. 我国学者用气相色谱联合穆斯堡尔谱,检测了在氢气气氛下的气相产物和固相产物. 对 $Fe_2(C_2O_4)_3$ 及 $K_3Fe(CN)_6$ 两类 Fe 盐,在氢气气氛中的分解也都分别经过还原为两价铁盐 FeC_2O_4 及 $K_4Fe(CN)_6$ 的过程,但它们的最终产物则比空气中的热分解产物要简单些,一般为 α-Fe 或 Fe_3C[91,92]。对于 $Fe4[Fe(CN)_6]_3\cdot xH_2O$ 在氢气中的热分解,有脱水、三价铁还原为二价铁以及 C≡N键断裂等步骤,并观察到热分解过程对于体系处于什么气氛相

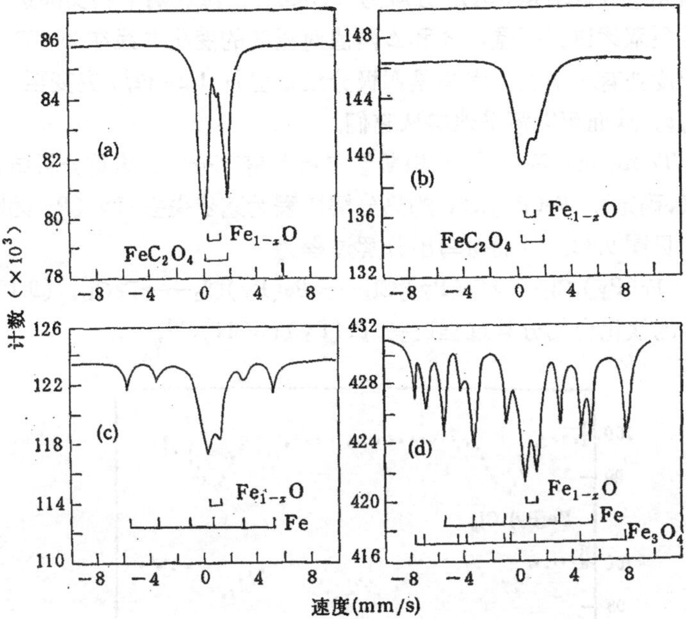

图 9.31 常温下，FeC_2O_4 加热至340℃时的穆斯堡尔谱.

(a) 0.5h; (b) 1.0h; (c) 1.5h; (d) 完全分解.

当敏感[93]。

类似的固相反应还有 $Fe(NH_4)_2(SO_4)_2 \cdot 6H_2O$ 在真空中的热分解。穆斯堡尔谱与热重分析结合起来发现，首先是脱去结晶水。很有趣的是，6个结晶水分三步脱除，每次脱去2个克分子结晶水，它们的步骤为：

(1) 92℃ 时，$Fe(NH_4)_2(SO_4)_2 \cdot 6H_2O \longrightarrow Fe(NH_4)_2(SO_4)_2 \cdot 4H_2O + 2H_2O\uparrow$， (9.12)

(2) 108℃ 时，$Fe(NH_4)_2(SO_4)_2 \cdot 4H_2O \longrightarrow Fe(NH_4)_2(SO_4)_2 \cdot 2H_2O + 2H_2O\uparrow$， (9.13)

(3) 150℃ 时，$Fe(NH_4)_2(SO_4)_2 \cdot 2H_2O \longrightarrow Fe(NH_4)_2(SO_4)_2 + 2H_2O\uparrow$。 (9.14)

接着是 $Fe(NH_4)_2(SO_4)_2$ 分解为 $FeSO_4$，虽然这两个物类都是四极分裂双线谱。但是，δ 和 Δ 两值对温度的变化曲线在 200℃ 分解温度处有一突变。尤其是四极分裂 Δ 值从 1.2mm/s 突变至 2.5 mm/s，从而可以清楚地辨认它们。

Tominaga 等将 ^{57}Fe 穆斯堡尔谱和差热分析、热重分析结合起来，确定了 $Fe(Py)_4Cl_2$ 的热分解历程为逐步失去 Py（Py 为吡啶），见图 9.32。从而可写出分解过程为

$$Fe(Py)_4Cl_2 \longrightarrow Fe(Py)_2Cl_2 \longrightarrow Fe(Py)Cl_2 \longrightarrow FeCl_2. \quad (9.15)$$

类似的铁化合物分解过程还有 $Fe(Py)_4(SCN)_2$[94]。

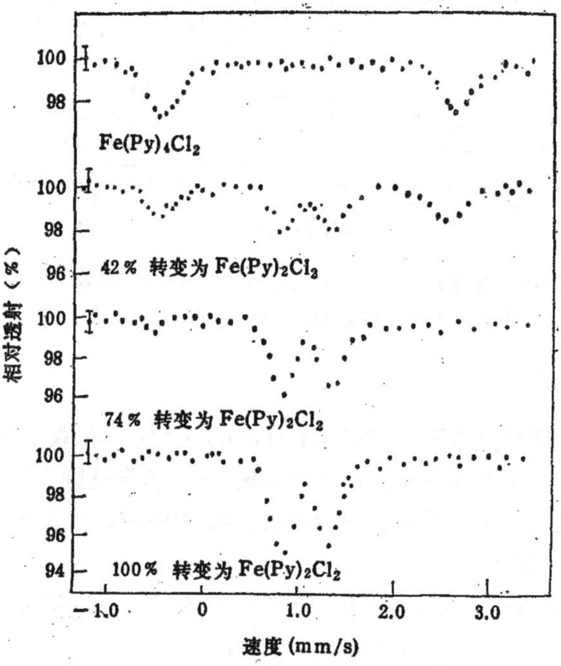

图 9.32 $Fe(Py)_4Cl_2$ 分解为 $Fe(Py)_2Cl_2$ 的穆斯堡尔谱.

关于 K_2FeO_4 的热分解，另一个有趣的例子是，它否定了前人认为有五价铁 K_3FeO_4 中间分解产物的观点。因为从样品的穆斯堡尔谱只检测到 $KFeO_2$，表明六价铁直接还原为三价铁[95]。

我国学者对 K_2FeO_4 的热分解反应也进行了研究。由于应用了穆斯堡尔谱和差热分析、气相色谱、红外光谱、X射线衍射等多种方法相结合，证明文献上记载的50℃开始热分解反应的只是脱吸附水，在干燥空气中的分解到230℃方才开始。

α-Fe_2O_3 和 $H_2C_2O_4$ 的固相反应由穆斯堡尔谱检测确定在空

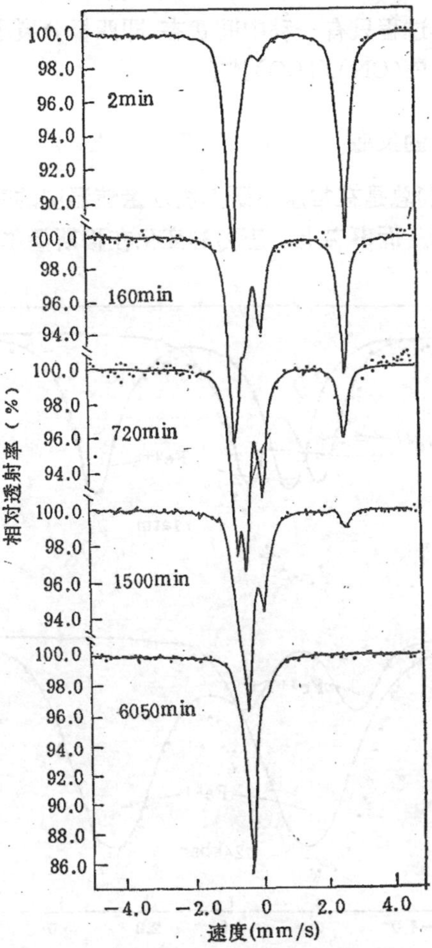

图 9.33　多晶混合物 $FeSO_4 \cdot 7H_2O$/KCN（摩尔比例1:6）随混合时间变化的穆斯堡尔谱.

气中产物为 $Fe_2(C_2O_4)_3$，在 N_2 中则为 FeC_2O_4. 后者被认为是 $Fe_2(C_2O_4)_3$ 的二次分解产物.

有人曾用 ^{57}Fe 穆斯堡尔谱跟踪 $FeSO_4 \cdot 7H_2O/KCN$ 固体混合物中的配位体交换过程[100]，见图 9.33. 开始时大的四极分裂双线是 $[Fe(H_2O)_6]^{2+}$，在 5℃ 下经过 6050min 后，就全部交换为 $[Fe(CN)_6]^{4-}$，它是图中最后给出的单线谱. 从图中还可看出，这个配位体交换过程只有一种中间状态，即四极分裂小的那组双线，它被标识为 $[Fe(CN)_5(H_2O)]^{3-}$.

9.5.2 压力下的反应

通常，人们总是在常压下研究物理量随温度的变化，如前节中的热分解反应. 而事实上，压力的变化在穆斯堡尔谱中也观察到

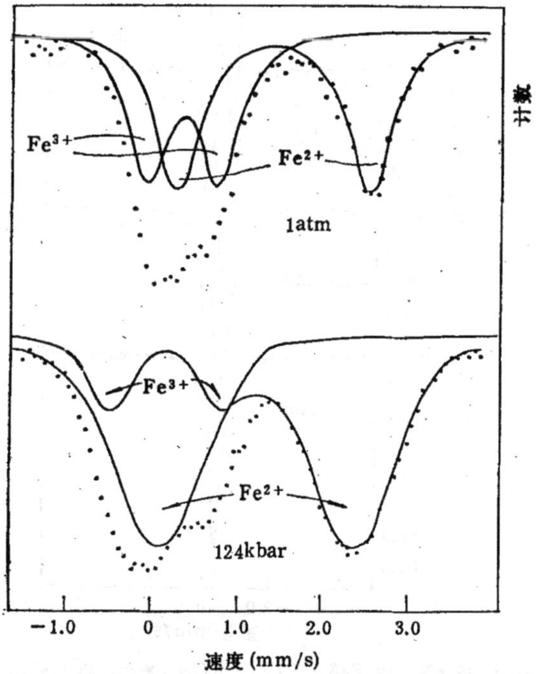

图 9.34 磷酸铁在高压下的穆斯堡尔谱.

不少新信息，对顺磁性化合物的研究尤其如此。例如在 20 万大气压下，可以使物质压缩，中心原子的内层 s 轨道与配位体价轨道的重叠增加。这种重叠导致核处 s 电子密度增加。对 ^{57}Fe 穆斯堡尔谱，δ 值将减小。这种压力效应已在相当多的化合物中观察到[115]。在 $KFeF_3$ 体系中，波函数的理论计算结果与上述实验观察完全一致[116]。

对一些铁化合物，高压可引起电子构型或氧化态的改变。例如高自旋 $Fe_2(SO_4)_3$ 和 $FePO_4$ 在压力下，一部分 Fe^{3+} 转变为高自旋 Fe^{2+}。$K_3Fe(CN)_6$ 为低自旋的 Fe(III)，在压力下，一部分

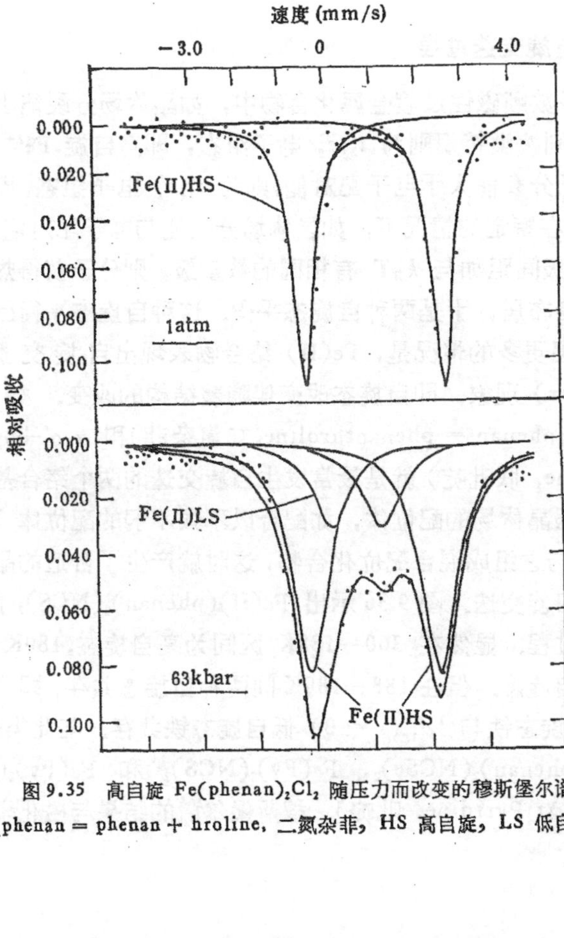

图 9.35 高自旋 $Fe(phenan)_2Cl_2$ 随压力而改变的穆斯堡尔谱.
(phenan = phenan + hroline，二氮杂菲，HS 高自旋，LS 低自旋).

转变为低自旋 Fe(II)．这是由于在压力下两价铁的基态能级有所降低(相对于配位体)，因而配位体的电子可由热激发而转移到三价铁上．因此这类在压力下氧化态的改变只有一部分而不是全部，并且当压力移去后可恢复原状，见图 9.34[98]．

在高压下，通过穆斯堡尔谱还观察到高自旋 $Fe(phenan)_2Cl^2$ 部分地转变为低自旋，以及低自旋 $Fe(phenan)_2Cl_2 \cdot 7H_2O$ 部分地转变为高自旋，见图 9.35[97]．压力下的光谱研究发现配位体的 π-π^* 跃迁有较大的红移，而金属到配位体的电子转移则有较小的红移，据此，作者认为上述高、低自旋的转变是由于高压下金属到配位体的反馈能力改变所致．

9.5.3 自旋交迭过程

在多数顺磁性过渡金属化合物中，如晶体场分裂能小于电子配对能，则按洪特规则为 $t_{2g}^4e_g^2$ 电子组态，即高自旋 Fe^{2+}．反之，如晶体场分裂能大于电子配对能，则为 $t_{2g}^6e_g^0$ 电子组态，即低自旋 Fe(II)．在特定的情况下，如晶体场分裂能与电子配对能比较接近，其能级间距如与 k_BT 有相同的数量级，则分子获得热能就有玻耳兹曼布居，于是两种自旋态平衡．这种自旋态平衡已被观察到[120]．但更多的情况是，Fe(II) 络合物表现出自旋交迭（Spin cross-over）现象．即自旋态改变伴随着结构的改变．如 1，10-phenan（phenan ＝ phenanthroline，二氮杂菲)和 α,α'-bpy(bpy＝bipyridine，联吡啶）就是最常发生自旋交迭的两个络合基．它们都是有强晶体场的配位体，如配合以不强不弱的配位体 NCS 或 NCSe，与之组成混合配位化合物，这时就产生了合适的晶体场分裂导致自旋交迭．图 9.36 示出 $Fe(II)(phenan)_2(NCS)_2$ 的自旋态交迭过程．显然在 300—188K 区间为高自旋态，180K 以下温度为低自旋态．但在 188—180K 间两种自旋态共存，即 $^5T_{2g}$(s＝2）高自旋态铁与 $^1A_{1g}(s = 0)$ 低自旋态铁共存．与此类似的还有 $Fe(phenan)_2(NCSe)_2$，$Fe(Py)_2(NCS)_2$ 和 $Fe(Py)_2(NCSe)_2$ 等（Py 为 Pyridine，吡啶)．穆斯堡尔谱的结果与磁化率测定完

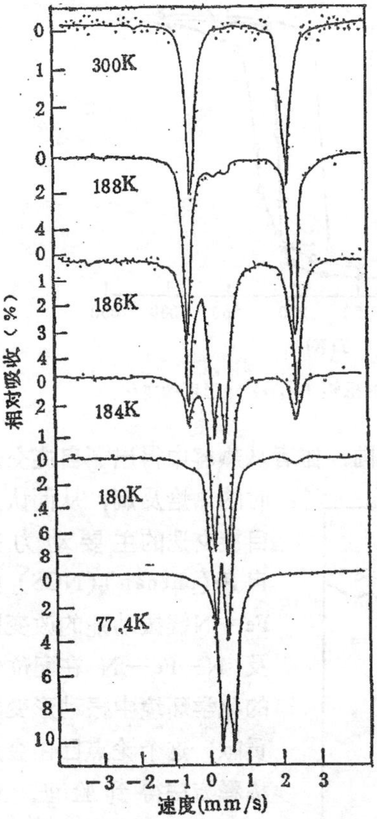

图 9.36 $Fe(phenan)_2(NCS)_2$ 在 300—77.4K 时的自旋交迭.

全一致，见表 9.23. 这种自旋交迭的特征是转变突然，不符合玻耳兹曼热布居. 近年的X射线粉末衍射结果也证实有两种衍射图样[112]. 磁化率在自旋交迭温度处突变，见图 9.37. 同时，红外光谱显示，C—N键振动频率有很大的改变(见图 9.38)，这是在改变自旋态时 Phenan 配位体与 Fe 的 t_{2g} 轨道 π 成键键能的改变. 同时，在 $Fe(Py)_2(NCS)_2$ 的X射线晶体分析中发现，当温度从 295K 降至 100K 时，Fe—N 键缩短 0.008nm，$Fe(Py)_2$ 键缩短 0.012 及 0.016nm. 这些都是自旋交迭的信息[122]. 对自旋交迭很重要的研究是热容的测定[114]. 在自旋交迭温度处有一热容改变

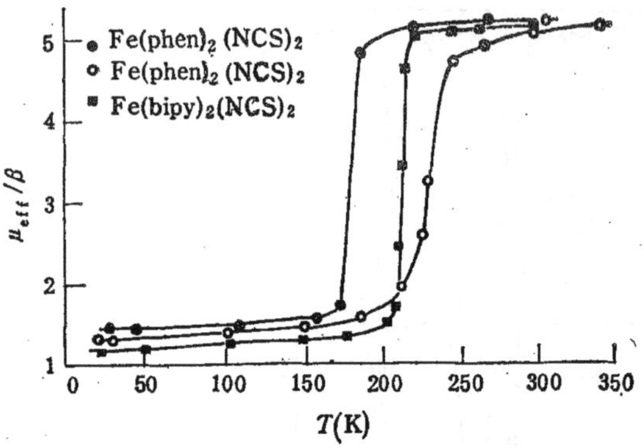

图 9.37 自旋交迭体系的磁矩（U_{eff}）随温度的变化.

的尖峰，两种自旋态热容也不同. 作者从热容中得出了自旋交迭时的热焓及熵，从而认为自旋交迭的主要动力来自 $Fe(phenan)_2(NCS)_2$ 中 Fe—N键振动能的改变以及 N—Fe—N 在配位体的化学环境中振动形变的贡献. 这个论点已由金属稀释方法得到验证. 当 Fe(II) 被其直径大的 Mn(II) 或比其直径小的 Co(II),Ni(II) 取代稀释时，Fe-配位体键相应地变长或变短，结果导致相应的自旋交迭温度的下降或上升[124].

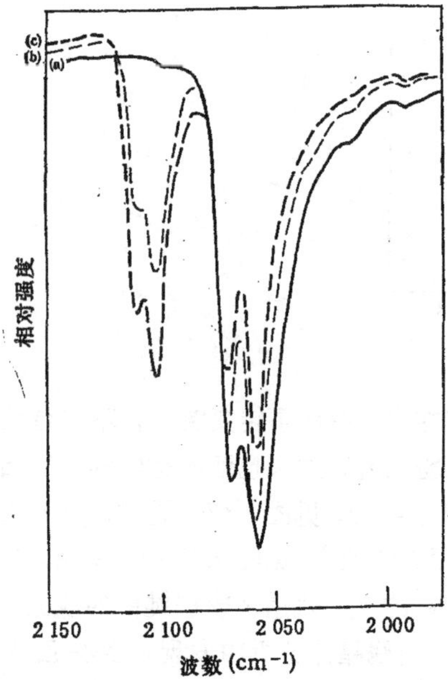

图 9.38 二氮杂菲硫代氰酸铁 [$Fe(phenan)_2(NCS)_2$] 的红外光谱. (a) 常温；(b) 172K；(c) 160K.

对 Fe(III) 络合物的自旋交迭是从 $^6A_1\left(s=\frac{5}{2}\right)$

转变为 $^2T_2\left(s=\frac{1}{2}\right)$ 态，这种例子很少。文献[116]报道：三单硫代二酮铁［Tris(monothio-β-diketonato)Fe］中两种自旋态共存，低自旋态 $^6A_1$ 的含量超出了热布居的平衡量，因而判断为 Fe(III)的自旋交迭。

穆斯堡尔谱对于考察自旋交迭特别有用。因为在磁化率测定中只得出磁矩的平均值，而在穆斯堡尔谱中可清晰地看到两种自旋态及其突变过程。现在已经考察了数百个此类体系[118]，近年还在扩大到新的自旋交迭体系[127]。

表 9.23 $Fe(phenan)_2(NCS)_2$，$Fe(phenan)_2(NCSe)_2$ 系列化合物的磁化率及自旋交迭

编号	络合物	T(K)	δ(mm/s)	Δ(mm/s)	μ_β	自旋态
A	二氮杂菲氯化亚铁	295	1.01	2.94	5.20	高自旋
	$[Fe(phenan)_2Cl_2]$	78	1.09	3.29	5.12	高自旋
A′	二氮杂菲硫代氰酸亚铁	296	0.99	2.64	5.20	高自旋
	$Fe(phenan)_2(NCS)_2$	78	0.44	0.34	1.47	低自旋
B	二氮杂菲硒代氰酸亚铁	299	0.99	2.44	5.04	高自旋
	$Fe(phenan)_2(NCSe)_2$	78	0.45	0.29	1.39	低自旋
C	二吡啶硫代氰酸亚铁	297	1.00	2.09	5.12	高自旋
	$Fe(Py)_2(NCS)_2$	78	0.42	0.53	1.25	低自旋
C′	二氮杂菲硝基亚铁	298	0.28	0.38	~0	低自旋
	$Fe(phenan)_2(NO_2)_2$	78	0.25		~0	低自旋

§9.6 冷冻溶液的穆斯堡尔效应

许多研究结果表明，在适当的条件下，将溶液快速冷冻，这样溶液的结构可以几乎完全不变地保持下来[119,120]。冷冻后形成的固态样品，就很容易作穆斯堡尔测定了。从得出的穆斯堡尔参数可以获得许多有关溶液性质和结构的信息。当然，它不一定就是溶液的初始性质，而是固化时溶液的性质。

表 9.24 快速冷冻 (78K)Fe^{2+} 盐水溶液的穆斯堡尔参数

编号	体系组成	wt %	δ (mm/s)	Δ (mm/s)	H_2O[1) (活度 a_0)
1	$FeCl_2$ H_2O	10.58 89.42	1.42	3.28	>0.57
2	$FeCl_2$ LiCl H_2O	6.91 34.70 58.89	1.52	3.20	0.30
3	$FeCl_2$ LiCl H_2O	6.31 39.70 53.99	1.48	2.45	0.19
4	$FeCl_2$ ACOH H_2O	11.23 11.25 77.52	1.42	3.28	
5	$FeSO_4$ ACOH H_2O	11.60 15.55 72.85	1.42	3.32	
6	$FeCl_2$ ACOH H_2O	12.91 29.43 57.66	1.40	3.26	
7	$FeCl_2$ ACOH H_2O	9.41 45.20 45.39	1.46 1.46	3.30 2.47	
8	$FeCl_2$ ACOH H_2O	3.66 96.34 0.0	1.44	2.43	

1) H_2O 活度 a_0 从渗透系数测定获得，δ 值相对于 α-Fe。

Burger 和 Vértes 曾研究一系列两价铁盐冷冻溶液的穆斯堡尔谱，其中一部分典型数据摘出列于表 9.27 中[121,122]。结果表明，Fe^{2+} 的 Cl^-,SO_4^{2-} 和 ClO_4^- 水溶液，穆斯堡尔谱都是四极分裂双线。它们的同质异能移位 δ 和四极分裂 Δ 值都很接近，标识为 6 个水分子配位的络离子 $[Fe(H_2O)_6]^{2+}$。如编号 1。当增加铁盐浓度或加入 LiCl，使水的活度 a_0 降低，这时，同质异能移位有所增加，而四极分裂 Δ 值明显下降。这被认为是 Cl^- 占据了 Fe^{2+} 6 个配位中的某些位置，如编号 2 及编号 3。在 $FeCl_2$ 水溶液中加入醋酸（ACOH），从穆斯堡尔参数无甚变化可以推断仍然保持6个水分子配位的 Fe^{2+} 络离子，如编号4及编号6；但若醋酸量增加到较高含量时，则除原有一组双线谱外，又增加了一组新的双线谱，其同质异能移位变化不大，但四极裂距值大大减小了，如编号7。和 $FeCl_2$ 的醋酸溶液的冷冻穆斯堡尔谱（编号8）相比，就可判断这组新的双线谱是四配位的 $[Fe^{2+}(CH_3COOH)_4]^{2+}$ 络离子。将 $FeSO_4$ 代替 $FeCl_2$，并进行同样的测定，在醋酸浓度不大时，仍然为 $[Fe(H_2O)_6]^{2+}$，如编号4与编号5，这说明阴离子没有明显的影响。这个例子说明从冷冻溶液的穆斯堡尔谱可以了解络离子的配位数、配位基的性质及其相互取代。

冷冻溶液穆斯堡尔谱提供络合物配位数的信息，还可通过与已知结构的同类化合物的穆斯堡尔参数相比较的方法得到。这方面有一个例子是：$Fe(dtc)_2Cl$ 及其同系物有一共同性质，即其穆斯堡尔谱的四极分裂 Δ 值在溶液时普遍比它在固体状态要小，只有 $Fe(dtc)_3$ 固态和冷冻溶液的 Δ 值基本相同。已知固态 $Fe(dtc)_3$ 的结构是六配位的，因而可以了解固态 $Fe(dtc)_2Cl$ 溶解到溶液中时，发生了从5个配位到6个配位的转变[123]。

表9.25 $Fe(dtc)_3$ 及 $Fe(dtc)_2Cl$ 的穆斯堡尔参数

（78K 测定）

化合物	固态的 Δ(mm/s)	冷冻溶液 Δ(mm/s)
$Fe(dtc)_3$	0.52	0.66
$Fe(dtc)_2Cl$	2.76	0.70

注：dtc = dithio carbomate（二硫代氨基甲酸酯）。

穆斯堡尔谱考察一系列冷冻的非水溶液铁盐，对铁的内配位层络离子提供了不少信息。

从表9.26编号1的参数可看出，$FeCl_2$ 和 $FeSO_4$ 的 Δ,δ 值很接近，说明阴离子 Cl^- 或 SO_4^{2-} 大概没有参与内配位层。当溶剂改为吡啶、二甲基甲酰胺、六甲基磷胺后，δ 值均降至 1.2mm/s

表 9.26 快速冷冻非水铁盐溶液的穆斯堡尔谱参数

（77K, ^{57}Co 不锈钢源）

编号	溶质	溶剂	Δ(mm/s)	δ(mm/s)
1	$FeCl_2$	甲醇	3.50	1.41
	$FeSO_4$	甲醇	3.44	1.37
2	$FeCl_2$	乙二醇	3.20	1.20
	$FeSO_4$	乙二醇	3.06	1.48
3	$FeCl_2\cdot 4H_2O$	甲醇	3.24	1.48
	$FeCl_2$	甲醇加水	3.33	1.40
4	$FeCl_2$	吡啶	3.48	1.26
5	$FeCl_2$	甲酰胺	1.89	1.43
	$FeCl_2$	二甲基甲酰胺	2.12	1.21
	$FeCl_2\cdot 4H_2O$	甲酰胺	2.71	1.41
	$FeCl_2\cdot 4H_2O$	二甲基甲酰胺	2.67	1.25
6	$FeCl_2$	二甲基亚砜	2.36	1.34
7	$FeCl_2$	六甲基磷胺	2.77	1.16
8	$FeCl_2$	三丁基磷酸脂	2.77	1.35
9	$FeCl_2$	乙腈	2.95	1.29

左右，这被认为是在内配位层中有阴离子 Cl^- 参加配位．这一点得到电导测定结果的支持．由于 Cl^- 与 Fe^{2+} 直接键合，Cl^- 存在较大的电子云扩张效应，使铁核的电子云密度增大，导致同质异

表 9.27 穆斯堡尔谱测定 Fe^{2+} 和 $[Fe(bip)_3]^{2+}$ 离子浓度

图号	$bip/FeCl_2$ 摩尔比	$Fe^{2+}/[Fe(bip)_3]^{2+}$	
		化学计量	穆斯堡尔谱法
a	0.75	3.00	3.21
b	1.51	0.99	1.09
c	2.40	0.25	0.23
d	3.01	0.0	0.0
e	3.60	0.0	0.0
f	—		

注：(bip) = bipyridl (联吡啶).

能移位变小。支持这一论点的另一依据是 $FeCl_2$ 的六甲基磷胺溶液，同质异能移位 δ 为 1.16mm/s，Δ 为 2.77mm/s。当饱和以 LiCl 后，其穆斯堡尔谱参数显著改变 δ 为 0.78mm/s，Δ 为 2.88 mm/s。这意味着 Cl^- 进入内配位层使 δ 值减小[124,125]。

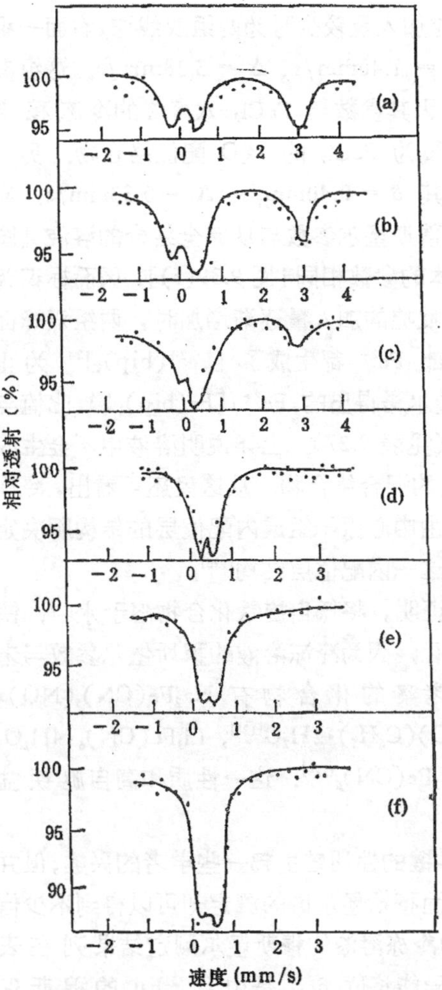

图 9.39 液空温度下，$FeCl_2$ 联吡啶水溶液的穆斯堡尔谱。(a—e) 为 $FeCl_2$ 与联吡啶之比值(见表 9.27)；(f) 为从溶液；(e) 中分离的无水固体。

穆斯堡尔谱很适合于对络合物的研究，这是由于与配位体成键形成络合物时中心原子处的电子密度就有改变，在穆斯堡尔参数上必然有反映。例如高自旋铁离子形成低自旋络合物时，从冷冻溶液的穆斯堡尔谱可清楚地观察到两组分开的谱线，分别相应于高自旋金属离子和低自旋金属络合物。在高自旋 $FeCl_2$ 溶液中加入 $\alpha\alpha'$ 联吡啶，冷冻后测定穆斯堡尔谱，得到的谱线如图 9.39(a, b,c) 所示。当 $\alpha\alpha'$ 联吡啶加入量较少时为两组双线谱，右面一组四极分裂大的双线，其 $\delta = 1.40mm/s$，$\Delta = 3.28mm/s$。这组参数显然为高自旋 Fe^{2+}，又因其参数与 $FeCl_2$ 水溶液的冷冻穆斯堡尔谱完全一致，因而归属为 $FeCl_2$ 的 H_2O 配位络合物。另一组四极分裂较小的双线，其 $\delta = 0.40mm/s$，$\Delta = 0.33mm/s$。显然属于低自旋铁，又因其穆斯堡尔参数与从完全络合的溶液［图 9.39(e)］中分离出来的固体的参数相同［图 9.39(f)］，因而标识为 $[Fe(bip)_3]^{2+}$。当 α,α' 联吡啶的加入量逐渐增加时，两组双峰面积之比逐渐变小，直到全部 Fe^{2+} 都生成了 $[Fe^{2+}(bip)_3]^{2+}$ 为止［图 9.39(d,e)］。从穆斯堡尔谱得出的 $Fe^{2+}/[Fe(bip)_3]^{2+}$ 比值与由化学计量计算的很符合(见表 9.27)。上述说明溶液中不会生成 H_2O 和联吡啶两种配位基的混合络合物。从这里还可看出，冷冻溶液的穆斯堡尔谱参数是由中心原子组成内配位层的结构所决定的。在冷冻时仍然保持了这一内配位层结构[126]。

从穆斯堡尔谱中已经证明，将低自旋铁化合物溶于水中，铁原子的内配位层不发生变化。因为冷冻溶液的穆斯堡尔参数与未溶解固体的没有区别。已考察的化合物有 $Na_2Fe(CN)_5(NO)\cdot 2H_2O$[127]，$Na_3Fe(CN)_5(NO)(C_6H_5)\cdot 2H_2O$[128]，$Li_3Fe(CN)_6\cdot 4H_2O$，$Na_3Fe(CN)_6\cdot H_2O$ 以及 $K_3Fe(CN)_6$[129]。这一性质和高自旋铁盐的完全不同。

对稀土氯化物中，化学键的性质曾引起一些学者的兴趣，但并没有得出明确的结论[130]，而穆斯堡尔谱的测定却可以得到不少信息。稀土氯化物 $EuCl_3$ 的冷冻溶液的穆斯堡尔测定结果列在表 9.28 之中。其中有效同质异能移位 δ_{eff} 是由于 ^{151}Eu 的穆斯堡尔谱有八条线，一般情况下，重叠为一条宽线。此处从谱线的重心

表 9.28　快速冷冻 Eu(III) 盐溶液的穆斯堡尔参数

($78K$, $^{151}EuF_3$ 放射源)

编号	溶液组成 ($Mol/kg\ H_2O$)	$\delta_{eff}(mm/s)$	半宽 $\Gamma(mm/s)$
1	$EuCl_3\cdot 6H_2O$ (固体)	0.495 ± 0.040	3.01 ± 0.15
2	$1.4EuCl_3$	0.300 ± 0.015	3.31 ± 0.09
3	$1.79EuCl_3+7.33LiCl$	0.240 ± 0.069	3.66 ± 0.46
4	$1.4EuCl_3+10.5LiCl$	0.254 ± 0.014	2.86 ± 0.08
5	$1.0EuCl_3+7.9LiCl+2.2HCl$	0.134 ± 0.042	2.95 ± 0.23
6	$EuCl_3$ (固体)	0.083 ± 0.008	2.81 ± 0.04

得出一有效同质异能移位 δ_{eff}，用 δ_{eff} 值已足以比较一系列铕化合物的性质变化。从表 9.28 所列出的数据中可清楚地得出了下列信息[131]：

(1) 比较编号 2—4 说明 Eu(III) 配位 Cl^- 后，其 δ_{eff} 下降。Eu核的 $\Delta\langle R^2\rangle$ 项为正值，因此，δ_{eff} 下降意味着 Eu 核处电子云密度下降，可见 Cl 占据了 Eu 核外的 $4f$ 或 $5d$ 轨道，对 δ 电子起着屏蔽效应。这与水合氯化铕的结果一致（可将编号 1 与编号 6 进行比较），氯配位比水配位的 δ_{eff} 要低。

(2) 当溶液中的 Cl^- 浓度增加时，δ_{eff} 有变化，这表示 Cl^- 处于 Eu 的内配位层（对编号 2，3，4 进行比较）。

(3) 酸性增加，δ_{eff} 进一步下降。（将编号 4 与 5 进行比较）。这是由于酸性溶液抑制了水解产物与 Eu(III) 的配位，结果更多的 Cl^- 位于 Eu(III) 的内配位层，因而 δ_{eff} 进一步下降。

综合以上结果可认为，Eu—Cl 键主要是共价键。

快速冷冻穆斯堡尔谱的研究还可提供溶质在溶液中是否发生聚合反应生成聚合物的信息。例如，$FeCl_3$ 在溶剂苯、丙酮、吡啶及乙醇中的穆斯堡尔谱迥然不同。溶剂的介电常量高、给电子能力强，则 $FeCl_3$ 不易聚合，完全以单体形态存在于溶液中，观察到的就是磁分裂谱，如 $FeCl_3$ 在乙醇溶液中即属此类，见图 9.40(d)。而 $FeCl_3$ 的苯溶液，$FeCl_3$ 全部生成聚合体，因而标志单体的磁分裂谱完全消失，而给出四极分裂双线谱，图 9.40(a)。至于丙酮

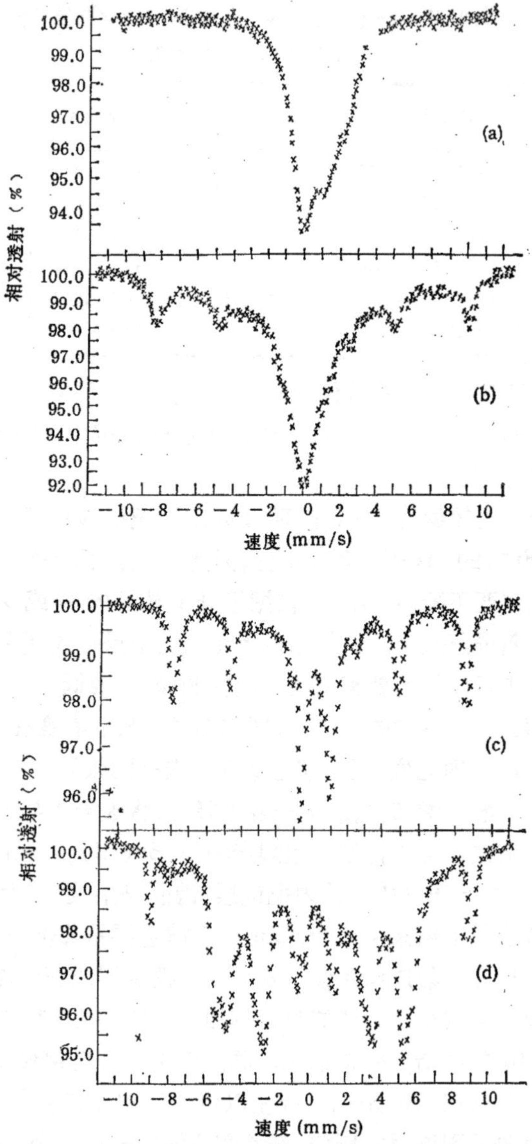

图 9.40　4.2K，$FeCl_3$ 溶液的穆斯堡尔谱，溶剂分别为
(a) 苯；(b) 丙酮；(c) 吡啶；(d) 乙醇.

和吡啶溶液，由于它们的介电常数正好介于乙醇和苯之间，因而呈现磁分裂谱叠加四极分裂双线谱，图 9.40(b,c)。$Fe^{3+}Cl_3$ 为顺磁性物质，当铁核的自旋弛豫时间比核磁矩的拉莫尔进动时间（大于 10^{-8}s）以及激发态核的平均寿命（$\tau \doteq 1.4 \times 10^{-7}$s）为长时，则核处就有一稳定磁场，穆斯堡尔谱就呈现磁分裂六线谱．高自旋 Fe^{3+} 为 $3d^5$ 电子组态，自旋弛豫时间主要决定于 Fe^{3+} 离子之间的距离．当溶液浓度不高、离子间距离足够远时，没有自旋之间的相互作用，因此 $Fe^{3+}Cl_3$ 顺磁类物质在足够低的温度下（如 78K）可给出磁分裂谱．在双聚物或多聚物的情况下，由于粒子靠得很近，相互作用使自旋弛豫时间缩短了，核处没有稳定磁场，磁分裂

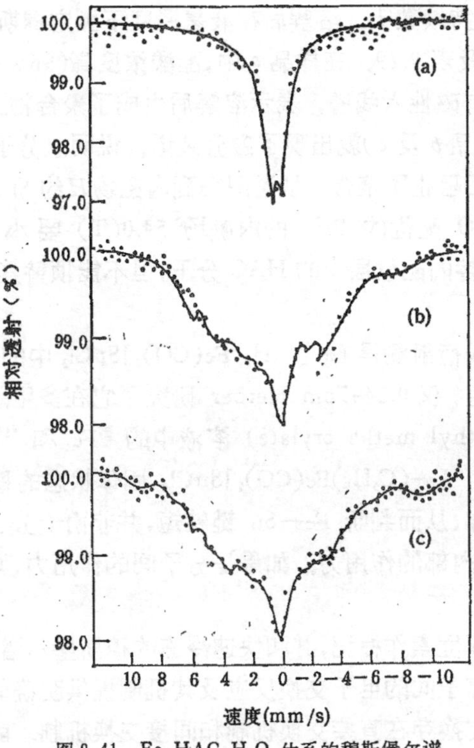

图 9.41 Fe-HAC-H_2O 体系的穆斯堡尔谱.
HAC 浓度 (a) 96%; (b) 65%; (c) 40%.

表 9.29 Fe-H_2O-HAC 体系的穆斯堡尔谱(4.5K,相对于金属铁)

编号	溶液组成	H(T)	δ(mm/s)	Δ(mm/s)
a	0.2%Fe,96% HAC	——	0.194	0.58
b	0.2%Fe,65% HAC	50.0	——	——
c	0.2%Fe,40% HAC	54.0	——	——

谱消失. 据估算,在上述溶液中,磁分裂谱消失在 Fe^{3+} 间距离约为 4.0nm 处[132]. 在外加磁场下进一步考察上述体系,还可对聚合物的磁耦合给出信息.

有人曾经用类似的方法研究了铁在醋酸中的溶解,以及溶液的结构. 将 ^{57}Fe 粉溶于不同比例的 HAC-H_2O 溶液中. 此溶解过程很慢,需持续数天. 溶解后在液氦温度下测定穆斯堡尔谱,结果见图 9.41 及表 9.29. 在样品 *a* 中,醋酸浓度高(96%),Fe^{3+} 为双线谱而没有磁性六线谱,表示溶解后生成了聚合物. 当醋酸溶液稀释后(样品 *b* 及 *c*)就出现了磁分裂谱. 说明水分子参与 Fe^{3+} 的内配位层后阻止了聚合. 从谱图得到内磁场 H 约为 50.0(T),它比有多个 H_2O 配位的 Fe^{3+} 的内磁场 54.0(T) 要小些. 说明 H_2O 只能顶替内配位层中的 HAC 分子,但不能顶替其中的 OH^- 基.

从 X 射线衍射测得 $[\pi\text{-}(C_5H_5)Fe(CO)_2]SnCl_3$ 中的 Fe—Sn 键比正常情况短,仅 0.2447nm Herber 研究了它在多甲基异丁烯酸脂 (poly methyl metha crylate) 溶液中的 ^{57}Fe 和 ^{119}Sn 穆斯堡尔谱,发现与 $[\pi\text{-}(C_5H_5)Fe(CO)_2]SnCl_3$ 固体状态的穆斯堡尔谱参数并无两样,从而判断 Fe—Sn 键特短,并非由于分子间的作用力,而是分子内部的作用力. 如果是分子间的作用力,则溶解时就消失了[133].

用增丰同位素作标记,并和快速冷冻的穆斯堡尔谱相结合,可以对溶液中离子间的电子交换反应及其机制提供明确的信息. 溶液中的电子交换存在直接交换机制和间接交换机制. 前者的交换反应速度仅受溶剂的偶极与离子间的库仑斥力大小的影响. 而后者，则交换时必须有另外的分子或离子参与。曾经用 ^{57}Fe 穆斯堡尔效应研究 $^{57}FeCl_3$ 与 $FeCl_2$ 之间的电子交换反应。对于 0.01 mol/kg 的 $^{57}FeCl_3$ 和 0.01mol/kg 的 $FeCl_2$ 混合液，若没有水，就测不出有 Fe^{2+} 的谱线，即不发生交换反应。但当加入一定量的水后，让两种溶液分别放置一段时间，然后混合、冷冻，并测谱（图 9.42)，这时在穆斯堡尔谱中观察到有接近一半量的铁呈 $^{57}Fe^{2+}$，说明发生了电子交换反应，它符合间接机理[134]。

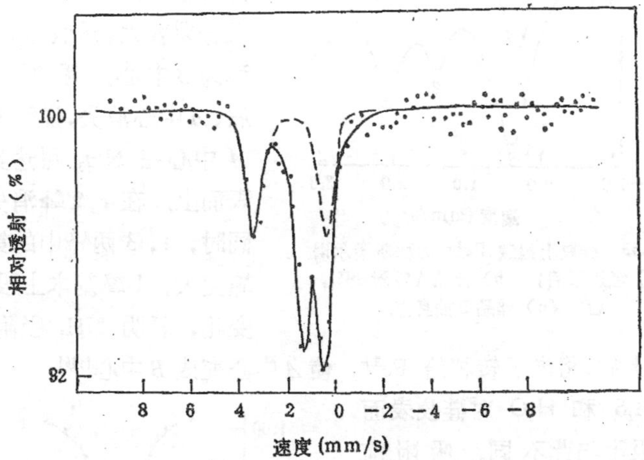

图 9.42　0.01mol/kg 的 $^{57}FeCl_3$ + 0.01mol/kg 的 $FeCl_2$ 8% H_2O 的甲酰胺溶混合 20 秒后的穆斯堡尔谱.
（液氮温度下测定，^{57}Co 不锈钢放射源.）

§ 9.7　穆斯堡尔效应与表面化学

9.7.1　穆斯堡尔效应研究表面的多种途径

将穆斯堡尔原子构成表面的一部分，从所测得的穆斯堡尔参数可了解表面原子的性质；也可以通过吸附来研究表面，穆斯堡尔元素可以是表面原子，也可以是吸附质[135]。下面举出若干例子说明穆斯堡尔谱法不仅方法灵活，而且给出的信息也是多种多样的。

Hobson 将 $^{57}Fe^{3+}$ 盐浸于硅胶上，于 500℃ 焙烧后，反复用氢还原和抽真空（8×10^{-7} torr）. 得到的穆斯堡尔谱图为 Fe^{3+} 和 Fe^{2+} 的混合氧化物的图谱. 图 9.43 图中，1，2 两峰的四极分裂较小，标识为 Fe^{3+}，称为 *A* 中心. 1，3 两峰的四极分裂较大，标识为 Fe^{2+}，称为 *B* 中心. 吸附 NH_3 后，*A* 中心消失，说明 Fe^{3+} *A* 中心在 NH_3 可达到的表面上。在 1，2 峰消失的同时，1，3 两峰中的第 3 峰变大，1 峰基本上没有变化，表明 NH_3 吸附于 Fe^{3+} 上后，将电子转移给 Fe^{3+}，使 *A* 中心变成 *B* 中心[136].

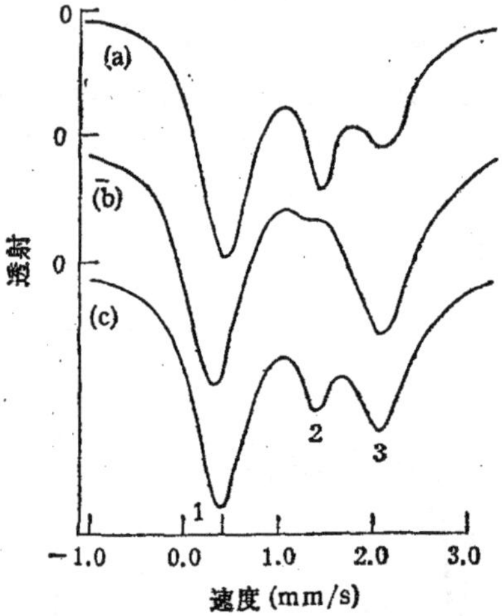

图 9.43 硅胶上担载 Fe^{3+} 的穆斯堡尔谱.
(a) 氢还原后；(b) 样品 A 吸附 NH_3 后；(c) 样品 B 抽真空.

H_2S 和 H_2O 对硅胶表面铁的吸附与此不同. 吸附前 Fe^{3+} 为一组双峰，吸附后变为两组双峰，而且抽空后也不可逆. 表明 H_2S 为解离型不可逆吸附[137].

通过担体表面上吸附质的穆斯堡尔谱来表征吸附质与担体的相互作用也不乏其例. 譬如 $Sn(CH_3)_4$ 吸附于 ηAl_2O_3 上得出一组双线谱，见图 9.44(b)，而未吸附的 $Sn(CH_3)_4$ 为一单线谱，见图 9.44(a). 为检测，

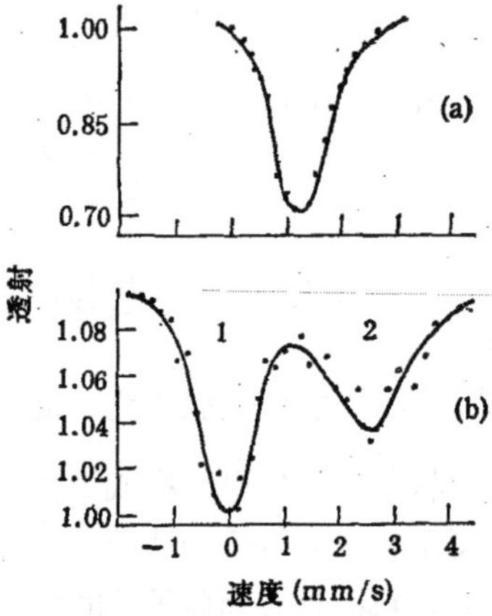

图 9.44 $Sn(CH_3)_4$ (a) 和 $Sn(CH_3)_4/\eta Al_2O_3$ (b) 的 ^{119}Sn 穆斯堡尔谱.

吸附后的双线谱，令其表面吸附以水，仅右峰消失，而左峰不受影响。从而标识左峰为吸附于表面铝空穴位上的锡物类，而右峰则为解离吸附产物 $AlCH_2Sn(CH_3)_3$。虽然标识的物类并不是完全证实了的，但表面的不均一性的表征则已是明确无疑的[138]。

近年来的工作已深入到表面的磁性研究。其中一个例子是 Clauserv 研究真空状态下以及吸附 H_2 或 CO 后，硅胶上平均粒径为 63 Å 金属铁的穆斯堡尔谱，他得到两组六线谱。其中，一组六线谱 $\delta = 0.1mm/s$, $\Delta = 0mm/s$, $H = 33.3 \sim 33.5T$，标识为体相 α-Fe 谱，另一组六线谱，$\delta = 0.36mm/s$, $\Delta = -0.02mm/s$, $H = 36.7—37.6T$，比体相 α-Fe 参数略大，但都远小于 Fe^{3+} 的磁场，归属为表面相 α-Fe，其 δ 值增大，表明表面相 Fe 核处的 s 电子密度较小，见表 9.30[139]。作者将表面铁的磁场增大归结为受担体界面的影响，或真空与界面的影响。在吸附 H_2 或 CO 后，表面相磁场增大尤为明显，说明表面原子核处电子密度和布居都发生了变化。但也看出 H_2 或 CO 吸附仅仅影响表面原子的性质，因此，这种影响是局域性的。

表 9.30　在 78K，12.4T 磁场中，小粒子 Fe 的穆斯堡尔参数

体相 Fe	H (T)	Δ (mm/s)	δ (mm/s)
真空下	33.3±0.1	0	0.1
H_2 吸附	33.5±0.1	0	0.12
CO 吸附	33.5±0.1	0	0.12
表面 Fe			
真空下	36.7±0.3	0.01	0.26±0.04
H_2 吸附	37.3±0.3	−0.02	0.36±0.03
CO 吸附	37.6±0.3	−0.05	0.36±0.03

作者用气相色谱测定分解温度和分解的气相产品，通过穆斯堡尔谱检测分解后的铁物类，再结合红外光谱（IR）探测表面基团。结果表明，上述担体都在不同程度上有阻止 $K_3Fe(CN)_6$ 的还原作用，它与铁物类和表面活性基团生成表面配位络合物有关。

同时还通过产品组成分析了解反应过程中化学键的某些变化。例如 $K_3Fe(CN)_6$ 的最终分解产物为 α-Fe 及 Fe_3C，而载于活性炭上的 $K_3Fe(CN)_6$，在相同条件下的分解产物却完全没有 α-Fe，这意味着活性炭担体使 C—N 键变弱了，易于断裂，使最终的分解产物为 Fe_3C。

9.7.2 表面原子的 G-K 效应

表面原子往往处于不对称的化学环境中，因而其穆斯堡尔参数有一系列的特点，例如，无反冲分数 f 因数变小；由于 f 因数的各向异性而导致四极分裂两峰强度不等；表面原子的键长可不同于体相原子；由于相邻原子减少而使 σ 值发生变化；以及表面原子通常有大的四极分裂等。

由于 f 因数的各向异性而导致穆斯堡尔谱四极分裂双峰强度不等，这是由苏联学者 Гольданский 在考察锡的有机化合物时发现的[147]，并由 Карягин 给出了理论解释[148]，故称 G-K 效应。而表面原子的 G-K 效应则首先由 Flinn 在 Fe^{3+} 盐浸于 Al_2O_3 的体系中观察到[149]。当表面原子的无反冲分数 f 在各坐标方向的分量不相等时，则电四极分裂两峰强度公式中应加入无反冲分数这一参量。因而有

$$R = \frac{I_{3/2}}{I_{1/2}} = \frac{\int_0^1 (1 + u^2)\exp(-\varepsilon u^2)du}{\int_0^1 \left(\frac{5}{3} - u^2\right)\exp(-\varepsilon u^2)du}, \qquad (9.16)$$

其中

$$\varepsilon = \frac{\langle \chi_z^2 \rangle - \langle \chi_x^2 \rangle}{\bar{\lambda}^2} = K^2[\langle \chi_z^2 \rangle - \langle \chi_x^2 \rangle], u = \cos\theta, \bar{\lambda} = \lambda/2\pi,$$

λ 为 γ 射线波长，θ 为 γ 射线与电场梯度对称轴的夹角，R 为两峰强度比值，按式(9.16)将 R 对 ε 作图，即得出如图 9.45 所示之曲线。它可以帮助我们从实测的 R 值找到相应的 ε 值，从而对原子的各向异性振动有所了解。以上结果可以概括为：(1) 当与 R 对应的 ε 值小于零时，表示 $\langle \chi_z^2 \rangle < \langle \chi_x^2 \rangle$，即原子在表面平行方向

的振幅大于其垂直方向. (2) 当与 R 对应的 ε 值大于零时，即 $\langle \chi_z^2 \rangle > \langle x_x^2 \rangle$，原子在垂直于表面方向的振幅大于其平行方向。Suzdaleb 在 SnO/SiO_2 体系中观察到上述 Fe^{3+}/Al_2O_3 中的类似情况，即 $\langle \chi_z^2 \rangle > \langle \chi_x^2 \rangle$. 这类表面表子好像被嵌进了另外一些原子的中间[150]。

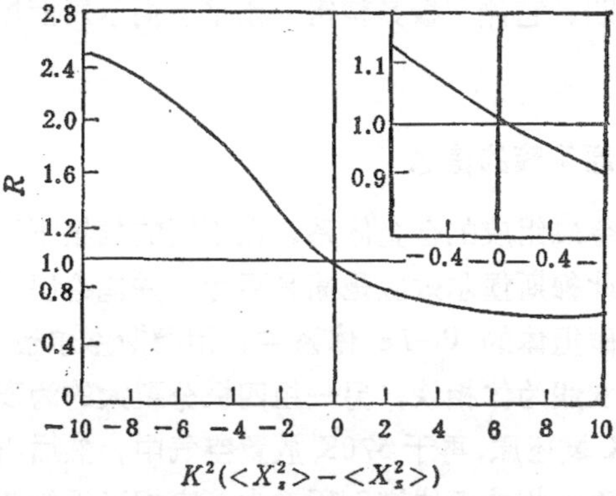

图 9.45　四极分裂双线强度比 R 与 ε 的关系 ($\varepsilon = k^2[\langle x_z^2 \rangle - \langle x_x^2 \rangle]$.

在高分散的 Fe/担体催化剂中曾观察到，焙烧前，$\varepsilon < 0$、焙烧后，$\varepsilon > 0$，这是一种的有趣现象. 这可以解释为焙烧前，表面有大量阴离子基团，铁原子好譬落在阴离子陷井中，平行方向振动相对地受阻了。而当焙烧使阴离子分解逸出表面后，铁原子在表面平行方向的振动就比较自由了。

关于表面原子与四极分裂 Δ 值的关系，也已经作出了一些理论上的预测[144,145]. 实验表明，从四极分裂 Δ 值可以半定量地估计穆斯堡尔原子在表面上的分散度. 其中一例是由 Van der Krann 做的实验. 他制备了小粒径的 α-Fe_2O_3，然后将其浸入增丰的 $^{57}Fe(NO_3)_3$ 溶液中. 这样得到的穆斯堡尔参数就主要代表那些表面上铁原子的性质. 结果发现当 α-Fe_2O_3 的粒径小于 70 Å 时，Δ 值就增大，无反冲因子 f 变小[146]。

在 1985 年国际穆斯堡尔效应应用会议上，有人报道了利用超高真空分子束外延技术和原位转换电子穆斯堡尔联用装置，在单晶片 W(110) 晶面上外延生长21单原子层 $^{57}Fe(110)$，并得出了从最上面一单层 $^{57}Fe(110)$ 及逐步向内的各层铁的穆斯堡尔谱图和参数. 证实了第一层单原子层铁有明显的四极分裂（约 0.2 mm/s)，超精细场也从 33.0T 降至 31.0T. 从第二层到以后各层，其四极分裂恢复到零，超精细场也恢复到正常值 33.0T 水平. 穆斯堡尔谱表明，它能在极其精密的水平上揭示表面原子性质的细微变化[153].

9.7.3 有关原子簇的信息

由多元金属组成的合金体系，在不同的气氛下可以改变其表面组成. 对此穆斯堡尔效应是简易可行，并能给出明确信息的工具之一. 在碳担体的 Pt-Fe 体系中，用穆斯堡尔检测有两组双线. 一组内双线为体相铁，另一组四极分裂大的为表面相铁. 此体系经 670K 氢还原,再于 570K 放置空气中，然后再作穆斯堡尔测定. 发现表面相的双线谱面积增大，它相当于铁在表面的分散度增加，同时氢氧滴定测出铂的分散度相应地下降了. 此变化过程与合金在不同气氛中有表面富集现象是一致的. 这个结果也很好地解释了在一般催化剂的再生处理中，在去除表面积炭和再生的氧化还原过程中为什么有金属的再分散现象[154].

这方面的工作继之由 Garten 等在更多的体系中观察到一系列有关表面反应及表面原子簇的信息. 这些信息可概括为下述几方面.

(1) 通过穆斯堡尔参数 σ 和 Δ，揭示出有类似于合金的物类存在,它是表面相原子簇.

(2) 表面相原子簇不同于体相(合金)原子簇，它具有异乎寻常的活泼性，常温下能发生瞬间的氧化还原反应，$Fe^{3+} \rightleftharpoons Fe^{0}$，如图 9.46 所示.

(3) 在一定温度下作氧化还原处理可使原子簇的组成发生相应的变化. 其规律和合金的表面相富集理论相符合，证明这类原子簇确实存在于表面上.

（4）当两金属的组成达到某一合适的比例时，形成完全共簇。此时能在最大程度上表现其常温下的氧化还原特性。

目前类似的高分散双金属体系已扩展到 Pd-Fe，Pt-Fe，Pt-Ir，Ru-Fe 等[150—158]。穆斯堡尔效应是迄今为止能探测表面原子簇的少数几个有效工具之一。

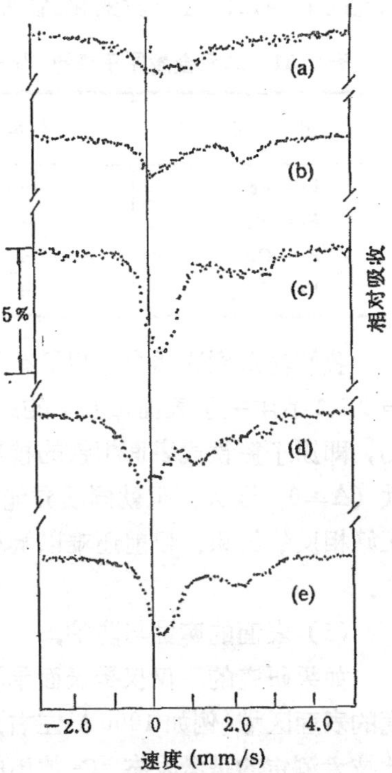

图 9.46 Pd-Fe/Al_2O_3 的 ^{57}Fe 穆斯堡尔谱(相对于金属铁)。(a) Pd-Fe/Al_2O_3；(b) 将样品(a)放置于 25℃ 的 H_2 中；(c) 将样品(b)经 500℃ 的 H_2 处理 2h；(d) 样品(c)于 25℃ 放置 O_2 中；(e) 样品(d)再放置 25℃ 的 H_2 中。

所谓稀有气体基体孤立技术（RGMI）的穆斯堡尔效应，即在低温下（例如 4.2K）将极低浓度的穆斯堡尔原子（例如 Fe 原子）冷冻在惰性元素（例如氩）的基体中。这时铁、氩之间的相互作用可以忽略不计。文献[153]中记述在Ar/Fe＝50的低铁原子浓度体系中，在 4.2 K 下，大约有 23% 的铁原子在其第一配位层中有一个铁原子，即获得了孤立的 Fe_2。它的穆斯堡尔谱为四极分裂双线，其Δ值高达 4.06mm/s，表明在 Fe—Fe成键方向有一个较大的电场梯度，而 Fe_2 的 δ 值（−0.14mm/s）比体相铁小，说明铁核处电子密度有所增加。

Montano 等将稀有气体基体孤立技术用于研究二元金属原子簇，发现它们的 δ 和Δ值都不同(见表 9.31)，表明相邻原子对铁原子的电子结构有很大影响[141—143]。其中 Fe—Ni 的 δ 值变化最大，铁原子核处电子密度增加最多。当铜邻近铁原子时 δ 为正值，它意味着铜使铁核处电子密度减少。当铁原子外面为多个铜原子相连时 δ 与 Δ 值进一步变化，铁原子的磁矩甚至降低为零。

表 9.31 二元金属原子簇的 ^{57}Fe 穆斯堡尔参数(相对于金属铁)

组成	δ(mm/s)	Δ(mm/s)
Fe—Fe	−0.14	4.05
Fe—Ni	−0.54	1.95
Fe—Cu	+0.46	1.63
Fe—Cu_{multi}	+0.29	0.64

我们注意到这两个应用稀有气体基体孤立技术得到的结果，与 9.7.2 节中关于表面相原子的结果相比较，有一点是完全一致的，即原子簇铁或表面相铁的穆斯堡尔谱四极分裂 Δ 值都比体相铁（$\Delta\doteq0$）要大。但就同质异能移位 δ 和磁场 H 值而言，却似有正好相反的结果。目前还难以解释，有待于作进一步的研究和阐明。

(5) 表面的腐蚀与防护。

如果研究的不仅仅是表面单层原子或分子，而是包括更大厚度的表面区域(例如 1000 Å 左右)，则可以用背散射穆斯堡尔谱。此技术测定的是激发态 ^{57}Fe 放出的 γ 射线与样品原子作用时放出的转换电子，而 1000 Å 深度恰好相当于电子的逸出深度。这些电子经过样品到达表面要损失一部分能量，因此，不同能量的电子的穆斯堡尔谱，就给出距离表面不同深度处的物类图形。一个典型的例子是研究溴蒸气与锡箔的作用深度。将锡箔在溴蒸气中放置，用一个 β 射线谱仪去选择检测转换电子的能量。在低能电子区域只检测到 β 锡，而高能电子区域，则有 $SnBr_2$ 和 $SnBr_4$。表明锡箔在溴蒸气中生成的是 β-Sn 体相上的 $SnBr_2$ 和 $SnBr_4$ 表面层[151]。

Shinjo 等[152]用超高真空喷镀方法，将 ^{57}Fe 沉积在厚度为 210 Å 的铁薄膜上，然后置于空气中，用穆斯堡尔谱与电子能谱(ESCA)联合考察该样品。通过刻蚀技术，测定不同刻蚀时间（即相当于样品上不同深度处)时的 ESCA 图象。发现刻蚀初期，全

部是 Fe^{3+},直到刻蚀 7100s 时,已没有任何 Fe^{3+} 的痕迹,而全部为 Fe^0 了。此时,计算出表面氧化层为 20 Å 的 Fe_2O_3, 相当于 13 个原子层的 Fe, 还发现,此 Fe_2O_3 层相当均匀。再在 4.2K 下,测定透射式穆斯堡尔谱图,得到两组六线谱。一组六线谱 $H = 35.0T$, 六线强度比为 3:4:1:1:4:3, 表明在薄膜平面方向的磁有序化。另一组六线谱 $H = 49.0T$, 六线强度比为 3:2:1:1:2:3, 标识为 γ-Fe_2O_3, 它是由 ^{57}Fe 表面层常温氧化得到。从两者谱峰面积可以获得相对无反冲分数的大小,发现 ^{57}Fe 与铁薄膜结合与体相并无差异。

腐蚀是金属表面的氧化过程,研究腐蚀过程及防腐蚀方法以保证金属制品的原有性能。利用穆斯堡尔效应、特别是转换电子穆斯堡尔技术是可行的工具。它揭示腐蚀层的化学组成,不同气氛下的腐蚀速度、腐蚀机理及其防护方法。

钢板在空气中经盐酸蒸气浸蚀,其腐蚀产物为 β-FeOOH 双线谱,而钢板在有水存在下的常温下腐蚀,产物为两组六线谱叠加组成的非化学计量 Fe_3O_4, 见图 9.47。腐蚀层的增长速度随腐蚀机理不同而不同。通过穆斯堡尔谱测定时间变化的腐蚀层厚度,符合渗漏机理而不符合扩散机理[159]。CEMS 指出,铁片或钢板在 H_2S,SO_2 及 HCl 中,其腐蚀历程都不同,生成物依次为 FeS_{1-x}, $FeSO_4 \cdot xH_2O$ 及 $FeCl_2 \cdot xH_2O$。但在水存在时,长期腐蚀的最终产物都是 γ-FeOOH。转换电子穆斯堡尔谱特别适用于研究腐蚀,因它可考察厚度为 3000 Å 以内表面层的组成。将它与透射式联用,还可对体相及表相差别提供信息[159]。

一般的防腐方法为将钢板用稀磷酸或磷酸盐处理。铁与磷酸作用生成一层灰色的磷酸铁保护膜,其主要成份是 $Fe_3(PO_4)_2 \cdot 8H_2O$。穆斯堡尔参数为两组双线,一组 $\delta = 1.33mm/s$, $\Delta = 2.50 mm/s$, 另一组为 $\delta = 1.41mm/s$, $\Delta = 2.85mm/s$, 分别相当八面体两个不同位置上的 Fe^{2+}。如防护层较厚时,由穆斯堡尔测定证实还有三价氢氧化铁。如微微加热,则组成更复杂,为 $Fe_3(PO_4)_2 \cdot 8H_2O$, $Fe_3(PO_4)_2 \cdot 4H_2O$ 及三价氢氧化铁。如用磷酸锌防腐,则在

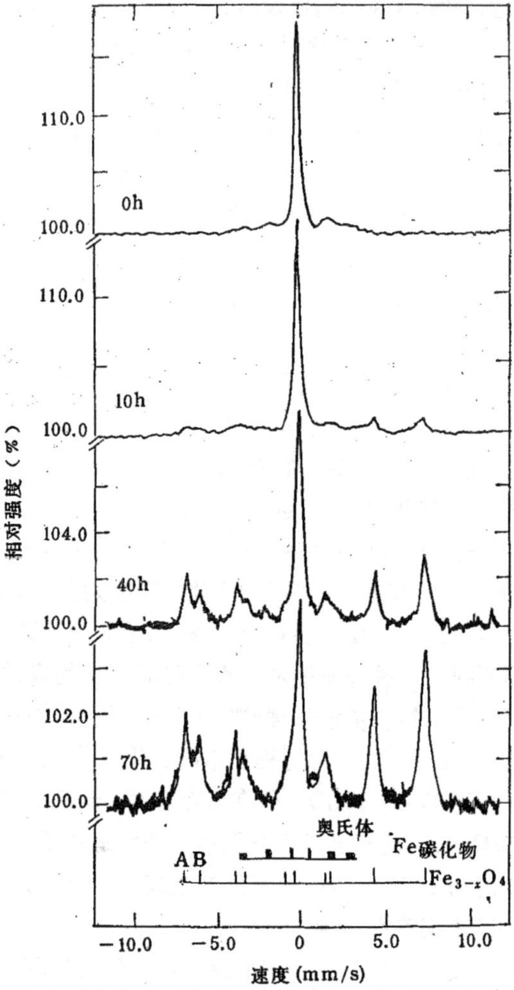

图 9.47　Ni-Cr 钢在常温下水中腐蚀的 ^{57}Fe 穆斯堡尔谱.
腐蚀时间从 0 至 70h 的变化.

107℃处理 17h 后，表面层全部是 $Fe_3(PO_4)_2\cdot 4H_2O$。因此认为薄的防腐层，二价铁与基底紧密相联，使其易稳定。如防护层过厚，则容易出现三价氢氧化铁，使防腐层脱落。

我国学者用穆斯堡尔研究发电站水管中的腐蚀产品，为防止腐蚀提供基本数据[160]。

§9.8 穆斯堡尔效应与催化

穆斯堡尔效应在化学方面的应用中，用在催化和催化剂的研究上占有较大的比重，其原因是因为原位穆斯堡尔测定可以提供反应过程中催化剂的穆斯堡尔元素的价态及化学环境等信息，而这往往是许多其他方法难以获得的，而又是与人们企图努力揭开的"催化黑箱子"密切相关的．特别近年来在某些体系中，穆斯堡尔测定与其他方法相结合，有效地解决了某些催化剂制备的基础难题，给催化研究工作带来了很大的鼓舞。另一方面，穆斯堡尔效应以其极高的能量分辨本领，以及测试技术上的多样性、灵活性，广泛应用于多种催化体系，获得了多种多样的信息。

9.8.1 助催化剂或添加物作用的考察

应用 ^{99}Ru 穆斯堡尔效应考察了汽车尾气净化催化剂 Ru/Al_2O_3，发现在制备时加入 BaO，会使催化剂稳定性得到改善，其原因是因 BaO 与 RuO_2 生成了 $BaRuO_3$，见图 9.48(a,b)。该催化剂经过使用以后，其稳定性下降．表明失活过程是 RuO_2 从 $BaRuO_3$ 中离析出来了[图 9.48(c)]．经过 158h 使用后，测得的穆斯堡尔谱，其同质异能移位为零，表明 RuO_2 已还原为金属钌[图 9.48(d)]．此时催化剂必须予以再生[161]．

Sn-Sb 氧化物催化剂是丙烯制丙烯醛的有效催化剂，该催化剂的性能与该混合氧化物的组成、焙烧温度以及焙烧时间等制备条件密切相关，但对催化剂的物化性质及活性中心的了解还较少．Berry 等对一系列不同组成的 $Sn_{1-x}Sb_xO_2$ ($x = 0—0.83$)，进行 ^{119}Sn 及 ^{121}Sb 穆斯堡尔谱和顺磁共振、高压电镜及 X 射线衍射等考察。发现在所有条件下，Sn 都是 4 价，而 Sb 则不同。当 $x>0.1$，并在高温长时间焙烧的样品中，除制备时加入的 Sb(V) 外还出现了 Sb(III) 的谱线。按照其参数 Sb(III) 很可能是富集在

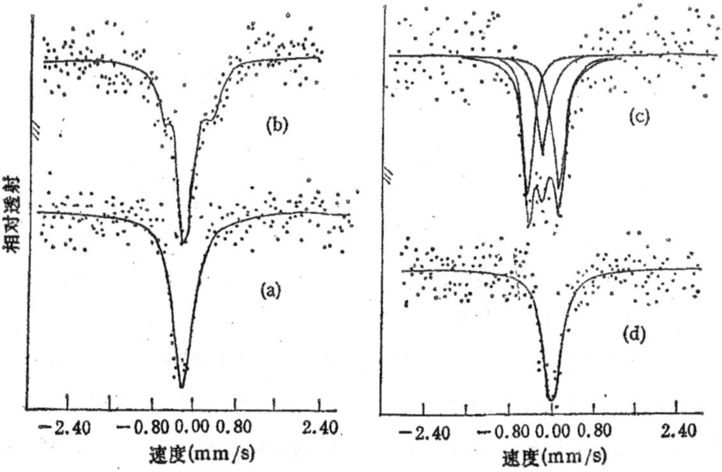

图 9.48　Ru/Al_2O_3 催化剂的 ^{99}Ru 穆斯堡尔谱(相对于金属钌).
(a) $BaRuO_3$;　(b) $4\%Ru/Al_2O_3 + 12\%BaO$;　(c) 样品(b)使用 10h 后;
(d) 样品 (b) 使用 158h 后.

Sb(V)-Sn(IV) 固溶体的表面上。作者认为，活性中心是由表面 Sb(III) 及其近邻 Sn(IV) 构成的。同时，晶格氧以表面 O_2^- 空穴的形式参与了催化过程[162,163]。

与此类似的还有丙烯氨氧化催化剂和异丁酸氧化脱氢催化剂，它们分别为 Fe-Sb 体系和 Fe-Pb 体系，我国有人曾用穆斯堡尔谱进行过研究[164,165]。有人提出锑酸铁是表面的主要提供者[183]；通过穆斯堡尔谱和光电子能谱的联合考察，认为 $FeSbO_4$,Sb_2O_4 和 $FeSb_2O_6$ 的混合物组成活性中心，且 Sb/Fe 的最佳比值为 3。甲苯选择氧化 Fe-Mo 系催化剂，丁烯氧化脱氢 Fe-Zn 系催化剂，通过穆斯堡尔效应，考察其物相与催化性能。前者测得，当 Fe/Mo 比值为 0.29 时，其活性和选择性均最佳。后者认为，尖晶石 $ZnFe_2O_4$ 为主要活性相，$ZnFe_2O_4$ 与 α-Fe_2O_3 两物相共存时有利于催化活性的稳定。

有关合成氨催化剂的穆斯堡尔谱表征也有不少研究，其中球形催化剂的低温活性和耐热性好，均与其有较多的 $Fe_{1-x}O$ 物相

和较多 Ae^{3+} 留于晶格中有关[165]。添加混合稀土作助剂的合成氨熔铁催化剂，其维氏体含量有明显的增加[166]。

对合成氨催化剂中防止铁半熔的结构助剂 Al_2O_3 的形态和位置曾有过一段争议。早期的工作表明，催化剂还原后为 α-Fe 相，其中表面 α-Fe 被部分 Al_2O_3 覆盖着。后来X射线衍射测得，谱线变宽，提出另一部分 Al_2O_3 主要以 $FeAl_2O_4$ 微晶形态存在于 α-Fe 的体相中。Topsøe 利用穆斯堡尔谱考察此催化剂，发现事实并非如此[167]，因为若 $FeAl_2O_4$ 存在于 α-Fe 的体相，则 α-Fe 中 Fe-Fe 偶合应受到影响，从而表现为 α-Fe 谱的内磁场减小。但实测 α-Fe 的内磁场并没有变化，也没有出现四极分裂谱，从而否定了有 $FeAl_2O_4$ 晶相存在的论点。但穆斯堡尔谱结果并不排斥有小于 30 Å 的 $FeAl_2O_4$ 原子簇存在的可能。于是仔细研究了该催化剂的还原过程的穆斯堡尔谱，表明在还原的初期，确实观察到有 $FeAl_2O_4$ 的微晶超顺磁双线谱。但经过长时间还原后，超顺磁谱消失了，全部还原为 α-Fe，因此可判断出 Al_2O_3 是以 30 Å 大小的微晶包在 α-Fe 的内部。对X射线观察到的谱线增宽可解释为是由于 Al_2O_3 包裹在 α-Fe 体相内产生的应力而造成的。

9.8.2 表征催化剂的金属分散度

磁分裂现象在催化研究中常用以考察金属的分散度。当磁性铁的颗粒由大变小时，其穆斯堡尔谱由六线谱变为超顺磁谱。Kündig 曾作过一个很好的实验。当 α-Fe_2O_3 的颗粒平均直径小于 100 Å 时，谱线为超顺磁性给出的四极分裂双线，见图 9.49(a)。粒径增大，双线谱减少，磁分裂六线谱增加。图 9.49(b, c)。当平均颗粒度增大到 180 Å 时，则已基本上为六线谱，与体相没有什么差别了，图 9.49(d,e)。作者曾对此给出理论阐述，以及测定平均颗粒度的公式和方法[168]。我国学者在考察两种性能不同的水煤气变换反应 Fe-Cr 系催化剂时发现，表面积大的催化剂，铁物类粒径小，超顺磁谱的比例大，助剂 Cr 更多地进入 Fe_2O_3 的晶

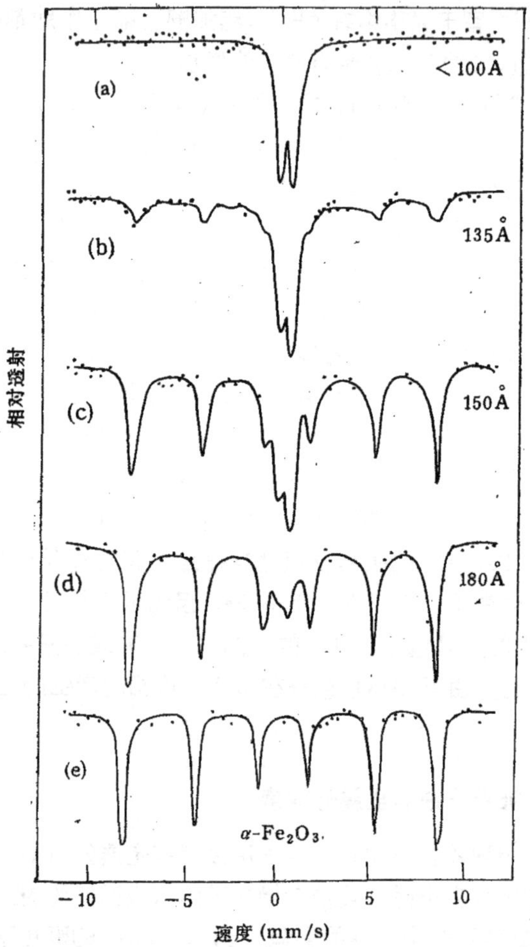

图 9.49 α-Fe_2O_3 粒径变化时的 ^{57}Fe 穆斯堡尔谱(相对于金属铁).

格。这些都对催化剂活性提高有一定影响[169].

用不同方法制备了两种 Fe/γ-Al_2O_3 水煤气变换反应催化剂，通过在不同温度下穆斯堡尔谱中超顺磁谱和磁性六线谱的变化，按文献[191]给出的方法和公式，计算其平均粒径，与电镜测定值吻合，同时表明 pH 值对铁物类的粒径有明显影响.

9.8.3 研究金属与载体的相互作用

$Pt\text{-}Sn/\gamma\text{-}Al_2O_3$ 催化剂是 70 年代国际上发展的一类性能优越的脱氢或重整催化剂，已广泛用于工业。我国学者曾用穆斯堡尔谱研究脱氢催化剂[170]及重整催化剂[197,198]。研究结果虽因制备方法不同及反应不同而有各自的规律。但也有两点共性。即担载在 Al_2O_3 上的锡不易还原，而铂可促进锡的还原；催化剂中锡的物类及价态比较复杂，包括 Sn^{4+}, Sn^{2+}, Sn^0 及 Pt_xSn_y 合金等物类，它们的比例又随制备条件、Pt-Sn 比值及活化条件不同而异。这一结果比文献 [173] 中所述的用还原氢消耗的化学计量得到的结论（锡呈单一的 Sn^{2+}）已前进了一步，也说明穆斯堡尔谱、特别是原位穆斯堡尔谱，对于复杂体系中金属物类氧化态的确定特别有效。文献 [195, 200] 介绍了对络合法 $Pt\text{-}Sn/Al_2O_3$ 催化剂，通过穆斯堡尔参数无反冲分数的信息，首先提出了在 Al_2O_3 载体上 Pt, Sn 呈有序构型的论点。正是这种有序结构生成了有利于脱氢反应的活性中心，而抑制了加氢裂解副反应的发生。后者往往需要有多个铂原子构成的活性中心。

借助于对穆斯堡尔谱的考察，对于铁盐交换的分子筛中铁的价态、位置以及其化学环境、配位数、自旋态、与周围骨架结合之强弱等，已经得到了许多重要的信息[175-178]. 在丝光沸石、Y 型和 A 型分子筛中交换 Fe^{2+}，穆斯堡尔谱测得两组以上双线谱，表示 Fe^{2+} 占据着两种以上位置. 脱水后谱峰面积都增大，这是由于脱水使 Fe^{2+} 与晶格之间的键增强了. 比较 Y 型、丝光沸石和 A 型分子筛中 Fe^{2+} 谱峰面积随温度的变化，计算出相应的德拜温度、定性地反映 Fe^{2+} 与 Y 型分子筛晶格的结合比另两种分子筛的结合都强。与之相反，上述 Fe^{2+} 分子筛如吸附 NH_3 后，Fe^{2+} 的谱峰面积将减小。表明氨或水都可使 Fe^{2+} 与晶格的结合变弱.

在不同的温度下或不同的抽真空时间内，对 Fe^{2+}-A 分子筛进行脱水。脱水使 Fe^{2+} 的化学环境发生变化，Fe^{2+} 峰的同质异能移位和四极分裂也随之发生变化。如图 9.50 所示。未脱水前，

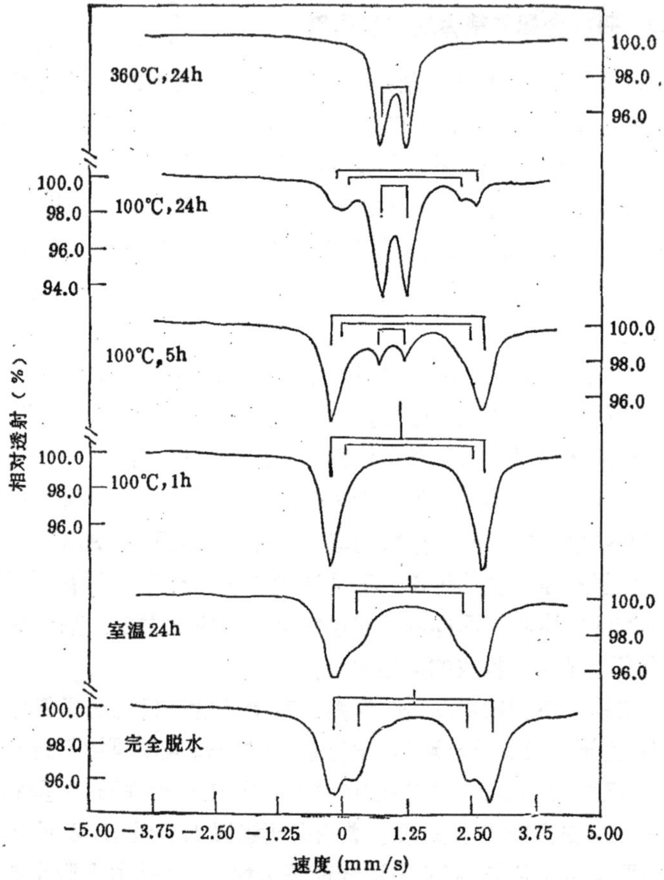

图 9.50 Fe^{2+}-A 分子筛脱水过程的穆斯堡尔谱图(相对于金属铁).

四极裂距大的外双线占主要成分,它由三个骨架氧和三个 OH 基组成六配位的 Fe^{2+}, 在经过长时间脱水后 (如 100℃、24h),外双线基本消失,四极分裂小的内双线成为主要成分,它是和三个骨架氧成三配位的 Fe^{2+}[179].

文献 [180] 介绍了对交换法制备的 Fe^{3+}-Y 分子筛进行了穆斯堡尔谱研究。和已被广泛研究的 Fe^{2+} 分子筛催化剂类似,Fe^{3+} 占据两种化学环境.一组四极分裂双线的Δ值为 0.94—1.06mm/s;

另一组双线Δ值为 0.54—0.60mm/s，与Y分子筛结构位置的理论电场梯度值比较，得出这 Fe^{3+} 占据的位置很大可能是 β 笼中的 *SII'* 位和六角棱柱笼的 *SI'* 位。原位穆斯堡尔谱还发现抽真空脱水，一部分 Fe^{3+} 还原为 Fe^{2+}，后者也占据两种铁位置。此外，抽空脱水还产生一种新双线谱，它的常温参数为 $\delta = 0.86$ mm/s $\Delta = 0.74$mm/s。作者证实，这种新双线既不是原已存在的物类，也不是低自旋态，而是高自旋的 $Fe^{\#}\text{-}O\text{-}Fe^{\#}$（其中#介于2—3）。

将金属担载在担体上是工业上广泛应用的一类催化剂。实践证明，担体不仅提供需要的表面积和合适的孔结构，还可对催化剂的性能起调变作用，但调变作用的实质还远远没有被人们所认识和掌握。1964 年 Flinn 将 Fe^{3+} 盐浸在 Al_2O_3 及 SiO_2 上，首先考察担载铁盐的穆斯堡尔谱。他发现，当担载量较小时，在氢中还原至 800K，Fe^{3+} 仍只能被还原至 Fe^{2+}，而未担载的 α-Fe_2O_3 在 600K 时已全部还原为 Fe^0[162]。这是最早用穆斯堡尔谱明确表征金属与担体相互作用的一个常被引用的例子。其后，这类金属与担体相互作用的现象已被揭示，并广泛存在于众多的催化剂体系中[174,183]。

利用穆斯堡尔谱和高分辨电子显微镜相结合考察费·托（Fischer-Tropsch, F-T）合成铁催化剂，结果表明，铁与担体的相互作用可分解为担体对铁物类的分散效应和担体与铁物类的化学相互作用效应。分散效应使相同条件下制备的催化剂是有不同的金

表 9.32　不同担体上铁物类的分散度（以平均粒径 $\bar{d}$ 及六线谱%表示）和还原度［以穆斯堡尔谱中 Fe^0（%）表示］

编号	项　目	Fe-γ-Al_2O_3	Fe-AC*	Fe-SiO_2-2	Fe-SiO_2-1
a	六线谱面积(%)	0	19.0	31.6	84.0
	电镜测定 $\bar{d}$(Å)	35	55	80	120
b	还原度 Fe^0(%)	23.8	64.8	18.5	53.1

* AC 为活性炭。

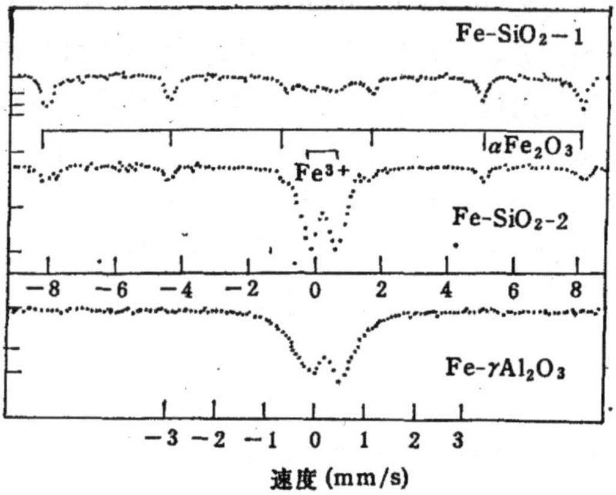

图 9.51 不同分散度的 Fe 担体催化剂的穆斯堡尔谱(相对于 α-Fe).

属分散度. 见表 9.32 编号 a 及图 9.51，而化学相互作用效应则导致不同的还原度，见表 9.32 编号 b 及图 9.52[182].

程序升温还原（TPR）和原位穆斯堡尔谱结合，明确指出 Fe/AC 催化剂的 TPR 中四个峰表示下列还原步骤(见图 9.53).

(1) α-$Fe_2O_3 \longrightarrow Fe_3O_4$; (2) $Fe_3O_4 \longrightarrow Fe^{2+}$; (3) $Fe^{2+} \longrightarrow Fe^0$; (4) $Fe^{3+} \longrightarrow Fe^0$. 每一还原步骤的起始温度，以及各步骤的相对速度都因担体不同而各异. 特别感兴趣的是步骤(4)，它发生在相当高的温度(例如 1000K 附近)，还原度产物为高分散的零价铁 Fe(x)，其同质异能移位为负值. 以上信息说明活性炭表面是不均一的，活性炭与铁物类之间存在着相当强的化学键，只有当温度高到足以断裂这些键时，还原反应才得以进行到底.

Murrell 用原位穆斯堡尔谱考察氧化钛和氧化硅两种担体上的铁物类与担体相互作用的实质. 他用 Flinn 类似的方法[149]，将 Fe^{3+} 盐浸于 TiO_2 上，控制 Fe^{3+} 的量，使其在 500℃ 经氢还原后全部 Fe^{3+} 都稳定在 Fe^{2+}，没有出现 Fe^0. 继之将此体系浸渍氯铱酸溶液，然后再在 500℃ 还原. 结果铱与由 Fe^{2+} 标记的 TiO_2 表面上的配位不饱和中心相互作用，使 Fe^{2+} 还原为 Fe^0，从而得到了原子水平级高分散的 Ir-Fe 双金属物类. 这项研究巧妙地利

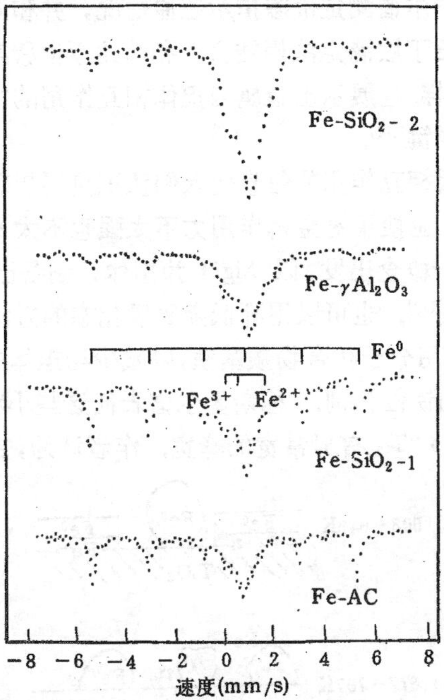

图 9.52 425℃, H_2, 8hr Fe-AC, Fe-SiO_2-1, Fe-SiO_2-2 及 Fe-γ-Al_2O_3 的原位穆斯堡尔谱,各谱中金属 Fe 六线谱所占面积%列于表 9.32 编号 *a* 中.

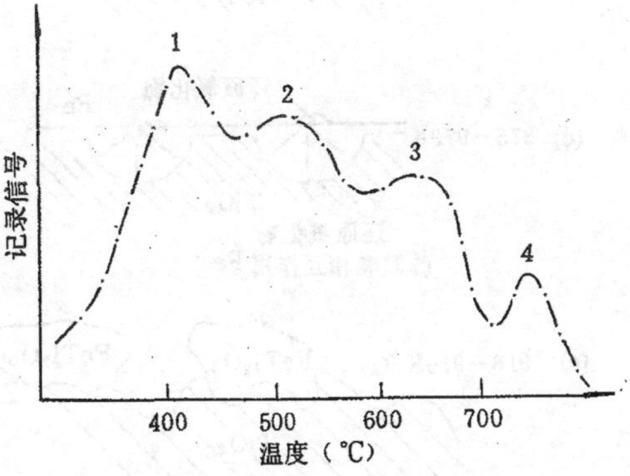

图 9.53 Fe/AC 的 TPR 图.

用了原位穆斯堡尔谱测定价态指示还原情况，并和测定表面配位不饱和中心的正丁胺滴定法相结合。和前述原位穆斯堡尔谱和TPR相结合一样，也展示出金属与担体相互作用的实质是形成了某种类型的化学键[183]。

担体与金属相互作用的信息使人们认识到要想获得高分散的金属态催化剂，应使用对金属作用力不太强也不太弱的担体。Dumesic从这一概念出发，以MgO为担体，制备出粒径为20Å的合成氨催化剂[20]。也可以用降低金属氧化态的方法达到此目的，如phillips用分子化合物羰基铁，以减少与担体的作用力，也制备出高分散的铁催化剂。穆斯堡尔谱表征这些小粒径的Fe^0的内磁场略小于33.0T，有异常宽的峰宽。作者认为，它是担载在石

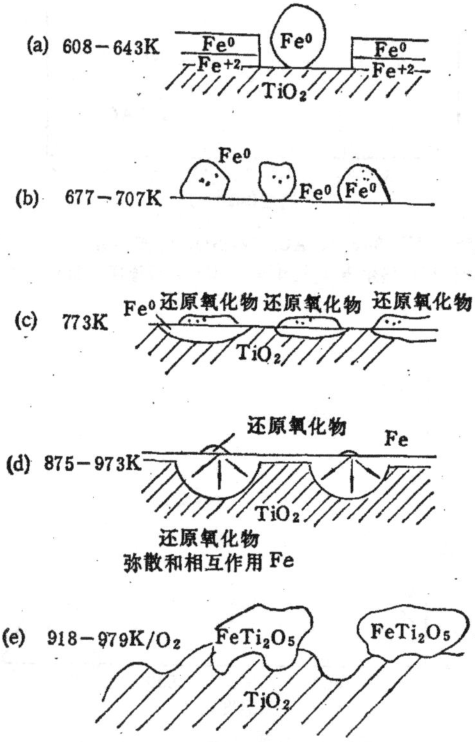

图9.54 Fe/TiO_2 电镜观测示意图。

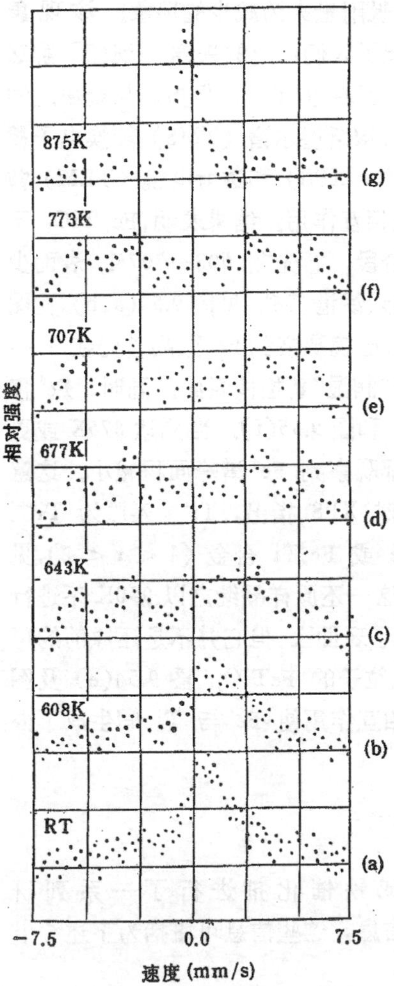

图 9.55 Fe/TiO₂ 的穆斯堡尔谱.

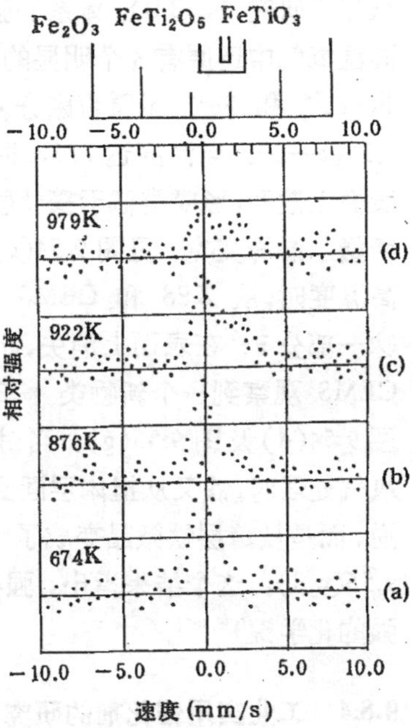

图 9.56 Fe//TiO₂ 氧化后的穆斯堡尔谱.

墨担体的稜边上，形成了具有一定方向的筏状物. 其同质异能移为正值，表明金属与担体之间有电子转移[185].

至于金属与担体强相互作用（SMSI）的研究，它是铂及第八族过渡金属载于二氧化钛或类似的可被还原的氧化物上，经高温还原后，表现出 H_2（或 CO）吸附量大为减少的现象．该现象1978年由 Tauster 提出后引起了人们广泛的兴趣．现已了解这一现象同时伴随着担体中 Ti^{4+} 还原为 Ti^{3+}．但担体与金属之间键的性质还了解得很少．透射式穆斯堡尔谱（TMS）、转换电子穆斯堡尔谱（CEMS）、光电子能谱（XPS）和透射电镜（TEM）曾被用于研究 Fe/TiO_2 体系的强相互作用．结果表明，Fe/TiO_2 于高温氢气中还原有3个明显的阶段．首先在 608—707K，表面少量 Fe^{3+} 和 Fe^{2+} 还原为磁分裂六线谱 Fe^0，见图 9.54(a,b) 及图 9.55(a—e)．当温度达 773K 时，电镜观察到 Fe^0 微晶首先在 TiO_2 表面上散开，形成类似于筏状物"润湿"着担体表面．同时，Fe^0 穆斯堡尔谱峰变宽，见图 9.54(c) 和图 9.55(f)．当到达 875K 或更高温度时，从 XPS 和 CEMS 都观察到 Fe^0 谱峰面积减小．这意味一部分 Fe^0 在表面上消失，此时 XPS 指出，Ti^{4+} 还原为 Ti^{3+}，CEMS 观察到一个新物类 γ-Fe 或 Fe_xTi 合金（$1 < x < 2$），见图 9.54(d) 及图 9.55(g)．当对这一还原样品继之以 950K 下进行氧气处理时，铁又从担体层回到了表面上，但它并不是还原前的可逆，而是从薄层铁微晶变成了大粒子的 $FeTiO_5$，图 9.54(e) 及图 9.56(c,d)．这个结果指出，强相互作用使 Fe 与 Ti 间生成了很强的化学键[186,187]．

9.8.4 工业实用催化剂的研究

原位穆斯堡尔谱对费托合成铁催化剂进行了一系列研究[188—190]，得出了不少有价值的信息，这些信息可概括为下述5个方面：

（1）多数担载型铁催化剂，经氢还原后主要物相为金属铁[190—191]．而反应活性与 Fe^0% 有平行关系，从而认为金属铁是反应的初始活性相．

（2）在多数情况下，还原后的表面 Fe^0 相当活泼，常温下能氧化为 Fe^{3+}．

（3）在 CO 加氢反应中，用原位穆斯堡尔谱进行检测，揭示出反应开始时初始活性相 Fe^0 被迅速碳化，生成碳化铁(如 Fe_xC，ϵFe_2C，$\epsilon' Fe2.2$ 及 χFe_5C_2)。

(4) 不同碳化铁的生成不仅与催化剂的制备条件和活化条件有关，而且还在很大程度上决定于反应条件[192,193]。

(5) 关于碳化铁是否为活性相的问题，已有一些肯定或否定的数据，有待做更多的实验予以阐明[194—196]。

在铁催化剂中加入第二组元M(多数是第八族过渡元素)，催

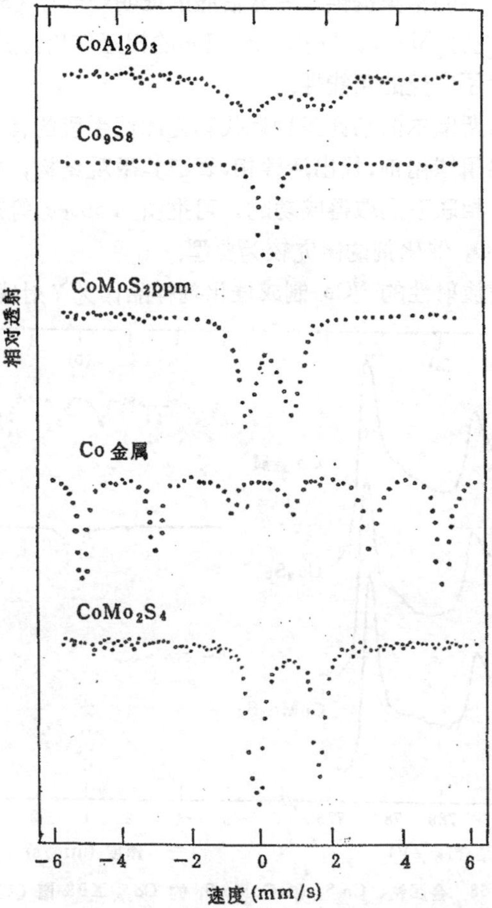

图 9.57 Co-Mo-Al_2O_3 催化剂中各种物相的 ^{57}Fe 穆斯堡尔谱(相对于金属铁)。

化剂的费托合成性能既不同于铁，也不同于第二组分．穆斯堡尔谱(特别是原位测定)能感知第二组元对铁核处化学环境的变化．钌是另一个常用的穆斯堡尔元素，因此 Ru-Fe 双组元的穆斯堡尔研究比较多．对双组元催化剂，目前已得出一些共同的初步规律．它们是：(1) 在担载型高分散双组元金属催化剂中，大多数情况下可生成 Fe-M 合金相，但 Ru-Fe/分子筛中没有发现合金相[197-199]；(2) M-Fe 合金的组成往往是不均一的，穆斯堡尔谱对铁在合金表相的富集提供了令人信服的证明[101,104]；(3) 双金属催化剂中，普遍有 M-Fe，M 担，Fe 担间的相互作用，为调变催化剂的性能提供了广泛的可能性．

原位穆斯堡尔谱与许多种近代物化测试手段的有机结合，应用于工业实用催化剂，找出活性相，表征其微观结构，并与催化剂的制备过程相联系而取得成功的，可推由 Topsøe 等对加氢精制 Co-Mo-Al_2O_3 催化剂的研究较为典型．

作者用放射性的 ^{57}Co 制成催化剂样品作为 γ 射线放射源，与

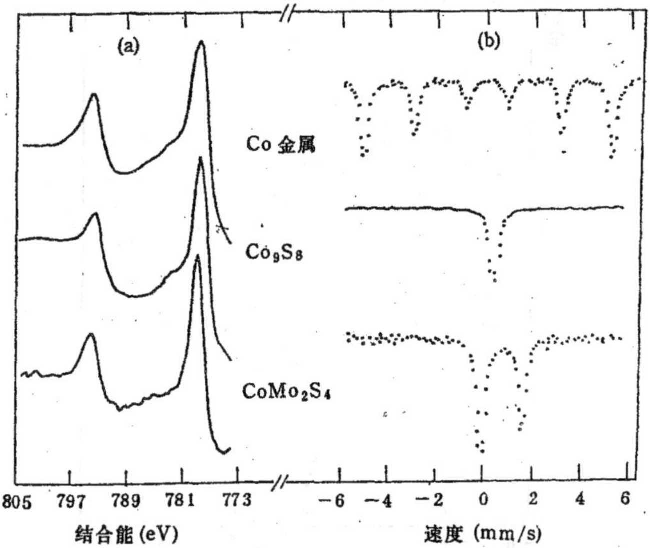

图 9.58 金属钴、Co_9S_8 和 $CoMo_2S_4$ 的 Co_{2p} XPS 谱 (a) 和穆斯堡尔谱(b)(相对于金属铁)．

标准吸收体共振，故称为 ^{57}Co 发射穆斯堡尔共振技术。由于穆斯堡尔谱的高的能量分辨本领，使催化剂在反应过程中可能生成的各种物相都可以明确地予以区别，如图 9-57 所示。而由 XPS 给出的相应的 Co_{2p} 谱线却相似得难以分辨[102]（见图 9.58），充分显示了穆斯堡尔谱学的优越性。从实践中人们早已认识到这类催化剂的活性与助剂钴的含量密切有关。但只是到近年才由穆斯堡尔谱学揭示出来，它是由于活性相的微观结构所要求的。正如图 9.59 所示，不同 Co/Mo 比时，催化剂中物相组成不同。在高 Co/Mo 比时，主要生成 Co_9S_8，为一条宽的单线谱[103]。另外，有一组强度不大的四极分裂双线，为 Al_2O_3 晶格中的钴[104]。在 Co/Mo 比较低时，有一组强度较大的双线谱，它是具有一定结构的 Co-Mo-S 物类。它类似于 MoS_2 的晶体结构，钴可能位于晶体的棱边，见示意模型图 9.60[105-107]。Co-Mo-S 物类组成催化剂复杂表面的一部分，它的结构是由原位穆斯堡尔谱、EXAFS，IR 和电镜联合分析确定的，结果还指出，催化剂中 MoS_2 大约以小于 10 Å 的晶粒存在[198]，Co 位于 MoS_2 的棱边，即位于硫原子密堆积层中的空隙位置上[200]。原位穆斯堡尔谱在这项研究中的重要作用在于，它可以在测定反应活性的同时测出催化剂在反应条件下的不同物相及其相对量，如图 9.61 所示。显然，Co-Mo-S 是主要活性相。它与 $Co\text{-}Al_2O_3$ 两物相的加和与

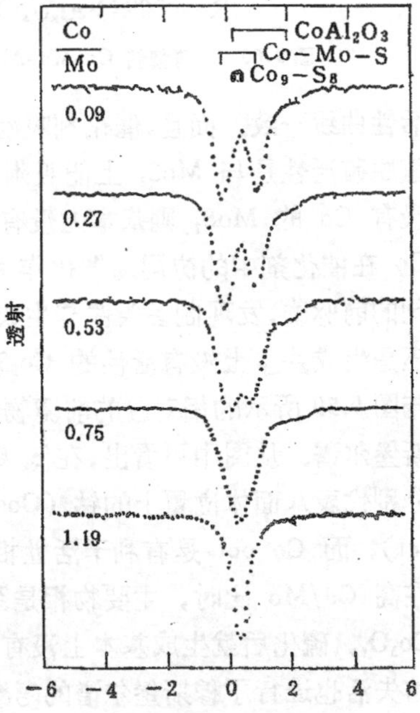

图 9.59 不同 Co/Mo 比时，硫化 $Co\text{-}Mo\text{-}Al_2O_3$ 催化剂的原位穆斯堡尔谱（相对于金属铁）.

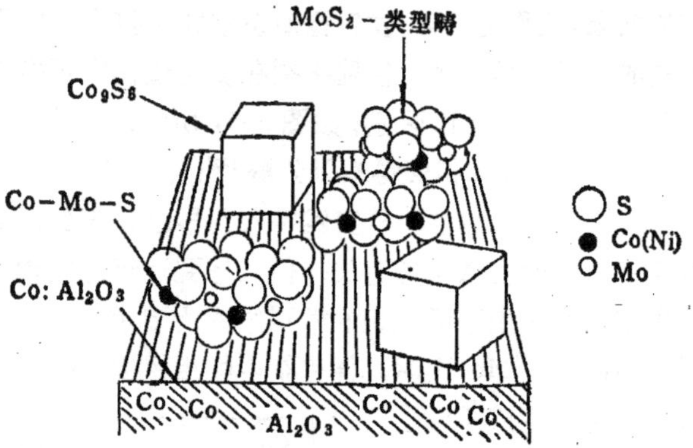

图 9.60 加氢精制 Co-Mo-Al_2O_3 催化剂的表面物相示意图.

活性曲线一致. 而且,催化剂吸附 NO 后的红外光谱测定说明加氢脱硫活性是与 MoS_2 上能吸附 NO 的 Co 中心相联系的,而没有 Co 的 MoS_2 则基本上没有活性[201]. 这就更清楚地说明了 Co 在催化剂中的协同助催化作用. 穆斯堡尔谱还用于考察催化剂的前驱物,发现制备条件与生成活性相(Co-Mo-S 及 Co/Al_2O_3)还是生成基本上没有活性的 Co_9S_8 密切相关. 图 9.62 所示的是与图 9.59 所示的相对应的前驱物(即催化剂的活化焙烧样)的穆斯堡尔谱. 从图中可看出,在低 Co/Mo 比时,两组四极分裂双线分别代表八面体位置上的钴(Co oct)和四面体位置上的钴(Co tet),而 Co oct 是有利于活性相 Co-Mo-S 生成的前驱物相. 在高 Co/Mo 比时,主要物相是图 9.62 所示由单线谱表征的 Co_3O_4,硫化后就生成基本上没有活性的 Co_9S_8. 对于催化剂的半熔失活也进行了穆斯堡尔谱的考察. 发现硫化温度过高,MoS^2 晶体长大,能容纳钴的位置减少,离析的钴就生成 Co_9S_8,导致活性降低甚至丧失[202]. 由此可见,对 Co-Mo/Al_2O_3 催化剂,原位穆斯堡尔谱对于在反应条件下的催化剂体相和表面相提供了丰富的信息. 穆斯堡尔谱已经成为研究催化的一种常用工具.

我国学者用原位穆斯堡尔谱对 Fe-Mo/Al_2O_3 加氢精制催化剂进行了研究后发现,Fe/Mo 比、担体量和催化剂的表面积都是

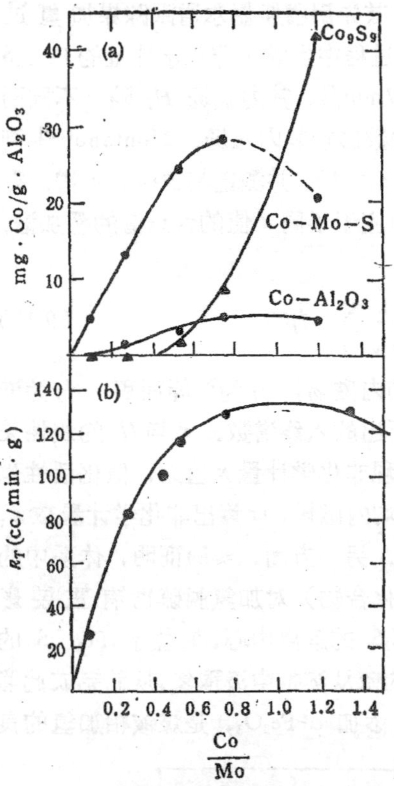

图 9.61 原位穆斯堡尔谱测定反应条件下各物相及相应的反应活性.

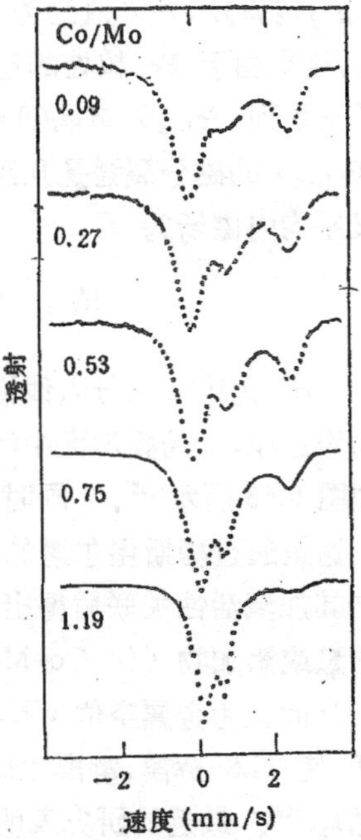

图 9.62 不同 Co/Mo 比时，Co-Mo-Al_2O_3 催化剂焙烧后的 ^{57}Fe 穆斯堡尔谱(相对于金属铁).

影响活性的因素. 催化剂硫化后出现的 Fe-Mo-S 相为活性相，而 $Fe_{1-x}S$ 相是不利于活性的[203].

煤的直接液化虽早在二次世界大战时期已在德国工业化，但其催化作用机制并不清楚. 这个工艺过程的经济效益很大程度上决定于氢消耗量，因此催化加氢机制的研究极为重要. 近年来，通过穆斯堡尔谱的研究，对此已大大前进了一步.

70 年代以前，人们认为硫铁矿或黄铁矿中的 Fe_7S_8 和 FeS_2

是煤液化的活性相．Jacobs[204] 首先用穆斯堡尔谱跟踪煤加氢过程，发现硫铁矿（FeS_2）在反应过程中生成了非化学计量的 $Fe_{1-x}S$（例如 $Fe_{0.9}S$）．其 δ 值约为 0.7mm/s，其内磁场 H_i 随 x 不同而不同，这是由于 Fe 核处的空穴数影响其内磁场．Montano[205] 制备了一系列 $Fe_{1-x}S$ 单晶($0\leqslant x\leqslant 1$)，并测定其穆斯堡尔谱．得出 $Fe_{1-x}S$ 的磁分裂谱是几组对应于不同 x 值的六线谱的叠加谱．定义平均内磁场为

$$H_{i(Av)}=\frac{1}{A_0}\sum_{t}A_iH_i, \tag{9.17}$$

其中，H_i 为第 i 组分六线谱的内磁场，A_i 为该峰面积，A_0 为谱峰面积总和，t 为叠加谱中解析出的六线谱数．x 与 H_i 的线性关系如图 9.63 所示[205]． 同时发现非化学计量 x 值大，催化活性也高．这是通过穆斯堡尔谱的平均内磁场，计算出非化学计量数 x，并与其加氢活性关联后得出的．另一方面，实验证明，体系中的硫含量或添加物（如 Co-Mo 化合物）对加氢脱硫也有重要影响，从而认为金属空位 x 是 H_2S 的解离中心，它位于 $Fe_{1-x}S$ 的表面，使 H_2S 解离，解离生成的硫从溶剂中汲取氢，从而完成此催化循环[217]．最近的研究表明，添加 α-Fe_2O_3，是煤液相加氢的良

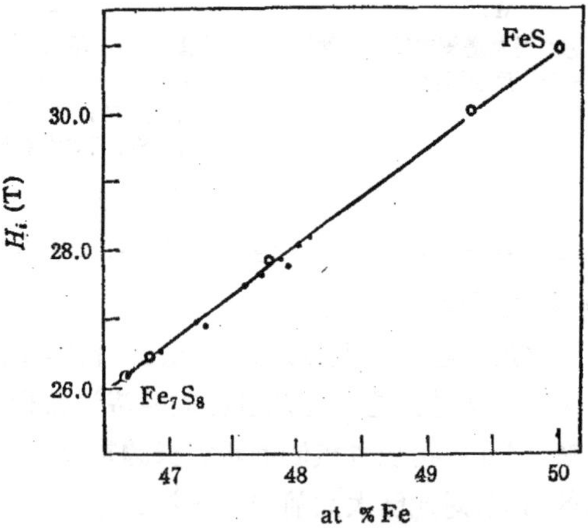

图 9.63 $Fe_{1-x}S$ 中 Fe 原子百分数与内磁场 H_i 呈线性关系。

好催化剂，经穆斯堡尔谱考察证明乃是细粒子的 α-Fe_2O_3 能生成高分散的并有更多空穴的 $Fe_{1-x}S$。参见图 9.64[208]。穆斯堡尔效应还揭示，正是这种非化学计量的 $Fe_{1-x}S$，具有在煤液化过程中同时脱除硫及重金属的催化活性[209]。

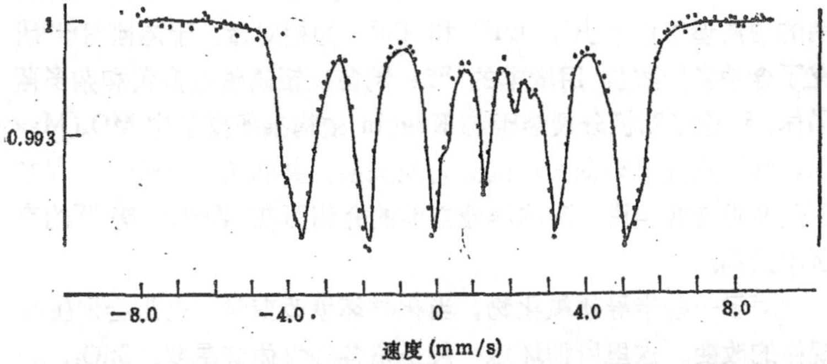

图 9.64 加入 α-Fe_2O_3 后，硫铁矿的 ^{57}Fe 穆斯堡尔谱(相对于金属铁)。

以上仅为穆斯堡尔效应应用于催化的少部分例子。说明无论对体相催化剂还是高分散的担载型催化剂，穆斯堡尔效应与其他测定方法相结合，对于催化过程的了解，确定活性物种，以及制备催化剂的科学基础都是非常有用的。它不仅对于基础研究，而且已直接参与实用催化剂的开发研究。

§9.9 进展情况*

穆斯堡尔谱学在化学中的应用是极为广泛。Long[211]，Long 和 Grandjean 的巨著对这方面已作了相当全面的总结。这里所指的化学应广义地理解。像永磁材料、离子注入、金属玻璃等都在论述范围之内。对于 ^{57}Fe 和 ^{119}Sn 以外的穆斯堡尔核素的效应及应用都有材料丰富、分析深入的总结。我国学者在这方面的研究也是颇有成效的。王序昆和张经坤等[212]研究 Fe-Sn-Fe 有机金

* 本节为马如璋所撰写。

属化合物. 在 $[(\pi\text{-}C_5H_5)Fe(CO)_2]_2Sn(X)(Y)$ 中变换 X, Y 基团. 结果表明, Fe-Sn 之间不存在 π 相互作用. 化学移位表明 Fe 的价态是 Fe(II), 而锡却在 Sn(IV) 和 Sn(II) 之间, 锡多为四配位的. 石春山等[213]在研究氟化铕中铕离子价态高温转变的动态过程中,把 MS 与 XPS, XRD, 高温光谱、高温 X 射线联合应用, 铕的穆斯堡尔谱给出了 Eu^{2+} 和 Eu^{3+} 的相对量. 于志刚等[214]研究了含铁多杂酸盐,用增丰的 ^{57}Fe 制备成钼磷铁杂多黄和杂多蓝晶体. 讨论了四极分裂裂距与 Keggin 结构杂多离子中 MO_6(M=Fe, Mo) 八面体畸变大小间的对应关系, 并认为 Mo-O-Fe 存在着反铁磁交换作用. 冷冻溶液方面的介绍可在 Vertes 等[215]的专著中找到.

对于一些半导体氧化物, 当化学环境改变时, 电阻会发生有规律的改变. 这里所谓环境一般是指各种气体或温度. SnO_2, α-Fe_2O_3、γ-Fe_2O_3 以及掺入一些其他杂质的化合物的这种化学敏感性质可以利用穆斯堡尔谱学来研究. Nomura[216] 利用热解喷溅法制备了 Ni-Sn 和 Mn-Sn 氧化物薄膜, 把 CEMS 参数与这些化合物对一些不可燃气体的敏感参数作了联合分析, 以便找出气敏机理. 袁波,朱俊杰等[217]在陶瓷片上真空镀膜,得到 ZnO 与 SnO_2 重叠的复合层, SnO_2 的厚度有多种; 或者在 SnO_2 中掺入 Sb; 用 CEMS 法测谱. 结果表明, 锡的存在状态可以表为 SnO_2 和 $ZnSnO_3$, 没有 Sn^{2+} 存在;有一个合适的掺 Sn 量,灵敏度最好. 聚乙烯/氧化铁对温度具有敏感性[218]. 宋小平等研究了 γ-Fe_2O_3 的气敏机理, 对在空气中和在酒精气氛中所测得的穆斯堡尔谱进行了比较, 表明在还原性气氛中部分 γ-Fe_2O_3 转变为电阻率低的 Fe_3O_4. 张道元等研究了纳米晶体 SnO_2 的表面层和粒子内部 Sn 的状态差别, 表面 Sn 的四极分裂较小. Przybylski 等[219]对超薄膜的结构和磁性作了简短的评论.

催化剂研究中穆斯堡尔谱学可以在以下几个方面提供有用信息: 相的识别、氧化态的确定、结构信息、粒子大小的估计和块体转变的动力学过程[220]. 我国用穆斯堡尔谱学研究催化剂的工作开展得比较广泛。例如大连化学物理研究所建立了原位穆斯堡尔样品室[222]，章素等[223]用它研究了担载型费托合成催化剂的制备过程，对于浸渍铁盐的选择，含铁物与担载体的相互作用等，给出了有用的信息。房廉清等[224]对 Pt-Re-Sn-K/Al_2O_3 系的研究表明，Pt 与 Sn 相互作用生成 Pt_xSn_y 原子簇和活性物类，这种活性物类生成的多少与金属原子间的相互作用有关，这种原子簇在脱氢催化中是重要的。沈伶一等[225]较详细地研究了 Fe/Ac（Ac 为活性碳）Fe-K，Fe-Mn/Ac 催化剂的恒温还原和碳化性质。活性碳载体能使 Fe^{3+} 更稳定而不易还原。0.2% Fe/Ac 在 500℃ 氢气中还原 18h 后生成有磁分裂的金属铁和无磁分裂的超顺磁性金属铁，后者的同质异能移位为 0.37mm/s，表示铁和活性碳载体间有电子转移。Fe-Mn/Ac 催化剂 [α-$(Fe_{1-x}Mn_x)_2O_3$ 和没有充分脱水的铁-锰氧化物]中的锰、活性碳与铁相互作用，使 Fe^{3+} 相对稳定而难以还原到 Fe^0，即使在 500℃ 氢气中，处理 8h 仍有相当大数量的 Fe^{3+} 和 Fe^{2+}。在 300℃ 合成气（H_2/CO = 2）中，碳化剂为：当铁的粒径约为 30Å 时，生成 ε'-$Fe_{2.2}C$，粒径在 70Å 左右时生成 ε-Fe_2C，而大于 200Å 时生成 x-Fe_5C_2。助剂K和 Mn 不影响生成的碳化铁的种类，但锰可延缓铁的碳化。黄止而等[226]用合成沉淀法制作了 Fe-Cu-K 和 Fe-Cu-K-Si 催化剂，Si 明显能起到分散和稳定铁晶粒的作用。他们研究了 CEMS 与透射法所得结果的可比性，结果表明，催化剂的表面和体内的铁化学形态及化学环境是近似的。张惠良等[159]研究了由甲苯氧化剂甲醛用的 Fe-Mo 催化剂，反应后生成 β-$FeMoO_4$ 量较多、催化活性较好，在 450℃ 空气中氧化 β-$FeMoO_4$ 又变为 $Fe_2(MoO_4)_3$；即催化剂样品中的 $Fe_2(MoO_4)_3$ 在甲苯氧化和氧作用下交替的进行着生成 β-$FeMoO_4$ 和再氧化为 $Fe_2(MoO_4)_3$ 的氧化还原过程。李淑芳等[21]分析了 Sb-Fe 催化剂在丙烯氨氧化中的作用机理，认为催化作用取决于 $FeSbO_4$，$FeSb_2O_6$ 和 Sb_2O_4 的协同作用，$FeSb_2O_6$ 是活性中心。

在催化剂的研究中，X光光电子谱（XPS）和 X 射线衍射

(XRD) 用得最多。MS 与其它方法配合,提供有特点的信息。当颗粒细小时,X射线衍射在相分析方面常会遇到困难,而穆斯堡尔谱方法却可以给出一些有益的结果和重要的信息。

参 考 文 献

[1] O. S. Kistner, A. W. Sunyar, *Phys. Rev. Lett.*, **4**, 229(1960).

[2] В. И. Гольданский, ЭФФЕКТ МЁССБАУЭРА И ЕГО ПРИМЕНЕНИЯ В ФИМИИ, ИЗДАТЕЛЬСТВО АКАДЕМИИ НАУК, СССР (1963).

[3] V. I. Goldenskii, R. H. Herber eds., Chemical Application of Mössbauer Spectroscopy, Academic Press, New York (1968).

[4] G. M. Bancroft, Mössbauer Spectroscopy, An Introduction to Inorg. Chemists and Geochemists, McGraw-Hill (1973).

[5] V. G. Bhide, Mössbarer Effect and its Applications, McGraw-Hill (1973).

[6] U. 贡泽尔编著,徐英庭、李哲、李国栋、应育浦译,穆斯堡尔谱学,科学出版社(1979).

[7] T. C. Gibb: Principles of Mössbarer Spectroscopy, Chapman and Hall (1976).

[8] I. J. Gruverman ed, Mössbarer Effect Methodolog, **1—10**, Plenum Press (1965—1976).

[9] A. vértes, L. Korecz, K. Burger, Mössbauer Spectroscopy, Elsevier Company (1979).

[10] 马如璋编,穆斯堡尔谱学手册,冶金工业出版社(1993).

[11] G. K. Shoney, P. E. Wagner, eds., Mössbauer Isomer Shift, North Holland (1978).

[12] P. Gütlich, R. Link, A. Trautwein, Mössbauer Spectroscopy and Transition Metal Chemistry, Springer-Verlag, (1978).

[13] G. J. Long eds., Mössbauer Spectroscopy Applied to Inorg. Chemistry, Plenum Publishing Corp. (1984).

[14] R. H. Herber, ed., Chemical Mössbauer Spectroscopy, Plenum Press (1984).

[15] D. P. E. Dickson F. J. Berry eds., Mössbauer Spectroscopy, Cambridge Univ. Press (1986).

[16] N. N. Greenwood, T. C. Gibb, Mössbauer Spectroscopy, Chapman & Hall (1971).

[17] K. Burger, I. T. Miller, D. W. Allen, Coordination Chemistry Experimental Method, *Butter Worths*, 151 (1973).

[18] M. Cordey-Hayes, Chemical Application of Mössbauer Spectroscopy, **I**, V. I. Goldenskii and R. H. Herber eds., Academic Press (1968).

[19] C. A. Clausen, *Chem. Commun.*, **11**, 88(1969).

[20] F. Wagner, N. Zahn, *Z. Physik*, **233**, 1(1970).

[21] K. Frohlish, P. Gütlish, C. Keller, *J. Chem. Soc. Dalton. Trans.*, 971(1972).

[22] J. F. Duncan, P. W. R. Wigley, *J. Chem. Soc.*, **90**, 1120(1963).

[23] W. Kerler, W. Neuwirth, E. Fluck, *Z. Physik*, **175**, 200(1963).

[24] K, Maer, M. L. Beasley, R. L. Collins, W. O. Milligan, *J. Chem. Soc.*, **90**, 3201(1968).

[25] T. Birchall, B. Della Valle, E. Martineau, J. B. Milne, *J. Chem. Soc.*, *A*, 1855(1971).

[26] L. H. Bowen, J. G. Stevens, G. J. Long, *J. Chem. Phys.* **51**, 2010 (1969).

[27] T. C. Gibb, Spectroscopic Method in Organometallic Chemistry Chapter 2, W. O. George ed., Butterworths, 47(1973).

[28] J. Ensling, P. Gütlicsh, H. Spiering, K. Klepp, *Hperfine Interactions*, **28**, 599(1986).

[29] G. J. Perlow, R. N. Perlow:, *J. Chem. Phys.*, **48**, 955(1968).

[30] J. A. Stone, W. L. Pillinger, D. G. Kerraker, *Inorg. Chem.*, **8**, 2519(1969).

[31] R. C. Pearson, M. Doeff, Proceedings of ICCPBS Industrial Applications of Mössbauer Effect, 07F011(1984).

[32] A. Trautwein, A. J. Freeman, J. P. Desclaux, *Phys. Rev.*, **138**, 1884 (1976).

[33] V. G. Bhide, G. K, Shoney, M. S. Muttiani, *Solid State Commun.*, **2**, 221(1964).

[34] Y. Hazony, R. C. Axtmann, J. W. Jr Hurley, *Chem. Phys. Lett.*, **2**, 440(1968).

[35] R. C. Axtmann, Y. Hazony, J. W. Jr Hurley, *Chem. Phys. Lett.*, **2**, 673(1968).

[36] G. A. Sawatzky, F. Van der woude, *J. de. Physique*, **12**, C6-47 (1976).

[37] R. Reschke A. Trautwein, *J. de Physique*, **12**, C6-459(1976).

[38] R. V. Parish P. J. Rowbothem, *Chem. Phys. Lett.*, **11**, 137(1971).

[39] J. k. Lees, P. A. Flinn, *J. Chem. Phys.*, **48**, 882(1968).

[40] B. S. Ehrlish, M. Kaplan, *J. Chem. Phys.*, **54**, 612(1971).

[41] B. M. Cheyne, J. J. Johnstun, C. H. W. Jones, *Chem. Phys. Lett.*, **14**, 545(1972).

[42] D. W. Hafemeister, G. de Pasquali, H. de Waard, *Phys. Rev.*, **135**, B 1089(1964).

[43] G. J. Perlow, M. R. Perlow, *J. Chem. Phys.*, **45**, 219(1966).

[44] P. E. Watson, A. J. Freeman, *J. Phys. Rev.*, **123**, 2027(1961).

[45] L. R. Walker. G. K. Wertheim, V. Jaccarino, *Phys. Rev. Lett.*, **6**, 98(1961).

[46] R. Reschke, A. Trautwein, J. P. Desclauy, *J. Phys. Chem. Solid*, **38**, 837(1977).

[47] Ref. [13, 56].

[48] T. K. Sham, R. E. Watson, M. L. Perlman, *Adv. Chem. Ser.*, **194**, 39(1981).
[49] G. M. Bancroft, R. H. Platt, *Adv. Inorg. Chem. and Radiochem*, **15**, 59(1972).
[50] R. M. Golding, *Mol. Phys.*, **12**, 13(1976).
[51] R. J. H. Clark, L. Maresca, P. I. Smith, *J. Chem. Soc Dalton Trans.*, 2687(1970).
[52] R. V. Parish, R. H. Platt, *J. Chem. Soc. A*, 2145(1969).
[53] H. Proster, F. E. Wagner, G. Wortmann, G. M. Kalvius, R. Wappling, *Hyperfine Interactions*, **7**, 25(1975).
[54] T. C. Gibb, R. Greatrex, N. N. Greenwood, *J. Chem. Soc. A*, **238** (1972).
[55] J. Danon, L. Iannarella, *J. Chem Phys.*, **47**, 382(1967).
[56] W. Potzel, F. E. Wagner, U. Zahn, R. L. Mössbauer, J. Danon, *Z. Phys.*, **240**, 308(1970).
[57] G. Kaindl, W. Potzel, F. E. Wagner, U. Zahn, R. L. Mössbauer, *Z. Phys.*, **226**, 103(1969).
[58] 袁承业、胡文祥、俞方华、周澄明、陈星，科学通报，**28**，861(1983).
[59] R. G. Shulman, *J. Chem. Phys.*, **42**, 39(1965).
[60] B. E. G. Ford, J. R. Sams, R. G. God, D. R. Ridley, *J. Inorg. Nucl. Chem.*, **33**, 23(1971).
[61] G. A. Bor, The Chemistry of Metal-Carbonyls and their Chemistry, Akademiai Kiads (1966).
[62] O. Kaln, M. Bigorgne, *J. Organometal Chem.*, **10**, 137(1967).
[63] K. Burger, L. Korecz, P. Mag, U. Belluco, L. Busetto, *Inorg. Chim. Acta.*, **5**, 362(1971).
[64] R. L. Collins, R. Pettit, *J. Chem. Phys.*, **39**, 3433(1963).
[65] L. Korecz, K. Burger, *Acta Chim, Hung*, **58**, 253(1968).
[66] R. H. Herber, W. R. Kingstone, G. K. Wertheim, *Inorg, Chem.*, **2**, 153(1963).
[67] C. H. Wei, L. P. Dahl, *J. Am. Chem. Soc.*, **91**, 1351(1969).
[68] L. Dahl, R. E. Rundle, *J. Chem. Phys.*, **26**, 1751(1975).
[69] F. A. Cotten, J. M. Troup, *J. Am. Chem. Soc.*, **96**, 370(1974).
[70] B. F. G. Johnson, *J. C. S. Chem. Commun.*, 703(1976).
[71] K. Farmery, M. Kilner, R. Greatrox, N. N. Greenwood, *Chem. Commun.*, 593(1968).
[72] K. Burger, L. Korecz, G. Bor, *J. Inorg. Nucl. Chem.*, **31**, 1527 (1969).
[73] T. C. Gibb, *J. Chem. Soc. A*, 2503(1970).
[74] M. Pasternak, T. Sonnino, *J. Chem. Phys.*, **48**, 1997(1968).
[75] S. Bukshpan, J. Sonano, J. Shomir, *Chem. Phys. Lett.*, **4**, 241(1969).
[76] R. R. Berret, B. W. Fitzsimmons, *Chem. Commun.*, 91(1966).
[77] G. M. Bancroft, R. E. B. Garrod, A. G. Maddok, M. J. Mays, B. E. Prater, *Chem. Commun.*, 200(1970).

[78] B. W. Fitzsimmons, N. J. Sceley, A. W. Smith, *J. Chem. Soc. A*, 143(1969).
[79] R. H. Herber, Y. Y. Goscinney, *Inorg. Chem.*, **7**, 1293(1968).
[80] J. R. Sams, T. B. Tsin, The Porphyrins, O. Dolphin ed., Academia Press, **4**, 425(1979).
[81] C. Lecomte, D. L. Chadwick, P. Coppen, E. D. Stevens, *Inorg. Chem.*, **22**, 2982(1983).
[82] D. H. Dolphin, J. R. Sams, T. B. Tsin, K. L. Wong, *J. Am. Chem. Soc.*, **100**, 1711(1978).
[83] L. Asch, G. K. Shoney, I. M. Friedt, J. P. Adloff, *J. Chem. Phys.*, **62**, 2335(1975); *J. Chem. Soc. Dalton Trans.*, 1235(1975).
[84] P. A. Montano, M. S. Seebra, *Solid State Commun.*, **20**, 897(1975).
[85] E. D. Stevens, M. L. DeLucia, P. Coppens, *Inorg. Chem.*, **19**, 813 (1980).
[86] A. K. Bonnette, J. F. Allen, *Inorg. Chem.*, **10**, 399(1971).
[87] F. Herren, P. Fischer, A. Ludi, A. Halig, *Inorg. Chem.*, **19**, 956 (1980).
[88] G. M. Bancroft, K. G. Dharmawardena., A. G. Maddack, *Inorg. Chem.*, **9**, 223(1970).
[89] P. K. Gallagher, C. R. Kurkjian, *Inorg. Chem.*, **5**, 214(1966).
[90] H. Forster, K. Mayer, K. Nagorny, Z, *Physik Chem. Neue Folge*, **87**, 64(1973).
[91] 汪信、吴沛成、忻新泉、戴安邦、张毓昌，分子科学与化学研究，**3**，39(1983)。
[92] 汪信、忻新泉、陈汉文、戴安邦、张毓昌，科学通报，**30**(11)，834(1985)。
[93] 牛均宁、忻新泉、陈汉文、戴安邦、张毓昌，无机化学，**1**(1)，61(1985)。
[94] T. Tominaga, M. Takada, T. Morimoto., N. Saito, *Bull. Chem. Soc. Japan*, **43**, 1093(1970).
[95] T. Ichida, *Bull. Chem. Soc. Japan*, **46**, 79(1973).
[96] H. G. Drickamer, C. W. Frank, Electronic Transitions and the High Pressure Chemistry and Physics of Solids, Chapman and Hall (1973).
[97] E. Simanek, A. Y. C. Wong, *Phys. Rev.*, **160**, 348(1968).
[98] A. R. Champion, R. W. Vaughan, H. G. Drickamer, *J. Chem. Phys.*, **47**, 2583(1967).
[99] D. C. Fisher, H. G. Drickaman, *J. Chem. Phys.*, **57**, 4825(1971).
[100] P. Gütlich, K. M. Hasselbach, *Ber. Bunreges Physik Chem.*, **78**, 1017 (1974).
[101] P. Gütlich, *Structure and Bonding*, **44**, 83(1981).
[102] P. Ganguli, P. Gütlich, E. W. Muller, W. Irler, *J. Chem. Soc. Dalton Trans.*, 441(1981).
[103] J. H. Takemoto, E. Hutchinson, *Inorg. Chem.*, **12**, 705(1973).
[104] M. Sorai, S. Seki, *J. Phys. Solid*, **35**, 515(1974).
[105] P. Ganguli, P. Gütlich, E. W. Muller, *Inorg. Chem.*, **21**, 3429(1982).
[106] M. Cox, J. Darken, B. W. Fitzsimmons, A. W. Smith, L. F. Lark-

worth, K. A. Logers, *J. Chem. Soc. Dalton Trans.*, 1192(1972).

[107] P. Gutlich, Mössbarer Spectroscopy Applied to Inorg. Chem., G. J. Long. ed. Plenum Press, **I**, 287,(1984).

[108] P. Strupik, J. H. Zhang, M. Kwiecien, W. M. Rieff, R. H. Hassnaut, J. Reedijk, *Hyperfine Interactions*, **28**, 725(1986).

[109] T. Erdey-Guz, Transport Process in Aqueous solution, Akadémiai Kiadó (1971).

[110] R. A. Horne, Water and Aqueous solutions, Wiley Interscience (1972).

[111] A. Vértes, *Acta Chim. Acad. Sci. Hung.*, **63**, 9(1970).

[112] K. Burger, A. Vértes, E. Papp-Molnar, *Acta Chim. Acad. Sci. Hung.*, **57**, 257(1968).

[113] J. L. K. F. De Vries, J. M. Trooster, E. De Boer, *Inorg, Chem.*, **16**, 81(1971).

[114] K. Burger, A. Vértes, L. Czako-Nazy, *Acta Chim. Acad. Sci. Hung.*, **63**, 115(1970).

[115] A. Vértes, K. Burger, B. Molnar, M. Palfaluy, *J. Inorg, Nucl. Chem.*, **35**, 691(1973).

[116] A. Vértes, I. Dezsi, M. Suba, *Acta Chim. Acad. Sci. Hung.*, **64**, 347 (1970).

[117] W. A. Mundt, T. Sonnino, *J. Chem. Phys.*, **50**, 3172(1969).

[118] I. Dezsi, B. Molnor, T. Szaloy, T. Jaszberenyi, *Chem. Phys. Lett.*, **18**, 598(1973).

[119] P. H. Domingues, J. Danon, *Chem. Phys. Lett.*, **13**, 365(1972).

[120] J. R. Ferraro, L. J. Basile, D. L. Kovalie, *Inorg. Chem.*, **5**, 391 (1966).

[121] N. N. Greenwood, G. E. Turner, A. Vértes, *Inorg. Nucl, Chem. Lett.*, **7**, 389(1971).

[122] A. Vértes, I. Czako-Nagy, K, Burger, *J. Phys. Chem*, **82**, 1469(1978).

[123] R. H. Herber, Y. Goscinny, *Inorg. Chem.*, **7**, 1293(1968).

[124] A. Vertes, F. Parak, *J. Chem. Soc. Dalton Trans.*, 2062(1972).

[125] H. Topsoe, J. A. Dumesic, S. Morup, Appl. Mössbauer Spectroscopy, R. L. Cohen ed. Academic Press., 55(1980).

[126] M. C. Jr. Hohson, *Nature*, **214**, 79(1967).

[127] H. M. Gager, *Chem. Phys. Lett.*, **27**, 386(1973).

[128] A. N. Karasev, *Kinet. u Katal.*, **8**, 232(1967).

[129] B. S. Clausen, S. Morup, H. Topsoe, *Surf. Sci.*, **106**, 438(1981).

[130] T. K. Mc-Nab, P. H. Barret, *Phys. Rev.*, **25**, 1601(1970).

[131] P. A. Montano, P. H. Barret, I. Shanfield, *J. Phys. Chem.*, **64**, 2896 (1975).

[132] P. A. Montano, *J. Appl. Phys.*, **49**, 1561(1978).

[133] P. A. Montano, M. A. Talarico, *J. Appl. Phys.*, **50**, 2405(1979).

[134] H. M. Gager, M. C. Hobson, J. F. Lefelhocz, *Chem. Phys. Lett.*, **15**, 124(1972).

[135] A. Z. Hrynkiewicz, A. J. Pustowka, J. A. Sawicki, *Phys. Status Solidi A*. **9**, 607(1972).
[136] A. M. Van der Kraan, *Phys. Status Solidi A*, **18**, 215(1973).
[137] V. I. Goldanskii, E. F. Makarov, V. V. Khrpov, *Phys. Lett.*, **3**, 344 (1963).
[138] С. В. Карягин, *ДАН СССР*, **143**(5), 1108(1963).
[139] P. A. Flinn, S. L. Ruby, W. L. Kehl, *Science*, **143**, 1434(1964).
[140] И. Т. Сиздалев, *ЖЭТФ*, **48**(5), 1424(1962).
[141] R. A. Krawawski, *Nucl. Instrum. Methods*, **109**, 93(1972).
[142] T. Shinjo, T. Shigematch, N. Husuita, T. Iwasaki, T. Takada, *J. Appl. Phys. Japan. L.*, 220(1982).
[143] J. Korecki, U. Gradmann, *Hyperfine Interachans*, **28**, 931(1986).
[144] C. H. Batholomew, M. Boudart, *J. Catal.*, **29**, 278(1973).
[145] R. L. Garten, J. H. Sinfelt, *J. Catal.*, **62**, 127(1980).
[146] R. L. Garten, D. F. Ollis, *J. Catal.*, **35**, 232(1974).
[147] R. L. Garten, Mössbauer Methodology, Plenum Press, **10**, 69(1976).
[148] M. A. Vannice, *Acs Div. Petre. Chem. Preprints.*, **23**, 495(1978).
[149] G. W. Simmons, E. Kellerman, H. Leidheiser, *Corrosion*, **29**, 227(1973); F. J. Berry, M. E. Brett, D. Bowen, W. Jones, *J. Chem. Soc. Dalton, Trans.*, 1444(1981).
[150] 洪蕊王、郑裕芳、范家师、吴杰陶、卢敬业、张成周，高等学校化学学报，**4**, 667 (1983).
[151] C. A. Clausen, M. L. Good:, *J. Catal.*, **46**, 58(1977).
[152] F. J. Berry, *Adv Catal*, **30**, 97(1980).
[153] F. J. Berry, *J. Catal.*, **73**, 349(1982).
[154] 谢筱帆、扑兴英、王吉祥，催化学报，**4**(4)，255(1983).
[155] 李利民、王之详，高等学校化学学报，**4**，763(1983).
[156] 郑仲田、徐克亚、金国樵、潘贤家、李利民、李学珍，郑州大学学报，**1**，53(1984).
[157] H. Topsoe, J. A. Dumesic, M. Boudart, *J. Catal.*, **28**, 477(1973).
[158] W. Kündig, H. Bommel, *Phys. Rev.*, **142**, 327(1966).
[159] 张敏昌、陆怀先、都有为、陈益梅、张惠良、陈懿，催化学报，**6**，205(1985).
[160] 章素、谢炳炎、臧璟玲、王广厚、张健，催化学报，**1**，253(1980).
[161] 李永西、夏元复，石油学报，**1**，77(1982).
[162] 章佩群、邵涵如、杨锡尧、庞礼，催化学报，**5**，101，(1984).
[163] A. C. Muller, *J. catal.*, **56**, 65(1979).
[164] 章素、谢炳炎、潘立金、张健，催化学报，**5**，77，(1984).
[165] J. Morice, L. Yc. Rees, *Trans. Faraday Soc.*, **64**, 1388(1968).
[166] R. W. J. Wedd, B. V. Liengme, J. C. Scott, J. R. Sams, *Solid State Commun*, **1**, 1091(1967).
[167] W. N. Delgass, R. L. Garten, M. Boudart, *J. Phys. Chem.*, **23**, 2070 (1969).
[168] V. C. Lees, et al., *Zeolite*, **2**, 72(1982).
[169] V. C. Lees, et al., *Zeolite*, **2**, 82(1982).
[170] 顾雨林、丁莹如、金玉淑、夏元复，催化学报，**4**，191(1983).

[171] J. A. Dumesic, H. Topsoe, M. Boudart, *J. Catal.*, **37**, 513(1975).
[172] S. Zhang; C. Y. Wong, Y. F. Sun, L. J. Pan, D. B. Liang, L. W. Lin, *Hyperfine Interactions*, **28**, 941(1986).
[173] L. L. Murrell, R. L. Garten, *Appl. Surf. Sci.*, **19**, 218(1984).
[174] J. A. Dumesic, H. Topsoe, *Adv. Catal.*, **26**, 122(1978).
[175] J. Phillips, B. Clausen, J. A. Dumesic, *J. Phys. Chem.*, **84**, 1814 (1980).
[176] B. J. Tatarchuk, J. A. Dumesic, *J. Catal.*, **70**, 323(1981).
[177] B. J. Tatarchuk, J. A. Dumesic, *J. Catal.*, **70**, 335(1981).
[178] T. Yoshioka, J, Koezuka, H. Ikoma, *J. Catal.*, **16**, 264(1970).
[179] T. Tachibona, T. Ohya, *Bull. Chem. Soc. Japan.*, **42**, 2180(1969).
[180] D. G. Klissurski, I. G. Mitov, T. Tomov, *Can. J. Chem.*, **58**, 1473 (1980); M. Boudart, A. Delbouilie. J. A. Dumesic, S. Khammouma, H. Topsoe, *J. Catal.*, **37**, 487(1975); G. D. Raupp, N. N. Delgass, *J. Catal.*, **58**, 337(1979).
[181] E. E. Unmuth, L. H. Schwartz, J. B. Butt, *J. Catal.*, **61**, 242(1980).
[182] J. A. Amelse, J. B. Butt and L. H. Schwrtz: *J. Phys. Chem.*, **82**, 558(1978).
[183] D. Bianchl, S. Borcer, F. Tewegay, C. D. Bennelt, *J. Catal.*, **82**, 442 (1983).
[184] J. W. Niemantsverdriet, A. M. Van der Kraan, W. L. Van Dijk, H. S. Van der Baan, *J. Phys. Chem.*, **84**, 3363(1980).
[185] L. M. Tau, S. Borcar, C. D. Bennelt, *J. Catal.*, **87**, 36(1984).
[186] H. Natsumoto, *J. Catal.*, **86**, 201(1984).
[187] J. W. Niemantsverdriet, D. P. Aschenbech, F. A. Fortunak, N. N. Delgasso, *J. Mol. Catal.*, **25**, 285(1984).
[188] M. L. Good, *ACS Div. Pet. Chem. Preprint*, **25**, 673(1980).
[189] I. Dezsi, D. C. Nagy, M. Eszterte, L. Galzi, *J. Phys. Colloq*, **40**, C2-76(1979).
[190] J. W. Niemantsverdriet, H. F. J. Van't Blik, *Appl. Catal.*, **10**, 155 (1984).
[191] J. W. Niemantsverdriet, H. F. J. Van't Blik, *J. Phys. Chem.*, **87**, 1292(1983).
[192] H. Topsoe, Surface Properties and catalysis by nonmetals: Oxieds, Sulfides and other transition metal compound, Eds. J. P. Bonnells, B. Delmon and E. Delmon and E. Derouane, Rediel Dordrecht, 329 (1983).
[193] B. S. Clausen, H. Topsoe, J. Villadeen, S. Morup, R. Candia, Proc. Int Conf. Mössbauer Effect, Bucharest, Eds. P. Barb. and D. Tarina **I**, 319(1977).
[194] B. S. Clausen, S. Morup, H. Topsoe, R. Candia: J. Phys. Colloq., **37**, C6-249(1976).
[195] H. Topsoe, B. S. Clausen, *Catal. Rev. Sci. Eng.*, **26**, 395(1984).
[196] H. Topsoe, B. S. Clausen, R. Candia, C. Wivel, S. Morup, *Bull.*

Soc. Chim. Belg., **90**, 1189(1981).
[197] H. Topsoe, R. Candia, N. Y. Topsoe, B. C. Clausen, *Bull. Soc. Chim Belg*, **93**, 783(1984).
[198] B. C. Clausen. H. Topsoe, R. Candia, J. Villadsen, B. lengeler, J. Alsmelsen, F. Christensen, *J. Phys, Chem.*, **85**, 3868(1981).
[199] N. Y. Topsoe, H. Topsoe, D. Sprensen, B. S. Clausen, R. Candia, *Bull. Soc. Chim. Belg*, **93**, 727(1984).
[200] B. S. Clausen, H. Topsoe, R. Candia, B. Longeler, Catalytic Materials: Relationship betw. Structure and Reactivity, Eds. T. E. J. Whyte, R. A. Della Betta, E. G. derouone, R. T. K. Baker: ACS Symposium series, **248**, 71(1984).
[201] R. Candia. B. S. Clausen, J. Bartholgy, N. Y. Topsoe, H. Topsoe, Proc, 8th Int. Catal. Belin. **II**, 375(1984).
[202] R. Candia, O. Sorensen, J, Villadsen, N. Y. Topsoe, B. S. Clausen, H. Topsoe Bull, *Chim Soc, Belg*, **93**, 763(1984).
[203] 戚海华、杨燮龙、顾元吉、朱传征、伍家瑛、周乃扶，催化学报，**5**，146(1984).
[204] I. S. Jacobs, L. M. Levinern, H. R. Jr. Hart, *J. Appl. Phys.*, **49**, 1775(1978).
[205] P. A. Montano, Mössbauer Spectroscopy and Its Chemical Application, eds, J. G. Stevens and G. K. Shoney, ACS Washington D. C., 35(1981).
[206] P. A. Montano, *Fuel*, **59**, 214(1980).
[207] T. Ogawa, V. I. Stenbery, P. H. Monk, *Fuel*, **30**, 1660(1984).
[208] A. Newman P. Bussiere, M. Besson, H. Charcosset, *Hyperfine Interaction*, **28**, 949(1986).
[209] F. Gongalaz-Jimenez. H. Constant, R. Ipald, E. Jaimes, M. Rosa-Brussin, *Hyperfine Interactions*, **28**, 927(1986).
[210] 王友桐，化学通报，**6**，18(1983).
[211] Long, J. Gray, Mössbauer Spectroscopy Applied to Inorganic Chmistry, **11**(1987); Long, J. Gray and F. Grandjean, **III**(1989).
[212] 王序昆、成振庄、刘向阳、张经坤、罗申，化学学报，**47**(4)，319(1989).
[213] 石青山、叶泽人、韩平、王鸿燕，中国科学 B，**12**，1235(1988).
[214] 于志刚、王占文，化学学报，**49**(5)，473(1991).
[215] A. Vértes, D. L. Nagy, ed., Mössbauer Soectroscopy of Frozen Solutions, Academiai Kaido (1990).
[216] K. Nomura, S. S Sharma, Y. Ujihira, J. Tuchiya, Ishiwatari, *M*; *Sogo Shikenasho Neupo*, 48, 219(1988); *J. Materials Sci.*, **24**(3), 937 (1989).
[217] Yuan Bo, Zhu Junjei, Zhang Shiling, Book of Abstracts ICAME'91, (1991).
[218] H. Mehner, S. Friedrich, K. P Thiessen, *Hyperfine Interactions*, **57** (1—4), 1997(1990).
[219] M. Przybylski, U. Grandmann, K. Krop, *Hyperfine Interactions*, **60** (1—4) 995(1990).

[220] Niemantsverdriet, *Hyperfine Interactions*, **53** 93(1990).
[221] F. J. Bery, Study of Surface Science of Catalysts, 57(1990).
[222] Tang Ren-Yuan, Zhang Su, Wang Cheng-Ye, Liang Dong-Bai, Lin Li-Wu, *J. Catal.*, **106**, 400(1987).
[223] 章素、王承玉、潘立金、蔡海林、梁东白、林励吾，燃烧化学学报，**16**(4)，289(1988).
[224] 房廉清、吴荣安、白玉珩、杨维慎、林励吾，燃料化学学报，**17**(2)，97(1989).
[225] 沈俭一、林励吾，F. J. Berry，燃料化学学报，**19**(2)，97(1991)；**19**(3)，193(1991).
[226] 黄止而、曾贻伟、李哲、张志新、王定珠，燃料化学学报，**19**(1)，35(1991).

第十章　在地学(地质和矿物学)中的应用

李　哲

§10.1　引　　言

在穆斯堡尔发现无反冲 γ 射线共振吸收现象不久，穆斯堡尔效应很快就用到矿物学的研究中来．最近 10 多年来，穆斯堡尔谱学在矿物学上的应用有了很大发展．迄今为止，已经对大约 300 多种矿物进行了穆斯堡尔谱的测试，获得了大约 4000 多组矿物穆斯堡尔数据[1]；对其它同位素(例如 Sn 和 Sb 等)所得数据虽然不多，但近年来正日益增长．此外，由于穆斯堡尔谱学方法可以给出很多其它方法不能给出的信息，因此，和 X 射线衍射技术及红外光谱一样，穆斯堡尔谱方法已经成为矿物学深入研究不可缺少的重要方法之一．

穆斯堡尔谱学用于矿物学研究是多方面的．早期的研究主要用于确定矿物中铁的氧化态、电子组态和有序-无序分布以及矿物固相反应和陨石以及月岩的研究．近年来，对矿物成分与四极分裂和内磁场之间的关系，正日益积累更多的资料，这对阐明四极分裂和内磁场的性质来说无疑是很重要的．除此之外，近年来矿物化学研究中最活跃和最令人感兴趣的领域是矿物中电子非局域化和次近邻效应．由于穆斯堡尔谱学用于这两个方面的研究可以给出有关矿物中超精细相互作用的很多信息，因此已经引起了人们越来越多的注意．

本章扼要讨论 ^{57}Fe 穆斯堡尔谱学用于矿物学研究的若干重要方面．

§ 10.2 矿物中铁的氧化态及配位数

矿物中铁的氧化态及配位数的确定对地质学研究有重要意义．实际上，氧化程度反映了复杂地质体氧化-还原过程，而在工艺矿物或工艺岩石研究中，氧化态直接反映了工艺过程．矿物中铁的配位数是矿物晶体化学的基本问题之一．矿物中铁的氧化态及配位数与穆斯堡尔参数有直接关系，因此，根据穆斯堡尔参数可以确定铁的氧化态和配位数．

10.2.1 矿物中铁的氧化态

如前所述，同质异能移位是由核上 *s* 电子密度决定的，但是，*p* 或 *d* 电子的增加或减少会影响 *s* 电子密度，因而也会影响同质异能移位．对矿物中最常见的 Fe^{2+} 或 Fe^{3+} 离子来说，其 *d* 电子壳层分别为 $3d^6$ 和 $3d^5$，外壳层 *d* 电子数目的不同会影响到 *s* 电子密度，因而会使矿物中 Fe^{2+} 和 Fe^{3+} 离子具有不同的同质异能移位．对于自然界中可能存在的铁的其它价态 Fe^{1+}，Fe^{4+} 和 Fe^{6+} 来说，其电子组态各不相同，因此，其同质异能移位也各不相同．这样，反过来就可根据矿物中铁的同质异能移位来确定它的价态．

除了上述的 Fe^{+}，Fe^{2+}，Fe^{3+}，Fe^{4+} 和 Fe^{6+} 离子之外，在 § 10.4 中将要讨论某些硅酸盐矿物中无限延伸的共边八面体上 Fe^{2+}-Fe^{3+} 之间的相互作用，Fe^{2+}-Fe^{3+} 离子的耦合实际上是一种电子非局域化过程，在矿物的穆斯堡尔谱上将会形成除 Fe^{2+} 和 Fe^{3+} 之外的附加的吸收峰，其同质异能移位处于 Fe^{2+} 和 Fe^{3+} 的同质异能移位之间，一般为 0.70—0.92mm/s．Fe^{2+}-Fe^{3+} 之间耦合相当于非整数价态 $Fe^{2.5+}$．表 10.1 列出矿物中不同价态的高自旋铁的同质异能移位值．不难看出，根据同质异能移位，可以很容易确定铁的氧化态．

在自然界中，最常遇到的铁多以 Fe^{2+} 和 Fe^{3+} 形式存在，它们相对于 α-Fe 的同质异能移位分别为～1.14mm/s 和 ～0.44mm/s.

表 10.1 矿物和化合物中不同价态高自旋铁的同质异能移位

氧化态	0	+1	+2	+2.5	+3	+4	+6
δ(mm/s)[1]	0	~1.94	~1.14	0.70—0.92	~0.44	~−0.06	~−0.86

1) δ(mm/s) 相对于 α-Fe。

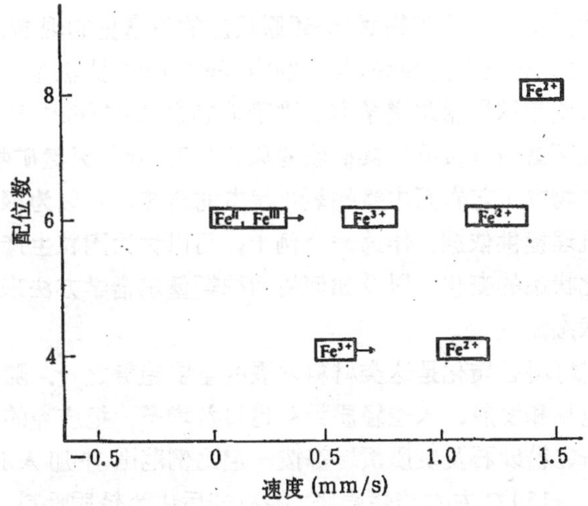

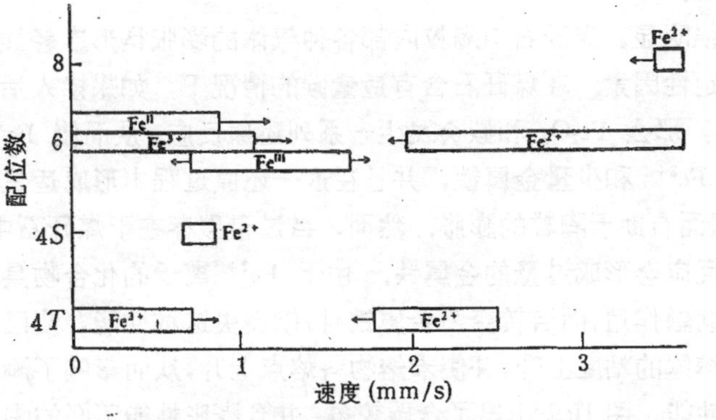

图 10.1 高自旋和低自旋化合物中，铁的同质异能移位（上部）和四极分裂（下部）与配位数之间的关系.

除了氧化态之外，影响同质异能移位的因素还有配位基类型和配位数．图 10.1 示出氧配位的高自旋和低自旋铁的化合物中，同质异能移位和四极分裂参数与配位数之间的关系[2]．可以看出，尽管影响同质异能移位的因素是多方面的，但不同氧化态铁的同质异能移位彼此并不重叠，因此，在大多数情况下，可以根据同质异能移位值准确地确定其氧化状态．

准确地确定铁的氧化状态，对地质学和矿物学研究有重要意义．自然界中风化是矿物氧化-还原反应的最常见的现象．一般来说，随着风化程度的加深，其矿物中 Fe^{3+}/Fe^{2+} 比值也会随之增高，因此，使用穆斯堡尔谱学方法准确地确定 Fe^{3+}/Fe^{2+} 比值，在某些情况下就可直接确定其矿物的风化程度．除了天然矿物之外，对工艺矿物或工艺岩石中铁的氧化状态的研究，可以为探讨工艺过程的机理提供依据．作为一个例子，可以讨论陶粒生产过程中铁的氧化状态的变化，以及如何使用穆斯堡尔谱学方法来确定铁的氧化状态．

建筑材料轻质化是这类材料发展的重要趋势之一．随着轻混凝土的应用和发展，人造轻质骨料也日益增多，把废弃的煤矸石中的砂石、粉砂石及炭质页岩等按一定比例范围并加人适量的 Fe_2O_3，经 1150℃ 左右焙烧膨胀，经冷却后成为轻质骨料，即煤矸石陶粒．

很明显，煤矸石中陶粒内部各种气体的膨胀是形成轻质陶粒的决定性因素．在煤矸石含有适量碳的情况下，如果掺入适量的 Fe_2O_3，那么 Fe_2O_3 和碳会发生一系列还原反应，从而使 Fe^{3+} 还原成 Fe^{2+} 和少量金属铁，并且在这一还原过程中形成适量的气体，因而有助于陶粒的膨胀．然而，当过量碳存在于煤矸石中时，还原反应会形成过量的金属铁．由于 Fe^{2+} 离子的化合物具有良好的助融作用，而当转变为金属铁时，就丧失这种性能，使已经熔融的熔体的粘度上升，并使未熔物料熔点上升，从而影响了陶粒的膨胀性能．图 10.2 示出了含碳较多、并且膨胀性能不好的陶粒的穆斯堡尔谱．从图中可以看出，谱的中心部分包含着一对较强的双线，经计算确定这个双峰的同质异能移位约为 1.0mm/s（相对于 α-Fe），因此，可以确定它是由 Fe^{2+} 离子形成的. 除此之外，陶粒的穆斯堡尔谱还包含有一组六线谱，经计算确定其同质异能移位 0.0mm/s（相对 α-Fe），内磁场 $H = 33.0T$，因此不难看出，它是金属铁形成的，其价态为零. 两个含铁物相铁的比值 $Fe^{2+}/Fe^{0} \approx 1.0$，说明由于过量碳的存在，在还原反应过程中形成过量的金属铁. 因此，为了得到膨胀性能良好的陶粒，必须控制原料中碳的含量. 不难看出，陶粒形成过程中铁的价态的变化，对陶粒性能有着直接的影响，而穆斯堡尔谱学方法很容易确定铁的价态以及各种价态铁的比值，因而可以对岩石工艺过程中铁的价态的变化以及材料性能的改进提供依据.

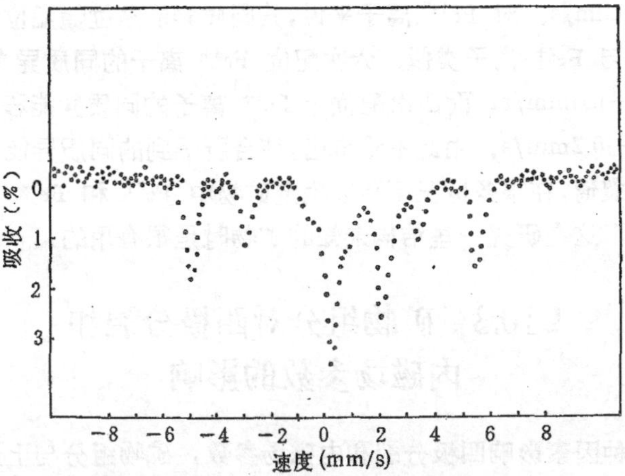

图 10.2　含炭量过多的陶粒的室温穆斯堡尔谱

10.2.2　矿物中铁的配位数

矿物中铁的配位数影响穆斯堡尔参数值，在它们之间存在某些特定的关系，因此，反过来，可以使用穆斯堡尔参数来确定矿物中铁的配位数.

对于以氧做为配位基的铁离子来说，图 10.1 示出四极分裂与配位数之间的关系．可以看出，对高自旋铁离子来说，随着配位数的增加，价态相同的铁离子的四极分裂也增加，这个趋势对 Fe^{2+} 和 Fe^{3+} 离子来说都是真实的，但不同配位数的 Fe^{2+} 或 Fe^{3+} 离子的四极分裂之间有较大重叠，因此，在使用这个关系来确定配位数时有时需要结合其它资料．

除了四极分裂参数之外，配位数与同质异能移位之间也存在着一定的关系．一般来说，同质异能移位随配位数增加而变大．对 Fe^{2+} 离子来说，处于石榴石八次配位的 Fe^{2+} 离子的同质异能移位约为 1.30mm/s，而对大多数包括橄榄石、辉石、角闪石以及云母在内的硅酸盐矿物来说，Fe^{2+} 离子处在六次配位位置上，其同质异能移位约为 1.10mm/s．十字石 $H_2Fe_4Al_{18}Si_8O_{48}$ 和铬尖晶石 AB_2O_4 中，Fe^{2+} 离子处在四次配位位置上，它的同质异能移位约为 0.90mm/s．对 Fe^{3+} 离子来说，其同质异能移位随配位数的变化趋势与 Fe^{2+} 离子类似．六次配位 Fe^{3+} 离子的同质异能移位为 0.3—0.4mm/s，而四次配位上 Fe^{3+} 离子的同质异能移位值约为 0.1—0.2mm/s．由此不难看出，结合所得到的同质异能移位和四极分裂值，在很多情况下可以确定矿物中 Fe^{2+} 和 Fe^{3+} 离子的配位数．这在研究一些结构未知的矿物时是很有用的．

§ 10.3 矿物组分对四极分裂和内磁场参数的影响

多种因素影响四极分裂和内磁场参数，矿物组分与上述两个参数之间在一些矿物中呈现着某种关系．由于天然矿物具有复杂的结构特征和类质同象替代，因此，只有对某些特定成分的矿物或合成矿物进行系统研究时，才能揭示出这种关系．近年来，对矿物成分与上述两个参数之间的关系日益积累了更多的资料，特别是对能够控制成分的人工合成矿物的研究，可以排除其它成分的影响，因而为确定某些特定成分与穆斯堡尔参数之间的关系给出了最好的例证．

10.3.1 矿物组分对四极分裂的影响

四极分裂包含着来自晶格和价电子两部分贡献 q_{lat} 和 q_{val}。对高自旋 Fe^{3+} 离子来说，其外壳层 $3d^5$ 组态为球形对称，价电子对电场梯度的贡献为零，因而四极分裂只是由晶格项 q_{lat} 决定的，而对 Fe^{2+} 离子来说，外壳层电子组态 $3d^6$ 为非球形对称，它的四极分裂由晶格项 q_{lat} 和价态项 q_{val} 两项之和决定。因此，无论对 Fe^{3+} 还是 Fe^{2+} 离子，其四极分裂都受晶格项制约，也就是说，和来自周围配位基的贡献有关。当然，对 Fe^{3+} 和 Fe^{2+} 离子，其四极分裂与晶格项所呈现的关系不同。在 § 10.5 中将更详细地讨论这些关系。

矿物成分的变化，主要通过两种途径影响四极分裂。首先，矿物成分的变化会使次近邻位置上阳离子的价态发生变化，这样会使所研究的铁原子处的电场梯度发生变化，从而影响四极分裂值；此外，次近邻位置上阳离子半径的差异会影响多面体的畸变程度，因此，矿物成分的变化会影响四极分裂参数。对某些矿物来说，已经确定了成分、位置畸变和四极分裂之间的关系，但是对大多数矿物来说，尚没有同时得到上述三个方面的资料，只确定了四极分裂与成分之间的关系。

迄今为止，已经对若干重要硅酸盐矿物进行过四极分裂与组分之间关系的研究。尽管这些研究还不够系统，或者资料不很完全，但仍然可以举出若干例证。

最常见的岛状硅酸盐镁铁橄榄石的室温穆斯堡尔谱由一个双峰组成，如图 10.3 所示。它的同质异能移位约为 1.15mm/s，它与成分无关，但是，其四极分裂与铁橄榄石克分子百分数之间存在着确定的关系。图 10.4 示出了四极分裂与铁橄榄石 f_a 摩尔百分数之间的关系[3]。可以看出，随着铁橄榄石 f_a 摩尔百分数的增加，四极分裂随之下降，从镁橄榄石的 $\Delta = 3.02$mm/s 降到铁橄榄石的 $\Delta = 2.84$mm/s，二者之间的线性关系可用下面线性方程表示：

$$f_a = 1620.25 - 536.42\Delta, \quad (10.1)$$

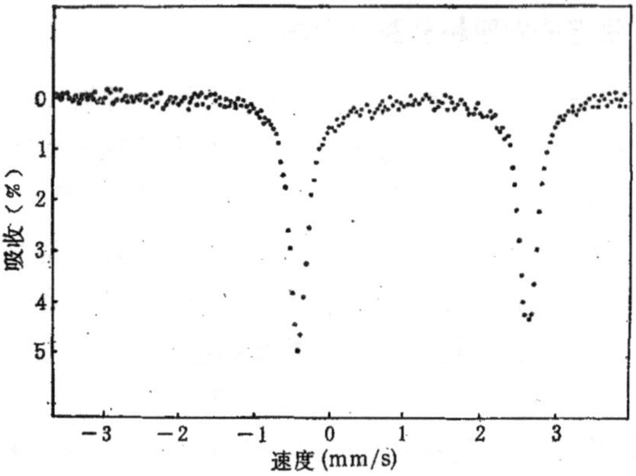

图 10.3 铁镁橄榄石的室温穆斯堡尔谱.

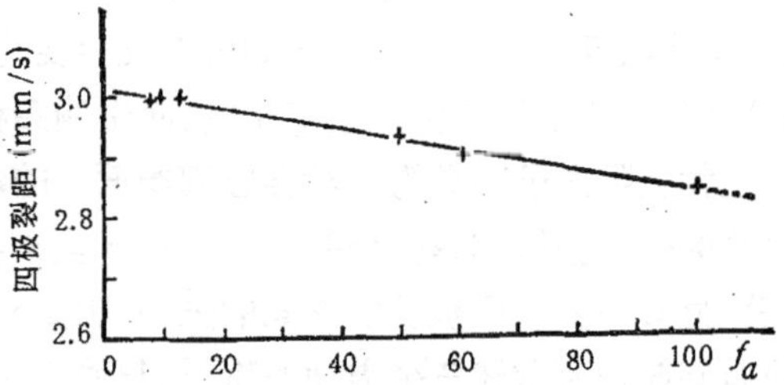

图 10.4 橄榄石的四极裂距与铁橄榄石 f_a 摩尔百分数之间的关系.

此处Δ是以（mm/s）表示的四极分裂值，f_a 为铁橄榄石摩尔百分数.

除橄榄石之外，人工合成的钙铁辉石-铁辉石是各类辉石中四极分裂与矿物组分之间存在确定关系的典型例证. 正如在§10.5的讨论中将要看到的，由于次近邻效应，合成的钙铁辉石-铁辉石的穆斯堡尔谱包含着多重 M_1 双峰（图 10.24），图 10.5 示出合成钙铁辉石-铁辉石多重 M_1 双峰的四极分裂与铁辉石摩尔百分数之间的关系[4]. 图中的数字 1—4 分别表示 M_1 位置的不同次近邻构型 3Fe，2Fe/Ca，/Fe2Ca 和 3Ca. 从图 10.5 中可以看出，多重 M_1 双峰的四极分裂随铁辉石摩尔百分数增加而减少，它们均呈很好的线性关系.

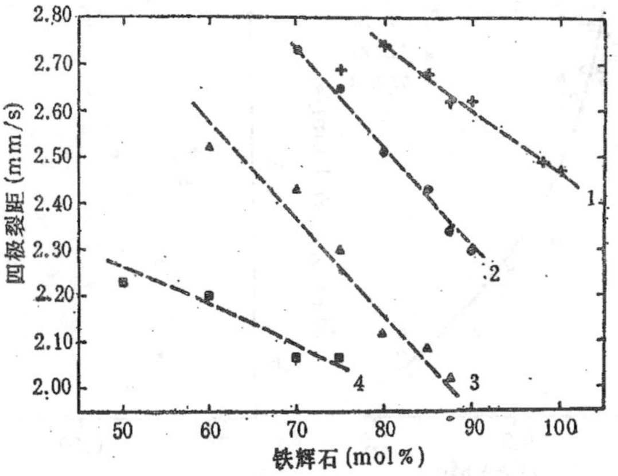

图 10.5　室温下钙铁辉石-铁辉石中多重 M_1 双峰的四极裂距与铁辉石摩尔百分数之间的关系.

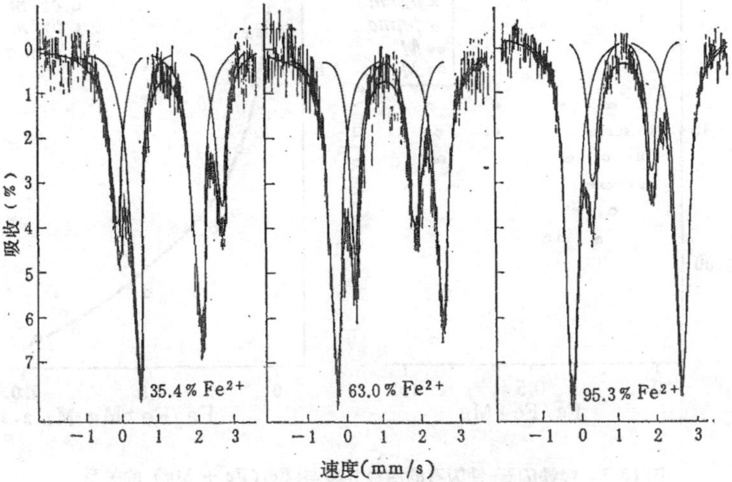

图 10.6　镁铁闪石和铁闪石的室温穆斯堡尔谱.

最常见的镁铁闪石-铁闪石的穆斯堡尔谱由两个双峰组成,如图 10.6 所示[5]. 内双峰指派给 M_4 位置上 Fe^{2+} 离子,而外双峰归结为 $M_{(1,2,3)}$ 位置上的 Fe^{2+} 离子. 随着铁含量的减少,内双峰的四极分裂由 1.5mm/s 增加到 1.8mm/s。图 10.7 示出四极分裂和 Fe/(Fe + Mg) 以及 $M_{(1,2,3)}$ 位置上 Fe/(Fe + Mg) 含量之

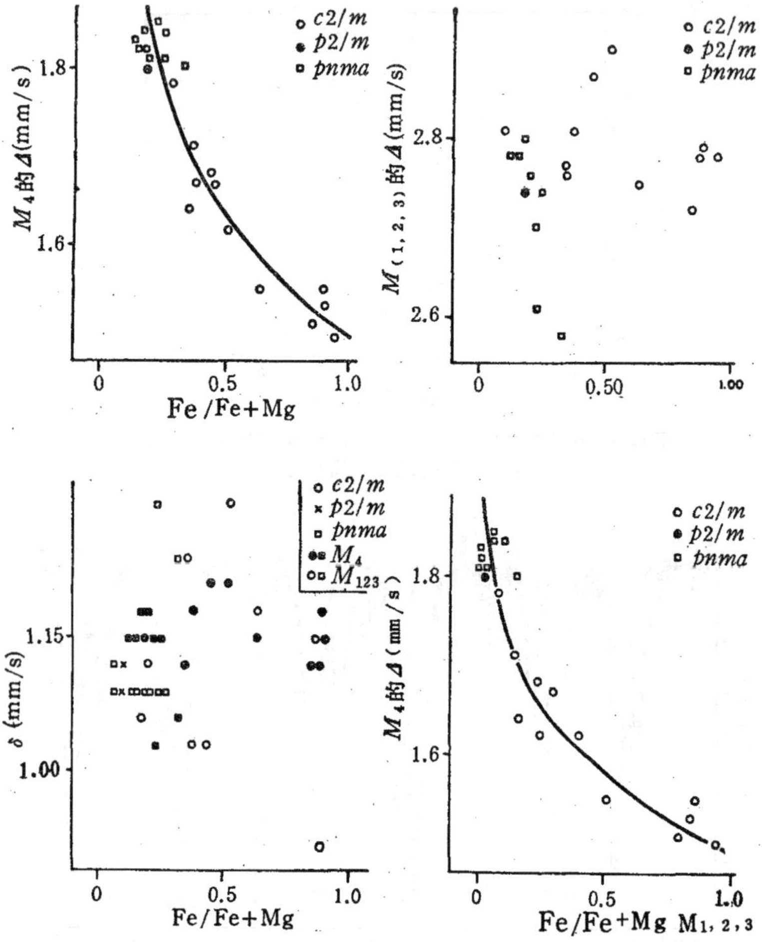

图 10.7 镁铁闪石-铁闪石的四极分裂与 Fe/(Fe + Mg) 的关系.

间的关系[7]. 可以看出,随着 Fe/(Fe + Mg) 含量的增加,内双峰四极分裂递减. 同时还可以看出,外双峰的四极分裂和内外双峰的同质异能移位与成分之间没有明显的规律.

云母是另一类重要的硅酸盐矿物. 三八面体铁锂云母在多硅锂云母 $K_2(Li_4Al_2)Si_8O_{20}(F,OH)_4$ 和铁叶云母 $K_2(Fe_4^{2+}Al_2)$

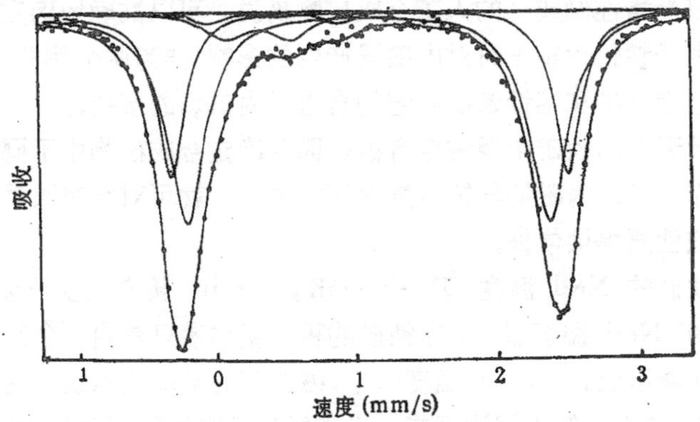

图 10.8 多硅锂云母 P-15 的室温穆斯堡尔谱.

$(Si_4Al_4)O_{20}(OH,F)_4$ 之间形成完整的系列. 在这类云母中，F/OH 比值变化很大，F 随 Li_2O 含量增大，它们的穆斯堡尔谱由两个 Fe^{2+} 双峰和一个或两个 Fe^{3+} 双峰组成。图 10.8 示出了化学成分为 10.40% Cr_2O_3，2.10% Li_2O，19.30% FeO，28.60% Al_2O_3，35.00% SiO_2，4.02% H_2O 的多硅锂云母 P-15 的穆斯堡尔谱. 对一系列含有不同量 F 和 Li_2O 的多硅锂云母-铁叶云母的研究表明，云母穆斯堡尔谱中，Fe^{2+} 的内外双峰的四极分裂与 F 和 Li_2O 含量之间存在着确定的关系. 如果使用 x 代表 Li_2O 重量百分数，y 表示 F 重量百分数，那么 Fe^{2+} 的内外双峰的四极分裂可以表示成下式[6]:

$$\Delta(\text{内}) = 2.5 + 0.065x - 0.038y, \tag{10.2}$$

$$\Delta(\text{外}) = 2.8 + 0.065 - 0.038y. \tag{10.3}$$

使用上式对已知一系列成分的铁锂云母和锂云母，计算其四极分裂值，其结果和实验测得的四极分裂符合得很好。

10.3.2 矿物组分对内磁场的影响

抗磁离子(例如 Al 和 Mg 等)对矿物中铁离子的替代，会使内磁场的值减少. 和研究四极分裂与组分之间关系一样，对成分复杂的天然矿物来说，各种成分之间存在着不同程度的相互干扰，而对于可以严格控制成分的人工合成矿物来说，可以准确地确定某些抗磁离子替代铁离子时对内磁场产生的影响.作为两个例子，下面讨论铝赤铁矿和铝针铁矿中铝的含量对内磁场的影响.

由于天然赤铁矿中经常含有铝，因此确定合成矿物中不同铝含量的赤铁矿的内磁场与铝含量之间的关系，就可对研究天然赤铁矿的磁性质提供依据.

赤铁矿的 Néel 温度 $T_N=956$K，Marin 转变温度 $T_M=260$K. 在 Néel 温度以上，赤铁矿的穆斯堡尔谱只是由一个简单的四极双峰组成，在 Néel 温度以下，磁有序的出现使赤铁矿的谱发生变化，它由一组六线谱组成. 当赤铁矿含有铝时，其内磁场值减少.为了定量地确定它们之间的关系，在实验室合成具有不同铝含量的赤铁矿. 把 Fe-Al 氢氧化物哄干，然后在 Pt 坩锅中烧结 15h，烧结过程中设法保持稳定的氧气流，这样就可制备含铝量不同的赤铁矿. 用这样方法制备的铝赤铁矿的穆斯堡尔谱由一组磁分裂亚谱组成，此外，中心处包含有面积小于 1% 的 Fe^{3+} 的双峰，这可能是少量没有进入晶格的 Fe^{3+} 离子形成的.

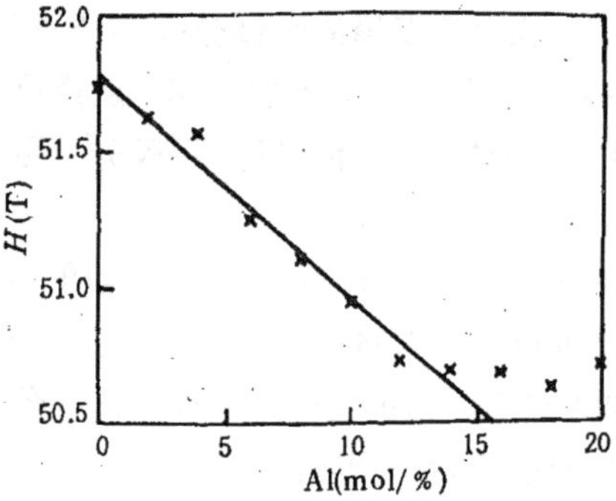

图 10.9 铝赤铁矿在室温下的内磁场随 Al 含量的变化.

相对 α-Fe 来说，铝赤铁矿的穆斯堡尔谱在室温下的同质异能移位接近常数 0.36±0.01mm/s，其四极分裂随铝含量呈现出增加的趋势，而内磁场则随铝含量的增加而减少，其关系如图 10.9 所示[7]. 如果采用最小二乘法拟合 15% 摩尔铝含量以下的数据点，则可得到下面的方程式:

$$H=51.79-0.082(\%\text{Al})\text{T}. \tag{10.4}$$

和铝赤铁矿一样，铝针铁矿也是经常出现在粘土或土壤中的一种含铝矿物，Al 常常替代 Fe^{3+} 离子而影响内磁场的大小。

针铁矿的 Néel 温度 $T_N = 403K$。室温下，针铁矿的穆斯堡尔谱包含一个四极双峰和一个部分分开的六线谱。由于在室温下弛豫速率较高，某些颗粒的磁化方向波动很快，因而观测到的内磁场的平均值为零，因而出现了四极双峰。为了减少弛豫速率，有必要在低温下进行谱的测试。

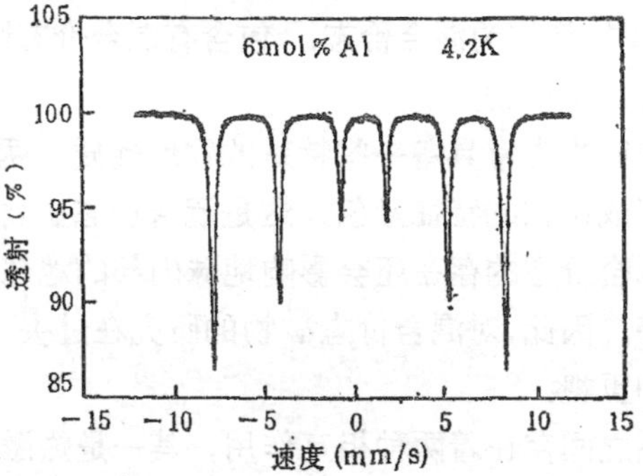

图 10.10 含 6mol% Al 的针铁矿在 4.2K 下的穆斯堡尔谱.

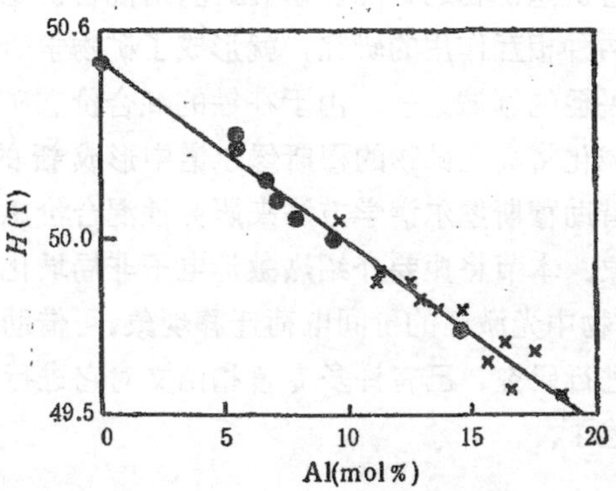

图 10.11 铝针铁矿在 4.2K 下内磁场随铝含量的变化.

在 4.2K 温度下，铝针铁矿的穆斯堡尔谱只由一组六线谱组成，典型的谱如图 10.10 所示。图 10.11 示出了内磁场 H 与 Al 含量之间的关系。二者之间的关系可用下面方程式表示[8]：

$$H = 50.5 - 0.052(\% Al)T. \qquad (10.5)$$

不难看出,它们之间呈现出很好的线性关系.

§10.4 混合价态矿物中的电子非局域化

混合价态也称混合氧化态或非整数氧化态，它表明某一元素以多于一种氧化状态的形式存在于矿物或化合物中，例如 Fe^{2+}-Fe^{3+}，Ti^{3+}-Ti^{4+} 等均为混合价态. 包含有混合价态阳离子对的矿物称为混合价态矿物.

混合价态矿物常常具备一些特殊的物理性质，两种价态之间的跃迁将会形成矿物的特征颜色，这是混合价态矿物的重要特点之一;此外,混合价态的存在还会影响地球内部的地球物理性质以及遥感光谱等. 因此,对混合价态矿物的研究在过去 10 多年中很受矿物学家的重视.

混合价态之间存在着两种相互作用，其一是热激活而形成的电子非局域化,另一种是光激活而形成的价间的电荷迁移,它们常常决定了混合价态矿物的物理性质,因此,对混合价态矿物中混合价态之间这两种相互作用的研究，就形成了矿物学研究的非常活跃和令人感兴趣的领域之一. 由于在铁的混合价态矿物中，热激活电子非局域化将会在矿物的穆斯堡尔谱中形成新的特征吸收峰,因此,可借助穆斯堡尔谱学方法来研究铁混合价态矿物中电子非局域化现象. 本节将扼要介绍热激活电子非局域化现象及矿物实例.至于矿物中光激活的价间电荷迁移现象,可借助于光学吸收光谱方法来进行研究，已有许多专著和论文对它进行过讨论[9,10]. 在此就不重述了.

10.4.1 热激活电子非局域化现象

如上所述，^{57}Fe 穆斯堡尔核的激发态寿命为 10^{-7}s，因此，穆斯堡尔谱所能直接测试的是其寿命在 10^{-7}s 以上的跃迁，也就是说，只有在电子态寿命大于 10^{-7}s 时，核四极矩和超精细场作用才能使激发态的核能级分裂，这样，才会在矿物的穆斯堡尔谱中观测到相应于 Fe^{2+} 或 Fe^{3+} 离子的四极双峰或六线谱。在铁的混合价态矿物中，当 Fe^{2+}-Fe^{3+} 离子占据具有无限延伸的共边的八面体链时，热激活的电子在较高温度下将会出现非局域化现象.一般来说，热激活电子的寿命很短，一般小于 10^{-9}s. 如果在核跃迁过程中，它们以足够高的频率出现，那么，在它的穆斯堡尔谱中将会观测到由于这种相邻位置上 Fe^{2+}-Fe^{3+} 之间快速电子交换而形成的价态平均效果，这就是热激活电子非局域化现象. 然而，在中等温度下，电子在相邻位置上的交换速率近于 ^{57}Fe 激发态寿命的倒数，穆斯堡尔谱记录了部分价态的平均结果，出现了弛豫现象，只有当温度升高时，才有可能向热激活电子非局域化转变。

如果考虑在相邻位置 A 和 B 上两种铁离子 Fe^{2+} 和 Fe^{3+}，那么，具有 6 个 d 电子的 Fe^{2+} 和具有 5 个 d 电子的 Fe^{3+} 的耦合构型可以写为 $\psi_A^{2+}\psi_B^{3+}$ 和 $\psi_A^{3+}\psi_B^{2+}$，由此可以导出 Fe^{2+}-Fe^{3+} 这一对离子基态和激发态能量和波函数为

$$\psi_g=(1-\alpha)^{1/2}\psi_A^{2+}\psi_B^{3+}+\alpha\psi_A^{3+}\psi_B^{2+}, \tag{10.6}$$

$$E_g=\int\psi_A^{2+}\psi_B^{3+}H\psi_A^{2+}\psi_B^{3+}d\tau+\int\psi_A^{3+}\psi_B^{2+}H\psi_A^{3+}\psi_B^{2+}d\tau, \\ -\int\psi_A^{2+}\psi_B^{3+}H\psi_A^{3+}\psi_B^{2+}d\tau, \tag{10.7}$$

$$\psi_{ex}=(1-\beta)^{1/2}\psi_A^{3+}\psi_B^{2+}+\beta\psi_A^{2+}\psi_B^{3+}, \tag{10.8}$$

$$E_{ex}=\int\psi_A^{2+}\psi_B^{3+}H\psi_A^{2+}\psi_B^{3+}d\tau+\int\psi_A^{3+}\psi_B^{2+}H\psi_A^{3+}\psi_B^{2+}d\tau \\ +\int\psi_A^{2+}\psi_B^{3+}H\psi_A^{3+}\psi_B^{2+}d\tau, \tag{10.9}$$

这里，称常数 α 和 β 为 Mayoh 和 Day 价态非局域化系数[11]，基态和激发态能量中最后一项被称为 Day 共振积分，用 H_{res} 表示[12]. α,β 和 H_{res} 都是系统混合程度的度量. 当 α,β 和 H_{res} 很小时，两种构型 $\psi_A^{2+}\psi_B^{3+}$ 和 $\psi_A^{3+}\psi_B^{2+}$ 之间的相互作用很小，因此可以忽略它，这时，只存在着分立的 Fe^{2+} 和 Fe^{3+} 离子，不能观测到电子非局域化现象。如果 α,β 和 H_{res} 很大，两种构型 $\psi_A^{2+}\psi_B^{3+}$ 和

$\psi_A^{3+}\psi_B^{2+}$ 以近于相等的比率混合在一起，并且式(10.7)中基态能量的最小值明显地降低. 在这种情况下，热激活电子完全非局域化，对于 Fe^{2+}-Fe^{3+} 分布在无限延伸的共边八面体链的矿物或化合物来说，可以观测到金属的特点. 当 α,β 和 H_{res} 值较小，但又为有限的值时，近邻位置之间的电子交换变为一种统计现象，铁主要以 Fe^{2+} 和 Fe^{3+} 的形式存在，但是具有小的电子迁移概率，在这种情况下，穆斯堡尔谱记录了部分的平均结果. 在硅酸盐矿物穆斯堡尔谱 ~1.5mm/s 附近，会出现连续的吸收，它是由相邻位置上 Fe^{2+}(A) 和 Fe^{3+}(B) 之间的电子交换形成的，但它偏离洛伦兹线型，需要使用弛豫理论来处理. 当温度升高时，α,β 和 H_{res} 值随之增高，导致相邻位置上电子交换速率的增高，因此有可能实现完全的电子非局域化. 本节所讨论的几个例子，大都属于这种情况，即在室温或不太高的温度下，穆斯堡尔谱记录了部分平均效果，由 Fe^{2+}(A)-Fe^{3+}(B) 之间电子交换所形成的吸收偏离了洛伦兹线型，只是在高温下，例如黑柱石在 400K 以上时，才出现了完全电子非局域化. 做为一种简化处理方式，一般都使用劳伦兹谱线来计算上述的弛豫谱，以便和高温下电子非局域化现象比较.

图 10.12 示出了热激活电子非局域化和光激活电子跃迁的能量示意图. 每一个位井表示构型 $\psi_A^{2+}\psi_B^{3+}$ 和 $\psi_A^{3+}\psi_B^{2+}$ 在坐标 x 处的能量表面. 在两个构型的交点处，两个构型由于相互作用而改变其值，这样就形成了如式(10.7)和(10.9)所表示的低能和高能的能量表面 E_g 和 E_{ex}。图 10.12 中的虚线相应于共振积分 H_{res} 较大的情况，而点线相应于共振积分小但为有限值的情况. 前者实现了热激活电子的完全非局域化，表现出金属的特征，后者则相应于本章所要讨论的黑柱石及迪尔石等矿物，铁虽然主要以二价和三价的形式存在于矿物中，但一些电子具有足够高的能量占据非局域化能级，因此具有小的电子迁移的几率. 图中画出了实现跃迁 $\psi_A^{2+}\psi_B^{3+}\rightarrow 1/\sqrt{2}(\psi_A^{2+}\psi_B^{3+}+\psi_A^{3+}\psi_B^{2+})$ 所需要的能量 E_{TH}，它是电子非局域化的激活能. 此外，图中还示出了实现跃迁 $\psi_A^{2+}\psi_B^{3+}\rightarrow\psi_A^{3+}\psi_B^{2+}$ 所需要的光学跃迁能量 E_{OP}。图 10.13 上半部定性地示出

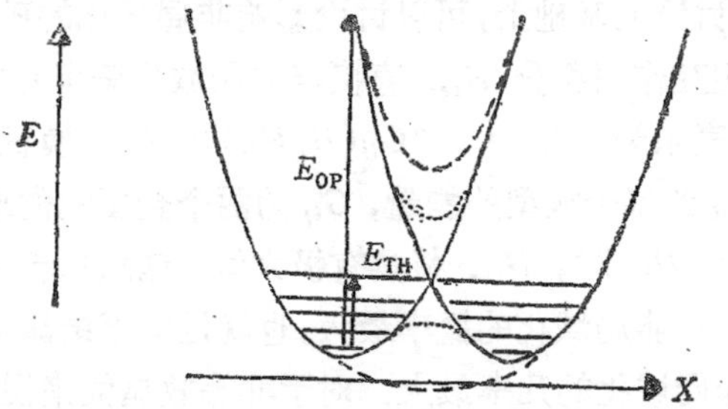

图 10.12 构型 $\psi_A^{2+}\psi_B^{3+}$ 和 $\psi_A^{3+}\psi_B^{2+}$ 的位能面. 当 H_{res} 大时,相互作用形成了非局域化的基态(虚线),当 H_{res} 小时,形成局域化的基态(点线).

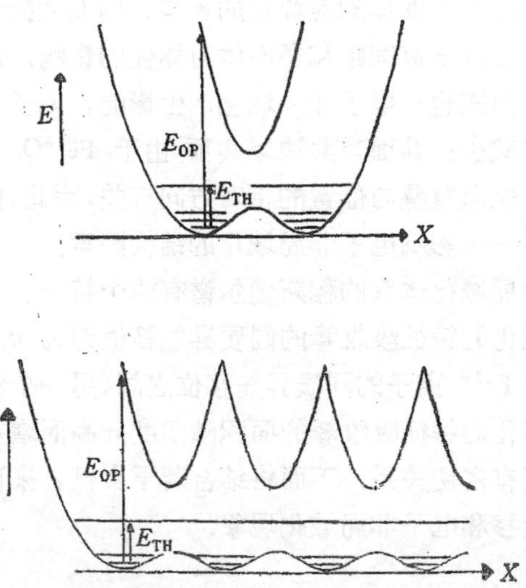

图 10.13 位能面示意图. 上半部适用于 A 和 B 晶位对之间的电子非局域化;下半部适用于无限延伸链上 A 和 B 晶位之间电子非局域化.

了 Fe^{2+}-Fe^{3+} 离子对的位能表面,下半部定性地示出无限延伸的共边的八面体链上 Fe^{2+}-Fe^{3+} 离子相互作用的位能表面,不难看出,图 10.13 上半部表示短程的电子非局域化效应, 而下半部则示出了长程非常局域化效应. 在图中没有示出其它离子、空位以及缺陷对形成电子非局域化的阻挡效应.

在上面讨论的基础上，可以讨论影响非局域化的矿物学因素．如上所述，相互作用积分 H_{res} 直接与非局域化概率有关，因而也与可近似地表示为 $H_{ij}=-2G_{ij}(H_{ii}H_{jj})^{1/2}$ 的交换积分有关[13]．这里，项 H_{ii} 为每个构型的能量，G_{ij} 为两个金属配位球的重叠积分．当 $H_{ii}=H_{jj}$ 时，H_{res} 将具有极大值，这意味着对于能量相等的位置来说，非局域化的概率最大，也就是对于结晶学上等效的晶位来说，非局域化的几率最大。对于非等效晶位来说，由于其配位数和位置对称性以及平均 $M—O$ 间距的不同，因此造成了非等效晶位能量上的差异，其结果影响非等效晶位之间的相互作用。

共振积分 H_{res} 将随重叠积分的增加而增加．由于重叠积分受$M—M$间距和多面体的对称性的影响，因而共振积分和电子非局域化也将受$M—M$间距和多面体对称性的影响．此外，配位多面体的连接方式也对电子非局域化产生影响，电子非局域化按下述连接方式减少：共面＞共边＞共顶；由于 $Fe^{2+}O_6$ 和 $Fe^{3+}O_6$ 分子能级的 d 轨道重叠与位置的相对方向有关，因此，位置之间的角度关系是另一个影响电子非局域化的结构因素．

电子非局域化体系的穆斯堡尔谱有两个特征，其一是相应于电子非局域化的特征吸收峰的同质异能移位约为 0.8mm/s，它处于 Fe^{2+} 和 Fe^{3+} 离子的同质异能移位之间；另一个特点是对应于电子非局域化的特征吸收峰的面积随温度升高而增加，电子非局域化与温度有密切关系．下面将结合若干实例，来讨论矿物中的价间电荷迁移和电子非局域化现象．

10.4.2 黑柱石

黑柱石的结晶化学式为 $CaFe_2^{2+}Fe^{3+}Si_2O_8(OH)$，属岛状硅酸盐，空间群为 $P6nm$，其晶体结构如图 10.14 所示[14]．Ca 离子占据 $4c$ 位置，为 6 个 O^{2-}和一个 $(OH)^-$配位．铁离子占据两种结晶学上不同的位置，其一是具有对称性为m的四重位置 $4c$，也称B位置；另一是对称性为 1 的八重位置 $8d$，也称A位置．两种位置均为 6 次配位的八面体，$4c$ 被 6 个 O^{2-}配位，$8d$ 由 5 个 O^{2-}和

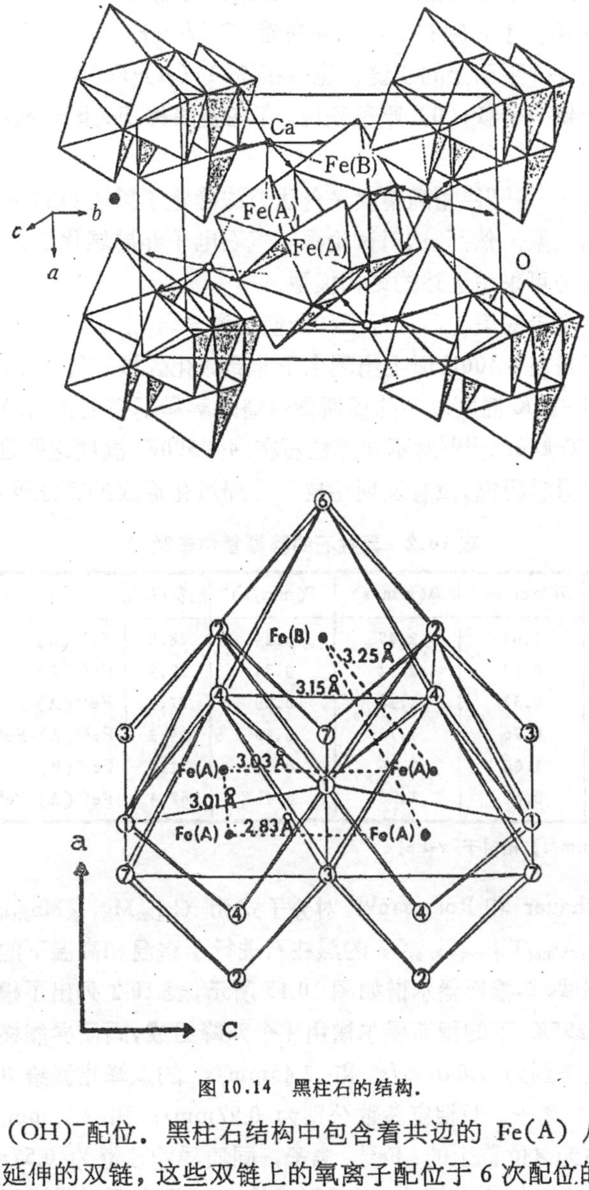

图 10.14 黑柱石的结构.

1 个 $(OH)^-$配位. 黑柱石结构中包含着共边的 Fe(A) 八面体的无限延伸的双链，这些双链上的氧离子配位于 6 次配位的 Fe(B)

晶位，因此，在黑柱石结构中，存在着多种可能的 Fe^{2+}-Fe^{3+} 相互作用。在平行于Z轴的双链上存在着 Fe(A)-Fe(A) 相互作用。此外，在 *a-b* 平面上的双链，也存在着 Fe(A)-Fe(A) 的相互作用。对于每一个 Fe(B) 原子来说，存在着四种 Fe(B)-Fe(A) 相互作用。

Finger 等[15]使用高精度X射线方法确定了黑柱石的晶体结构属单斜晶系。然而，这对讨论黑电气石电子非局域化没有影响，因此讨论仍可采用上述的结构模型。

有些学者对黑柱石进行了穆斯堡尔谱学研究[11,16—21]。所有这些研究都是在～400K 以上出现电子非局域化区域进行的，但是，不同学者对 400K 温度以下的穆斯堡尔谱的解释不完全相同。Yamanaka 和 Takeuchi[22] 对不同黑柱石在 4—300K 温度之间进行了穆斯堡尔谱学研究，没有发现由电子非局域化形成的特征吸收峰。

表 10.2 黑柱石的穆斯堡尔参数

温度	δ(mm/s)[1)]	Δ(mm/s)	Γ(mm/s)	面积(%)	指派
295K	1.04	2.45	0.24	28.8	Fe^{2+}(B)
	0.97	2.12	0.34	27.9	Fe^{2+}(A)
	0.57	1.18	0.30	27.1	Fe^{3+}(A)
	0.76	1.70	0.46	14.2	Fe^{2+}(A)-Fe^{3+}(A)
425K	1.00	2.16	0.31	32.6	Fe^{2+}(B)
	0.67	1.36	0.40	67.4	Fe^{2+}(A)-Fe^{3+}(A)

1) δ(mm/s) 相对于 α-Fe.

Amthauer 和 Rossman[10] 对分子式为 $Ca_{1.02}Mg_{0.020}Mn_{0.050}Fe^{2+}_{1.90}Fe^{3+}_{0.95}Cr^{3+}_{0.04}Al_{0.01}Ti_{0.0002}Si_{2.04}O_9$ 的黑柱石进行了室温和高温下的穆斯堡尔谱测试，其穆斯堡尔谱如图 10.15 所示，表 10.2 列出了穆斯堡尔参数。295K 下的穆斯堡尔谱由 4 个双峰组成，同质异能移位和四极分裂分别为 1.04mm/s 和 2.45mm/s 的双峰指派给 *B* 位置上的 Fe^{2+} 离子，而相应参数分别为 0.97mm/s 和 2.12mm/s 的双峰归结为 *A* 位置上的 Fe^{2+} 离子，同质异能移位为 0.57mm/s 的双峰是由 *A* 位置上 Fe^{3+} 离子形成的。根据上面对黑柱石结构

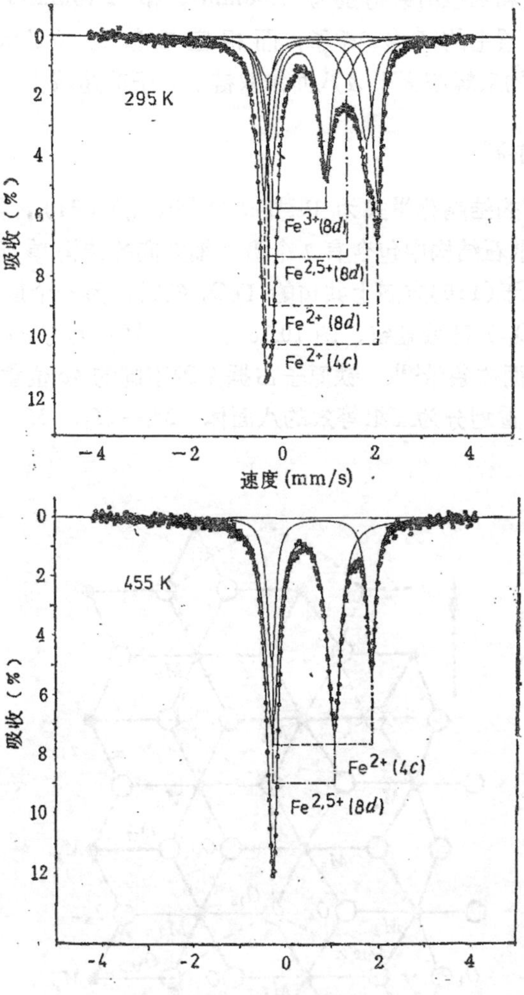

图 10.15 黑柱石的穆斯堡尔谱.

的分析可以看出，在平行于 Z 方向的共边的 *A* 八面体双链上 Fe^{2+}-Fe^{3+} 相互作用的概率最大，因此，把同质异能移位和四极分裂分别为 0.76mm/s 和 1.70mm/s 的双峰归因于八面体 *A* 双链上的 Fe^{2+}-Fe^{3+} 耦合。425K 温度下的穆斯堡尔谱由两个双峰组成，同质异能移位和四极分裂分别为 1.00mm/s 和 2.16mm/s 的双峰归因于B位置上的 Fe^{2+} 离子，而相应参数为 0.67mm/s 和 1.36mm/s 的双峰归因于A八面体双链上电子非局域化。

10.4.3 迪尔石

迪尔石的结晶化学式为 $Fe_6^{2+}Fe_3^{3+}O_3(Si_6O_{17})(OH)_5$，空间群为 $P2_1/a$。迪尔石结构中包含有 2 个沿 c 轴方向的结构单元：其中之一是平行于(110)方向上共边的 FeO_6 条带，另一个是混合的单-双 (Si_6O_{17}) 硅酸盐链。图 10.16 示出了沿(110)方向投影的部分 MO_6 八面体条带[23]。铁原子占据 9 种不同的 4c 位置，可以把这 9 种位置划分为三组等效的八面体 M_1—M_3，M_4—M_6 和 M_7—M_9。

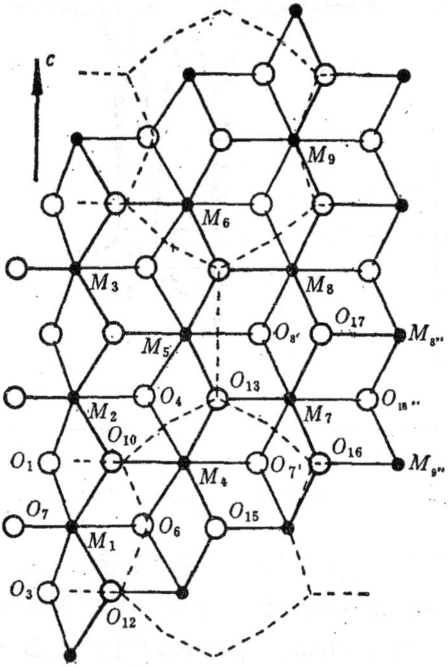

图 10.16 迪尔石结构中部分 MO_6 八面体条带在(110)面上投影.

有些学者对迪尔石进行了穆斯堡尔谱学研究。Bancroft 等[24]和 Frank 及 Bunbury[25] 测得的谱相似，他们都没有使用弛豫模

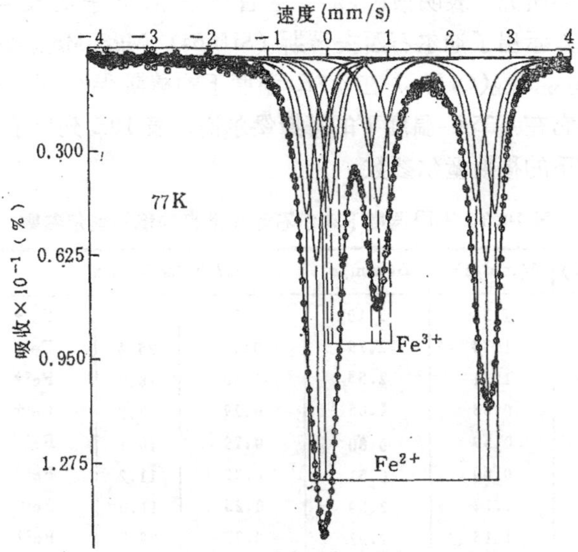

图 10.17　77K 温度下，迪尔石西夫诺斯的穆斯堡尔谱.

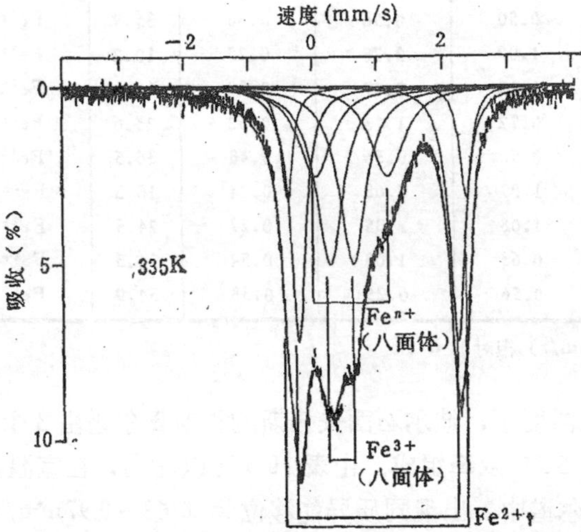

图 10.18　335K 温度下，迪尔石西夫诺斯的穆斯堡尔谱.

型或电子非局域化现象来解释出现的反常的弱吸收峰。

Amthauer 等[26]对已知成分的两个迪尔石进行了详细的穆斯堡尔谱学研究，表明该矿物存在着热激活电子的交换现象。图 10.17 示出了迪尔石西夫诺斯（Sifnos）$Mg_{0.24}Mn_{0.015}Fe^{2+}_{5.63}Fe^{3+}_{2.90}Al_{0.18}Ti_{0.005}Si_{6.03}(OH)_{4.34}$ 在 77K 温度下的穆斯堡尔谱，图 10.18 示出了它在 335K 温度下的穆斯堡尔谱。表 10.3 列出了它在不同温度下的穆斯堡尔参数。

表 10.3 不同温度下迪尔石西夫诺斯的穆斯堡尔参数

温度（K）	δ(mm/s)[1)]	Δ(mm/s)	Γ(mm/s)	面积(%)	指派
77	1.34	3.10	0.30	19.4	Fe^{2+}
	1.34	2.79	0.30	25.4	Fe^{2+}
	1.31	2.53	0.30	18.0	Fe^{2+}
	0.63	1.05	0.29	7.9	Fe^{3+}
	0.59	0.80	0.29	18.1	Fe^{3+}
	0.60	0.51	0.29	11.2	Fe^{3+}
295	1.12	2.89	0.23	11.0	Fe^{2+}
	1.13	2.57	0.27	29.7	Fe^{2+}
	0.92	1.86	0.34	5.2	Fe^{2+}-Fe^{3+}
	0.97	0.98	0.66	18.2	Fe^{2+}-Fe^{3+}
	0.50	0.56	0.46	35.9	Fe^{3+}
335	1.09	2.78	0.25	10.2	Fe^{2+}
	1.09	2.47	0.29	29.8	Fe^{2+}
	0.72	1.13	0.62	23.6	Fe^{2+}-Fe^{3+}
	0.56	0.36	0.48	36.5	Fe^{3+}
375	1.07	2.68	0.24	16.3	Fe^{2+}
	1.08	2.35	0.27	24.3	Fe^{2+}
	0.63	1.03	0.54	24.5	Fe^{2+}-Fe^{3+}
	0.56	0.29	0.38	34.9	Fe^{3+}

1) δ(mm/s) 相对于 α-Fe。

77K 温度下，迪尔石西夫诺斯的穆斯堡尔谱由 3 个 Fe^{2+} 双峰和 3 个 Fe^{3+} 双峰组成。由表 10.3 可以看出，在室温及高温下的穆斯堡尔谱中，出现同质异能移位为 0.63—0.97mm/s 的吸收双峰，这表明它们是由电子交换所形成的共振吸收。由于电子交换容易发生在共边的八面体链上，并且当铁原子占据等价或对称性和能量接近的位置时，电子交换所需能量最小，因此，迪尔石中电子交换择优发生在等效的八面体之间，例如 M_7—M_9 或 M_1—M_3。

10.4.4 钛榴石

石榴石的理想结晶化学式为 $\{X_3\}[Y_2](Z_3)O_{12}$，空间群为 $Ia3d$，属岛状硅酸盐。8个氧离子配位于 {X} 阳离子，形成三角十二面体。阳离子 [Y] 为6个氧所配位，形成八面体.阳离子 (Z) 处在四次配位位置上。{X} 为 Ca, Mg, Mn 和 Fe^{2+} 离子，[Y] 为 Al, Cr^{3+}, Fe^{3+} 和 Ti^{4+} 离子，(Z) 主要为 Si 离子，Al, Cr^{3+}, Ti^{+4}

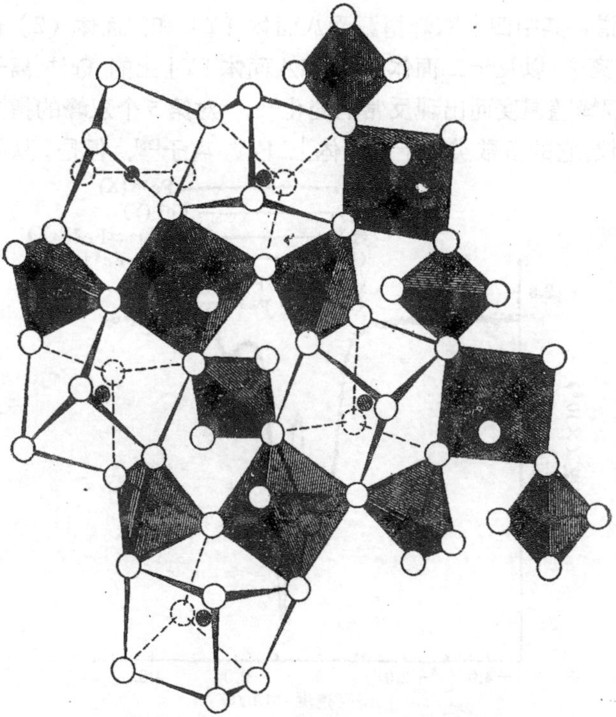

图 10.19 石榴石的结构及多面体之间的共边关系.

和 Fe^{3+} 也可能占据四面体位置. 天然的钙铁榴石大多都含有 TiO_2，含 1—8% TiO_2 的钙铁榴石称为黑榴石，含 TiO_2 多于 8%的钙铁榴石称为钛榴石.

石榴石的结构包含交替共顶的 ZO_4 四面体和 YO_6 八面体. ZO_4 四面体之间没有共边关系，因此，它属于正硅酸盐. YO_6 八面体之间也不共边. 在十二面体 XO_8 和八面体 YO_6 之间、十二面体 XO_8 之间存在着共边关系. 在石榴石结构中，特别引人注目的是 {XO_8} 十二面体和 (ZO_4) 四面体以共棱方式交替地连接成与 *a* 轴平行的无限延伸的三维链状结构. 图 10.19 示出了石榴石的结构以及多面体之间的共边关系.

有些学者对钛榴石进行了穆斯堡尔谱学研究，结果表明，钛榴石中存在着 Fe^{2+} 和 Fe^{3+}. 使用 5 个四极双峰拟合钛榴石的穆斯堡尔谱，其中四个双峰指派于八面体 [Y] 和四面体 (Z) 位置上 Fe^{3+} 离子，以及十二面体 {X} 和八面体 [Y] 上的 Fe^{2+} 离子. 第 5 个双峰随温度而出现反常的变化[27]. 对第 5 个双峰的指派存在着争议，它的参数类似于四面体上 Fe^{2+} 离子[28]. 但是，从晶体化

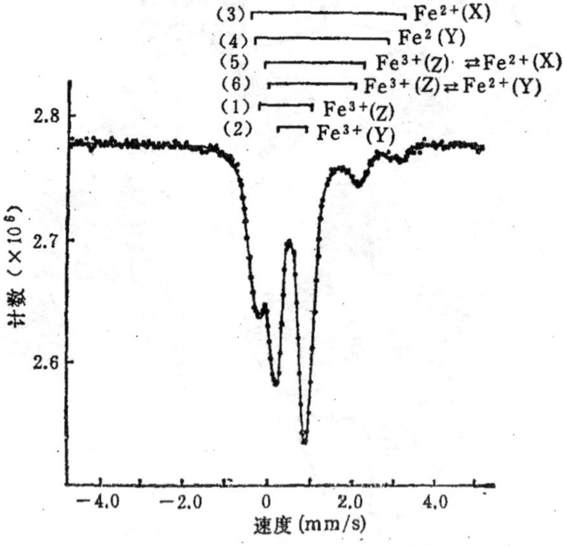

图 10.20 钛榴石 *T*072 的 77K 温度的穆斯堡尔谱.

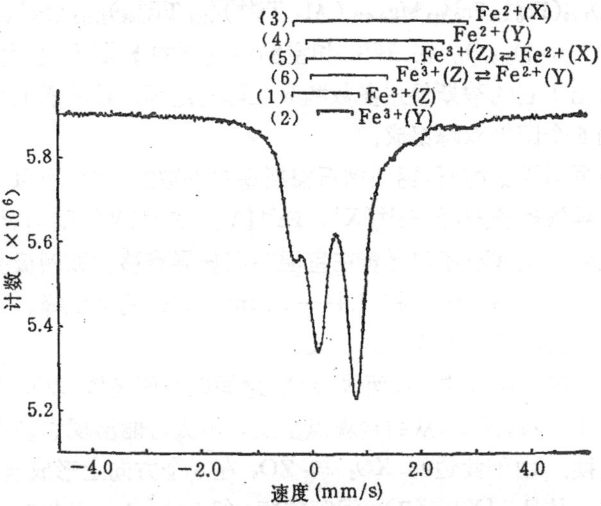

图 10.21 室温下，钛榴石 *T*072 的穆斯堡尔谱.

学角度来看，离子半径较大的 Fe^{2+} 置换半径较小的 Si 是不可能的，因此，把它指派给 $Fe^{2+}\{X\}$-$Fe^{3+}(Z)$ 之间的耦合[29].

牟保磊和吴功保[30]对 6 个钛榴石进行了穆斯堡尔谱学研究. 图 10.20 和图 10.21 分别示出了 ($Fe^{2+}_{0.055}$ $Ca_{2.805}$ $K_{0.008}$$Na_{0.028}$ $Mn_{0.021}$

表 10.4 钛榴石 *T*072 的穆斯堡尔参数

温度 (K)	δ(mm/s)[1]	Δ(mm/s)	Γ(mm/s)	面积(%)	指 派
298	0.209	1.229	0.384	28.69	$Fe^{3+}(Z)$
	0.396	0.644	0.382	55.38	$Fe^{3+}(Y)$
	1.261	3.188	0.380	2.42	$Fe^{2+}(X)$
	1.134	2.548	0.380	0.82	$Fe^{2+}(Y)$
	0.878	1.984	0.544	5.38	$Fe^{2+}(X)$-$Fe^{3+}(Z)$
	0.667	1.429	0.544	7.30	$Fe^{2+}(Y)$-$Fe^{3+}(Z)$
77	0.236	1.217	0.364	32.67	$Fe^{3+}(Z)$
	0.488	0.650	0.328	50.31	$Fe^{3+}(Y)$
	1.369	3.629	0.290	3.19	$Fe^{2+}(X)$
	1.226	3.219	0.290	1.27	$Fe^{2+}(Y)$
	1.076	2.317	0.408	6.36	$Fe^{2+}(X)$-$Fe^{3+}(Z)$
	0.995	2.072	0.408	6.19	$Fe^{2+}(Y)$-$Fe^{3+}(Z)$

1) δ(mm/s) 相对于 α-Fe.

$Mg_{0.083})_{3.00}(Fe^{2+}_{0.059}Fe^{3+}_{0.712}Mg_{0.070}(Al, Ti^{4+})_{1.102}Ti^{3+}_{0.069})_{2.012}(Fe^{3+}_{0.474}Si_{2.245}$ $(Al, Ti^{4+})_{0.281})_{3.00}O_{12}$ 在 77K 和室温温度下的穆斯堡尔谱。表 10.4 列出了它的穆斯堡尔参数和吸收峰的起因。钛榴石的穆斯堡尔谱由 6 个四极双峰组成。

根据与铁铝榴石、钙铁榴石穆斯堡尔参数的比较，可以很容易确定 4 种铁离子双峰 $Fe^{2+}\{X\}$，$Fe^{3+}[Y]$，$Fe^{2+}[Y]$ 和 $Fe^{3+}(Z)$。除此之外，钛榴石还包含着在室温下同质异能移位和四极分裂分别为 0.66—0.94mm/s 和 1.44—2.12mm/s 的两个双峰，它们具有电子交换所形成的双峰的特征。

在石榴石结构中，八面体 YO_6 之间以及四面体 ZO_4 之间不存在共边关系，因此，从结构观点出发，不太可能出现它们之间的电子交换。由于共边的 XO_8 与 ZO_8 在 3 个方向上形成无限延伸的链，并且 {X}—(Z) 间距较短（3.043 Å），因此最容易在 $Fe^{2+}\{X\}$—$Fe^{3+}(Z)$ 之间存在耦合作用。此外，$Fe^{2+}[Y]$ 和 $Fe^{3+}(Z)$ 共顶，但 [Y]—(Z) 之间间距不大（3.392 Å），因此，也存在着形成电子交换 $Fe^{2+}[Y]$—$Fe^{3+}(Z)$ 的可能性。在 $Fe^{2+}\{X\}$ 和 $Fe^{3+}[Y]$ 之间，虽然 XO_8 和 YO_6 共棱，其 X—Y 间距也不大（3.392 Å），但对称性条件较前者差，$Fe^{2+}\{X\}$ 接近完全离子性，因此不利于形成电子交换。在同时存在 $Fe^{2+}\{X\}$ 与 $Fe^{3+}[Y]$ 的镁铝榴石、锰铝榴石的穆斯堡尔谱中没有观测到 $Fe^{2+}\{X\}$—$Fe^{3+}[Y]$ 之间的耦合。根据这些讨论，考虑到 $Fe^{2+}\{X\}$ 和 $Fe^{3+}[Y]$ 有较大的同质异能移位和四极分裂，因此，把同质异能移位和四极分裂分别为 ~0.6mm/s 和 1.44—1.59mm/s 的双峰指派于 $Fe^{2+}[Y]$—$Fe^{3+}(Z)$，把相应参数分别为 ~0.8mm/s 和 ~2.0mm/s 的双峰指派于 $Fe^{2+}\{X\}$—$Fe^{3+}(Z)$。

§ 10.5 矿物中的次近邻效应

在矿物穆斯堡尔谱学研究的早期，假设一种结构位置上的 Fe^{2+} 或 Fe^{3+} 离子的化学环境相同，因而在穆斯堡尔谱中形成一个四极双峰(或一组六线谱)，这种假设适用于绝大多数矿物. 然而,后来的研究表明,由于在同一等效点系上的铁离子的局部化学环境的微小差异,会使某些矿物穆斯堡尔谱线分裂或加宽，因此，在这种情况下必须使用一种结晶学位置上的铁离子将会形成多重四极双峰(或多重六线谱)来解释这些矿物的穆斯堡尔谱. 普通辉石是矿物中这种谱线分裂的最经典实例[31]. 后来，又陆续在人工合成的钙铁辉石[4],绿辉石[32]，钠辉石[33]，铬铁矿[34]以及紫磷锰铁矿[35]等矿物中发现这种效应. 对矿物次近邻效应的研究可以得出局部化学环境的结构信息,这是其它方法难以实现的,因此，穆斯堡尔谱学方法可用来研究矿物中的次近邻效应，于是才引起了矿物学家的注意.

10.5.1 次近邻效应的模型

在矿物穆斯堡尔谱学研究中，除第一配位圈的近邻离子对铁原子的作用之外,在某些矿物中,第二配位圈上的次近邻离子的作用会使铁原子的局部化学环境发生变化，从而使穆斯堡尔谱线进一步分裂成多重四极双峰(或多重六线谱)，这就是所谓矿物中的次近邻效应。

在任何矿物中，都存在着来自次近邻离子对所研究的铁离子的作用,但这些作用并不是都能使它的穆斯堡尔谱线分裂或加宽，只有在位置的畸变程度以及次近邻离子的种类和分布满足一定条件时,才会在矿物的穆斯堡尔谱中观测到次近邻效应.

铁原子核处的电场梯度 q 可以表示为

$$q = q_{val}(1-R) + q_{lat}(1-\gamma_{\infty}), \qquad (10.10)$$

其中 q_{lat} 和 q_{val} 分别为配位基和价电子所形成的电场梯度，$(1-R)$ 和 $(1-\gamma_{\infty})$ 为内壳层电子畸变而形成的修正系数，R 和 γ_{∞} 被称为 Sternkeimer 因子. 四极分裂正比于电场梯度的 Z 分量，因此，当不同的次近邻离子组合在铁原子处形成不同的电场梯度时，就会在矿物的穆斯堡尔谱中形成具有不同四极分裂的多重四极双峰. 根据 Ingalls[36] 的晶体场模型,八面体配位的 Fe^{2+} 离子

的四极分裂可以写成

$$\Delta = \Delta(0)\alpha^2 F(\Delta_1', \Delta_2', \lambda_0, \alpha^2, T), \qquad (10.11)$$

其中，$\Delta(0)$ 为四极分裂的最大值，α^2 为其价因子，纯离子化合物的 $\alpha^2=1$. 对具有程度不同的共价键的化合物来说，α^2 的值从 0.6 到 0.9. F 为四极分裂的缩减函数，它是 $\Delta_1', \Delta_2', \lambda_0$ 和 α^2 和绝对温度 T 的函数，其中 Δ_1' 和 Δ_2' 是晶体场中电子最低能级的分裂值，它们随着配位多面体偏离立方对称的畸变程度的增加而增加，λ_0 为自旋-轨道偶合常数.

和电场梯度一样，缩减函数也是由晶格项和价项两部分组成. 晶格项与多面体的畸变有关，且随着畸变参数增加而近似线性增加，价项来源于外壳层电子的不对称性. 对四方对称的八面体来说，$\Delta_1' = \Delta_2' = \Delta_0'$，图 10.22 示出了缩减函数与畸变参数之间的关系[36]. 不难看出，在多面体刚刚偏离立方对称时，缩减函数增加很快，而在畸变达到一定程度后，F 随畸变的增加而缓慢下降. 四面体上 Fe^{2+} 离子的缩减函数与畸变参数存在着类似的关系[37].

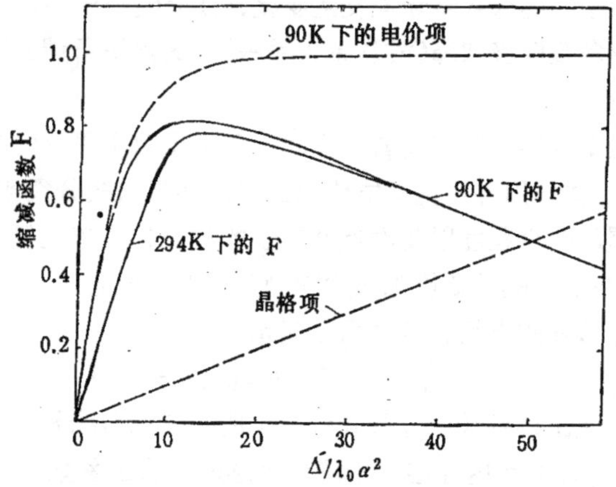

图 10.22 缩减函数与畸变参数 $\Delta/\lambda_0\alpha^2$ 之间关系.

当单一阳离子或性质相近离子占据次近邻位置时，它们在铁原子核处形成同样的化学环境，因而在穆斯堡尔谱上形成一个相应于该等效点系的铁离子四极双峰(或六线谱). 当性质不同的阳离子占据次近邻位置时，不同的阳离子组合将会使配位多面体的畸变程度有微小差异，当缩减函数 F 处在相对畸变参数灵敏的范围内时，那么，畸变程度的微小差别就可以形成差别较大的缩减函数，从而在穆斯堡尔谱中形成具有不同四极裂距的多重双峰或加宽了的谱线。

如果只考虑两类不同的阳离子 A 和 B 占据 N 个次近邻位置，那么，它们将会有 $(N+1)$ 种不同的组合方式，从而有可能在铁原子核处形成 $(N+1)$ 种不同的局部环境，这样，最多可在穆斯堡尔谱中形成 $(N+1)$ 个双峰。若设 C 为阳离子 A 占据次近邻位置概率，那么，n 个 A 类原子占据次近邻位置的概率 $P(n)$ 为

$$P(n)=\frac{N!}{n!(N-n)!},\ C^{n},(1-C)^{N-n} \qquad (10.12)$$

相应于这种组合方式的吸收峰强度正比于概率 $P(n)$，因此，可以使用这个多项式组合来做为处理次近邻的数学模型。

本节将结合一些实例，说明穆斯堡尔谱学方法在研究次近邻效应中的应用。

10.5.2 合成的钙铁辉石-铁辉石

合成的钙铁辉石-铁辉石是研究矿物次近邻效应的早期典型样品之一。钙铁辉石-铁辉石系列中，其空间群随成分而发生变化。富钙的情况下，空间群为 $C2/c$，贫钙情况下，空间群变为 $P2_1/c$。

辉石中存在着两种阳离子位置 M_1 和 M_2。M_2 位置的畸变程度较大，其M—O原子间距也较大。辉石中的 Ca 离子占据 M_2 位置，而 Fe^{2+} 离子除占据 M_1 位置之外，还占据 M_2 位置。辉石中每一个 M_1 八面体和 3 个 M_2 八面体共边；同样，每一个 M_2 和 3 个 M_1 八面体共边，图 10.23 示出了这种共边关系。从图中不难看出，对于 M_1 位置上的 Fe^{2+} 离子来说，存在着 4 种不同的次近邻构型：$3Fe^{2+}$，$2Fe^{2+}1Ca$，$1Fe^{2+}2Ca$ 和 3Ca。由于 M_1 八面体畸变程度小，其缩减函数与其畸变参数的微小变化很敏感。因此，预计在钙

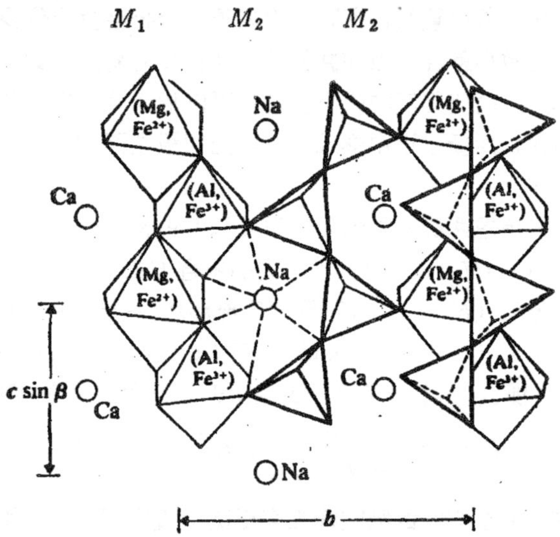

图 10.23　辉石结构中八面体的共边关系.

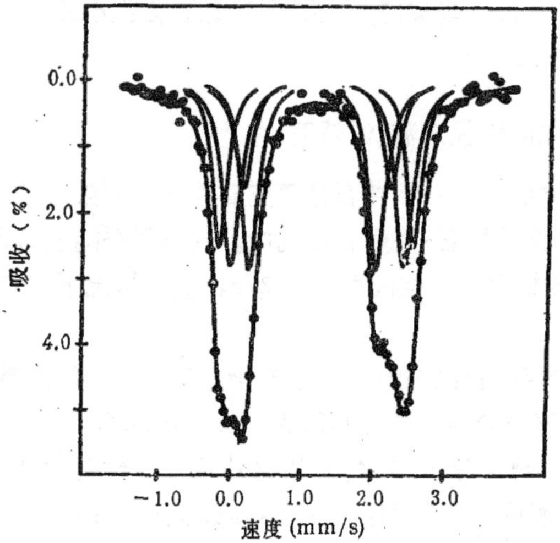

图 10.24　室温下 $Fs_{80}Wo_{20}$ 的穆斯堡尔谱.

铁辉石-铁辉石系列矿物的穆斯堡尔谱中，会出现相应这些不同构型的 4 个 Fe^{2+} 的多重四峰。图 10.24 示出了室温下 $Fs_{70}Wo_{30}$ 的穆

表 10.5　合成钙铁辉石-铁辉石室温下的穆斯堡尔参数（mm/s）

Fs 含量	M_1 (1) 3Fe δ	M_1 (1) 3Fe Δ	M_1 (2) 2Fe1Ca δ	M_1 (2) 2Fe1Ca Δ	M_1 (3) 1Fe2Ca δ	M_1 (3) 1Fe2Ca Δ	M_1 (4) 3Ca δ	M_1 (4) 3Ca Δ	M_2 δ	M_2 Δ
50							1.188(2)	2.222(2)		
70			1.178(3)	2.729(6)	1.191(3)	2.431(6)	1.185(5)	2.069(9)	1.129(3)	1.787(6)
80	1.183(3)	2.783(5)	1.187(2)	2.512(3)	1.181(4)	2.119(7)			1.115(2)	1.719(3)
90	1.180(2)	2.619(3)	1.199(3)	2.295(5)					1.129(2)	1.852(3)
100	1.182(3)	2.490(5)							1.130(2)	1.906(4)

表 10.6　合成钙铁辉石-铁辉石四极双峰的相对面积和离子组合概率

Fs 含量	M_1 3Fe A	M_1 3Fe $P(n)$	M_1 2Fe1Ca A	M_1 2Fe1Ca $P(n)$	M_1 1Fe2Ca A	M_1 1Fe2Ca $P(n)$	M_1 3Ca A	M_1 3Ca $P(n)$	M_2 A	M_2 $P(n)$
50							1.00	1.00		
70		0.046	0.228(1)	0.206	0.308(2)	0.308	0.162(1)	0.154	0.302(2)	0.286
80	0.1129(8)	0.135	0.328(2)	0.270	0.194(1)	0.180		0.040	0.366(2)	0.375
90	0.270(2)	0.285	0.294(2)	0.214		0.053		0.004	0.436(2)	0.444
100			0.543(9)	0.500					0.457(9)	0.500

斯堡尔谱，表 10.5 列出了几个典型的钙铁辉石-铁辉石的穆斯堡尔参数[4].

表 10.6 列出了穆斯堡尔谱中各个四极双峰的相对吸收面积 A 和不同阳离子组合的概率 $P(n)$[4]. 可以看出,理论计算和实验值符合得很好,说明使用多项式分布来做为处理钙铁辉石-铁辉石次近邻效应的模型是正确的.

10.5.3 铬铁矿

铬铁矿的理想结晶化学式 $(Mg,Fe^{2+})(Fe^{3+},Cr,Al)_2O_4$，为一种富铬的尖晶石,空间群为 O_h^7. 铬铁矿中的阳离子占据八面体 B 和四面体 A 位置,这两种阳离子位置的比值为 2:1. 图 10.25 示出了尖晶石型矿物的结构.

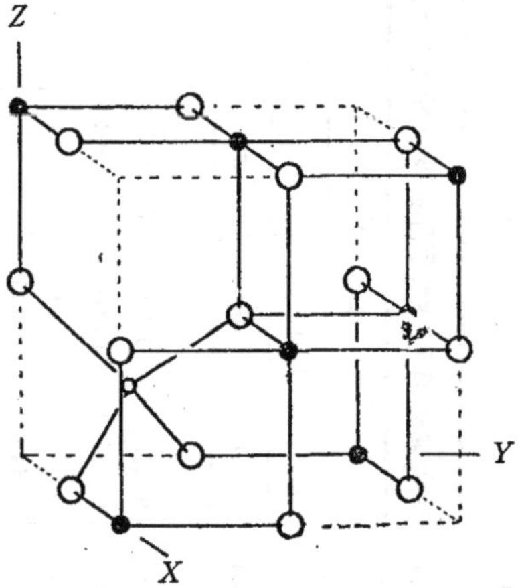

图 10.25 尖晶石的结构.

有些学者对铬铁矿进行了穆斯堡尔谱学研究. Osborne 等[38]将铬铁矿的穆斯堡尔谱简单地拟合为两个双峰，所得到的穆斯堡尔参数和解释是合理的，然而其线宽过宽. 后来，Osborne 等[39]对人工合成含铬尖晶石进行了穆斯堡尔谱的测试，并使用偏四极分裂方法对其铬铁矿的次近邻效应进行了理论计算,实验与理论符合得很好.

图 10.26 示出了铬铁矿 $(Fe^{2+}_{0.260}Mn_{0.004}Mg_{0.713}Ca_{0.005}Co_{0.001})(Al_{1.313}Cr^{3+}_{0.569}Ti_{0.005}Si_{0.085}V_{0.004})O_4$ 和 $(Fe^{2+}_{0.355}Mn_{0.007}Mg_{0.551}Ca_{0.003})(Al_{0.660}Cr^{3+}_{1.224}Fe^{3+}_{0.143}Ti_{0.007}Si_{0.015}V_{0.007})O_4$ 在室温下的穆斯堡尔谱，它们分别是由 4 个和 6 个四极双峰组成. 表 10.7 列出了它们的穆斯堡尔参数,并给出了四极双峰的指派[34].

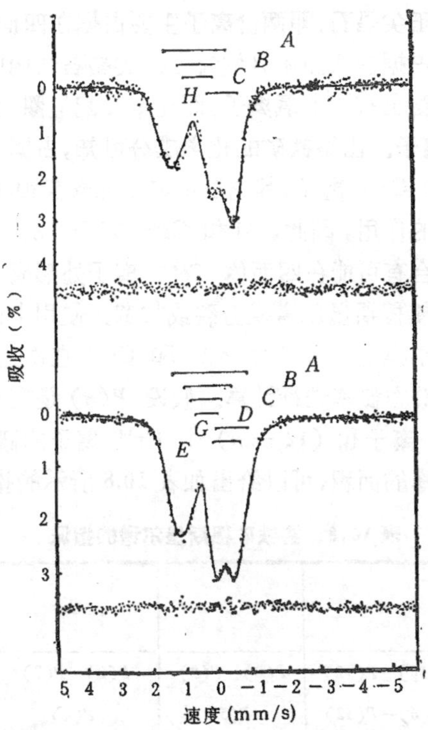

图 10.26　铬铁矿的室温穆斯堡尔谱.

表 10.7　室温下铬铁矿的穆斯堡尔参数

样品	δ(mm/s)	Δ(mm/s)	Γ(mm/s)	面积(%)	指　派
	0.27(1)	0.76(2)	0.36(2)	31(5)	Fe^{3+}(*B*)
	0.97(2)	1.90(5)		22(5)	Fe^{2+}(*A*1)
A	0.90(1)	1.49(5)	0.42(3)	28(6)	Fe^{2+}(*A*2)
	0.91(1)	0.94(5)		19(4)	Fe^{2+}(*A*3)
	0.32(7)	0.74(16)	0.39(3)	16(6)	Fe^{3+}(*B*)
	0.20(8)	0.94(15)		15(5)	Fe^{3+}(*A*)
B	0.97(3)	1.78(7)		16(7)	Fe^{2+}(*A*1)
	0.91(2)	1.53(13)		17(6)	Fe^{2+}(*A*2)
	0.92(1)	1.16(11)	0.41(2)	20(6)	Pe^{2+}(*A*3)
	0.92(1)	0.77(5)		26(5)	Fe^{2+}(*A*4)

铬铁矿为正尖晶石，即两价离子主要占据在四面体 *A* 位置上，三价离子主要占据在八面体 *B* 位置上．尖晶石结构中四面体 *A* 位置的第一配位圈上有 4 个氧离子，而在第二配位圈上有 12 个氧离子和 12 个阳离子．由铬铁矿的化学成分可知，占据八面体 *B* 位置的主要为 Al 和 Cr^{3+} 离子，其它三价离子的含量很少，作为近似，可以忽略它们的作用，因此，Al 和 Cr^{3+} 离子在次近邻八面体位置上的不同组合有可能在四面体 Fe^{2+} 离子处形成不同的局部化学环境，因而使穆斯堡尔谱线分裂或加宽．使用上面所提到的多项式分布的数学模型，可以对 Al^{3+} 和 Cr^{3+} 在次近邻的 12 个八面体位置上的分布概率进行计算．假设 $P(n)$ 是在次近邻位置上出现 n 个 Al^{3+} 离子和 $(12-n)$ 个 Cr^{3+} 离子的概率，则根据穆斯堡尔四极双峰的面积，可以给出如表 10.8 所示的指派．

表 10.8　铬铁矿穆斯堡尔谱的指派

样品＼双峰	*A*	*B*	*C*	*D*
A	$P(10)-P(12)$	$P(8)-P(9)$	$P(0)-P(7)$	
B	$P(6)-P(12)$	$P(5)$	$P(4)$	$P(0)-P(3)$

10.5.4　紫磷锰铁矿

紫磷锰铁矿的理想结晶化学式为 $(Fe^{3+},Mn^{3+})_{1.0}\ PO_4(OH)$，其空间群为 *Pnma*，其结构投影图如图 10.27 所示．所有的原子 (Fe,Mn)，P，O(1) 和 O(2) 位于四类 4*c* 位置上[40]．

图 10.28 示出结晶化学式为 $(Na_{0.010}K_{0.012}Ca_{0.045}Mg_{0.053}Fe^{3+}_{0.341}Mn_{0.697})_{1.158}(Cr_{0.012}Ti_{0.035}Si_{0.082}P_{0.832})_{0.957}O_4(OH)_{0.386}$ 的紫磷锰铁矿在室温下的穆斯堡尔谱．它由 5 个四极双峰组成，它们的同质异能移位为 0.36—0.41mm/s，四极分裂分别为 1.79mm/s，1.58mm/s，1.07mm/s，0.69mm/s 和 0.36mm/s[35]．

在紫磷锰铁矿中，阳离子 Fe^{3+} 和 Mn^{3+} 占据八面体位置，它的第一配位圈为 6 个氧离子，第二配位圈上有 4 个 Fe^{3+} 和 Mn^{3+}

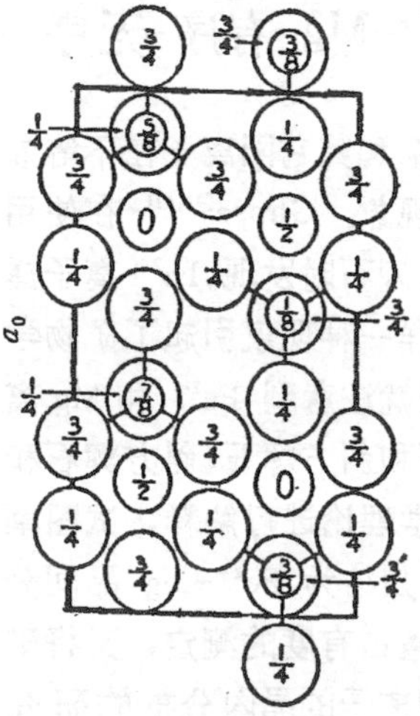

图 10.27　紫磷锰铁矿沿 C 轴的结构投影

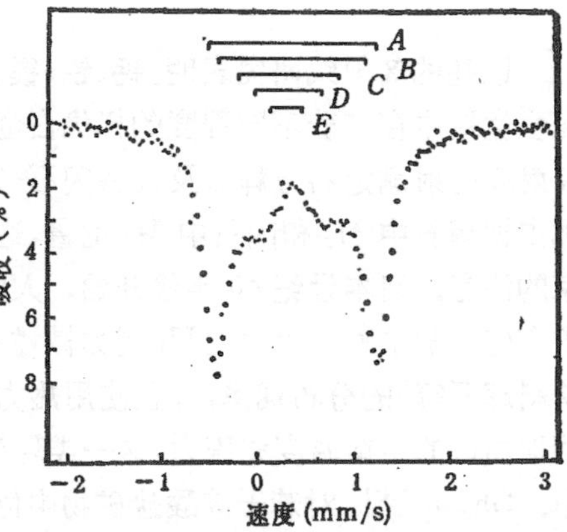

图 10.28　紫磷锰铁矿的室温穆斯堡尔谱.

离子和 4 个氧原子. 因此，如果忽略其它少量阳离子的影响，那么,八面体位置上 Fe^{3+} 离子的 4 个次近邻 Fe^{3+} 和 Mn^{3+} 的组合方式为 $4Fe^{3+}$, $3Fe^{3+}1Mn^{3+}$, $2Fe^{3+}2Mn^{3+}$, $Fe^{3+}3Mn^{3+}$ 和 $4Mn^{3+}$. 这 5 种不同的阳离子构型可以使八面体形成程度不同的 5 种畸变，因而形成了如图 10.28 所示的 5 个 Fe^{3+} 离子的四极双峰 A, B, C, D 和 E. 表 10.9 列出了根据上述的多项式分布计算出来的各种阳离子组合的概率,与表中穆斯堡尔相对面积对比可以看出,部分双峰的理论计算与实验结果基本上符合,但有些不尽符合,这可能是由于在该矿物中存在着少量羟基的缘故.

表 10.9　阳离子组合的概率和穆斯堡尔相对面积

阳离子组合	概率 P	穆斯堡尔相对面积 A
$4Mn^{3+}$	0.18	0.42
$3Mn^{3+}1Fe^{3+}$	0.39	0.25
$2Mn^{3+}2Fe^{3+}$	0.30	0.11
$1Mn^{3+}3Fe^{3+}$	0.10	0.14
$4Fe^{3+}$	0.03	0.09

§10.6 硅酸盐矿物中的 Fe^{2+}-Mg 有序-无序

以往的X射线研究表明，钙、铁、镁、锰和其它阳离子在不等效配位位置中存在着不同程度的择优占位现象. Ghose[41,42] 在使用X射线衍射测定斜方辉石及镁铁闪石-铁闪石时发现，Fe^{2+} 离子择优占据辉石中 M_2 和闪石中 M_4 位置，这样一种现象引起了矿物学家的注意. 自本世纪 40 年代开始，人们就注意到 Fe^{2+} 和 Mg 离子在硅酸盐矿物共生对之间(例如橄榄石和斜方辉石、斜方辉石和单斜辉石等)的分布规律，并且使用热力学理论进行解释，试图阐明地质体的平衡温度和压力，这一类现象归结为 Fe^{2+}-Mg 晶间分布. Ghose[41,42] 对若干硅酸盐矿物中位置占有度的测定，又将矿物学家的注意进一步吸引到 Fe^{2+}-Mg 阳离子的晶内分布的研究上来. 由于矿物中阳离子的位置分布和有序-无序与矿物的形成条件和冷却历史有密切关系，而穆斯堡尔谱学方法对测定矿物中 Fe^{2+}-Mg 有序-无序来说，不但方法简便，而且可以给出准确的结果，因此，在过去 10 多年中已经取得了丰富的数据. 本节将在讨论有序-无序概念的基础上，着重介绍对斜方辉石的研究结果.

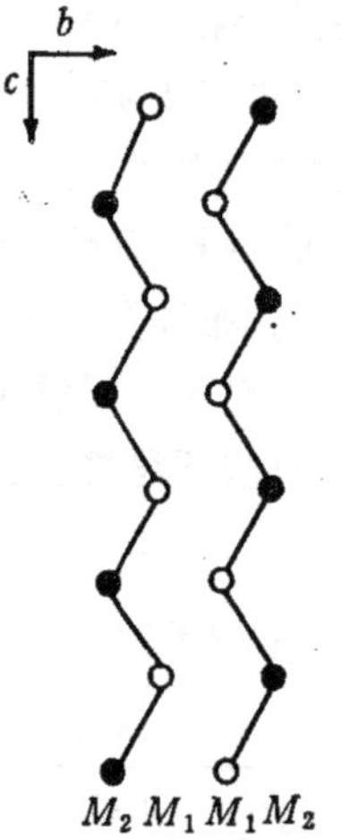

图 10.29 斜方辉石中 Fe^{2+}-Mg 有序模式.

10.6.1 有序-无序现象

当矿物结构中存在两种以上不等效的位置时，某些阳离子常常择优占据某些位置，而另外一些离子则择优占据其余的位置. 在矿物学中，把阳离子择优占据某一晶位的现象称为阳离子有序；反过来，把阳离子随机分布在两种以上位置的现象称为阳离子无序. 作为一个例子,图 10.29 示出斜方辉石晶体的有序模式. 在紫苏辉石 ($Fs_{50}En_{50}$) 中, Mg 有可能完全占据 M_1 位置,而 Fe^{2+} 有可能完全占据 M_2 位置,从而形成了如图 10.29 所示的有序模式. 当然,这是一种完全有序的极端情况. 事实上,预计 Fe^{2+}-Mg 离子在两种位置上必然会出现与温度和组分相对应的平衡分布. 在某一温度下, Fe^{2+}-Mg 离子将会随机地分布在 M_1 和 M_2 位置上,这就出现了由有序到无序的转变.

硅酸盐矿物中有序-无序现象的许多重要方面是和它的结构及成分上的特点密切相关的. 首先,硅酸盐结构中大都包含两种以上对称性和大小均不相同的配位多面体,有序-无序现象是指离子在这些位置上的分布状况;其次,通常只有那些占据不等效晶位的离子参加有序-无序过程,而硅酸盐格架的其它部分对有序-无序过程影响不大,因而,在考虑有序-无序过程时可以忽略它们的影响;第三,当离子的电荷和大小很相似时,位置择优能与有序度无关;第四,由于矿物中二元系固溶体组分的变化,使得某一类型离子不可避免地占据其它离子的位置,并且由于在某一特定温度之下,对有序过程来说存在着势垒. 因此,在硅酸盐矿物中,一般不可能出现完全有序或完全无序.

硅酸盐矿物中有序-无序是通过测定结构中离子占位度来确定的,测定离子占位度最常用的方法是 X 射线、电子及中子衍射技术、红外和穆斯堡尔谱学方法. 各种方法用于测定离子占位度具有不同的优缺点. X 射线衍射技术是测定原子在晶体结构中位置的基本方法之一,但这种方法对测定复杂结构的硅酸盐来说是很费时的,因此迄今为止只对为数不多的矿物进行了占位度的测定和分析. 此外,这种方法不能区分 Fe^{2+} 和 Fe^{3+} 以及散射系数或原子序数相近的离子,因而限制了在这些离子上的应用. 红外光谱方法与 X 射线衍射技术相比要简单得多,而且也很省时间,但它只限于测定含有羟基的硅酸盐矿物,例如各类闪石,因而也限制了它的应用. 由于不同位置上铁的数目与穆斯堡尔吸收面积成正比,因而,使用穆斯堡尔谱学方法可以很容易确定铁在矿物中各种位置上的分布情况，此外，铁在自然界丰度高，几乎所有重要硅酸盐矿物都含有铁，因而，穆斯堡尔谱学方法可以广泛用于硅酸盐矿物中铁的位置分布的研究，迄今为止，已经对几乎所有重要的硅酸盐矿物进行过铁离子位置分布的测定。做为例子，下面介绍斜方辉石的理想溶液和简单混合模型。

10.6.2 Fe^{2+}-Mg 有序-无序的理想溶液模型

本节以斜方辉石为例，说明理想溶液模型在研究 Fe^{2+}-Mg 有序-无序上的应用。

斜方辉石 $Fe_xMg_{1-x}SiO_3$ 为结构上不很复杂的硅酸盐矿物，它是穆斯堡尔谱学方法研究 Fe^{2+}-Mg 有序-无序的经典例子. Virgo 和 Hafner[43] 首先使用热实验方法，测定 Fe^{2+} 离子有序度与温度之间的关系，并做出平衡等温线，把 Fe^{2+}-Mg 有序-无序过程看成是阳离子在不同位置上的交换反应，并按理想溶液模型来处理.

斜方辉石 $Fe_xMg_{1-x}SiO_3$ 的空间群为 $Pbca$，其结构包括由 SiO_3 连成的沿 C 轴无限延伸的单链阳离子带，其中阳离子分布在两种位置 M_1 和 M_2 上. M_1 多面体平均原子间距较小，近于八面体对称；而 M_2 多面体的平均原子间距较大，为畸变程度较大的八面体. 对天然斜方辉石的穆斯堡尔谱学研究表明，Fe^{2+} 离子择优占据 M_2 位置.

从热力学观点来看，辉石中 M_1 和 M_2 位置上 Fe^{2+}-Mg 有序-无序可以用简单的二元系交换反应方程式来描述，即

$$\mathrm{Mg}(M_1) + \mathrm{Fe}^{2+}(M_2) \rightleftharpoons \mathrm{Fe}^{2+}(M_1) + \mathrm{Mg}(M_2). \quad (10.13)$$

用分布系数 K 可以很好地描述上式中 Fe^{2+}-Mg 有序-无序，分布系数 K 的定义为

$$K = (x_{\mathrm{Fe}}^{M_1}/x_{\mathrm{Mg}}^{M_1})/(x_{\mathrm{Fe}}^{M_2}/x_{\mathrm{Mg}}^{M_2}), \quad (10.14)$$

其中，$x_{\mathrm{Fe}}^{M_1}, x_{\mathrm{Mg}}^{M_1}, x_{\mathrm{Fe}}^{M_2}$ 和 $x_{\mathrm{Mg}}^{M_2}$ 分别是 Fe^{2+} 和 Mg 离子在 M_1 和 M_2 位置上的占有率，分布系数也称平衡常数. 对斜方辉石来说，使用穆斯堡尔谱学方法可以很容易确定上述的占有率，因此很容易得出各种温度的平衡常数.

对斜方辉石来说，在一级近似上，可以使用理想溶液模型来处理上面式(10.13)所描述的交换反应。因此，它的平衡条件满足下式：

$$\Delta G_E^0 = -RT\ln K, \qquad (10.15)$$

其中，ΔG_E^0 是交换反应式(10.13)的标准自由能的变化，R 为气体常量。

在理想溶液模型的基础上，可以对已知成分的斜方辉石进行热实验求得相应于各种温度下的平衡常数，进而做出斜方辉石的等温线图。Virgo 和 Hafner[44] 对 x_{Fe} = Fe/(Fe + Mg) = 0.574 的样品在 500℃, 600℃, 700℃, 800℃ 和 1000℃ 下加热，然后根据加热后样品的穆斯堡尔谱求得 Fe^{2+} 离子在两种位置 M_1 和 M_2 上的占有率 $x_{Fe}^{M_1}$ 和 $x_{Fe}^{M_2}$，再根据式(10.14)和式(10.15)求出相应于每一温度的平衡常数和标准自由能的变化值。图 10.30 示出了根据理想溶液模型得到的等温曲线，表 10.10 列出了平衡常数和标准自由能的变化值。

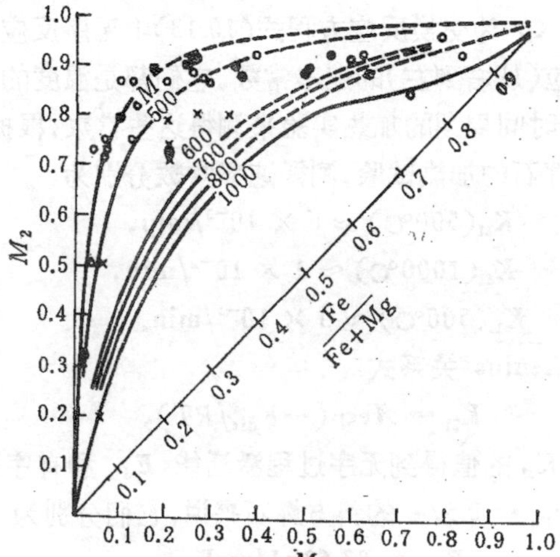

图 10.30 500—1000℃ 范围内斜方辉石等温线.

在 1000℃ 时对含铁量不同的斜方辉石样品的热实验发现，在

$x_{Fe}<0.7$ 时，理想溶液模型适用于斜方辉石中 Fe^{2+}-Mg 有序-无序研究，而当 $x_{Fe}>0.7$ 时，斜方辉石中 Fe^{2+}-Mg 的离子交换反应偏离理想溶液。

表 10.10 500—1000℃ 之间斜方辉石（$x_{Fe}=0.574$）的平衡常数和标准自由能

温度(℃)	平衡常数 K	标准自由能变化 ΔG_E^0 (kJ/mol)
500	0.051	19.12
600	0.148	13.85
700	0.173	14.18
800	0.211	13.89
1000	0.235	15.31

根据二元交换反应方程式(10.13)，可以推导出简单的速率方程

$$-dx_{Fe}^{M_2}/dt=-K_{12}x_{Fe}^{M_1}x_{Mg}^{M_2}+K_{21}x_{Fe}^{M_2}x_{Mg}^{M_1}, \qquad (10.16)$$

$$K_{21}/K_{12}=K, \qquad (10.17)$$

其中，K_{12} 和 K_{21} 为交换反应方程式(10.13)中无序反应（从左到右)和有序反应(从右到左)的速率常数，它们都是温度的函数，并且可以由不同时间周期的加热实验来测得这些常数．根据对 $x_{Fe}=0.574$ 的斜方辉石的加热试验，测得速率常数分别为

$$K_{21}(500℃)\approx 6\times 10^{-5}/\text{min},$$

$$K_{21}(1000℃)\approx 1\times 10^{-2}/\text{min},$$

$$K_{12}(500℃)\approx 6\times 10^{-5}/\text{min}.$$

使用 Arrhenius 关系式

$$K_{21}=A\exp(-E_{dis}/RT), \qquad (10.18)$$

可以由 K_{12} 和 K_{21} 的值得到无序过程激活能 E_{dis} 和有序过程激活能 E_{ord}. 对 $x_{Fe}=0.574$ 的斜方辉石来说，它们分别为

$$E_{dis}\approx 83.68\text{kJ/mol},$$

$$E_{ord}\approx 69.04\text{kJ/mol}.$$

根据二元系理想溶液模型，每一个亚稳的平衡常数K都相应

于一个“平衡温度“，因此，对任何一个天然辉石来说，根据它的穆斯堡尔谱可以测定位置占有率 $x_{Fe}^{M_1}$ 和 $x_{Fe}^{M_2}$，之后可计算其平衡常数，根据图 10.30 所示，可以确定该斜方辉石的“平衡温度”。图 10.30 中示出了若干变质岩、麻粒岩以及火山岩中斜方辉石的测试结果。可以看出，来自变质岩的斜方辉石，其“平衡温度”相当于 480℃。在低于 480℃ 时，Fe^{2+}-Mg 交换反应停止，即使在整个地质年代内也不会发生阳离子交换。因而，在非常缓慢冷却的辉石中，Fe^{2+}-Mg 分布相应于 480℃，而与年代无关。来自火山岩的辉石，其“平衡温度”在 500—600℃ 之间，它远低于火山岩的形成温度（大约 1000℃ 或更高）。形成上述“平衡温度”低于结晶温度的原因是，辉石中离子交换反应在高温时为一迅速过程，而在低温时交换反应速率很低，在 480℃ 时存在着势垒，这时交换反应停止，因而，快速冷却的火山岩样品显示出亚稳状态，它的“平衡温度”低于结晶温度而高于 480℃，缓慢冷却的变质岩样品的“平衡温度”则与截止温度 480℃ 相近。由此，可以得出结论说，测得的斜方辉石的位置占有率，除了与结晶温度有关之外，在更大程度上由它的冷却历史所决定。

10.6.3 Fe^{2+}-Mg 有序-无序的简单混合模型

如上所述，当含铁量较高时，Fe^{2+}-Mg 交换反应偏离理想溶液，当温度低时，也会出现同样的偏离。为此，可以使用单个位置的简单混合模型来处理和解释斜方辉石中 Fe^{2+}-Mg 离子的交换反应[45]。

对于简单混合模型来说，交换反应式(10.13)的平衡常数可以写为

$$K_a=\frac{x_{Fe}^{M_1}(1-x_{Fe}^{M_2})}{(1-x_{Fe}^{M_1})x_{Fe}^{M_2}}\cdot\frac{f_{Fe}^{M_1}f_{Mg}^{M_2}}{f_{Mg}^{M_1}f_{Fe}^{M_2}},\qquad(10.19)$$

其中，$f_{Fe}^{M_1}$，$f_{Fe}^{M_2}$，$f_{Mg}^{M_1}$ 和 $f_{Mg}^{M_2}$ 分别为 Fe^{2+} 和 Mg 离子在 M_1 和 M_2 位置上的偏激活系数。

K_a 主要由温度来决定，压力对它的影响不大。在某一温度 T

下，标准自由能变化为

$$\Delta G_a^0 = -RT\ln K_a, \tag{10.20}$$

这个自由能是晶体总吉布斯自由能的一部分，它是系统很重要的热力学参数. 为了测定 ΔG_a^0 和 K_a，首先必须测定位置占有率 $x_{Fe}^{M_1}$ 和 $x_{Fe}^{M_2}$ 以及偏激活系数 f. 根据 $x_{Fe} = Fe/(Fe + Mg)$ 不同的斜方辉石的穆斯堡尔谱，可以确定组分不同的辉石的位置占有率 $x_{Fe}^{M_1}$ 和 $x_{Fe}^{M_2}$，然而，必须在上述模型和实验测得 $x_{Fe}^{M_1}$ 和 $x_{Fe}^{M_2}$ 基础上，经过适当的推导和计算才能确定偏激活系数.

下式可以代表等温分布线:

$$\ln K_a = \ln K_D + \frac{W^{M_1}}{RT}(1 - 2x_{Fe}^{M_1}) - \frac{W^{M_2}}{RT}(1 - 2x_{Fe}^{M_2}), \tag{10.21}$$

其中

$$K_D = x_{Fe}^{M_1}(1 - x_{Fe}^{M_2})/x_{Fe}^{M_2}(1 - x_{Fe}^{M_1}), \tag{10.22}$$

这里W是简单混合模型的能量常数，其定义为

$$\ln f_{Fe}^{M_1} = \frac{W^{M_1}}{RT}(1 - x_{Fe}^{M_1})^2. \tag{10.23}$$

因此，只要求得W，就可求出偏激活系数 f.

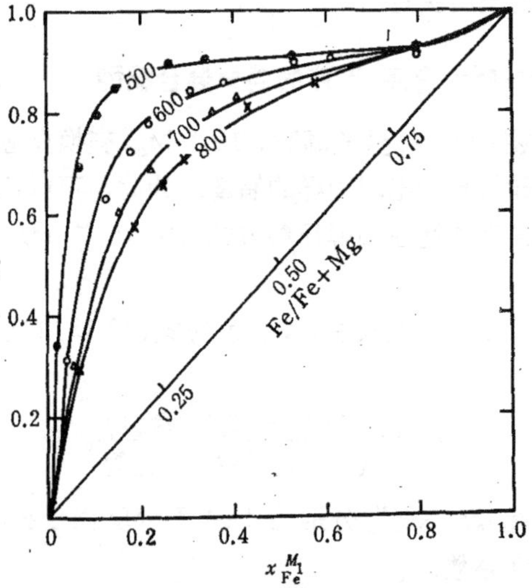

图 10.31　500—800℃的斜方辉石等温线.

对 $x_{Fe}=0.181, 0.381, 0.455, 0.500, 0.580, 0.620$ 和 0.720 的斜方辉石在 500℃,600℃,700℃ 和 800℃ 下加热足够长时间，在达到离子平衡后，可以使用穆斯堡尔谱学方法测得 $x_{Fe}^{M_1}$ 和 $x_{Fe}^{M_2}$，利用式(10.22)对上面得到的实验数据进行拟合,可以得到如图 10.31 所示的等温分布线[45]。

在测得位置占有率的基础上，可以使用非线性最小平方程序通过联立迭代计算出 K_α，W^{M_1} 和 W^{M_2}。图 10.32 示出了 ΔG_α^0，W^{M_1} 和 W^{M_2} 与 $\frac{1}{T}$ 之间的关系[45]。

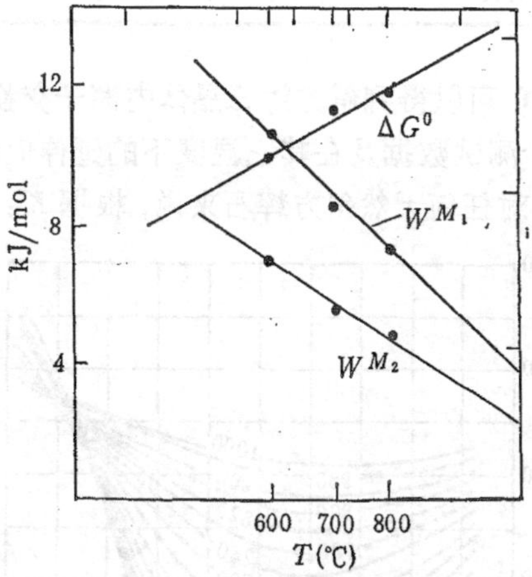

图 10.32 ΔG_α^0,W^{M_1} 和 W^{M_2} 与温度之间的关系.

对图 10.32 所示的三条直线来说，可以用下面三个方程来表示:

$$W^{M_1}=14.748\left(\frac{10^3}{T}\right)-6.974, \tag{10.24}$$

$$W^{M_2}=10.195\left(\frac{10^3}{T}\right)-5.276, \tag{10.25}$$

$$\Delta G_\alpha^0=18.740-8.150\left(\frac{10^3}{T}\right). \tag{10.26}$$

表 10.11 列出了各温度下的平衡常数 K_a，标准自由能变化 ΔG_a^0 和能量常数 W^{M_1} 及 W^{M_2}.

表 10.11 各温度下的 K_a,ΔG_a^0,W^{M_1} 和 W^{M_2} 值

T(K)	K_a	W^{M_1} (kJ/mol)	W^{M_2} (kJ/mol)	ΔG_a^0 (kJ/mol)
773	0.279	12.104	8.029	8.197
873	0.277	9.999	6.598	9.342
973	0.273	8.016	5.083	10.497
1073	0.289	6.865	4.422	11.071
1173	0.298	5.598	3.489	11.791
1273	0.311	4.611	2.803	12.339

根据图 10.30 可以得到斜方辉石晶体内离子交换的"平衡温度". 根据同一个测试数据及在其它温度下的延伸值，可以得到图 10.33. 可以看出，对任何天然斜方辉石来说，根据 K_D 值和 x_{Fe} 值，

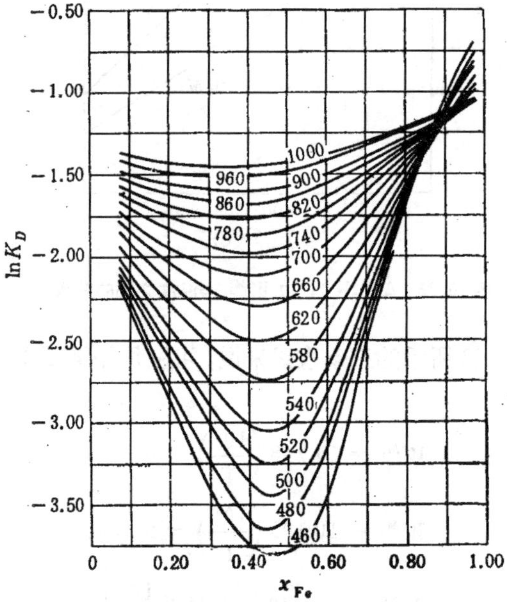

图 10.33 斜方辉石中离子的平衡温度.

可以确定其“平衡温度”。因此，可将图 10.33 看作是一个地质温度计。根据 10.6.2 节的讨论可知，由这个图所得到的斜方辉石的“平衡温度”，实际是离子交换反应的停止温度。对变质岩来说，这个温度接近于截止温度，而对快速冷却的火山岩来说，这个温度低于结晶温度而高于截止温度。

§ 10.7 矿物的固相反应

矿物的固相反应以多种方式进行，自然界中矿物的风化是矿物固相反应最常见的例子，虽然它进行得很缓慢，但风化程度不同的矿物中，其 Fe^{3+}/Fe^{2+} 比值以及阳离子在各晶位上的分布会有明显不同，因此，穆斯堡尔谱学可以用来研究风化过程中所发生的固态反应。

除了自然界中风化这类固态反应以外，近年来穆斯堡尔谱学常用来研究工业矿物的固态反应。众所周知，矿物学做为地质学的重要分支之一，在整个地质学中占有重要地位，它是岩石学、矿床学等分支学科的重要基础。然而，随着生产实践的推动，工业矿物学做为矿物学的重要分支而迅速发展起来，它是在天然矿物研究的基础上，以改造和利用天然矿物的某些特性为目标的矿物材料科学。固相反应是改造天然矿物的一种重要途径。同时，在矿物材料的使用过程中，有时也会发生一些人们所不希望的固态反应而影响材料的性能，因此，可使用穆斯堡尔谱学方法研究固相反应过程中铁的价态的变化以及阳离子有序-无序分布现象，从而揭示固相反应的一些变化细节，由此可以为天然矿物材料的改造和利用以及为材料使用过程中的防护提供依据。本节以白云母及镁钠闪石加热过程中出现的固态反应为例，说明穆斯堡尔效应在研究矿物固态反应过程中的应用。

10.7.1 加热后白云母颜色变化及多色性

白云母为二八面体层状硅酸盐矿物，加热后会发生脱羟及氧

表 10.12 白云母及加热产物的穆斯堡尔参数

样品	δ(mm/s)	Δ(mm/s)	Γ(mm/s)	Fe(%)	指派
白云母	1.06	2.23	0.40	5	$Fe^{2+}(M_1)$
	1.16	3.14		42	$Fe^{2+}(M_2)$
	0.38	0.80	0.70	53	$Fe^{3+}(M_2)$
加热 800℃	0.99	2.50	0.47	6	$Fe^{2+}(M_1)$
	1.13	3.44		6	$Fe^{2+}(M_2)$
	0.40	1.48	0.59	30	$Fe^{3+}(M_1)$
	0.49	0.91		58	$Fe^{3+}(M_2)$
加热 850℃	1.16	3.46	0.41	5	$Fe^{2+}(M_2)$
	0.46	1.45	0.55	36	$Fe^{3+}(M_1)$
	0.43	0.83		59	$Fe^{3+}(M_2)$
加热 900℃	0.43	1.81	0.62	27	$Fe^{3+}(M_1)$
	0.46	1.07		73	$Fe^{3+}(M_2)$
加热 950℃	0.42	1.72	0.60	35	$Fe^{3+}(M_1)$
	0.44	0.97		65	$Fe^{3+}(M_2)$
加热 1000℃	0.43	1.57	0.51	27	$Fe^{3+}(M_1)$
	0.44	0.81		73	$Fe^{3+}(M_2)$
加热 1050℃	0.34	1.12	0.42	31	$Fe^{3+}(M_1)$
	0.37	0.66		69	$Fe^{3+}(M_2)$
加热 1100℃	0.35	1.10	0.43	24	$Fe^{3+}(M_1)$
	0.38	0.65		76	$Fe^{3+}(M_2)$

化，颜色由白色变成金黄或褐色．颜色发生改变的白云母可作为装饰涂层，因此，加热后白云母颜色的变化及其机制，就自然引起人们的注意．结合红外光谱研究，穆斯堡尔谱学方法可以解释这一过程变化机制．

图 10.34 示出了白云母及在 800℃ 和 1000℃ 在空气中加热 1.5h 后的穆斯堡尔谱[46]．白云母的谱由三个双峰 A,B 和 C 组成，加热 800℃ 后的白云母的谱由 4 个双峰 A,B,C 和 D 组成，而加热 1000℃ 后的白云母的谱只包括两个双峰 C 和 D．表 10.12 列

出了穆斯堡尔参数。

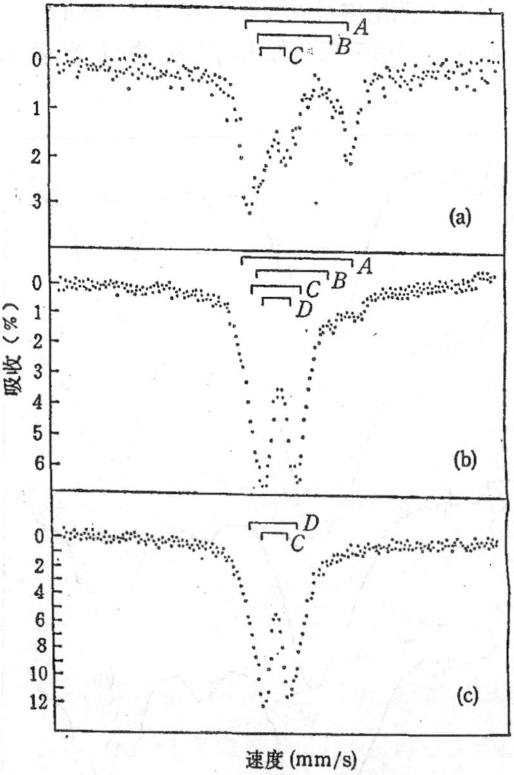

图 10.34　白云母 $(K_{0.9471}Na_{0.0529})_{1.00}(Mg_{0.1009}Ca_{0.0100}Mn_{0.0365}Fe^{2+}_{0.1832}Fe^{3+}_{0.2165}Al_{2.4529})_{3.00}(Al_{0.326}Si_{3.6740})_{4.00}O_{10}(OH,F)_{2.00}$ 的穆斯堡尔谱. (a) 室温谱；(b) 800℃ 加热产物的室温谱；(c) 1000℃ 加热产物的室温谱.

白云母中阳离子占据层状结构中两种结晶学位置，分别称为 M_1 和 M_2 位置，其中 M_2 位置(cis)为两个羟基配位在相邻的顶角上，M_1 位置（Trans）为两个羟基在相对顶角上。白云母穆斯堡尔谱的外双峰 *A* 和内双峰 *B* 分别是由 M_2 和 M_1 位置上 Fe^{2+} 离子形成的，而双峰 *C* 是由 M_2 位置上 Fe^{3+} 离子形成的。

加热后白云母的穆斯堡尔谱发生了较大的变化。在 800℃ 和 850℃ 下加热后的样品，其 Fe^{2+} 的四极双峰仍然存在，只是在高温下发生氧化，并且迁移到 M_1 位置上． 在 900℃ 以上，在穆斯堡尔谱检测灵敏度的范围内没有发现存在 Fe^{2+} 离子．

图 10.35 示出了白云母及加热产物的红外吸收光谱[46]．

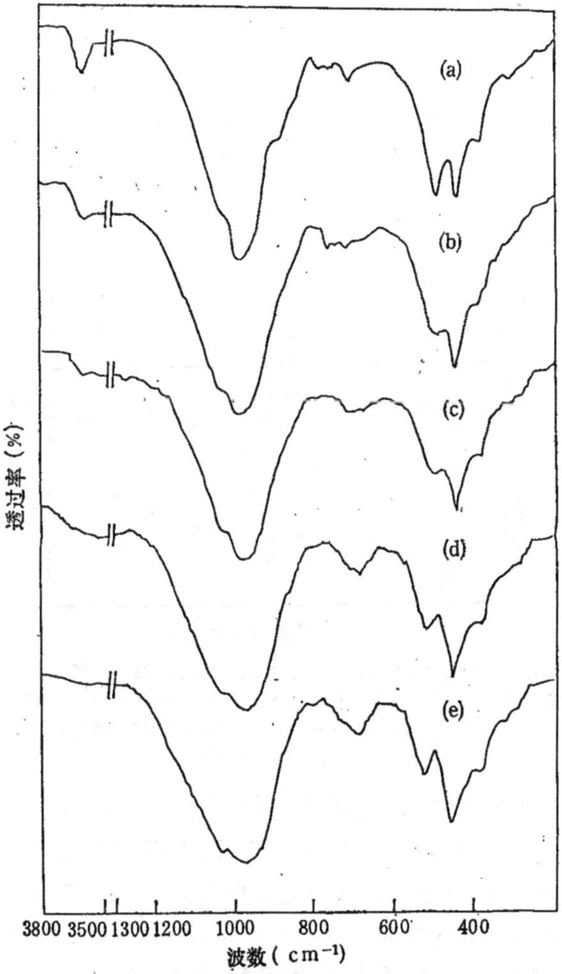

图 10.35 白云母及加热产物的红外吸收光谱．(a)白云母；(b) 加热到 800℃ 的产物；(c) 加热到 850℃ 的产物；(d) 加热到 900℃ 的产物；(e) 加热到 950℃ 的产物．

3500—3700cm^{-1} 的吸收是由羟基所形成的，直到加热到900℃时，羟基谱带依然存在，但在950℃时，羟基吸收带消失，说明在950℃时脱羟过程已经结束。

在存在环境氧的情况下，高温下羟基的分解和 Fe^{2+} 氧化为 Fe^{3+} 离子可由下面方程式确定：

$$4Fe^{2+} + 4OH^- + O_2 \rightarrow 4Fe^{3+} + 4O^{-2} + 2H_2O。 \quad (10.27)$$

但是，由于环境氧在加热时间不长情况下难以接触到晶位上 Fe^{2+} 离子，因此，上述反应式在温度不高和时间不长的情况下难以进行，在这种情况下，白云母中羟基与 Fe^{2+} 离子的反应则可能成为主要的反应，即

$$4Fe^{2+} + 4OH \rightarrow 4Fe^{3+} + 2H_2O + 4O^{-2}。 \quad (10.28)$$

这样，加热后的白云母结构中 M_1 和 M_2 都可能形成两种新的配位多面体，即5个氧原子和1个羟基配位于1个 Fe^{3+} 离子和6个氧配位于1个 Fe^{3+} 离子. 红外光谱的资料表明，在950℃时脱羟作用结束，而穆斯堡尔谱测试表明，在950℃时四极分裂从900℃的最大值开始下降，说明 Fe^{3+} 离子配位发生了某种变化.因此，结合红外光谱和穆斯堡尔谱资料可以看出，在950℃以上，可能只存在6个氧原子配位的八面体 M_1 和 M_2。

由表10.12可以看出，室温下白云母中铁离子几乎都分布在 M_2 位置上，只有5%的 Fe^{2+} 离子占据 M_1 位置，而在加热后，大约有 $\frac{1}{3}$ 的 Fe^{2+} 离子进入 M_1 位置，考虑到 M_2 八面体数目是 M_1 的两倍，因此，高温加热后的白云母，其铁离子随机地分布在 M_1 和 M_2 两种位置上。

加热800℃以上的白云母呈微弱的多色性，在 *a* 轴方向上呈浅棕色，在 *b* 轴方向上呈亮黄色，这主要和白云母加热后 Fe^{2+} 离子氧化成 Fe^{3+}，并且在 M_1 和 M_2 与上呈无序分布有关。如前所述，加热前的白云母，铁离子有序分布在 M_2 位置上，这样，在 *a* 和 *b* 两个方向上对偏振光的吸收没有多大差别，因此观测不到多色性；而加热后的白云母，Fe^{3+} 离子在 M_1 和 M_2 上呈无序分布，由

于 a 轴方向上分布密度稍大于 b 轴，因此在 a 轴方向上形成稍强的吸收，故形成上述的多色性.

10.7.2 加热后镁钠闪石的氧化过程

镁钠闪石属于碱性角闪石，具有较高的抗拉强度、良好的耐酸耐碱性能及良好的过滤性能. 研究加热后氧化过程，可以对材料在高温下的使用提供某些依据.

角闪石的基本结构由硅酸根 Si_4O_{11} 基团联成的无限双链，其中阳离子位置 M_1, M_2 和 M_3 为 6 次配位，它们为轻度畸变的八面体，这些位置为 Fe^{2+}, Mg 和 Al 及 Fe^{3+} 等离子所占据，M_4 为 6 次或 8 次配位，畸变程度较大，为 Na, K 和 Ca 等离子所填充. 四种位置数目比 $M_1:M_2:M_3:M_4 = 2:2:1:2$. 结构中还有较大的空隙，称为 A 位，配位数为 10—12. 多余的 Na 和 K 等可以填充 A 位.

图 10.36 示出了镁钠闪石 $K_{0.01}Na_{1.78}Ca_{0.05}Mg_{2.34}Mn_{0.03}Fe^{2+}_{0.71}Fe^{3+}_{1.85}$-$Al^{3+}_{0.12}Ti_{0.03}Si_{7.99}(OH)_{1.91}F_{0.09}$ 及加热产物的穆斯堡尔谱，表 10.13 列

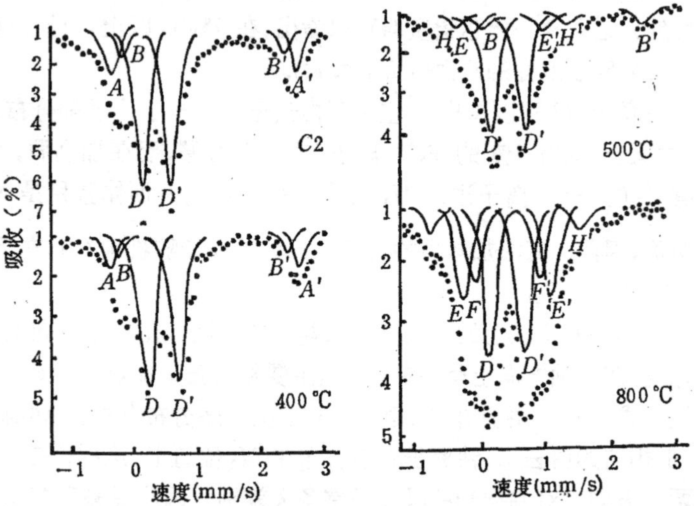

图 10.36 镁钠闪石及加热后产物的穆斯堡尔谱.

表 10.13 镁钠闪石及加热产物室温下的穆斯堡尔参数

样 品	δ(mm/s)	Δ(mm/s)	Γ(mm/s)	Fe(%)	指 派	Fe^{3+}/Fe
	1.09	2.92	0.27	19	$Fe^{2+}(M_1)$	
镁钠闪石	1.08	2.59	0.27	13	$Fe^{2+}(M_3)$	0.68
	0.33	0.45	0.30	68	$Fe^{3+}(M_2)$	
	1.16	2.85	0.29	18	$Fe^{2+}(M_1)$	
加热 400℃	1.13	2.55	0.29	12	$Fe^{2+}(M_3)$	0.70
	0.40	0.45	0.29	70	$Fe^{3+}(M_2)$	
	1.15	2.49	0.48	16	$Fe^{2+}(M_3)$	
加热 500℃	0.36	1.10	0.48	13	$Fe^{3+}(M_1,M_3)$	0.84
	0.37	0.48	0.31	63	$Fe^{3+}(M_2)$	
	0.44	1.72	0.31	9		
	1.07	2.75	0.35	7	$Fe^{2+}(M_3)$	
加热 600℃	0.38	1.10	0.32	21	$Fe^{3+}(M_1,M_3)$	0.93
	0.35	0.50	0.32	63	$Fe^{3+}(M_2)$	
	0.41	1.84	0.32	9		
	0.39	1.31	0.31	27	$Fe^{3+}(M_1)$	
加热 800℃	0.39	0.98	0.31	22	$Fe^{3+}(M_3)$	1.00
	0.39	0.53	0.31	44	$Fe^{3+}(M_2)$	
	0.37	2.23	0.31	7		

出了它们的穆斯堡尔参数[47]．样品在空气中加热 1h 后自然冷却．

根据同质异能移位可以确定，AA' 和 BB' 双峰是 Fe^{2+} 离子形成的，而 DD' 双峰是 Fe^{3+} 离子形成的．晶体化学资料表明，在碱性闪石中，Fe^{3+} 离子择优占据 M_2 晶位，Fe^{2+} 离子富集在 M_1 和 M_3 晶位上，因此，DD' 双峰是由 M_2 位置上 Fe^{3+} 离子形成的，AA' 和 BB' 双峰线宽较窄，它们的面积比约为 2:1，这正好是 M_1 和 M_3 位置的数目之比，因此，可以确定 AA' 和 BB' 双峰分别是由 M_1 和 M_3 位置上 Fe^{2+} 离子形成的．

400℃加热后样品的谱与常温相比差别很小，$Fe^{3+}/(Fe^{2+}+Fe^{3+})$ 比值略有升高，说明在 400℃ 时已经开始氧化．500℃ 加热处理后的谱形变化明显，它包括 4 个双峰，其中仅有 1 个 Fe^{2+} 双峰，它的线宽较大，说明谱线可能是重叠的，从穆斯堡尔参数判断，

它可能主要来自 M_3 的贡献，也包括来自 M_1 上 Fe^{2+} 离子的贡献，大部分 M_1 晶位上 Fe^{2+} 已经氧化成 Fe^{3+} 离子. 对 Fe^{3+} 离子来说，除原来 DD' 双峰之外，又出现两个双峰 EE' 和 HH'. 根据四极分裂判断，EE' 双峰可能是 M_1 和 M_3 上 Fe^{3+} 离子形成的，它的面积比接近于 M_1 位置上被氧化的 Fe^{2+} 所占面积. HH' 双峰可能是其它新相的吸收峰.

600℃加热后，样品的穆斯堡尔谱与前者相似，但 Fe^{2+} 的四极分裂变大，并且 Fe^{2+} 的面积比进一步减少，说明 M_3 位置上 Fe^{2+} 也开始氧化，这时 $Fe^{3+}/(Fe^{2+}+Fe^{3+})$ 的比值由 500℃ 的 0.84 增加到 0.93.

800℃ 热处理后的谱保留着角闪石谱的特征，此时亚铁峰消失，又出现新的 FF' 双峰，它可能是 M_3 位置上 Fe^{3+} 形成的.

1000℃热处理后的谱是 α-Fe_2O_3 和尖晶石新相的特征谱，说明镁钠闪石结构解体，出现新的物相.

由上面对各个温度下镁钠闪石在各温度下加热后的谱的讨论可以看出，氧化和脱羟从 400℃开始，并且主要发生在 400—800℃ 的温度范围内，氧化作用在 500—600℃ 温度区间最为强烈. 表 10.14 列出了镁钠闪石及加热产物的化学分析结果，它基本上与穆斯堡尔分析结果是一致. 在 800℃ 时形成氧镁钠闪石，1000℃ 时结构解体.

表 10.14 不同温度下镁钠闪石中 Fe_2O_3,FeO 和 H_2O 含量

成分 \ 含量(%) \ 温度	常温	200℃	400℃	500℃	600℃	800℃	1000℃
Fe_2O_3	16.98	16.72	16.87	19.32	22.22	23.33	23.42
FeO	5.85	5.83	5.65	3.58	1.06	0.11	0.07
H_2O^+	3.03	3.00	2.93	2.60	2.13	1.47	

镁钠闪石石棉的氧化从 M_1 位置上 Fe^{2+} 开始，从 600℃ 开始

M_3 晶位上 Fe^{2+} 才开始氧化为 Fe^{3+} 离子．到 800℃ 时，M_1 和 M_3 晶位上 Fe^{2+} 离子全部氧化．角闪石在加热条件下的稳定性取决于M—O的键的强度．由于 M3—O 原子间距小于 M1—O 间距，因此，M3—O 键更为稳定，所以氧化从 M_1 晶位上首先开始。

此外，由穆斯堡尔测试可以看出，矿物在加热过程中的氧化反应也是离子无序化过程．Fe^{3+} 离子在 M_2 晶位上呈有序分布是镁-钠闪石的特点之一，而随着温度的升高，M_1 和 M_3 晶位上的 Fe^{2+} 离子不仅氧化为 Fe^{3+} 离子，而且 M_1 和 M_3 晶位上 Fe^{3+} 离子的数量也增多；相反，M_2 晶位上 Fe^{3+} 离子由室温的 68% 降至 800℃的 44%．因此，可以看出，在加热过程中，M_2 晶位上的 Fe^{3+} 离子迁移到 M_1 和 M_3 晶位上去．

§10.8 陨石和月岩

太阳系包括太阳、9个行星和32个已知的卫星、几千个用望远镜可看到的小行星、几十万个彗星、陨石、星际间尘埃以及瞬现的等离子体(太阳风)．直到 1969 年阿波罗登月以前，陨石是唯一可以得到的供实验室研究的星际物质．1969 年以后，阿波罗飞船陆续登月，采集了月壤和月岩样品，从此开展了对月球物质的研究．

研究陨石和月岩的主要目的是了解太阳系的起源和演化．陨石是没有受到其它作用的原始物质，因此，对陨石的研究可以提供有关太阳系起源和演化的某些信息．月球样品则经受了小行星、慧星以及陨石的冲击和重新加热的作用，这样，对来自月球样品的研究就可对组成太阳系之一的月球的历史提供宝贵的资料．

迄今为止，已经使用了几乎所有可能的物理化学方法研究陨石和月球物质，而且得到了相当丰富和异常宝贵的资料．然而，穆斯堡尔谱学方法用于陨石和月球物质的研究，具有明显的优点．穆斯堡尔谱学方法可以非破坏性的“在位”研究这两类样品，这对保存陨石和月球物质这样异常宝贵的样品来说，无疑是非常重要的．

不同含铁物相具有它们的特征谱，这些特征谱可以做为这些物相的“指纹”，因此，穆斯堡尔谱学方法可以在不破坏样品的情况下作为一种鉴定含铁物相的辅助方法．此外，根据穆斯堡尔谱可以确定铁在各个物相中的分布和确定铁的价态，这将会对陨石和月球物质的研究提供非常宝贵的资料．因此，自1964年 Sprenkel-segel 和 Hanna[48] 首先把穆斯堡尔谱学方法引进到陨石学研究以来，迄今为止已经对相当一部分陨石和月球样品进行了研究．

10.8.1 陨石

根据化学成分、结构特征等特点，可以把陨石分成球粒陨石，无球粒陨石，石-铁陨石和铁陨石四类．在每一类陨石中又分成在成分和性质上相近的若干族．球粒陨石是最常见的一类陨石，因此，使用穆斯堡尔谱学方法对这类陨石的研究也比较多．到目前为止，世界上最大的球粒陨石，即吉林石陨石保存在我国吉林自然博物馆中．1976年吉林陨石雨陨落以后，我国学者使用了包括穆斯堡尔效应在内的物理化学方法对它进行了广泛的研究．

球粒陨石的特点是大小为十分之几毫米到几毫米直径的陨石球粒嵌镶在陨石基质当中．球粒与基质的化学成分类似，球粒的重量大约占陨石总重的70%以上．球粒陨石中包含的主要含铁物相为橄榄石、辉石、陨硫铁和 Fe-Ni 合金．在地球上没有发现具有球粒的岩石，只是在冶金炉渣及人造铸石中发现结构上类似的球粒，因此对球粒陨石中陨石球粒的研究就特别引起人们的关注．根据矿物组成和结构特点，球粒陨石又可分为顽火球粒陨石（*E* 族），橄榄石-古铜辉石球粒陨石（*H* 族），橄榄石-紫苏辉石球粒陨石（*L* 族）和碳质球粒陨石（*C* 族）等．

穆斯堡尔谱学方法用于球粒陨石的研究是多方面的，其中之一是根据穆斯堡尔谱得到的铁在各个物相的分布的数据来进行陨石的分类．此外，对陨石球粒和基质的研究，可以给出二者之间含铁物相之间的差异，从而对陨石的形成过程提供依据．下面将结合若干实例来说明穆斯堡尔谱学方法在陨石学研究中的应用．

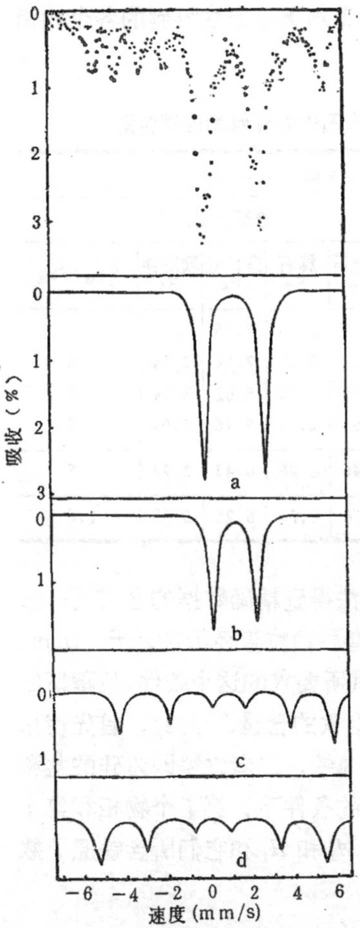

图 10.37　1 号球粒陨石的穆斯堡尔谱.

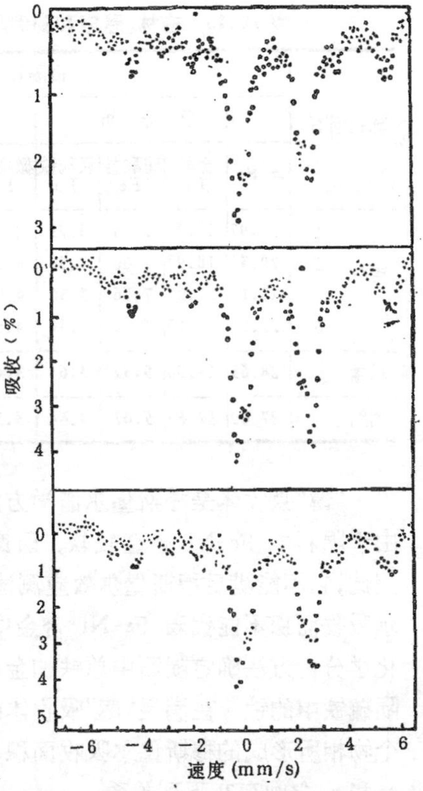

图 10.38　2、5 和 6 号吉林陨石的室温穆斯堡尔谱.

图 10.37 和图 10.38 分别示出 1 号和 2,5,6 号吉林球粒陨石粉末样品的穆斯堡尔谱，其中图 10.37 示出的 4 个(实线表示的)谱为计算机分析所得到的 1 号陨石的组分谱[49]. 我国恩施、剑阁球粒陨石的穆斯堡尔谱与吉林陨石的类似，也是由橄榄石、辉石、陨硫铁和 Fe-Ni 合金含铁物相组成。表 10.15 列出了吉林、恩施

和剑阁球粒陨石由化学分析和穆斯堡尔谱学方法得到的各个物相中铁含量[49,50].

表 10.15 吉林、恩施和剑阁陨石中各种物相的铁含量

球粒陨石		占陨石总重量百分数(%)								
		化学分析				穆斯堡尔谱分析				
		总 Fe	金属 Fe	硅酸盐 Fe	陨硫铁 Fe	橄榄石 Fe	辉石 Fe	硅酸盐 Fe	陨硫铁 Fe	$Fe_橄/Fe_辉$
吉林	1	27.92	17.29	6.84	3.79	4.59	3.26	7.85	2.78	1.4
	2	29.51	18.93	7.00	3.58	4.54	3.40	7.94	2.64	1.3
	5	28.13	17.07	7.56	3.50	4.93	3.09	8.02	3.04	1.6
	6	27.90	19.15	5.39	3.36	4.03	2.69	6.76	1.99	1.5
恩施		28.65	19.50	5.52	3.63	3.46	2.96	6.45	2.72	1.5
剑阁		27.00	17.69	5.67	3.64	3.50	2.78	6.28	3.03	1.6

"薄"吸收体是穆斯堡尔谱学方法得到精确数据的必要条件.由于陨石中 Fe-Ni 合金较软，研磨后颗粒直径仍接近于 1mm，因此，它不能满足穆斯堡尔效应测试所要求的这个条件，故穆斯堡尔吸收面积不能代表 Fe-Ni 合金中铁的含量. 为此，首先使用化学分析方法确定陨石中总铁和金属铁，二者之差即为硅酸盐和陨硫铁中的铁. 在满足"薄"吸收体的条件下，第 i 个物相和第 j 个物相所形成的穆斯堡尔吸收面积 A_i 和 A_j 和它们所含铁原子数 n_i 和 n_j 之间存在下列关系:

$$\frac{A_i}{A_j}=\frac{f_i n_i G_i(x)}{f_j n_j G_j(x)},$$

其中，f_i 和 f_j 分别为第 i 个和第 j 个物相的无反冲分数，$G_i(x)$ 和 $G_j(x)$ 分别为第 i 个和第 j 个物相的饱和修正因子. 假定饱和修正因子为常数，根据吸收峰面积和无反冲分数可把铁分配给橄榄石、辉石和陨硫铁. 根据已知化学成分的矿物穆斯堡尔谱，可以精确地确定各个物相的无反冲分数的比值，即

$$f_{橄}:f_{辉}:f_{FeS}=1.25:1.0:0.97.$$

石陨石的分类是建立在氧化铁和还原铁关系的基础上，将表10.15所列出的数据投影在 Prior-Mason 陨石分类图上，可以看出，上述3个陨石属于 Prior-Mason 分类中的橄榄石-古铜辉石球粒陨石，或 Urey-Craig 分类中的H族球粒陨石(图 10.39)。

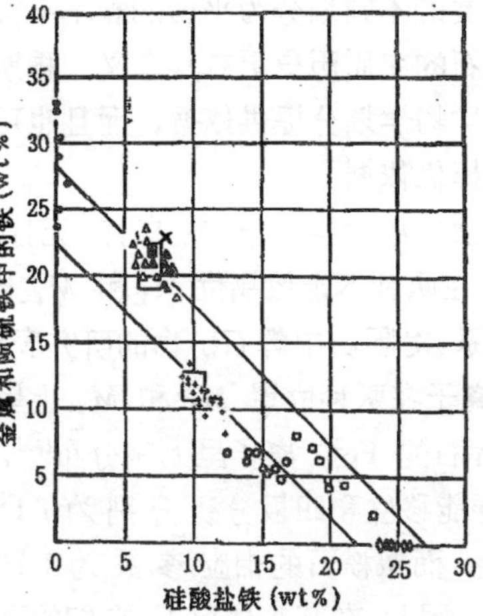

图 10.39 Prior-Mason 陨石分类图.

● 顽火辉石球粒陨石； △ 橄榄石-古铜辉石球粒陨石； + 橄榄石-紫苏辉石球粒陨石； □ 橄榄石-易变辉石球粒陨石； ◇ 碳球粒陨石； ○ 低铁低金属球粒陨石； × 恩施陨石； ■ 剑阁陨石； ▲吉林陨石.

图 10.40 示出了使用穆斯堡尔效应研究的近50块球粒陨石的结果[49]。吉林、恩施和剑阁的数据也示于图上。从图 10.39 和 10.40 中可以看出，穆斯堡尔谱学方法得到的资料更紧密地排列在直线附近，说明穆斯堡尔谱学方法用于球粒陨石的分类是成功的。

对比表 10.15 中化学分析和穆斯堡尔谱学结果可以看出，两者对陨硫铁的结果存在着系统的矛盾，常规的

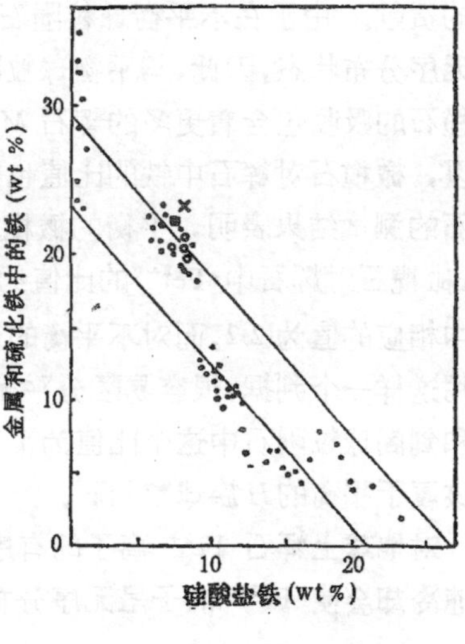

图 10.40 根据穆斯堡尔谱资料得到的 Prior-Mason 分类图。

○ 吉林陨石； × 恩施陨石； ■ 剑阁陨石.

化学方法常常给出较高的值，这是因为化学分析方法是根据陨石中总硫来计算陨硫铁，而在实际上，除陨硫铁之外，在陨石中尚存在其它硫化物.

球粒陨石除按矿物成分划分为如上所述的 *E*，*H*，*L*，*LL* 和 *C* 等族陨石之外，还按变质程度的不同划分为平衡的和不平衡的球粒陨石，这种划分对研究陨石的变质历史更有其意义. 穆斯堡尔谱学方法不但可以为陨石的矿物学划分提供依据，而且也可以为区分平衡和不平衡球粒陨石提供依据.

在§10.6中已经讨论了硅酸盐矿物中 Mg-Fe 有序-无序现象. 陨石中辉石矿物中，Fe^{2+} 在两种不等效晶位 M_1 和 M_2 上的分布和陨石变质历史有密切关系. 对陨石中辉石矿物的研究表明，平衡球粒陨石中辉石的 Fe^{2+} 离子在两种位置 M_1 和 M_2 上呈有序分布，而不平衡球粒陨石中辉石的 Fe^{2+} 离子呈无序分布[51]. 辉石中 M_1 位置上 Fe^{2+} 的同质异能移位和四极分裂分别为 1.15—1.18mm/s 和 2.35—2.69mm/s，而橄榄石的相应参数为 1.16—1.18mm/s 和 2.89—3.02mm/s，因此，在某些情况下，它们的谱线重叠而不能区分开来. 由于这样一个原因，在陨石全岩穆斯堡尔谱的分析中，橄榄石的吸收峰常常包含有辉石 M_1 位置上 Fe^{2+} 离子的贡献. 由于在不平衡球粒陨石中，辉石的 Fe^{2+} 离子倾向于呈无序分布状态，因此，与平衡球粒陨石相比，不平衡球粒陨石中，橄榄石的吸收包含着更多的辉石 M_1 位置上的 Fe^{2+} 离子的吸收，所以，橄榄石对辉石中铁的比值也要高. 对平衡的和不平衡球粒陨石的测试结果表明，平衡的橄榄石-古铜辉石球粒陨石（*H* 族）中，橄榄石对辉石中 Fe^{2+} 的比值约为 1.6，平衡的橄榄石-紫苏辉石中相应的值为 2.2，而对不平衡的球粒陨石，其相应的值要高[52]. 使用这样一个判据，很容易区分平衡或不平衡球粒陨石. 吉林、恩施和剑阁球粒陨石中这个比值为 1.3—1.6，因此，不难看出，它们应该属于平衡的 *H* 族球粒陨石.

对地球上辉石 Fe^{2+} 离子的有序-无序研究表明，辉石由高温迅速冷却会使 Fe^{2+} 离子呈无序分布. 经过以地质年代为时间尺度的变质作用后，Fe^{2+} 离子由无序转变为有序分布．因此可以推断，平衡球粒陨石是不平衡球粒陨石经过长期变质作用而形成的。

10.8.2 月壤和月岩

目前,已从月球7个地点采回了样品,并对其中若干样品进行了穆斯堡尔谱学分析．除此之外，还对四个地点的月球样品进行了“在位”的 α 粒子或X射线荧光分析.虽然月球着陆地点不多,并且限制在一个半球上,但是大量的资料证明,除了在陆地和月海之间,其化学成分有明显差别之外,月球表面的化学成分是相当均匀的。

占月球表面99%以上的元素，按其丰度减少的次序为：氧，硅,铝,铁,钙,钛,钠和钾．铁是月球中丰度最大的4个元素之一，它存在于月壤和月岩中。

为了了解月球的起源和历史，使用了多种方法来研究阿波罗飞船由月球采集的样品．穆斯堡尔谱学方法作为一种其它技术的补充，主要用于研究月壤中铁的分布和价态．由于X射线发射微区分析等技术很难得到颗粒小于 1μm 的物质的分析数据．因此，穆斯堡尔谱学方法对研究小颗粒的铁就引起人们特殊兴趣，它可以半定量地揭示月壤和月岩的组分．图10.41示出了 Tranquility Base 月壤(10084)的穆斯堡尔谱[53]．对低速区域谱的计算机分析表明，月壤中包含的含铁矿物有钛铁矿(吸收峰1和1′)，辉石和玻璃(吸收峰2,2′和3,3′)，橄榄石(吸收峰4和4′)．对高速区域谱的计算机分析表明,月壤中除上述矿物之外,还包括金属铁（吸收峰6,6′和6″),陨硫铁（7和7′）以及铁尖晶石（8,8′和8″),其中高速谱中的吸收峰5和5′是低速谱中所标明的2,3,4和2′, 3′和4′的重叠结果。

玄武岩是月岩中含铁量较高的一类岩石，玄武岩是相当年轻的暗色火成岩，它们与地球上某些火成岩很相似，其含铁量接近15—20wt%．在大部分情况下，玄武岩做为熔岩流或熔岩湖形成

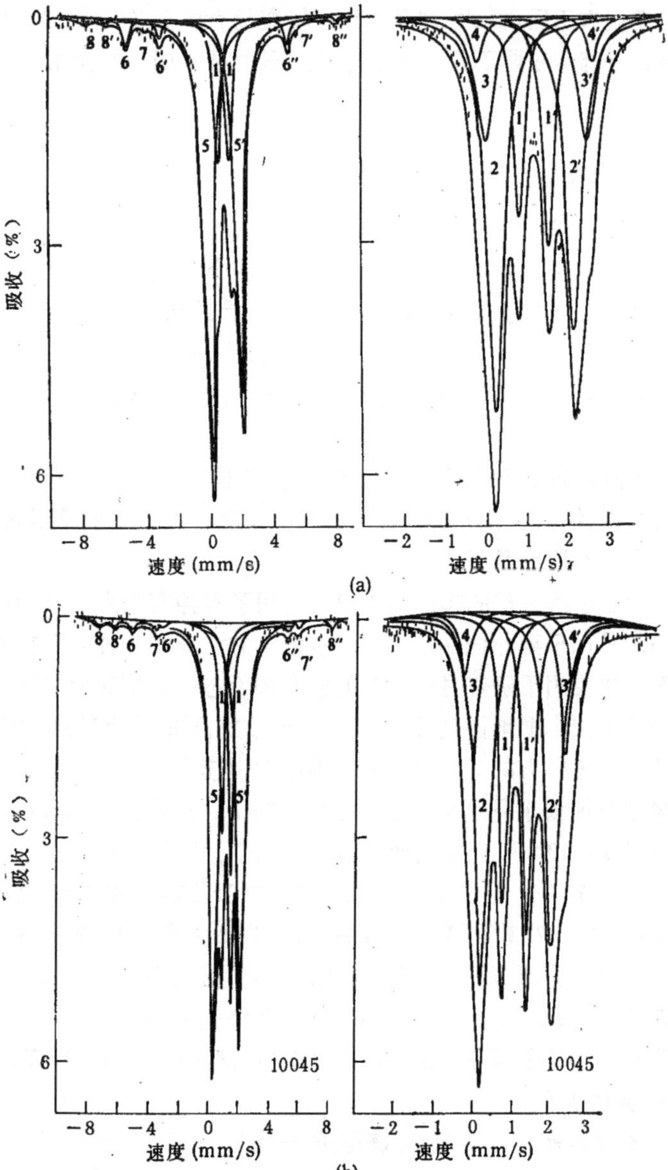

图 10.41　月壤和月岩的穆斯堡尔谱.

(a) 低速和高速区间阿波罗 11 月壤；(b) 低速和高速区间阿波罗 11 月岩.

月海的基底,它的主要矿物有单斜辉石、斜长石、橄榄石及钛铁矿.显微角砾岩是月岩中较多的一类岩石，认为它是冲击事件而形成的,是由和玻璃基质胶结在一起的结晶体和玻璃碎片,其化学成分很复杂，其中含铁矿物与玄武岩类似. 月岩中另一类最重要的岩石是斜长岩，它主要由富钙的斜长石组成，其含铁量 FeO 少于 1%,比月球玄武岩少 10 倍.

图 10.41(b) 示出了月球玄武岩 10045 的穆斯堡尔谱[53]. 它和月壤样品 10084 的谱相似,其含铁物相包括钛铁矿,辉石,玻璃,橄榄石,陨硫铁,铁尖晶石和铁. 玄武岩样品 10045 的穆斯堡尔谱吸收峰的起因和月壤的相同.

阿波罗 14 在 Frau Mauro 采集的月球样品,其穆斯堡尔谱与上述阿波罗 11 采集的样品类似，表 10.16 列出了阿波罗 11 和 14 采集的某些样品中各种含铁物相中铁的比例.

由于月壤和月岩的穆斯堡尔谱中所表明的含铁物相很多，而且它们彼此重叠，因此在计算过程中需要对线宽或强度施加某些限制,或者使用某些矿物的标准谱参数. 此外,由于辉石的成分在一个小的范围内变化，因而辉石的吸收峰是成分不同的辉石谱的

表 10.16　月球样品中含铁矿物的穆斯堡尔面积

	样品号	辉石+玻璃	橄榄石	钛铁矿	铁	陨硫铁	铁尖晶石	其它	参考文献
阿波罗11	10084	67.6	4.4	19.7	5.8	≤1.1	≤1.4		[53]
	10045	60.8	6.1	26.9	≤2.1	≤2.0	≤2.1		
	10044	70.4		25.1	≤1.6	≤1.5	≤1.4		
	10060	74.3		20.1	3.2	≤1.0	≤1.4		
阿波罗14	14259,69	86.0		2.0	4.0	≤1.0		7.0	[54]
	14047,47	85.0		3.0	6.0	≤1.0		6.0	
	14053,48	80.7		6.5	7.8	3.0		2.0	
	14063,47	85.0		14.5	≤1.0				
	14301,65	90.9		6.0	1.7	1.5			
	14303,35	84.2		11.3	2.5	2.0			

叠加，橄榄石成分虽然变化不大，但任何微小的橄榄石成分的变化，都会引起四极分裂的变化．由于这些原因，妨碍了计算分析工作的正常进行，因此，所得到的结果具有半定量意义．

根据月壤和月岩穆斯堡尔谱学数据，可以对它们的氧化态和形成条件进行一些讨论．

铁的氧化态是月壤研究中一个重要问题．月壤的穆斯堡尔谱中包含有典型的金属铁的谱，在上面所给出的阿波罗 11 的月壤中，金属铁吸收面积占总面积～5%，在阿波罗 14 和 16 的月壤中，金属铁的吸收与上述值相近，而在阿波罗 11 的月壤中，铁的面积小 2—3 倍．

除金属铁之外，月壤 ^{57}Fe 共振吸收谱表明，铁主要以亚铁状态存在．由于月壤中 Fe^{2+} 的吸收强，因此检测 Fe^{3+} 的灵敏度受到了限制．在月壤的谱中还没有肯定地鉴定出其它价态．存在于月壤中而没有检测出来的 Fe^{3+} 离子的量依赖于谱线重叠的种类和个数，但 Fe^{3+} 含量在月壤中低于穆斯堡尔谱检测的限度，这个限度接近于 3%．

月岩穆斯堡尔谱数据与月壤的类似，即铁主要以亚铁和金属铁形式存在．对从月壤中分离出来的辉石还没有肯定地鉴定出 Fe^{3+} 离子的存在，而对月岩中斜长石的电子顺磁共振研究证实了 Fe^{3+} 离子的存在．在地球土壤中，铁主要以 Fe^{3+} 的形式存在于赤铁矿和针铁矿中，而在地球玄武岩中，也存在数量可观的 Fe^{3+} 离子．由于在月球周围没有看得见的大气圈，因此，在阿波罗登月之前就预计月岩和月岩的氧化态将是非常低的，月壤和月岩的穆斯堡尔谱证实了这个结论，说明月壤和月岩是在一种还原条件或氧逸度很低的条件下形成的．

与地球玄武岩相比，月球玄武岩的穆斯堡尔谱表明，它含有数量可观的钛铁矿，这说明月球和地球不是来源于同一母体，因而以往提出的月球是从地球上分离出去的观点是站不住脚的．

§10.9 进展情况*

矿物中的电子离域作用，在穆斯堡尔谱上有清楚的反映。应育浦和李哲等研究了黑柱石（$CaFe^{2+}Fe[Si_2O_7]OOH$）和 Fe-Ti 石榴石中的电子离域作用。在 Fe-Ti 石榴石中，电子离域作用并不是只在 Fe^{3+} 和 Fe^{2+} 之间存在，而是在 Ti 离子和铁离子之间也存在。这一观点是从 TiO_2 含量对电子离域作用的是否出现的关键作用得出的。实验发现，若 TiO_2 的含量低于 4% 时，将观察不到电子离域作用。对黑柱石，当温度为 473，573 和 673K 时测谱，各温度的谱都是由两套四极分裂双峰组成。其中之一的 $\delta = 0.99—1.04$mm/s，$\Delta = 1.99—2.21$mm/s，这是在 4*c* 位上的 Fe^{2+} 给出的。另一双峰的参数为 $\delta = 0.57—0.66$mm/s，$\Delta = 1.31 \sim 1.40$mm/s，这是在 8*d* 晶位上的 Fe^{2+} 和 Fe^{3+} 给出的。后一组参数的数值接近 Fe^{2+} 和 Fe^{3+} 参数的平均值，故可认为在 Fe^{2+} 和 Fe^{3+} 之间有电子离域作用存在。

在矿物学的研究中，常有需要给出各矿物在样品中的相对含量的问题。有时假定各亚谱的强度正比于各该亚谱相中铁原子总数的多少。这一假设的前题是铁原子在各矿相中无反冲分数是相等的。事实上，各矿相中铁的无反冲分数是不相等的。阚学敏等[55]测定了一些矿相中铁原子无反冲分数的相对值。他们以橄榄石中 Fe^{2+} 的无反冲分数为基准，测得钙铁榴石中 Fe^{3+} 的相对无反冲分数值为 0.964，接近于 1，这可能是由于钙铁榴石与橄榄石中的 Fe—O 键长接近 0.205nm，而在铁铝榴石中，铁原子存在于十二面体中，Fe—O 键长约为 0.240nm，即比橄榄石中的大得多，故铁铝榴石中的相对无反冲分数为 0.874，即比橄榄石的小得多。铁白云石的相对无反冲分数为 0.828，这么小的数值可能表明碳酸盐类矿物中，CO_3^{2-} 原子团可以看作一个大的原子，这样可以认为铁

---

* 本节由马如璋撰写。

白云石中的阳离子是处于 CO_3^{2-} 的八面体中(六配位)。总的分析起来，好像各矿相中无反冲分数的大小决定于晶体中配位多面体的大小，而不是它的价态。

由于在大洋铁锰结核中含有 30 余种有用的金属元素，是一种潜在的矿产资源，所以世界上许多学者对它从不同的角度进行了广泛的研究。鲍根德[56]从稀土元素地球化学，沉积地球化学和生物地球化学的角度对包括取自我国南海海域的 57 个站位的铁锰结核作了地球化学特征和形成机制的研究。结果表明，$Mn/Fe \leqslant 1.5$ 的为火山沉积型，$1.50 \leqslant Mn/Fe \leqslant 2.50$ 的为氧化成岩型，$Mn/Fe \geqslant 2.50$ 的为有机成岩型。

铁锰结核是正铁和锰的氧化物团球体。世界上曾有多起对它作穆斯堡尔谱学研究[57]。以两套四极分裂双峰来拟合，外双峰的参数为 $\delta = 0.271—0.387mm/s$，$\Delta = 0.76—1.17mm/s$；内双峰的参数为 $\delta = 0.27—0.390mm/s$，$\Delta = 0.31—0.42mm/s$。在 4.2K 的穆斯堡尔谱表明，有 48—51T 的超精细场[58]。江嘉济等对太平洋海盆锰结核的研究后认为，主要由纤铁石和针铁石组成，但相对含量随采样地点而异。

X 射线衍射通常不能给出衍射峰，并认为是非晶的。很可能这种正铁氧化物是一种正铁凝胶或正铁水解物的聚合物，经长期时效而形成针铁石 (X 射线衍射不能识别)，通常结晶度很差。深海样品完全没有 X 射线衍射谱线，而化石性的样品给出结晶度差的针铁矿谱线。前述的穆斯堡尔谱内双峰是由针铁石给出的超顺磁性峰，而外双峰可能是 β-FeOOH 给出的。有人认为也含有 γ-FeOOH 的贡献。总之，穆斯堡尔的试验结果证明，在铁锰结核中没有结晶良好氧化铁或氧氢氧化铁 (FeOOH) 相，所以不能证实火山沉积型和氧化成岩型的铁锰结核的存在。

土壤中的氧化铁种类可以用于土壤的分类。土壤的颜色与其中的铁的氧化状态也很有关系。我国学者[59]在分析我国粘土科学研究现状及今后发展方向时，指出应急起直追用穆斯堡尔谱学、电子显微术等现代测试技术来研究粘土矿物形成机理，晶体结构，矿物特性及演化等。

高度演化的热带土壤中氧化铁含量相当高，常可用穆斯堡尔谱学以外的其它技术来研究，例如X射线衍射。演化程度较低的温带土壤含氧化铁量较低。土壤中氧化铁的特点之一是结晶度很低，使得有时含量相当高而X射线衍射仍检查不出来。所以近来穆斯堡尔谱学越来越多地用于鉴定土壤中的氧化铁矿物。Bowen等[60]对这种研究进行了评述。从文献记述中可看到，在许多地方土壤的穆斯堡尔谱中，存在一些共同的特点。室温谱通常只有在零速度附近的双峰，由谱参数可判定它是三价铁给出的。在100K附近的谱通常显示出中心双峰和分辨不很清楚的两套六线谱。在4.2K 到 12K 的谱表明六线谱成份增加，两套六线谱也分得更清楚。

为了得到较为清楚的相组成图象，用超精细场分布法拟谱是有益的。低温谱(例如 15K 以下)能给出更多的信息，当然这种试验是费时的。但无论如何液氮温区测谱是很有必要的。大量试验的经验表明，在用穆斯堡尔谱学方法时，最好与其它方法结合，联合方法可首选X射线衍射和化学提取法。化学提取法可采用柠檬酸盐-重碳酸盐-连二硫酸盐（CBD）法，或草酸盐法，或强碱浓缩法。在化学提取法后再在 77K 测谱有时可给出与低温（例如4.2K，或 10K）测谱接近的信息。

穆斯堡尔谱给出的主要信息是，超精细场在 50T 以上是三氧化二铁，它的超精细场数值及分布受取代的铝的多少和晶粒大小及其分布的影响。第二套六线谱的超精细场在到 30—50T 之间，多是由一定铝取代的针铁矿给出的。

在一些土壤中，有六方针铁石（ferrihydrite）和针铁矿同时存在，这种组合使X射线衍射谱线更漫散和不确定。所谓六方针铁石是一种铁的氧氢氧化物，它具有高的表面含水量并具有在 $Fe_4(OH)_{12}$ 和 $Fe_5O_3(OH)_9$ 之间的成分。Vandenberghe 等[64]在“土壤和粘土中铁的氧化物和氢氧化物的特征的某些方面”中对此作了讨论。对于这种类型样品的研究测低温(例如 4.2K）谱很有必要. 在此情况下,谱线也可能还较宽,这是由于二者的超精细场相当接近引起的. 为此可用酸性草酸铵处理样品,六方针铁石优先溶解,谱线变窄. 总之,低温穆斯堡尔谱学可以证明它们的联合存在。

有的土壤存在 Fe_3O_4,通常结晶度较好,认为很可能是由形成土壤的母岩石继承下来的. 但最近的工作表明,生物矿物化(biomineralization)过程也能生成 Fe_3O_4. 这也可能在土壤中进行,是一有待进行土壤穆斯堡尔研究的领域. 还有一个有待开展研究的问题是鉴别土壤中绿锈的存在. 各处土壤的穆斯堡尔谱是有区别的,虽然有时区别只表现在穆斯堡尔谱的细节或超精细场分布的不同上。

沉积物的穆斯堡尔研究[62]与铁锰结核和土壤的研究有许多相似之处.

太阳系的起源是很久以来各领域学者广泛关心的问题. 对地球以外物质的研究靠落到地球上的陨石和从月球取回的月岩. 现在人们正在设想直接在火星上对其物质组成及结构进行研究. 前苏联计划在 1996 年发射到火星的火箭(mission),将把一台穆斯堡尔谱仪放到火星上作实地研究[63]. 准备三方面的研究:(1)火星土壤;(2)火星表面的岩石;(3)在火星上钻取出的火星内部物质. 这个穆斯堡尔谱仪已经制作出来,它是背散射式的,配有极强的放射源,^{57}Co(Rh)1Ci($=3.7\times10^{10}$Bq),并用它拟测了仿火星土壤样品的谱. 美国的星际计划也包括在火星表面置放一台穆斯堡尔谱仪. 根据现在的看法,火星上的含铁矿物似乎处于高活性状态. 由于温度低和没液态水故在火星上这种活性尘粒可以是相对稳定的. 火星土壤是高氧化态,说不定还有 Fe(IV)化合物. 火星上铁的高活性状态是要在火星上置放穆斯堡尔谱仪就地研究的原因. 总之,对火星土壤和岩石的穆斯堡尔研究将对我们了解此星体的起源和演化作出有价值的贡献.

Pasternak 等[64]发展了高压穆斯堡尔谱学,叙述了可在 35GPa 下测谱的金刚石砧对. Boudeulle 等[65]相当详细地总结了矿物中的相变，并描述了各种加压的金刚砧对，有的可达 1Mbar（100GPa）压强。看来穆斯堡尔谱学在地球化学，地球物理和矿物结构转变和特征的研究方面仍将起令人注意的作用，而压力对相变的影响将受到重视。

参考文献

[1] J. G. Stevens, H. Pollak, Li Zhe, V. E. Stevens, R. M., White, J. L., Gibson, Mössbauer Handbook, University of North Carolina, Asheville, 1—131(1983).

[2] G. M. Bancroft, A. G. Maddock, R. G. Burns, *Geochim. Cosmochim. Acta*, **31**, 2219(1967).

[3] 中国科学院地质研究所编辑，地质科学成果选集（第一集），文物出版社，230(1982).

[4] E. Dowty, D. H. Lindsley, *Amer. Mineral.*, **58**, 850(1973).

[5] D. R. Veblen, ed, Amphibole and Other Hydrous Pyriboles Mineralogy, Mineralocal Society of America (1979).

[6] L. Christian, M. Pierre, M. Francis, *Phys. Chem. Minerals*, **7**,71(1981).

[7] S. A. Fysh, P. E. Clark, *Phys. Chem. Minerals*, **8**, 257(1982).

[8] A. S. Fysh, P. E. Clark, *Phys. Chem. Minerals*, **8**, 180(1982).

[9] R. G. Burns, Mineralogical Applications of Crystal Field Theory, Cambridge at the University Press (1970).

[10] G. Amthauer G. R. Rossman, *Phys. Chem. Minerals*, **11**, 37(1984).

[11] B. Mayoh, P. Day, *J. Chem. Soc. Dalton. Trans.*, 864(1974).

[12] H. J. Keller, (ed), Low Dimensional Cooperatrve Phenomena, New York Plenum., 191(1976).

[13] G. J. Ballhausen, H. B. Gray, Molecular Orbital Theory, New York Benjamin (1964).

[14] D. A. Nolet, R. G. Burns, *Phys. Chem. Minerals*, **4**, 221(1979).

[15] L. W. Finger, R. M. Hazen, J. M. Hughes, Carnegie Ins. Washington Year Book., 386(1981).

[16] A. Gerard, F. Grandjean, *Solid State Commun.*, **9**, 1845(1971).

[17] F. Grandjean, A. Gerard, *Solid State Commun.*, **16**, 553, (1975).

[18] I. U. Heilmann, N. B. Olsen, J. S. Olsen, *Physica Scripta*, **15**, 285 (1977).

[19] G. Amthauer, B. J. Evans, *Phys. Chem. Minerals*, **3**, 55(1978).

[20] B. J. Evans, G. Amthauer, *J. Phys. Chem. Solid*, **41**, 985(1980)

[21] D. A. Nolet, R. G. Burns, *Geophys. Res. Lett.*, **5**, 821(1978).

[22] T. Yamanaka, Y. Takeuchi, *Phys. Chem. Minerals*, **4**, 149(1979).

[23] M. E. Fleet, *Amer. Mineral.*, **62**, 990(1977).

[24] G. M. Bancroft, R. G. Burns, A. J. Stone, *Geochim. Cosmochim. Acta*, **32**, 547(1968).

[25] E. Frank, D. S. P. Bunbury, *J. Inorg. Nucl. Chem.*, **36**, 1725(1974).

[26] G. Amthauer, K. Langer, M. Schliestedt, *Phys. Chem. Minerals*, **6**, 19(1980).
[27] G. Amthauer, H. Annersten, S. S. Hafner, *Phys. Chem. Minerals*, **1**, 399(1977).
[28] F. E. Huggins, D. Virgo, H. G. Huckenholz, *Amer. Mineral.*, **62**, 646(1977).
[29] K. M. Schwartz, D. A. Nolet, R. G. Burns, *Amer. Mineral.*, **65**, 142(1980).
[30] 牟保磊、吴功保，地质学报，**4**，304(1985)
[31] P. G. L. Williams, G. M. Bancroft, M. G. Bown, A. G. Turnock, *Nature (Physical Science)*, **230**, 149(1971).
[32] L. P. Aldridge, G. M. Bancroft, M. E. Fleet, G. T. Herzberg, *Amer. Mineral.*, **63**, 1107(1978).
[33] W. A. Dollase, W. I. Gustafson, *Amer. Mineral.*, **57**, 311(1982)
[34] 李哲、J. G. stevens, 中国科学 B, **3**, 304(1986).
[35] 李哲、郑学正、叶大年、赫伟，科学通报，**18**，1406(1985).
[36] R. Ingalls, *Phys. Rev.*, **133**A, 787(1964).
[37] T. C. Gibb, N. N. Greenwood, *J. Chem. Soc.*, 6989(1965).
[38] M. D. Osborne, M. E. Fleet, G. M. Bancroft, *Contrib. Mineral. Petrol.*, 251(1981).
[39] M. D. Osborne, M. E. Fleet, G. M. Bancroft, *J. Solid State Chem.*, **53**, 174(1984).
[40] Wyckoff, *Crystal Structure*, **3**, Sydney, 91(1963).
[41] S. Ghose, *Acta Cryst.*, **14**, 622(1961).
[42] S. Ghose, *Zrit. Krist.*, **122**, 81(1965).
[43] D. Virgo, S. S. Hafner, *Mineral. Soc. Amer. Spec. Pap.*, **2**, 67(1969).
[44] D. Virgo, S. S. Hafner, *Amer. Mineral.*, **55**, 210(1970).
[45] S. K. Saxena, S. Ghose, *Amer. Mineral.*, **56**, 532(1971).
[46] 李哲、戴长禄、叶大年、赫伟、于莉，地质科学，**4**，358(1986).
[47] 葛瑛雅、陈升平、张健洪、李哲、应育浦、于莉，矿物学报，**2**，141(1982)
[48] E. L. Sprenkel-Segel, S. S. Hanna, *Geochim. Cosmochim. Acta*, **28**, 1913(1964).
[49] 《吉林陨石雨论文集》编辑组，吉林陨石雨论文集，科学出版社，128(1979).
[50] 李士、李哲、应育浦，矿物学报，**1**，35(1981).
[51] R. W. Dundon, L. S. Walter, *Earth Planet. Sci. Lett.*, **2**, 372(1967).
[52] P. M. Millman, (ed), Meteorite Research, D. Reidel Publishing Company, Dordrecht-Holland, 93(1969).
[53] P. Gay, G. M. Bancroft, M. G. Bown, *Coschim. Cosmochim. Acta, Suppl.* **1**, 481(1970).
[54] F. C. Schwerer, G. P. Huffman, *Geochim. Cosmochim. Acta, Suppl.* 1, **3**, 3173(1972).
[55] 阙学敏、张恩林、李宜荣，矿物学报，**11**(1)，33(1991).
[56] 鲍根德，中国科学B, **8**, 860(1991); **9**, 970(1991).
[57] A. Thijs, G. D. Roy, E. F. Vansant, G. P. Glasby, T. Thijssen, **J.**

Geochem. **15**, 25(1981).

[58] J. M. D. Coey, D. W. Schindler, *Physica B*, **86—88**, 823(1977).

[59] 沈宝琳、周国平，地质评论，**37**(4)，373(1991).

[60] L. H. Bowen. S. B. Weed, Chemical Mössbauer Spectroscopy, E. H. Herber, ed., Plenum Press, 217(1984).

[61] R. E. Vandenberghe, E. De Grave, C. Landuydt, L. H. Bowen, *Hyperfine Interactions*, **53**, 17(1990).

[62] I, Koenig, R. Hollatz. *Hyperfine Interactions*, **57**(1—4), 2245(1990).

[63] J. M. Knudsen, S. Morup, J. Galazka-Friedman, *Hyperfine Interactions*, **57**, 2231(1990); **47**, 3(1989).

[64] M. P. Pasternak, R. D. Taylor, *Hyperfine Interactions*, **62**(1,2), 89 (1990).

[65] M. Boudeulle, V. Joanny, P. Michel, *Phase Transition*, **32**, 157(1991).

第十一章 在生物学(医学)中的应用

顾 元 吉

§11.1 引 言

在应用于分子生物物理学和分子生物学的众多物理实验技术中，穆斯堡尔谱学特别适用于含铁生物聚合物的研究[1-3,9]. 细胞色素血红蛋白和许多含铁酶类在生命过程中起着特定的作用，参与诸如氧和铁的贮存和输运以及光合、固氮等各种生物代谢过程. 而铁原子往往就处于这些生物分子的活性中心——辅基或某一特定的环境中. 对它的配位结构、电子组态和动力学特性所作的穆斯堡尔谱研究有助于我们对这些蛋白分子的生物生化机制的理解. 由于这方面技术的逐渐成熟和一些较“简单”类型的可分离蛋白分子穆斯堡尔谱学信息的积累，已使我们有可能对一些较复杂的多铁簇聚合物(如固氮酶等)以及生物组织和某些完整的生物体中铁化合物的状态和性质进行分析、鉴别和研究，并从病理和医学的角度作了一些有益的探讨.

含有其它穆斯堡尔同位素的生物分子，主要是对甲状腺素等含碘的荷尔蒙和烟草花叶病毒（TMV）中的碘键所作的测量.

对不含铁或其它穆斯堡尔同位素的生物对象的研究，可以通过它们与铁生成的各种络合物进行谱学测量，这方面的工作涉及氨基酸、醣类、卵磷脂、核甙和核酸等. 此外，还对某些生物分子的锡（^{119}Sn）化合物和碘（^{127}I, ^{129}I）化合物作了穆斯堡尔测量.

含有其它金属元素的生物聚合物则可用适当的穆斯堡尔同位素进行替代. 如用 ^{57}Fe 替代 Mn，可研究光合细菌的活性中心；用 ^{113}Cs 和 ^{161}Dy 替代 Ca，可研究骨组织的吸收和代谢过程；含 Co 的维生素 B_{12} 及其衍生物的研究可采用 ^{57}Co 辐射谱的方法.

铁广泛地存在于生物体中，一个生物系统往往含有多种形式的含铁化合物。其中少数以无机化合物形式积聚铁外，一般生物分子含铁量都较少，一个分子量上万的含铁蛋白中通常只有一个或几个铁原子。而其中对谱学灵敏的穆斯堡尔同位素 ^{57}Fe 的自然丰度又只有 2.2‰。因此，为了获得足以分辨的谱学信息，制备足够数量的保持原有活性的提纯的 ^{57}Fe 增丰样品，是生物穆斯堡尔测量中首先要解决的问题。对于一给定的信噪比，每次测量所需的收集时间与 ^{57}Fe 浓度的平方成反比。一般情况下要求样品中每一不同铁位的 ^{57}Fe 浓度为 0.2—1m mol．常用的增丰方法有两种．一是用生化技术，将 ^{57}Fe 直接取代样品的天然铁，这往往涉及蛋白分子的重组。另一方法是让生物体在含有增丰 ^{57}Fe 的培养基物质中生长，这一般需要较多的 ^{57}Fe，因此仅适合于一些较低级或者个体较小的生物体。对动物组织进行 ^{57}Fe 增丰是比较困难和昂贵的，用静脉注射 ^{57}Fe 蔗糖化合物溶液[4,11]或喂饲含有 ^{57}Fe 添加剂的食物[5,11]，对老鼠体内进行增丰，这是其中几个较成功的实例。

为了观察到共振吸收效应，穆斯堡尔样品必须处于固体状态．在生物测量中，一般采用生物分子的冷冻溶液，少数采用单晶和干冻样品。由于蛋白分子的磁稀释作用和小颗粒度引起的弛豫效应等原因，因此经常需要在 4.2K 甚至深低温的条件下进行测量，才能得到较明确的磁超精细相互作用等电子结构的信息。但“活”的生物分子中铁的化学状态是在不断变化的，处于不同的价态和自旋态，在酶系统的循环过程中还有许多反应的中间产物，为了避免各种分量谱线的混淆，我们应尽可能让其冷冻在某一化学状态或酶循环的某一阶段。为了避免低温冷冻对样品可能引起的破坏，有时可用适当的方法进行处理[6]。但对生物样品测量时，经常采用的低温和强磁场条件与实际的生理条件往往相差很远。因此，有的样品在冷冻条件下可能失去活性；有的样品，其电子结构具有低位激发态，而在低温时只能得到有关基态的信息；有些样品的电子结构甚至自旋态与温度、冷冻速率、pH 值和溶液的离子强度有关；而与生物分子活性功能密切有关的分子动力学现象在低温时与实际情况也明显地不同．而生物样品分离、提纯的不完全又往往会使谱线受到“污染”而引起混淆．因此，在生物样品的穆斯堡尔研究中经常需要对实验作出合理的安排，才能进行一系列的测量，并对可能有疑问的结果进行检验和分析．此外，在样品室的制备、样品最佳厚度的选择等方面都有一些具体问题要考虑．

在实验方法上，除最常采用的穆斯堡尔吸收谱外，有关穆斯堡尔效应的其它一些技术在生物研究中亦有所应用．如穆斯堡尔发射谱对卟啉化合物、耳听觉生理机制等的研究；高压穆斯堡尔技术对卟啉化合物的研究；穆斯堡尔幅射瑞利散射（RSMR）对蛋白动力学的研究[10,11]；穆斯堡尔极化效应对脱氧肌红蛋白单晶的研究[12]等．用 γ 射线共振散射确定衍射波相位的技术研究大分子结构的工作尚处于初步探索阶段[13]．

§ 11.2　顺磁穆斯堡尔谱学

生物大分子中的铁可处于各种价态和自旋态，但大部分可归入 Fe(II,0)，Fe(II,2)，Fe(III,1/2) 和 Fe(III,5/2) 4 种常见的电子组态．除少数以无机形式积聚铁，如铁储存蛋白、趋磁细菌中的磁生小体等，显示超顺磁特性外，大部分生物分子，由于抗磁蛋白质的隔离，使铁原子簇组成的蛋白活性中心通常与另一铁中心完全分开．单铁簇化合物中，铁核与其他铁核之间无相互作用，这时除 Fe(II,0) 络合物是抗磁的外，其它各种电子组态的铁离子都是顺磁的．在多铁簇化合物中，铁簇是抗磁或顺磁的，但簇中的铁原子之间往往存在铁磁或反铁磁耦合．

抗磁和顺磁性质含铁蛋白的穆斯堡尔谱在较高温度(77 K)时都为四极分裂双线．所得到的穆斯堡尔参数：同质异能移位 δ，反映了共振原子的氧化态、与配位基的共价程度和配位数等有关的信息；四极分裂 Δ 的大小主要由 d 电子和配位体的非对称分布来决定，而四极分裂与温度的关系通常认为与是否存在低位激发态以及它的热布居有关．对于一般随机取向的冷冻溶液，四极分裂谱不能给出Δ符号和不对称参数 η 的大小。但在适当的实验条件(低温或一定的外加磁场)下，可观察到具有磁分裂的谱线，并能确定Δ的符号和 η 的大小。磁超精细相互作用对铁原子的电子构态特别灵敏，可用于确证化合物是抗磁还是顺磁的，而顺磁化合物的磁穆斯堡尔谱更是给出了大量有关结构的信息。但要由穆斯堡尔参数得到电子结构的详细图象，给出满意的定量描述往往是比较困难的。为了从理论上模拟和解释显示顺磁超精细结构的穆斯堡尔谱，除对某些生物样品(血红蛋白)的谱图用配位场理论和分子轨道计算作了理论研究外，通常采用自旋哈密顿近似来描述[14]。

11.2.1 自旋哈密顿

顺磁离子通过和配位体抗磁离子的相互作用，能级分裂为简并度较低的几组能级。对于一个与激发态完全分开的自旋多重的电子基态,其精细和超精细结构通常可用几个耦合常数参数化.我们定义一个有效自旋 's'，其电子的状态数 $N = 2s + 1$。这组电子能级的行为则可用一有效自旋哈密顿描述,即

$$\hat{H} = \hat{H}_e + \hat{H}_{hf},$$

这里

$$\left.\begin{aligned} \hat{H}_e &= D\left\{ s_z^2 - \frac{1}{3}s(s+1) + (E/D)(s_x^2 - s_y^2)\right\} \\ &\quad + \beta \boldsymbol{s} \cdot \tilde{g}_0 \boldsymbol{H}, \\ \hat{H}_{hf} &= \boldsymbol{s} \cdot \mathbf{A} \cdot \boldsymbol{I} - g_n \beta_n \boldsymbol{I} \cdot \boldsymbol{H} + \hat{H}_Q, \\ \hat{H}_Q &= \frac{eQV_{zz}}{4I(2I-1)}[3I_z^2 - I(I+1) \\ &\quad + \eta(I_x^2 - I_y^2)]_{\mathrm{EFG}}. \end{aligned}\right\} \tag{11.1}$$

$\hat{H}_e$ 描述仅与电子有关的那些相互作用,第一项是零场分裂，参数 D 和 E 反映了电子环境的非对称性,分别描述四方和斜方畸变;第二项是电子磁矩与外场 $\boldsymbol{H}$ 的塞曼相互作用，$\mathbf{g}$ 为采用有效自旋时引进的有效张量,其中考虑了未猝灭轨道角动量的贡献. $\hat{H}_{hf}$ 描

述与核有关的超精细相互作用，其中第一项是 ^{57}Fe 核与其周围电子环境的磁超精细相互作用，核自旋 $\boldsymbol{I}$ 和电子自旋 $\boldsymbol{s}$ 之间的耦合用张量 $\mathbf{A}$ 来描述；第二项是核的塞曼相互作用。$\hat{H}_Q$ 为电四极相互作用。

核和电子的相互作用，使它们的本征态通常需要一起求解，这样的计算是十分复杂和困难的。但在加百分之几个 T 的外磁场时，由于电子塞曼相互作用使 $\hat{H}e$ 比超精细项(核在电子处产生的磁场只有 10^{-3}T 左右）大得多。这时电子自旋 $\boldsymbol{s}$ 的量子化轴被电子系统所固定，与核无关，$\boldsymbol{s}$ 和 $\boldsymbol{I}$ 都是好量子数，则电子和核的问题可分开来处理，理论上明显地被简化。这时，穆斯堡尔谱所涉及的与核变量有关的自旋哈密顿可写作：

$$\hat{H}_n = \langle s\rangle \cdot \mathbf{A} \cdot \boldsymbol{I} - g_n\beta_n \boldsymbol{H} \cdot \boldsymbol{I} + \hat{H}_Q, \qquad (11.2)$$

即 $\hat{H}_{ni}$ 中的 $\boldsymbol{s}$ 可用由 $\hat{H}_e$ 确定的电子自旋期望值 $\langle s\rangle$ 来代替，它和参数 E,D, $\mathbf{g}$ 张量及外场 $\boldsymbol{H}$ 有关。式(11.2)可进一步改写为

$$\begin{aligned}\hat{H}_n &= -(-\langle s\rangle \cdot \mathbf{A}/g_n\beta_n)g_n\beta_n\boldsymbol{I} - g_n\beta_n\boldsymbol{H}\cdot\boldsymbol{I} + \hat{H}_Q\\ &= -g_n\beta_n(\boldsymbol{H}_{\text{int}} + \boldsymbol{H})\boldsymbol{I} + \boldsymbol{H}_Q\\ &= -g_n\beta_n\boldsymbol{H}_{\text{eff}}\cdot\boldsymbol{I} + \boldsymbol{H}_Q, \qquad (11.3)\end{aligned}$$

其中，$\boldsymbol{H}_{\text{int}} = -(\langle s\rangle \cdot \mathbf{A}/g_n\beta_n)$，通常称为核处的内磁场。原子核受到总的有效磁场 $\hat{H}_{\text{eff}}$ 的作用。因此，采用自旋哈密顿形式时，穆斯堡尔谱可用一组晶场参数及 $\mathbf{g}$ 张量、$\mathbf{A}$ 张量和电场梯度张量来描述。这给出了电子结构和晶场对称性的信息。但对谱的解释常涉及到若干独立的变量，对其拟合所得到的自旋哈密顿参数组可能不是唯一的。为此，我们经常需要结合 EPR，ENDOR，远红外和磁导率的测量数据进行分析。自旋哈密顿形式的描述使我们可以将穆斯堡尔谱和其它各种谱学技术所得的结果较方便地进行比较和对照。

11.2.2 顺磁弛豫效应

顺磁离子处在各个电子本征态时有不同的超精细相互作用，各本征态之间的弛豫使 ^{57}Fe 核在其激发态寿命内可能感受到不同

的磁超精细场。因此，顺磁铁离子的穆斯堡尔谱与电子自旋弛豫速率有关。当弛豫速率比核拉摩旋进时间（$\tau_L \approx 10^{-7}$s）慢得多时，每一核感受到的是一电子态的静态超精细相互作用，穆斯堡尔谱显示明晰可辨的磁超精细结构，这是各占有态所引起的谱线的叠加，各组谱线的强度按相应热布居的玻耳兹曼因子加权。弛豫速率比拉摩旋进时间快时，核感受到的是各电子态超精细场的平均值，观察到具有加宽谱线的较复杂的穆斯堡尔谱。在快弛豫极限（$\tau \ll \tau_L$）时，核处超精细场的时间平均为零，这时穆斯堡尔谱只有四极相互作用引起的分裂。

改变电子自旋量子化方向的弛豫过程主要有两种机制。一是邻近顺磁离子之间的自旋-自旋相互作用，这种弛豫作用与顺磁离子的浓度有关，而与温度无关。在生物样品中，除血红素和少数分子量较小的铁传递蛋白外，顺磁中心之间被蛋白大分子隔离较远，因此自旋-自旋弛豫效应通常较小。另一是自旋-晶格弛豫，这是声子和顺磁离子互相作用，借助自旋-轨道相互作用（$\lambda \boldsymbol{L} \cdot \boldsymbol{s}$）而引起的电子自旋弛豫。因此，弛豫速率与离子的轨道角动量有关，而且随温度降低而减慢。二价高自旋（$s = 2$）离子和三价低自旋离子的轨道矩较大，因此弛豫较快，前者即使在低温时，$\langle s \rangle = 0$。三价高自旋（$s = 5/2$）离子的轨道角动量为零，因此在较高温度（> 20K）时也可观察到慢弛豫的穆斯堡尔磁谱。

穆斯堡尔谱的线型与弛豫效应的关系可用 Clauser 和 Blume 提出的随机（Stochstic）理论[15-17]来分析。采用与时间有关的动态自旋哈密顿参数来描述，使我们可以在更接近生理条件的情况下研究生物分子的特性。但其定量分析是十分困难的。因此，在通常的实际测量中，总是设法抑制各种弛豫效应：用抗磁溶剂稀释增大顺磁铁离子的间距，可以抑制自旋-自旋弛豫；在足够低温度下，自旋-晶格弛豫可以变得十分慢。在慢弛豫极限下，顺磁离子的穆斯堡尔谱可用前述的自旋哈密顿静态部分的参数来描述。

11.2.3 Kramers 离子和非 Kramers 离子

顺磁离子可以分为 Kramers 离子(具有奇数电子。如具有半整数自旋的三价铁离子)和非 Kramers 离子(具有偶数电子。如具有整数自旋的二、四价铁离子)两类。它们的穆斯堡尔谱具有不同的特点。

(1) 非 Kramers 离子 所有的非 Kramers 离子，在无外加磁场时，$\langle s\rangle = 0$，即 $\boldsymbol{H}_{\text{int}} = 0$，因此都只能观察到四极分裂的穆斯堡尔谱。对于抗磁的二价低自旋 ($s = 0$) 化合物，在所有情况下，$\boldsymbol{H}_{\text{int}} = 0$，在外加强磁场下，引起的磁分裂大小完全是核塞曼相互作用 ($-g_n\beta_n\boldsymbol{H}\cdot\boldsymbol{I}$) 的结果，对于分子随机取向的冷冻溶液，高场谱可以确定四极分裂的符号和不对称参数 η，并可由磁分裂大小确证它是否是抗磁的。

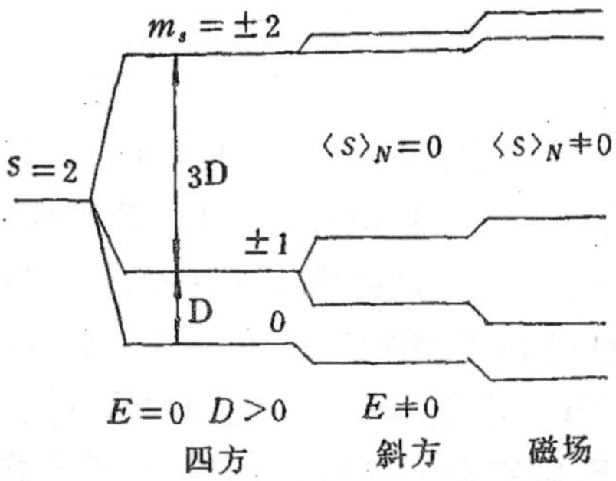

图 11.1 $s = 2$ 的自旋哈密顿的能量本征值. $E \neq 0$ 时，自旋五重态简并完全退化，无外加磁场时，自旋期望值为零.

高自旋 ($s = 2$) 二价铁离子，除十分高的对称性 ($E = 0$) 外，零场分裂使轨道基态项 ^5D 的自旋五重态简并完全退化，其每个本征态都是一个单重态，如图 11.1 所示。对于生物样品，基态五重态的零场分裂一般大于 1cm^{-1}($\sim 3\times 10^{10}$Hz)，不能用 EPR 研究。因此，这类化合物的穆斯堡尔测量显得特别重要，尤其是强磁场下的研究，给出了其它技术无法得到的电子组态的信息。零场时，单重态没有磁矩，$\langle s\rangle = 0$，只能观察到一组四极分裂双线，其通常有较大的同质异能移位 ($\delta = 0.7$—1.5mm/s) 和四极分裂 (生物样品的 Δ 值在 2—4 mm/s)。在外磁场作用下，电子态混合引起极化，各电子态的自旋期望值 $\langle s\rangle \neq 0$ 由强场谱可确定零场分裂和磁超精细参数。这类化合物的超精细张量 **A**

是各向异性的，谱线比较复杂，再加上没有 EPR 的数据，因此通常需要在不同场强、不同温度下作一系列的穆斯堡尔测量，通过分析和不断调整以得到一组对所有谱线都适合的参数。

(2) Kramers 离子　Kramers 离子的共同特征是，在无外场时电子能级至少是两度简并的，甚至在零场时也能观察到具有磁超精细分裂（$\langle s\rangle \neq 0$）的穆斯堡尔谱。这时，每组 Kramers 双重态的磁特性可用一有效自旋 $s'=1/2$ 的自旋哈密顿来描述。为了把核和电子的问题分开来处理，通常需要加一小的外场。在外加场的作用下小于零场分裂时，各双重态仍是完全分开的。每一双重态中两个能级的自旋期望值 $\langle s\rangle$ 大小相等、方向相反。慢弛豫条件下，它们在核处产生两个大小相等、方向相反的超精细场，这时核的塞曼相互作用项可忽略，因此穆斯堡尔谱对 $\boldsymbol{H}_{\text{int}}(\approx \boldsymbol{H}_{\text{eff}})$ 的符号没有反应，两个子能级给出同一组穆斯堡尔谱。当电子塞曼项为各向异性时，$\langle s\rangle$ 的大小与方向和外场与分子骨架的相对取向有关。对分子随机取向的冷冻溶液，内场有一定的分布，引起穆斯堡尔谱线加宽。在快弛豫时，$\langle s\rangle=0$，穆斯堡尔谱为一组四极分裂双线。但在强磁场中、若 Kramers 双重态的分裂可导致不同的热布居时，自旋的热平均不再为零，因此也能观察到磁超精细相互作用。

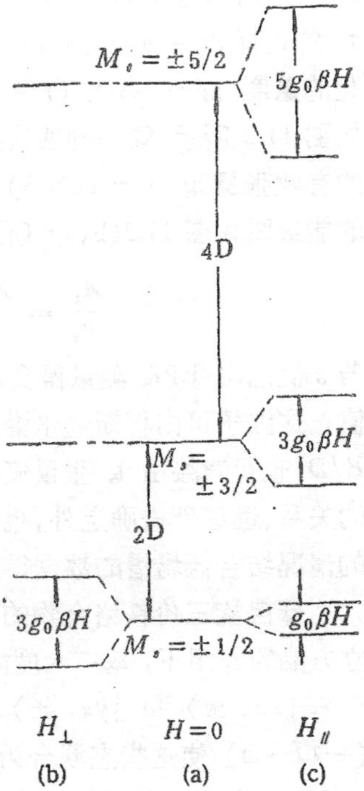

图 11.2　六重基态在 (a) 零场 (b) 垂直磁场；(c) 平行磁场的分裂 ($D>0, g_0\beta H<c_0, E=0$).

高自旋三价铁自由离子的基态为 ^6s，作为一级近似，它具有球对称的电荷分布。由于晶场和自旋-轨道耦合引起铁晶位处的不对

称，^6s 态分裂为 $|\pm1/2\rangle$, $|\pm3/2\rangle$, $|\pm5/2\rangle$ 3 个 Kramers 双重态，如图 11.2(a) 所示. 但其仍基本上保持 ^6s 态特征，具有小的四极分裂（小于 1mm/s）和几乎各向同性的电子塞曼相互作用（$g_e\beta_e\boldsymbol{H}\cdot\boldsymbol{s}$）和磁超精细相互作用（$A_0\cdot\boldsymbol{s}\cdot\boldsymbol{I}$），这时有效自旋 $s'=1/2$ 的自旋哈密顿可写为

$$\hat{H}_e = D\left[s_z^2 - \frac{1}{3}s(s+1) + (E/D)(s_x^2 - s_y^2)\right]$$

$$+ g_e\beta\boldsymbol{H}\cdot\boldsymbol{s} = \beta_e\boldsymbol{s}'\cdot\mathbf{g}_i\cdot\boldsymbol{H}, \tag{11.4}$$

$$\hat{H} = \beta_e\boldsymbol{s}\cdot\mathbf{g}_i\cdot\boldsymbol{H} + s'\cdot\mathbf{A}_i\cdot\boldsymbol{I} + \hat{H}_Q.$$

g_e 可取自由电子的值 (2.0023)，而有效张量 $\mathbf{g}_i$，$\mathbf{A}_i$ 与有效自旋 $\boldsymbol{s}'$ 的选择和晶场的对称性有关. $\mathbf{g}_i$ 张量是电子自旋在外场下极化的量度 $g_j = 4\langle s_j\rangle_i$ ($j = x, y, z$)，它与晶场参数 E/D 的关系如图 11.3 所示，同一物理状态、各不同 Kramers 双重态可用不同的有效张量 $\mathbf{g}_i(i = 1, 2, 3)$ 来描述. $E = 0$ 时，由式(11.4)得到的能级图如图 11.2(b, c) 所示. $\mathbf{A}_i$ 分量与 $\mathbf{g}_i$ 分量成正比

$$\frac{A_x}{g_x} = \frac{A_y}{g_y} = \frac{A_z}{g_z} = \frac{A_0}{g_0}.$$

若 g 值已由 EPR 测量得到，那么乘上一个因子便可得 $\mathbf{A}$ 张量的值，这因子可由穆斯堡尔谱总的磁分裂（H_{eff}）确定. 晶场参数 E/D 也可直接由 $\mathbf{g}$ 张量值得到. 而参数 D 除可由磁导率与温度的关系、远红外谱确定外，也可由强场穆斯堡尔谱中各双重态混合的情况结合低场谱的数据得到.

低自旋三价铁络合物的电子组态为 t_{2g}^5. 孤立的基态项在非立方晶场作用下，基态六度简并部分退化，3 个 t_{2g}^5 轨道态 $|xy, \pm\rangle$, $|xz, \pm\rangle$ 和 $|yz, \pm\rangle$ 发生分裂. 自旋-轨道耦合相互作用（$-\lambda\boldsymbol{L}\cdot\boldsymbol{s}$）使这些态混合为 3 个 Kramers 双重态，其波函数是 3 个 t_{2g} 轨道态的线性组合. 在低温时，EPR 和穆斯堡尔谱是由最低的混合双重态引起的，其仍可用一有效自旋 $s = 1/2$ 的自旋哈密顿描述. 根据上述的电子构态模型，Griffith[18] 提出了一个理论，并首先成功地应用于低自旋三价铁络合物 EPR 数据的分

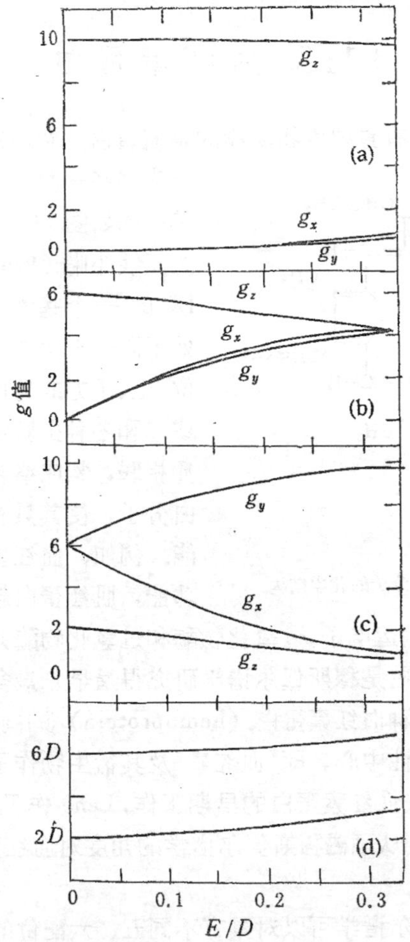

图 11.3 $s=\frac{5}{2}$ 六重态的 (a) 最高；(b) 中间和 (c) 最低 Kramers 双重态的有效 g 值和 E/D 的函数关系 $(D>0)$；(d) 中示出双重激发态相对于双重态的能量.

析。Oosterhuis 和 Lang 等进一步推广应用于穆斯堡尔谱学的工作[19]。关于这一处理方法，将在血红素蛋白一节中结合实例进行介绍。

§ 11.3 血红素蛋白

这是一类具有重要生物功能的金属蛋白。它们都具有同一种色素辅基—血红素（Heme），其结构如图 11.4 所示。它是称为原铁卟啉（Protoporphyrin）IX 的一个基团，铁与基团中处于同一平面内的四个氮配位，上、下方的另两个配位之一或二和各种多肽链结构的蛋白质相联，构成络合物性质的蛋白分子，使其具有各种生化功能。例如，血红蛋白具有输氧功能，肌红蛋白起着贮存氧的作用，细胞色素输运电子，过氧化物酶和过氢化物酶则起着生物催化作用。这类蛋白是穆斯堡尔谱学研究得最早、最多的一类生物分子。在研究各种血红素蛋白（hemoprotein）的同时，还对这类蛋白可分离的活性中心，即'血红素'及其衍生物作了一系列的谱学测量工作。有关血红素蛋白的早期工作，Lang 作了详细讨论[20]。尔后，Munck 则从顺磁穆斯堡尔谱学的角度对血红素蛋白的研究进行了综述[21]。

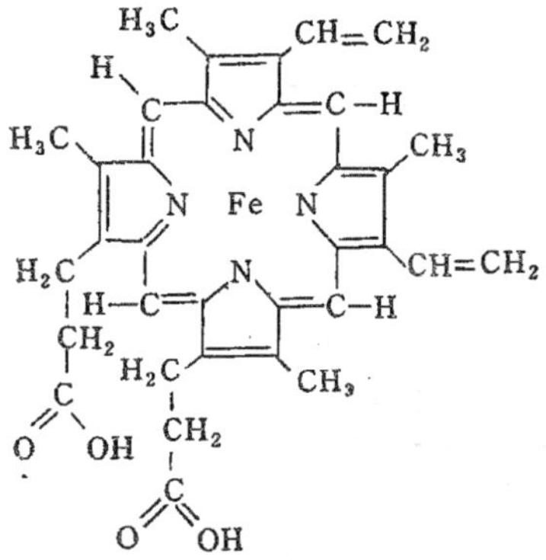

图 11.4 血红素分子的化学结构.

利用穆斯堡尔谱学可以对具有不同五、六配位的各种铁卟啉化合物进行测量，其中研究得最多的是五配位的氯高铁血红素. 它是第一个用穆斯堡尔谱研究的生化样品[23,24]。它在 1.6K、30T 外场中测量得到一组可分辨的六线谱，其是三价高自旋铁 Kramers 双重基态 $|s_z = \pm 1/2\rangle$ 的贡献，自旋哈密顿拟合给出了 ^6s 组态的零场分裂 D 和内场 H_{int} 的数值，并得到电场梯度张量为正[25]。氯高铁血红素谱线不对称加宽的温度依赖关系首先由 Blume 用与温度有关的自旋-自旋弛豫机制作了解释[26]。Sharma 和

Moutsos 对这种化合物的化学移位和四极分裂作了一系列的理论计算[27,28]. 高压穆斯堡尔测量显示，δ 和 Δ 随压力增加而减小，自旋态发生变化[9]. 各种五配位的氯高铁血红素型的衍生物的测量表明，它们也都是三价高自旋的，具有相拟的特征和弛豫机制. 它们的四极分裂大小按氟、乙酸、叠氮、氯、溴的配位体次序增加[29]. 另一种研究较多的是三价的铁卟啉的氢氧化物，即羟高铁血红素，发现由 Fe-O-Fe 桥联结的二聚体的存在[30]. 早期的铁卟啉化合物穆斯堡尔研究主要集中于高自旋（$s=5/2$）或低自旋（$s=1/2$）五、六配位的 Fe(IV) 化合物和六配位的低自旋（$s=0$）Fe(II) 化合物. 近年来，制备和研究了一些具有异常配位和电子态以及卟啉环侧向替代的铁卟啉化合物. 某些铁卟啉化合物作为血红蛋白、肌红蛋白和细胞色素等血红素蛋白的模型化合物，对它们所作的穆斯堡尔测量对了解这些蛋白活性中心的环境和电子结构提供了许多信息.

血红蛋白和肌红蛋白中的多肽链都是珠蛋白，它们的血红素铁具有十分相似的特性. 血红蛋白是由各种亚基组成的四聚体，最常见的正常成年脊椎动物的血红蛋白是含有两条 α 链和两条 β 链的 $\alpha_2\beta_2$ 结构. 它是穆斯堡尔谱研究最早的一种含铁蛋白[31]，Lang 等人对各种配位体的血红蛋白作了较系统的研究和测量[32]. 肌红蛋白是个单聚体，结构简单，因此也可作为研究血红蛋白的一种模型，但由于提取、纯化等技术上的原因，它的穆斯堡尔研究工作开展较血红蛋白为迟，后期的研究工作，往往是结合在一起进行分析讨论的. 这两种血红素蛋白在正常的脱氧和氧化状态时，铁分别处于二价的高自旋（$s=2$）和低自旋（$s=0$）状态. 从生化功能研究的角度出发，对这两种化合物的研究特别感兴趣，EPR 技术对整数自旋态的化合物的测试通常是无能为力的，因此对二价血红蛋白中铁原子电子结构的研究，穆斯堡尔谱测量就显得更为重要[33]. 近期的工作也更多地集中于此. 对血红蛋白感兴趣的另一个问题是，α 和 β 链上的铁原子的微环境是否相同，对它们的研究有助于对 Hb（血红蛋白）穆斯堡尔谱的分析和氧吸收协同作用的了解。

除对 Hb 和 Mb (肌红蛋白和血红蛋白)外，穆斯堡尔谱学还对细胞色素、过氧化物酶和过氧化氢酶等其它类型的血红素蛋白进行了研究．这里我们分别对四种常见电子组态的各种血红素蛋白的穆斯堡尔测量、谱学特征和分析处理方法作一概略的介绍。有关蛋白动力学的研究将在 § 11.7 中另作叙述。

11.3.1 二价低自旋血红素蛋白

某些血红素蛋白在具有活性功能时处于二价低自旋 ($s=0$) 状态，这是迄今已知的具有这种价态的唯一的一类含铁蛋白。例如，血红蛋白 (Hb)、肌红蛋白 (Mb) 和细胞色素 $P450$ 的一氧化碳化合物和氧合物,还原状态的细胞色素 C，b_5 等。

处于八面体配位的二价低自旋铁化合物，它的 3 个 t_{2g} 轨道各为两个电子占有,没有不成对电子，是抗磁的．作为一级近似，核处的电场梯度为零．然而,与配位体之间的不对称的共价键,使某些 d 电子局部离域，引起较小的四极分裂．由于 t_{2g} 轨道和 e_g 轨道之间存在大的立方场间隙,激发电子态离基态较远，这种化合物的四极分裂通常与温度关系不大或无关。MbCO，HbCO 等血红素蛋白的穆斯堡尔参数与预期值的相一致(见表 11.1)，具有较小的四极分裂和同质异能移位，它们 V_{zz} 的符号都是正的．对 MbCO 单晶的穆斯堡尔谱拟合,结合高场谱的数据 (见图 11.5 (b,d)，得到电场梯度的最大主轴分量与血红素平面近乎垂直，η 在 0.2—0.4[36]．然而,在单晶的原胞中,有 2 个 Mb 分子，因此所得结果不太明确。Emberson 等用偏振光照射处于 4.2K 的 MbCO 样品,使 CO 被光致分解出来,从而引起 MbCO 和亚稳态 Mb*CO 各向异性的分布，对这样品进行的穆斯堡尔测量得到 MbCO 血红素平面的法线与 V_{zz} 的夹角为 20°±5°，不对称参数 $\eta=0.2\pm0.2$。

血红蛋白和肌红蛋白氧合物 HbO_2,MbO_2 的穆斯堡尔谱则显示明显不同的特征：四极分裂比典型的 Fe(II,0) 化合物大得多，

表 11.1 几种低自旋亚铁血红素蛋白的穆斯堡尔参数

化合物	$T(K)$	Δ(mm/s)	δ(mm/s)	η
HbCO	4 195	0.36 0.36	0.26 0.18	
MbCO	4.2	0.36	0.26	
细胞色素 $P450$-CO	4.2 200	0.32 0.34	0.29 0.25	0.5±0.2
细胞色素 c(还原态)	4.2—225	1.17	0.45 0.38(100K)	~0.5
细胞色素 b_5(还原态)	4.2	1.02	0.43	~0.5

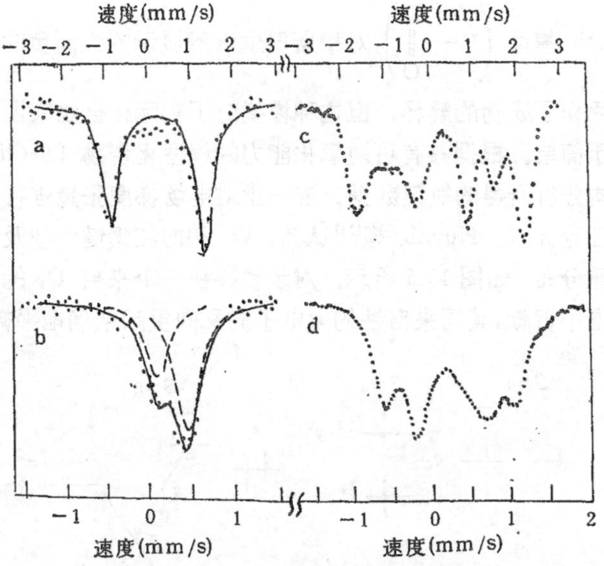

图 11.5 单晶 (a) MbO_2; (b) MbCO 的穆斯堡尔谱和 (c) MbO_2; (d) MbCO 冷冻溶液的磁微扰穆斯堡尔谱. 外加磁场垂直于 γ 射线方向; (c) 中为 4.5T; (d) 为 4.7T.

而且明显地与温度有关(见表 11.2);线型远非是洛伦兹型的;线宽随温度明显增加. 强磁场谱测量表明, V_{zz} 是负的, 不对称参数 η 较小。MbO_2 单晶测量 [见图 11.5(a, c)] 表明 V_{zz} 近乎在血

表 11.2 几种氧化的血红素蛋白的四极分裂

	42K	77K	195K
HbO_2	2.25	2.13	1.89
MbO_2	2.31	2.23	2.00
细胞色素 P-450-O_2	2.15	2.12 (82K)	2.07 (200K)

红素平面内。异常的穆斯堡尔参数意味着 HbO_2 和 MbO_2 具有较复杂的铁-氧结构。这是一个至今尚有争议的问题。

早期的磁测量表明，HbO_2 和 MbO_2 是抗磁的，在这基础上前后提出了多种铁-氧键的模型，并且铁原子被假设具有不同的价态和自旋态[33,37]. Lang[20] 根据 Pauling 模型（Fe═O—O）和 Griffith 模型 $\left(\mathrm{Fe}-\begin{matrix}\mathrm{O}\\ \|\\ \mathrm{O}\end{matrix}\right)$，对穆斯堡尔谱所显示的大而负的四极相互作用作了成功的解释。但这种模型对于实际化合物来说似乎显得过于简单。根据具有可逆氧化能力的模型化合物 [Fe(II)PFP] X 结构分析所得的氧键数据，进一步对电场梯度张量进行了一系列的理论计算。Huynh 等[38]认为，O_2 和血红素键合涉及明显的电荷重分布，如图 11.6 所示。对于铁存在一个来自 O_2 的相当大的 σ 电子贡献，其同来自铁的 π 电子的反向贡献精确地平衡，来自

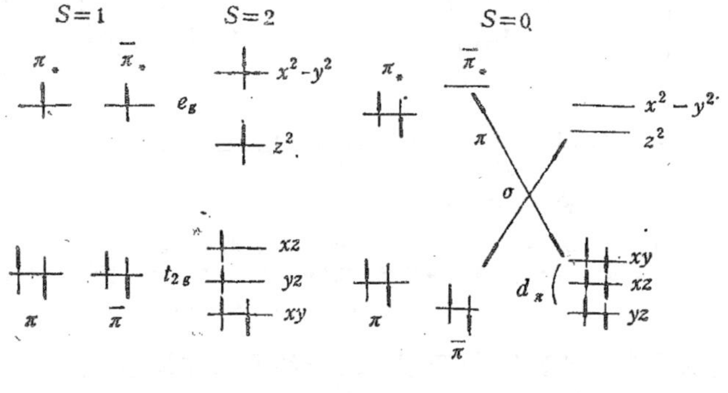

$O_2 + Fe(II) \rightarrow O_2 \rightleftharpoons Fe(II)$

图 11.6 铁-氧键中电子给与和反向给与效应的示意图。

d_{xz} 和 d_{yz} 轨道的非对称的 π 电子反向给与，和对 d_{z^2} 轨道的 σ 电子给与，引起了大而负的四极相互作用。然而通常认为，由自旋 $s=1$ (O_2) 和 $s=2$ (Fe) 的两个反应物形成一个自旋为零的产物的氧键合过程是自旋"禁戒"的，除非借助于激发态进行。但是否存在低位激发态，如下所述，其本身是个尚未解决的问题。

四极分裂和线宽明显地与温度有关，通常认为是由于随温度升高，激发态的热分布显著增加而引起的。然而，这种低位激发态的存在意味着 HbO_2 和 MbO_2 在温度升高时应具有顺磁特性，这与早期的磁化率测量和穆斯堡尔谱的数据是矛盾的。通过对模型化合物的研究，用氧分子的各可能取向之间弛豫跃迁的"动力学模型"成功地解释了零场穆斯堡尔谱四极分裂和线宽与温度的关系[39]。但 MbO_2 和 HbO_2 的X射线结构分析认为不存在这种结构亚态[40,41]。Cerdonio 等对 HbO_2 磁化率的重新测量表明，与以往所有的测量结果相反，当温度 T 高于 90K 时，有顺磁的贡献，从而认为在 $s=0$ 的抗磁单重基态以上 146cm^{-1} 处存在1个 $s=1$ 的顺磁三重激发态。根据这一模型，可以解释 Δ 与温度的关系，但所得 V_{zz} 的符号是正的[42]。在强磁场下对 MbO_2 进行变温穆斯堡尔谱测量，其结果表明，温度高于 50K 时该处的有效场小于外加场，支持了存在1个顺磁激发态的假设。Cianchi 等[43]。对 HbO_2 的 9—240K 零场穆斯堡尔谱用两组谱线拟合认为，$T \leqslant 180$ K 的谱线可用抗磁基态以上 150K 处存在一个顺磁三重态来解释，而 $T>180$K 时，谱线需要进一步考虑结构亚态的影响。最近有人对人体的 HbO_2 及其分离的 β 链和马、抹香鲸的 MbO_2 在强磁场 (4T, 6T) 下作了不同温度 (4.2—200K) 的穆斯堡尔测量，并与同样条件下对抗磁的硝普钠的测量作对比，把四极分裂、不对称参数和线宽都作为调节参数进行计算机拟合，再次认为在血红素蛋白中铁是抗磁的，不存在顺磁的三重激发态[44]。Philo 等用高灵敏磁化率测量装置，对不同溶液条件下对 MbO_2 和 MbCO 的测量也表明，它们在室温时都是抗磁的，三重态至少在抗磁基态以上 900cm^{-1} 处[45]。Cerdonio 等[46] 也否定了他们原来的测量结果。

$P450-O_2$ 的四极分裂和化学移位值与 HbO_2 等相近，但Δ与温度的关系较小，这可能是氧牢固地定位在 P-450 中[47]。

11.3.2 二价高自旋血红素蛋白

许多血红素蛋白在还原态是高自旋（$s=2$）亚铁化合物．高自旋二价铁离子通常具有快的弛豫时间，在无强磁场作用时，它们的穆斯堡尔谱都是一组四极分裂双线。表 11.3 列出了若干血红素蛋白在不同温度时的穆斯堡尔参数．它们的化学移位都在已观察到的高自旋二价铁的数值的下限，表明有明显的 $3d$ 电子离域．除还原的细胞色素 P-450 和氯化过氧化物酶外，大部分二价高自旋血红蛋白的四极分裂都随温度升高而明显减小．它们的强磁场谱明显地与温度有关，而且显示各向异性的磁超精细相互作用．

表 11.3　二价高自旋（$s=2$）血红素蛋白的穆斯堡尔参数

样　品	T(K)	Δ(mm/s)	δ(mm/s)
脱氧 Hb	4.2 140	2.40 2.18	0.925 0.899
脱氧 Mb	4.2 195	2.22 1.78	0.920 0.842
还原细胞色素 c'（色素菌）	4.6 205	1.97 1.34	0.79 0.74
还原辣根过 氧化物酶	4.2 193	2.68 2.32	0.89 0.84
还原细胞色素 P-450	4.2 193	2.46 2.38	0.83 0.77
还原氯化过 氧化物酶	4.2 150	2.50 2.49	0.86 0.81

还原的细胞色素 P-450 和氯化过氧化物酶的四极分裂几乎与温度无关．这表明铁离子的第一轨道激发态远离轨道基态（能量间隔大于 $500cm^{-1}$）．对这类二价高自旋血红蛋白，在强磁场作用下，观察到的顺磁特性可以用一个 $s=2$ 的自旋哈密顿来处理．

轨道单重基态的自旋五重态能级如图 11.1 所示。除十分低的温度外，快弛豫使各自旋态都有一定的布居。这时，式(11.2)中铁核感受到的自旋期望值是 5 个自旋态的热平均，即

$$\langle s_i \rangle_{平均} = \frac{\sum_{N=1}^{5} \langle s_i \rangle_N \exp(-\Delta E_N / kT)}{\sum_{N=1}^{5} \exp(-\Delta E_N / kT)}, \qquad (11.5)$$

这里 i 标志电子自旋的分量，ΔE_N 是第N个自旋态相对于最低态的能量。$\langle s_i \rangle_{平均}$ 与晶场参数 D, E, $\mathbf{g}$ 张量，$\mathbf{A}$ 张量以及外场的大小和方向有关，而且是温度的函数。因此，核处的内场 $H_{int} = -\langle s_i \rangle_{平均} \cdot \mathbf{A}/g_n\beta_n$ 是一个十分复杂的量，与许多参数有关。对还原细胞色素 P-450，在各种温度和不同大小及方向的磁场下进行了一系列的穆斯堡尔测量。图 11.7 中给出在 4.2K、不同磁场下的两个谱。通过分析和计算机拟合得到一组能与所有谱线较粗糙吻合的参数[48]。它的零场分裂参数 $D = +14\text{cm}^{-1}, E/D = 0.15$。电场梯度张量有一个大的不对称参数 $\eta = 0.8$，而且其最大主轴分量 V_{zz} 与零场分裂张量的 Z 轴之间有较大的偏离(～70°)。这表明其血红素铁具有十分低的对称性(三斜)。对如此低对称的铁位的穆斯堡尔谱的进一步分析是比较困难的，因为它将涉及更多的晶场参数。还原的氯化过氧化物酶的穆斯堡尔谱[49]与还原细胞色素 P-450 的谱十分相似。它们具有近乎相同的四极分裂和化学移位。高场谱也基本相同[50]，这表明两种蛋白在还原态时有相似的配位结构。

脱氧 Hb、脱氧 Mb、还原的细胞色素 c' 和还原的辣根过氧化物酶的穆斯堡尔谱[50]表明，它们的四极分裂都明显地与温度有关。通常认为，这是存在一个低位的轨道激发态，它是随温度升高因有一定的热布居而引起的。

为了解释脱氧 Mb 和脱氧 Hb 的四极分裂Δ及其与温度的关系，早期对零场穆斯堡尔谱的数据用晶场近似理论作了一系列的分析[33]。这些理论处理的共同之点是，认为铁离子的轨道基态

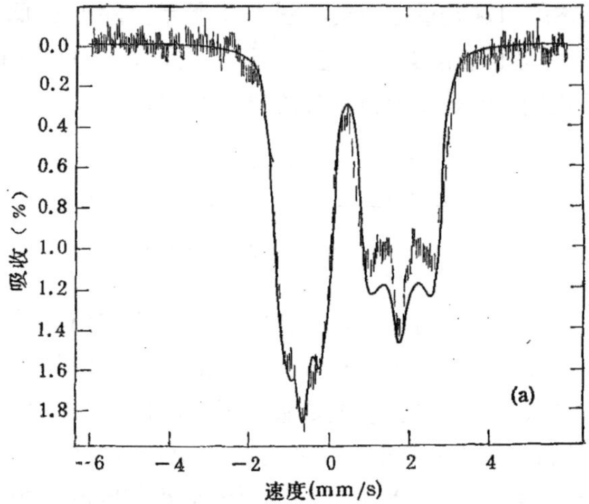

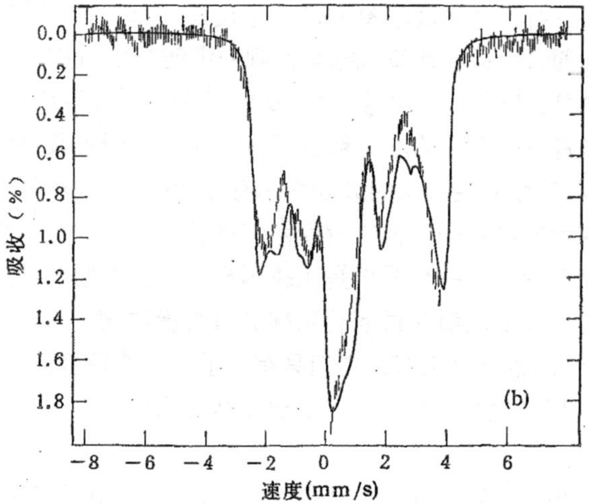

图 11.7 还原细胞色素 P-450，在 4.2K 时 (a) 在 0.86T 平行磁场和 (b) 在 2.5T 平行磁场中的穆斯堡尔谱.

不可能是 ^5D 项，电场梯度是正的. Eicher[51] 分析了 $3d^6$ 的所有 210 种组态. 认为脱氧 Hb 的轨道基态是 $^5B_2$，半满壳层以外的一个多余电子在 $|xy\rangle$ 态，在 $^5B_2$ 以上 247cm^{-1} 处有一个低位的 ^3E 态. Huynh[52] 和 Eicher[53] 用同样方法对 Mb 和 Hb 的四极

分裂和磁导率测量的数据作了进一步的分析，认为轨道基态是 ^5E 能级，第一激发态 $^5B_2$ 仅在基态上 50cm^{-1} 处，在 300cm^{-1} 附近还有个 ^1A 能级。根据这计算得到的电场梯度也是正的，而其最大主轴分量轴在血红素平面中。它们的计算结果可以解释单晶 Mb 的穆斯堡尔测量结果[54]。

Kent 等对脱氧 Mb[55]，脱氧 Hb 和两种模拟化合物[56]在 4.2—195K 温度范围内作了强磁场穆斯堡尔谱测量，并对测量结果作了理论分析。图 11.8 示出了脱氧 Mb 在 60T 垂直外场作用

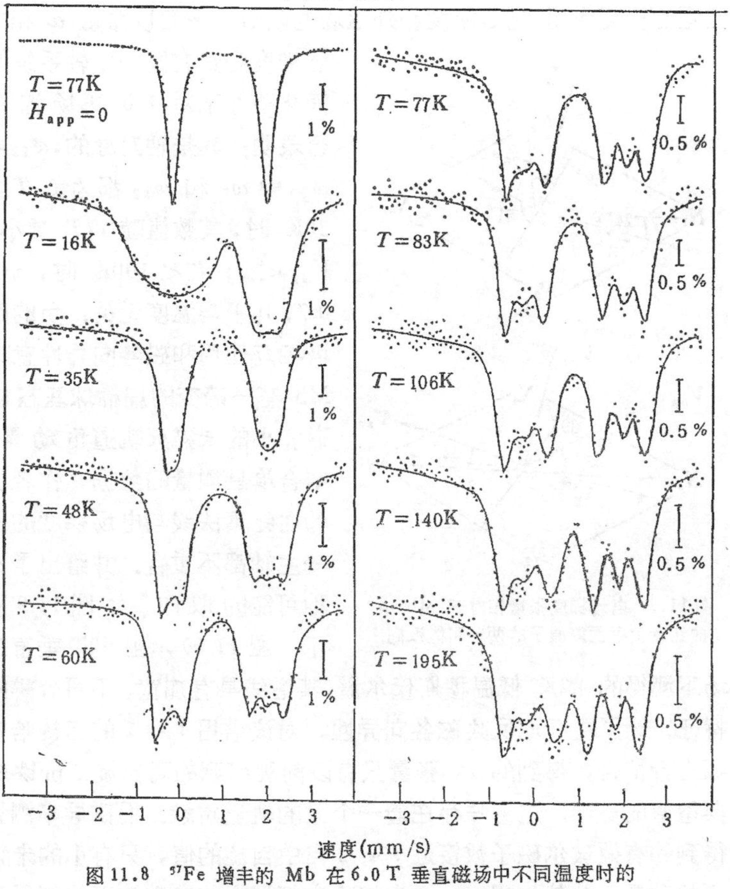

图 11.8 ^{57}Fe 增丰的 Mb 在 6.0 T 垂直磁场中不同温度时的穆斯堡尔谱. 左边顶部是 77K 时的零场谱.

下、各不同温度时的穆斯堡尔谱．较高温度时，具有明显的二重线-三重线特征的谱图表明，$\Delta<0$，这与前述理论分析中的假设是矛盾的．对 Mb 高场谱用唯象模型作了处理，这时超精细哈密顿可以写为

$$\mathscr{H}=\frac{eQV_{zz}}{12}\left[3I_z^2-\frac{15}{4}+\eta(I_x^2-I_y^2)\right]$$
$$-g_N^*\beta_n\boldsymbol{H}_{\rm app}\cdot(1+\boldsymbol{\omega})\cdot\boldsymbol{I}. \tag{11.6}$$

内场的贡献 $\boldsymbol{H}_{\rm int}=\boldsymbol{\omega}\cdot\boldsymbol{H}_{\rm app}$．对称张量 $\boldsymbol{\omega}$ 描述了核与电子感应矩的相互作用，它是温度和外磁场的函数．在假设张量 $\boldsymbol{\omega}$ 和电场梯度张量有同一主轴系统的简化条件下对 Mb 高场谱拟合表明：$\boldsymbol{\omega}$ 是轴对称的，$\omega_{xx}=\omega_{yy}=\omega_I$ 和 ω_{zz} 都为负，$T>20$K 时，其数值随 $1/T$ 减小；$V_{zz}<0$；$T<100$K 时，$\eta=0.7$，几乎与温度无关．负的四极相互作用和磁各向异性意味 Mb 有一畸变的扁椭球基态轨道和小的未猝灭轨道角动量．结合单晶测量的数据，作者认为血红素法线与电场梯度的任一主轴都不重合．并给出了两种可能的取向，如图 11.9 所示．图 11.10 示出 60T 垂直磁场下测得的 4.2K 低温穆斯堡尔谱，其谱线具有加宽、不可分辨的特征．为了更好地反映磁各向异性，对该谱用 $s=2$ 的自旋哈密顿进行拟合，得到的 **A** 张量只有以前观察到的高自旋二价铁的典型值的一半．这意味存在着一个大的轨道贡献．而磁导率测量得到的有效玻尔磁子数接近 $s=2$ 自由自旋的值，只有小的未猝灭角动量．此外，用 $s=2$ 自旋哈密顿拟合的参数也无法解释高

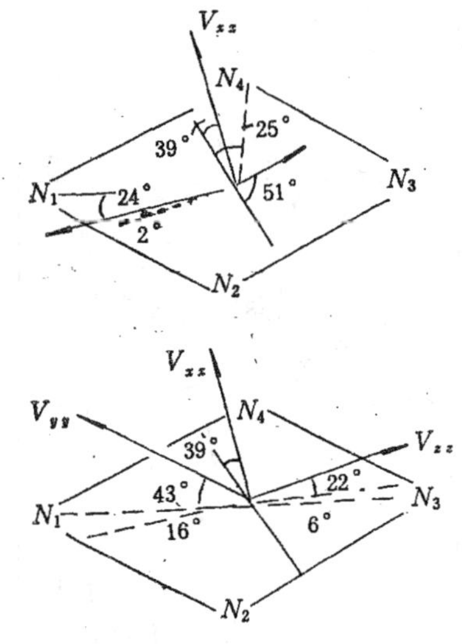

图 11.9 电场梯度张量相对于 Mb 中血红素负平面氮原子的两种可能取向.

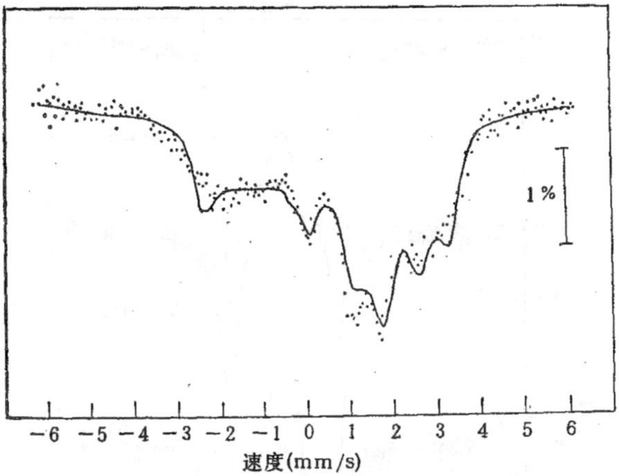

图 11.10 ^{57}Fe 增丰 Mb 在垂直磁场中 4.2K 时的穆斯堡尔谱.
实线是用一个 $s=2$ 的自旋哈密顿拟合的理论谱.

温谱的数据。正如前述晶场理论所分析的那样，在 ^5D 项内不可能得到一个满意的结果。

11.3.3 三价低自旋血红素蛋白

许多血红素蛋白处于休止状态时，其血红素铁为三价低自旋（$s=1/2$）的。例如，细胞色素 c，c_2、b_5 和 P-450；低温时的氯化过氧化物酶；高 pH 值下的辣根过氧化物酶；此外，某些高铁血红素蛋白在带有强键合的配位体时也处于低自旋状态，如 Hb，Mb 和细胞色素 c 过氧化物酶的叠氮化物和氰化物等。

三价低自旋血红蛋白有大的电四极相互作用和大而各向异性的磁超精细相互作用。它们在低温时的穆斯堡尔谱是加宽的复杂的磁谱。在 $T>100$K 时，快的电子自旋弛豫使磁超精细相互作用被平均，得到能很好分辨的四极分裂双线。细胞色素 c，b_5 和 P-450 等的 Δ 基本上与温度无关。然而过氧化物酶在高温时 Δ 明显减小。图 11.11 中示出在三个不同温度测得的氯化过氧化物酶的穆斯堡尔谱[49]，谱中有两组四极分裂双线，分裂小的是 Fe(III，5/2)，分裂大的谱线由 Fe(III/1/2) 引起。随温度的升高，这两

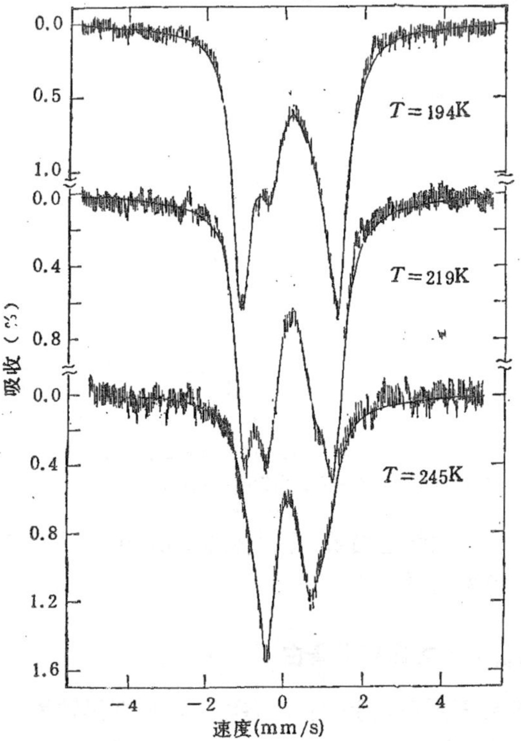

图 11.11 天然氯化过氧化物酶在 194,219 和 245K 时的穆斯堡尔谱. 实线是 Fe(III,1/2) 和 Fe(III,1/2) 两组四极分裂双线拟合的结果.

组谱线的强度发生变化,表明样品由低自旋组态 ($s=1/2$) 向高自旋组态 ($s=5/2$) 转化,在这过程中低自旋物质的四极分裂随温度升高而逐步减小。但氯化过氧化物酶的氯化物的高温谱表明,其没有自旋态的转化,而四极分裂仍随温度升高而明显减小. Δ与温度的这种依赖关系也可能是由于激发态的贡献或配位场的变化引起的,这有待进一步研究。

三价低自旋化合物的 t_{2g}^5 组态,可用 t_{2g} 满壳层加上一个 t_{2g} 轨道上的单个空穴来描述.即 5 个 t_{2g} 的电子态可用单个电子的波函数替代。基于这一假设的 Griffith 理论[18] 是分析 EPR 数据和穆斯堡尔谱最常用的方法。根据这一理论，一个斜方系统可用四方畸变参数 Δ、斜方畸变参数 V、自旋-轨道耦合常数 λ 和各向同性轨道约化因子 K 来描述。由 $\Delta/\lambda, V/\lambda$ 和 K 值可以得出一组波函数和能级，从而计算出每一组 Kramers 双重态的 **g** 张量、**A** 张量和电场梯度张量[19]。有效 **g** 张量和 **A** 张量各分量的符号与坐标轴及基矢态的选择有关，但乘积 $g_xg_yg_z$ 和 g_iA_i 的符号不变。乘积 $g_xg_yg_z$ 的正、负与低对称(四方和斜方)畸变相对于自旋-轨道耦合的强度有关：在晶场分裂比 λ 大时，轨道矩被配位场抑制，具有较小的未猝灭轨道角动量，$g_xg_yg_z > 0$；而当晶场分裂的大小可与 λ 相比较时，混合的 3 个 t_{2g} 轨道态对基态波函数都有相当的贡献，未猝灭轨道角动量较大，这时 $g_xg_yg_z < 0$，而且有小的四极分裂和大的磁超精细耦合常数。而 g_iA_i 则与核处的内场有关。

用这一理论对血红素蛋白的穆斯堡尔谱[47,49,57]和 EPR 数据[58]作了较成功的分析。尤其是 Blumberg 等根据 EPR 数据，用晶场参数对低自旋三价血红蛋白作了分类。然而一般的 EPR 技术只能得到 g 分量的大小，而无法确定它们的符号，因此所得结果显得有些含糊。但按上述理论，乘积 $g_xg_yg_z$ 和 A_ig_i 的符号进一步可由穆斯堡尔数据确定。Huynh 等首先对细胞色素 c_2 的 EPR 数据和穆斯堡尔谱进行了分析[59]。图 11.12(b) 是 4.2K 慢弛豫条件下在 0.06T 平行磁场下测量的穆斯堡尔谱。用 $s_2=1/2$ 的自旋哈密顿拟合得到的参数列在表 11.4 之中。由 EPR 测量得到的各向异性约化 **g** 张量表明，g_z 明显地比 g_x，g_y 大，因此内磁场分布主要沿着分子的 Z 轴。这时穆斯堡尔谱主要受磁超精细相互作用分量 A_z 和电场梯度分量 V_{zz} 的支配。Δ 与温度无关，并可由高温的四极分裂谱给出。因此对谱线的拟合可精确地确定 A_z 和不对称参数 η。内场分量在 **g** 和 **A** 有同一主轴系统时可写为

$$H_{\rm int}^i = -\langle s_i\rangle A_i/g_n\beta_n = \pm g_iA_i/Ag_n\beta_n,$$

正、负分别对应于 Kramers 双重基态中的两个状态 $|+\rangle, |-\rangle$。

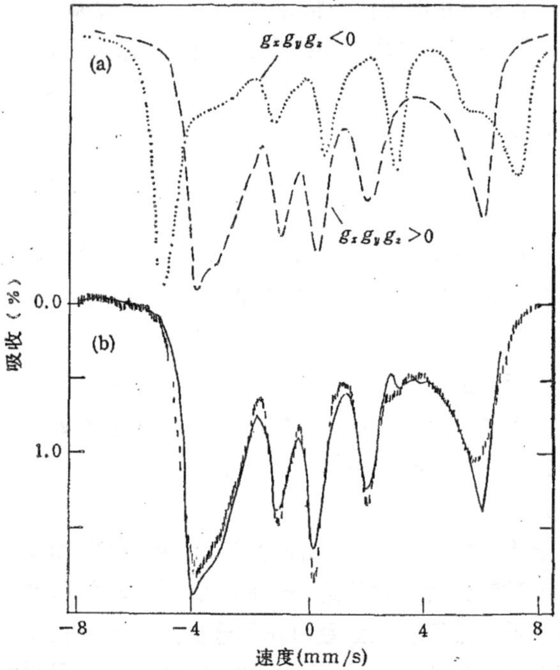

图 11.12 ^{57}Fe 增丰的高铁细胞色素 c_2 在 4.2K，0.06T 平行磁场下测量的穆斯堡尔谱 (b). (b) 中实线和 (a) 中的实线都是理论曲线.

在强外磁场作用下，Kramers 双重基态有较大的分裂，系统基本上处于 $|-\rangle$ 态. 这时穆斯堡尔谱对有效场 $|\boldsymbol{H}_{eff}| = |\boldsymbol{H}_{int} + \boldsymbol{H}|$ 是灵敏的. 在磁场一直加到 51T 的强场谱中，由 H_{eff} 随外场增加这一事实得出，$g_z A_z > 0$。未知参数 A_x, A_z 由计算机拟合得到.

用 Griffith 模型分析该谱,在 $g_x g_y g_z$ 取不同符号时得到的晶场和超精细参数亦列于表 11.4 之中。所得的理论谱如图 11.12 (a) 所示。对比表明，$g_x g_y g_z > 0$，得出的 **A** 张量与用自旋哈密顿拟合得到的结果较一致，因此细胞色素 c_2 的 $g_x g_y g_z$ 是正的. 作者进一步对已发表的有关细胞色素 c, b_5, P-450 和氯化过氧化物酶的穆斯堡尔数据所作的分析表明,它们的 $g_x g_y g_z$ 亦都是

表 11.4 高铁细胞色素 c_2 的配位场和超精细参数

	实 验	理 论	
		$g_xg_yg_z>0$	$g_xg_yg_z<0$
$\Delta/k\lambda$		3.08	0.61
$V/k\lambda$		1.33	0.26
k		0.97	1.18
g_x	1.23(4)	+1.23	−1.23
g_y	2.11(3)	+2.11	+2.11
g_z	3.13(2)	+3.13	+3.13
$A_x/g_n\beta_n(T)$	−35 (5)	−35.9	−50.4
$A_y/g_n\beta_n(T)$	25 (7)	+19.0	+57.0
$A_z/g_n\beta_n(T)$	62.5 (15)	+62.5	+77.9
g_xA_x	< 0	< 0	> 0
g_yA_y	> 0	> 0	> 0
g_zA_z	> 0	> 0	> 0
Δ(mm/s)	+2.26(2)		
δ(mm/s)	0.31(2)		
δ(mm/s)	−1.5 (1)		

正的．这与 Blumberg 对低自旋三价血红素蛋白分类时所作的假设是一致的．在上述例子中理论计算值与实验值并不完全相同，作者认为可能是配位场的不均匀性造成的．Dwivedi 等对细胞色素 c-551 的 4.2K 穆斯堡尔谱用具有高斯分布的晶场参数 Δ 和 V 进行拟合，取得了较好的结果[60]．

在对称性比斜方更低的系统中，当斜方晶场畸变主轴和立方晶场主轴不再重合时，**g** 张量、**A** 张量和电场梯度不再具有同一主轴系统．对于这种情况，如将斜方晶场的主轴系统相对于立方场的主轴系统旋转一个角度，可作更一般的处理，结合 EPR 数据对穆斯堡尔谱拟合可得到各张量主轴系统的相对取向[61,62]．

11.3.4 三价高自旋血红素蛋白

许多血红素蛋白的 F，Cl 和 H_2O 化合物是三价高自旋的血红素化合物．这类化合物通常具有较小的同质异能移位和四极分

表 11.5 几种三价高自旋血红蛋白的参数

	$D(cm^{-1})$	E/D	$H_{sat}=\frac{-5A_0}{2g_N\beta_N}$ (T)	Δ(mm/s)
Mb				
H_2O	10.0±1.0	0	−49.8±0.4	+1.3±0.1
F^-	6.3±0.5	0	−52.5±0.2	+0.8±0.1
Hb (F^-)	7.0±1.5	0	−52.9±2.0	+0.7±0.2
细胞色素 *c* 过氧化物酶	15±3		−49.0±1.1	1.2±0.1
F^-	7.3±0.3		−51.4±0.6	0.84±0.1
氯化过氧化物酶				
F^-		0.05	−50.0±1.0	1.00±0.05
I^-		0.07	−46.0±1.0	0.65±0.07
细胞色素 *P*-450	3.8	0.087	−44.8±1.0	0.79±0.05
辣根过氧化物酶		0.03	−44.2±1.0	1.62±0.1
F^-		0	−52.6±1.0	0.8±0.05

裂,而且其四极分裂一般与温度无关,因此我们可直接在高温时测得Δ值,并用于对低温谱的分析.

由于自旋弛豫和自旋大量地向配位体转移，三价高自旋血红素化合物的低温零场谱相当复杂．但在加一外磁场时，低温谱是一些可分辨的顺磁超精细谱．正如 11.1.3 节中所述，这些谱可用自旋哈密顿形式化来描述,结合 EPR 数据穆斯堡尔谱线可以得到较明确的解释，由此可给出许多电子结构的信息．表 11.5 列出了若干三价高自旋血红素蛋白的自旋哈密顿参数．本节各谱图中重叠在实验点上的实线是用这参数计算得到的．所有这些数据表明,三价高自旋血红素蛋白都有正而大的 D 值 ($+6$—$15cm^{-1}$),而 E/D 值较小 (<0.1)．细胞色素 P-450 是个例外，D 值 (~3.8 cm^{-1}) 较小．EPR 测量也证实了三价高自旋血红素蛋白的这一特点．图 11.13，图 11.14 示出了这类血红素蛋白的两个典型例子．在 4.2K 小磁场下 ($\beta H \ll D$),它们的谱线完全是最低的纯 $s_z=\pm 1/2$ Kramers 双重态的贡献．辣根过氧化物酶氟化物的谱是一组线宽较窄的六线谱,这表明血红素铁是四方对称 ($E=0$) 的．由图 11.3 中可知,双重基态的 g 值为 (6,6,2),这时磁超精场的横

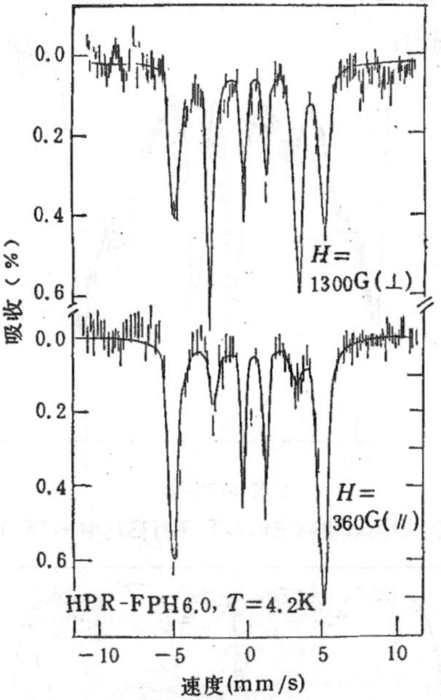

图 11.13 辣根过氧化物酶氟化物（pH 6）在平行和垂直磁场中 4.2K 时的穆斯堡尔谱.

向分量占优势，而且 $A_x = A_y$。而氯化过氧化物酶氟化物的血红素铁的环境有一定程度的斜方畸变（$E/D = 0.05$），血红素平面中超精细场的各向异性（$A_x \neq A_y$）使谱线明显的加宽. 在这两个谱中，对 A_z 是不敏感的，所得值误差较大. 这两种化合物的饱和内磁场 H_{sat} 比纯接触相互作用的贡献（55.0T）小，它是少量偶极作用项引起的，氯化过氧化物酶氟化物的对称性较差，其 H_{sat} 正如预料的那样较辣根过氧化物酶氟化物小.

在强磁场下，各相邻的 Kramers 双重态的波函数混合，基态的组分发生变化. 因此，强场谱与弱场谱有明显的不同. 图 11.15 示出的是肌红蛋白氟化物在不同磁场中的穆斯堡尔谱[20]. 在强磁场中谱线的形状与各 Kramers 双重态之间的混合程度有关，混合后各双重态的磁矩或自旋期望值是磁场与零场分裂相对大小（$2D/\beta H_{app}$）的函数（图 11.16）. 图 11.15(a, b) 的弱场谱是纯

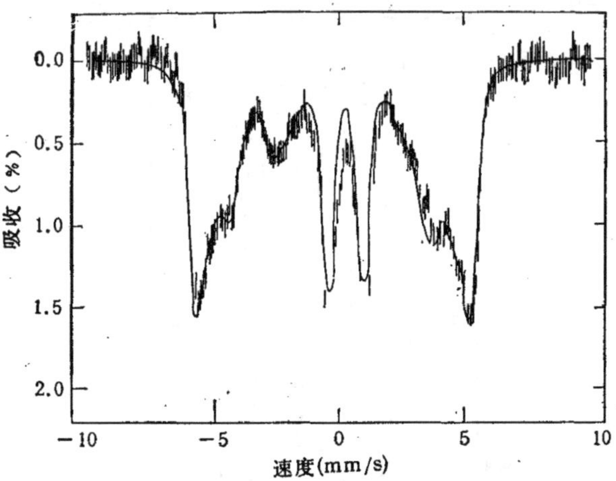

图 11.14 氯化过氧化物酶氟化物在 0.25T 平行磁场中 4.2K 时的穆斯堡尔谱.

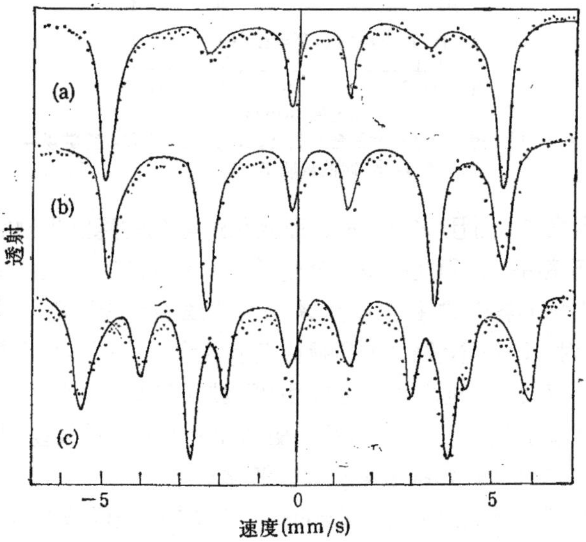

图 11.15 肌红蛋白氟化物在 (a) 平行磁场 (b) 0.05T 垂直磁场和 (c) 1.02T 垂直磁场中 4.2K 时的穆斯堡尔谱.

$s_z = \pm 1/2$ 态的贡献，图 11.15(c) 示出两组六线谱分别对应于最低双重态中的两个态. 结合弱场谱数据，对谱线的拟合较精确地确定参数 $D = 6.3 \pm 0.5 cm^{-1}$. 鉴于 **A** 张量的各向异性是偶极贡献

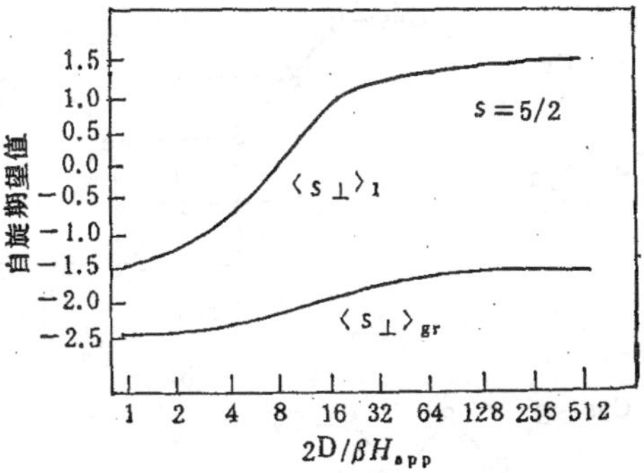

图 11.16 由轴对称自旋哈密顿计算的 $s = 5/2$ 高自旋三价铁基态和第一激发态的横向自旋期望值与参数 $2D/\beta H_{app}$ 之间的关系.

引起的，因此可由四极分裂的大小粗略地估计出 $A_{\perp}=A_x=A_y$ 比 A_z 约小 13%。然后对 MbF 单晶样品的测量认为 A 张量是各向同性的[63]。

§11.4 铁硫蛋白

铁硫蛋白是另一类重要的金属蛋白酶。它传递电子，参与呼吸、光合、固氮、激素合成等生化过程。这类蛋白的活性中心是一些 Fe-S 或 Fe-S-W（W 为 Mo 等其它金属元素）簇团，其通过半胱氨酸与蛋白质较松散地结合在一起。这类活性中心不可能像血红素那样完整地从蛋白中分离出来单独地进行测量。

这类蛋白分子中可能含有 1，2，3，4，8 甚至多达几十个铁原子，但它们通常是几种基本类型的 Fe-S 中心构成的。目前已知的有 1Fe，2Fe-2S，3Fe-nS，4Fe-4S 簇和固氮酶 Mo-Fe 蛋白中的 P 簇和 M 簇等，并且不断有些新的基团被发现。虽然这些基本簇团的组成和性质有很大的不同，但它们的铁原子都处于畸变的四面体硫配位的结构中，图 11.17 中给出最常见的三种 Fe-S 簇的结构示意图。

1Fe 蛋白，尤其是红氧化还原蛋白（Rd）在氧化和还原状态下的穆斯堡尔测量，给出了生物样品中四面体硫配位 Fe^{2+} 和

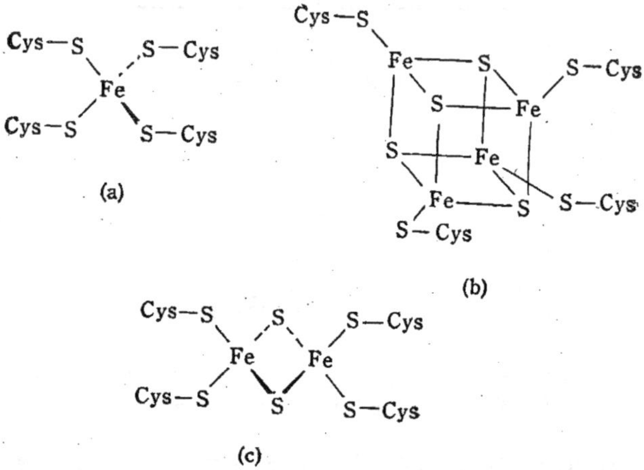

图 11.17　三种 Fe-S 簇的结构示意图. C_{ys} 为半胱氨酸硫.

Fe^{3+} 的同质异能移位、四极分裂和磁超精细相互作用常数，这些知识已被用来解释多铁簇铁硫蛋白的谱学信息.

2Fe,4Fe 簇的穆斯堡尔谱结合 EPR、磁导率测量的数据,证实了簇中各铁原子之间的反铁磁耦合作用，并给出了铁原子中电子态退局域和氧化还原过程中电子转移的信息.

3Fe-nS 蛋白是新发现的一种铁硫蛋白，穆斯堡尔谱在发现、鉴别这类蛋白和描述它们的结构特性中起着重要作用.

在一些多铁蛋白中，往往含有若干个铁硫中心. 为了解每个蛋白分子中有几个铁簇、每个铁簇中有几个铁原子、以及它们的氧化、还原状态,穆斯堡尔谱已成为不可能缺少的工具. 固氮酶的研究是这种分析技术较成功的一个实例.

11.4.1　1Fe 簇蛋白

红氧化还原蛋白 Rd 是最简单的铁硫蛋白，它的氧化还原中心只有一个铁原子. 铁原子与多肽链的四个半胱氨酸硫构成近似四面体的 FeS_4^* 络合物.

氧化的 Rd 冷冻溶液在低温弱磁场下的穆斯堡尔谱具有高自旋三价铁的特征（见图 11.18)[68]. 在 1.5 K 时，只有最低的

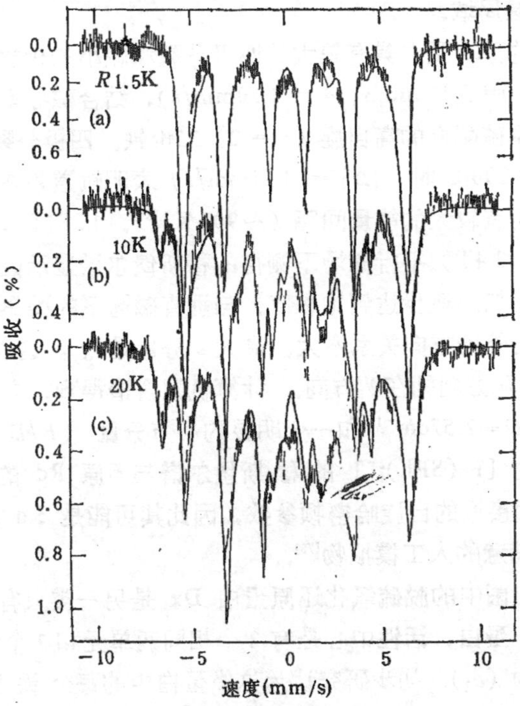

图 11.18 氧化的红氧化还原蛋白在 0.13T 中垂直磁场中的穆斯堡尔谱.
(a) 1.5K; (b) 10K; (c) 20K.

Kramers 双重态被布居，因此观察到一组可很好分辨的六线谱。随着温度升高，出现两组新的分量，它们分别对应于中间和最高的 Kramers 双重态。4.2K 时，所有的双重态都有一定的分布，表明其零场较小。结合 EPR 的数据，用 $D = 1.9\text{cm}^{-1}$，$\lambda = E/D = 0.23$ 的 $s = 5/2$ 的自旋哈密顿对上述各谱和强场谱进行计算机拟合，得到超精细参数 A_x, A_y, A_z 分别为 −22.6, −21.8, −23.2 MHz。平均 A 值得到的饱和场（$H_{sat} = 5A/2g_n\beta_n$）为 41T，其比三价高自旋血红蛋白（～50T）小 20% 左右，比典型的八面体氧配位（55T）小 25%；δ 值（0.32mm/s）也较血红蛋白（0.4—0.5mm/s）的小。这些都反映了四面体硫配位的特征，表明 3d 轨道的高度退局域。

还原的 Rd 蛋白具有较大的四极分裂和较小的化学位移(4.2 K 时，$|\Delta|=3.25mm/s$，$\delta=0.70mm/s$)，结合磁导率数据表明它是四面体硫配合的高自旋 ($s=2$) 二价铁. 四极分裂随温度变化较小 (200K 时，$|\Delta|=3.21mm/s$) 表明轨道基态和较高的轨道态之间有较大的能量间隔 (~900 K)[69]. 4.2K 时，在不同 (0.66，1.5，2.4T) 平行磁场下测得的穆斯堡尔谱显示磁超精细分裂随外场增加而逐步达到饱和值. 与垂直磁场下的谱线对照表明，线型与外场方向关系不大. 最大 g 分量是 g_y，这表明还原 Rd 的易磁化方向轴在 y 方向. 计算机拟合谱得到，它有较大的零场分裂 $D \doteq 7.57cm^{-1}$ 和一个明显的斜方分量 ($E/D=0.28$). 模型化合物 $[Fe(SPh)_4^{2-}]$ 的穆斯堡尔谱与还原 Rd 的十分类似，具有颇接近的自旋哈密顿参数，因此其可能是 Rd 活性中心的一个较满意的人工模拟物[70].

脱硫弧菌中的脱硫氧化还原蛋白 Dx 是另一类只有一种铁位的 Fe-S 蛋白，活性中心是有 2 个相同亚单元和 2 个铁原子的两聚体结构 (α_2). 初步研究认为这类蛋白中的每个铁也和 4 个半胱氨酸配位,但 Dx 中半胱氨酸的配置与 Rd 不同，其中两个半胱氨酸互相邻接. EPR 和穆斯堡尔谱测量表明，Dx 的氧化和还原状态也分别是四面体硫配位的高自旋 Fe(III) 和高自旋 Fe(II)，但它们的谱学特性与 Rd 有较明显的不同(见表 11.6).

氧化 Dx 的 EPR 信号具有接近轴对称的特征($E/D=0.08$). 在温度 4.2K、平行磁场 0.06T 下测量的穆斯堡尔谱不是一组可很好分辨的六线谱. 这是因为 E/D 较小的高自旋三价铁的 Kramers 双重基态 **g** 张量 ($g_x=4.09, g_y=7.70, g_z=1.80$) 的 2 个分量 g_x，g_y 值较接近，这时感应的内磁场及核自旋择优取向在 xy 平面内，不同的电场梯度分量对核的作用使谱线明显加宽.

还原 D_x 的 Δ 和 δ 值与 Rd 的相近,而且 Δ 基本上也与温度无关,但它们 Δ 的符号不同. 从图 11.19 中可观察到，Dx 的 $\Delta>0$，

表 11.6 氧化和还原的红氧化还原蛋白和脱硫氧化还原蛋白的自旋哈密顿参数

	氧化		还原	
	Rd[1)]	Dx[2)]	Rd[3)]	Dx[4)]
$D(cm^{-1})$	$1.9(3)^c$	2.2(3)	7.6	−6(1)
E/D	0.23(2)	0.080(5)	0.28	0.19(5)
g_{ox}	2.0	2.0	2.11	2.08
g_{oy}	2.0	2.0	2.19	2.02
g_{oz}	2.0	2.0	2.00	2.20
$A_x/g_n\beta_n$(T)	−16.5(11)	−15.4(10)	−20.1	−20(3)
$A_y/g_n\beta_n$(T)	−15.9(3)	−15.4(5)	−8.3	−20(3)
$A_z/g_n\beta_n$(T)	−16.9(3)	−15.4(10)	−30.1	−6.7(3)
Δ(mm/s)	−0.50(5)	−0.75(5)	−3.25(1)	3.55(2)
δ(mm/s)	0.32(2)	0.25(6)	0.70(2)	0.70(2)
η	0.2(1)	0.6(3)	0.65(10)	0.35(5)
β^d		90		10

1) 参考文献[68].
2) 参考文献[71].
3) 括号内的数字给出最后一位有效数字的误差.
4) β 是零场分裂 D 张量和 EFG 张量主轴 Z 分量之间的极角.

$\eta < 0.5$，而 Rd 的 $\Delta < 0$，$\eta > 0.5$. 这表明还原 Dx 的基态是类似 d_{xy} 的扁椭球轨道，而还原 Rd 则是类似 d_{z^2} 的长椭球轨道. 4.2K、不同平行磁场下的穆斯堡尔谱和图 11.20 所示. $H_{app}=$ 0.5T 时，磁分裂就几乎达到最大值，表明电子磁矩至少在一个方向是饱和的，而且有慢的弛豫速率. 较窄的谱线表明 H_{eff} 与分子取向无关，即具有各向异性的感应磁矩. 对于 $s=2$ 的自旋哈密顿近似，这意味 $D<0$，$E/D<1/3$，即两个最低的自旋态为 $|s_z=\pm 2\rangle$. 对图 11.19(a) 和图 11.20(a) 中示出的各谱的分析和计算机拟合得到的一组自旋哈密顿参数已在表 11.6 中列出. $\mathbf{A}$ 的各向异性可根据磁超精细作用内场的微扰理论[72]来解释. $D<0$，$E/D<1/3$，表明对 $\mathbf{A}$ 张量的最大贡献在 Z 方向，而 $\Delta>0$，$\eta<0.5$，则表明电场梯度最大分量在 Z 方向，而且是正的. 由于轨道和偶极贡献，A_z 明显减小。电场梯度的 x，y 分

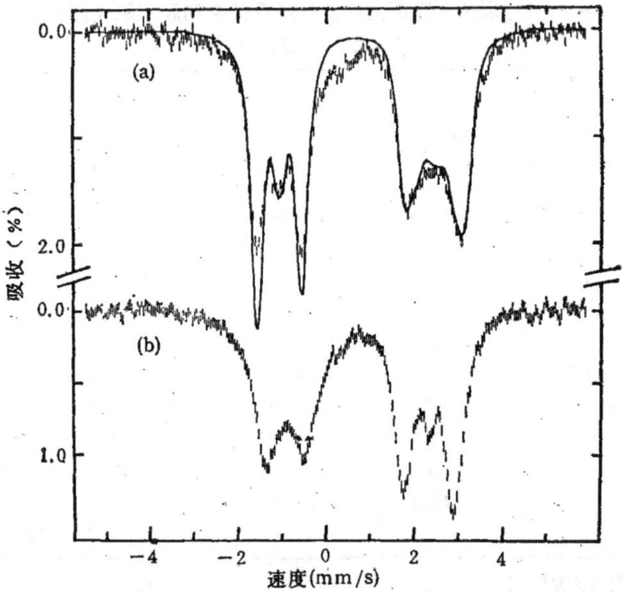

图 11.19 还原的 Dx (a) 和 Rd (b) 在 200K，5.5T 时的穆斯堡尔谱.

量为负值，偶极贡献几乎和轨道贡献相抵消，因此 A_x，A_y 值（$A_x/g_n\beta_n = A_y/g_n\beta_n = -20\text{T}$）与费米接触贡献 A_c($A_c/g_n\beta_n = -27.5\text{ T}$）相差不大. 而 Rd 的 $D > 0$，g 的最大分量是 g_y，V_{zz} 为正，因此 **A** 的最大分量在 y 方向，而 A_z，A_x 值与 A_c 相近.

11.4.2 2Fe 簇蛋白

存在于植物和某些原生动物中的铁氧化还原蛋白含有 2 个铁原子，铁原子各与 2 个半胱氨酸硫配位，并通过 2 个不稳定硫相连结. 它们传递电子，在光合作用过程中起着重要作用. 还原滴定实验表明，在氧化还原过程中只传递一个电子. 还原态在 $g=2.05$ 和 $g=1.94$ 处观察到近轴对称的 EPR 信号，结合磁导率测量，确认它是一个总自旋 $s=1/2$ 的系统. 氧化时，蛋白是抗磁的。

各种来源的铁氧化还原蛋白的穆斯堡尔测量，显示它们具有

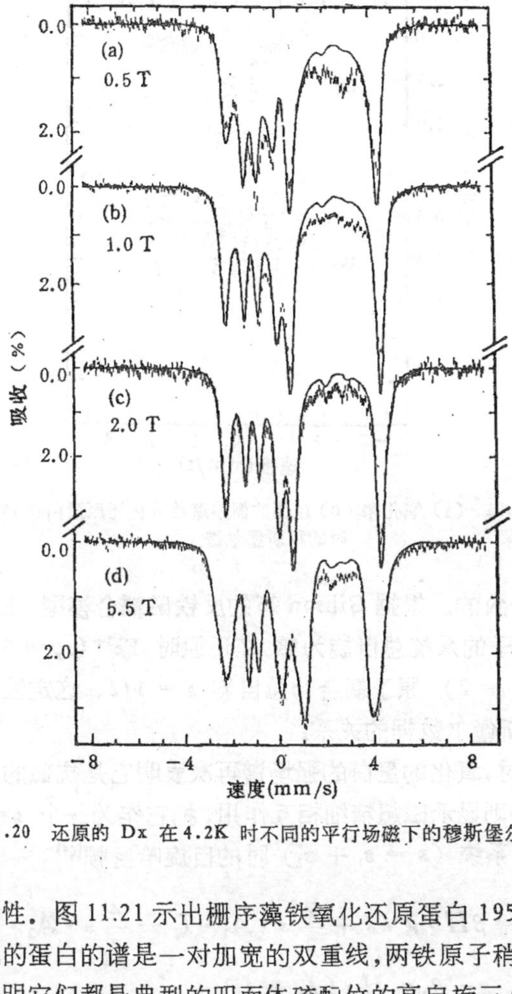

图 11.20　还原的 Dx 在 4.2K 时不同的平行场磁下的穆斯堡尔谱.

相同的特性. 图 11.21 示出栅序藻铁氧化还原蛋白 195 K 时的谱线. 氧化的蛋白的谱是一对加宽的双重线,两铁原子稍有不同,Δ和 δ 值表明它们都是典型的四面体硫配位的高自旋三价铁 ($s=5/2$). 还原时则有两组强度不同的四极分裂双线组成. 一组与氧化时的谱线相同 $\Delta=0.7$ mm/s, $\delta=0.3$mm/s). 另一组的参数 ($\Delta=3$mm/s, $\delta=0.7$mm/s), 表明它是四面体硫配位的高自旋二价铁 ($s=2$). 这说明在还原过程中只传递一个电子,并定域在一个铁原子上,而另一铁原子不变. 这与还原滴定蛋白时的 EPR 测

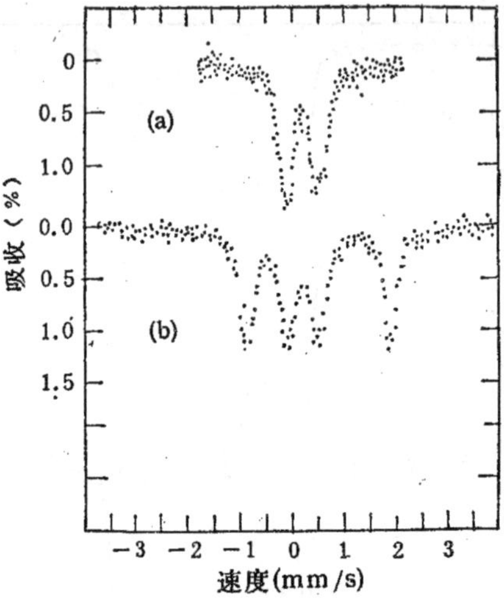

图 11.21 (a) 氧化和 (b) 还原的栅序藻铁氧化还原蛋白在 195K 时的穆斯堡尔谱.

量结果是一致的. 根据 Gibson 等的反铁磁耦合模型,在氧化时 2 个 Fe^{3+} 原子的系统总自旋为零,在还原时 Fe^{3+} ($s_z = 5/2$) 原子和 Fe^{2+} ($s_z = 2$) 原子耦合为总自旋 $s = 1/2$, 这定性地解释了 EPR 和穆斯堡尔数据的关系.

4.2K 时,氧化的蛋白的强场谱再次表明它是抗磁的. 而还原时的低温谱则显示磁超精细相互作用,把它作为一个 $s = 1/2$ 的反铁磁耦合系统 ($\boldsymbol{s} = \boldsymbol{s}_1 + \boldsymbol{s}_2$) 时的自旋哈密顿[64]

$$\mathscr{H} = \beta \boldsymbol{H} \cdot \mathbf{g} \cdot \boldsymbol{s} + \frac{7}{3} \boldsymbol{s} \cdot \boldsymbol{A}_1 \cdot \boldsymbol{I}_1 - \frac{4}{3} \boldsymbol{s} \cdot \boldsymbol{A}_2 \cdot \boldsymbol{I}_2 - \beta_N g_N \boldsymbol{H} \cdot (\boldsymbol{I}_2 + \boldsymbol{I}_1). \tag{11.7}$$

EPR 谱主要由第一项引起的,因此观察到由耦合系统的自旋和 g 值引起的谱信号. 而原子 Fe^{3+} 和 Fe^{2+} 分别感受到与第二、三项对应的磁超精细相互作用, 因此在穆斯堡尔谱中可看到来自两种贡献的分量. 在垂直强磁场作用下, Fe^{3+} 和 Fe^{2+} 的穆斯堡尔谱的超精细场分别为

$$H_{1z}=\frac{7}{3}\frac{A_{1z}s_z}{g_n\beta_n},\qquad H_{2z}=-\frac{4}{3}\frac{A_{2z}s_z}{g_n\beta_n}\tag{11.8}$$

还原中心的总自旋 $s=1/2$，s_z 为$\pm 1/2$。在很低温度时，其只有较低的基态 $s_z=-1/2$ 被布居，则 Fe^{3+} 的超精细场为负的，核处的有效场减小；而 Fe^{2+} 的超精细场是正的。这与1.7K 时的强场谱是一致的。4.2K 的谱有附加的谱线，其是具有一定热分布的 $s_z=+1/2$ 态的贡献，它具有相反的符号。结合其它技术（尤其是 ENDOR 测量）所得的超精细相互作用张量，对穆斯堡尔谱作了较满意的解释。H_{1z} 和 H_{2z} 的测量值分别为-18.0T 和$+12.0$ T，其数值远比红氧化还原蛋白中 Fe^{3+} 和 Fe^{2+} 的超精细场小得多，这是反铁磁耦合作用所预期的。参照 Rd 测得的 $H_{\text{int}_z}(Fe^{3+})$ 和 $H_{\text{int}_z}(Fe^{2+})$ 值，计算得出[73]

$$\begin{aligned}H_{1z}&=\frac{7}{3}\frac{\langle s\rangle}{s_1}H_{\text{int}_z}(Fe^{3+})=\frac{7}{15}H_{\text{int}_z}(Fe^{3+})=-185\text{T},\\H_{2z}&=-\frac{4}{3}\frac{\langle s\rangle}{s_1}H_{\text{int}_z}(Fe^{2+})=-\frac{1}{3}H_{\text{int}_z}(Fe^{2+})\\&=+135\text{T},\end{aligned}\tag{11.9}$$

与测量值相符合。

描述二铁氧化还原蛋白活性中心的反铁磁耦合的这一模型（图 11.22）同样也适用于对腐臭氧化还原蛋白[74]和促肾皮素蛋白[75]活性中心的穆斯堡尔谱的解释。

最近，对嗜热菌的 Rieske 铁硫蛋白的研究表明，其有 2 个相同的［2Fe-2S］中心。它与一般通过 4 个半胱氨酸与蛋白质相连的 2Fe 蛋白不同，包括穆斯堡尔测量在内的各种谱学测量表明，每个［2Fe-2S］中心至多与 2 个半胱氨酸配位，而另两配位是非半胱氨酸的[76]。氧化时的穆斯堡尔堡中有两组不同的四极分裂双线。还原时的谱用 $s=1/2$ 的自旋哈密顿分析，得到的超精细参数与腐臭氧化还原蛋白的十分相似。但 Fe^{2+} 位的同质异能移位（0.74mm/s）比后者（$\delta=0.65$mm/s）要大，因此认为非半胱氨酸配位体是与还原时还原为 Fe^{2+} 的那个铁位相配位的。

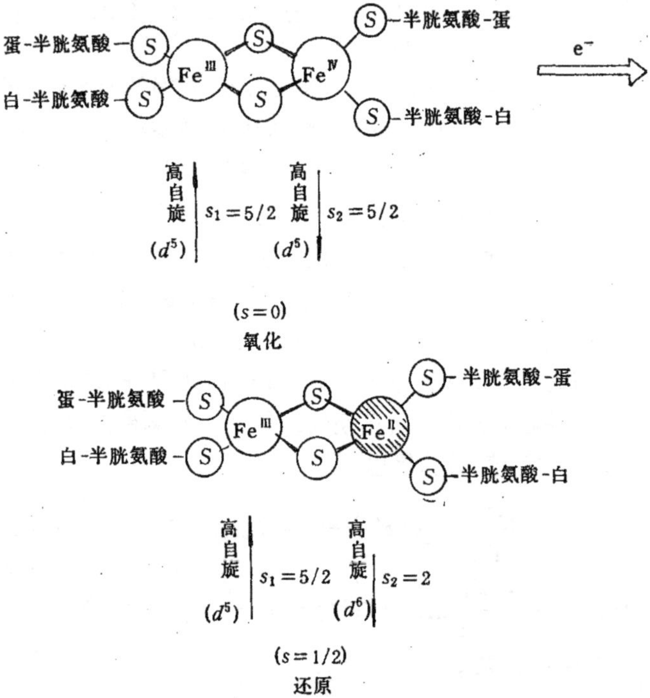

图 11.22 二铁铁氧化还原蛋白的 2Fe-2S* 中心的模型.

11.4.3 3Fe 簇蛋白

[3Fe-nS] 簇首先是在固氮菌 Azotobacter Vinelandii 的铁氧化还原蛋白 Fd(I) 的穆斯堡尔谱和 EPR 测量中发现的[77]，并得到X射线衍射分析的支持. 以后又证实在别的氧化还原蛋白[78-80]、牛心顺乌头酸酶 (beef heart aconitase)[81] 和氢化酶 (Hydrogenase)[82] 等中也有这类铁硫簇的存在. 有关 [3Fe-nS] 簇的穆斯堡尔研究在文献[83,66]中已作了较详细的综述.

不同蛋白中的 3Fe 簇都具有类似的谱特性. 其中脱硫弧菌 D. gigas 的 Fd(II) 能获得谱学纯的样品,而且它只有 [3Fe-nS] 一种铁簇存在.

氧化 Fd(II) 在较高温度（T 高于 20K）下的穆斯堡尔谱为一组线宽较窄的四极分裂双线（$\Delta = 0.54 \pm 0.03$mm/s，$\delta = 0.27 \pm 0.03$ mm/s），其参数与 Rd 中四面体硫配位的高自旋二价铁相近．在温度 1.5K、平行场 0.06T 下测得的谱线则显示有三个铁位，它们有不同的磁超精细耦合常数（见图 11.23）．谱线与外场方向的关系和强场数据表明，它们都属于一个 $s = 1/2$，$g = 2.01$ 的 EPR 中心．根据穆斯堡尔谱和 EPR 数据，Kent 提出了一个简单的自旋耦合模型来解释氧化［3Fe-nS］簇的磁特性．这一模型认为 3 个铁位是畸变四面体硫配位的 Fe(III，5/2)，它们反铁磁耦合为一个总自旋 $s = 1/2$ 的系统．不同铁位磁超精细常数的差别反映了耦合自旋之间的相对取向．三铁位间的交换耦合常数的相对大小小于 2，表明［3Fe-nS］簇是一个相当对称的共价键合结构，不可能是一个［2Fe-2S］簇与第三个铁原子的微弱结合．

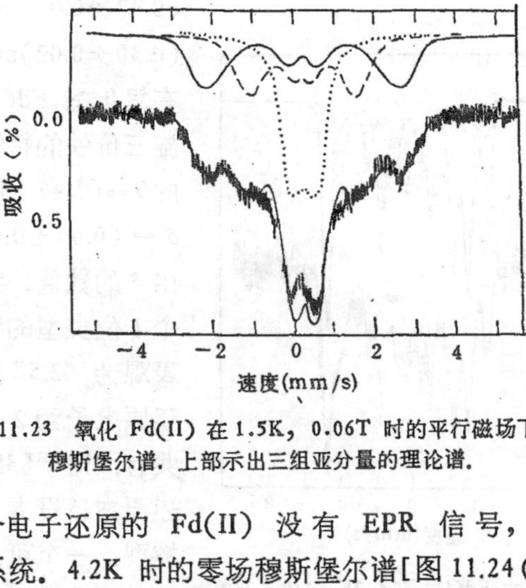

图 11.23　氧化 Fd(II) 在 1.5K，0.06T 时的平行磁场下的穆斯堡尔谱．上部示出三组亚分量的理论谱．

用一个电子还原的 Fd(II) 没有 EPR 信号，是一个非 Kramers 系统．4.2K 时的零场穆斯堡尔谱［图 11.24(a)］显示有 2 个不同的铁位．位 I 和位 II 的强度比为 2:1，强场谱中 I 位的两个铁原子无区别，谱线由两组分重新组成（见图 11.25）．弱场谱

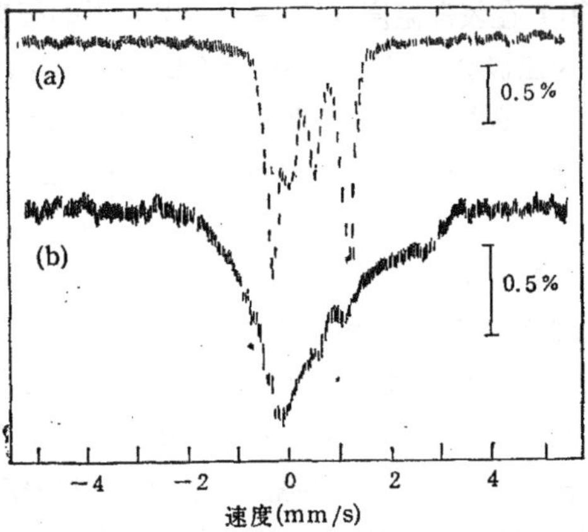

图 11.24 还原 Fd(II) 4.2K (a) 零场 (b) 0.06T 外加磁场中的穆斯堡尔谱.

[图 11.24(b)] 表明,还原簇是一个 $s \geqslant 1$ 的顺磁中心. 低温磁圆二向色性研究认为 $s=2$. 零场谱中,位 II 的穆斯堡尔参数 $\Delta=(0.47\pm0.02)$ mm/s, $\delta=(0.30\pm0.02)$mm/s, 仍具有氧化态 Fd(II) 中高自旋三价铁的特征. 而位 I 的$\Delta=(1.47\pm0.03)$mm/s, $\delta=(0.46\pm0.02)$mm/s. 由 δ 的数值, 我们认为 2 个 I 位类型的铁原子具有表观为“2.5”的价态, 即还原电子为 2 个铁原子所共有. 对于[3Fe-nS]簇的还原态还没有一个较好的模型. 一个可取的解释是, 还原时附加的电子占有由 2 个 I 位原子构成的

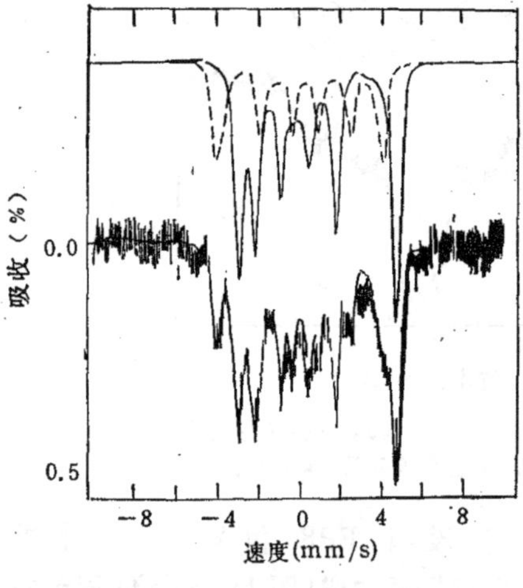

图 11.25 还原的 Fd(II) 在 4.2K, 1.0T 平行外磁场下的穆斯堡尔谱. 实线为 5:2 自旋哈密顿理论计算结果,它可分解为两个亚谱(上部给出).

一个分子轨道上，而 Fe(III,5/2) 特性的位 II 铁原子的强场谱表明超精细常数 $A_{II}>0$，因此其在一定程度上参与自旋耦合而不可能是孤立的。由简单的二自旋耦合模型认为 $s_1=9/2$。

[3Fe-nS]簇铁蛋白的 EPR 和穆斯堡尔研究中还发现，[3Fe-nS] 簇和 [4Fe-4S] 簇之间互变现象的存在[81,84,85][87,88]。在有氧气氛下分离的无活性牛心顺乌头酸酶及用连二亚硫酸盐还原后的穆斯堡尔谱表明，酶中存在一个 [3Fe-nS] 簇，在氧化态观察到一个 $g=2.01$ 的 EPR 信号也支持这一结论。但用 Fe(II) 离子活化时，连二亚硫酸盐还原的酶的顺磁 3Fe 簇转化为 1 个 $s=0$ 的抗磁中心。Fe(II) 离子是增丰的 ^{57}Fe 时，穆斯堡尔谱显示酶中原有铁位在活化后的电子状态，其是一组 $\Delta=1.30$ mm/s，$\delta=0.45$mm/s 的四极分裂双线，高场数据表明它是抗磁的，这具有 $[4Fe\text{-}4S]^{2+}$ 的特征。活性培养基用 ^{57}Fe 增丰时，铁簇中原来铁位的谱线被掩盖观察到两组四极分裂双线，如图 11.26 (b) 所示。一组是活性培养基本身的贡献，而另一组用 '*A*' 标志的谱线 $\Delta=0.80$ mm/s，$\delta=0.45$mm/s，强场数据表明，它也是抗磁的。'*A*' 位显然是

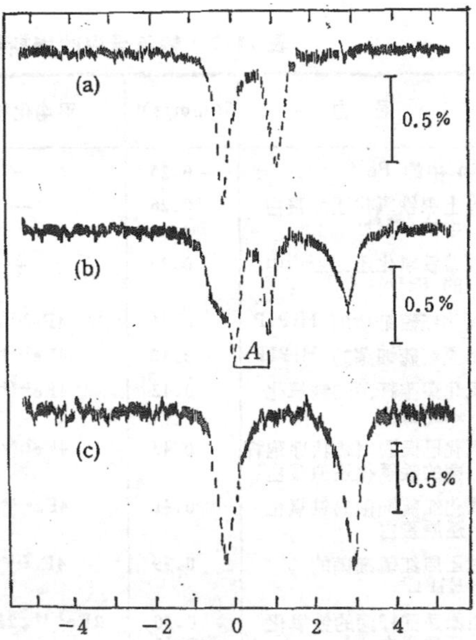

图 11.26 牛心顺乌头酸酶在 4.2K、磁场下测量的穆斯堡尔谱. (a) 连二亚硫酸盐还原的酶用 ^{57}Fe (99.9%增丰) 活化 1h; (b) 连二亚硫酸盐还原的酶用 ^{57}Fe (大于 90% 增丰) 活化 1h; (c) 用连二亚硫酸盐和 ^{57}Fe 培养 1h 的分离顺乌头酸酶.

活化过程中加入的额外铁原子、[4Fe-4S] 簇是由 [3Fe-nS] 与

这附加原子形成的。这一中心稳定在 +2 态，还原后变为 +1 态 ($g = 1.94$)，再次证实了形成的是 [4Fe-4S] 簇。

11.4.4 4Fe 簇蛋白

具有 4Fe-4S 活性中心的蛋白有两类：一类是具有负氧化还原势的四铁和八铁细菌氧化还原蛋白，另一类是具有正氧化还原势的高电位铁蛋白 (HiPIP)。所有这些蛋白都具有十分类似的铁簇结构：四个铁原子由四个自由基硫键合成一个畸变的立方结构，而其中每个铁都在一个畸变的四面体硫配位环境中，3 个硫是

表 11.7 铁硫蛋白的穆斯堡尔化学移位

蛋白	δ(mm/s)[1]	平均化学价	氧化状态	表观化学价
Rd 中的 Fe^{3+}	~0.25	—	—	—
肾上腺铁氧化还原蛋白中的 Fe^{3+}	0.26	—	—	—
菠菜铁氧化还原蛋白中的 Fe^{3+}	0.26	—	—	—
氧化红硫细菌的 HiPIP	0.31	$4Fe^{2.75+}$	C^{3+}	$3Fe^{3+}$, $1Fe^{2+}$
还原红硫细菌的 HiPIP	0.42	$4Fe^{2.5+}$		
氧化芽孢杆菌的铁氧化还原蛋白	0.42	$4Fe^{2.5+}$		
氧化巴氏固氮梭状芽孢杆菌的铁氧化还原蛋白	0.43	$4Fe^{2.5+}$	C^{2+}	$2Fe^{3+}$, $2Fe^{2+}$
氧化红硫细菌的铁氧化还原蛋白	0.41	$4Fe^{2.5+}$		
过还原红硫细菌的 HiPIP	0.59	$4Fe^{2.25+}$		
还原芽孢杆菌的铁氧化还原蛋白	0.50, 0.60	$2Fe^{2.5+}$, $2Fe^{2+}$	C^{1+}	$1Fe^{3+}$, $3Fe^{2+}$
还原巴氏固氮梭状芽孢杆菌的铁氧化还原蛋白	0.57	$4Fe^{2.25+}$		
还原红硫细菌的铁氧化还原蛋白	0.54	$4Fe^{2.25+}$		
Rd 中的 Fe^{2+}	0.65	—	—	—
菠菜铁氧化还原蛋白的 Fe^{2+}	0.60	—	—	—

1) 77K 时的化学移位，相对于 α-Fe(300K 时)。

自由基、1 个是半胱氨酸硫. 八铁氧化还原蛋白中有 2 个这样的中心。根据 EPR 测量认为，4Fe 簇有三种氧化状态，分别用 C^{3+}，C^{2+}，C^{1+} 标志。氧化和还原的 HiPIP 分别为 C^{3+} 和 C^{2+} 态，铁氧化还原蛋白处于 C^{2+} 和 C^{1+} 态。

[4Fe-4S] 簇蛋白的穆斯堡尔谱比较复杂. 通常难以用几组确定的谱线进行分解，以辨别出是 Fe^{3+} 还是 Fe^{2+} 价态. 因此谱线的拟合往往不是唯一的. 然而由谱拟合得到的平均同质异能移位值，参照 1Fe，2Fe 蛋白的四面体硫配位 Fe^{2+} 和 Fe^{3+} 价态的数据，可以半经验地确定 4Fe 簇中铁的价态. 表 11.7 列出各种样品不同氧化态时的平均同质异能移位测量值(77K)，表观价态和平均价态. 四面体硫配位的 Fe^{3+} 还原为 Fe^{2+} 时，同质异能移位增加 0.4mm/s，[4Fe-4S] 簇每增加一个电子、平均移位增加 0.1 mm/s，这似乎表明增加的电子为 4 个铁原子所共有. 平均化学价是根据平均同质异能移位的变化量确定的. 两类样品 C^{2+} 态的零场穆斯堡尔谱通常可用四组强度相等的四极分裂谱线拟合，它们的 δ 基本相同，而 Δ 不等. 这表明 4 个铁核基本上是同价的，在 Fe^{3+} 和 Fe^{2+} 之间，而电荷分布稍有不同. EPR、磁导率和低温高场穆斯堡尔谱数据表明 C^{2+} 态中心在基态是非磁性的、总自旋为零. 这可用铁原子之间的反铁磁耦合来定性地解释. 有关的模型是 Dickson[86] 首先提出来的，如图 11.27 所示. 铁原子之间通过硫原子借助于 90° 的超交换相互作用反铁磁耦合. 而两个自旋向上的铁原子之间和两个自旋向下的铁原子之间存在着第六个 $3d$ 电子的快速跳跃或退局域，如图中虚线所标志的. C^{1+} 和 C^{3+} 两种状态的穆斯堡尔谱通常用两组谱线拟合. 增加或减少 1 个电子时，一对铁原子的

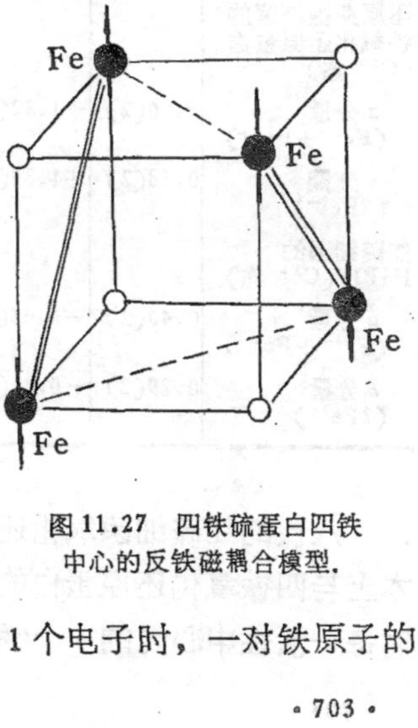

图 11.27　四铁硫蛋白四铁中心的反铁磁耦合模型.

状态基本不变,而另一对可看作转化为 Fe^{2+} 或 Fe^{3+} 态. 低温外磁场谱显示它们是顺磁的,而且存在正、负两个超精细场. EPR 和磁导率测量表明，它们是一个总自旋 $s = 1/2$ 的系统，这些数据再次证实了铁原子之间的反铁磁耦合. 在这模型基础上，对芽孢杆菌的四铁氧化还原蛋白[87]和红硫细菌的 HiPIP[88] 在广泛温度和磁场范围内测量的穆斯堡尔谱进行了计算机拟合. 进一步证实了上述模型所作的定性解释. 把它们 C^{1+} 和 C^{3+} 中心的 4.2K、外加磁场谱分解为两组分量，得到的参数在表 11.8 中给出. 两个分量（a,b）所对应的 **A** 张量有相反的符号. 把前面在二铁氧化还原蛋白中对两自旋耦合系统的处理推广来分析这 2 个原子的自旋耦合. 由耦合中心的自旋哈密顿参数和各个别铁原子参数间的关系，进一步阐明了穆斯堡尔谱和 EPR 数据之间的关系. 尤其是对 C^{3+} 态中（Fe^{3+}, Fe^{2+}）对的磁矩比（$2Fe^{3+}$）对大的异常现象和 EPR 观察到的 $g \geq 2$ 作了解释.

表 11.8 还原芽孢杆菌铁氧化还原蛋白和红硫细菌 HiPIP 的穆斯堡尔参数

样 品	δ	Δ	η	A'_x	A'_y	A'_z
还原芽孢杆菌的铁氧化还原蛋白（C^{1+} 态）						
a 分量（$Fe^{3+}+Fe^{2+}$）	0.50(2)	+1.32(6)	0.78(9)	−2.73(12)	−2.80(7)	−2.40(12)
b 分量（$2Fe^{2+}$）	0.58(2)	+1.89(6)	0.32(4)	+2.28(5)	+1.16(14)	+0.74(7)
红硫细菌的 HiPIP（C^{3+} 态）						
a 分量（$Fe^{3+}+Fe^{2+}$）	0.40(2)	−1.03(9)	0.9(1)	−2.43(16)	−2.63(5)	−2.80(7)
b 分量（$2Fe^{3+}$）	0.29(2)	−0.88(7)	0.4(2)	+1.65(11)	+1.93(7)	+1.66(7)

八铁的红硫细菌氧化还原蛋白在 77K 测得的穆斯堡尔谱基本上与四铁氧化还原蛋白的谱类似（图 11.28），只是其还原状态时每一活性中心内的 4 个铁原子似乎有更为相同的电荷分布. 而

4.2K 时,天然(氧化)蛋白的穆斯堡尔谱是一对加宽的四极分裂双线，完全不同于四铁蛋白中观察到的那种加宽的磁谱。这种现象已被解释为2个四铁簇之间存在着自旋耦合。

11.4.5 钼铁蛋白

具有固氮催化活性的酶系统,即固氮酶,它是由铁蛋白和钼铁蛋白组成。

固氮铁蛋白是个两聚体，每个两聚体中有4个铁原子和4个硫原子，穆斯堡尔谱和 EPR 研究表明其活性中心类似于细菌铁氧化还原蛋白中的 4Fe-4S 簇[89]。但最近研究认为其可能有更高的含铁量[90]。

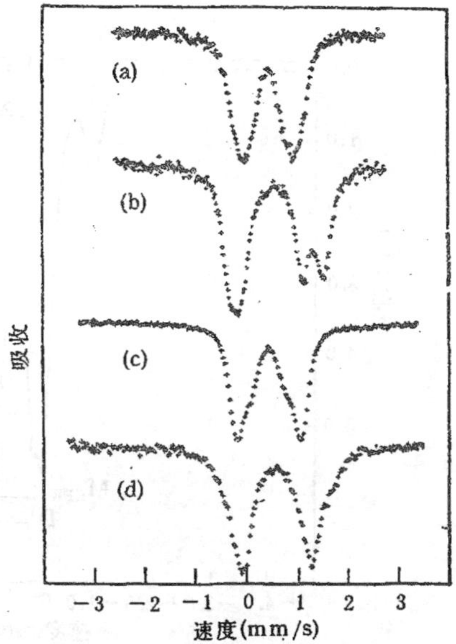

图 11.28 在 77K 测得的穆斯堡尔谱

(a)氧化芽孢杆菌铁氧化还原蛋白；(b)还原芽孢杆菌铁氧化还原蛋白；(c)氧化红硫细菌铁氧化还原蛋白；(d)还原红硫细菌铁氧化还原蛋白。

主要感兴趣的是钼铁蛋白，它每个分子中含有2个钼原子和30个左右的 Fe 原子,由4个亚单元组成。它的详细结构尚不完全清楚,但已成功地分离得到一种铁钼辅因子物质,分子量为2 000—3 000,每一辅因子含1个钼、8个铁和6个硫原子。对来自各种微生物的固氮酶、钼铁蛋白和铁钼辅因子的一系列穆斯堡尔谱和 EPR 测量[91],表明钼铁蛋白中由*M*簇、*P*簇和另外2个铁原子组成，并对它们的性质和所含铁原子的数量作了比较仔细的分析。下面我们以由自生固氮菌 Azotobacter Vinelandii 中分离的钼铁蛋白为例作一简单介绍。

在不同温度和弱磁场下，测量的钼铁蛋白穆斯堡尔谱都可分解为 4 个分量，一个顺磁分量和 3 个四极分裂双线，分别用 M，D，Fe^{2+} 和 S 来标志，它们的强度比为(38.5±3%):(42.5±3%):(14±1%):(5%)．图 11.29 示出这一蛋白 30K 时的谱线．

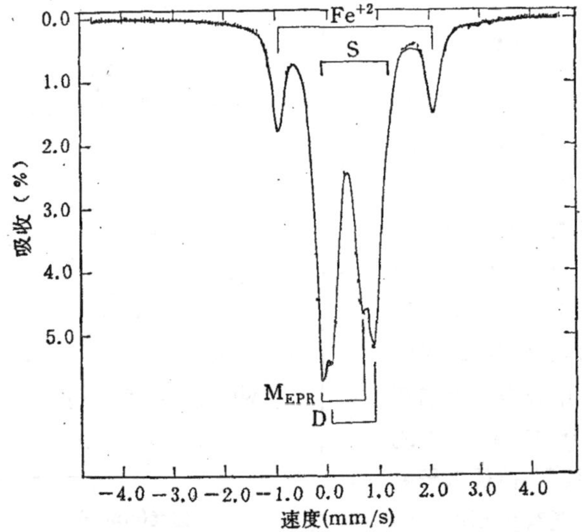

图 11.29 自生固氮菌 A. vinelandii 的 MoFe 蛋白 30K 时的穆斯堡尔谱．

D 分量($\Delta=0.81$mm/s，$\delta=0.64$mm/s 和 Fe^{2+} 分量 ($\Delta=3.02$mm/s，$\delta=0.69$mm/s) 的同质异能移位都具有典型的四面体硫配位高自旋 Fe(II) 的特征．但强磁场穆斯堡尔谱表明，Fe^{2+} 和 D 分量似乎都是抗磁的．由此可猜测它们可能处于一个自旋耦合簇中．由面积比可看出，它是由 3 个 D 分量原子和 1 个 Fe^{2+} 分量原子组成的 4Fe-4S 簇 (*P* 簇)．

S 分量较弱，其性质至今尚不清楚，可能是一个 [2Fe-2S] 簇．

M 分量具有顺磁特性，在 4.2K，0.06T 弱场下的谱线与磁场方向有关．弛豫速率随温度升高而增加，30K 时为一组四极分裂双线．它和 EPR 显示的 $s=3/2(g=4.3,3.7,2.0)$ 的顺磁中心有关。将 4.2K，0.6T 平行或垂直外场下测量的 MoFe 蛋白谱中，除去 Fe^{2+}，S 和D分量后，可得到单独M分量的谱线，如图 11.30 所示。假设M簇中各铁位有相同的电子哈密顿而有不同的局域超顺磁耦合常数 A_0 和电场梯度张量，该谱用 $D=+6cm^{-1}$，$E/D=0.055$，$s=3/2(s_z=\pm1/2)$ 的自旋哈密顿进行拟合，得到四组亚谱。三组超精细参数，A_0 是负的，一组是正的，反映了M中心的自旋耦合特性，由四组分量的面积比推测M中心有 6 个铁原子。

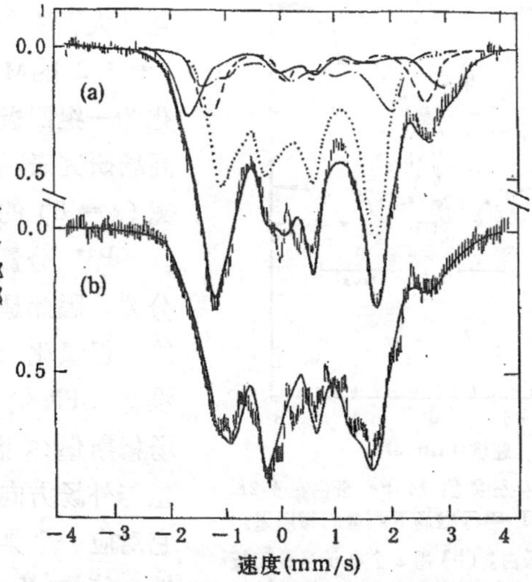

图 11.30 固氮酶M中心在 4.2K，0.06T 时 (a) 平行磁场；(b) 垂直磁场下的穆斯堡尔谱。实线为理论拟合谱；(a) 中示出 4 个分量的亚谱。

在 N_2 气氛下加入还原剂 MgATP 和铁蛋白后，MoFe 蛋白处于固氮条件下。这时，天然 MoFe 蛋白谱中的D和 Fe^{2+} 分量保持不变，而磁分量M消失、出现一组新的双线 M^R。强场研究表明，还原的 M^R 分量是具有整数自旋（$s\geqslant1$）的顺磁中心。

用不同量的硫堇（Thionine）对 MoFe 蛋白滴定氧化得到的 4.2 K 弱场穆斯堡尔谱如图 11.31 所示。MoFe 蛋白被移去 2

和3.5个电子时，谱线中的 Fe^{2+} 和D分量逐趋消失，并出现一组磁分量 P^{ox}. 将谱 *a* 减去谱 *b* 后，得到的谱线如图 11.32 所示，其中 P^{ox} 分量和 D, Fe^{2+} 分量的面积相等，这再次证实 D, Fe^{2+} 分量中的铁原子同属一个 4Fe-4S 簇的假设. 图 11.32 中不存在M和S分量，表明它们不发生变化. 用过量硫堇氧化（大于4个电子）时，$s=3/2$ 的M顺磁分量转化为一组四极分裂双线. 高场研究表明 M^{ox} 是抗磁（$s=0$）的.

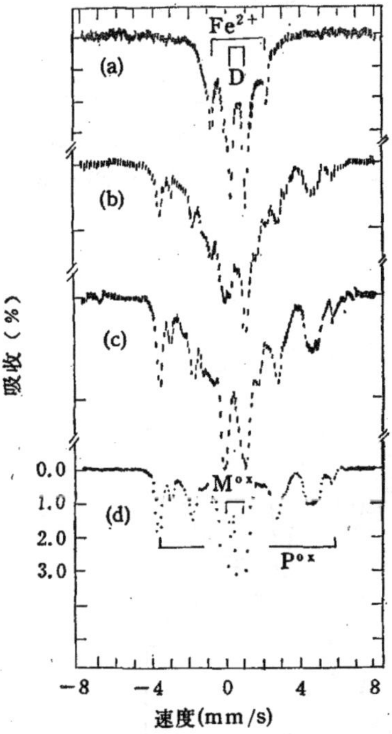

图 11.31　自生固氮菌 MoFe 蛋白在 4.2K 温度及 0.06 T 平行磁场下测量的穆斯堡尔谱 (a) 天然蛋白；(b) 用 2 个电子当量硫堇氧化的蛋白；(c) 用 3.5 个电子当量硫堇氧化的蛋白；(d) 用过量硫堇氧化的蛋白.

P^{ox} 分量有较大的磁分裂，因此是半整数自旋的. 但氧化 MoFe 蛋白没有 EPR 信号. 4.2K 弱场穆斯堡尔谱的 P^{ox} 分量与外场方向无关，表明它对应一个具有大各向异性 *g* 值的 Kramers 双重态. $s\geqslant 3/2$, $D<0$ 和 $E/D=0$ 系统的这样一个双重基态是没有 EPR 信号的. 170 K 时测量的快弛豫谱表明，P^{ox} 有两组稍不同的中心. P^{ox} 的强场谱线显示其有两类铁位，随外场增加，有的谱线外移，有的内移，这清楚地表明P簇中的铁原子是反铁磁耦合的.

由上述谱学数据我们可估算出每个 MoFe 蛋白分子含有的铁原子数. 1个 MoFe 蛋白分子中的P中心完全氧化需要4个电子当量的硫堇. 而每个P簇转化为 P^{ox} 时，由整数自旋态转变为半整数自旋态，1个P中心不可能被2个电子氧化。由此我们可断定，每个 MoFe 蛋白中存在4个［4Fe-4S］的P簇。由前述谱中各分量的面积比，我们可推得每个 MoFe 蛋白中 Fe^{2+},S, M，D 铁原子的比为4:2:12:12，一共有30个铁原子。

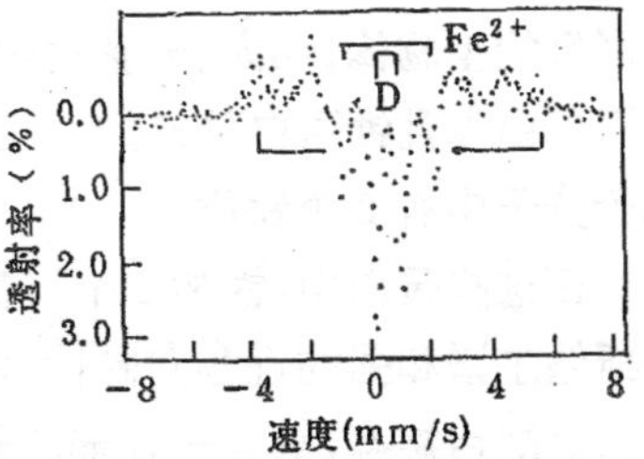

图11.32　图11.31(a)谱减去图11.31(b)谱后，得到的差谱．图11.31示出的两谱归一为相同的吸收面积．

钼铁辅因子和M中心有关，它和天然钼铁蛋白的M中心一样，都是 $s=3/2$ 的自旋多重态。但它们不完全相同，前者每个钼原子对应8个铁原子，而后者只有6个。它们的 EPR 和穆斯堡尔谱也不相同。钼铁辅基在4.2K，0.6T 平行场时的穆斯堡尔谱中，除与M中心相同的磁分裂谱线外，还有一组四极分裂双线（$\Delta=0.9$mm/s，$\delta=0.4$ mm/s），其值与 Mo_x 的相近。这可能是辅基被氧化的痕迹，也可能是 MoFe 辅基中额外的电子引起的。

最近，对同样自 A. Vinelandii 分离的、但具有较高活性的钼铁蛋白的高温(125—175 K)穆斯堡尔谱进行了一系列的修正，扣除了脉冲堆积、立体角效应、非无反冲辐射等引起的本底。以及放射源辐射谱线线形的影响后，对吸收谱拟合认为 Fe^{2+}:S:M:D 中铁原子的比更可能是4:12:16:12，M 中心和分离的 MoFe 辅因子一样，每个钼原子对应8个铁原子[92]。

§11.5　铁输运蛋白

铁输运蛋白从周围环境中吸收铁，并将其输送到细胞内，对细胞的生长起着重要的作用。这类蛋白对三价铁都有十分强的成键能力(成键常数 $pK\cong 28—32$)，而与二价铁的亲和力较小。

细菌、微生物等低级生物中的输铁化合物统称为铁色素。它们的分子量较小，一般在1000左右，其中高铁色素A是穆斯堡尔谱中观察到顺磁超精细结构的最初几个实例之一[93]．这类较小的生物分子，其尺寸不足以将顺磁中心完全分开．为了克服自旋-自旋弛豫的影响，有时我们可用抗磁性溶剂对这些分子作磁稀释．在较高级的生物体，如人、哺乳动物和鸟类中，铁是通过铁传递蛋白、伴清蛋白和乳铁蛋白传递的．它们的分子量较大（～50000），而且每个分子中有 2 个铁位．

在这些蛋白中，铁和 3 个二齿配位体构成畸变的八面体配位．穆斯堡尔谱和强的近各向同性 EPR 信号（$g\doteq 4.3$）表明，铁都处于三价高自旋态，具有一较弱的轴对称场和可观的菱形晶场，有时还要考虑立方场项 $(\mu/6)\left[s_x^4+s_y^4+s_z^4-\frac{707}{16}\right]$ 的影响．它们在低温弱场下的穆斯堡尔谱由分别与 Kramers 双重态 $|s_z=\pm 5/2\rangle$，$|s_z=\pm 3/2\rangle$，$|s_z=\pm 1/2\rangle$ 对应的三组六线谱按一定的强度分布组合而成．表 11.9 列出了各种铁输运蛋白穆斯堡尔谱拟合所得到的自旋哈密顿参数[94]．

表 11.9　若干铁输运蛋白的自旋哈密顿参数

化合物	$D(\mathrm{cm}^{-1})$	λ	μ	A(T/每自旋)	$\frac{eQV_{zz}}{4}$ (mm/s)
高铁色素 A	0.50	0.28	—	—	—
	0.50	0.46	—	217	−0.30
肠细菌生长素	0.48	0.46	−0.27	222	−0.15
分支杆菌生长素	0.22	0.45	−0.26	221	−0.20
铁传递蛋白	0.15	0.31	—	211,215,213	+0.37

铁传递蛋白中的 2 个铁位是否完全相同和有否相互作用，至今还是一个尚待解决的问题，EPR 测量认为两者稍有差别，而穆斯堡尔测量显示两个铁位是相同的[95]．但是伴清蛋白用 ^{57}Fe 和 ^{56}Fe 分别对不同铁位增长后，在 4.2K，550T 弱场下测得的 $^{57}Fe_r$-$^{56}Fe_l$ 谱与 $^{56}Fe_r$-$^{57}Fe_l$ 谱稍有不同，而这两个谱的叠加后与 $^{57}Fe_r$-$^{57}Fe_l$ 伴清蛋白的谱相符，从而证明伴清蛋白中 2 个铁位是不同的[96]．

穆斯堡尔测量表明，人的铁传递蛋白的四极分裂和线宽与

pH 值有关，在 pH = 6.3—7.3 的小范围内，Δ减小而Γ增加．肠细菌生长素 pH = 2—10 的水溶液的 4.2K 穆斯堡尔谱表明，在高 pH 时为 Fe(IV,5/2) 的磁六线谱，而在低 pH 时磁谱转变为加宽的四极分裂对，参数（δ = 0.5mm/s，Δ = 0.8mm/s），表明它仍是三价高自旋铁，而自旋弛豫速率加快．但在低 pH 的甲醇溶液中，部分铁处于 Fe(II) 形式（δ = 1.38mm/s，Δ = 3.44 mm/s）[97]．

目前，还不清楚铁输运蛋白是如何把铁输送到细胞中去的，只知道大部分铁输运蛋白是可溶性的．蓝绿藻的穆斯堡尔测量表明，细胞膜上被附着铁输运蛋白，似乎其通过细胞表面吸收 Fe(III)，然后再释放到细胞中去[98]．

§11.6 生物体内的无机铁沉积

在生物体中还发现有多种形式无机铁的积聚，它们可能存在于细胞内或细胞外，其主要的化学形式有含水的铁氧化物、磁铁矿(Fe_3O_4)、纤铁矿（γ-FeOOH)、磁赤铁矿（γ-Fe_2O_3）和针铁矿等．这些具有不同结晶度的沉积物中，铁原子与铁原子之间存在着较强的相互作用，因此在一定温度下是磁有序的．对广泛存在于各种生物体内的铁存储蛋白的铁核、趋磁细菌体内的磁生小体、蜜蜂下腹部腹节周围细胞中的含铁团粒[99]和甲壳动物齿舌的侧齿[100]等作的一系列穆斯堡尔研究，给出了铁化合物的性质、积聚颗粒的大小和结晶度的信息．它们的颗粒度较小，一般在低温下才是磁有序的，其穆斯堡尔谱通常要用超顺磁弛豫理论来解释．而磁铁矿颗粒有时甚至在室温时也能观察到磁分裂谱．此外，对有些样品还用穆斯堡尔测量进行了动力学和矿化沉积过程的研究．

11.6.1 铁存储蛋白

铁存储蛋白是一类富铁的大分子，其中，可溶性的铁蛋白广泛地存在于各种生物体中．人和哺乳动物的铁蛋白，由外径 120Å、内径 70 Å 左右的球形蛋白壳层包裹着一个铁无机化合物的胶态分子团，其化学成份大致为 $(FeOOH)_8 \cdot (FeO \cdot OPO_3 \cdot H_2)$. 含铁量可在很大范围内变化，处于饱和状态时每个分子约有 4 000个铁原子. 铁原子之间存在强的交换相互作用，因此铁核在 200 K 以下是反铁磁有序的. 由于颗粒度较小，穆斯堡尔谱(图 11.33)显示与温度有关的超顺磁特性[101]. 4.2K 时观察到一组简单的六线谱，超精细场为 49.0T. 随温度增加，磁分裂谱强度逐步减小，出现一组加宽的四极分裂双线、其强度逐步增加. 根据超顺磁弛豫的 Neel 理论，超顺磁性阻挡温度 T_B 以及磁分裂谱和四极分裂双线共存的温度范围与超精细颗粒的大小、磁各向异性常数及粒子尺寸的分布有关. 因此不同来源、不同含铁量的铁蛋白有不同的平均超顺磁性阻挡温度 T_B[102,103]. 人、马脾、鼠肝等铁蛋白的 T_B 一般在 26—42K. 真菌 phycomyes 铁蛋白的 T_B 为 17K. 在

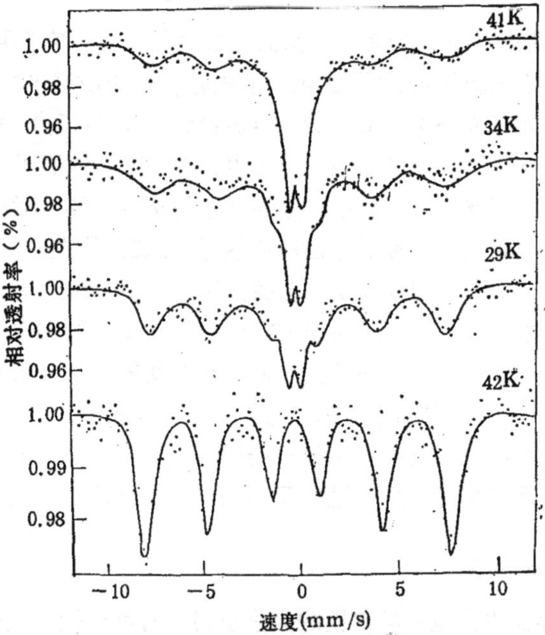

图 11.33 马脾铁蛋白在各种温度下的穆斯堡尔谱.

大肠杆菌和别的原核生物（prokaryotes）中的贮铁物质，称为细菌铁蛋白，它的穆斯堡尔谱与真核生物铁蛋白不同，显示顺磁弛豫特性[104]．在 $T < 1K$ 时为一组磁超精细谱，核处有效磁场为 43.0T。随温度升高，谱线明显加宽，磁分裂逐步减小。$T > 3.5K$ 时，六线谱收缩为一组四极分裂双线。在 1.2—3.5K，双重线和六线谱互相重叠，表明其磁转变温度有一定分布．这种情况可认为是名义上的 $T_B > T_{ord}$，即由磁有序态直接转变为顺磁态，因此在穆斯堡尔谱中观察不到超顺磁效应．蝛、巨蝛和甲壳虫的穆斯堡尔谱显示同时具有顺磁弛豫和超顺磁弛豫两种特性，意味 $T_B \simeq T_{ord}$。不同种类铁蛋白具有不同的 T_B 和 T_{ord}，T_B 与铁核的结晶度和铁原子的密度有关，而 T_{ord} 则与磷酸盐含量有关[103]．例外的是马、牛肝组织中贮铁物质的穆斯堡尔谱似乎更接近于细菌铁蛋白的情况[105]，而固氮菌铁蛋白的穆斯堡尔谱具有超顺磁弛豫特性[106]。

含铁血黄素是一种不可溶的铁存储蛋白，其特性尚不完全清楚。穆斯堡尔谱、X射线分析和电镜数据表明，其铁的化学状态及结构和铁蛋白基本相同[107]．鼠含铁血黄素的 T_B（~23K）比铁蛋白（~35K）小，表明其有较小的颗粒，它可能是铁蛋白外壳被溶菌酶部份解裂后的产物[108]．人的含铁血黄素的电镜分析表明铁核比铁蛋白的明显小，但有较高的 T_B[109]，因此认为人含铁血黄素的各向异性常数 K 比铁蛋白大得多．在人的肝组织中，正常情况下，铁存储物质主要是铁蛋白，还有少量含铁血黄素．但在含有过量铁时，含铁血黄素成为主要的．对 β 地中海贫血等患者过量输血会引起继发铁过量（含铁血黄素沉着症），他们肝组织的穆斯堡尔谱显示存在一种新的高自旋三价铁的贮铁物质．其穆斯堡尔谱的超精细参数，超顺磁特性和热变性等都与铁蛋白及含铁血黄素等不同[110]。

11.6.2 趋磁细菌

趋磁细菌的发现和研究提供了无机磁铁矿（Fe_3O_4）所构成的

生物磁罗盘对生物导向作用的第一个明证，是磁生物学中一项比较有意义的工作．对它所作的一系列穆斯堡尔研究，为确定“磁罗盘”中铁的化学形式，可能的生物矿化作用等提供了重要的信息[111]．

Blakemore 首先发现某些水生细菌对地磁场是敏感的．电镜显示各种趋磁细菌内部都含有数量不等的、被称为‘磁生小体’的小颗粒．每一颗粒为一层或数层薄膜所包围，其大小在 400—1200 Å 范围内．图 11.34 示出的是一种生长于淡水中的趋磁水生螺菌的电镜照片．

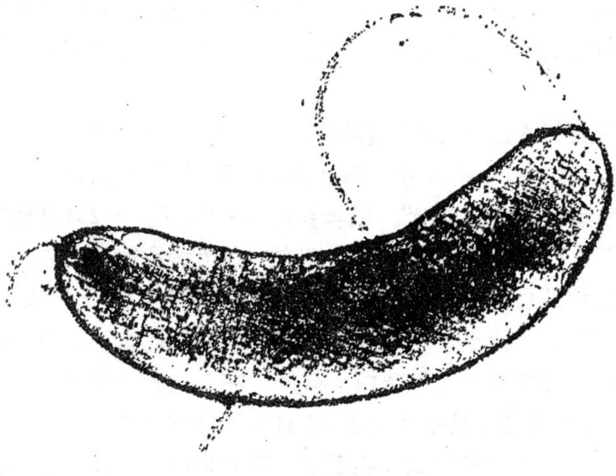

图 11.34　趋磁水生螺菌的电镜照片．

磁生小体用电子激发的特征 X 射线表明它由某种形式的铁所组成．干冻整体细胞和分离磁生小体的穆斯堡尔谱（见图 11.35）显示出与磁铁矿几乎完全相同的谱线，从而证明磁生小体的主要组分是 Fe_3O_4．就磁铁矿而言，小于 300—400 Å 的颗粒显示超顺磁性，而大于 1200 Å 时可能形成多磁畴．磁生小体的大小正好在这之间的单磁畴尺度范围内．正是这种 Fe_3O_4 单磁畴的磁生小

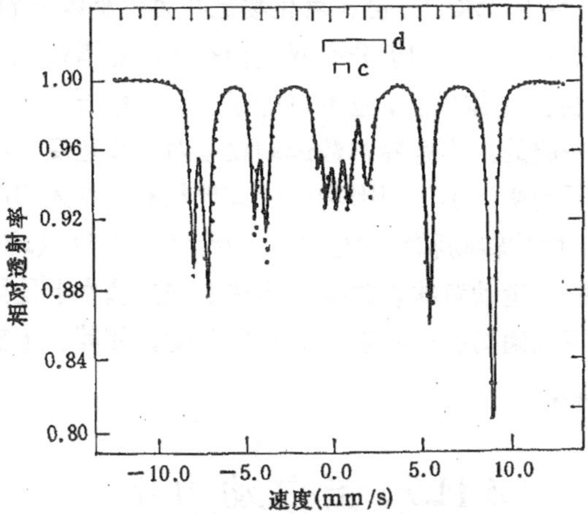

图 11.35 趋磁细菌 200K 时的穆斯堡尔谱.

体链起着生物磁罗盘的作用. 它赋于细菌一足够大的磁矩，使其沿着地磁场方向作定向运动.

培养基中的铁是可溶性的有机化合物，因此在细胞中积聚的 Fe_3O_4 显然是细菌合成的产物.

穆斯堡尔谱中间还有两组四极分裂双线，一组参数是典型的 Fe^{3+}($\delta = 0.42 \pm 0.02$mm/s, $\Delta = 0.63 \pm 0.02$mm/s)；另一组是二价铁（$\delta = 1.12 \pm 0.02$mm/s, $\Delta = 2.88 \pm 0.02$mm/s）. 在 ^{57}Fe 增丰的可溶性有机络合物的培养基中生长的趋磁细菌以及细菌各部分等所作的系统的穆斯堡尔研究[112]认为，它们是细菌合成磁铁矿生化过程中的先兆产物，并给出了可能的生物矿化过程：Fe^{3+}（可溶性的奎尼酸盐）→Fe^{2+} → 低密度的含水三价铁氧化物→高密度的含水三价铁氧化物→Fe_3O_4，其中三价铁氧化物是和磁生小体联在一起的.

在冷冻温度以上（大于 270K），整体细胞的穆斯堡尔谱由于动力学原因发生急剧变化[113]. 在 275K 时，主要的组分是一宽度 $\Gamma = 72 \pm 1$mm/s 的宽谱线，线宽随温度增加，295K 时达到 139 mm/s 原来‘Fe^{3+}’引起的四极分裂双线与 Fe_3O_4 的谱线一起被加宽，再次证实了含水的三价铁氧化物是在磁生小体上的．然而，由‘Fe^{2+}’引起的窄的四极分裂双线仍叠加在宽谱线上．这表明 Fe^{2+} 既不与磁生小体相连，也不可能存在于细胞质中，而是与细胞膜结合在一起的．用有界扩散运动模型对谱线宽度与温度关系数据的分析得到磁生小体周围物质的有效粘滞系数大约为水的15倍，磁生小体的转动和平动分别为 $\langle\theta^2\rangle^{1/2} < 1.5°$，$\langle x^2\rangle^{1/2} < 8.4$ Å．如此小的热运动意味着磁生小体在细胞内基本上是固定的，因此在室温下细菌仍有一足够大的平均磁矩，使其在地磁场作用下作定向运动．

§11.7 蛋白动力学

蛋白的生物功能不仅与它的静态结构有关，而且还受到动力学特性的影响．蛋白分子不是一个刚体系统，它沿多肽链骨架的氨基酸排列方向是共价键外，其它方向都是弱键相互作用．这样的柔性分子不具有一个完全确定的结构，处于某一平衡态的同一种蛋白的不同分子之间存在着微小的差别，通常认为它们处于一些不同的结构亚态．此外，蛋白分子的结构是在变化的，从一种结构亚态转变到另一种亚态．这种结构涨落是生物大分子的一个基本特性．为了更好地理解蛋白分子的活性机制，近年来用X射线结构分析，穆斯堡尔谱学等实验技术和计算机模拟等方法对某些含铁蛋白作了一系列的动力学研究．

X射线结构分析可以确定分子中原子的几何排列，但给出的是蛋白分子的平均结构．对衍射温度因子的测量分析，可进一步得到蛋白晶体中分子的所有非氢原子的均方移位 $\langle x^2\rangle^x$．Frauenfelder 等对不同温度下的 $\langle x^2\rangle^x$ 进行仔细分析后首先指出，处于某个平衡态的蛋白分子，具有大量的结构亚态，这些亚态具有相同的粗结构，而局部结构稍有不同，蛋白分子在不同结构亚态之间涨落[114]．但X结构分析无法区别静态结构差异和动力学原因对 $\langle x^2\rangle^x$ 的贡献．因此，它只能给出空间位移的大小，而无法得到蛋白动力学时间标度的信息．用穆斯堡尔谱学研究含铁蛋白，不仅可直接给出蛋白活性中心铁原子空间位置变化的信息，而且对时间有关的信息也是灵敏的．当弛豫时间比穆斯堡尔核寿命（$\tau_N \sim 10^{-7}$s）小时，所有动力学过程将影响穆斯堡尔谱的形状．谱线强度与 Lamb-Mössbauer 因数 $f = \exp\{-k^2\langle x^2\rangle^r\}$ 有关，由吸收谱线的面积可得到蛋白分子中铁原子的均方移位 $\langle x^2\rangle^r$．当动力学过程的特征时间可与 τ_N 相比（10^{-7}—10^{-9}s）时，使谱线加宽或引起附加的宽谱线，谱线的强度和线型与动力学过程的性质和时间特征有关．

在较大温度范围对 MbO_2 冷冻溶液[115]，高铁肌红蛋白(Met Mb)晶体[116]，脱氧 Mb 晶体[117,118,121] HbCO 晶体[119]和铁蛋白晶体[120]的穆斯堡尔测量，揭示了在蛋白中存在着某些新的特殊的动力学现象．冷冻水溶液样品，由于‘扩散’的影响吸收强度随温度增加而明显减小，$T > 260$K 时，穆斯堡尔谱已无法观察．但对晶体样品，在室温时仍能观察到一定的吸收强度，为了在正常生理条件下研究蛋白的动力学现象，宜采用 ^{57}Fe 增丰的蛋白晶体进行测量分析．图 11.36 示出脱氧 Mb 晶体在 200K，285K 的穆斯堡尔谱线．在温度低于临界温度 T_c(220K）时，其为一组较窄的

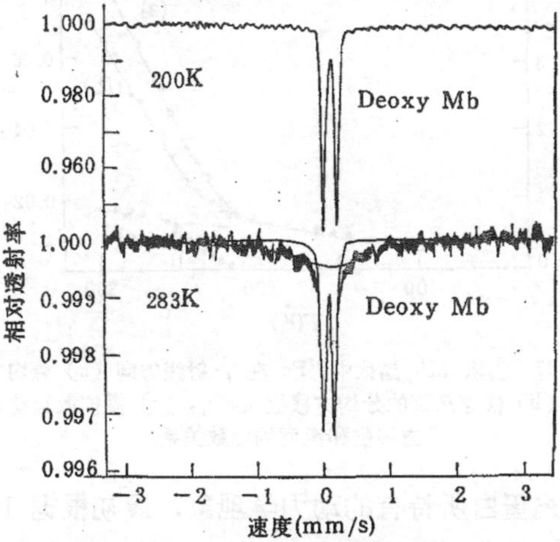

图 11.36 脱氧 Mb 晶体的穆斯堡尔谱．

四极分裂双线. 但在高于 T_c 时，吸收谱线发生急剧变化，它有一个十分宽的边翼，速度一直扩展到±3mm/s 处. 这谱线可看作是一组与低温谱类似的四极分裂双线和附加的一条宽的洛伦兹型谱线的叠加. 窄谱线和宽谱线的宽度随温度增加而加宽. 窄谱线和总吸收面积随温度增加而急剧减小. 由谱线面积测量到的 f 因数，可得到 $\langle x^2\rangle^r$ 与温度的关系，如图 11.37 所示. 在低温时，$\langle x^2\rangle^r$ 随温度线性增加，其是固体中典型的晶格振动引起的. 在高于临界温度时，$\langle x^2\rangle^r$ 急剧增加，除与晶格振动有关的快速涨落（大于 $10^{12}s^{-1}$）过程外，还有一个与蛋白'软化'有关的速度较慢的有界扩散运动. 这两个独立自由度的无反冲因数分别用 f_f 和 f_d 表示，与谱线面积有关，

$$f_{窄} = f_f \cdot f_d,$$

$$f_{宽} = f_f \cdot (1 - f_d),$$

$$f_{总} = f_f \cdot f_d + f_f(1 - f_d) = f_f.$$

在简谐近似时，由测量得到的 f 值可计算出各自由度的均方移位 $\langle x^2\rangle_f$ 和 $\langle x^2\rangle_d$，分别示于图中.

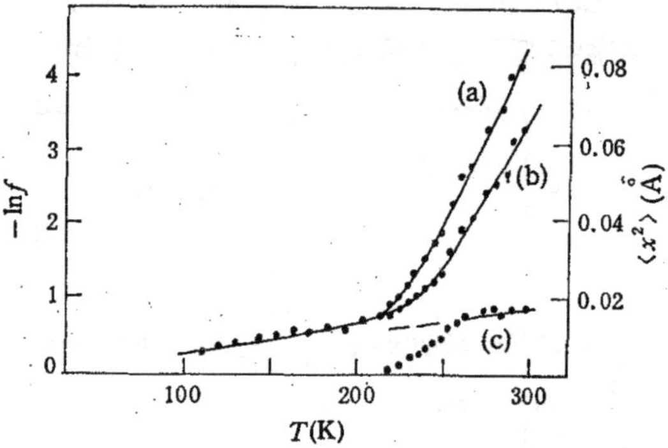

图 11.37 脱氧 Mb 晶体中 ^{57}Fe 在 γ 射线方向 (a) 总均方移位 $\langle x^2\rangle$; (b) 快速涨落的分均方移位 $\langle x^2\rangle_f$，(c) 慢扩散运动的分均方移位和温度的函数关系.

为了描述蛋白所特有的动力学现象，最初根据 Frauenfelder 提出的蛋白分子在不同结构亚态之间热激发跃迁的假设，用'两

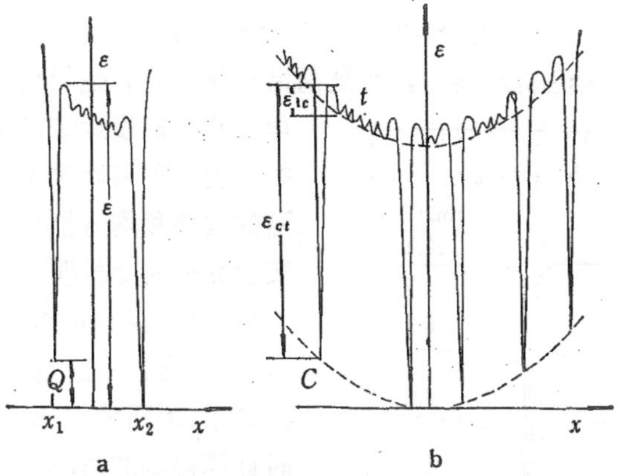

图 11.38　势能与铁位等效坐标的函数关系示意图. (a) 两态模型；(b) 考虑大量结构亚态 c 的一般模型.

态跃迁模型’作了分析和解释[115,116,119]. 这种模型如图 11.38(a) 所示，铁原子处于用势阱所示的两个亚稳态，并在两亚态之间跃迁. 据此模型得到的无反冲截面公式表明，穆斯堡尔谱由窄、宽两组谱线组成，决定‘准弹性’宽谱线宽度的跃迁速率与两个亚态的势垒高度 ε 和 Q 及势垒顶部的‘跃迁态’状况有关，但 $\langle|x_1-x_2|\rangle^2$ 无法定量解释 $\langle x^2\rangle_d$ 与温度的关系。

Parak 小组和 Bauminger 等分别用‘有界(或局域)扩散运动模型’对所观察到的穆斯堡尔谱作了一系列的分析和解释。这一模型可作两种极端的处理，一种是不连续的跃迁-扩散模型，另一是连续有界扩散的 Langevin 型模型。在前一种模型中，假设铁在棱边长为 b 的四面体各顶角间以一固定速率 ω 跃迁。这时，穆斯堡尔共振吸收可写作两条洛伦兹谱线之和，它们的线宽分别为 Γ 和 $\Gamma+8\hbar\omega$ (Γ 为自然线宽)，由宽谱线宽度可得到跃迁频率. 与扩散运动有关的在 γ 射线方向上的均方位移 $\langle x^2\rangle\sim b^2/8$，$b$ 可由窄谱线与宽谱线的面积比 $f_d/(1\cdot f_d)$，$f_d=(1/4)[1+3\sin(b/\lambda)/(b/\lambda)]$ 得到，λ 是 γ 射线波长[120,121].

在连续有界扩散模型中[118,122]，多肽链的低频振动可用一个受

阻尼的布朗振子来描述，铁核的运动方程为

$$\ddot{x}_d + \beta \dot{x}_d + \omega^2 x_d = F(t),$$

其中 $F(t)$ 为随机涨落力，ω 是简谐子频率，β 是阻尼系数．这里，我们假设运动是各向同性的．由方程可计算出穆斯堡尔谱的线型和均方位移 $\langle x^2 \rangle_d$，与实验数据对比表明，它处在强的超阻尼运动（$\omega \ll \beta$）下．图 11.39 示出在一固定的扩散常数 D 下，不同弛豫速率 $\alpha = \omega^2/\beta$ 时计算得到的谱图．在 α 大时（强键），得到一条自然宽度（Γ）的窄谱线；而在 α 十分小时（自由粒子）为一条宽度为 $\Gamma + 2\hbar k^2 D$ 的宽谱线；在中间数值时，谱线可定性地看作窄（Γ）和宽（$\Gamma + 2\hbar k^2 D$）两条谱线之和．这时穆斯堡尔谱的线型由[121]

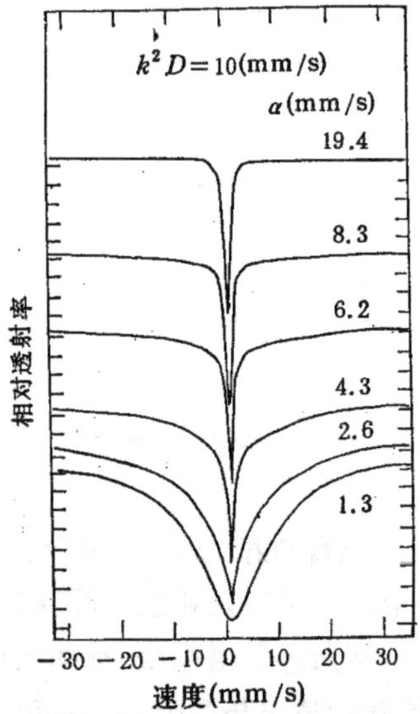

图 11.39 作阻尼简谐布朗运动粒子的穆斯堡尔谱与参数 α 的关系．D 是固定的．

$$I(\Omega) = \int_{-\infty}^{\infty} dx \exp\left\{-i(\Omega - \Omega_0)\left[t - \frac{\Gamma}{2}|t| - \frac{k^2 D}{\alpha}(1 - e^{\alpha|t|})\right]\right\}$$

给出．D 和 α 作为两个自由参数，通过对实验数据的最小二乘法拟合得出．由此进一步得到 $\langle x^2 \rangle_d = \frac{kT}{m\omega^2} = D/\alpha$．由上述这两种模型得到的脱氧 Mb 的有关参数和图 11.37 中由简谐近似得到的 $\langle x^2 \rangle_d$ 都列于表 11.10 中，各模型所得的 $\langle x^2 \rangle_d$ 都比较接近，在正常生理温度（288K）时，大约为 1.6×10^{-2} Å^2．这时跃迁频率为 $10^8 s^{-1}$，相应的扩散系数 $D \sim 4 \times 10^{-10} cm^2/s$．

表 11.10 由各种模型得到的脱氧 Mb 的跃迁频率 ω，扩散系数 D 和界扩散的均方移位 *msd*. (i) 跃迁扩散模型；(ii) 简谐近似；(iii) 超阻尼振子模型

T (K)	$\omega \times 10^{-6}$ (s^{-1})	$\langle x^2\rangle_d$ ($Å^2 \times 10^2$)			D(cm^2) ($s^{-1} \times 10^{10}$)
		i	ii	iii	
288	96	1.53	1.63	1.76	4.3
268	72	1.44	1.57	1.67	3.3
256	67	1.30	1.30	1.34	3.1
248	50	0.90	0.93	0.99	2.9

Knapp 和 Parak 等用 3 个布朗振子的模型对穆斯堡尔谱作了理论分析[123]，认为蛋白动力学是 3 个独立振子的贡献，窄谱线强度和附加的宽谱线各与一个强的超阻尼振子有关，第三个是一种慢的准自由扩散运动（$\omega^2 \ll \beta\Gamma$），它使窄谱线加宽。

根据上述的理论分析，并考虑到大量结构亚态的存在，Parak 等在‘两态跃迁模型’基础上提出了一个更一般的模型[118,124]，图 11.38(b) 示出这种模型的势能曲线. 深势阱是由不同的结构亚态引起的，结构亚态的抛物型包络线给出的位势表示跃迁态中的简谐恢复力，小的起伏与布朗振子的粘滞阻力有关. 考虑到结构亚态和跃迁过渡态都有一定的分布，与蛋白特有的运动有关的均方位移应作一修正，它是 $\langle x^2\rangle_d$ 乘上跃迁态的占有概率 $P_t(T)$。在低温时，蛋白各被凝固在某一个亚态，$P_t(T)=0$，因此只有一组窄谱线；高温时，有较大的 $P_t(T)$，这时穆斯堡尔谱测得的均方移位为

$$\langle x^2\rangle^r = \langle x_v^2\rangle + \langle x_t^2\rangle = \langle x_v^2\rangle + \langle x^2\rangle_d \cdot P_t(T),$$

这里，$\langle x_v^2\rangle$ 即前述快速的晶格振动；$\langle x_t^2\rangle$ 是蛋白特有的运动，其中 $\langle x^2\rangle_d = \dfrac{kT}{m\omega^2}$ 和 $P_t(T)$ 两项都与温度有关. 它正确地描述了高于临界温度时，$\langle x^2\rangle^r$ 急剧增加的温度依赖关系.

以上的讨论都是假设蛋白中铁位的运动是各向异性的. Bauminger 等在较高温度范围（—25—25℃）对脱氧 Mb 晶体的

穆斯堡尔谱作了仔细研究，发现在这温度范围内谱线是不对称的，而且随温度而增加，作者用与温度有关的各向异性有界扩散运动进行分析，在轴对称假设下得到 20℃ 时的 $\langle x_{/\!/}^2\rangle = 0.040\,\text{Å}^2$ $\langle x_{\perp}^2\rangle = 0.016\,\text{Å}^2$[125].

用穆斯堡尔谱观察到的这种特殊动力学现象，不仅在蛋白中存在，在一系列其它的生物系统[113,122]也发现有类似的现象存在.

§11.8 医学方面的应用

11.8.1 血液样品的研究

(1) *异常血红蛋白* 在正常血红蛋白（HbA）穆斯堡尔测量的基础上，对苏黎士 β(63His-Arg) 血红蛋白 Hb-Zh 和镰刀状细胞的血红蛋白 Hb-s 等异常血红蛋白的电子结构作了研究. 这种异常血红蛋白是由于正常珠蛋白多钛链上某一氨基酸发生突变，被另一氨基酸替换所造成的. Hb-Zh 是 β 珠蛋白链上第 63 位组氨酸（His）被精氨酸（Arg）替代了，早期的穆斯堡尔测量[126]认为，异常的 β 亚基上的铁，即使在脱氧状态也仍是低自旋的. 但最近对它的重新测量表明，在脱氧时 Hb-Zh 的 4 个红血素亚基的铁(如 HbA）一样，都处于高自旋状态，从而否定了上述看法. Hb-S 和 HbA 的差别是缬氨酸（Val）替换了 β 珠蛋白链上第六位的谷氨酸（Glu），把 Hb-S 与 HbA 的穆斯堡尔谱对比表明，除样品中有少量血色素存在外，两者的谱线也基本相同[127]. 至今，我们还没能观察到正常和异常血红蛋白中卟啉铁的电子结构的区别，因此用穆斯堡尔谱学从分子水平上直接研究血红蛋白分子病似乎尚无成功之可能.

(2) *病态血液* Ofer 和 Baumiger 等人对整血、红细胞和血清等样品及其在各种病态条件下的变化作了一系列的穆斯堡尔研究工作[128]. 正常红细胞的谱由脱氧血红蛋白（Hb）和氧合血红蛋白（HbO_2）两个亚谱组成. 而地中海贫血、镰状细胞贫血和血红蛋白 H 病等患者红细胞的穆斯堡尔谱表明，除了正常红细胞的

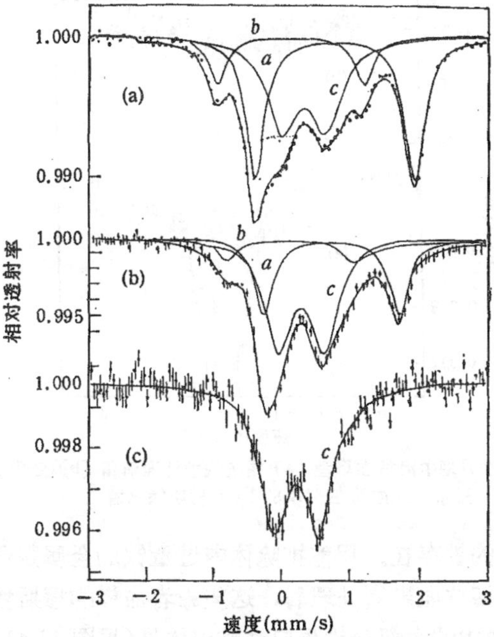

图 11.40　β 地中海贫血患者的红细胞的 ^{57}Fe 穆斯堡尔谱．(a,b,c)分别为 82,200 和 265K 时得到的谱．分量 a 对应于脱氧 Hb；b 对应于 HbO_2；c 对应类似铁似铁蛋白的化合物．

两个亚谱外，还有另一种类似铁蛋白的含铁化合物存在．正常红细胞中也有这种含铁化合物，但其含量很少，谱中没有显示．图 11.40 示出某一 β 地中海贫血患者红细胞在各种温度时的穆斯堡尔谱．计算机拟合亚谱 c 的穆斯堡尔参数与铁蛋白和含铁血黄素的值相同，而且从图中看出，强度随温度的变化表明亚谱 c 如铁蛋白那样，在较高温度时仍有相当大的 f 因数．这一亚谱在各种血样中有不同的强度，并与红细胞的成熟情况有关，在未成熟的网状红细胞中特别多．另一类由于细胞外原因的贫血，即恶性贫血和自体免疫溶血性贫血患者的血液中虽然有大量未成熟的红细胞，但其穆斯堡尔谱中没有类似铁蛋白的分量．

血清中的含铁量较少，一般采用脱水干冻的样品进行谱学测量．穆斯堡尔谱表明 β 地中海贫血等患者的血清中也有相当数量

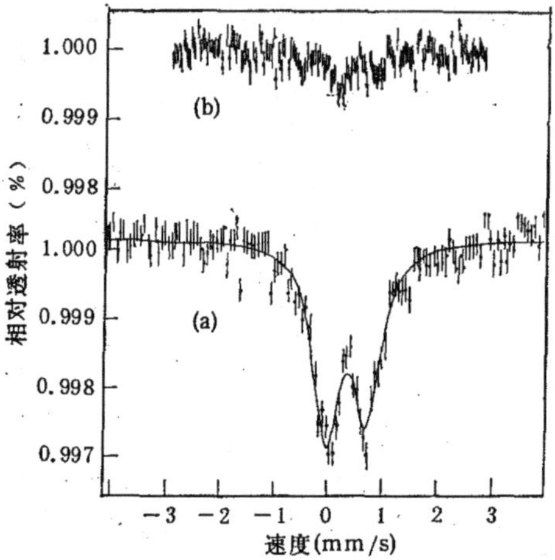

图 11.41　β 地中海贫血患者（a）用去铁敏处理前和（b）处理后脱水干冻血清在 85K 的 ^{57}Fe 穆斯堡尔谱.

的类似铁蛋白的铁存在．用能排除体内过量铁的金属螯合剂去铁敏对某些地中海贫血患者处理后，这些患者血样的穆斯堡尔谱表明，它能把血清中的大部分铁蛋白铁排出体外(见图 11.41)，而对红细胞中的铁没有影响．在对铁吸收调整有遗传性缺陷的血色素沉着病患者的血清中，穆斯堡尔测量表明，血清中有大量的类似铁蛋白的铁存在（40μg/cm³），但在红细胞中没有探测到这类铁．

疟疾患者体内，疟原虫侵入和寄生在红细胞中，血红蛋白受到破坏，生成一种新的色素．这种疟原虫色素的化学组分尚不清楚．对用补充有增丰 ^{57}Fe 添加剂的食物喂养的、被疟疾感染的老鼠的红细胞的一系列穆斯堡尔测量表明[7]，疟原虫色素中的铁是三价高自旋的，在感染不同阶段，其穆斯堡尔参数稍有区别；疟色素的含铁分量与被感染的细胞数成正比．但其与已知的任何一种铁卟啉化合物都有明显的不同．图 11.42 中给出了成熟寄生物感染的鼠红细胞的穆斯堡尔谱．与疟原虫色素对应的亚谱 c 在 90 K 时的穆斯堡尔谱参数为 $\Delta = 0.92$mm/s，$\delta = 0.47$mm/s(见图 11.43)．4.1K 的谱中有一新的磁亚谱 c'，其超精细场为 49.4 T．在 4.1 K 和 1.5K 时，c 和 c' 两亚谱相对强度之和与 90K 时亚谱 c 的相

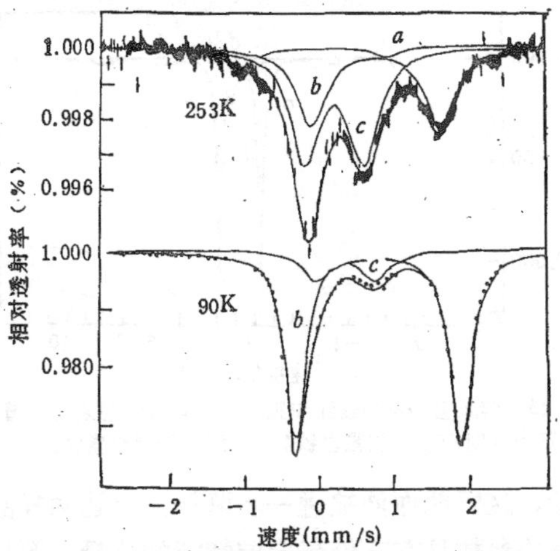

图 11.42　疟原虫感染的鼠红细胞的穆斯堡尔谱．亚谱 a 对应于 HbO_2；b 对应于脱氧 Hb；c 对应于疟色素铁．

对强度相等，因此 c' 亚谱也是疟色素铁．c' 与 c 亚谱之间的相对强度随温度降低而增加，而且 260K 时疟色素铁无反冲因数 f 比 Hb 铁的 f 值大 6 倍．这表明，它是 $T_B \sim 4K$ 的超顺磁小颗粒，尺寸大约为 25—30 Å．对治疟药敏感和有抗药性的两种不同变形的疟原虫感染的红细胞的测量表明，它们的穆斯堡尔参数没有区别，用药物氯喹处理前后的参数也不发生变化．但对药物敏感的样品在用药物处理后，甚至在 90K 也能观察到磁分裂谱，颗粒的直径增大 2.5 倍．在含有疟疾感染红细胞的培养基中孵育的人红细胞在寄生物血症不同阶段的穆斯堡尔谱显示，在感染早期阶段出现一组与铁色素类似的低自旋三价铁化合物，而在后期又出现一组与疟色素有关的高自旋三价铁分量，但其参数（$\Delta = 0.32mm/s$，$\delta = 0.24mm/s$）与鼠的疟色素有明显的不同．

最近，Мфгир 等对肠道出血病人肠道中血液的降解变异用穆斯堡尔谱进行了研究[129]．只经过肠道上部的物质中有较新鲜的血液，但其谱中没有 HbO_2 的分量，而有脱氧血红蛋白存在，这可能与消化道中的厌氧环境有关．但在患者粪便中观察不到脱氧

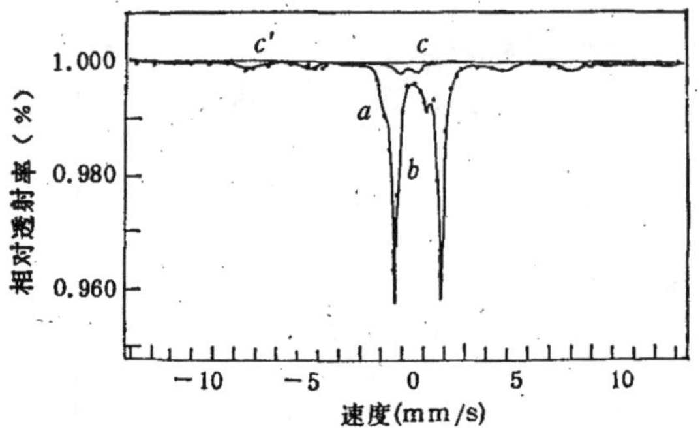

图 11.43 疟原虫感染的鼠红细胞在 4.1K 时的穆斯堡尔谱．亚谱 a 对应于血红蛋白铁；cc' 对应于疟色素铁．

血红蛋白分量，这表明血液被进一步降解．上述两样品中都含有一组线宽较窄的参数具有三价高自旋特征的分量，而且在粪便样品中的强度较高．但在健康人的粪便样品中没有这一分量，因此其可能就是血液降解的产物．它的穆斯堡尔参数（80K 时，$\Delta \approx 1.54$mm/s，$\delta \approx 0.61$mm/s）与经 X 射线辐照和热处理后血液中的一个分量相类似．

（3）X 射线辐照和加热对红细胞的影响[130,131]　X 射线辐照和加热会使红细胞中的血红蛋白变性．Kellershohn 和 Chevalier 等用穆斯堡尔谱学研究了在各种剂量下辐照效应对 Hb 和 HbO_2 的影响．

未经辐照血液样品的穆斯堡尔谱表明，人的动脉红细胞中的血红蛋白是 HbO_2，而静脉红细胞中主要是 Hb，还有少量的 HbO_2（大约 15%），如图 11.44 所示．静脉红细胞经 7.3—112.2 Mrad 各种剂量的辐照后的穆斯堡尔谱显示，HbO_2 亚谱在辐照的初始阶段就在谱中消失，而 Hb 亚谱则缓慢地减少．同时在谱中出现 3 个新的亚谱如图 11.45 所示，两个是分别处于高自旋态和低自旋态的脱水血红蛋白（AHb），它是室温下干燥的结果，不是辐照的产物．辐照产物 A 亚谱的穆斯堡尔参数是 $\Delta = 0.39 \pm 0.02$mm/s，$\delta = 0.22 \pm 0.02$mm/s．结合 EPR 测量（$g = 4.3$），认为它是一种处于斜方环境中的三价高自旋非血红素铁．当剂量达

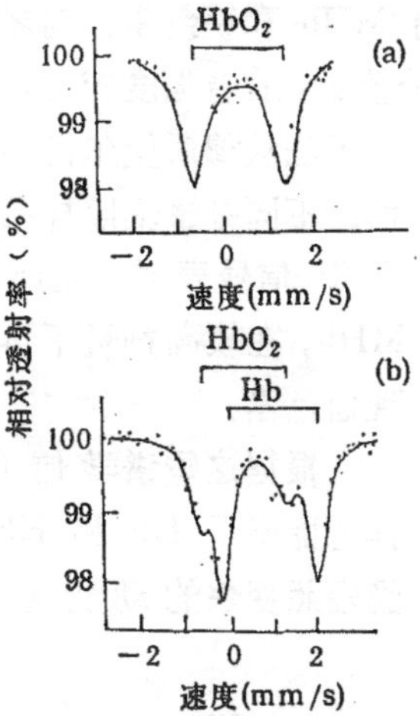

图 11.44 (a) 未辐照的动脉红细胞和(b)未辐照的静脉红细胞的穆斯堡尔谱.

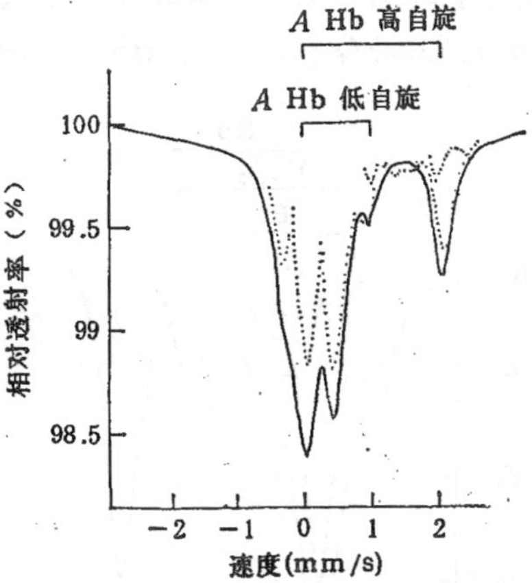

图 11.45 经 50.4Mrad 辐照后静脉红细胞的穆斯堡尔谱.

到 112Mrad 时谱中只有化合物 A 的分量，而其它组分都完全消失(见图 11.46)。

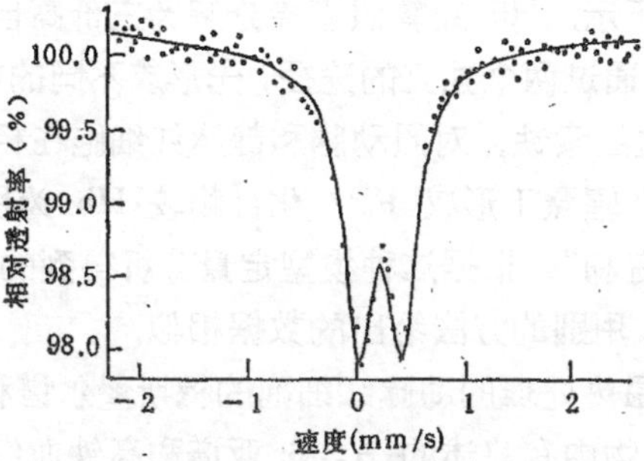

图 11.46 A 分量的穆斯堡尔谱.

动脉红细胞在 0.3—12.6Mrad 剂量范围内辐照的穆斯堡尔谱显示，随剂量增加，HbO_2 逐步消失，一部分转化为 Hb，同时出现两个其它亚谱，图 11.47 示出受 3.6Mrad 辐射样品的穆斯堡尔谱。A 亚谱即前述的三价高自旋非血红素铁，B 分量的参数($\Delta = 1.4 \pm 0.1 \mathrm{mm/s}$，$\delta = 0.3 \pm 0.1 \mathrm{mm/s}$)表明，它是血色素。EPR 测量显示，辐照产物中还有高铁血红蛋白 MHb 和铁色素. 前者的四极分裂和化学移位都与 HbO_2 的十分接近，后者强度较弱，因此不能从穆斯堡尔谱中识别. 不同剂量辐照样品的 EPR 信号表明，先产生 MHb，在较高剂量下再出现血色素.

根据这些谱学信息，作者提出了 Hb 和 HbO_2 受辐照变性的动力学模型，如图 11.48 所示. Hb 经辐照直接分解为三价高自旋的非血红素铁；而 HbO_2 通过两个独立的途径，先形成不同的中间产物，最后也分解为非血红素铁. 对照动脉和静脉红细胞在相同剂量下的谱表明 HbO_2 在辐照下形成 Fe^{3+} 化合物较 Hb 为快，因此图中 #2 途径更为"有利". 根据这种模型定量分析得到的 HbO_2 辐射分解能量与他人用别的方法给出的数据相似.

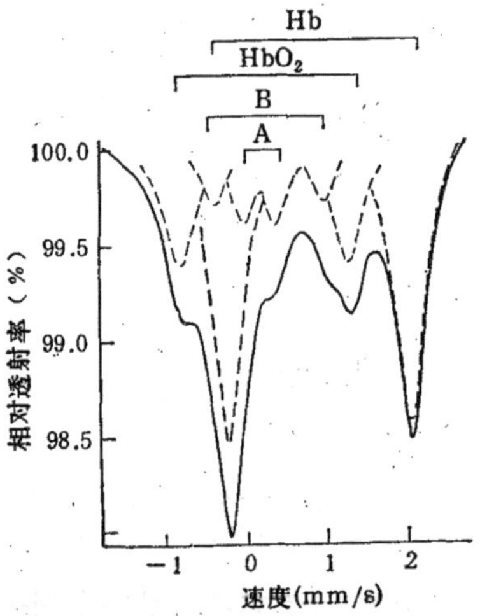

图 11.47 HbO_2 在 3.6Mrad 剂量下辐照 6h 后的穆斯堡尔谱.

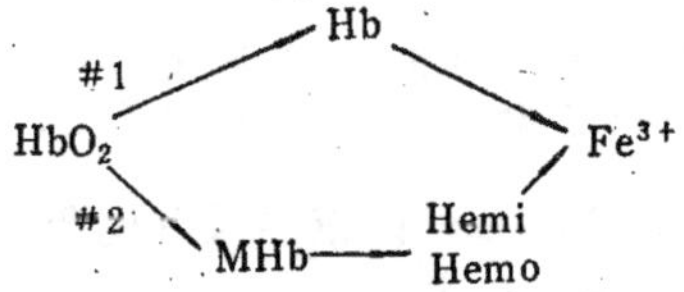

图 11.48 人的 HbO_2 的辐照转化途径.

经 80℃加温热处理的动脉红细胞的穆斯堡尔谱和 EPR 测量表明，热分解产物中有前述的 A，B 亚谱和高铁血红蛋白等组分存在，但没有还原的 Hb. 因此 HbO_2 的热分解类似于辐照分解的途径 #2.

11.8.2 肺组织中铁化合物的研究

健康人肺组织中存在少量的铁，其主要是血液中的铁化合物，即血红蛋白. 在不正常的肺组织中，经常发现有过量的铁. 铁的积聚有两种原因，一是职业性的自外部大量吸入含铁尘埃造成的，另一种是病理原因造成的。

Johnson[132] 对健康人和含铁血黄素沉着症患者肺组织样品的穆斯堡尔测量显示，健康人的肺在 4.2K 时的谱是一组较弱的与血红蛋白对应的四极分裂双线；而后者的低温谱中有一组较强的磁分裂谱，具有超顺磁特性，其参数表明，它是类似于含铁血黄素或铁蛋白的一种铁存储蛋白。

Rush[133] 对外部含铁尘埃在肺中积聚的谱学研究作了动物实验。他测量了正常鼠肺、置于电弧焊气氛中鼠的肺组织样品和焊雾的穆斯堡尔谱。焊雾的谱线表明，它是平均尺寸大约为 18 nm 的 Fe_2O_3 颗粒。这种化合物被鼠吸入后在肺中聚积。根据超顺磁弛豫理论，由谱线与温度的关系得知，肺组织中的颗粒明显地减小。但在较高温度时(大于 77K) 仍能观察到磁分裂谱线。

人肺中血液的铁、代谢沉积铁(储铁物质)和含铁焊雾沉着物的谱线具有不同的特征，因此用穆斯堡尔测量可区分这 3 种不同的含铁物质，并对储铁物质作定量的分析。Guest 先后对 8 例[134]和 68 例[135]各种对象的人肺组织进行了穆斯堡尔研究，并用其它方法分析了总尘埃、血液、总铁和血液铁的相对含量。穆斯堡尔测量的结果再次表明，在这些肺组织中的储铁物质与铁蛋白或含铁血黄素有类似的谱线。含铁血黄素沉积症患者和尘埃含量较少但患有严重支气管炎的人肺组织中含有相当数量的这种储铁物质，如图 11.49 谱线所示。在患有肺尘埃沉着病的赤铁矿、煤矿、翻砂和制陶工人肺组织中除含有大量含铁尘埃外，还有相当数量的储铁物质。图 11.50 示出一例患有并发肺尘埃沉着病的赤铁矿工人肺组织的穆斯堡尔谱。在 298K 的谱中，六线谱对应赤铁矿（α-Fe_2O_3）分量；中间的一组双线在低温时转化为另一组六线谱，它是铁存储蛋白的贡献。对若干并发肺尘埃沉着病患者肺组织的大块疾患部分和余留部分分别测量表明它们的谱线都由上述两个分量组成。尽管大块疾患部分中平均尘埃量为余留部分的 1—5 倍，但其中储铁物质的含量与余留部分的近似相等甚至更少。对赤铁

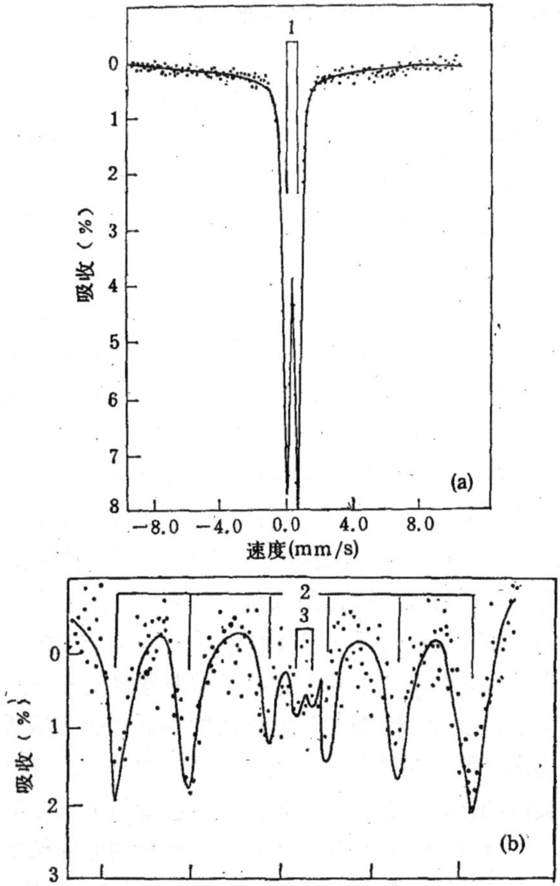

图 11.49　含铁血黄素沉积症患者在 (a) 298K；(b) 12K 时的穆斯堡尔谱.

矿工人肺组织中存储铁和赤铁矿含量所作的穆斯堡尔谱定量分析[136]表明，总铁量占干冻肺组织的 1.31—11.20%，其中存储铁占总铁量的 9.6—26.5%. 含铁量与肺部纤维化程度有关，肺中存储铁的数量由于气管炎的存在和尘埃沉积量的增加而增加.

这些研究工作表明，用穆斯堡尔谱学可用来监测由病理原因和职业因素引起的肺中铁积聚的相对比例. 此外，如能进一步用穆

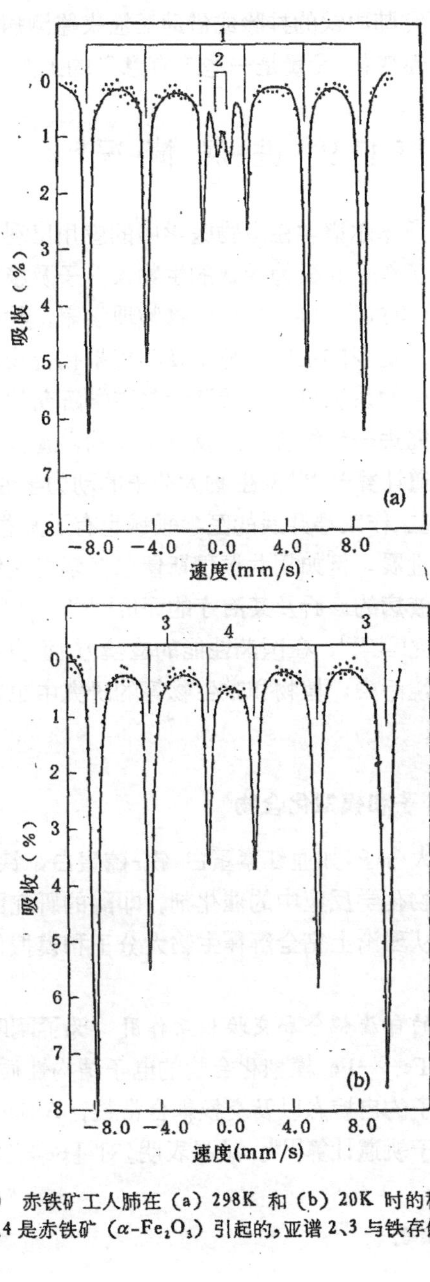

图 11.50　赤铁矿工人肺在 (a) 298K 和 (b) 20K 时的穆斯堡尔谱.
亚谱 1、4 是赤铁矿 (α-Fe_2O_3) 引起的，亚谱 2、3 与铁存储蛋白对应.

斯堡尔方法来研究肺中铁的排除或借助活检来监测病变过程中肺部含铁量的病理性变化，无疑是一些颇有意义的工作。

§11.9 进展情况*

近年来，穆斯堡尔谱学在生物医学中的应用出现了引人注目的进展．在研究工作一向极为活跃的生物大分子及模拟化合物领域，依然吸引着大量的生物化学家、生物物理学家，物理化学家和穆斯堡尔谱学家．更多的生物大分子及其模拟化合物，甚至像生物膜这样复杂的生物系统也成为穆斯堡尔谱学研究的对象[137]．理论研究与实验研究进一步结合，涉及分子中的自旋耦合，交换相互作用及分子轨道计算[138,139]对生物大分子的动力学性质尤为关注[140—142]；在研究工作较难开展的医学领域也有了某些重要的甚至具有突破性的进展，例如用共振穆斯堡尔γ辐射治疗癌症的尝试[143—145]，某些血液病的诊断及其治疗的评价[146,147—149]铁过载病，职业病和血肿的研究[150—155]，在医药性能的检验方面也获得了应用；此外，在环境污染，植物和微生物等的研究中也有了某些进展[156—161]．

11.9.1 生物大分子和模拟化合物

典型的生物大分子，如血红素蛋白，铁-硫蛋白，铁传递蛋白，铁贮存蛋白及生物化学反应中的催化剂，即酶的研究已达到相当高的水平，能够从理论上完全解释生物大分子和模拟化合物的穆斯堡尔谱．

(1) *分子中的自旋耦合和交换相互作用*　为了阐明某些铁蛋白的交换耦合的Fe-X-Fe模拟化合物的电子结构性质，如电场梯度、两个金属原子的自旋态以及交换耦合常数，Adler等配合实验研究进行了分子轨道计算[138]．结果表明，对 $[Fe_2S_2(SR)_4]^{2-}$ 阴

* 本节由张秀芳撰写．

离子（R 为 H，CH_3 等），自旋密度明显离域到两铁原子间搭桥的硫原子和端部的硫上，而在 $[Fe_2OCl_6]^{2-}$ 阴离子中，自旋密度几乎完全定域在两个铁原子上。计算的四极劈裂，不对称参量的值与实验结果接近，电场梯度的主要分量 V_{zz} 的符号，交换耦合常数 J 的符号均与实验结果一致。对具有双核铁中心的蛋白质的哈密顿量的理论分析成功地解释了带磷酸盐的子宫运铁蛋白加成物等的穆斯堡尔谱[139]，对含铁蛋白和模拟化合物中的自旋耦合的研究仍很活跃。

（2）*蛋白质动力学性质*　铁蛋白是动物、植物和细菌中的贮铁物质，由一个蛋白质壳（由 24 个亚基组成）和一个三价铁羟氧化物形成的矿物核组成[140,141]，高于某个临界温度，该蛋白的穆斯堡尔谱有一个特殊形状：由一个窄的和一个增宽的吸收峰组成，这已用 Fe 核的相关扩散运动来解释，反映了铁核所系于的蛋白质的运动。在 90K 至 238 K 测量伴刀豆球蛋白 A（是一种糖蛋白）溶液 ^{57}Co 的发射穆斯堡尔谱，确定了带糖的蛋白分子的集体运动的均方振幅（在 236K 时）$\langle x^2\rangle$ 为 0.06 Å²，这小于不带糖的分子的数值（为 0.12 Å²）。穆斯堡尔谱学不仅能研究含铁蛋白质的结构动力学，而且也能研究一些不含铁，但可以结合 ^{57}Co，^{57}Fe 或其他穆斯堡尔核的蛋白质和 DNA 分子的结构动力学性质[142]。

（3）*生物膜*　细菌视紫质（bR）是一种膜束缚蛋白。在活性的紫色形态起光驱动质子泵的作用，酸化或去离子作用可使其变为无活性的蓝色形态，而蓝色形态又可由加阳离子和增加 pH 值恢复活性。现尚不清楚，是通过膜电位与蛋白质的非特异的相互作用，还是通过色素本身最近邻特异相互作用简单地由阳离子影响其功能活性[137]。用 ^{57}Fe 重新活化的细菌视紫质可用穆斯堡尔谱研究膜束缚蛋白的动力学。研究结果显示，铁很可能束缚到脂质的磷酸基团上，结扎蛋白质部分天冬氨酸或谷氨酸的残基的羧基。由穆斯堡尔数据得到 Fe 的均方位移 $\langle x^2\rangle$，发现它与温度有关，表明含脂和蛋白质的膜其动力学性质对温度很敏感。最近的研究表明，铁输运到微生物体内的数量和速率由膜的渗透性、结构的特异性及铁络合物的结构所决定。

11.9.2 医学应用

穆斯堡尔谱学在此领域的应用有了长足的进展，尤以肿瘤治疗引人注目。

(1) *癌症治疗* 目前，治疗癌症广泛采用的较有效的方法是放射疗法，但该方法放射剂量很大，对正常组织的细胞也有杀伤作用，副作用很大。近年来提出了用共振穆斯堡尔 γ 辐射治疗癌症的新方法[143]。基本做法是将含穆斯堡尔核的药物 $^{57}Fe(III)$加争光霉素引入肿瘤组织，这是一种扁平的环状分子，它插入细胞内 DNA 碱基对之间，并牢牢结合于 DNA 分子。^{57}Co 源以某一固定速度驱动 [该速度对应 $^{57}Fe(III)$ 加争光霉素的吸收峰位置]，对肿瘤细胞辐照，细胞内束缚于 DNA 分子上的处于基态的 ^{57}Fe 核吸收了 14.4keV 的 γ 光子跃迁到激发态。退激过程中，由内转换过程产生大量俄歇电子，它们能更有效地打断 DNA 双螺旋，杀死肿瘤细胞。此外，连锁的 ^{57}Fe 原子上的正电荷（对应于 8 个俄歇电子的是 Fe^{2+}）将电离近邻的原子，由于这簇荷正电的原子间的库仑斥力将引起分子“爆炸”，该过程发生在 DNA 附近，无疑将导致多重的 DNA 双螺旋的断裂。经计算，得到相同疗效，该方法的剂量比通常放射疗法低 5 个数量级[144]，表 11.11 列出了用该方法对人乳腺癌细胞系（原代细胞培养后的传代培养物）HTB26 处理的结果。很明显，共振穆斯堡尔 γ 辐照对肿瘤细胞的抑制效果是单用药物的 4 倍，对带肿瘤的 C3H 鼠进行了体内实验结果同样是令人鼓舞的。针对争光霉素有毒性及无选择性，最近又进行了改进[145]，选择了正铁血红素作为穆斯堡尔核载体，对慢性骨髓性白血病病人的单核轻密度骨髓细胞（MNCs）进行了体外实验，初步结果表明，该方法有可能成为有选择性、无副作用的治疗癌症的有效方法，特别对浅表部位的肿瘤，以及对白血病患者自身骨髓移植的骨髓纯化方面能起独特的作用。

(2) *疾病诊断、治疗的评价与研究* 各种疾病引起的血液变

表 11.11 共振穆斯堡尔 γ 辐射对人乳腺癌细胞系的辐照效果

实 验	增殖时间(h)	相对于未治疗的增殖(%)		
		未治疗	仅用药物治疗	药物＋穆斯堡尔辐照
1	192	100	79	32
2	193	100	71	24
3	168	100	82	0
4	168	100	87	17
5	144	100	88	25
6	120	100	92	33
7	120	100	100	20
平均			83	21
标准偏差			11	10

化可能导致红血球内血红蛋白中 Fe 核附近化学环境的改变，因此，血液的穆斯堡尔谱可以为某些与血液有关的疾病的诊断治疗提供有价值的信息，例如对地中海贫血病，镰刀状细胞贫血病，疟疾等的研究。最近，对高原红细胞增多症的研究发现，几乎在所有的病人红细胞的穆斯堡尔谱中，除了对应于正常的氧合血红蛋白和脱氧血红蛋白的谱成分外，出现了异常成分“c”，该成分的存在可能是病人红血球载氧功能差的原因[146]. 结合临床数据及圆二色光谱，对切脾治疗和用马利兰药物治疗的地中海贫血病人的血液进行了穆斯堡尔谱分析，表明切脾仅能增加外周血的数量，部分缓解贫血症状，并未改善病人血细胞的结构和功能，相反红细胞结构性能还恶化了，用马利兰药物治疗的重 β 地贫病人，不仅贫血症状缓解，而且能改善红细胞的结构功能，它可能是更有前途的、更根本的治疗措施. 对白血病、异常血红蛋白病的研究也很活跃[147—149].

铁在健康代谢过程中起着重要作用，机体内缺铁及铁过量均会导致疾病. 铁过载或血色素沉着症是许多疾病的并发症，影响着数百万人的健康，不进行有效地治疗，将危及病人生命[150—154]，铁过载患者某些器官中出现了含铁血黄素，这是一种不溶的贮铁材料，由含铁的矿物核和不完整的多肽壳组成．穆斯堡尔谱结合电镜、电子衍射的研究结果表明，至少存在三种类型的含铁血黄素：正常人和动物的血铁黄素的结构类似于铁蛋白，体积要小些，平均大小为 5.81 nm，是有序度很高的六方针铁矿结构（5 Fe_2O_3·$9H_2O$），其超顺磁转变温度约为 25K．继发性铁过载的含铁血黄素超顺磁转变温度为 63K，但粒子大小与前一种情况差不多，表明它有不同的结构，从而导致较大的磁各向异性常数，实际上它是带缺陷的微晶化的针铁矿（α-FeOOH）．原发性的铁过载的含铁血黄素，其穆斯堡尔谱在 $T = 4.2$K 时也无磁性分量，它类似于某些细菌铁蛋白，这些结果为铁过载病的诊断提供了重要依据．最近，对泰国 β 地贫/HbE 复合病人的研究表明，即使未输血，这种病人仍出现严重的铁过载症状，这是胃肠对铁吸收增加的结果，并以铁蛋白和含铁血黄素的形式沉积．

电磁辐射对人血细胞和氧合血红蛋白影响的研究结果表明，毫米波长的电磁辐射能部分地将氧合血红蛋白转成类脱氧态．在厘米波长电磁辐射下，活的红血球内氧合的和脱氧的血红蛋白的平衡完全移向类氧合血红蛋白态．

（3）医药检验　穆斯堡尔谱已用于含铁药物稳定性及药效的评价，在贮藏期间，含乳酸铁的药品二价铁氧化物浓度减少，这将引起其活性的降低，治疗直肠病的磁性栓剂药物，穆斯堡尔谱研究结果表明，用作填料的钡铁氧化物 BaO·$n$$Fe_2O_3$，相结构在栓剂内是高度稳定的，对药物磁性载体性质的研究也很有意义．

11.9.3　环境污染、植物和微生物研究

在对距钢铁厂不同距离的悬铃木属树皮上的绿斑的穆斯堡尔谱研究中发现，这些绿斑中的铁化合物来自空气污染的沉淀，因为所有的空气污染中探测到的铁化合物在这些绿斑中也发现了，且浓度更高[176]．对日本雪松树皮的类似研究表明，所有的树表皮样品的穆斯堡尔谱均由二套双峰一套六线谱组成，分别对应顺磁的二价铁、顺磁的三价铁和磁性的铁化合物．并且所有市区树皮的

磁性分量均高于山区树皮的。而内皮样品的谱仅由二套双峰组成，因而认为树皮中磁性分量是与人类活动影响有关的。

对用含 ^{57}Fe 的培养液培养的稻科植物的研究，对药用植物的研究，可得到含铁肥料转变过程的动力学及不同的铁络合物在土壤中的迁移过程等方面的信息。

对用 ^{57}Co 和 ^{57}Fe 培植的蓝菌(蓝绿藻)的研究表明，在维生素 B_{12} 或蓝菌中的类似物的生物合成中使用的钴和铁是在高自旋三价态，可能以铁蛋白的形式存在[158]。对多种微生物在不同条件下，铁代谢的主要成分的穆斯堡尔谱研究表明，在高供铁条件下，所有的细菌系统的穆斯堡尔谱均显示细菌铁蛋白的特征。在低供铁条件下，大多数的细菌系统并不聚积微生物螯合物——含铁血黄素，真菌和酵母显示了含铁血黄素的聚积[159,160]。

以上仅是近几年来穆斯堡尔谱学在生物医学领域若干方面应用的有代表性的实例。从这些实例中不难看出，穆斯堡尔谱学不仅在解决生物化学家、物理化学家、生理学家、生物医学家和环境保护专家们普遍关心的理论方面做出越来越重要的贡献，而且将在医学的临床诊断、疾病治疗、有关的医药食品工业、农业、环境保护等方面获得广泛的应用，产生重大的经济效益。

参 考 文 献

[1] A. Vértes, et al., Mössbauer Spectroscopy, 344(1979).

[2] D. P. E. Dickson, C. E. Johnson, Application of Mössbauer Spectroscopy, II, ed. R. L. Cohen (Academic Press, 209(1980).

[3] B. H. Huynh T. A. Kent, Advances in Mössbauer Spectroscopy, ed. B. V. Thosar, et al., 490(1983).

[4] B. K. Semin, et al., *Biochim. Biophys. Acta*, **715**, 52(1982).

[5] E. R. Bauminger, H. Ginsburg, S. Ofer, A. Yayon, *Hyper. Inter.*, **15/16**, 885(1983).

[6] P. Vouzou, *Method. Biochem. Anal*, **22**, 401(1975).

[7] G. Lang, Application of Mössbauer Spectroscopy, ed. R. L. Cohen, Academic Press, **1**, 129(1976).

[8] E. Münck, Methods in Enzymology, ed. S. Fleisher and L. Packer, Academic Press, **54**, 346(1978).

[9] B. H. Huynh, T. A. Kent, Advances in Inorganic Biochemistry, ed. G. L. Eichhore **6**, 163(1984).

[10] Yu. F. Krupyanskii, et al., *J. phys. colloq*, **41**, C1-489(1980).
[11] G. Albanese, et al., *Hyper. Inter.*, **29**, 1409(1986).
[12] H. Willems, H. Fischer, A. Trautwein, U. Gonser, F. Parak, Y. Maeda, *J. Phys. colloq.*, **41**, C1-487(1980).
[13] R. L. Mössbauer, et al., Mössbauer Spectroscopy, ed. U. Gonser, **II**, 4(1981).
[14] K. Spartalian, Advances in Mössbauer Spectroscopy, ed. B. V. Thosar. et al., 455(1983).
[15] M. Blume, *Phys. Rev.*, **174**, 351(1968).
[16] M. J. Clauser, M. Blume, *Phys. Rev.*, **B3**, 583(1971).
[17] S. Dattagupta, Advances in Mössbauer Spectroscopy, ed. B. V. Thosar et al., 586(1983).
[18] J. S. Griffith, *Nature*, **180**, 30(1957); J. S. Griffith, *Molecular Physics*, **21**, 135(1971).
[19] W. T. Oosterhuis, G. Lang, *Phys. Rev.*, **178**, 439(1969).
[20] G. Lang, *Quart. Rev. Biophys.*, **3**, 1(1970).
[21] E. Münck, The Porphyrins, ed. D. Dolphin, **4**, 397(1979).
[22] J. R. Sams, The porphyrins, ed. D. Dolphin, **4**, 425(1979).
[23] U. Gonser, Proc. 2nd. Int. Conf. Mössbauer Effect, Paris (Wiley Insterscience, 280(1962).
[24] L. M. Epstein, *J. Chem. Phys.*, **36**, 2731(1962).
[25] C. E. Johnson, *Phys. Letters*, **21**, 491(1966).
[26] M. Blume, *Phys. Rev. Letters*, **18**, 305(1967).
[27] P. R. Sharma, P. Moutosos, *Bull. Am. Phys. Soc.*, **19**, 101(1974).
[28] P. R. Sharma, P. Moutosos, *Phys. Rev.*, **11B**, 1840(1975).
[29] T. H. Moss, A. J. Bearden, W. S. Caughey, *J. Chem. Phys.*, **51**, 2624(1969).
[30] I. A. Cohen, *J. Am. Chem. Soc.*, **91**, 1969(1969).
[31] U. Gonser, *J. Phys. Chem.*, **66**, 564(1962).
[32] G. Lang, W. Marshall, *Proc. Phys. Soc.*, **87**, 3(1966); G. Lang, *J. Appl. Phys.*, **38**, 915(1967).
[33] K. Spartallan, G. Lang, Application of Mössbauer Spectroscopy, ed. R. L. Cohen, Academic Press, **II**, 249(1980).
[34] A. Trawtein, Y. Alpert, Y. Maeda, H. E. Marcolin, *J. Phys colloq.*, **37**, C6-191(1976).
[35] T. E. Tsai, et al., *J. Chem. Phys.*, **74**, 4306(1981).
[36] Y. Maeda, et al., *J. Phys. Colloq.*, **40**, C2-500(1979).
[37] Y. Maeda, *J. Phys. Colloq.* **40**, C2-514(1979).
[38] B. H. Huynh, D. A. Case, M. Karplus, *J. Am. Chem. Soc.*, **99**, 6103 (1977); D. A. Case, B. H. Huynh, M. Karplus, *J. Am. Chem. Soc.*, **101**, 4433(1979).
[39] K. Spartalian, et al., *J. Chem. Phys.*, **63**, 5375(1975).
[40] E. J. Heidner, R. C. Ladner, M. F. Perutz, *J. Mol. Biol.*, **104**, 707 (1976).

[41] S. E. V. Philips, *Nature*, **273**, 247(1978).
[42] M. Bacci, M. Cerdonio, S. Vitale, *Biophys. chem.*, **10**, 113(1979).
[43] L. Cianchi, et al., *Phys. Letters*, **100A**, 57(1984).
[44] B. Boso, P. G. Debrunner, G. C. Wagner, T. Inubushi, *Biochim. Biophys. Acta*, **791**, 244(1984).
[45] J. S. Philo, et al, *Biochemistry*, **23**, 865(1984).
[46] M. Cerdonio, et al., *Proc. Nat. Acad. Sci. U. S.*, **82**, 102(1985).
[47] M. Sharrock, et al., *Biochemistry*, **12**, 258(1973).
[48] P. M. Champion, et al. *Biochemistry*, **14**, 4151(1975).
[49] P. M. Champion, et al., *Biochemistry*, **12**, 426(1973).
[50] P. M. Champion, et al, *Biochemistry*, **14**, 4159(1975).
[51] H. Eicher, A. Trautwein, *J. Chem. Phys.*, **50**, 2540(1969).
[52] B. H. Huynh, et al, *J. Chem. Phys.*, **61**, 3750(1974).
[53] H. Eicher, D. Bade, F. Parak, *J. Chem. Phys.*, **64**, 1446(1976).
[54] U. Gonser, Y. Maeda, A. Trautwein, F. Parak, H. Formanek, *Z. Naturforsh.*, **29b**, 241(1974); Y. Maeda, T. Harami, A. Trautwein, U. Gonser, *Z. Naturforsh.*, **31b**, 487(1976).
[55] T. A. Kent, et al., *Biochim. Biophys. Acta*, **490**, 331(1977).
[56] T. A. Kent, et al., *Biochim. Biophys. Acta*, **580**, 245(1979); T. A. Kent, et al, *J. Chem. Phys.*, **71**, 4899(1979).
[57] G. Lang, D. Herbert, T. Yonetani, *J. Chem. Phys.*, **49**, 94(1968).
[58] W. E. Blumberg, J. Peisach, *Adv. chem. Ser.*, **100**, 271(1971).
[59] B. H. Huynh, M. H. Emptage, E. Münch, *Biochim. Biophys. Acta*, **534**. 295(1978).
[60] A. Dwivedi, W. A. Toscano, P. G. Debrunner, *Biochim. Biophys. Acta*, **576**, 502(1979).
[61] D. Rhynard, G. Lang, K. Spartalian, T. Yonetani, *J. Chem. Phys.*, **71**, 3715(1979).
[62] T. Harami, *J. Chem. Phys.*, **71**, 1309(1979).
[63] T. Harami, Y. Maeda, Y. Morita, *J. Phys. Colloq.*, **40**, C2-498(1979).
[64] R. Cammack, D. P. E. Dickson, E. E. Johnson, Iron-Sulfur Proteins, ed. W. Lovenberg, Academic Press, **3**. 283(1977).
[65] P. G. Debrunner, E. Münck, L. Que, C. E. Schulz, Iron-Sulfur Proteins, ed. W. Lovenberg, Academic Press. **3**, 381(1977).
[66] E. Münck, Iron-Sulfur Proteins, ed. T. G. Spiro, John Wiley and Sons, Inc., **4**, 147(1982).
[67] M. K. Johnson, A. E. Robison, A. J. Thomson, Iron-Sulfur Proteins, ed. T. G. Spiro John Wiley and Sons Inc., **4**, 367(1982).
[68] C. Schulz, P. G. Debrunner, *J. Phys. Colloq.*, **37**, C6-153(1976).
[69] K. K. Rao, et al., *Biochem. J.* **129**, 1063(1972).
[70] V. Petrouleas, et al., *J. Phys. colloq.*, **37**, C6-159(1976).
[71] I. Moura, et al., *J. Biol. Chem.*, **255**, 2493(1980).
[72] R. Zimmermann, H. Spiering, G. Ritter, *Chem. Phys*, **4**, 133(1974).
[73] C. E. Johnson, et al., *J. Appl. Phys*, **42**, 1325(1971).

[74] E. Münck, P. G. Debrunner, J. C. M. Tsibris, I. G. Gunsalus, *Biohem.*, **11**, 855(1972).

[75] C. E. Johnson, et al., *J. phys. Colloq.*, **35**, C1-57(1974).

[76] J. A. Fee, et al., *J. Biol. Chem.*, **259**, 124(1984).

[77] M. H. Emptage, T. A. Kent, B. H. Huynb, J. Rawlings, W. H. Orma-Johnson, E. Münck, *J. Biol. chem.*, **255**, 1793(1980).

[78] B. H. Huynh, et al., *J. Biol. chem.*, **255**, 3242(1980).

[79] I. Moura, et al., *Eur. J. Biochem.*, **126**, 95(1982).

[80] R. Hille, et al., *J. Biol. Chem.*, **258**, 13008(1983).

[81] T. A. Kent, et al., *Proc. Natl. Acad. Sci. USA*, **79**, 1096(1982).

[82] M. Teixeira, et al., *Eur. J. Biochem*, **139**, 481(1983).

[83] H. Beinert, A. J. Thomson, *Arch. Biol. Chem. Biophys.*, **222**, 333 (1983).

[84] J. J. G. Moura, I. Moura, T. A. Kent, J. D. Lipscomb, B. H. Huynh, J. LeGall, A. V. Xavier, E. Münck, *J. Biol. Chem.*, **257**, 6259 (1982).

[85] M. H. Emptage, T. A. Kent, M. C. Kennedy, H. Beinert, E. Münck, *Proc. Natl. Acad. Sci. USA*, **80**, 4674(1983).

[86] D. P. E. Dickson, et al., *J. Phys. Colloq.*, **35**, C6-343(1974).

[87] P. Middleton, D. P. E. Dickson, C. E. Johnson, J. D. Rush, *Eur. J. Biochem.*, **88**, 135(1978).

[88] P. Middleton, D. P. E. Dickson, C. E. Johnson, J. D. Rush, *Eur. J. Biochem.*, **104**, 289(1980).

[89] L. E. Mortenson, R. N. F. Thorneley, *Annu. Rev. Biochem.*, **48**. 387 (1979).

[90] A. Braaksma, H. Haaker, C. Veeger, *Eur. J. Biochem*, **131**, 71(1983).

[91] R. Zimmermann, A. X. Trautwein, Nitrogen fixation: the chemical, biochemical, genetic interface, ed. A. Müller. et al., 63(1983).

[92] W. R. Dunham, W. R. Hagen, A. Braaksma,H. J. Grande, H. Haaker, *Eur. J. Biochem*, **146**, 497(1985).

[93] H. H. Wickman, Mössbauer Effect Mothodology,ed. I. J. Gruverman, Plenum Press, **2**, 39(1966).

[94] W. T. Oosterhuis, K. Spartalian, Application of Mössbauer Spectroscopy, ed. R. L. Cohen, Academic Press, **1**, 141(1976).

[95] K. Spartalian, W. T. Oosterhuis, *J. Chem. Phys.*, **59**, 617(1973).

[96] P. Aisen, G. Long, R. woodworth, *J. Biol. Chem.*, **248**, 649(1973).

[97] V. L. Pecoraro, et al., *J. Am. Chem. Soc.*, **105**, 4617(1983).

[98] E. H. Evans, N. G. Carr, J. D. Rush, C. E. Johnson, *Biochem. J.* **166**, 547(1977).

[99] D. A. Kuterbach, et al., *Science*, **218**, 697(1982).

[100] M. Mizota, Y. Maeda, *Hyper. Inter.*, **29**, 1423(1986).

[101] J. F. Boas, B. Window, *Aust. J. Phys.*, **19**, 573(1966).

[102] J. M. Williams, D. P. Danson, Chr. Janot, *Phys. Med. Biol.*, **23**, 835 (1978).

[103] T. G. ST. Pierre, D. P. E. Dickson, J. Webb, K. S. Kim, D. J. Macey, S, Mann, *Hyper. Inter.*, **29**, 1427(1986).
[104] E. R. Bauminger, S. G. Cohen, D. P. E. Dickson, A. Levy, S. Ofer., J. Yariv, *Biochim. Biophys. Acta*, **623**, 237(1980).
[105] C. Kellershohn, et al, *Rev. phys. Appl.*, **15**, 1175(1980).
[106] E. I. Stiefel, G. D. Watt, *Nature*, **279**, 81(1979).
[107] F. A. Fischbach, D. W. Gregory, P. M. Harrison, T. G. Hoy, J. M. Williams, *J. Ultrastrust. Res.*, **37**, 495(1971).
[108] J. M. Williams, S. C. Andrews. A. Treffry, P. M. Harrison, *Hyper. Inter.*, **29**, 1447(1986),
[109] S. H. Bell, M. P. Weir, D. P. E. Dickson, J. F. Gibson, G. A. Sharp, T. J. Peters, *Biochim. Biophys. Acta*, **787**, 227(1984).
[110] J. N. Rimbert, F. Dumas, G. Richardot, C. Kellershohn, *Hyper. Inter.*, **29**, 1439(1986).
[111] R. B. Frankel, G. C. Papaefthymiou, chemical Mössbauer Spectroscopy, ed. R, H. Herber, John Wiley and Sons 113(1985).
[112] R. B. Frankel, G. C. Papaefthymiou, R. P. Blakemore, W. O'Brien, *Biochim. Biophys. Acta*, **763**, 147(1983).
[113] S. Ofer, I. Nowik, E. R. Bauminger, G. C. Papaefthymiou, R. B. Franlel, R. P. Blakemore, *Biophys. J.*, **46**, 57(1984).
[114] H. Frauenfelder, G. A. Petsko, D. Tsernoglou, *Nature*, **280**, 558 (1979).
[115] H. Keller, P. G. Debrunner, *Phys. Rev. Lett.*, **45**, 68(1980).
[116] F. Parak, E. N. Prolov, R. L. Mössbauer, V. I. Goldanskii, *J. Mol. Biol.*, **145**, 825(1981).
[117] F. Parak, P. Finck, D. Kuchoida, R. L. Mössbauer, *Hyper. Inter.*, **10**, 1075(1981).
[118] F. Parak, E. W. Knapp, D. Kucheida, *J. Mol. Biol.*, **161**, 171(1982).
[119] K. H. Mayo, F. Parak, R. L. Mössbauer, *Phys. letters*, **82A**, 486 (1981).
[120] S. G. Cohen, E. R. Bauminger, I. Nowik, S. Ofer, *Phys. Rev. Lett.*, **46**, 1244(1981).
[121] E. R. Bauminger, S. G. Cohen, I. Nowik, S.Ofer, J. Yariv, *Proc. Natl. Acad. Sci. USA*, **80**, 736(1983).
[122] L. Nowik, S. G. Cohen, E. R. Bauminger, S. Ofer, *Phys. Rew. Lett.*, **50**, 1528(1983).
[123] E. W. Knapp, S. F. Fischer, F. Parak, *J. Chem. Phys.* **78**, 4701(1983).
[124] F. Parak, E. W. Knapp, *Proc. Natl. Acad. Sci. USA*, **81**, 7088(1984).
[125] E. R. Bauminger, S. G. Cohen, I. Nowik, S. Ofer, J. Yariv, *Hyper. Inter.*, **15/16**, 881(1983).
[126] K. H. Winterhalet, et al, *J. mol. Biol.*, **70**, 665(1972).
[127] C. S. Yen, et al., *Biochim. Biophys. Acta*, **453**, 233(1976).
[128] E. R. Bauminger S. G. Cohen, S. Ofer, E. A. Rachmilewitz, *Proc. Natl. Acad. Sci, USA*, **76**, 939(1979).

[129] S. Morup, C. Johansen, *Hyper. Inter.*, **29**, 1443(1986).
[130] C. Kellershohn, J. M. Rimbert, S. Chevalian, C. Hubert, *J. Phys. Colloq.*, **37**. C6-185(1976).
[131] A. Chevaliar, C. Kellershohn, J. N. Rimbert, *Radiat. Rev.*, **94**, 51 (1983).
[132] C. E. Johnson, *Phys. Today*, **24**, 55(1971).
[133] J. D. Rush, D. P. E. Dickson, C. E. Johnson, D. J. Hewill, H. F. Lam, *Phys. Med. Biol.*, **20**, 128(1975).
[134] L. Guest, *Ann. Occup. Hyg.*, **19**, 49(1976).
[135] L. Guest, *Ann. Occup. Hyg.*, **21**, 151(1978).
[136] L. Guest, *Analyst*, **106**, 663(1981).
[137] F. Parak, et al., *Hyper. Inter*, **58** 2381(1990).
[138] J. Adler, et al., *Hyper. Inter.*, **42**, 869(1988).
[139] P. G. Debrumer, *Hyper. Inter.*, **53**, 21(1990).
[140] E. R. Bauminger, et al., *Hyper. Inter.*, **42**, 873(1988).
[141] E. R. Bauminger, et al., *Hyper. Inter.*, **58**, 2337(1990).
[142] I. V. Kuriuov, et al., *Hyper. Inter.*, **58**, 2355(1990).
[143] R. L. Mills, et al., *Nature*, **336**, 787(1988).
[144] W. M. Reiff, et al., *Hyper. Inter.*, **58**, 2525(1990).
[145] I. Ortalli, et al., *Report. TSF*, **10/90**, PR(1990).
[146] X. Zhang, et al., *Hyper. Inter.*, **58**, 2413(1990)
[147] I. Ortalli, et al., *Hyper. Inter.*, **42**, 913(1988).
[148] I. Ortalli, et al., *Hyper. Inter.*, **58**, 2377(1990).
[149] X. Q. Ding, et al., *Hyper. Inter.*, **42**, 893(1988).
[150] D P. E. Dickson, et al., *Hyper. Inter.*, **45**, 225(1989).
[151] D. P. E. Dickson, et al., *Biochim. Biophys. Acta*, **957**, 81(1988).
[152] D. P. E. Dickson, et al., *Hyper. Inter.*, **42**, 889(1988).
[153] T. G. St. Pierre, et al., *Biochim. Biophys. Acta.*, **952**, 158(1988).
[154] N. M. K. Reid, et al., *Biochem. J.*, **272**, 263(1990).
[155] J. N. Rimbert, et al., *Hyper. Inter.*, **58**, 2393(1990).
[156] Y. Hsia, et al., *Hyper. Inter.*, **42**, 901(1988).
[157] S. Ambe, et al., *J. Agric. Food Chem.*, **35**, 292(1987).
[158] S. Ambe, *Hyper. Inter.*, **58**, 2329(1990).
[159] B. F. Matzanke, et al., *Hyper. Inter.*, **58**, 2359(1990).
[160] E. V. Mirlczarek, et al., *Hyper. Inter.*, **58**, 2365(1990).
[161] D. P. E. Dickson, mössbauer Spectroscopy Applied to Inorganic Chemistry, G. J. Long ed., Plenum Press, **l**, 339(1984).

第十二章　在工学(冶金学、矿业等)中的应用

徐　祖　雄

对于穆斯堡尔谱学来说，很早就获得广泛的工业应用．它的优点在于对检验局部参数的微小变化具有高灵敏度，γ 射线的强穿透力也使得穆斯堡尔效应可以进行动态测量．与其他微观分析方法相比，穆斯堡尔技术不仅可以提供局域结构信息，而且还能得到磁性等其它的重要信息．

穆斯堡尔谱学的最早工业应用领域是钢铁工业和采矿工业，至今它仍是重要的应用领域之一．随着现代工业技术和穆斯堡尔实验技术的发展，穆斯堡尔谱学的工业应用范围不断扩展．可以将穆斯堡尔效应的主要工业应用归纳为下表．

经典应用	钢铁工业，物理冶金，炼焦，煤和采矿工业
非晶态系统	金属和合金，半导体，绝缘体
界面和表面	半导体/金属，多层系统，合成金属，表面性质，催化剂
磁纪录	磁纪录材料，磁泡材料
能源技术	太阳能，燃料电池，石油精炼，煤的脱硫，合成燃料，放射性废料处理
生物工程	蛋白质等

限于篇幅，本文只能简介一些主要的工业应用实例．

§ 12.1 金属矿的分类和处理

12.1.1 铁矿

(1) *铁矿分类* 尽管有关铁矿的穆斯堡尔谱研究还比较少[1-3]，但铁矿里各种纯矿物组分的研究却很多。表 12.1 列出了这些矿物的有代表性穆斯堡尔数据。图 12.1 和图 12.2 是几个典型铁矿的穆斯堡尔谱，由图很容易确定各种矿物组分，估计出在工艺上十分重要的针铁矿/赤铁矿比值[1]和磁铁矿所占的分数[4]。图 12.2 中明尼苏达磁铁矿里的主要含铁相是磁铁矿，一种印度铁矿里主要含铁相，即赤铁矿和磁铁矿紧密结合在一起。因此，这两种铁矿均适于直接磁选处理。

现在，风化严重的铁矿[如图 12.1(a)所示的明尼苏达矿]已成为重要的铁矿石。这种铁矿在磁选前要经过焙烧(在 400—500℃，还原气氛 H_2-CO 中处理 1h)。Huffman 和 Huggins 用穆斯堡尔谱研究了这种焙烧过程（见图 12.3)[4]。对比图 12.1(a) 和图

表 12.1 主要含铁矿物的穆斯堡尔参数(300K)

矿　　物	δ(mm/s)[1)	Δ(mm/s)	H_{hf}(T)
赤铁矿 (α-Fe_2O_3)	0.39	−0.09	51.5
磁铁矿 (Fe_3O_4)	0.27 0.68	0.00 0.00	49.2 46.0
磁赤铁矿 (γ-Fe_2O_3)	0.27 0.41	0.00 0.00	49.9 50.5
针铁矿 (α-FeOOH)	0.39	0.08	38.1
纤铁矿 (γ-FeOOH)	0.37	0.55	—
钛铁矿 ($FeTiO_3$)	1.08	0.70	—
菱铁矿 ($FeCO_3$)	1.23	1.80	—

1) δ 相对于 α-Fe。

12.3 可知，焙烧使所有的铁转变为非化学定比磁铁矿 $Fe_{3-x}O_4$，其 *B* 亚晶位铁原子数与 *A* 亚晶位铁原子数之比为 1.14。

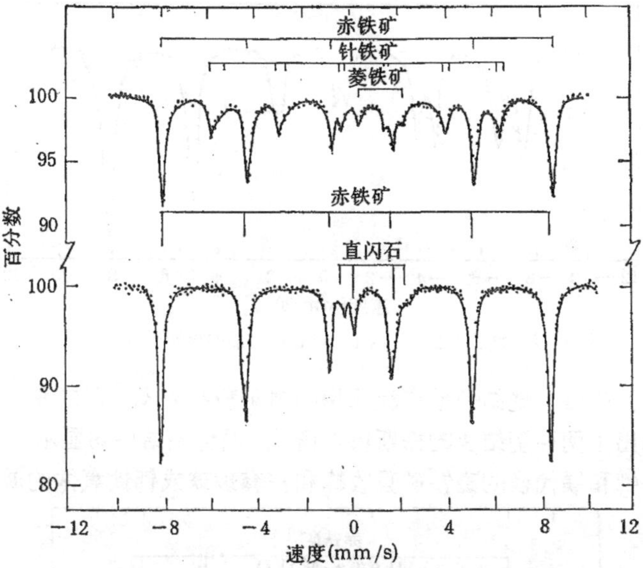

图 12.1 明尼苏达矿区的风化铁矿(a)和拉布拉多 (Labrador) 变质地质环境铁矿(b)的穆斯堡尔谱.

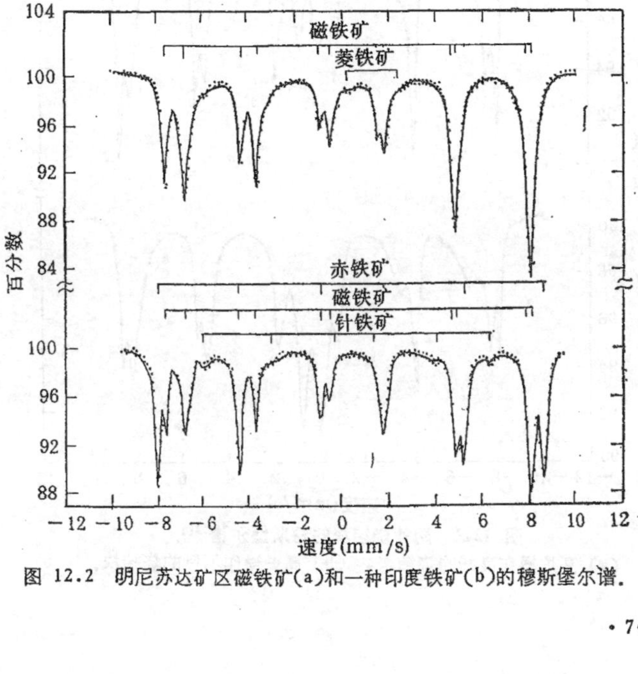

图 12.2 明尼苏达矿区磁铁矿(a)和一种印度铁矿(b)的穆斯堡尔谱.

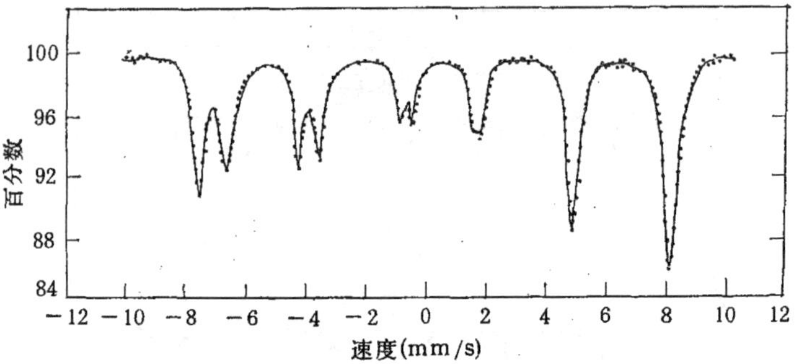

图 12.3 明尼苏达矿区风化铁矿在焙烧后的穆斯堡尔谱.

(2) 烧结 烧结是最广泛采用的精矿粉制块处理方法. 图12.4示出了两种烧结块的穆斯堡尔谱[4]. 两种烧结块均显示了赤铁矿、钙和镁代换的磁铁矿吸收峰和一套玻璃或钙铁氧体的展宽

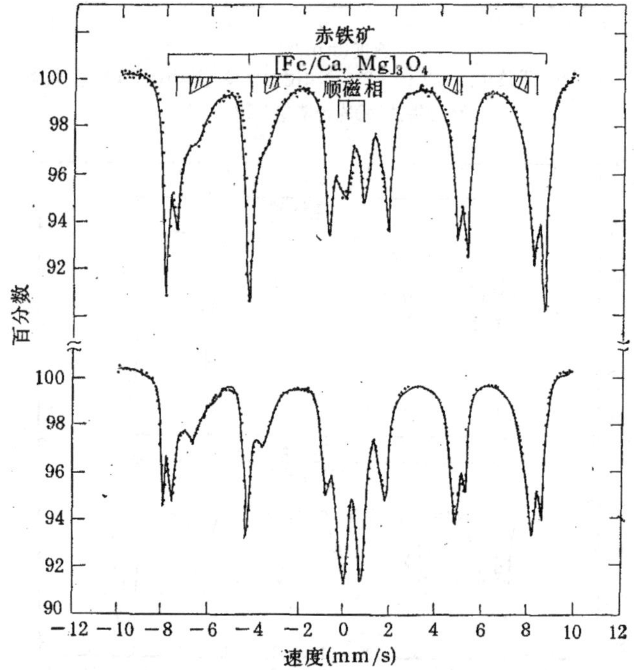

图 12.4 两种烧结块的穆斯堡尔谱[17].
(a) 高炉操作良好的烧结块; (b) 高炉操作不良的烧结块.

顺磁性峰。这些数据表明，质量差的烧结块所含的玻璃物质大约是质量好的烧结块的两倍（顺磁相里铁含量分别为28%和13%）。

高炉用铁矿球团在高温硬化后的穆斯堡尔谱表明，它几乎完全由赤铁矿和硅酸盐粘合剂组成[6,8]。对两种碱度（CaO/SiO_2 = 0.5和1.0）硅酸盐粘合剂的研究表明，低碱度粘合剂的球团有高的强度和低的还原性，其原因在于玻璃相再结晶比较困难[5]。

(3) *矿石的直接还原* 精矿粉直接还原得到的低碳金属铁，可以直接用于电炉炼钢以代替昂贵的废钢，也可用作高炉配料以大大降低焦比。竖炉还原法是当前最普遍的方法[6]。

Huffman 和 Huggins[7] 指出，穆斯堡尔谱是适于监测直接还原球团里铁相分布的最好方法之一，这些铁相主要由 α-Fe、渗碳体 Fe_3C 和少量由于还原不完全或金属氧化产生的铁氧化物[4,7,8]。

穆斯堡尔谱也可用于研究阻止球团二次氧化的措施。采用轻微氧化处理可使表面转变为 Fe_3O_4，用渗碳处理可在金属铁表面形成渗碳体，这均可使金属铁纯化[4,7]。若假设轻微氧化处理产生的磁铁矿主要以薄膜形式存在于球团里的金属晶体上，则可以得到下述薄膜厚度的近似式：

$$Z_{mag} = (Wt\%Fe_3O_4) \times 10^2/\rho_{mag}s, \qquad (12.1)$$

式中的 Z_{mag} 是磁铁矿厚度（Å），ρ_{mag} 是其密度（g/cm^3），s 是比表面积（m^2/g），Fe_3O_4 的重量百分比可由穆斯堡尔谱测量确定[4]。实验表明，铁和渗碳体的氧化和释放的热量随内表面积的增加而上升，随纯化氧化物膜厚度的增加而下降。

(4) *其他矿石* 对于许多非铁矿石及其对它们的处理，可用穆斯堡尔谱分析矿石里的含铁矿物和研究矿石处理时这些含铁矿物的变化。下面简介一些与钢铁工业有关的其他金属矿的穆斯堡尔研究。

含镍的铁硫化物沉积物是主要的镍矿。对铁镍磁黄铁矿（$Fe_{1-x}S$, $x < 0.125$）的低温氧化浸出法处理过程进行了穆斯堡尔研究[9]。研究表明，主要的浸出物是铁的氧化物，而不是羟氧化物。

目前，含镍铁矾土已成为日益重要的镍来源，其含铁矿物量比含镍矿物量高得多．对委内瑞拉和危地马拉产的铁矾土的穆斯堡尔检验表明，铁以非常细小晶粒的氧化物和羟氧化物存在，在室温呈现超顺磁性[10]．东欧含镍铁矾土也得到相似的谱线[11]．这些相的谱参数表明，这些矿物的还原焙烧使镍与金属铁和磁铁矿化合[11]．

富铬尖晶石(铬铁矿)可用作冶炼不锈钢的铬铁来源和耐火材料．钛铁矿 $FeTiO_3$ 是主要的钛矿．由于它可与赤铁矿形成固溶体，常常呈现复杂的穆斯堡尔谱[17—19]．图 12.5(a) 表明，磁选后含钛矿砂的主要组分是 $FeTiO_3$，Fe^{3+} 的四极双峰可能来自钛铁矿相里的 Fe^{3+} 组分[4]．图 12.5(b) 说明，钛铁矿在 800℃ 于氢气中还原 1 h 后，大多数铁转变为金属铁，只有少量残留的 $FeTiO_3$．稍长时间或稍高温度的氢还原处理足以使全部铁转变为金属态．

深海锰结核是重要的多种金属的潜在来源，其含铁量一般为 10—30wt%，多以 Fe^{3+} 的羟氧化物形式存在．这些相由于颗粒

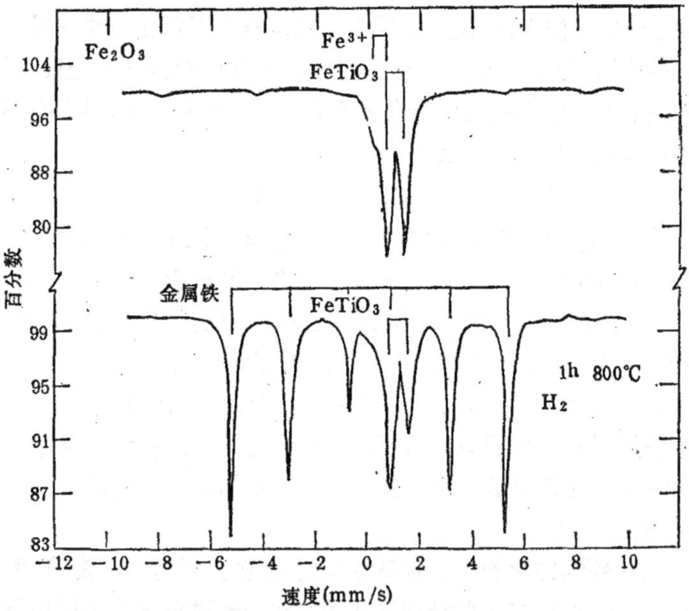

图 12.5 富钛砂在氢气还原前 (a) 和还原后 (b) 的穆斯堡尔谱．

非常细小，很难用X射线衍射技术检测，但很容易用穆斯堡尔谱测量[20-22]。根据羟氧化物穆斯堡尔谱随温度的变化可以估计其颗粒尺寸[20]。Huggins 等采用火法冶金法，对锰结核里次要金属与主要元素 Mn,Fe 进行了分离处理，处理样品的穆斯堡尔研究确定了铁相以及铁在（Fe,Mn）氧化物、硅酸盐、碳化物和金属的复合混合物里的氧化状态。

12.1.2 锡矿

含锡矿物种类不少，但只有锡石（SnO_2）是最主要的和具有工业价值的矿物。此外，少量含锡硫化物，例如，黄锡矿 Cu_2FeSnS_4 也是其中常见的组分之一。用 $^{119m}SnO_2$ 为 γ 射线源时，锡石呈现一个简单的单线峰，黄锡矿具有相对同质异能移位为 1.51mm/s 的单线峰。黄锡矿的共振吸收效应强烈地依赖于温度，只有在液氮温度下才能观察到明显的穆斯堡尔效应，而在室温下几乎为零。锡石在室温下的无反冲分数很大，并且与温度关系很小[23]。因此，室温穆斯堡尔测量结果仅仅是锡石里锡含量的贡献，它对于各种 SnO_2 变种有相同的灵敏度。

Гольданский 等[24]详细地研究了含锡矿物里 SnO_2 含量的穆斯堡尔测量方法.作者分析并用实验标定了矿石样品里其他矿物、样品厚度、SnO_2 分布的不均匀性和其晶粒度大小、含锡矿物的化学成分等因素对 ^{119}Sn 共振吸收强度的影响。在这些研究的基础上，作者设计制造了 MAK-1 型锡石矿用穆斯堡尔谱分析仪，可用于粉末样品和天然矿体里含锡矿的分析。该仪器测量范围对于粉末样品为 0.05—5wt%Sn，测量时间为 10min；对于矿体的测量灵敏度在 0.1%Sn 范围里。对 200 个样品里 SnO_2 的锡含量，MAK-1 型穆斯堡尔分析仪与化学分析法的测量结果对比见图 12.6.从图中可以看出，两种分析的结果吻合良好，没有系统偏差。

江加济等对锡石和黝锡矿进行了 ^{119}Sn 穆斯堡尔谱和电子探针分析。实验发现，锡石样品的四极分裂与 Zn(Fe) 含量有关。作者认为，这是 Sn 被 Zn 或 Fe 替代的结果。黝锡矿相对于锡

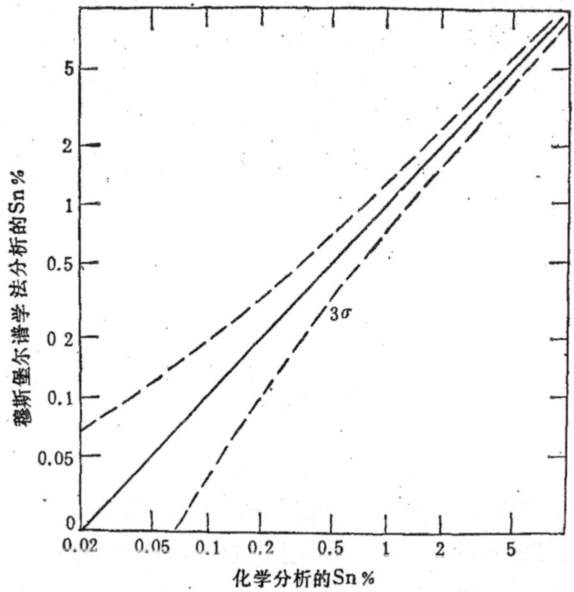

图 12.6 MAK-1 和化学法对样品里 SnO_2 含量分析结果的对比[29].

石有较大的正同质异能移位（1.46mm/s），这表明锡和硫之间有较强的共价键成分。根据价键理论，可以认为 Sn 以 sp^3 杂化轨道与 *s* 键合而构成四面体配位结构。

辉锑锡矿是晶体结构尚未查明的复杂含锡硫化物。对确定其晶体化学十分关键的 Fe,Sn 的价态和含量比，穆斯堡尔谱可以提供极为有用的信息。黄文英通过 ^{57}Fe 和 ^{119}Sn 穆斯堡尔谱，并结合电子探针和离子束分析，确定了实验样品中以 Sn^{4+} 和 Fe^{2+} 为主，仅有少量 Sn^{2+}(5%) 和部分 Fe^{3+}(32%)，其晶体化学式为

$$2[(Pb_{15.38}Ag_{0.35})_{15.74}Sb_{4.04}Sn^{2+}_{0.25}Fe^{2+}_{1.25}S_{26}]\cdot 0.7[Sb_{2.3}Sn^{4+}_{13.95}Fe^{3+}_{1.69}S_{24}].$$

吴功保等对广西天然矿的研究得出了与上述不同的晶体化学式，即

$$(Pb_{0.732}Sb^{3+}_{0.086}Sn^{4+}_{0.083}Fe^{2+}_{0.078}Ag_{0.021})S$$
$$\cdot 0.366[(Sn^{4+}_{0.459}Sb^{3+}_{0.440}Fe^{2+}_{0.101})S_2].$$

12.1.3 锑矿

^{57}Fe 和 ^{119}Sn 穆斯堡尔谱方法已应用于采矿和冶金工业，而在锑生产上 ^{121}Sb 穆斯堡尔谱方法的应用比较困难，因为缺少具有 37.15keV 能量的具有一定强度的 γ 共振放射源，而且测量必须在液氮温度下进行，以便提高无反冲分数。但是，工业性同位素生产的发展必将在不久的将来提供合适的 ^{121m}Sn 源，从而使 ^{121}Sb 穆斯堡尔谱技术得以广泛应用。

对锑工业生产的不同阶段里取出的样品，Zemskov 和 Permyakov 应用 ^{121}Sb 穆斯堡尔谱进行了快速锑检验[25]。实验在 78—300K 进行，使用 $CaSnO_3$ 基体的 ^{121m}Sn 源。实验表明，锑通常

表 12.2 锑化物的穆斯堡尔谱参数

化合物	Γ(mm/s)，±0.1	δ(mm/s)，±0.01
Sb_2O_5	3.2	0.7
Sb_2O_3	5.5	−11.4 （相对于硝普钠）
Sb_2S_3	4.0	−14.6
Sb_2S_5	4.5	−13.4

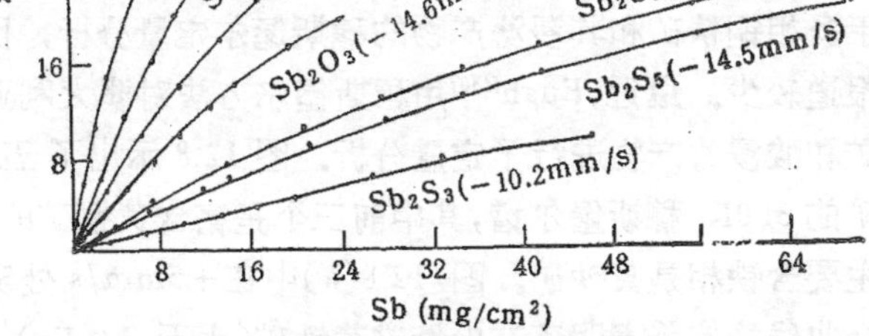

图 12.7 锑化物的共振吸收与样品厚度的关系，测量是在几个不同速度处进行的。

以 Sb_2O_3, Sb_2O_5 和 Sb_2S_3 三种相的混合物形式存在. 表 12.2 列出了测得的 4 种锑化物的穆斯堡尔谱参数. 各个生产阶段里样品中锑含量的穆斯堡尔测量与通常的化学分析结果吻合良好. 对于锑含量的定量分析, 作者事先研究了共振吸收与 4 种相 (Sb_2O_3, Sb_2O_5, Sb_2S_3 和 Sb_2S_5) 的样品厚度之间的对应关系 (见图 12.7). 这样就可用恒速穆斯堡尔谱仪进行锑含量的定量分析.

12.1.4 铜矿

黄铜矿 $CuFeS_2$ 是最丰富和主要的含铜矿物, 它还伴有其他含铁矿物: 斑铜矿 Cu_5FeS_4、黄铁矿 FeS_2、磁黄铁矿 $Fe_{1-x}S$ 和赤铁矿 α-Fe_2O_3. 大多数有关铜矿湿法萃取处理过程中的矿物研究是采用X射线衍射和电子显微镜技术. 目前, 穆斯堡尔谱技术已是一个吸引人的工具. 首先这是因为它可以区分含铁矿物并确定其相对量. 一般,大多数铜均与含铁矿物化合,因此, 穆斯堡尔谱是监测铜行为的有效手段. 其次, 含铜矿物里的铁必然在浸滤过程的某个阶段被分离出来,因此,穆斯堡尔谱亦是确定酸浸滤过程中铁离子性质的有价值工具[26]. 例如, McDonald 等[27]最近研究了黄铜矿在氯化铜浸滤过程中的反应产物, 穆斯堡尔谱实验发现,黄铁矿是唯一存在的含铁相. Dimitrov 等[28]的研究表明, 煅烧的铜精矿的矿物学特征并不受煅烧前在磁场中处理的影响. 在含硫条件下的煅烧和加热是一种用来提高铜精矿在浸滤处理中活度的活化技术, 穆斯堡尔实验对此的研究有助于对这个活化处理过程的解释[29].

对于多相铜精矿和其浸滤产物的穆斯堡尔定量分析, 目前的研究和报道较少. 最近,Fush[130]用穆斯堡尔方法对澳大利亚的多相铜精矿和酸浸滤产物进行了定量分析. 图 12.8 示出了五种不同铜精矿的 300K 穆斯堡尔谱,其中前三个是富含黄铜矿的矿床,其它的主要含铁相是黄铁矿. 图 12.8(a)中在+5mm/s 处实验数据与拟合曲线的偏差表明还有少量磁黄铁矿(小于 1%Fe). 谱中在+2.4mm/s 附近的峰线可能来自 $FeSO_4\cdot H_2O$ 的 Fe^{2+} 四极双峰中的高速峰（$\Delta=2.6\pm0.1$mm/s, $\delta=+1.10\pm0.05$ mm/s）[31]，硫酸亚铁大概是研磨后细小黄铁矿本身的分解和水合作用的产

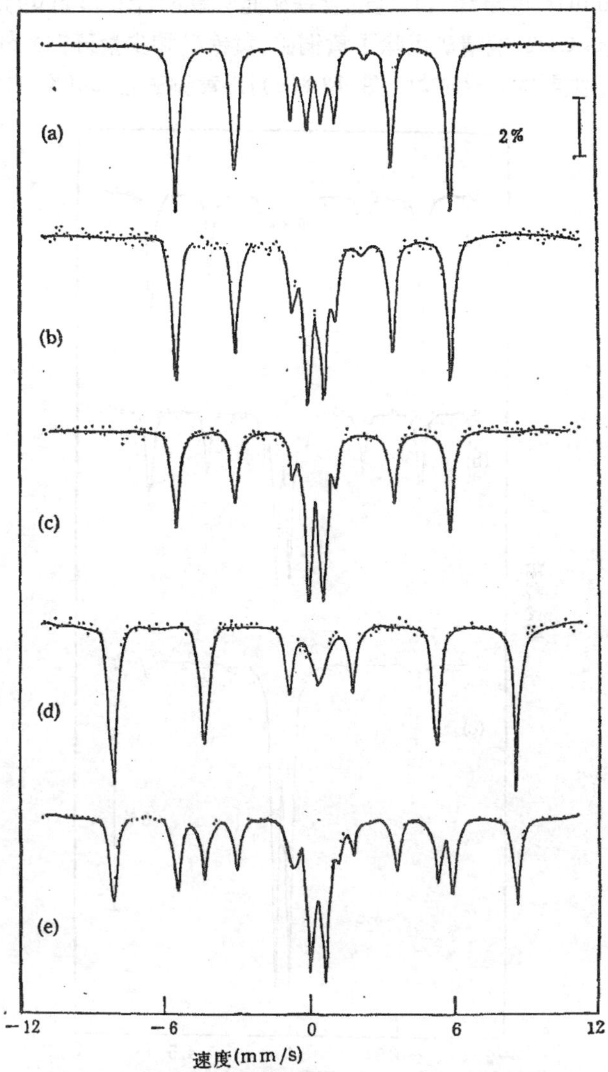

图 12.8　5 种澳大利亚铜精矿在 300K 时的穆斯堡尔谱[30]。
(a) 科巴；(b) 克利夫兰；(c) 乌得交；(d) 奥林匹克坝 *OD*1；
(e) 奥林匹克坝 *OD*2。

物．在奥林匹克坝（Olympic Dam）OD1 铜精矿里的铜主要以辉铜矿 Cu_2S 存在，伴有少量斑铜矿（300K 呈现 $\delta=0.385\pm0.002$mm/s 的单峰），其他的含铁矿是赤铁矿[图 12.8(d)]．奥林匹克坝 OD2 铜精矿里除了黄铜矿、黄铁矿和少量斑铜矿外，赤铁矿也是主要的含铁矿物[图 12.8(e)]．黄铜矿在 300K 时的穆斯

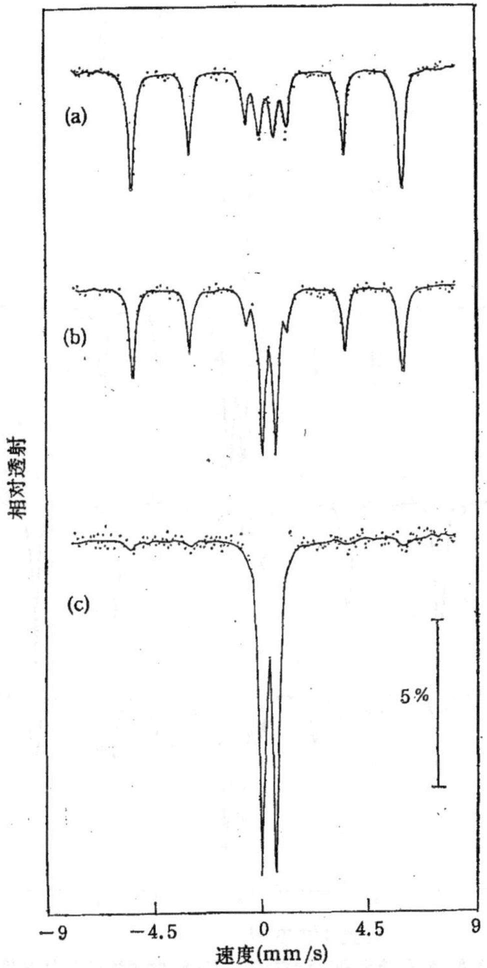

图 12.9 300K 穆斯堡尔谱．(a) Cobar 铜精矿；(b) 掺有 12wt%S 活化后；(c) 掺有 15wt%S 活化后．

堡尔参数为：$H_{hf}=35.3\pm0.1$T，$\delta=0.247\pm0.004$mm/s，$\Delta=0\pm0.003$mm/s。由于样品的有效厚度 $t_a<1$，故定量相分析时可以忽略厚度效应[32]。

奥林匹克坝 OD1 铜精矿在氧化酸浸滤前后的穆斯堡尔谱对比表明，浸滤作用对谱线没有大的影响，因此，酸浸滤条件并不像预料的那样能溶解赤铁矿。浸滤产物的谱中还出现一个四极双峰（$\Delta=1.10\pm0.02$mm/s，$\delta=0.37\pm0.01$mm/s），它来自无定形Fe^{3+}氢氧化物的贡献[34]。奥林匹克坝 OD2 铜精矿的浸滤产物也呈现出中心双峰的加宽。要区分斑铜矿、黄铁矿和无定形胶体相的贡献则应进行低温实验。

在掺杂有硫的条件下，加热黄铜矿的活化处理可以使它转变为黄铁矿、蓝铜矿（$Cu_{5.5}FeS_{6.5}$）和斑铜矿等的混合物[29]，从而提高了浸滤速度。图 12.9 示出了 Cobar 铜精矿在氮气里于 340℃ 活化 1h 前后的穆斯堡尔谱[30]。从谱中可看出，黄铁矿是唯一的含铁产物，其相对量随掺入的硫含量而迅速增加，由原来的 20% 变为 43%（12wt% S 时）或 91%（15wt%S 时）。

Fush[30] 指出，穆斯堡尔谱方法可以非常方便地快速定量分析铜精矿及其酸浸滤产物的组分。精确的分析需要可靠的标准数据，特别是无反冲分数的准确数值，但文献中报道的数据常有很大分歧。此外，天然矿物成分的变化也常常影响其穆斯堡尔参数。这些问题在定量相分析时均需认真考虑。Fush 认为，由此造成10—20% 的绝对误差是可能的，但这至少可像X射线衍射分析的结果一样好。

§12.2 石油工业

12.2.1 石油地质

石油母岩的特征是估计石油储量等方面的重要信息[33]。因此，母岩的矿物学分析是十分重要的。铁按生成环境的不同表现为两种价态而广泛存在于母岩里。60年代以前，在石油勘探和研究中曾被广泛采用化学分析方法来探测、分析地层的氧化还原特性和推断有机物的原始含量等方面. 但是，一般的化学分析法提供的信息有限，致使铁的存在形态分析在石油地质中的重要性不断下降.穆斯堡尔效应可以鉴别铁在岩石中的各种物相和价态，确定铁的化学状态与有机沉积物的存在和成岩作用之间的相关性，从而使含铁矿物的分析重新成为石油地质学的重要手段.

Morup 和 Lindgreen 研究了北海油田某一油井不同深度处取出的岩芯样品. 室温和 80K 穆斯堡尔研究表明，铁可以存在于多种矿物中：粘土、黄铁矿、菱铁矿和铁白云石. 作者认为，沉积时菱铁矿在氧化还原环境改变条件下的形成标志着富含有机物的母岩的早期成岩作用，而铁白云石是后期成岩作用的结果. 上述研究表明，穆斯堡尔谱对于区分母岩的熟化是很有价值的手段.

邵涵如等对我国江苏某地三口钻井的岩芯取样作了更为详细的分析.实验进一步证实了 Morup 和 Lindgreen 的发现，即石油母岩中铁白云石的出现可能与石油的成熟度有关.

12.2.2 油页岩

Karl 和 Zuckerman[44] 对若干页岩里的含铁矿物的穆斯堡尔

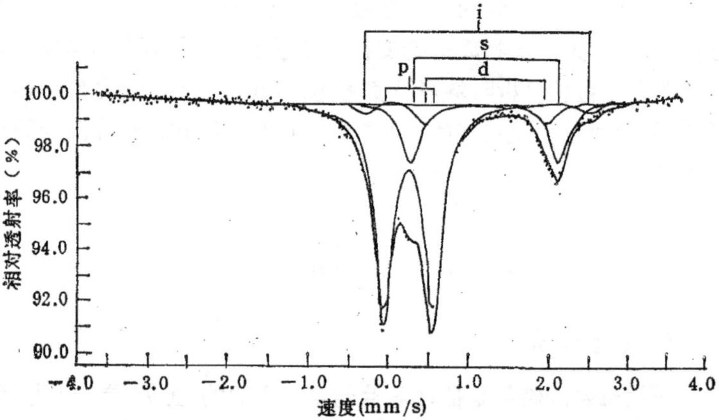

图 12.10 科罗拉多 (Colorado) 油页岩的穆斯堡尔谱[34]. *p* 为黄铁矿；*s* 为菱铁矿，*d* 为白云石，*i* 为伊利水云母.

研究确定了有 4 种主要含铁矿物：黄铁矿/白铁矿,铁白云石，伊利水云母（illite）和（Fe,Mg)CO_3。图 12.10 示出的是一个典型例子，图中以黄铁矿/白铁矿的贡献为主,菱铁矿的强度次之，其他两种矿物只有很弱的双峰。上述定量相分析与 X 射线衍射法（XRD）结果是一致的。图 12.11 示出穆斯堡尔谱面积和 XRD 峰线高度分析所得到的黄铁矿含量。由图可知，XRD 分析不能检测出那些结晶度差和颗粒度非常细小的黄铁矿。

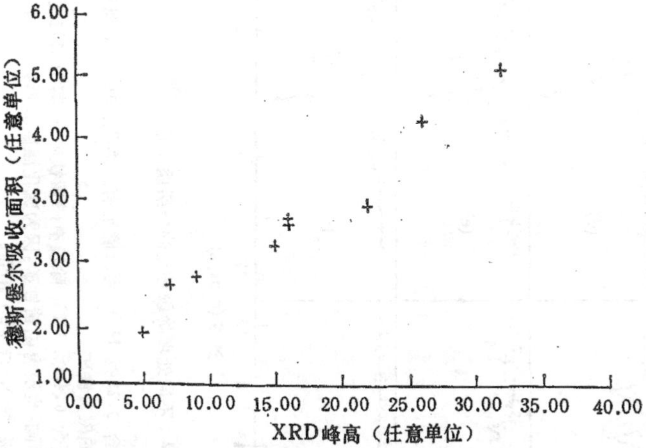

图 12.11 用两种方法测量油页岩中黄铁矿含量的对比[34]

12.2.3 石油处理用催化剂

在最近 10 年里,重质石油具有越来越大的重要性。但它需要采用天然矿物作为催化剂进行加氢除硫（HDS）和加氢脱除金属（HDM）处理[35]。

Gonzalez-Jimenez 等[36]研究了加氢脱除金属用的粘土催化剂。粘土的主要组成为 SiO_2(50%),Al_2O_3(17%)和 Fe_2O_3(17%)。作者测量了天然的、煅烧过的和脱除金属后的几种粘土的穆斯堡尔谱,以便对粘土剂里铁的演变过程得到全面的了解。图12.12示出了不同处理阶段的典型谱。天然粘土呈现 Fe(II) 的四极双峰

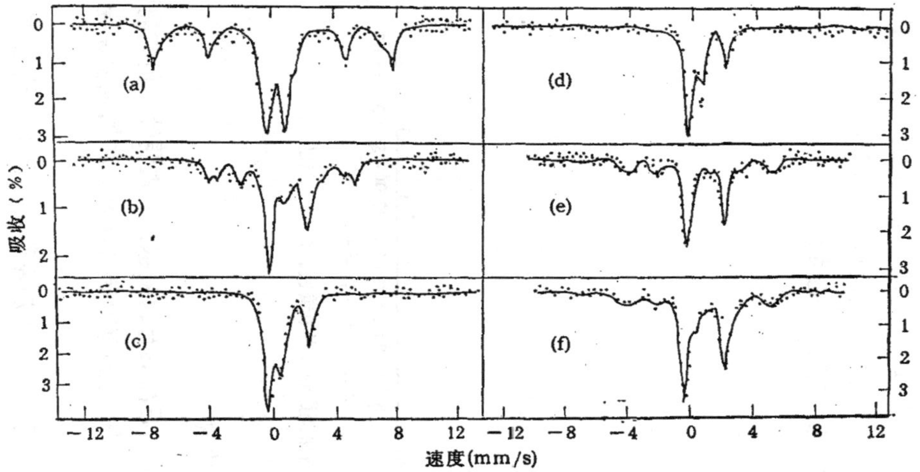

图 12.12 不同处理阶段粘土的穆斯堡尔谱[36]。

（a）煅烧过的粘土；

（b）用于石油脱除金属后的粘土(含 0.28% Ni)，可以确定有三组化合物，即呈现双峰的 Fe(III) 和 Fe(II) 以及呈现两套六线谱的磁黄铁矿；

（c）用于石油脱除金属后的粘土（含 0.40% Ni)，除没有磁黄铁矿外，其他均与（b）相同；

（d）硫化处理后的粘土，与（c）相同，也没有磁黄铁矿，因为硫化温度太低；

（e）硫化处理后的粘土（含 0.21% Ni)，与（b）相同；

（f）用于石油脱除金属处理 9h 后的粘土催化剂(不含有促进剂金属)，与(b）相似。

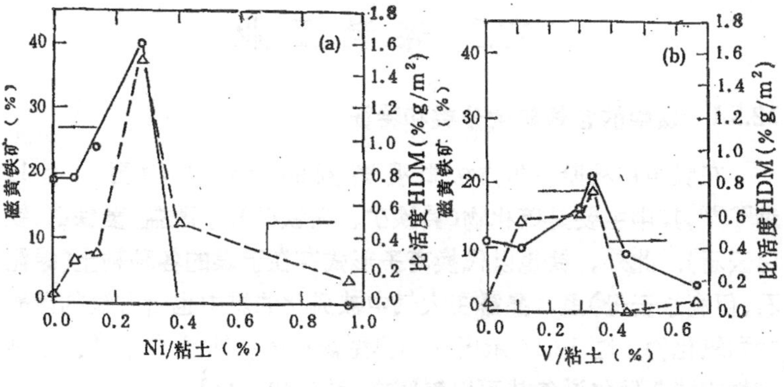

图 12.13 磁黄铁矿量、HDM 比活度与促进剂金属含量之间的关系。
(a) 镍；(b) 钒[36]。

($\delta = 1.11$mm/s, $\Delta = 2.66$mm/s) 和 Fe(III) 的四极双峰 ($\delta = 0.38$mm/s, $\Delta = 0.59$mm/s)。煅烧过的粘土[图 12.12(a)]呈现出 Fe(III) 的顺磁性双峰和三套磁性六线谱 ($H_{nf} = 48.7$, 44.5, 42.3 T, $\delta = 0.38$, 0.40, 0.47mm/s)。经脱除金属处理后的粘土中出现磁黄铁矿. 由穆斯堡尔谱测量可以求得磁黄铁矿的相对量与粘土中 Ni 和 V 含量的对应关系(见图 12.13, 图中亦示出加氢脱除金属处理用催化剂的比活度). 在促进剂金属含量的这个范围内,磁黄铁矿量靠消耗掉 Fe(III) 而增加,同时,天然粘土的 Fe(II) 相对含量基本不变. 显然，磁黄铁矿里的硫来自石油. 对比加有促进剂的粘土[图 12.12(b)]和不加促进剂金属的普通粘土[图 12.12 (f)]，两者的谱十分相似,其中磁黄铁矿均占 32%。另一方面,在较低温度(320℃)预先硫化的催化剂试验中,观察不到明显的脱除金属过程，对应的谱[图 12.12(d)]中也不存在磁黄铁矿组分；在 420℃硫化处理过的系统里,却出现了磁黄铁矿[图 12.12(e)]. 对加有 Ni 促进剂的催化剂，电子顺磁共振 (EPR) 实验表明有 VO^{2+} 共振,共振峰强度的行为也与磁黄铁矿量相对应 [图 12.13 (a)]。上述结果表明，磁黄铁矿在并存的 HDS-HDM 处理中起重要作用,这与最近的其他研究工作是一致的。

§12.3 煤炭工业

12.3.1 煤中的含铁矿物分类和特征

在煤中用穆斯堡尔方法能观察到的含铁矿物至少有15种[37—39]，其中主要是硫化物(黄铁矿、白铁矿)、碳酸盐(菱铁矿、铁白云石)．此外，铁也以代换离子形式存在于煤的各种粘土(绿泥石、伊利水云母)里，暴露在大气中被风化的煤中也含有铁的硫酸盐和氧化物．图12.14示出3种典型煤矿的穆斯堡尔谱[4]．各种矿物的穆斯堡尔谱参数可以参阅文献[4,40—43]．

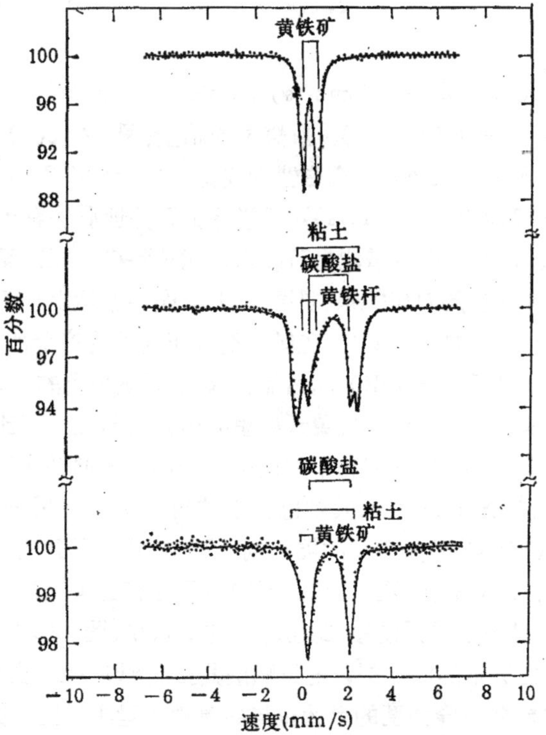

图 12.14 3种煤的穆斯堡尔谱[4]富含
(a) 黄铁矿；(b) 粘土(伊利水云母)；(c) 碳酸盐(菱铁矿)．

（1）*硫化物* 煤中的主要硫化物是黄铁矿和白铁矿，一般在穆斯堡尔谱中均按黄铁矿分析。已经发展了多种定量分析FeS_2的方法，详见下一节的论述。Montano[40] 认为，新鲜煤中没有其它含铁硫化物。在某些风化严重的煤中，可以检测出磁黄铁矿$Fe_{1-x}S$[39]。在煤液化处理的残渣中，黄铁矿转变为磁黄铁矿。磁黄铁矿里不同占位环境的铁核处超精细场有很大区别，这取决于铁原子最近邻处的空位数目[44,45]。超精细场对铁原子局域环境的敏感性，使穆斯堡尔效应成为确定磁黄铁矿成分的一种有用方法。Montano[40,46] 通过由 Fe_7S_8 到 FeS 的一系列 $Fe_{1-x}S$ 样品的测定，获得了平均超精细场与铁原子百分比浓度之间的关系（图 12.15）。利用这条标定曲线就可以由平均超精细场求出 $Fe_{1-x}S$ 的化学组成。

（2）*粘土矿* 煤中的主要粘土矿有层状结构的高岭石和云母

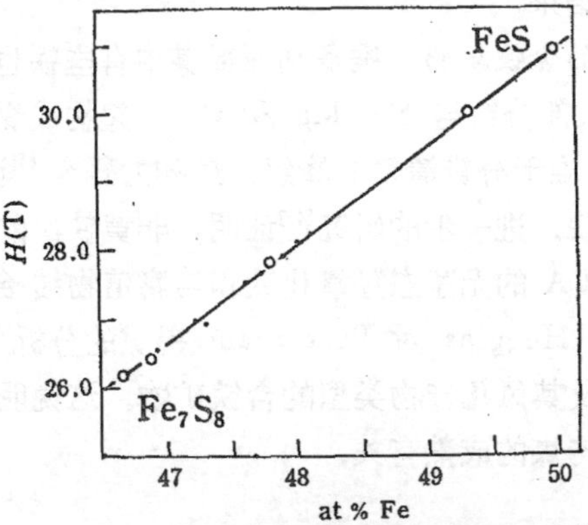

图 12.15 $Fe_{1-x}S$ 中铁浓度与平均超精细场[40]。
○ 为纯硫化物，● 为煤液化残渣.

类矿物，少量铁以代换离子存在于这些粘土矿里。上述矿物表面可能包有铁的氧化物，这是穆斯堡尔研究中必须注意的。此外，绿泥石也是煤中的主要粘土矿。伊利水云母和其他混合层状结构的粘土矿穆斯堡尔谱可因成分等因素差异而具有较大的易变性[47]。粘土中多种组分的相似性和水铁矾 $FeSO_4\cdot H_2O$ 的存在都使得单纯用穆斯堡尔谱方法分析十分困难.

(3) *碳酸盐* 煤中的主要碳酸盐是方解石 $CaCO_3$、菱铁矿 $FeCO_3$、铁白云石 $Ca(Fe,Mg,Mn)[CO_3]_2$ 和白云石 $CaMg(CO_3)_2$. 菱铁矿的穆斯堡尔分析比较简单,在低温磁有序状态($T_N=38K$),其 $\Delta=2.06mm/s$, $\delta=1.36mm/s$, $H_{hf}=+18.4T$[48,49];室温下,$FeCO_3$ 呈现顺磁双峰, $\Delta=1.798mm/s$, $\delta=1.24mm/s$[12,50]. 在室温时很难用穆斯堡尔谱将菱铁矿和铁白云石区别,然而,低温下测量则可以明显区分这两种矿物.

(4) *硫酸盐* 在许多种煤中已检验出 Fe^{2+} 和 Fe^{3+} 硫酸盐[31,51,52]. 用穆斯堡尔谱很容易将四水白铁矾与水铁矾区分开,在有外磁场下,低温实验很容易区分亚铁硫酸盐和黄铁矿.

(5) *氧化物* 新鲜煤中铁的氧化物很少,它主要存在于风化严重的煤中[44]. 一般说来,煤的穆斯堡尔谱中发现有铁氧化物应是样品制备差的结果.

(6) *褐煤中的含铁矿物* 维多利亚褐煤中有些铁也以黄铁矿形式存在,但其大部分铁与 Na, Mg 和 Ca 一起构成煤中的无机组分,呈现出若干难于分辨清楚的峰线. 最初的研究[41]认为,它是羟化物类的有机铁. 进一步的研究[45]证明,非黄铁矿的主要含铁相是粒度小于 100 Å 的无序态羟氧化铁和与腐殖物结合的二价铁. Huffman 和 Huggins 对 Pust Seam 褐煤的分析[46]表明,只能观察到黄铁矿及其风化产物类型的含铁矿物. 这说明不要认为铁的结合态仅仅与煤的成熟有关.

12.3.2 FeS_2 的定量测定

对于煤的进一步利用(燃料、气化或液化)来说,准确知道煤中的含硫量是十分重要的. 就煤中黄铁矿分析而言,穆斯堡尔谱法可能成为化学分析法的一种替代手段. 有两种定量分析方法:直接由黄铁矿峰线下的面积进行计算[39,40]或通过标定曲线法换算[37,38,42,55—57].

Montano[40]指出,在富含 FeS_2 的煤样品里,有效厚度 t_a 可以大于 1,因而不能忽略 FeS_2 四极双峰的重叠效应,否则产生的误差很大. 图 12.16 示出了考虑重叠效应和不考虑它时的谱面积与有效厚度的关系. 用直接测量峰线强度的方法进行定量分析，误差更大. 对于多种美国煤中黄铁矿含量和总铁含量，化学分析结果和穆斯堡尔谱面积分析结果的对比[42]表明: (1) 在0.1—3wt%Fe浓度范围里两者吻合; (2) 穆斯堡尔谱测出的总铁量平均比ASTM (美国材料试验标准) 法仅高出5%; (3)穆斯堡尔谱测出的 FeS_2 含量比 ASTM 高为25%; (4) 煤的粒度影响两种方法测定的结果.

值得指出的是，不同的学者，采用的无反冲分数 f 有极大的差别[38,40,42]，这与他们所采用不同的修正方法有关.

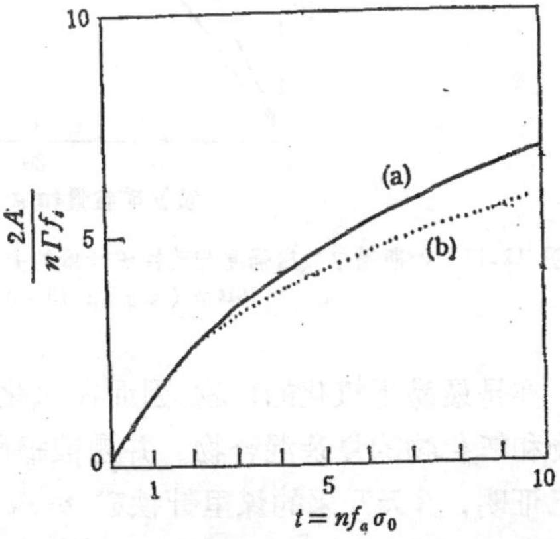

图 12.16 FeS_2 的穆斯堡尔谱面积与有效厚度 t_a[40]. (a) 忽略重叠效应; (b) 考虑谱线的重叠效应.

现场快速测定煤中 FeS_2 含量可以成为穆斯堡尔谱应用的进一步发展方向. 在快速测定时，测量误差容许达 20—30%. Williamson 等[42]认为采用测量峰线强度的方法可大大减少测量时间. 双峰中一个峰线最大共振处强度与煤中 FeS_2 含量之间的标定曲线示于图 12.17[42]. 此外,还可以设计一种袖珍式无运动系统的背散射穆斯堡尔谱仪用于快速分析煤中的黄铁矿含量[43]. Jaggi 和 Rao[58] 推荐了一种用黄铁矿为基体的 ^{57}Co 源的黄铁矿测定仪.

12.3.3 煤的氧化和燃烧

(1) 煤的氧化　露天开采的煤在自然风化过程中极易氧化. 这种氧化使煤不适于炼制高质量焦炭，但又常常难于检测. 黄铁

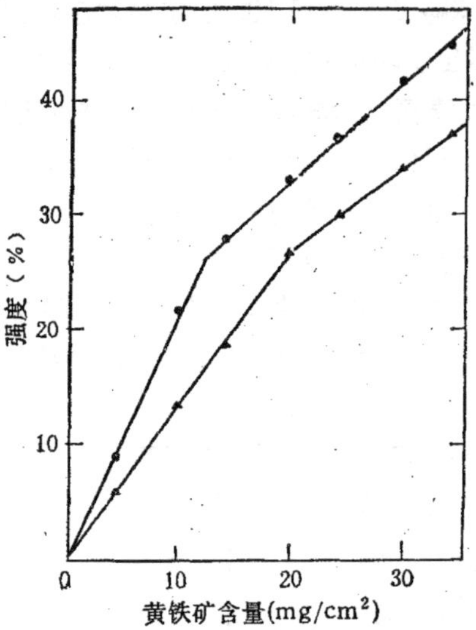

图 12.17 穆斯堡尔共振强度与黄铁矿含量的关系[42]. 黄铁矿粉末的平均粒度为 19μm (●) 和 48μm(▲).

矿亦是最易于氧化的矿物，因而在氧化的煤中形成硫酸盐、羟氧化物和氧化物的复杂混合物，并易被穆斯堡尔谱检测出来[59-61]. 业已证明，露天开采的煤里针铁矿 α-FeOOH 与黄铁矿之比与氧化有关[59]，可用作氧化程度的标记. 在氧化的煤中，铁的硫酸盐的形成先于针铁矿. 因此，铁的硫酸盐出现在穆斯堡尔谱中表明煤有较轻微的氧化[59].

对烟煤里铁相的低温氧化进行的穆斯堡尔研究[62]表明，在室温下黄铁矿经由硫酸亚铁和黄钾铁钒 $(Na, K, H_2O)Fe_3(SO_4)_2(OH)_6$ 风化为针铁矿(见图 12.18)，而菱铁矿的氧化需要 50℃ 的温度. 将各种监测烟煤氧化的方法加以对比表明，煤的塑性变化和黄铁矿反应的穆斯堡尔测量是检测氧化开始阶段的最灵敏方法[63].

(2) 燃烧　燃烧产生的烟灰和渣子常常成为一个重要的环境问题. 穆斯堡尔数据特别有助于分析由还原性气氛急冷的烟灰,

因为此时铁是主要的熔剂成分．烟灰的成分是燃烧温度的函数．图 12.19 示出 60%CO-40%CO_2 气氛中急冷的烟灰里各种物相含

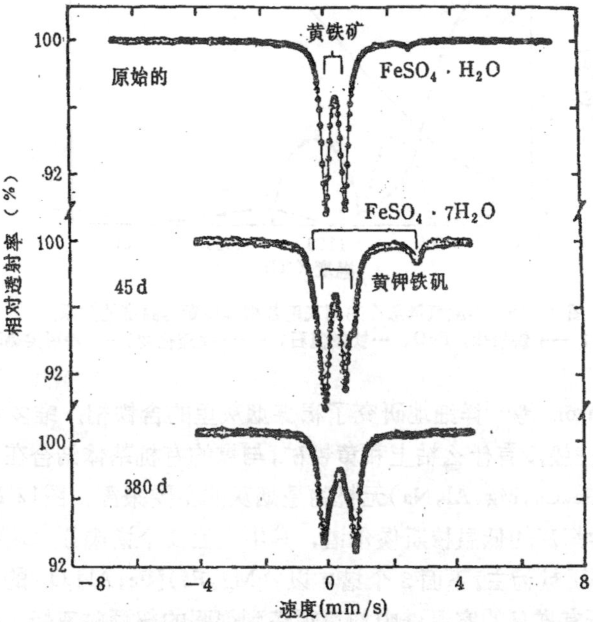

图 12.18　匹兹堡煤在人工风化一定时间后的穆斯堡尔谱．黄铁矿(Pyr) 转变为硫酸亚铁 $FeSO_4 \cdot H_2O(S_z)$ 和 $FeSO_4 \cdot 7H_2O$(Mel) 及黄钾铁矾 (Jar)$(Na,K,H_2O)Fe_3(SO_4)_2(OH)_6$[4]．

铁量与温度的关系[4]．Patil 等[64]检验了 4 种烟煤燃烧产生的飞尘，其中磁性部分含有 Fe_3O_4，非磁性部分呈现出硅酸盐玻璃里 Fe^{3+} 和 $3Al_2O_3 \cdot 2SiO_2$ 玻璃里 Fe^{2+} 及 Fe^{3+} 的顺磁性谱．飞尘里有 Fe_3O_4 但没有 Fe_2O_3，这表明燃烧温度达到 1388℃ 以上，因为在此温度以上，Fe_3O_4 在热力学上更稳定．因此，可以断定 Fe_3O_4 必然是在炉子的火焰区域形成的．在氧化条件下，煤在 700℃ 和 700℃ 以上燃烧时，铁以 α-Fe_2O_3，$M_xFe_{3-x}O_4$ (M = Ca, Mg) 和硅酸盐玻璃形式存在；在 1300℃ 以上燃烧时，以玻璃形式为主[65]．英国哥仑比亚烟煤的烟灰里，主要含铁相是 Fe_2O_3 和玻璃态 Fe^{3+}，玻璃的分数与煤中伊利水云母的含量有关[66]．

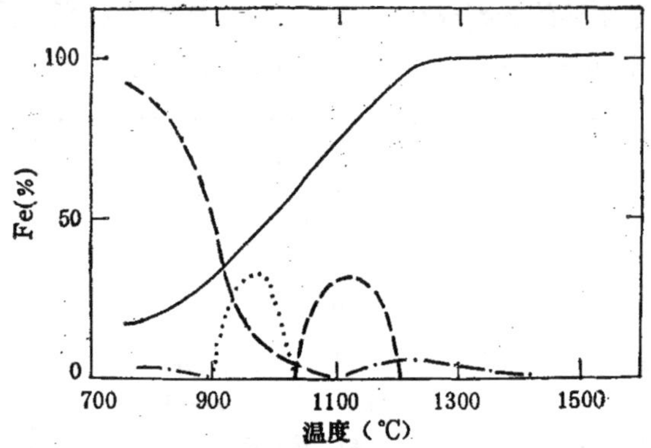

图 12.19 还原气氛急冷的烟灰里各相含铁量与温度的关系.
—玻璃相；——铁氧体，FeO；…铁橄榄石；—·—铁硫化物；---铁铝尖晶石.

Cashion 等[67]详细地研究了褐煤烟灰里的含铁相. 维多利亚褐煤里,一般没有什么粘土和黄铁矿,与煤的有机基体结合在一起的酸溶(Fe,Ca,Mg,Al,Na)无机物是烟灰的主要来源. 图12.20示出了6种烟灰的低温穆斯堡尔谱，其中上面3个谱中以 $Ca_2Fe_{2-x}Al_xO_5$ 的贡献为主,下面3个谱中以 $(Mg,Fe)[Fe,Al]_2O_4$ 的贡献为主. 所有样品的室温谱中均可观察到很强的超顺磁双峰. 实验中火焰温度(1100℃,1200℃和1300℃)和过剩的管道气体氧含量(3%,6%)对飞灰的颜色有明显的影响. 随着火焰温度和过剩氧含量的上升,亚劳恩煤的烟灰中顺磁性双峰的贡献增大,而毛威尔煤的烟灰中顺磁性双峰的贡献反而减少.

12.3.4 合成燃料(煤的液化)

预料在不久的将来,用煤制造合成燃料的研究中,穆斯堡尔谱将得到更广泛的应用. 煤的液化主要有两种方法: 一种是在高压和有溶剂及催化剂条件下通过加氢直接将煤转变为液体；另一种方法是煤的间接液化,即先将煤气化成CO和 H_2，再用 Fischer-Tropsch（简称为F-T）法生产其他有价值的化学产物. 很清楚，穆斯堡尔谱的主要应用是研究煤转化中所使用的催化剂.

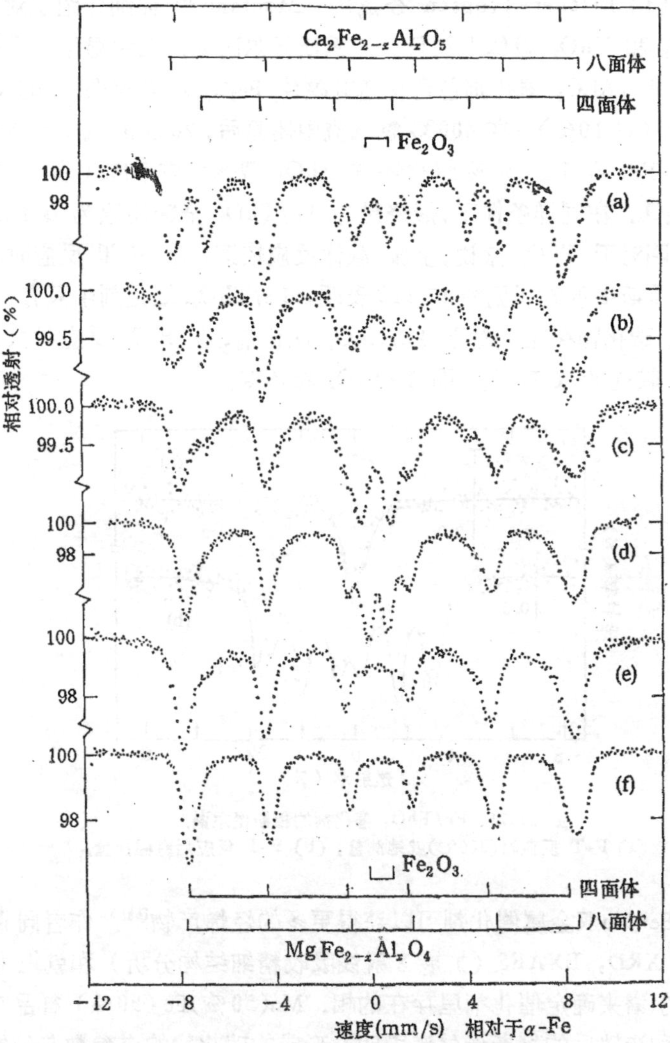

图 12.20 除尘器烟灰沉积物在 4.2K 的穆斯堡尔谱.

(a) 毛威尔煤/*Hazelwood* 电站（77K 谱）；

(b) 毛威尔煤/毛威尔电站；

(c) 毛威尔煤/实验炉；

(d) 亚劳恩 4 号煤/亚劳恩 *E* 电站；

(e) 亚劳恩煤/实验炉；

(f) *Hazelwood* 电站过热器上的烟灰沉积物.

(1) Fischer-Tropsch 合成法　Montano[68] 详细介绍了对γ-Al_2O_3 和 ThO_2 载体上铁行为的穆斯堡尔研究。在室温下，煅烧过的 Fe/Al_2O_3 催化剂包含有超顺磁性 Fe_2O_3 和颗粒很大的 α-Fe_2O_3（占 10%）。在 400℃ 氢气流中还原后，70% 的氧化铁转变为 α-Fe，剩下的 30% 氧化铁与 Al_2O_3 载体反应形成尖晶石相 $FeAl_2O_4$。在同样条件下，煅烧过的 Fe/ThO_2 全部还原为 α-Fe。这表明对于 ThO_2 来说，金属-载体反应较弱。在 F-T 反应时的动态穆斯堡尔谱（见图 12.21）表明，Fe/ThO_2 催化剂中只有 χ-Fe_5C_2 碳化物存在。对于 Fe/Al_2O_3 催化剂，在 F-T 反应时只有 α-Fe 转变为 χ-Fe_5C_2，而 $FeAl_2O_4$ 相不变。

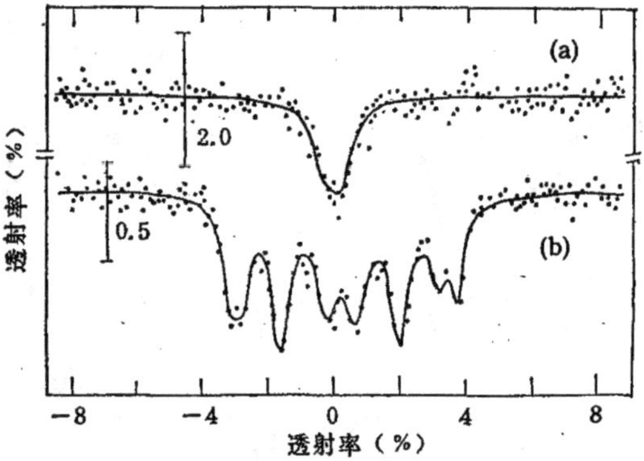

图 12.21　Fe/ThO_2 催化剂的穆斯堡尔谱.
(a) F-T 反应时(300℃)就地测量；(b) F-T 反应后室温测量.

Fe-Mn双金属催化剂可以获得更多的烃烯产物[68]。作者同时采用 XRD，EXAFS（扩展 X 射线吸收精细结构分析）和就地穆斯堡尔谱来确定催化剂里存在的相。Mn(50%)Fe(50%) 样品在还原和渗碳后的穆斯堡尔谱表明，形成的碳化物的谱参数与纯铁催化剂的碳化物谱参数相同（H_{hf} = 11.6，18.5，21.2±），但各亚谱的相对强度有差别。这个差别可以归因于锰溶解于碳化物中。研究表明，锰的存在使催化剂富铁部分的颗粒尺寸减小。这些结构参数以及混合碳化物引起的电子结构变化，是 Fe/Mn 催化剂能获得更多烃烯产物的部分原因.

(2) 煤的直接液化 煤的直接液化是一个煤、氢、溶剂和催化剂之间的反应过程. 对于帮助理解铁的硫化物在直接液化中所起的作用,穆斯堡尔谱方法有其独特的优点[69]. 在液化条件下, FeS_2 迅速转变为非定比 $Fe_{1-x}S(0 < x < 0.125)$, x 值对于提高煤液化转变的活度有重要作用[70]. 加氢前煤中加入 FeS_2, FeS 或 Fe_7S_8 的实验发现,磁黄铁矿的化学定比受 H_2S 分压控制[71]. 对铁的硫化物和模拟化合物之间就地反应的穆斯堡尔研究[72]表明, 在转变过程中 $Fe_{1-x}S$ 和 H_2S 起催化作用, H_2S 和铁的硫化物表面上的金属空缺之间存在一个催化缔合物.

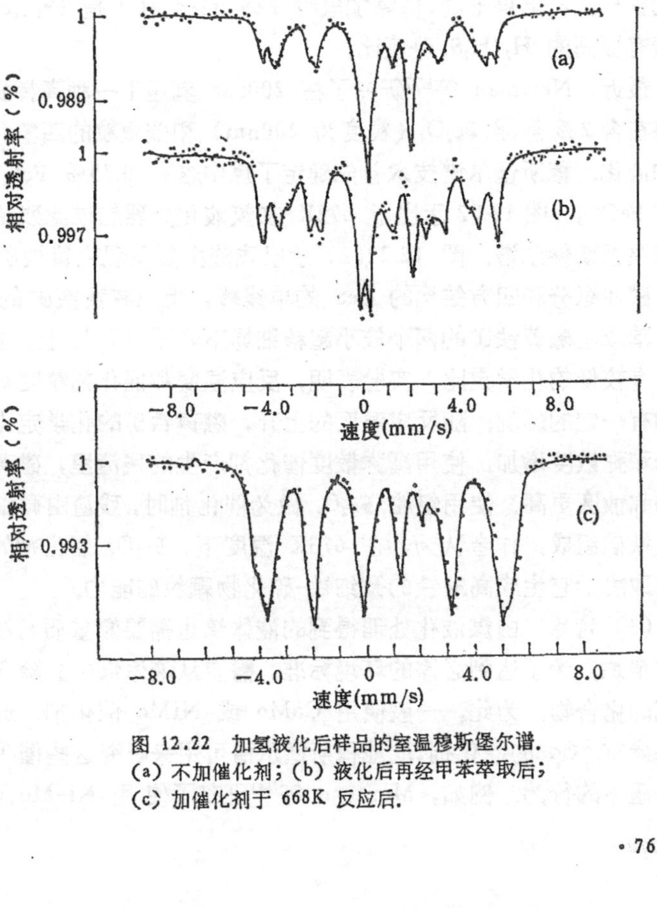

图 12.22 加氢液化后样品的室温穆斯堡尔谱.
(a) 不加催化剂; (b) 液化后再经甲苯萃取后;
(c) 加催化剂于 668K 反应后.

$SnCl_2$ 是煤液化用的极好催化剂. Montano[68] 用 ^{119}Sn 穆斯堡尔谱研究了加氢时 $SnCl_2$ 的催化作用和它与煤的相互反应. 研究表明，锡和氯两者均可在加氢的早期阶段进入煤的结构. 氯的存在引起煤中乙醚一氧键的断裂. 锡 (SnII) 的硫化物是催化剂在加氢后的主要形式，并且是锡清除煤中硫的产物. $FeCl_2$-xH_2O ($x=1,2$) 的形成是磁黄铁矿和盐酸之间在氮或氢气氛下的反应产物.

褐煤加氢时铁的化学变化比其它品种煤的更为复杂[54]. 将褐煤与铁盐溶液混合，铁就变成为 Fe(III) 羟氧化物微粒. 在加氢开始时出现过渡性二价铁，但较长时间加氢后 Fe_3O_4 和 FeS 是主要的铁相. 与烟煤不同，褐煤加氢时 FeS 的存在(不是 $Fe_{1-x}S$)标志着有更高的 H_2/H_2S 分压比.

最近，Newman 等[73]研究了在 200bar 氢压下一种高挥发性烟煤在含 2% 悬浮 Fe_2O_3 (粒度为 200nm) 和硫微粒的四氢化萘里的液化. 穆斯堡尔谱技术首先确定了煤中含有 0.75% FeS_2 和 1.3% $FeCO_3$. 图 12.22 示出了 673K 加氢液化处理的过滤残留物的室温穆斯堡尔谱. 图 12.22(a) 示出残渣主要呈现磁黄铁矿的 3 个磁性组分和四方结构的 FeS 的单线峰，但没有黄铁矿的组分. 萃取使磁黄铁矿的两个较小超精细场下降了 1T 以上，这表明它有较低的化学定比. 实验表明，反应温度和催化剂粒度对产物均有一定的影响. 随反应温度的上升，磁黄铁矿的化学定比值下降和弥散度增加. 使用高弥散度催化剂产生的残渣里，磁黄铁矿的弥散度更高. 使用粗粒 Fe_2O_3 做为催化剂时，残渣由微细的磁黄铁矿组成. 作者认为，在 673K 温度下，Fe_2O_3 催化剂的有效性取决于它生成高缺铁的微细铁-硫化物颗粒的能力.

(3) 精炼　由煤液化处理得到的液体煤也需要像重质石油那样的精炼. 为了达到必需的环境标准，需要从液体煤中去除含氮和硫的化合物. 为此，一般使用 CoMo 或 NiMo 催化剂. 通过制备掺有 ^{57}Co 的催化剂，就地穆斯堡尔谱可用来研究这些催化剂在高压下的行为. 例如，Montano 等[68]研究了使用 Ni-Mo (掺

有 ^{57}Co)/Al_2O_3 催化剂的加氢脱氮（HDN）反应，测量了煅烧、还原、硫化和喹啉氢化反应时和反应后的穆斯堡尔谱. 在煅烧样品的谱[图 12.23(a)]中已确认有 3 种铁状态: 双峰 D_1 非常接近于 Fe-Mo/Al_2O_3 和 Co-Mo/Al_2O_3 里见到的谱线；双峰 D_2 和 D_3 是 Fe^{2+} 高自旋所特有的，分别属于四面体和八面体环境里的 Fe^{2+}. 在还原样品里[图 12.23(b)]有以孤岛形式存在的金属镍（^{57}Fe 的超精细场 $H_{hf}=26.8$T），镍和钼的缔合物和第三种由镍与 Al_2O_3

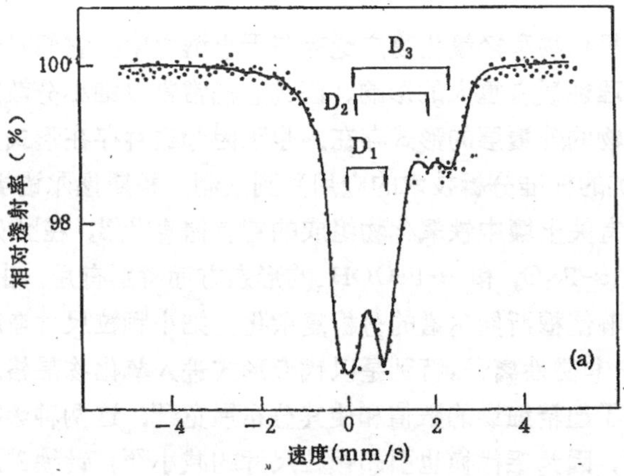

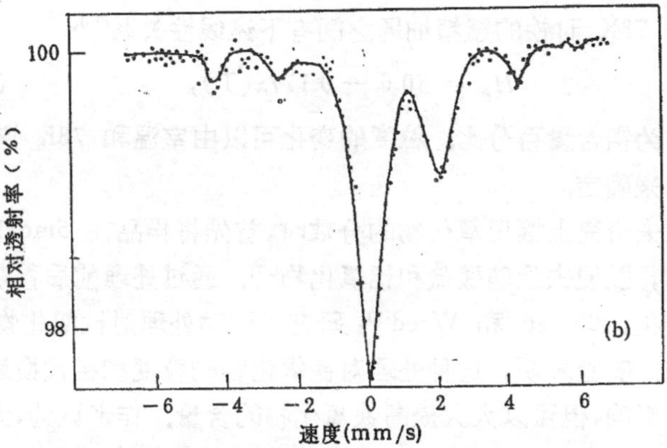

图 12.23 掺有 ^{57}Co 的Ni-Mo/Al_2O_3 催化剂的穆斯堡尔谱.
(a) 煅烧态；(b) 还原态.

强烈反应所形成的镍铝酸盐．煅烧后马上进行硫化处理时，出现两个硫化处理相：一个是与非化学定比的硫化镍有关，另一个是非常少量的镍铝酸盐．在喹啉氢化处理时，这两个硫化处理相的穆斯堡尔谱参数发生很大变化．

§12.4 土壤和环境科学

12.4.1 土壤研究

铁的氧化物和羟氧化物广泛存在于土壤之中．它们对土壤的化学和物理性质有重大的影响，因为它们常常以细小分散颗粒或硅酸盐矿物的外覆层的形式存在．也正因为这种存在形式，使得XRD之类的标准分析技术的应用受到限制．穆斯堡尔谱学可以获得许多有关土壤中铁氧化物组成的特有信息[74,75]，在区分两种主要矿物 α-Fe_2O_3 和 α-FeOOH 的形态方面特别有用．由于下面两种影响使穆斯堡尔谱的分析复杂化：细小颗粒尺寸造成超顺磁性弛豫；非磁性离子，特别是以代换形式进入氧化物晶格的 Al^{3+} 离子减小了超精细场的数值和使其分布展宽[76]．这两种影响是相互关联的，因为铝代换也引起颗粒尺寸的减小[76]．针铁矿里的铝含量与 78K 时铁的超精细场之间有下述线性关系[76]：

$$H_{hf} = 50.0 - 0.177x(\mathrm{T}), \tag{12.2}$$

式中 x 为铝含量百分比．粒度的变化可以由室温和 78K 谱线面积之比来确定．

过去研究土壤里氧化物的分数时，首先将样品在 5mol NaOH 里煮沸，以便去除硅酸盐和铝氧化物[77]．通过处理前后穆斯堡尔谱的变化，Bowen 和 Weed[78] 研究了这种处理对铁氧化物本质的影响．实验表明，这种处理对铁氧化物的粒度和铝代换量没有明显的影响，但可以大大提高铁氧化物的含量．作者认为，大多数土壤样品在 78K 时的测量就能给出含铁矿物的特征谱，只有那些结晶很差的氧化物才需要低于 78K 的测量．

Morozov 等用穆斯堡尔谱方法研究了 Permian 红色沉积物演化来的土壤．在各种地球化学过程中形成的铁的次生氧化物和氢氧化物是这种地球表层土壤中沉积物色素的根源．穆斯堡尔谱表明，这种土壤中的赤铁矿是铝代换的，因为其超精细场小于纯

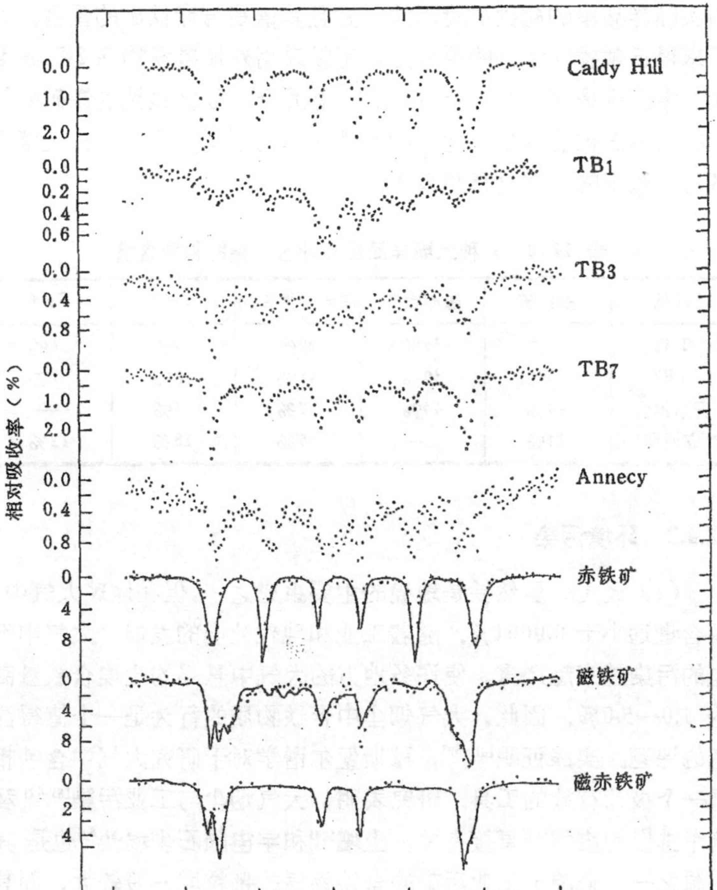

图 12.24　5 种土壤（开尔地山 TB1，TB3，TB7 和安尼斯）的磁分离样品和标准氧化物在 4.2K 的穆斯堡尔谱．

α-Fe_2O_3 的. 低至 80K 的测量也没有观察到这种土壤中赤铁矿的 Morin 转变.

Longworth 等[79]对土壤里次生铁氧化物进行过详细的穆斯堡尔研究. 4.2K 以下的穆斯堡尔谱(见图 12.24)中的磁性组分难于细致分辨,因为此时纯磁铁矿极为复杂(至少有六套磁性亚谱[80]),而实际样品里的磁铁矿物不纯，并且其谱线与赤铁矿的重合. 为了求得超顺磁性组分的百分比，可以采用外加磁场的 4.2K 穆斯堡尔谱. 这是因为在大于 1T 的外磁场下，亚铁磁性磁铁矿的第二和五峰面积会发生变化，而反铁磁体的不受影响. 4 种土壤里各种含铁相的相对含量见表 12.3.

表 12.3　4 种土壤样品里各种含铁相的相对含量

样品	赤铁矿	磁赤铁矿	超顺磁性铁相	Fe^{3+}	Fe^{2+}
TB3	18%	34%	29%	15%	4%
TB7	3%	39%	41%	10%	7%
开尔地山	44%	44%	7%	5%	—
安尼斯	24%	—	46%	18%	12%

12.4.2　环境污染

(1) 大气　虽然铁是地壳的主要组成之一,但在地球大气中,铁含量远小于 0.0001%. 随着工业和现代社会的发展，大气中烟尘的污染越来越严重，使许多地方的大气中悬浮的尘埃含铁量高达 1.0—5.0%. 因此，大气烟尘中含铁物质的行为是一个值得注意的课题. 实践证明[81-87]，穆斯堡尔谱学对于研究大气中含铁相是一个极为有效的工具. 研究表明，大气烟尘与工业污染[81,82]和汽车排出的废气[83]直接有关，土壤[84]和宇宙陨石尘埃[81,82]也是其来源之一. 来源于工业污染的含铁物质的颗粒度一般较大，而其他来源的含铁相呈现超顺磁性. 因此,金属铁、铁氧化物和铁羟氧化物的磁性六线谱可以做为工业污染来源的标志. 早期的工作已经注意到大气中铁的浓度随着时间、位置和季节有很大的变化[82].

穆斯堡尔谱还有助于对烟尘中铁相颗粒度大小、铁的氧化状态和化学键的研究[84]。

Kopcewicz 等用穆斯堡尔谱研究了下雨对前联邦德国大气中铁浓度的影响。采用膜式过滤器收集样品，分 3 个不同天气条件：短促和经常性小雨（a），持续性大雨（b）和干燥天气（c）。图 12.5 示出了这 3 种样品的室温穆斯堡尔谱。谱线均由 $\Delta \approx 0.31$ mm/s的超顺磁性双峰和磁性六线谱组成。根据已得到数据[81,85,86]可得出，由超精细场值可知铁的一部分以较大颗粒（直径大于 120 Å）的 α-Fe_2O_3 形式存在，直径主要为 60 Å 的超细颗粒 α-Fe_2O_3 表现出超顺磁性行为。由实验谱可用"面积方法"[85,86]求出

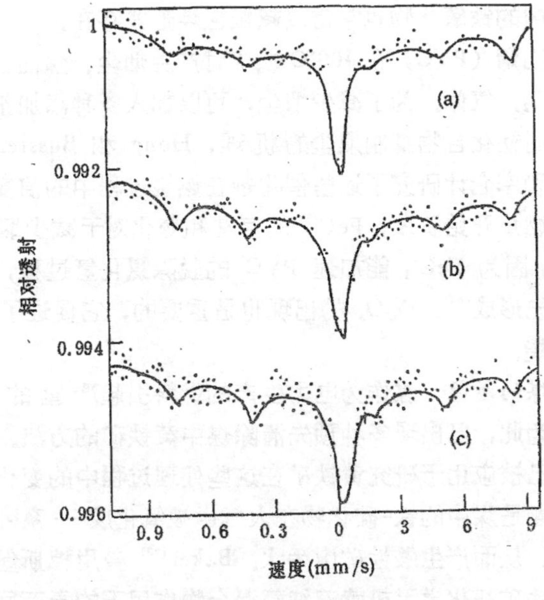

图 12.25 样品(a,b,c)室温穆斯堡尔谱，源为^{57}Co-Cr。

铁的含量。由于通过每个过滤器的空气体积已知，故可以求出每立方米空气里铁的浓度。实验测得，(a,b,c) 3 种样品的浓度分别为 1.8、1.6 和 6.2μgFe/m^3。这表明无雨天大气里的铁浓度比

大雨天的要高两倍．穆斯堡尔谱中检测不到铁-硫化合物，这证明含铁为主的颗粒里硫含量极小．

（2）烟尘　在炼钢操作的装炉、吹氧和出钢过程中都可产生铁氧化物悬浮微粒(烟尘)．这种烟尘对炼钢工人的健康有害，也破坏了周围环境的大气质量．因此，人们要花费很大的努力来研究这种炼钢烟尘的产生和减少它对环境的影响．

穆斯堡尔谱非常适于分析炼钢烟尘里颗粒非常细小和组成复杂的含铁相．Huggins 和 Huffman，Simous 和 Music 都对炼钢烟尘进行了这种研究[51]．两种炼钢烟尘（电炉和碱性氧气转炉烟尘)的穆斯堡尔谱研究发现，烟尘常常由多种铁氧化物、钢渣和锌-铁氧化物之类的其他含铁相组成．这些铁氧化物，特别是电炉炼钢烟尘中的铁氧化物也常常以超顺磁性形式存在．

聚氯乙烯（PVC）在 400℃ 燃烧时产生烟尘、焦油、垃圾和（$CO + CO_2$）气体．为了减少烟尘，可以加入多种添加剂．为了进一步阐明铁化合物抑制烟尘的机理，Hong 和 Bussiere 用穆斯堡尔谱和库仑计研究了这些催化剂在燃烧过程中的演变．研究表明，在燃烧开始阶段，$FeCl_3$ 的存在和变化对于减少烟尘有决定性作用，因为 $FeCl_3$ 能加速 PVC 的脱除氯化氢过程，并引起脂肪族优先形成[89]．Fe_2O_3 的出现也是重要的，它促进了固体残渣物的燃烧．

（3）煤的污染　煤作为电力生产的燃料引起严重的 SO_2 污染大气．为此，已出现多种预先清除煤中黄铁矿的方法．穆斯堡尔谱技术已被应用于研究黄铁矿在这些处理过程中的变化[90–92]．另一个问题是煤中的铁-硫化物在大气中被氧化成一系列铁的含水硫酸盐，从而产生酸性矿山污水．Baker[93] 曾用穆斯堡尔效应研究了黄铁矿在化学无机营养细菌混合物作用下的表面反应．作者观察到黄铁矿表面上有硫酸亚铁．有关煤燃烧生成烟灰的研究可以参阅 12.3.4 节中的论述．

§12.5 钢 铁 工 业

12.5.1 炼焦过程中的矿物行为

炼焦时矿物之间固相反应方面的研究较少。Huggins 和 Huffman[37,38] 对此的穆斯堡尔研究表明，焦化时煤中的含铁相发生很大变化。图 12.26 示出焦化时煤中的黄铁矿分解为铁的两种硫化物的混合物，即化学定比的硫化亚铁 FeS 和非化学定比的磁黄铁矿 $Fe_{1-x}S$($x \leqslant 0.125$) 的混合物；菱铁矿一般被还原为金属

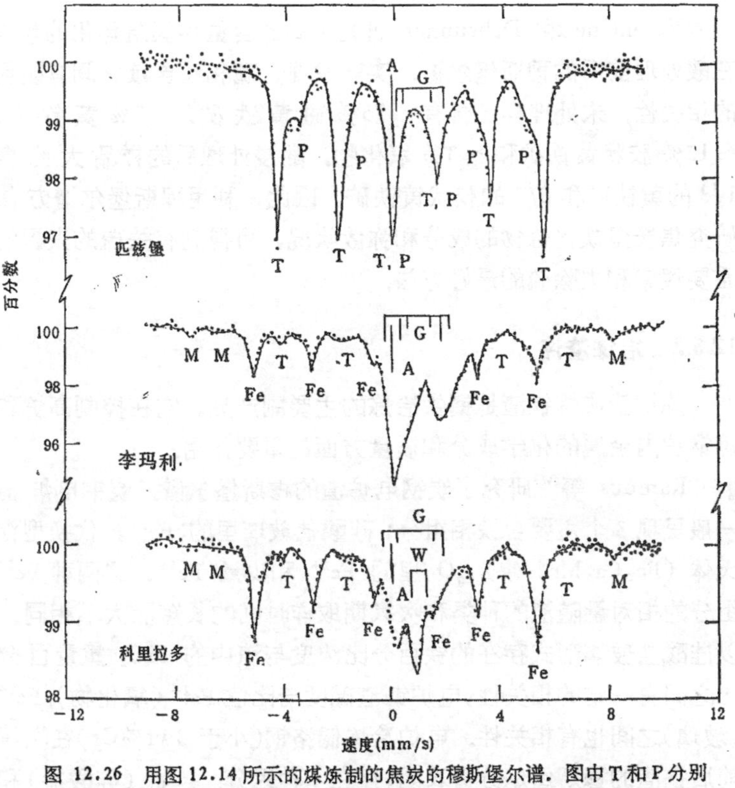

图 12.26 用图 12.14 所示的煤炼制的焦炭的穆斯堡尔谱．图中 T 和 P 分别为 FeS 和 $Fe_{1-x}S$；Fe 和 W 是金属铁和 $Fe_{1-x}O$；G 是玻璃里的 Fe^{2+}；A 和 M 分别是奥氏体铁和马氏体铁．

铁，当菱铁矿里存在许多足以使氧化物稳定的钙和镁时亦可形成 $Fe_{1-x}O(x \leqslant 0.1)$；含 Fe^{2+} 的粘土矿转变为部分熔融的玻璃态。从焦炭里观察到的其他含铁相包括 Fe_3O_4（由于冷却时铁的氧化）和含大量碳的 γ-Fe。

从热力学分析[94]中可知，在焦化条件下黄铁矿虽然应还原成金属铁，但由富含黄铁矿的煤炼制的焦炭在穆斯堡尔谱上常常既有铁硫化物，又有金属铁的组分[95]，其原因尚不清楚。焦化时另一个重要反应是 $CaCO_3$ 与硫蒸气之间形成钙硫化物或钙硫酸盐。因此，焦炭里的最终硫含量在很大程度上依赖于含铁和含钙矿物的相对丰度及焦化时这些矿物的行为[95]。

Valentine 和 Debrunner 研究了高硫含量煤低温焦化的焦炭在酸处理前后的穆斯堡尔谱。实验发现，硫和铁含量之间有明显的相关性。未处理样品含有 ～75% 磁黄铁矿，～7% 黄铁矿，～15% 胶状黄铁矿和 ～3% 氧化物。酸浸处理后的样品大约含 1/3 的黄铁矿和 2/3 的胶状黄铁矿。因此，利用穆斯堡尔谱方法研究焦炭里铁化合物的成分和弥散状况，可得到有关硫的来源的重要线索和去除硫的最好方法。

12.5.2 冶炼渣滓

炼钢渣或炼铁渣是钢铁冶炼的主要副产品，它在控制高炉和炼钢炉内金属的化学成分和质量方面起重要作用。

Ramous 等[96]研究了炭钢电炉渣的穆斯堡尔谱。炭钢电炉渣一般呈现 3 个主要含铁相组分：硅酸盐玻璃里的 Fe^{2+}，代换型浮氏体 $(Fe,Ca,Mn,Mg)_{1-x}O$ 里的 Fe^{2+} 和少量 Fe^{3+}。这两种 Fe^{2+} 组分的相对量随渣的种类和吹氧期取样时间的长短而大不相同。以硅酸盐玻璃形式存在的铁百分比浓度与渣中的 SiO_2 重量百分比之间有一定的相关性，电炉钢渣碱度与比值 Fe^{2+}(氧化物)/Fe^{2+}(玻璃)之间也有相关性。电炉冶炼低铬钢(小于 3wt%Cr)在吹氧前后钢渣的穆斯堡尔分析表明，存在 4 种组分：Fe^{2+}_{sil}（硅酸盐）和 Fe^{2+}_{ox}（氧化物)的两套四极双峰，含铬较低的尖晶石 $Fe^{2+}Cr_{2-x}Fe^{3+}_x$-

$O_4(0.75 < x < 1.4)$ 的两个单峰和 $Fe^{2+}Cr_{2-x}Fe_x^{3+}O_4(x > 1.4)$ 的磁性六线谱。磁性组分中A位和B位的超精细场值较低，这可用 Mn, Mg 等离子的代换来解释。实验发现，渣中 $Fe^{2+}_{ox}/Fe_{1+x}Cr_{2-x}O_4$ 之比与碱度（CaO + MgO + MnO）有关，并且吹氧后，这个比值下降。

最近，Matteazi 等[97]对不锈钢 AISI420（13wt%Cr）和 AISI 304（18wt%Cr 和 10wt%Ni）电炉冶炼钢渣中的铁-铬氧化物进行了研究。图 12.27 示出这两种钢吹氧前后渣样的室温穆斯堡尔谱，铁磁性组分属于渣中的 Fe-Cr 固溶体金属。由谱中各组分的峰面积分析得到钢渣成分，列于表 12.4。顺磁性组分中有两套四极双峰属于 Fe^{2+} 的复杂氧化物，另外两套四极双峰属于富铁尖晶石 $Fe^{2+}Fe_x^{3+}Cr_{2-x}O_4$ 里A位的 Fe^{2+} 和B位的 Fe^{3+}。根据 x 与比值 $Fe^{3+}/(Fe^{2+} + Fe^{3+})$ 的相关关系[98]可以确定 Fe-Cr 尖晶石的成分 x。表 12.4 表明，吹氧后渣中金属相的含铬量增加。实

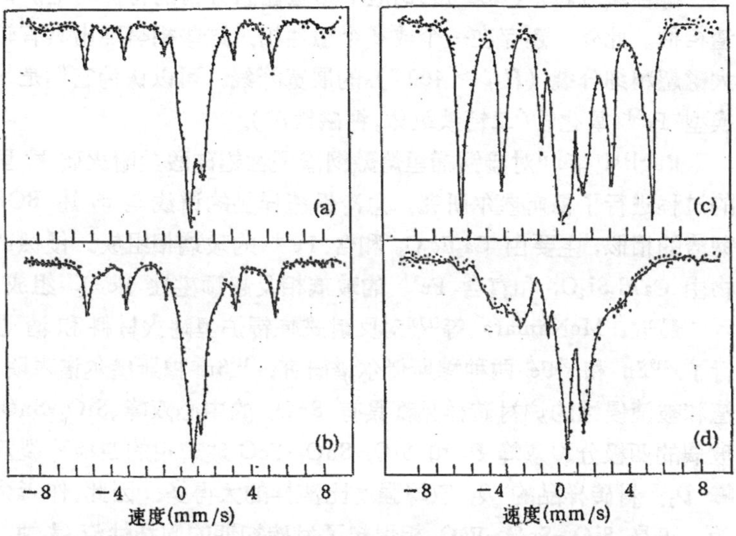

图 12.27　4 种典型不锈钢钢渣样品的室温穆斯堡尔谱.
(a) 熔化后(4F)；(b) 吹氧后(4O)，(c) 熔化后(5F)；(d) 吹氧后(5O).

验表明，渣中和溶池中的金属相成分有区别，因为吹氧时没有达到渣-金属平衡。

表 12.4 两炉不锈钢电炉钢渣的成分(以穆斯堡尔谱中各组分的峰面积表示)

编号	金属相	金属相含Cr量	复合混合氧化物		$Fe^{2+}+Fe_x^{3+}+Cr_{2-x}O_4$				其他
			内双峰	外双峰	Fe^{2+}	Fe^{3+}	总量	x	
4F(熔化后)	19.8	0	30.7	0.8	30.0	10.0	40.0	0.25	$Fe_3O_4$8.7
4O(吹氧后)	32.7	4	35.0	4.9	20.8	6.6	27.4	0.23	
5F(熔化后)	62.9	4	21.6	9.2	3.0	3.3	6.3	(1.00)	
5O(吹氧后)	60.9	26	25.0	6.9	3.2	4.0	7.2	(1.11)	

碱性氧气转炉(BOF)的钢渣中顺磁性组分谱的特征与电炉钢渣相似。此外，还存在一个或多个磁性相。这些相呈现出具有较大磁超精细分裂（$H_{hf} > 400T$）的展宽峰线。可以认为它们是代换型 Fe^{3+} 氧化物(二钙铁氧体，钙磁铁矿)。

Puglisi 等[99]对盛钢桶里熔融钢渣侵蚀铝硅酸盐耐火砖衬里的过程进行了穆斯堡尔研究。急冷钢渣样品的谱线与前述 BOF 钢渣的相似，主要由 $Ca_2Fe_2O_5$ 和含 Fe^{2+} 的玻璃相组成。侵蚀产物由 $CaAl_2Si_2O_3$ 和富含 Fe^{3+} 的玻璃相及超顺磁性 Fe_2O_3 组成。

最近，McNamara 等[100]对反射式炼锡炉里耐火材料和渣进行了 ^{119}Sn 和 ^{57}Fe 两种穆斯堡尔谱研究。^{119}Sn 穆斯堡尔谱表明，渣和被渣侵蚀的炉衬砖样品都具有 SnO_2 的中心双峰、SiO_2-SnO_2 玻璃的四极分裂双峰 D_2 和 SiO_2-SnO_2-FeO 玻璃相的四极分裂双峰 D_3。衬砖样品的 D_3 双峰强度比渣样的大得多。因此，作者认为，正是 SiO_2-SnO_2-FeO 相引起了衬砖初期的破坏性渣浸蚀。^{57}Fe 谱的主要组分是 SiO_2-SnO_2-FeO 玻璃相。

12.5.3 钢铁产品

（1）双相钢　双相钢成分简单，是由铁素体和低碳马氏体组成的混合组织，有优良韧性和强度[101-103]，因而引起人们极大的兴趣。图 12.28 示出背散射 X 光穆斯堡尔谱（XRM）表明，双相钢里还有一定数量（8.1%）的残留奥氏体。由拉伸样品断口区取下的小样品的透射谱表明，变形使残留奥氏体急剧下降为 0.8%。这种转变使双相钢的韧性大大提高。图 12.28 示出三套磁性亚谱属于马氏体或铁素体中具有 0，1 和 2 个最近邻代换溶质原子的铁原子。谱中心的 A_0 单峰和 A_1 四极双峰分别为奥氏体中没有碳原子近邻和有一个碳原子近邻的铁原子的贡献。A_1 双峰面积占奥氏体谱面积的 22%，由此可以求得残留奥氏体中的碳含量为 3.7at% 或 0.8wt%，远大于钢中平均含碳量。

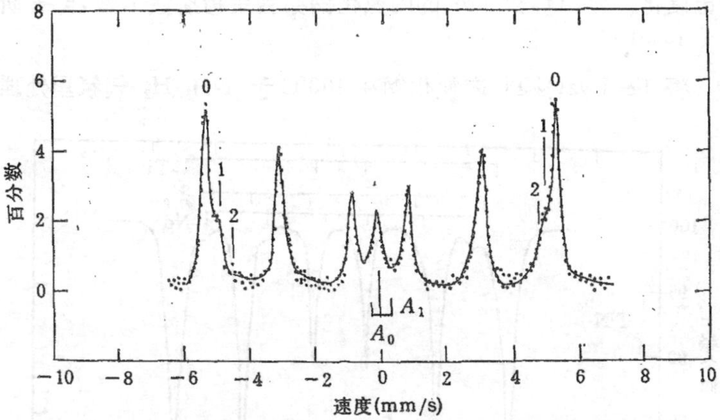

图 12.28　双相钢（0.12wt%C，1.7wt%Mn，0.5wt%Si）的 XRM。

我们对双相钢（1.32wt%Mn）在不同温度淬火后的组织进行了透射穆斯堡尔研究。由穆斯堡尔谱经厚度修正后求得的残余奥氏体量与淬火温度的对应关系见图 12.29。图 12.29 示出一个很有意义的规律，即 780℃ 淬火的双相钢具有最大的残留奥氏体含量。

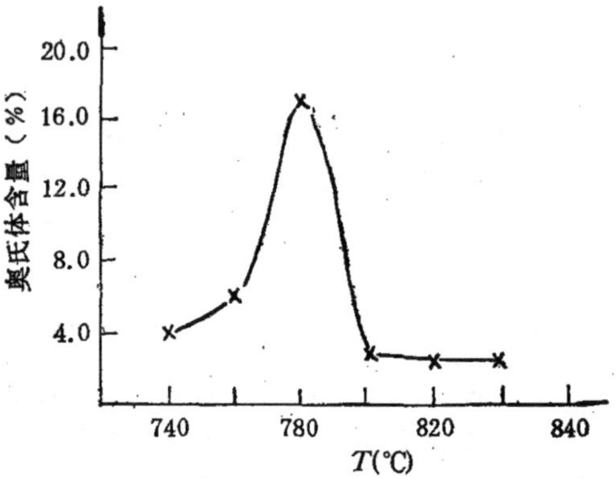

图 12.29 双相钢(1.32wt%Mn)的残留奥氏体量与淬火温度的关系.

(2) 低合金析出硬化钢 高强度低合金钢都含有少量碳化物或氮化物形成元素 Nb,Ti,Mo,V 等. Belozerskiy 等[104]用穆斯堡尔谱研究了 0.9C-12Mo-5Ni-92.9Fe (at%) 低碳钢中的 Mo_2C 析出硬化. 含 Ti 和 Mo 的内氮化钢亦曾用穆斯堡尔谱详细研究过[105,106].

将 Fe-1.9at%Ti 内氮化钢在 400℃ 于 NH_3-H_2 气氛里处理

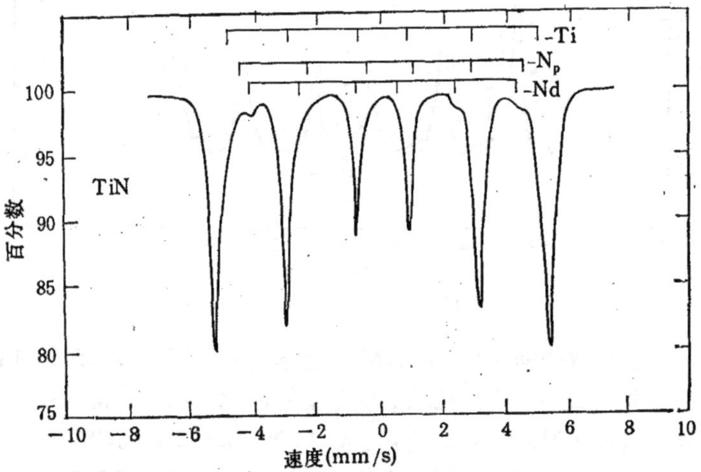

图 12.30 Fe-1.9at%Ti 内氮化钢的穆斯堡尔谱. 此时, TiN 析出以单层薄片状弥散分布.

直到每一个 Ti 原子有一个N原子为止，此时的穆斯堡尔谱见图 12.30。穆斯堡尔谱和透射电镜的观察均表明，这个样品里析出的 TiN 呈单层薄片状[107]弥散分布。TiN 薄片里每个氮原子以铁素体中成对的两个铁原子(垂直于薄片平面)为最近邻。正是这些铁原子形成如图 12.30 所示的伴线 N_d。TiN 薄片里钛原子的第一和第二近邻铁原子形成伴线 T_i。而在 TiN 薄片边缘处，与氮原子同处于薄片平面的铁原子形成另一个很弱的伴线 N_p.由各伴线对应的铁原子分数，可以求得 TiN 薄片的尺寸(厚度和直径)。例如，图 12.30 所示样品里的 TiN 薄片估计是单层厚的直径为10 Å 的圆片。通过穆斯堡尔谱可以跟踪样品时效过程中 TiN 薄片的长大，还可以确定氮化动力学和氮化物的化学定比，观察次生相 Fe_2Mo 和分析更复杂的氮化物析出相（TiN_2）的结构。

（3）高合金钢　含10%以上代位式溶质的高合金钢虽然产量不大，但在技术上十分重要，亦是穆斯堡尔分析的重要课题。

含大量 Ni，Co，Cr，Mo 和其他合金元素的马氏体时效钢已进行过大量的穆斯堡尔研究。主要含 Ni，Co 和 Mo 的马氏体时效钢在时效过程中会析出 Fe_2Mo，它很容易在穆斯堡尔谱中与铁磁性基体区分开[109－111]。在 21Co-14Cr-3Mo 马氏体时效钢中曾观察到几种析出相[112]，其中含等量 Cr 和 Co 及少量 Fe 的“R”相的析出是主要的硬化机理，而含铁的析出相 $(Cr, Fe)_{23}C_6$ 和 FeCr σ 相的作用则是次要的。

含 12—14wt%Mn 和 1.0—1.4wt% C 的高锰钢在淬火态呈现奥氏体的单峰和四极双峰，它们分别对应有 0 和 1 个最近邻碳的铁原子。这两种组分的相对面积比表明碳原子是随机分布的[113,114]。然而，350℃ 时效后观察到明显的碳原子聚集，从而引起钢的硬度增加。塑性变形似乎并没有引起向铁磁性 α 相的转变[113,115]。低碳锰钢(10—14%Mn)的穆斯堡尔研究[116]表明，750℃ 奥氏体化后的奥氏体含量为 5—80%，冷加工(10—40%)使所有的奥氏体转变为 α 马氏体。

不锈钢是大家熟悉的高合金钢。利用穆斯堡尔谱法可以研究以下问题：冷变形 $\gamma \to M$ 转变[4,9,119]，反应堆里中子辐射对不锈钢组织的影响[119]，以及吸氢对不锈钢组织的影响[120]. Ensling等[121]还用背散射穆斯堡尔谱研究了锅炉条件下不锈钢的氧化.

(4) 电工钢　大量的穆斯堡尔工作研究了 Fe-Si 合金里的近程有序. Shimizu等[122]研究了含 3.0wt%Si 的商用晶粒取向硅钢和 3.2wt%Si-0.6wt%Al 的无取向硅钢里的有序效应. 实验发现，无取向硅钢里短程有序比较明显. 作者认为，这是铝的存在提高了 $Fe_{15}Si$ 有序化的倾向.

Japa 和 Krop[123] 测量了具有戈斯织构的 Fe-3wt%Si 薄片的穆斯堡尔谱角度因子 $I_{2,5}/I_{1,6}$. 测量时样品的角度在 0—45° 之间变化. 由此得到的择优取向或织构数据与磁转矩法的结果吻合极其良好. Slama 和 Prysa[124] 用同样的方法确定了取向硅钢片在垂直和平行于轧制方向上的磁取向.

Huffman 和 Stanly[125] 用 CEM 和 CXM 研究了在 H_2-N_2-H_2O 气氛里退火时硅的内氧化对无取向硅钢片磁性的影响. 在较湿气氛 ($H_2O/H_2 \geqslant 1.5$) 里脱碳退火的样品受这种影响最严重. 图 12.31 示出的是典型例子，脱碳退火时 1 到 2μm 的表面层固溶

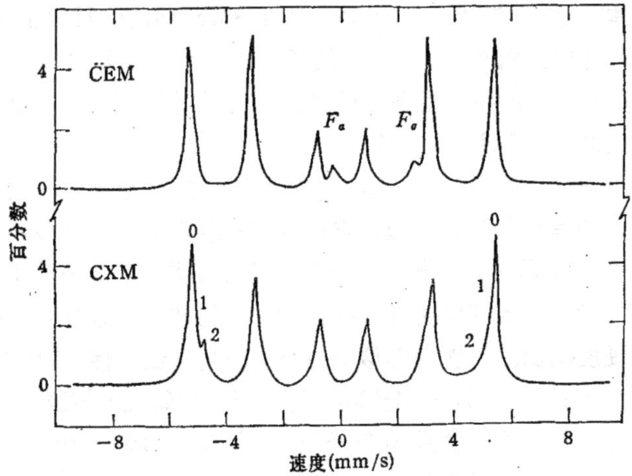

图 12.31　无取向硅钢在脱炭退火 (800℃ × 5min, $H_2O/H_2 = 0.15$) 后的 CEMS 和 XRM.

体里的硅全部氧化成 Fe_2SiO_4（用 F_a 表示的四极双峰），而在 10 到 20μm 的表面层里有 50—60% 的硅损失掉而转变为 SiO_2 析出，剩下的固溶硅引起具有一个或两个最近邻硅原子的铁原子组分(图中用 1 和 2 表示)。

§12.6 金属表面状态研究

金属表面现象的研究涉及钢铁、钴、锡、金以及其合金的表面腐蚀和氧化、表面化学热处理、表面化学处理、表层涂层、表面磨损以及最新发展的离子注入改性等许多重要工程技术问题，具有极大的实际意义。穆斯堡尔谱学，特别是各种背散射技术（CEMS，XRM，γRM），以及它们与透射技术和源发射技术的相互配合在研究表面现象方面已显示出其独特的优越性。这主要表现在，背散射穆斯堡尔谱具有技术上适度的分辨深度和可以逐层分析，这些技术既能提供表面层成分和结构方面的信息，又能直接确定它的某些物理和化学性质，从而提供更多的信息。有关表面现象的研究可以参阅若干综述性文章[126−132]。

12.6.1 金属的氧化

对钢和铁在加热时表面氧化膜的形成曾用内转换电子穆斯堡尔谱进行过细致的研究[4,133−136]。Tricker[130] 在他的评论性文章中讨论了多种有关氧化的实用性或基础知识性。图 12.31 示出了无取向电工钢在退火时硅的氧化[125]。实际上，退火过程中，钢中固溶合金元素的氧化是一个相当普遍的现象。例如，含 1.7at% 锰钢的内转换电子穆斯堡尔谱和背散射 X 光穆斯堡尔谱研究发现，退火时 20μm 厚表面层里的固溶锰几乎完全被氧化损失掉了[4]。

Fujinami 和 Ujihira[137] 用内转换电子穆斯堡尔谱研究了反应溅射法制取的铁氧化膜的化学和物理状态。实验确认，最初沉积的铁氧化物是非定比 $Fe_{3-x}O_4$($x=0.12$，它具有若干 B 位的空位)，其易磁化轴垂直于膜表面.在空气中于205—355℃温度范围内，$Fe_{3-x}O_4$ 又被氧化转变成 γ-Fe_2O_3.

Zhetbaev 等[138] 采用掺杂有 ^{57}Co 的发射穆斯堡尔谱研究了金属钼的氧化动力学. 作者发现，钼在空气中于190℃退火时形成了 MoO_2 氧化膜，从而阻止了钼的继续氧化. 退火温度大于350℃时，钼又重新开始氧化. 500℃退火时，钼的氧化速度最快，这是因为生成的 MoO_3 升华而使金属表面暴露.

12.6.2 金属的腐蚀

^{57}Fe 的内转换电子穆斯堡尔谱对于研究钢表面的腐蚀产物是极为有用的工具[139—141].

Meisel[128] 对钢的大气腐蚀进行了详细研究，并提出了一个铁被氧化生锈的过程序列. Evans 和 Taylor[142] 认为，SO_2 在大气腐蚀中起重要作用，而 Fe_3O_4 在大气腐蚀的化学循环过程中占重要的中间环节地位. Ganced 和 Martinez[143] 对铁在 SO_2 污染的大气中的腐蚀进行了动态穆斯堡尔谱研究，发现铁在0.22% SO_2 的湿大气中放置24h后的腐蚀产物只有 Fe^{2+}；而在含0.45% SO_2 的湿大气中，腐蚀产物可以同时具有 Fe^{2+} 和 Fe^{3+} 两种状态，但在腐蚀过程中，Fe^{2+} 的形成优先于 Fe^{3+}.

近来，对涂层下的金属腐蚀研究开始重视起来. Leidheiser和Music[144] 研究了涂漆钢的腐蚀，发现在大气中腐蚀的初期产物是 γ-FeOOH，随腐蚀时间的增长，它转变为 α-FeOOH 和 γ-Fe_2O_3. 他们没有发现 Fe_3O_4 的存在，这与 Graham 等[126]，Evans 和 Taylor[142]，Meisel[128] 所得的研究结果均不相同. 这对于发展保护漆的工作者来说是一个有用的信息. Nomura 和 Ujihira[145] 研究了3种低合金钢板(未处理过的，带有锌磷酸盐覆层的，带有锌磷酸盐和丙烯酸盐树脂覆层的)暴露在大气中15年形成的锈层. 内转换电子穆斯堡尔谱和背散射X射线穆斯堡尔谱研究表明，无磷酸盐覆层的钢表面锈层由 γ-FeOOH，微细 α-FeOOH，$5Fe_2O_3\cdot 9H_2O$，γ-Fe_2O_3 和 Fe_3O_4 组成，其锈层结构与样品放置位置有关。带有锌磷酸盐+丙烯酸盐树脂覆层的钢表面形成一薄锈层，它由 γ-FeOOH、细小 α-FeOOH 和细小 γ-Fe_2O_3 组成。Nigam 等[146]研究了颜料对油漆与金属表面之间锈层形成的影响。穆斯堡尔谱表明，上锈层由 γ-Fe_2O_3，γ-FeOOH 和 α-FeOOH 组成，下锈层呈现出 γ-FeOOH 的非对称性双峰。关于用 ^{57}Co 发射谱研究保护膜下金属的腐蚀方面内容可以参阅文献[147—149]。

目前，动态内转换电子穆斯堡尔谱日益受到重视，因为可以得到更为可靠的结果。图 12.32 示出了钢在去离子水中浸泡 24 和 48h 后的动态内转换电子穆斯堡尔谱和背散射 X 射线穆斯堡尔谱[150]。内转换电子穆斯堡尔谱表明，除了基底的六线谱外，还有

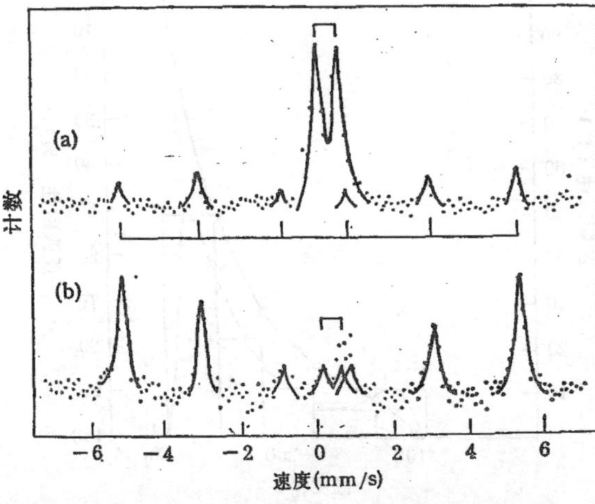

图 12.32 (a) 在去离子水中浸泡 24h 后钢的就地 CEMS；(b) 在去离子水中浸泡 48h 后的动态背散射 X 射线穆斯堡尔谱。

属于 γ-FeOOH 的四极双峰，其强度占 80%，这表明表面被几百 nm 厚的腐蚀层所覆盖。48h 和几小时浸泡腐蚀表面的背散射 X 射线穆斯堡尔谱均相同[见图 12.32(b)]，这表明腐蚀层停止增长。Helistö 和 Hirvonen[151] 曾用 ^{57}Fe 平面极化 γ 射线的内转换电子穆斯堡尔谱研究过碳钢在 10%KCl 溶液里浸泡 80h 后的表面腐蚀产物。我国对钢的海水腐蚀锈层做过不少穆斯堡尔研

究[152-154]. 关于钢在海水中腐蚀产物组成的观点常常有分歧,其中关键的问题是取样过程.吴继勋等[152]对锈层离海水后的稳定性和接触空气后的变化进行过详细的研究. 采用就地穆斯堡尔谱研究可以避免取样过程对实验结果的影响[146,154].

腐蚀产物的颗粒度是非常重要的. 马如璋等[155]利用腐蚀产物的超顺磁性行为, 通过不同温度下穆斯堡尔谱测量求得腐蚀产物的粒度分布图线(见图 12.33).

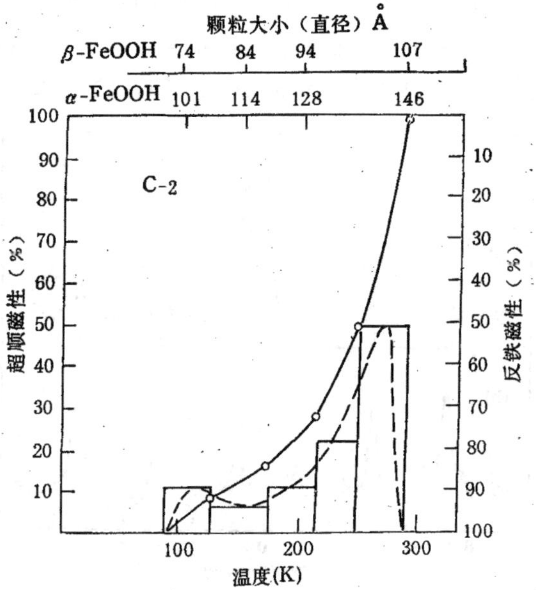

图 12.33 C-2 钢的内锈层中,超顺磁性粒子量随温度的变化和粒子尺寸分布曲线.

12.6.3 金属的表面处理

为了提高钢和其他金属表面的物理和化学特性, 可以进行表面化学热处理(渗硼、渗碳、渗氮等)、表面化学处理(磷化、草酸盐和重铬酸盐处理)和金属镀层处理.

Handa 和 Ujihira[156] 对 Cr-Mo-Ni 钢的渗硼层的相组成和

层结构用磨削法进行了逐层 CEMS 分析。CEMS 分析表明渗硼层的结构可以表示如下：

$$FeB_x(x>1)/\text{畸变的 }\eta\text{-}FeB/\eta\text{-}FeB+\varepsilon\text{-}Fe_2B/\varepsilon\text{-}Fe_2B/\varepsilon\text{-}Fe_2B+\alpha\text{-}Fe/\alpha\text{-}Fe$$

深度 <5μm 5μm 30—50μm 90—110μm >110μm

X 射线衍射分析只能确定小于 5μm 的表面层，分析的结果为 Fe_2B 相。Longworth 和 Atkinson[157]研究了离子注入碳对铁箔 CEMS 的影响。对于离子注入氮的研究[158,159]发现，在高碳和中碳马氏体中注入氮将强迫形成 ε-Fe_{2+x}(C,N) 表面化合物。

钢的磷酸盐表面覆盖层处理是最常用的表面化学处理[160]，穆斯堡尔谱技术对于研究覆盖层里铁的化学状态是一种极有效的手段[161]。Nomura 和 Ujihira[186] 用 CEMS 和 TMS 详细研究了钢表面锰磷酸盐覆盖层的形成和热学性质。在锰磷酸盐覆盖层里发现存在 1 种 Fe(III) 和 3 种 Fe(II)，其中 3 种 Fe(II) 属于 Fe(II) 代换 3 种锰位置的红磷锰矿。铁代换锰的程度取决于磷化时间、磷化池中 Fe(II) 和 Mn(II) 离子的浓度。最近，Meisel[162]研究了钢在磷酸电解液（0.15mol NaH_2PO_4 + 0.15mol H_3PO_4）里的磷化处理。在活化区就地测量的 γ 射线背散射谱表明，有两套四极双峰对应着蓝铁矿 $Fe_3(PO_4)_2\cdot 8H_2O$ 里的 Fe^{2+}，没有可见的 Fe^{3+}。CEMS 表明，当电解液的流动速度急剧增加时，表面上不出现 Fe^{2+} 磷酸盐，只有少量 Fe^{3+}。因此，Fe^{2+} 磷酸盐似乎仅仅是由于靠近表面的溶液浓度较高，超过溶解度而沉积在表面上的。在钝化区，形成较厚的表面层，但是见不到 Fe^{2+} 的存在。Gutlish 等[163]用 CEMS 和 ESCA 两种测量配合研究了重铬酸盐钝化膜。实验表明，钢表面上的钝化膜结构是微细的 Fe_2O_3 颗粒分布在较厚的 Cr_2O_3 钝化层里。

镀锡钢板表面镀层的 ^{119}Sn 穆斯堡尔谱研究和镀锌或镀铝钢板的 ^{57}Fe 穆斯堡尔研究是金属镀层方面的早期工作，Huffman 对此已作过综述性介绍[164]。Graham 等[165]对热镀锌钢板表面结构进行了更详细的 CEMS 研究，发现除最外层的 η-Zn 相外，还

依次存在 ζ，δ 和 γ 3 种 Fe-Zn 中间相．其他的研究还包括电沉积金镀层的 ^{197}Au 穆斯堡尔谱研究[166]和 ^{57}Co 发射穆斯堡尔谱研究[167,168]，电沉积锡-铜层的穆斯堡尔研究[169]．

§12.7 合 成 金 属

合成金属（Synthetic Metals）的最普遍特性是具有与一般金属可比拟的导电性．合成金属一词目前用于非常广泛的一类材料，它包括有机超导体、过渡金属双硫族化合物和一维自旋和电荷密度波系统．它们可能成为电器或加速器里金属的代用品、或制作太阳能电池、催化剂等多种用途[170—172]．另一方面，它由于具有许多不寻常的结构和性能而适于基础性研究．本文主要介绍有关石墨夹层化合物(GIC)和导电聚合物方面的研究．

12.7.1 石墨夹层化合物

有多种原子或分子能嵌入石墨．这些夹层可以根据夹层与石墨之间电荷转移的方向被分类为施主或受主．

对于施主 GIC 研究，存在两个有用的穆斯堡尔共振，即 ^{133}Cs (81keV) 和 ^{151}Eu(22keV)．Campbell 等[173]首先证明了穆斯堡尔谱研究 GIC 里电荷转移和晶格动力学的可能性．同质异能移位的分析发现，在单间隔 CsC_8 里 Cs 原子约有 50% 是离子化的，而在双间隔 CsC_{24} 里 Cs 原子完全离子化．作者的另一个重要结论是，证明了夹层 Cs 原子具有各向异性结合键．使用高取向热解石墨，确定了无反冲分数 f 相对于石墨 c 轴的角度关系：$f_{//}$ 是 $f_{\perp}$ 的 20 倍．对应的德拜温度分别为 145K 和 76.5K．Kaindl 等[174]的穆斯堡尔研究证实，Eu 形成的单间隔 GIC(EuC_6) 里 Eu 处于二价状态．^{151}Eu 的同质异能移位（−11.7mm/s）表明有相当大的 s 电子密度由 Eu^{2+} 转移给石墨层．在反铁磁有序温度(40K) 以下，观察到的超精细场表明，Eu 磁矩是面内排列．超精细场与温度的关系近似遵循 $s = 7/2$ 的布里渊函数，这表明对于单间隔夹层化合物来说，磁相互作用是各向异性的，但仍是 $3d$ 交换。在上述两个研究中均观察到施主原子有明显的电四极相互作用，电场梯度的数值可由点电荷计算得到满意的再现。

有大量的穆斯堡尔工作研究了受主型 GIC（$FeCl_3$-GIC）及其衍生物 $FeCl_2$-GIC 的特征、稳定性、夹层物、电荷转移和磁性[175—179]。Prietsch 等[180]研究了双间隔 $FeCl_3$-石墨样品在 10K 到 300K 之间的 ^{57}Fe 穆斯堡尔谱（见图 12.34）。作者采用弛豫模型解谱，分析表明，Fe^{2+} 的同质异能移位和四极分裂在低温时易于分辨；在高温时虽然仍然存在，但被平均了。无反冲分数 f 的数据表明，结合键的强度小于 $FeCl_3$ 的，并且是各向同性的.在外磁场下于 1.8K 和 4.2K 测量的穆斯堡尔谱没有见到自旋排列的急剧变化。

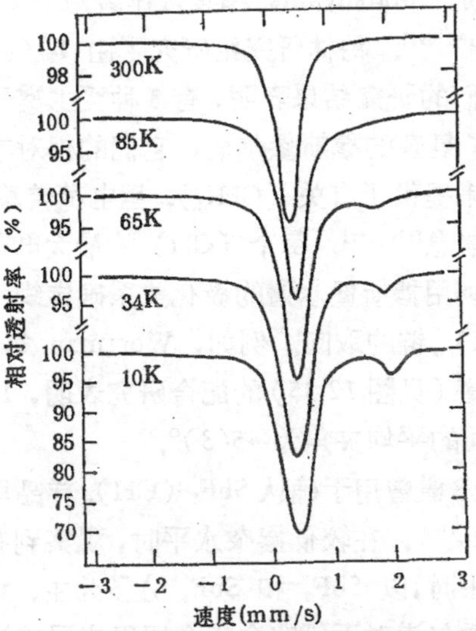

图 12.34 取向 $FeCl_3$-GIC 在不同温度下的典型 ^{57}Fe 穆斯堡尔谱.
γ 射线平行于石墨的 c 轴.

^{121}Sb 的 37.1keV 穆斯堡尔谱常被用来确认 $SbCl_5/SbF_5$- 石墨里夹层分子类型[181—185]。Sb^{3+} 和 Sb^{5+} 的价态可以容易地由其不同的同质异能移位来确定。此外，还用 ^{127}I 的 57.6keV 共振谱研究了 IF_5-GIC[186]，用 ^{151}Eu 谱研究 $EuCl_3$-GIC[187] 和 Eu-NH_3-

GIC[188]，以及用 ^{119}Sn 谱研究由 $SnCl_4$ 和 $Me_{4-x}SnCl_x$ 制备的 GIC。

12.7.2 掺杂聚合物

$FeCl_4^-$ 阴离子属于受主分子，它可以嵌入聚乙炔 PA (polyacetylene) 里构成 $FeCl_4$-PA. 实验发现，$FeCl_4^-$ 阴离子显示有四极分裂，但直到 4.2K 也没有磁有序效应[189—192]. 无反冲分数 f 表明，它有相当低的德拜温度 $\theta_m = 104K$[190]. $SnCl_4$-PA 的 ^{119}Sn 穆斯堡尔研究认为，只有 $SnCl_5^-$ 阴离子是嵌入离子类型[193].

碘掺杂的 PA:$(CHI_y)_x$ 系统是最稳定和较易于制备的. 可以利用 ^{127}I 的 57.6keV 共振和 ^{129}I 的 27.7keV 共振研究传输和结构性质和本质. Matsuyama 和其合作者用 ^{129}I 研究了 Cl_4-I 溶液制备的样品[194—196]. 柏林研究组研究了由 I_2 气体相掺杂的 PA 样品[197]. 他们的研究结果表明，有 3 种受主离子（I^-，I_3^- 和 I_5^-）的贡献构成了复杂的穆斯堡尔谱，它们的相对丰度依赖于碘含量 y. 这些结果提供了有关 $(CHI_y)_x$ 里电荷转移与掺杂水平之间关系的详细信息[194—197]. 每个 (CH) 的最大电荷转移为 0.04 个电子. 还可以利用穆斯堡尔谱的极化关系确定线性 I_3^- 和 I_5^- 阴离子相对于 $(CH)_x$ 链的取向. 例如，Wortman 等对此的穆斯堡尔谱和 X 射线谱（见图 12.35）的配合研究表明，I_3^-/I_5^- 分子和 PA 膜织构轴之间的平均夹角为 45(3)°.

^{121}Sb 穆斯堡尔谱曾用于确认 SbF_5-$(CH)_x$ 样品里的 3 种受主 SbF_6^-，SbF_3 和 SbF_5[198]. 在较低掺杂水平时，观察到有大量 SbF_6^-，而在较高掺杂水平时，以 SbF_5 和 SbF_3 分子为主.

总之，穆斯堡尔谱对于研究合成金属里夹层或嵌入分子的化学形式、结构性质和键合强度是一个有效的手段. 通过确定 GIC 和导电聚合物中各种掺杂所特有的低而各向异性的德拜温度，可以很方便地检验样品的质量. 然而，穆斯堡尔谱只能提供合成金属系统的部分信息，故必须配合其他研究手段. 目前，穆斯堡尔谱的重要局限性在于只有少量适宜的共振核素，以及实验往往需要在低温进行。

穆斯堡尔谱学在工业中的应用在国外已越来越广泛。本章虽已用较大篇幅，但所述内容也只是全部工业应用中一小部分。但可以说，这一小部分的内容已代表了应用的基本思路和方法，这对于在我国开展工业上的应用是很有意义。

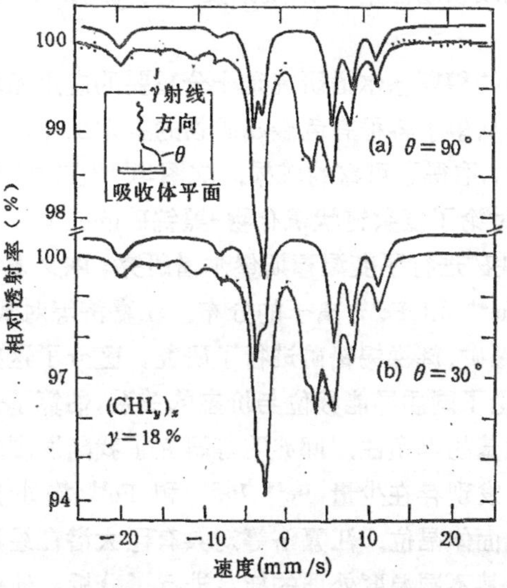

图 12.35 (a) 织构化 $(CHI_{0.18})_x$ 吸收体的四极分裂谱的极化关系。仅仅绘出了位置 1 的亚谱拟合曲线；(b) 同上样品，其织构轴平行于和垂直于同步辐射极化向量 E 时的碘 L_1-XA 谱。

§12.8 进展情况

至今，穆斯堡尔谱学在工业方面的应用越来越为人们所重视。工业应用仍主要在 4 个领域：催化、煤炭、钢铁和冶金、腐蚀和表面。

在催化剂表面方面，穆斯堡尔谱已成为常规手段，主要用于相鉴定、氧化态确定、结构类型和颗粒尺寸的确定以及相转变的动力学等方面。有成效的主要研究体系包括氨合成催化剂、费-托合成催化剂、含钴产氢催化剂、双金属载体催化剂及泡沸石中的铁等。

Niemantsverdriet[199] 论述了穆斯堡尔谱在催化剂研究方面的重要性，指出穆斯堡尔谱学的主要长处在于可以在实地条件下得到真实催化剂的信息.

在煤炭工业领域，近年来主要用于研究煤的液化[200-202]和相应的锡催化剂或铁催化剂[203]；煤的焦化过程[204]；煤的脱硫过程中所用的锡助催剂或铁助催剂[205]以及微波-化学脱硫或微波-磁选晚硫过程[206].

金属矿物的穆斯堡尔谱研究是十分重要的应用领域. 我国地质工作者主要从事于各种有色金属矿物的鉴定工作，进行相分析，探索成矿原因，取得了可喜的成果. 陈图华[207]在对天然黑钨矿的研究中，深入讨论了复杂链状氧化物-黑钨矿的晶体化学特征. 李哲等[208]对铬铁矿进行了变温穆斯堡尔谱研究，陈义龙等研究了铁镁铬铁矿中 Fe^{2+} 和 Fe^{3+} 离子的分布. 江嘉济等对我国一些地区的锡石、黄锡矿、辉锑锡铅矿进行了研究，区分了这些锡矿物中锡的价态，讨论了同质异能移位与价态的关系，估算了一些锡矿物中氧和硫配位基的电负性. 邱兆明等研究了我国发现的硅钡钛铌包头复合矿，发现存在少量 Fe^{2+},Fe^{2+} 和 Fe^{3+} 均处于具有一定畸变的钛氧八面体晶位. 江嘉济等对具有巨大潜在经济意义的东太平洋锰核及其不同温度处理的样品进行了分析，他们认为主要是纤铁矿和针铁矿. Chen 等研究了中太平洋深海锰核里铁离子的化学状态，研究表明，有少量 Fe^{2+} 存在 Fe^{2+}/Fe^{3+} 之中，这二者之比为 0.07. 还有一些国外学者研究了古巴天然铬铁矿[209]、含 Co-Ni-Mn-Al 的针铁矿[210]、含 Ni 针铁矿[211]、含W铁矿在等温退火中的相变[212]、铁矿和其还原产物. 对含金矿物的研究也很多. Friedl 等采用 ^{197}Au,^{57}Fe 和 ^{121}Sn 3 种穆斯堡尔谱研究了多种含金矿物，定性和定量地分析了金存在的化学状态. Wagner[213] 等研究了金矿的焙烧. Jay 等还研究了金的吸附提取方法.

在钢铁工业中，穆斯堡尔效应已成为一个常用的研究手段. 夏元复综述了穆斯堡尔效应在炼钢过程、表面处理过程、腐蚀氧化等研究中的应用. 近年来，主要采用 CEMS 和 CXMS 研究钢材表面的变化，例如，高锰钢变形表面[214]、低碳钢表面的激光合金化[215,216]、钢表面的磷酸锡覆层和铁表面上硼化物覆层的表面氧化[217]. 在腐蚀研究方面的应用也日益普遍，Zheng 研究了地下钢管的腐蚀产物，Nomura 和 Ujihira[218] 研究了 SUS304 和 SUS316 不锈钢的表面氧化膜. Kounde 等[219]还研究了吊桥钢丝绳的腐蚀产物. 对于表面保护层或有机覆盖层下的表面腐蚀产物，也提出了直接研究的方法[220,221]。

对于钢铁产品的穆斯堡尔研究也屡有报道. Kuzmann 等[222]研究了含 12—13.5%Cr 和 3—5%Ni 的涡轮叶片钢，探索有关使用过程中发生破坏的信息. 研究发现，破裂叶片的残余奥氏体含量小于1%，而淬火样品和退火样品中的残余奥氏体分别为11%和5%，故叶片的破裂可能与工作过程中残余奥氏体的转变有关. 对 4wt%Si 和 1.5wt%Mo 的铸铁进行的研究表明，铸态只有含硅铁素体的铁磁性六线谱，1000℃ 奥氏体化并淬火的样品中有残余奥氏体和大量马氏体，回火样品中发现有 4% 的 ε 碳化物. 对高速工具钢中的残余奥氏体[223]和炭化物的研究，提供了有关其性能和使用寿命的重要信息. 镀锌钢板上形成的 Fe-Zn 相的研究[224]对于提高镀锌层的质量具有重要的意义. 此外，张秀芳等[225]对 $Cr_{12}MoV$ 钢磨料磨损过程中产生的磨屑及磨损表面的研究和 Razumow 等对 Fe 和 Ni 在摩擦区里形成 Fe-Ni 合金的研究，对于理解材料的磨损可以提供极为有用的信息。

De Grave 等[226]对电焊条的氧化覆盖层的研究也令人感兴趣，这种氧化物覆盖层的本质，用通常的方法难于确认. 穆斯堡尔谱确认不存在 α-Fe_2O_3，γ-Fe_2O_3，Fe_3O_4 和 γ-FeOOH，只可能是三价铁的凝胶体相，例如，$Fe(OH)_3 \cdot nH_2O$，$Fe(OOH) \cdot nH_2O$ 和 $Fe_2O_3 \cdot nH_2O$，但进一步的分辨尚有困难。

参 考 文 献

[1] A.Govaert, C.Dauwe, P.Plinke, J. de Sitter, E. de Grave, G. Robbreicht, Bull. *Soc. Chim. Belg.*, **85**, 251(1976).

[2] A. K. Singh, B. K. Jain, K. Chandra, *Phys. Stat. Solidi (a)*, **44**, 445

(1977).
[3] 郑金山、牛木林等，核技术，**6**，7(1982).
[4] G. P. Huffman, F. E. Huggins, Mossbauer Spectroscopy and Its Chemical Applications, J. G. Stevens, G. K. Shenoy eds., ACS 265—301 (1981).
[5] T.Ya. Malysheva, V.V. Korovushkin, Ju.V. Tarasenko, V.Ya. Lyadova, L.A. Petrov, *Russ. Metall.*, **6**, 5(1978).
[6] H. E. McGannou (editor), The Making, Shaping and Treating of Steel, 9th ed., chapter 14(1971).
[7] V. N. Andronov, A. I. Velikodnyi, V. D. Kaufe, V. G. Kirichenko, V. V. Chekin, A. S. Yatsenko, *Izves. VUZ Chern. Metal.*, 32(1977) Eng. Trans. Steel in The USSR, **7**, 135(1977).
[8] V. V. Chenkin, B. G. Kirichenko, A. S. Yatsenko, *Russ. Metal.*, **5**, 197(1979).
[9] V. I. Chromov, V. N. Fedorov, A. S. Palchinda, E. F. Makarov, A. S. Ladygo, V. M. Chertov, R. P. Ozerov, *Radiochem. Radioanal. Ltr.*, **29**, 301(1977).
[10] E. D. Greaves, M. P. Jones, Bull, B. R. G. M. (2nd Series), 283(1978).
[11] P. A. Ioffe, V. V. Klement'yer, L. Sh. Aleksandrova, L. Sh. Tsenekhman, M. I. Kazakov, S. E. Vays'burd, B. F. Verner, *Russ. Metal.*, **2**, 11(1976).
[12] M. Robbins, G. K. Wertheim, R. C. Sherwood, D. E. Buchanan, *Phys. Chem. Solids*, **32**, 717(1971).
[13] E. Galvao da Silva, A. Abras, A. O. R. Sette Camara, *J. de Phys. Colloq.*, **37**, C6-783(1976).
[14] G. A. Fatseas, J. L. Dormann, M. Blanchard, *J. de Phys. Colloq.*, **37**, C6-787(1976).
[15] A. K. Singh, B. K. Jain, S. K. Date, K. Chandra, *J. Phys. D*, **11**, 769(1978).
[16] E. Galvao da Silva, A. Abras, N. L. Spezialli, A. O. R. Sette, *Camara, Appl. Phys.*, **22**, 389(1980).
[17] N. N. Greenwood, T. C. Gibb, Mosbauer Spectroscopy, Chapman and Hall, Ltd. (1971).
[18] T. C. Gibb, N. N. Greenwood, W. Twist, *J. Inorg. Nucl. Chem.*, **31**, 947(1969).
[19] S. L. Ruby, G. Shirane, *Phys. Rev.*, **123**, 1239(1961).
[20] C. E. Johnson, G. P. Glasby, *Nature*, **222**, 376(1969).
[21] A. Z. Hrynkiewicz, A. J. Pustowka, E. D. Sawicka, J. A. Sawicki, *Phys. Stat. Solidi (a)*, **10**, 281(1972).
[22] J. H. Johnson, G. D. Glasby, *Geochem. J.*, **12**, 153(1978).
[23] Хем, Зум, Фиен, В. С. Шпинель, Ж. Эксперим, *и Теор. Физ.*, **40** (2),. 393(1963).
[24] В. И. Гольданский, А. В. Доленко, Б. Г. Егиазаров, В. М. Запорожец., В.М. Ратинков, Гамма-Резонансные, *Методы и Приборы-*

для Фазового Анализа Минерального Сырья, М., Атомиздат, C. 14(1974).

[25] B. G. Zemskov, Yu. V. Permyakob, Proc. Int. Conf. of Mössbauer Effect, Jaipur (India), 322(1981).

[26] S. A. Fush, P. E. Clark, *Hydrometall.*, **10**, 285(1983).

[27] G. W. McDonald, T. J. Volovic, J. A. Dumesic, S. H. Langer, *Hydrometall.*, **13**, 125(1984).

[28] R. Dimitrov, A. Herimova, S. Asenov, T. Ruskov, T. Tomov, *Thermochem. Acta*, **40**, 349(1980).

[29] G. P. Demopoulos, P. A. Distin, *Hydrometall.*, **10**, 111(1983).

[30] S. A. Fush, Industial Applications of the Mossbauer Effect, G. J. Long, Stevens eds., Plennum Press, chapter 28(1986).

[31] P. A. Montano, *Fuel*, **56**, 397(1977).

[32] G. K. Shenoy, J. M. Friedt, M. Maletta, S. L. Ruby, *Mossbauer Effect Methodology*, Plenum Press, **9**, 3277(1974).

[33] J. Espitalie, M. Mader, B. Tissot, *A. A. P. G. Bull.* (American Association of Petroleum Geologists), **64**, 59(1980).

[34] R.E. Karl, J. J. Zuckerman, Mossbauer Spectroscopy and Its Chemical Applications, J. G. Stevens, G. K. Shenoy eds., Washington, 221—243(1981).

[35] M. Rosa-Brussin, R. M. Chang, N. Carrion, C. Villamizar, G. Frias, G. Sepulveda, *An. Quim. Real. Soc. Esp.*, **77B**, 360(1981).

[36] F. Gonzalez-Jimenez, H. Constant, R. Iraldi, E. Jaimes, M. Rosa-Brussin, *Hyp. Int.*, **28**, 927(1986).

[37] F. E. Huggins, G. P. Huffman, Analytical Methods for Coal and Coal Products, ed. J. Karr Clarence, Jr., Academic Press, **III**, 372 (1979).

[38] G. P. Huffman, F. E. Huggins, *Fuel*, **57**, 592(1978).

[39] P. Mantano, Advance in Chemistry Series, 192, eds. M. L. Gobarty and K. Ouchi, Awer. Chem. Soc., Washington, D. C., 337(1981).

[40] P. A. Montano, Mossbauer Spectroscopy and Its Chemical Applications, J. G. Stevens and G. K. Shenoy eds., 135—175(1981).

[41] J. D. Cashion, B. Maguire, L. T. Kiss, Mossbauer Spectroscopy and Its Chemical Applications, J. G. Stevens and G. K. Shenoy eds., 209—219(1981).

[42] D. L. Williamson, T. W. Guettinger, Mossbauer Spectroscopy and Its Chemical Applications, (J. G. Stevens, G. K. Shenoy eds.), 177—208(1981).

[43] R. E. Karl, J. J. Zuckerman, Mossbauer Spectroscopy and Its Chemical Applications, J. G. Stevens, G. K. Shenoy eds., 221—245(1981).

[44] S. S. Hafner, M. Kalvius, *Z. Kristallogr.*, **123**, 443(1966).

[45] N. S. Ovanesyan, V. A. Trukhtanov, G. Yu. Odinets, G. V. Novikov, *Sov. Phys. JETP*, **33**, 1193(1971).

[46] P. A. Montano, B. Granoff, *Fuel*, **59**, 214(1980).

[47] C. P. Rao, H. J. Gluskoter, *State Geol. Servey, Circ.*, **111**, 476(1973).
[48] K. Ono, A. Ito, *J. Phys. Soc. Jap.*, **19**, 899(1964).
[49] D. W. Forester, N. C. Koon, *J. Appl. Phys.*, **40**, 1316(1969).
[50] R. M. Housley, U. Gonser, R. W. Grant, *Phys. Rev. Lett.*, **20**, 1279 (1968).
[51] P. RuSsell, P. A. Montano, *J. Appl. Phys.*, **49**, 1573(1978).
[52] A. H. Stiller, J. J. Renton. P. A. Montano, P. Russell, *Fuel*, **57**, 447(1978).
[53] J. D. Cashion, P. S. Cook, L. J. Brown, *Hyp. Int.*, **27**, 23(1986).
[54] G. P. Huffman, F. E. Huggins, The Chemistry of Low-Rank Coals, H. H. Schobert ed., 159(1984).
[55] L. M. Levinson, I. S. Jacobs, *Fuel*, **56**, 453(1977).
[56] L. M. Levinson, Chemistry and Physics of Coal Utilization 1980, B. R. Cooper, L. Petrakis eds., 209(1981).
[57] N. F. Dovzhenko, A. N. Smoilovskii, Yu. A. Chernyshov, *Khim. Tver. Topl.*, **11**, 73(1977).
[58] N. K. Jaggi, K. R. P. M. Rao, *Fuel*, **58**, 688(1979).
[59] F. E. Huggins, G. P. Huffman, D. A. Kosmack, P. E. Lowenhaupt, *Int. J. Coal Geol.*, **1**, 75(1980).
[60] R. A. Baker, *Water Res.*, **6**, 9(1972).
[61] A. M. Stiller, J. J. Renton, P. A. Montano, P. E. Russel, *Fuel*, **57**, 447(1978).
[62] F. E. Huggins, G. P. Huffman, M. C. Lin, Int. *J. Coal Geol.*, **3**, 157 (1983).
[63] G. P. Huffman, F.E. Huggins, G. R. Dunmyre, A. J. Pignocio, M. C. Lin, *Fuel*, **64**, 849(1985).
[64] M. D. Patil, H. C. Eaton, M. E. Tittlebaum, *Fuel*, **63**, 788(1984).
[65] G. P. Huffman, F. E. Huggins, G. R. Dunmyre, *Fuel*, **60**, 585(1981).
[66] S. P. Taneja, C. H. W. Jones, *Fuel*, **63**, 695(1984).
[67] J. D. Cashion, L. Joan Brown, A. L. Ottrey, Industrial Applications of the Mossbauer Effect, G. J. Long, J. G. Stevens eds., Plennum Press, chapter 27(1978).
[68] P. A. Montano, *Hyp. Int.*, **27**, 147(1986).
[69] P. A. Montano, Magnetic Resonance Introduction Advanced Topics and Applications to Fossil Energy, D. Reidel ed., 177(1984).
[70] P. A. Montano, B. Granoff, *Fuel*, **59**, 214(1980).
[71] A. S. Bommannavar, P. A. Montano, *Fuel*, **61**, 1288(1982).
[72] P. A. Montano, A. S. Bommannavar, V. Shah, *Fuel*, **60**, 703(1981).
[73] A. Newman, P. Bussiere, M. Besson, H. Charcosset, *Hyp. Int.*, **28**, 949 (1986).
[74] L. H. Bowen, *Mossbauer Effect Ref. Data J.*, **2**, 76(1979).
[75] J. M. Bigham, D. C. Golden, L. H. Bowen, S. W. Buol, S. B. Weed., *J. Soil Sci. Soc. Amer.*, **42**, 816(1978).
[76] D. C. Golden, L. H. Bowen, S. B. Weed, J. M. Bigham, *J. Soil Sci.*

Soc. Amer., **43**, 802(1979).
[77] K. Norrish, R. M. Taylor, *J. Soil Sei.*, **12**, 294(1961).
[78] L. H. Bowen, S. B. Weed, Mössbauer Spectroscopy and Its Chemical Applications, J. G. Stevens, G. K. Shenoy eds., 247(1981).
[79] G. Longworth, L. W. Becker, R. Thompson, F. Oldfield, J. A. Dearing, T. A. Rummery, *J. of Soil Sci.*, **30**, 93(1979).
[80] M. Rubinstein, D. W. Forester, *Solid Stste Commun.*, **9**, 1675(1971).
[81] B. Kopcewicz, M. Kopcewicz, *Tellus*, **30**, 562(1978).
[82] B. Kopcewicz, M. Kopcewicz, *J. de Phys. Colloq.*, **37**, C6-841(1976).
[83] J. P. Eymery, S. B. Raju, P. Moine, *J. Phys. D*, **11**, 2147(1978).
[84] B. Mahieu, J. Ladriere, G. Desaedeleer, *J. de Phys. Colloq.*, **37**, C6-837(1976).
[85] M. Kopcewicz, B. Dzieuis, *Tellus*, **23**, 176(1971).
[86] B. Dzienis, M. Kopcewicz, *Tellus*, **25**, 213(1973).
[87] B. Kopcewicz, M. Kopcewicz, *Hyp. Int.*, **29**, 1141(1986).
[88] M. Bert, A. Michel, A. Guyot, *Fire Research*, **1**, 301(1977/78).
[89] T. Iida, R. Goto, *J. Polymer Sci.*, **15**, 2436(1977).
[90] I. S. Jacobs, L. M. Levinson, H. R. Hart, *Appl. Phys.*, **49**, 1775(1978).
[91] M. Saporoschenko, C. C. Hinkley, G. V. Smith, H. Twardowska, R. H. Shiley, R. A. Griffen, *Fuel*, **59**, 567(1980).
[92] C. C. Hinkley, G. V. Smith, H. Twardowska, M. Saporoschenko, R. H. Shiley, R. A. Griffen, *Fuel*, **59**, 161(1980).
[93] R. A. Baker, *Water Research*, Pergamon, **6**, 9(1972).
[94] A. Attar, *Fuel*, **57**, 201(1978).
[95] G. P. Huffman, F. E. Huggins, R. J. Lee, Proc. Int. Conf. on Xoal Science, Verlag Glukauf GmbH, Fssen, Germanny, 835(1981).
[96] E. Ramous, A. Principi, M. Magrini, A. Tiziani, *Met. Trans. B*, 403(1981).
[97] P. Matteazzi, M. Magrini, E. Ramous, *Hyp. Int.*, **28**, 975(1986).
[98] M. Robbin, G. K. Wertheim, R. C. Sherwood, D. N. Buchanan, *J. Phys. Chem. Solids*, **32**, 717(1971).
[99] C. Puglist, F. Labenski, C. Saragovi-Badler, *Bol. Soc. Esp. Ceram. Vidr.*, **18**, 155(1978).
[100] Pamela McNamara, J. D. Cashion, M. S, J. Gani, Industrial Applications of the Mossbauer Effect, G. J. Long, J. G. Stevens eds., plennum, chapt. 24(1986).
[101] M. S. Rashid, *Science*, **208**, 862(1980).
[102] G. R. Speich, V. A. Demarer, R. L. Miller, *Met. Trans. A*, **12A**, 1419(1981).
[103] G. P. Speich, Physical Metallurgy of Dual-Phase Steels, Fundamentals of Dual Phase Steels, AIME(1982).
[104] G. N. Belozerskiy, V. M. Yerkin, V. A. Malyshevskiy, O. G. Sokolov, Ye. M. Sosenushkin, Yu. P. Khimich, *Fiz. Metal. Metalloved.*, **43**, 145(1977); ibid., *Phys. Met. Metalloved (USSR)*, **43**, 124(1977).

[105] G.p. Huffman, H. H. Podgurski, *Acta Met.*, **23**, 1367.(1975).
[106] G. P. Huffman, G. H. Podgurski, Mössbauer Effect Methodology, I. J. Gruverman, C. W. Siedel eds., Plennum Press, **10**, 183(1976).
[107] D. H. Jack, *Acta Met.*, **24**, 137(1976).
[108] L. H. Schwartz, Applications of Mössbauer Spectroscopy, R. L. Cohen ed., Academic Press, **I**, 37(1976).
[109] H. L. Marcus, M. E. Fine, L. H. Schwartz, *J. Appl. Phys.*, **38**, 4750 (1067).
[110] P. L. Gruzin, Yu. L. Rodionov, Yu. D. Zharov, V. S. Mkrtchyan, A. F. Edneral, M. D. Perkes, *Sov. Phys. Dokl.*, **17**, 64(1972).
[111] J. M. Genin, G. Le Caer, P. Maitrepierre, B. J. Thomas, *Scripta Met.*, **8**, 15(1974).
[112] R. R. Uhlig, J. Kansy, T. J. Panik, *J. de Phys. colloq.*, **41**, C1-377 (1980).
[113] S. A. Sastri, R. Ray, *Met. Trans.*, **5**, 1501(1974).
[114] V. S. Litvinov, S. D. Karakishev, A. V. Tswin, *Fiz. Metal. Metalloved.*, **43**, 352(1977).
[115] Y. N. Dastur, W. C. Leslie, *Met. Trans.*, **4**, 12A, 749(1981).
[116] O. Schneeweiss, T. Zemcik, Proc. Int. Conf. on Mössbauer Spectroscopy, Cracow, poland, **I**, 509(1975).
[117] A. A. Hirsch, Z. Eliezer, *IEEE Trans. Mang.*, 690(1972).
[118] G. Longworth, *NDT International*, 241(1977).
[119] I. M. V'yunnik, P. O. Voznyuk, V. N. Dubinin, *Atomnaya Energiya*, **41**, 427(1976).
[120] T. Sohmura, F. E. Fujita, *Trans. J. I. M.*, **17**, 699(1976).
[121] J. Ensling, J. Fleisch, R. Grimm, J. Gruber, P. Guttlich, *Corrosion Science*, **18**, 797(1978).
[122] M. Shimizu, L. Honsako, K. Fuyimoto, *J. de Phys. Colloq.*, **40**, C2-581(1979).
[123] E. A. Japa, K. J. Krop, *Magnetism and Magnetic Materials*, **15—18**, 653(1980).
[124] J. Slama, M. J. Preisa, *Magnetism and Magnetic Materials*, **19**, 42 (1980).
[125] G. P. Huffman, E. B. Stanly, *J. Appl. Phys.*, **50**, 363(1979).
[126] M. J. Graham, M. Cohen, *Corrosion*, **32**, 432(1976).
[127] G. W. Simmons, H. Leidheiser, Applications of Mössbauer Spectroscopy, R. L. Cohen ed., Academic Press, **I**, 85(1976).
[128] W. Meisel, J. *de Phys. Colloq.*, **41**, C1-63(1980).
[129] G. P. Huffman, Applications of Mössbauer Spectroscopy, R. L. Cohen ed., Academic press, 329(1980).
[130] M. J. Tricker, Mössbauer Spectroscopy and Its Chemical Applications, J. G. Stevens, G. Shenoy eds., Amer. Chem. Soc., Washington, D. C., 63(1981).
[131] G. P. Huffman, *Chemtech.*, **10**, 504(1980).

[132] G. Weyer, *Hyp. Int.*, **27**, 249(1986).
[133] G. W. Simmons, E. Kellerman, H. Leidheiser, *Corrosion*, **29**, 227 (1973).
[134] T. M. Thomas, M. J, Tricker, A. P. Winterbottom, *J. Chem. Soc. Faraday*, **71**, 1708(1975).
[135] G. P. Huffman, H. H. Podgurski, *Oxid. Met.*, **10**, 377(1978).
[136] M. J. Graham, D. F. Mitchell, D. A. Channing, *Oxid. Met.*, **12**, 247 (1978).
[137] M. Fujinami, Y. Ujihira, *Hyp. Int.*, **29**, 1475(1986).
[138] A. K. Zhetbaev, Sh. Sh. Ibragimov, A. K. Shokanov, *J. de Phys. Colloq.*, **41**, C1-387(1980).
[139] M. Fujinami, Y. Ujihira, *Appl. Surface Sci.*, **17**, 265(1984).
[140] M. Fujinami, Y. Ujihira, *Appl. Surface Sci.*, **17**, 276(1984).
[141] W. Meisel, E. Mohs, H. J. Guttman, P. Gutrich, *Corrosion Sci.*, **23**, 465(1983).
[142] U. R. Evans, C. A. J. Taylor, *Corrosion Sci.*, **12**, 227(1972).
[143] J. R. Gancedo, M. L. Martinez, Magnetic Resonance in Colloid and Interface Science, J. P. Fraissard, H. A. Resing eds., Reidel Publishing Co., 371(1980).
[144] H. Leidheiser, S. Music, *Corrosion Sci.*, **22**, 1089(1982).
[145] K. Nimura, Y, Ujihira, *Hyp. Int.*, **29**, 1467(1986).
[146] R. K. Nigam, B. P. Hajela, S. Sengupta, B. C. Srivastava, K. N. Gupta, *Hyp. Int.*, **28**, 935(1986).
[147] H. Leidheiser, G. W. Simmons, E, Kellerman, *J. Electrchem. Soc.*, **120**, 1516(1980).
[148] H. Leidheiser, *J. de Phys. Colloq.*, **41**, C1-345(1980).
[149] H. Leidheiser, S. Music, G. W. Simmons, *Nature*, **297**, 667(1982).
[150] M. Fujinami, Y. Ujihira, *Hyp. Int.*, **29**, 1479(1986).
[151] P. Helisto, M. T. Hirvonen, *J. de Phys. Colloq.*, **41**, C1-387(1980).
[152] 吴继勋、杨德钧、屈祖玉、马如璋、计桂泉、吴卫芳，中国腐蚀与防护学报，**2**(3)，42(1982).
[153] 陈俊明等，中国腐蚀与防护学报，**2**(2)，1(1982)；同上，**2**(2)，10(1982).
[154] 计桂泉、吴卫芳、马如璋、吴继勋，核技术，**4**，70(1984).
[155] 马如璋、吴继勋、杨德钧、计桂泉、吴卫芳，北京钢铁学院学报，**4**，70(1982).
[156] A. Handa, Y. Ujihira, *J. Mater. Sci.*, **18**, 1887(1983).
[157] G. Longworth, R. Atkinson, Mössbauer Spectroscopy and its Chemical Applications, J.G. Stevens, G. K. Shenoy eds., Washington, 100—105(1981).
[158] G. Principi, P. Matteazzi, E. Ramous, G. Longworth, *J. Mater. Sci.*, **15**, 2668(1980).
[159] R. Frattini, G. Principi, S. Lo Russo, B. Tiveron, C. Tosello, *J. Mater. Sci.*, **17**, 168(1982).
[160] G. Lorin, Phosphating of Metal, Finishing Publications Ltd., Middlesex (1974).

[161] K. Nomura, Y. Ujihira, *J. Mater. Sci.*, **17**, 3437(1982).
[162] W. Meisel, Industrial Applications of the Mössbauer Effect G. J. Long, J. G. Stevens eds., Plennum Publishinf Co., chapt. 15(1986).
[163] P. Gutlish, H. J. Guttmann, W. Meisel, E. Mohs, Proc. ICAME, Jaipur (India), 451(1981).
[164] G. R. Huffman, Applications of Mössbauer spectroscopy, R. L. Cohen ed., Academic Press, 109—208(1980).
[165] H. J. Graham, P. E. Beaubien, G. I. Sproule, *J. Mater. Sci.*, **15**, 626(1980).
[166] R. L. Cohen, K. W. West, M. Antler, *J. Electrochem. Soc.*, **124**, 342 (1977).
[167] H. Leidheiser, A. Vertes, I. Czako-Nagy, M. Varsanyi, *J. de Phys. Colloq.*, **41**, C1-351(1980).
[168] R. L. Cohen, F. B. Koch, L. N. Schoenberg, K. W. West, *J. de Phys. Colloq.*, **41**, C1-349(1980).
[169] A. Vertes, J. Jaen, L. Kiss, E. V. Shepelewa, *Hyp. Int.*, **18**, 1079 (1986).
[170] M. S. Dresselhaus, G. Dresselhaus, *Advances in Physics*, **30**, 139(1981).
[171] H. Minstedt, Springer Series in Solid State Science 63(1985), (Proceedings of the Kirchberg Winterschool, 8(1985).
[172] R. Bittihn, Springer Series in Solid State Science 63(1985), Proceedings of the Kirchberg WinterSchool, 206(1985).
[173] L. E. Campbell, G. L. Montet, G.J. Perlow, *Phys. Rev. B*, **15**, 3318 (1977).
[174] G. Kaindl, J. Feldhaus, K. H. Frank, U. Ladewig, *Phys. Rev. Lett.*, **50**, 123(1983).
[175] D. Hohlwein, P. W. Readman, A. Camberod, J. M. D. Coey, *Phys. Stat. Solidi(b)*, **64**, 305(1974).
[176] K. Ohhashi, I. Tsujikawa, *J. Phys. Soc. Japan*, **36**, 442(1974).
[177] R. Schlogl, P. Bowen, G. R. Millward, W. Jones, *J. Chem. Soc. Faraday Trans.*, **79**(1983); R. Schlogl, W. Jones, *Synthetic Metals*, **7**, 133(1983).
[178] M. R. Corson, S. E. Millman, G. R. Hoy, H. Mazurek, *Solid State Commun.*, **42**, 667(1982); S. E. Millman, *Solid State Commun.*, **44**, 667(1982); S. E. Millman, G. Kirczenow, *Solid State Commun.*, **44**, 1217(1982); S. E. Millman, M. R. Corson, G. R. Hoy, *Phys. Rev. B*, **25**, 6595(1982).
[179] S. E. Millman, G. Kirczenow, *Phys. Rev. B*, **28**, 5019(1983).
[180] G. Wortman, *Hyp. Int.*, **27**, 249(1986).
[181] J. G. Ballard, T. Birchall, *J. Chem. Soc. Dalton*, 1859(1976).
[182] P. Boolchand, W. J. Bresser, D. McDaniels, K. Sisson, V. Yeh, P. C. Eklund, *Solid State Commun.*, **40**, 1049(1981).
[183] J. M. Friedt, L. Soderholm, R. Poinsot, R. Vangelisti, *Synthetic Metals*, **8**, 99(1983).

[184] J. M. Friedt, R. Poinsot, L. Soderholm, *Solid State Commun.*, **49**, 223(1984).

[185] D. H. Mcdaniels, P. Boolchand, W. J. Bresser, P. C. Eklund, MRS Symphosia Proceedings 20, North-Holland, 377(1983).

[186] G. Wortmann, I. Nowik, G. Kaindl, H. Selig, I. Palchan, *Synthetic Metals*, **10**, 141(1984/85).

[187] P. Boolchand, G. Lemmon, W. Bresser, D. McDaniels, R. E. Heinz, P. C. Eklund, E. Stumpp, G. Nietfeld, *Solid State Commun.*, **52**, 675 (1984).

[188] H. Schafer-Stahl, G. von Eynatten, *Synthetic Metals*, **7**, 73(1983).

[189] A. Pron, M. Zagorska, Z. Kucharski, M. Lukasiak, J. Suwalski, *Mat. Res. Bull.*, **17**, 1505(1982); A. Kucharski, M, Lukasiak, J. Suwalski, A. Pron, *J. de Phys. Colloq.*, **44**, C3-321(1983).

[190] Z. Kucharski, A. Pron, J. Suwalski I. Kulszewicz, D. Billand, P. Bernier, *Solid State Commun.*, **50**, 397(1984).

[191] H. Sakai, Y. Maeda, T. Kobayahi, H. Shırakawa, *Bull. Chem. Soc. Jpn.*, **56**, 1616(1983).

[192] E. K. SIchel, M. F. Rubner, J. Georger, G. C. Papaefthymiou, S. Ofer, R. B. Frankel, *Phys. Rev. B*, **28**, 6589(1983); A. Pron, et al., *Phys. Rev. B*, **31** 4690(1985); E. K. Sichel, *Phys. Rev. B*, **31**, 4692 (1985).

[193] Z. Kucharski, A. Pron, M. Jozefowicz, J. Suwalski, S. Lefrant, S. Krichene, *Solid State Commun.*, **51**, 853(1984); Z. Kucharski, et al., *Mol Cryst. Liq. Cryst.*, **117**, 133(1985).

[194] T. Matsuyama, H. Sakai, H. Yamaoka, Y. Maeda, H. Shirakawa, *Solid State Commun.*, **40**, 563(1981).

[195] T. Matsuyama, H. Sakai, H. Yamaoka, Y. Maeda, H. Shirakawa, *J. Phys. Soc. Japan*, **52**, 563(1983).

[196] T. Matsuyama, H. Yamaoka, H. Shiraka wa, *J. Chem. Phys. Solids*, **44**,1093(1983).

[197] G. Kaindl, G. Wortmann, S. Roth, K. Menke, *Solid State Commun.*, **40**, 75(1982).

[198] F. Godler, B. Perscheid, G. Kaindl, K. Menke, S. Roth, *J. de Phys. Colloq.*, **44**, C3-233(1983).

[199] J. W. Niemantsverdriet, *Hyperfine Interactions*, **47**, 219(1989).

[200] S. Weng, K. Jiang, Z. Wang, J. Gao, Y. Wu, Z. Wu, D. Lin, Y.Yu, C. Zhao, *Hyperfine Interactions*, **53—58**, 2617(1990).

[201] S. Weng, K. Jiang, Z. Wang. J. Gao, Y. Wu, Z. Wu, D. Lin, Y. Yu, C. Zhao, *Hyperfine Interactions*, **53—58**, 2623(1990).

[202] S. Weng, Z. Wang, J. Gao, L. Cheng, Z. Wu, D. Lin, Y. Yu, C. Zhao, *Hyperfine Interactions*, **53—58**, 2635(1990).

[203] R. Bacaud, M. Besson, D. Brodzki, P. Bussiere, H. Charcosset, G. Djega-Mariadasson, M. Oberson, B. K. Sharma, *Hyperfine Interactions*, **46**, 583(1989).

[204] A. Newman, P. Bussiere, *Hyperfine Interactions*, **46**, 645(1989).
[205] P. S. Cook, et al., *Fuel*, **67**, 42(1988).
[206] S. Weng, J. Wang, Z. Wang, J. Yan, Z. Wu, D. Lin, Y. Yu, C. Zhao, *Hyperfine Interactions*, **53—58**, 2629(1990).
[207] 陈图华,矿物学报,**8**,50(1988).
[208] 李哲、金明芝、赫伟、刘密芝,科学通报,**33**,684(1988).
[209] N. Suarez, S. Garcia, C. Diez, *Hyperfine Interactions*, **53—58**, 2295(1990).
[210] C. Diez, N. R. Furet, V. I. Nikolaev, V. S. Rusakov, M. C. Cordeiro, *Hyperfine Interactions*, **46**, 689(1989).
[211] N. R. Furet, C. Diaz, V. I. Nikolaev, V. S. Rusakov, *Hyperfine Interactions*, **53—58**, 2195(1990).
[212] B. Bouzabata, A. Otmani, *Hyperfine Interactions*, **53—58**, 2153(1990).
[213] F. E. Wagner, P. M. Swash, Ph. Marion, *Hyperfine Interactions*, **46**, 681(1989).
[214] S. Nasu, H. Tanimoto, F. E. Fujita, *Hyperfine Interactions*, **53—58**, 2009(1990).
[215] P. Schaaf, V. Biehl, U. Gonser, et al., *Hyperfine Interactions*, **53—58**, 2095(1990).
[216] O. Schneeweiss, K. Volenile, *Hyperfine Interactions*, **53—58**, 2105(1990).
[217] M. Carbucicchio, R. Reverberi, G. Palombarini and G. Sambogma, *Hyperfine Interactions*, **46**, 473(1989).
[218] K. Namura, Y. Ujihira, *Hyperfine Interactions*, **53—58**, 2023(1990).
[219] B. Kounde, A. Raharinaivo, A. A. Olowe, D. Rezel, Ph. Rauer, J. M. R. Genin, *Hyperfine Interactions*, **46**, 421(1989).
[220] J. S. Brook, S. Thorpe, *Hyperfine Interactions*, **47—48**, 159(1989).
[221] Z. Kuzmann, J. Jaem, et al., *Hyperfine Interactions*, **53—58**, 2593(1990).
[222] Z. Kuzmann, A. Vertes, S. Nagy, F. Kohegyi, G. Tibiassy, *Hyperfine Interactions*, **45**, 373(1989).
[223] 马如璋等,金属热处理学报,**10**(2),54(1989).
[224] D. C. Cook, R. S. Tuszynski, H. Z. Townsend, *Hyperfine Interactions*, **53—58**, 781(1990).
[225] 张秀芳、高乃飞、文劲军、王强,核技术,**12**,313(1988).
[226] E. De Grave, K. H. Persons, R. E. Vandenberghe, D. G. Chambaere, *Hyperfine Interactions*, **45**, 353(1989).

第十三章　在人文科学(包括考古学)中的应用

金　国　樵

§ 13.1　引　　言

穆斯堡尔效应的高灵敏性与精确性，从物质复杂结构中获取信息的选择性与针对性,以及它对样品的无损跟踪能力,使它特别适用于考古文物的研究[1-3]．1969年，英国剑桥大学 Cousins 与斯里兰卡锡兰大学 Dhamawardena 合作，首先对古陶器作了研究[4]．

陶器与史前人类生活与生产密切相关，携带着几千年来的烧结工艺、贸易、文化、时代等考古学信息．人们对古陶器研究怀有浓厚兴趣,力图用穆斯堡尔等技术,为现代考古学打开一个眺望远古世界的窗口．这方面发表的文章已在百篇以上．本章对古陶器的考古涉及较多．穆斯堡尔谱学可用于其他文物的考古，如化石[5-8]，古瓦[9,10]，古钱[11]，釉质[12-15]，青铜镜[16,17]，古涂料[18]，沉积物[19-21]，石器[22]，古墨迹，粘土[25-27]等．

穆斯堡尔参数：同质异能移位 δ，四极分裂，(Δ)，超精细场 H_{hf}，物相组分浓度等，包含有文物的制作工艺[9,10,28-30]，老化年龄[23,31-33]，原料产地[34-36]，文物特征[5,6,11-13,17,18,20,22,25-27]等古代信息．

鉴于文物成因及结构的复杂性，孤立地去解释文物的穆斯堡尔谱是危险的,一般要选用其他方法[1,37-41]与穆斯堡尔谱学配合．

§ 13.2 烧结粘土的穆斯堡尔谱

13.2.1 自然粘土中铁的状态

穆斯堡尔谱研究古陶器(片)，需研究自然粘土中铁的存在状态及烧结过程中的转变规律．粘土是由层状硅氧四面体和铝氧八面体组成的微晶硅酸盐(也有少数是链状硅酸盐)，并夹有少量氧化物，氢氧化物，有机物，微生物屑等杂质[21,27,42]．

Fe 是地球表面居 Si,Al,O 后第 4 位富元素，它(约5—10%)以两种状态存在于粘土之中：一种是粒度为 100Å 数量级的氧化物或氧羟化物微粒，后者在室温谱中显示超顺磁性 Fe^{3+} 双峰．另一种是结合在硅氧四面体和铝氧八面体晶格中的结构铁(Fe^{2+}, Fe^{3+})，它们各自表现为顺磁性双峰．

超顺磁性 Fe^{3+} 和顺磁性 Fe^{3+} 双峰在室温谱中重叠，不能区分，4.2K 谱中，因超顺磁性颗粒磁矩被冻结，超顺磁性双峰消失，显示为磁性六线峰[27]．因此，4.2K 谱中的顺磁峰全部来自结构铁[48]．结构铁及超顺磁性 Fe^{3+} 的相对含量，Fe 的氧化状态及配位情况，可从室温谱与 4.2K 谱的中央峰相对强度比较中得到计算结果[27,35]．

超顺磁性氧化物磁矩在热运动中处于随机取向状态，所以，室温谱没有磁分裂峰[44]．氧化物微粒磁矩取向时间，强烈依赖于环境温度及粒度大小，只有当粒度大于 200Å，或磁矩取向时间大于穆斯堡尔核拉摩旋进周期时，才会显示磁分裂峰[26,46]．

结构铁(即进入化合物分子置换其他原子的铁)离子 Fe^{2+} 和 Fe^{3+} 可在八面体晶格中相互置换，偶而 Fe^{3+} 可取代四面体中的 Si 离子，Fe^{2+} 太大，则不能取代．Weaver 等介绍了几种粘土矿物的室温特征谱和参数值[27,47]，并指出，不同的矿物质，δ 及 Δ 只显出微小差别[27]．有人证明，粘土中铁氧化物是 α-Fe_2O_3 和 β-FeOOH[26,47,49]；顺磁性 Fe^{3+} 的 Δ 起因于近邻离子电场的分布状态，Fe^{2+} 的 Δ 主要与铁离子自身的电子组态有关[49]．

Weaver[27] 得出了粘土矿物质的 δ 和 Δ 为

Fe^{2+}: $\delta = 1.0 - 1.4$mm/s, $\Delta = 0.4 - 1.7$mm/s,

Fe^{3+}: $\delta = 0 - 0.5$mm/s, $\Delta = 0 - 0.5$mm/s。

同时指出，链状型粘土矿物质的 δ 和 Δ 值，类似于片状型。

13.2.2 烧结粘土中铁的状态转变

解释古陶谱，特别是分析烧制工艺时，需了解和跟踪粘土烧结过程中铁物相的变化规律，有许多文献[21,43,50—54]报告了这方面的研究结果。现以非钙质粘土在氧化气氛下升温焙烧为例，分析粘土中铁的物理化学状态转变过程。

(1) *脱水* 焙烧温度 $T_r < 300℃$ 前，粘土脱去全部吸附水和层间的水，此阶段铁物相基本不变。

(2) *羟基铁* (β-FeOOH) → *赤铁矿* (α-Fe_2O_3) 转换在200℃后开始，400℃时完成，与烧结气氛无关，可根据 4.2K 谱中 S_1 与 S_2 的迅速变化来发现[48]（图 13.1）。假定各组分的无反冲分数相同，则 4.2K 谱中各组分的面积变化，给出有关铁物相消失与增长的信息。另一特点是 D_1 变化不大。

(3) *脱羟* 在 $T_r = 400—800℃$ 范围内进行，脱去晶格中 OH^- 离子，反映为大量 Fe^{2+} 氧化为 Fe^{3+}，Fe^{3+} 的 Δ 显著增大（达 1.5mm/s）谱线展宽[21,53]。这暗示矿物质中出现了晶格空位与畸变[55]。

$T_r = 800℃$ 时，Fe^{2+} 几乎全部消失 ($D_1 \to 0$)，此时，谱的总面积突然减少（出现于顺磁峰内），暗示晶体构造开始解体。

(4) *陶化* 又称玻璃化，出现在 $T_r > 900℃$ 后。900℃附近，顺磁性 Fe^{2+} 和 Fe^{3+} 接近消失，出现特强的纯 α-Fe_2O_3 磁性峰，这时晶格全面崩溃，结构铁氧化成 α-Fe_2O_3，赤铁矿颗粒增大（也有一部分结构铁离子进入无反冲分数很小的非晶矿物相中）。Simopoulos 等指出，赤铁矿颗粒到 400℃后，已增大到足以在室温谱中产生磁分裂峰[26]。

(5) *再结晶* 在 $T_r > 1000℃$ 后，陶化物质重新结晶为新硅

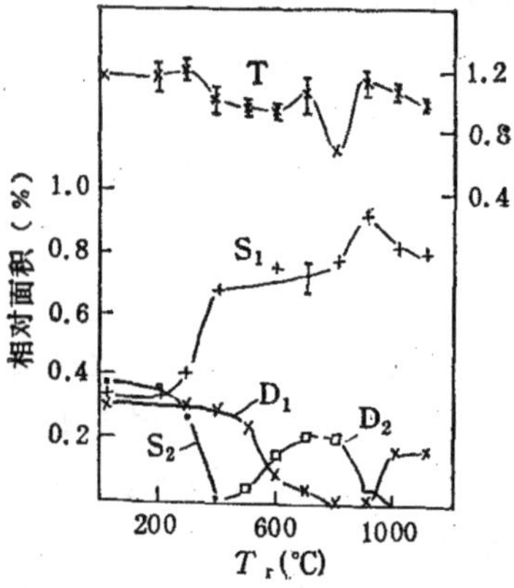

图 13.1 各组分相对面积与 T_r 的关系曲线. D_1:Fe^{2+};D_2:Fe^{3+};T: 总面积; s_1:α-Fe_2O_3;s_2:β-FeOOH，希腊雅典粘土，4.2K[26].

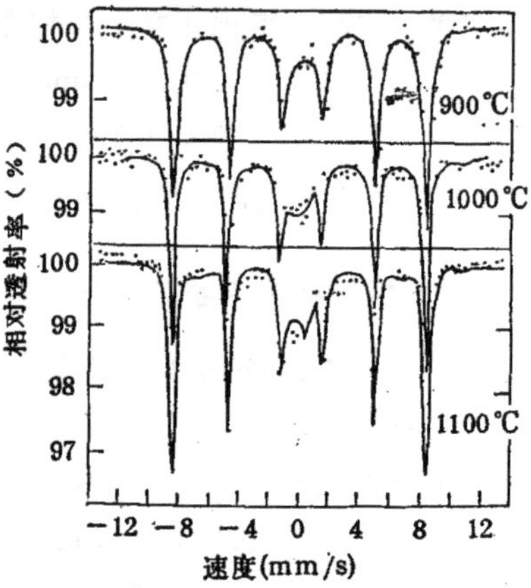

图 13.2 1100℃ 时出现新超顺磁峰，4.2K[26].

酸盐相(方石英，多铝红柱石等)，并继续脱羟，晶格空位逐渐因退火而消失，谱形变得十分简单，呈现出完全结晶状态的窄的六线谱. 升温到 T_r = 1100℃ 时，谱中央出现新的微弱双峰(图13.2). 它在 4.2K 谱中消失，证实是陶化后再结晶中逐渐沉淀出来的超顺磁性氧化物微粒[26]. 当 T_r > 1200℃ 时，产生比 α-Fe_2O_3 更稳定的 Fe_3O_4 (磁铁矿)[56].

(6) 粘土性质的影响　粘土中铁的状态变化不仅依赖于 T_r，还与粘土性质及烧结气氛有关[57,58]. 例如，氧化气氛下，钙质粘土在 1000℃ 前生成的铁氧化物含量是稳定的，但非钙质粘土却呈现连续增长的特征. 这种差别可归因于前者直接生成了稳定钙铝硅酸盐相，后者继续玻璃化的结果[54].

还原气氛下，T_r > 900℃ 时，钙质粘土晶格崩溃还原出来的 Fe^{2+} 直接进入新硅酸盐相，非钙质粘土却溶入玻璃体. 据此，可有目的地采用不同性质的粘土，烧制出不同颜色的陶器，例如，非钙质粘土可烧出暗灰色陶器.

§13.3 古陶器分析

13.3.1 烧制工艺

古陶器是人类早期文明的重要标志，它们是在不同文化时期，用不同粘土与烧制工艺，为了不同用途制作出来的器物（图13.3）[59]. 若陶器在地下不受几千年自然风化，羟基化，辐射损伤等老化作用（它们会改变或破坏原来烧制过程的历史记录和起源特征），则古陶谱可正确给出原来的烧制工艺信息（烧制时的气氛、循环、温度、时间）.

（1）烧制气氛、循环、时间　古陶器烧制气氛（氧化/还原），可从谱图中 Fe^{2+}/Fe^{3+} 的面积比（R）大小得到判断. R很小则说明陶器在氧化气氛下长时间烧制，R很大则说明在还原气氛下长时间烧制. R值的大小程度直接反映某种气氛烧制时间的长短，例如，R较小，谱中又有较大的 Fe^{2+} 相对面积，指出氧化气氛烧制时间不长.

陶器表层和内层谱R的变化情况表明曾经使用的烧制循环. 内层R大于外层R（黑芯原始土陶除外，其余是露天一次堆烧而成，内部有机质碳化未燃烧，粘土中的铁全部还原为 Fe^{2+}），外层又较薄，说明陶器先在还原气氛中烧制，终烧阶段采用了较短时间的氧化气氛，以此类推[55].

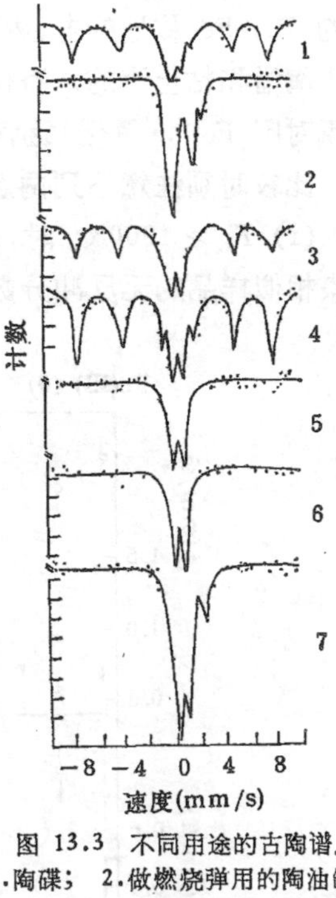

图 13.3　不同用途的古陶谱.
1.陶碟；2.做燃烧弹用的陶油缸；3.陶食盆；4.陶壶碎片；5,6.陶灯盏；7.陶缸颈部过滤片. 室温[59].

R值的大小还直接反映铁氧化状态，且与陶器质地的颜色密切相关[42,59—61]. 例如，非钙质粘土陶器，$R \gg 1$，对应着暗灰色，大部分 Fe 处于二价状态，$R \ll 1$，则显示红色，Fe 处在三价状态，其它 R 值对应灰色与红色间的不同色调.

(2) **烧制温度** 由于陶器中存在老化效应，要准确测定其原来烧制温度 (T_f) 有一定困难[30,55,59—63]. 下面是从不同角度估测 T_f 的方法:

(a) 模拟法. 先测出可能是古陶粘土的各种 T_r 谱，求出各组分的 Δ 值(重烧气氛与样品一致). 由于 Δ 的变化直接反映着不同的 T_r，Fe 核处的电、磁环境变化，根据 13.2.2 节所述原理，可从古陶谱和粘土谱的 Δ 特征比较中，大致对照出 T_f 的范围(还原气氛对照 Fe^{2+}，氧化气氛对照 Fe^{3+}) (图 13.4).

比较时须注意下列两点[64,65]:

(i) $T_r > 1000$℃ 时，Δ 变化甚微，不易确定 T_f 范围，需要观察相似样品的无反冲分数进行比较[53].

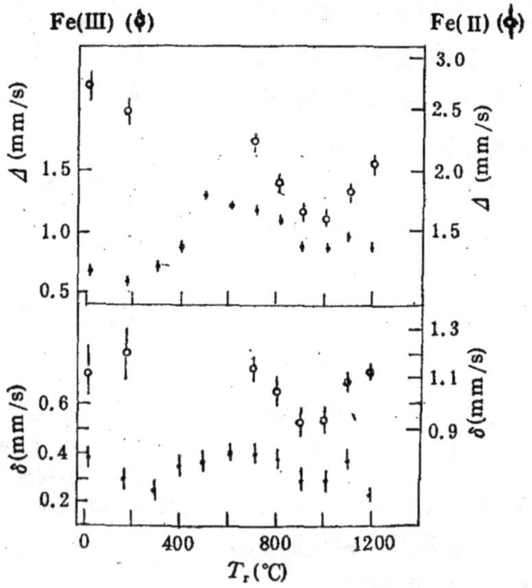

图 13.4 δ 和 Δ 随 T_r 的变化(粘土)状态. 室温[62].

(ii) Δ的比较要结合X射线衍射谱，看两者是否同时消失了某种矿物质(如，伊利石)。

(b) 重烧法。即用原气氛逐级升温重烧古陶片，观察各级 T_r 谱Δ的变化[20,63,66]. 在假定Δ主要由 T_f 决定，并忽视老化效应和焙烧时间影响的前提下，可认为使Δ发生急剧变化的 T_r，可能是古陶片的 T_f 上限[30,50,53](图 13.5)。

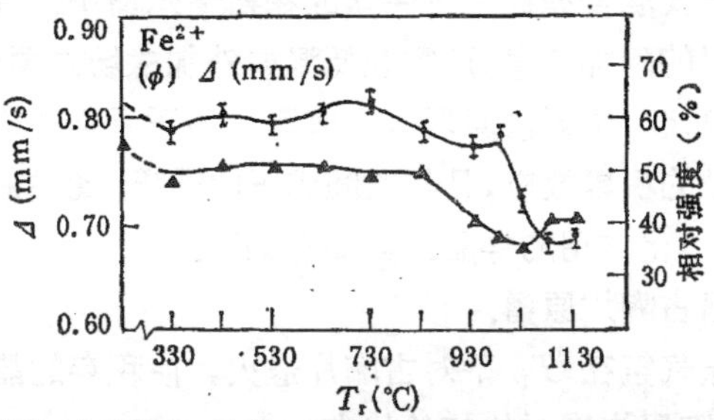

图 13.5 古陶片中，Fe^{3+} 的四极分裂及其所占吸收强度百分数随重烧温度的变化(室温谱)[30].

$T_r > T_f$ 后，Fe^{3+} 的Δ显著增大，它起因于样品重新开始脱羟[50]. 古陶器长期在土壤中受水合作用，有一部分硅酸盐已被重新羟基化，所以，此法估得的 T_f 可能稍低于原值。

(c) 相对强度法. 不同粘土的烧结谱，Fe^{2+} 和 Fe^{3+} 的相对强度(I)只与 T_r 及烧结气氛有关[62]，而且对 T_r 十分敏感[67]. 因此，用任意粘土作出氧化/还原气氛下的 I-T_r 关系曲线(图 13.6)，可在样品 I 值相应处估得 T_f 的范围。

由图可知，在氧化气氛下，磁性 Fe^{3+} 的 I 在 800℃前几乎不变，900℃后急剧上升，用它可估测高温陶器的 T_f 值。

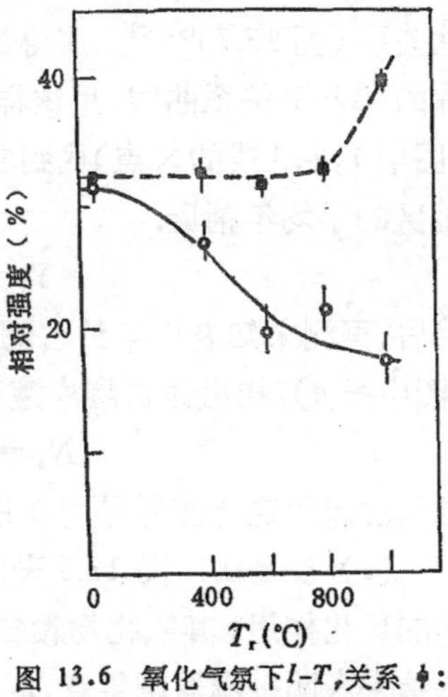

图 13.6 氧化气氛下 I-T_r 关系 ϕ：磁性 Fe^{3+}；ϕ：非磁性 Fe^{2+}. 室温[9].

13.3.2 老化年龄

古代陶器烧成后，经过使用，后来埋入土下，受到几千年自然力作用．来自宇宙、土壤及自身原料中天然辐射对陶器物质晶格的损伤作用，以及自然界温差、干湿变化及水合等风化作用，统称古陶器的年龄老化效应．它与烧制工艺信息，成份效应等一起，以颇为复杂的方式混合编码在古陶器的穆斯堡尔谱中．有时为了分离或甄别谱里的附加信息，还需在低温或外加磁场内测谱．

(1) *辐照法* 辐照法原理基于陶器矿物质晶格缺陷对天然辐射损伤年剂量的积累效应，且与时间成正比[67,68]，此法最适合于埋得较深，未受风化作用的样品．其要点如下：

(a) 测出古陶片原谱．

(b) 用原气氛在 T_f 下对古陶片退火，使积存的晶格缺陷扩散消失，恢复陶器烧成时的初始状态．

(c) 把回火后的陶片分成若干份，每份用不同 γ 剂量辐照，使产生不同数量的晶格缺陷，测出不同剂量下的谱．

Eissa 等指出，辐照剂量的增加，引起非磁性 Fe^{3+} 双峰不对称程度的加大，其差值 (ΔI) 与样品受到的总剂量 (S) 成近似线性关系 (图 13.7)[50,67]．测得该地区某个已知老化年龄为N的古陶片的 ΔI-S 关系曲线，用该样品未辐照前的 ΔI 值，可在曲线上(图中 1,2,3 线的×点)找到它受到的总辐射剂量 S，进而求得该地区的平均年剂量．

$$Y_s = S/N. \tag{13.1}$$

然后，再测未知老化年龄古陶片的初始 ΔI 值和 ΔI-S 关系曲线(图中线 4)，找出该古陶片遭受的总剂量 S_4，所以，它的老化年龄

$$N_4 = S_4/Y_s. \tag{13.2}$$

辐照法需假定待测样品所在地区的 Y_s 值，各处相同．

(2) *粒度法* 图 13.8 表明，样品 C (1400B.C.) 由于三千多年的风化作用，其氧化物颗粒已变成超顺磁性．图 13.8 示出的实验结果表明：陶器越年青，氧化物颗粒越大，陶器越老，它的超顺

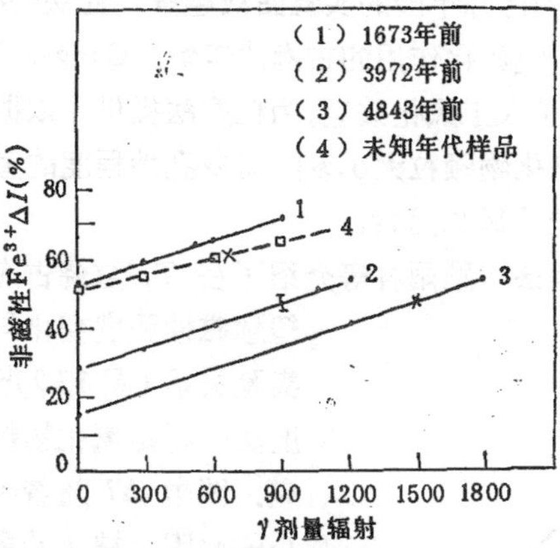

图 13.7 非磁性 Fe^{3+} 双峰相对强度差值与辐射剂量关系. × 为室温[67].

磁性行为越强。例如，样品 A(500B.C.) 在室温谱中有大约 35% 的磁性相分谱强度，但样品M或C室温谱中已无磁性相强度，M要在液氮温度，C要到 77K 以下才能显出与A相当的磁性分谱强度，比C更老的陶片可能到液氦谱中才会显出磁性氧化物的谱线[69—71]。

测得某古陶片室温或低温谱中的磁性分谱强度 (I)，可在图 13.8 中相应测谱温度的纵坐标方向上，找到与 I 对应的老化年龄

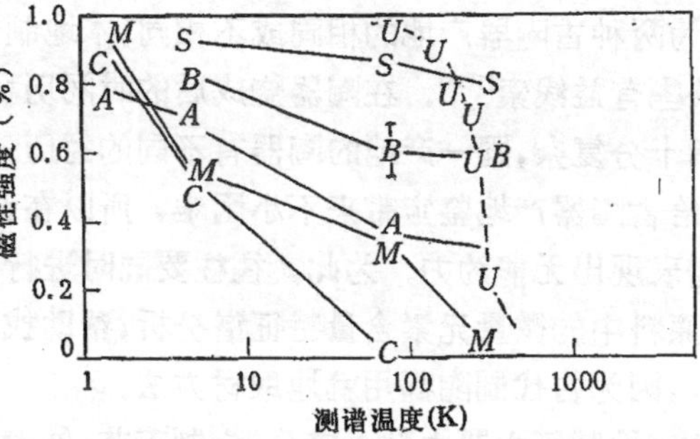

图 13.8 古陶器磁性组分强度与老化年龄的关系曲线[70].
U: 自然粘土；S: 烧结粘土；B: 600A.D.(拜占廷)；M: 1400B.C.(米诺斯)；A: 500B.C. (雅典)；C: 1400B.C. (迈西尼).

区间．显然，图中已知年龄的实验曲线越多，此法的准确性越好，它最适用于估测纯风化作用的古陶片年龄．Gangas 等用连续热循环试验，模拟了人工风化效应，为粒度法提供了依据[70]．粒度法忽视了 T_f 对氧化物颗粒大小及陶器多孔性程度的直接影响，以及陶片所在遗址的风化因素．

（3）*其它方法*　顾雨林等介绍了在 T_f 重烧古陶片时，Fe^{3+} 超顺磁性强度变化与老化年龄的实验关系（图 13.9）[32,72]，它与粒度法一样是氧化物颗粒的计年效应．图中 ΔI 随着年龄增大而减小的原因，被认为是重烧法只能以某种比率增大一部分超顺磁性氧化物颗粒的结果．ΔI 是重烧后超顺磁性组分的相对变化．

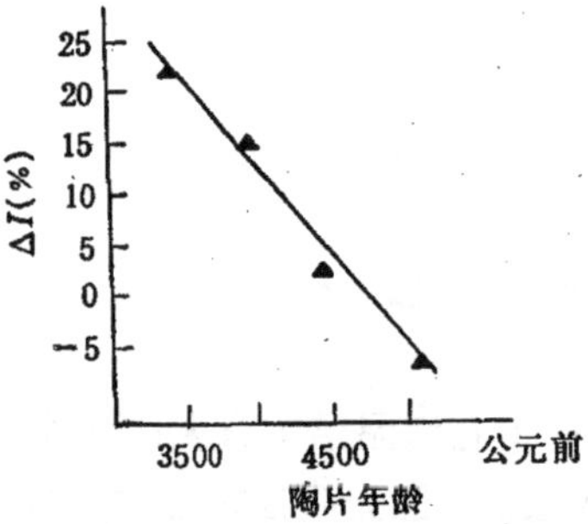

图 13.9　古陶片 ΔI 随年龄的变化．室温[72]．

金国樵等介绍了已知年龄古陶中 Fe^{2+} 的 Δ 值与老化年龄的实验关系，此结果中未消除烧制工艺和粘土不对对 Δ 的影响[33,72]．

13.3.3　产地问题

穆斯堡尔谱形，参数，Fe 组分面貌，烧制工艺，老化年龄等特征信息，可为两种古陶器产地的相同或不相同，本地制作或外来产品，提供某些有益线索[3,34]．在陶器烧成后的时间历程中，作用于陶器的因素十分复杂，同一产地的陶器有不同的经历，会产生不同的谱形，这给古陶器产地鉴定带来不小困难，所以在许多实例中，穆斯堡尔谱表现出无能为力．为此，往往要同时进行陶器物质的矿相鉴别，原料中的微量元素含量特征谱分析，帮助找到同类粘土原料的产地，因为古代制陶都用就地取材方法．

陶器的产地特征主要由粘土成分、烧制工艺、外形风格三类特征作标志．外形风格特征通过贸易，文化交流，容易被流行、变化和模仿，不能作为鉴别产地的主要根据．例如，两种器形，色彩，风格不同的古陶器，有可能出于同一产地的不同烧制工艺，也可能来自外地。

烧制工艺往往能标志一个地区或某个陶窑产品的固有特征，因此，受烧制工艺直接制约的 δ 和 Δ 值特征[62]（图 13.4），在产地鉴别中（实际是鉴别两种陶器的相同或不同）具有主导作用。Tominaga 等报告了在同一遗址中，外观差别很大的几种日本古瓦的穆斯堡尔谱研究结果[9]。他们发现，顺磁性 Fe^{2+} 和 Fe^{3+} 的 δ、Δ，都处在相对窄的区间内，似乎可以看作来自同一产地。

作者们建议，用已知产地的许多组古陶器的 δ 值，相对于 Δ 值作图，可为鉴别古陶器产地提供一个基本框图或网络。当把某古陶器的 δ 值和 Δ 值放到框图上检查时，便可找到它的产地范围。Koshkas 等用这种方法区分了希腊迈西尼和米诺斯古陶的产地差别[44]。图 13.10 示出两组产地不同的希腊古陶的 77K 谱比较状况。

粘土中含 Fe 矿物质各地略有不同，因此，根据古陶谱中 Fe

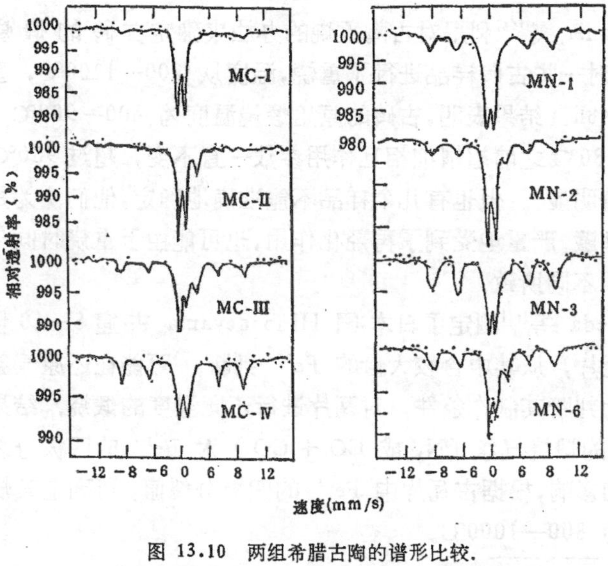

图 13.10 两组希腊古陶的谱形比较.
* MC 迈西尼古陶；MN米诺斯古陶 77K[44]。

组分的面貌特征，也可为产地鉴别提供线索．例如，Eissa 等在研究卡塔尔，沙特阿拉伯，埃及的三组古陶谱时发现，卡塔尔古陶有多达 5 种铁成分，埃及样品平均只有 2 种，这种信息可与粘土或烧制工艺不同联系起来考虑[73]．

Gancedo 等用还原后再氧化重烧循环，研究了西班牙伊比利亚古代灰陶和彩陶的产地问题，测谱后竟发现灰陶与彩陶谱相同，从而判断它们可能出自同一产地，颜色不同归因于不同的烧制工艺[61]．Simopoulos 等人介绍了用陶器原料的原子发射光谱数据，配合穆斯堡尔谱鉴别产地问题的方法．

用陶器中的微量元素含量特征谱[75,76]，可帮助穆斯堡尔谱从原料特征上，鉴别产地的相同或不相同，但要指出它们的真实产地，还有大量工作要做．例如，各地粘土的抽样调查、特征的分析、数据记录和作图，以及已知产地的古陶穆斯堡尔参数的聚类统计等．

13.3.4 应用实例*

Wagner 等[66]利用对古陶重烧的办法来确定古砖的煅烧温度，他们对一些古砖样品进行了重烧，温度从 200—1200℃，重烧时间为 48h．结果表明，古砖的原始煅烧温度为 800—900℃（这因为在 780℃ 之前超精细相互作用参数一直不变，超过 900℃ 时变化十分明显）．但也有几个样品不能准确地确定，他们认为是由于长期埋藏，严重地受到了再羟化作用，也可能由于重烧时间与原烧制时间不同所致．

Takeda 等[11]测定了日本国 Hinocdeyama 古窟 8—10 世纪发掘的瓦片，从其中含较大量的 Fe^{2+} 判断，可能在还原气氛中焙烧．为判断其制作条件，对瓦片进行不同温度的煅烧．结果表明，不同的煅烧气氛（N_2 或 $CO+CO_2$）对 Fe^{2+} 的四极分裂值无明显的影响，根据古瓦片中 Fe^{2+} 的四极分裂值，可确定其烧制温度约为 800—1000℃．

* 本节由李士撰写．

秦广雍等[59]对被誉为世界八大奇迹之一的西安大型秦始皇兵马俑进行了研究. 所测样品均取自一号坑中的陶俑或陶马碎片及垫砖,然后在不同的温度下(330—1130℃)重烧, 然后测量其穆斯堡尔谱. 从表 13.1 中可以看出,灰色陶俑样品中, Fe^{2+} 占总铁的比例约为 63.5%, 灰色陶马中 Fe^{2+} 约占总铁的 55% (表层和内层平均),垫砖约占总铁的 38% (表层和内层平均),而红色陶俑样品中没有 Fe^{2+}. 此结果表明,灰色陶俑与红色陶俑的颜色不同只是烧制气氛不同引起的. 如果在还原气氛下, 部分 Fe^{3+} 还原成 Fe^{2+}, 致使陶俑成灰色;如果在氧化气氛下,部分(或全部) Fe^{2+} 氧化成 Fe^{3+}, 致使陶俑成红色. 从以上结果可以看出,秦兵马俑样品外观上(尤其是颜色)的差异是由于当时烧制条件不同引起的. 此外,从秦兵马俑样品的穆斯堡尔谱的结果中还可以看出,灰色陶俑及垫砖表层样品的 Fe^{2+} 占总铁的比例均高于内层, 而灰色陶俑中 Fe^{2+} 含量又较高, 从而说明秦兵马俑在高温氧化后又进行了小火还原处理,烧成后缓慢降温,以增添表面色感.

Maeda 等[62]对公元 4 世纪到 7 世纪制作的两种不同的陶器进行了研究. 这两种陶器均为未上釉陶器, 但两种陶器的颜色不同,一种为红色,一种为灰色. 由于实际上不易得到与古陶制造时完全相同的粘土, 所以 Maeda 等人选用了几种距古窑址附近的粘土分别在氧化和还原气氛下进行不同温度下的焙烧, 分别测量

表 13.1　秦兵马俑样品的室温穆斯堡尔超精细相互作用参数

样品名称	Fe^{3+}			Fe^{2+}			磁性部分
	δ (mm/s)	Δ (mm/s)	R[1)] (%)	δ (mm/s)	Δ (mm/s)	R[1)] (%)	R (%)
灰色陶马(表层)	0.35	0.77	42.9	1.00	2.01	57.1	
灰色陶马(内层)	0.31	0.88	46.2	1.01	2.05	53.8	
灰色陶俑	0.38	0.87	351.5	1.05	2.10	63.5	
红色陶俑	0.31	0.84	40				60
垫砖(表层)	0.35	0.79	58.8	1.01	2.07	41.2	
垫砖(内层)	0.35	0.73	64.9	1.05	2.38	35.1	

1) δ 是相对于 α-Fe 的值. R 为占总铁的百分含量.

其穆斯堡尔谱线，并绘出其四极分裂和同质异能移位与焙烧温度的关系曲线，并与两种陶器样品的结果进行比较．研究结果表明，红色陶器含有三价铁和$(FeAl)_2O_3$，没有发现二价铁的存在，说明红色陶器是在氧化条件下焙烧而成．而灰色陶器主要含有二价铁和少量的三价铁，说明灰色陶器是在还原条件下烧制的．

§13.4 陶瓷釉、青铜器化石和石器

13.4.1 陶瓷釉

用穆斯堡尔谱研究古陶瓷的釉质，可获得釉质是否已玻璃化，釉质的烧制气氛与温度，釉质和胎体内铁氧化物组分，釉层厚度等信息．

Longworth 等用 CXM（穆斯堡尔 X 射线背散射谱）和粉末吸收谱，研究了希腊雅典黑陶釉质，又用 CXM 及 CEM（穆斯堡尔内转换电子谱）研究了雅典及萨米斯红釉陶和印度北方黑光陶，并用 SEM（扫描电镜）作辅助[13]．

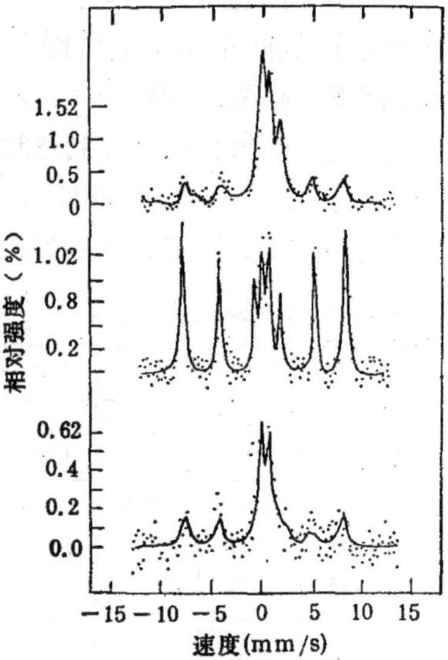

图 13.11 不同釉色的 CXM 谱．(a) 雅典黑陶釉；(b) 萨米斯红陶釉；(c)印度北方黑光陶；室温[13]．

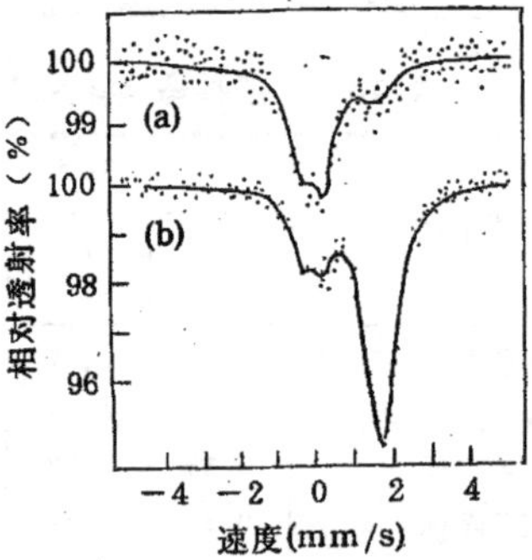

图 13.12 我国元丰通宝古钱^{119}Sn谱（11 世纪）．(a) 表面锈层；(b) 基体，室温谱[11]．

雅典黑陶釉的 CXM 谱显出[图 13.11(a)]，黑釉中存在相对强度约 40% 的磁铁矿组分（$H_{hf} \cong 48.9T$），釉质已玻璃化（$T_f>1100$℃），黑釉色是磁铁矿产生的．萨米斯红陶釉的 CXM 谱[图 13.11(b)] 及胎体的粉末吸收谱中都含有赤铁矿组分（$H_{hf} \cong 50.7T$）．印度北方黑光陶的 CXM 谱 [图 13.11(c)] 有相对强度约 50% 的磁铁矿（$H_{hf} \cong 49.0T$）．SEM 表明，黑釉层只厚 10—15μm，改测 CEM 谱后，发现釉层中主要是 Fe^{3+} 双峰．

可以推断，釉色是控制烧制期间或终绕阶段窑内气氛的结果．太薄的釉层使用 CXM 方法时，谱中会混入釉层下胎体的信息，此时应改用 CEM 方法研究釉质．Eissa 等用粉末吸收谱研究了早期伊斯兰彩陶的釉质[77,78]．

13.4.2 青铜器

青铜器文物是指用 Cu-Sn-Pb 合金铸造的古镜，古钱，古器，古饰等．Takeda 等用 ^{119}Sn 源粉末吸收谱研究了我国 7—15 世纪间的铜钱．实验发现，元丰通宝古钱表面锈层的穆斯堡尔谱中有 Sn^{4+} 峰 [图 13.12(a)]，强度比高达 41%，即使基体内也有 24%的强度比[图 13.2 的(b)]，这为研究我国铜钱铸造工艺演变提供了线索．

章佩群等分别用 CEM 散射谱和粉末吸收谱研究了汉代（样品 RSI 的表面有黑漆古）和唐代（样品 RS5，表面有锈斑）青铜镜表面与基体中 Sn 的状态[17]．发现唐镜与青铜钱一样，但汉镜表层 200μm 范围内有 Sn^{4+} 氧化物与 Sn 合金的共存区，证明黑漆古与 Sn 在镜内的状态无关，但与制镜工艺有关．

徐力和顾元吉两人，用扫描电镜及微探针技术，从另一方面证实，汉镜是用表面镀锡工艺制作的，黑漆古是当年“白锡镜面”逐渐演变而成．

13.4.3 化石和石器

穆斯堡尔谱研究含 Fe 化石[5—8]，是企图通过了解当前化石中存在的铁形态，推断石化过程中 Fe 的物理化学转变机制，该化石形成时的环境条件以及可能存在的石化时间效应．从化石谱中发现会有丰富的 Fe^{2+} 组分时，显然，它是形成于严重缺氧的地质环境内，例如，湖底或海底形成的化石．

分析化石及其周围物质的穆斯堡尔谱表明，从含 Fe 的矿物质组分与浓度上的差别，可把两者明确区分开来，并阐明形成该化石的某些因素．例如，湖海沉积层中，因缺氧而生成 Fe^{2+} 矿物质（碳酸铁，磷酸铁等），但沉积层内的动物化石中只能观察到 FeS_2，它与动物尸体在缺氧条件下，细菌活动产生的大量 H_2S 气体联系着．

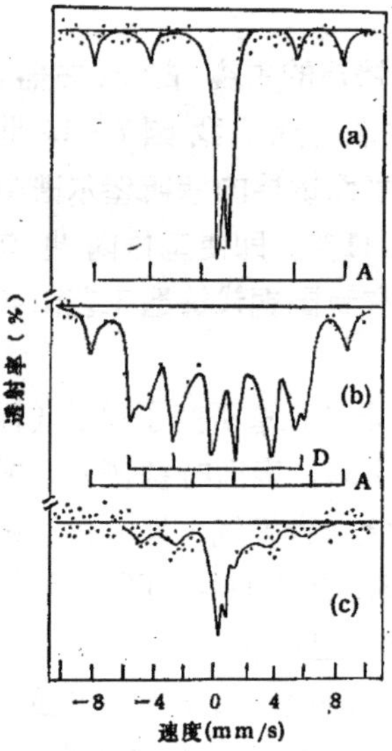

图 13.13 不同地层化石粪的 ^{57}Fe 谱．(a) 地面；(b) 30m；(c) 60m．室温[6]．

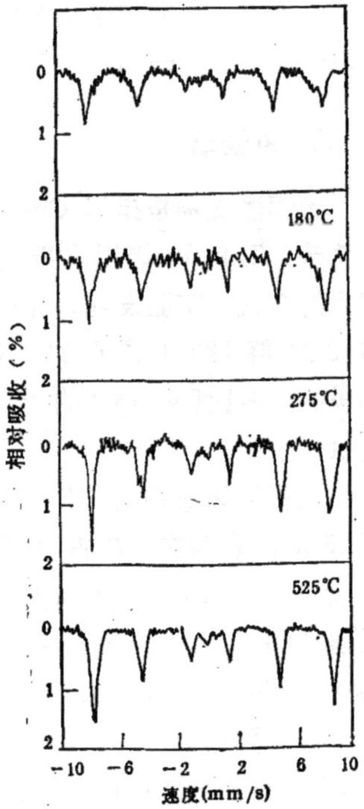

图 13.14 焙烧燧石的 ^{57}Fe 谱．* 顶部是未加热谱，77K[22]．

Eissa 等[6]研究了来自同一地区不同地层内动物化石粪的记年效应，结果表明，不同地层的化石粪中，都存在铁形态转换的最终产物——α-Fe_2O_3，这些产物起因于各地质层动物的不同食料，也可能反映着动物粪在石化过程中的记年效应（标本中铁氧化态的转变量随时间增加，此处称为记年效应）。

图 13.13 示出的谱形表明[6]，地面化石粪[图 13.13(a)]中铁氧化物的电子自旋弛豫时间 $\tau_s \gg \tau_l$（^{57}Fe 核拉莫尔旋进时间），中间层[图 13.13(b)，30m 深] $\tau_s \approx \tau_l$，最下层[图 13.13(c)，60m 深]，$\tau_s \ll \tau_l$[60,79]。由此可见，τ_s 的大小顺序与地层之间存在着对应关系，证明化石粪中有记年效应（地面的 τ_s 最大，化石最年轻；最深处的 τ_s 最小，化石年龄最长），它也与铁氧化物粒度随时间变小的风化效应联系着，或与辐射损伤造成的晶格空位数联系着[1,68]。

燧石是远古时代制作石器的主要原料，用穆斯堡尔谱研究加热对燧石谱的影响，可以导出史前人制作石器的工艺信息，即证实是否采用了加热裂解大块石料的方法，为此，考古学家曾用热释光，电子衍射和X射线衍射等方法作过试验。

Jones 等[22]研究了史前人广泛使用的各种燧石的穆斯堡尔谱。把燧石缓慢加热到 240℃ 时，α-Fe_2O_3 无反冲分数显著增大，缓慢加热到 275℃ 以上时，α-FeOOH 消失，α-Fe_2O_3 增多（图 13.14）。如果燧石文物在加热检验中未出现上述情况，则至少可认为过去未受到 200℃ 以上的强热，如果发现燧石文物中不存在 α-FeOOH，则可确定它已受到过 275℃ 以上的高温。

穆斯堡尔谱不能区分人工加热，森林火灾受热，居址火灾使燧石文物受热，这是考古学上要解决的又一个石器问题，需要结合其它技术协同研究。由此可见，综合研究对穆斯堡尔谱学在考古学中应用的重要性。

§13.5 其它应用

油画、岩画、壁画、涂料、墨迹等物质中都有铁的组分，都能研究其中 Fe 的氧化状态及其随时间的转变机制，推断古代颜料和墨水的制作方法，估测它们的历史年龄. 此外，穆斯堡尔谱还能可靠地鉴别字画类文物的真伪，或给予这类文物以看不见的特征标志等，因为穆斯堡尔谱具有指纹效果. 研究颜料和涂料中 Fe 的状态，可查明它们是天然矿物质或为人工生产的无机物质，从而给绘画发展史和颜料、涂料演变史研究提供第一流资料.

蒋乃兴等用穆斯堡尔谱配合扫描电镜及化学分析，对 2000 多年前的墓葬涂料进行了研究，其所得结果为研究古墓内环境气氛的变化以及墓葬文物的保存方法，提供了矿物学方面的信息[18].

Danon 等用穆斯堡尔谱观察了欧洲 12—15 世纪手稿中的退色黑墨迹，发现有大量草酸亚铁（Fe^{2+}）和超顺磁性 Fe^{3+} 物相. 草酸亚铁的存在表明，墨迹退色可能起因于生物学机制，若将现代墨水人工老化，也可获得这种草酸亚铁. 墨迹中的超顺磁性 Fe^{3+} 可能起因于铁氧化物(Fe_3O_4)颗粒的风化变细，它是黑色的由来[23].

Araujo 等配合 X 射线衍射，观察了 1754 年葡萄牙寺院中变质手稿的墨迹(将手稿碎片制成粉末压片)，发现有大量硫酸铁，这表明墨迹退色与硫酸铁的酸度演变有着某种联系[24].

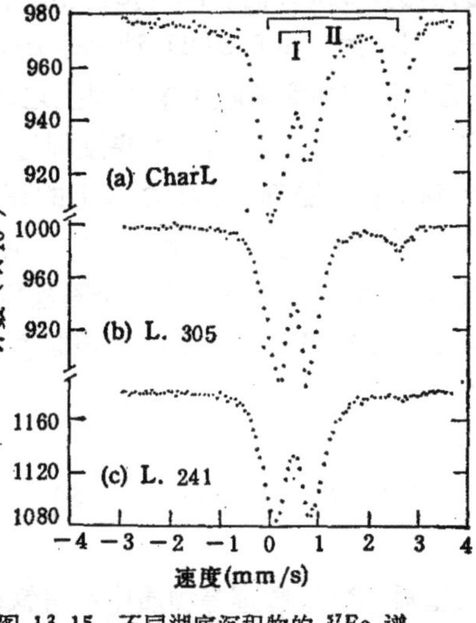

图 13.15 不同湖底沉积物的 ^{57}Fe 谱.
(a) 北极湖；(b,c) 典型加拿大小内陆湖(室温)[21].

铁在自然界中是反映环境信息和环境变化的灵敏探针，已被应用于研究湖、海、河口等沉积物，获取有关这类地区古代泥沙沉积情况，起源联系，沉积物氧化状态，演变粒度，种类等方面的信息，文献[19—21]介绍了这方面的工作．在图 13.15 中，Fe^{2+} 的相对吸收强度随湖水深度的增加而增加，说明湖的特征和发育是个有价的参数．沉积物中 Fe^{2+} 相对强度的变化，反映着该流域地面的侵蚀速率[21]．

穆斯堡尔谱用于分类古陶器(片)，在考古学上具有很大的潜在能力，但必须结合陶器类型学方面的知识．文物商店，拍卖行，博物馆都有穆斯堡尔谱的应用之地．

§13.6 进展情况*

穆斯堡尔谱学在考古方面的应用已在世界上很多地区开展起来[80]．但是从方法学的角度看，人们所采用的方法仍是 Stvens 和朱文钧总结中所提到的方法[81]．我国学者对古陶器的研究已作了许多工作．高正耀等[23]对我国几种著名陶瓷遗址粘土进行了穆斯堡尔研究．夏元复等[24]研究了太湖区常州马家浜文化期的陶器，他们认为在 6000 年以前就已有陶器制作，是在氧化气氛中的较高温度烧成的．余正方等[74]重烧 11 件仰韶文化时期（4770B.C. 至 2960B.C.）的古陶片，从非磁性铁组分含量和 Fe^{3+} 双峰的四极分裂值发生明显变化的温度确定为古陶原来的烧结温度．这样得出的结论为大部分陶片的原始烧结温度在 900—1000℃．

Rüffer 用穆斯堡尔谱，矿相分析，电子显微镜和 X 射线粉末相分析法，研究了从硫化矿火法炼铜时的含铁渣滓．为了得知青铜时代炼铜的过程，非常重要的是知道当时冶炼的温度和氧的有效压力等条件．这些参数可以通过对渣滓的矿相分析得到．在这些参数的基础上，借助热力学数据和地质学方面的手段就可进一

---

* 本节由马如璋撰写．

步推断出当时的冶炼参数。作者从 ^{57}Fe 穆斯堡尔谱得到了含铁矿相的指认和半定量的含量数据，Fe^{2+}/Fe^{3+} 的比值。Arnoult-Pernot 等研究了法国和毛里塔尼亚考古遗址中一些古农具和艺术品的锈层，由室温和 77K 测得的穆斯堡尔谱判定，这些锈层中含有 β-FeOOH 和磁铁矿；后者存在于 β-FeOOH 和基底铁之间。

以上的论述只涉及部分新近的工作，事实上在发展中国家、文明古国和发达国家都尚有许多性质上相近的工作，如尼罗河流域的粘土，中国的唐三彩等等。但总的说来，这些工作说明穆斯堡尔谱学可以对考古提供一些有特色的信息，但也必须与其他方法紧密配合使用，以期得到更可靠全面的结论。

参 考 文 献

[1] 金国樵、潘贤家、孙仲田，科学，**2**，97(1988).

[2] N. A. Eissa, H. A. Sallam, *Hyperfine Interactions*, **41**, 779(1988).

[3] 时庆云、潘贤家、孙仲田，物理，**5**，271(1986).

[4] D. R. Cousins, K. G. Dharmawardena, *Nature*, **223**, 733(1969).

[5] H. A. Sallam, et al., *J. Phys. (Paris). Colloq.*, **40**, C2-439(1979).

[6] N. A. Eissa, et al., *J. Phys. (Paris), Colloq.*, **40**, C2-449(1979).

[7] 洪蕊玉等，中山大学学报，95(1982).

[8] N. A. Eissa, et al.; *J. Phys. D*, **9**, 1391(1976).

[9] T. Tominaga, et al., *Radiochem. Radioanal. Letters*, **28**(1—4), 221 (1977).

[10] 竹田满洲雄等, *Buseki Kagaku*, **26**, 525(1977).

[11] M. Takeda,; et al, *Radiochem. Radioanal. Letters*. **29**(4), 191(1977).

[12] J. Riederer, et al.; *Radiochem. Radioanal. Letters*, **40**, 319(1979).

[13] G. Longworth, M. S. Tite, *J. Phys. (Paris)*, Colloq., **40**, C2-460 (1979).

[14] J. R. Gancedo, M. Gacia, *Hyperfine Interactions*, **29**, 1097(1986).

[15] J. R. Gancedo, et al., *Hyperfine Interactions*, **41**, 791(1988).

[16] W. T. Chase, et al., *Art Orientalis*, 215(1979).

[17] 章佩群、计桂泉、李虎侯，核技术，**2**，7(1986).

[18] 蒋乃兴、蒋永才、邹厚本；核技术，**4**，65(1984).

[19] Y. Minai, et al., *Radiochem. Radioanal. Letters*, **48**, 165(1981).

[20] 吴卫芳、计桂泉、陈松，核技术，**4**，63(1984).

[21] J. M. D. Coey, *At. Energ. Rev.*, **18**, 73(1980).

[22] C. H. W. Jones, et al., *J. Phys. (Paris), Colloq.* **40**, C2-481(1979).

[23] 高正耀等,科学通报,**13**,979(1990).
[24] Hsia, Y., Hu,; Liu, R., Zeng, Q., Yu, Z., Zheng, Y., *Hyperfine Interactions*, **41**, 803(1988).
[25] J. Orttali, et al., *Hyperfine Interactions*, **29**, 1133(1986).
[26] A. Simopoulos,; et al., *Clays and Clays Minerals*, **23**, 393(1975).
[27] C. E. Weaver, et al., *Science*, **156**, 504(1967).
[28] 潘贤家、孙仲田、金国樵,核技术,**5**,49(1983).
[29] 潘贤家、金国樵、孙仲田;中原文物,**4**,106(1983).
[30] Sun Zhongtian, et al., *Hyperfine Interactions*, **41**, 847(1988).
[31] N. A. Eissa, et al., *J. Phys. (Paris), Colloq.*, **35**, C6-569(1974).
[32] 顾雨秝、洪蕊玉、邓丹华,核技术,**4**,66(1984).
[33] 金国樵、潘贤家、孙仲田,核技术,**4**,68(1984).
[34] 金国樵、潘贤家、孙仲田,核技术,**1**,71(1984).
[35] N. A. Eissa, et al., *Acta Phys. Hung.*, **34**, 337(1973).
[36] N. A. Eissa, et al., Proc. Int. Conf. on Appl. Mössbauer Effect, 773(1973).
[37] M. Maurer, et al., *J. Phys. F*, **13**, 2389(1983).
[38] J. Chappert, et al., *J. Phys. (Paris), Colloq.*, **41**, C1-9(1980).
[39] A. Perez, et al., *Phys. Rev.*, **B28**, 1227(1983).
[40] Y. Isoxum, *Rev. Sci. Instr.*, **52**, 413(1981).
[41] J. Kowarski, et al., *Nucl. Instr. Meth.*, **216**, 299(1983).
[42] N. A. Eissa, H. A., Sallam, Proc. 5th Int. Conf. Mössbauer Spectroscopy, Part 3, 759(1975).
[43] A. Simopoulos,; et al., Proc. 5th Int. Conf. Mössbauer Spectroscopy, Part 3, 759(1975).
[44] A. Kostikas, et al.; *J. Phys. (Paris), Colloq.*, **35**, C6-107(1974).
[45] R. E. M. Hedges, *Nature*, **254**, 501(1981).
[46] 夏元复、陈懿编著,穆斯堡尔谱学基础和应用,科学出版社,182(1987).
[47] J. Doinicar, *At Energ. Rev. Suppl.*, **2**, 257(1981).
[48] I. Dezsi, et al., *Phys. Stat. Sol.*, **22**, 617(1967).
[49] S. De Bendetti, et al., *Phys. Stat. Sol.*, **6**, 60(1961).
[50] Th. Bakas, et al., *Achaeometry*, **22**(1), 69(1980).
[51] R. Salazar, et al., *Radiochem. Radioanal. Letters*, **59**, 299(1983).
[52] R. Chevatter, et al., *J. Phys. (Paris), Colloq.*, **87**, C6-881(1976).
[53] C. Janot, P. Delcroix, *J. Phys. (Paris) Colloq.*, **35**, C6-557(1974).
[54] J. G. Stevens, Zhu, W., *Hyperfine Interactions*, **29**, 1145(1986).
[55] Qin, G.; Pan, X., Li, S.; *Archaeometry*, **31**, 3(1989).
[56] J. Baijot-Strobants, et al., *Nucl. Instr. Meth.*, **142**, 293(1977).
[57] Y. Maniatis, et al.; *J. Am. Cer. Soc.*, **64**, 263(1981).
[58] Y. Maniatis, et al., *J. Am. Cer. Soc.*, **66**, 773(1983).
[59] N. A. Eissa, et al.; *J. Phys. (Paris), Colloq.*, **37**, C6-873(1976).
[60] U. Gonser, Topics in Applied Physics, **5**, Springer-Verlag, Berlin Heidelberg, German(1975).
[61] J. R. Gancedo, et al.; *Archaeometry*, **27**, 75(1985).

[62] Y. Maeda, et al.; *J. Phys. (Paris), Colloq.*, **40**, C2-485(1979).
[63] U. Wagner, et al., *Hyperfine Interactions*, **29**, 1113(1986).
[64] M. Takeda, et al., *J. Phys. (Paris), Colloq.*, **40**, C2-483(1979).
[65] R. Bouchez, et al., *J. Phys. (Paris), Colloq.*, **35**, C6-541(1974).
[66] U. Wagner, et al.; *Radiochem. Radioanal. Letters*, **51**, 244(1982).
[67] N. A. Eissa, et al., *J. Phys. (Paris), Colloq.*, **40**, C2-462(1979).
[68] 金国樵、潘贤家、孙仲田编著,物理考古学,上海科技出版社, Ch4(1989).
[69] A. Kostikas, et al., *J. Phys. (Paris), Colloq.*, **35**, C6-537(1974).
[70] N. H., Gangas, et al., *J. Phys. (Paris), Colloq.*, **37**, C6-867(1976).
[71] J. Danon, et al., *J. Phys. (Paris), Colloq.*, **37**, C6-866(1976).
[72] Hsia, Y., Zheng, Y.; *Hyperfine Interactions*, **27**, 74(1986).
[73] N. A. Eissa, et al., *Indian J. Pure Appl. Phys.*, **17**, 731(1979).
[74] Yu, Z., Zheng, Y., *Hyperfine Interactions*, **41**, 863(1988).
[75] 李虎侯、梅屹,硅酸盐学报,**1**,28(1986).
[76] 金国樵,考古,**8**,751(1989).
[77] N. A. Eissa, et al., Proc. Int. Conf. Mössbauer Spectroscopy, **1**, 329 (1977).
[78] A. Kostikas, Simopouios, *Eur. Spec. News*, **1**, 10 (1976).
[79] R. L. Cohan, Applications of Mössbauer Spectroscopy, **1**, Academic Press, (1976).
[80] Zheng, Y., Hsia, Y., *Hyperfine Interactions* (1992).
[81] Stvens, J. G., Zhu, W. J., *Hyperfine Interactions*, **29**, 1149(1986).

附录一 穆斯堡尔

核素	E_γ (keV)	Γ_r (mms^{-1})	I_g	I_e	a (%)	$t_{1/2}$ (ns)	α_r	E_R (10^{-3} eV)	σ_0 (10^{-24} m^2)	μ_g (μn)
^{40}K	29.56	2.18	4−	3−	0.012	4.256	6.6	11.73	28.719	−1.298
^{57}Fe	14.413	0.194	1/2−	3/2−	2.17	97.81	8.21	1.956	256.3	+0.0902
	136.478	0.23	1/2−	5/2−	2.17	8.74	0.142	175.4	34.55	+0.0902
^{61}Ni	67.408	0.770	3/2−	5/2−	1.19	5.27	0.135	39.983	71.23	−0.7487
^{67}Zn	93.32	0.00032	5/2−	1/2−	4.11	9150	0.89	69.76	4.96	+0.8755
^{73}Ge	13.263	0.00698	9/2+	5/2+	7.76	2953	1095	1.293	0.76	—
	68.752	2.14	9/2+	7/2+	7.76	1.86	0.82	34.756	23.3	−0.8788
^{83}Kr	9.4	0.198	9/2+	7/2+	11.55	147	19.6	0.5714	107.4	−0.967
^{99}Tc	140.511	8.25	9/2+	7/2+	—	0.237	0.155	107.04	8.64	+5.6806
^{99}Ru	89.36	0.1943	5/2+	3/2+	12.72	20.50	1.54	43.29	8.03	−0.62
^{101}Ru	127.22	3.708	5/2+	3/2+	17.07	0.581	0.165	86.02	8.74	−0.68
^{107}Ag	93.1	6.64×10^{-11}	1/2−	7/2+	51.35	44.3×10^{9}	20.0	43.4	5.3	−0.1135
^{117}Sn	158.53	6.23	1/2+	3/2+	7.61	0.277	0.159	115.30	16.80	—
^{119}Sn	23.871	0.647	1/2+	3/2+	8.58	17.75	5.12	2.5703	140.2	−1.041
^{121}Sb	37.15	2.10	5/2+	7/2+	57.25	3.5	11.15	6.122	19.58	+3.359
^{125}Te	35.46	5.208	1/2+	3/2+	6.99	1.481	13.6	5.399	26.6	−0.8872
^{127}I	57.60	2.49	5/2+	7/2+	100.	1.91	3.78	14.022	20.6	+2.809
^{129}I	27.77	0.586	7/2+	5/2+	—	16.8	5.1	3.209	39.02	2.617
^{129}Xe	39.584	6.83	1/2+	3/2+	26.44	1.014	12.35	6.519	23.5	−0.7769
^{131}Xe	80.183	6.87	3/2+	1/2+	21.18	0.50	1.57	26.344	7.4	+0.6907
^{133}Cs	80.997	0.535	7/2+	5/2+	100.0	6.31	1.72	26.477	10.28	+2.5789
^{133}Ba	12.295	2.7	1/2+	3/2+	—	8.12	110.5	0.610	29.213	—
^{139}La	165.85	1.10	7/2+	5/2	99.91	1.50	0.263	106.219	5.28	—
^{141}Pr	145.42	1.02	5/2+	7/2+	100.0	1.85	0.465	80.50	10.6	+4.3
^{145}Nd	67.25	0.138	7/2−	3/2−	8.30	29.4	6.1	16.742	3.81	−0.654

核素参数表

μ_e (μn)	Q_g (barn)	Q_e (barn)	$\Delta R/R$ (10^{-4})	f_s (%)	源		母放射体和半衰期
—	−0.09	—	—	23(4K)	^{40}K	KF	(n,γ)反应
−0.1547	0	0.2	−5.4±1.7	71(RT)	^{57}Fe	Cu 基体中	^{57}Co,270d
—	0	—	—	—			
+0.47	+0.162	−0.3	—	90(80k)	^{61}Ni	Ni	^{61}Cu, 3.3h
—	+0.16	—	—	0.5(4k)	^{67}Zn	ZnO	^{67}Ga,78h
—	—	—	—	0.9(80k)	^{73}Ge	Ge	^{73}Ge 库仑激发
—	−0.26	—	—	—			
−0.939	+0.2701	+0.459	—	—	^{83}Kr	ZnSe	^{83}Br,2.4h/^{83}Rb,83d
—	+0.3	—	—	—	^{99}Tc	ZnSe	^{99}Mo,66d
−0.29	±0.05	±0.15	—	14(4k)	^{99}Ru	Ru(Rh)	^{99}Tc,2.1×10^{5}a/^{99}Rh,16h
−0.31	—	—	—	—	^{101}Ru		^{101}Rh,3a
—	—	—	—	—	^{107}Ag	Ag	^{107}Gd,6.6h
—	—	—	—	—	^{117}Sn		
+0.67	0	−0.08	+1.2	70(RT)	^{119}Sm	SnO_2	^{119m}Sn,245d
2.35	−0.26	−0.36	−6.6	4.5	^{121}Sb	Sn	^{121m}Sn, 75a
+0.60	0	−0.2	+9.7	28(4k)	^{125}Te	$NaIO_3$	^{125}I,57d
+2.02	−0.79	−0.71	−2.3	0.50(4k)	^{127}I	ZnTe	^{127}Te,105d/^{127}Xe, 36d
+2.84	−0.55	−0.68	+3.0	15(80k)	^{129}I	ZnTe	^{129}Te, 33d
+0.68	0	−0.41	+0.3	—	^{129}Xe	NaI	^{129}I, 1.67×10^{7}a
—	−0.12	0	—	—	^{131}Xe	$Na_3H_3IO_6$	^{131}I, 8.1d
+3.44	−0.003	—	—	—	^{133}Cs	$BaAl_4$	^{133}Ba, 7.2d
—	0	—	—	—	^{133}Ba		
—	—	—	—	—	^{139}La		
—	−0.059	—	—	—	^{141}Pr	CeO_2	^{141}Ce, 33d
—	−0.25	—	—	—	^{145}Nd		

核素	E_γ (keV)	Γ_r ($mm\,s^{-1}$)	I_g	I_e	a (%)	$t_{1/2}$ (ns)	α_r	E_R (10^{-3} eV)	σ_0 (10^{-24} m^2)	μ_g (μ_n)
	72.50	5.24		9/2−	8.30	0.725	4.94	19.458	5.94	−0.654
^{145}Pm	61.25	1.70	5/2+	7/2+	—	2.62	6.42	13.888	11.72	—
^{147}Pm	91.02	1.169	7/2+	5/2+	0	2.57	2.25	30.26	6.911	+2.8
^{147}Sm	122.15	2.801	7/2−	5/2−	14.97	0.804	1.05	54.43	6.215	—
^{149}Sm	22.494	1.713	7/2−	5/2−	13.83	7.12	50.10	1.8228	7.14	−0.665
^{151}Sm	65.83	0.215	—	—		20.5	5.765	15.405	—	—
^{152}Sm	121.78	1.59	0+	2+	26.72	1.41	1.175	52.371	38.09	0
^{153}Sm	35.842	3.819	3/2+	3/2−	—	2.1	0.305	4.5069	146.6	—
^{154}Sm	81.99	1.112	0+	2+	22.71	3.00	5.05	23.43	30.13	0
^{151}Eu	21.532	1.31	5/2+	7/2+	47.82	9.7	28.605	1.648	23.77	+3.456
^{153}Eu	83.365	4.03	5/2+	7/2+	52.18	0.82	3.825	24.3817	9.74	+1.530
	97.428	13.4	5/2+	5/2−	52.18	0.21	0.42	33.30	18.07	+1.53
	103.177	0.68	5/2+	3/2+	52.18	3.92	1.785	37.347	5.461	+1.530
^{154}Gd	123.07	1.903	0+	2+	2.15	1.17	1.20	52.792	36.78	0
^{155}Gd	60.01	34.3	3/2−	5/2+	14.73	0.134	8.72	12.47	10.48	−0.254
	86.545	0.499	3/2−	5/2+	14.73	6.33	0.435	25.94	34.2	−0.254
^{155}Gd	105.308	2.22	3/2−	5/2+, 3/2+		1.168	0.265	38.41	2.21	0.258
^{156}Gd	88.966	1.42	0	2	20.47	2.173	3.935	38.40	16.51	−0.254
^{157}Gd	54.540	26.8	3/2−	5/2−	15.68	0.187	11.87	27.32	31.43	0
	64.05	0.0093	3/2−	5/2+		460.4	0.97	10.17	9.59	−0.3228
^{158}Gd	79.510	1.355	0+	2+	24.87	2.542	6.025	14.00	23.2	−0.339
^{160}Gd	75.26	1.346	0+	2+	21.90	2.7	7.425	21.477	27.62	0
^{159}Tb	57.995	45.6	3/2+	5/2+	100.0	0.105	9.366	19.00	25.65	0
^{160}Dy	86.788	1.547	0+	2+	2.29	2.037	4.521	11.346	10.53	+1.9

续表

μ_e (μn)	Q_g (barn)	Q_e (barn)	$\Delta R/R$ (10^{-4})	f_s (%)	源	母放射体和半衰期
−1.121	−0.25	—	—	—		
—	—	—	—	—	^{145}Pm	
—	+0.7	+0.6	—	—	^{147}Pm	
—	—	—	—	—	^{147}Sm	
−0.620	+0.06	0.40	−0.5	38(RT)	^{149}Sm Eu_2O_3	^{149}Eu,160d
—	—	—	—	—	^{151}Sm	
+0.832	0	—	—	—	^{152}Sm	^{152}Eu,9h
—	—	—	—	—	^{153}Sm Sm_2O_3	
+0.778	0	—	—	—	^{154}Sm	
+2.587	+1.16	+1.51	+3.0	54(80K)	^{151}Eu Eu_2O_3/Gd	^{151}Gd,120d/^{151}Sm, 93a
+1.80	+2.9	—	—	5.7(20K)	^{153}Eu Gd_2O_3/Sm_2O_3	^{153}Gd,242d/^{153}Sm, 47h
+3.21	+2.9	—	−0.17	—		
+2.04	+2.9	+1.5	—	—		
+0.73	0	—	—	—	^{154}Gd	
—	+1.3	—	—	1.2(80K)	^{155}Gd Sm_2O_3/Eu	^{155}Eu,1.81a
−0.515	+1.3	+0.16	—	—		
0.134	1.59	1.1	—	—	^{155}Gd	
—	+1.3	+1.3	—	5(20k)	^{156}Gd Gd_2O_3	^{155}Gd,(n,γ) 反应
+0.60	0	+1.72	—	—	^{157}Gd	
—	—	+2	—	—		
—	+1.67	+2.97	—	5(4k)	^{168}Gd Gd_2O_3	^{157}Gd,(n,γ) 反应
+0.77	0	+1.5	—	—	^{160}Gd	
+0.61	0	+1.6	—	19(80k)	^{159}Tb Gd_4O_7	^{159}Dy,144d/^{159}Gd,18h
+1.5	+2.0	—	—	—	^{160}Dy (Tb − Y)Al_2	^{160}Tb,72.4d

核素	E_γ (keV)	Γ_γ (mms^{-1})	I_g	I_e	a (%)	$t_{1/2}$ (ns)	α_γ	E_R (10^{-3} eV)	σ_0 (10^{-24} m^2)	μ_g (μn)
^{161}Dy	25.665	0.378	5/2+	7/2−	18.88	28.3	2.93	25.268	29.46	0
	43.830	8.06	5/2+	7/2+	18.88	0.786	4.325	2.194	95.6	−0.472
	74.578	1.112	5/2+	3/2−	18.88	3.316	0.655	6.405	31.93	−0.472
^{162}Dy	80.652	1.49	0+	2+	25.53	2.27	0.555	18.543	6.89	−0.472
^{164}Dy	73.392	1.56	0+	2+	28.18	2.394	9.35	21.552	121.4	0
^{165}Ho	94.699	130.4	7/2−	9/2−	100.0	0.022	3.125	17.630	22.01	0
^{164}Er	91.390	2.04	0+	2+	1.56	1.47	4.18	29.174	8.28	+4.0
^{166}Er	80.577	1.825	0+	2+	33.41	1.87	6.933	27.336	28.33	0
^{167}Er	79.322	29.2	7/2+	9/2+	22.94	0.120	5.745	20.984	23.79	0
^{168}Er	79.799	1.824	0+	2+	27.07	1.882	7.145	20.224	7.215	−0.565
^{170}Er	79.31	1.815	0+	2+	14.88	1.902	7.335	20.346	23.60	0
^{169}Tm	8.408	8.12	1/2+	3/2+	100.0	4.00	268.5	19.861	23.35	0
^{170}Yb	84.2520	2.02	0+	2+	3.03	1.608	8.05	0.2242	25.85	−0.231
^{171}Yb	66.719	4.75	1/2−	3/2−	14.31	0.87	13.05	22.4134	19.04	0
	75.876	2.22	1/2−	5/2−		1.64	7.835	13.973	7.93	+0.4930
^{172}Yb	78.690	1.935	0+	2+	21.82	1.80	8.55	18.071	14.44	+0.4930
^{174}Yb	78.469	2.03	0+	2+	31.84	1.76	9.41	19.324	20.811	0
^{176}Yb	82.13	1.74	0+	2+	12.73	2.05	7.07	18.039	20.10	0
^{175}Lu	113.80	24.01	7/2	9/2+	97.41	0.10	2.51	20.572	22.47	—
^{176}Hf	88.361	2.236	0+	2+	5.20	1.39	5.865	39.734	6.72	0
^{177}Hf	112.975	4.85	7/2−	9/2−	18.50	0.505	3.05	23.812	22.84	0
^{178}Hf	93.174	1.96	0+	2+	27.14	1.50	4.65	38.70	6.07	+0.61
^{180}Hf	93.332	1.95	0+	2+	35.24	1.50	4.715	26.276	25.2	0
^{181}Ta	6.238	0.0064	7/2+	9/2−	99.99	6800	46.8	25.976	24.6	0

续表

μ_e (μn)	Q_g (barn)	Q_e (barn)	$\Delta R/R$ (10^{-4})	f_s (%)	源	母放射体和半衰期
+0.74	0	—	—	10(RT)	^{161}Dy Tb_2O_3	^{161}Tb,6.9d
+0.59	+1.35	+1.36	−0.17	—		
—	+1.35	—	—	—		
−0.396	+1.35	+0.75	+7.5	—	^{162}Dy	
+0.74	0	—	—	—	^{164}Dy	
+0.84	0	−1.12	—	—	^{165}Ho	
—	+2.83	—	—	—	^{164}Er	
+0.70	0	—	—	—	^{166}Er Ho_2O_3	^{166m}Ho,>30a
+0.62	0	−1.9	—	—	^{167}Er	
—	0	—	—	—	^{168}Er	
+0.66	0	—	—	—	^{170}Er	
+0.62	0	—	—	4(RT)	^{169}Tm Er_2O_3	^{169}Er,9.4d/^{169}Gd,32d
+0.50	0	−1.3	—	—	^{170}Yb $TmAl_2$	
+0.67	0	—	—	0.4(4K)	^{171}Yb Er_2O_3-Tm	^{171}Tm,1.9a
+0.35	0	—	—	—		
+1.01	0	—	—	—	^{172}Yb	
+0.67	0	—	—	—	^{174}Yb	
+0.68	0	—	—	—	^{176}Yb	
—	—	—	—	—	^{175}Lu	
—	0	—	—	—	^{176}Hf	
—	0	—	—	11(20K)	^{177}Hf Lu_2O_3	^{177m}Lu,155d
+1.0	0	—	—	—		
+0.71	0	—	—	—	^{180}Hf	
+0.74	0	—	—	—	^{181}Ta W	^{181}Hf,45d/181W, 140d

核素	E_γ (keV)	Γ_γ (mms^{-1})	I_g	I_e	a (%)	$t_{1/2}$ (ns)	α_γ	E_R (10^{-3} eV)	σ_0 (10^{-24} m^2)	μ_g (μn)
	136.25	50.2	7/2+	9/2+		0.04	1.762	0.1154	167.8	+2.35
^{180}W	103.72	2.08	0+	2+	0.14	1.27	3.445	55.053	5.97	+2.35
^{182}W	100.104	2.09	0+	2+	26.41	1.31	3.85	25.6	32.07	—
^{183}W	46.4837	32.05	1/2−	3/2−	14.40	0.184	40.5	29.554	25.27	0
	99.079	4.01	1/2−	5/2−		0.692	4.12	6.338	5.57	+0.1172
^{184}W	111.213	1.28	0+	2+	30.64	1.28	2.615	28.794	8.27	+0.1172
^{186}W	122.35	2.219	0+	2+	28.41	1.014	1.65	36.081	27.44	0
^{187}Re	134.24	203.82	5/2+	7/2+	62.93	0.01	2.35	43.22	31.6	0
^{186}Os	137.157	2.37	0+	2+	1.59	0.84	1.29	51.73	5.40	+3.004
								54.289	28.46	0
^{188}Os	155.032	2.54	0+	2+	13.30	0.695	0.825	68.623	28.08	0
^{189}Os	36.224	15.18	3/2−	1/2−	16.10	0.503	80.5	3.726	1.157	+0.6565
	69.595	2.40	3/2−	5/2−	16.10	1.64	8.05	13.754	8.45	+0.6565
	95.23	12.51	3/2−	3/2−	16.10	0.23	6.75	25.766	0.5618	+0.6565
^{190}Os	186.90	3.11	0+	2+	26.40	0.47	0.425	98.697	24.79	—
^{191}Ir	82.398	0.832	3/2−	1/2−	37.30	4.02	10.75	19.08	1.547	+0.1453
	129.400	23.8	3/2−	5/2−	37.30	0.089	2.885	47.057	5.63	+0.1453
^{193}Ir	73.039	0.594	3/2+	1/2+	62.7	6.32	6.52	14.837	3.068	+0.1589
	138.947	24.6	3/2+	5/2+	62.7	0.080	2.26	53.694	5.835	+0.1589
^{195}Pt	98.875	16.28	1/2−	3/2−	33.80	0.170	7.22	26.901	6.11	+0.6060
	129.737	3.40	1/2−	5/2−	33.80	0.620	1.76	46.330	7.49	+0.6060
^{197}Au	77.345	1.882	3/2+	1/2+	100.0	1.879	4.307	16.300	3.865	+0.1449
^{201}Hg	32.19	42.0	3/2−	1/2−	13.32	0.205	60.5	2.7675	0.9512	−0.5567
^{232}Th	49.369	16.17	0+	2+	100.0	0.345	329.14	5.6391	1.57	0

μ_e (μn)	Q_g (barn)	Q_e (barn)	$\Delta R/R$ (10^{-4})	f_s (%)	源	母放射体和半衰期
+5.14	+3.9	+2.9	—	—		
-	+3.9	—	—	—	^{180}W	
—	—	—	—	4(100K)	^{182}W Ta	^{182}Ta,115d
+0.532	0	—	+1.3	16 (100K)	^{183}W Ta	^{183}Ta,5d
−0.10	0	—	—	4(100K)		
+0.93	0	—	—	(4K)	^{184}W Ta	^{184}Ta,8.7h/^{184}Re,165d
+0.59	0	—	—	(4K)	^{186}W Re	^{186}Re,90h
+0.62	0	—	—	—	^{187}Re W	^{187}W,24h
—	+2.6	—	—	0.6 (10K)	^{186}Os Re	^{186}Re,90h
+0.64	0	1.5	—	—		
+0.62	0			0.5 (10K)	^{188}Os Re	^{188}Re,41h/^{188}Ir,188h
+0.23	+0.91	0	—	—	^{189}Os	
+0.988	+0.91	—	—	—		
—	+0.91	—	—	—		
—	—	—	—	—	^{190}Os	
+0.54	+1.5	—	—	7(4K)	^{191}Ir Os	^{191}Os,15d/^{191}Pt,3d/^{191}Ir,库仑激发
+0.47	+1.5	—	—	—		
—	+1.5	0	—	19(4K)	^{193}Ir Os	^{193}Os,32a/^{193}Pt,>500a
−0.61	+1.5	—	—	—		
—	0	—	−0.70	9(4K)	^{195}Pt Pt/Au,Cu/Au	^{195}Au, 192d/^{195}Ir, 2.3d
+0.419	0	—	—			
—	+0.56	0	+3.0	23(4K)	^{197}Au Pt	^{197}Hg,65h/^{197}Pt, 20h
—	+0.50	0	—	—	^{201}Hg	
-	0	—	—	—	^{232}Th	

核素	E_r (keV)	Γ_r (mms^{-1})	I_g	I_e	a (%)	$t_{1/2}$ (ns)	α_r	E_R (10^{-3} eV)	σ_0 (10^{-24} m^2)	μ_g (μn)
^{231}Pa	84.24	0.0798	3/2−	5/2+	—	41.4	1.83	16.49	4.81	—
^{234}U	43.49	23.618	0+	2+	0.060	0.272	780.5	4.3388	0.836	—
^{236}U	45.242	25.77	0+	2+	—	0.235	845.93	4.6554	0.718	—
^{238}U	45.915	27.2	0+	2+	99.27	0.225	660.30	4.5498	0.924	0
^{237}Np	59.537	0.0673	5/2+	5/2−	—	68.3	1.12	8.0281	31.2	+2.8
^{239}Pu	57.262	47.2	1/2+	5/2+	—	0.101	223.5	7.364	0.775	+0.20
^{243}Am	84.02	1.394	5/2−	5/2+	—	2.347	0.305	15.595	25.91	0

* 注：E_r穆斯堡尔γ跃迁能量；Γ_r，自然线宽；I_g，基态自旋宇称；I_e，穆斯堡尔能级自旋宇
共振截面；μ_g，基态磁矩；μ_e 穆斯堡尔能级磁矩；Q_g，基态的四极矩；Q_e，穆斯堡尔能级的四极

续表

μ_g (μn)	Q_g (barn)	Q_e (barn)	$\Delta R/R$ (10^{-4})	f_s (%)	源		母放射体和半衰期
—	—	—	—	—	^{231}Pa		^{231}Th, 25.62h
—	—	—	—	—	^{234}U		
—	—	—	—	(4K)	^{236}U		
—	0	—	—	(4K)	^{238}U	VO_2	^{238}U, 库仑激发
+1.5	+4.1	+4.1	—	(4K)	^{237}Np		^{237}U,6.75d/^{241}Am,458a
—	—	—	—	—	^{239}Pu		
—	—	—	—	—	^{243}Am		

称；a，自然元素中穆斯堡尔核素的丰度；$t_{1/2}$ 激发态寿命；α_r，内转换系数；E_R，反冲能量；σ_0，矩；$\Delta R/R$，半径变化率；f_s，源的无反冲分数。

附录二　物理学基本常数

物理量	符号	数值	误差 $\times10^{-6}$	SI 单位	cgs 单位
真空中的光速	C	2.997 924 58(12)*	0.004	$10^{8}m\cdot s^{-1}$	$10^{10}cm\cdot s^{-1}$
万有引力常数	G	6.672 0(41)	615	$10^{-11}N\cdot m^{2}\cdot kg^{-2}$	$10^{-8}dyn\cdot cm^{2}\cdot g^{-2}$
标准重力加速度	g	9.806 65		$m\cdot s^{-2}$	$10^{2}cm\cdot s^{-2}$
标准大气压	p_0	1.013 25		$10^{5}N\cdot m^{-2}$	$10^{6}dyn\cdot cm^{-2}$
冰点温度	T_0	2.731 500(1)	0.36	$10^{2}K$	K
理想气体标准状态下摩尔体积	V_0	2.241 383(70)	31	$10^{-2}m^{3}\cdot mol^{-1}$	$10^{-4}cm^{3}\cdot mol^{-1}$
气体普适恒量	R	8.314 41(26)	31	$J\cdot mol^{-1}\cdot K^{-1}$	$10^{-7}erg\cdot mol^{-1}\cdot K^{-1}$
玻耳兹曼常量	k	1.380 662(44)	32	$10^{-23}J\cdot K^{-1}$	$10^{-16}erg\cdot K^{-1}$
斯忒藩—玻耳兹曼常量	σ	5.670 32(71)	125	$10^{-8}W\cdot m^{-2}\cdot K^{4}$	$10^{-5}erg\cdot s^{-1}cm^{-2}\cdot K^{-4}$
阿伏加德罗常量	N	6.022 045(31)	5.1	$10^{23}mol^{-1}$	$10^{23}mol^{-1}$
普朗克常量	h	6.626 176(36)	5.4	$10^{-34}J\cdot s$	$10^{-27}erg\cdot s$
	$h = h/2\pi$	1.054 588 7(57)	5.4	$10^{-34}J\cdot s$	$10^{-27}erg\cdot s$
法拉第常量	F	9.648 456(27)	2.8	$10^{4}C\cdot mol^{-1}$	$10^{3}emu\cdot mol^{-1}$

		2.892 534 3(81)	2.8		10^{14}esu · mol^{-1}
真空的介电常量	ε_0	8.854 187 82(71)	0.008	$10^{-12}J^{-1} \cdot C^2 \cdot m^{-1}$	$10^{-23}erg^{-1} \cdot emu^2 \cdot cm^{-1}$
真空的磁导率	μ_0	4π=12.566 370 614 4		$10^{-7}J \cdot s^2 \cdot C^{-2} \cdot m^{-1}$	$erg \cdot s^2 \cdot emu^{-2} \cdot cm^{-1}$
原子质量单位	u	1.660 565 5(86)	5.1	10^{-27}kg	10^{-24}g
电子的电量	e	1.602 189 2(46)	2.9	10^{-19}C	10^{-20}emu
		4.803 242(13)	2.9		10^{-10}esu
电子的静止质量	m_e	9.109 534(47)	5.1	10^{-31}kg	10^{-28}g
		5.485 802 6(21)	0.38	10^{-4}u	10^{-4}u
质子的静止质量	m_p	1.672 648 5(86)	5.1	10^{-27}kg	10^{-24}g
		1.007 276 470(11)	0.011	u	u
中子的静止质量	m_n	1.674 954 3(86)	5.1	10^{-27}kg	10^{-24}g
		1.008 665 012(37)	0.037	u	u
电子的荷质比	e/m_e	1.758 804 7(49)	2.8	$10^{11}C \cdot kg^{-1}$	$10^7emu \cdot g^{-1}$
		5.272 764(15)	2.8		$10^{17}esu \cdot g^{-1}$
里德伯常量	R_∞	1.097 373 177(83)	0.075	10^7m^{-1}	10^5cm^{-1}
玻尔半径	a_0	5.291 770 6(44)	0.82	10^{-11}m	10^{-9}cm

* 括弧内的数值表示末位数值的准确度，即以(12)代替±12，下同.

附录三 国际单位制(SI)单位表

I. 国际制基本单位

量	英文名称	中文名称	国际代号(中文)	定义
长度	metre	米	m(米)	m等于氪-86 原子的 $2p_{10}$ 和 $5d_5$ 能级之间跃迁所对应的辐射，在真空中的 1 650 763.73 个波长的长度.
质量	kilogram	千克(公斤)	kg(千克)	kg 是质量单位，等于国际kg原器的质量.
时间	second	秒	s(秒)	s 是铯-133原子基态的两个超精细能级之间跃迁所对应的辐射的 9 192 631 770个周期的持续时间.
电流	ampere	安培	A(安)	A是一恒定电流，若保持在处于真空中相距 1m 的两无限长，而圆截面可忽略的平行直导线内，则在此两导线之间产生的力在每米长度上等于 2×10^{-7}N.
热力学温度	kelvin	开尔文	K(开)[1]	热力学温度单位开尔文是水三相点热力学温度的 1/273.16.
发光强度	candela	坎德拉	cd(坎)	cd 是一光源在给定方向上的发光强度，该光源发出频率为540×10^{-12}Hz 的单色辐射，且在此方向上的辐射强度为 1/683W 每球面度.
物质的量	mole	摩尔	mol(摩)	1.mol 是一系统的物质的量，该系统中所包含的基本单元数与 0.012kg 碳-12 的原子数目相等. 2.在使用 mol 时，基本单元应予指明，可以是原子、分子、离子、电子及其它粒子，或是这些粒子的特定组合.

1) 热力学温度单位“开尔文(开)”，而非“度开尔文”，其符号为 K，不是^{0}K.

II. 具有专门名称的国际制导出单位

量	英文名称	中文名称	国际代号（中文）	用SI基本单位表示的表示式	用其他SI单位表示的表示式
力	newton	牛顿	N(牛)	$m \cdot kg \cdot s^{-2}$	$J \cdot m^{-1}$
压力	pascal	帕斯卡	Pa(帕)	$m^{-1} \cdot kg \cdot s^{-2}$	$N \cdot m^{-2}$
能，功，热量	joule	焦耳	J(焦)	$m^{2} \cdot kg \cdot s^{-2}$	$N \cdot m$
功率	watt	瓦特	W(瓦)	$m^{2} \cdot kg \cdot s^{-3}$	$J \cdot s^{-1}$
电量	coulomb	库仑	C(库)	$S \cdot A$	
电位，电压，电动势	volt	伏特	V(伏)	$m^{2} \cdot kg \cdot s^{-3} \cdot A^{-1}$	$W \cdot A^{-1}$
电阻	ohm	欧姆	Ω(欧)	$m^{2} \cdot kg \cdot s^{-3} \cdot A^{-2}$	$V \cdot A^{-1}$
电导	siemens	西门子	S(西)	$m^{-2} \cdot kg^{-1} \cdot s^{3} \cdot A^{2}$	Ω^{-1}
电容	farad	法拉	F(法)	$m^{-2} \cdot kg^{-1} \cdot s^{4} \cdot A^{2}$	$C \cdot V^{-1}$
磁通[量]	weber	韦伯	Wb(韦)	$m^{2} \cdot kg \cdot s^{-2} \cdot A^{-1}$	$V \cdot s$
电感	henry	亨利	H(亨)	$m^{2} \cdot kg \cdot s^{-2} \cdot A^{-2}$	$V \cdot s \cdot A^{-1}$
磁感应强度	tesla	特斯拉	T(特)	$kg \cdot s^{-2} \cdot A^{-1}$	$V \cdot s \cdot m^{-2}$
光通量	lumen	流明	lm(流)	$cd \cdot sr$	
光照度	lux	勒克斯	lx(勒)	$m^{-2} \cdot cd \cdot sr$	$m^{-2} \cdot lm$
频率	hertz	赫兹	Hz(赫)	s^{-1}	
活度（放射性强度）	becquerel	贝克勒尔	Bq(贝克)	s^{-1}	
吸收剂量	gray	戈瑞	Gy(戈)	$m^{2} \cdot s^{-2}$	$J \cdot kg^{-1}$

后　　记

穆斯堡尔谱学发展到现阶段，它的应用性和重要性显得日益突出，在实验方法和某些应用理论方面仍继续出现许多新的进展．本书在较深入介绍理论基础、实验方法和数据处理的基础上，把注意力较多地放在各领域的应用和应用基础研究方面．穆斯堡尔谱学的应用涉及到物理学、化学、材料科学、地质学、生物学、医学、考古学以及工业、农业和各种仪器设备和技术里的许多领域，范围非常广泛．我们自知要想在这样一部篇幅有限的专著中包罗这样广泛的内容是根本不可能的，但我们本着尽力而为和抛砖引玉的目的，在突出重点的同时，尽可能有侧重地介绍重要的方面，使内容基本上包括应该包括的内容和框架，以达到此书作为基础专著和主要参考书的目的．读者中可能有人不是阅读全书而是注意某些部分，甚至只是查找某些具体资料，故本书在编写时，在注意整体性的同时，也赋予了各章一定的相对独立性．这样，像超精细参数一类的内容在各章中会有少量的重复，不过他们在各处的叙述都带有各自的特色．本书中名词尽量采取比较通用的，如徐英庭等同志翻译的贡泽尔著《穆斯堡尔谱学》中所采用者，但也有少量不尽相同．希望专家们和广大读者不吝赐教，以便今后修正．

本书编写分工如下：第一章马如璋，第二章徐英庭，第三章郑裕芳，第四章张毓昌和李哲，第五章李士，第六章平爵云，第七章张毓昌，第八章徐祖雄和马如璋，第九章章素，第十章李哲，第十一章顾元吉（进展情况一节由张秀芳编写），第十二章徐祖雄，第十三章金国樵，有些章的进展情况由主编撰写．

我们向专家和同志们致以诚挚的谢意，他们为本书的出版作出了各种各样的贡献．

梁晓天院士和柯俊院士对本书给予了较高的评价，并推荐出版；柯俊院士还为本书写了序言。

李义发同志深知穆斯堡尔谱学在当今科学技术发展中的重要性，在本书出版的全过程中始终一贯表现了极大的热情，作了大量组织工作，为筹措出版资金尽心尽力，对全部稿件中的名词单位规范化和统一不惮繁琐，对行文顺畅和逻辑性反复推敲，对提高本书出版质量很有帮助。

平爵云教授对全文修饰和参考文献整理认真负责，这件工作是劳动量大而又非常繁琐的，他高质量地按时完成了任务。徐祖雄和李哲同志对图表进行了整理和核对。李士和赵钟涛等人加强了各方的联系，沟通了信息。刘冠威、刘海云和徐祖雄参加了参考文献的计算机打印。李正文同志阅读了初稿，并提出过一些有益的意见。应育浦等同志曾认真阅读全书并提出宝贵见解。翟少岩、李正文、徐祖雄参加了附录的准备工作。

中科院科学出版基金委和中科院高能物理研究所对本书出版给予了资助，编写者所在的各研究组在经济上也尽力作了贡献。

本书从出版计划公布，编写交稿到出版后与读者见面经历了较长时间，克服了许多困难，在这段时间中很多同行同志多次询问进展情况，并表达了希望尽早出版的心情，这对我们是一种鼓舞和鞭策。

主编者所在单位的以及其他领域的同志们以及许多新老朋友们对本书的撰写和出版都很关心，鼓舞了我们的情绪。

最后，本书引用了国内外许多专家学者的见解、图表和数据，参考了许多专著和刊物，在这里特向有关的人士表示深深的谢意和崇高的敬意。

由于我们水平有限，加上参加撰写的单位和人数较多，书稿中难免会存在差错或不妥之处，敬请广大读者批评指正。

主　编　马如璋　徐英庭

元 素 周 期 表

原子序数	元素符号（红色指放射性元素）	元素名称（注*的是人造元素）	原子量
19	K	钾	39.0983

示例：19 K 钾，39（稳定同位素的质量数，底线指丰度最大的同位素），40β,ε（放射性同位素的质量数：α—α衰变，β—β⁻衰变，ε—轨道电子俘获，φ—自发裂变），41，$4s^1$（外围电子的构型，括号指可能的构型），39.0983（原子量）

注：
1. 原子量录自1985年国际原子量表，以 $^{12}C=12$ 为基准，原子量末位数的准确度加注在其后括号内，未加注者准至±1.
2. 稳定元素列有天然丰度的同位素；天然放射性元素选列较重要的同位素；人造元素只列半衰期最长的同位素，不列激发态的核同质异能素.

周期 \ 族	I A	II A	III B	IV B	V B	VI B	VII B	VIII	VIII	VIII	I B	II B	III A	IV A	V A	VI A	VII A	0	电子层	0族电子数
1	1 H 氢 $1s^1$ 1.00794(7)																	2 He 氦 $1s^2$ 4.002602(2)	K	2
2	3 Li 锂 $2s^1$ 6.941(2)	4 Be 铍 $2s^2$ 9.01218											5 B 硼 $2s^22p^1$ 10.811(5)	6 C 碳 $2s^22p^2$ 12.011	7 N 氮 $2s^22p^3$ 14.0067	8 O 氧 $2s^22p^4$ 15.9994(3)	9 F 氟 $2s^22p^5$ 18.998403	10 Ne 氖 $2s^22p^6$ 20.179	L K	8 2
3	11 Na 钠 $3s^1$ 22.98977	12 Mg 镁 $3s^2$ 24.305											13 Al 铝 $3s^23p^1$ 26.98154	14 Si 硅 $3s^23p^2$ 28.0855(3)	15 P 磷 $3s^23p^3$ 30.97376	16 S 硫 $3s^23p^4$ 32.066(6)	17 Cl 氯 $3s^23p^5$ 35.453	18 Ar 氩 $3s^23p^6$ 39.948	M L K	8 8 2
4	19 K 钾 $4s^1$ 39.0983	20 Ca 钙 $4s^2$ 40.078(4)	21 Sc 钪 $3d^14s^2$ 44.95591	22 Ti 钛 $3d^24s^2$ 47.88(3)	23 V 钒 $3d^34s^2$ 50.9415	24 Cr 铬 $3d^54s^1$ 51.9961(6)	25 Mn 锰 $3d^54s^2$ 54.9380	26 Fe 铁 $3d^64s^2$ 55.847(3)	27 Co 钴 $3d^74s^2$ 58.9332	28 Ni 镍 $3d^84s^2$ 58.69	29 Cu 铜 $3d^{10}4s^1$ 63.546(3)	30 Zn 锌 $3d^{10}4s^2$ 65.39(2)	31 Ga 镓 $4s^24p^1$ 69.723(4)	32 Ge 锗 $4s^24p^2$ 72.59(3)	33 As 砷 $4s^24p^3$ 74.9216	34 Se 硒 $4s^24p^4$ 78.96(3)	35 Br 溴 $4s^24p^5$ 79.904	36 Kr 氪 $4s^24p^6$ 83.80	N M L K	8 18 8 2
5	37 Rb 铷 $5s^1$ 85.4678(3)	38 Sr 锶 $5s^2$ 87.62	39 Y 钇 $4d^15s^2$ 88.9059	40 Zr 锆 $4d^25s^2$ 91.224(2)	41 Nb 铌 $4d^45s^1$ 92.9064	42 Mo 钼 $4d^55s^1$ 95.94	43 Tc 锝 $4d^55s^2$	44 Ru 钌 $4d^75s^1$ 101.07(2)	45 Rh 铑 $4d^85s^1$ 102.9055	46 Pd 钯 $4d^{10}$ 106.42	47 Ag 银 $4d^{10}5s^1$ 107.8682(3)	48 Cd 镉 $4d^{10}5s^2$ 112.41	49 In 铟 $5s^25p^1$ 114.82	50 Sn 锡 $5s^25p^2$ 118.710(7)	51 Sb 锑 $5s^25p^3$ 121.75(3)	52 Te 碲 $5s^25p^4$ 127.60(3)	53 I 碘 $5s^25p^5$ 126.9045	54 Xe 氙 $5s^25p^6$ 131.29(3)	O N M L K	8 18 18 8 2
6	55 Cs 铯 $6s^1$ 132.9054	56 Ba 钡 $6s^2$ 137.33	57—71 La—Lu 镧系	72 Hf 铪 $5d^26s^2$ 178.49(3)	73 Ta 钽 $5d^36s^2$ 180.9479	74 W 钨 $5d^46s^2$ 183.85(3)	75 Re 铼 $5d^56s^2$ 186.207	76 Os 锇 $5d^66s^2$ 190.2	77 Ir 铱 $5d^76s^2$ 192.22(3)	78 Pt 铂 $5d^96s^1$ 195.08(3)	79 Au 金 $5d^{10}6s^1$ 196.9665	80 Hg 汞 $5d^{10}6s^2$ 200.59(3)	81 Tl 铊 $6s^26p^1$ 204.383	82 Pb 铅 $6s^26p^2$ 207.2	83 Bi 铋 $6s^26p^3$ 208.9804	84 Po 钋 $6s^26p^4$	85 At 砹 $6s^26p^5$	86 Rn 氡 $6s^26p^6$	P O N M L K	8 18 32 18 8 2
7	87 Fr 钫 $7s^1$	88 Ra 镭 $7s^2$ 226.0254	89—103 Ac—Lr 锕系	104 Rf 𬬻* $(6d^27s^2)$	105 Ha 𬭊* $(6d^37s^2)$	106 Unh * $(6d^47s^2)$	107 Uns * $(6d^57s^2)$		109 Une * $(6d^77s^2)$											

系															
镧系	57 La 镧 $5d^16s^2$ 138.9055(3)	58 Ce 铈 $4f^15d^16s^2$ 140.12	59 Pr 镨 $4f^36s^2$ 140.9077	60 Nd 钕 $4f^46s^2$ 144.24(3)	61 Pm 钷 $4f^56s^2$	62 Sm 钐 $4f^66s^2$ 150.36(3)	63 Eu 铕 $4f^76s^2$ 151.96	64 Gd 钆 $4f^75d^16s^2$ 157.25(3)	65 Tb 铽 $4f^96s^2$ 158.9254	66 Dy 镝 $4f^{10}6s^2$ 162.50(3)	67 Ho 钬 $4f^{11}6s^2$ 164.9304	68 Er 铒 $4f^{12}6s^2$ 167.26(3)	69 Tm 铥 $4f^{13}6s^2$ 168.9342	70 Yb 镱 $4f^{14}6s^2$ 173.04(3)	71 Lu 镥 $4f^{14}5d^16s^2$ 174.967
锕系	89 Ac 锕 $6d^17s^2$ 227.0278	90 Th 钍 $6d^27s^2$ 232.0381	91 Pa 镤 $5f^26d^17s^2$ 231.0359	92 U 铀 $5f^36d^17s^2$ 238.0289	93 Np 镎 $5f^46d^17s^2$ 237.0482	94 Pu 钚 $5f^67s^2$	95 Am 镅* $5f^77s^2$	96 Cm 锔* $5f^76d^17s^2$	97 Bk 锫* $5f^97s^2$	98 Cf 锎* $5f^{10}7s^2$	99 Es 锿* $5f^{11}7s^2$	100 Fm 镄* $5f^{12}7s^2$	101 Md 钔* $(5f^{13}7s^2)$	102 No 锘* $(5f^{14}7s^2)$	103 Lr 铹* $(5f^{14}6d^17s^2)$

元 素 周 期 表
北京大学化学系 编
*
科学出版社 出版
北京朝阳门内大街
中国科学院印刷厂 印刷
新华书店北京发行所发行 各地新华书店
*
1970年6月第一版
1984年6月第三版
1984年6月第八次印刷
统一书号：13031·2603
本社书号：3581·13—4
定价 0.04 元